Robert J. Young | Peter A. Lovell

INTRODUCTION TO POLYMERS

고분자과학

제3판

박오옥 · 김동학 · 김영준 · 김영진
김지흥 · 김진환 · 박종혁 · 손영곤
안정호 · 윤관한 · 이동현 · 이태우
정동준 · 조은범 · 진병두 · 최원묵

자유아카데미

저자 서문

고분자 과학(Introduction to Polymers) 제2판은 리빙 라디칼 중합에 영향을 주는 방법들, 덴드리머와 초곁사슬 고분자의 합성, 올레핀 중합에서의 메탈로신 촉매 사용, 개환 복분해 중합, 전도성 고분자의 합성 및 전자 소자에서의 응용 방법, 고성능 고분자 복합재료와 특수한 바이오 메디컬(구조 및 기능적) 응용 등 고분자과학에서의 몇 가지 주요 발전이 열매를 맺기 시작한 시대의 초기에 출판되었다. 이 시기 고분자에 대한 이론적 이해가 더욱 성숙되면서 스케일링 개념, 사행운동 이론, 강화 고분자의 메커니즘, 다성분계 고분자의 상분리 거동에 대한 이해 등이 정립되어 고분자 과학의 주류로 자리 잡았다. 21세기의 시작 이후에는 이러한 새로운 진보들이 점차 평범한 것으로 여겨지게 되었으며, 학계와 산업계 모두에서 고분자 분야에 종사하는 과학자 및 기술자들에게 널리 사용되게 되었다. 뿐만 아니라, 지난 20년 간의 고분자과학 발전에 대한 중요 증거들은 수차례의 노벨 물리학상, 노벨 화학상 수여라는 결과로 확인되었다. 같은 기간 동안 고분자는 점점 많은 곳에 다양하게 쓰이게 되었는데, 특히 의약, 전자, 항공 분야에서의 응용이 대표적이다.

따라서 제2판의 구성과 내용은 지난 10년이 흐르는 동안 다소 시대에 뒤떨어지는 것이 되었고, 제3판의 준비는 피할 수 없는 일이 되었다. 새로운 개정판을 계획하면서, 독자들이 현대 고분자과학의 중요 내용을 강의하거나 배우는 데 이 책이 기초로 활용될 수 있도록, 중요하고 새로운 진보의 버팀목이 되고 최신인 주제가 포함된 과학적 내용을 추가시킬 수 있었으며, 책의 내용을 전면적으로 재구성하여 시각적으로 잘 조직된 형태로 만들 수 있는 기회를 갖게 되었다. 원래의 다섯 개 장을 25개의 독립적인 장으로 재구성하였고, 이들을 (1) 개념 및 합성, (2) 특성조사, (3) 구조와 형태학, (4) 성질의 네 개 그룹으로 편성하였다. 위의 주제들 사이에서의 전체적인 균형을 유지하면서 이전의 각각 장들의 내용을 면밀히 재검토, 수정, 재구성하여 적절하게 확장시킴으로써 새로운 내용들을 포함시켰다. 제2판에 익숙한 독자라면 누구나 이전의 내용을 알아보겠지만 또한 신선함과 새로운 구조에의 접근이 가능함을 느낄 수 있을 것이다.

고분자 합성(Part I) 부분의 각 장은 특정한 고분자 구조의 합성에 적절한 방법을 선택할 수 있도록 하고, 중합의 메커니즘과 동역학의 이해를 높일 수 있도록 가장 중요하고 새로운 발전 내용을 담았다. 몇 가지 확실한 새로운 주제들은 '리빙' 라디칼 중합, 전도성 고분자의 여러 가지 합성 방법, 덴드리머와 초곁사슬 고분자 합성, 메탈로신 중합과 블록 공중합체의 합성 방법 등이다. 또한 라디칼 중합에서의 속도 계수 평가, 촉매 사슬 이동, 비선형 라디칼 중합, 자유 라디칼 개환 중합, 초분자 고분자와 그래프트 공중합체 합성과 같이 덜 분명한 주제들도 다수 포함시켰다. 추가적으로 중합 메커니즘은 전자의 이동을 보임으로써 더욱 분명하게 설명하였다.

고분자 특성조사(Part II) 부분에서는 Flory–Huggins 이론과 고분자 용액의 상분리 거동 설명에 관계되는 이론의 유도 과정을 보이고 동적 광산란에 대한 보다 자세한 설명을 포함하였다. 확산, 고분자전해질 용액의 거동, 장흐름 분획법 등과 같은 새로운 주제도 포함시켰다. 분광법을 새로운 장으로 확장시켜 자외선-가시광선 분광법, Raman 분광법, 핵자기 공명 분광법을 사용한 자세한 구조 및 배열 분포 분석, 질량 분광법 등을 다루도록 하였다.

구조와 형태학(Part III) 부분의 주제들은 무정형 상태를 결정 구조 이전에 다루도록(더 논리적으로) 재구성하였다. 고분자 동역학 및 사행 이론, 액정 고분자, 열분석법 등에 대한 새로운 내용이 포함되었다. 부가적으로, 고분자 블렌드 및 블록 공중합체와 이들 재료에 대한 이해가 점점 중요해짐에 따라 다성분계 고분자 시스템에 관련된 새로운 장을 추가하였다. 여러 가지 도표와 미세구조 그림을 새롭게 추가하여 고분자 형태학의 중요한 특징을 제시하고자 하였다.

고분자 성질(Part IV) 부분의 주제들 역시 각각의 세부적인 장으로 나누어 구성함으로써 제2판과 비교하여 명백히 달라졌는데, 복합재료 및 전기적 특성에 대한 새로운 주제들도 포함하게 되었다. 이전의 원고는 다섯 개의 장으로 재구성되었는데, 사슬 얽힘, 탄성체의 팽윤, 충격 거동, 연성 파괴, 고무 강인화 플라스틱에 대한 내용을 좀 더 자세하게 추가하였다.

비록 제3판이 이전 원고를 확장하고 새로운 주제와 개념을 추가하여 만들어졌지만, 이 책의 기본 철학은 변하지 않았으며, 학부 및 대학원에서의 강의와 교육, 산업현장의 전문가와 엔지니어를 위해 더욱 도움이 되도록 하였다. 이전과 마찬가지로, 이 책은 가능한 한 모든 수식에 대한 자체 유도 과정과 각 장 사이에서 적절히 상호 인용되는 주제를 포함하였다. 이 책의 새로운 구조는 특정 주제에 대한 강의와 교육이 보다 용이하도록 하였다. 각 장의 끝부분에서는 더 읽을 만한 참고 문헌 리스트를 제공하여 해당 주제에 대한 지식을 넓히고자 하는 독자들을 돕고자 하였고, 특히 수적 측면의 이해도를 평가하는 문제들을 제공하였다.

제3판의 준비 과정에서는 사적으로 또한 전문적으로 서로 다른 이해관계를 갖는 일들을 조정하는 것이 중요한 과제였으며, 이는 많은 다른 이들의 도움 없이는 불가능했을 것이다. 본서를 위해 새로운 원고를 제공해 주고 여러 면에서 귀중한 조언을 해 준 저자의 동료들, 세계 각국에 있는 졸업생 및 교우들에게 감사를 드린다. 마지막으로, 이 새 판을 준비하기 위해 걸린 오랜 시간 동안 수고와 인내를 아끼지 않았던 저자의 가족들에게 다시 한 번 감사한다.

Robert J. Young
Peter A. Lovell
School of Materials
The University of Manchester
Manchester, United Kingdom

역자 서문

산업화 시대를 넘어 지식정보화 시대로 접어들수록 첨단 소재의 중요성은 크게 증대하고 있다. 우리가 사는 세계의 여러 생명체에 대한 생명현상을 포함하여 자연 그 자체는 다양한 유기 화합물, 특히 각종 고분자들로 이루어져 있고, 자연에서의 고분자뿐만 아니라 인간이 자연에서 배운 지식으로 만들어내는 여러 종류의 합성 고분자들도 여러 첨단 산업의 소재로 널리 활용되고 있다. 따라서 고분자를 제대로 이해하는 것은 기간산업으로의 소재 산업을 간파하는 지름길일 뿐 아니라 생명현상을 이해하는 데도 아주 큰 도움을 주리라 믿는다. R.J. Young and P. A. Levell의 "Introduction to polymers" 제3판은 이런 다양한 고분자의 합성, 분석, 상거동과 미세구조, 물성 및 가공에 관한 폭넓은 내용을 깊이 있게 다루고 있어서 자연과학이나 공학을 전공하는 학부 3, 4학년생들의 기초적 고분자 입문서로서, 고분자에 대한 체계적이면서 구체적인 지식을 제공할 수 있을 것으로 판단된다. 이 책에 실려 있는 25개의 장은 독립적으로 구성되었으면서도 서로 매끄럽게 연결되어 고분자화학, 물성, 분석 분야의 최신 주제들을 체계적으로 소개하고 있다.

본 번역서에서는 원서의 의미를 충실히 전달하려고 노력하였고, 기술 용어 및 화합물의 명칭에 대해 최대한 일관성을 유지하고자 대한화학회 「화학술어집 제5판」에 기본하여 용어를 선택하였으며, 원본에서 제시된 핵심 용어(이탤릭체)에 대해서는 볼드체로 표시하고 괄호 안에 별도로 삽입함으로써 독자들의 이해를 돕도록 하였다. 또한 원본의 명백한 철자 등의 오류들에 대해서 나름대로 수정하였다. 그럼에도 불구하고 부분적으로 미흡한 점이 있을 수 있으므로 이 점 선배제현들의 아낌없는 충고를 바라며, 앞으로도 계속 보완할 것을 다짐한다.

본 번역서가 새로이 고분자학에 입문하는 젊은 학도들에게 부족하나마 산뜻한 출발점을 제시해 줄 수 있기를 기대해본다. 복잡한 현상 속에서의 간단한 근본적 원리를 추출하는 일이 독자들에게 커다란 즐거움으로 다가올 수 있었으면 좋겠다.

끝으로 번역이 완성되기까지 원고의 교정 작업과 출판을 위해 애써주신 자유아카데미 관계자 분들에게 깊은 감사를 드린다.

2013년 2월
역자 일동

차 례

Part III 벌크 고분자의 상구조와 형태

Part IV 벌크 고분자의 성질

Part I

고분자의 개념, 명명, 합성

01 개념 및 명명

1.1 고분자 과학의 기원과 고분자 산업

고분자 (polymer) 는 자연 상태로도 존재하며, DNA, RNA, 단백질, 다당류 (polysaccharide) 등은 동식물의 생활에 중요한 역할을 한다. 태초부터 인간은 자연 발생하는 고분자를 옷이나 장식, 은신처, 도구, 무기, 필기구 등의 요건을 충족시켜주는 물질로 사용해 왔다. 하지만 오늘날 고분자 산업의 기원을 19세기로 여기는 것은 이 시기에 천연 고분자의 변형에 대한 중요한 발견들이 이루어졌기 때문이다.

1820년 Thomas Hancock은 천연 고무를 내림 (소련, mastication; 예: 반복적으로 높은 전단력을 받음) 하면 훨씬 높은 유동성을 갖게 되어, 첨가물과 혼합한 뒤에 주조하기 용이해진다는 사실을 발견했다. 1839년에는 Charles Goodyear가 천연 고무의 탄성이 개선될 수 있으며, 황과 함께 가열하여 점착성 (tackiness) 을 제거할 수 있다는 것을 발견했다. Goodyear는 이에 대하여 1844년에 특허를 획득했으며, 이는 가황 과정을 사용한 Hencock의 것보다 약간 앞선 것이었다. 1851년, Charles Goodyear의 형제인 Nelson Goodyear는 대량의 황을 이용한 천연 고무의 가황으로 특허를 획득했으며, 이는 경질 고무 (hard rubber), 에보나이트, 경화 고무 (vulcanite) 등으로 알려진 단단한 고분자 물질을 생성하는 것이었다.

나이트로셀룰로스 (nitrocellulose) 또는 면화약 (gun cotton) 이라고도 하는 질산 섬유소 (cellulose nitrate) 는 Christian Schönbein이 1846년 처음으로 생산에 성공하며 널리 알려지게 되었다. 그는 폭발물로서 면화약의 사업적 가치를 재빠르게 알아챘고, 1년이 채 지나지 않아 이를 생산하는 데 성공했다. 하지만 고분자 산업이 부각되도록 하는 데에 더 중요한 역할을 한 것은 질산 섬유소가 수용성의 경화 탄성제로 열과 압력을 가하여 다양한 모양으로 주조될 수 있다고 밝혀진 것이다. Alexander Parkes는 고분자 성질간의 조합에서 오는 이점을 처음으로 이용하였고, 1862년 가소성 질산 섬유소인 파크신 (Parkesine) 에 대한 논문을 발표하였다. 1870년에는 John과 Isaiah Hyatt가 이와 유사하지만 보다 쉽게 처리할 수 있는 물질로 특허를 얻었으며, 이 물질을 셀룰로이드 (celluloid) 로 명명하였다. 셀룰로이드는 가소제로서 캄파 (camphor) 를 사용하여 제조되었다. 파크신과 달리, 셀룰로이드는 상업적으로 대단한 성공을 거두었다.

1892년에는 Charles Cross, Edward Bevan, Clayton Beadle이 셀룰로스를 용해 후 재생하는 '비스코스 법 (viscose process)' 으로 특허를 획득했다. 이 처리 방법은 점성이 있는 레이온 섬유 (rayon textile fibre) 생산에 처음으로 이용되었고, 이후에는 셀로판 필름 생산에도 이용되었다.

지금까지 설명한 고분자 물질은 천연 고분자 물질로부터 얻었기 때문에 준합성 (semisynthetic) 이라고 할 수 있다. 최초의 완전 합성 고분자는 Leo Baekeland에 의해 1910년 생산되어 상업화에 성공한 베이클라이트 (Bakelite) 수지이다. 베이클라이트 수지는 페놀-폼알데하이드 반응에 의하여 합성되었다. 최초의 합성 고무는 메틸 고무로 2,3-다이메틸뷰타다이엔 (2,3-dimethylbutadiene) 이라고도 한다. 비록 상태가 좋진 않았지만 천연 고무의 대체물로서 제1차 세계대전 당시 독일에서 생산되었다.

고분자 산업은 완전히 자리잡았지만 그 특성에 대한 이해 부족으로 성장이 더뎠다. 이후에 약 1세기 동안, 과학자들은 고분자의 독특한 성질을 보고해 왔고, 1920년까지 많은 학자들이 고분자가 저분자의 물리적인 응집체(physically-associated aggregate)라고 믿었다. 당시 Hermann Staudinger는 고분자가 단순히 화학적 단위체가 공유 결합(covalent bond)을 통해 연결된 매우 큰 분자라고 주장했지만 이를 믿는 과학자는 거의 없었다. Staudinger는 이 고분자를 설명하기 위해 '거대분자(macromolecule)'란 말을 도입하였으며, 1920년대에 그의 가설이 옳다는 것을 증명하기 위하여 많은 노력을 기울였다. 이 중에서도 특히 그의 폴리옥시메틸렌(polyoxymethylene), 폴리아세탈과 폴리스타이렌(polystyrene)에 대한 합성과 구조 및 특성에 대한 연구는 그의 고분자 관점에 대한 타당성을 입증하였다. 이후에도 Staudinger의 가설은 Herman Mark와 Kurt Meyer의 천연 고분자의 결정 구조에 대한 연구 및 Wallace Carothers의 폴리아마이드(polyamide)와 폴리에스터(polyester)의 합성에 대한 연구로 더욱 구체화되었다. 이로 인하여 1930년대 초반부터 대부분의 과학자들은 고분자의 거대분자 구조를 확신하였다. 이후 20년 동안 고분자에 대한 연구가 급증하였다. 고분자 연구에 관해서만 다룬 최초의 저널이 발행되었으며, *Polymer Science*에 대한 기초 원리의 대부분이 이 시기 동안에 세워졌다. Paul Flory의 이론 및 경험적 연구가 이 시기에 주를 이루었고, 고분자 과학에 대한 그의 오랜 기여와 공로로 1974년 노벨화학상을 수상하였다. Staudinger 역시 1953년에 그의 선도적 연구를 인정받아 노벨화학상을 수상하였다.

고분자 과학이 등장하면서 수많은 고분자가 합성되었으며 많은 상업적 생산이 이루어졌다. 폴리스타이렌(polystyrene, PS), 폴리(메틸 메타크릴레이트[poly(methyl methacrylate), PMMA], 나일론 6.6(nylon 6.6), 폴리에틸렌(polyethylene), 폴리(염화 비닐)[poly(vinyl chloride), PVC], 스타이렌–뷰타다이엔 고무(styrene–butadiene rubber, SBR), 실리콘, 폴리테트라플루오로 에틸렌(polytetrafluoroethylene, PTFE) 등의 고분자가 이 시기에 합성되었다. 1950년대 이후부터는 고분자 과학이 급진적으로 발전하여 학계와 산업계에 큰 자극을 주었으며, 21세기 고분자 과학의 진보를 위하여 생체의학, 광학, 전자 등 다양한 분야에서 더욱 전문화되고 기능적인 고분자의 개발이 강조되었다.

고분자 과학은 이미 거의 완성된 학문이지만, 그 폭과 중요성은 나날이 커지고 있다. 아직까지도 여러 학문 분야 사이에서 연구하고 있는 과학자들에게는 해결해야 할 과제가 많이 남아 있다.

1.2 기본적인 정의와 명명

고분자의 합성, 특징, 구조, 성질을 제대로 논의하기 위해서는 일부 중요한 용어와 개념을 이해해야 한다. 다음 장에서는 이를 자세하게 다룰 것이다. 하지만 일부 기본적으로 중요한 용어들은 아직까지도 제대로 정의되지 않은 채 남아 있다.

엄밀히 말해서 **고분자(polymer)**는 하나 이상의 원자 혹은 원자 군이 일차 결합 또는 공유 결합으로 길게 연결된 거대분자를 말한다. 이 정의에서 고분자와 **거대분자(macromolecules)**라는 용어가 상호 통용되고 있으나, 엄밀히 거대분자는 몰질량이 약 1만 이상인 고분자로서, 화학 결합으로 생긴 하나의 원자단이 극히 다수의 원자로 이루어져 있을 경우를 말한다.

고분자는 **단량체(monomer)** 분자들이 **중합(polymerization)** 반응을 통하여 연결하면서 형성된다. 예를 들어, 폴리에틸렌은 에틸렌의 중합 반응으로 형성되며, 하나의 사슬에 5만 개의 탄소 원자가 결합한 분자 구조를 지닌다. 다른 물질과 구별되는 고분자만의 특징이 바로 긴 사슬 구조를 지닌다는 것이다.

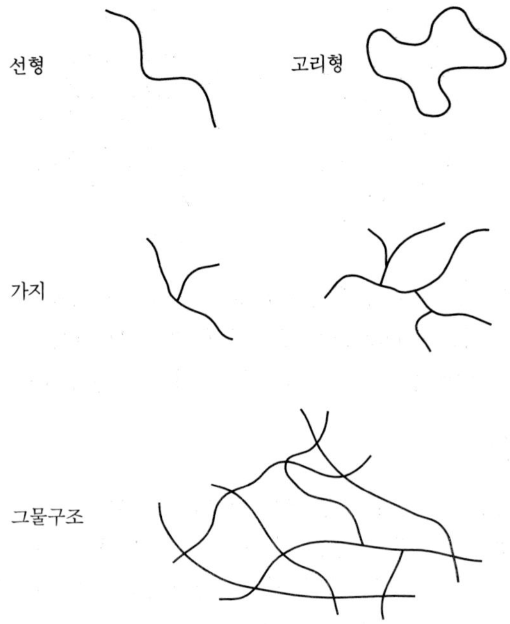

▶ 그림 1.1
선형 고분자, 고리형 고분자 및 비선형 고분자의 골격 구조.

1.2.1 골격 구조

이러한 관점에서 보면 거대분자는 양끝(two end)이 존재하는 사슬로 대변되는 **선형(linear)**의 골격 구조를 가진다. 대부분의 거대분자는 선형의 골격 구조를 가지지만, 그림 1.1과 같이 **비선형(non-linear)**인 경우도 존재한다.

고리형 고분자(cyclic polymer, ring polymer)는 양끝이 없으며, 선형 고분자와는 다른 성질을 가진다. **가지 고분자(branched polymer)**는 **가지점[branch point,** 또는 **접합점 (junction point)]**이라고 하는 주사슬의 특정 위치에 **곁사슬(side chain** 또는 **branch)**을 가지고 있으며, 가지의 수와 크기에 따라 그 성질이 결정된다. **그물구조 고분자(network polymer)**는 접합점에 여러 사슬이 서로 연결되어 있는 삼차원 구조를 가진다. 이러한 고분자를 **가교결합(crosslinking)** 되어 있다고 하며, **가교결합의 밀도** 혹은 **가교된 정도**에 따라 성질이 결정되는데, 이는 단위 부피당 접합점의 개수와 직접적으로 관련 있다.

가지 고분자와 그물구조 고분자는 중합 반응 또는 기존에 존재하는 사슬 간의 결합(예: **가교결합**)을 통하여 형성된다.

고분자의 성질은 골격 구조에 따라 크게 달라진다. 예를 들어, 선형 폴리에틸렌은 가지 폴리에틸렌에 비해 20°C나 높은 녹는점을 가진다. 선형이나 가지 고분자와 달리, 그물구조 고분자는 가열에 의하여 녹지 않을 뿐만 아니라 용해되지도 않는다. 대신에 특정 용매 내에서 상당히 팽창할 수 있다. 가교 밀도의 중요성은 천연 고무의 가황[vulcanization, 즉 황-가교(sulphur-crosslinking)]을 예로 들어 설명할 수 있다. 가교 밀도가 낮을 경우(예: 황이 적은 경우)에 유연한 탄성체(elastomer)가 형성되며, 가교 밀도가 높을 경우에 낮을 경우보다 더 단단해진다.

익히 알려진 골격 구조 외에도 보다 더 정교한 골격 구조를 가지는 고분자에 대한 관심이 높아지고 있다. 대표적인 예로 **덴드리머(dendrimer)**와 **초결사슬 고분자(hyperbranched polymer)**를 들 수 있다. 덴드리머는 가지가 많으며 명확한 구조와 몰질량(molar mass)을 갖는다. 반면에 초곁사슬 고분자는 덴드리머와 유사하지만 구조와 몰질량의 명확성에 있어서 덴드리머보다 떨어진다. 그림 1.2는 덴드리머와 초곁사슬 고분자의 골격 구조를 대략적으로 나타낸 것이다. 이런 종류의 고분자들에 대한 연구는 1990년대에 주를 이루었고, 현재는 이들의 장점을 활용할 수 있는 방안에 대하여 많은 연구가 이루어지고 있다. 예를 들어, 이런 종류의 고분자들은 가지가 매우 많기 때문에 극도로 밀

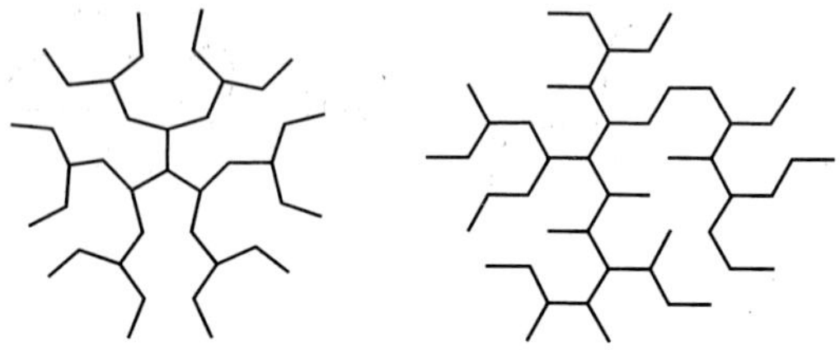

덴드리머 초결사슬 고분자

▶ 그림 1.2
덴드리머와 초결사슬 고분자의 대표적인 골격 구조.

집되어 있으나, 역설적으로 분자내에 빈틈(void)과 통로(channel)가 많이 존재하며, 작용기를 붙일 수 있는 말단기(end group)가 주변부에 많이 생긴다. 이러한 성질을 약물의 표적 전달(targeted drug delivery)과 같은 치료의 목적으로 응용하고 있다.

1.2.2 단일중합체

공식적으로 단일중합체는 한 종류의 단량체로부터 만들어진 고분자를 말한다. 하지만 **단일중합체(homopolymer)** 라는 말은 종종 한 종류의 **반복 단위(repeat unit)** 를 반복함으로써 그 구조를 나타낼 수 있는 모든 고분자를 총칭하기도 한다. 여기서 반복 단위는 하나 이상의 **단량체 단위(monomer unit)** 를 포함한다. 단량체 단위는 종종 **구조 단위(structural unit)** 로 언급되기도 한다.

고분자의 화학 구조는 주로 괄호 내에 반복 단위를 넣어 나타낸다. 이런 식으로 가상의 단일중합체 ~~A–A–A–A–A–A–A–A~~는 $\left[\text{A}\right]_n$로 나타낼 수 있으며, 여기서 n은 반복 단위의 개수를 의미한다. 표 1.1은 일부 단일중합체의 화학 구조를 단량체로 보여 주고 있으며, 그 특성과 용도 역시 설명하고 있다. 화학 구조에서의 약간의 차이가 그 성질에 있어서는 매우 중대한 차이를 야기한다. 표 1.1의 (9)와 (10)은 반복 단위가 두 개의 단량체(구조적)로 이루어진 단일중합체의 예이다. 다른 예의 경우는 반복 단위와 단량체 단위가 동일하다.

고분자를 명명하거나 또는 그 이름으로부터 고분자의 화학 구조를 확인하는 것은 매우 어려운 일이다. 대부분 고분자가 하나 이상의 명칭을 가질 뿐만 아니라 특정 고분자의 경우에는 다양한 상품명(trade name)을 가지고 있기 때문이다. 이렇게 상품명이 따로 있는 이유는 논란의 여지가 있는 고분자의 화학적 구조를 보다 명확하고 단순하게 나타내기 위함이다.

표 1.1의 고분자는 기본적인 명명법을 통하여 그 이름을 나타낸 것이다. 이렇게 고분자의 근원을 기반(source-based)으로 한 명명법은 단량체의 이름 앞에 'poly'라는 접두어를 붙이고, 단량체의 이름이 한 단어가 아닐 경우에는 괄호 안에 넣는다. 구조 기반(structure-based) 명명법의 경우에 접두어 'poly'가 반복 단위의 화학 구조를 설명하는 괄호 앞에 붙는다. 이 명명법으로 표 1.1의 고분자 (9)와 (10)의 이름을 나타내었다.

1.2.3 공중합체

공중합체(copolymer) 는 공식적으로 한 종류 이상의 단량체로부터 파생되는 고분자를 의미한다. 하지만 일반적으로 단일중합체의 쓰임에 따라 구조를 기반으로 정의한다. 일반적으로 공중합체는 두 개 이상의 서로 다른 반복 단위로 이루어진 고분자를 의미한다. 따라서 표 1.1의 고분자 (9)와 (10)은 주로 공중합체보다는 단일중합체로 간주된다.

공중합체는 고분자 사슬에 반복 단위가 어떻게 배열되어 있는지에 따라서 몇 가지 카테고리로 분류된다. 서로 다른 두 종류의 반복 단위(A와 B)로 이루어진 간단한 공중합체를 예로 들어 카테고리를 설명할 수 있다.

통계 공중합체(statistical copolymer) 는 반복 단위가 특정한 통계 규칙(예: Markovian 과정)을 따르면서 배열되어 있는 공중합체이다. **불규칙 공중합체(random copolymer)** 는

표 1.1 일부 잘 알려진 단일중합체

단량체	고분자	설명
1. Ethylene $CH_2{=}CH_2$	Polyethylene(PE) $\text{-}[CH_2-CH_2]_n\text{-}$	주형된 물체, 배관, 필름, 전기 절연, 예: ‘Alkathene’, ‘Lupolen’.
2. Propylene $CH_2{=}CH(CH_3)$	Polypropylene(PP) $\text{-}[CH_2-CH(CH_3)]_n\text{-}$	PE과 유사함; 더 낮은 밀도, 더 강화됨, 예: ‘Propathene’, ‘Novolen’.
3. Tetrafluoroethylene $CH_2{=}CH_2$	Polytetrafluoroethylene(PTFE) $\text{-}[CF_2-CF_2]_n\text{-}$	몰딩, 필름, 코팅; 높은 온도 저항성, 화학적으로 비활성, 우수한 전기 절연체, 매우 낮은 마찰 계수, 비쌈, 예: ‘Teflon’, ‘Fluon’.
4. Styrene 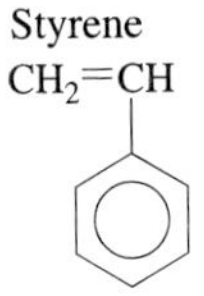	Polystyrene (PS) 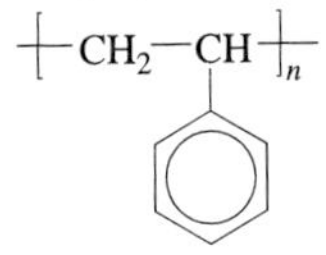	값싼 주형 물체, 예: ‘Styron’, ‘Hostyren’. 고무와 함께 인성을 향상시킴, 예: 내충격 polystyrene(HIPS)과 acrylonitrile-butadiene-styrene 공중합체(ABS). Polystyrene을 만들기 위해 혼합된 발포제(예: pentane)의 기화에 의해 확장됨.
5. Methyl methacrylate $CH_2{=}C(CH_3)-C({=}O)-OCH_3$	Poly(methyl methacrylate)(PMMA) $\text{-}[CH_2-C(CH_3)(C({=}O)OCH_3)]_n\text{-}$	투명 판과 몰딩; 비행기 창문에 사용됨; PS보다 값비쌈, 예: ‘Perspex’, ‘Diakon’, ‘Lucite’, ‘Oroglass’, ‘Plexiglas’.
6. Vinyl chloride $CH_2{=}CH(Cl)$	Poly(vinyl chloride)(PVC) $\text{-}[CH_2-CH(Cl)]_n\text{-}$	배수관과 홈통, 병, 축음기 음반; PVC 가죽을 만들기 위해 가소화됨, 비옷, 가요성 파이프와 호스, 장난감, 전기 케이블의 피복제, 예: ‘Darvie’, ‘Welvic’, ‘Vinoflex’, ‘Hostalit’.
7. Vinyl acetate $CH_2{=}CH-O-C({=}O)-CH_3$	Poly(vinyl acetate) $\text{-}[CH_2-CH(O-C({=}O)-CH_3)]_n\text{-}$	표면 착색, 접착제, 껌.
8. Ethylene oxide CH_2-CH_2 (O 고리)	Poly(ethylene oxide)(PEO) $\text{-}[CH_2-CH_2-O]_n\text{-}$	수용성 패킹 필름, 점증제, 예: ‘Carbowax’.
9. Ethylene glycol $HO-CH_2-CH_2-OH$ 그리고 terephthalic acid 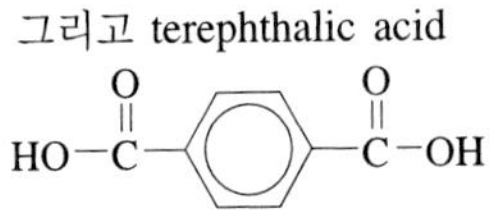	Poly(ethylene terephthalate)(PET)[a] 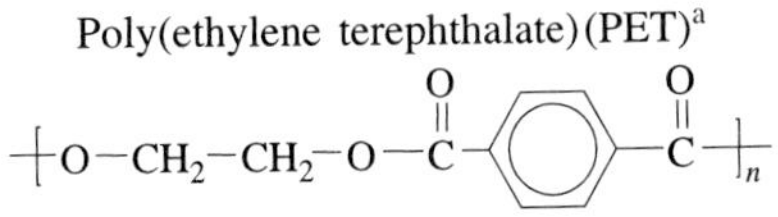	직물 섬유, 필름, 병, 예: ‘Terylene’, ‘Dacron’, ‘Melinex’, ‘Mylar’.
10. Hexamethylene diamine $H_2N-(CH_2)_6-NH_2$ 그리고 sebacic acid $HO-C({=}O)-(CH_2)_8-C({=}O)-OH$	Poly(hexamethylene sebacamide)(nylon 6.10)[a] $\text{-}[N(H)-(CH_2)_6-N(H)-C({=}O)-(CH_2)_8-C({=}O)]_n\text{-}$ 6 탄소 / 10 탄소	몰딩, 섬유, 예: ‘Ultramid 6.10’.

[a] 고분자는 반복 단위에서 두 단량체 단위를 가진다.

반복 단위의 배열이 불규칙인 공중합체로서 통계 공중합체의 특수한 경우이다(오래된 교재나 일부 학술지에서는 불규칙 고분자라는 용어가 불규칙과 비불규칙 통계 공중합체 모두를 가리키고 있으므로 주의해야 한다). 불규칙 공중합체는 다음과 같이 표현할 수 있다.

~~B–B–B–A–B–B–A–B–A–A~~

교대 공중합체(alternating copolymer)는 두 종류의 반복 단위만을 가지며 반복 단위가 고분자 사슬을 따라서 교대로 배열된다.

~~A–B–A–B–A–B–A–B–A–B~~

일반적으로 통계, 불규칙, 교대 공중합체는 그와 상응하는 단일중합체 성질의 중간 단계인 성질을 가진다. 따라서 공중합체를 합성함으로써 원하는 단일중합체의 성질들을 단일 물질이 갖도록 하는 것이 가능하다. 일반적으로 단일중합체는 서로 섞이지 않기 때문에 단순히 단일중합체를 섞는 것만으로 원하는 성질을 얻을 수 없다.

블록 공중합체(block copolymer)는 선형 공중합체로 같은 종류의 반복 단위가 긴 서열이나 **블록**을 이루고 있다. 잘 알려진 두 가지 블록 공중합체 구조는 다음과 같다. 주로 블록 공중합체는 AB형 이중블록(di-block) 또는 ABA형 삼중블록(tri-block) 공중합체라고 한다.

A–A–A–A–A–A–A–A–A–A–B–B–B–B–B–B–B–B–B–B

A–A–A–A–A–A–A–A–B–B–B–B–B–B–B–A–A–A–A–A–A–A–A

그래프트 공중합체(graft copolymer)는 가지의 화학 구조가 주사슬의 화학 구조와 다른 가지 고분자다. 가장 단순한 형태는 주사슬이 한 종류의 반복 단위로 이루어져 있고, 가지가 다른 종류의 반복 단위로 이루어진 경우이다.

```
            B–B–B–B–B–B
            |
            B
            |
A–A–A–A–A–A–A–A–A–A–A–A–A–A–A–A–A–A–A–A
                        |
                        B
                        |
                        B–B–B–B–B–B–B–B
```

앞서 설명한 공중합체와 달리 블록 공중합체와 그래프트 공중합체는 주로 구성하는 단일중합체의 특성을 가진다. 하지만 단일중합체들의 서열 간의 화학적 결합이 서로가 독립적인 거동을 보이는 것을 방해하는데, 이로 인하여 독특한 특성을 나타내기도 한다.

현재 사용되고 있는 단일중합체의 명명 원칙은 표 1.2에 정리되어 있다. 여기서, A와 B는 근원 또는 구조 기반의 반복 단위 명칭을 나타낸다. 이런 식으로 에틸렌과 프로필렌의 통계 공중합체는 poly(ethylene-*stat*-propylene), 스타이렌(A)과 아이소프렌(B)의 ABA형 삼중블록 공중합체는 polystyrene-*block*-polyisoprene-*block*-polystyrene으로 명명된다. 경우에 따라서 추가로 꺾쇠 괄호 표시가 필요하기도 한다. 예를 들어, 스타이렌과 말레산무수물(maleic anhydride)의 교차 공중합체는 poly[styrene-*alt*-(maleic anhydride)]으로 명명한다.

표 1.2 공중합체의 명명 원리

공중합체 유형	명명 예
명시되지 않음	Poly(A-*co*-B)
통계	Poly(A-*stat*-B)
불규칙	Poly(A-*ran*-B)
교대	Poly(A-*alt*-B)
블록	PolyA-*block*-polyB
그래프트[a]	PolyA-*graft*-polyB

[a] 폴리 A 주사슬에서 폴리 B 가지에 대한 예이다.

1.2.4 고분자의 분류

그림 1.3은 가장 많이 쓰이는 고분자 분류 방법이다. 우선 다음과 같이 세 가지 그룹으로 고분자를 분류할 수 있다: **열가소성(thermoplastic)**, **탄성(elastomer)**, **열경화성(thermoset)**. 열가소성은 다시 결정성 고분자와 무정형(혹은 비결정성) 고분자로 나뉘어진다. 이 분류 방

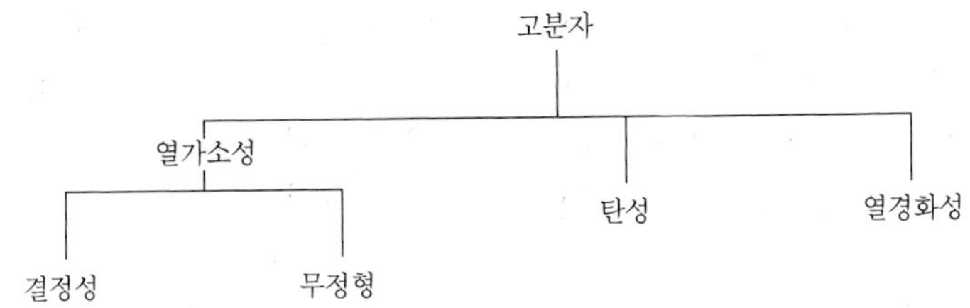

그림 1.3
고분자 분류.

법은 기본적으로 고분자의 분자 구조를 기준으로 하기 때문에 다른 분류에 비해 이점이 있다.

플라스틱으로 언급되기도 하는 **열가소성** 고분자는 선형 혹은 가지 고분자로 열을 가해 주면 액체가 된다. 열가소성 고분자는 사출 성형과 압출 성형 등의 공정을 통하여 쉽게 그 형태를 변형시킬 수 있으며, 현재 상업적으로 가장 많이 생산되는 고분자이다. 일반적으로 열가소성 고분자는 고체 상태까지 냉각시켜도 결정화되지 않는데, 이는 액체 상태에서 고분자 사슬이 매우 꼬이고 얽혀 있어서 정렬하기 힘들기 때문이다. 결정화가 항상 되는 고분자라 하더라도 완벽히 결정화되지는 않는다. 대신에 결정질과 비결정질을 모두 가지고 있는 **반결정성 (semi-crystalline)** 상태를 형성한다. 이러한 고분자의 결정상 (crystalline phase) 은 **녹는점** T_m에 의하여 그 성질이 결정되는데, 녹는점 이상의 온도하에서 압출, 사출, 압축 성형과 같은 기존의 공정을 통하여 가공할 수 있다.

하지만 대부분의 열가소성 고분자는 완전히 비결정질이므로 열처리 (annealing) 에 의해서도 결정화되지 않는다. 비결정성 고분자와 반결정성 고분자의 비결정 상태는 **유리 전이 온도 (glass transition temperature)** T_g를 갖는데, 유리 전이 온도는 고분자가 **유리질 (glassy)** 상태 (단단한) 에서 **고무질 (rubbery)** 상태 (부드러운) 로 급격히 변화하기 시작하는 온도이다. 유리 전이 온도는 사슬이 움직이기 시작하는 온도으로 볼 수 있다. T_g 이하의 온도에서는 고분자 사슬이 움직일 수 없고 고정되어 있다. T_m과 T_g 모두 사슬 강성도 및 분자간의 인력이 증가함에 따라 증가한다.

고분자에 대하여 이야기할 때 일반적으로 잘못 알려져 있는 것은 완전한 비결정성 고분자도 역시 '녹는다' 라고 표현하는 것이다. 사실 비결정성 고분자는 녹지 않으며 (정렬된 결정상이 없기 때문에 녹을 부분이 없다), 온도가 T_g 이상으로 증가함에 따라 소위 용융 가공 (melt processing) 을 하기에 충분히 낮은 점성이 될 때까지 꾸준히 감소하는 것이다.

탄성 고분자는 고무질의 가교된 고분자 (즉, 고무질의 그물구조) 로서 쉽게 늘어나며 (예: 원래 크기의 3~10배), 가해준 응력을 풀어주면 다시 원래 형태로 재빨리 돌아온다. 이런 유용한 성질은 분자 구조가 그물구조이기 때문에 나타난다. 고무질의 고분자 사슬은 인장 시 그 형태가 변형되지만, 가교결합에 의하여 영구적으로 변형되지 않고 가해준 응력을 풀어주면 원래의 형태로 돌아오게 된다. 탄성 고분자는 종종 고무라고 불리는데, 엄밀하게는 가교되지 않은 고무질의 고분자를 설명하는 데 사용되어야 한다.

열경화성 고분자 역시 그물구조의 고분자이지만, 가교된 정도가 높아서 사슬의 움직임이 크게 제한되기 때문에 딱딱하다. 탄성 고분자는 일단 형성되면 가공이 매우 어렵고, 가열 시에 액체가 되는 것이 아니라 분해된다. 따라서 압축 성형 등의 방법으로 가공할 때는 최소한의 열을 가해주는 것이 중요하다.

1.3 몰질량과 중합도

고분자의 성질은 고분자 사슬의 크기에 영향을 받기 때문에, 고분자 사슬의 크기를 파악하는 것이 중요하다. 이는 고분자의 1몰 (mol) 당 질량, 즉 **몰질량 (molar mass)** M을 측정함으로써 가능하다. 몰질량은 대게 g mol^{-1} 또는 kg mol^{-1}의 단위로 인용된다. 몰질량 대신에 '분자량'이 사용되기도 하는데, 오해의 소지가 있어 바람직하지 않다. 분자량은 실제로 무차원의 양 (dimensionless quantity) 으로 표시되고, 상대 몰질량 (relative molar mass)

을 의미하며, 분자 하나당의 질량과는 다르다. 물론, 각 분자의 무게는 매우 작다(예를 들어, 대부분 고분자의 경우에 약 10^{-19}~10^{-18} g). 분자량에 단위 g mol^{-1}을 곱해주면 그 분자량에 상응하는 몰질량을 구할 수 있다. 예를 들어, 분자량이 100,000인 경우에 몰질량은 100,000 g mol^{-1}이다. 이는 다시 100 kg mol^{-1}로 나타낼 수 있다.

그물구조 고분자의 경우에 본질적으로 그 몰질량은 무한하다. 따라서 그물구조 고분자에서 유일하게 의미 있는 몰질량은 접합 지점 간에 존재하는 고분자 사슬의 몰질량이 된다(예: **그물구조 사슬**).

단일중합체의 몰질량은 **중합도** x와 관련이 있는데, 이는 단순히 고분자 사슬에서 반복 단위의 개수를 의미한다.

$$M = xM_0 \tag{1.1}$$

여기서 M_0는 반복 단위 하나의 몰질량이다. 식 1.1은 공중합체에서도 사용될 수 있는데, 이런 경우에는 M_0를 M_0^{cop}로 바꿔야 한다. M_0^{cop}는 공중합체의 고분자의 조성을 고려한 공중합체 반복 단위들의 평균 몰질량이다.

$$M_0^{cop} = \sum X_j M_0^j \tag{1.2}$$

여기서,

X_j는 몰분율(mole fraction)이고,

M_0^j는 공중합체에서 'j' 유형의 반복 단위 몰질량이다.

1.3.1 몰질량 분포

일부 예외를 제외하고 고분자는 다양한 몰질량을 갖는 거대분자(또는 그물구조 사슬)로 이루어져 있다. 몰질량은 M_0의 배수로 변하기 때문에 몰질량 분포는 불연속적이다. 하지만 대부분 고분자의 경우, 몰질량의 전체 범위에 비해 간격이 매우 작아 그림 1.4와 같이 몰질량 분포가 연속적이라고 가정할 수 있다.

1.3.2 몰질량 평균

완전한 몰질량 분포에 대한 지식은 고분자를 사용하는 많은 경우에 필수적이지만, 몰질량 평균에 관하여 분포를 분석하는 것이 편리하다. 이 몰질량 평균은 보통 고분자 분포의 불연속적인 성질을 고려하여 정의가 되는데, 이 분포 내에서 거대분자는 몰질량 M_i를 가지는 N_i 분자들을 포함하는 불연속적인 분율(discrete fractions) 'i' 안에서 존재하게 된다.

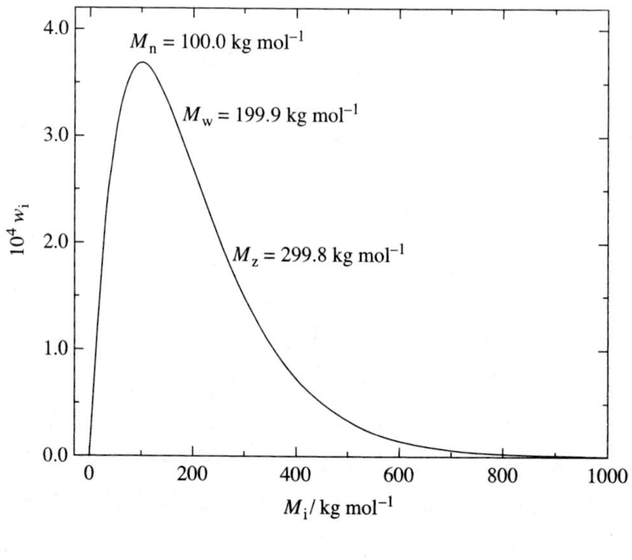

▶ **그림 1.4**
전형적인 무게-분율과 몰질량 분포 곡선(반복 단위의 몰질량이 100 g mol^{-1}일 때 가장 발견될 확률이 큰 고분자의 경우).

수평균 몰질량(**number-average molar mass**) $\bar{M}_n$은 각 분율의 몰질량과 몰분율에 대한 곱의 합으로 정의된다.

$$\bar{M}_n = \sum X_i M_i \tag{1.3}$$

여기서 X_i는 몰질량 M_i을 가지는 분자들의 몰분율이고, N_i와 전체 분자수의 비율로 구해진다. 그러므로 다음과 같은 등식이 정의된다.

$$\bar{M}_n = \frac{\sum N_i M_i}{\sum N_i} \tag{1.4}$$

이 수평균 몰질량은 몰질량 분포의 수적인 평균을 나타낸다. 종종 분자의 수를 세는 것보다 무게 분율을 사용하는 것이 더 편리하게 된다. 무게 분율 w_i는 몰질량 M_i를 가지는 분자들의 질량을, 존재하는 모든 분자들의 총질량으로 나눈 값으로 정의한다.

$$w_i = \frac{N_i M_i}{\sum N_i M_i} \tag{1.5}$$

위 등식은 다음과 같은 수식으로 유도가 가능하다.

$$\sum\left(\frac{w_i}{M_i}\right) = \frac{\sum N_i}{\sum N_i M_i} \tag{1.6}$$

식 1.4와 1.6을 조합하면 $\bar{M}_n$을 질량 분율에 관하여 표현할 수 있다.

$$\bar{M}_n = \frac{1}{\sum(w_i/M_i)} \tag{1.7}$$

무게 평균 몰질량(**weight average molar mass**) $\bar{M}_w$는 각 분율의 몰질량과 각 무게 분율을 곱한 것의 합으로 정의된다.

$$\bar{M}_w = \sum w_i M_i \tag{1.8}$$

위 식과 식 1.5를 조합하면, 분자들의 수에 관하여 다시 표현할 수 있다.

$$\bar{M}_w = \frac{\sum N_i M_i^2}{\sum N_i M_i} \tag{1.9}$$

$\bar{M}_w/\bar{M}_n$은 **다분산지수**(**polydispersity index**) 또는 **동질성 지표**(**heterogeneity index**, 흔히 **PDI**로 언급된다)로 알려져 있으며, 정의에 의하여 **다분산**(**polydisperse**) 고분자의 경우에는 1보다 그 값이 커야 한다. $\bar{M}_w/\bar{M}_n$는 분산 곡선에 대한 충분한 정보를 알려주지 못하지만 몰질량 분포의 너비를 측정하는 데 사용될 수 있다. 많은 고분자가 다양한 다분산지수를 갖지만, 대부분 $\bar{M}_w/\bar{M}_n$는 1.5~2.0 범위 내에 있다. 완전히 **단분산**(**monodisperse**)인 고분자의 경우에 $\bar{M}_w/\bar{M}_n$는 1이다.

2009 IUPAC(국제 순수 및 응용 화학 연맹)은 오랫동안 사용되어 온 '단분산' 및 '다분산'이란 단어의 사용에 대하여 비판해 왔다(단분산은 자기모순적인 용어이며, 다분산은 중복성을 갖는 용어이기 때문이다). 부연설명하자면, IUPAC는 단일 고분자종으로 구성된 고분자 시료는 **균일 고분자**(**uniform polymer**, 단분산 대신)로 명명해야 하며, 다양한 몰질량의 거대분자종으로 구성된 고분자 시료는 **비균일 고분자**(**non-uniform polymer**,

다분산 대신)로 명명할 것을 권고하였다. 또한 다분산도(polydispersity)를 새로운 용어인 **분산도(dispersity**, 심볼 $Đ$)로 교체할 것을 권고하였다. 여기에서 $Đ_M$는 몰질량 분산도(= $\bar{M}_w/\bar{M}_n$)이며, $Đ_X$는 중합도 분산도이다(= $\bar{x}_w/\bar{x}_n$). 대부분의 고분자는 $Đ = Đ_M = Đ_X$이다. 이들 새 용어가 세계 고분자 학회의 용어 혹은 출간물에 사용되는 것은 시기상조이지만, 권고안이 합리적이고 올바른 영어 사용을 기반으로 하므로 이 책에서는 새 용어를 계속 사용할 것이다.

$\bar{M}_w$보다 큰 몰질량도 종종 인용되고 있다. 예를 들어, 특정 몰질량 측정 방법(예: 침강 평형법, 동적 광산란법 등)은 다음과 같이 정의되어 있는 **z-평균 몰질량** $\bar{M}_z$을 얻을 수 있다.

$$\bar{M}_z = \frac{\sum N_i M_i^3}{\sum N_i M_i^2} = \frac{\sum w_i M_i^2}{\sum w_i M_i} \tag{1.10}$$

또한, 더 복잡한 지수를 포함하고 있는 평균은 다른 측정 방법을 통하여 구할 수 있다(예: 묽은 용액 점도법, 침강 측정법 등).

다음 장에서도 강조하겠지만 고분자와 중합 반응의 이론적 분석에서 중합도 평균은 몰질량 평균보다 훨씬 중요하다. 단일중합체의 경우에 중합도의 평균은 몰질량의 평균을 M_0로 나누어 쉽게 구할 수도 있다. 따라서 **수평균** 및 **무게 평균 중합도**는 다음과 같이 나타낼 수 있다.

$$\bar{x}_n = \frac{\bar{M}_n}{M_0} \tag{1.11}$$

그리고

$$\bar{x}_w = \frac{\bar{M}_w}{M_0} \tag{1.12}$$

동일 등식을 이용하고 M_0를 M_0^{cop}로 대체함으로써 공중합체의 $\bar{x}_n$와 $\bar{x}_w$ 역시 계산할 수 있다.

문제

1.1 수평균 몰질량이 89,440 g mol^{-1}인 폴리스타이렌 시료가 있다. 말단기의 영향은 무시하고, 이 시료의 수평균 중합도를 구하시오.
시료의 몰질량 분산도가 1.5라고 가정하고, 무게 평균 몰질량을 구하시오.

1.2 12.9 wt%의 비닐 아세테이트(vinyl acetate) 반복 단위로 이루어진 poly[ethylene-*stat*-(vinyl acetate)]가 있다. 이 고분자의 반복 단위 몰질량을 구하시오. 수평균 분자량이 39,870 g mol^{-1}로 주어졌을 때, 공중합체의 수평균 중합도를 구하시오.

1.3 다음과 같이 몰질량 분포가 매우 좁은 폴라스타이렌 시료로부터 제조된 세 가지 혼합물이 있다. 여기서, 폴리스타이렌 시료는 각각 10,000, 30,000, 100,000 g mol^{-1}의 몰질량을 가진다.
(a) 각 시료의 분자수는 같다.
(b) 각 시료의 무게는 같다.
(c) 분자량이 각각 10,000과 100,000 g mol^{-1}인 두 시료를 0.145 : 0.855의 무게 비율로 혼합하였다.
각 혼합물에 대하여, 수평균 몰질량 및 무게 평균 몰질량을 구하고, 각각의 값이 무엇을 의미하는지 말하시오.

참고 문헌

General Historical and Introductory Reading

참고 문헌 대부분이 오래된 용어들을 사용하며 이미 절판되었지만, 이 책들은 고분자 과학에 대한 우수하고 간결한 정보를 제공해 주며 도서관에서 찾을 수 있다.

Campbell, I.M., *Introduction to Synthetic Polymers*, 2nd edn., Oxford University Press, New York, 2000.
Elias, H.-G., *Mega Molecules*, Springer-Verlag, New York, 1987.
Greenwood, C.T. and Banks, W., *Synthetic High Polymers*, Oliver & Boyd, Edinburgh, U.K., 1968.
ICI Plastics Division, *Landmarks of the Plastics Industry*, Kynoch Press, Birmingham, U.K., 1962.
Kaufman, M., *The First Century of Plastics – Celluloid and Its Sequel*, The Plastics Institute, London, U.K., 1963.
Mandelkern, L., *An Introduction to Macromolecules*, 2nd edn., Springer-Verlag, New York, 1983.
Mark, H.F., *Giant Molecules*, Time-Life International, New York, 1970.
Morawetz, H., *Polymers – The Origins and Growth of a Science*, John Wiley & Sons, New York, 1985.
Nicholson, J.W., *The Chemistry of Polymers*, Royal Society of Chemistry, London, U.K., 1991.
Tonelli, A.E. and Srinivasarao, M., *Polymers from the Inside Out: An Introduction to Macromolecules*, John Wiley & Sons, New York, 2001.
Treloar, L.R.G., *Introduction to Polymer Science*, Wykeham Publications, London, 1970.

Macromolecular Nomenclature

Barón, M., Bikales, N., Fox, R., and Work, W., Macromolecular nomenclature and terminology: A brief history of IUPAC activities, *Chemistry International*, **24(6)**, 10 (2002).
Jenkins, A.D. and Loening, K.L., Nomenclature, in *Comprehensive Polymer Science*, Allen, G. and Bevington, J.C. (eds), Chap. 2, Vol. 1 (Booth, C. and Price, C., eds), Pergamon Press, Oxford, U.K., 1989.
Metanomski, W.V., *Compendium of Macromolecular Nomenclature*, Blackwell Science, Oxford, U.K., 1991.

02 중합의 원리

2.1 서론

가장 기본적인 중합 요건은 각 단량체 분자가 화학 반응으로 두 개 이상의 다른 단량체 분자와 결합할 수 있어야 한다. 다시 말해서, 단량체는 두 개 이상의 **작용성(functionality)**을 가져야 한다. 이러한 비교적 단순한 요건에 따라 중합에 영향을 미치는 많은 화학 반응과, 이와 관련된 많은 단량체 유형들이 존재할 수 있다. 따라서 매우 많은 수의 합성 고분자가 존재하는데, 대부분 한 가지 이상의 중합 반응으로 형성될 수 있으며, 매우 많은 수의 중합 반응이 보고되었다. 각각의 중합 반응에 대해 논의하는 것은 매우 방대한 업무이지만 다행히도 대부분의 중합 반응이 각기 다른 독특한 특성을 가지는 세부 분류로 나누어지기 때문에 필요하지 않다.

이 장의 목적은 중합(반응)의 가장 중요한 몇 가지 원리를 규정하는 것이다. 이 원리는 이후 장에서 차례로 설명되고 있으며, 현재 사용되고 있는 중합 반응의 가장 중요한 유형에 대한 화학 및 동역학의 세부 설명을 제시한다.

2.2 중합 반응의 분류

고분자 과학 형성기에 사용된 중합 반응의 분류는 Carothers에 의해 이루어졌으며, 고분자의 분자식을 고분자를 형성하고 있는 단량체의 분자식과 비교하는 방법을 이용하였다. **축합 중합(condensation polymerization)**은 고분자를 구성하고 있는 단량체보다 더 적은 원자수를 가진 반복 단위체들로 구성된 고분자를 형성한다. 이는 주로 저분자의 제거와 관련된 화학 반응으로부터 발생한다(예: H_2O, HCl). **첨가 중합(addition polymerization)**은 고분자를 구성하고 있는 단량체와 동일한 분자식을 가지는 반복 단위체들로 구성된 고분자를 형성한다. 표 1.1은 각각의 예를 나타낸다. 뒤의 두 사례는 H_2O의 제거와 관련된 축합 중합이며, 나머지는 첨가 중합이다.

Carothers의 분류 방법은 일부 축합 중합이 첨가 중합의 전형적인 특성을 가지며, 일부 첨가 중합은 전형적인 축합 중합의 특성을 가진다는 것이 확인되면서 더 이상 정확하지 않은 것으로 판명되었다. 더 나은 분류 기준은 두 가지 일반적인 유형을 갖는 기초적인 중합 메커니즘을 고려한다. 어느 두 가지 분자종 사이에서 발생하는 반응에 의해 순차적으로 생성되는 고분자 사슬의 중합 반응을 **단계 성장 중합(step growth polymerization)**이라고 한다. 성장하는 사슬의 반응성 말단기와 단량체의 반응에 의해 생성되는 고분자의 중합 반응을 **사슬 성장 중합(chain growth polymerization)**이라고 하며, 일반적으로 사슬의 성장을 시작하기 위해 **개시제(initiator)**와 단량체 간 초기 반응을 필요로 한다.

최근에는 **단계 중합(step polymerization)**이나 **사슬 중합(chain polymerization)** 등으로 명칭을 단순화시키고 있으며, 이 책에서도 단순화된 명칭을 사용하고 있다. 표 2.1은 이들 중합 분류 간에 핵심적인 차이를 설명하고 있으며, 중합 사슬의 성장에 관련된 반응

표 2.1 단계 중합과 사슬 중합의 반응 메커니즘에 대한 기본적인 차이[a]

형태	단계 중합	사슬 중합
이합체	o+o → o–o	I+o → I–o
		I–o+o → I–o–o
삼합체	o–o+o → o–o–o	I–o–o+o → I–o–o–o
사합체	o–o–o+o → o–o–o–o	I–o–o–o+o → I–o–o–o–o
	o–o+o–o → o–o–o–o	
오합체	o–o–o–o+o → o–o–o–o–o	I–o–o–o–o+o → I–o–o–o–o–o
	o–o+o–o–o → o–o–o–o–o	
육합체	o–o–o–o–o+o → o–o–o–o–o–o	I–o–o–o–o–o+o → I–o–o–o–o–o–o
	o–o+o–o–o–o → o–o–o–o–o–o	
	o–o–o+o–o–o → o–o–o–o–o–o	
칠합체	o–o–o–o–o–o+o → o–o–o–o–o–o–o	I–o–o–o–o–o–o+o → I–o–o–o–o–o–o–o
	o–o+o–o–o–o–o → o–o–o–o–o–o–o	
	o–o–o+o–o–o–o → o–o–o–o–o–o–o	
팔합체	o–o–o–o–o–o–o+o → o–o–o–o–o–o–o–o	I–o–o–o–o–o–o–o+o → I–o–o–o–o–o–o–o–o
	o–o+o–o–o–o–o–o → o–o–o–o–o–o–o–o	
	o–o–o+o–o–o–o–o → o–o–o–o–o–o–o–o	
	o–o–o–o+o–o–o–o → o–o–o–o–o–o–o–o	

[a] I = 개시제종, o = 단량체와 반복 단위의 분자, – = 화학 결합.

을 8까지 제시하고 있다.

단계 중합에서 중합도는 반응이 진행됨에 따라 서서히 증가하지만, 단량체는 초기 단계에서 빠르게 소모된다(예: $\bar{x}_n = 10$일 때, 단량체의 1%만 반응하지 않고 남아 있음). 모든 고분자 사슬은 작용기(functional group)의 사슬 결합을 통해 반응이 진행되므로 계속해서 성장한다. Carothers는 높은 중합도($\bar{x}_n > 100$)를 얻기 위해 작용기의 반응 진척도(extent of reaction)가 매우 높아야 한다는 것을 바로 인식했으며(99.9% 이상), 이를 달성하기 위해서 실험 기구의 설계에 유의할 점을 파악하였다. 단계 중합에서의 이러한 중요한 특성은 부반응이 아예 없거나 거의 없는 **청정(clean)** 반응을 이용해야 한다는 것을 강조하고 있다.

반면 사슬 중합에서의 높은 중합도는 낮은 단량체 변환으로 얻게 되고, 단량체는 반응 중 서서히 소모된다. 성장이 시작된 후, 각 고분자 사슬은 사슬 말단에 있는 반응 자리(reactive site)로 단량체 분자의 연속적인 첨가를 통해 빠르게 형성된다. 많은 사슬 중합에서, 1000개가 넘는 반복 단위체들은 1초 이내에 단일 전파 사슬(single propagating chain)로 첨가되며, 불과 몇 초 혹은 그 이내의 사슬 성장 후에 사슬 반응성이 소실된다(다시 말해서, 활동이 종료되고 더 이상 전파되지 않는다). 단량체가 고분자로 변하는 비율이 증가하면 형성되는 고분자 분자의 수도 증가한다. 이미 형성된 고분자 분자의 중합도는 변하지 않는다.

2.3 단량체 작용성 및 고분자 골격 구조

단량체의 **작용성(functionality)**은 단량체에 존재하는 작용기의 수와 반드시 일치할 필요가 없기 때문에(즉, 단량체의 화학 구조로부터 정의하는 것은 항상 즉시 알 수 있을 정도로 명확하지는 않기 때문에) 생성되는 사슬 결합의 수로 정의하는 것이 가장 바람직하다. 표 1.1의 처음 일곱 가지 사례는 C=C 이중 결합을 포함하는 올레핀 단량체의 사슬 중합으로 형성된 고분자다. 각 C=C 이중 결합이 두 사슬 결합을 생성하므로 이들 단량체는 두 가지 작용성을 가진다. 여덟 번째 사례는 두 사슬 결합을 형성하는 에폭시기의 개환 사슬 중합이다. 따라서 산화 에틸렌도 두 작용성을 갖는다. 표 1.1의 나머지 두 사례는 상호 반응하는 작용기를 갖는 단량체의 단계 중합이다. 이들 사례에서 각 단량체는 두 작용기를 가지고 있어 두 작용성을 가지는데, 이것은 각 작용기가 보완적 작용기와의 반응에 의해서 단일 사슬 결합만을 생성하기 때문이다(예: 표 1.1의 사례(9)에서 $-CO_2H$기는 $-OH$기와 작용하여 H_2O가 소실되면서 단일 에스터 사슬 결합을 일으킨다). 따라서 표 1.1의 모든 사례는 두 작용성을 갖는 단량체의 **선형 중합(linear polymerization)** 이다.

만일 단량체가 둘 이상 작용성을 가지면, 이것은 가지를 형성하고, 특정 중합과 반응물 화학량론(reactant stoichiometry)에 따라 그물구조 고분자를 형성할 수도 있다. 단량체 작용기의 영향은 그림 2.1에 간략하게 표시하고 있다. 단량체 작용성의 영향에 대한 부분이 단순하게 표시되어 있지만, 그럼에도 작용기의 중요성을 잘 보여주고 있다. 덴드리머와 초곁사슬 고분자의 형성은 세 개 이상의 작용성을 가진 단량체를 통해 얻어졌으나, 그물구조 고분자가 형성될 수 없도록 통제되어 이행된다.

2.4 작용기 반응과 분자 크기: 균등 반응의 원칙

화학 반응은 상호작용하는 작용기 간에 부딪치는 동안 충돌의 결과로 진행된다. 각 충돌에서 작용기는 서로 분산되거나 반응할 때까지 반복적으로 충돌을 하게 된다. 정상적인 환경에서 작용기의 반응은 결합하는 분자의 충돌 빈도가 아닌 작용기의 충돌 빈도에 따른

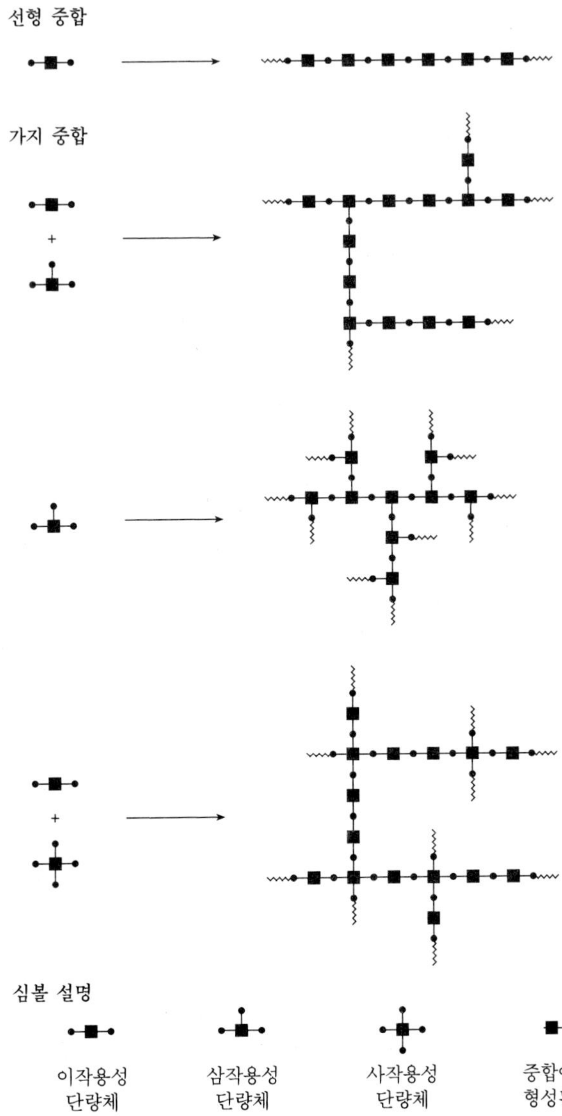

▶ 그림 2.1
단량체의 작용성이 고분자 골격 구조에 영향을 미치는 방법.

다. 분자 크기가 증가할수록, 분자 분산 속도가 줄어들어 충돌 간에 시간 주기가 커진다(예: 단위 시간당 충돌 횟수 감소). 이는 충돌당 더 많은 작용기 충돌을 일으키는 기간으로 보상된다. 따라서 작용기의 반응은 분자 크기에 독립적일 것으로 예상할 수 있다.

중합의 수학적 분석은 작용기의 고유 반응이 분자 크기에 독립적이고, 파생되는 단량체의 분자내에서 다른 작용기의 작용에 영향을 받지 않는다는 가정으로 크게 단순화된다. **작용기의 균등 반응**에 대한 원칙은 모형 반응의 동역학을 연구하여 많은 단계 중합화에서 작용기의 유효성을 검증한 Flory에 의해서 제안되었다. 이와 마찬가지로 사슬 중합의 동역학적 분석은 사슬 말단에서 활성종(active species)의 반응성이 중합도와는 독립적이라는 가정이 타당함을 보여주고 있다.

문제

2.1 염화 비닐의 중합 반응은 낮은 단량체 변환에서 높은 몰질량의 폴리(염화 비닐)을 형성하는 반면에, 테레프탈산이 있는 에틸렌 글리콜의 중합은 오직 매우 높은 $-OH$와 $-CO_2H$ 작용기 변환에서 높은 몰질량의 폴리(에틸렌 테레프탈레이트)를 형성한다(단량체와 고분자의 화학적 구조를 위해서 표 1.1의 (6)과 (9) 항목 참조).

각 중합에 대해서 이 관찰이 중합이 발생하는 유형에 대해 무엇을 나타내는지 설명하시오.

2.2 다음의 속도 계수 k_{ester}는 그 밑에 나타난 에스터화(esteriflcation) 반응 모형에 대한 연구로부터 얻어졌다.(자료 출처: Bhide, B.V. and Sudborough, J.J., *J. Indian Inst. Sci.*, 8A, 89, 1925.)

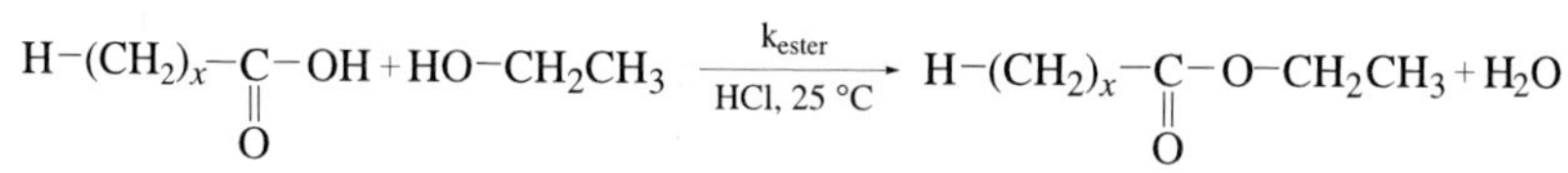

x	1	2	3	4	5	8	9	11	13	15	17
$k_{ester}/10^{-4}$ dm^3 mol^{-1} s^{-1}	22.1	15.3	7.5	7.5	7.4	7.5	7.4	7.6	7.5	7.7	7.7

폴리에스터 형성의 동역학적 분석을 위해서 이 자료들의 중요성을 간단하게 설명하시오.

2.3 에틸렌 글리콜 다이메타크릴레이트가 메틸 메타크릴레이트의 중합에 포함된다면, 형성된 고분자의 **골격** 구조에 미치는 효과에 대해서 설명하시오(표 1.1의 5번 항목 참조).

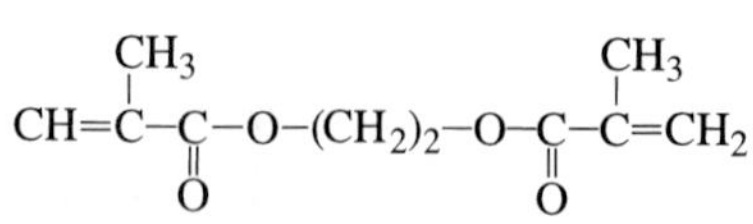

Ethylene glycol dimethacrylate

참고 문헌

Cowie, J.M.G. and Arrighi, V., *Polymers: Chemistry and Physics of Modern Materials*, 3rd edn., CRC Press, Boca Raton, FL, 2007.

Flory, P.J., *Principles of Polymer Chemistry*, Cornell University Press, Ithaca, NY, 1953.

Odian, G., *Principles of Polymerization*, 4th edn., Wiley-Interscience, New York, 2004.

03 단계 중합

3.1 서론

대부분의 경우 단계 중합은 사슬을 형성하는 반응과 연관되는, 간단한 유기화학의 논리적 확장이며, 이런 관점에서 1920년대와 1930년대에 이루어진 매우 중요한 Carothers의 업적을 바탕으로 한 최초의 중합 방식이다. 이 장에서는 단계 중합의 가장 중요한 형태를 소개하며, 그 예 또한 제시한다. 이 반응의 메커니즘은 학부 수준 유기화학 교재에서 쉽게 찾을 수 있는, 해당 작용기를 갖는 저분자량 화합물의 반응 메커니즘과 동일하기 때문에 생략한다.

대부분의 단계 중합은 헤테로원자를 갖는 연결기를 형성하는 반응을 포함하므로, 고분자는 대부분 중합 과정 중 형성되는 연결기의 형태에 따른 일반적 군으로 분류된다. 사슬 뼈대에서의 연결기에 따라 이름이 결정되는 몇몇 흔한 종류의 고분자가 표 3.1에 나와 있다.

단계 중합 중 대부분의 종류가 매우 단순한 연결 반응에 근거하고 있으며, 선형 단계 중합에 대한 가장 큰 과제는 유용한 성질을 발현할 수 있는 충분한 길이의 사슬을 얻기 위해서 극단적으로 높은 전환 반응을 해야 할 필요가 있다는 것이다. 이것은 매우 힘들므로, 선형 단계 중합으로 만들어지는 대부분의 고분자 몰질량은 사슬 중합으로 제조되는 고분자(보통 50~10,000 kg mol^{-1}) 보다 매우 작은 수치인 10~100 kg mol^{-1} 범위이며, 대개 15~30 kg mol^{-1}의 값을 가지기도 한다.

이 장은 사슬 중합의 범위보다 매우 짧은데, 그것은 단계 중합의 경우 그 화학 반응이 상대적으로 간단하지만, 사슬 중합의 경우에는 다양하고 또 상대적으로 복잡하기 때문이다(보통의 유기화학 교재에서는 포함되지 않기 때문에 다음 장에서는 반응 메커니즘이 나와 있다). 따라서 단계 중합에 적은 분량이 할당됨에도 불구하고, 고성능 고분자(예: Kevlar, PEEK) 뿐만 아니라 오늘날 자주 접하면서 상업적으로 널리 사용되고 있는 폴리에스터(polyester), 폴리아마이드(polyamide), 폴리우레탄(polyurethane), 폴리카보네이트(polycarbonate), 에폭시 수지(epoxy resin)의 제조에 단계 중합법이 이용된다고 강조하는 것은 매우 중요하다고 할 수 있다.

3.2 선형 단계 중합

단계 중합은 초기에 각 단량체에서 제공된, 서로 반응할 수 있는 작용기쌍 사이의 연속적인 반응을 수반한다. 하이드록실기(hydroxyl group)와 카복실기(carboxylic group)의 축합 반응에서 형성되는 에스터 연결 과정을 고려하면 알 수 있듯이 단량체 분자에 존재하는 작용기의 수가 결정적으로 중요한 요소이다. 아세트산(acetic acid)과 에틸 알코올(ethyl alcohol)은 물을 제거해 주면 서로 반응해서 에틸 아세테이트(ethyl acetate)를 만들어내는 **단일작용기(monofunctional)** 화합물이지만,

표 3.1 사슬 뼈대 속 헤테로원자 연결기에 따른 일반적인 고분자 이름 분류

고분자 종류	연결 구조
Polyether	~~O~~
Polysulphide	~~S~~
Polyester	~~C(=O)–O~~
Polycarbonate	~~O–C(=O)–O~~
Polyamide	~~C(=O)–N(H)~~
Polyurethane	~~N(H)–C(=O)–O~~
Polyurea	~~N(H)–C(=O)–N(H)~~

$$CH_3-\underset{\underset{O}{\|}}{C}-OH + HO-CH_2CH_3 \longrightarrow CH_3-\underset{\underset{O}{\|}}{C}-O-CH_2CH_3 + H_2O$$

에틸 아세테이트는 그 이상의 반응이 불가능하기 때문에 고분자 사슬이 형성되지 못한다. 또 다른 예로, 둘 다 **이작용기(difunctional)** 인 테레프탈산(terephthalic acid)과 에틸렌 글리콜(ethylene glycol) 간의 반응을 생각해 본다.

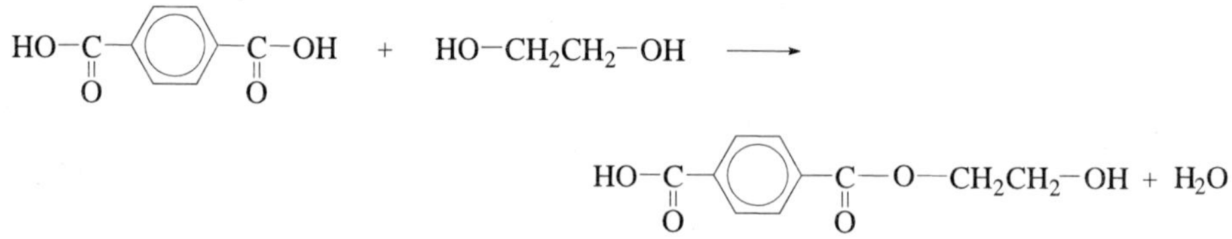

그 반응의 결과물은 하나의 카복실산 말단기와 하나의 하이드록실 말단기를 가지는 에스터이다(즉, 그것 또한 이작용기). 그러므로 이 **이량체(dimer)** 는 테레프탈산과 에틸렌 글리콜 또는, **이작용기 삼합체(difunctional trimer)** 나 **이작용기 사합체(difunctional tetramer)** 형성에 이르게 하는, 또다른 이량체 분자들과 함께 반응할 수 있다. 선형 고분자 사슬의 성장은 표 2.1에 제시된 단계 중합과 같은 방식으로 축합 반응을 경유하여 진행된다. 이런 이유로 **선형 단계 중합(linear step polymerization)** 은 **이작용기 단량체(difunctional monomer)** 의 반응을 의미한다. 만일 삼작용기 단량체가 포함된다면, 세 작용기의 각 반응은 가지 고분자를 형성하게 되고, 결국에는 그물구조를 만들게 될 수도 있다. 예를 들어, 테레프탈산이 글리세롤(glycerol, $HOCH_2CH(OH)CH_2OH$)과 반응을 한다면 그 결과물은 비선형 고분자일 것이다. 그래서 작용기의 수가 2보다 큰 단량체를 수반하는 중합은 비선형 고분자를 만들어 낼 것이고, 이를 개략적으로는 그림 2.1, 자세하게는 3.3절에서 볼 수 있다.

3.2.1 중축합

작은 분자들이 제거되는 반응을 수반하는 단계 중합을 **중축합(polycondensation)** 이라고 한다.

3.2.1.1 중축합에 의한 폴리에스터, 폴리아마이드, 폴리에터의 제조

3.2절에 묘사된 대로, 카복실산(carboxylic acid) 또는 산할로젠화물기(acid halide group)

와 알코올기의 반응에서 생성되는 선형 **폴리에스터(polyester)**의 형성은 중축합의 고전적인 예시이며, R_1과 R_2가 이가(보통 탄화수소)로 대체됨으로써 더욱 일반적인 경우를 대표할 수도 있다.

$$n\ \mathrm{HO{-}\underset{O}{\underset{\|}{C}}{-}R_1{-}\underset{O}{\underset{\|}{C}}{-}OH} + n\ \mathrm{HO{-}R_2{-}OH} \longrightarrow \mathrm{HO{\left[\underset{O}{\underset{\|}{C}}{-}R_1{-}\underset{O}{\underset{\|}{C}}{-}O{-}R_2{-}O\right]_n}H} + (2n-1)\ \mathrm{H_2O}$$

$$n\ \mathrm{X{-}\underset{O}{\underset{\|}{C}}{-}R_1{-}\underset{O}{\underset{\|}{C}}{-}X} + n\ \mathrm{HO{-}R_2{-}OH} \longrightarrow \mathrm{X{\left[\underset{O}{\underset{\|}{C}}{-}R_1{-}\underset{O}{\underset{\|}{C}}{-}O{-}R_2{-}O\right]_n}H} + (2n-1)\ \mathrm{HX}$$

X = Cl 또는 Br

카복실산과 알코올기 사이의 반응은 느리며, 보통 산 촉매 존재하에서 적절한 온도부터 높은 온도 사이(80~300°C)로 행해져야 한다. 3.2절에 나타낸 테레프탈산과 에틸렌 글리콜과의 반응은 가장 널리 쓰이는 폴리에스터인 폴리(에틸렌 테레프탈레이트)[poly(ethylene terephthalate)]를 만들어 낸다. 카복실산 할로젠화물은 반응성이 더욱 좋고, 폴리에스터를 만들기 위한 알콜기와의 반응은 실온에서 이루어지므로, 폴리에스터를 만들기 위해 실험실에서 간편하게 자주 이용된다.

위에 제시된 형태의 반응은, R이 이가이고 A와 B는 서로 반응할 수 있는 작용기로서 대표되는 **RA_2 + RB_2 단계 중합(RA_2 + RB_2 step polymerization)**을 가리킨다.

또한 폴리에스터는 두 가지 작용기를 동시에 가지는 단일 단량체에서도 얻을 수가 있는데, ω-하이드록시 카복실산(ω-hydroxy carboxylic acid)이 바로 그것이다(ω-하이드록시 카복실산 할로젠화물 단량체는 그렇지 못한데, 하이드록실기에 대한 카복실산 할로젠화물의 높은 반응성 때문에 만들어질 수가 없기 때문이다).

$$n\ \mathrm{HO{-}R{-}\underset{O}{\underset{\|}{C}}{-}OH} \longrightarrow \mathrm{H{\left[O{-}R{-}\underset{O}{\underset{\|}{C}}\right]_n}OH} + (n-1)\ \mathrm{H_2O}$$

고분자 사슬은 각 축합 반응과 함께 자라지만, ω-하이드록시 카복실산을 남기게 되고, 이 남아있는 작용기로 인해 반응을 더 할 수가 있다. 이것은 **ARB 단계 중합(ARB step polymerization)**의 한 예이다. 이러한 형태의 단량체 사용은 높은 순도 및 두 작용기의 1 : 1 당량이 보장된다는 이점이 있다. 3.2.3.1절에서 정량적으로 보여지는 것처럼, RA_2 + RB_2 중합에서 어느 한쪽의 단량체가 매우 약간의 과량만 되더라도 그 과량의 단량체에서 얻어지는 작용기들만으로 고분자 사슬이 끝나게 되기 때문에 중합도를 현저하게 감소시킨다(예를 들어 RB_2가 과량이라면, 최종적으로 말단기 양쪽은 B가 된다). 이 작용기들은 서로 반응할 수 없기 때문에 더 이상 사슬이 성장하는 것은 불가능하다.

폴리아마이드(polyamide)는 간단히 하이드록실기를 아민기로 대체하면 폴리에스터를 만드는 과정과 비슷하게 중축합으로 만들어질 수가 있다. 예를 들면, 다음과 같다.

$$n\ \mathrm{HO{-}\underset{O}{\underset{\|}{C}}{-}R_1{-}\underset{O}{\underset{\|}{C}}{-}OH} + n\ \mathrm{H_2N{-}R_2{-}NH_2} \longrightarrow \mathrm{HO{\left[\underset{O}{\underset{\|}{C}}{-}R_1{-}\underset{O}{\underset{\|}{C}}{-}\overset{H}{\overset{|}{N}}{-}R_2{-}\overset{H}{\overset{|}{N}}\right]_n}H} + (2n-1)\ \mathrm{H_2O}$$

$$n\ \mathrm{X{-}\underset{O}{\underset{\|}{C}}{-}R_1{-}\underset{O}{\underset{\|}{C}}{-}X} + n\ \mathrm{H_2N{-}R_2{-}NH_2} \longrightarrow \mathrm{X{\left[\underset{O}{\underset{\|}{C}}{-}R_1{-}\underset{O}{\underset{\|}{C}}{-}\overset{H}{\overset{|}{N}}{-}R_2{-}\overset{H}{\overset{|}{N}}\right]_n}H} + (2n-1)\ \mathrm{HX}$$

X = Cl 또는 Br

$$n\ \mathrm{H_2N{-}R{-}\underset{O}{\underset{\|}{C}}{-}OH} \longrightarrow \mathrm{H{\left[\overset{H}{\overset{|}{N}}{-}R{-}\underset{O}{\underset{\|}{C}}\right]_n}OH} + (n-1)\ \mathrm{H_2O}$$

지방족 폴리아마이드는 **나일론(nylon)**으로 잘 알려져 있는데, 그것들의 가장 중요한 점은 $RA_2 + RB_2$ 중합으로 만들어진다는 것이다. 예를 들어 나일론 6.6($R_1=(CH_2)_4$; $R_2=(CH_2)_6$)과 나일론 6.10 ($R_1=(CH_2)_8$; $R_2=(CH_2)_6$)의 첫 번째 숫자는 다이아민 단량체의 탄소수, 두 번째 숫자는 이가산(또는 이가산 할로젠화물) 단량체의 탄소수를 의미한다. 각 구조 단위 속 탄소수의 조절은 중요한데, 별개의 사슬 사이에서 아마이드 연결들이 수소결합 형태로 나란히 될 수 있는 정도를 결정하기 때문이다(17.8.3.1절 참조).

다이올(diol, 이가알코올)의 탈수에 의한 **폴리에터(polyether)**의 형성은 RA_2 중합의 비교적 얼마 없는 예 중의 하나지만,

$$n\,HO{-}R{-}OH \longrightarrow HO{+}R{-}O{+}_n H \;+\; (n-1)\,H_2O$$

중합은 잘 조절되지 않는다. 이할로젠화물과 다이알콕사이드(dialkoxide)의 $RA_2 + RB_2$ 중합이 폴리에터 제조에는 훨씬 더 좋은 방법이다.

$$n\,X{-}R_1{-}X \;+\; n\,\overset{+}{Mt}\,\overset{-}{O}{-}R_2{-}\overset{-}{O}\,\overset{+}{Mt} \longrightarrow X{-}R_1{+}O{-}R_2{-}O{-}R_1{+}_{n-1}O{-}R_2{-}\overset{-}{O}\,\overset{+}{Mt} \;+\; (2n-1)\,MtX$$

X = Cl, Br, I
Mt = Li, Na, K

그러나 대부분의 폴리에터는 7장에 자세히 묘사되어 있는 에폭사이드(epoxide)의 개환중합에 의해서 만들어진다.

3.2.1.2 중축합에 의한 공학, 고성능 고분자의 제조

사슬 뼈대에 방향족(예를 들어 1,4-페닐렌 단위)이 있는 고분자는 방향족의 딱딱함과 안정성으로부터 기인한, 높은 기계적 물성과 함께 높은 내열성, 내방사선성을 가지는 경향이 있다. 그러한 고분자는 단계 중합으로 가장 쉽게 얻을 수 있으며, 공학용과 고성능 응용 재료로서 사용할 수 있다. 중축합으로 제조되는 중요한 방향족 고분자의 일부 구체적인 예시들은 표 3.2에 나타나 있다.

3.2.1.3 중축합에 의한 전도성 고분자의 제조

몇몇 중요한 전도성 고분자(25.3.4절)는 중축합으로 제조할 수 있다. *trans*-폴리(1,4-페닐렌 비닐렌) [*trans*-poly(1,4-phenylene vinylene)]의 몇몇 중축합 경로가 개발되었는데, 그 중 일부가 아래에 제시되어 있다.

(i) Wittig 짝지음 반응을 통한 $RA_2 + RB_2$ 첨가중합

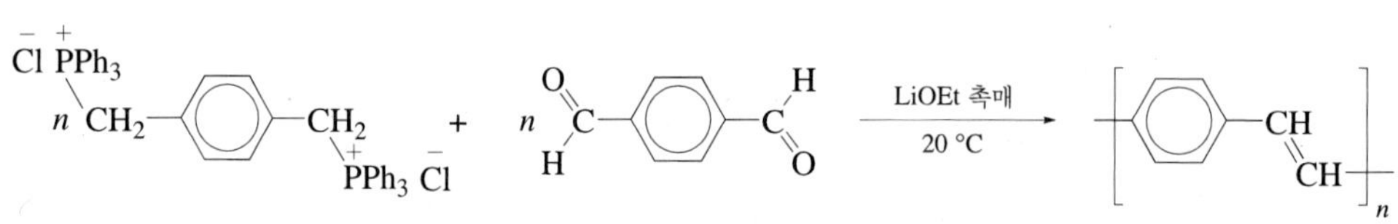

(ii) Heck 짝지음 반응을 이용한 $RA_2 + RB_2$ 첨가중합

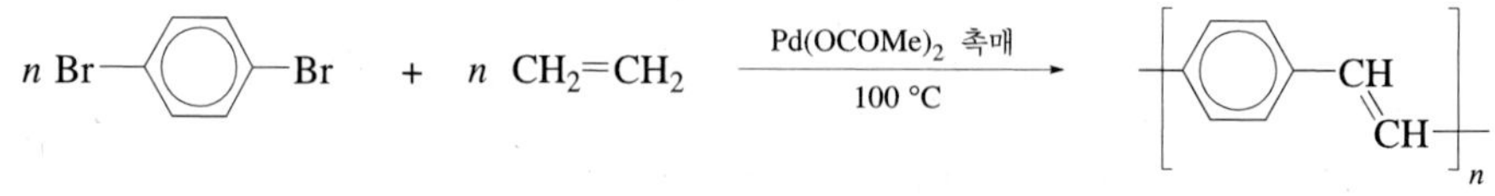

(iii) McMurry 짝지음 반응을 이용한 RA_2 첨가중합

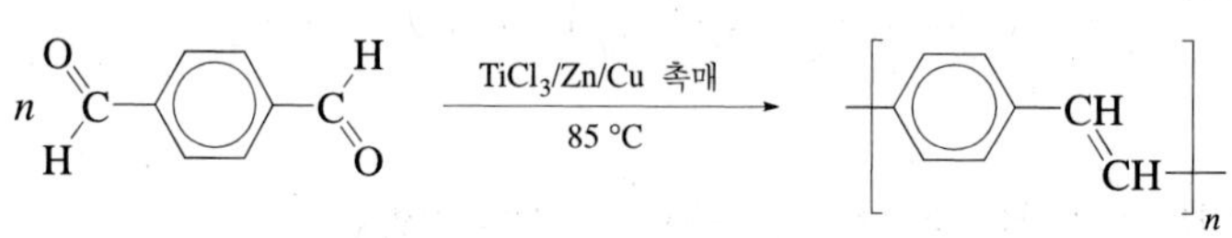

표 3.2 중축합에 의한 몇몇 공학용, 고성능 방향족 고분자

중축합	설명
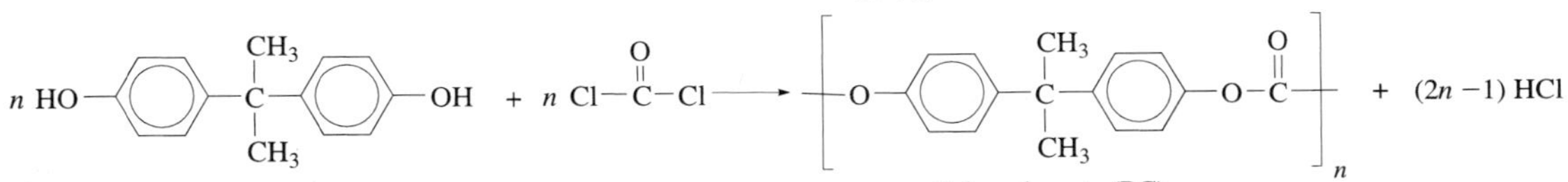 Polycarbonate (PC)	성형용과 판 ; 투명함과 강인함 ; 안전 유리, 스크린, 유약에 사용. 예: Lexan, Merlon
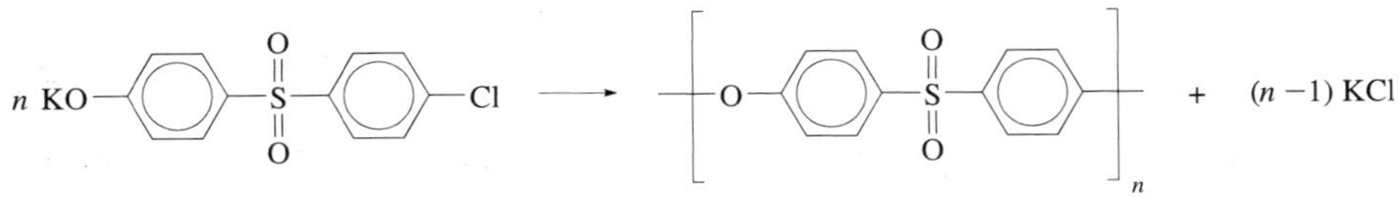 Polyethersulphone (PES)	성형용, 코팅, 조직. 예: Victrex PES
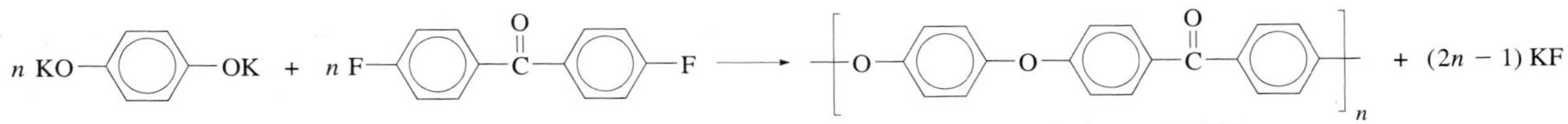 Polyetheretherketone (PEEK)	성형용, 혼합용, 베어링, 코팅 ; 고온(260°C)에서의 지속적 사용. 예: Victrex PEEK
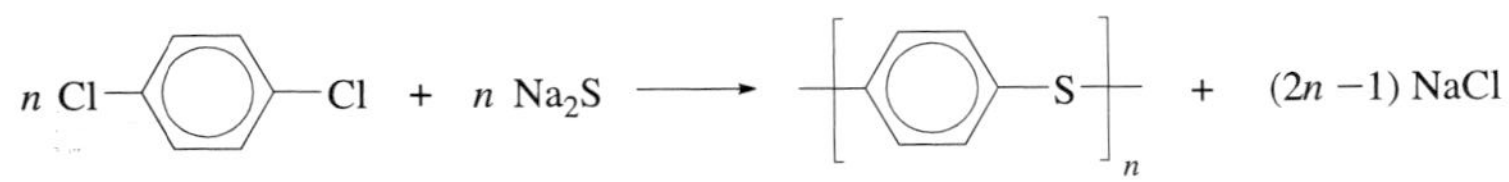 Poly(phenylene sulphide) (PPS)	성형용, 혼합용, 코팅. 예: Ryton, Tedur, Fortron
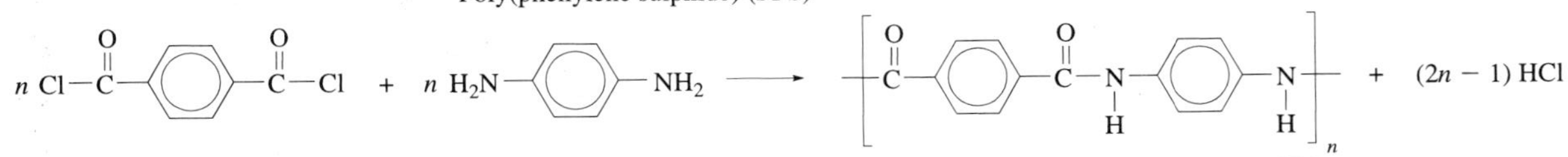 Poly(*p*-phenylene terephthalamide) (PPTA)	고탄성 섬유. 예: Kevlar, Twaron
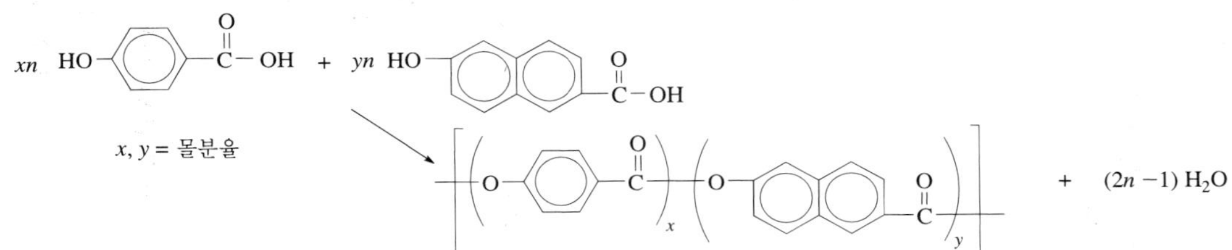 Poly[(1,4-benzoate)-*co*-(2,6-naphthoate)]	성형용과 고탄성 섬유를 위한 액정 폴리에스터. 예: Vectra, Vetran
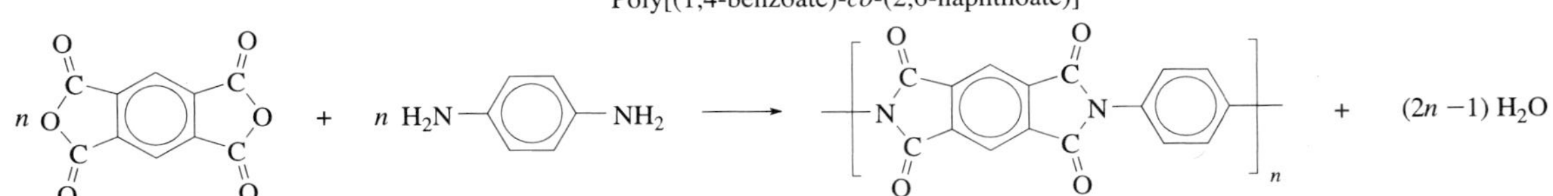 Polyimide	필름, 코팅, 접착제, 적층화. 예: Kapton, Vespel
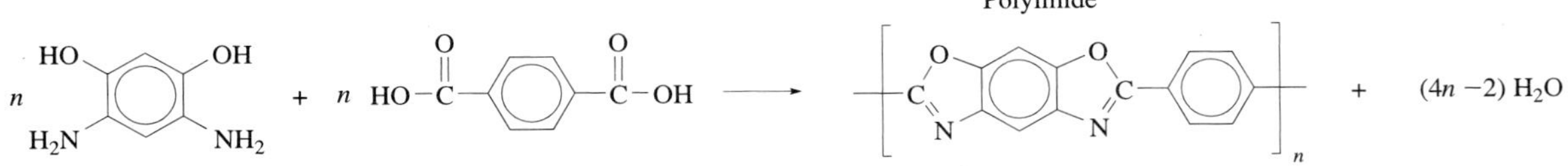 Poly(*p*-phenylene benzoxazole) (PBO)	고탄성 섬유. 예: Zylon

위치정규 폴리(3-알킬-2,5-싸이오펜) [poly(3-alkyl-2,5-thiophene)]은 2,5-다이브로모-3-알킬싸이오펜(2,5-dibromo-3-alkylthiophene)의 준-Grignard 시약에 의한 ARB 첨가중합으로 제조될 수 있다.

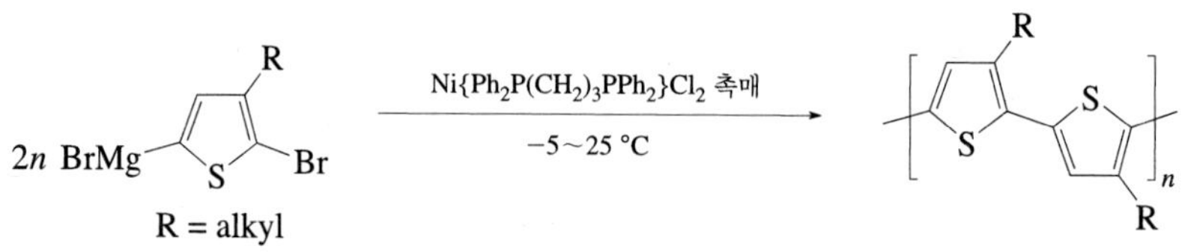

반응 메커니즘이 상당히 복잡하기 때문에 여기서는 고려하지 않지만, 개괄 및 더 높은 단계의 유기화학 교재에서는 다루어진다.

3.2.1.4 중축합에 의한 폴리실록세인의 제조

폴리실록세인 [polysiloxane, 간단히 **실록세인 (siloxane)**으로 알려짐]은 높은 내열성을 부여해 주는 −Si−O−라는 완전한 무기 뼈대를 가진다는 점에서 특이하다. 중축합에 의한 폴리실록세인 제조는 높은 반응성의 다이클로로다이알킬실레인(dichlorodialkylsilane)의 가수분해를 통해서 이루어진다.

$$n\,Cl-\underset{R_2}{\overset{R_1}{Si}}-Cl + (n+1)\,H_2O \longrightarrow HO\left[\underset{R_2}{\overset{R_1}{Si}}-O\right]_n H + (2n\,HCl)$$

여기서 R_1과 R_2는 알킬(alkyl, 예: 메틸) 또는 아릴(aryl, 예: 페닐)기이고, 서로 같거나 다를 수 있다. 이 중축합은 단량체의 부분적인 가수분해 후 다음 반응을 통해서 일제히 일어난다는 점에서 특이하다.

$$Cl-\underset{R_2}{\overset{R_1}{Si}}-Cl + H_2O \longrightarrow Cl-\underset{R_2}{\overset{R_1}{Si}}-OH + HCl$$

$$Cl-\underset{R_2}{\overset{R_1}{Si}}-OH + H_2O \longrightarrow HO-\underset{R_2}{\overset{R_1}{Si}}-OH + HCl$$

$RA_2 + RB_2$ 중합

$$Cl-\underset{R_2}{\overset{R_1}{Si}}-Cl + HO-\underset{R_2}{\overset{R_1}{Si}}-OH \longrightarrow Cl-\underset{R_2}{\overset{R_1}{Si}}-O-\underset{R_2}{\overset{R_1}{Si}}-OH + HCl$$

$RA_2 + ARB$와 $RB_2 + ARB$ 중합

$$Cl-\underset{R_2}{\overset{R_1}{Si}}-Cl + HO-\underset{R_2}{\overset{R_1}{Si}}-Cl \longrightarrow HO-\underset{R_2}{\overset{R_1}{Si}}-O-\underset{R_2}{\overset{R_1}{Si}}-Cl + HCl$$

$$HO-\underset{R_2}{\overset{R_1}{Si}}-OH + Cl-\underset{R_2}{\overset{R_1}{Si}}-OH \longrightarrow HO-\underset{R_2}{\overset{R_1}{Si}}-O-\underset{R_2}{\overset{R_1}{Si}}-OH + HCl$$

그리고 RA_2 중합

$$HO-\underset{R_2}{\overset{R_1}{Si}}-OH + HO-\underset{R_2}{\overset{R_1}{Si}}-OH \longrightarrow HO-\underset{R_2}{\overset{R_1}{Si}}-O-\underset{R_2}{\overset{R_1}{Si}}-OH + H_2O$$

완전한 가수분해(앞에 나타낸 일반식처럼)에 도달하는 조건의 중합도를 조절하기 위해서 단일작용기 클로로실레인(chlorosilane), 예를 들면 반응성이 없는 트라이메틸실릴(trimethylsilyl) 말단기와 함께 폴리실록세인으로 이어지는 클로로트라이메틸실레인(chlorotrimethylsilane)을 포함하는 경우가 일반적이다.

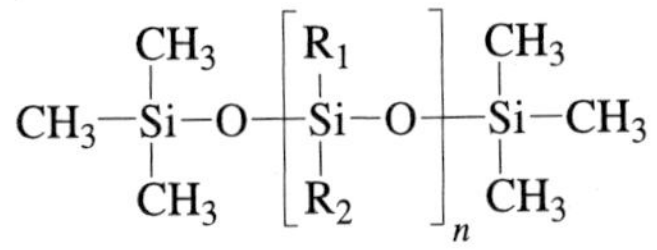

폴리(다이메틸 실록세인)[poly(dimethyl siloxane), PDMS]을 만드는 데 가장 중요한 단량체는 다이클로로다이메틸실레인($R_1=R_2=CH_3$)이다.

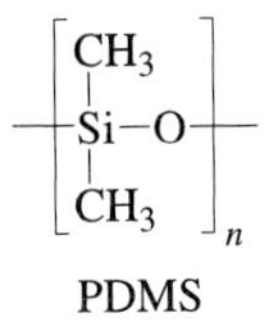

PDMS

다양한 종류의 상업적 PDMS가 입수 가능하며, 이 중 일부는 공단량체로 다이클로로실레인을 낮은 수준으로 포함시켜서 만들어지는 공중합체이다. 예를 들면, 내열성을 높이기 위해 반복 단위를 첨가한 다이클로로다이페닐실레인(dichlorodiphenylsilane, $R_1=R_2=Ph$)과, 차후 가교를 시키기 위해 C=C 결합을 추가한 다이클로로메틸비닐실레인(dichloromethylvinylsilane, $R_1=CH_3$; $R_2=CH=CH_2$)이 있다. 중축합은 액체 또는 부드러운 고체 형태인 PDMS의 낮은-중간의 몰질량 등급을 얻기 위해서 사용된다. 탄성체로써 사용되기 위한 높은 몰질량 등급은 7장에 소개되는 고리 실록세인의 개환 중합으로 생산된다.

3.2.2 첨가중합

다른 분자의 제거 없이 단량체가 서로 반응하는 단계 중합을 **첨가중합(polyaddition)**이라고 한다. 중축합과는 대조적으로, 첨가중합으로 만들어지는 주요한 고분자는 비교적 종류가 적으며, 가장 중요한 것들로는 폴리우레탄과 에폭시 수지가 있다.

3.2.2.1 첨가중합에 의한 선형 폴리우레탄과 폴리우레아의 제조

선형 **폴리우레탄(polyurethane)**은 다이아이소사이아네이트(diisocyanate)와 다이올의 $RA_2 + RB_2$ 첨가중합으로 만들어지고, 아이소사이아네이트기(isocyanate group)는 반응성이 매우 높기 때문에 그 과정은 실온에서 이루어진다.

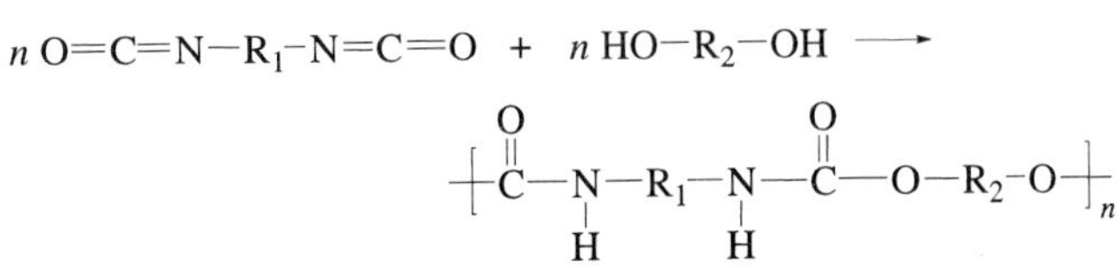

그럼에도 불구하고, 중합 속도를 증가시키기 위해서 자주 촉매가 사용되곤 한다. 가장 흔히 쓰이는 다이아이소사이아네이트는 다음과 같다.

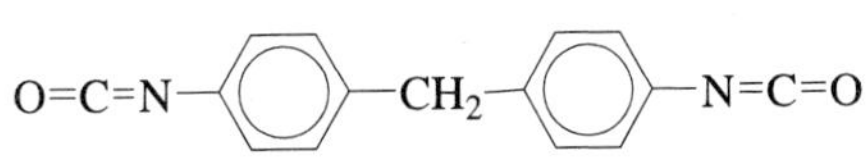

bis(4-isocyanatophenyl)methane,
methylene diphenylene diisocyanate (MDI)

$O=C=N-(CH_2)_6-N=C=O$

1,6-diisocyanatohexane,
hexamethylene diisocyanate (HDI)

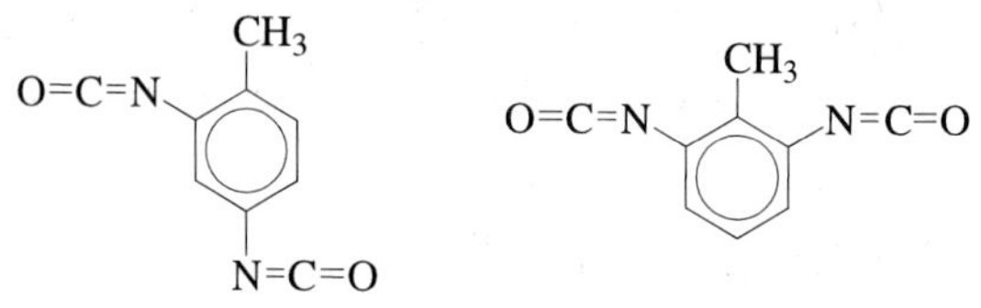

diisocyanatotoluene, toluene diisocyanate (TDI)
(2,4-와 2,6-이성질체 혼합됨: 2,4-상업적 용도의 TDI 80%)

다이올은 극단적으로 넓은 범위가 사용 가능한데, 간단한 다이올과 낮은 몰질량의 α,ω-다이하이드록시 폴리에터 (α,ω-dihydroxy polyether) 도 포함된다. 그 예를 들면 다음과 같다.

$$\mathrm{HO{-}(CH_2)_{\mathit{y}}{-}OH} \qquad \mathrm{HO{-}(CH_2)_{\mathit{x}}{-}\overset{R}{\overset{|}{C}}H{-}\!\left[O{-}(CH_2)_{\mathit{x}}{-}\overset{R}{\overset{|}{C}}H\right]_{n-1}\!{-}OH}$$

예: $y = 2,3,4,6$ 예: $x = 1$, R = H 또는 CH_3; $x = 3$, R = H

역사적으로는 α,ω-다이하이드록시 폴리에스터 (α,ω-dihydroxy polyester) 또한 사용되어 왔지만, 지금은 폴리에터 다이올이 더 선호된다. 다이아이소사이아네이트와 다이올의 선택은 딱딱한 고체 (만약 낮은 몰질량의 다이올이 사용될 경우) 가 될지, 고무 같은 물질 [예를 들어 몰질량이 2~8 kg mol^{-1}인 폴리 (산화 프로필렌) 을 사용할 경우] 이 될지에 대한 폴리우레탄의 물성을 결정한다. 수많은 상업적 선형 폴리우레탄은 짧고 긴 사슬의 다이올(9.4.1절 참조) 혼합물을 사용해서 만들어지는 **분절형 공중합체 (segmented copolymer)** 이다.

다이아이소사이아네이트와 다이아민의 유사한 반응은 **폴리우레아 (polyurea)** 를 얻게 하며,

$$n\,\mathrm{O{=}C{=}N{-}R_1{-}N{=}C{=}O} \;+\; n\,\mathrm{H_2N{-}R_2{-}NH_2} \longrightarrow$$

$$\left[\mathrm{\overset{O}{\overset{\|}{C}}{-}\underset{H}{\underset{|}{N}}{-}R_1{-}\underset{H}{\underset{|}{N}}{-}\overset{O}{\overset{\|}{C}}{-}\underset{H}{\underset{|}{N}}{-}R_2{-}\underset{H}{\underset{|}{N}}}\right]_n$$

매우 빠른 속도로 진행되는데, 단량체의 밀접한 혼합은 고속 혼합 장비 전문가가 필요할 정도이다. 다이아이소사이아네이트는 폴리우레탄의 제조 시 사용된 것들과 같다. 추가로, 간단한 지방족 아민과, 폴리우레탄 제조에 사용되는 다이올과 비슷한 α,ω-다이아미노 폴리에터, 방향족 아민 또한 사용되곤 한다. 다이아이소사이아네이트가 다이올, 다이아민과 반응함으로써 폴리 (우레탄-*co*-우레아) [poly (urethane-*co*-urea)] 가 생산된다.

3.2.2.2 첨가중합으로 만들어지는 또다른 고분자들

위에 기술된 바와 같이, 폴리우레탄과 폴리우레아에 이외에 첨가중합으로 만들어지는 고분자는 많지 않다. 여기서는 그 고분자들 중 두 종류만을 다룰 것이다.

다이엔의 Diels−Alder 반응은 4 + 2 고리화첨가 반응이다.

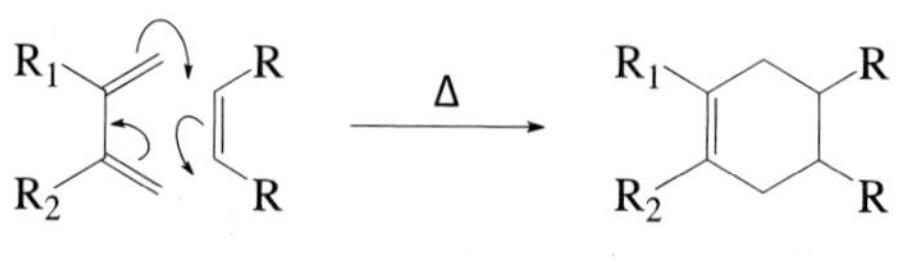

R_1, R_2, R은 치환기를 나타내며, 탄소와 수소 원자는 명확히 하기 위해 생략된다. 이 반응은 온도가 25~150°C인 조건에서 진행되고, R_1와 R_2가 전자 주는기, R이 전자 끄는기 (또는 그 반대도 마찬가지) 일 때 최적의 조건이지만, 가역 반응이기도 하기 때문에 높은 온도에서는 역반응이 일어나기도 한다. 매우 다양한 고분자가 Diels−Alder 첨가중합으로 만들어져 왔는데, 그 중 두 가지 예들을 소개할 것이다. 비스 (2-뷰타-1,3-다이에닐) 메틸아세탈 [bis (2-buta-1,3-dienyl) methylacetal] 은 1,4-벤조퀴논 (1,4-benzoquinone) 과 $RA_2 + RB_2$ 첨가중합하여 가용성 무정형 Diels−Alder 고분자가 만들어진다.

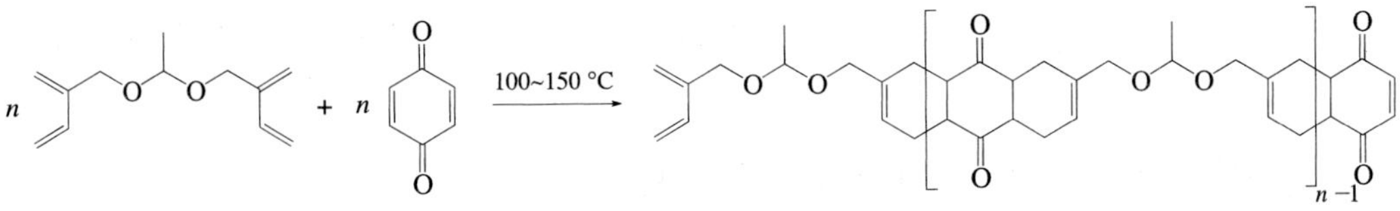

2-비닐뷰타-1,3-다이엔(2-vinylbuta-1,3-diene)과 1,4-벤조퀴논의 Diels–Alder 반응은 더욱 복잡하여 처음에 단량체의 첨가생성물이 만들어지고 고온에서 ARB 첨가중합을 거치게 된다.

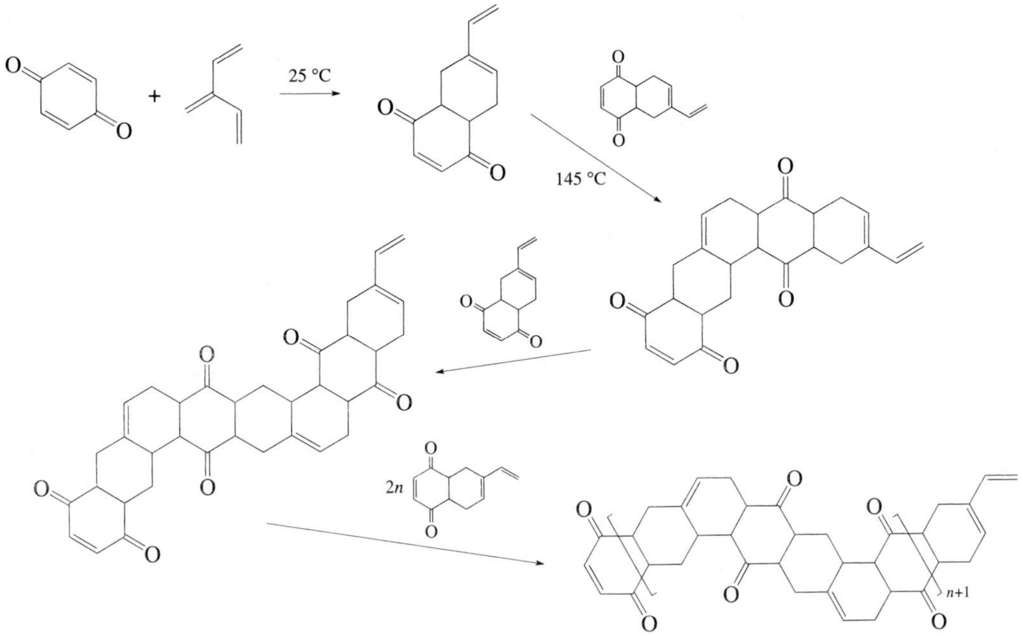

고분자는 매우 낮은 중합도를 제외하고는 불용성이며, 첨가 반응에서는 두 가지 배향이 가능하여 그 사슬은 여기에 나타나 있는 것보다 더 구부러진 윤곽으로서 완전히 경직되어 있다. 여기 제시된 구조는 그 배향의 교대에 기인된다. 이러한 고분자는 사다리처럼 생긴 뼈대의 특성 때문에 **사다리형 고분자(ladder polymer)**라고 하며, 사슬을 자르기 위해서는 주사슬 결합 두 개를 끊어야 하기 때문에 개선된 열적 안정성을 가진다.

Diels–Alder 중합은 큰 호기심을 갖게 했지만, 다이아민과 비스말레이미드의 $RA_2 + RB_2$ 첨가중합이 상업화되어 있다. 한 가지 일반적인 예가 다음과 같다.

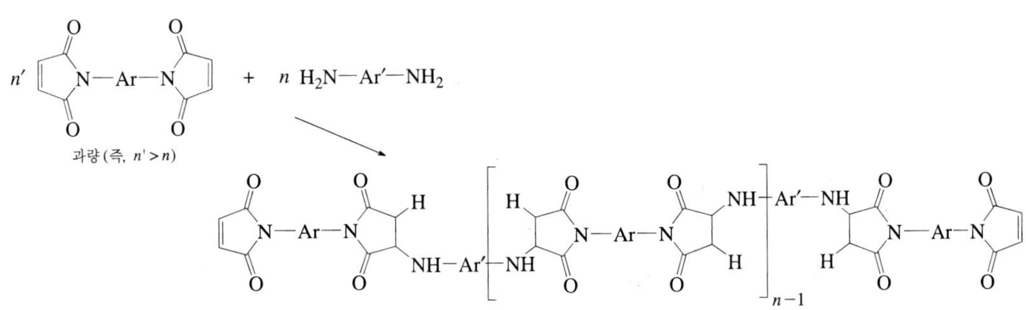

여기서 Ar과 Ar′는 방향족이다(예를 들면 Ar=Ar′= 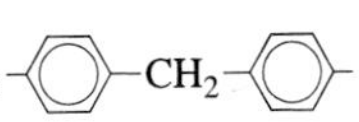). 위에 보여진 것과 같이, 일반적으로 과량의 비스말레이미드의 사용은 **비스말레이미드(bismaleimide, BMI) 수지(resin)**로 알려져 있는 말레이미드 말단기를 가진 올리고머를 만든다. 이것은 BMI 수지를 만드는 수많은 방법 중 하나일 뿐이며, 구조적으로 다른 BMI 수지의 많은 종류가 복합 재료의 매트릭스와 고성능 접착제로써 상업적으로 이용될 수 있다. BMI 수지는 두 단계 반응 공정 중 가교된 물질로 전환될 수 있는데, 예를 들면 말레이미드(maleimide)

말단기에 존재하는 C=C 결합의 자유 라디칼 중합 혹은 다가 아민과의 추가 반응을 통해 가능하다.

3.2.3 선형 단계 중합의 이론적 표현

작용기의 동등한 반응성 원칙(2.4절 참조)은 단계 중합의 이론적 표현을 단순화하는 데 기본이 되며, Flory의 여러 실험 결과로 대부분의 중합 반응에 대해 그 유효성이 입증되었다. 이것들을 기초로 하면, 단계 중합은 서로 반응할 수 있는 두 분자 사이의 무작위 반응을 수반한다. 본질적으로, 이 각각의 반응들은 같은 발생 확률을 가지게 되고, 그것들의 상대적 우월함은 오로지 분자종을 이루고 있는 각 숫자에만 의존한다(즉, 단량체, 이합체, 삼합체, 기타 등등). 다음의 각 단계 중합에서의 이론적 표현은 이러한 동등한 반응성 가정을 내포하고 있는 것이다.

3.2.3.1 Carothers 이론

Carothers는 단계 중합에 의해 만들어지는 고분자의 몰질량을 예측할 수 있는 간단한 분석 방법을 개발했고, 수평균 중합도가 **단량체 단위(monomer unit) 측면에서** 다음의 관계식으로 주어진다는 것을 알아냈다.

$$\bar{x}_n = \frac{N_0}{N} \tag{3.1}$$

여기서 N_0는 초기 단량체 개수, N은 t시간 동안 중합이 이루어진 후의 남아 있는 단량체 개수이다.

상호반응성을 가지는 작용기의 숫자가 같다고 가정하면, $\bar{x}_n$은 다음에 주어진 대로, 시간이 t만큼 지났을 때의 **반응도(extent of reaction)**인 p와 관계 지을 수 있고,

$$p = \frac{\text{반응한 작용기 개수}}{\text{초기에 존재하던 작용기 개수}}$$

초기에 존재하던 작용기의 반응 확률로서 생각할 수 있다. 작용기끼리 쌍으로 반응해 하나가 됨으로써 분자의 총 개수가 감소하기 때문에,

$$p = \frac{N_0 - N}{N_0} \quad \text{재배열하면} \quad \frac{N_0}{N} = \frac{1}{1-p} \tag{3.2}$$

식 3.1과 3.2를 결합하면 Carothers 식이 만들어진다.

$$\bar{x}_n = \frac{1}{1-p} \tag{3.3}$$

이 식은 상호반응성이 있는 작용기의 숫자에 대하여 화학량론적 균형이 완전히 맞을 경우 $RA_2 + RB_2$, ARB, RA_2 중합에 적용될 수 있으며, 또한 유용한 물리적 특성을 지니는 고분자를 만들기 위한 조건인, 높은 반응도를 달성하기 위해서라도 강조될 필요가 있다. 보통 100 단위의 중합도 또는 그 이상이 요구되며, 이런 이유로 반응도, $p \geq 0.99$의 조건을 요구한다. 이러한 사실은 단량체의 높은 순도 및 완결 쪽으로 강제될 수 있는 화학 반응의 필요성을 명확하게 보여 준다.

수평균 몰질량 $\bar{M}_n$은 $\bar{x}_n$와 다음의 식으로 관계 지을 수 있고

$$\bar{M}_n = \bar{M}_0 \bar{x}_n$$

$\bar{M}_0$는 단량체 단위의 평균 몰질량이며 다음과 같이 주어진다.

$$\bar{M}_0 = \frac{\text{반복 단위의 몰질량}}{\text{반복 단위 속 단량체 개수}}$$

약간의 화학량론적 불균형은 얻어지는 $\bar{x}_n$의 값을 상당히 줄여준다. RB_2가 과량으로 존재하는 $RA_2 + RB_2$ 중합을 고려해 보자. 초기에 존재하는 서로 다른 두 작용기(A와 B) 개수의 비는 **반응물비(reactant ratio)** 인 r로 알려져 있고, 선형 단계 중합의 경우에는 항상 이 값이 1이거나 1보다 다소 작은 값이다. 그러므로 그 반응에 관해서

$$r = \frac{N_A}{N_B} \tag{3.4}$$

N_A와 N_B는 초기에 존재하는 A, B 작용기의 개수이다. 따라서 분자 하나당 작용기 두 개가 있고

$$N_0 = \frac{N_A + N_B}{2}$$

식 3.4로부터 N_A를 치환시킬 수가 있다.

$$N_0 = \frac{N_B(1+r)}{2} \tag{3.5}$$

반응물의 몰수가 적은 쪽(즉, 이번 경우에는 A 작용기)의 기준에서 반응도 p를 정의하는 것은 흔한 관행이다. 이것을 기초로 하여

$$\begin{aligned} \text{반응하지 않은 A 작용기} &= N_A - pN_A \\ &= rN_B(1-p) \\ \text{반응하지 않은 B 작용기} &= N_B - pN_A \\ &= N_B(1-rp) \end{aligned}$$

그러므로

$$N = \frac{rN_B(1-p) + N_B(1-rp)}{2}$$

즉,

$$N = \frac{N_B(1+r-2rp)}{2} \tag{3.6}$$

식 3.5와 3.6의 식 3.1로의 치환은 더 일반적인 **Carothers 식(Carothers equation)**을 얻는다.

$$\bar{x}_n = \frac{1+r}{1+r-2rp} \tag{3.7}$$

식 3.3은 $r = 1$인 특별한 경우이다. 표 3.3은 식 3.7에 쓰이는 계산된 $\bar{x}_n$값들을 제공해 주

표 3.3 식 3.7에 따른 p와 r에 의한 $\bar{x}_n$의 변화

	$\bar{x}_n$에서				
r	p = 0.90	p = 0.95	p = 0.99	p = 0.999	p = 1.000[a]
1.000	10.0	20.0	100.0	1000.0	∞
0.999	10.0	19.8	95.3	666.8	1999.0
0.990	9.6	18.3	66.8	166.1	199.0
0.950	8.1	13.4	28.3	37.6	39.0
0.900	6.8	10.0	16.1	18.7	19.1

[a] $p \to 1, \bar{x}_n \to \frac{(1+r)}{(1-r)}$

고, r이 1에 근접한 값에서 $\bar{x}_n$의 급격한 감소가 수반된다. 그러므로 매우 적은 화학량론적 불일치까지만 유용한 고분자의 형성에 허용되며, 이의 필연적 결과로 r값은 매우 정확하게 조절되어야 한다. 정확한 r의 조절을 위해서는 선형 단계 중합의 단량체가 매우 순수해야 하고 부반응이 없어야 한다는 것은 명백하다. 이 기준이 만족된다고 가정한다면, 식 3.7은 높은 작용기 전환률을 갖는 반응에 대해 약간의 화학량론적 불균형을 이용해서 분자량을 조절할 수 있음을 보여 준다.

또한, 식 3.7은 단일작용기 화합물이 포함된 반응에도 $\bar{x}_n$ 조절을 위해 응용할 수 있다. 예를 들면 $RA_2 + RB_2 + RB$ 또는 $ARB + RB$, 이들 모두 반응물비의 재정의가 필요하다.

$$r = \frac{N_A}{N_B + 2N_{RB}}$$

여기서,

N_A와 N_B는 각각 이작용기 단량체에서 유래하는 초기 A와 B 작용기의 개수이다.

N_{RB}는 초기에 존재하는 RB 분자 개수이다.

하나의 RB 분자는 $\bar{x}_n$ 제한에 대해 과량으로 사용된 RB_2 한 분자와 같은 정량적 효과를 가지기 때문에 2의 값이 요구된다.

3.2.3.2 통계학적 이론

Carothers의 이론은 수평균량의 예측에 제한적으로 적용된다. 대조적으로 단계 중합의 무작위특성에 기반한 단순 통계학적 분석은 중합도 분포의 예측을 가능하게 한다. 이러한 분석은 Flory에 의해서 처음 서술되었다.

문제를 간단히 처리하기 위해, 여기서는 화학량론적으로 1 : 1인 $RA_2 + RB_2$와 ARB 중합에 대해 다룰 것이다. 그 분석의 첫 단계는 정확히 x 단량체로 이루어진 분자가, 그 반응도가 p가 되는 시간 t일 때의 존재 확률인 $P(x)$를 계산하는 것이다. x 단량체 단위를 포함하는 단량체는 $(x-1)$ 결합의 연속적인 형성으로 만들어진다. 특별한 연결 순서가 만들어지는 확률은 개별 결합 형성 확률의 결과물이다. p는 작용기가 반응할 확률이기 때문에 연결 두 개가 만들어질 확률은 p^2이고, 세 개가 만들어질 확률은 p^3이며, 결국 연결 $(x-1)$ 개가 만들어질 확률은 $p^{(x-1)}$이다. 정확히 x 단량체 단위를 포함하는 분자에 대해서, x번째 (즉, 마지막) 단위는 미반응 작용기 종점을 가지게 된다. 작용기가 반응하지 않을 가능성은 $(1-p)$이고, 따라서 다음과 같이 주어진다.

$$P(x) = (1-p)p^{(x-1)} \tag{3.8}$$

$P(x)$는 무작위 조성 속에서 분자가 정확히 x 단량체 단위를 선택할 확률이므로, x-mer의 **몰분율(mole fraction)**이라고 확신할 수 있다. 만일 시간 t의 시점에 존재하는 분자의 총 개수가 N이라면, x-mer의 총 개수인 N_x는 다음과 같이 주어진다.

$$N_x = N(1-p)p^{(x-1)} \tag{3.9}$$

대부분의 경우 N은 측정될 수가 없으므로, 식 3.2의 재배열 형태의 치환인 $N = N_0(1-p)$을 이용해서 소거되고, 그 식은 다음과 같이 주어진다.

$$N_x = N_0(1-p)^2 p^{(x-1)} \tag{3.10}$$

위 식은 중합도 x의 초기 분자 개수 N_0과 반응도 p항의 표현형이다.

x-mer의 무게 분율 w_x는 다음의 식으로 주어진다.

$$w_x = \frac{\text{중합도가 } x\text{인 분자의 총질량}}{\text{모든 분자의 질량}}$$

그러므로, 말단기를 무시하면

$$w_x = \frac{N_x(x\bar{M}_0)}{N_0\bar{M}_0} = \frac{xN_x}{N_0} \qquad (3.11)$$

식 3.10과 3.11을 결합하면 다음과 같다.

$$w_x = x(1-p)^2 p^{(x-1)} \qquad (3.12)$$

식 3.8과 3.12는 그림 3.1의 그래프에 나타나 있는 가장 중요한 특징인 **가장 가능성 높은**(또는 Flory, Flory−Schulz) **분포(most probable distribution)**를 정의한다. 그러므로 몰분율 $P(x)$는 고분자 사슬 속 단량체 단위 개수가 증가할수록 점차적으로 감소한다. 즉, 모든 반응도 조건에서 단량체 몰분율은 다른 어떤 화학종의 그것보다도 더 크다. 대조적으로 무게 분율 분포는 x값이 $\bar{x}_n$에 매우 가까워질 때 최댓값을 보인다. 반응도가 증가할수록 x의 최댓값은 더 높은 곳으로 가고, 단량체의 무게 분율은 더 작아진다.

이 분포 함수(즉, $P(x)$와 w_x)에 대한 정보는 평균 몰질량 산출을 가능하게 한다. 식 1.3을 참고하면 수평균 몰질량은 다음과 같다.

$$\bar{M}_n = \sum P(x) M_x$$

$M_x = x\bar{M}_0$와 식 3.8의 $P(x)$를 대치시키는 방법으로 윗 식은

$$\bar{M}_n = \sum x\bar{M}_0(1-p)p^{(x-1)}$$

$$\text{즉, } \bar{M}_n = \bar{M}_0(1-p)\sum xp^{(x-1)}$$

이 된다. 수학적인 관계

$$p < 1\text{이면, } \sum_{x=1}^{\infty} xp^{(x-1)} = (1-p)^{-2}$$

를 사용하면 $\bar{M}_n$에 관한 식은 다음과 같이 간단해진다.

$$\bar{M}_n = \frac{\bar{M}_0}{(1-p)} \qquad (3.13)$$

$\bar{x}_n = \bar{M}_n/\bar{M}_0 = 1/(1-p)$이므로 위 식은 Carothers 식인 식 3.3과 같아진다. 그러나 여기에서는 순수하게 통계적 개념으로 유도된 것이다.

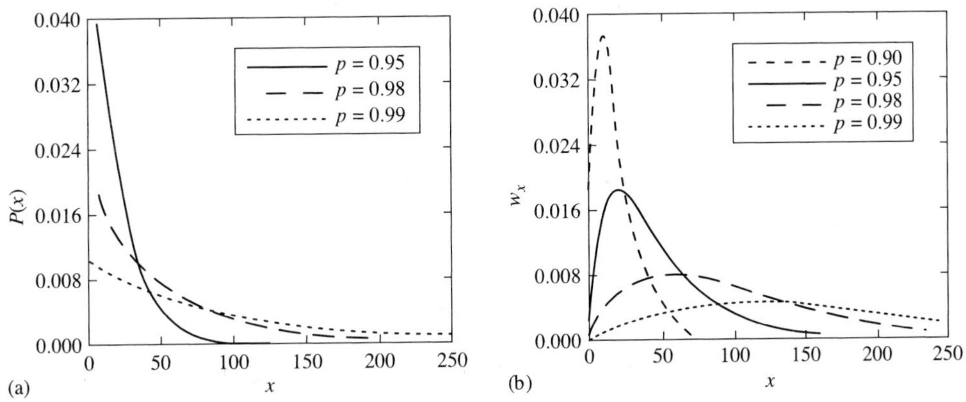

▶ 그림 3.1

(a) 몰분율 분포 P(x)와 (b) 반응물비가 1일때의 선형 단계 중합 조건에서, 다양한 반응도 p에 대한 중합도 x의 무게 분율 분산 w_x. 수평균 중합도 $\bar{x}_n$값이 p = 0.90, 0.95, 0.98, 0.99에서 10, 20, 50, 100과 일치하는 것에 유념하라. (자료 출처: Flory, J. Am. Chem. Soc., 58, 1877, 1936.)

식 1.8을 응용하면 무게 평균 몰질량을 알 수 있고

$$\bar{M}_w = \sum w_x M_x$$

이며, 이것과 식 3.12를 묶으면

$$\bar{M}_w = \bar{M}_0(1-p)^2 \sum x^2 p^{(x-1)}$$

이고 다른 수학적인 관계인

$$p < 1 \text{이면,} \quad \sum_{x=1}^{\infty} x^2 p^{(x-1)} = (1+p)(1-p)^{-3}$$

를 적용시키면 다음 식이 된다.

$$\bar{M}_w = \bar{M}_0 \frac{(1+p)}{(1-p)} \tag{3.14}$$

그리고 무게 평균 중합도는 다음과 같이 표현된다.

$$\bar{x}_w = \frac{(1+p)}{(1-p)} \tag{3.15}$$

따라서 식 3.13과 3.14를 결합시키면 다분산도 $\bar{M}_w/\bar{M}_n$이 얻어지고,

$$\frac{\bar{M}_w}{\bar{M}_n} = 1 + p \tag{3.16}$$

단계 중합에 의해 얻어지는 대부분의 선형 고분자에 대해서는 높은 값의 p에서 유용한 고분자가 형성되므로 식 3.16의 값은 2에 접근한다.

화학량론적으로 한 작용기를 과량으로 넣거나 단일작용기를 조절제로 사용한 단계 중합의 몰분율과 무게 분율 분포들은 지금 유도한, 즉 화학량론비를 정확히 맞춘 경우와 동일하다. 따라서 모든 선형 단계 중합은 본질적으로 몰질량 분포가 같은 형태를 보인다.

다시 한번 강조하는 것은 중합도는 단량체 단위와 연관된 값이지 반복 단위와 연관을 시켜서 얻어낸 것이 아니라는 점이다.

3.2.3.3 단계 중합의 동역학

작용기의 동등한 반응성에 대한 가정은 단계적 반응의 각각에 하나의 속도 계수를 적용할 수 있게 하기 때문에 단계 중합의 동역학을 매우 단순하게 만든다. 총괄적인 반응 속도는 작용기의 어느 쪽이나 농도의 감소 속도로 표현하는 것이 일반적이므로 같은 몰수의 반응물에 대한 표현은 다음과 같다.

$$\text{반응 속도} = -\frac{\mathrm{d}[\mathrm{A}]}{\mathrm{d}t} = -\frac{\mathrm{d}[\mathrm{B}]}{\mathrm{d}t}$$

대부분의 단계 중합은 촉매가 사용되는 이분자 반응을 포함한다. 그러므로 중축합에서 제거된 부산물을 제외하고 표시하면 일반적인 반응식은

$$\sim\!\sim\mathrm{A} + \mathrm{B}\sim\!\sim + \text{촉매} \longrightarrow \sim\!\sim\mathrm{AB}\sim\!\sim + \text{촉매}$$

가 되어 반응 속도는 다음과 같이 표현된다.

$$-\frac{\mathrm{d}[\mathrm{A}]}{\mathrm{d}t} = k'[\mathrm{A}][\mathrm{B}][\text{촉매}] \tag{3.17}$$

이 식에서 k'는 반응 속도 계수이다. 반응이 진행되어도 실제 촉매의 농도는 변하지 않으

므로 $k = k'$[촉매]로 간단하게 표현하는 것이 일반적이다.

$$-\frac{d[A]}{dt} = k[A][B] \tag{3.18}$$

반응물의 몰수가 같을 경우에 [A] = [B] = c이고, 식 3.18은 다음과 같이 표현된다.

$$-\frac{dc}{dt} = kc^2$$

이 식을 $t = 0$에서 $c = c_0$인 초깃값을 넣어 적분한다.

$$\int_{c_0}^{c} -\frac{dc}{c^2} = \int_{0}^{t} k dt$$

이 결과로 얻어지는

$$\frac{1}{c} - \frac{1}{c_0} = kt$$

에서 $c_0/c = N_0/N$의 관계를 넣어서 반응도와 관련시켜 식 3.2에 넣어 정리하면 다음과 같이 표현된다.

$$\frac{1}{(1-p)} - 1 = c_0 kt \tag{3.19}$$

이 식은 촉매를 사용하지 않는 경우에도 적용할 수 있는데, 이때는 속도 계수가 달라지고 촉매의 농도는 식에서 빠지게 된다.

에스터중합(polyesterification) 반응에서 카복실산과 같이 작용기의 한 형태가 촉매로 작용하는 경우에 자가 촉매형의 단계 중합이 된다. 촉매를 사용하지 않고 작용기 A가 반응의 촉매 역할을 하는 중합 반응 속도식은 다음과 같이 나타낼 수 있다.

$$-\frac{d[A]}{dt} = k''[A][B][A] \tag{3.20}$$

다시 [A] = [B] = c로 놓으면 식 3.20은

$$-\frac{dc}{dt} = k''c^3$$

이 되어 앞의 조건과 같이 적분하면

$$\frac{1}{c^2} - \frac{1}{c_0^2} = 2k''t$$

이 되고, 반응도와 연관시켜 나타내면 다음과 같다.

$$\frac{1}{(1-p)^2} - 1 = 2c_0^2 k''t \tag{3.21}$$

식 3.19와 식 3.21은 해중합과 같은 역반응을 무시하는 가정에서 유도되었다. 이 결과는 많은 첨가중합 반응에는 충분히 적용되지만, 가역 반응인 중축합 반응의 경우에는 생성물이 생기는 대로 계속해서 제거하는 과정이 요구된다. 그림 3.2의 에스터중합 자료에서 보여 주는 바와 같이 이 식은 단계 중합을 사용하여 실험적으로 확인되었다. 이러한 결과는 작용기의 동등 반응성의 유효성을 다시 한 번 더 입증한다.

3.2.4 고리 형성

한 분자의 말단 작용기들의 **분자내(intramolecular)** 반응은 복잡한 현상 중의 하나이다.

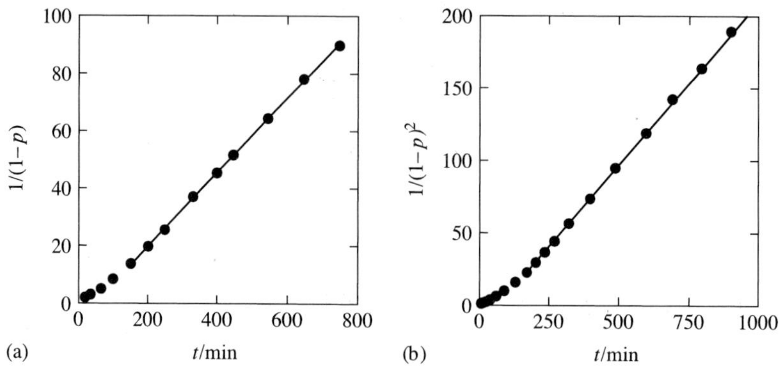

▶ **그림 3.2**
(a) 톨루엔 설폰산 (p-toluene sulphonic acid) 촉매로 109°C에서 다이에틸렌 글리콜 (diethylene glycol)과 아디프산과의 중합 반응을 1/(1−p)과 시간의 함수 관계로 보여준 도표, (b) 166°C에서 다이에틸렌 글리콜과 아디프산과의 중합에서 $1/(1-p)^2$과 시간과의 함수 관계를 보여준 도표. (자료 출처: Flory. J. Am. Chem. Soc., 61, 3334, 1939.)

이러한 결과로 폴리에스터의 제조에서와 같이 고리 분자들이 형성된다.

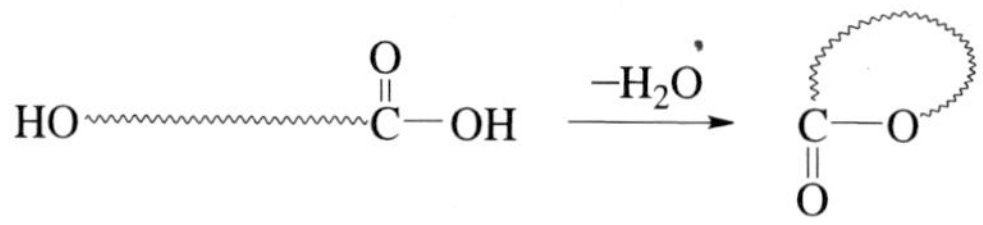

고리 형성의 용이성은 고리에 연결되는 원자의 수에 강하게 의존한다. 예를 들어 안정한 5-,6- 그리고 이들보다는 약하지만 7-원자 고리가 선형 고분자보다 자주 형성된다. ω-하이드록시 카복실산(ω-hydroxy carboxylic acid) $HO-(CH_2)_i-CO_2H$들이 스스로 축합이 일어날 때 $i = 3$인 경우에는 오직 단량체형 락톤(monomeric lactone)이 생성된다.

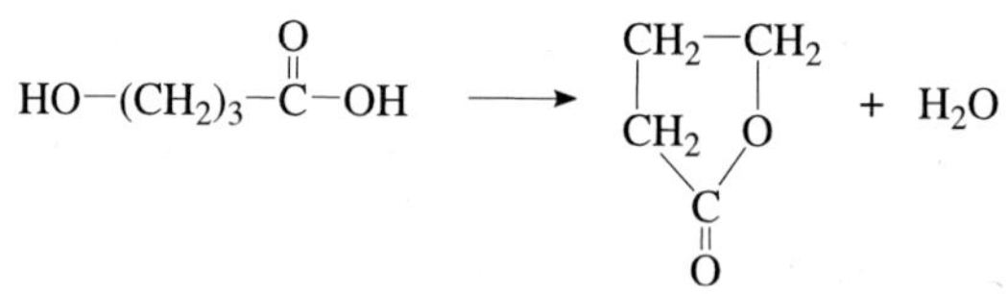

$i = 4$일 때는 고분자와 단량체형 락톤이 대등하게 생성되고, $i = 5$일 때 약간의 단량체형 락톤이 들어 있는 고분자의 혼합물이 생성된다.

보통 3-과 4-원자 고리는 결합각 스트레인에 의해, 8-에서 11-원자 고리는 고리 안쪽으로 향해 모여 있는 원자 사이의 입체 반발력(steric repulsion)에 의해 불안정하여 잘 형성되지 않는다. 반면에 12-원자 이상의 큰 고리들은 더 안정해서 형성될 수 있으나 그 가능성은 고리 크기가 증가하면 감소한다. 이것은 사슬 하나의 양쪽 길이가 길어질수록 더 멀어짐으로 인해 만나기 힘들기 때문이다. 그래서 크기가 큰 고리는 잘 형성되지 않는다.

고리 형성은 몰질량 분포의 형태에 변형을 초래하고 최대 몰질량에 못 미치게 한다. 그러나 고리 형성을 억제할 수 있는 방법은 고리 형성이 일분자 공정인데 반해, 선형 중합은 이분자 공정이라는 점을 감안하여 이분자 공정을 유지할 수 있게 단량체 농도를 높이는 방법이다. 이것이 대부분의 단계 중합에서 단량체와 촉매만 사용하는 벌크 중합을 이용하는 이유이다.

3.2.5 선형 단계 중합 공정

비록 단계 중합이 단량체와 고분자가 용액 안에 용해된 채로 진행될 수 있지만, 고분자는 종종 반결정성(semicrystalline) 상태이고 낮은 용해성이 있기 때문에 고분자를 녹일 수 있는 적합한 용매를 찾기는 어렵다. 그래서 대부분의 단계 중합은 용매를 사용하지 않고 액상의 단량체를 반응시켜 진행시킨다.

앞 절에서는 선형 단계 중합으로 고중합체를 얻을 때 많은 제약 조건들에 초점을 맞추었다. 이러한 제약들을 극복할 수 있는 특별한 중합계가 개발되어야 하는데, 여기서는 폴리에스터와 폴리아마이드의 제조에 관해 개발된 중합계들을 예로 들어 본다.

폴리에스터의 생산에 **에스터 교환(ester interchange 또는 transesterification)** 반응이

흔히 사용되는데, 가장 중요한 예는 폴리(에틸렌 테레프탈레이트)[poly(ethylene terephthalate]의 제조이다. 표 1.1에 나타난 테레프탈산(terephthalic acid)과 에틸렌 글리콜(ethylene glycol)의 직접 에스터중합 반응은 테레프탈산의 높은 녹는점(실제로는 300°C에서 녹기 전에 승화한다)과 낮은 용해도 때문에 복잡하다. 따라서 폴리(에틸렌 테레프탈레이트)의 제조는 두 단계의 공정으로 이루어진다. 첫 번째 단계에는 두 가지 방법이 있는데, 그 중 하나는 다이메틸테레프탈레이트(dimethylterephthalate)와 과량의 에틸렌 글리콜을 반응시키는 것이다(에스터 교환).

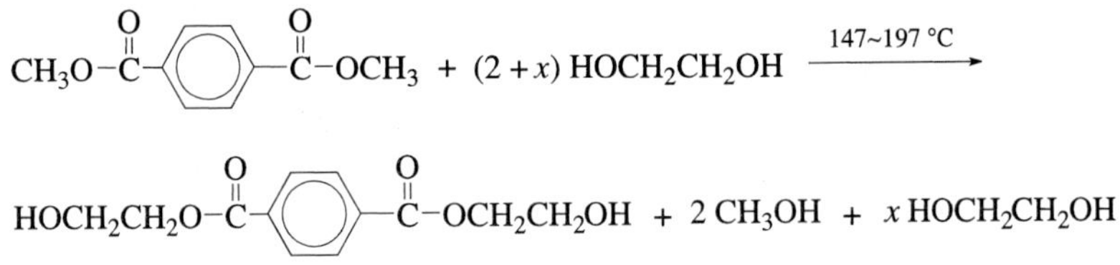

다른 방법은 현재 더 많이 쓰이는 테레프탈산과 과량의 에틸렌 글리콜을 직접 에스터화시키는 것이다.

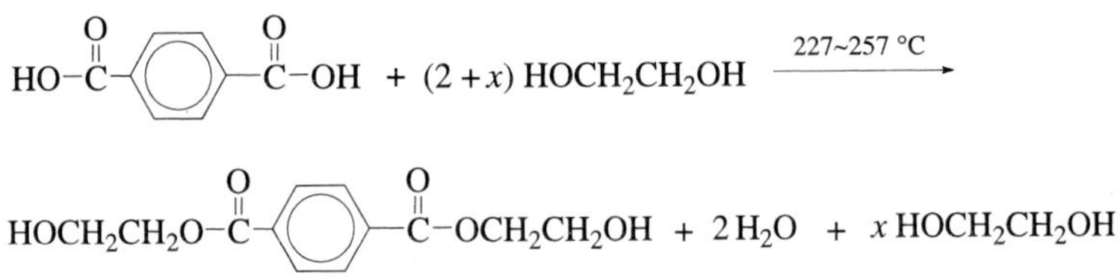

첫 번째 단계에서 메탄올 또는 물이 생성되므로 생성되는 즉시 제거해야 한다. 첫 번째 단계가 완성되면, 두 번째 단계로 반응 온도를 약 277°C까지 올려서 과량 사용된 에틸렌 글리콜이나 에스터 교환 반응으로 생성되는 에틸렌 글리콜을 제거하고, 고분자는 녹는점(265°C) 이상에서 얻는다.

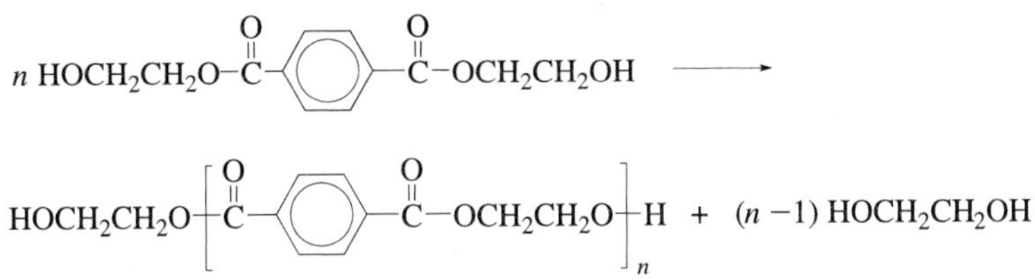

에스터 교환 반응을 시키면서 에틸렌 글리콜을 제거하는 과정을 거치면 화학량론비를 맞추는 과정이 필요 없어진다.

폴리아마이드의 제조에서는 다이아민과 이가산으로 나일론염의 **용융 중합(melt polymerization)**을 하는 것이 바람직한 방법이다. 예를 들어 나일론 6.6의 제조에서 헥사메틸렌 다이아민(hexamethylene diamine)과 아디프산(adipic acid)을 낮은 온도에서 우선 반응시켜 나일론 6.6염인 헥사메틸렌 다이암모늄 아디페이트(hexamethylene diammonium adipate)를 형성시켜 재결정으로 정제하고, 이 염을 서서히 온도를 높여 용융 중합이 효과적인 277°C 정도까지 가열하여 이 온도를 유지하면서 생성된 증기 상태의 물을 제거한다.

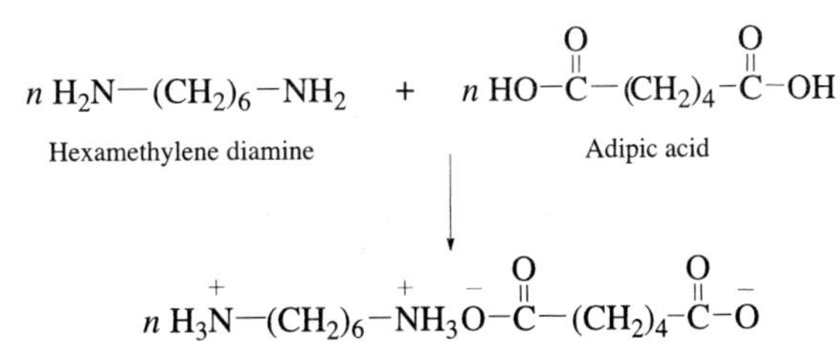

$$\downarrow$$

$$H\!\left[NH-(CH_2)_6-NH-\overset{O}{\overset{\|}{C}}-(CH_2)_4-\overset{O}{\overset{\|}{C}}\right]_n\!OH \quad + \quad (2n-1)\,H_2O$$

염의 탈수(salt dehydration)에 의한 용융 중합의 주요 이점은 정확히 화학량론비 1 : 1이 유지되는 염을 사용한다는 점이다.

폴리에스터와 폴리아마이드를 실험실에서 제조하는 편리한 방법으로는 염화 이가산(diacid chloride)을 다이올이나 다이아민과 각각 반응시키는 것이다(Schotten–Baumann 반응). 이 반응들은 낮은 온도에서 빠르게 진행되고 흔히 두 반응을 서로 섞이지 않는 용매에 각각 분리하여 녹여서 접촉시키는 **계면 중합(interfacial polymerization)**을 행한다. 가장 잘 알려진 예는 '나일론줄 재주'라고 하는, 그림 3.3의 계면에서 필름 형태의 나일론을 끌어올리는 방법이다. 예를 들어 나일론 6.10의 제조는 다음 반응을 따른다.

$$\underset{\text{Hexamethylene diamine}}{n\,H_2N-(CH_2)_6-NH_2} \quad + \quad \underset{\text{Sebacoyl chloride}}{n\,Cl-\overset{O}{\overset{\|}{C}}-(CH_2)_8-\overset{O}{\overset{\|}{C}}-Cl}$$

$$\downarrow$$

$$H\!\left[NH-(CH_2)_6-NH-\overset{O}{\overset{\|}{C}}-(CH_2)_8-\overset{O}{\overset{\|}{C}}\right]_n\!Cl \quad + \quad (2n-1)\,HCl$$

이 반응은 유기 용매의 계면에서 일어나므로, 반응이 확산에 의해 조절되어 엄격한 화학량론비 조절이 필요 없다.

3.3 비선형 단계 중합

작용성이 2보다 큰 단량체가 포함되는 중합은 생성되는 고분자의 몰질량과 구조에 극적인 영향을 미친다. 이러한 중합의 초기 단계에서 고분자는 가지가 달린 구조를 갖게 되어, 결과적으로 반응이 진행됨에 따라 선형 단계 중합때보다 몰질량이 급격하게 증가한다. 점점 더 반응이 진행되면, 가지형의 구조가 더 많아지면서 선형 고분자와는 크게 성질이 다른 복합적인 그물구조를 형성한다. 예를 들어 다이카복실산(dicarboxylic acid) $R(COOH)_2$과 트라이올(triol) $R'(OH)_3$의 반응으로 다음과 같은 구조가 형성된다.

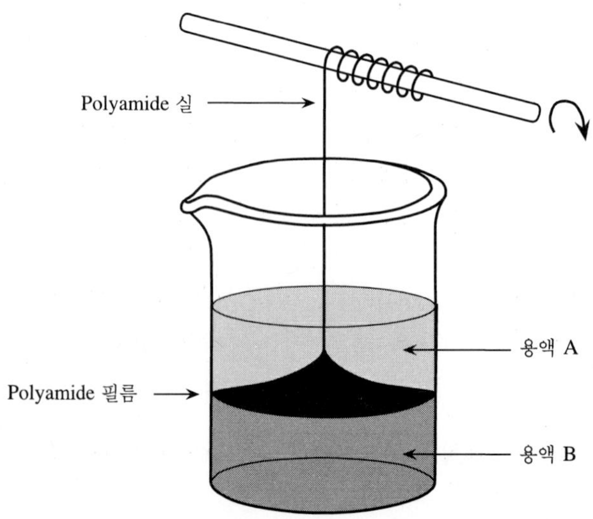

▶ 그림 3.3
폴리아마이드 계면 중합의 도식적인 그림. A는 다이아민 수용액이고, B는 염화 이가산의 사염화 탄소(carbon tetrachloride) 용액이다. 폴리아마이드는 두 용액의 계면에서 필름 형태로 얻어지며, 실 모양으로 끌어올릴 수 있다. 반응으로 생성되는 HCl을 제거하기 위해 일반적으로 수용액 A에 염기(NaOH)를 녹여서 사용한다.

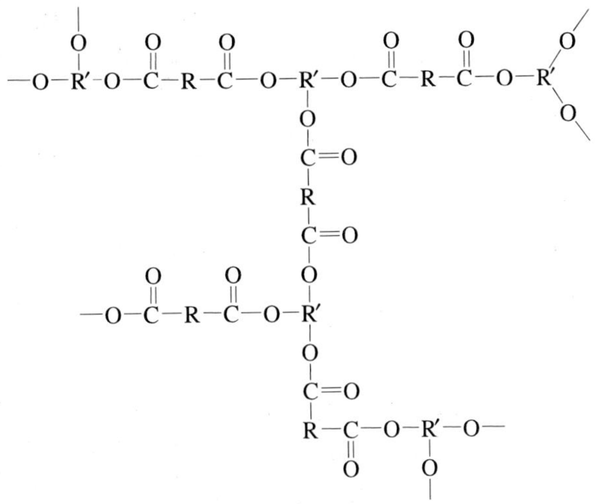

가지형의 고분자에서 그물구조로 바뀌면서 반응물은 점성이 높은 액체로부터 고체 젤로 바뀌어 흐르지 않게 되는데, 이것을 **젤화(gelation)** 라고 하며, 처음으로 그물 분자가 형성되는 점을 **젤화점(gel point)** 이라고 한다. 이론적인 젤화점을 예측하기 전에 우선 몇몇의 중요한 그물구조 형성 단계 중합에 관해 설명한다.

3.3.1 그물구조 고분자

그물구조 고분자는 상업화하기 위해 처음으로 합성된 단계 중합 고분자로, 흔히 **수지(resin)** 라고 한다. 고분자는 그물 사슬이 생성되는 단계에서 다루기 어렵기 때문에 원하는 형태를 만들기 위해 중합은 틀 안에서 진행되어야 한다.

3.3.1.1 폼알데하이드 수지

폼알데하이드(formaldehyde)에 기반한 수지는 상용화된 단계 중합에 의해 가장 먼저 성공적으로 제조된 그물구조 고분자이다. 이 고분자는 두 단계로 제조된다. 첫 번째 단계로 액체나 고체상인 낮은 몰질량의 예비중합체를 만든다. 그리고 두 번째 단계로, 예비중합체를 압력을 가해 가열된 금형 속으로 밀어 넣어 채워서 높은 가교를 형성하도록 반응을 더 진행시켜, 금형의 모양으로 딱딱한 고분자의 성형물을 얻는다. 폼알데하이드가 이작용성($f=2$)이므로 그물구조 고분자를 형성하기 위해 다른 반응물을 넣어야 되는데, 그 반응물의 작용성 f는 2보다 커야만 한다. 일반적으로 페놀($f=3$), 우레아($f=4$), 멜라민($f=6$) 등이 가장 많이 사용된다.

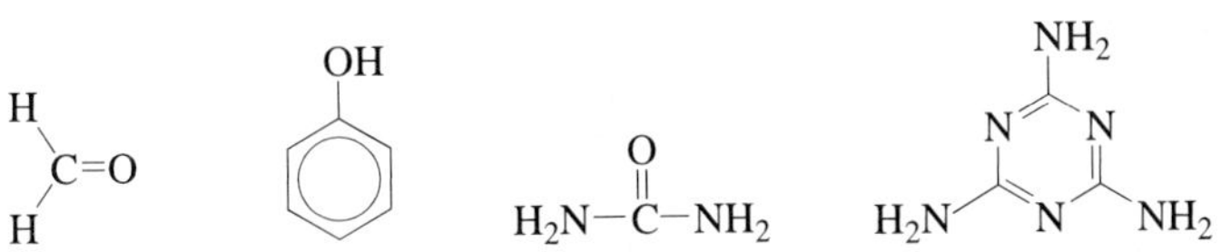

Formaldehyde Phenol Urea Melamine

페놀의 하이드록실기는 벤젠 고리의 2-, 4-, 6-위치에서 치환 반응이 일어나게 한다. 페놀과 폼알데하이드를 반응시키면 메틸올(methylol) 치환기가 형성된다. 예를 들면 다음과 같다.

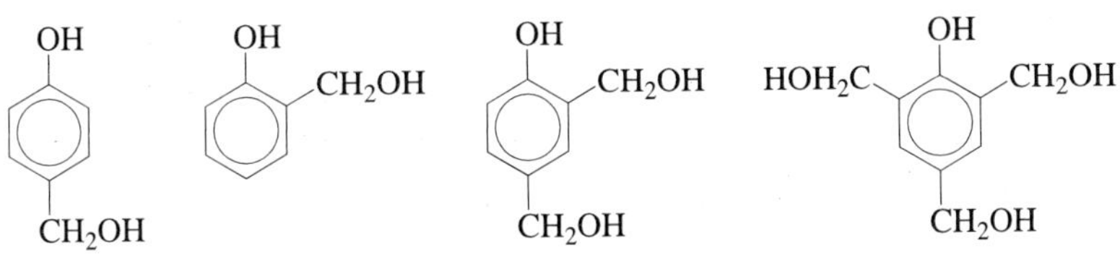

더 반응이 진행됨에 따라 메틸렌 가교뿐 아니라 다이메틸렌 에터(dimetyhlene ether) 연결이 원칙적으로 유도된다.

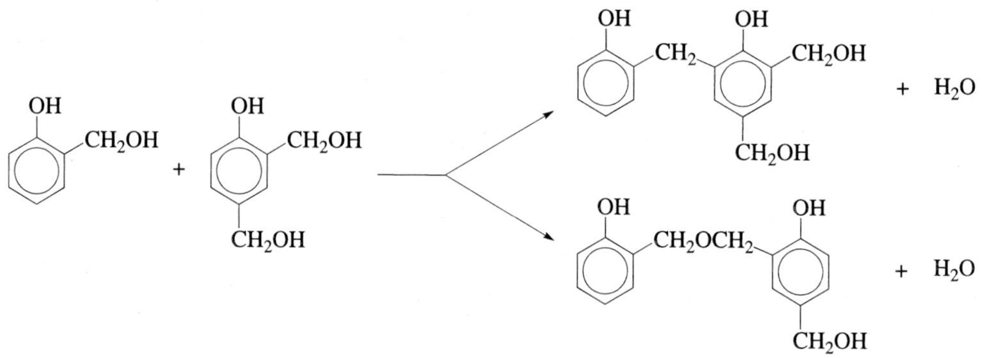

페놀-폼알데하이드 수지(phenol-formaldehyde resin)에는 두 가지 형태가 있다. 염기 촉매로 폼알데하이드를 과량으로 넣으면 **레졸(resol)**이라고 알려진 수지를 얻는다. 이 레졸 예비중합체는 열을 더 가하면 그물구조가 되는 반응을 할 수 있는 미반응 메틸올기를 가지고 있다.

노볼락(novolak)은 메틸올기의 축합 반응을 촉진시키는 산성 촉매하에 페놀을 과량 사용하여 얻어진다. 그래서 예비중합체에는 메틸올기가 포함되어 있지 않아 가교로 그물구조가 될 수 없다.

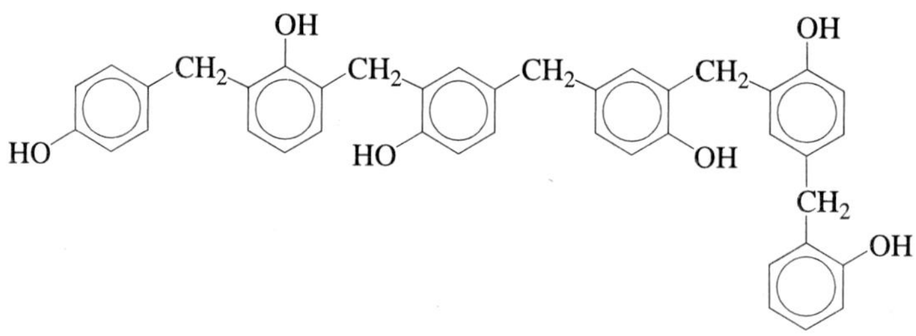

보통, 예비중합체는 건조 후 가루로 만들어서 운모, 유리 섬유, 톱밥 등과 같은 충전제와 염색 조제, 가교제, 경화제와 섞는다. 가교 반응을 일으키는 경화제로는 주로 마그네슘이나 산화 칼슘 촉매와 헥사메틸렌테트라민(hexamethylenetetramine)을 사용하며, 혼합물은 뜨거운 틀 안에서 경화시킨다. 대부분의 가교는 메틸렌 연결이지만, 약간의 다이메틸렌 아민(dimethylene amine, $-CH_2-NH-CH_2-$) 연결도 형성될 수 있다. 충전제들은 수지의 전기적, 기계적 특성을 향상시키기 위하여 첨가된다.

우레아-폼알데하이드(urea-formaldehyde)와 **멜라민-폼알데하이드(melamine-formaldehyde)** 수지는 *N*-메틸올기 형성과 그의 축합 반응으로 진행되고, 일반적 형태로 다음과 같이 표현한다.

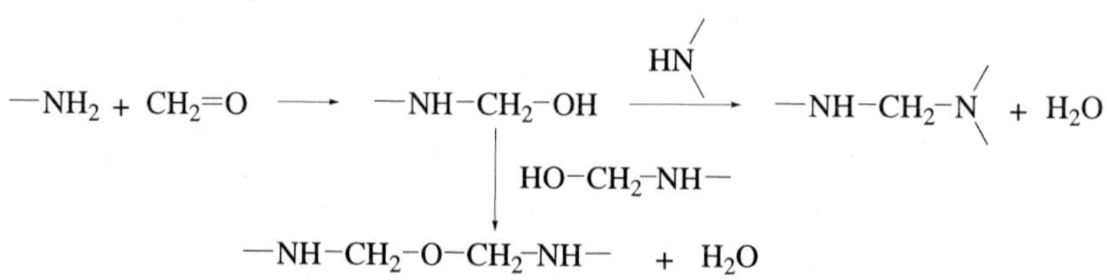

이 반응들은 보통 반응혼합물의 pH를 약알칼리로 유지시켜 예비중합체를 만드는 단계로 시행된다. 그 후에 경화제, 충전제, 안료 등과 혼합(blending)하여 틀 안에 넣은 후 가열 경화시킨다. 이때 사용하는 암모늄 설파메이트와 같은 경화제는 금형의 온도에서 분해하여 축합 반응을 촉진하는 산을 낸다.

3.3.1.2 에폭시 수지

에폭시 수지(epoxy resin)는 에폭사이드 말단기를 함유한 낮은 몰질량의 예비중합체로부터 얻어진다. 가장 중요한 예는 염기 촉매하에서 과량의 에피클로로하이드린(epichlorohydrin)과 비스페놀-A(bisphenol-A)의 반응으로 얻어지는 다이글리시딜 에터(diglycidyl ether) 예비중합체이다.

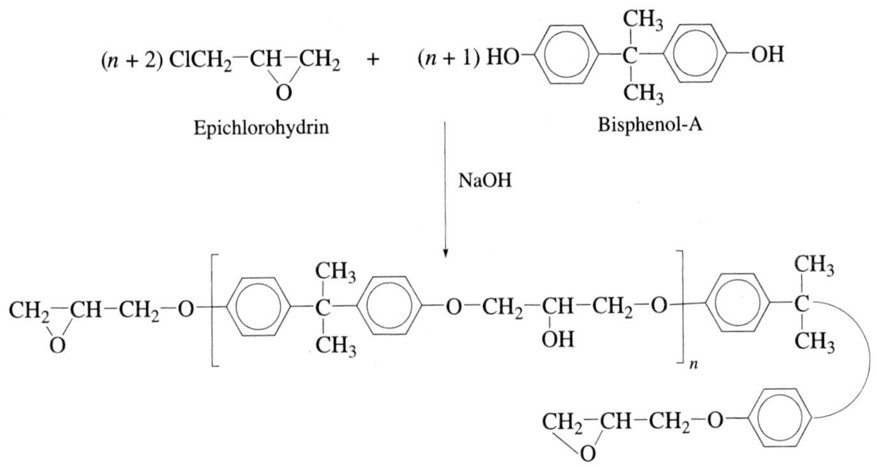

이들 예비중합체들은 중합도 n의 값에 따라 점성이 높은 액체이거나 고체이다. 이들은 보통 말단 에폭사이드와 첨가중합 반응을 할 수 있는 다기능 아민을 사용하여 경화시킨다. 그 방법을 나타내었다(다이아민, $f = 4$).

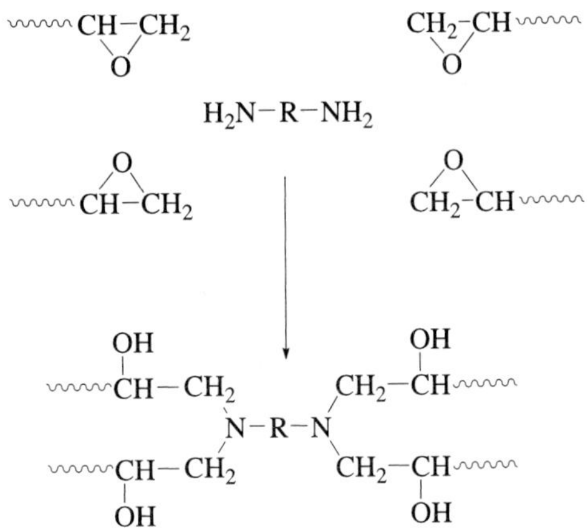

아민의 R기와 에폭시 수지의 사슬 길이가 경화된 수지의 기계적 성질을 결정한다. 에폭시 수지를 경화할 수 있는 몇 가지 다기능 아민의 예를 다음과 같이 나타내었다.

$H_2N-(CH_2)_2-NH-(CH_2)_2-NH_2$

Diethylenetriamine (DETA), $f = 5$

$H_2N-(CH_2)_2-NH-(CH_2)_2-NH-(CH_2)_2-NH_2$

Triethylenetetramine (TETA), $f = 6$

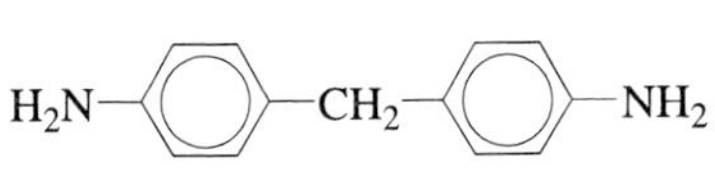

4,4'-Diaminodiphenylmethane (DDM), $f = 4$

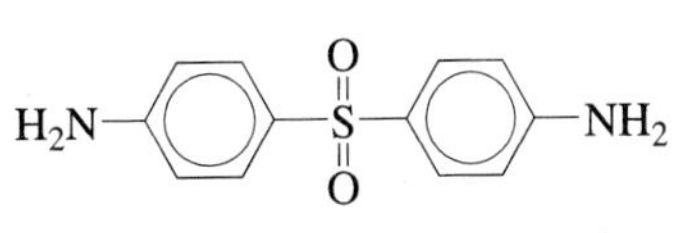

4,4'-Diaminodiphenylsulphone (DDS), $f = 4$

에폭시 수지는 경화되어도 수축하지 않는 특성이 있어서 접착제, 전기 절연제, 표면 피복이나 섬유 강화 복합 재료로 유용하다.

3.3.1.3 그물구조 폴리우레탄

폴리우레탄 그물구조(polyurethane network)는 탄성체, 연성 혹은 경직성의 스폰지 등으로 널리 사용되는데, 보통 다이아이소사이아네이트(diisocyanate)와 하이드록실 말단기를 가지고 있는 가지형의 폴리에스터나 폴리에터와 같은 **폴리올(polyol)** 예비중합체와 반응시켜 얻는다. 3.2.2.1절에서 언급한 반응과 같이 MDI와 폴리(프로필렌 옥사이드) 트라이올[poly (propylene oxide) triol] 반응을 예로 들 수 있다.

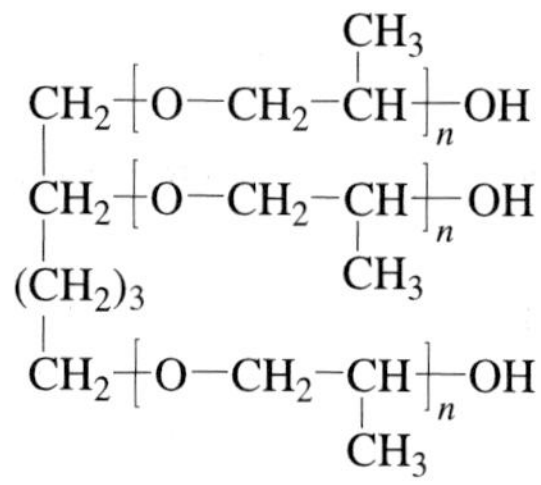

상업적인 폴리(프로필렌 옥사이드) 폴리올은 보통 말단기에 반응성이 큰 에틸렌 옥사이드 구성 단위($-O-CH_2-CH_2-OH$)를 가진다(일차 $-CH_2OH$기의 반응성이 이차 $-CH(CH_3)OH$기보다 크다). 몰질량과 작용성이 예비중합체의 가교 밀도 및 형성되는 구조의 연성을 결정한다. 일반적으로 폴리에터 폴리올은 3~6의 작용성을 가지며, 경질(rigid)의 폴리우레탄을 만들기 위해 $\bar{M}_n$이 약 1 kg mol^{-1}인 폴리올이 사용된다. 반면에 연질(flexible)의 폴리우레탄은 $\bar{M}_n$이 2~8 kg mol^{-1}인 폴리올과 함께 합성된다.

폴리우레탄 거품은 적은 양의 물과 함께 만들어진다. 물은 아이소시아네이트기와 빠르게 반응해서 카밤산(carbamic acid)을 만들고, 이것은 즉시 분해되어 아민 말단기와 이산화 탄소 기체를 만들어 폴리우레탄의 거품을 형성한다.

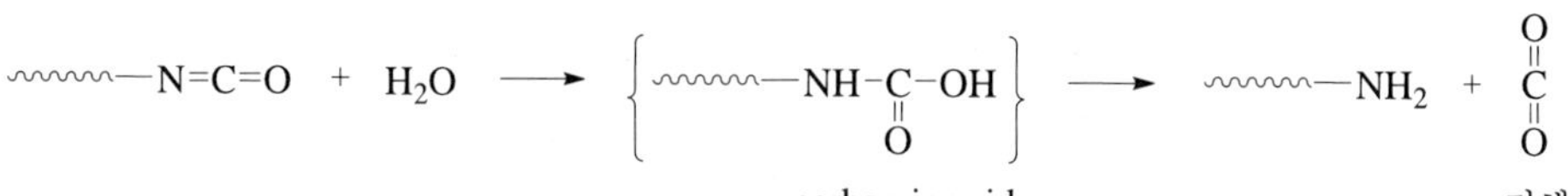

아민 말단기는 아이소사이아네이트기와의 격한 반응성을 가지기 때문에, 즉시 반응하여 우레아 결합을 만든다.

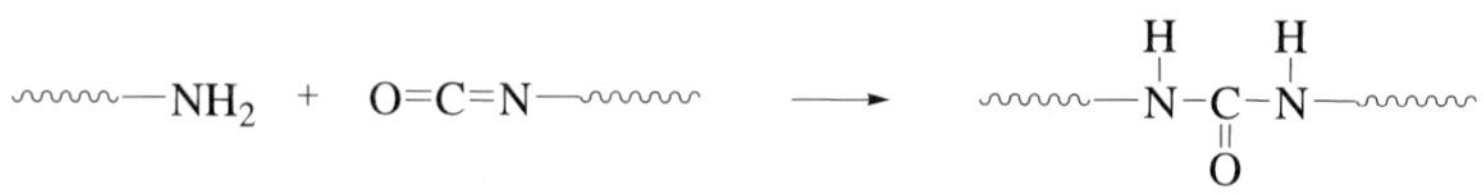

또한 폴리우레탄 거품은 아이소사이아네이트기와 하이드록실기와의 발열 반응에 의해 기화된 혼합물을 포함하면서 형성될 수도 있다.

3.3.2 젤화 이론

가교결합은 분자 수준에서 그물구조의 흐름을 막기 때문에 삼차원으로 가교된 고분자는 미세한 점성 유동을 할 수 없다. 비선형 중합으로 첫 번째 **그물구조 분자(network molecule)**가 비선형 중합으로 형성될 때, 이것은 모든 반응물들을 에워싸서 모든 반응물들을 움직이지 못 하게 만든다. 이 지점을 **젤화점(gel point)**이라고 하며, 그물 형성 중합에서 매우 중요한 단계이다. 젤화점에서의 반응을 예측하기 위해 많은 노력들이 있어 왔다. 여기서는 비선형 단계 중합에서의 젤화점에 관한 간단한 이론을 소개한다.

3.3.2.1 젤화의 Carothers 이론

선형 단계 중합에서와 같은 Carothers 원리를 적용하여 젤화점을 예측하는 간단한 이론을 유도할 수 있다. 상호 반응성을 갖는 작용기의 수가 화학량론 수지에 맞을 때, 수평균 작용성 f_{av}을 사용할 수 있으며, 이것은 다음과 같이 정의된다.

$$f_{av} = \frac{\sum N_i f_i}{\sum N_i}$$

여기에서 N_i는 작용성 f_i를 가지고 있는 단량체 i의 초기 분자수를 나타낸다. 그래서 초기에 N_0 분자가 있었다면 그때의 작용기의 총수는 $N_0 f_{av}$가 된다. 만약 t시간 경과 후 N개의 분자가 있다면 반응한 작용기의 수는 $2(N_0-N)$이다. 이는 두 개의 작용기가 반응하여 하나의 연결이 생성되므로 분자수가 하나씩 감소하는 것으로 알 수 있다. 그러므로 반응도 p는 초기에 존재했던 작용기가

$$p = \frac{2(N_0 - N)}{N_0 f_{av}}$$

반응했을 확률(p)로 주어지며, 식 3.1을 사용하여 N/N_0에 대입하여 단순화시키면

$$p = \frac{2}{f_{av}}\left(1 - \frac{1}{\bar{x}_n}\right) \tag{3.22}$$

이 되어 다시 정리하면 다음과 같다.

$$\bar{x}_n = \frac{2}{2 - pf_{av}} \tag{3.23}$$

이 식은 $f_{av} = 2.0$일 때 Carothers 식 3.3으로 단순화된다. 주어진 반응도에서 f_{av}값을 2.0보다 약간 올리면 얻을 수 있는 $\bar{x}_n$의 값이 상당히 증가한다. 이러한 자료를 표 3.4에 나타내었다.

또한 만약 $\bar{x}_n$을 무한대로 보내어 식 3.22를 다시 쓰면 젤화점에 관한 표현이 된다.

$$p_c = \frac{2}{f_{av}} \tag{3.24}$$

즉, p_c를 예측하는 이론을 더 확장하여 화학량론비가 맞지 않는 경우도 얻을 수가 있다. 그러나 이러한 간단한 분석 방법으로는 항상 더 큰 값의 p_c를 예측하는 불합리한 결과를 얻으므로 여기에서는 생략한다. 이러한 접근의 결점은 $\bar{x}_n$인 평균값을 무한대로 보낸다는 이론에 기초한 점이다. 즉, 항상 $\bar{x}_n$보다 작거나 큰 값의 중합도를 갖는 분자가 존재하고 젤화가 처음 일어나는 것은 그중에 가장 큰 분자일 것이기 때문이다.

3.3.2.2 젤화의 통계적 이론

기본적인 젤화에 관한 통계적 이론은 Flory에 의해 처음 유도되었다. 그는 이작용성인 단량체 RA_2, RB_2와 f-작용성 단량체 $RA_f\,(f > 2)$를 함께 사용한 반응에 대해 생각하였다. 여기에서 새로운 파라미터를 정의하는데, 그것은 **가지 계수(branching coefficient)** α로서 f-작용성 단위 하나가 이작용성 단위 한 사슬을 지나 다음번 f-작용성 단위로 연결될 확률이다. 다시 설명하면, α는 다음과 같은 결합의 배열이 이루어질 확률이다.

$${}_{(f-1)}\mathrm{AR{-}AB{-}R{-}B}\left[\mathrm{A{-}R{-}AB{-}R{-}B}\right]_i\mathrm{A{-}R{-}A}_{(f-1)}$$

통계적인 관점으로부터 α에 대한 표현을 유도해내기 위해서는 다른 인자인 γ을 소개할 필요가 있다. γ는 RA_f 분자들에 있는 A 작용기의 전체 작용기에 대한 초기의 비로 정의

표 3.4 식 3.23으로 계산된 p와 f_{av} 변화에 따른 $\bar{X}_n$의 값

	$\bar{X}_n$에서				
f_{av}	p = 0.50	p = 0.70	p = 0.90	p = 0.95	p = 0.99
2.0	2	3.33	10	20	100
2.1	2.10	3.77	18.18	400	젤화됨
2.2	2.22	4.34	100	젤화됨	젤화됨
2.3	2.35	5.13	젤화됨	젤화됨	젤화됨

된다. γ를 사용하면 주어진 일반적인 배열 내 연결들의 각각에 대한 확률을 계산해 낼 수 있다. 만약에 A의 반응도를 p_A라고 하고 B의 반응도를 p_B라고 하면

$$_{(f-1)}\text{AR—}\overrightarrow{\text{AB}}\text{—R—B}\text{의 확률} = p_A$$

$$\text{B—R—}\overrightarrow{\text{BA}}\text{—R—A}\text{의 확률} = p_B(1-\gamma)$$

$$\text{A—R—}\overrightarrow{\text{AB}}\text{—R—B}\text{의 확률} = p_A$$

$$\text{B—R—}\overrightarrow{\text{BA}}\text{—RA}_{(f-1)}\text{의 확률} = p_B\gamma$$

인 관계를 얻을 수 있는데, 화살표는 연결과 각 연결에 의한 사슬이 확장되고 있는 방향을 표시한다. 따라서 일반적인 배열이 형성되는 확률은

$$p_A[p_B(1-\gamma)p_A]^i p_B\gamma$$

이다. 가지 계수는 배열들이 i의 모든 값으로 이루어질 확률이므로

$$\alpha = p_A p_B \gamma \sum_{i=0}^{\infty} \left[p_A p_B (1-\gamma) \right]^i$$

이다. 수학적인 관계인

$$x < 1\text{이면,}\quad \sum_{i=0}^{\infty} x^i = \frac{1}{(1-x)}$$

를 이용하면 아래와 같이 표현할 수 있다.

$$\alpha = p_A p_B \gamma [1 - p_A p_B (1-\gamma)]^{-1} \tag{3.25}$$

고분자 사슬 n개 중 일부가 가지를 이루면서 n보다 더 많은 사슬이 만들어질 때 그물구조의 분자들이 형성된다. 앞에서 분석한 결과에서 보면 한 개의 사슬 끝에서부터 나오는 최대 사슬의 수는$(f-1)$이므로, 그 사슬 끝으로부터 나오는 사슬의 가능한 수는 $\alpha(f-1)$이 된다. 이 확률이 1보다 작지 않을 때, 즉 $\alpha(f-1) \geq 1$이면, 그물구조의 분자들이 형성될 수 있다. 그래서 젤화의 **임계 가지 계수(critical branching coefficient)** α_c는 다음과 같다.

$$\alpha_c = \frac{1}{(f-1)} \tag{3.26}$$

이 식을 식 3.25에 대입하여 정리하면 젤화가 일어나는 임계 반응도의 곱이 얻어진다.

$$(p_A p_B)_c = \frac{1}{1+\gamma(f-2)} \tag{3.27}$$

만약 **반응몰비(reactant ratio)** r을 초기 A 작용기의 B 작용기에 대한 비로 정의할 것 같으면 $p_B = rp_A$가 되어

$$(p_A)_c = [r + r\gamma(f-2)]^{-1/2} \tag{3.28}$$

$$(p_B)_c = r^{1/2}[1+\gamma(f-2)]^{-1/2} \tag{3.29}$$

이 된다. 그리고 RA_2 분자가 없는 경우에는 $\gamma = 1$이고 $(p_A p_B)_c = 1/(f-1)$로서 $(p_A p_B)_c = \alpha_c$가 된다.

3.3.2.3 젤화의 통계적인 이론과 Carothers의 유효성

통계적인 방법으로 유도한 이론과 Carothers 이론을 실험적인 젤화 자료로서 각각 비교할 수가 있는데 그 예를 그림 3.4에 나타내었다. p, $\bar{x}_n$, 점도 η를 반응 시간에 따라 보여 준

것으로, 다이올은 다이에틸렌 글리콜, 이가산은 석신산(succinic acid), 삼가산으로는 1,2,3-프로판 트라이카복실산(propan-1,2,3-tricarboxylic acid)을 사용하였다. 젤화는 238분 정도 경과 후에 일어났으며, η가 무한대가 되는 것으로 명확해졌다. 관찰된 반응도는 0.894, 그때의 $\bar{x}_n$는 겨우 25가 되었다(즉, Carothers의 젤화 이론에서 추정한 무한대값보다 훨씬 낮은 값). 하지만 통계적인 이론으로 예상한 값인 $(p_A p_B)_c = 0.844$ 역시 부정확했다. $r = 1.000$, 그리고 $\gamma = 0.194$에서 비슷한 중합을 진행하였고, 젤화점은 $p = 0.939$에서 나타났으며, 이것은 식 3.24로부터의 예상값인 $p_c = 0.968$과 비교하여 보면 기대했던대로 예상값이 더 높게 나타났다. 반면에 식 3.27을 통해 0.915의 값을 얻었으며, 이 값은 역시 실험값보다 낮게 나타났다. 통계적인 이론으로는 말단기 사이의 분자내 반응을 고려하지 않기 때문에 언제나 실제보다 낮은 p_c값을 얻게 된다. 이러한 분자내 반응이 있다면 고분자 구조 안에 고리가 형성된다. 따라서 이러한 작용기의 소모를 극복하기 위해 보다 높은 반응도로 중합을 진행시켜야 한다. 분자내 반응의 영향을 제거하면(예: 반응물의 농도를 무한대로 보내어 p_c값을 외삽) 단순한 통계적 이론으로 정확히 젤화점을 예측할 수 있다(3.24절 참조). 분자내 반응 등을 포함시킨 더 발달된 통계적 이론들이 유도되어 있으나 이 책의 범위를 넘는 것이기 때문에 생략한다.

여기에 소개된 젤화의 이론들은 모두 작용기가 동등한 반응성을 가지는 것을 만족시킨다는 가정이 명확할 때만 적용할 수 있다. 앞서 소개한 단계 중합들의 예에서, 위의 이론들은 폴리에스터와 폴리우레탄 그물구조 형성 때에 일반적으로 적용되지만, 폼알데하이드 수지나 에폭시 수지의 형성에는 적용되지 않는다. 나중에 언급된 폼알데하이드 수지나 에폭시 수지의 시스템에서 동등 반응성의 원리가 적용되지 않는 원인은 같은 단량체 분자 내의 다른 작용기의 반응에 의해 특정 작용기의 반응성이 변화하기 때문이다.

3.3.3 덴드리머

덴드리머(dendrimer)는 독특하면서 완전히 대칭적인 뼈대와 함께 고유한 몰질량을 가진, 가지가 매우 많은 분자이다. 그 분자 구조의 우아함은 프랙탈과 산호를 연상시키며, 그림 1.2에 가장 간단한 덴드리머 구조가 암시된다. 덴드리머의 제조는 1970년대 말까지 거슬러 올라갈 수 있지만, 유기 고분자 화학자들이 덴드리머의 고유한 물성에 관심을 가지게 된 1980년대 말부터 비로소 덴드리머는 주된 연구 주제가 되었으며, 이에 관한 연구가 폭발적으로 수행되었다.

덴드리머는 디자인 및 화학 구조 관점에서 수많은 종류가 있지만 모두 공통된 특색이 있다. 중앙에 다기능 **중심(core)**을 가지고 있고, 이 중심은 연이은 **가지 단위(branching unit)**의 **세대(generation)**로 연결되어 있으며, **내부의 빈 공간(internal void)**과 **홈(channel)**을 남기는 불완전한 공간 채움, 그리고 화학 작용기를 가질 수 있는 **표면기(surface group)**라고 하는 말단기로 된 바깥쪽 덮개가 있다. 덴드리머의 이러한 특징은 그림 3.5에 묘사

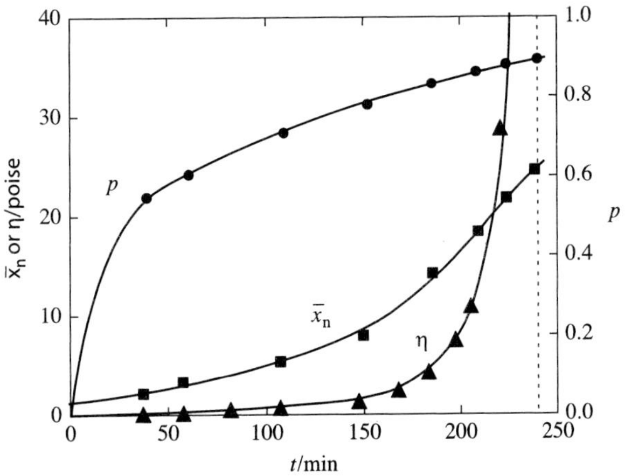

▶ 그림 3.4
다이에틸렌 글리콜을 109°C, p-톨루엔에서 설폰산 촉매로 석신산과 1,2,3-프로판 트라이카복실산을 중합시켰을 때 p, $\bar{x}_n$과 η의 시간에 따른 변화. ($r = 1.002$, $\gamma = 0.404$) 점선은 $p = 0.894$일 때의 젤화점을 표시. (자료 출처: Flory, J. Am. Chem. Soc., 63, 3083, 1941.)

되어 있다. **중심(core)**, **세대(generation)**, **가지 단위(branching unit)**, **표면기(surface group)**의 개념은 그림 3.6에 보이는 바와 같이 덴드리머의 도식적인 묘사에 의해 가장 잘 정의되어 있다.

3.3.3.1 덴드리머의 제조

덴드리머는 세심하게 제어된 단계적 반응에 의해 한 번에 한 세대씩 만들어진다. 그러므로 그 제조는 단계 중합과 매우 비슷하다. 예를 들어 ARB_2 자체 중합을 억제하는 동시에 연이은 세대의 성장이 시작되기 전에 ARB_2 단량체가 RB_3 중심 분자 쪽으로 중합된다면, 그림 3.5와 3.6에 나타난 형태의 구조를 가진 덴드리머가 만들어질 것이다(즉, 중심에서의 삼반응성 연결점인 RB_3과 가지 단위인 ARB_2의 연속적인 발생). 이는 덴드리머가 중심에서부터 밖으로 향해서 형성되는, **발산형(divergent)** 덴드리머의 제조가 될 것이다. 그러한 조절을 달성함에 있어서 도전을 어떻게 극복할 것인지 고려하기 전에 덴드리머의 성장에 가해진 공간 제약을 인식하는 것이 중요하다.

결함이 없는 완전한 덴드리머를 만들기 위하여, 이미 제시된 바 있는 덴드리머의 각 표면기에 새로운 단일 가지 단위가 반드시 연결되어 있어야 한다. 만약 중심의 작용성이 f_{core}, 가지 단위의 작용성이 f_{br}이면, $(g-1)$ 차 세대 덴드리머로부터 g차 세대를 생산하기 위해서는 $f_{core}(f_{br}-1)^{g-1}$ 가지 단위들을 반드시 추가해야 한다(이런 맥락에서 중심부는 0차 세대로 고려될 수 있다). 그래서 **중심부를 제외하고**, g세대의 덴드리머에서 가지 단위의 수 N_{br}은 다음의 식으로 주어진다.

$$N_{br} = \sum_{x=1}^{g} f_{core}(f_{br}-1)^{x-1} \tag{3.30}$$

따라서 N_{br}은 g가 증가함에 따라 빠르게 증가하며, 가지 단위의 각 세대가 추가될수록 덴드리머를 제조하기 위해 필요한 화학적 요구들은 더 커진다. 하지만 이것만이 유일한 제약이 아니다. 공간 제약 또한 덴드리머 합성에 중요한 영향을 미치기 때문이다. 구면 실체로 덴드리머의 매우 간단한 그림을 생각해보자. 각 세대의 연결하는 결합 길이는 같다(일반적으로 사실)고 가정하면, 덴드리머 분자의 반지름은 각 세대에 대해서 추가된 같은 양만큼 증가할 것이며, 덴드리머 분자의 부피는 대략적으로 g^3에 따라 증가할 것이다. 즉, N_{br}이 g에 따라 증가하는 것보다 훨씬 느리게 증가할 것이다. 이제는 공간 밀집(steric crowding)이 추가적인 세대의 형성을 방지하는 시점이 올 것이라고 쉽게 인지할 수 있다. 이를 흔히 **성화(星花) 제한(starburst limit)**이라고 한다. 계산에 의하면 $f_{br}=3$이면 10세대의 정도에서, $f_{br}=4$이면 5세대의 정도에서 발생하는 것으로 추정된다. 덴드리머의 화학 구조식을 그리려고 하면 밀집(crowding) 또한 문제가 된다. 삼차원 공간을 채우는 큰 분자를 이차원으로 그리기 위해서 절충안이 만들어져야 한다. 원자들과 결합들이 겹치는

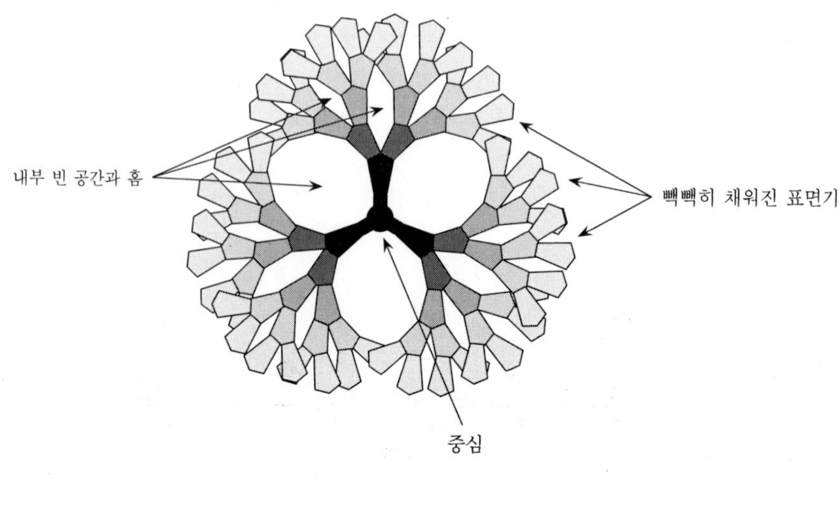

▶ **그림 3.5**
덴드리머 분자는 5세대 덴드리머의 도식적인 도해에 나타난 바와 같이, 높은 농도의 표면기, 내부 빈 공간과 홈의 존재로서 특징지어진다.

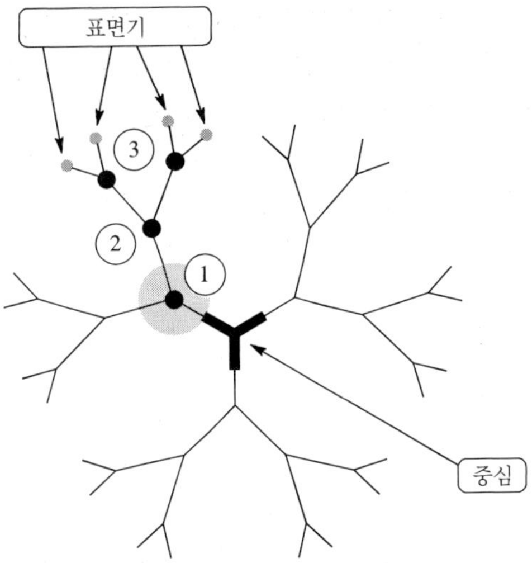

▶ **그림 3.6** 3세대 덴드리머의 도식적 묘사. 중심은 굵은선으로 나타나 있다. 덴드리머의 전문 용어는 덴드리머 가지 하나에 대하여 보여 준다: 각 **가지 단위** (branching unit) 속 **연결점** (junction point) 은 검은 점으로 강조되며, 동그라미 속 숫자는 연속적인 가지 단위 하나로 인해 증가되는 **세대수** (generation number) 를 정의하며, 1세대 가지 단위와 연관된 연결은 회색 원으로 강조되고, **표면기**는 사슬 말단기의 회색 점으로 나타난다.

것을 방지하기 위해서, 결합 각도나 결합 길이에 가해진 제한들은 반드시 제거되어야 하고, 심지어 이때에도 결합들과 원자들의 겹침을 방지하기 위해 낮은 세대 덴드리머들을 그리는 것에 제한된다. 이러한 이유로 덴드리머 구조들은 종종 화학적 구조의 부분을 문자나 블록으로 도식화해서 그려진다.

앞에서 해 본 간단한 분석은 덴드리머의 합성에는 많은 요구 조건이 충족되어야 하고 각 연이은 가지 단위 세대 추가 시에는 이의 합성이 더욱 어려워짐을 명확히 보여 준다. 궁극적으로, 공간 밀집은 화학 반응을 더욱 더 제한하므로, 완전한 구조를 갖는 높은 세대의 덴드리머를 합성하는 것은 어려운 일이다. 그럼에도 불구하고, 낮은 세대의 완전한 구조의 덴드리머와 높은 세대의 불완전한 덴드리머 둘 다 학문적으로나 상업적으로나 상당한 관심을 끌고 있다.

덴드리머의 합성에 수많은 다양한 종류의 연결 반응이 사용된 이래, 여기에서 설명하기에는 너무 많은 덴드리머의 화학종들이 있다. 상세한 내용을 알기 위해서는 리뷰 논문(이 중 일부는 "참고 문헌" 부분에 제시되어 있음)을 참고해야 한다. 여기서는 덴드리머 합성의 일반적인 원리를 입증하는 것에 초점이 맞추어지겠지만, 체계적이고도 단계적인 화학 반응이 사용되어야만 하는 필요성을 강조하기 위해 하나의 예는 제시될 것이다.

발산형 (divergent) 접근법에 의하여 합성되는 중요한 덴드리머는 poly (amidoamine) (PAMAM) 이고, 그 구조는 그림 3.7에 나타나 있다. 어떤 덴드리머의 합성에 있어서도 요구되는 요소를 보여 주기에 PAMAM 덴드리머의 합성에 기반이 되는 화학은 여기에 설명되어 있다. 그 어떤 것보다도 중요한 것은 연결 반응이 매우 효율적이어야 하고(모든 표면 작용기의 반응을 담보하기 위해) 부반응없이 매우 깔끔해야 한다는 것이다. 다음으로, 추가될 가지 단위(단량체)에 있는 연결 작용기를 제외한 모든 작용기는 꼭 하나의 가지 단위 세대만이 첨가되기 위해 반응으로부터 반드시 **보호되어야 (protected)** 한다. 그 세대의 추가가 끝나면, 보호되어 있던 작용기들이 가지 단위의 다음 세대에 연결될 수 있도록 반응성이 있는 형태로 반드시 **비보호 (deprotected)** 되거나 **변환 (converted)** 되어야 한다. PAMAM 덴드리머의 합성에 적용된 화학 반응은 다음과 같다.

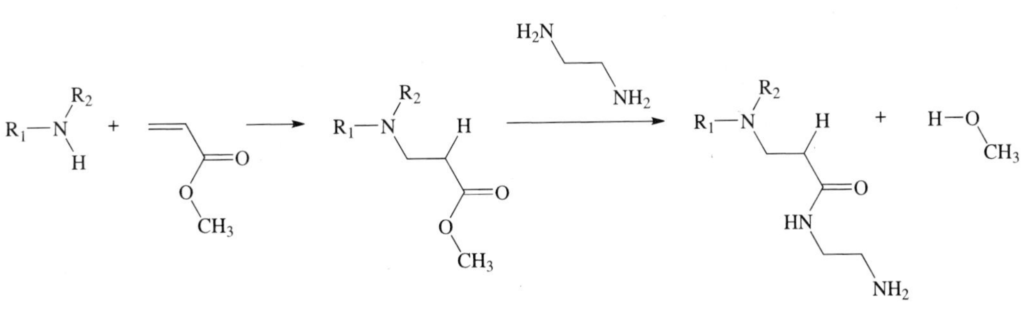

여기서 R_1과 R_2는 H나 덴드리머의 일부를 나타낸다. 연결 반응은 메틸 아크릴레이트의 C=C 결합에 아민 N−H가 첨가되는 Michael 첨가 반응을 포함한다. 다음으로 메틸 에스터기는 1,2-다이아미노에테인과 아마이드교환 반응을 통해 에스터로부터 메탄올을 제거하여 해당 아마이드가 만들어지고, 말단기로 아민($-NH_2$) 표면기를 남기게 된다. 말단 아민기들은 각각 메틸 아크릴레이트(N−H 결합마다 하나)의 두 분자와 반응을 하고, 이런 일련의 반응이 반복되어 PAMAM 덴드리머가 만들어진다(근접한 카보닐기와의 전자 비편재화 때문에 아마이드 N−H기는 친핵성이 작아 메틸 아크릴레이트에 첨가되지 않고, 아민 N−H만 반응한다). 그림 3.7에 나타나 있는 PAMAM 덴드리머의 출발점(즉, 중심)은 암모니아(NH_3)이고, 이는 메틸 아크릴레이트(N−H당 하나씩) 세 분자에 첨가되어 1세대 덴드리머가 만들어진다.

PAMAM 덴드리머의 합성은 **발산형** 덴드리머 합성의 예를 제공하며, 이 합성에서 이작용성 가지 표면기($-NH_2$)가 차세대 가지 단위의 결합 전 활성화 단계에서 비활성 단일작용기($-CO_2CH_3$)로부터 생성된다. 다른 발산형 덴드리머 합성에서 추가된 각 가지 단위는 두 개 혹은 그 이상의 보호된 표면기를 갖고 있으며, 이들 표면기는 쉽게 반응성기로 전환된다. 앞에서 언급된 바와 같이, 많은 다른 보호/비보호 화학들이 이런 목적으로 사용되어 왔기에 덴드리머에 관한 리뷰 논문을 참고해서 그 다양한 방법을 제대로 알아야 한다.

발산형 접근법은 덴드리머의 합성에 처음으로 적용되었으며, 몰질량이 새로운 세대의 형성과 함께 빠르게 증가하기 때문에 이 방법은 많은 양의 덴드리머를 제조하기에 매우 효과적이다. 그러나 발산형 접근법은 세대수가 증가함에 따라 다음 세대 덴드리머를 합성하기 위해 수행해야 할 반응의 수가 급속히 증가하며, 또한 완벽한 다음 세대의 덴드리머를 불순물로부터 깨끗이 분리해 내기 어려운 단점이 있다. 특히 완벽한 덴드리머 분자와 크기 및 화학 구조가 매우 비슷하지만, 새로운 가지 단위의 완전한 세대가 아닌 그런 분자와의 분리가 어렵다. 따라서, 이 방법으로 제조된 높은 세대의 덴드리머는 종종 불완전

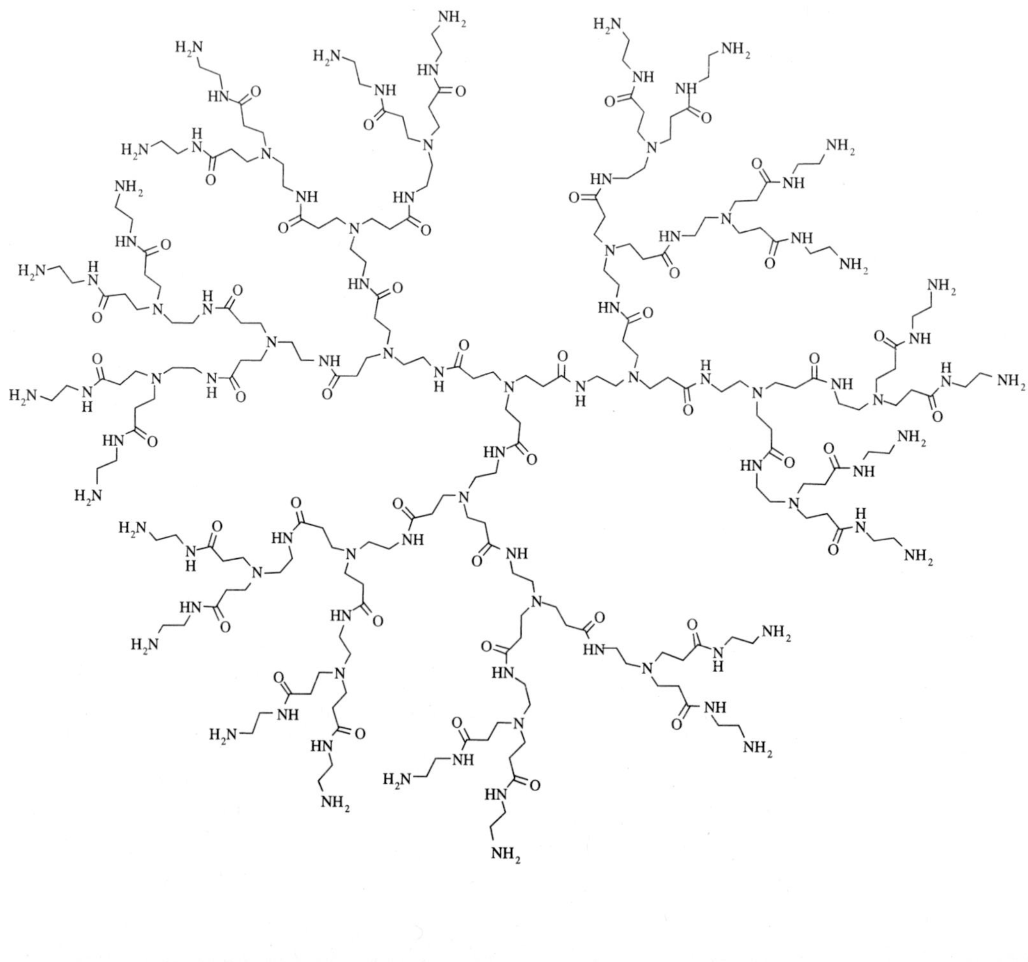

▶ 그림 3.7
3세대의 PAMAM 덴드리머.

한 구조를 갖고 있는 분자를 일부 포함한다. 이러한 이유로 보다 효과적이고 다양한 접근법들이 개발되었다. **수렴형(convergent)** 접근법에서는 덴드리머가 표면에서 안으로 자라며, **쐐기(wedge)**나 **수지상돌기(dendron)**로 알려진 덴드리머의 일부를 생성한다. 발산형 및 수렴형 접근 원리가 그림 3.8 및 그림 3.9에 각각 나타나 있다. 물론, 수렴형 접근법에서는 수지상돌기들이 수지상돌기의 활성화된 **초점 작용기(focal point group)**와 다기능 중심 분자가 반응하는 마지막 반응 단계에서 서로 결합되어야 덴드리머가 만들어진다. 그러므로 발산형 접근법과 비교하면 덴드리머를 합성하기 위한 총 반응의 수에 있어서는 차이점이 없으며, 또한 발산형과 수렴형 접근법들을 혼용할 수 있다. 예를 들어 그림 3.8의 발산형 합성법으로부터 활성화된 표면기를 갖는 2세대 덴드리머가 그림 3.9에 나타나 있는 수렴형 합성법에서 활성화된 초점기를 갖는 3세대 수지상돌기와 반응해, 보호된 표면기를 갖는 5세대 덴드리머가 합성된다.

소위 **더블 엑스포넨셜(double exponential)**이라고 하는 접근법은 수지상돌기를 합성하는데 있어서 또 다른 중요한 합성법이며, 이는 그림 3.10에 나타나 있다. 이는 가지 단위의 활성 표면기의 형태 또는 이미 형성된 수지상돌기들이 활성화된 초점기의 형태와 반응하여 수지상돌기들이 만들어지는 것을 포함한다. 수렴형 접근법에서 생성된 수지상돌기들은 덴드리머를 생성하기 위해 마지막 반응에서 다기능 중심 분자와 반드시 연결되어야 한다. 공간 밀집으로 인해 기인된 초점기의 반응성 감소는 이 결합의 형성에 주된 방해 요소이며, 성화 제한에 접근함에 따라 모양 제한에 도달함으로써 심각한 제약이 된다. 그럼에도 불구하고, 수렴형 접근법과 더블 엑스포넨셜 접근법은 주요 이점을 갖고 있어 적은 수의 반응으로 완벽한 차세대 수지상돌기들을 제조할 수 있다(그림 3.9에서 나타냈듯이 수렴형 합성에서 각 단계들은 오직 두 개의 반응을 포함하고 있다). 또한 생성된 수지상돌기는 분자 크기에서 차이가 많이 나기 때문에 불순물로부터 더 쉽게 분리된다. 또한 더욱 중요한 것은 이러한 접근법이 다른 화학 구조 또는 다른 표면기를 가지고 있는 수지상돌기들을 결합하여 화학적으로 비대칭인 덴드리머를 합성할 수 있게 한다는 것이다. 이처럼 덴드리머를 합성할 수 있는 방법은 많으므로 상상력을 마음껏 펼칠 수 있는 분야를 제공한다.

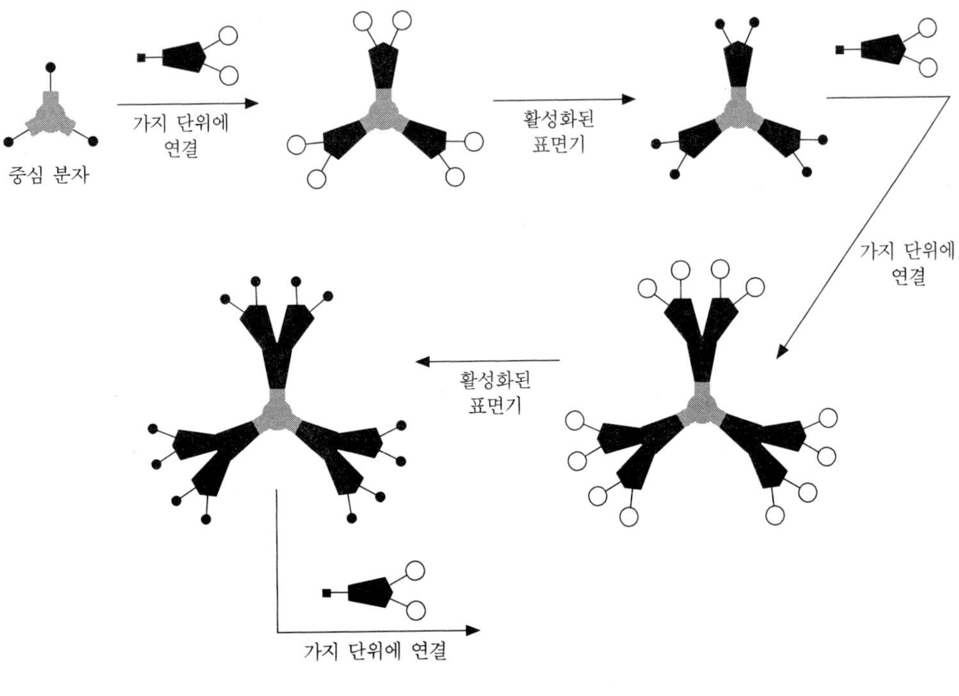

▶ **그림 3.8**
덴드리머의 직접적인 합성을 위한 **발산형** 전략의 도식적인 표현. 가늘고 긴 검은색 오각형은 단량체 단위이다. 흰색 원은 보호된 표면기를 나타내고 있다. 작은 검은색 사각형과 원은 각각 비보호된(환원된) 초점과 표면기를 나타내며, 이들은 서로 반응해서 세대간 연결을 형성할 수 있다.

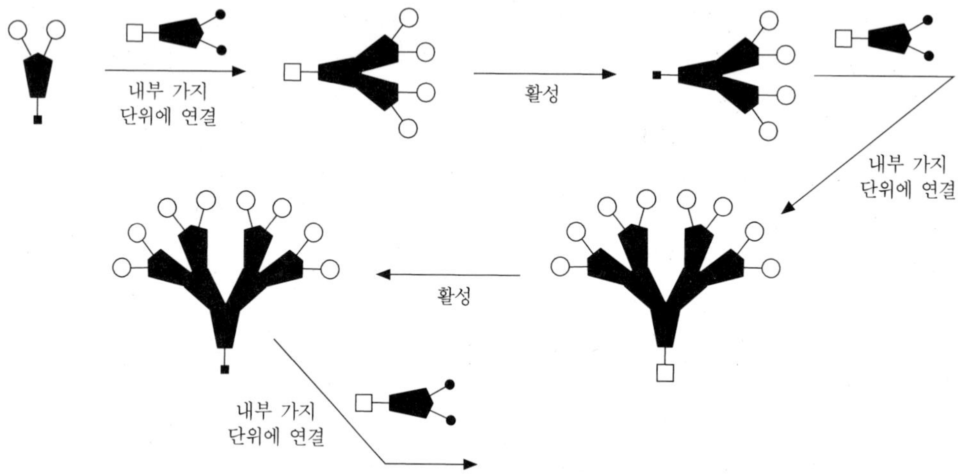

▶ 그림 3.9
수지상돌기의 합성을 위한 **수렴형** 전략의 도식적인 표현으로, 수지상돌기는 활성화된 초점기가 다기능 중심 분자와 반응하는 최종 반응에서 서로 연결되어야 한다. 가늘고 긴 검은색 오각형은 단량체 단위이다. 흰색 사각형과 원은 각각 보호된 초점과 표면기를 나타낸다. 작은 검은색 사각형과 원은 각각 환원된 초점와 표면기를 나타내며, 이들은 서로 반응해서 세대간 연결을 형성한다.

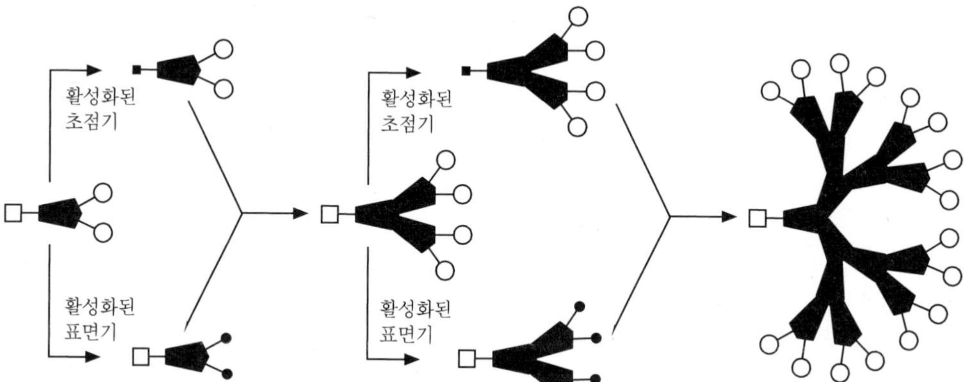

▶ 그림 3.10
수지상돌기의 합성을 위한 **더블 엑스포넨셜** 전략의 도식적인 표현으로, 수지상돌기는 그것들의 활성 초점 작용기와 다기능 중심 분자의 최종 반응에서 연결된다. 긴 검은색 오각형은 단량체 단위이다. 흰색 사각형과 원은 각각 보호된 초점와 표면기를 나타낸다. 작은 검은색 사각형과 원은 각각 비보호된(환원된) 초점과 표면기를 나타내고, 이들은 서로 반응해서 세대간 연결을 형성한다.

3.3.3.2 덴드리머의 응용

덴드리머는 많은 특이한 속성을 가지고 있다. 덴드리머는 결정화되지 않는 매우 치밀한 분자이므로 쉽게 녹으며, 그 용액은 동일한 분자량을 갖는 선형 고분자 물질에 비해 낮은 점도를 갖는다. 그러므로 덴드리머는 유변물성 조절제로 사용될 수 있다. 세대 숫자가 증가함에 따라 표면기의 공간 밀집을 감소시키기 위해 이들은 구형이 되며, 그림 3.5에 나타나 있는 고유한 특성을 갖는다. 덴드리머의 연결(결합)이 회전할 수 있기 때문에 내부 틈새와 통로의 모양과 크기가 다양하다. 하지만, 그럼에도 불구하고 촉매, 집광, 분자 인식 및 손님 분자들의 포집을 가능케 하는 나노 크기의 환경을 오히려 정의하였다. 또한, 표면 작용기들의 높은 밀도는 다른 분자들(감지기, 약물, 유전자와 같은 분자)을 덴드리머 표면에 연결시킬 수 있는 기회를 제공한다. 그러므로 의료 및 치료용으로 덴드리머를 사용하는 것에 관심이 집중되고 있다. 게다가, 잘 정돈된 **초분자(supramolecular)** 구조를 제조하기 위하여 수지상돌기의 자기조립에 관심이 증가되고 있다.

3.3.4 초곁사슬 고분자

덴드리머의 흥미로운 물성에도 불구하고, 이들의 합성에서는 조절화학(controlled chemistry)이 엄격히 요구되어 이들의 개발에는 한계가 있다. 많은 응용 분야에서, 작용성 말단기가 풍부하고 많은 가지가 있는 단단한 골격 구조는 그들의 가장 이상적인 특징이며, 이는 완벽한 골격 구조가 아니지만, 가지가 많은 **초곁사슬 고분자(hyperbranched polymer)**에 의해 모방될 수 있다. 사실, 초곁사슬 고분자는 다른 형태의 고분자들과 똑같이 몰질량, 가지화도 및 골격 구조의 분포를 고려해야 하는 통계적 실체이다(즉, 동일한 몰질량과 가지화도를 갖는 많은 기하 이성질체가 존재한다). 덴드리머 대비 초곁사슬 고분자의 장점

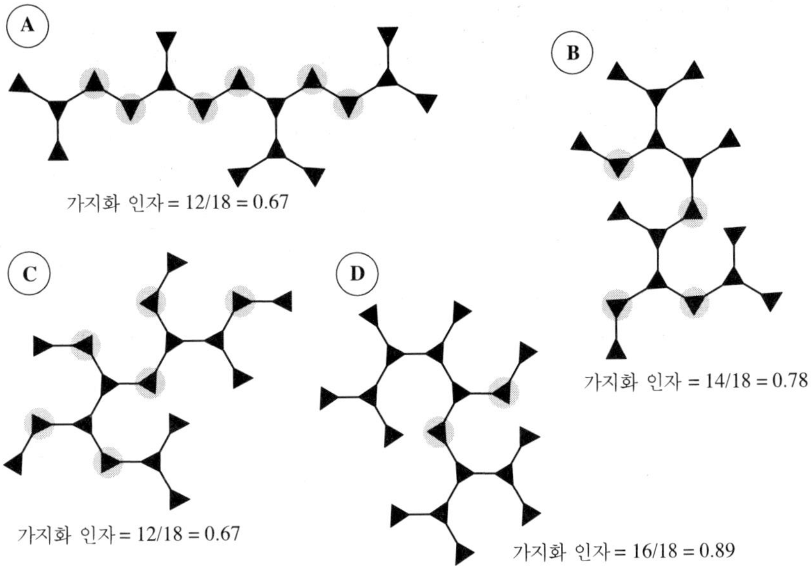

그림 3.11
네 종류의 가지 분자에 대한 도식적 도표로써, 각각은 검은색 삼각형으로 표시된 삼작용성 단량체 18개 반복 단위를 포함한다. 선은 단량체 단위 사이의 화학적 연결을 나타내고 있다. 이러한 분자에 대한 가지화 인자의 계산을 돕기 위해 완전히 가지화가 되지 않은 단량체 단위 및 말단 단량체 단위는 회색으로 표시되어 있다.

은 합성이 용이하다는 것이며, 일반적으로 한 번의 중합 반응으로 제조할 수 있다. 예를 들면, 만일 비선형 단계 중합에서 중합 반응을 젤화점 바로 직전에서 정지시킨다면, 그 생성물은 초곁사슬 고분자가 될 것이다. 더욱 중요한 점은, ARB_x $(x > 2)$ 인 경우의 단계 중합에서는 가지가 형성되지만 젤화가 될 수 없고 항상 초곁사슬 고분자가 생성되는 것이다. 또한, 초곁사슬 고분자를 사슬 중합에 의해서 만들 수 있지만, 단계 중합법이 더 중요하다.

가지화 인자 [**branching factor**, 또는 **가지화도** (**degree of branching**)] 의 개념은 초곁사슬 고분자를 설명할 때 중요하며, 이는 완전히 가지화된 단량체 단위와 말단 단량체 단위의 몰분율이며 다음과 같이 주어진다.

$$\text{가지화 인자} = \frac{N_{\text{fbr}} + N_{\text{term}}}{N_{\text{total}}} \tag{3.31}$$

여기서,

N_{br}은 완전히 가지화된 단량체 단위의 수
N_{term}은 말단 단량체 단위의 수
N_{total}은 완전히 가지화되지 않은 단량체 단위를 포함하는 단량체 단위의 총수

완전한 덴드리머는 가지화 인자가 1 $(N_{\text{br}} = N_{\text{fbr}} + N_{\text{term}} = N_{\text{total}})$ 이며, 가지화 인자는 주로 핵자기 공명 분광법으로 측정한다(15장 참조).

18개의 단량체 단위를 포함하는 가지 고분자 구조의 몇몇 개략적인 도표들이 그림 3.11에 나타나 있으며, 이 그림은 골격 구조의 다양성과 가지 인자 계산의 중요성을 보여준다. 비록 분자 **A**와 **C**가 꽤 다른 가지화도를 가지는 것으로 보이며, 분자 **B**, **C**, **D**는 비슷한 가지화도를 가지는 것으로 보이지만 그렇지 않다. 이는 착시가 일어나도록 그려진 것이며, 이는 분자 **A**와 **C**는 동일한 가지화 인자값을 가지고 있으며, 분자 **B**는 중간값을 갖고 있고, 분자 **D**는 분자 **C**보다 더 높은 가지화 인자를 가지고 있기 때문이다.

기능성 응용을 위한 덴드리머의 모조품으로서 초곁사슬 고분자의 개발은 그 사용(즉, 손님 분자의 주인 분자 및 전달 소자 등)과 관련해서 여전히 진행 중에 있다. 하지만 덴드리머와 비교하면 합성이 쉽고 가격이 싸서 벌크 물질로서 다양하게 응용되며(저점도 및 우수한 섞임성의 이점을 살려), 수많은 말단 작용기가 응용될 수 있는 분야(예: 코팅 분야의 다기능 가교제로써의 응용)에도 이용된다.

3.3.4.1 비선형 단계 중합에 의한 초곁사슬 고분자 합성

중합 반응의 전환율을 제한하거나 반응물의 화학량론비를 조절함으로써 젤화를 방지하면, 모든 비선형 단계 중합으로 초곁사슬 고분자를 제조할 수 있다(3.3.2.2절 참조). 하지만 가장 중요한 방법은 ARB_x 단계 중합($x > 2$)인데, 이때에는 젤화가 일어나지 않아 높은 반응도로 반응시킬 수 있기 때문이다. 젤화가 일어나지 않는 이유는 자명한 것으로, ARB_x 단량체 구조에 있는 고유한 작용기의 화학량론적 불균형이 매우 크기 때문이다. 3.3.2.2절에 설명되어 있는 비선형 단계 중합의 통계 이론은 이 중합에서 젤화가 일어나지 않는 이유에 대해서 더 엄밀하게 설명하기 위해 적용할 수 있다. 그러나 가지 계수 α의 정의를 다시 고찰해야 할 필요가 있는데, 이는 이 값이 ABR_x 계에 대해 어떤 f-작용성 단위가 또 다른 f-작용성 단위에 연결되어 있을 확률이기 때문이며, 또한 이 값은 분명히 B 작용기의 반응도 P_B이다. 만일 B : A 작용기의 비가 x라고 하면

$$\alpha = p_B = \frac{p_A}{x}$$

여기서 P_A는 A기의 반응도이다. 단량체의 작용성 $f = x + 1$이기 때문에,

$$\alpha = \frac{p_A}{f-1}$$

그러므로 그물구조를 갖는 분자가 존재할 수 있는 조건, 즉 $\alpha(f-1) \geq 1$은 A와 B 작용기 사이의 분자내 반응이 없을 때에는 $P_A < 1$이므로 충족될 수 없다(그물구조 형성에 필요한 분자간 결합 대신 초곁사슬 고분자를 형성하는 고리가 만들어진다).

따라서 ARB_x 단계 중합은 초곁사슬 고분자를 제조하는 데 널리 쓰이고 있다. 덴드리머 합성에 대해서, 다양한 화학 반응(서로 반응할 수 있는 A와 B 작용기)이 초곁가지 고분자를 합성하는 데 사용되었으며, 이는 3.2절에 있는 선형 단계 중합의 주요한 유형을 포함한다. 예를 들어 2,2-다이(하이드록시메틸) 프로피온산[2,2-di (hydroxymehtyl) propionic acid]과 같은 다이하이드록시 카복실산 단량체(dihydroxy carboxylic acid monomer)의 자기중축합 반응이다.

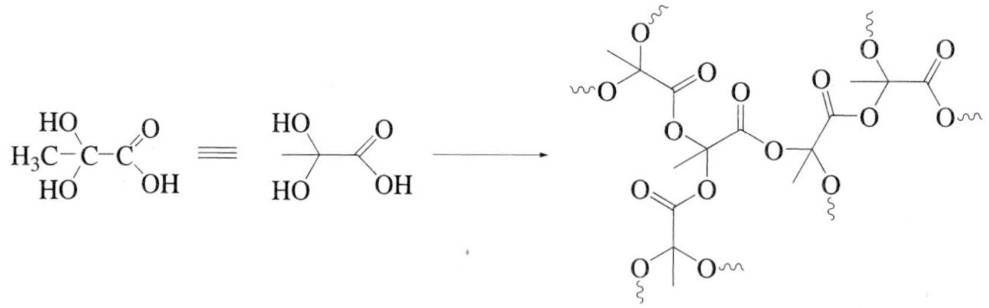

높은 전환율을 갖는 ABR_x 단계 중합의 경우, 초곁사슬 고분자의 가지화 인자는 x가 증가함에 따라 증가하며, 전형적으로 x가 2일 때 0.5 정도의 값을, x가 4일 때 0.7 정도의 값을 갖는다. 가지화 인자를 증가시키는 전략은 많이 개발되었으며, 전형적으로 ARB_x 가지는 단량체와 RB_y ($y \geq 3$) 중심 단량체 간의 공중합을 포함하는데, 이는 몰질량 분포를 감소시키는 데 영향을 미친다. 그럼에도 불구하고 가지화 인자가 0.8보다 크며 몰질량 분포도가 2 이하인 초곁사슬 고분자를 비선형 단계 중합으로 제조하기는 여전히 어렵다.

문제

3.1 다음의 각 중합에 대해 균형 맞춘 화학 반응식을 적으시오. 단, 형성된 고분자의 구조를 반복 단위와 말단기를 포함하여 나타내시오.

(a) $n\ H_2N\!-\!(CH_2)_6\!-\!NH_2 + n\ ClC(=O)\!-\!(CH_2)_8\!-\!C(=O)Cl \longrightarrow$

(b) $n\ O{=}C{=}N\!-\!(CH_2)_6\!-\!N{=}C{=}O + n\ HO\!-\!(CH_2)_6\!-\!OH \longrightarrow$

(c) 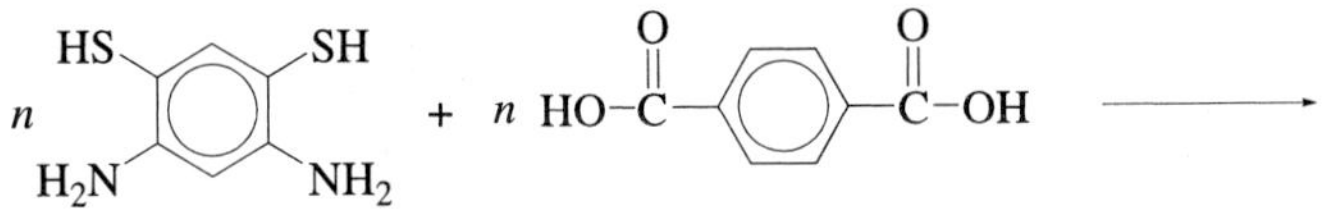

3.2 다음은 고분자(I~III) 세 종류의 반복 단위 구조이다. 각 고분자의 경우, 어떠한 단량체로부터 고분자를 만들 수 있는지 그 단량체의 화학적 구조를 적으시오.

(I) 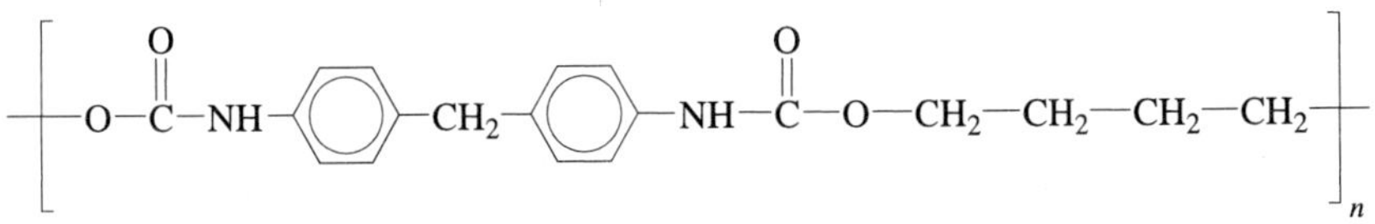

(II) 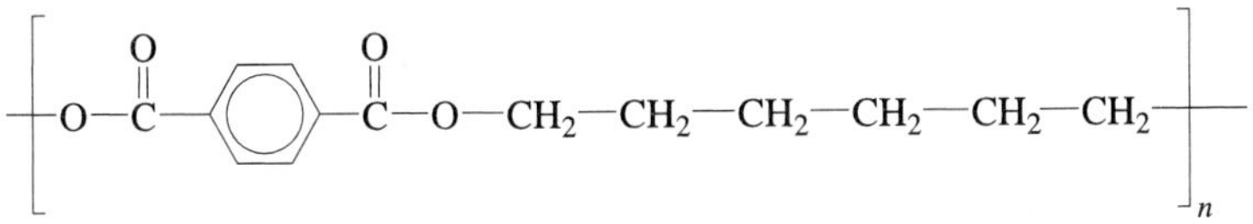

(III) $\left[\!-C(=O)\!-\!NH\!-\!(CH_2)_7\!-\!NH\!-\!C(=O)\!-\!(CH_2)_5\!-\right]_n$

3.3 (a) ω-하이드록시카복실산(HORCO$_2$H, ω-hydroxycarboxylic acid)의 중합에 대한 균형 맞춘 화학 반응식을 쓰시오.

(b) 다음 자료는 12-하이드록시스테아르산(12-hydroxystearic acid)을 160.5°C의 용융 상태에서 축합 반응시킬 때, 반응 시간별로 채취한 반응 혼합물에 대한 것이다. 각 시료의 [COOH]는 수산화 소듐 에탄올(ethanolic sodium hydroxide)로 적정하여 결정되었다.

t/h	[COOH]/mol dm^{-3}
0	3.10
0.5	1.30
1.0	0.83
1.5	0.61
2.0	0.48
2.5	0.40
3.0	0.34

이 조건에서 반응 속도 계수와 반응 차수를 결정하시오. 또한 이 반응에서 촉매의 사용 유무를 알아내시오.

(c) 1시간 후와 5시간 후의 반응도는 어떻게 될지 적으시오.

3.4 말단기가 고분자의 몰질량에 미치는 영향을 무시하고, 단량체 HO(CH$_2$)$_{14}$COOH로부터 수평균 몰질량이 24,000 g mol^{-1}인 폴리에스터를 얻기 위해 필요한 작용기의 전환율(%)을 구하시오.

3.5 헥사메틸렌 다이아민(hexamethylene diamine)(9.22 g)과 아디프산(adipic acid)(11.68 g)을 280°C에서 벌크 중합으로 폴리아마이드를 얻었다. 모든 반응 생성물을 분석한 결과 이 생성물은 2.6×10^{-3} mol의 카복실산기를 포함하고 있음을 밝혔다.

폴리아마이드의 수평균 몰질량 $\overline{M}_n$을 계산하고, 또한 이 중합체가 가장 잦은 몰질량 분포를 갖는다고 가정하여 무게 평균 몰질량 $\overline{M}_w$도 계산하시오.

3.6 수평균 몰질량 $\overline{M}_n = 10{,}000\ \mathrm{g\ mol^{-1}}$인 폴리에스터 1 kg과 수평균 몰질량 $\overline{M}_n = 30{,}000\ \mathrm{g\ mol^{-1}}$인 서로 다른 종류의 폴리에스터를 섞었다. 그 후 이 혼합물을 에스터 교환 반응이 일어나는 온도로 승온해서 충분한 시간 가열하여 가장 잦은 몰질량 분포를 갖는 평형 상태를 유지하게 하였다. 에스터 교환 반응 전의 두 시료 및 에스터 교환 반응으로 얻어진 고분자 모두 가장 잦은 몰질량 분포를 갖는다고 하면, 에스터 교환 반응 전후의 혼합물에 대하여 $\overline{M}_n$와 무게 평균 몰질량 $\overline{M}_w$를 계산하시오.

3.7 1,4-다이아미노뷰테인(1,4-diaminobutane)과 염화 세바코일(sebacoyl chloride)의 1 : 1 화학량론적 중합에 대해 답하시오.

(a) 이 중합의 균형 맞춘 화학 반응식을 적으시오.

(b) 이 중합에 의하여 생성된 고분자의 이름을 적으시오.

(c) Carothers 식을 이용하여 $\overline{M}_n = 25.0\ \mathrm{kg\ mol^{-1}}$인 고분자를 만드는 데 필요한 반응도를 계산하시오. 단, 몰질량에서 말단기의 영향은 무시한다.

(d) 중합 반응물에 1,1,4,4-테트라아미노뷰테인(1,1,4,4-tetraaminobutane)을 첨가할 때 그 영향을 간단히 설명하시오. 이때 1,4-다이아미노뷰테인, 1,1,4,4-테트라아미노뷰테인, 염화 세바코일의 정확한 화학량론비는 2 : 1 : 4이다.

3.8 1.2 mol의 다이카복실산(dicarboxylic acid), 0.4 mol의 글리세롤(glycerol, 트라이올의 일종)과 0.6 mol의 에틸렌 글리콜(ethylene glycol, 다이올의 일종)들 간에 중축합이 일어난다.

(a) 젤화가 일어나는 임계 반응도를 (i) Flory의 통계 이론과 (ii) Carothers 이론을 적용하여 구하시오.

(b) 임계 반응도가 0.866으로 측정된 관측에 대해 평가하시오.

3.9 A와 B 작용기의 총 화학량론적비가 1 : 1인 비선형 $RA_2 + RA_f + RB_2$ 단계 중합의 수평균 작용성(f_{av})이 다음과 같음을 보이시오.

$$f_{av} = \frac{4}{2 - \{(\gamma/f)(f-2)\}}$$

여기서 $f > 2$이며, γ는 A 작용기의 총수에 대한 RA_f 분자에 있는 A 작용기의 초기 비이다.

3.10 검은색 삼각형의 삼작용성 단량체로부터 제조된 다음의 두 초결사슬 올리고머 사슬의 가지화 인자를 계산하시오. 선은 단량체 단위의 화학적 연결을 의미한다.

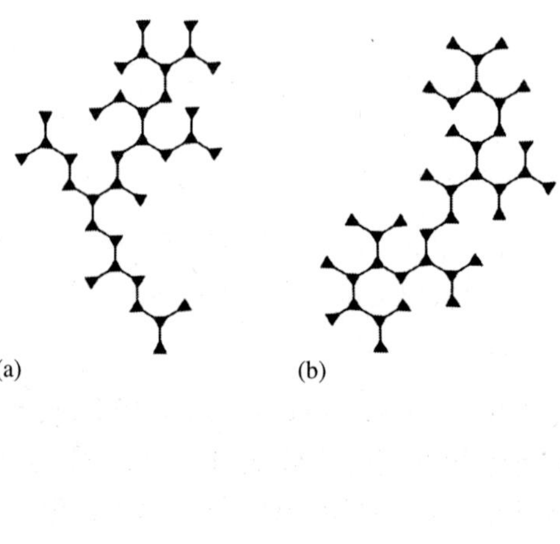

(a) (b)

참고 문헌

General Reading

Allen, G. and Bevington, J.C. (eds), *Comprehensive Polymer Science*, Vol. 5 (Eastmond, G.C., Ledwith, A., Russo, S., and Sigwalt, P., eds), Pergamon Press, Oxford, 1989.

Flory, P.J., *Principles of Polymer Chemistry*, Cornell University Press, Ithaca, NY, 1953.

Lenz, R.W., *Organic Chemistry of Synthetic High Polymers*, Interscience, New York, 1967.

Mark, H.F., Bikales, N.M., Overberger, C.G., and Menges, G. (eds), *Encyclopedia of Polymer Science and Engineering*, Wiley-Interscience, New York, 1985–1989.

Odian, G., *Principles of Polymerization*, 4th edn., Wiley-Interscience, New York, 2004.

Smith, M.B. and March, J., *March's Advanced Organic Chemistry: Reactions, Mechanisms and Structure*, John Wiley & Sons, Hoboken, NJ, 2007.

Stevens, M.P., *Polymer Chemistry: An Introduction*, 3rd edn., Oxford University Press, New York, 1998.

Dendrimers

Aulenta, F., Hayes, W., and Rannard, S., Dendrimers: A new class of nanoscopic containers and delivery devices, *European Polymer Journal*, **39**, 1741 (2003).

Boas, U. and Heegaard, P.M.H., Dendrimers in drug research, *Chemical Society Reviews*, **33**, 43 (2004).

Grayson, S.M. and Fréchet, J.M.J., Convergent dendrons and dendrimers: From synthesis to applications, *Chemical Reviews*, **101**, 3819 (2001).

Matthews, O.A., Shipway, A.N., and Stoddart, J.F., Dendrimers – Branching out from curiosities into new technologies, *Progress in Polymer Science*, **23**, 1 (1998).

Newkome, G.R., Moorefield, C.N., and Vögtle, F., *Dendrimers and Dendrons – Concepts, Syntheses, Applications*, Wiley-VCH, Weinheim, Germany, 2001.

Tomalia, D.A. and Fréchet. J.M. (eds), Dendrimers and dendritic polymers, *Progress in Polymer Science*, **30**, 217 (2005).

Vögtle, F., Richardt, G., and Werner, N., *Dendrimer Chemistry*, Wiley-VCH, Weinheim, Germany (2009).

Hyperbranched Polymers

Gao, C. and Yan, D., Hyperbranched polymers: From synthesis to applications, *Progress in Polymer Science*, **29**, 183 (2004).

Jikei, M. and Kakimoto, M-A., Hyperbranched polymers: A promising new class of materials, *Progress in Polymer Science*, **26**, 1233 (2001).

Yates, C.R. and Hayes, W., Synthesis and applications of hyperbranched polymers, *European Polymer Journal*, **40**, 1257 (2004).

04 라디칼 중합

4.1 서론

자유 라디칼(free radical)은 홀전자(짝지어지지 않은 전자)를 가진 독립적으로 존재하는 종으로, 보통 짧은 수명을 가지며 매우 반응성이 높다. 통상 탄소를 기반으로 하는 자유 라디칼은 sp^2 혼성화를 가지며, 다음과 같은 몇 가지 방법으로 표현되는 일반적인 구조로 나타낸다.

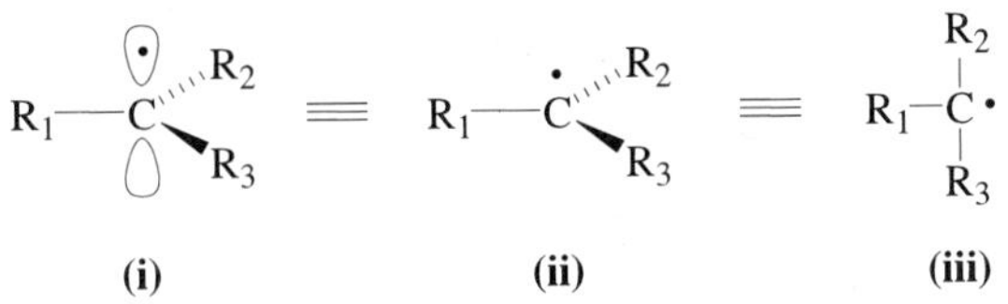

여기서 R_1, R_2, R_3는 홀전자를 가진 탄소 원자에 붙어 있는 원자 혹은 분자 구조를 나타낸다. 구조 **(i)**는 공간적 표현으로 가는 선은 종이 평면상에 존재하고, 점선은 90°의 각도로 종이면의 뒤로 튀어 나와 있으며, 굵은 쐐기선은 90°의 각도로 종이면의 앞을 향하고 있다. 또한 하나 남은 p-오비탈은 C 원자의 위아래로 두 개의 로브(lobe)로 나타나 있고, p-오비탈의 양 로브를 순환하는 '점'으로 표현된 홀전자를 포함한다[구조 **(i)**에서는 위 로브에 존재할 때의 순간을 나타냄]. 구조 **(ii)**는 **(i)**의 단순화된 버전으로 p-오비탈의 로브가 생략되었고, 구조 **(iii)**는 더 단순화된 비공간적인 정확한 표현으로 정확한 결합각은 무시되었다. 자유 라디칼에서는 후자의 두 표현이 가장 일반적이다.

라디칼 중합은 고분자 과학의 초기 때부터 행해져 왔으며, 여전히 가장 폭넓게 사용되고 있다. 또한 거의 모든 비포화 단량체(C=C 결합을 가진)가 사슬 중합 중 라디칼 중합으로 가능하기 때문에 다양한 형태의 중합이 행해지고 있다(표 5.1 참조). 각 고분자 분자는 **활성 중심(active centre)**이라고 하는 말단 자유 라디칼 반응성 자리로 비포화 단량체 분자의 연속적인 첨가로 인해 성장한다. 성장하는 사슬 라디칼은 단량체 분자(아래 편의상 CH_2=CHX로 표기됨)의 π-결합을 공격하여 균형적으로 깨지게 한다.

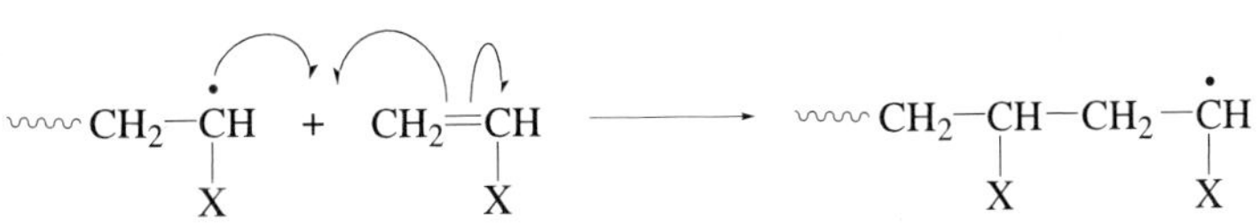

화살표는 한 전자의 이동을 나타내며 단량체의 첨가 동안 발생하는 과정을 강조하여 나타낸다. 즉, π-결합으로부터 한 전자가 사슬 라디칼의 말단 탄소 원자의 홀전자와 합해져서 C=C 결합의 메틸렌(CH_2) 탄소 원자에 새 결합을 형성한다. 또한 남아있는 π-결합 전자는 다른 C=C 탄소 원자로 이동하여 새로운 활성 라디칼 장소가 된다. 따라서 매번 단량체가 첨가됨에 따라 활성 중심은 새롭게 생성된 사슬 끝으로 옮겨진다.

성장종이 자유 라디칼인 모든 중합을 묘사하기 위해 **자유 라디칼 중합(free radical polymerization)**이라는 용어를 사용하는 것은 1990년대 이후 **가역-비활성화(리빙/조절된) [reversible-deactivation (living/controlled)]** 라디칼 중합의 발전으로 인해 점차 적합성이 떨어지고 있다(4.5절 참조). 가역-비활성화 라디칼 중합의 경우, 활성 라디칼 장소가 대부분의 시간 동안 자유롭지 않고, 대신 가역적으로 비활성화되었다가 단량체가 첨가되는 매우 짧은 시간 동안만 활성화가 된다. 따라서 오랫동안 확립된 보통의 자유 라디칼 중합과 더욱 새로운 **가역-비활성화** 라디칼 중합 사이의 매우 중요한 차이를 인정하여 총칭은 **라디칼 중합(radical polymerization)**으로 줄여쓰게 되었다.

4.2 일반적인 자유 라디칼 중합의 화학

자유 라디칼 중합은 라디칼 중합 중 가장 폭넓게 시행된 방법으로, 일반적 구조 $CH_2=CR_1R_2$(표 1.1의 (1)과 (3)~(7)항목 참조)를 가진 단량체로부터 고분자를 합성하는 방법이며, 가장 독점적으로 사용되고 있다. 다른 유형의 사슬 중합과 마찬가지로 반응은 세 개의 기본적인 단계인 **개시**, **성장**, **정지**로 나뉘어진다. 또한 모든 사슬 중합에 있어서 **사슬 이동(chain transfer)**이라고 하는 과정이 일어나며, 이는 종종 매우 중요한 역할을 한다. 다음에 나올 네 절들에서 각각의 네 가지 과정에 대한 일반적인 화학 반응에 대해 자유 라디칼 중합의 관점에서, 편의상 일반적인 비닐 단량체인 $CH_2=CHX$(여기서 X는 치환기)의 중합을 이용하여 서술하고자 한다. 그러나 화학 반응은 1,1-이치환 단량체($CH_2=CXY$, 여기서 Y는 두 번째 치환기) 및 1,2-이치환 단량체($CHX=CHY$)에 대해서도 동일하게 적용된다. 후자의 경우 성장 단계에 있어 입체 장애 때문에 매우 낮은 반응성을 가지며 쉽게 중합할 수 없다(9.3.5절 참조).

4.2.1 개시

개시(initiation)는 자유 라디칼 활성 중심의 생성을 포함하며, 보통 2단계로 일어난다. 첫 단계는 **개시제(initiator)**로부터 자유 라디칼의 생성이고, 두 번째 단계는 자유 라디칼의 단량체 분자에 대한 첨가이다.

자유 라디칼이 생성되는 데는 두 가지 중요한 방법이 있다. (i) 하나는 단일 결합의 **균형 분해(homolytic scission, 즉 homolysis)**로, 두 개의 결합하고 있는 전자들이 본래의 결합에 관여한 두 개의 원자로 각각 이동하는 것을 의미한다. (ii) 나머지 하나는 종종 **단일 전자 이동(single electron transfer)** 과정이라고 하는 이온이나 분자로부터 다른 이온이나 분자로 단일 전자가 이동(예를 들어, 산화환원 반응)하는 것이다. 이 방법 중 몇 가지는 단일 자유 라디칼 종만을 생성한다.

균형 분해는 열(Δ)에 의해 영향을 받으며, 약 50°C 이상에서 유용한 속도로 **열분해(thermolysis)**를 겪는 약한 결합을 가진 많은 화합물들이 존재한다. 과산화기(—O—O—)나 아조기(—N=N—)를 가진 화합물은 특히 유용한 **개시제**이며, 균형 분해는 다음과 같이 일어난다.

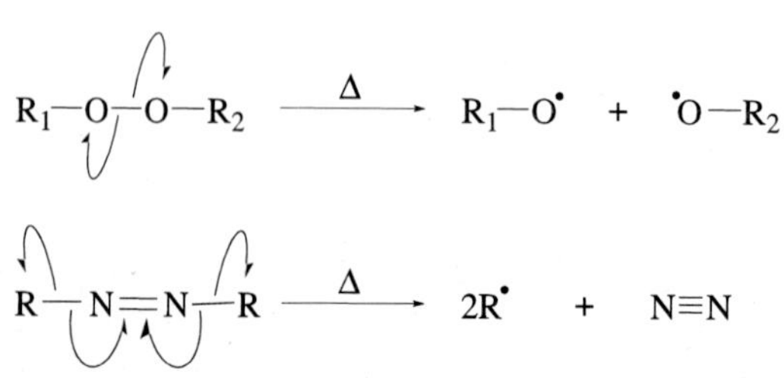

여기서 R_1과 R_2는 방향족, 알킬기 또는 수소이고(종종 $R_1=R_2$), R은 방향족이거나 알킬

기이다. 화살표는 전자 하나의 이동을 나타내며, 어떻게 분자들이 분해되는지 보여 주고 있다. 몇 가지 특별한 **열개시제 (thermal initiator)** 는 다음과 같다.

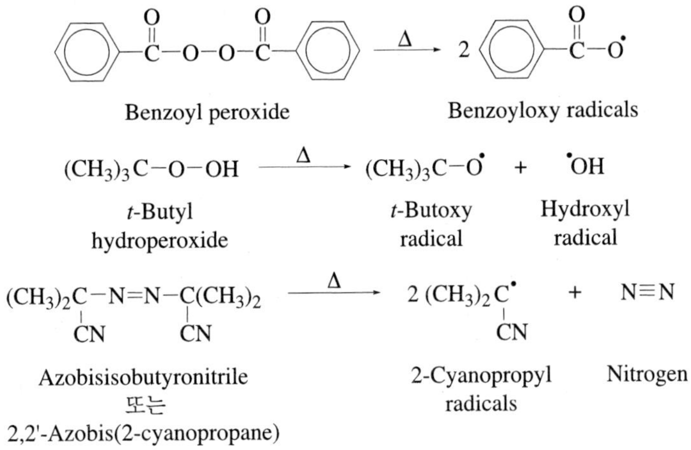

이러한 균형 분해 반응은 보통의 60~90°C 온도 범위에서 자유 라디칼 중합을 개시하는 데 폭넓게 사용되고 있다. 생성된 많은 일차 라디칼은 단량체와 반응하기 전에, 예를 들어 β-절단과 같은 분해를 더 겪게 된다.

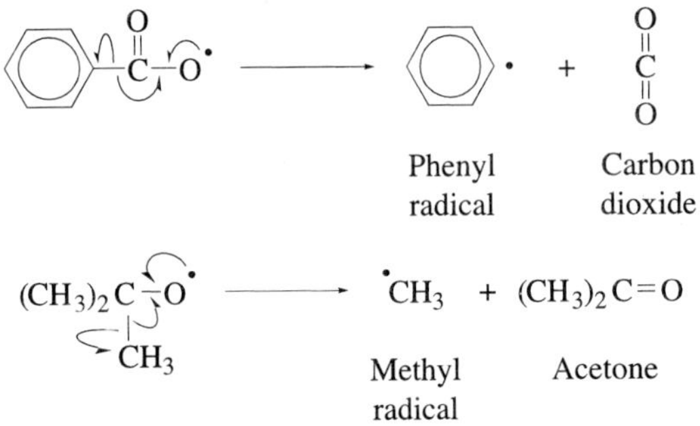

또한 균형 분해는 열 대신 빛 (radiation) 의 작용 (보통 자외선) 으로 일어나는 **광분해 (photolysis)** 에 의해 일어난다. 예를 들어, 위와 같은 화학 반응에 의한 아조비스아이소뷰티로나이트릴 (azobisisobutyronitrile) 의 분해는 자외선 복사에 영향을 받지만, 매우 낮은 광화학 활성을 나타낸다. 따라서 벤조페논 (benzophenone) 과 벤조인 유도체 (benzoin derivative) (예 : benzoin alkyl ether) 와 같이 자외선 복사에 노출되었을 때 효과적으로 분해할 수 있는 **광화학 개시제 (photochemical initiator)** 를 사용하는 것이 일반적이다.

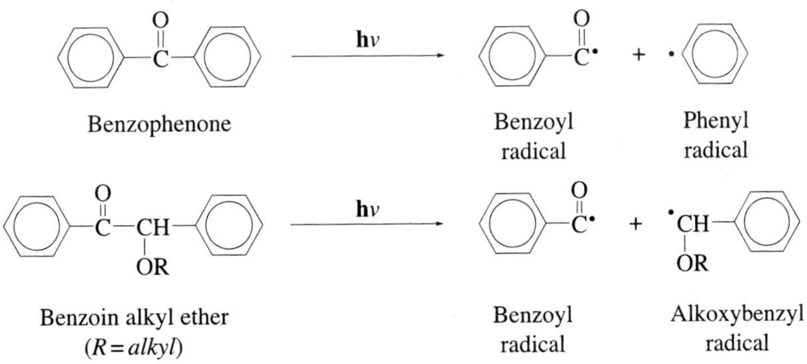

광분해의 장점은 광원의 순간적인 조사 (exposure) 에 의해 자유 라디칼이 형성되고, 광원이 제거되면 즉시 멈추는 데 있다.

산화환원 반응 (redox reaction) 은 종종 낮은 온도 (통상 50°C 이하) 에서 자유 라디칼 중합을 시행할 때 사용된다. 예로 두 가지의 **산화환원 개시 (redox initiation)** 시스템을 소개하고자 한다. 첫 예는 다음에 나타낸 것처럼 Fe^{2+} 이온이 쿠밀 과산화수소(cumyl hydroperoxide)의 OH기 산소 원자에 전자를 제공하고 인접한 O—O 과산화 결합은 균형 분해된다. 즉, OH기의 산소 원자는 두 번째 전자를 받아 음전하(수산화 이온)가 되고, 과산화 결합으로부터 남아 있는 산소 원자는 또 하나의 과산화 결합 전자를 받아 쿠밀옥시(cumyloxy) 라디칼이 된다.

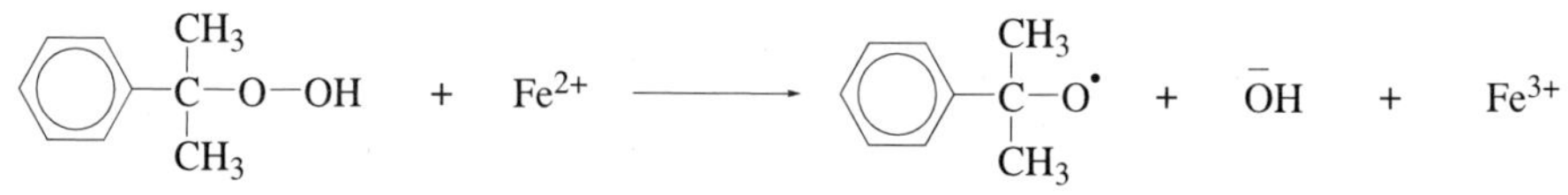

Cumyl hydroperoxide　Ferrous ion　Cumyloxy radical　Hydroxyl ion　Ferric ion

비슷한 화학 반응이 모든 과산화물(peroxide)과 과산화수소(hydroperoxide)에서 일어난다(즉, R—O—O—R은 하나의 R—O˙ 라디칼, RO^- 알콕사이드 이온과 Fe^{3+}를 생성한다). 또한 많은 다른 전이 금속에 의해 활성화된다(즉 R—O—O—R 과 Co^{2+}의 반응에 의해 R—O˙ 라디칼, RO^-와 Co^{3+}가 생성되는데, 이는 유리 강화 복합체를 만들기 위해 실온에서 수지 매트릭스의 경화를 개시하기 위해 폭넓게 사용된다. 4.6.2.1절 참조). 다음 예는 물속에서 중합을 시행할 시 유용한 무기 산화환원 개시 시스템이다.

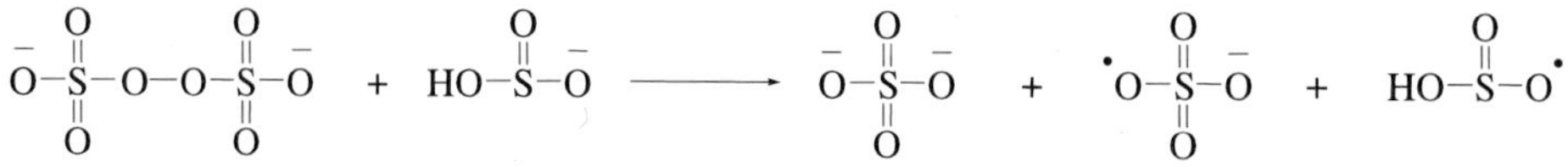

Persulphate ion　Bisulphite ion　Sulphate ion　Sulphate radical-anion　Bisulphite radical

이 경우, 중아황산(bisulphite) 이온상의 음전하를 띠는 고립 전자쌍에서부터 하나의 전자가 과산화기의 산소 원자 중 하나로 제공되어 과산화 결합이 균형 분해된다. 또한 이 과정 중 각 과산화기의 산소 원자는 두 개의 결합 전자 중 하나씩을 받아 하나는 두 개의 전자를 가진 황산(sulphate) 이온을 생성하고, 홀전자를 가진 다른 하나는 황산 라디칼-음이온을 형성한다. 황산 라디칼–음이온과 중이황산 이온 모두 자유 라디칼 중합을 개시할 수 있다.

활성 중심(active centre)은 개시의 두 번째 단계에서 형성되는데, 개시 반응에서 생성된 하나의 자유 라디칼 R˙이 4.1절에 보여준 단량체 첨가와 같은 화학 반응에 의해 단량체 분자의 π-결합을 공격할 때 발생한다. 두 가지의 첨가 방법들이 가능하다.

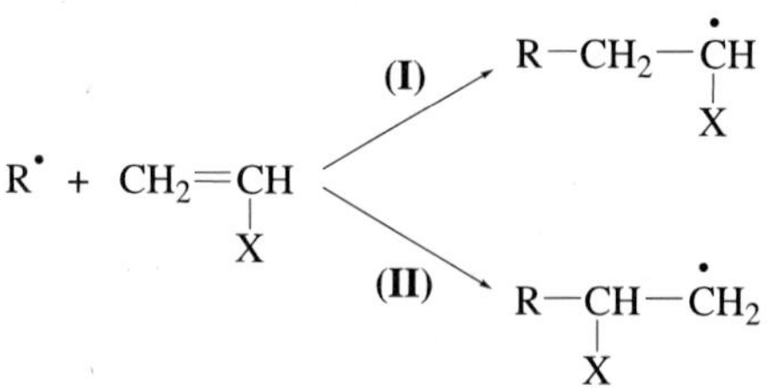

방식 **(I)** 이 우세한데, 이는 메틸렌(CH_2) 탄소를 공격하는 것이 입체 장애를 덜 받으며, (라디칼의 입체 안정화를 주고 또한 공명 안정화에 기여하는) 치환기 X의 영향 때문에 생성되는 라디칼이 더욱 안정하기 때문이다.

개시제에서 생성된 모든 라디칼이 단량체와 반응하는 것은 아니다. 몇몇은 다음에 보이는 과산화 벤조일(benzoyl peroxide)의 예처럼 부반응에 의해 소멸된다.

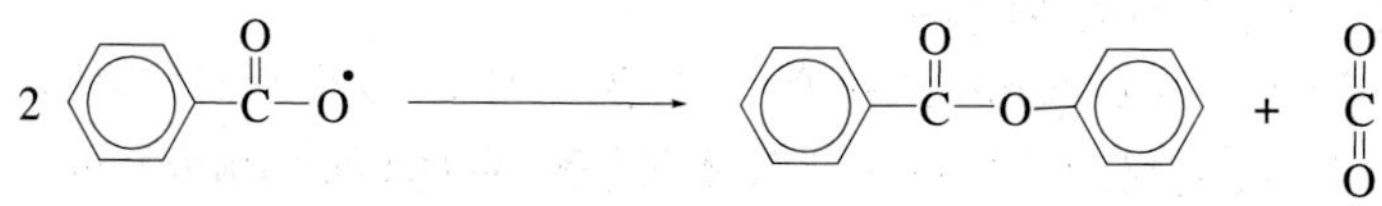

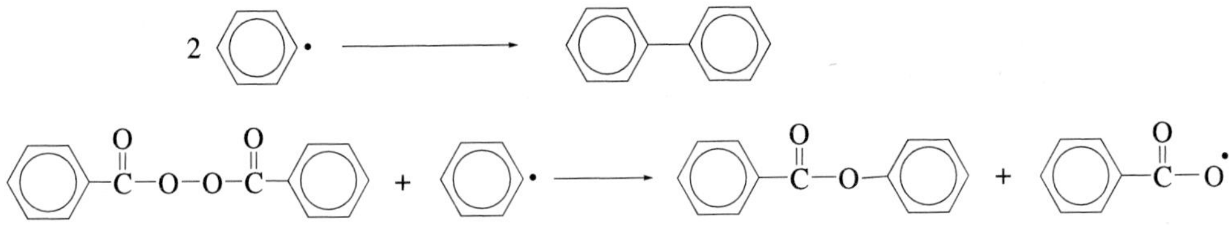

마지막의 반응 유형은 **유도 분해**(**induced decomposition**)라고 알려져 있으며, 과산화물 개시제의 소비에 막대한 영향을 끼친다.

4.2.2 성장

성장(**propagation**)은 4.1절에 설명된 것처럼 활성 중심에 단량체의 빠른 연속적 첨가(addition)에 의해 고분자가 자라는 것을 의미한다. 각 단량체가 첨가되는 데 필요한 시간은 통상적으로 1000분의 1초 단위로, 따라서 수천 번의 첨가가 몇 초 안에 발생한다. 개시의 두 번째 단계와 같이, 개시 후 첫 번째 성장 단계에 있어서는 두 가지 가능한 성장 방식이 있다.

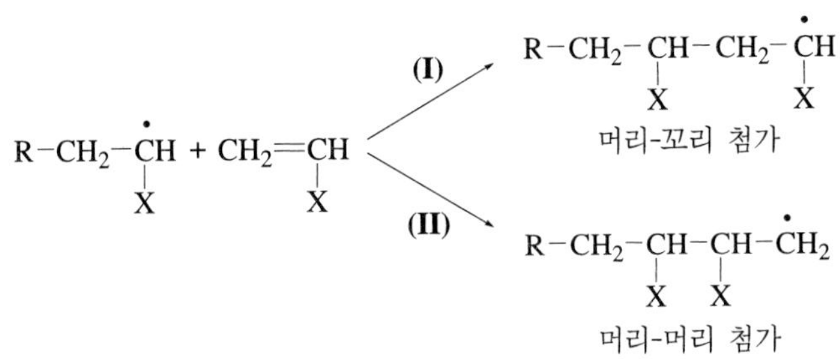

방식(**I**)이 앞 절에서 언급한 것과 같은 이유로 우세하게 되며, 생성된 고분자 사슬은 반복 단위가 머리-꼬리형이 우세하게 된다.

$$\sim CH_2-\underset{X}{\underset{|}{CH}}-CH_2-\underset{X}{\underset{|}{CH}}-CH_2-\underset{X}{\underset{|}{CH}}-CH_2-\underset{X}{\underset{|}{CH}}\sim$$

만약 머리-머리 첨가가 일어난다면, 보다 안정한 활성 중심을 형성하기 위해 즉시 꼬리-꼬리 첨가가 일어나, 원칙적으로 머리-꼬리 첨가가 계속된다. 대부분의 단량체에 있어 머리-머리와 꼬리-꼬리 첨가는 측정할 수 없을 만큼 적으며, 방식(**II**)는 단지 X가 수소 원자와 비슷한 크기의 단량체의 경우, 그 영향이 커 $CH_2{=}CHF$ 중합의 경우와 같이 공명 안정화를 주지 못한다. 따라서 일반적으로 라디칼 중합을 기술하기 위해서는 방식(**II**)를 무시하고, 성장 반응은 오로지 방식(**I**) 머리-꼬리 첨가로 진행된다고 가정하는 것이 합당하다. 가장 일반적인 형태는 다음과 같다.

$$R\left[CH_2-\underset{X}{\underset{|}{CH}}\right]_{x-1}CH_2-\underset{X}{\underset{|}{\dot{C}H}} + CH_2{=}\underset{X}{\underset{|}{CH}} \longrightarrow R\left[CH_2-\underset{X}{\underset{|}{CH}}\right]_{x-1}CH_2-\underset{X}{\underset{|}{CH}}-CH_2-\underset{X}{\underset{|}{\dot{C}H}}$$

여기서 x는 단량체 첨가에 앞서 중합도를 나타낸다.

4.2.3 정지

정지(**termination**) 단계에서 활성 중심은 비가역적으로 파괴되어 성장은 멈춘다. 라디칼 중합체에서 두 가지 가장 일반적인 정지 메커니즘은 성장하는 사슬의 이분자 반응이다. **조합**(**combination**)은 성장하는 두 개의 사슬이 **연결**(**coupling**)되어 하나의 고분자가 되는 것이다.

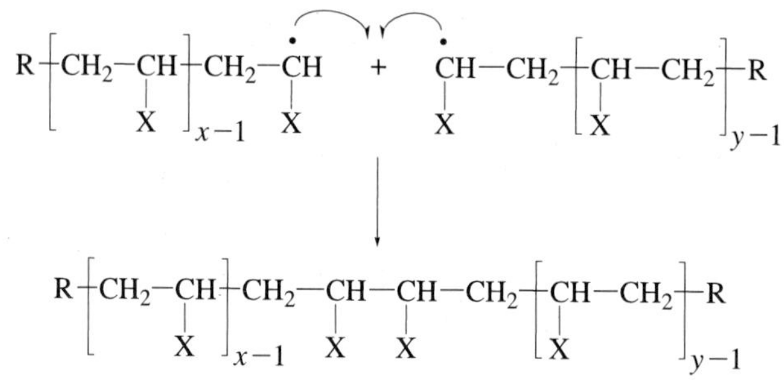

여기서 x, y는 조합 반응에 앞서 각 사슬 라디칼의 중합도이다. 중합도 $x+y$를 가진 **하나**의 고분자 분자는 사슬 양말단에 개시제의 일부(R기)를 포함하고, 라디칼 연결 반응은 '머리-머리' 연결을 형성한다. 또 다른 일반적인 반응은 성장하는 사슬 라디칼이 **불균등화(disproportionation)** 반응으로, 하나의 성장하는 사슬 라디칼의 끝에서 두 번째 C 원자로부터 수소 원자가 추출되어 다른 성장 사슬 라디칼로 옮겨가는 것을 의미한다. 또한 C—H 결합의 남은 전자는 사슬의 C 원자의 홀전자와 결합하여 말단에 π-결합을 형성한다.

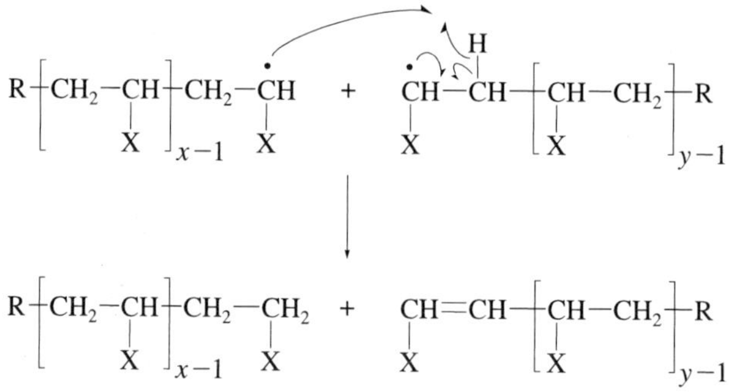

따라서 각각 중합도 x와 y를 가진 **두 개**의 죽은 고분자 분자가 생성되며, 하나는 포화 말단기를, 다른 하나는 불포화 말단기를 갖게 된다. 또한 두 고분자 사슬 모두 한쪽 사슬 말단에 개시제의 일부를 포함하고 있다.

일반적으로 두 가지 정지 반응이 함께 일어나지만 단량체와 중합 조건에 따라 그 비율이 다르다. 예를 들어 폴리스타이렌(polystyrene) 사슬 라디칼은 원칙적으로 조합에 의해 정지되는 반면, 폴리메틸메타크릴레이트[poly(methyl methacrylate)] 사슬 라디칼은 60°C 이상의 온도에서 불균일화에 의해 정지되는 것이 우세하다. 또한 비닐 단량체($CH_2{=}CHX$)의 중합은 조합에 의해 정지되는 것이 우세한 반면, α-메틸비닐 단량체($CH_2{=}C(CH_3)X$)의 경우는 불균일화 정지가 우세하다. 이는 α-CH_3기가 H 원자가 추출될 수 있는 세 개의 C—H 결합을 추가로 제공하기 때문이다.

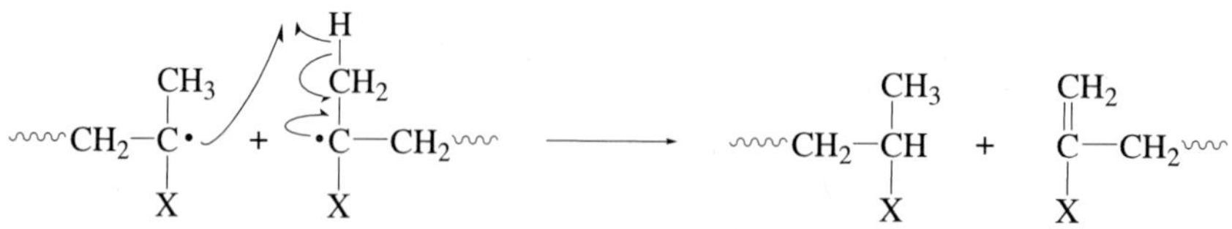

4.2.4 사슬 이동

사슬 이동(chain transfer) 반응은 대부분의 사슬 중합에서 일어나며, 활성 사슬 말단의 활성 중심이 다른 종으로 이동하는 것을 의미한다. 라디칼 중합에서 사슬 이동 반응의 일반적인 형태는 다음과 같다.

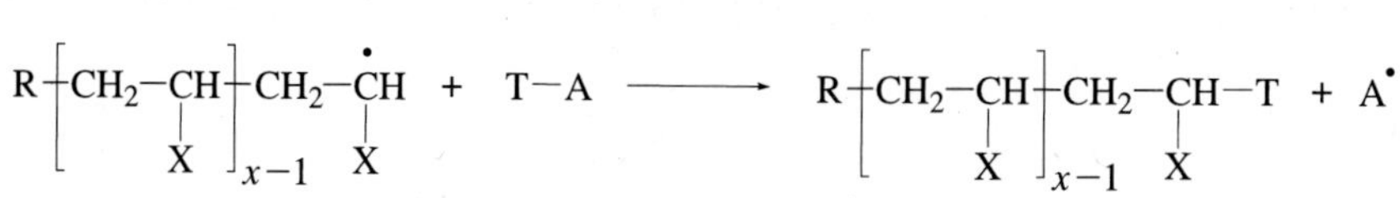

여기서 T와 A는 가정한 분자 TA에서 단일 결합으로 연결된 일부이다. 사슬 라디칼은 TA로부터 T(보통 수소 또는 할로젠 원자)를 빼내어 T—A 결합을 균형 분해를 일으키며, 이로 인해 죽은 고분자 분자와, 새로운 사슬의 성장을 개시하기 위해 단량체 분자와 반응할 수 있는 라디칼 A•가 생성된다.

4.2.4.1 작은 분자들과의 사슬 이동

사슬 이동은 **개시제**, **단량체**, **용매** 등과 같은 분자와, 계획적으로 첨가된 **이동제** 간에 발생한다. 그림 4.1에 몇 가지 구체적인 예를 들었는데, 편의상 사슬의 말단 구조만 나타내었다.

분명히, 각 사슬 이동 반응은 사슬의 성장을 멈추게 한다. 첫 번째 사슬 이동 반응은 4.2.1절 끝부분에 설명된 과산화물의 분해의 또 다른 예라고 할 수 있다. 단량체로의 사슬 이동은 상업적으로 중요한 단량체인 비닐 아세테이트를 예로 들 수 있는데, 생성된 라디칼은 중합을 재개시키는 데다가 말단 C=C 결합을 가지기 때문에 그것 자체로 중합할 수 있어, 결과적으로 생성되는 고분자의 **긴 사슬 가지**를 형성하는 결과를 초래한다. 많은 단량체와 고분자의 양용매인 톨루엔(toluene)의 경우, 사슬 라디칼은 벤젠 고리의 H 원자보다는 벤질자리 H 원자를 빼내는데, 이는 벤젠 고리 주위 홀전자의 비편재화에 의해 공명적으로 안정한 벤질 라디칼을 생성하기 때문이다. 이 현상은 벤젠 고리로부터 수소 추출에 의해 생성된 아릴 라디칼의 경우에는 발생하지 않는다. 마지막 예는 분자 CBr_4인데, 이것은 사슬 이동 반응에 있어 매우 활동적이어서 아주 작은 양으로 가능한 반면, 생성된 고분자 사슬은 매우 짧게 된다. 이런 화합물을 매우 적은 양으로도 중합도를 효과적으로 조절할 수 있기 때문에 **이동제(transfer agent)** 또는 **개질제(modifier)**, **조절제(regulator)**라고 한다.

중합계에 있어 작은 분자로의 사슬 이동에 대한 내용은 4.3.5절에서 자세히 설명할 것이다.

4.2.4.2 고분자로의 사슬 이동

고분자로의 사슬 이동은 몇 가지 단량체 중합의 경우 발생하며, 그 결과 가지 고분자가 형성되는데, 생성되는 고분자의 골격과 성질에 중요한 영향을 미친다. 고분자로의 **분자내(intramolecular)** 사슬 이동, 즉 **되물기(backbiting)** 반응은 **짧은 사슬 가지**를 형성시키고, 반면 **분자간(intermolecular)** 사슬 이동 반응은 **긴 사슬 가지**를 형성시킨다. 저밀도 폴리에틸렌(low-density polyethylene, LDPE)을 만드는 데 이용되는 고온 고압에서의 에틸렌 중합은 고분자로의 사슬 이동의 중요성을 나타내는 좋은 예이다. 그림 4.2에 화학 반응을

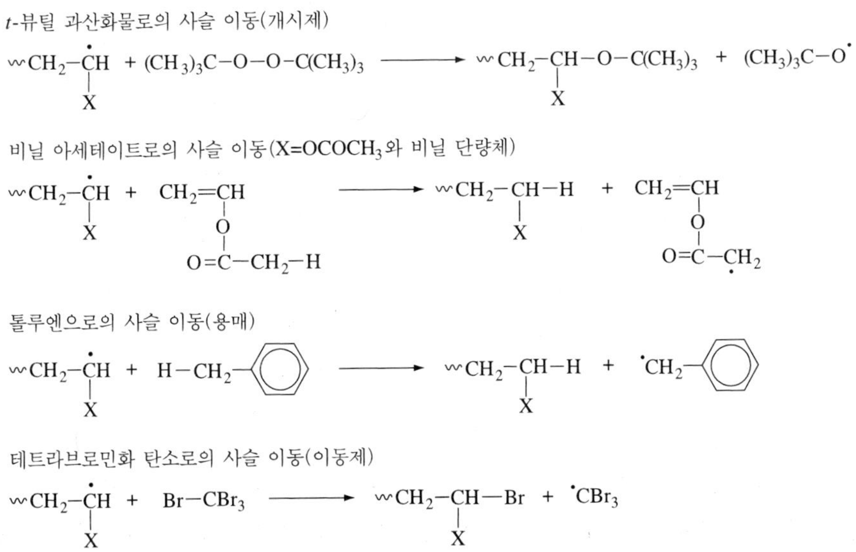

▶ 그림 4.1
개시제, 단량체, 용매, 이동제에 대한 사슬 이동의 몇 가지 예.

▶ 그림 4.2
에틸렌의 자유 라디칼 중합에서 고분자로의 분자내 그리고 분자간 사슬 이동에 대한 화학.

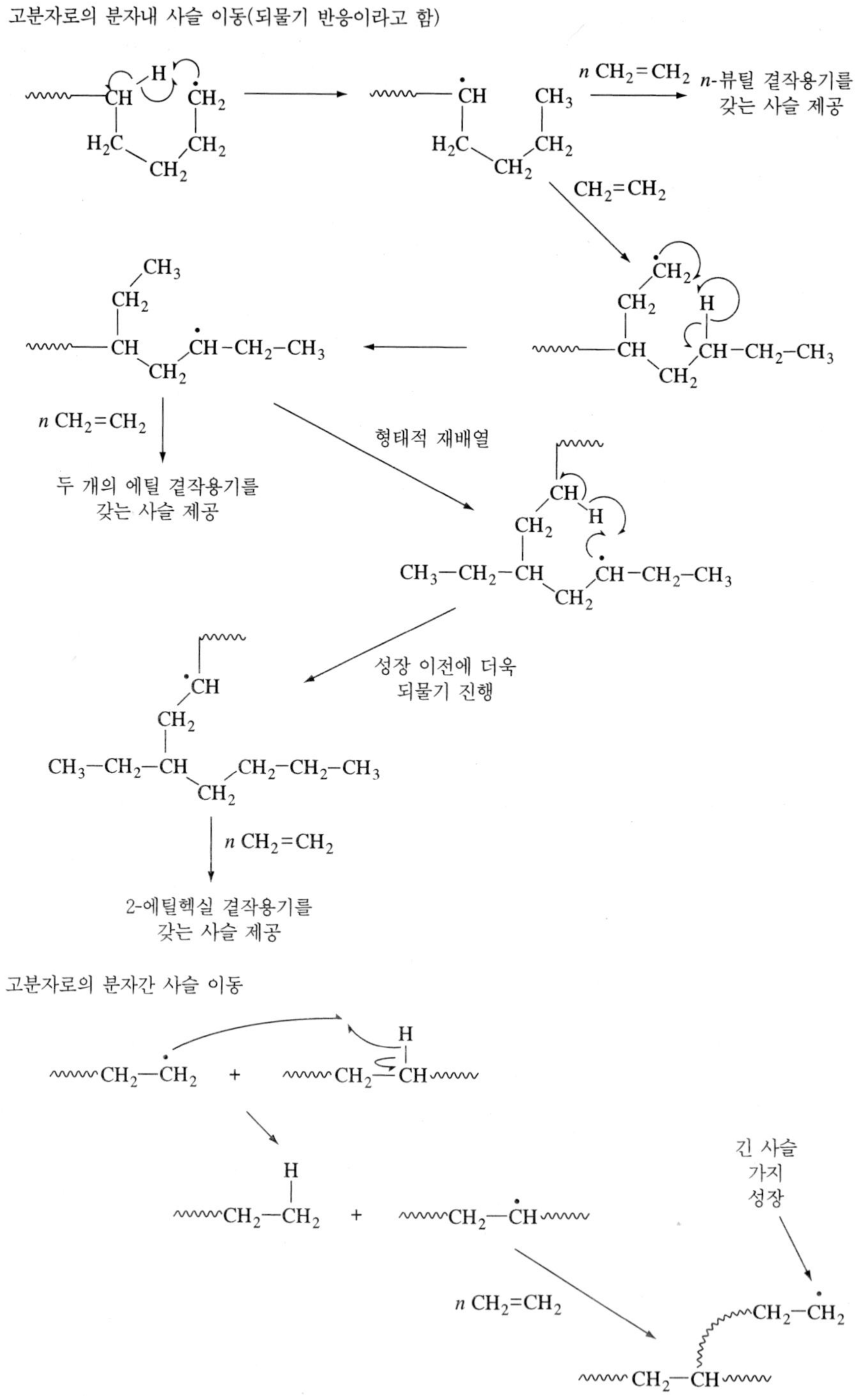

나타내었다. 되물기 반응에 의해 생성된 소위 짧은 사슬 가지는 *n*-뷰틸, 에틸, 2-에틸헥실 곁작용기이다. LDPE에 있어서 짧거나 긴 사슬 가지는 고분자의 결정화 능력을 제한시키는데, 선형 폴리에틸렌 (135~140°C, 약 90%) 에 비해 LDPE는 매우 낮은 녹는점 (105~115°C) 과 결정화도 (45~50%) 를 나타낸다 (6.4.7절과 6.5.6절 참조). 또한 긴 사슬 가지는 용융 상태에서 LDPE의 점탄성에 중요한 영향을 미친다.

다른 단량체의 경우, 고분자로의 사슬 이동은 단량체 구조의 본성에 의존하며, 주사슬이나 치환기로부터 주로 수소 원자를 빼내어 진행된다. 예를 들어, 아크릴 단량체 ($CH_2{=}CHCO_2R$, 여기서 R=H 또는 알킬기) 의 라디칼 중합의 경우 고분자로의 사슬 이동은 삼차 주사슬 C—H 결합으로부터 수소를 빼내어 진행된다. 이는 보통 이차 성장 라디칼에 비해 삼차 라디칼이 매우 안정하기 때문인데, 즉 삼차 탄소 원자에 붙어 있는 치환기는 라디칼의 현저한 입체 안정화를 시키기 때문이다. 분자간 반응은 그림 4.3에 메틸 아크릴레이트를 이용하여 나타내었다. 마찬가지로 수소 탈취 반응이 그림 4.2에 나타낸 것과 유사한 되물기 반응에 의해 육원자 고리 전이 상태를 거쳐 분자내에서 일어난다. 사실 에틸렌 중합과 마찬가지로, 아크릴 단량체의 중합에 있어 분자간 반응보다는 분자내 반응이 더 빈번하다는 것이 입증되었다.

비닐 아세테이트 라디칼 중합에 있어 고분자로의 사슬 이동은 그림 4.4에 나타낸 것과 같이 곁작용기(side group)로부터 수소 탈취에 의해 진행된다. 비닐 아세테이트의 이성질체인 메틸 아크릴레이트와 비교하여 이러한 차이가 생기는 이유는 카보닐기의 위치에 있는데, 비닐 아세테이트의 경우 메틸기에 붙어 있어 메틸기에서 수소 탈취 반응에 의해 생긴 라디칼은 카보닐 π-결합과 함께 전자 비편재화에 의해 공명적으로 안정화된다. 이 안정화는 주사슬의 삼차 C—H 결합에서 수소 탈취에 의한 생성물에서는 불가능하다. 또다시 분자내에서 고분자로의 사슬 이동이 진행되는데, 이 화학 반응은 곁작용기로부터 수소 탈취이기 때문에 에틸렌의 경우와 조금 다르다.

이치환된 단량체, $CH_2{=}CR_1R_2$부터 생성된 고분자는 삼차 주사슬 C—H 결합이 존재하지 않아, 고분자로의 사슬 이동은 곁작용기를 통해서만 일어나는데, 불안정한 H 원자를 포함하는 경우에만 발생한다. 따라서 메타크릴(methacrylic) 단량체($R_1{=}CH_3$와 $R_2{=}CO_2R$, 여기서 R=수소, 알킬 또는 아릴기)의 중합과 같이 몇몇 단량체의 경우, 고분자로의 사슬 이동은 무시할 수 있다.

1,3-다이엔의 중합에 있어 고분자로의 사슬 이동은 매우 특별한 경우로 4.6.2.2절에 설명될 것이다.

4.3 일반적인 자유 라디칼 중합의 동역학

보통의 중합에 있어 무엇보다 중요한 두 가지 양(quantity)이 있는데, 단량체가 중합되는 속도와 생성된 고분자의 중합도이다. 자유 라디칼 중합의 동역학은 4.2절에 설명된 일반적인 화학 반응을 고려하여 이 양들을 예측하기 위한 식을 구하기 위해 분석된다.

4.3.1 중합 속도

중합 속도(rate of polymerization) R_p는 중합시 단량체(M)가 소비되는 속도이다.

$$R_p = -\frac{d[M]}{dt} \tag{4.1}$$

실험적으로 접근할 수 있는 양이라는 관점에서 R_p의 동역학식을 구하기 위해 자유 라디칼 중합의 각 단계의 동역학이 개별적으로 고려될 필요가 있다.

개시 반응은 다음 두 단계로 나타낼 수 있다.

$$I \xrightarrow{\text{느림}} n\,R^{\bullet}$$

$$R^{\bullet} + M \xrightarrow{\text{빠름}} RM_1^{\bullet}$$

여기서 n은 하나의 개시제 I 분자가 깨져 형성된 자유 라디칼 $R^{\bullet}$의 수를 나타내며, 보통 1 또는 2이다. M은 단량체 분자이거나 고분자 사슬의 단량체 단위를 나타낸다.

개시제로부터 $R^{\bullet}$이 생성되는 과정이 단량체와 $R^{\bullet}$이 반응하는 시간보다 훨씬 느리기 때문에 첫 번째 단계가 속도 결정 단계가 되며, 활성 중심을 만드는 속도, R_i를 조절하게 된다. R_i는 다음과 같이 정의된다.

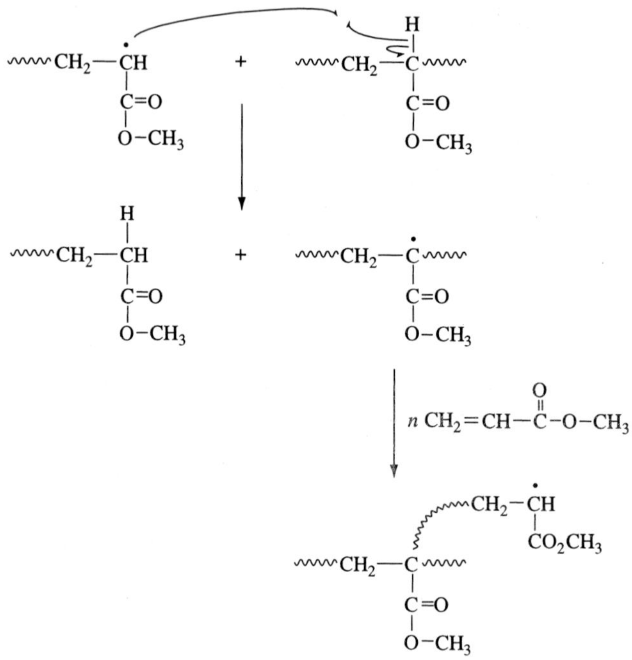

▶ **그림 4.3**
메틸 아크릴레이트 자유 라디칼 중합에 있어 고분자로의 분자간 사슬 이동.

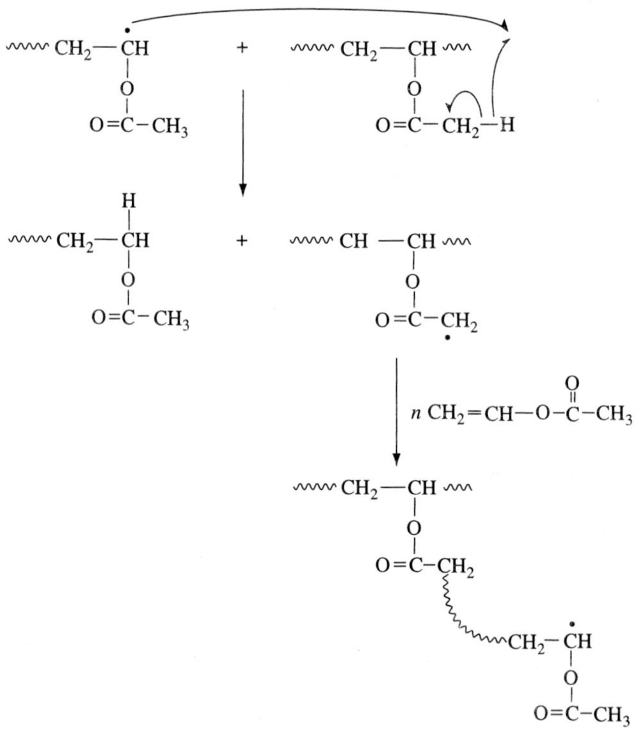

▶ **그림 4.4**
비닐 아세테이트 자유 라디칼 중합에 있어 고분자로의 분자간 사슬 이동.

$$R_i = \frac{d[R^{\bullet}]}{dt} \tag{4.2}$$

성장 반응에 있어 속도 계수 k_p가 성장 사슬의 길이에 무관하다고 가정한다면, **성장** 반응은 하나의 일반적인 반응으로 나타낼 수 있다.

$$M_i^{\bullet} + M \longrightarrow M_{i+1}^{\bullet}$$

여기서 편의상 개시제 일부 R은 생략되었다. 긴 사슬 고분자가 생성되었다고 할 때, 개시 단계에서 소모된 단량체의 양은 성장 사슬에 의해 소모된 양에 비해 무시할 수 있다. 따라서 단량체의 소모 속도는 다음과 같이 표현된다.

$$-\frac{d[M]}{dt} = k_p[M_1^\bullet][M] + k_p[M_2^\bullet][M] + \ldots + k_p[M_i^\bullet][M] + \ldots$$

또는

$$-\frac{d[M]}{dt} = k_p[M]([M_1^\bullet] + [M_2^\bullet] + \ldots + [M_i^\bullet] + \ldots)$$

만약 $[M^\bullet]$이 모든 라디칼 종의 전체 농도라고 한다면(즉, $[M^\bullet] = \sum_{i=1}^{\infty}[M_i^\bullet]$), 다음과 같은 식이 얻어진다.

$$-\frac{d[M]}{dt} = k_p[M][M^\bullet] \tag{4.3}$$

정지 반응은 다음과 같이 표현할 수 있다.

$$M_i^\bullet + M_j^\bullet \xrightarrow{k_{tc}} P_{i+j}$$

$$M_i^\bullet + M_j^\bullet \xrightarrow{k_{td}} P_i + P_j$$

여기에서 k_{tc}와 k_{td}는 각각 조합 및 불균등화에 대한 속도 계수이다. 따라서 라디칼이 소멸되는 총 속도는 다음과 같다.

$$-\frac{d[M^\bullet]}{dt} = 2k_{tc}[M^\bullet][M^\bullet] + 2k_{td}[M^\bullet][M^\bullet]$$

여기에서 계수 2와 총 라디칼 종의 농도 $[M^\bullet]$를 사용하는 것은 **사슬 길이와 상관없이** 정지 반응에 의해 **두 개**의 성장 사슬이 소모되기 때문이다. 식은 다음과 같이 간단히 될 수 있다.

$$-\frac{d[M^\bullet]}{dt} = 2k_t[M^\bullet]^2 \tag{4.4}$$

여기서 k_t는 정지 반응의 총속도 계수로 다음과 같다.

$$k_t = k_{tc} + k_{td}$$

중합 초기에는 라디칼의 생성 속도가 그들의 정지에 의한 소멸 속도를 훨씬 앞지른다. 하지만 $[M^\bullet]$이 급격히 증가하면서 정지에 의한 라디칼의 소멸 속도가 커지게 된다. $[M^\bullet]$의 값은 라디칼의 소멸 속도가 생성 속도와 정확히 일치할 때 얻을 수 있는데, 이때 $[M^\bullet]$의 변화 속도가 0이 되고, 반응은 **정상 상태 조건(steady-state condition)**에 도달하였다고 한다. 실제로 대부분의 자유 라디칼 중합은 초기 몇 초를 제외하면 정상 상태에서 진행된다. 만약 그렇지 않다면, $[M^\bullet]$은 지속적으로 증가하며, 반응은 제어가 되지 못하여 폭발에까지 이를 수 있다. 사슬 이동 반응이 $[M^\bullet]$에 아무 영향을 미치지 못한다고 가정하면, 즉 어떤 사슬 이동 반응으로 생성된 라디칼이 즉시 새 사슬을 재개시킨다고 가정하면 정상 상태 조건은 다음과 같이 정의된다.

$$\frac{d[R^\bullet]}{dt} = -\frac{d[M^\bullet]}{dt}$$

그리고 식 4.2와 4.4로부터

$$R_i = 2k_t[M^\bullet]^2$$

이며 모든 라디칼 종의 정상 상태 총농도는 다음과 같이 주어진다.

$$[M^{\bullet}] = \left(\frac{R_i}{2k_t}\right)^{1/2} \tag{4.5}$$

이 식을 식 4.3에 대입하고 식 4.1과 합치면 일반적으로 **중합의 정상 상태 속도**는 다음과 같이 표현된다.

$$R_p = -\frac{d[M]}{dt} = k_p[M]\left(\frac{R_i}{2k_t}\right)^{1/2}$$

즉,

$$R_p = k_p\left(\frac{R_i}{2k_t}\right)^{1/2}[M] \tag{4.6}$$

식 4.6 및 이 식으로부터 유도된 다른 식은 오직 정상 상태 조건에서만 적용된다.

식 4.6에 대입하도록 R_i에 대한 식을 유도하기 위해 개시 단계를 자세히 검토한다. 가장 일반적인 개시 방법은 열분해로 다음과 같다.

$$I \xrightarrow{k_d} 2R^{\bullet}$$

그리고 활성 중심의 생성 속도는 다음과 같다.

$$R_i = 2fk_d[I] \tag{4.7}$$

여기서 k_d는 개시제의 분해 속도 계수이고, f는 **개시제 효율**(**initiator efficiency**)로 중합을 성공적으로 개시시킨 일차 자유 라디칼 $R^{\bullet}$의 분율이다.

하나의 개시제 분자로부터 두 개의 라디칼이 생성되기 때문에 계수 2가 포함되었다. 보통 개시제 효율은 0.3~0.8 범위에 있게 되는데, 이는 4.2.1과 4.2.4.1절에 설명된 부반응에 의해 라디칼이 손실되기 때문이다. 식 4.7을 식 4.6에 대입하면 **열분해에 의한 개시**로 다음과 같은 속도가 얻어진다.

$$R_p = k_p\left(\frac{fk_d}{k_t}\right)^{1/2}[M][I]^{1/2} \tag{4.8}$$

개시가 개시제의 **광분해**에 의해 일어난다면(즉, $I \xrightarrow{h\nu} 2R^{\bullet}$)

$$R_i = 2\phi\varepsilon I_o[I] \tag{4.9}$$

이고, 이때는 다음과 같이 표현된다.

$$R_p = k_p\left(\frac{\phi\varepsilon I_o}{k_t}\right)^{1/2}[M][I]^{1/2} \tag{4.10}$$

여기서 I_o는 입사광의 세기, ε는 개시제의 몰흡광 계수이고, ϕ는 개시제 효율의 광화학 당량, 즉 양자 수율이다.

4.2.1절에 보여준 철 이온을 포함한 쿠밀 과산화수소(cumyl hydroperoxide, CumOOH)의 **산화환원 결합**을 이용한 개시의 경우는 다음과 같이 표현된다.

$$R_i = fk_r[\text{CumOOH}][Fe^{2+}] \tag{4.11}$$

여기서 k_r은 산화환원 반응의 속도 계수이다. 위 식의 계수는 1이며, 이는 하나의 라디칼만이 생성되기 때문이다. 식 4.11을 식 4.6에 대입하면 다음과 같다.

$$R_p = k_p\left(\frac{fk_r}{2k_t}\right)^{1/2}[M][CumOOH]^{1/2}[Fe^{2+}]^{1/2} \tag{4.12}$$

같은 접근 방법으로 어떤 개시 시스템에 있어 R_p에 대한 특정 식을 유도할 수 있다.

4.3.2 수평균 중합도

동역학 분석으로 생성된 고분자의 **수평균 중합도(number average degree of polymerization)** $\bar{x}_n$를 구할 수 있는데, 다음과 같다.

$$\bar{x}_n = \frac{\text{단위 시간에서 소모된 단량체 몰수}}{\text{단위 시간에서 생성된 고분자 몰수}} \tag{4.13}$$

앞 절에서 분석한 단순한 동역학적 유도 과정을 기초로 **사슬 이동 효과를 무시하면** 다음과 같다. 이것에 대해서는 4.3.5절에 설명할 것이다.

$$(\bar{x}_n)_0 = \frac{k_p[M][M^\cdot]}{k_{tc}[M^\cdot]^2 + 2k_{td}[M^\cdot]^2}$$

여기서 $(\bar{x}_n)_0$의 아래 첨자 0은 사슬 이동이 존재하지 않을 때의 $\bar{x}_n$의 값을 의미한다. 이 식의 분모는 조합에 의해 하나의 고분자가 생성되는 반면, 불균등화에 의해 두 개의 고분자가 생성된다는 사실을 설명한다. 정상 상태 조건에서 $[M^\cdot]$은 식 4.5를 이용하여 치환할 수 있어 그 결과는 다음과 같다.

$$(\bar{x}_n)_0 = \frac{k_p[M]}{(1+q)k_t^{1/2}(R_i/2)^{1/2}} \tag{4.14}$$

여기서 $q = k_{td}/k_t$로 불균등화에 의해 진행된 정지 반응의 분율이다$(0 \le q \le 1)$. 정지 반응이 조합에 의해서만 일어난다면 $q = 0$이고, 불균등화에 의해서만 일어난다면 $q = 1$이다.

식 4.7을 식 4.14에 대입하면 **열분해에 의해 개시된** 중합에 대한 결과식을 얻는다.

$$(\bar{x}_n)_0 = \frac{k_p[M]}{(1+q)(fk_dk_t)^{1/2}[I]^{1/2}} \tag{4.15}$$

같은 방법으로 식 4.9를 대입하면 **광분해에 의해 개시된** 경우는 다음과 같다.

$$(\bar{x}_n)_0 = \frac{k_p[M]}{(1+q)(\phi\varepsilon I_o k_t)^{1/2}[I]^{1/2}} \tag{4.16}$$

그리고 식 4.11을 대입하고 개시에 **쿠밀 과산화수소/철 이온의 산환환원 결합**을 이용한 경우는 다음과 같다.

$$(\bar{x}_n)_0 = \frac{2^{1/2}k_p[M]}{(1+q)(fk_rk_t)^{1/2}[CumOOH]^{1/2}[Fe^{2+}]^{1/2}} \tag{4.17}$$

역사적으로, **동역학적 사슬 길이** v는 $\bar{x}_n$에 의해 특징지어지며, 정지 반응 전에 하나의 사슬 라디칼에 첨가된 반복 단위의 평균수이다. 따라서 정상 상태에서 v는 성장과 정지 반응의 속도비로 나타낼 수 있는데 다음과 같다.

$$v = \frac{k_p[M^\cdot][M]}{2k_t[M^\cdot]^2} = \frac{k_p[M]}{2k_t^{1/2}(R_i/2)^{1/2}}$$

여기서 식 4.14와 비교하면 다음과 같은 식을 얻을 수 있다.

$$(\bar{x}_n)_0 = \left(\frac{2}{1+q}\right)v$$

그러므로 정지 반응이 오로지 불균등화에 의해 일어난다면 $(\bar{x}_n)_0 = v$이고, 오로지 조합에 의해 일어난다면 $(\bar{x}_n)_0 = 2v$이다.

4.3.3 R_p와 $(\bar{x}_n)_0$에 대한 정상 상태 방정식의 특징

단순한 동역학 분석으로부터 일반적으로 다음과 같이 예측할 수 있다.

$$R_p \propto [M][I]^{1/2} \text{ 그리고 } (\bar{x}_n)_0 \propto [M][I]^{-1/2}$$

따라서 [M]이 증가함에 따라 R_p와 $(\bar{x}_n)_0$ 모두 증가하지만, 단량체의 희석되지 않은 벌크 농도 $[M]_{bulk}$에 의해 주어지는 상한선이 존재한다. [I]가 증가하면 R_p는 증가하는 반면, $(\bar{x}_n)_0$는 감소한다(반대의 경우도 마찬가지). 따라서 4.4.1절과 4.4.3절에 설명되는 벌크와 현탁 중합과 같이 용매를 사용하지 않는 많은 중요한 중합 과정에서 R_p와 $(\bar{x}_n)_0$ 사이에는 절충값이 존재하는데, 이는 주로 목표하는 $(\bar{x}_n)_0$의 특정값에 의해 조절된다.

R_p와 $(\bar{x}_n)_0$의 유도식을 **순간 방정식(instantaneous equation)** 이라고 하는데, 이는 [M]과 [I]가 어느 특정값을 가질 때 **특정 반응 순간(specific instant in time)** 에 적용되기 때문이다. 특정 반응이 진행됨에 따라 [M]과 [I]는 개시제, 단량체, 온도 및 목표하는 R_p와 $(\bar{x}_n)_0$에 의존하는 각각의 속도로 감소한다. 분명히 R_p는 전환이 증가함에 따라 지속적으로 감소하는데 궁극적으로 0이 된다. 그러나 $(\bar{x}_n)_0$가 $[M]/[I]^{1/2}$에 의존하기 때문에 R_p는 특정 중합법 및 조건에 의존하여 증가 또는 감소하거나 혹은 상당히 일정하게 유지될 수 있다. 전환에 따른 R_p와 $(\bar{x}_n)_0$의 변화를 예측하기 위해 동역학 방정식은 적분되어야 하는데, 적분의 간편화를 위해 종종 [I]는 상수라고 가정한다.

계속되는 다음 두 절에서 R_p와 $(\bar{x}_n)_0$의 표현의 적절성, 즉 단순한 동역학적 유도 과정이 적절한가에 대해 검토한다. 실험적으로 R_p와 $(\bar{x}_n)_0$의 초기값을 측정하고, 그들을 초기 농도인 $[M]_0$와 $[I]_0$와 연관짓는 것이 가장 쉽게 행해지는 방법이다. 대부분의 자유 라디칼 중합의 경우 $(R_p)_{initial} \propto [M]_0[I]_0^{1/2}$의 관계를 밑받침하는 실험적 증거가 아주 많지만, 식 4.14로부터 $\{(x_n)_0\}_{initial}$에 대한 예측값은 일반적으로 높은데, 이는 방정식이 4.3.5절에서 정량적으로 설명하는 사슬 이동의 막대한 영향을 고려하고 있지 않기 때문이다.

4.3.4 성장 및 정지 반응 속도에 대한 확산 제한

자유 라디칼은 높은 속도로 반응하는 매우 반응성이 큰 종이다. 따라서 하나 혹은 그 이상의 반응종들이 낮은 확산 속도를 가지고 있다면, 그것은 속도 결정 단계가 될 것이고 반응은 **확산 조절되었다(diffusion controlled)** 고 말한다. 자유 라디칼 중합에서 사슬 라디칼이 성장함에 따라 크기는 급격히 증가하며, **병진 확산(translational diffusion)** 또는 **무게 중심 확산(centre-of-mass diffusion)** 의 속도는 매우 느려진다. 따라서 라디칼 중합에서 성장과 정지 반응 속도에 있어 확산 제한을 이해하는 것은 중요하다.

성장 반응은 매우 유동적이고 작은 단량체 분자와 사슬 라디칼과의 반응을 포함한다. 사슬 라디칼의 병진 확산이 느리지만, 대부분의 조건하에서 활성 사슬 말단으로의 단량체의 확산 속도는 성장 반응의 화학 반응 속도를 크게 능가하기 때문에 일반적으로 성장 반응은 확산 조절되지 않는다. 이 절의 끝에 그 예외에 대해 설명할 것이다.

그러나 정지 반응은 항상 확산 조절되는데, 이는 두 개의 사슬 라디칼을 포함하는 매우 빠른 화학 반응이기 때문이다. 이 사슬 라디칼은 낮은 확산 속도를 가지며, 반응성이 매우 크다. 중요한 세 가지 확산 방법이 다음과 같이 존재한다.

1. **병진 확산(translational diffusion)**: 이것은 사슬의 무게 중심의 공간상 이동이다. 사슬 간의 얽힘이 없을 때, 즉 이미 생성된 고분자의 농도가 낮거나 전환율이 낮을 때, 확산은 공간상 사슬의 단순한 운동에 해당한다. 이미 생성된 고분자의 농도가 높을

때는 사슬이 얽혀 병진 확산은 매우 느려지고 **사행운동(reptation)**을 통해 진행된다(16.4.2절 참조). 화학적 정지 반응의 시간 범위 내에서 대부분의 사슬은 그 자리에서 효과적으로 고정되는데 길이가 짧아 얽힘으로부터 자유로운 사슬들은 상당히 자유롭게 병진 확산을 겪는다. 그런 조건하에서 사슬 라디칼 간의 만남은 짧은 사슬 혹은 유동적인 라디칼과, 긴 사슬 혹은 비유동적인 라디칼 간의 만남에 의해 통제된다. 이를 **short-long termination**이라 하고, **짧은** 사슬과 **긴** 사슬의 차이는 사슬이 얽힐 수 있는 임계 사슬 길이의 위 혹은 아래에 있냐이다.

2. **분절 확산(segmental diffusion)**: 두 사슬 라디칼이 서로 만날 때, 화학적 정지 반응은 두 활성 사슬 말단이 친밀한 접촉을 할 경우에만 발생한다. 대부분의 접촉에서, 이것은 초기 상황이 아니며, 활성 사슬 말단이 반응하기 위해 충분히 가까워지기 전에 결합 회전과 사슬의 부분적 재배열을 통한 분절 확산이 필요하다. 그들의 높은 반응성 때문에, 두 라디칼이 화학적 정지 반응을 겪을 수 있는 가능성이 매우 높다.
3. **반응 확산(reaction diffusion)**: 화학적 정지 반응의 시간 범위 내에서 짧은 사슬 라디칼조차 고정될 수 있는 조건하에서 이미 생성된 고분자의 농도가 매우 높을 경우, 활성 사슬 말단은 단량체와의 반응에 의해서만 움직인다. 즉 각 단량체가 첨가함에 따라 활성 말단은 첨가된 두 개의 주사슬에 해당하는 거리만큼 이동하며 정지 반응 속도는 사슬 길이에 무관하게 된다. 이를 **반응 확산**이라 한다.

따라서 정지 반응의 속도 계수는 확산 과정 중 가장 느린 과정에 의해 통제된다. 대부분의 중합 조건에서, 분절과 병진 확산 속도는 가장 느리기 때문에 가장 중요한 과정이다. 두 과정은 이미 생성된 고분자의 농도가 증가할수록, 즉 반응 매체의 점도가 증가할수록 더 느려지지만, 그 효과는 병진 확산의 경우에 더 크다. 전환율이 낮을 경우, 정지 반응은 분절 확산에 의해 통제되지만, 전환율이 증가함에 따라, 즉 고분자 농도와 점도가 증가함에 따라, 짧은 사슬 라디칼의 확산 속도가 정지 반응의 속도를 결정하는 조절 인자가 될 때 병진 확산에 의해 통제된다. 반응 매질의 절대 점도는 짧은 사슬 라디칼의 확산 속도를 결정하는 주요 인자이며, 총 고분자 농도와 고분자의 중합도가 증가함에 따라 증가한다. 고분자로의 주어진 단량체의 전환율에 대해 고분자의 농도와 그것의 중합도는 $[M]_0$와 함께 증가한다.

$[M]_0$가 높을 때, 짧은 사슬 라디칼이 천천히 움직임에 의한 정지 반응의 분절 확산으로부터 병진 확산 조절로의 변화는 k_t를 크게 작아지게 하고, 이것은 R_p와 $(\bar{x}_n)_0$를 크게 증가시키는데, R_p와 $(\bar{x}_n)_0$는 $k_t^{-1/2}$에 의존하기 때문이다(식 4.6과 4.14 참조). 이 현상을 **자체촉진(autoacceleration)** 또는 **Trommsforff−Norrish 효과** 또는 **젤 효과(gel effect)**라고 한다. 그림 4.5에 여러 $[MMA]_0$에 대한 메틸메타크릴레이트(MMA)의 중합에 관해서 실험에서 얻은 전환-시간 곡선을 표시하였다. 전환을 시간에 대해 그래프를 그리면 $[MMA]_t$ 데이터는 $[MMA]_0$로 정규화되어(여기서 R_p = 전환-시간 곡선의 기울기 × $[MMA]_0$) 속도 계수가 일정하다면 모든 곡선은 같아야 한다. 앞선 확산 효과에 대한 설명에서 예상되는 것처럼 낮은 전환에서 자체촉진이 시작하는 것이 관찰되며, $[MMA]_0$가 증가할수록 더욱 뚜렷하게 나타난다. 자유 라디칼 중합은 발열 반응이기 때문에 에너지는 자체촉진이 시작된 후 반응 속도가 증가함에 따라 에너지의 방출도 증가하게 된다. 만약 에너지의 분산이 미약하게 되면 폭발까지 발생할 수 있다. 자체촉진은 보통의 자유 라디칼 중합에서 일어날 수 있는데, 아크릴레이트와 메타크릴레이트와 같이 몇몇 단량체의 경우 스타이렌과 비닐 아세테이트와 같은 단량체에 비해 현저하게 일어난다. 이것은 낮은 전환에서의 $k_p/k_t^{-1/2}$의 값과 $(\bar{x}_n)_0$값 및 사슬 이동 반응에 의해 줄어든 정도에 의존한다. 자체촉진을 막는 가장 간단한 방법은 짧은 사슬 라디칼의 병진 확산이 어려워지기 전에, 즉 자체촉진 시작 전에 반응을 멈추는 것이다. 또는 단량체의 희석 용액을 사용하는 것인데, 이는 주어진 전

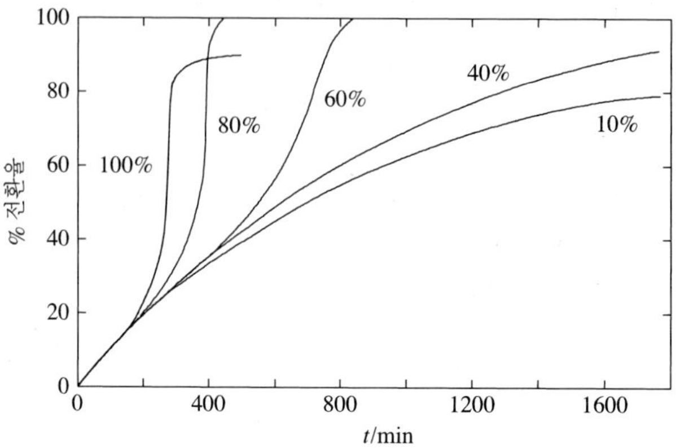

▶ 그림 4.5
개시제로 과산화 벤조일 그리고 용매로 벤젠을 사용한 50°C에서의 MMA 중합에 대한 전환-시간 곡선에 대한 초기 단량체 농도의 효과. $[MMA]_0$가 높을 때, 단량체의 전환이 증가함에 따라 R_p에서 급격한 증가가 나타나며, 이것은 형성된 고분자의 몰질량의 증가로 나타난다. (자료 출처 : Schultz, G.V. and Harborth, G., Makromol. Chem., 1, 106, 1947.)

환에서 $\bar{x}_n$과 고분자 농도를 줄이게 된다.

생성되는 고분자의 유리 전이 온도가 반응 온도보다 위인 높은 $[M]_0$의 단량체의 중합의 경우, 높은 전환에서 반응 혼합물은 극도로 점도가 커지고 유리처럼 된다. 이는 미반응 단량체가 고분자의 유리 전이 온도를 반응 온도 이하로 내려 고분자를 가소화시킬 수 있는 충분한 양이 존재하지 않기 때문이다. 만약 중합 혼합물이 유리처럼 되면 확산은 매우 느려진다. 따라서 성장과 정지 반응은 반응 확산에 의해 통제된다. 이런 효과는 그림 4.5에 보여진 전환-시간 곡선에서 잘 나타난다. 폴리(메틸 메타크릴레이트)[poly(methyl methacrylate)]는 105°C의 유리 전이 온도를 가지는 반면, 반응 온도는 단지 50°C이다. 벌크 중합에 있어서 이 효과는 더욱 심각하여 중합은 효과적으로 약 90% 전환율에서 멈춘다. 또한 105°C 이상으로 반응 온도를 올려 단량체의 확산을 용이하게 하여 100% 전환율을 얻을 수 있다.

4.3.5 사슬 이동의 효과

실험적으로 찾아낸 $\bar{x}_n$의 값은 종종 식 4.14 및 유사식으로부터 계산된 $(\bar{x}_n)_0$보다 매우 작은데, 이는 사슬 이동 반응이 사슬 라디칼의 성장을 정지시키는 데 중대한 기여를 한다는 것을 말한다. 4.2.4절에 기술된 것처럼 작은 분자로의 사슬 이동은 일반적으로 다음과 같이 나타난다.

$$M_i^{\bullet} + T{-}A \longrightarrow M_i{-}T + A^{\bullet}$$

$$A^{\bullet} + M \longrightarrow AM_1^{\bullet}$$

여기서 T와 A는 사슬 이동을 겪는 분자의 일부이며, 생성 라디칼 $A^{\bullet}$는 중합을 재개시할 수 있다. 재개시가 빠르다면 중합 속도에는 영향을 미치지 못하지만, 사슬 라디칼의 성장은 일찍 정지되기 때문에 $\bar{x}_n$은 작아진다.

자유 라디칼 중합에 존재하는 모든 분자종은 사슬 이동의 잠재적인 근원지이다. 따라서 식 4.13을 적용할 때, 일련의 항들은 **단량체**, **개시제**, **용매**로의 사슬 이동과 조합 및 불균등화에 의해 생성된 죽은 고분자를 고려한 분모항을 필요로 한다. 따라서 다음과 같이 나타낼 수 있다.

$$\bar{x}_n = \frac{k_p[M][M^{\bullet}]}{k_{tc}[M^{\bullet}]^2 + 2k_{td}[M^{\bullet}]^2 + k_{trM}[M^{\bullet}][M] + k_{trI}[M^{\bullet}][I] + k_{trS}[M^{\bullet}][S]}$$

여기에서 k_{trM}, k_{trI}, k_{trS}는 각각 단량체, 개시제, 용매(S)로의 사슬 이동에 대한 속도 계수이다. 정상 상태 조건에서 $[M^{\bullet}]$는 식 4.5에 의해 주어지고 위 식은 다음과 같이 줄여 쓸 수 있다.

$$\frac{1}{\bar{x}_n} = \frac{(1+q)k_t^{1/2}(R_i/2)^{1/2}}{k_p[M]} + \frac{k_{trM}}{k_p} + \frac{k_{trI}[I]}{k_p[M]} + \frac{k_{trS}[S]}{k_p[M]}$$

이 식은 **Mayo** 또는 **Mayo-Walling 식**이라고 하고 보통 다음과 같은 형태로 쓴다.

$$\frac{1}{\bar{x}_n} = \frac{1}{(\bar{x}_n)_0} + C_M + C_I\frac{[I]}{[M]} + C_S\frac{[S]}{[M]} \tag{4.18}$$

여기서 $(\bar{x}_n)_0$는 식 4.14와 유사식으로부터 주어지며 **이동 상수(transfer constant)** C_M, C_I, C_S는 사슬 이동 반응의 각 형태에 대한 k_{tr}/k_p의 비이다.

모든 농도, 속도 계수와 이동 상수를 정확하게 안다면, 식 4.18은 $\bar{x}_n$를 정확하게 예측할 수 있다.

비록 고분자로의 사슬 이동이, 형성되는 고분자 사슬의 골격 구조에 중대한 영향을 미칠지라도 $\bar{x}_n$에는 아무 영향이 없는데, 이는 사슬 이동 반응 전후의 고분자 분자수가 일정하기 때문이다(하나의 죽은 고분자 사슬과 하나의 성장 사슬). 따라서 식 4.18에는 고분자로의 사슬 이동항이 필요 없다.

4.3.5.1 이동 상수의 결정

식 4.18은 이동 상수를 결정하기 위한 $\bar{x}_n$에 대한 낮은 전환의 실험 데이터에 적용될 수 있다. Azo 개시제들이 분명히 유도된 분해 혹은 다른 사슬 이동 반응을 겪지 않고, $C_I \approx 0$을 갖는 장점을 이용할 수 있다. 따라서 용매의 부재하에(즉, 벌크 중합) azo 개시제를 사용하여 오직 $(\bar{x}_n)_0$와 C_M만이 $\bar{x}_n$에 영향을 주며, C_M은 다른 $[I]_0$에서 얻어진 낮은 전환의 $\bar{x}_n$ 데이터들에 대한 대략적인 외삽으로부터 결정될 수 있다[예: $(1/\bar{x}_n)_{initial}$과 $[I]_0^{1/2}/[M]_{bulk}$의 도표는 $[I]_0^{1/2}/[M]_{bulk} = 0$에서 절편 C_M을 갖는다]. C_M이 알려지면, C_I은 더 많은 벌크 중합들로부터 다른 개시제들(예: 과산화물)에 대해 결정될 수 있다. 최종적으로 C_s는 화합물이 사슬 이동에 매우 민감하다면, 용매로서 또는 적은 양의 첨가제로서 화합물의 포함에 의해 얻어질 수 있다. Azo 개시제를 사용하고 $[S]_0$를 변화시킴으로써 두 변수의 외삽은 낮은 전환의 $\bar{x}_n$ 데이터로부터 C_M과 C_S 모두를 추출할 수 있는 두 변수로서 $[I]_0^{1/2}/[M]_0$, $[S]_0/[M]_0$와 함께 요구된다.

표 4.1은 60°C에서 다양한 화합물들에 대해 스타이렌의 중합에 대한 이동 상수들의 전형적인 값들을 나타낸다. 스타이렌의 이동 상수는 단량체로의 한 사슬 이동이 대략 매 10^4의 성장에 대해 발생한다는 것을 보여 준다. 개시제 과산화 벤조일로의 사슬 이동은 중요하며 유도된 분해의 한 예가 된다(4.2.1절과 4.2.4.1절 참조). 대조적으로 아조비스아이소뷰티로나이트릴(azobisisobutyronitrile)로의 사슬 이동은 무시될 수 있는데, 이는 이것이 반응 동역학의 연구를 위해 좋은 개시제가 될 수 있는 이유이다. 제시된 다른 화합물들의 이동 상수에서의 넓은 변화는 자유 라디칼 중합에서 사용되는 용매의 주의 깊은 선택의 필요성을 강조해 준다. 예를 들어 사염화 탄소(carbon tetrachloride)는 낮은 몰질량 고분자의 제조를 제외하면 용매로서 나쁜 선택일 것이다. 높은 이동 상수를 갖는 화합물들[예: 테트라브로민화 탄소(carbon tetrabromide)와 도데실 머캅탄(dodecyl mercaptan)]은 이들

표 4.1 60°C에서 스타이렌의 자유 라디칼 중합에서 관측된 이동 상수들의 전형적인 크기

화합물	결합 쪼개짐 (T—A)	이동 상수, $C_{TA}(=k_{trTA}/k_p)$
Styrene	H—C(Ph)=CH_2	7×10^{-5}
Benzoyl peroxide	PhCOO—OOCPh	5×10^{-2}
Benzene	H—Ph	2×10^{-6}
Toluene	H—CH_2Ph	12×10^{-6}
Chloroform	H—CCl_3	5×10^{-5}
Carbon tetrachloride	Cl—CCl_3	1×10^{-2}
Carbon tetrabromide	Br—CBr_3	2
Dodecyl mercaptan	H—$SC_{12}H_{25}$	15

이 성장을 방해할 것이기 때문에 용매로서 사용될 수 없다. 대신, 이들은 $\bar{x}_n$을 조절(감소)하기 위해 나은 농도에서 적용되며, **사슬 이동제(chain transfer agent)** 나 **조절제(regulator)** 또는 **개질제(modifier)** 로서 알려져 있다. 일반적으로 이동 상수는 끊어지는 결합의 강도가 감소하거나 생성 라디칼의 안정성이 증가함에 따라 증가한다.

4.3.6 촉매 사슬 이동

촉매 사슬 이동(catalytic chain transfer, CCT)은 메타크릴레이트(methacrylate)의 중합에 사용될 수 있는 사슬 이동의 특수한 유형으로, 성장하는 사슬의 끝에서 단량체로 수소 원자의 이동을 촉진하는 cobalt(II) porphyrin 착물을 사용하는 MMA의 자유 라디칼 중합을 위해 1975년에 처음 보고되었다. 이것의 메커니즘은 그림 4.6에서 보여지듯, 수소 원자를 단량체 분자로 이동시켜 새로운 사슬을 개시하는 cobalt(III) hydride 착물의 형성과 관련 있다고 믿어진다.

Co(II)는 Co(III)로 산화되어 진정한 촉매로 작용하고 각 사이클에서 재생성된다. 수소 원자의 이동은 매우 효율적이며(100~30,000 범위에서 전형적인 이동 상수값을 갖는), 심지어 매우 낮은 수준의 Co(II)(예: 10^{-3}~10^{-4} mol dm^{-3})와 함께 CCT는 성장하는 사슬을 정지시키고 낮은 중합도를 얻게 하는 주요한 메커니즘이다. 그런 이유로, 생성된 모든 고분자 사슬들이 사슬의 끝에 C=C 결합을 가지며 어떤 것들은 개시제에 의해 생성된 일차 라디칼로부터 얻어진 말단기를 갖겠지만, 매우 높은 비율로 다음의 구조를 갖는다.

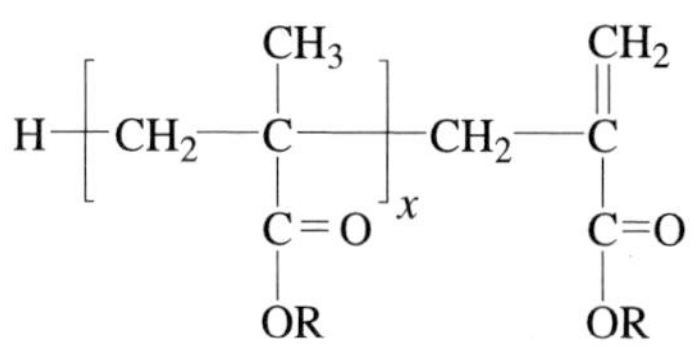

전체적으로 CCT가 우세하고 대부분의 사슬들이 Co(III)–H로부터 수소 원자의 이동에

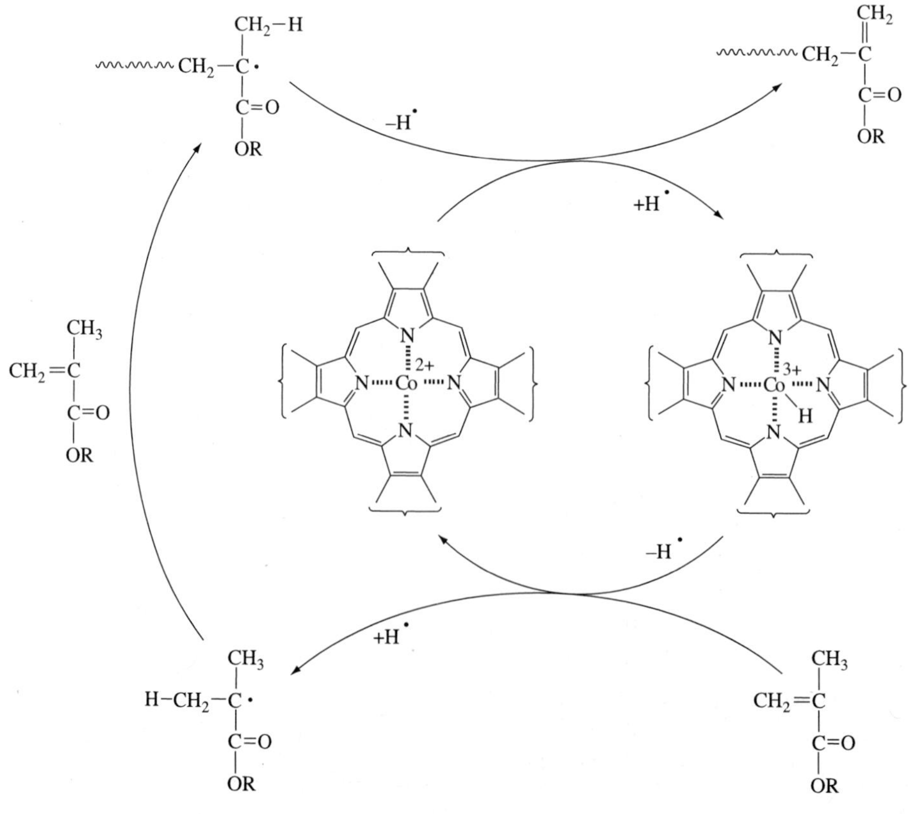

▶ **그림 4.6**
메타크릴레이트의 자유 라디칼 중합에서 cobalt (II) porphyrins을 사용하는 촉매 사슬 이동의 메커니즘(R=H 또는 알킬). 말단 α-CH_3에서 C–H 결합의 균형 분해를 통해 Co(III)–H 결합을 형성하기 위해 Co(II) 원자가 전자 하나를 주고, 분해된 C–H 결합으로부터 온 잔여 전자와 사슬의 말단 비공유 전자가 종결된 사슬의 끝에서 C=C 결합을 형성하기 위해 함께 결합한다. 그리고 Co(III)–H 결합은 Co(II)를 재생산하기 위해 균일하게 깨지고 새로운 사슬을 개시하는 H•를 얻는다.

의해 개시되는 조건하에서 성장하는 사슬들은 반드시 CCT가 발생하기 위한 두 개의 반복 단위들을 소유해야만 한다고 인식되어야 한다. 따라서 수평균 중합도는 다음과 같이 주어진다.

$$(\bar{x}_n)_{CCT} = 2 + \frac{k_p[M][M^\bullet]}{k_{CCT}[M^\bullet][Co(II)]}$$

여기서 k_{CCT}는 CCT에 대한 속도 계수, [Co(II)]는 cobalt (II) 착물의 농도이다.
따라서,

$$(\bar{x}_n)_{CCT} = 2 + \frac{[M]}{C_{CCT}[Co(II)]}$$

여기서 C_{CCT} (= k_{CCT}/k_P) 는 CCT에 대한 이동 상수이다.

CCT의 가장 중요한 특징은 이것이 단일중합 또는 공중합(9.5.2절 참조)을 위한 **거대단량체(macromonomer)**로서 사용될 수 있는 말단 C=C 결합을 갖는 낮은 몰질량의 고분자 사슬을 생성한다는 것이다. 따라서 CCT는 광범위하게 올리고메타크릴레이트(oligomethacrylate) 거대단량체의 제조를 위해 사용되고 있으며, 이러한 목적으로 오늘날 cobaloxime이 우선적인 CCT 제로 사용되고 있다. 예를 들어, 다음과 같다.

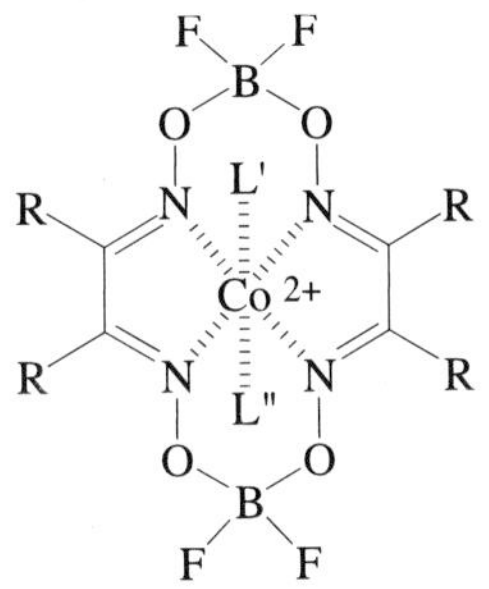

여기서 R은 탄화수소기(예: CH_3 또는 Ph)이고, L′과 L″은 착물의 면에 앞/뒤에 수직으로 배향된 축방향 리간드[예: L′과 L″ = H_2O, CH_3OH, $N(CH_2CH_3)_3$, PPh_3]이다.

CCT는 또한 메타크릴레이트[예: α-메틸스타이렌과 메타크릴로나이트릴(methacrylonitrile)]에서처럼 동일한 방법으로 수소 원자를 추출할 수 있는 α-메틸기를 갖는 다른 단량체들과 함께 사용될 수 있다. 그러나 α-메틸기를 갖고 있지 않는 단량체들보다 더욱 복잡해지는데, 이것은 수소 원자의 추출이 반드시 CH_2로부터 발생해야 하고, Co(II)가 성장하는 라디칼과의 반응에 의해 안정한 Co(III)−C 결합들의 형성을 통해 코발트 촉매의 소모가 일반적이기 때문이다.

4.3.7 금지와 지연

어떤 물질들은 중합을 재개시할 수 없는 종들(라디칼 또는 비라디칼)을 생성하기 위해 자유 라디칼 활성 중심과 반응한다. 만약 반응이 매우 효율적이라면, 중합은 방해받게 된다. 이러한 물질을 **금지제(inhibitor)**라 한다. 반응이 덜 효율적이거나 또는 중합을 느리게 재개시하는 종들을 얻을 때, 중합 속도는 감소하게 되고 이러한 물질을 **지연제(retarder)**라 한다. 자유 라디칼 중합에 금지제 또는 지연제를 첨가하는 효과는 그림 4.7에 도식적으로 표현되어 있다.

나이트로벤젠(nitrobenzene)은 스타이렌의 중합에 대한 지연제이며, 사슬 이동 반응을 통해 작용한다. 생성 라디칼은 상대적으로 낮은 활성을 갖고 있고 느리게 스타이렌 단량체를 첨가한다. 이 경우, 중합 속도와 중합도 모두 감소된다. 페놀과 퀴논(quinone)은 형성된 모든 활성 중심을 소비함으로써 단량체 대부분의 중합을 금지시킨다. **유도 기간(induction**

▶ 그림 4.7
금지와 지연의 도식적인 예 : (a) 일반적인 중합, (b) 지연제의 존재에서 중합, (c) 금지제의 존재에서 중합 (Δt는 유도 기간이다).

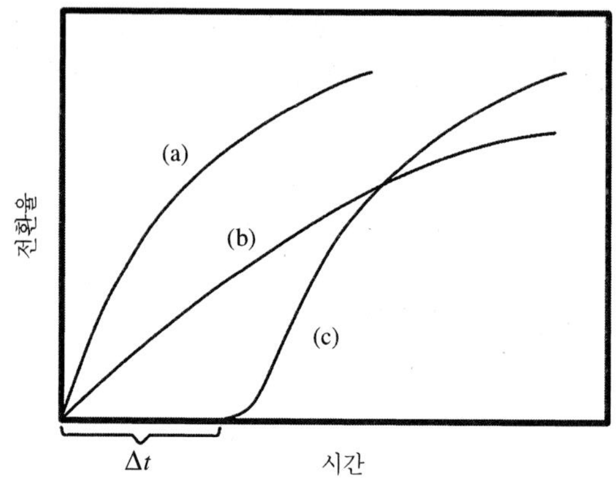

period) 금지제의 분자들이 소비되는 동안 관찰된다. 이 기간 이후 중합은 일반적인 방식으로 진행된다.

산소는 지연제 또는 금지제로, 다음의 화학 반응을 통해 작용할 수 있다.

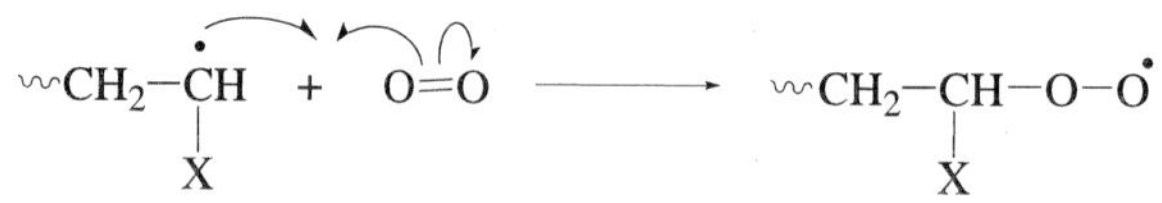

Peroxy radical

생성 과산화 라디칼은 중합을 느리게 재개시하거나, 또는 전혀 하지 않을지도 모른다. 그러므로 산소는 지연제 또는 금지제로 작용할 수 있다. 만약 재개시가 발생하면 이것은 사용하는 동안 고분자의 이른 분해로 이끄는 결합 분열을 위한 장소인 주사슬에서 약한 과산화(—O—O—) 결합들을 갖는 사슬들을 생성한다. 따라서 산소는 재현할 수 있는 결과들을 얻을 수 있고 약한 주사슬 연결의 첨가 가능성을 제거하기 위해 모든 라디칼 중합으로부터 제외되어야만 한다. 이러한 이유로 보통 라디칼 중합은 비활성 환경(보통 질소)에서 수행된다.

금지제는 이동과 보관 중에 때이른 중합을 방지하기 위해 소량으로 단량체에 첨가된다. 그러므로 단량체들은 원칙적으로 사용 전에 정제되어야 한다. 하지만 산업적인 규모에서 이것은 실용적이지 않으므로 단량체는 산소의 부재에서 덜 활성인 금지제와 함께 공급되고(예: 페놀 금지제), 개시제의 양은 금지제의 어떠한 영향도 극복할 수 있을 만큼 증가시킨다.

자동금지(autoinhibition)는 쉽게 추출되는 원자들을 갖는 단량체들(알릴성 단량체들과 같이)의 중합에서 관찰된다.

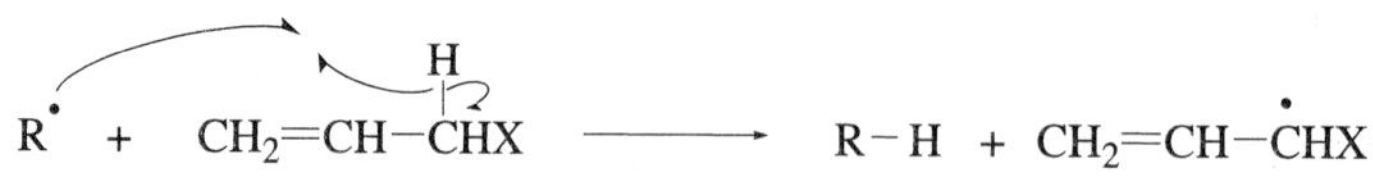

알릴성 단량체 알릴성 라디칼

여기서 X는 보통 작용기(예: allyl chloride, X = Cl; allyl alcohol; X = OH; allyl acetate, X = $OCOCH_3$)이다. 알릴성(allylic) 단량체들로부터 수소 원자 추출에 대한 원동력은 알릴성 생성 라디칼의 강력한 공명 안정화이며, 이것은 오직 중합을 느리게 개시한다. 그런 이유로 알릴성 단량체들의 중합은 느린 속도에서 진행하고, $\bar{x}_n < 20$인(C_M의 높은 값 때문에) 고분자들을 생성한다.

4.3.8 몰질량 분포

선형 단계 중합의 통계적 분석(3.2.3.2절)은 자유 라디칼 중합에 의해 생성된 고분자들에 대한 몰질량 분포의 예측으로 확장될 수 있다. 그러나 활성 중심의 성장이 다양한 다른 반응들에 의해 중지되고, 형성된 고분자의 몰질량은 [M]과 [I]의 다른 감소 속도에 의해 시간에 따라 달라지기 때문에 상황은 더욱 복잡해진다. 분석을 단순화 하기 위해 [M]과 [I]를 상수로 간주하면 유도된 식들은 **낮은 전환**에서만 적용될 수 있을 것이다.

활성 중심이 정지하기보다는 성장할 확률로서 새로운 파라미터 β가 정의될 필요가 있다. 따라서 β는 활성 중심이 겪는 모든 반응(즉, 성장, 조합, 불균등화 사슬 이동)의 합에 대한 성장 속도의 비로서 주어진다. 이것은 단계 중합에서 파라미터 p(반응도)와 유사하다. 그러나 자유 라디칼 중합에 대해 N은 형성된 고분자 분자들의 전체수이고, N_0는 중합된 단량체 분자들의 전체수이다(3.2.3.1절과 비교).

고려할 수 있는 가장 간단한 경우는 활성 중심의 성장이 **불균등화** 또는 **사슬 이동**에 의해 정지될 때이다. 각 경우에 죽은 고분자 사슬의 길이는 그것의 정지에 바로 앞서 사슬 라디칼의 길이와 동일하다. i 반복 단위의 사슬은 일련의 $(i-1)$ 성장 반응에 의한 개시(즉, $RM_1^{\bullet}$로부터) 이후 형성된다. 이러한 반응들 중 하나가 발생하는 확률은 β이고, $(i-1)$ 연속적인 단량체 첨가가 발생할 확률은 각 확률의 곱, 즉 $\beta^{(i-1)}$이다. 다음 반응이 성장하기보다 정지하게 될 확률은 $(1-\beta)$이고, 따라서 중합도 i를 갖는 사슬이 성장할 확률 P(i)는 다음과 같이 주어진다.

$$P(i) = (1-\beta)\beta^{(i-1)} \tag{4.19}$$

더욱이 각 형성된 고분자 분자에 대해 하나의 정지 반응이 발생해야 하기 때문에

$$\beta = \frac{N_0 - N}{N_0} \quad \text{그리고 이 식을 재배열하면,}\ N = N_0(1-\beta) \tag{4.20}$$

이것은 식 4.19와 식 4.20이 선형 단계 중합 식 3.8과 식 3.2와 상대적으로(i는 x로, β는 p로 대체함) 매우 유사하다는 것을 보여 준다. 따라서 정지의 이러한 조건하에서 자유 라디칼 중합에 의해 제조된 고분자들 또한 가장 가능한 몰질량의 분포(3.2.3.2절)를 가지며, 이는 다음과 같다.

$$\bar{M}_w/\bar{M}_n = 1+\beta$$

긴 분자들의 형성에 대해, 단계 중합에 의해 제조된 선형 고분자에 대한 것으로서 $\beta \to 1$이고, $\bar{M}_w/\bar{M}_n \to 2$이다.

조합에 의한 정지의 분석은 두 성장하는 사슬들이 그들이 서로 함께 묶여 정지되기 때문에 조금 더 복잡해진다. 중합도 i의 죽은 고분자 분자는 길이 j의 성장 사슬이 길이 $(i-j)$ [j는 1부터 $(j-1)$까지 어떤 정수일 수 있음]의 성장 사슬과의 조합에 의해 정지할 때 형성된다. 따라서 이 경우, 확률 $P(i)$는 다음과 같이 주어진다.

$$P(i) = \sum_{j=1}^{i-1} P(j)P(i-j)$$

여기서 식 4.19로부터

$$P(j) = (1-\beta)\beta^{(j-1)}$$

$$P(i-j) = (1-\beta)\beta^{(i-j-1)}$$

이 표현들을 $P(i)$의 식으로 치환하면 다음의 식을 얻는다.

$$P(i) = \sum_{j=1}^{i-1} (1-\beta)^2 \beta^{(i-2)}$$

이 식은 조합에 의한 정지에 대한 $P(i)$를 정의하는 다음의 관계로 쉽게 단순화된다.

$$P(i) = (i-1)(1-\beta)^2 \beta^{(i-2)} \tag{4.21}$$

식 4.21은 형성된 고분자에 대한 몰분율 분포를 설명하며, 다음으로부터 수평균 몰질량을 유도하기 위해 사용된다.

$$\bar{M}_n = \sum P(i) M_i$$

$M_i = iM_0$이기 때문에, 여기서 M_0는 반복 단위의 몰질량이며, 식 4.21을 적용하면 다음과 같다.

$$\bar{M}_n = M_0(1-\beta)^2 \sum i(i-1)\beta^{(i-2)}$$

수학적인 관계를 사용하면,

$$\sum_{i=1}^{\infty} i(i-1)\beta^{(i-2)} = 2(1-\beta)^{-3} \quad (\text{단, } \beta < 1)$$

$\bar{M}_n$에 대한 식은 다음과 같이 간단해진다.

$$\bar{M}_n = \frac{2M_0}{(1-\beta)} \tag{4.22}$$

무게 평균 몰질량 $\bar{M}_w$을 구하기 위해 *i*-mers의 무게 분율 w_i에 대한 표현을 얻어야 한다. 식 3.11은 적용 가능하지만 N_i (*i*-mers의 전체수)를 요구한다. 이것은 다음과 같이 주어진다.

$$N_i = NP(i) \tag{4.23}$$

두 성장하는 사슬들은 각 조합 반응에 의해 정지되기 때문에,

$$\beta = \frac{N_0 - 2N}{N_0} \quad \text{그리고 이 식을 재배열하면, } N = \frac{N_0(1-\beta)}{2} \tag{4.24}$$

그리고 식 3.11, 4.21, 4.23, 4.24로부터

$$w_i = \left(\frac{1}{2}\right) i(i-1)(1-\beta)^3 \beta^{(i-2)}$$

그리고 다음의 관계로부터

$$\bar{M}_w = \sum w_i M_i \quad (\text{단, } M_i = iM_0)$$

다음의 식이 얻어진다.

$$\bar{M}_w = \left(\frac{1}{2}\right) M_0(1-\beta)^3 \sum i^2(i-1)\beta^{(i-2)}$$

또 다른 수학적 관계

$$\sum_{i=1}^{\infty} i^2(i-1)\beta^{(i-2)} = 2(2+\beta)(1-\beta)^{-4} \quad (\text{단, } \beta < 1)$$

다음으로 유도된다.

$$\bar{M}_w = \frac{M_0(2+\beta)}{(1-\beta)} \quad (4.25)$$

따라서 조합에 의한 정지에 대해 몰질량 분산은 다음과 같이 얻어진다.

$$\bar{M}_w/\bar{M}_n = (2+\beta)/2 \quad (4.26)$$

그리고 긴 분자들의 형성에 대해, $\beta \rightarrow 1$이므로 $\bar{M}_w/\bar{M}_n \rightarrow 1.5$이다. 그러므로 불균등화나 고분자 분자들보다 다른 분자들로의 사슬 이동에 의해 정지될 때보다, 조합에 의해 사슬 성장이 정지될 때 형성된 고분자의 몰질량 분포는 더 좁아진다.

4.3.5절에서 언급된 것처럼, 고분자로의 사슬 이동은 형성된 고분자 분자수에는 어떠한 변화도 없기 때문에 $\bar{M}_n$에 대한 어떠한 영향도 없다. 더욱이, 반응이 분자내에서 발생하면 그것은 단순히 짧은 사슬 가지들을 만들면서 고분자 분자의 골격 구조를 변화시키기 때문에 몰질량 분포는 어떠한 영향도 받지 않는다. 그러나 만약 고분자로의 사슬 이동이 분자들간에 진행되면 어떤 사슬 라디칼들은 너무 이르게 정지되고, 어떤 죽은 사슬들은 다시 활성화되어 긴 사슬 가지의 성장에 의해 더욱 자라게 된다. 이러한 이유로 비록 고분자로의 분자간 사슬 이동이 $\bar{M}_n$에 어떠한 영향도 없지만, 이것은 몰질량 분포의 넓어짐과 더 고차의 몰질량 평균들(예: $\bar{M}_w$와 $\bar{M}_z$)의 증가를 이끈다.

4.3.9 각 속도 계수들의 결정

중합 속도와 중합도에 대한 식들을 예측할 수 있도록 사용하기 위해서는 관심을 갖는 특정 중합에 대한 개개의 속도 계수의 값을 알아야만 한다. 열분해에 의한 개시에 대하여 f, k_d, k_p, k_t의 값들은 R_p의 예측을 위해 요구된다. 또한, 이동 상수 C_{tr}과 정지 파라미터 q의 값들은 $\bar{x}_n$의 예측을 위해 요구된다. 이동 상수들의 결정을 위한 전략들이 4.3.5.1절에 기술되었다. 파라미터 q의 결정이 오히려 더 어렵지만, 그것의 값은 f, k_d, k_p, k_t의 값들과 함께 $(\bar{x}_n)_0$로부터 계산될 수 있으며, 또한 말단기 농도가 확실히 측정되도록 $\bar{x}_n$이 충분히 낮은 고분자 말단기의 분광학적 분석으로부터 계산 가능하다(15장 참조).

비록 C_{tr} 데이터들이 식 4.18을 사용하여 $\bar{x}_n$을 예측하기에 충분하지만, k_{tr}의 값들은 동역학 분석(예: k_t의 사슬 길이 의존성의) 전반에 더욱 중요하며, k_p가 알려지면 바로 C_{tr}로부터 계산될 수 있다.

다음의 세 절들에서 f, k_d, k_p, k_t의 측정을 위한 원리들이 기술된다. 대부분의 방법들은 용매로의 사슬 이동의 복잡한 효과들을 피하기 위해 벌크 중합을 사용한다. f와 k_d의 결정은 상대적으로 간단하지만, k_p와 k_t의 정확한 결정은 더욱 문제가 된다.

4.3.9.1 f와 k_d의 결정

개시제 손실 속도의 측정(보통 분광학적 방법에 의해)은 k_d를 얻기 위해 충분하다.

$$-\frac{d[I]}{dt} = k_d[I] \quad (4.27)$$

비록 f를 직접적으로 결정하는 것은 불가능하지만, fk_d의 양은 결정될 수 있으며 k_d의 값과 함께 f의 계산을 가능하게 한다. fk_d 결정을 위한 가장 간단한 방법은 화학량론적으로 사슬 라디칼들과 반응하는 고효율 금지제의 알려진 양의 소모 속도를 측정하는 것이다. 안정한 diphenylpicrylhydrazyl 라디칼(DPPH)이 1 : 1 짝지음에 의해 다른 라디칼들과 빠르게 반응하기 때문에 앞서 설명한 목적을 위해 종종 사용되며, 반응하는 동안 진한 자주색에서 무색으로 변한다. 따라서 이것의 소모는 UV-가시광선 분광학에 의해 다음과 같이 알려져 있다(15.3절).

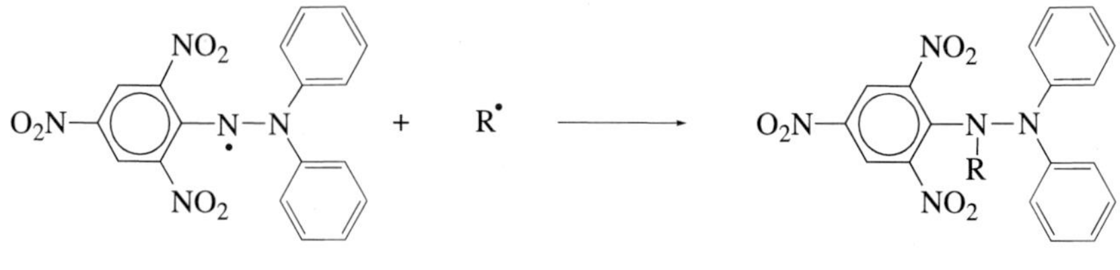

DPPH 자주색 무색

$$-\frac{\mathrm{d[DPPH]}}{\mathrm{d}t} = 2fk_\mathrm{d}[\mathrm{I}]$$

대안적으로 fk_d는 생성된 고분자에서 개시제에 의해 파생되는 말단기를 정량함으로서 결정될 수 있다. 하지만 이런 방법은 말단기가 낮은 농도로 존재하기 때문에 어렵다. 이를 위해 분광학적 방법들이 사용될 수 있으며, 개시제는 분석이 용이하도록 표지될 수 있다. (예: ^{13}C 또는 ^{13}C에서 농축됨) 괜찮은 조건에서 k_d와 fk_d의 측정은 분광기 내에서 반응을 진행하여 그것으로부터 개시제와 말단기가 독립적으로 구분되는 신호를 발생하게 하여 동시에 얻을 수 있다.

일반적인 개시제들에 대한 k_d의 전형적인 값들이 해당하는 반감기와 함께 표 4.2에 제시되어 있다. 이것은 개시제 선택을 고려할 때 유용하다. f의 값은 꽤 넓게 분포하지만 표 4.2에 전형적으로 0.3~0.8의 범위에 존재하며 [M]이 감소함으로써 감소하는 경향이 있다.

4.3.9.2 k_p와 k_t 결정을 위한 초기 접근법들

고분자 과학이 형성되던 해에, k_p와 k_t의 결정을 위해 정상 상태(steady-state)와 비정상 상태(non-steady-state) 방법들이 조합되었다. 알려진 $[\mathrm{M}]_0$와 $[\mathrm{I}]_0$에서 중합의 초기 정상 상태 속도의 측정(예: 팽창법에 속해)은 위에서 묘사된 것처럼 fk_d를 평가하도록 주어진 식 4.8로부터 $k_p/k_t^{1/2}$의 비가 평가되는 것을 가능하게 한다(비록 $k_p/k_t^{1/2}$는 식 4.15와4.18을 사용하여 $(\bar{x}_n)_0$의 측정으로부터도 결정될 수 있지만, 그 얻어진 값들은 계산이 종결 파라미터 q를 포함하는 정확하게 알려져야 하는 몇 가지 파라미터들을 요구하기 때문에 신뢰할 수 없다). k_p와 k_t를 분리하기 위해 이들 사이의 두 번째 관계가 필요하며 활성 중심의 평균 수명 τ, 즉 활성 중심의 생성과 소멸 사이의 평균 경과 시간에 의해 얻어진다.

$$\tau = \frac{\text{활성 중심의 농도}}{\text{활성 중심의 손실 속도}} = \frac{[\mathrm{M}^\bullet]}{2k_t[\mathrm{M}^\bullet]^2} = \frac{1}{2k_t[\mathrm{M}^\bullet]}$$

표 4.2 개시제 해리와 해당 개시제 반감기에 대한 속도 계수 k_d의 일반적인 값

개시제	온도 / °C	k_d/s^{-1}	반감기 / h[a]
2,2′-Azobis(2-cyanopropane)	50	2×10^{-6}	96.3
	60	1×10^{-5}	19.3
1,1′-Azobis(1-cyanocyclohexane)	80	7×10^{-6}	27.5
	95	5×10^{-5}	3.85
Benzoyl peroxide	60	2×10^{-6}	96.3
	80	2×10^{-5}	9.63
tert-Butyl peroxide	80	8×10^{-8}	2407
	100	9×10^{-7}	214
Potassium persulphate[b]	60	3×10^{-6}	64.2
	80	7×10^{-5}	2.75

[a] 반감기는 식 4.27의 적분으로부터 $\ln(2)/k_d$에 의해 주어진, 시간 $[\mathrm{I}]_0/2$이다.
[b] k_d는 pH에 의존한다.

$R_p = k_p[M][M^{\cdot}]$ 때문에, 이 식은 다음의 형태로 다시 쓰일 수 있다.

$$\tau = \frac{k_p[M]}{2k_t R_p}$$

따라서 알려진 [M]에서 τ와 R_p의 동시 측정은 k_p/k_t의 비가 얻어질 수 있게 한다. 이러한 측정들은, 훌륭하지만 실험적으로 도전을 요구하는 "**회전 섹터 방법(rotating sector method)**"으로 알려진 기술에서 광개시를 사용하여 비정상 상태하에서 수행된다. 그럼에도 불구하고, $k_p/k_t^{1/2}$과 k_p/k_t의 지식은 개개의 속도 계수들의 값들을 계산할 수 있게 한다.

이 접근법들은 널리 사용되어 왔지만, 문제점들이 있으며 세심한 주의를 필요로 한다. 더욱 강력한 방법들의 등장은 위에서 묘사된 접근법으로 얻어진 k_p와 k_t의 많은 값들을 신뢰할 수 없다고 인식하게 되었다. 따라서 문헌으로부터 k_p와 k_t의 값들을 가져올 때 결정 방법을 설정하는 것은 매우 중요하다.

4.3.9.3 k_p와 k_t 결정을 위한 현대 접근법들

요즈음 k_p와 k_t는 독립된 실험들에서 더욱 직접적으로 결정된다. **펄스 레이저 중합(pulsed-laser polymerization, PLP)**은 k_p의 결정을 위해 가장 신뢰할만한 방법으로 알려져 있다. PLP는 강한 자외선 레이저 복사[보통 Nd-YAG 레이저로부터 제삼 고조파(third hamornic) 355 nm 파장]의 매우 짧고 명확한 펄스(pulse)에 조사되어 활성화되는 광화학 개시제를 사용한다. 펄스는 일정한 강도, 정확한 진동수 v(전형적으로 0.1~10 Hz), 그리고 펄스 사이의 시간보다 훨씬 짧은 지속 시간(전형적으로 5~10 ns)을 갖는다. 각 레이저 펄스는 새로운 일차 라디칼들이 터져 나오게 한다. 첫 번째 펄스로부터의 일차 라디칼들은 동시에 사슬 라디칼의 순간적인 개시를 야기한다고 볼 수 있다(펄스의 지속 시간은 펄스들 사이의 시간에 비해 매우 짧기 때문에). 첫 번째와 두 번째 펄스 사이의 시간에서 이 사슬 라디칼들은 성장한다. 이 사슬 라디칼들 중 많은 것들이 두 번째 펄스에 의해 생성된 잇따른(작고, 매우 유동적인) 라디칼들과 함께 필연적으로 순간 정지를 겪게 된다. 이러한 일련의 사건들은 연속적인 레이저 펄스들의 매 쌍들과 함께 반복된다. 따라서 각 사슬 라디칼은 정확하게 $1/v$인 펄스들 사이의 시간 간격에 의해 정의되는 기간 동안 성장한다고 생각될 수 있다. 이것에 근거하여 고분자는 다음과 같은 중합도를 가져야만 한다.

$$x = k_p[M](1/v) \tag{4.28}$$

$k_p[M]$은 사슬 라디칼이 단량체를 첨가하는 속도이다. [M]과 v는 알려져 있는 값들이므로, k_p는 x가 정확하게 측정되도록 주어진 식 4.28로부터 쉽게 결정될 수 있다. 이것은 한 펄스에 의해 개시된 후, 다음 펄스에서 정지되는 사슬들이 형성된 전체 고분자 중 오직 일부분을 구성하기 때문에 그리 간단하지는 않다. 어떤 사슬 라디칼들은 정지하거나 또는 펄스들 사이에 사슬 이동을 겪을 수도 있다. 그리고 일부는 정지하기 전에 몇몇 펄스들에서 살아남을 수도 있다. 이론적으로는 몰질량 분포 곡선(보통 젤 투과 크로마토그래피)에 의해 얻어짐, 14.3절 참조)에서 변형의 낮은 몰질량 점($M_{inflection}$)이 일련의 펄스들에 의해 생성되고 정지되는 사슬들에 해당한다고 결론지어 왔다. 이것에 근거하여, 믿을만한 k_p 데이터들이 몇몇 다른 온도에서 다양한 중요 단량체들에 대해 측정되어 왔으며, 따라서 Arrhenius 파라미터들(4.3.10절)이 측정 가능하게, 그리고 어떤 온도에 대한 k_p의 예측이 가능하게 할 수 있었다.

k_t의 측정은 더욱 어려운데 특히 그 값이 이미 형성된 고분자의 농도와 몰질량 분포에 민감하기(즉, 변할 수 있음) 때문이다(4.3.4절 참조). 대부분의 방법들은 광화학 개시에 의한 사슬 라디칼들의 개체를 발생하고, 라디칼의 공급을 차단하며(조사를 멈춤) 직간접적으로 시간에 따른 $[M^{\cdot}]$의 감소를 추적하는 방법을 사용한다. 데이터들은 식 4.4의 적분형을 사용하여 k_t를 얻기 위해 분석된다. Laser 펄스들 사이의 단량체의 소비를 분광학적

으로 측정하는 **"시간분해 PLP (time-resolved PLP)"**로 알려진 PLP의 향상된 형태가 개발되었다. 이것은 광개시의 양자 수율이 알려지면 k_p와 k_t 양쪽 다 측정이 가능하게 한다. 비록 이 접근법들 각각은 k_t의 정확한 값을 얻을 수 있지만, 다른 연구 그룹들에서 얻어진 값들은 위에서 지적된 이유들 때문에 필연적으로 서로 일치하지 않는다. 따라서 R_p와 $\bar{x}_n$의 예측에서 사용하기 위해 k_t 값을 선택할 때나 더욱 발전된 동역학 이론들을 조사할 때는 많은 주의가 요구된다.

PLP를 사용하여 중요 단량체들을 위해 측정된 Arrhenius 파라미터와 k_p의 값이 표 4.3에 제시되어 있다. k_p의 값들은 여기서 제시되지 않는데, 이것은 그들이 전환에 따라 달라지고(4.3.4절 참조) 어떠한 특정값도 할당될 수 없기 때문이다. 그러나 일반적으로 낮은 전환에서 k_t의 값들은 $10^5 \sim 10^8$ dm^3 mol^{-1} s^{-1}의 범위로 떨어진다.

4.3.10 온도의 영향

중합 속도와 중합도의 온도 의존성은 개개의 속도 계수의 온도(T)에 대한 의존성으로부터 유발된다. 이는 적절한 Arrhenius 식의 관점에서 표현될 수 있다.

$$k_d = A_d \exp(-E_d/\mathbf{R}T)$$

$$k_p = A_p \exp(-E_p/\mathbf{R}T)$$

$$k_t = A_t \exp(-E_t/\mathbf{R}T)$$

$$k_{tr} = A_{tr} \exp(-E_{tr}/\mathbf{R}T)$$

여기서 A_d, A_p, A_t, A_{tr}은 각 반응에 대한(일반적으로 온도에 독립적인) **충돌 인자(collision factor)**이고 E_d, E_p, E_t, E_{tr}은 각각 **활성화 에너지(activation energy)**이다. 그리고 **R**은 기체 상수이다.

이런 이유로 활성화 에너지가 온도의 변화에 대한 속도 계수값의 민감성을 결정한다. 위 과정들에 대한 활성화 에너지의 전형적인 값들이 표 4.4에 나타나 있다.

열분해 개시에 대한 식 4.8과 식 4.15로부터 $R_p \propto k_p k_d^{1/2} k_t^{1/2}$ 이고 $(\bar{x}_n)_0 \propto k_p / k_d^{1/2} k_t^{1/2}$ 이다. Arrhenius 식을 적용하여 온도와 관련된 대수와 미분의 형태로 얻게 되면 다음과 같다.

$$\frac{d\{\ln R_p\}}{dT} = \frac{(2E_p + E_d) - E_t}{2\mathbf{R}T^2} \tag{4.29}$$

표 4.3 자유 라디칼 중합에 대해 PLP로 측정된 성장에 대한 Arrhenius 충돌 입자 (A_p) 와 활성화 에너지 (E_p), 그리고 60°C에서 성장에 대한 속도 계수 (K_p) 의 값들

단량체	A_p/dm^3 mol^{-1} s^{-1}	E_p/kJ mol^{-1}	k_p(60°C)/dm^3 mol^{-1} s^{-1}
Styrene[a]	4.27×10^7	32.51	341
Methyl methacrylate[b]	2.67×10^6	22.36	833
Ethyl methacrylate[b]	4.06×10^6	23.38	877
n-Butyl methacrylate[b]	3.78×10^6	22.88	978
n-Dodecyl methacrylate[b]	2.50×10^6	21.02	1,266
n-Butyl acrylate[c]	2.21×10^7	17.9	34,507
Vinyl acetate[d]	2.7×10^8	27.84	11,737

[a]Buback, M. et al., *Macromol. Chem. Phys.*, 196, 3267, 1995.
[b]Beuermann, S. et al., *Macromol. Chem. Phys.*, 201, 1355, 2000.
[c]Asua, J.M. et al., *Macromol. Chem. Phys.* 205, 2151, 2004.
[d]Hutchinson, R.A. et al., *Macromolecules* 27, 4530, 1994.

그리고

$$\frac{\mathrm{d}\{\ln(\bar{x}_\mathrm{n})_0\}}{\mathrm{d}T} = \frac{2E_\mathrm{p} - (E_\mathrm{d} + E_\mathrm{t})}{2\mathbf{R}T^2} \tag{4.30}$$

$E_\mathrm{d} \gg E_\mathrm{p} > E_\mathrm{t}$이기 때문에 $\mathrm{d}\{\ln R_\mathrm{p}\}/\mathrm{d}T$는 양이고, 따라서 중합 속도는 온도와 함께 증가하지만, $\mathrm{d}\{\ln(\bar{x}_\mathrm{n})_0\}/\mathrm{d}T$는 음이고 중합도는 감소한다. 이것은 온도의 증가가 $[\mathrm{M}^\bullet]$을 증가시키기 때문이다. 즉, 주어진 시간에서 더 많은 사슬 라디칼들이 존재하며, 이것은 중합 속도($\propto[\mathrm{M}^\bullet]$)는 증가시키지만, 정지 속도($\propto[\mathrm{M}^\bullet]_2$)는 더 크게 증가시켜 $(\bar{x}_\mathrm{n})_0$를 감소시킨다.

광분해에 의해 개시되는 중합에 대한 동역학 식 4.10과 4.16의 속도 계수 의존성은 열분해만에 의한 것과는 다른데, 이는 k_d와 관련된 어떠한 항도 갖고 있지 않고, 따라서 이들의 분석은 단순히 $E_\mathrm{d} = 0$인 식 4.29와 4.30들을 얻는다. 따라서 $\mathrm{d}\{\ln R_\mathrm{p}\}/\mathrm{d}T$와 $\mathrm{d}\{\ln(\bar{x}_\mathrm{n})_0\}/\mathrm{d}T$는 양이며, 광분해에 대해 R_p와 $(\bar{x}_\mathrm{n})_0$ 양쪽은 온도와 함께 증가함을 보인다. 성장 속도 계수는 정지 속도 계수보다 온도에 따라 더욱 급격히 증가하기 때문이다.

온도와 함께 $\bar{x}_\mathrm{n}$의 변화는 또한 식 4.18에서 이동 상수 C_tr의 온도 의존성에 의존한다. 일반적으로 $C_\mathrm{tr} = k_\mathrm{tr}/k_\mathrm{p}$와, R_p와 $(\bar{x}_\mathrm{n})_0$에 대한 비슷한 분석은 다음의 관계로 도출된다.

$$\frac{\mathrm{d}\{\ln C_\mathrm{tr}\}}{\mathrm{d}T} = \frac{E_\mathrm{tr} - E_\mathrm{p}}{\mathbf{R}T^2} \tag{4.31}$$

일반적으로, $E_\mathrm{tr} > E_\mathrm{p}$이므로 이동 상수는 온도와 함께 증가한다. 그런 이유로 사슬 이동은 온도가 증가함에 따라 더욱 중요하게 되고, $\bar{x}_\mathrm{n}$의 감소에 지속적으로 기여한다.

4.3.10.1 천장 온도

온도와 함께 예측되는 R_p의 지속적인 증가는 성장 반응이 비가역적이라는 가정에 기초하고 있다. 이러한 가정은 옳지 않으며 **역성장(depropagation)** 또한 발생할 수 있다. 즉, 성장 단계는 더욱 자세하게 다음과 같이 표현될 수 있다.

$$\mathrm{M}_i^\bullet + \mathrm{M} \rightleftharpoons \mathrm{M}_{i+1}^\bullet$$

평형 조건하에서

$$\Delta G_\mathrm{p}^\circ = -\mathbf{R}T\ln\{K_\mathrm{p}\} \tag{4.32}$$

여기서 $\Delta G_\mathrm{p}^\circ$는 성장에 대한 표준 Gibbs 에너지이고, K_p는 다음의 식에 의해 주어지는 평형 상수이다.

$$K_\mathrm{p} = \frac{[\mathrm{M}^\bullet]_\mathrm{eq}}{[\mathrm{M}^\bullet]_\mathrm{eq}[\mathrm{M}]_\mathrm{eq}} = [\mathrm{M}]_\mathrm{eq}^{-1} \tag{4.33}$$

여기서 $[\mathrm{M}]_\mathrm{eq}$는 평형 단량체 농도이다. $\Delta G_\mathrm{p}^\circ = \Delta H_\mathrm{p}^\circ - T\Delta S_\mathrm{p}^\circ$와 식 4.33의 식 4.32로의 치환은 다음의 관계를 도출한다.

$$\ln\{[\mathrm{M}]_\mathrm{eq}\} = \frac{\Delta H_\mathrm{p}^\circ}{\mathbf{R}T} - \frac{\Delta S_\mathrm{p}^\circ}{\mathbf{R}} \tag{4.34}$$

여기서, $\Delta H_\mathrm{p}^\circ$와 $\Delta S_\mathrm{p}^\circ$는 각각 성장에 대한 표준 엔탈피 변화와 엔트로피 변화이다. 성장은 덜 안정한 π-결합으로부터 σ-결합의 형성과 관련 있기 때문에 $\Delta H_\mathrm{p}^\circ$는 음(전형적으로 $-50 \sim -100\ \mathrm{kJ\ mol^{-1}}$)이다. 즉, **중합은 발열반응이다**. 그러나 성장은 계에서 규칙성을 증가시키기 때문에, $\Delta S_\mathrm{p}^\circ$ 또한 음(전형적으로 $-100 \sim -120\ \mathrm{J\ K^{-1}\ mol^{-1}}$)이고 성장을 반대한다. 따라서 역성장은 온도의 증가와 함께 촉진되고, 식 4.34로부터 $[\mathrm{M}]_\mathrm{eq}$는 온도의 증가와 함께 증가한다. **천장 온도(ceiling temperature, T_c)**에서 $[\mathrm{M}]_\mathrm{eq}$는 벌크 단량체에서 단량체의 농도($[\mathrm{M}]_\mathrm{bulk}$)와 같게 되고, 성장은 발생하지 않는다. 따라서 단량체는 그것의 T_c 위에서

표 4.4 자유 라디칼 중합에서 개별적인 과정에 대한 활성화 에너지의 전형적 범위

과정	활성화 에너지 $\mathrm{kJ\ mol^{-1}}$
개시제 해리	$110 < E_\mathrm{d} < 160$
성장	$15 < E_\mathrm{p} < 40$
종결	$2 < E_\mathrm{t} < 20$
사슬 이동	$30 < E_\mathrm{tr} < 80$

표 4.5 단량체에 따른 천장 온도 ($CH_2=CXY$)

단량체	X	Y	천장 온도, T_C/°C
Styrene	H	Ph	310
α-Methyl styrene	CH_3	Ph	61
Methyl methacrylate	CH_3	$COOCH_3$	220

중합하지 않을 것이다. 식 4.34를 다시 배열하면 다음과 같다.

$$T_c = \frac{\Delta H_p^o}{\Delta S_p^o + \mathbf{R}\ln\{[M]_{bulk}\}} \tag{4.35}$$

표 4.5에 일련의 T_c값들이 주어져 있다. 대부분의 단량체들에 대해, T_c는 일반적으로 자유 라디칼 중합을 위해 적용되는 온도의 위에 있으므로 제한적이지 않다. 그러나 어떤 단량체들은 T_c보다 낮은 값을 갖고 있어 낮은 온도에서만 중합될 수 있다. 이것은 일반적으로 부피가 큰 치환기들을 갖는 1-1-이치환 단량체들의 경우이고, 고분자 사슬의 인접 반복 단위에 있는 치환기들 사이의 입체 상호작용에 의해 야기되는 ΔH_p^o값의 감소로부터의 결과이다 (예: 스타이렌의 ΔH_p^o는 약 -70 kJ mol^{-1}이지만, α-메틸스타이렌은 약 -35 kJ mol^{-1}이다).

4.4 자유 라디칼 중합 공정

자유 라디칼 중합을 하기 위해 사용되는 대표적인 네 가지 방법에는 벌크, 용액, 현탁, 유화 중합이 있다. 이들 중 처음 세 가지의 동역학은 지금까지 전개되어 온 이론을 사용하여 설명할 수 있기에 이 공정들에 대하여 먼저 논의하고, 유화 중합은 이들과 전혀 다른 동역학을 가지고 있기 때문에 마지막 절인 4.4.4절에서 다루도록 하겠다.

비록 이들 공정은 자유 라디칼 중합의 맥락에서 명확하게 묘사되지만, 일반적인 특성과 장 · 단점들은 이 공정들을 사용하여 실행되는 다른 유형의 중합에도 적용된다.

4.4.1 벌크 중합

벌크 중합 (bulk polymerization)은 가장 간단한 방법으로, 여기에는 단량체와 단량체에 용해되는 개시제만 포함된다. 따라서 [M]은 최댓값을 갖는데, 그것은 중합 온도에서 알려진 M_0 (단량체의 몰질량)로부터 "g cm^{-3}"에서 "mol dm^{-3}"의 단위로 전환된 벌크 단량체의 밀도에 의해 정의된다. 자유 라디칼 중합에 대한 동역학 이론(4.3절)은 다음과 같은 관계를 알려준다.

$$R_p \propto [M][I]^{1/2} \text{ 그리고 } (\bar{x}_n)_0 \propto [M][I]^{-1/2}$$

이런 이유로, 고농도의 단량체는 높은 중합 속도와 높은 중합도를 낳는다. 그러나 전환(conversion)과 함께, 즉 고분자가 형성되어 단량체, 혹은 '용매'가 적어짐에 따라 반응 매개의 점도가 극격히 증가해, 비효율적인 교반에 의해 중합에 의한 열의 제거가 용이하지 못하게 되어 자체촉진을 야기시킨다. 그러므로 벌크 중합은 재현하기 어려울 수도 있다. 또한 생성된 고분자의 몰질량을 증가시키기 위해 [I] 및 또는 중합 온도는 감소되어야 하는데, 어느 경우에도 중합 속도를 감소시키게 된다. 따라서 고분자 몰질량과 생산 속도 사이에는 타협이 존재해야 한다.

점도 증가와 자체촉진의 문제점은 통상 낮은 전환에서 반응을 제어하여 피할 수 있지만, 공업적 규모로 보면 미반응 단량체의 회수와 재사용 등 공정의 경제적인 면을 고려하여야 할 필요가 있다. 아크릴로나이트릴(acrylonitrile)이나 염화 비닐에서와 같이 고분자가 단량체에 녹지 않을 경우 또 다른 문제가 발생하는데, 이는 고분자가 형성됨에 따라 침전되어 일반적으로 유도된 동역학이 적용되지 않기 때문이다.

벌크 중합의 기본적인 장점은 불순물에 의한 오염을 최소화하고 고순도의 큰 몰질량의 고분자를 생산한다는 것이다. 이러한 예로 두 단계 공정으로 진행되는 폴리(메틸 메타크릴레이트)의 투명한 시트(sheet) 제조가 있다. 단량체는 우선 부분적으로 중합시켜 점성의 용액으로 만든 다음, 시트 금형에 넣어 높은 온도에서 중합을 완료시킨다. 이 방법은 열전달과 수축의 문제점들을 줄여준다. 시트 금형의 부피 대비 표면적의 높은 비율은 효과적인 열전달과 자체촉진의 조절에 기여하며, 초기의 부분적인 단량체 전환은 시트 금형 내에서 중합시 부피 수축과 관련된 문제점들을 방지한다.

4.4.2 용액 중합

만약 단량체가 용액상에서 중합된다면, 벌크 중합과 관련된 많은 문제점들이 극복될 수 있다. 용매는 반드시 개시제와 단량체뿐만 아니라 생산된 고분자도 용해시킬 수 있는 것으로 선택되어야만 한다. 용매는 반응 매개의 점도를 줄일 수 있는 범위에 포함되어야 하는데, 이는 전체 전환 범위에서 효과적으로 교반되어 열전달을 좋게 하고 자체촉진을 제거하기 위해서이다. 그러나 용매의 포함은 타협없이 존재하지는 않으며 다른 문제점들을 야기할 수 있다.

감소된 [M]은 속도와 중합도를 감소시킨다. 더욱이, 용매가 신중히 선택되지 않는다면, 용매로의 사슬 이동이 두드러져 중합도의 주된 감소를 야기할 수 있다(4.3.5절과 표 4.1 참조. 여기에서 클로로폼, 테트라브로민화 탄소, 도데실 머캅탄은 가장 뚜렷하게 용매로 적합치 않음을 알 수 있다). 마지막으로, 고분자의 분리는 다음과 같은 과정을 필요로 한다.

1. 용매의 증발, 또는
2. 용매/비용매의 총 혼합물이 고분자에 대해 비용매인 반면, 미반응 단량체와 개시제에 대해서는 여전히 용매이기 위해 충분히 과량(적어도 다섯 배)의 비용매를 용액에 추가하여, 고분자를 침전시키고 여과(filtration) 또는 원심분리(centrifugation)한 후 건조

분명히 두 공정 모두 매우 효과적이지 않으므로 실험실적인 일로 제한되는 경향이 있다. 따라서 용액 중합의 상업적인 이용은 용액 내에서 사용되는 고분자를 필요로 하는 응용들을 위한 고분자 물질로 국한하는 경향이 있다(예: 용매상 페인트, 접착제, 폴리아크릴로나이트릴 섬유의 용액 방사).

4.4.3 현탁 중합

공업적 규모에서 벌크 중합과 관련된 열전달의 문제점들을 피하기 위한 더 좋은 방법은 **현탁 중합(suspension polymerization)**을 사용하는 것이다. 이것은 근본적으로 비활성 매개에서 반응 혼합물이 작은 방울들로 떠 있는 벌크 중합이다. 개시제, 단량체, 고분자는 반드시 현탁 매개(보통 물)에 불용성이어야 한다. 따라서 현탁 중합은 물에 매우 낮은 용해도를 갖는 단량체와 고분자에 대해 사용된다.

단량체 내 개시제의 용액이 준비되고 미리 가열된 수용성 현탁 매개에 첨가된다. 중합 온도는 물의 끓는점에 의해 제한적이므로 보통 70~90°C 범위 내에 있다. 유기상의 방울들이 형성되고 다음과 같은 방법에 의해 현탁이 유지된다.

1. 반응 전반에 걸친 격렬한 교반, 이것은 전형적으로 터빈 교반기와 차단된 반응기를 사용하여 이루어진다.
2. 수상(aqueous phase)에 용해된 분산 안정제; 전형적으로 이것들은 단량체에 대해

3~5 wt%의 범위로 존재하고 보통 폴리(비닐 알코올) [poly (vinyl alcohol)] 또는 하이드록시알킬셀룰로스(hydroxyalkylcellulose)와 같이 낮은 몰질량의 수용성 고분자와 계면활성제의 결합으로 사용된다(계면활성제는 4.4.4절에서 유화 중합을 설명할 때 자세히 논의될 것이다).

연속상인 물의 낮은 점도와 높은 열전도도 그리고 분산된 방울들의 높은 표면적은 열전달을 좋게 한다. 각각의 방울은 일반적인 동역학이 적용되는 작은 벌크 중합 반응기의 역할을 한다. 높은 전환에서 자체촉진이 발생할 수 있지만 매우 향상된 열소실 때문에 벌크 중합에서보다 더욱 잘 조절될 수 있다.

이러한 작은 방울들은 바로 고분자로 전환되어 전형적으로 0.05~2 mm의 지름을 갖는 단단하고 점성이 없는 비드(bead)의 형태로 생성되며, 여과 또는 원심분리에 의해 쉽게 분리된다. 따라서 중합은 완전한 전환까지 진행되어야 하는데, 이는 미반응 단량체들에 의한 가소화(plasticization)와 고분자의 유리 전이 온도(T_g)의 저하를 방지하기 위함이다. 따라서 이 중합법은 60°C 이하의 T_g를 갖는 고분자의 제조를 위해서는 일반적으로 사용되지 않는다.

현탁 중합은 공업적 규모에서 스타이렌, MMA, 염화 비닐 등의 중합을 위해 광범위하게 사용되고 있는데, 건조 전 비드들의 세척을 통해 분산 안정제들을 제거하는 데 주의가 필요하다. 그럼에도 불구하고 현탁 중합에 의해 생성된 고분자들은 일반적으로 낮은 수준의 분산 안정제에 의해 오염되어 있다.

4.4.4 유화 중합

공업적으로 매우 중요한 또 하나의 불균일 중합 공정은 **유화 중합(emulsion polymerization)**이다. 개시제가 반드시 단량체에 용해될 필요는 없지만 수성 확산 매체에서만 용해되어야 한다는 점에서 반응 성분들이 현탁 중합에서 사용된 것들과 다르다. 그럼에도 불구하고 이 차이는 중합의 메커니즘과 동역학 및 **라텍스(latex)**라고 하는 고분자의 콜로이드 모양으로 안정된 분산 입자인 반응 생성물의 형태에 많은 영향을 미친다. 고분자 입자들은 일반적으로 0.1~1 μm 범위의 지름을 갖고 있어 현탁 중합보다 약 10^3배 정도 더 작다. 유화 중합의 상업적 중요성과 함께 자유 라디칼 중합에 대한 다른 공정들과 비교되는 메커니즘과 동역학에서의 차이에 대한 관점에서 유화 중합을 좀 더 자세히 다룰 것이다.

음이온의 계면활성제는 가장 일반적인 분산 안정제로, 전형적으로 단량체 대비 1~5 wt%의 수준에서 사용된다. 음이온 계면활성제 분자는 한쪽 끝에 소수성 탄화수소 사슬이 있으며, 그것에 연결된 친수성 음이온 머리와 회합되어 있는 반대 이온이 있다(예: 소듐 라우릴 황산염, $CH_3(CH_2)_{11}SO_4^-Na^+$). 그 분자의 소수성 꼬리의 영향으로 물에 낮은 분자 용해도를 나타내어, **임계 미셀 농도(critical micelle concentration**, CMC)라고 하는 어떤 특정 농도에 이르면 분자들이 100단위로 뭉쳐 **미셀(micelle)**이라는 지름이 5 nm 정도인 구형 응집체를 형성한다. 미셀 내 계면활성제 분자들은 친수성 머리기들이 물분자와 접촉하고 탄화수소 사슬은 안쪽으로 향하여 내부에 아주 많은 양의 물에 불용성인 물질들을 흡수할 수 있는 능력이 있는 소수성 코어(core)를 형성한다. 예를 들어, 이러한 계면활성제는 세제, 비누, 세탁용 분말이나 액체 등의 용도로 사용되는데, 이때 계면활성제들은 그들의 코어 안에 그리스(grease)나 오일(oil) 등을 흡수한다.

물에 불용성인 단량체들이 CMC 이상에서 계면활성제를 함유한 수성 용액에 적당한 교반과 함께 첨가되면, 세 개의 상을 형성한다. (i) 작은 양의 계면활성제와 단량체가 분자 규모로 용해되어 있는 수용액상, (ii) 교반과 계면활성제에 흡착하여 현탁을 유지하고 있는 커다란 단량체 방울(약 1~10 μm의 지름)과, (iii) 단량체 방울(10^{12}~10^{15} dm^{-3})보다는 그

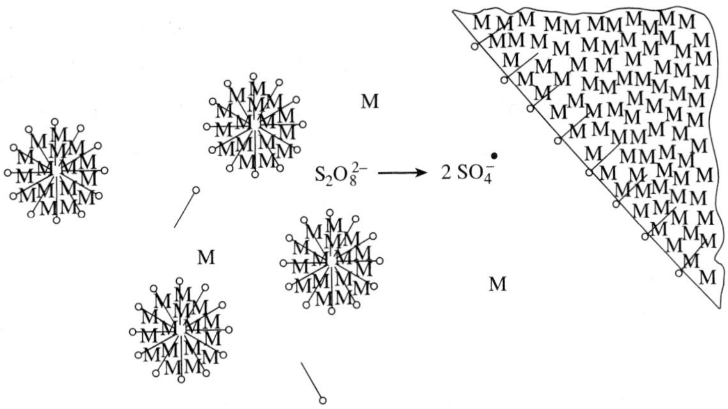

▶ 그림 4.8
CMC 이상에서 계면활성제와 함께 유화 중합의 시작에서 존재하는 세 가지 상을 보여 주는 모식도 : (i) 수용액상은 소량의 용해되지 않는 단량체, 계면활성제 그리고 개시제를 지니고 있다. (ii) 단량체-팽윤 계면활성제 미셀. (iii) 흡착된 계면활성제와 교반에 의해 안정화된 단량체의 커다란 방울.

숫자가 엄청나게 많지만(10^{18}~10^{21} dm^{-3}) 상대적으로 총 단량체 중 적은 양을 포함하는 (약 5~10 nm의 지름) 작은 단량체 팽윤 미셀이 그것이다. 이것이 유화 중합이 시작되는 계의 상태로써, 그와 함께 수용액상에 산화환원제(4.2.1절 참조)나 과황산염과 같은 개시제가 포함되어 있다. 이 상황은 그림 4.8에 묘사되고 있다.

4.4.4.1 입자 기핵 (Interval I)

Interval I(제1단계)으로 알려진 입자 기핵(particle nucleation; 입자 핵생성)은 유화 중합의 첫 번째 단계이다. 입자들이 형성할 수 있는 몇 가지 메커니즘들이 있는데, 이들 모두 입자 기핵에 기여할 수 있는 반면, 사용된 단량체와 정확한 중합 조건에 따라 보통 하나의 메커니즘이 지배적이다. 모든 경우에서, 개시제에 의해 생성된 일차 자유 라디칼이 수용액상에서의 성장을 계속하기 위한 올리고머의 라디칼종을 생성하기 위해 수용액상에 용해된 단량체 분자들과 반응한다. 이들 올리고머 라디칼들은 다음과 같은 과정에 따라 종결되거나 성장할 수 있다. 올리고머 사슬들은 소수성이고 개시제의 말단은 친수성이기 때문에 그들은 계면활성제 같은 종들을 생성하기 위해 수용액상에서 정지될 수도 있다. 또는, 표면 활성화되는 임계 중합도(z)에 도달할 때까지 계속 성장할 수도 있고, 그들이 수용액상에 불용성이 되고 침전되는 또 다른 임계 중합도(j)에 도달할 때까지 더욱 성장할 수도 있다.

미셀 기핵(micellar nucleation, Harkins가 처음 제안함)은 올리고머 라디칼(z-mer 또는 그보다 큰)이 흡착하고 단량체 팽윤 미셀에 확산될 때 발생하며, 그렇게 함으로써 중합을 개시한다. 더 작은 미셀들이 보다 넓은 전체 표면적을 가지고 있고 또한 라디칼을 포획하는 데 더욱 효율적이기 때문에 올리고머 라디칼의 단량체 방울로의 침투는 매우 일어나기 힘들다. 라디칼을 포획하는 각 단량체 팽윤 미셀은 성장이 수용액상으로부터 단량체의 흡착에 의해 지지되는 입자 핵이 되고, 여기에는 평형을 유지하기 위해 방울(droplet)들로부터 수용액상으로 단량체의 동시 확산이 존재한다. 이러한 단량체 팽윤 고분자-입자 핵들은 곧 원래의 미셀 크기를 초과하고, 미셀의 계면활성제는 흡착된 계면활성제가 되며 흡착된 계면활성제층들 사이의 정전기적 그리고/또는 입체 반발력에 기인하는 입자들의 콜로이드 안정성을 유지하기 위해 추가적인 계면활성제에 의해 보충된다. 이러한 추가된 계면활성제는 원칙적으로 개시를 겪지 않은 단량체 팽윤 미셀들의 붕괴로부터 얻어지고, 방출된 단량체는 계 전반에 재분배된다. 반응이 진행됨에 따라 미셀들이 완전하게 소비되고, 따라서 입자 기핵의 끝을 의미하는 지점이 오게 된다. 미셀 기핵은 계면활성제 농도가 CMC 위에 있을 때 발생할 수 있으며 스타이렌과 n-뷰틸 아크릴레이트 같은 물에 낮은 용해도를 갖는 소수성 단량체들에 대해 보다 우세할 공산이 크다.

물에 더 높은 용해도를 갖는 단량체들(예: MMA, 메틸 아크릴레이트와 비닐 아세테이트)에 대해서는 **균일 기핵(homogeneous nucleation)**이 중요하고 우세할 수 있다. 이 메커니즘에서 하나의 올리고머 라디칼은 사슬의 끝에 라디칼 부위가 유지되는 동안 사슬 라디칼이 붕괴하고 **일차 입자**가 되는 j-mer가 될 때까지 수용액상의 용액에서(즉, 균일하게) 계속 성장한다. 개시제로부터 얻어진(예를 들어 과황산염으로부터 SO_4^{-}) 다른 말단기는 어느 정도 콜로이드의 안정성을 부여하지만 충분하지 않으므로 일차 입자들은 콜로이드의 안정성을 이루기 위해 계면활성제를 흡착하고 단량체를 흡착한다. 그 결과 사슬 라디칼은 계속 성장할 수 있다. 이 현상이 발생함으로써 각 일차 입자는 라텍스 입자가 된다. 기핵은 이미 형성된 입자들의 수가 모든 올리고머 라디칼을 포획할 수 있을 만큼 충분히 클 때 멈추게 된다.

응고 기핵(coagulative nucleation)은 응집 입자들이 콜로이드로 안정화되고 뚜렷한 양의 단량체를 흡착할 수 있을 크기를 얻을 때까지 일차 입자들이 서로 엉기는 균일 기핵의 확장으로 가장 쉽게 이해된다. 이러한 응집 입자들은 Interval II와 III에서 성장하는 라텍스 입자들이다.

이러한 입자 기핵 메커니즘들의 각각은 그림 4.9에 요약된 것처럼 대부분의 유화 중합에서 기여할 수 있다. 그러나, 계면활성제 농도가 CMC 밑에 있다면, 균일과 응고 메커니즘들만 가능하다. 만약 계면활성제 농도가 매우 낮다면, 응고 기핵이 지배적일 것이다.

4.4.4.2 입자 성장 (Interval II와 III)

입자들이 콜로이드로 안정해지면, 라텍스의 단위 부피당 입자들의 수(N_p) (전형적으로 10^{16}~10^{18} 입자 dm^{-3})는 Interval I이 끝난 후 일정해진다. 이들 입자들 내에서 중합은 계속되고, 설명한 것처럼 단량체 방울들로부터 수용액상으로 단량체의 확산에 의해 지탱된다. 따라서 단량체 방울들은 단량체의 저장 공간으로의 오직 한가지 기능만 가지고 있다. 단량체 확산의 속도는 중합 속도를 초과하여 입자내 단량체의 농도 $[M_p]$는 일정해진다. N_p가 일정하기 때문에, 중합 속도 또한 일정하다. 중합의 이 기간은 **Interval II**로 알려져 있다. 결국 단량체 방울들은 모두 소비되고 그것은 일정 속도 구간의 끝을 의미한다. 그

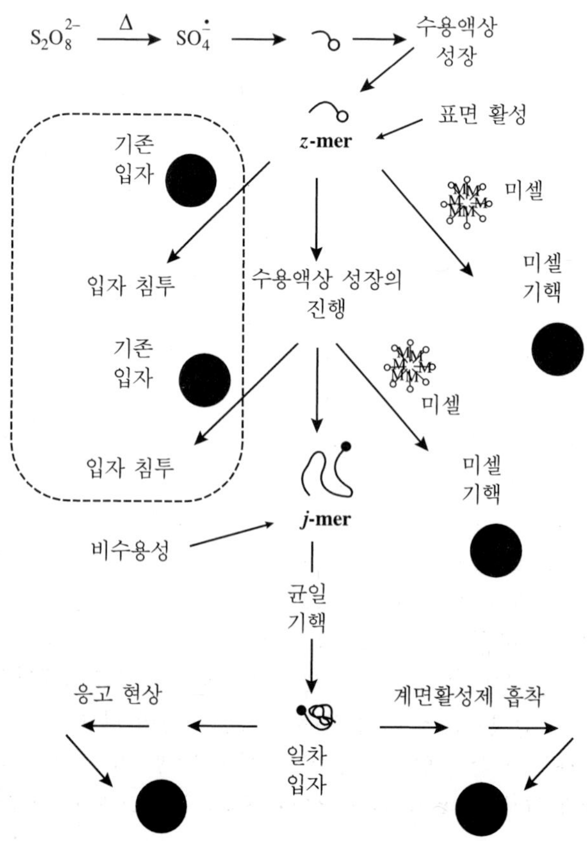

▶ 그림 4.9
유화 중합 동안 발생하는 과정들과 어떻게 이들이 라디칼 도입 사건이 주가 될 때(예: 매우 높은 수의 기존 입자 때문에 그리고(또는) 모든 계면 활성제가 기존 입자들에 흡착될 때) 입자 기핵으로 이끄는가를 나타내었다.

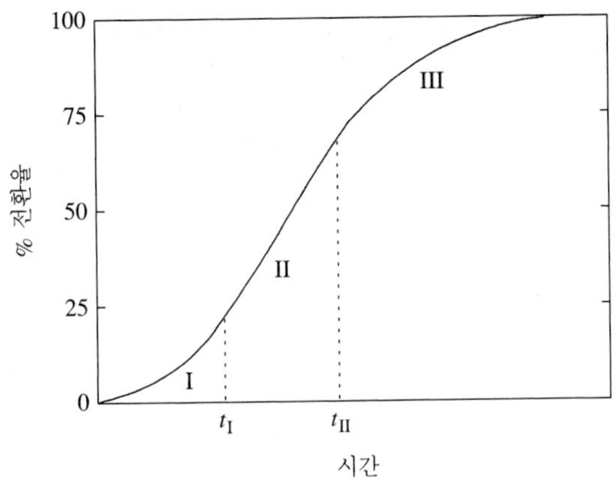

▶ 그림 4.10
Interval I, II, III을 보이는 전통적인 유화 중합에 대한 시간에 따른 전환율 변화를 보이는 모식도. 여기서 t_I과 t_{II}는 각각 Intervals I과 II의 완료되는 반응 시간이다.

후에 **Interval III**에서 $[M_p]$와 중합 속도는 입자들 내에 존재하는 잔존 단량체가 중합되며 지속적으로 감소한다. 유화 중합의 세 단계들은 그림 4.10에서 보여지듯 개략적인 전환-시간 곡선에서 확인된다.

4.4.4.3 유화 중합의 단순 동역학

만약 $\bar{n}$이 라텍스 입자당 라디칼의 평균수라면, 라디칼의 대응되는 몰수는 $\bar{n}/\mathbf{N}_A$ ($\mathbf{N}_A$는 아보가드로 수)가 된다. 따라서 "평균" 입자에서 중합 속도는 $k_p[M]_p(\bar{n}/\mathbf{N}_A)$가 되고 **라텍스의 단위 부피당 중합 속도**는 다음과 같이 주어진다.

$$R_p = k_p[M]_p(\bar{n}/\mathbf{N}_A)N_p \tag{4.36}$$

여기서, R_p와 k_p는 그들의 일반적인 의미이며, $[M]_p$와 N_p는 4.4.4.2절에 정의되었다.

$\bar{n}$의 값은 반응식과 사용된 조건들에 의존하여 폭넓게 변화한다. 더욱이, Interval I 동안 N_p는 증가하고, Interval III 동안 $[M]_p$는 감소한다. 비록 식 4.36은 유화 중합에서 모든 단계들에 대해 적용되지만, 실험적으로 접근할 수 있는 양의 관점에서 N_p와 $\bar{n}$에 대한 식을 도출할 필요성 때문에 완벽한 이론적 처리는 복잡해진다. 이것은 N_p와 $\bar{n}$이 몇 가지 경쟁적인 공정들 사이의 균형에 의해 결정되기 때문에 중요하며, 보통 반응 메커니즘은 이러한 유화 중합에 대한 기초적인 소개에서 얻는 것들보다 매우 복잡하다. 예를 들어 사슬 이동제는 종종 $\bar{x}_n$을 감소하기 위해 사용되며, 작은 라디칼 종(즉, 사슬 이동으로부터 얻은 라디칼)은 입자들로부터 탈착될 수 있고, 적은 양의 수용성 공단량체(comonomer)도 종종 포함된다.

Smith-Ewart Case 2 조건들로 알려진 유일한 가장 단순한 상황만이 여기에서 고려될 수 있다. 이것은 입자들로부터 라디칼 탈착이 발생하지 않고 입자들이 너무 작아서 두 라디칼들이 서로 반응하기 전에 매우 짧은 기간 동안 입자 내에서 독립적으로 존재할 수 있다고 가정한다. 이러한 조건하에서 라디칼은 한번 포획되면 입자를 벗어날 수 없고, 정지(termination)는 이미 하나의 성장하는 사슬 라디칼을 포함하는 입자 내로 두 번째 라디칼 종이 침투함으로써 즉각적으로 발생할 것으로 생각될 수 있다. 그러면 또 하나의 라디칼의 침투가 새로운 사슬의 성장을 개시하기 전까지 휴면 상태가 된다. 그러므로 평균적으로 각 입자는 그것이 존재하는 시간의 반 동안 하나의 성장하는 라디칼을 가지게 되고 나머지 시간의 반 동안은 갖지 못한다. 이러한 조건하에서, $\bar{n} = 1/2$이고

$$R_p = \frac{k_p[M]_p N_p}{2\mathbf{N}_A} \tag{4.37}$$

더욱이, 개시제로부터 라디칼 종의 몰 생성 속도가 ρ_i라면 입자 내로의 라디칼의 연속적인 침투 사이의 평균 시간 간격은 $(N_p/\rho_i\mathbf{N}_A)$이다. 각 성장하는 사슬 라디칼은 $k_p[M]_p$의

속도로 단량체 분자들을 추가하기 때문에, 형성된 고분자의 수평균 중합도는 다음과 같이 주어진다.

$$\bar{x}_n = k_p[M]_p(N_p/\rho_i \mathbf{N}_A) \tag{4.38}$$

사슬 이동은 무시되고, 성장 사슬 라디칼이 들어와 정지 반응을 유발하는 올리고머 라디칼보다 훨씬 더 높은 중합도를 갖게 된다. 식 4.37과 식 4.38은 **Smith-Ewart 'Case 2' 식**들로서 알려져 있으며, $[M]_p$와 N_p가 일정할 때 Interval II에 가장 잘 적용된다. 이들은 N_p가 증가함으로써(보다 높은 농도의 계면활성제를 사용하여) R_p와 $\bar{x}_n$가 증가할 수 있다는 것을 보여 준다. 즉, 벌크와 현탁 중합 공정들과 달리 높은 중합 속도에서 높은 몰질량의 고분자가 형성될 수 있다(4.3.3절 참조). 이것은 동시에 성장 사슬 라디칼들이 따로 떨어진 입자들 내로 분리되고 서로 반응할 수 없기 때문이다. 이런 이유로 분리된 입자들 내로 각 성장 사슬들의 **고립(compartmentalization, 구획화)**은 유화 중합의 독특한 동역학에 대한 주요 원인이다.

4.4.4.4 유화 중합의 이점과 응용

유화 중합의 더욱 중요한 특징들은 훌륭한 열 전달, 높은 고분자 농도에서 생성 라텍스들의 상대적으로 낮은 점도, 그리고 입자의 형태를 조절할 수 있는 능력(예: 다른 종류의 단량체들의 연속적인 첨가로 인한 중심부-껍질 입자 구조 형성)이 있다는 것이다. 게다가 휘발성 유기 화합물(VOCs)의 배출에 대해 증가되는 엄격한 환경 입법들 때문에, 특히 코팅 도포(coating application)를 위한 용매상 고분자들에 대한 환경 친화적인 대체물들로써 유화 중합에 의해 얻어지는 수상화 고분자(라텍스)의 중요성이 증가하고 있다.

유화 중합에 의해 얻는 고분자들은 라텍스 형태(예: 에멀션 페인트, 수용성 접착제, 종이 코팅, 부직포 바인더, 발포 카펫 재료)로 사용되거나 또는 합성 고무와 열가소성 수지들의 경우처럼 응고 또는 라텍스의 스프레이 건조에 의해 분리한 후 사용된다. 이러한 점에서 무기 염들과 확산 안정제들에 의한 오염은 종종 가장 커다란 문제가 된다.

4.4.4.5 미니에멀션 중합

미니에멀션 중합(miniemulsion polymerization)은 충분히 작고(전형적으로 50~300 nm 지름) 효과적으로 모든 라디칼들을 포획할 수 있는 충분한 수(10^{16}~10^{18} dm^{-3})의 단량체 방울들을 포함하는 **미니에멀션(miniemulsion)**을 가지고 중합을 시작하여 N_p를 조절할 목적으로 유화 중합으로부터 발전되었다. 입자 기핵(핵생성)을 위한 장소는 이상적으로 각자가 고분자 입자가 되는 미니에멀션 단량체 방울들이고, 따라서 N_p는 중합의 시작점에서 존재하는 미니에멀션 방울들의 수(N_d)에 의해 정의된다. 고분자가 미니에멀션 방울들 내에 형성되면 즉시 단량체 팽윤 방울이 되고, 중합은 유화 중합의 Interval III 동안에서처럼 대체로 똑같이 지속한다.

미니에멀션을 생성하기 위해 계면활성제와 단량체에는 용해되지만 물에는 매우 불용성인 공안정화제(costabilizer) 성분으로 이뤄진 이성분 안정화제 계(two-component stabilizer system)가 요구된다. 물에서 공안정화제/단량체 혼합물의 매크로에멀션(macroemulsion)이 형성되고, 흡착된 계면활성제 분자들에 의해 콜로이드로 안정화된 미니에멀션 방울들을 생성하기 위해 높은 응력(초음파파쇄기나 기계적 균질기를 사용하여)이 가해진다. 유화 중합의 시초에 존재하는 매크로에멀션과 비교할 때 훨씬 더 작은 미니에멀션의 방울들은 훨씬 큰 표면적을 가지고 있고, 상대적으로 거의 미셀들이 존재하지 않게 하기 위해 대부분의 계면활성제들은 미니에멀션 방울들의 안정화에 소비된다. 공안정화제의 역할은 방울들의 밖으로 단량체의 확산을 억제하는 삼투압을 생성하는 것이며, 이는 미니에멀션이 매크로에멀션으로 다시 변형하는 것을 방지한다. 공안정화제는 전형적으로 단량체 대비 1~4 wt%의 수준에서 사용되고, 단량체에 용해되고 매우 높은 불용성과 낮은 몰질량을 갖는 어떠한 화합물도 될 수 있다. 따라서 미리 형성된 낮은 몰질량의 고분자는 공안정화제로 사용될 수 있고, 특히 높은 방울 핵생성 효율($N_p/N_d \approx 1$)을 얻는 데 효과적이다.

비록 N_p의 더욱 직접적인 조절을 얻기 위해 개발되었지만, 미니에멀션 중합은 수용액상으로 단량체의 전달이 필요 없으며 미세반응기로서 방울들이 고려될 수 있는 다른 장점들도 가지고 있다. 따라서 라텍스의 제조를 위한 유화 중합의 대안으로서 단순히 사용될 뿐만 아니라, 보다 많은 독특한 응용 분야들에 적용되고 있다. 예를 들어, 물에 완전하게 불용성인 단량체들로부터 라텍스를 생산하고, 첨가제들이 최종 입자들에 포함되기 위해 유화 이전 단량체 내에 비수용성 첨가제들(예: 다른 고분자/수지 또는 색소들과 같은 특정 물질의 확산)을 포함함으로써 하이브리드 입자들을 생성하는 것이 가능하다. 게다가 단량체들로부터 미니에멀션을 생성하고 방울들 내에서 *in-situ* 중합이 수행하여 다른 유형의 고분자들을 생성하기 위한 일반적인 방법으로 사용하는 것이 가능하다(예: 에폭시 수지 라텍스는 에폭시 수지 단량체들의 미니에멀션의 단계 중합 방법으로부터 생산되어 왔다).

4.4.4.6 마이크로젤

마이크로젤(microgel)은 중합의 조건하에서는 물에 불용성이고 다른 조건들에서는 물에 섞이는 그물구조 고분자를 생성하는 단일-(mono-) 그리고 다-작용성(multi-functional) 단량체의 유화 공중합에 의해 제조된 가교 서브마이크론(submicron , 또는 multi-micron) 크기의 입자들이다. 가장 일반적으로 이것은 그물구조 고분자를 형성하기 위해 하한 임계 용액 온도(lower critical solution temperature, LCST; 14.2.1절 참조) 이상의 온도에서 유화 중합을 실행하여 얻는 것이다. 생성 라텍스를 LCST 아래로 냉각하면 마이크로젤은 라텍스의 연속상으로부터 물과 섞여 흡수한다. 그렇게 함으로써 마이크로젤은 매우 팽윤되지만, 가교 때문에 용해되지는 않는다. 마이크로젤 라텍스는 다양한 분야에 사용되지만, 특히 부풀리기와 오그라뜨리기(swelling-deswelling) 거동의 장점을 이용하여 생체의학 분야에 적합하다. 가장 중요한 마이크로젤 물질은 체온에 가까운 약 32°C 근처에서 LCST를 보이는 가교 폴리(*N*-아이소프로필아크릴아마이드)이다.

4.4.5 중합 공정의 수행을 위한 전략

각기 서로 다른 유형들의 중합 공정들에 대해, 중합이 실행되는 과정은 중합의 동역학과 결과적으로 얻어진 고분자의 특성에 대해 엄청난 영향을 미칠 수 있다. 사용되어진 조건과 공정의 적절한 조절에 의해 게다가 매우 다른 성능 특성을 갖는 고분자들이 동일한 반응식으로부터 생성될 수 있다. 많은 다른 화학 공정들에 대해서처럼 중합 공정을 수행하기 위한 세 가지 포괄적인 전략들이 있다.

1. **회분식(batch)**: 모든 반응물들은 중합의 초기에 반응기로 완전히 넣어진다.
2. **준-연속 회분식(semi-continuous batch, 또는 준-회분식)**: 전체 반응식 중 오직 일부만 반응 초기에 추가되고, 나머지는 중합의 과정 동안 미리 정해진 계획에 따라 추가된다.
3. **연속(continuous)**: 공급과 생산 흐름 사이의 조화를 위해 생산물이 계속적으로 제거되는 반응기에 반응물을 계속적으로 첨가하여 준다.

회분식 공정은 자유 라디칼 중합에 의한 고분자 생산에 대해서 그 유용성이 제한적이며, 학문적인 연구나 반응의 단순 평가를 위하여 주로 사용된다. 대조적으로 준-회분식 공정은 매우 유용하며 광범위하게 산업적으로나 학교 연구실에서 사용되고 있다. 연속 공정은 매우 커다란 양의 특정 고분자들이 제조되어야 할 때 사용되고는 하는데, 준-회분식 공정과 달리 한 고분자의 생산에서 다른 고분자로 전환하는 것이 용이하지 않다.

중합 동역학과 고분자 특성에 대한 공정 전략의 효과에 대한 설명은 이 책의 범위 밖에 있으며, 더 자세한 중합 공정 공학에 대해 공부하고자 하는 독자들은 교과서와 관련된 리뷰 찾아보기를 추천하는 바이다.

4.5 가역-비활성화('리빙') 라디칼 중합

전파하고 있는 사슬의 성장이 정지 또는 사슬 이동 반응 등에 의해 정지하는, 어떠한 메커니즘도 갖고 있지 않은 사슬 중합은 활성 장소들을 잃지 않고 계속 단량체가 존재하는 한 성장하기 때문에(예를 들어 초기의 양이 모두 소진된 후 단량체들이 더 첨가되면 성장을 재개한다.) **리빙 중합(living polymerization)**이라고 한다. 만약 모든 사슬들이 동시에 개시될 수 있다면, 리빙 중합은 좁은 몰질량 분포($M_w/M_n < 1.1$, 5.3.2.4절 참조)를 갖는 고분자를 생산할 수 있는 장점이 있다. 더욱이, 리빙 중합은 공중합체 구조의 조절도 또한 가능하다(예: 블록 공중합체들은 두 개의 서로 다른 단량체들을 차례로 중합하여 합성할 수 있다. 9.4.2절 참조). 따라서 리빙 중합은 명확한 동종중합체와 공중합체의 합성에서 매우 중요하다.

리빙 음이온 중합은 가장 먼저 개발된 리빙 중합이지만, 상대적으로 적은 유형의 올레핀계 단량체들에 국한된다(5.3.2절 참조). 반대로, 매우 광범위한 올레핀계 단량체들이 라디칼 중합에 사용될 수 있는데, 이것이 부분적으로 자유 라디칼 중합이 유용하고 상업적으로 중요한 이유이다. 그러나 자유 라디칼 중합에 의해 잘 제어된 단일중합체와 공중합체의 합성은 4.3.8절에 묘사된 통계와 사슬 이동 그리고 정지 반응에 의해서 제한된다. 따라서 리빙 라디칼 중합을 달성하는 것은 매우 가치 있는 일이라 할 수 있지만, 이것은 소멸로부터 사슬 라디칼을 멈추게 하는 방법들을 요구하게 된다. 이 문제가 지난 수십 년 동안 고분자 화학자들의 사고를 단련시켜 왔지만, 1980년대 후반 동안 그리고 1990년대를 통해 비록 전체적으로 제거하지는 못하지만, 크게 정지를 감소시키기 위한 몇 가지 전략들이 개발되었다. 이 전략들의 중요한 특징들은 라디칼 중합에 민감한 광범위한 단량체들로부터 잘 조절된 단일중합체와 공중합체의 합성을 가능하도록 충분히 살아있다는 것이다. 이러한 새로운 유형의 라디칼 중합은 초기에는 **리빙 라디칼 중합(living radical polymerization)**이라고 하였으나, 정지와 사슬 이동 반응이 여전히 가능하기 때문에, 이들은 **조절된 라디칼 중합(controlled radical polymerization)**으로 알려지기 시작하였다. 이 두 용어들이 모두 넓게 사용되고 있지만, 어느 것도 어떻게 이들 중합이 작용하는지 올바르게 포착하고 있지는 않다. 2009년 **IUPAC**는 **가역-비활성화 라디칼 중합(reversible-deactivation radical polymerization)**이라는 포괄적인 용어의 사용을 권장하였는데, 이는 지금까지 리빙/제어 라디칼 중합이라 알려져 왔던 모든 유형의 요소들을 잘 내포하고 있는 좋은 이름이다.

모든 리빙/제어 라디칼 중합의 밑에 깔린 기본적인 원리는 사슬 라디칼을 가역적으로 가둬두고 일시적으로 비활성화시켜 정지를 불충분하게 억압하는 것이다. 비록 활성-비활성 순환이 빠르지만, 자유로운 사슬 라디칼은 여전히 성장한다(그러나 정지가 일어날 가능성이 확연히 줄었지만, 역시 모든 다른 가능한 반응들을 겪을 수 있다). 이러한 단순한 그림으로부터 왜 가역-비활성화 라디칼 중합이 이러한 유형의 라디칼 중합을 위해 훨씬 더 좋은 이름인지 확인하는 것은 쉬운 일이다.

다양한 유형의 가역-비활성화 라디칼 중합은 그림 4.11에서 묘사된 두 일반적 전략들 중 하나 또는 다른 것을 적용하며, 여기서는 포괄적인 용어들로 설명될 것이다. 첫 번째 전략은 그림 4.11(a)에 보여 지며, 이것은 평형이 훨씬 왼쪽으로 놓여있는, 빠르고 사슬 캡핑(chain-capping) 종들에 의한 라디칼의 가역적인 말단 캡핑(end-capping)을 내포하고 있다. 이 방법에서, $[M^{\cdot}]$은 크게 감소하고(정지가 $[M^{\cdot}]^2$에 의존하기 때문에), 정지의 속도를 크게 감소시킨다. 식 4.3이 여전히 적용 가능하고 $[M^{\cdot}]$가 매우 낮기 때문에, 이러한 유형의 가역-비활성화 라디칼 중합의 특징은 보통의 자유 라디칼 중합보다 훨씬 더 낮은 속도로 진행한다는 것이다. 그림 4.11의 전략 1을 통하여 진행하는 가역-비활성화 라디칼 중합의 더욱 흥미있는 특징은 원칙적으로 그들은 중합 속도와 수평균 중합도가 k_t에 무관하기 때문에 자체촉진으로부터 고통 받을 필요가 없다는 것이다(4.3.4절 참조). 두 번째 전략은 그림 4.11(b)에 나타나는데, 자유 사슬 라디칼이 말단 캡핑(끝이 막힌) 종들로부터 갇힌 사슬 라디칼을 대체하고 이 과정 중 말단 캡핑이 되는 높은 효율의 사슬 이동 반응들을 사용한다는 것이다. 이 경우 교환 과정의 효율이 매우 높고, 정지를 무시할 수 있게 해주는 개시제로부터 생성된 일차 라디칼의 전체 수와 비교되는 훨씬 더 많은 수의 갇힌 분자들이 존재한다. 이런 이유로 $[M^{\cdot}]$은 보통의 자유 라디칼 중합을 위한 것과 비슷한 값을 갖게 된다. 이 경우에 보통의 중합 속도 식이 적용되며, 따라서 자체촉진 속도가 발생할 수 있지만, 이것은 중합이 보통 낮은 몰질량을 갖는 고분자의 제조를 위해 설계되기 때문에 보통 완화된다.

가역-비활성화 라디칼 중합의 두 유형들은 비록 어느 순간적인 시간에 대부분의 사슬 라디칼이 말단 캡핑(끝이 막힌) 비활성 상태이지만, 그들이 개방되면 비록 위에서 지적한 것처럼 정지는 훨씬 낮은 가능성을 갖지만, 종래의 자유 라디칼 중합에서처럼 성장, 사슬 이동, 정지를 겪을 수 있기 때문에 **준활성(quasi living)**이다. 가역-비활성화 라디칼 중합이 사슬 라디칼이 양쪽 분자의 정지로부터 보호되도록 하는 동안, 좁은 몰질량 분포를 갖는 고분자를 생산하기 위해, 사슬 라디칼이 개방되는 속도와 포착 작용제(trapping agent)에 의해 재포획되는 속도 모두는 필연적으로 높아야 한다. 따라서 가역-비활성화 라디칼 중합에서 가장 중요한 기준은 활성과 비활성 상태 사이의 빠르고 가역적인 교환이다. 이때 각 사슬은 활성의 매우 짧은 시간 안에 대략적으로 동일한 확률을 가지고 성장하고 진정한 리빙 중합에서처럼 몰질량의 Poisson 분포가 성취될 수 있다(5.3.2.4절 참조). 그러한 조건하에서, 사슬 라디칼이 그것의 말단 캡핑 상태로부터 개방될 때, 그것은 전형적으

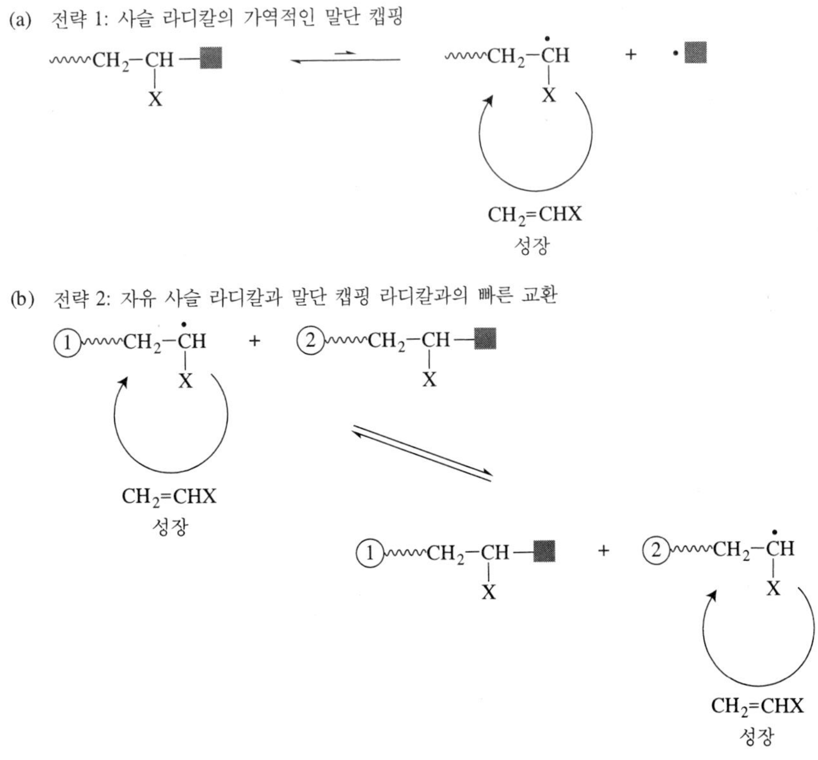

그림 4.11
매우 효율적이고 가역적인 라디칼 포획 메커니즘 때문에 사슬 라디칼 사이의 이분자 정지의 확률을 매우 감소시키는, 따라서 리빙 중합의 특성을 부여하는 가역-비활성화 라디칼 중합에 대한 두 가지 전략의 기본 원리. 각 경우에서 채색된 네모는 사슬 캡핑종을 나타내고, 전략 2에서 라디칼 교환의 발생을 분명히 하기 위해 두 사슬들은 라벨을 붙였다.

로 다시 갇히기 전에 약 10~100 μs(**일시적 라디칼 수명**, t_{rad}) 동안 자유롭게 된다. k_p값이 전형적으로 약 400에서 40,000 $dm^3\ mol^{-1}\ s^{-1}$(표 4.3 참조)의 범위로 떨어지는 것과 [M]이 전형적으로 4~9 mol dm^{-3}의 범위에 존재한다는 것을 인지할 때, 식 4.28(t_{rad}에 의해 교체된 $1/v$을 가지고)로 이 시간의 크기가 평균적으로 활성 기간(단일 반복기가 첨가되기 전 평균 50번의 활성-비활성 순환이 요구된다는 것을 지적하는 0.02의 값) 당 약 0.02~35개의 반복 단위들의 추가에 대응한다는 것을 보여 준다. 통상 자유 라디칼 중합에서 사슬 개시로부터 정지까지 라디칼 수명(4.3.9.2절 참조)은 상당히 변화하지만, 전형적으로 약 0.1~10 s의 범위에 있다. 즉, 그들은 t_{rad}보다 몇 배 더 크다.

가역-비활성화 라디칼 중합에서 정지는 거의 완벽하게 억압되고 활성과 비활성 상태 사이의 교환이 빠르기 때문에, 그들은 진정한 리빙 중합의 특성을 보인다. 즉, (i) 중합도는 전환과 함께 선형으로 증가하고 몰질량 분포는 좁아진다(5.3.2.3절과 5.3.2.4절 참조). (ii) 사슬들은 하나의 단량체와 함께 우선 성장할 수 있고, 다른 단량체와 성장해 블록공중합체를 형성할 수 있다(9.4.2절 참조). 이러한 특징들이 라디칼에 잘 견디는 광범위한 작용성 기들과 함께 고려될 때, 가역-비활성화 라디칼 중합을 사용하는 광범위한 단량체들로부터 잘 조절된 고분자의 합성에서, 학문적이고 산업적인 관심의 폭발적인 증가는 놀라운 일이 아니다. 이것은 빠르게 성장하고 있는 고분자화학의 분야이다.

다음 절에서는 가역-비활성화 라디칼 중합 중 가장 중요한 세 가지 유형들의 기초적인 이해를 위한 충분한 배경지식들을 설명할 것이다. 그러나 더 깊은 통찰력과 최근의 유행들을 알기 위해서는 최근에 발표된 리뷰와 학회 자료들과 같은 문헌들을 찾아보기를 권고한다.

4.5.1 나이트록사이드-매개 라디칼 중합

비록 중요한 가역-비활성화 라디칼 중합의 근본적인 원리의 많은 근원들은 더 오래된 연구에서 찾을 수 있지만, 1990년대 동안 가역-비활성화 라디칼 중합의 빠른 성장의 방아쇠가 된, 1980년대 중반 오스트리아의 Commonwealth Scientific and Industrial Research Organisation(CSIRO)에서 Solomon, Rizzardo, Cacioli에 의해 행해진 연구 결과들로서 나이트록사이드-매개(nitroxide-mediated) 중합(NMP)의 많은 발전이 있었다.

나이트록사이드($R_1R_2N—O^•$)는 자체 반응하지 않는 **지속되는 라디칼**이지만, 빠르게 탄소 중심 라디칼과 결합하며 전자 스핀 공명 분광기(electron spin resonance spectroscopy)에서 라디칼 덫으로서 오랫동안 사용되어 왔다(15.2.1절 참조). CSIRO에서 연구자들이 발견한 것은 라디칼 중합에서 나이트록사이드를 덫으로 사용함으로써 조절된 방법 안에서 낮은 몰질량의 고분자를 생산할 수 있었다는 것이다. Xerox의 Georges는 그들의 일을 확장시켰으며, 성장하는 라디칼들을 가역적으로 가둘 수 있고 130°C에서나이트록사이드로서 2,2,6,6-tetramethylpiperidinly-*N*-oxyl(TEMPO)를 사용한 스타이렌의 라디칼 중합에서 리빙과 유사한 조건을 얻는다는 것을 보였다. 이러한 초기의 발전 동안 NMP는 더욱 일반적으로, 오늘날에는 덜 사용되는 포괄적인 용어인 **안정한 자유 라디칼 매개 중합(stable-free-radical-mediated polymerization, SFRP)**으로 불려졌다.

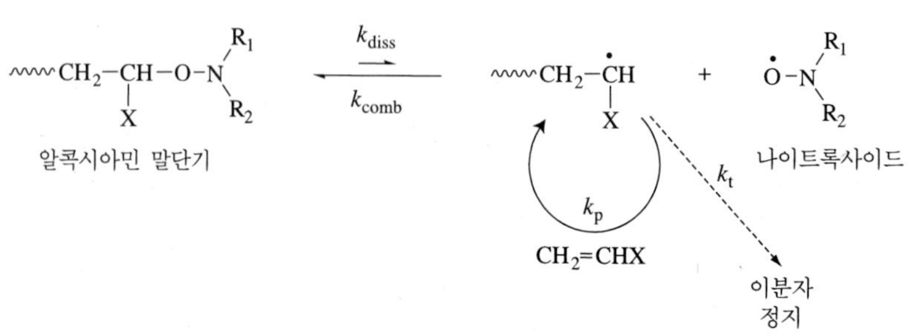

▶ 그림 4.12
사슬 라디칼이 그것이 다시 닫히기 전에 성장을 위해 주기적으로 사슬 라디칼을 개방하는 알콕시아민 말단기의 형태에서 나이트록사이드에 의해 닫히는 NMP의 원리. 평형은 분명히 강하게 알콕시아민을 선호하며 그 결과 순간의 사슬 라디칼 농도는 사슬 라디칼 사이에 이분자 정지 반응을 하기에 충분히 낮아진다. 사슬 라디칼이 성장하기 위해 자유로운 시간과 평형은 알콕시아민 말단기의 불균등화와 나이트록사이드와 사슬 라디칼의 조합에 대한 속도 상수들에 의해 조절된다.

NMP의 원리는 그림 4.12에 보여지는데, 여기에는 나이트록사이드에 의한 가역적 갇힘과 성장 라디칼의 개방이 포함되어 있다. 닫혀진 형태에서 말단기 구조는 C—O 결합이 약하고 사슬 라디칼과 나이트록사이드를 다시 형성하기 위해 분리하는 **알콕시아민(alkoxyamine)**의 그것이다. 사슬은 알콕시아민으로부터 풀려날 때 성장의 짧은 시간 내에 자란다. 알콕시아민 말단기로부터 분리되자마자, 자유 나이트록사이드는 빠르게 확산할 수 있고 사슬 라디칼이 알콕시아민 말단기가 분리될 때 풀려났던 것보다 다른 나이트록사이드 분자에 의해 보다 쉽게 재포획될 수 있는 동역학적 평형이 존재한다. $[M^{\bullet}]$이 매우 낮기 때문에, 이분자 정지는 크게 감소하게 되고 중합 속도는 느려진다. 따라서 NMP는 그림 4.11의 전략 1에 따라 작동하고 왼쪽으로 길게 놓인 분리-조합 평형의 조절을 요구하며 교환이 빠르다. 각 단량체-나이트록사이드 쌍에 대해 이 조건들은 매우 좁은 온도 범위에서 실현된다.

비록 TEMPO는 넓게 사용되지만, 125~130°C에서 스타이렌의 합성에 가장 효과적이며 다른 형태의 단량체들에는 그리 적당하진 않다. 1990년대 후반부터 다른 단량체들의 라디칼 중합에서 리빙과 유사한 조건을 달성할 수 있는 아크릴 나이트록사이드(acrylic nitroxide)가 개발되어 왔다. TEMPO와 NMP에서 넓게 사용되는 두 가지 아크릴 나이트록사이드들의 화학 구조가 그림 4.13에서 보여진다. TINPO와 SG1의 구조상 중요한 특징은 질소 원자에 결합된 탄소 원자들 중 하나에 붙어 있는 수소 원자이다. 이것은 반응성을 바꾸고 스타이렌과 아크릴레이트, 아크릴아마이드, 다이엔 등과 같은 다른 단량체들이 더 낮은 온도(전형적으로 110~120°C)에서 NMP가 가능하도록 해준다.

NMP에 대한 더 초기의 연구에서 나이트록사이드는 개시제가 사슬 라디칼을 생성하기 위해 사용되는 다른 평범한 자유 라디칼 중합에 포함되었었다. 훨씬 더 좋은 대체 과정은 나이트록사이드와 단량체로부터 알콕시아민($R_1R_2NO—R_3$)을 준비하고 개시제로 알콕시아민을 사용하는 것이다. 그림 4.13은 보여진 나이트록사이드의 어떤 중요한 단량체 알콕시아민 개시제의 화학 구조를 제공한다. 개시를 위한 단량체 알콕시아민의 사용은 라디칼 농도와 고분자 몰질량의 조절의 면에서 훨씬 더 정확하다. 이것은 또한 분리-조합 평형에 더욱 조절을 가하기 위해 정확한 과량의 자유 나이트록사이드를 사용하는 것을 쉽게 하여 요즘은 개시제로서 알콕시아민의 사용이 NMP를 수행하는 표준적인 방법이다.

4.5.1.1 나이트록사이드-매개 라디칼 중합의 동역학

그림 4.12에 제시된 평형의 조절은 NMP에서 리빙 같은 조건을 달성하는 데 결정적이다. 이것은 어느 정도의 자유 나이트록사이드(예: 알콕시아민에 대해 5~20 mol%)를 첨가함으로써 종종 달성된다. 평형 상수(K_{NMP})는 다음과 같이 주어진다.

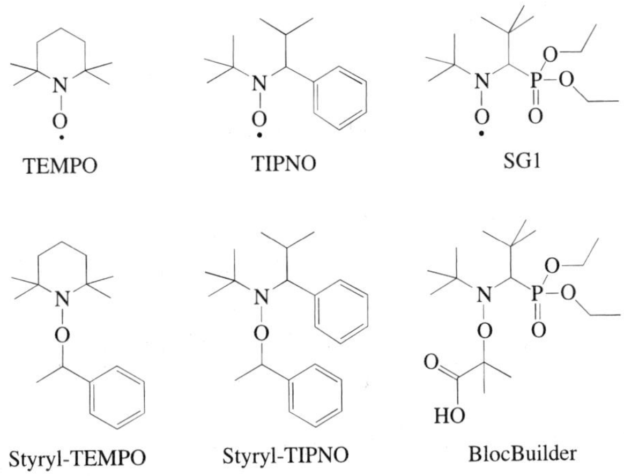

▶ **그림 4.13**
NMP에서 널리 사용되는 나이트록사이드와 알콕시아민들의 화학 구조(명확성을 위해 탄소 골격인 탄소와 수소 원자는 표시하지 않음). TIPNO와 SG1의 원명칭은 다음과 같다. TIPNO: 2,2,5-trimethyl-4-phenyl-3-azahexane-3-nitroxide; SG1: N-(2-methylpropyl)-N-(1,1-diethylphosphono-2,2-dimethylpropyl)-N-oxyl. BlocBuilder는 메타크릴산의 알콕시아민과 SG1에 대한 상품명이다.

$$K_{\text{NMP}} = \frac{[\text{M}^\cdot][\text{R}_1\text{R}_2\text{NO}^\cdot]}{[\text{P}-\text{ONR}_1\text{R}_2]} \tag{4.39}$$

여기서,

$[M^\cdot]$과 $[R_1R_2NO^\cdot]$는 각각 자유 사슬 라디칼의 전체 농도(전체 사슬 길이)와 자유 나이트록사이드의 농도(과량의 자유 나이트록사이드가 첨가된다면 $[M^\cdot]$보다 클 것이다)이다.

$[P—ONR_1R_2]$는 모든 사슬 길이들에 대한 고분자 알콕시아민의 전체 농도이다.

알콕시아민 개시제$(R_1R_2NO—R_3)$의 사용과 $[R_1R_2NO^\cdot]$과 $[P—ONR_1R_2]$가 중합 과정 중 변하지 않는다고 가정하면, 이 농도들은 중합의 시작에서의 값들 ($[R_1R_2NO^\cdot]_0$와 $[P—ONR_1R_2]_0 \approx [R_3—ONR_1R_2]_0$로 동일시 될 수 있다. 그리고 이 경우에,

$$[\text{M}^\cdot] = \frac{K_{\text{NMP}}[\text{R}_3-\text{ONR}_1\text{R}_2]_0}{[\text{R}_1\text{R}_2\text{NO}^\cdot]_0} \tag{4.40}$$

이것은 지금 식 4.3으로 대체되어 다음의 식을 줄 수 있다.

$$R_{\text{p}} = -\frac{\text{d[M]}}{\text{d}t} = K_{\text{NMP}}k_{\text{p}}[\text{M}]\left(\frac{[\text{R}_3-\text{ONR}_1\text{R}_2]_0}{[\text{R}_1\text{R}_2\text{NO}^\cdot]_0}\right) \tag{4.41}$$

따라서 R_p는 [M]에 대해 일차(first order)여야만 한다. 또한, R_p는 k_t에 독립적이므로 NMP는 속도 자체촉진으로부터 고통 받지 않아도 된다. 식 4.41은 다음과 같이 적분될 수 있는데,

$$\int_{[\text{M}]_0}^{[\text{M}]_t} \frac{\text{d[M]}}{[\text{M}]} = -K_{\text{NMP}}k_{\text{p}}\left(\frac{[\text{R}_3-\text{ONR}_1\text{R}_2]_0}{[\text{R}_1\text{R}_2\text{NO}^\cdot]_0}\right)\int_0^t \text{d}t$$

이 식은 다음과 같이 쉽게 풀어진다.

$$\ln\left(\frac{[\text{M}]_0}{[\text{M}]_t}\right) = K_{\text{NMP}}k_{\text{p}}\left(\frac{[\text{R}_3-\text{ONR}_1\text{R}_2]_0}{[\text{R}_1\text{R}_2\text{NO}^\cdot]_0}\right) t \tag{4.42}$$

따라서 $\ln([M]_0/[M]_t)$와 t의 도표는 선형이어야만 하고, 만약 k_p, $[R_1R_2NO^\cdot]_0$, $[R_3—ONR_1R_2]_0$을 안다면 기울기로부터 K_{NMP}가 결정될 수 있다. 실제로 그러한 도표들은 초기에는 선형이지만 전환이 증가하며 양의 곡률을 보이는 경향이 있다. 이것은 나이트록사이드가 자기 조합에 의해 상실될 수 없는 지속적인 라디칼이기 때문에 차례로 $[R_1R_2NO^\cdot]$을 증가시키는 이분자 사슬 라디칼 정지로부터의 기여로 인해 $[M^\cdot]$가 전환과 함께 감소하는 **지속적인 라디칼 효과(persistent radical effect)** 때문이다. Fischer는 여기서 소개하기에는 적당하지 않은 보다 선진 기법들을 이용하여 이 효과를 분석하였고, 과량으로 첨가된 **나이트록사이드의 부재**에서 알콕시아민 개시제를 사용하여 수행된 NMP에 대한 다음의 식을 얻었다.

$$[\text{M}^\cdot] = \left(\frac{K_{\text{NMP}}[\text{R}_3-\text{ONR}_1\text{R}_2]_0}{3k_{\text{t}}}\right)^{1/3} t^{-1/3} \tag{4.43}$$

여기서 k_t는 동역학 분석에서 이분자 정지를 포함하는 것에 대한 결과로서 나온다. 식 4.43의 식 4.3으로의 대입은 지속적인 라디칼 효과를 고려하는 R_p의 식을 준다.

$$R_{\text{p}} = -\frac{\text{d[M]}}{\text{d}t} = k_{\text{p}}[\text{M}]\left(\frac{K_{\text{NMP}}[\text{R}_3-\text{ONR}_1\text{R}_2]_0}{3k_{\text{t}}}\right)^{1/3} t^{-1/3} \tag{4.44}$$

따라서 지속적인 라디칼 효과는 $k_t^{-1/3}$에 대한 R_p의 의존성을 보여 주며 자체촉진 효과가

발생할 수 있지만, k_t(일반적인 자유 라디칼 중합에 대해 $R_p \propto K_t^{-1/2}$과 비교하여)에 대한 더 약한 의존성과 $t^{-1/3}$에 대한 의존성에 의해 완화된다. 식 4.44를 재배열하고 적분하면,

$$\int_{[M]_0}^{[M]_t} \frac{d[M]}{[M]} = -k_p \left(\frac{K_{NMP}[R_3-ONR_1R_2]_0}{3k_t} \right)^{1/3} \int_0^t t^{-1/3} dt$$

그리고 이 적분에 대해 다음의 식이 주어진다.

$$\ln\left(\frac{[M]_0}{[M]_t}\right) = \frac{3k_p}{2}\left(\frac{K_{NMP}[R_3-ONR_1R_2]_0}{3k_t}\right)^{1/3} t^{2/3} \tag{4.45}$$

따라서 지속적인 라디칼 효과가 과량의 첨가된 나이트록사이드의 부재 내에서 작용할 때, $\ln([M]_0/[M]_t)$와 $t^{2/3}$의 도표는 선형으로 예측되지만, K_{NMP}는 만약 k_t가 알려졌다면, 기울기로부터만 결정될 수 있다. 그러한 도표들은 보통 식 4.42의 도표들보다 더욱 곧은 선형으로 주어진다.

생성된 고분자의 수평균 중합도는 각 알콕시아민 분자가 하나의 단일 사슬을(즉, $[P] = [R_3—ONR_1R_2]_0$) 생성하기 때문에 단순하게 알콕시아민에 대한 단량체의 초기 몰비와 미소 단량체 전환 c에 의해 결정된다.

$$\bar{x}_n = \frac{c[M]_0}{[R_3-ONR_1R_2]_0} \tag{4.46}$$

따라서 $\bar{x}_n$은 c와 함께 선형으로 증가하여만 하며, 이것은 리빙 중합의 특징이다(5.3.2.3절).

4.5.1.2 나이트록사이드-매개 라디칼 중합에서 부반응

NMP에서 하나의 쟁점은 사슬 라디칼을 상실하게 하고 나이트록사이드를 하이드록실아민으로 전환시키는, 사슬 라디칼과 나이트록사이드의 불균등화(disproportionation) 반응이다.

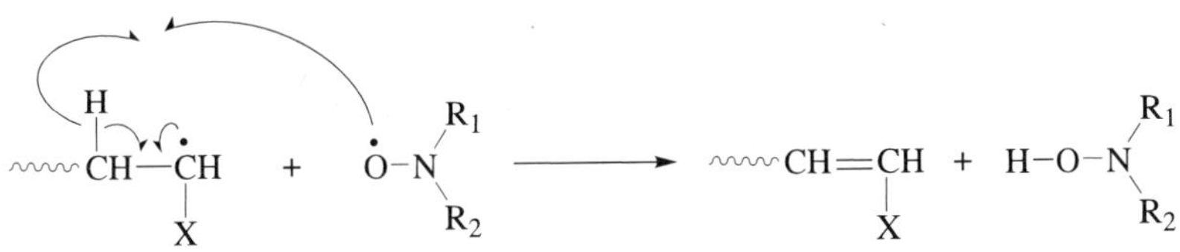

분명히 이것은 그 특정 사슬 라디탈에 대해 리빙의 특징을 상실하는 결과를 야기한다. 스타이렌과 아크릴레이트 단량체들에 대해 이 반응이 발생하지만, 잘 조절된 몰질량과 좁은 몰질량 분포를 갖는 고분자 제조의 관점에서 심각한 문제는 아니다. 그러나 불균등화 반응은 메타크릴레이트 단량체의 NMP에서 심각한 문제이며, α-메틸기로부터 수소의 추출을 내포하고 있다.

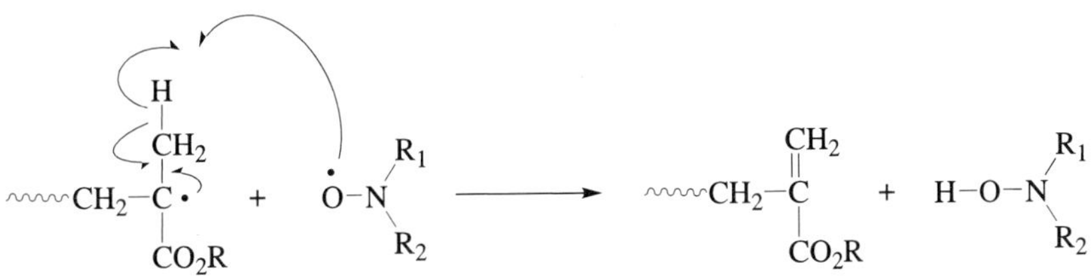

따라서, 메타크릴레이트의 NMP는 조절되지 않는다.

스타이렌에 대한 독특한 부반응은 세 개의 스타이렌 분자들이 관여하는 자기 반응을 통한 라디칼 생성이다. 이것은 두 스타이렌 분자들 사이의 초기 Diels–Alder 반응을 통해 진행되며, 중합을 개시할 수 있는 두 개의 라디칼을 생성하는 또 하나의 스타이렌 분자와 결합된 트라이엔(triene) 생성물의 반응이 뒤이어 온다고 생각할 수 있다.

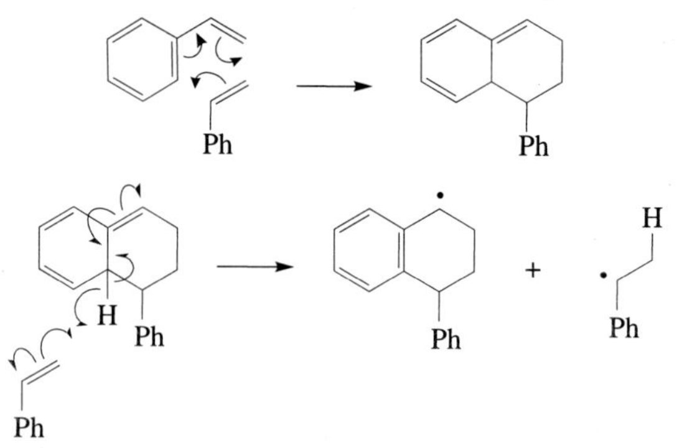

이 자기 개시 공정은 더 높은 온도에서(예: 스타이렌은 개시제의 부재에서 80°C에서 뚜렷한 속도로 중합한다). 충분한 속도로 진행된다. 이것은 125~130°C에서 실행되기 때문에 스타이렌의 NMP에서 주요한 기여를 한다. 이는 비록 실제로 이것이 사슬 라디칼과 나이트록사이드 농도 사이에서 불균형을 초래하지만, 실제로 이분자 정지와 불균등화 반응 때문에 사슬 라디칼의 손실을 보강하는 데 기여한다. 그러나 분명히 이것은 중합 속도를 제어하고 스타이렌의 NMP 진행과 조절을 정확히 예측하기 어렵게 한다.

4.5.2 원자-이동 라디칼 중합

전이 금속들을 사용하는 양이온 중합 조절의 연구(5.2.2절 참조)는, 1995년 처음 Sawamoto와 Matyjaszewski에 의해 독립적으로 보고된 리빙 중합의 특성을 갖는 전이 금속 촉매화 라디칼 중합(transition-metal-catalyzed radical polymerization)의 발견을 이끌었다. 이러한 유형의 중합은 현재 더욱 일반적으로 **원자-이동 라디칼 중합(ATRP)**로 일컬어진다. 이 중합의 원리들이 그림 4.14에 나와 있다.

전이 금속(Mt)은 리간드(ligand)에 의해 배위된 할로젠 화합물의 형태이며 진정한 촉매로서 거동하지만, 더 일반적으로는 **활성제(activator)**라고 한다. 유기 할로젠화물 RX(보통 브로민화물 또는 염화물)들은 개시제로서 사용된다. 개시는 금속(Mt^{z+})으로부터 R—X 결합 내 할로젠 원자로 단일 전자 이동을 통해 진행하고, R•을 얻기 위해 결합의 균일분해와 풀려진 할로젠 원자를 잡는 금속 원자에 대한 산화 상태($Mt^{(z+1)+}$)의 증가를 야기한다. 곧 이어 사슬 라디칼의 성장은 산화된 전이 금속 배위가 할로젠 원자를 성장 라디칼로 다시 제공하는 역의 과정에 의해 방해를 받는데, 이로 인해 Mt^{z+}의 재생성과 사슬 끝에서 새로운 C—X 결합의 형성을 통해 사슬 라디칼의 비활성을 야기한다. 따라서 ATRP는 그림 4.11의 전략 1을 채택하고 있으며 NMP와 비슷한 특징들을 가지고 있다: (i) 사슬은 일련의 활성-성장-비활성 순환을 통해 성장한다. (ii) 평형은 반드시 더욱 왼쪽으로 취우치게 하고 교환을 빠르게 하기 위하여 조절되어야만 하는데, 이것은 각 단량체에 대해 개시제, 활성제 착물 그리고 온도의 조심스런 선택에 의해 얻어진다. (iii) 대부분의 사슬들은 비활성 상태에 존재하고 [M•]은 매우 낮다. 그렇게 함으로써 이분자 정지의 확률을 크게 감소시키지만 중합 속도 또한 감소시킨다.

4.5.2.1 ATRP의 동역학

NMP에서처럼, 그림 4.14에서 보이는 평형은 사슬 라디칼의 농도는 낮게 하고 교환은 빠르게 하기 위해 반드시 조절되어야만 한다. 평형 상수 K_{ATRP}는 다음과 같이 주어진다.

$$K_{\text{ATRP}} = \frac{[\text{M}^\bullet][\text{Mt}^{(z+1)+}\text{L}_m]}{[\text{RX}][\text{Mt}^{z+}\text{L}_m]} \tag{4.47}$$

여기서 [RX]는 개시제의 농도이고, $[Mt^{z+}L_m]$과 $[Mt^{(z+1)+}L_m]$은 각각 초기 상태와 더 높은 산화상태에서 배위 결합된 전이 금속 이온의 농도이다.

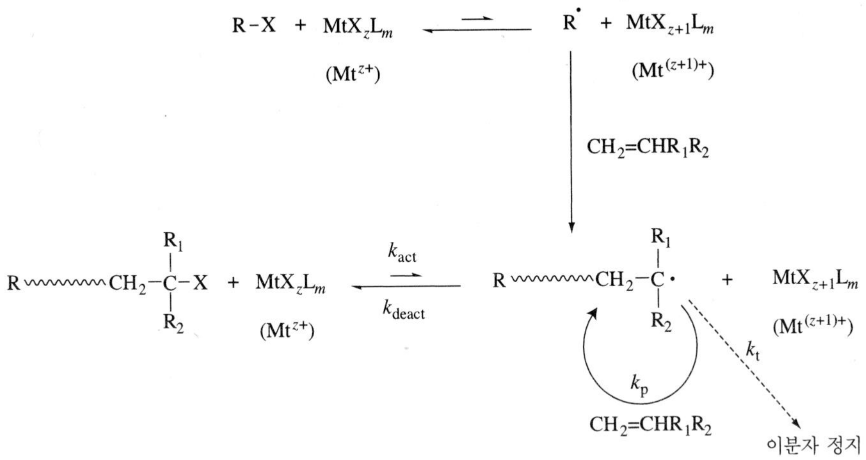

▶ **그림 4.14**
전이 금속 촉매 라디칼 중합(일반적으로 ATRP로 더 알려짐)의 원리. 사슬 라디칼은 전이 금속과 C−X 결합을 포함하는 단일 전자 전이를 통하여 개방되고 포획된다. RX는 유기 할라이드(개시제), Mt는 초기 산화 상태 +z를 갖는 전이 금속, X는 할로젠, L은 리간드, 전이 금속과 배위 결합한 m 분자들, 그리고 R_1과 R_2는 단량체에서의 치환기들이다. 전이 금속은 전위 금속 배위하에서 괄호 안에 나타냄으로써 그것의 산화 상태의 가역적인 변화에서 진정한 촉매로서 작용한다. 평형은 분명히 C−X 결합을 강하게 선호하고 그 결과 순간의 사슬 라디칼 농도는 사슬 라디칼 사이에 이분자 정지 반응을 하기에 충분히 낮아진다. 사슬 라디칼이 성장하기 위해 자유로운 시간과 평형은 활성과 비활성에 대한 속도 계수들에 의해 조절된다.

전체 사슬 라디칼 농도에 대해 이 식을 재배열하면

$$[M^\bullet] = K_{ATRP}[RX]\left\{\frac{[Mt^{z+}L_m]}{[Mt^{(z+1)+}L_m]}\right\} \tag{4.48}$$

그리고, 식 4.3으로 대입하면 중합 속도에 대한 다음의 식이 주어진다.

$$R_p = -\frac{d[M]}{dt} = K_{ATRP}k_p[M][RX]\left\{\frac{[Mt^{z+}L_m]}{[Mt^{(z+1)+}L_m]}\right\} \tag{4.49}$$

그리고 이것은 R_p가 [M]과 [RX] 양쪽에 대해 일차라는 것과 k_t에 무관하다는 것을 보여준다(따라서 지속적인 라디칼 효과의 부재에서 NMP에 대해서처럼 자체촉진은 제거된다). 식 4.49를 동등한 NMP 식 4.41과 비교하는 것은 ATRP의 구별되는 특징을 뚜렷하게 하는데, 속도는 개시제와 지속적인 라디칼의 농도뿐만 아니라 활성제의 농도에도 의존한다는 것이다. ATRP에 대해 속도는 농도비 $[Mt^{z+}L_m]/[Mt^{(z+1)+}L_m]$에 의해 조절되며, $[Mt^{z+}L_m]$의 절댓값의 변화에 의해서는 거의 영향받지 않는다. 따라서 NMP ($[R_1R_2NO^\bullet]$가 $[M^\bullet]$와 비슷하기를 요구하는)와 달리, ATRP는 진정으로 Mt^{z+}를 필요로 하는 촉매 작용에 의한 것이다. 그러나 $[Mt^{z+}L_m]$의 매우 낮은 값은 교환 속도가 너무 낮기 때문에 소용 없다. 그런 이유로 $[Mt^{z+}L_m]$는 좁은 몰질량 분포를 갖는 고분자를 제조하기 위해 여전히 꽤 높아야 할 필요가 있다. 개시제(RX)의 각 분자가 하나의 고분자 사슬을 생산하기 때문에 수평균 중합도는 다음과 같이 주어진다.

$$\bar{x}_n = \frac{c[M]_0}{[RX]_0} \tag{4.50}$$

여기서 $[M]_0$와 $[RX]_0$는 각각 초기 단량체와 개시제 농도이고, c는 분율 단량체 전환이다.

그런 이유로, ATRP는 $[M]_0/[RX]_0$의 비율에 의해 조절되며, c와 함께 선형으로 증가하는 $\bar{x}_n$을 갖는 리빙 중합의 특성을 갖는다.

사슬 라디칼이 때때로 이분자 정지를 통한 손실될때 $[Mt^{(z+1)+}L_m]$이 증가하는($[Mt^{z+}L_m]$이 동일한 양으로 감소하는) ATRP에서 지속적인 라디칼 효과는 분명해진다. 중합 속도에 대한 효과는 ATRP의 경우 속도가 $[Mt^{z+}L_m]/[Mt^{(z+1)+}L_m]$ 비율에 의존하기 때문에 NMP에서보다 더 복잡해진다. 만약 Mt^{z+}의 양이 이분자 정지를 겪는 사슬의 양보다 적으면, 결국 전이 금속은 전반적으로 $Mt^{(z+1)+}$로서 존재할 것이고 반응은 멈출 것이다. 이것이 Mt^{z+}의 촉매양이 사용될 수 없는 또 다른 원인이다.

▶ 그림 4.15

일반적으로 사용되는 ATRP 개시제 (R−X): (i) 1-halo-1-phenylethanes (스타이렌의 ATRP에 적합); (ii) methyl 2-halopropionates (아크릴레이트와 스타이렌의 ATRP에 적합); (iii) ethyl 2-bromoisobutyrate (메타크릴레이트와 아크릴레이트에 적합).

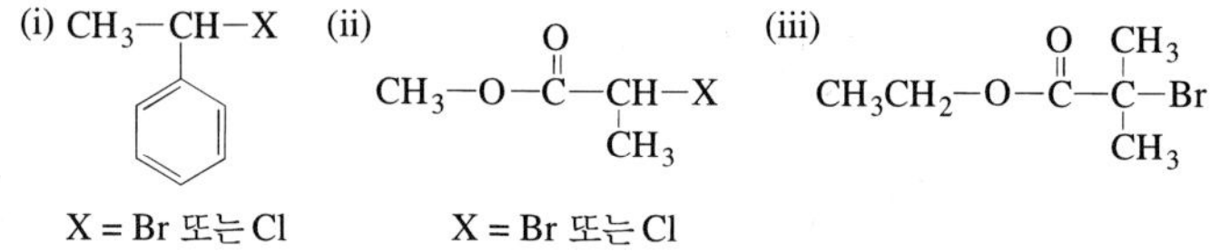

4.5.2.2 ATRP를 위한 개시제, 전이 금속 그리고 리간드

개시제, 전이 금속, 배위 리간드의 선택은 ATRP에서 리빙 같은 조건을 얻기 위해 중요하다. 각 ATPR 계(개시제, 활성제 착물, 단량체, 반응 매개)에 대해 상대적으로 최적 온도 범위가 좁지만 이것은 계에 따라 폭넓게 변화한다(제어되는 ATRP는 20°C에서 성공적으로 수행되어 왔으며, 또한 다른 계들에 대해 130°C에서도 수행되었다.).

개시제(RX)의 양은 생성된 고분자 사슬의 수를 조절하고 요구되는 몰질량과 몰질량 분포의 조절을 위해 사슬의 빠르고 정량적인 개시가 가능해야만 한다. 따라서 R−X 결합은 분명히 결과적인 휴면 고분자 사슬 끝 C−X 결합보다 원자 이동으로의 조금 더 큰 활성이 있다. 이러한 이유로 가장 일반적인 개시제는 생산될 고분자 사슬의 휴면 끝 부분과 어느 정도 비슷한 구조를 갖는 브로민화물과 염화물이다. 그림 4.15에 몇 가지 단량체들에 대해 제어된 ATRP를 개시할 수 있는 일부 예들이 나와 있다.

처음 보고된 전이 금속 촉매화 라디칼 중합은 활성제로서 루테늄(ruthenium, Ru^{2+})과 구리(copper, Cu^{+}) 할로젠화 착물의 사용을 수반했다. 몇 가지 다른 전이 금속들(철, 니켈, 팔라듐, 로듐) 또한 성공적으로 사용되어 왔지만 구리에 기반을 둔 활성제들이 주로 사용되고 있다. 반드시 필요한 것은 아니지만, 개시제에 상응하는 전이 금속 할로젠화물(예: RBr에 대한 CuBr 그리고 RCl에 대한 CuCl 개시제들)이 일반적으로 사용된다. 리간드의 목적은 Mt^{z+}와 배위 결합하고 전자의 손실 쪽으로 활성화하는 것과 원자 이동이다. 질소 기반의 리간드가 활성제로서 Cu^{+}와 함께 ATRP를 위해 널리 사용되고 있지만, 더 복잡한 활성제 착물이 다른 전이 금속들을 위해 필요하다(포스핀이 종종 루테늄 기반의 활성제를 위해 사용된다). 그림 4.16에 ATRP 활성제 착물들이 소개되고 있다.

ATRP는 NMP보다 더 유용하며, 제어된 ATRP는 광범위한 단량체들(예: 스타이렌, 아크릴레이트, 메타크릴레이트, 아크릴로나이트릴, 아크릴아마이드, 비닐 파리딘)을 위해 잘 발전되어 왔다. 반응성이 덜한 단량체들(에틸렌, 비닐 아세테이트, 염화 비닐 같은)은 더 어렵고 더 반응성이 큰 ATRP 활성제들을 요구하는데, 이것은 산화 쪽으로의 활성제에 대한 낮은 안정성의 면에서 문제점들을 가져온다. 산성 양자(acidic proton)는 허용될 수 없는데, 이것이 의미하는 것은 아크릴산과 메타크릴산 같은 단량체들은 오직 그들의 이온 형태[즉, 카복실레이트염(carboxylate salt) 같은]에서만 중합될 수 있다는 것이다. 대안적인 접근 방법은 고분자가 생성된 후 쉽게 카복실산(carboxylic acid)기로 전환될 수 있는 에스터 결작용기[예: 트라이메틸실록실 에스터(trimethylsiloxyl ester), $-OSi(CH_3)_3$]를 갖는 아크릴레이트/메타크릴레이트를 사용하는 것이다.

▶ 그림 4.16

일반적으로 사용되는 ATRP 전이 금속 착물 활성제 (MtX_zL_m): (i) 중성인, ruthenium (II) pentamethylcyclopentadienyl chloride의 triphenylphosphine 착물; (ii) 중성인, copper (I) bromide의 N, N, N′, N″, N″-pen-tamethyldiethylenetriamine 착물; (iii) 이온성인, copper (I) bromide의 4,4′-disubstituted-bipyridyl 착물(R=H 착물이 불용성이라면; 긴 알킬 R기가 사용된다면, 착물은 일반 단량체와 용매에서 녹는다.)

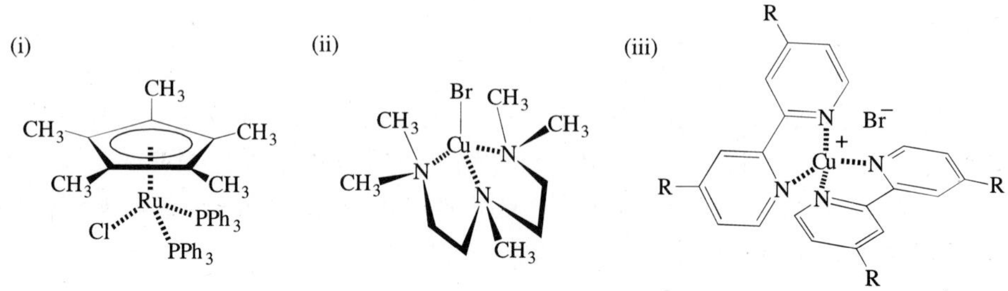

4.5.2.3 ATRP의 개시를 위한 대안적인 전략

역 ATRP는 ATRP에서 사용되는 보다 높은 반응성(쉽게 산화되는) 활성제 착물의 낮은 산화 안정성과 관련된 문제를 극복하기 위해 소개되었다. 개시제와 활성제가 *in situ*로 생성되기 위해 활성제의 산화 형태가 대신 종래의 자유 라디칼 개시제[예: 아조비스아이소뷰티로나이트릴(azobisisobutyronitrile)과 함께 사용되고 있다. 예를 들어,

$$\tfrac{1}{2}\,R_1{-}N{=}N{-}R_1 \; + \; MtX_{z+1}L_m \xrightarrow{\Delta} R_1^{\bullet} \; + \; MtX_{z+1}L_m \rightleftharpoons R_1{-}X \; + \; MtX_zL_m$$

그림 4.14에 ATRP 메커니즘이 나와 있다.

제어를 위해, 자유 라디칼 개시제와 $Mt^{(z+1)+}L_m$의 농도는 반드시 비슷해야 한다. **Simultaneous reverse and normal initiation (SR&NI)** ATRP는 활성제의 산화 형태($Mt^{(z+1)+}$)의 존재하에서 종래의 자유 라디칼 개시제와 일반적인 ATRP 개시제(RX)를 사용하고 있다. 자유 라디칼 개시제로부터 생성된 라디칼들은 역(reverse) ATRP에서처럼 동일한 과정에 의해 포획되지만, RX로의 사슬 이동에 의해서도 가능하다. 보다 발전된 접근법은 **initiators for continuous activator regeneration (ICAR)** 인데, 여기서는 연속적으로 $Mt^{(z+1)+}$부터 Mt^{z+}를 재생성하기 위해, 그리고 결과적으로 사용되는 전이 금속의 더 낮은 수준을 허락하는 지속적인 라디칼 영향(persistent-radical effect)에 의해 야기되는 $[Mt^{(z+1)+}L_m]$의 증가에 대응하기 위해 중합 전반에 걸쳐 자유 라디칼을 느리게 생산하는 일반 ATRP에서 종래의 자유 라디칼 개시제가 사용된다. 열 자체 개시(thermal self-initiation, 4.5.1.2절)에 의해 생성된 라디칼들은 80°C 이상의 온도에서 스타이렌의 ATRP에서 동일한 목적을 제공할 수 있다.

더 좋은 접근법은 개시를 위해 **activators generated by electron transfer (AGET)**를 사용하는 것인데, 여기서 일반적인 ATRP 개시제(RX)의 존재하에 *in situ*로 $Mt^{(z+1)+}$부터 활성제 Mt^{z+}를 발생하기 위해 새로운 사슬을 개시할 수 없는 환원제(예, ascorbic acid)가 사용된다. 관련이 있는 접근법은 **activators regenerated by electron transfer (ARGET)**를 사용하는 것인데, 여기서 환원제는 매우 과량으로 존재한다. 그러한 조건하에서, 활성제는 중합 동안 연속적으로 재생성되며, 다시 낮은 준위의 전이 금속이 사용되게 하는 지속적인 라디칼 영향 때문에 $[Mt^{(z+1)+}L_m]$의 증가를 방지하기 위한 충분한 환원제가 항상 존재한다.

4.5.3 가역-첨가-분열 사슬-이동 라디칼 중합

오스트리아 CSIRO의 연구자들은 Le, Moad, Rizzardo, Thang에 의해 1998년 처음 밝혀진 가역-첨가-분열 사슬-이동 라디칼(reversible-addition-fragmentation chain-transfer radical polymerization, RAFT) 중합에 대한 그들의 발견과 함께 가역-비활성화 라디칼 중합에서의 또 다른 주요 발전에 대해 책임지고 있었다. RAFT 중합은 첨가-분열 사슬 이동제를 이용하여 라디칼 중합을 제어하는 CSIRO에서의 더 이른 연구들로부터 발전했다. 현재, RAFT와 ATRP는 함께 가장 광범위하게 사용되는 가역-비활성화 라디칼 중합이다.

RAFT 중합은 다음과 같이 사슬 이동 과정 동안 새로운 라디칼을 내놓기 위해 분열하고 첨가-분열 메커니즘을 통해 새로운 다이싸이오에스터(dithioester)종들을 생산하는 활성이 높은 다이싸이오에스터 이동제(**RAFT제**)가 첨가된 일반적인 자유 라디칼 중합이다.

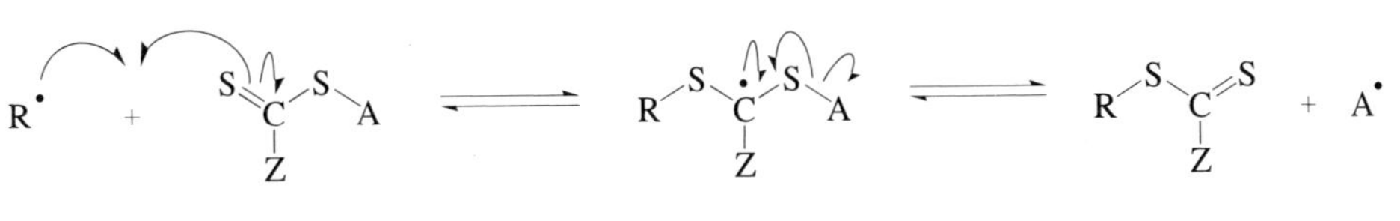

여기서 비록 첨가-분열 과정은 가역적이지만, 전자 이동은 정반응 순서로 나타난다. 이러한 사슬 이동 반응이 손쉽도록 두 라디칼들(R˙와 A˙)의 반응성은 반드시 비슷해야 하고 Z기는 교환 과정을 활성화시켜야만 한다. 만약 R˙이 사슬 라디칼이라면, 그것은 RAFT제에 더해져 갇히게 되고, 사슬은 또 다른 사슬이 다이싸이오에스터 말단기에 추가될 때 더욱 진행되는 첨가-분열 사슬 이동 공정에서 풀려날 때까지 비활성으로 남게 된다. 모든 중합 과정 동안 개시제로부터 발생한 일차 라디칼의 전체 수를 크게 초과하는 수준에서 사슬 이동에 매우 활성인 RAFT제를 사용함으로써, 다이싸이오에스터기로의 첨가-분열 사슬 이동은 성장 사슬이 발생되고 포획되는, 그럼으로써 이분자 정지의 확률을 낮추는 주요 공정이 된다. 다이싸이오에스터기에 의한 사슬 라디칼의 포획이 가역적이고 빠르기 때문에 삽시간에 대부분의 사슬들은 비활성 다이싸이오에스터 형태가 된다. RAFT 중합의 전체적인 반응 구조가 그림 4.17에 묘사되어 있다. 초기에 RAFT제로의 첨가-분열 사슬 이동이 지배적이지만, RAFT제가 소비되고 고분자 RAFT종의 농도가 증가함으로써, 후자가 반응에 참여하기 시작하여 RAFT제가 완전히 소비될 때 오직 다이싸이오에스터 종이 된다.

4.5.3.1 RAFT 중합의 동역학

만약 생성 라디칼 A˙가 사슬 라디칼과 비슷한 반응성을 갖는다면, RAFT제의 포함은 정상 상태 라디칼 농도(steady-state radical concentration)에 대해 거의 영향을 미치지 못하며, 중합 속도는 식 4.6에서 주어져야만 한다. 즉 중합 속도는 RAFT제의 부재하에서 동

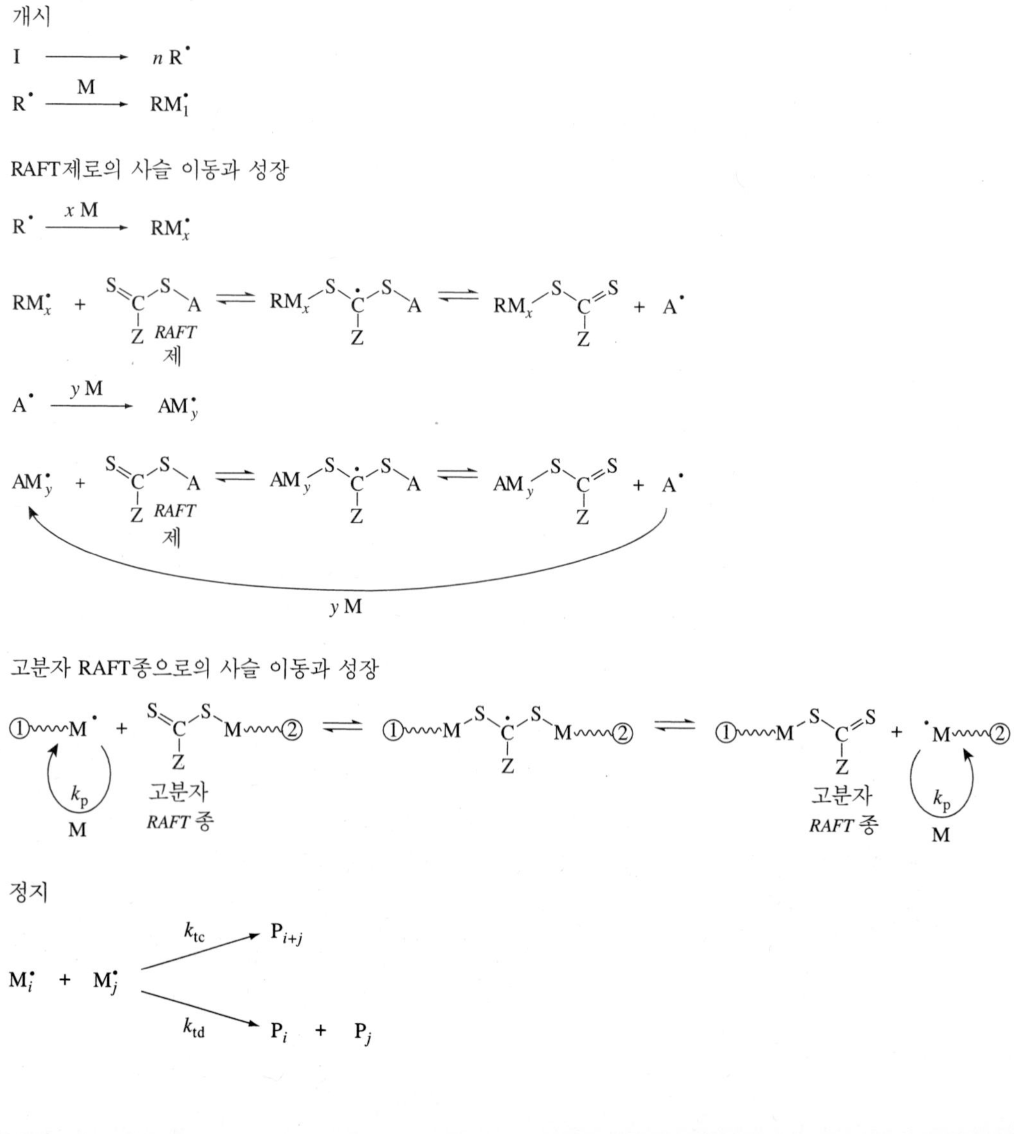

▶ 그림 4.17
다이싸이오에스터 RAFT제가 만약 없다면 보통의 자유 라디칼 중합이 되는 것에 조절과 리빙 같은 특성을 부여하는 RAFT 중합의 화학. 사슬 라디칼은 보통의 자유 라디칼 개시제의 균형 분해에 의해 형성되지만, 스스로 새로운 사슬을 개시하는 라디칼 A˙을 풀어주는 첨가체의 분열에 의해 따라오는 RAFT제에 첨가를 통해 높은 효율로 포획된다. 이것은 사전-평형이다. 본래의 RAFT제가 완전히 소모되었을 때, 사슬 라디칼은 계속적으로 빠르게 포획되지만, 지금은 중합체의 RAFT 말단기 종들에 의해 포획되고 [사슬의 끝에 표지(labels)에 의해 명확해진] 또 다른 사슬 라디칼을 방출한다. 이것은 주요 평형(main equilibrium)이다. 방출과 포획 사이 그들의 짧은 생 동안, 사슬 라디칼은 대부분 성장 반응을 포함한 모든 가능한 반응들을 겪을 만큼 자유롭다. 그러나 도식에서는 보이지 않지만, 이분자 정지가 여전히 발생할 수 있고, 마찬가지로 다른 사슬 이동 반응들(단량체, 용매, 그리고 고분자로)도 여전히 발생할 수 있다.

등한 종래의 자유 라디칼 중합에 대한 그것과 비슷해야만 한다. 따라서 RAFT 중합은 리빙과 유사한 조건이 주로 라디칼 농도의 억압에 의해 달성되는 NMP와 ATRP(그리고 그림 4.11의 전략 1을 통해 진행하는 모든 다른 가역-비활성 라디칼 중합)보다 훨씬 더 빠른 속도로 진행한다. 이것이 RAFT 중합의 주요한 장점이다. 그러나 실제로 RAFT 중합에는 종종 유도 기간(induction period)이 존재하는데, 이것은 흔히 RAFT제의 부재에서 동일한 중합에 대해서보다 더 느린 중합 속도로 나타난다. 유도 기간과 그 다음의 지연에 관한 원인들은 아직 이해되지 못하고 있다. 그러나 중간의 라디칼 첨가물의 상대적으로 높은 안정성이 주요한 인자라는 강력한 증거가 있다. 그것의 높은 안정성 때문에, 분열 속도는 충분히 감소될 수도 있고, 정지 반응으로 이끄는 성장 사슬 라디칼과 함께 이원자 라디칼 결합을 하는 라디칼 첨가물 생성의 확률이 더 크게 된다. 그리고 이 두 가지가 모두 성장 사슬 라디칼의 농도의 감소와 중합 속도의 결과적인 감소를 낳는다.

이원자 정지가 무의미한 기여를 하기 위해 RAFT제가 매우 효율이 높다고 하면, 실제로 생성된 모든 고분자 사슬들은 원래 RAFT제로부터 파생된 하나의 다이싸이오에스터 말단기를 가질 것이다. 어떤 조건들하에 생성된 고분자의 수평균 중합도는 다음과 같이 주어진다.

$$\bar{x}_n = \frac{c[\mathrm{M}]_0}{[\mathrm{RAFT}]_0} \tag{4.51}$$

여기서 $[\mathrm{M}]_0$와 $[\mathrm{RAFT}]_0$는 각각 초기 단량체와 RAFT제의 농도이고, c는 분율 단량체 전환이다.

따라서 RAFT는 또한 $\bar{x}_n$이 $[\mathrm{M}]_0/[\mathrm{RAFT}]_0$비에 의해 제어되고 c와 함께 선형으로 증가하는 리빙 중합의 특성을 보인다.

NMP와 ATRP와는 달리, RAFT 중합에 대해, 생성된 죽은 사슬의 분율을 예측하는 것은 상대적으로 단순하다. 이것은 살아있는 사슬의 농도가(RAFT제의 효율이 매우 높다고 가정할 때) $[\mathrm{RAFT}]_0$과 같기 때문이며, 죽은 사슬들이 사슬 라디칼의 이원자 정지로부터 생긴 것이기 때문에 개시제로부터 생성된 일차 라디칼이 그것의 원천이다. 죽은 사슬의 농도는 다음과 같이 주어진다.

$$[\text{죽은 사슬}]_t = 2f\left\{[\mathrm{I}]_0 - [\mathrm{I}]_t\right\} \times \left(\frac{1+q}{2}\right) = (1+q)f\left\{[\mathrm{I}]_0 - [\mathrm{I}]_t\right\} \tag{4.52}$$

여기서 q는 정지 변수(4.3.2절 참조), f는 개시제 효율, $[\mathrm{I}]_0$와 $[\mathrm{I}]_t$는 각각 처음과 시간 t 이후의 개시제 농도이다. 식 4.52에서 $2f\{[\mathrm{I}]_0 - [\mathrm{I}]_t\}$는 개시제 일차 라디칼로부터 생성된 사슬 라디칼의 누적되는 전체 농도이고, $(1+q)/2$는 사실 라디칼당 생성된 죽은 사슬의 평균 수이며 결합(coupling)과 불균등화(disproportionation)에 의한 이원자 정지로부터의 기여를 고려하고 있다. 식 4.27의 적분은 $[\mathrm{I}]_t = [\mathrm{I}]_0 \exp(-k_d t)$를 주고 죽은 사슬의 분율은 다음과 같이 주어진다.

$$\text{죽은 사슬의 분율} = \frac{(1+q)f[\mathrm{I}]_0\left\{1-\exp(-k_d t)\right\}}{[\mathrm{RAFT}]_0 + (1+q)f[\mathrm{I}]_0\left\{1-\exp(-k_d t)\right\}} \tag{4.53}$$

대부분의 중합이 2~10 시간의 시기 이상에서 실행된다고 할 때 이에 대해 전형적으로 $\{1-\exp(-k_d t)\} < 0.1$이다. 이때 RAFT 중합에서 리빙과 유사한 조건을 얻기 위한 기준은 $[\mathrm{RAFT}]_0 \gg [\mathrm{I}]_0$이다. 예를 들어, 만약 $[\mathrm{RAFT}]_0/[\mathrm{I}]_0 = 10$, $\{1-\exp(-k_d t)\} = 0.06$, $q = 1$, $f = 0.7$이라면, 죽은 사슬의 백분율은 바로 0.8%로 예측된다. $\bar{x}_n$의 목표치가 증가할 때 $[\mathrm{RAFT}]_0$는 감소되야 하기 때문에, 활력을 유지하기 위해 $[\mathrm{I}]_0$ 또한 감소될 필요가 있어 결과적으로 중합 속도는 감소한다.

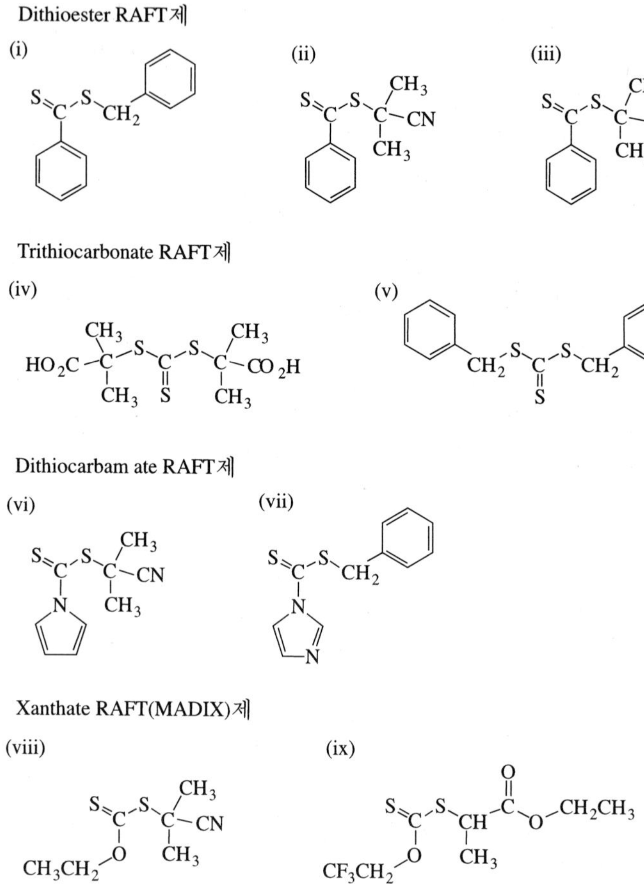

▶ **그림 4.18**
흔히 사용되는 몇 가지 RAFT제의 화학 구조.

4.5.3.2 RAFT제

RAFT제(즉, Z와 A기)의 선정은 리빙과 유사한 조건을 얻는 데 중요하다. 지금까지는 다이싸이오에스터만이 고려되어 왔지만, 몇 가지 다른 분류의 RAFT제가 리빙 같은 라디칼 중합을 제공할 수 있다: 트라이싸이오카보네이트(trithiocarbonate, Z=SR), 다이싸이오카바메이트(dithiocarbamate, $Z{=}NR_2$) 그리고 잔테이트(xanthate, Z=OR). RAFT제의 주요 분류들 각각으로부터 몇 가지 RAFT제의 화학 구조가 그림 4.18에 나타나 있다.

그림 4.18의 (i)~(iii)과 같은 다이싸이오벤조에이트(dithiobenzoate) RAFT제(Z=Ph)는 페닐기(phenyl group)가 벤젠 고리 주변의 짝이 없는 전자의 비편재화(delocalization)에 의한 중간 라디칼 첨가물을 안정화시키고 그럼으로써 강하게 첨가 단계를 활성화시키기 때문에, 가장 광범위하게 사용되는 다이싸이오에스터이다. 그림 4.18의 대칭적인 트라이싸이오카보네이트(trithiocarbonate)에 대해, (iv)에 대해서 Z=S−A 여기서 $A{=}C(CH_3)_2CO_2H$이고, (v)에 대해 $A{=}CH_2Ph$이다. 그러면 주요 RAFT 평형은,

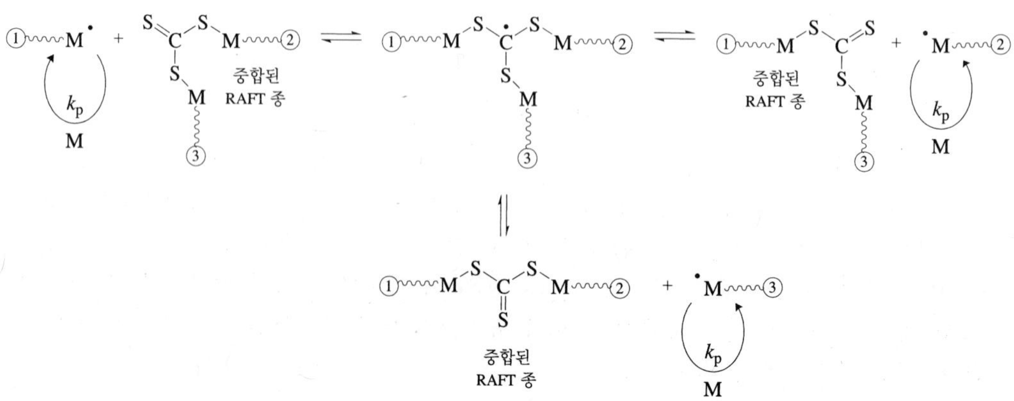

여기서 사슬들은 중간의 라디칼 첨가물의 분열이 세 방향 중 어느 하나로 가역적으로 진행할 수 있다는 것을 분명히 하기 위해 표기되어 있다. 막 첨가된 사슬 라디칼을 풀어주기 위한 역 방향, 또는 사슬 라디칼의 첨가 전에 중합된 RAFT 종에 갇혔던 사슬 라디칼들 중 하나의 방출을 통해.

그림 4.18의 (vi)과(vii)과 같은(여기서 Z는 각각 N-피롤과 N-이미다졸이다.) 다이싸이오카바메이트 RAFT제들은 다이싸이오에스터와 비슷한 거동을 하고 그림 4.17에서 보여진 메커니즘을 통해 반응한다. 리빙 같은 라디칼 중합에 영향을 주는 자테이트의 사용은 Rhodia의 연구원들과의 공동연구로 Zard에 의해 RAFT 중합의 개발과 함께 거의 동시에 발견되었다. 그들은 이 중합을 **MADIX (macromolecular design via the interchange of xanthates)** 라고 이름지었다. MADIX 중합의 메커니즘은 그림 4.17에서 Z=OR과 함께 RAFT 중합에 대해 나타낸 것과 같으며, 따라서 MADIX 중합은 단순히 RAFT 중합의 한 특정 형태이다.

RAFT제의 다른 분류에 대한 사슬 이동 반응성은 다음의 순서로 떨어진다: 다이싸이오벤조에이트 > 트라이싸이오카보네이트≈다이싸이오알카노에이트(dithioalkanoate, Z = 알킬) ≈N-피롤/N-이미다졸 다이싸이오카바메이트 > 잔테이트 > 다이싸이오다이알킬카바메이트(dithiodialkylcarbamate, Z = NR_2, R = 알킬). 이 순서는 손실의 용이함이 라디칼 안정성의 순서를 따르는 라디칼 이탈기($A^{\bullet}$)에 따라 변한다. 그림 4.18에서 나온 RAFT제에서 라디칼 이탈기에 대해 그 순서는

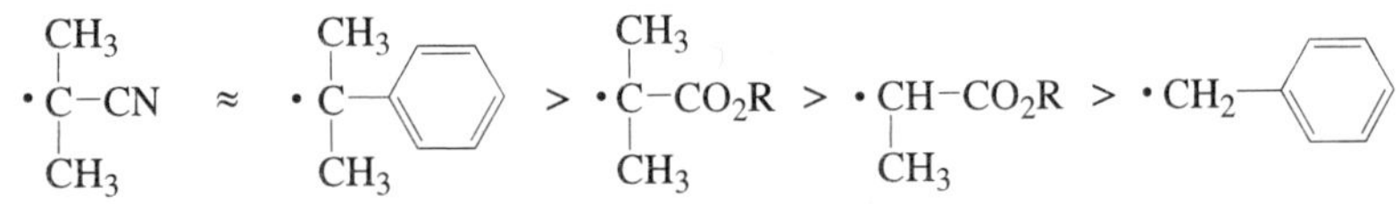

여기서 R=H, 알킬, 아릴

RAFT 중합은 실질적으로 보통의 자유 라디칼 중합의 미세한 작은 변화이기 때문에, 이것은 광범위한 단량체들을 가지고 사용될 수 있다. 더 반응성이 큰 RAFT제(예: 다이싸이오벤조에이트, 트라이싸이오카보네이트)들은 스타이렌, 메타크릴레이트, 아크릴레이트, 아크릴아마이드, 비닐 피리딘 같은 보다 반응성이 큰 단량체들의 리빙 같은 라디칼 중합에 적합하다. 낮은 반응성을 가져 결과적으로 매우 반응성이 큰 중합체의 라디칼을 주는 단량체(비닐 아세테이트는 중요한 예이다)의 제어된 RAFT 중합은 반응성이 덜한 RAFT제를 필요로 하여 잔테이트와 다이싸이오다이알킬카바메이트가 그러한 단량체들에 대해 가장 적합한 RAFT제이다.

4.6 비선형 라디칼 중합

지금까지 라디칼 중합의 방법들은 단일중합(homopolymerization)의 관점에서만 생각되었다. 라디칼 공중합(copolymerization)은 매우 중요하며 9장에서 모든 다른 형태의 공중합과 함께 자세히 다뤄질 것이다. 여기서는 한 개의 C=C 결합보다 더 많은 결합을 갖고 있는 공단량체(comonomer)를 포함하는 라디칼 중합에 대해 생각해 보기로 하겠다. 이런 공중합은 비선형 고분자의 형성을 이끌고 젤 투과 크로마토그래피(gel permeation chromatography, 14.3절 참조)를 위한 가교 입자들부터 섬유 강화 복합체(fibre-reinforced composite)를 위한 가교 매트릭스(24.2절 참조)까지 광범위한 물질의 생산에 사용된다. 이러한 두 예들은 다음 절에 보다 자세히 다뤄지는 라디칼 공중합에 의한 가교 고분자의 생산에 대한 두 가지 주요 방법들이다.

4.6.1 가교 단량체를 갖는 비선형 라디칼 중합

그림 4.19에 묘사한 것처럼, **가교 단량체(crosslinking monomer)**, 즉 하나 이상의 C=C 결합을 갖는 단량체를 지닌 모노 올레핀(mono-olefin)의 공중합은 가지형과 그물구조형 고분자를 형성한다. 얻어진 비선형 고분자 내의 접합점(junction point)들은 가교 단량체 내의 C=C 결합들 사이의 연결기들에 의해 주어진다. 대부분의 경우에서, 가교 고분자들은 필요하며 낮은 수준의 가교 단량체만을 사용하여 형성될 수 있다. 가교도(degree of crosslinking)는 가교 고분자의 몰분율, 적용된 단량체 내에 다양한 유형의 C=C 결합의 반응성 차이, 그리고 전체적인 전환에 의해 제어된다. 가교 고분자는 다루기 힘들기 때문에, 그들의 쓰임을 위해 요구되는 형태로 직접 제작되어야 한다. 그래서 보통 용매 없이 가교 중합을 수행한다(예: 벌크, 현탁 또는 유화 중합에 의해). 어떤 경우에는 용해성 있는 가지가 매우 많은 고분자들이 요구되고[예: 점도 향상제(viscosity modifier)], 사슬 이동제가 그물구조의 형성을 방지할 만큼 충분히 있다면 이는 가교 단량체를 사용하여 제조될 수 있다.

몇 가지 일반적인 가교 단량체의 화학 구조가 그림 4.20에 나와 있다. 다이비닐벤젠(divinylbenzene)은 가교 폴리스타이렌 비드(bead)의 합성에 사용되는데, 이들 비드들은 직접적으로 젤 투과 크로마토그래피의 젤로서 사용된다. 그러나 많은 다른 응용 분야(예: 이온 교환 수지, 고체상 펩타이드 합성 지지체)들은 폴리스타이렌 사슬의 페닐 곁작용기에 작용기를 도입하는 화학 반응에 달려 있다. 가교 단량체로서 광범위하게 사용되지만, 상업적인 다이비닐벤젠은 이상(ideal)과는 거리가 멀다. 이것은 다이에틸벤젠(diethylbenzene) 이성질체들의 혼합물의(보통 불완전한) 탈수소반응(dehydrogenation)에 의해 합성되는데, 이때 다이에틸벤젠 이성질체의 혼합물에는 보통 약 20%의 단일 C=C 결합만을 갖는 에틸스타이렌(ethylstyrene)을 함유하고 있다. 더욱이 C=C 결합은 직접적으로 벤젠 고리에 연결되어 있기 때문에, 두 번째 C=C 결합의 반응성은 첫 번째

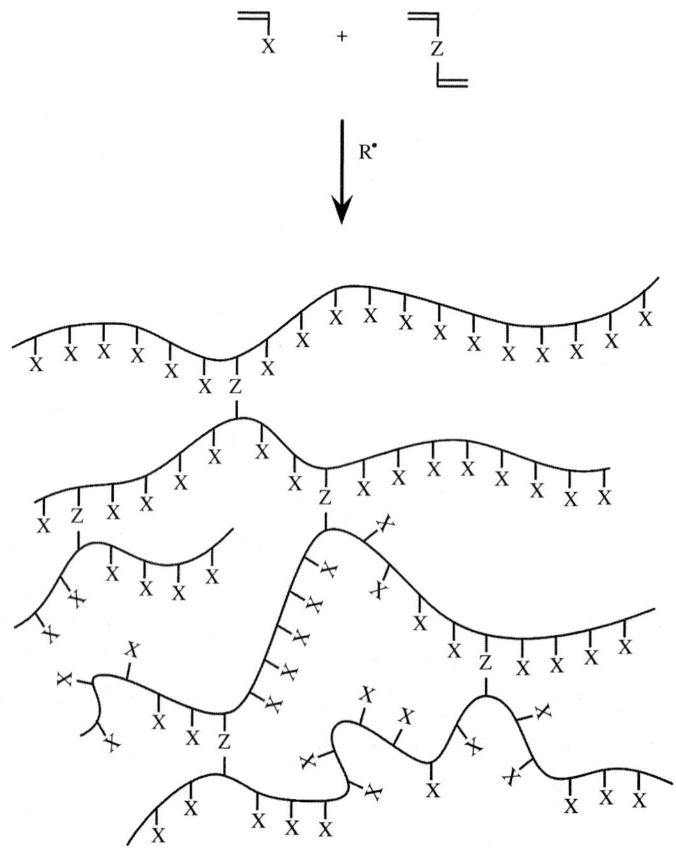

▶ 그림 4.19

모노 올레핀이 다이 올레핀과 공중합된 단순한 경우에 대해 라디칼 공중합에 의한 비선형 고분자의 형성을 나타내었다. X는 모노 올레핀 단량체에서 치환기이고, Z는 다이 올레핀 단량체에서 연결기이며, R˙은 자유 라디칼 개시제로부터 온 일차 라디칼을 나타낸다.

C=C 결합의 반응 후 확연히 변한다. 두 가지 주요 다이비닐벤젠 이성질체들 또한 다른 반응성을 가지고 있다. 이런 이유로, 생성된 가교는 균일하지 않다. 에틸렌 글리콜 다이메타크릴레이트(ethylene glycol dimethacrylate)는 두 개의 C=C 결합들이 서로의 반응성에 영향을 주지 않을 정도로 충분히 떨어져 있기 때문에 이 점에서는 더 좋으며, 아크릴레이트와 메타크릴레이트 가교 중합에서 가교 단량체로서 많이 사용되고 있다. 이것은 또한 친수성의 물에 팽윤되는 그물구조 고분자인 **하이드로젤(hydrogel)**의 합성에서 가교제로 사용되고 있다[예: 소프트 콘텍트렌즈에 사용되는 가교된 poly(2-hydroxyethylmethacrylate)]. 비스페놀-A 글리시딜 메타크릴레이트[bisphenol-A glycidyl methacrylate)는 보다 일반적으로 BIS-GMA로 알려져 있는데, 아크릴 치과 충전제를 위한 화학 조합의 주요 성분이다. 메틸렌 비스아크릴아마이드(methylene bisacrylamide)는 아크릴아마이드와 동족 단량체들로부터 가교 고분자를 제조하기 위해 광범위하게 사용되고 있다. 예를 들어, 폴리아크릴아마이드 전기영동(electrophoresis) 젤의 제조에서 가교 단량체로서, 그리고 하이드로젤과 마이크로젤의 제조에서 사용된다(4.4.4.6절 참조). 더 높은 작용성을 갖는 가교 단량체들(그림 4.20의 (vi)와 (vii) 같은)은 더 높은 가교도가 요구될 때 사용된다. 알릴 메타크릴레이트(그림 4.20의 (iv))는 **그래프트결합 단량체(graftlinking monomer)**의 한 예로, 매우 다른 반응성을 갖는 C=C 결합들이 존재한다는 특징이 있다. 알릴 메타크릴레이트에서 메타크릴레이트 C=C 결합은 매우 낮은 반응성을 갖는 알킬 C=C 결합보다 훨씬 좋은 반응성을 가지고 있다. 그래프트결합 단량체들은 상대적으로 낮은 반응성을 갖는 C=C 결합들은 거의 중합하지 않기 때문에 비효율적인 가교제이다. 그러나 반응성 C=C 결합은 고분자 사슬 상에 많은 미반응 매달린 알릴 C=C 결합들을 남기기 위해 효과적으로 공중합하며, 일부는 새롭게 첨가된 단량체들과 반응한다. 이것은 다른 고분자들 사이의 계면에 그래프트를 부여할 수 있는 방법이

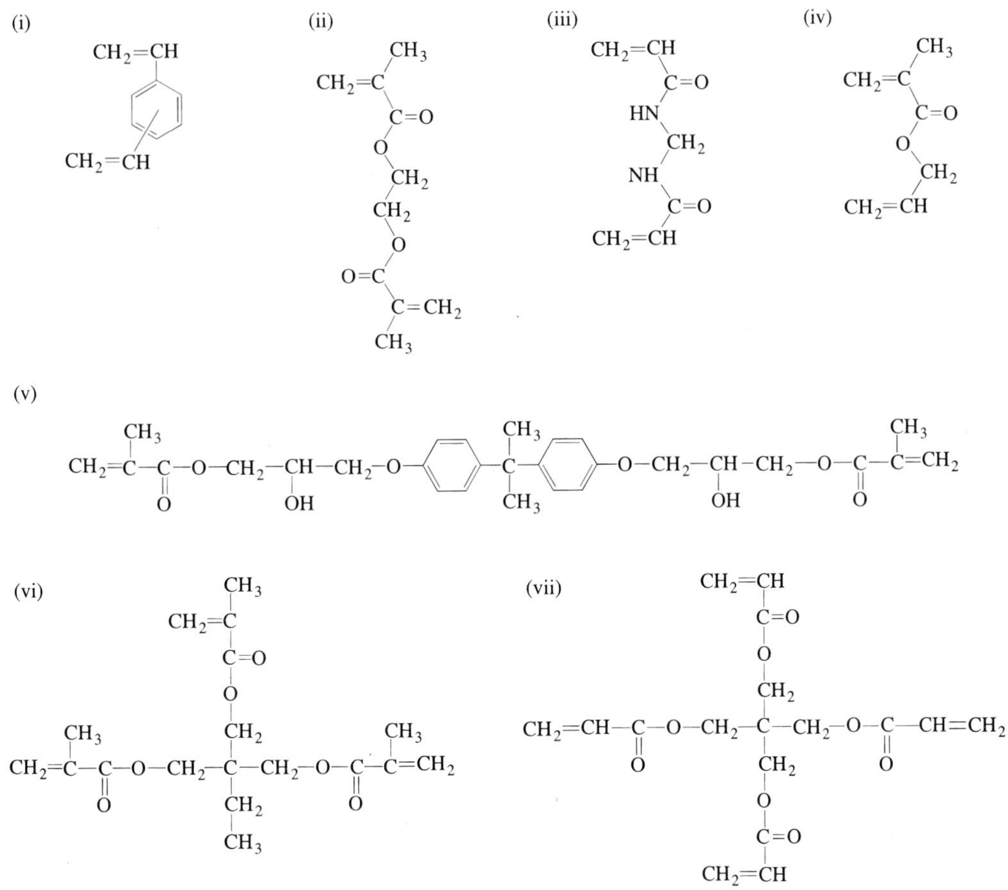

▶ 그림 4.20
라디칼 중합에 의한 그물구조 고분자의 합성에서 사용되는 일반적인 가교 단량체: (i) 다이비닐벤젠(일반적으로 1,3-이성질체(약 53%)와 1,4-이성질체(약 26%) 그리고 나머지 에틸스타이렌 이성질체로 구성되는 혼합물로 제공됨); (ii) 에틸렌 글리콜 다이메타크릴레이트; (iii) 메틸렌 비스아크릴아마이드; (iv) 알릴 메타크릴레이트; (v) 비스페놀-A 글리시딜 메타크릴레이트; (vi) 트라이메틸올프로페인 트라이메타크릴레이트(trimethylolpropane trimethacrylate); (vii) 펜타에리트리톨 테트라아크릴레이트(pentaerythritol tetraacrylate).

다. 예를 들어 유화 중합에 의해 제조된 코어-쉘(core-shell, 중심부-껍질) 입자들에서 상(phase)들 사이의 강한 계면을 부여하기 위해 사용된다(4.4.4.4절 참조).

4.6.2 불포화 고분자를 갖는 비선형 라디칼 중합

주사슬(backbone)에 매달리거나 끝에 C=C 결합을 갖는 고분자의 존재에서 단량체의 중합은 분기(branching)와 가교(crosslinking)를 이끈다. 이것이 중요한 두 가지 경우가 있는데, 여기에는 (i) 가교가 희망하는 결과이거나 (ii) 분기와 가교가 제한될 필요가 있는 상황들이 있다.

4.6.2.1 불포화 수지의 가교

가교된 고분자는 몇 개의 C=C 결합들을 가지고 있는 예비중합체(prepolymer)와 단량체의 공중합에 의해 형성될 수 있다. 이것은 *in situ*로 가교된 매트릭스 고분자를 제조하기 위한 유리 섬유 강화 복합체의 생산에서 사용된다(예: 작은 크기부터 중간 크기의 보트나 요트를 위한 선체 공사를 위해). 불포화 예비중합체의 가교에 대한 기본적인 원리가 그림 4.21에서 나타나 있다. 불포화 예비중합체는 단량체 내에서 진한 용액으로 공급되는데, 이것은 단량체와 예비중합체 C=C 결합들의 자유 라디칼 공중합이 가교 사슬들을 만들기 전에 수지가 스며들어 유리 섬유 강화 복합제를 적시기 위하여(24.2절 참조) 점도를 줄이는 용매로서 작용한다. 공중합이 진행함에 따라 용매(즉 단량체)가 가지와 최종적으로 그물구조 형성을 통해 갈수록 더 큰 몰질량을 갖는 고분자로 전환되기 때문에 점도가 증가하게 된다. 단단한 물질들이 종종 요구되므로 실온보다 높은 유리 전이 온도를 갖는 단일중합체를 생산하는 단량체가 사용되며, 반응들은 단량체 전환을 완료시킨다. 어떤 경우에는 단량체들의 혼합물이 사용되는데, 여기에는 몇 가지 가교 단량체들이 포함되어 있다(그림 4.20). 최종 물질의 가교도는 불포화 예비중합체 내의 C=C 결합들의 농도, 예비중합체의 농도, 단량체의 농도, 그리고 만약 가능하다면 가교 단량체의 농도에 의해 제어된다.

이런 유형의 가장 일반적인 물질은 **폴리에스터 수지(polyester resin)**인데, 이것은 전형적으로 스타이렌에 용해되는 낮은 몰질량의 불포화 폴리에스터를 구성한다. 그림 4.22에서 제시되는 불포화 폴리에스터는 포화 그리고 불포화 다이카복실산(dicarboxylic acids)의 혼합물과 포화 다이올(diol)의 중축합(polycondensation, 3.2.1.1절 참조)에 의해 제조된다. 불포화 다이카복실산으로부터 제조된 폴리에스터에서 구조 단위는 가교를 위한 장소를 제공한다. 많은 응용 분야를 위해 가교는 실온에서 진행할 필요가 있다. 이 경우 산화환원 개시 시스템이 사용 전에 폴리에스터 수지에 용해되어 있는 산화환원 개시제 성분들과 함께 사용된다(예: 과산화물과 Co^{2+}, 4.2.1절 참조).

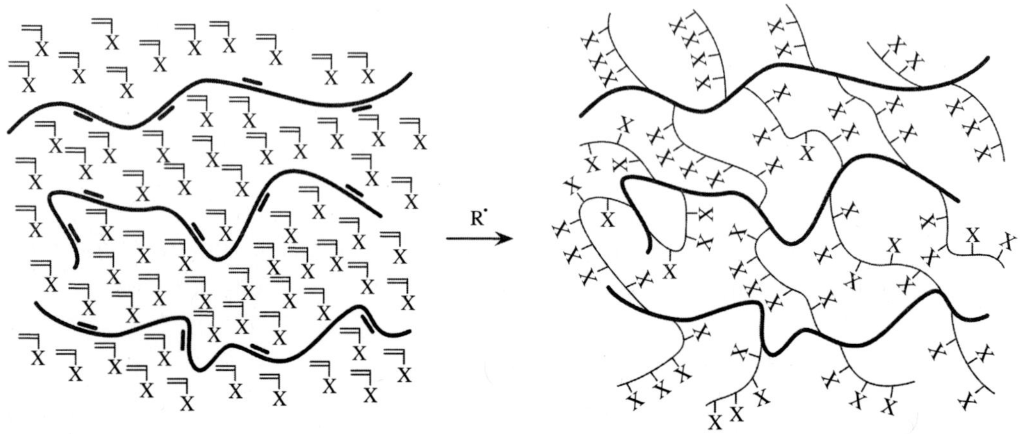

▶ 그림 4.21
단량체(=−X)에 용해된 불포화 예비중합체(굵은선)의 자유 라디칼 가교 공중합을 나타낸 그림. 불포화 예비중합체에서 C=C 결합과 단량체의 공중합은 가교를 야기한다.

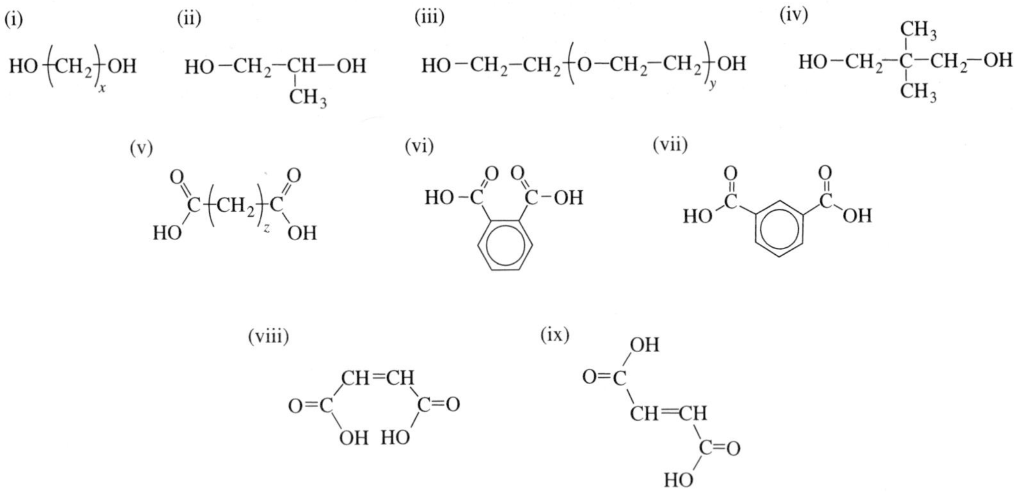

▶ 그림 4.22
불포화 폴리에스터의 합성에 사용되는 단량체들 (문헌에서 물질에 관해 일반명이 널리 사용되므로 여기에 나타냄). 다이올: (i) ethylene glycol (x=2), tetramethylene glycol (x=4); (ii) propylene glycol; (iii) diethylene glycol (y=1), triethylene glycol (y=2); (iv) neopentyl glycol. 포화 지방산과 방향족 다이카복실산: (v) succinic acid (z=2), adipic acid (z=4), sebacic acid (z=8); (vi) phthalic acid (또는 그 무수물); (vii) isophthalic acid. 불포화 다이카복실산: (viii) maleic acid (또는 그 무수물); (ix) fumar-ic acid.

4.6.2.2 1,3-다이엔의 중합 동안의 분기와 가교

1,3-다이엔 단량체($CH_2{=}CR{-}CH{=}CH_2$)의 단일중합(그리고 공중합)은 다이엔 반복 단위당 하나의 C=C 결합을 갖는 불포화 고분자를 생성한다. 따라서 그러한 중합을 하는 동안 그림 4.21에 묘사된 상황과 매우 유사한 불포화 단량체와 고도의 불포화 고분자의 혼합물이 존재한다. 그러므로 단량체의 전환이 증가함에 따라 이미 생성된 고분자 내의 C=C 결합들이 가지들과 궁극적으로 가교 고분자를 주는 불포화 단량체와 함께 공중합하는 확률이 증가한다. *cis*-1,4와 *trans*-1,4 반복 단위에서 C=C 결합들은 고분자 내에서 다수의 반복 단위를 형성하고(6.3절), C=C 결합의 각 탄소 원자에 한 개씩 두 개의 부피가 큰(bulky) 사슬 치환기들로부터의 입체 장애(steric hindrance) 때문에 공중합에서 더 낮은 반응성을 갖는다. 1,2(와 3,4) 반복 단위들은 훨씬 더 낮은 수준으로 존재하지만, 그들이 C=C 결합에서 오직 한 개의 탄소 원자에 치환기들을 가지고 그러한 치환기들 중 오직 한 개만 부피가 큰 사슬이기 때문에 그들의 매달린(pendent) C=C 결합들은 보다 반응성이 크다. 따라서 그들의 낮은 수준에도 불구하고 1,2(그리고 3,4) 반복 단위들에서 매달린 C=C 결합들은 분기와 가교에 중요한 기여를 한다. 공중합뿐만 아니라, 고분자로의 사슬 이동도 역시 각 반복 단위에 존재하는 네 개의 불안전한 알킬 C—H 결합 중 어떤 것과도 쉽게 수소 추출(H-abstraction)이 용이하기 때문에 중요한 기여를 한다. 예를 들어,

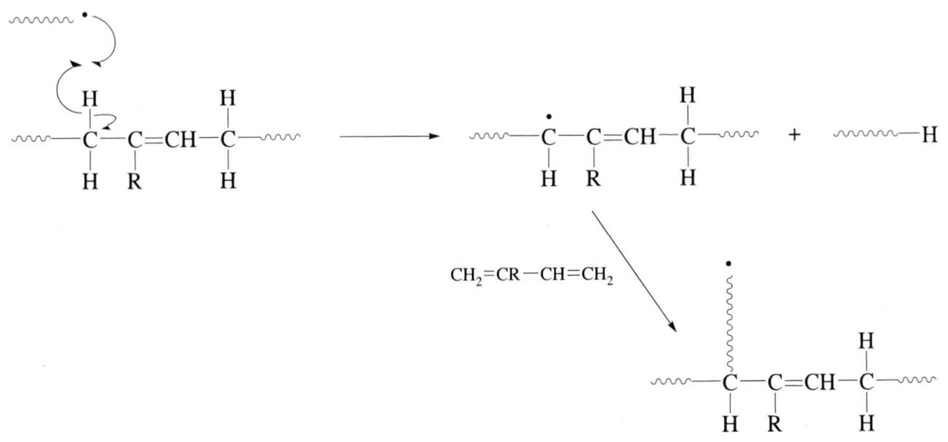

고분자로의 공중합과 사슬 이동으로부터 생성되는 분기와 가교는 제어될 필요가 있는데, 이는 두 가지 방법으로 성취될 수 있다. 이동제로의 사슬 이동은 적잖은 고분자 C=C 결합들과 반응하기에 충분한 길이로 자라는 성장 사슬의 확률을 감소시키기 때문

에 높은 활성의 이동제[보통 머캅탄(mercaptan)]의 포함은 한 개 이상의 고분자 C=C 결합을 통해 사슬이 성장하는 정도를 제안한다. 다른 중요한 제어 방법은 단순히 가교 고분자의 형성을 제안하기에 충분히 낮은 값(전형적으로 약 30%)으로 단량체 전환을 제안하는 것이다.

문제

4.1 66°C의 벤젠에서 과산화 벤조일의 반감기(half-life)를 계산하시오. 이러한 조건에서 이 개시제의 해리를 위한 속도 계수 k_d는 $8 \times 10^{-6}\ s^{-1}$이다. 66°C에서 1시간 후 개시제의 농도에서의 변화는 어떠할 것인가? 얻어진 값들에 대하여 논하시오.

4.2 사슬 이동 없이 진행하는 자유 라디칼 중합에서 다음의 조건들에 대한 (a) 일정한 개시제의 농도 [I]에서 단량체 농도 [M]를 네 배 증가한 경우의 영향과, (b) 일정 [M]에서 [I]를 네 배 증가한 경우의 영향은 어떠한가?

(i) 정상 상태에서 전체 라디칼 농도,

(ii) 중합 속도,

(iii) 수평균 중합도.

4.3 정지 반응으로 조합과 불균등화를 모두 포함하는 아조비스아이소뷰티로나이트릴(azobisisobutyronitrile)의 열분해에 의해 개시된 스타이렌의 중합에 대한 반응 과정을 도식적으로 작성하시오.

방사성의 (^{14}C) 아조비스아이소뷰티로나이트릴(^{14}C-AIBN)을 사용하여 60°C에서 벌크 중합에 의해 제조된 폴리스타이렌 시료는 수평균 몰질량(M_n)이 $1000\ kg\ mol^{-1}$이고(액체 섬광 계수기로 측정하여) $6 \times 10^3\ counts\ s^{-1}\ g^{-1}$의 방사능(radioactivity)을 가지고 있었다. C^{14}-AIBN이 $6 \times 10^9\ counts\ s^{-1}\ mol^{-1}$의 방사능을 갖는다고 주어질 때, 폴리스타이렌의 제조 과정 중 발생하는 정지의 방법을 결정하시오.

4.4 (a) 60°C에서 벌크 중합에 의해 수평균 몰질량 $750\ kg\ mol^{-1}$의 폴리스타이렌을 제조하기 위해 요구되는 과산화 벤조일의 농도를 계산하시오. 가정: (i) 개시제 효율은 60%; (ii) 개시제 해리, 성장, 정지의 속도 계수는 $2 \times 10^{-6}\ s^{-1}$, $341\ dm^3\ mol^{-3}\ s$, 그리고 $4 \times 10^7\ dm^3\ mol^{-1}\ s^{-1}$이다.; (iii) 중합 온도에서 스타이렌의 밀도는 $0.88\ g\ cm^{-3}$; (iv) 불균등화에 의한 정지 그리고 개시제와 단량체로의 사슬 이동은 무시한다.

(b) (a)에서 결정된 과산화 벤조일의 농도에서 스타이렌의 벌크 중합에 대해 기대되는 (i) 라디칼 농도와 (ii) 중합 속도의 초기값들을 계산하시오.

4.5 60°C의 반응 온도와 $1.64 \times 10^{-2}\ g\ dm^{-3}$의 농도에서 개시제로서 아조비스아이소뷰티로나이트릴을 사용하고 톨루엔에서 $200\ g\ dm^{-3}$의 농도에서 메틸 메타크릴레이트가 중합되었다. 다음과 같이 60°C에서 타당한 속도 계수들이 주어진 이 반응의 초기 단계에서 형성된 폴리(메틸 메타크릴레이트)의 초기 중합 속도와 몰질량을 계산하시오.

개시제 해리, $k_d = 8.5 \times 10^{-6}\ s^{-1}$

성장, $k_p = 833\ dm^3\ mol^{-1}\ s^{-1}$

정지, $k_t = 9.3 \times 10^6\ dm^3\ mol^{-1}\ s^{-1}$

단량체로 이동, $k_{trM} = 3.93 \times 10^{-3}\ dm^3\ mol^{-1}\ s^{-1}$

용매로 이동, $k_{trS} = 7.34 \times 10^{-3}\ dm^3\ mol^{-1}\ s^{-1}$

개시제 효율 $f = 0.7$이라 가정하고, 조합에 의한 정지는 무시하며, 톨루엔에서

MMA의 초기 농도의 밀도는 860 g dm^{-3}로 가정한다.

4.6 자유 라디칼 중합에서 개시제 해리, 성장, 정지에 대한 속도 계수는 적절한 Arrhenius 표현에 의해 대체될 수 있다.

$k_d = A_d \exp(-E_d/\mathbf{R}T)$

$k_p = A_p \exp(-E_p/\mathbf{R}T)$

$k_t = A_t \exp(-E_t/\mathbf{R}T)$

아조비스아이소뷰티로나이트릴에 의해 개시되는 벤젠에서의 스타이렌 중합의 온도가 60°C 부터 70°C까지 증가하여 야기되는 중합 속도와 중합도의 변화를 계산하시오.

$E_p = 34$ kJ mol^{-1}

$E_t = 10$ kJ mol^{-1}

$E_d = 126$ kJ mol^{-1}

온도가 증가될 때, 단량체와 개시제의 농도 그리고 f와 q의 값들은 변하지 않는다고 가정한다.

4.7 60°C에서 스타이렌의 유화 중합의 interval II 동안 2.7×10^{16} particles dm^{-3}의 라텍스가 있고, 각 라텍스 입자들은 0.53의 부피 분율로 스타이렌 단량체를 가지고 있다. 반응 온도에서 스타이렌의 밀도와 성장에 대한 속도 계수는 0.88 g cm^{-3}과 341 dm^3 mol^{-1} s^{-1}이다. Smith–Ewart Case 2 식을 이용하여 interval II에서 중합 속도를 계산하시오.

4.8 스타이렌의 벌크 나이트록사이드 매개 중합이 매개체로서 styryl-TEMPO 알콕시아민을 사용하여 125°C에서 진행된다. (a) 60%의 전환율에서 100의 수평균 중합도를 갖는 폴리스타이렌을 제조하기 위해 필요한 styryl-TEMPO 알콕시아민의 농도와, (b) 이 전환율을 얻기 위해 중합에 필요한 시간을 지속적인 라디칼 효과(persistent radical effect)를 고려하여 계산하시오. 125°C에서 동역학 식에서 필요한 변수들의 값들은 다음과 같다.

성장 속도 계수, $k_p = 2311$ dm^3 mol^{-1} s^{-1}

정지 속도 계수, $k_t = 1.6 \times 10^8$ dm^3 mol^{-1} s^{-1}

평형 상수, $K_{NMP} = 2.1 \times 10^{-11}$ mol dm^{-3}

스타이렌의 밀도 = 0.84 g cm^{-3}

4.9 다음의 고분자들을 합성하기 위해 여러분이 사용할 라디칼 중합의 방법을 그 이유를 들어 기술하시오.

(a) 수용성 접착제를 만드는 데 사용하기 위한 폴리(비닐 아세테이트)

(b) 10 kg mol^{-1}의 수평균 몰질량과 낮은 몰질량 분산도를 갖는 폴리(메타크릴산)

(c) 아크릴 섬유의 생산에 사용하기 위한 폴리아크릴로나이트릴

(d) 광학 분야에 사용하는 폴리(메틸 메타크릴레이트)

(e) 말단 C=C 결합을 갖는 낮은 몰질량의 폴리(*t*-뷰틸 메타크릴레이트)

(f) 유성 접착제 사용을 위한 폴리스타이렌

(g) 골회 시멘트(bone cement) 제조에 사용하는 폴리(메틸 메타크릴레이트) 비드(bead)

참고 문헌

General Reading

Allen, G. and Bevington, J.C. (eds), *Comprehensive Polymer Science*, Vol. 3 (Eastmond, G.C., Ledwith, A., Russo, S. and Sigwalt, P., eds), Pergamon Press, Oxford, U.K., 1989.

Flory, P.J., *Principles of Polymer Chemistry*, Cornell University Press, Ithaca, NY, 1953.

Gridnev, A.A. and Ittel, S.D., Catalytic chain transfer in free-radical polymerizations, *Chemical Reviews*, **101**, 3611 (2001).

Lenz, R.W., *Organic Chemistry of Synthetic High Polymers*, Interscience, New York, 1967.

Mark, H.F., Bikales, N.M., Overberger, C.G. and Menges, G. (eds), *Encyclopedia of Polymer Science and Engineering*, Wiley-Interscience, New York, 1985–89

Matyjaszewski, K. and Davis, T.P. (ed), *Handbook of Radical Polymerization*, John Wiley & Sons, Hoboken, NJ, 2002.

Moad, G. and Soloman, D.H., *The Chemistry of Radical Polymerization*, 2nd edn., Elsevier, Oxford, 2006.

Odian, G., *Principles of Polymerization*, 4th edn., Wiley-Interscience, New York, 2004.

Stevens, M.P., *Polymer Chemistry: An Introduction*, 3rd edn., Oxford University Press, New York, 1998.

Emulsion Polymerization

Fitch, R.M., *Polymer Colloids: A Comprehensive Introduction*, Academic Press, New York, 1997.

Gilbert, R.G., *Emulsion Polymerization: A Mechanistic Approach*, Academic Press, London, 1995.

Lovell, P.A. and El-Aasser, M.S. (eds), *Emulsion Polymerization and Emulsion Polymers*, John Wiley and Sons, Chichester, U.K., 1997.

van Herk, A.M. (ed), *Chemistry and Technology of Emulsion Polymerisation*, Blackwell, Oxford, U.K., 2005.

Reversible-Deactivation Radical Polymerization

Barner-Kowollik, C., Buback, M., Charleux, B., Coote, M.L., Drache, M., Fukuda, T., Goto, A. et al., Mechanism and kinetics of dithiobenzoate-mediated RAFT polymerization. I. The current situation, *Journal of Polymer Science, Part A: Polymer Chemistry*, **44**, 5809 (2006).

Braunecker, W.A. and Matyjaszewski, K., Controlled/living radical polymerization: features, developments, and perspectives, *Progress in Polymer Science*, **32**, 93 (2007).

Fischer, H., The persistent radical effect in controlled radical polymerizations, *Journal of Polymer Science, Part A: Polymer Chemistry*, **37**, 1885 (1999).

Fischer, H., The persistent radical effect: A principle for selective radical reactions and living radical polymerizations, *Chemical Reviews*, **101**, 3581 (2001).

Goto, A. and Fukuda, T., Kinetics of living radical polymerization, *Progress in Polymer Science*, **29**, 329 (2004).

Hawker, C.J., Bosman, A.W., and Harth, E., New polymer synthesis by nitroxide mediated living radical polymerizations, *Chemical Reviews*, **101**, 3661 (2001).

Kamigaito, M., Ando, T., and Sawamoto, M., Metal-catalyzed living radical polymerization, *Chemical Reviews*, **101**, 3689 (2001).

Matyjaszewski, K. and Xia, J., Atom transfer radical polymerization, *Chemical Reviews*, **101**, 2921 (2001).

Moad, G., Rizzardo, E., and Thang, S.H., Living radical polymerization by the RAFT process, *Australian Journal of Chemistry*, **58**, 379 (2005).

Perrier, S. and Takolpuckdee, P., Macromolecular design via reversible addition: fragmentation chain transfer (RAFT)/xanthates (MADIX) polymerization, *Journal of Polymer Science, Part A: Polymer Chemistry*, **43**, 5347 (2005).

05 이온 중합

5.1 이온 중합 소개

올레핀 단량체의 사슬 중합은 이온 전하를 가지고 있는 활성을 중심으로 하여서도 이루어질 수 있다. 두 가지 종류의 **이온 중합(ionic polymerization)** 중 활성 중심이 양이온을 띤 중합을 **양이온 중합(cationic polymerization)**이라 하고, 음이온을 띤 중합을 **음이온 중합(anionic polymerization)**이라고 한다. 이온 중합은 활성 중심이 이온 전하를 갖고 있어 라디칼 중합에 비해 한정된 단량체에만 적용되며, 단량체에 치환된 작용기가 유도 효과와 공명 효과 등의 영향으로 활성 중심을 안정화시킬 수 있는 경우에만 진행된다. $\sim\sim CH_2-\overset{+}{C}HX$ 형의 양이온 활성 중심에 대해 X가 전자를 공여하거나 양이온을 안정화시킬 수 있으면 양이온 중합이 진행된다. 그러나 $\sim\sim CH_2-\overset{-}{C}HX$ 형의 음이온 활성 중심을 통한 중합에서, 치환체 그룹은 전자를 흡인하거나 음이온을 공명으로 안정화시킬 수 있어야만 한다. 따라서 대부분의 단량체는 라디칼 중합에 의해서는 중합이 가능하지만 양이온 및 음이온에 의해 동시에 중합되지는 못한다(표 5.1). 단량체가 치환체에 약한 유도 효과를 가지고 양이온이나 음이온 모두를 비편재화에 의해 안정화 시킬 수 있는 경우만 양이온 및 음이온 중합의 두 가지 방법으로 모두 중합이 가능하다(예: 스타이렌이나 1,3-다이엔).

자유 라디칼 중합과 이온 중합의 더 중요한 차이가 있다. 예를 들면 대부분의 이온 중합이 자유 라디칼 중합에 비해 매우 빠른 중합 속도를 보이는데, 이것은 활성 성장 사슬들의 농도가 훨씬 더 크기 때문이다(전형적으로 $10^4 \sim 10^6$배). 또 다른 큰 차이점은 성장 이온 활성 중심은 반대 전하를 갖고 있는 **반대 이온(counter-ion)**을 동반한다. 성장 단계의 중합 속도와 입체화학 모두 반대 이온 자체와 그 반대 이온과 활성 중심 사이의 회합도에 크게 영향받는다. 그러므로 중합 용매의 극성과 그 용매의 반대이온 용해성이 이온 중합에 큰 역할을 할 수 있다. 더구나 정지 반응은 성장되는 두 이온 활성 중심의 반응에 의해 일어나지 못하는데, 이는 같은 전하가 서로 반발하는 현상을 나타내기 때문이다.

5.2 양이온 중합

양이온 중합은 고분자 과학의 초창기부터 연구되어져 왔으나, 라디칼 중합에 비하여 제한된 응용 분야만이 탐색되었다. 이는 부분적으로, 사용 가능한 단량체의 범위가 적다는 데 기인할 뿐 아니라, 통상적인 양이온 중합에서는 매우 반응성이 높은 탄소양이온의 활성 중심은 사슬 이동이나 반응의 재편성 등 중합도를 제한하는 쪽으로 작용하는 경향이 커서 고분자 구조의 제어를 어렵게 하기 때문이다. 최근 동향, 즉 보다 안정한 활성 중심을 만드는 개시제 시스템 사용에 의한 발전 내용을 소개하기 전에 다음 절에 이러한 문제점을 기술하였다.

표 5.1 여러 종류의 올레핀 단량체의 자유 라디칼, 양이온 및 음이온 중합 용이성[a]

단량체	구조[b]	라디칼	양이온	음이온
Ethylene	$CH_2{=}CH_2$	✓	✓	×
1-Alkyl olefins[c] (예: propylene, $R_1{=}CH_3$)	$CH_2{=}C(H)R_1$	(×)	(×)	×
1,1-Dialkyl olefins (예: isobutylene, $R_1{=}R_2{=}CH_3$)	$CH_2{=}C(R_1)R_2$	(×)	✓	×
1,3-Dienes (예: butadiene, R=H; isoprene, $R{=}CH_3$)	$CH_2{=}CH{-}CR{=}CH_2$	✓	✓	✓
Styrene (R=H), α-methyl styrene ($R{=}CH_3$)	$CH_2{=}C(R)Ph$	✓	✓	✓
Vinyl halides (예: vinyl chloride, X=Cl)	$CH_2{=}C(H)X$	✓	×	(×)
Vinyl ethers (예: ethyl vinyl ether, $R_1{=}CH_2CH_3$)	$CH_2{=}CH{-}O{-}R_1$	(×)	✓	×
Vinyl esters (예: vinyl acetate, $R_1{=}CH_3$)	$CH_2{=}CH{-}O{-}C({=}O){-}R_1$	✓	×	(×)
Acrylates (R=H), methacrylates ($R{=}CH_3$) (예: *n*-butyl acrylate, R=H, $R_1{=}CH_2CH_2CH_2CH_3$; methyl methacrylate, $R{=}R_1{=}CH_3$)	$CH_2{=}CR{-}C({=}O){-}O{-}R_1$	✓	×	✓
Acrylamide (R=H), methacrylamide ($R{=}CH_3$)	$CH_2{=}CR{-}C({=}O){-}NH_2$	✓	×	(×)
Acrylonitrile (R=H), Methacrylonitrile ($R{=}CH_3$)	$CH_2{=}CR{-}C{\equiv}N$	✓	×	✓

[a] ✓ : 허용됨. × : 허용되지 않음. (×) : 단량체는 중합 가능할 것으로 예측되지만 (예: 유도 혹은 공명 효과에 기초하여), 부반응 (예: 단량체로의 사슬 이동) 때문에 성공적으로 중합이 되지 않음을 가리킨다.

[b] R_1 그리고 R_2 = alkyl, R=H 또는 CH_3, Ph = phenyl, X = halogen.

[c] α-올레핀이라고도 함.

5.2.1 통상적인 양이온 중합

양이온 중합은 사슬 반응으로서 개시, 성장, 사슬 이동 및 정지 단계에 의해 구성된다.

5.2.1.1. 양이온 중합의 개시

양이온 활성 중심은 단량체가 R^+와 같은 친전자체와 반응하여 생성된다. 황산(H_2SO_4)과 과염소산($HClO_4$) 등과 같은 양성자산이 개시제로 사용되며, 단량체에 양성자(H^+)를 주어 개시가 이루어진다. 그러나 염산이나 브로민화 수소 같은 할로젠화 수소산은 반대 이온이 빠르게 탄소양이온성 활성 중심과 결합하여 안정한 공유 결합을 이루기 때문에 적합하지 않다. 트라이플루오린화 붕소(BF_3), 염화 알루미늄($AlCl_3$), 사염화 주석($SnCl_4$) 등과 같은 Lewis 산은 가장 중요한 '개시제(initiator)' 인데, 이것들은 반드시 물 혹은 보다 흔하게 할로젠화 유기물과 같은 소위 조촉매(coinitiator)들과 함께 사용되어야 한다.

$$BF_3 + H_2O \rightleftharpoons H^+(BF_3OH)^-$$

$$AlCl_3 + RCl \rightleftharpoons R^+(AlCl_4)^-$$

BF_3/H_2O계에서, 일반적인 단량체 $CH_2{=}CR_1R_2$에 대하여 개시 반응의 두 번째 단계는 파이 결합으로부터의 두 전자가 수소양이온과 결합하여 새로운 $H{-}CH_2$ 결합을 형성하는 데 관계되고, 따라서 작용기를 가진 탄소 원자에 비어 있는 오비탈(양전하)을 남기면서

반대 이온의 회합이 이루어진다. 이는 다음의 과정과 같다.

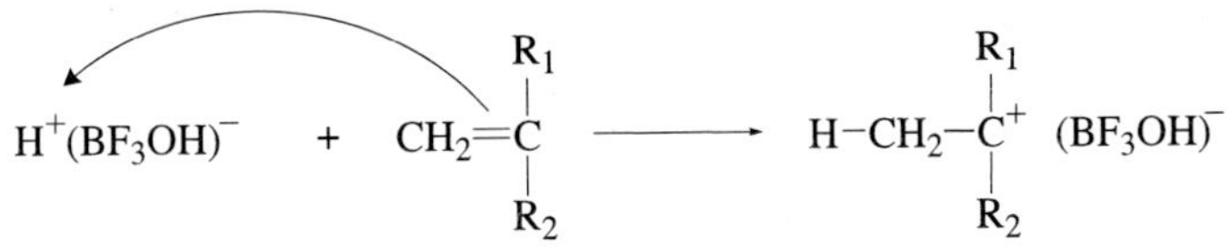

일반적으로는 두 번째 단계를 다음 식에 의해 나타낼 수 있다.

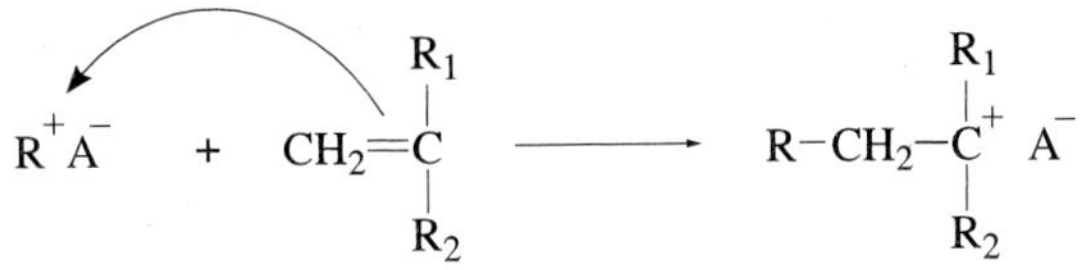

여기서 R^+는 친전자체이고 A^-는 반대 이온이다.

'조촉매'라는 용어는 양이온 중합을 다루는 문헌에서 흔하게 사용됨에도 불구하고 부정확하다. 개시 반응의 화학에서의 의미는 '조촉매'가 결국 개시제이며, Lewis 산은 보다 안정한 반대 이온을 생성하는 활성체로 작용한다고 할 수 있다.

5.2.1.2. 양이온 중합의 성장

탄소양이온의 안정성에 관련된 이유로(라디칼 중합의 경우 4.2.1절과 4.2.2절 참조), 성장 단계는 단량체가 활성 중심에 연속적으로 머리-꼬리 방향으로 첨가되면서 진행된다.

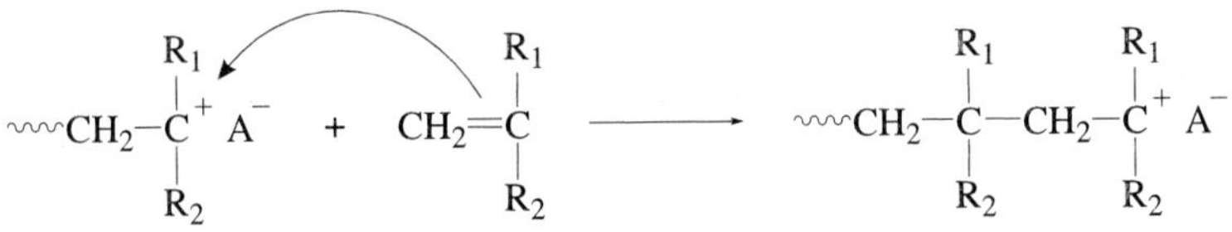

5.2.1.3. 양이온 중합의 정지 및 사슬 이동

활성 중심에 전하를 갖지 않는 라디칼 중합과는 달리, 이온 중합에서 두 개의 성장하는 사슬이 반응하는 정지 단계는 전하의 반발 때문에 불가능하다. 대신, 개별 사슬의 정지 단계는 보통 이온쌍의 일분자 재배열로, 말단에서 두 번째의 C−H 결합을 끊어 수소양이온을 내며 성장하지 않는 고분자 말단의 C=C 결합을 생성한다. 즉 다음과 같은 반응,

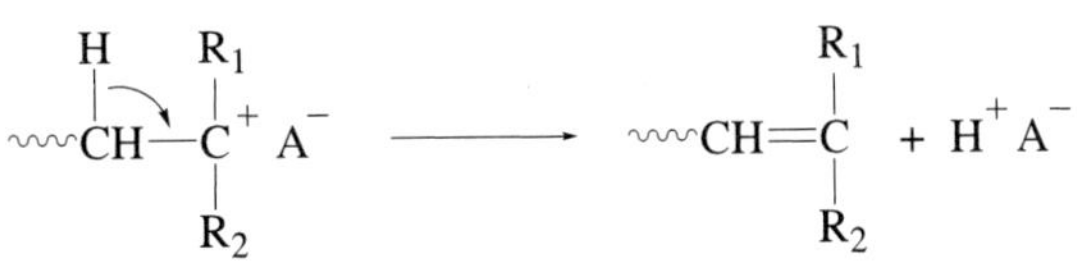

또는 사슬 이동으로 이루어진다. 단량체로의 사슬 이동도 중요하게 공헌하며, 말단에서 두 번째의 C−H 결합으로부터 수소 원자를 추출하여 단분자 탄소양이온을 형성한다.

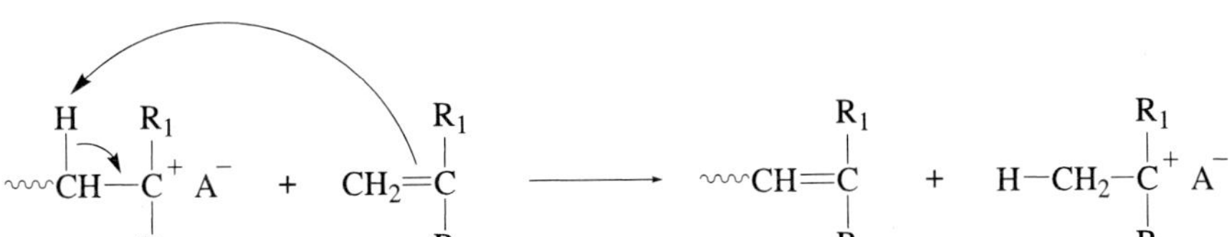

양쪽 모두의 경우, 생성되는 친전자체는 반대 이온 A^-와 회합되며 활발하게 성장하는 사슬들의 농도에 영향을 거의 주지 않고 새로운 고분자 사슬을 성장시킨다. 성장하지 않는 고분자 말단의 C=C 결합은 입체 장애로 인해 낮은 반응성을 가지며, 중합 공정에서 쉽게 침전되지 아니한다(미반응 상태로 남아 있음).

용매 및 반응성 불순물(물 등)로의 사슬 이동은 중합도를 낮추며, 이에 따라 용매의 선

택 및 반응물의 순도 유지가 매우 중요하다. 고분자로의 사슬 이동 역시 문제가 되는데, 라디칼 중합의 4.2.4.2절에 보인 화학적 메커니즘과 유사하게 가지형 고분자가 생성된다.

5.2.1.4. 통상적 양이온 중합의 동역학

양이온 중합의 정확한 메커니즘은 개시제의 종류, 단량체의 구조, 그리고 용매의 성질에 따라 결정된다. 일반적으로 반응은 불균일계에서 일어나는데, 그 이유는 개시제가 반응 매질에 부분적으로만 녹기 때문이다. 이러한 성질은 일반적인 동역학적 표현을 좀 어렵게 만든다. 앞 세 절의 화학식을 토대로 분석하지만 이것을 응용하는 데는 신중을 요한다.

다음과 같은 일반적인 동역학적 표현을 추정할 수 있다.

$$\text{개시:}\quad \overset{+}{R}\overset{-}{A} + M \xrightarrow{k_i} RM_1\overset{+}{}\overset{-}{A}$$

$$\text{성장:}\quad RM_n\overset{+}{}\overset{-}{A} + M \xrightarrow{k_p} RM_{n+1}\overset{+}{}\ \overset{-}{A}$$

$$\text{이온쌍 재배열:}\quad RM_n\overset{+}{}\overset{-}{A} \xrightarrow{k_t} RM_n + \overset{+}{H}\overset{-}{A}$$

$$\text{단량체로의 사슬 이동:}\quad RM_n\overset{+}{}\overset{-}{A} + M \xrightarrow{k_{trM}} RM_n + HM_1\overset{+}{}\overset{-}{A}$$

개시 단계에서 소모되는 단량체의 양을 무시할 수 있다고 가정하면(긴 사슬이 형성되는 경우), 중합 속도는 다음과 같이 주어진다.

$$R_p = -\frac{d[M]}{dt} = k_p[M][M^+] \tag{5.1}$$

여기서 $[M^+] = \sum_{n=1}^{\infty}[RM_n^+]$. 이다. 정상 상태 조건인 $d[M^+]/dt = 0$을 적용하면

$$\frac{d[M^+]}{dt} = k_i[R^+A^-][M] - k_t[M^+] = 0$$

이 되는데 정리하면 다음 식과 같다.

$$[M^+] = \left(\frac{k_i}{k_t}\right)[R^+A^-][M]$$

이것을 식 5.1에 대입하면 정상 상태에서 중합 속도에 관한 표현인 식 5.2를 얻는다.

$$R_p = \left(\frac{k_i k_p}{k_t}\right)[R^+A^-][M]^2 \tag{5.2}$$

이 식은 개시제의 두 번째 단계를 속도 결정 단계로 보는 통상적인 가정에 의해(자유 라디칼 중합, 4.3.1절 참조) [M]의 제곱에 의존함을 보인다. 달리 말하면 R^+A^-는 중합의 시작 단계부터 완전한 활성 형태로 존재한다(주의: 그러나 R^+A^-의 생성이 개시 반응의 속도 결정 단계인 조건에서 정상 상태 조건의 적용은 R_p가 [M]에 비례하는 결과를 보인다).

이온쌍 재배열에 의해 이온 생성물이 얻어지는 정지 반응이나 단량체의 사슬 이동이 중합 개시를 빠르게 한다면 $[M^+] = [R^+A^-]$이고 $R_p = k_p[M][R^+A^-]$이다.

이러한 각각의 동역학적 표현 가능성에 대해, $[R^+A^-]$를 구하는 경우 R^+A^- 생성의 평형 상수를 고려해야 한다.

수평균 중합도 $\bar{x}_n$를 계산하는 것은 비교적 간단하다. 4.3.2절의 식 4.13이 여기에서도 적용 가능하며, 성장 이외에 전개되는 반응에 의한 단량체의 소모를 무시하면

$$\bar{x}_n = \frac{k_p[M][M^+]}{k_t[M^+] + k_{trM}[M^+][M]}$$

이 된다. $[M]^+$항을 제거하면 $\bar{x}_n$은 성장 사슬의 농도에 무관하게 됨을 유의하여야 한다. 이 식을 반전시켜 단순화하면 식 5.3이 된다.

$$\frac{1}{\bar{x}_n} = \frac{k_t}{k_p[M]} + \frac{k_{trM}}{k_p} \tag{5.3}$$

이 식은 양이온 중합에서 식 4.18에 대응하는 것이다. 오른쪽 항에 추가하여 항을 더 붙일 수도 있는데, 예를 들어 용매로의 사슬 이동이 일어나면 $k_{trS}[S]/k_p[M]$인 추가 항을 넣을 수 있다. 어느 경우에나 $\bar{x}_n$는 개시제의 농도에 무관하며 사슬 이동이 없으면 $(\bar{x}_n)_0 = (k_p/k_t)[M]$이다.

5.2.1.5 온도의 영향

4.3.10절에서 분석한 과정을 따라 식 5.2에 적절한 Arrhenius 표현을 대입한 후, 로그식을 취하고 온도에 따라 미분하면 식 5.4가 된다.

$$\frac{d\ln(R_p)}{dT} = \frac{E_i + E_p - E_t}{\mathbf{R}T^2} \tag{5.4}$$

양이온성 활성 중심을 안정화시키는 효과를 갖는 치환체는 단량체의 C=C 결합을 극성화시켜 친전자체에 의한 공격을 활성화하는 역할을 한다. 따라서 중합체가 형성되려면 활성화 에너지 E_i와 E_p가 비교적 적고 각각 E_t(또는 E_{trM})보다 적어야만 한다. 이러한 관점에서 볼 때 총괄 활성화 에너지 $E_i + E_p - E_t$는 특정한 시스템에 따라 양(+)이거나 음(−)의 값을 갖는다. 총괄 활성화 에너지가 음(−)이면, R_p는 온도를 낮추면 증가함이 관측된다(예: 스타이렌 중합 시 1,2-다이클로로에테인(1,2-dichloroethane) 용매에서 $TiCl_4/H_2O$를 개시제로 사용한 경우].

$(\bar{x}_n)_0$에 대해 같은 분석이 가능하며 다음과 같다.

$$\frac{d\ln(\bar{x}_n)_0}{dT} = \frac{E_p - E_t}{\mathbf{R}T^2} \tag{5.5}$$

$E_p < E_t$이므로 이때 $d\ln(\bar{x}_n)_0/dT$는 음수이며, 따라서 $(\bar{x}_n)_0$는 온도 증가에 따라 감소하게 된다. 이동 상수($C_{tr} = k_{tr}/k_p$)에 대한 해석은 자유 라디칼 중합에서와 같이

$$\frac{d\ln(C_{tr})}{dT} = \frac{E_{tr} - E_p}{\mathbf{R}T^2}$$

이며, $E_{tr} > E_p$이므로 k_{tr}은 온도 증가에 따라 증가하며 사슬 이동이 $\bar{x}_n$ 감소에 미치는 영향은 온도가 증가할수록 커진다. 따라서 $\bar{x}_n$는 반응 온도가 올라가면 항상 감소한다.

5.2.1.6 용매와 반대 이온의 영향

활성 중심과 그의 반대 이온 간에 여러 회합 상태는 다음의 평형 상태식으로 표현 가능하다.

$$\underset{\text{공유 결합}}{RM_n{-}A} \rightleftharpoons \underset{\text{접촉 이온쌍}}{\overset{+\ -}{RM_nA}} \rightleftharpoons \underset{\text{용매 분리형 이온쌍}}{RM_n^+ \| A^-} \rightleftharpoons \underset{\text{자유 이온}}{RM_n^+ + A^-}$$

자유 탄소양이온성 활성 중심은 접촉 이온쌍보다 성장이 더 빠르기 때문에(보통 열 배 정도) 평형이 오른쪽으로 갈수록 성장의 총괄 속도 상수 k_p의 값은 증가한다. 따라서 이온쌍 분리를 잘 일으키는 극성 용매(예: 다이클로로메테인)와 양이온과 덜 강력하게 회합되는 큰 반대 이온(예: $SbCl_6^-$) 등은 k_p값을 더 높이게 된다. 게다가 이온의 해리도가 증가하면 이온쌍 재배열로 인해 총괄 속도 상수 k_t는 감소한다.

소위 **유사양이온 중합(pseudocationic polymerization)** 이라고 하는 어떤 흥미로운 중합계는 과염소산 개시제에 의한 스타이렌 중합의 경우와 같이 분극화된 공유 결합체의 성장 단계를 수반한다. 이 성장 단계는 고리화된 전이 상태를 갖는 다음의 재배열 반응을 거쳐 진행된다고 생각된다.

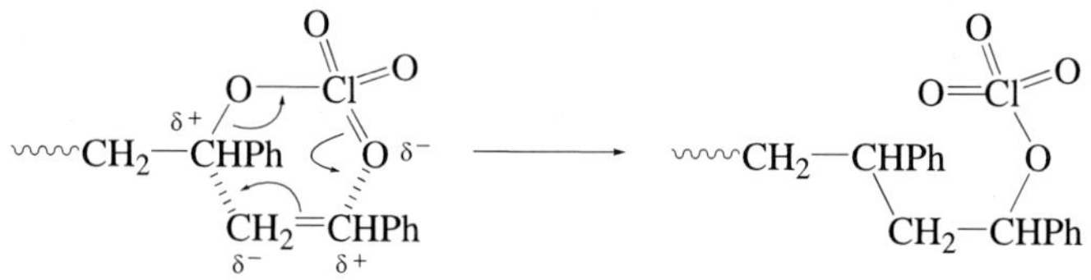

5.2.1.4절에서 다루어진 동역학 단계식은 자연스럽게 몰질량이 단순 확률 분포를 갖는 고분자를 형성한다(4.3.8절 참조). 그러나 양이온 중합으로 형성된 고분자의 몰질량 분포가 가끔씩 복잡한(예: 두 정점을 갖는, bimodal) 경우가 있는데, 이는 동시에 다른 활성종이 성장하면서 일반적인 성장 단계에 비해 느리게 상호작용을 하며 이들이 성장 및 이온쌍 재배열에 대한 상이한 특성 속도 상수를 각각 가지고 있기 때문이라고 보인다.

5.2.1.7 실제 응용면에서의 문제

성장하는 사슬을 정지시키는 바람직하지 않은 반응 경향성이 기존의 양이온 중합의 유용성을 매우 제한하는 요인이 된다. 흔히 양이온 중합은 적절하게 높은 몰질량을 얻기 위하여 0°C 이하의 온도에서 반응을 시켜야 한다. 만약 물을 개시제로 사용할 경우, Lewis 산 활성제와의 당량비를 정확히 맞추어 주어야 하며, 그렇지 않은 경우 물로의 사슬 이동이 일어나 중합도가 현저히 떨어지게 된다. 따라서 모든 반응물과 용매는 철저히 건조시키고 정제하여 불순물을 제거하여야 하는데, 이러한 불순물이 사슬 이동에 관여할 수 있기 때문이다. 많은 경우 양이온 중합은 매우 빨리 진행되는데, 이는 개시제가 초기부터 완전한 활성 상태로 존재하여(다시 말하면 $[M^+]$가 라디칼 중합에서의 $[M^\cdot]$에 비해 매우 높음) 수초 내에 단량체가 모두 고분자로 모두 전환될 수 있다. 이것은 또 다른 부수적 문제를 야기하는데, 그것은 비정상 상태 조건에서의 조작과 열전달 제어이다.

가장 중요한 양이온 중합용 단량체는 아이소뷰틸렌, 스타이렌, 알킬 비닐 에터이다. 알킬 비닐 에터는 양이온 중합에서 매우 반응성이 높은데, 산소 원자에의 양전하 비편재화로 인한 영향과 OR 곁작용기의 전자 끌기 효과(-I inductive) 로 인한 탄소양이온의 공명 안정화 때문이다.

현재 기술적으로 중요한 양이온 중합 공정은 저온(+10°C~−100°C)에서 알킬 할로젠화물(CH_3Cl 등)과 Lewis 산(보통 $AlCl_3$)을 개시제로 하여 염소화 용매(CH_3Cl이 용매로도 사용될 수 있음)에서 아이소뷰틸렌과 소량의 아이소프렌을 공중합시키는 뷰틸 고무의 합성이다. 아이소프렌은 폴리아이소뷰틸렌 고무를 가황에 의해 경화시킬 수 있는 작용기를 도입하기 위해 사용된다(21.1.2절 참조). 몰질량은 단량체로의 적절한 사슬 이동이 가능한 중합 온도를 사용하여 제어하는데, 가장 높은 몰질량은 최저 온도에서 얻어질 수 있다.

5.2.2 가역-비활성화 (리빙 활성) 양이온 중합

앞 장에서 논의된 바와 같이, 기존의 양이온 중합에서 사슬 이동이나 재배열 반응이 흔히 일어나는 것은 반응을 제어하기 어렵게 하고 낮은 중합도가 얻어지는 원인이 된다. 단량체로의 사슬 이동은 특히 문제가 되는데, 말단기 탄소양이온의 양전하 때문에 생기는 말단 두 번째 CH_2 수소 원자의 강한 산성도와 양이온 중합에 취약한 친핵성 단량체가 복합적으로 작용한다. 유사양이온 중합(5.2.1.6절) 의 발견으로 말단기 탄소 원자에 관련된 전하를 감소시키면 이러한 효과를 억제할 수 있다는 것이 알려졌는데 여전히 성장은 지속적으로 이루어진다. 이는 활성 중심과 반대 이온이 밀접하게 회합하여 공유 결합 특성을 가지고 있으면서도 신속하게 해리하여 성장할 수 있도록 충분히 약한 결합을 요구한다. 1980년대에 이러한 밸런스를 맞추도록 하는 연구가 이루어졌고, 이 중 일부를 다음 절에 소개하였다. 비록 사슬 이동이나 재배열 반응을 완전히 막지는 못해도, 이러한 양이온 중합은 **리빙 중합**(**living polymerization**, 5.3.2절)의 특성을 보이며 단량체가 첨가되면 사슬이 지속적으로 성장한다. 특별히, 이는 라디칼 중합의 정지 반응(4.5절)의 영향을 최소화하는 접근 방법의 개발이라는 점에서 고무적이며, 흔히 **리빙 양이온 중합**(**living cationic polymerization**)으로 언급되기는 하지만, 이 방법은 가역-비활성화 라디칼 중합과 비교하여, 그리고 진정한 리빙 중합이 아니라는 점 때문에 **가역-비활성화 양이온 중합**(**reversible-deactivation cationic polymerization**)이라고 한다.

5.2.2.1 가역-비활성화 양이온 중합의 개시제 시스템

가역-비활성화 양이온 중합을 위한 시도는 두 가지로 크게 나뉘는데, 필요한 제어를 하기 위해 각 단량체에 맞게 특정 개시제 시스템을 설계하는 것이 필요하다. 첫 번째는 말단의 C−X 공유 결합을 친전자체를 첨가하여 활성화시키는 것인데, 여기서 X는 흔히 할로젠이나 산소 원자이다. 이는 아이오딘화 수소를 개시제로, 아이오딘을 활성화제로 사용한 알킬 비닐 에터의 중합에서 처음 실험적으로 소개되었다.

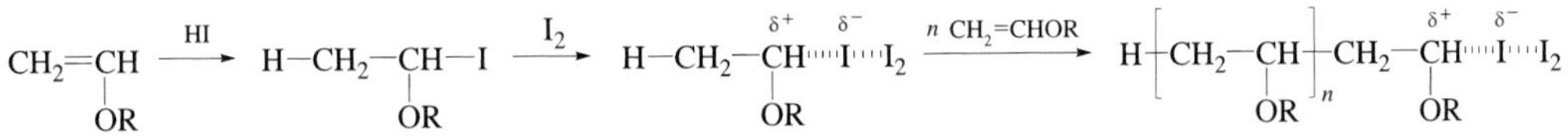

이후에 Z_nI_2(아이오딘화 아연)을 활성화제로 사용하면 제어가 더 잘 된다는 것이 알려졌다. 리빙 중합 특성을 갖는 아이소뷰틸렌의 중합은 삼차 에스터, 에터, 혹은 알코올을 BCl_3(염화 붕소)와 함께 반응시켜 얻어지는 개시제군을 사용하여 가능하였는데, 예를 들면

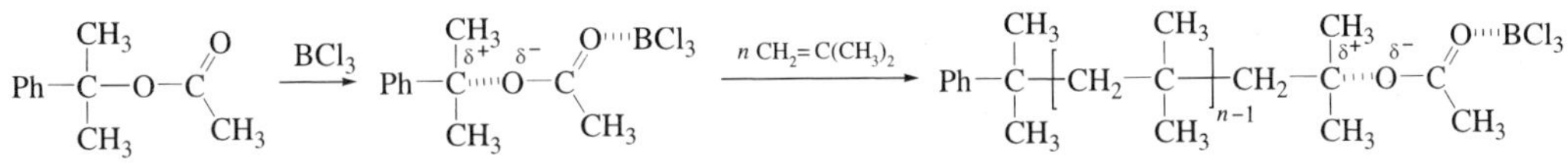

리빙 특성을 얻기 위한 다른 하나의 포괄적 접근 방법은 종래의 Lewis 산 개시제 시스템(5.2.1.1절)을 사용하는 것인데, 탄소양이온 활성 중심과 반대 이온 사이의 상호작용 특성을 변화시키는 Lewis 염기를 첨가한다. 이러한 방법을 설명하기 위해 두 가지의 예를 보였다. 삼차 염화물 개시제와 BCl_3를 Lewis 산 활성화제로, 다이메틸 설폭시화물을 Lewis 염기 조정제로 사용한 아이소뷰틸렌의 중합은 다음과 같은 안정한 중간체를 형성하는 것으로 생각된다.

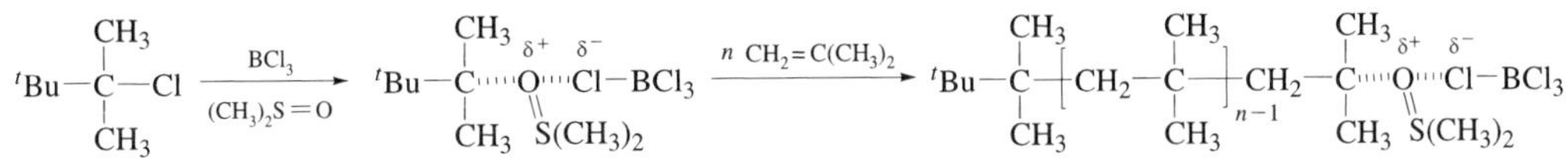

알킬 비닐 에터는 에스터를 개시제로, $AlEtCl_2$를 Lewis 산 활성화제로, 그리고 1,4-다이옥세인(1,4-dioxane)을 Lewis 염기 조정제로 사용하여 중합될 수 있는데, 안정한 중간체는 다음과 같이 예상된다.

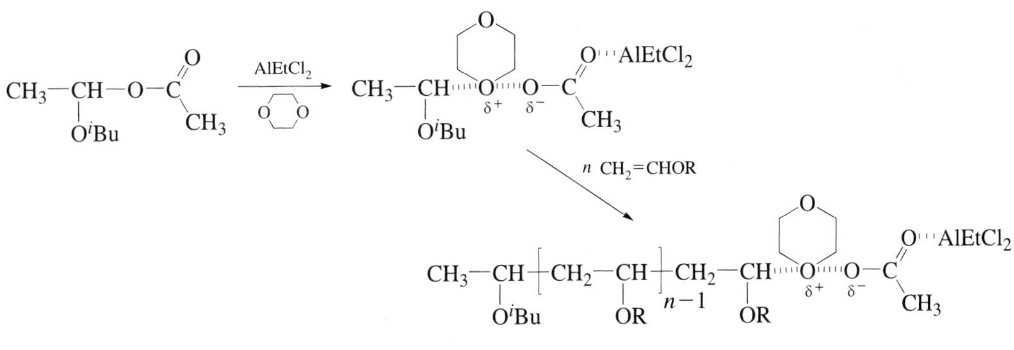

두 가지 예 모두, Lewis 염기의 산소 원자에 있는 고립 전자쌍으로부터의 전자 공여로 인하여 양전하를 갖는 옥소늄이온이 생성되고, 이것이 사슬 말단의 탄소 원자를 안정화(즉, 전하를 감소) 시킨다. Lewis 염기가 없을 때에는 양이온 중합이 매우 빠르게 진행되어 제어가 어렵다.

성장은 탄소양이온 활성 중심에 단량체를 첨가함으로써(접촉하는, 혹은 용매 분리된 이온쌍에) 촉진되는데, 활성 중심은 위의 반응 단계에 제시한 안정한(휴면) 종과 평형을 이룬다. 따라서 휴면종은 5.2.1.6절에 보인 것과 같은 평형에서의 가장 왼쪽('공유') 결합 특성을 가지면서 가장 많이 존재하는 것으로 생각된다. 그럼에도 불구하고 활성 중심의 다양한 상태 사이의 교환 반응이 매우 빨리 일어나고 말단 탄소양이온종이 배출될 때에는, 비록 매우 짧은 시간일지라도 이들이 성장하여 5.2.1.3절에 언급한 것과 같은 사슬 이동과 재배열 반응이 생긴다. 하지만 평균적으로 사슬 말단은 숨겨진 상태에서 주로 존재하므로 활성 중심이 보호되고 리빙 중합과 같은 성질을 보이는데, 단량체의 전환율에 거의 선형적으로 증가하는 중합도를 나타내고 개시 단계가 성장 속도와 유사하거나 더 빠르다면 좁은 몰질량 분포의 고분자가 생성된다(5.3.2.4절).

5.2.2.2 가역-비활성화 양이온 중합의 동역학

가역-비활성화 양이온 중합의 동역학은 흔히 진정한 리빙 중합의 동역학(5.3.2.3절)과는 달리 설명되는데, 그럼에도 불구하고 편리성을 위해 수평균 중합도는 $c\{M]/[I]$에 의하여 결정된다. 여기서 c는 부분적인 단량체 전환율이고 [I]는 개시제의 농도이다. 중합 속도가 단량체 농도에 독립적인 경우는 드물지 않은데, 특히 속도가 휴면종과 활성종 사이의 평형속도에 의해 제어되는 경우는 더욱 그러하다.

5.2.2.3 실제 응용면에서의 문제

5.2.1.6절 및 5.2.1.7절에 논의된 요소들은 가역-비활성화 양이온 중합에 사용되는 조건을 세우는 데에도 역시 중요하다. 용매는 신중하게 선택되어야 하는데, 활성 및 휴면종 사이의 평형에 미치는 영향뿐 아니라 휴면종 사이를 방해하는 능력 또한 고려되어야 한다. 예를 들어, 염화물 용매(예: CH_3Cl과 CH_2Cl_2)들은 산소 기반의 개시제로부터 생성된 휴면종들과 반응할 수 있는데, 단량체와 반응의 조건에 따라 중합의 제어를 어렵게 할 수 있다.

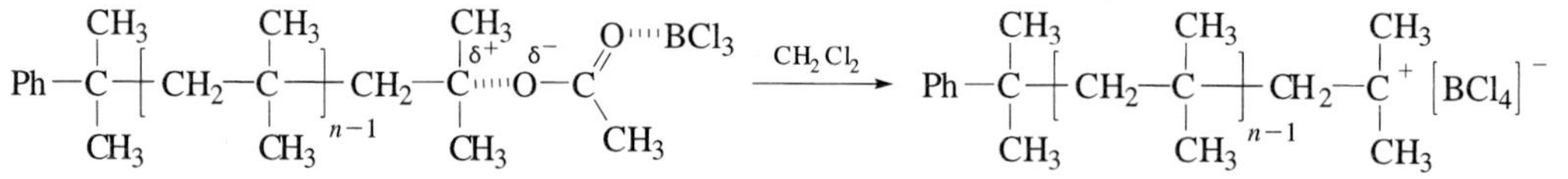

전통적인 양이온 중합에 대해, 보통은 저온(−30~−80도)에서 반응을 진행시킨다.

5.3 음이온 중합

음이온 중합은 고분자 과학의 초창기에 연구되었으나, 그 당시에는 강염기가 쉽게 사슬 이동을 일으키는 용매와 함께 사용되어 중합도를 크게 제한시켰다. 음이온 중합의 새로운 기회, 즉 본래의 정지 반응 공정을 없앤 공정은 1950년대 중반 리빙 음이온 중합의 개시제 시스템과 조건이 확립된 이후에 실현되었다. 이러한 중합 공정은 매우 중요한데, 그 몇 가지 이유는 여기에서 자세히 논의될 것이다. 그렇지만, 리빙 음이온 중합을 고려하기 이전에 액체 암모니아 속에서 아마이드산 포타슘 개시에 의한 스타이렌의 중합을 간단히 보이고자 하는데, 그 이유는 오늘날에는 이 중합이 그리 중요치 않게 되었으나 최초로 음이온 중합 공정이 자세하게 연구되고 동역학적 해석이 깊게 이루어진 하나의 예를 보여주기 때문이다.

5.3.1 KNH_2 개시에 의한 액체 NH_3 속의 스타이렌 중합

개시 반응은 아마이드산 포타슘 해리에 이은 아마이드 이온의 스타이렌 첨가를 수반한다. 정지 반응은 사슬 이동으로 암모니아로부터 양성자를 꺼내어 일어난다(용매로의 사슬 이동). 따라서 리빙 폴리스타이렌 사슬은 얻어지지 않는다. 여기에서, 동역학적 메커니즘은

개시:

$$KNH_2 \rightleftharpoons K^{+} + \bar{N}H_2$$

$$\bar{N}H_2 + CH_2{=}CHPh \xrightarrow{k_i} H_2N{-}CH_2{-}\bar{C}HPh$$

성장:

$$H_2N{-}\!\left[CH_2{-}CHPh\right]_{n-1}\!{-}CH_2{-}\bar{C}HPh + CH_2{=}CHPh \xrightarrow{k_p} H_2N{-}\!\left[CH_2{-}CHPh\right]_{n}\!{-}CH_2{-}\bar{C}HPh$$

사슬 이동(NH_3):

$$H_2N{-}\!\left[CH_2{-}CHPh\right]_{n}\!{-}CH_2{-}\bar{C}HPh + H{-}NH_2 \xrightarrow{k_{trS}} H_2N{-}\!\left[CH_2{-}CHPh\right]_{n}\!{-}CH_2{-}CHPh{-}H + \bar{N}H_2$$

개시의 두 번째 단계가 보통 속도 결정 단계이므로 암모니아에 사슬 이동이 되어 생성된 아마이드 이온에 의해 중합이 개시되는데, 속도 상수 k_i에 의해 조절되는 개시 속도를 가진다. 그래서 이러한 사슬 이동 반응을 실제의 동역학적 사슬 정지 단계로 간주할 수 있어 정상 상태 조건 $d[\sim\!CH_2{-}\bar{C}HPh]/dt = 0$ 을 적용할 수 있다.

$$k_i[\bar{N}H_2][CH_2{=}CHPh] - k_{trS}[\sim\!CH_2{-}\bar{C}HPh][NH_3] = 0$$

이 식을 재배열하면 다음과 같이 된다.

$$[\sim\!CH_2{-}\bar{C}HPh] = \left(\frac{k_i}{k_{trS}}\right)\frac{[\bar{N}H_2][CH_2{=}CHPh]}{[NH_3]}$$

따라서 개시 단계에서 소모되는 단량체의 양이 매우 적다고 가정하면, 정상 상태 중합 속도는

$$R_p = -\frac{d[CH_2{=}CHPh]}{dt} = k_p[\sim\!CH_2{-}\bar{C}HPh][CH_2{=}CHPh]$$

이고, 다시

$$R_p = \left(\frac{k_i k_p}{k_{trS}}\right)\frac{[\bar{N}H_2][CH_2{=}CHPh]^2}{[NH_3]} \tag{5.6}$$

식 4.13을 사용하여 수평균 몰질량에 대해 표현하면 식 5.7이 된다.

$$\bar{x}_n = \frac{k_p[CH_2{=}CHPh]}{k_{trS}[NH_3]} \tag{5.7}$$

식 5.6과 식 5.7을 온도의 영향에 관해 분석하면 5.2.1.5절의 식 5.4, 식 5.5와 같이 되는데, 여기에서는 E_t를 암모니아에 사슬 이동이 되는 활성화 에너지 E_{trS}로 대입하면 된다. 반응 온도를 낮추면 $E_p - E_{trS} \approx -17\,kJ\,mol^{-1}$이 되어 $\bar{x}_n$는 증가하지만 R_p는

$E_i + E_p - E_{trS} \approx +38\text{kJ mol}^{-1}$이 되어서 감소하게 된다. $E_p - E_{trS}$의 작은 값과 암모니아의 높은 농도에 의해 암모니아에 사슬 이동되는 것이 성장과 경쟁이 되어 낮은 온도일지라도 중합도가 낮은 폴리스타이렌이 얻어진다.

5.3.2 정지 없는 중합 — 리빙 음이온 중합

음이온 중합의 중요한 특성 중 하나는 본래의 정지 공정이 없다는 점이다. 양이온 중합에서는 전하 반발에 의해 두 개의 성장 사슬의 두 분자 사이 정지 반응이 일어나지 않지만, 양이온 중합과는 달리 이온쌍 재배열로의 정지가 일어나지 않는 이유는 이러한 재배열이 거의 일어나기 힘든 수소 음이온의 제거를 필요로 하기 때문이다. 더구나, 알칼리 금속(혹은 알칼리 토금속) 반대 이온은 탄소음이온 활성 중심과 결합을 이루어 반응성이 없는 공유 결합을 형성하는 경향을 갖고 있지 않다. 따라서 사슬 이동 반응이 없는 경우 성장하고 있는 고분자 사슬은 활성 탄소음이온 말단기를 그대로 가지고 있으며 진정한 **리빙(living)** 중합체인데, 이는 가역적인 비활성 라디칼과 양이온 중합의 경우와는 다르다(정지 반응이 가능한 리빙 중합체, 4.5절 및 5.2.2절 참조). 음이온 중합에 대한 관심은 1950년 중반의 Michael Szwarc의 연구 이후에 점점 더 증가하게 되었다. 그는 잘 조절된 조건하에서 전자 이동 개시에 의해 탄소음이온 리빙 중합체가 얻어질 수 있음을 보여 주었다. 초기에 사용한 단량체가 완전히 전환된 후에 더 단량체를 넣으면 사슬은 첨가된 단량체에 의해 중합이 더 진행되고 사슬 말단은 여전히 활성을 유지한다. 이렇게 이루어진 고분자는 사슬 중합 단계에서 영원히 그의 활성을 유지하고 있어서 단량체가 있는 한 계속 중합이 일어나므로 **리빙 중합체(living polymer)**라고 한다.

5.3.2.1 리빙 음이온 중합을 위한 유기금속 개시제

유기리튬 화합물(예: 뷰틸리튬)은 가장 널리 사용되는 유기금속 개시제이다. 이들은 비극성 탄화수소에 녹으나 그 속에서 응집되는 경향이 있다. 다시 말해서

$$\{RLi\}_n \rightleftharpoons n\,RLi$$

여기서 ^{n}BuLi에 대해서 $n = 6$이고, ^{s}BuLi와 ^{t}BuLi에 대해서 $n = 4$이다. 응집된 것은 자유종보다 반응성이 훨씬 떨어져서 자유종이 원칙적으로 개시에 관여하게 된다. 다시 말해 다음과 같다.

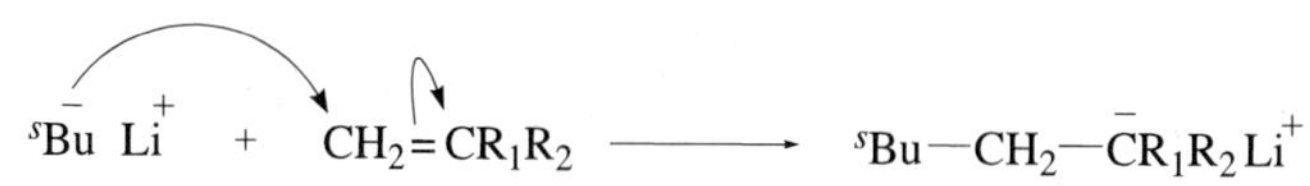

테트라하이드로퓨란(THF)과 같은 리튬 이온을 녹일 수 있는 극성 용매를 조금 첨가하면 응집물이 분해될 수 있다. 만일 THF와 같은 극성 용매에서 반응을 진행시키면 개시 반응은 매우 신속한데, 이는 유기리튬 화합물이 비극성 용매에서보다 매우 강력한 이온성을 띠며 자유종으로 존재하기 때문이다.

다른 알칼리 금속의 유기금속 화합물[예: 벤질소듐(benzylsodium)과 큐밀포타슘(cumylpotassium)]은 비극성 탄화수소에 녹지 않기 때문에 극성 매질에서의 반응만 이루어진다.

성장 반응은 탄소음이온 활성 중심의 안정성에 대한 입체 및 전자 효과에 의하여 단량체가 주로 머리-꼬리형으로만 첨가되면서 진행된다.

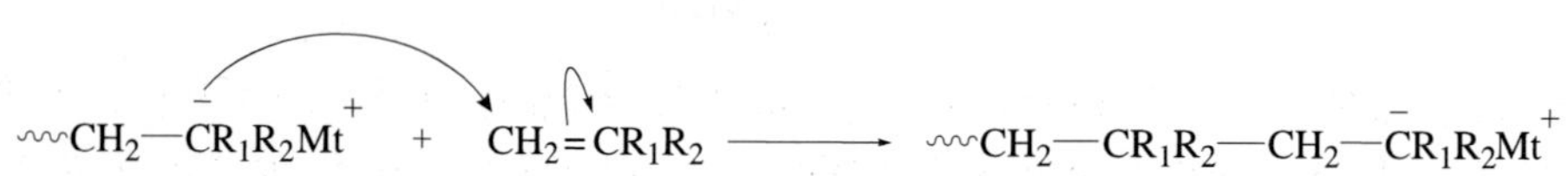

여기서 Mt^+은 금속성 반대 이온이다.

5.3.2.2 리빙 음이온 중합을 위한 전자 이동 개시

전자 이동 개시(electron transfer initiation)는 단일 전자들이 단량체에 공여되어 단량체 라디칼-음이온종을 형성하고 그것이 다시 조합하여 이량체의 탄소음이온이 생겨서 남아 있는 단량체와의 중합을 개시하는 방법이다. 알칼리 금속이 전자 주개로 작용하지만 대부분의 용매에 녹지 않아서 반응은 불균일계로 진행되어 개시가 천천히 이루어지고 재현하기 힘들다. 균일계 전자 이동 개시 반응은 알칼리 금속과 방향족 화합물(예: 나프탈렌, 바이페닐)의 반응으로 만들어지는 용해성 전자 이동 착물을 이용하여 THF와 같은 에터 용매 속에서 가능하다. 나프탈렌화 소듐은 처음 사용된 개시제로서 소듐을 나프탈렌의 에터 용액에 첨가하여 만들어진다. 소듐 원자는 나프탈렌에 전자 하나를 공여하여 나프탈렌화 라디칼 음이온을 만드는데, 이것은 초록색을 띠며 공명 안정화되어 있다. 다음 그림에서는 한 가지 정준형(canonical form)만 나타내었다.

나프탈렌화
라디칼 음이온

평형의 위치는 용매에 의존하며, THF에서는 평형이 완전히 오른쪽으로 기운다. 이 착화합물은 전자를 단량체에 공여함으로써 중합을 개시한다.

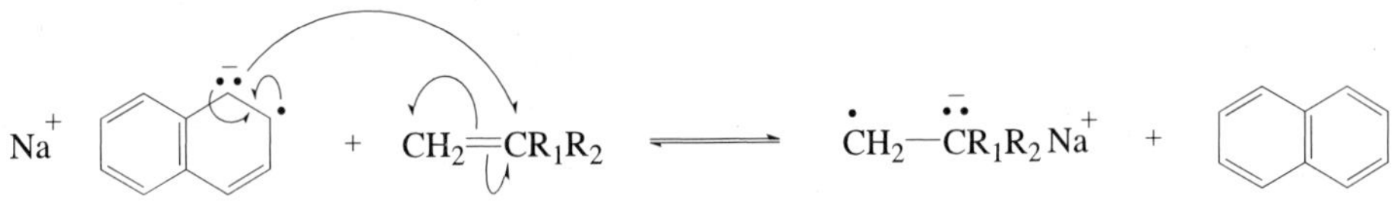

이것의 평형은 단량체 라디칼 음이온이 빠르게 조합하면서 오른쪽으로 이동한다.

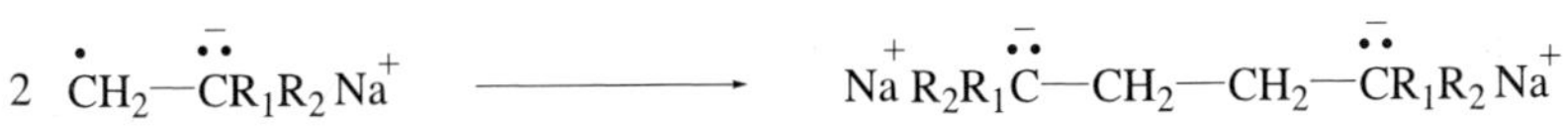

초록색은 빠르게 소멸되어 탄소음이온 활성 중심의 색(예: 스타이렌 중합에서 R_1 = H이면서 R_2 = Ph일 때는 붉은색)으로 변한다. 성장은 탄소음이온종의 양쪽 끝에서 각각 단량체가 순차적으로 첨가되면서 진행된다.

5.3.2.3 리빙 음이온 중합의 동역학

개시제가 유기금속 화합물 또는 전자 이동 착염이든 간에 각 개시제는 단 하나의 탄소음이온 활성 중심을 생성한다. 개시제는 어떤 활성 중심이 성장하기 시작하기 전에 이미 모두 반응하였다고 가정하는 것이 보통인데, 이것은 다시 말해 모든 개시제의 종이 용매 속에서 활성으로 자유롭게 존재하고 있어서 개시 속도 상수 k_i가 성장 속도 상수 k_p보다 훨씬 크다는 가정과 같다. 이러한 조건에서는 성장하고 있는 탄소음이온 활성 중심의 총농도가 사용한 개시제의 농도 $[I]_0$와 같다. 따라서 정지 반응이 없을 때는 다음과 같다.

$$R_p = -\frac{d[M]}{dt} = k_p[I]_0[M] \tag{5.8}$$

이 식은 각각 반응의 $k_p[I]_0$가 일정하여, 유사 일차 반응을 보여 준다. 식 5.8은 극성용매에서 진행되는 균일계 중합에서는 보통 잘 맞는다. 그러나 비극성 용매에서 반응을 진행시키면서 성장하고 있는 탄소음이온의 활성 중심의 농도를 계산할 때는 개시제나 탄소음이온 활성 중심 모두의 늦은 반응과 응집 효과를 고려하여야만 한다.

수평균 중합도는 식 4.13을 약간 변형시킨 형태로 중합의 리빙 특성을 고려하여 표현된다.

$$\bar{x}_n = \frac{\text{소모된 단량체의 몰수}}{\text{생성된 고분자 사슬의 몰수}} \tag{5.9}$$

활성점의 손실이 전혀 없다고 하면, 이는 진정한 리빙 조건이다. 식 5.9에 단량체의 부분 전환율 c를 적용하면 식 5.10이 된다.

$$\bar{x}_n = \frac{cK[\text{M}]_0}{[\text{I}]_0} \tag{5.10}$$

여기서 유기금속 화합물에 대해 개시인 경우 $K = 1$, 전자 이동 개시인 경우 $K = 2$, $[\text{M}]_0$와 $[\text{I}]_0$는 각각 단량체와 개시제의 초기 농도이다.

따라서, 주어진 개시제에 대해 $\bar{x}_n$는 단순히 $[\text{M}]_0/[\text{I}]_0$비에 의하여 제어되며 단량체의 전환율이 증가하면 선형적으로 증가하여 100% 전환율에서 $K[\text{M}]_0/[\text{I}]_0$가 된다.

α-메틸스타이렌(4.3.10.1절 참조) 같이 낮은 천장 온도를 갖는 단량체에 대해서는 식 5.9를 적용할 때 성장–해중합 평형을 고려해야만 하는데, 그것은 감지할 수 있을 정도의 많은 단량체 농도가 평형 상태에서 존재하기 때문이다($c = 1$ 조건은 얻어지지 않을 수도 있다).

5.3.2.4 리빙 중합에 의해 생성되는 고분자의 몰질량 분포

정지가 없는 사슬 중합으로 형성된 고분자의 몰질량 분포 분석을 위해서는 단계 중합이나 정지가 있는 사슬 중합에 대한 분석인 3.2.3.2절과 4.3.8절의 방법과는 다른 접근 방법이 필요하다. 여기에서 속도 매개변수 Φ는 단량체 한 분자를 개시제 혹은 성장 사슬의 하나의 활성 중심에 첨가하는 평균 속도로 정의한다. Φ의 정확한 형태는 실체가 없는(중요치 않은) 값이지만, 속도 상수 및 단량체 농도항을 포함하고 있을 것으로 예측된다. 개시나 성장에서 Φ를 사용함에 있어 $k_i = k_p$라는 의미가 함축되어 있다. 그렇지만 긴 고분자 사슬이 형성되는 경우, $k_i > k_p$로 간주하고 분석할 때 k_i가 더 크다는 명백한 영향은 나타나지 않는다.

중합이 시작될 때는 모두 똑같은 활성을 가진 N개의 개시제종이 있다. t시간 후에 이들 개시제 중 N_0개에는 단량체가 첨가되지 않고 N_1개는 단량체 하나만, N_2는 단량체 둘만, 그리고 일반적으로 N_x는 x개의 단량체가 첨가된다고 하자. 개시제종과 단량체 사이의 하나의 반응으로 N_0가 하나씩 감소하게 되므로 다음 식이 성립한다.

$$-\frac{\text{d}N_0}{\text{d}t} = \Phi N_0$$

이 식을 재배열하고 무한 적분을 취하면

$$\int_N^{N_0} \frac{\text{d}N_0}{N_0} = -\int_0^t \Phi \text{d}t$$

이 되는데 $\nu = \int_0^t \Phi \text{d}t$ 로 놓고 풀면

$$N_0 = Ne^{-\nu} \tag{5.11}$$

모든 다른 종 갯수의 변화 속도(즉, N_x에서 $x = 1, 2, 3, \ldots, \infty$)는 다음 식과 같이 일반적으로 주어진다.

$$\frac{\text{d}N_x}{\text{d}t} = \Phi N_{x-1} - \Phi N_x \tag{5.12}$$

x량체는 $(x-1)$량체에 단량체가 첨가되어 얻어지고 단량체가 첨가됨으로써 또한 없어지

는 종이기 때문이다. $\mathrm{d}v = \Phi \mathrm{d}t$인 것을 알면, 식 5.12는 정리하여 다음의 일차 선형 미분 방정식이 된다.

$$\frac{\mathrm{d}N_x}{\mathrm{d}v} + N_x = N_{x-1}$$

그의 해는 다음과 같다.

$$N_x = e^{-v} \int_0^v e^v N_{x-1} \mathrm{d}v \tag{5.13}$$

식 5.11을 식 5.13에 대입하면 $N_1 = Nv\mathrm{e}^{-v}$가 되는데, 이것을 다시 식 5.13에 넣으면 $N_2 = N(v^2/2)\mathrm{e}^{-v}$가 되고 계속해서 이것을 식 5.13에 넣어 주면 $N_3 = N(v^3/6)\mathrm{e}^{-v}$가 된다. 이런 과정을 모든 x값에 대해 계속하여 보면, 다음 식과 같이 일반적인 형태로 해를 나타낼 수 있음을 알게 된다.

$$N_x = \frac{Nv^x e^{-v}}{x!} \tag{5.14}$$

또는

$$P(x) = \frac{v^x e^{-v}}{x!} \tag{5.15}$$

여기서 $P(x)$는 x량체의 몰분율이다. 식 5.15는 Poisson 분포의 진동 함수의 형과 일치하며 따라서 **형성된 중합체의 몰질량은 Poisson 분포를 갖게 된다**. 개시제 조각을 무시하면 수평균 몰질량은 다음과 같다.

$$\bar{M}_\mathrm{n} = \sum_{x=1}^{\infty} P(x) M_x$$

여기서 x량체의 몰질량은 $M_x = xM_0$이고, M_0는 단량체의 몰질량이다.
따라서

$$\bar{M}_\mathrm{n} = M_0 e^{-v} \frac{\sum_{x=1}^{\infty} xv^x}{x!}$$

즉,

$$\bar{M}_\mathrm{n} = M_0 v e^{-v} \frac{\sum_{x=1}^{\infty} v^{x-1}}{(x-1)!}$$

표준 수학적 관계인 $\sum_{x=1}^{\infty} v^r/r! = e^v$의 $\bar{M}_\mathrm{n}$를 써서 위 식을 정리하면 다음 식이 된다.

$$\bar{M}_\mathrm{n} = M_0 v \tag{5.16}$$

따라서 v는 수평균 중합도이다.

N개의 리빙 중합체가 형성되므로 중합체의 총무게는 NM_0v이다. 따라서 x량체의 무게 분율 w_x는 개시제 조각을 제외하면 다음과 같이 주어지며

$$w_x = \frac{N_x M_x}{NM_0 v}$$

▶ **그림 5.1**
정지 없는 중합에서 $\bar{x}_n$의 여러 값에 대한 사슬 길이의 무게 분율 Poisson 분포. 비교를 위하여 점선은 Flory의 몰질량에 대한 가장 높은 확률 분포를 $\bar{x}_n = 50$인 경우 보인 것이다 (3.1.3.2절 및 4.3.8절 참조). 따라서 정지 없는 중합은 단계 중합 혹은 일반적인 자유 라디칼 중합에 비해 매우 좁은 분포의 사슬 길이를 만든다.

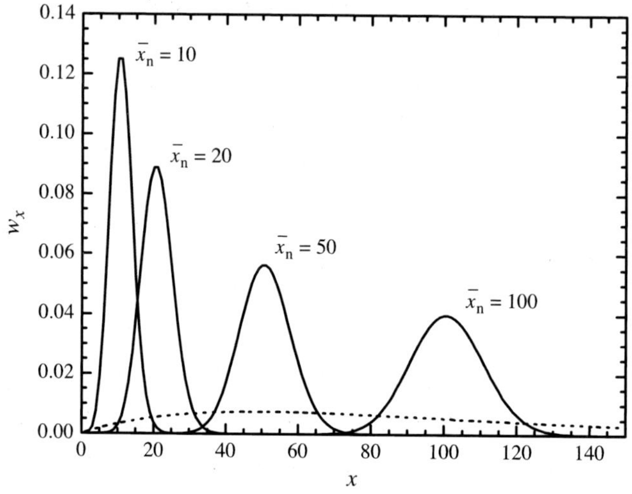

$M_x = xM_0$와 식 5.14를 넣으면

$$w_x = \frac{e^{-\nu}\nu^{x-1}}{(x-1)!} \tag{5.17}$$

무게 평균 몰질량은 다음 식과 같이 주어진다.

$$\bar{M}_w = \sum_{x=1}^{\infty} w_x M_x$$

여기에 식 5.17과 $M_x = xM_0$을 넣으면

$$\bar{M}_w = M_0 e^{-\nu} \frac{\sum_{x=1}^{\infty} x\nu^{x-1}}{(x-1)!}$$

수학적 관계 $\sum_{r=1}^{\infty} r\nu^{r-1}/(r-1)! = (\nu+1)e^{\nu}$를 사용하면 $\bar{M}_w$식은 다음과 같이 된다.

$$\bar{M}_w = M_0(\nu+1) \tag{5.18}$$

식 5.16과 5.18을 합하면 $\bar{M}_w - \bar{M}_n = M_0$가 되고 따라서 몰질량 분포는 극히 좁아져 다음과 같은 몰질량 다분산 지수로 표현할 수 있는데,

$$\frac{\bar{M}_w}{\bar{M}_n} = 1 + \frac{1}{\nu} \tag{5.19}$$

여기서 $\nu\,(= \bar{x}_n) \to \infty$가 됨에 따라 $\bar{M}_w/\bar{M}_n \to 1$이 됨을 보일 수 있다. 이런 관계는 몰질량이 커지면 $\bar{M}_w$와 $\bar{M}_n$ 사이의 차이인 M_0가 무시할 수 있게 되기 때문이며, 몰질량 분포가 더 좁아지는 것에 기인하지는 않는다. 사실 그림 5.1에 보인 식 5.17과 같이 $\bar{x}_n$가 증가하면 분포는 점점 넓어지는데, 이는 $\bar{M}_w/\bar{M}_n$를 몰질량 분포의 폭에 대한 절대적 측정값으로 사용하는 데에는 결함이 있음을 의미한다. 그럼에도 불구하고, $k_i \geq k_p$이면 정지가 없는 중합(즉, 진정한 리빙 중합)은 항상 좁은 몰질량 분포를 갖는 중합체를 만들며, 음이온 중합은 고분자의 표준물질을 만드는 데 널리 이용된다.

5.3.2.5. 탄소음이온 리빙 중합체의 비활성화

보통 대부분의 탄소음이온 리빙 중합체의 활성 말단기는 중합의 끝단계에서 양성자 주개(보통 알코올)와 반응하여 비활성화되며 최종 고분자에서 포화 말단기를 형성한다.

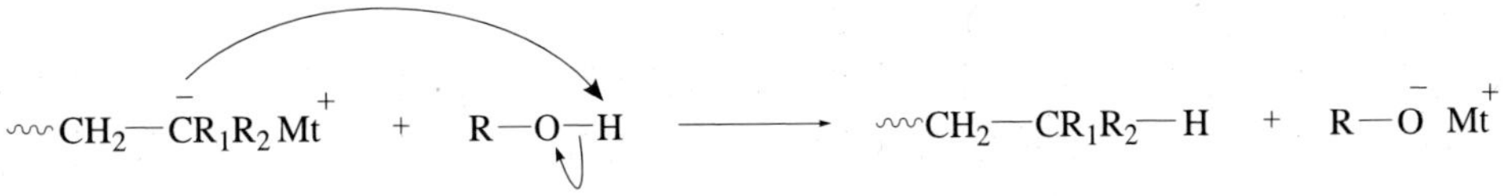

그렇지만, 유기화학 분야에서 잘 확립된 반응들을 사용하여 말단 작용기를 도입할 수도 있다. 예를 들어 카복실산이나 하이드록실 말단기들은 Grignard 시약 같은 것을 사용하여 형성할 수 있다.

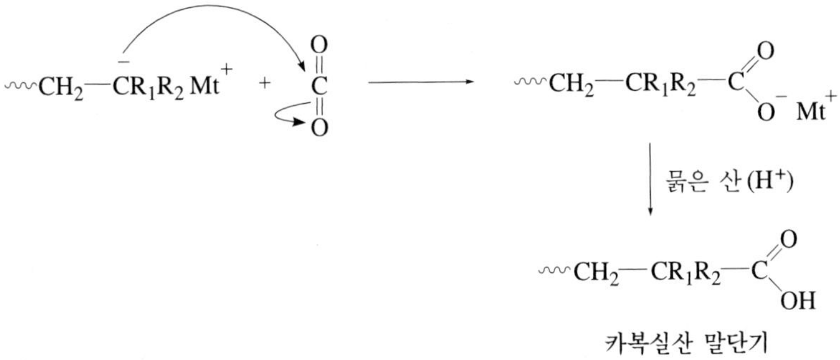

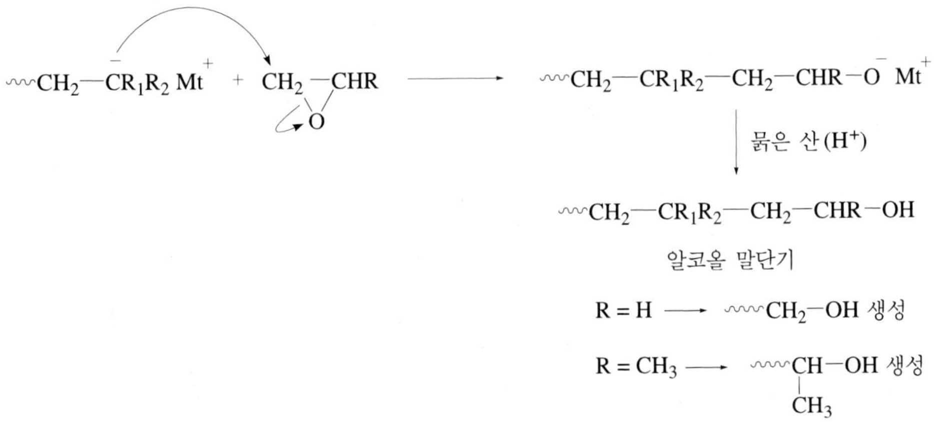

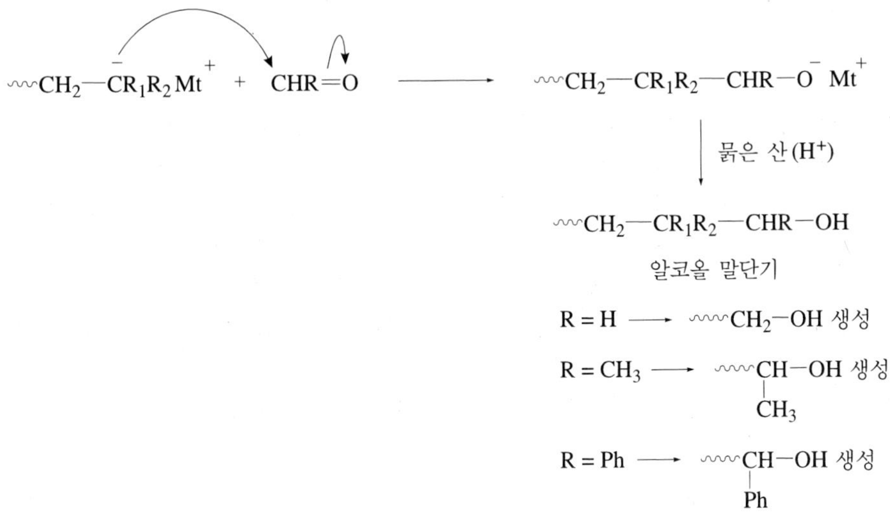

따라서 유기금속 개시제나 전자 이동 개시를 사용한 리빙 중합체의 조절된 비활성화를 통해 말단부분에 하나 혹은 두 개의 작용기가 있는 고분자를 만들 수 있다. 더 나아가, 이러한 분자들은 좁은 몰질량 분포와 미리 설계된 몰질량을 갖도록(식 5.10을 적용하여) 함으로써 얻어질 수 있다.

5.3.2.6 리빙 음이온 중합에서 용매와 반대 이온 효과

탄소음이온 활성 중심과 그 반대 이온은 5.2.1.6절에서 양이온 중합에서 언급한 것과 같은 회합 상태의 연속으로 존재한다. 그러나 음이온 중합에서는 양이온 중합에서보다 반대 이온이 매우 작기 때문에 이온쌍이 더 밀접하게 붙어 있다. 그 결과로 이온쌍의 성장은 자유 탄소음이온 활성 중심이 성장되는 속도보다 백분의 일에서 만분의 일 정도로 느린 속도를 나타낸다. 이온쌍의 반응성은 이온쌍의 분리를 촉진하는 극성 용매를 사용할 때 크게 증가한다. 이온쌍들은 반대 이온을 용해시킬 수 있는 극성 용매를 사용할 때 분리되는데,

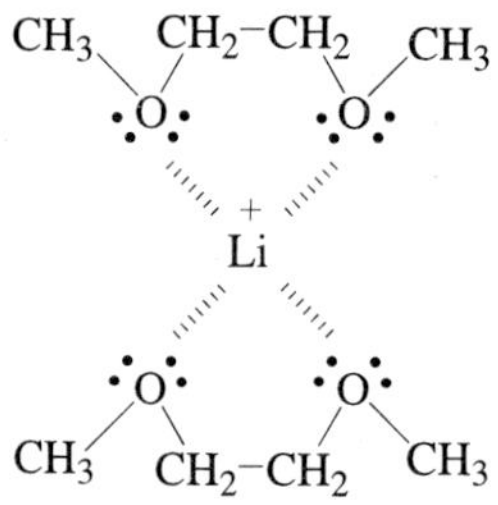

예를 들어 1,2-다이메톡시에테인(1,2-dimethoxyethane)의 산소 원자에 형성된 고립 전자쌍에 의한 리튬 이온의 배위는 고분자의 탄소음이온 활성점을 자유롭게 내놓게 만든다. 용매화되지 않거나 약한 경우(예: 벤젠 또는 1,4-다이옥세인) 반대 이온의 크기가 증가할수록(예: $K^+ > Na^+ > Li^+$) 이온이 더 잘 분리되는 결과로 인해 이온쌍의 성장 속도 상수는 커진다. 그러나 극성인 용매화 용제(예: 테트라하이드로퓨란이나 1,2-다이메톡시에테인)에서는 더 작은 반대 이온이 더 강력하게 용매화되기 때문에 반대 성향이 관찰된다.

일반적으로 비극성 용매에서는 자유 이온과 용매에 의해 떨어져 있는 이온쌍이 존재하지 않으며 접촉 이온쌍은 응집되어 있다. 더구나 개시제종이 성장 이온쌍보다 더 강하게 응집되어 있으므로 개시는 성장에 비해 천천히 일어나고, Poisson 분포보다 더 폭넓은 몰질량 분포를 갖는 고분자가 생성된다. 성장의 활성화 에너지는 양(+)이기 때문에 중합 속도는 반응의 온도가 증가하면 할수록 증가한다.

극성 용매화 용제 내에서, 접촉하는 이온쌍으로부터 용매 분리된 이온쌍의 생성은 발열반응인 반면, 용매 분리된 이온쌍으로부터 자유 이온의 생성 반응은 본질적으로 온도에 의존하지 않는다. 따라서 반응 온도를 낮추는 것은 덜 반응성인 접촉 이온쌍의 농도보다는 용매 분리된 이온쌍의 농도를 증가시켜 중합 속도를 증가시키는 결과를 가져온다. 이온쌍의 경우와 달리, 자유 탄소음이온 활성 중심의 반응성은 반대 이온의 용매화 강도가 증가해도 그렇게 크게 향상되지 않는다.

넓은 범위의 성장 속도 차이를 갖는 여러 가지 성장종의 존재(예: 자유 이온과 이온쌍)는 폭넓고 복잡한 몰질량 분포를 가진 고분자를 생성하게 한다. 그렇지만, 이온들 간의 상호전환 속도는 성장 속도에 비해 크기 때문에 그 영향은 몰질량 분포에 큰 영향을 미치지는 못한다. 따라서 빠른 개시 반응의 음이온 중합으로 얻은 고분자는 흔히 $\bar{M}_w/\bar{M}_n < 1.05$의 범위에 드는 좁은 몰질량 분포를 갖게 된다.

용매와 반대 이온은 성장의 입체화학에 영향을 미치는데, 이러한 관계는 6.2절 및 6.3절에서 논하기로 한다.

5.3.2.7. 실제 응용면에서의 문제

높은 반응성과 낮은 농도의 탄소음이온 활성 중심은 반응성 불순물(예: H_2O, CO_2, O_2)에 의한 영향으로 음이온 중합이 금지된다. 그러므로 모든 반응물과 용매들은 엄격히 정제하고 반응은 빈틈없이 깨끗이 봉인된 장치 내에서 불활성인 조건으로 진행되어야만 한다. 이를 위해 고진공 기술이 이용된다. 산성 수소들을 사이드기에 가지는 단량체들은 이러한 그룹을 보호된 형태로 가져야 하며 고분자가 형성된 다음에 보호를 해제시켜야 한

다. 예를 들어 펜던트 하이드록실기를 갖는 단량체는 트라이메틸실릴 에터(trimethylsilyl ether) 형태로 사용되며, 카복실산기를 갖는 단량체는 트라이메틸실릴 에터 혹은 *tert*-뷰틸 에스터 형태로 반응시킨다.

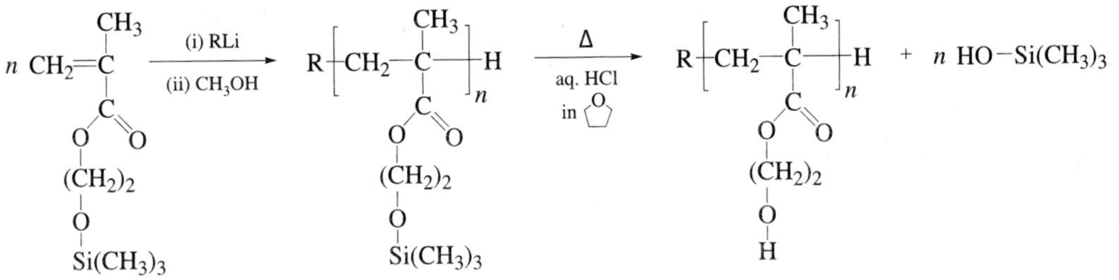

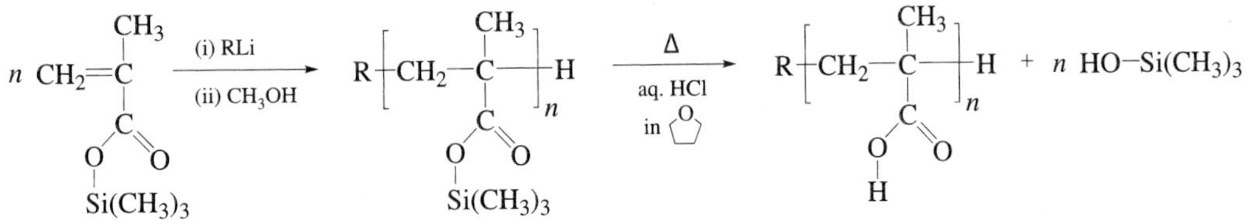

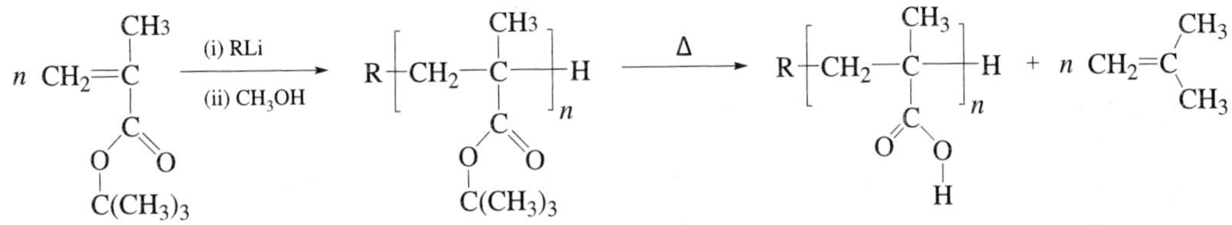

극성 단량체들의 음이온 중합은 극성기가 관계되는 부반응으로 인해 복잡하다. 예를 들어 아크릴레이트와 메타크릴레이트의 중합에서 개시제종과 성장 단계의 활성 중심들이 단량체나 고분자의 C=O기와 반응할 수 있다.

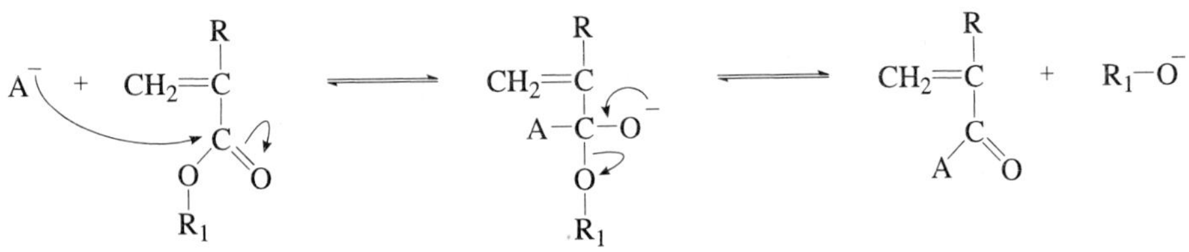

부반응에 의해 개시제의 손실, 사슬 성장의 정지 및 폭넓은 몰질량 분포를 갖는 고분자의 생성 등의 결과를 낳는다. 메틸 메타크릴레이트($R=R_1=CH_3$)의 경우, 부반응은 극성 용매, 낮은 온도, 부피가 큰 개시제(C=O기와의 반응이 입체적으로 방해되는), 큰 반대 이온 등을 사용하여 억제시킬 수 있다(예: 테트라하이드로퓨란, −75°C에서 큐밀세슘을 개시제로 사용).

잘 정의된 구조를 갖는 고분자를 생산할 수 있는 장점으로 인해 위의 여러 가지 어려운 조건에도 불구하고 음이온 중합은 널리 사용되고 있다. 따라서 좁은 몰질량 분포의 고분자, 말단 작용기를 가진 고분자, 그리고 잘 정의된 블록 공중합체(무엇보다도 중요)를 음이온 중합을 사용하여 얻을 수 있다(9.4.2.1절 참조).

5.4 기이동 중합

기이동 중합(group transfer polymerization)은 1983년 DuPont의 Webster와 그의 동료 연구자들에 의해 처음으로 보고되었고 메타크릴 단량체들의 중합에 가장 적절하다고 하였다. 성장 단계에서는 Michael 첨가에 의해 말단 실릴 케텐 아세탈과 단량체 간의 반응이 포함되어, 첨가되는 단량체에 실릴기 이동이 일어나서 새로운 실릴 케텐 아세탈 말단기를 생성한다. 중합은 단량체 실릴 케텐 아세탈에 의해 개시되며 보통 음이온(예: F^-, HF_2^-, $MeCO_2^-$, $PhCO_2^-$)에 의해 촉매 작용이 이루어지지만 Lewis 산(예: $ZnBr_2$, Al^iBu_2Cl)에 의한 경우도 있는데, 이들의 작용은 잘 알려지지는 않았지만 실릴 케텐 아세탈보다는 단량체를 활성화시키는 것으로 생각된다. 다음의 반응에서는 메타크릴레이트 단량체를 다이메틸케텐 메틸 트라이메틸실릴 아세탈 개시제와 트리스(다이메틸아미노)설포늄 이플루오린화[(tris(dimethylamino)sulphonium bifluoride) 화합물 촉매를 사용하여 기이동 중합시키는 경우를 나타내었다.

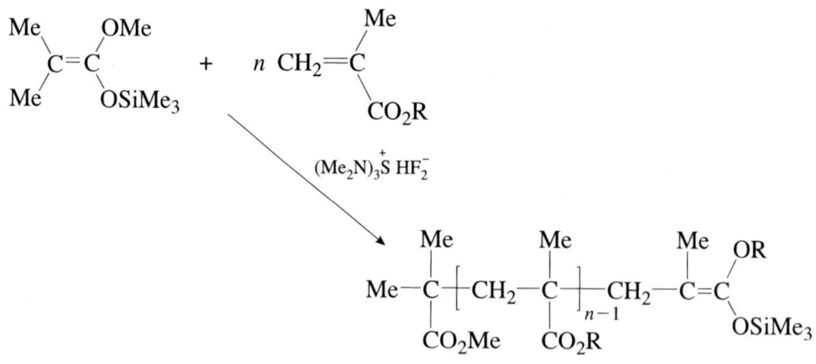

5.4.1 기이동 중합의 메커니즘

원래, 기이동 중합의 성장 반응은 음이온(여기서는 일반적인 친핵체; Nucleophile Nu^-)이 실리콘 원자와 회합하여 트라이메틸실릴기의 이동을 활성화시키는 다음의 **회합성 (associative)** 메커니즘으로 진행된다고 믿어졌다.

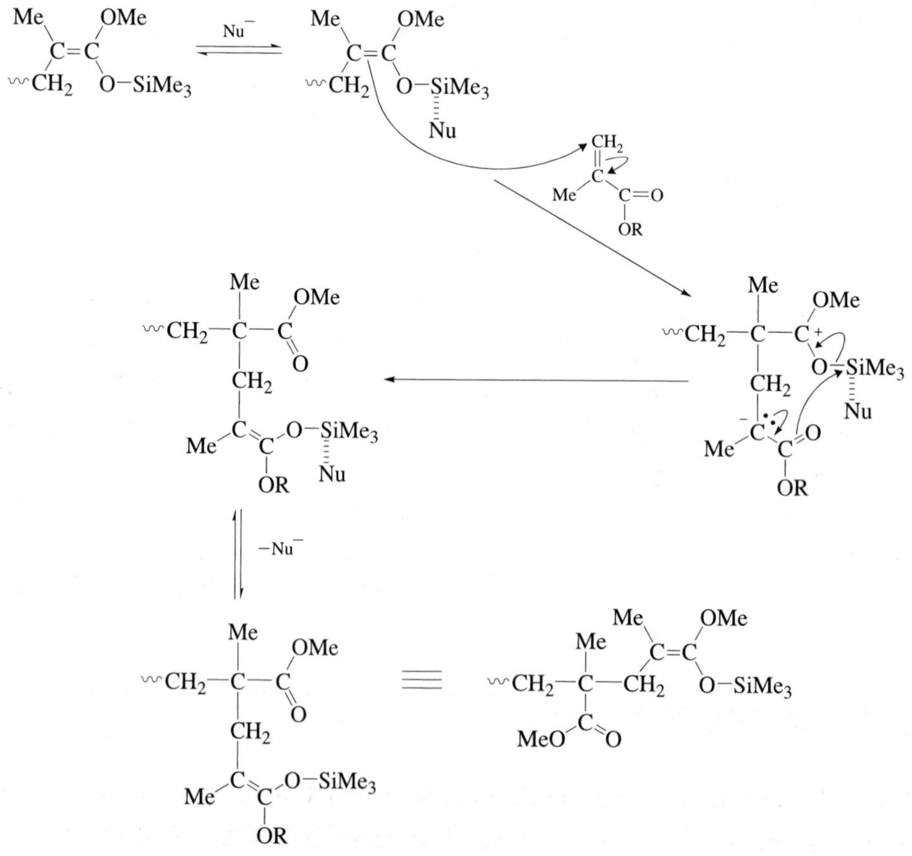

그러나 기이동 중합에 대한 연구가 진행되면서, 회합성 메커니즘이 여러 가지 관찰된

내용(예: 에스터 엔올레이트, C=C(OR)−O⁻가 기이동 중합에서 개시제와 촉매로 동시에 작용하는데, 음이온의 농도를 높이면 중합 속도가 증가하지 않고 반응을 정지시키는 현상)과 서로 일치하지 않는다는 사실이 분명해졌다. 현재는 자유 엔올레이트(enolate) 이온이 성장 반응에 기여한다는 **비회합성(dissociative)** 메커니즘에 대한 매우 강력한 증거가 있으며, 중요 부분을 다음 그림에 나타내었다.

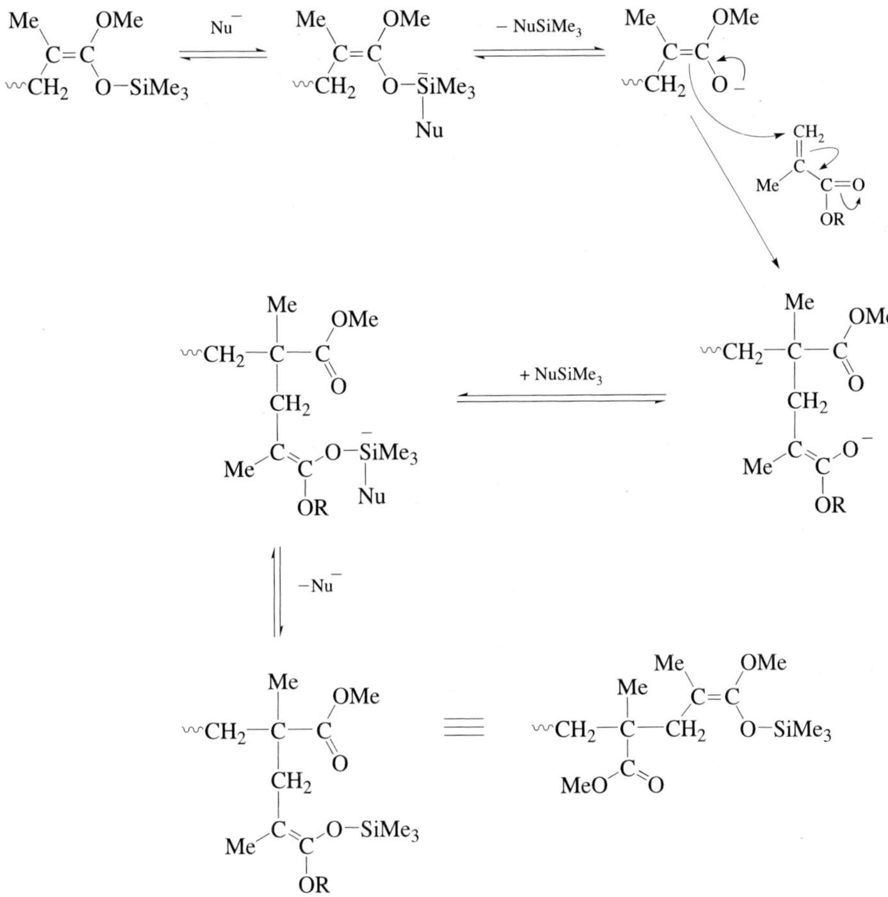

비록 하나의 성장 반응만을 나타내었지만, 몇 가지의 단량체 첨가 반응이 $NuSiMe_3$이 엔올레이트에 다시 첨가되기 전에 일어난다. 이러한 비화합성 메커니즘은 기이동 중합이 음이온 중합의 특별한 형태임을 잘 나타내고 있다.

5.4.2 기이동 중합의 실제 문제 및 응용

기이동 중합은 활성 수소를 갖고 있는 화합물에 의해 급격히 정지하므로 엄격히 건조되고 정제된 반응물과 용매를 사용하여 건조한 조건에서 이루어지도록 해야 한다. 이러한 주의를 잘 지키면 리빙 중합체가 형성되어 Poisson 분포를 갖는 몰질량이 양호하게 얻어진다(5.3.2.4절). 활성 수소를 갖는 단량체 (예: 메타크릴산, 2-하이드록시에틸-메타크릴레이트)는 트라이메틸실릴 유도체(예: $-CO_2SiMe_3$, $-OSiMe_3$)를 사용하여 보호될 수 있으며, 고분자가 형성된 후 가수분해에 의해 쉽게 복원된다(5.3.2.7절 참조).

기이동 중합은 보통 50~80°C에서 진행되는데, 이는 음이온 중합에 비해 매우 높은 온도이다. 이는 해당 온도에서 음이온 중합을 저해하는, 5.3.2.7절에 보인 부반응이 메타크릴레이트의 기이동 중합에서는 사슬 이동의 첫 번째 단계에 해당하기 때문이다. 되물기(backbiting) 역시 유사한 단계에 의해 일어나며, 말단의 사이클로헥산온 고리 구조를 형성한다.

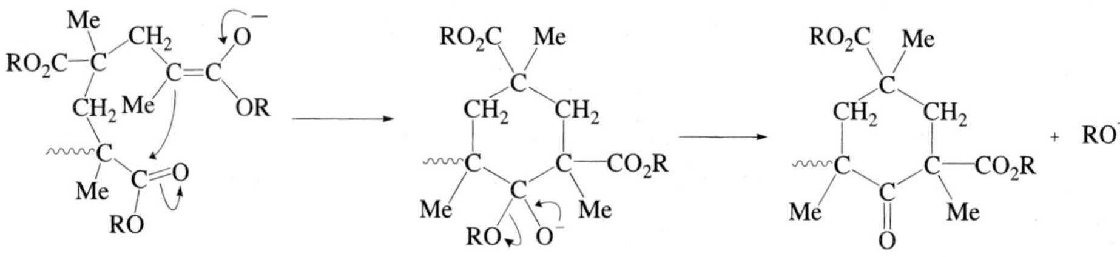

두 경우 모두, 생성된 알콕사이드 이온이 실릴 케텐 아세탈 말단기와 반응하여 알킬트라이메틸실릴에터($ROSiMe_3$)를 형성하고 엔올레이트 이온을 내놓아 계속적인 성장 반응을 가능하게 한다. 하지만 되물기 반응은 아크릴레이트 기이동 중합의 활성 중심을 잃게 하는데, 이는 알콕사이드에 의해 사이클로헥산온 고리 내에서 산성의 사차 수소 원자가 빠지면서 알코올(ROH)과 안정한, 성장 반응에 참여하지 않는 엔올레이트가 생성되기 때문이다.

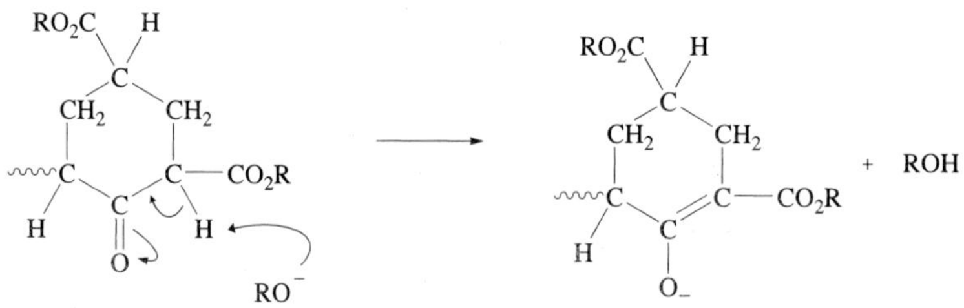

아크릴로나이트릴과 메타크릴로나이트릴은 기이동 중합에 의해 매우 빠르게 중합체를 형성하여 반응을 제어하기가 어렵다. 따라서 아크릴레이트, 아크릴로나이트릴 및 유사한 단량체들에 대한 고분자 제조가 가능하기는 하지만, 기이동 중합은 낮은 몰질량($< 50 kg\ mol^{-1}$)의 메타크릴레이트, 특히 작용성기를 가진 단일중합체나 공중합체를 만드는 데 최적의 방법임이 보고되었다.

기이동 중합은 양성자를 주는 기(예: 물이나 묽은 산)나 두 활성종의 짝지음(예: 다이할로젠화물)을 첨가하여 정지된다. 이러한 반응에 핵심적인 화학식을 다음에 나타내었다.

양성자첨가:

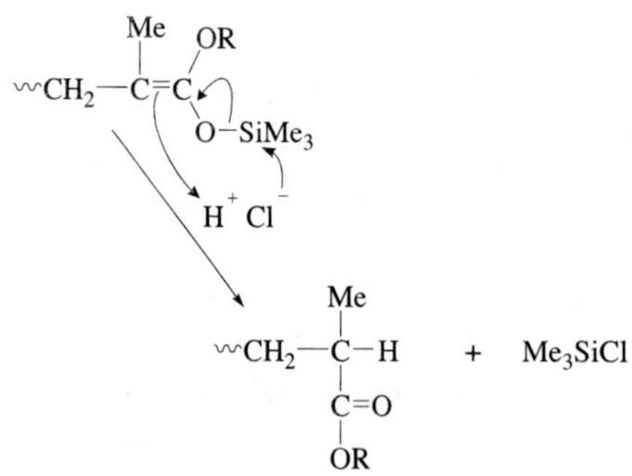

짝지음:

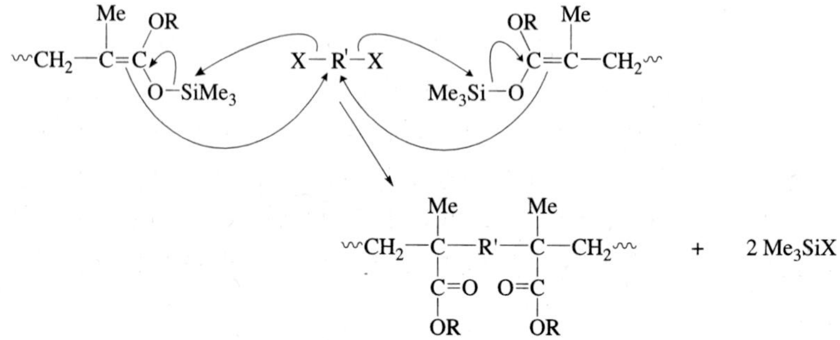

여기서 C=C 결합의 파이 전자는 이동하여 새로운 결합(H나 R′에)을 형성하고, O−Si 결합을 끊어지게 하며 결합 전자와 함께 새로운 C=O기에 파이 결합을 형성한다. 보호된 작용기를 갖는 개시제를 사용하는 방법과 마찬가지로, 이러한 정지 반응은 말단에 작용기를 갖는 고분자, 예를 들면 말단 카복실산을 가진 폴리(메틸 메타크릴레이트) 등을 손쉽게 얻도록 해 준다.

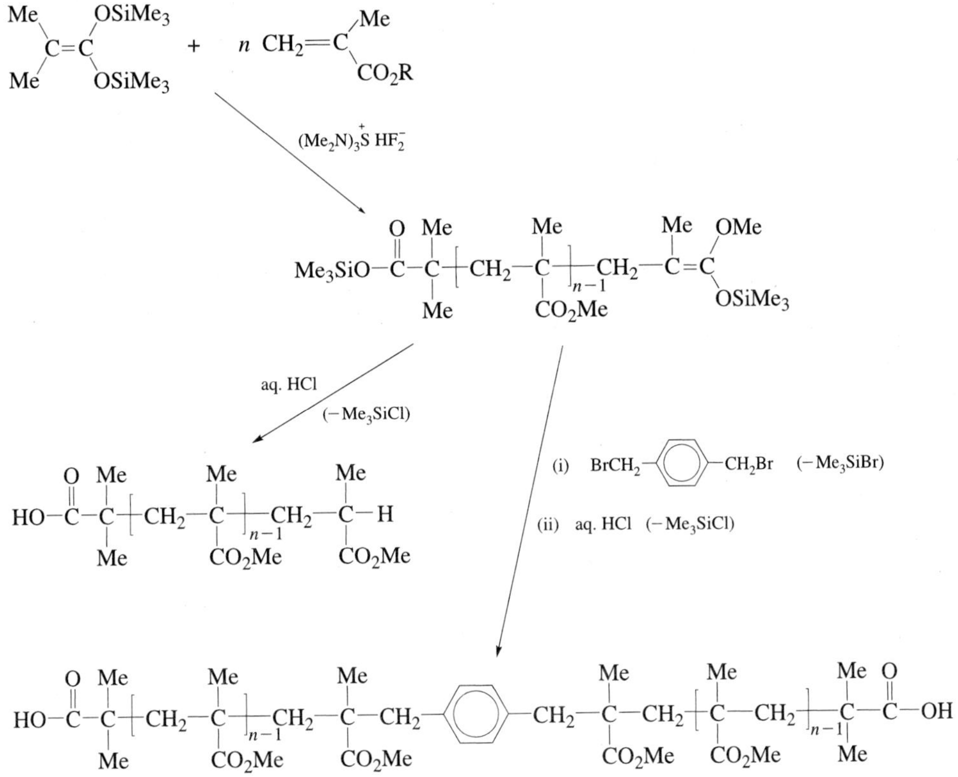

5.4.3 알돌 기이동 중합

기이동 중합 원리의 확장으로, DuPont의 과학자들이 **알돌 기이동 중합(aldol group transfer polymerization)**을 개발했는데, 개시제로 알데하이드와 Lewis 산 촉매를 써서 실릴 비닐 에터를 중합시켜 리빙 폴리(비닐 알코올)의 실릴화물을 얻는 것이다. 예를 들면 다음과 같다.

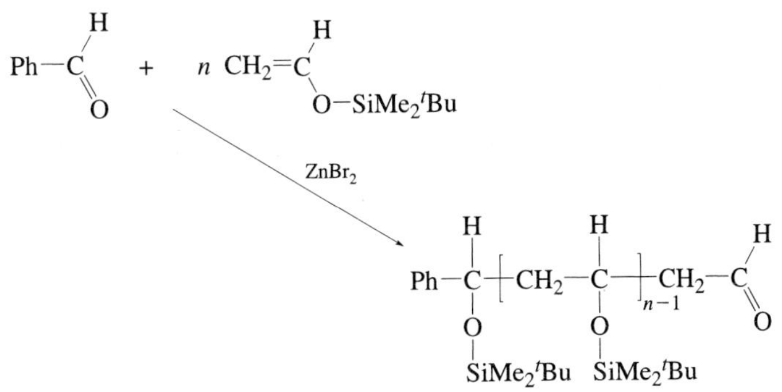

따라서 활성종은 알데하이드기로, 성장은 다음의 형태와 같은 메커니즘으로 진행된다고 할 수 있다.

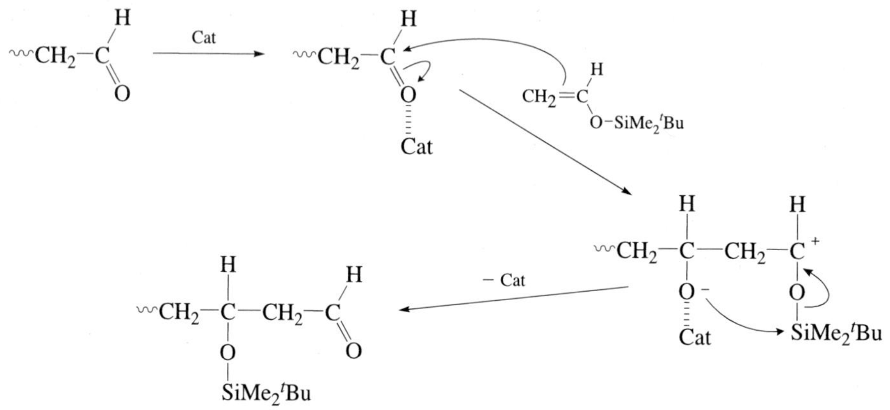

여기에서 촉매(Cat)는 알데하이드 반응을 활성화시키고 실릴기가 단량체에서 앞서 정지된 알데하이드 산소 원자로 이동되어 새로운 말단 알데하이드기를 형성한다. 그러므로 알돌 기이동 중합의 메커니즘은 가역-비활성화 양이온 중합(5.2.2절)과 유사성을 갖는다. 중합의 마지막 단계에서, 실릴 에터기는 산처리에 의해 하이드록실기로 변하여 폴리(비닐 알코올)이 생성된다.

문제

5.1 이염화 에틸렌을 용매로 한 208 g dm^{-3}의 스타이렌을 황산을 개시제로 하여 25°C에서 중합시켰다. 성장, 이온쌍 재배열, 그리고 단량체로의 사슬 이동 속도 상수가 각각 7.6 dm^3 mol^{-1} s^{-1}, 4.9 × 10^{-2} s^{-1}, 0.12 dm^3 mol^{-1} s^{-1}일 때 반응의 초기 단계에서 형성되는 폴리스타이렌의 몰질량을 구하시오.

5.2 25°C에서 테트라하이드로퓨란 용매와 나프탈렌화 소듐 개시제를 사용하는 스타이렌 중합에서 성장의 속도 계수는 550 dm^3 mol^{-1} s^{-1}이다. 초기 스타이렌 농도가 156 g dm^{-3}이고 나프탈렌화 소듐 농도는 3.02 × 10^{-2} g dm^{-3}일 때, 초기 중합 속도와 반응의 최종 전환율에서 생성되는 폴리스타이렌의 수평균 몰질량을 구하시오. 예상되는 몰질량 분포($\bar{M}_w/\bar{M}_n$)와 폴리스타이렌의 입체규칙도에 대하여 논하시오.

5.3 사슬의 양쪽 말단에 카복실산기를 가진 선형 폴리(*n*-뷰틸 메타크릴레이트)를 (a) 양이온 중합과 (b) 기이동 중합에 의해 어떻게 합성할 것인지 제시하고 반응의 화학식을 나타내시오.

참고 문헌

Allen, G. and Bevington, J.C. (eds), *Comprehensive Polymer Science*, Vol. 3 (Eastmond, G.C., Ledwith, A., Russo, S., and Sigwalt, P., eds), Pergamon Press, Oxford, U.K., 1989.

Lenz, R.W., *Organic Chemistry of Synthetic High Polymers*, Interscience, New York, 1967

Mark, H.F., Bikales, N.M., Overberger, C.G., and Menges, G. (eds), *Encyclopedia of Polymer Science and Engineering*, Wiley-Interscience, New York, 1985–1989.

Matyjaszewski, K. and Sigwalt, P., Unified approach to living and non-living cationic polymerization of alkenes, *Polymer International*, **35**, 1 (1994).

Odian, G., *Principles of Polymerization*, 4th edn., Wiley-Interscience, New York, 2004.

Sawamoto, M., Modern cationic vinyl polymerization, *Progress in Polymer Science*, **16**, 111 (1991).

Stevens, M.P., *Polymer Chemistry: An Introduction*, 3rd edn., Oxford University Press, New York, 1998.

Webster, O.W., Group transfer polymerization: mechanism and comparison with other methods for controlled polymerization of acrylic monomers, *Advances in Polymer Science*, **167**, 1 (2004).

06 입체화학과 배위 중합

6.1 서론 – 중합의 입체화학

고분자의 성질은 사슬 골격 구조와 반복 단위의 화학 조성에 의해 좌우될 뿐 아니라 그 분자의 미세구조에 의해서도 크게 영향을 받는다. 반복 단위 내에서 원자들이 갖는 다양한 기하학적 구조 또는 배열, 그리고 고분자 사슬을 따라 다양한 반복 단위의 공간적 배열이 갖는 분포 등이 특히 중요하다.

서로 다른 분자 미세구조가 상이한 입체화학적 성장 단계 때문에 나타날 수 있다. 머리-꼬리형 및 머리-머리형 반복 단위 배열의 가능성은 이미 다루어졌는데, 입체 효과 및 에너지 차이 등의 이유로 배열의 입체선택성(regioselective)이 관찰되며, 머리-꼬리형 배열이 대부분의 고분자에서 얻어진다. 따라서 이 장에서는 머리-꼬리형으로 성장된 고분자만을 다루기로 한다. 모노 올레핀 및 1-3 다이엔에 대해 성장의 입체화학에 영향을 주는 인자에 대해 일반적으로 기술한 후 라디칼 및 이온 중합에서 이들을 제어하는 방법에 대해 설명하고자 한다. 성장 단계에서 단량체를 강하게 배위시키는 등 보다 전문적인 중합 방법도 소개할 것인데, 이들은 입체화학을 효과적으로 제한하여 보다 매우 규칙적인 고분자를 생산할 수 있는 방법들이다.

6.2 입체규칙도

카이랄(chiral)이란 거울상이 중첩될 수 없는 물체(예: 사람의 손이나 발)를 묘사하는 용어이다. 분자 카이랄성이란 매우 중요하며, 자연적인 생화학적 특성 제어에 사용된다. 가장 단순한 카이랄 분자는 네 개의 다른 기가 붙은 **비대칭(asymmetric)** sp^3-혼성화 탄소 원자이다. X와 Y의 서로 다른 두 가지 치환기를 가진 단량체 $CH_2{=}CXY$로부터 형성된 고분자는 반복 단위에 두 가지 차이가 있는 배열을 갖는다.

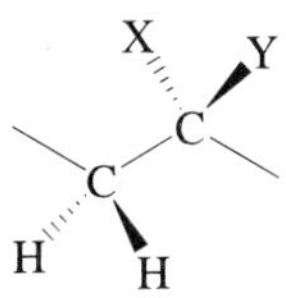

그리고

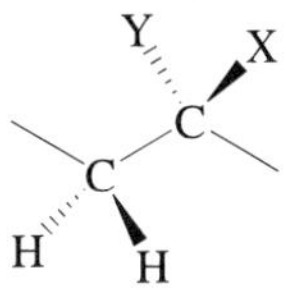

여기서 ▼와 ⋮의 표시는 종이 표면에 대해 위와 아래쪽으로 뻗은 결합을 의미한다. 반복 단위에서 이러한 두 가지 **입체이성질체(stereoisomer)**는 결합 회전으로 상호교환이 되지 못하므로 각각 존재하는데, 치환된 sp^3-혼성화 탄소 원자가 비대칭이기 때문이다. 비대칭 탄소 원자(카이랄 중심)를 갖는 간단한 유기 화합물과는 달리 고분자에서 위의 입체이성질체는 광학 활성이 없는데, 그것은 탄소에 붙어 있는 나머지 고분자 사슬들이 거의 동일하기 때문이다. 그럼에도 불구하고, 반복 단위에 두 가지 다른 이성질 형태가 존재하는 것과, 특히 그것의 분포가 고분자 사슬을 따라 나타나는 것은 매우 중요하다. **아이소택틱**

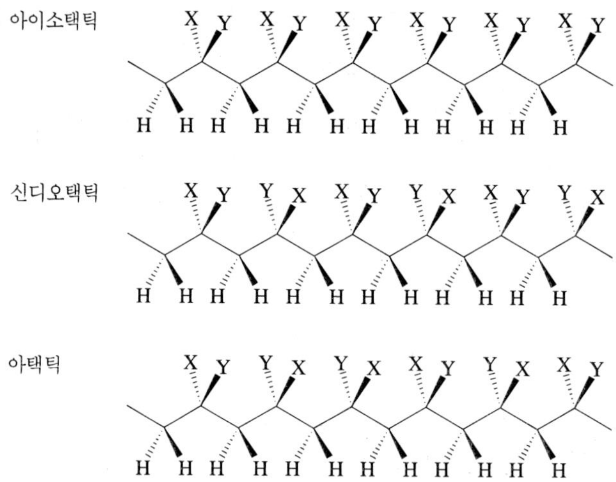

그림 6.1
CH_2=CXY형 단량체에서 형성된 다른 입체화학적 형태의 고분자들.

(isotactic) 고분자에서는 모든 반복 단위가 동일한 배열(configuration)을 갖는 반면에 **신디오택틱(syndiotactic)** 고분자에서는 인접하는 반복 단위 간에 교대로 배열이 다른 것이 나타난다. **아택틱(atactic)** 고분자는 불규칙하거나 임의의 두 배열을 가지고 있다. 이들 세 가지 입체 화학적 형태를 짧은 고분자 사슬 분절에 대해 그림 6.1에 나타내었다.

폴리프로필렌(X=H, Y=CH_3)은 입체규칙도(tacticity, 택티시티)의 중요성을 보여주는 좋은 예이다. 상용화된 폴리프로필렌은 본질적으로 아이소택틱이고 그의 규칙적 구조로 인해 결정성이다(약 65%). 상용화된 폴리프로필렌의 좋은 기계적 성질은 바로 결정성 부분에 기인하는 것이다. 반면, 아택틱 폴리프로필렌은 그 불규칙적 구조로 인해 결정화될 수 없어서 부드럽고 왁스 같은 무정형 재료이며 기계적 성질은 유용성이 없다.

고분자의 입체규칙도는 성장의 입체화학으로 조절된다. 그 기본적인 과정을 그림 6.2에 묘사하였다. 자유라디칼, 양이온, 음이온 중합에서의 성장 사슬 말단 활성 중심은 sp^2 혼성화되어 있다고 생각되며, 말단 p-오비탈에 자유 라디칼에서는 하나, 양이온인 경우는 없고, 음이온일 때는 두 개의 전자가 있다. 이러한 혼성화는 자유 라디칼이나 탄소양이온에서는 보통이지만 탄소음이온 활성 중심인 경우는 치환기들과 공명을 이루고 있다(치환기들과의 평면 구조를 이루기 위한 요건으로, sp^3가 sp^2 혼성화로 변화됨). 따라서 각각의 경우 말단 활성 탄소 원자 주위로 치환기들이 평면상에 가지런히 되면서 고분자의 입체 배열은 성장단계에서 단량체가 첨가되는 방향에 따라 결정된다. 그림 6.2에서와 같이, 말단 활성 탄소 원자에 붙어 있는 치환기의 배향이 끝에서 두 번째인 이웃 반복 단위의 비대칭 탄소 원자에 붙은 치환기의 배향보다 중요하며, 단량체가 첨가되는 쪽의 평면 활성 중심 방향이 중요한 영향을 준다. 보통, 같은 치환기 사이의 입체 장애 및 전기적 반발이 아이소택틱 배열보다는 신디오택틱 배열을 약간 더 우세하게 만든다. 이러한 경향은 온도가 내려가면 더욱 뚜렷이 나타나서, 낮은 온도에서 극성 용매하에 이온 중합을 하면 매우 규칙적인 신디오택틱 배열 고분자를 생성시킬 수 있다[예: 메틸 메타크릴레이트를 −78°C 테트라하이드로퓨란 용매에서 9-플루오레닐리튬(9-fluorenyllithium) 개시제를 사용하여 음이온 중합을 한 경우]. 이와 대조적으로 라디칼 중합에서 이용하는 비교적 높은 온도의 중합 조건에서는 본질적으로 아택틱 고분자가 형성되는 결과를 보이는데, 이것은 불규칙적인 미세구조로 인해 결정화되지 않는다.

이온 중합에서 만일 반대 이온이 고분자 사슬 말단의 단위 및 첨가되는 단량체와 강하게 배위하면 아이소택틱 규칙성이 높은 고분자가 생성된다. 그러나 이것은 비극성 용매에서는 얻기 어렵고 단량체가 강한 배위 능력을 할 수 있는 극성 치환기를 지녀야 한다(예: 양이온 중합: 비닐 에터; 음이온 중합: 메타크릴레이트 에스터). 이러한 극성 단량체로부터 높은 아이소택틱 규칙성의 고분자를 얻기 위해서는 저온, 비극성 용매에서 반응을 진행시키고 작은 반대 이온을 내는 개시제를 함께 이용하여 이온쌍 화합을 촉진시킨다[예:

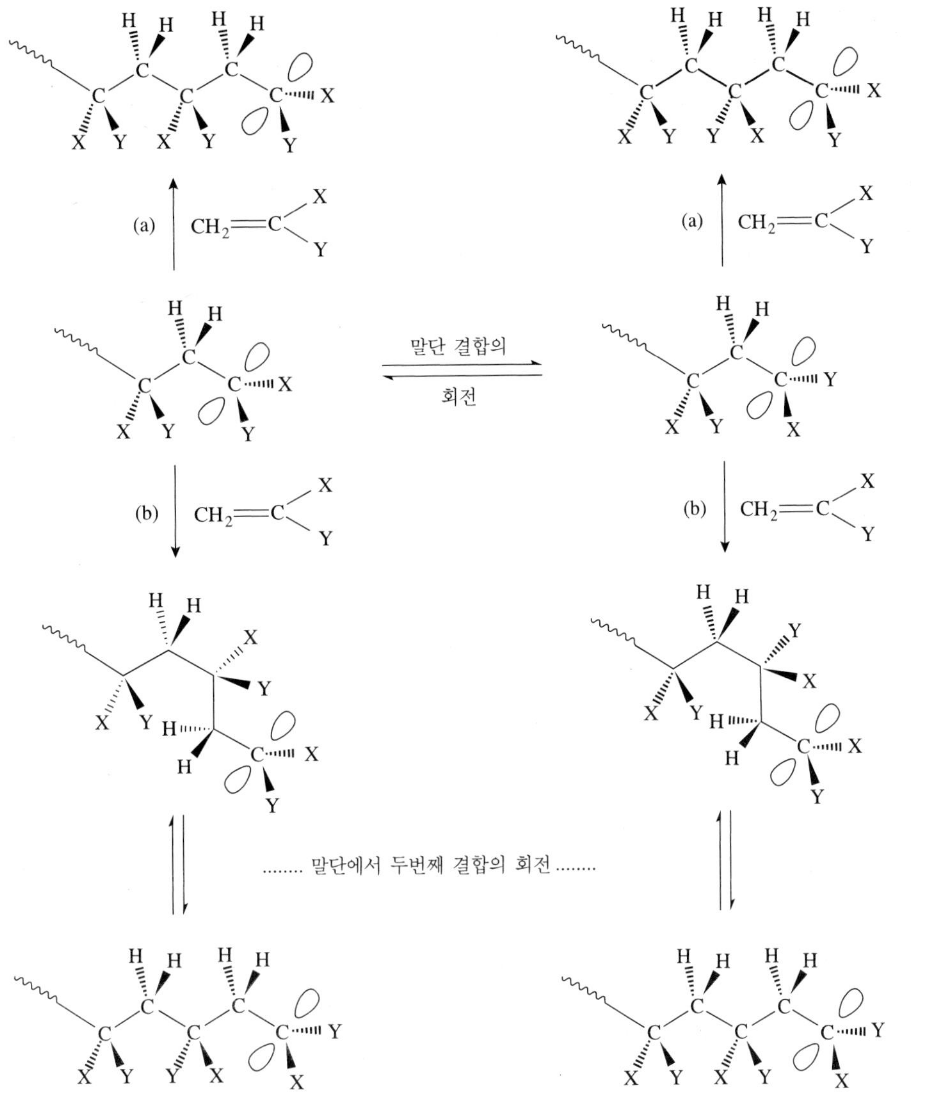

▶ **그림 6.2**
성장 단계 입체화학의 기본 특성; 활성 사슬의 말단에서 두 번째 C–C 결합 주위의 회전 및 단량체의 첨가 과정 (a) 위쪽에서 (b) 아래쪽에서 p-오비탈에 하나의 전자(라디칼중합), 전자가 없는(양이온 중합), 두 개의 전자를 갖는(음이온 중합) 평면상 sp^2 혼성화된 활성 탄소원자의 접근.

−78°C 톨루엔 용매; 양이온 개시제: 트라이플루오린화 붕소 에터레이트(boron trifluoride etherate); 음이온 개시제: 1,1-다이페닐헥실리튬]. 배위는 쉽게 깨어질(예: 극성 용매를 조금 가함) 수 있어서 입체화학적 조절이 소실되므로 현저히 신디오택틱이 많은 고분자가 생성된다. 비극성 단량체를 전이 금속과 배위시키면 중합되어 아이소택틱 고분자가 생성된다(6.4 및 6.5절 참조).

일반적으로 XCH=CHY형의 단량체로부터는 더 복잡한 입체규칙도를 가진 고분자가 얻어지는데, 주사슬에 있는 각각의 탄소가 비대칭성이기 때문이다. 그러나 이러한 구조의 단량체는 쉽게 단일중합체를 이루지 못하므로 여기서는 언급을 생략한다.

$CH_2=CX_2$ 형태의 단량체로부터 생성되는 고분자는 입체규칙도의 복잡성이 없는데, 이는 주사슬에 비대칭(카이랄 중심) 탄소 원자를 갖지 않으므로 입체규칙성(stereoregular)이 있는 상태만 존재하기 때문이다.

6.3 공액 다이엔으로부터 얻어지는 고분자의 기하 이성질화

가장 중요한 공액 다이엔류는 다음의 1,3-다이엔이다.

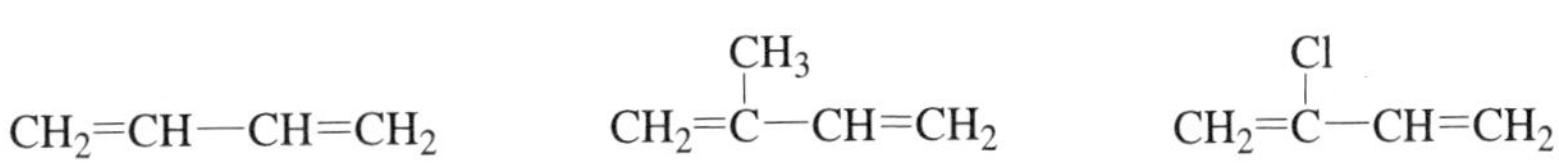

Butadiene　　Isoprene　　Chloroprene

이들은 일반적 구조인 $CH_2{=}CR{-}CH{=}CH_2$를 가지고 있다. 이러한 1,3-다이엔들이 고분자 사슬로 자라기 위한 기본적인 첨가 방법에는 네 가지가 있는데, 이들을 표 6.1에 나타내었다(뷰타다이엔인 경우는 R=H이어서 1,2- 및 3,4-첨가가 동일하므로 세 가지 유형만 있음).

폴리(1,3-다이엔) 내에서 반복 단위 이성질현상의 중요성은 자연계에 존재하는 폴리아이소프렌을 예로 매우 쉽게 설명할 수 있다. **구타 페르차(Gutta percha)**와 **발라타(balata)** 등은 대부분 *trans*-1,4-폴리아이소프렌이고 이들은 그 규칙적인 구조로 인하여 쉽게 결정화되고 단단한 물질이 된다. 그러나 **천연 고무(natural rubber)**는 *cis*-1,4-폴리아이소프렌으로서 덜 대칭적인 구조를 갖고 있어서 일반적인 조건에서 쉽게 결정이 되기 힘들므로 무정형 고무상 물질이 된다. 이들 구조가 갖는 규칙성에 대한 차이를 네 개의 머리-꼬리형 반복 단위를 갖고 있는 사슬 분절에 대해 도식적으로 나타내면 다음과 같다.

cis-1,4-polyisoprene

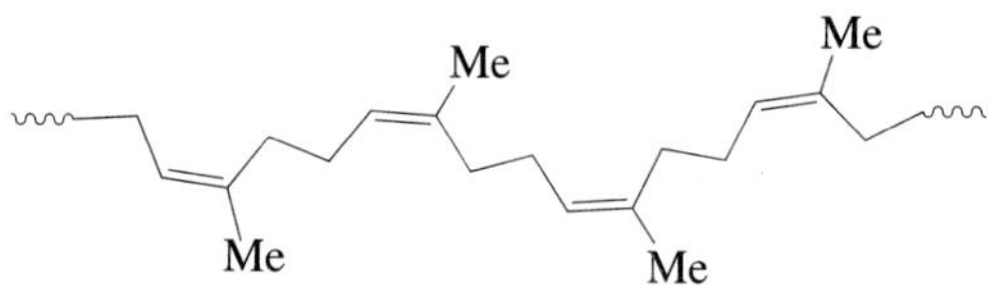

trans-1,4-polyisoprene

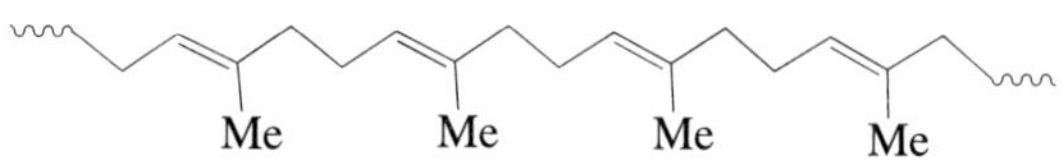

표 6.2에 다양한 중합 조건에 의해 제조된 뷰타다이엔과 아이소프렌의 단일중합체에서 서로 다른 반복 단위를 갖는 비율을 나타내었다. 이러한 비율을 결정하는 데 중요한 인자들은 다음과 같다.

1. 1,3-다이엔 분자의 입체형태(conformation)로, 성장 사슬에 첨가될 때 적어도 초기에는 첨가에 의해 새로운 활성 단위가 유지된다. 특수한 영향이 없는 한 그 분자는 시스 형태(cisoid) 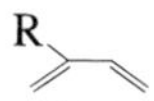 보다는 더 안정한 트랜스 형태(transoid) 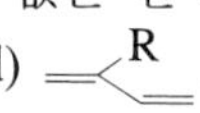 로 주로 존재하게 되어 *trans*-활성 단위가 우월하게 된다.
2. 활성 단위에 대한 다양한 구조들 간의 상대적인 안정성
3. 1,4-첨가에 대한 경우, 활성 단위가 각각 개별적으로 성장하는 속도에 대해 이들의 *cis*-와 *trans*- 형태들이 서로 이성질화하는 속도이다. 한 형태에서 다른 형태로의 변환은 공명과 결합 회전이 함께 작용한 영향에 의한 결과이다.

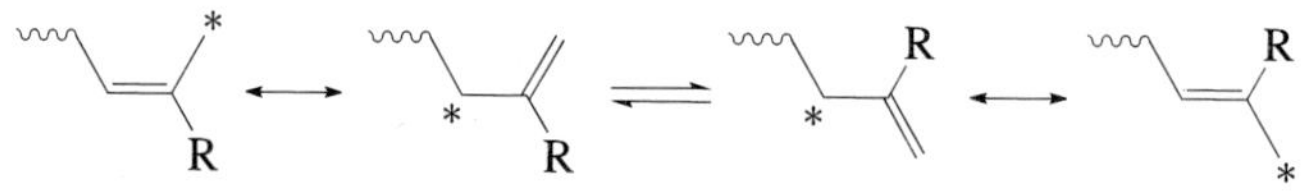

여기서 *는 하나의 전자 또는 양이나 음전하를 나타낸다.

자유 라디칼 중합에서는 특별한 효과가 없고, 다만 반응 온도를 낮추면 *cis*-1,4 반복 단위가 줄어들면서 *trans*-1,4 반복 단위 비율이 높은 고분자가 얻어진다. *trans*-1,4 첨가 반응이 선호되는 경향은 아이소프렌에서 더 두드러지는데 치환된 메틸기의 역할에 기인한다.

비극성 용매에서 Li^+을 반대 이온으로 한 음이온 중합은 *cis*-1,4 반복 단위 비율이 높은 고분자를 생성한다. 이들 조건에서 단량체가 성장 사슬에 첨가될 때 작은 Li^+ 반대 이온에 대한 강한 배위에 의해 시스 형태가 된다.

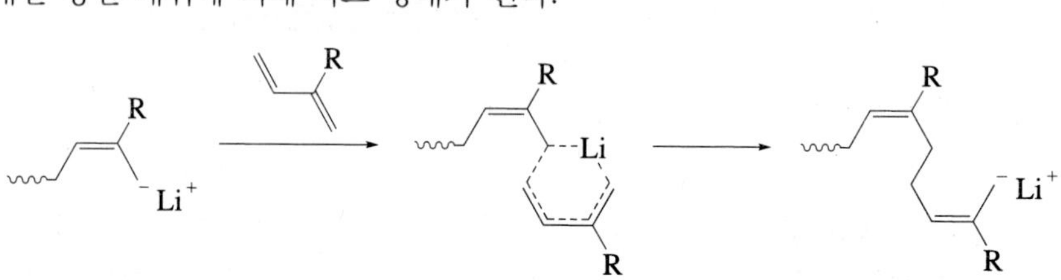

표 6.1 1,3-다이엔 (CH_2=CR−CH=CH_2) 이 첨가하여 고분자 사슬 (M_n^*)[a] 이 되는 기본 방식

첨가 방식	첨가 생성물	반복 단위 구조
1,2-첨가	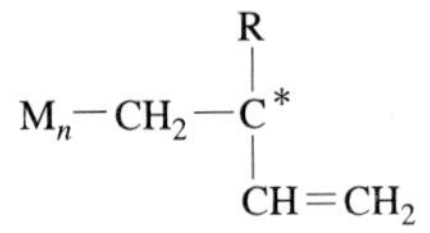	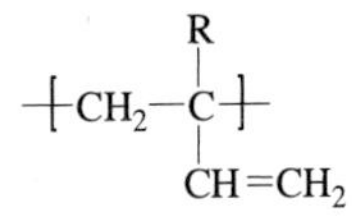
3,4-첨가	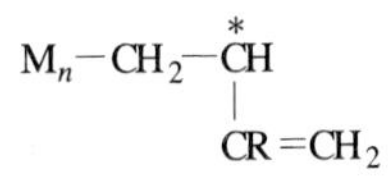	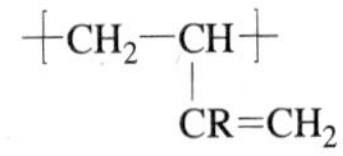
cis-1,4-첨가	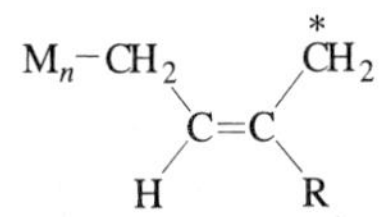	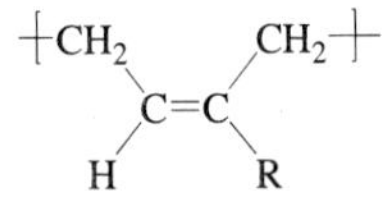
trans-1,4-첨가	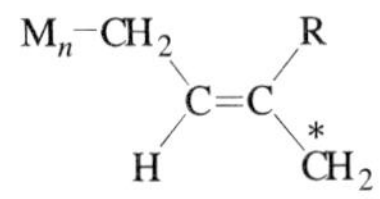	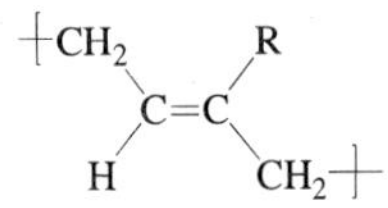

[a] 각 방법에 대해, 머리-머리형 혹은 머리-꼬리형 배열 가능성이 있으며 1,2-와 3,4-첨가에 대해 각각 아이소택틱 및 신디오택틱 배열이 추가적으로 존재함.

표 6.2 다양한 중합 조건하에 제조된 뷰타다이엔과 아이소프렌 단일중합체의 분자 미세구조

단량체	중합 조건	미세구조 (몰분율)			
		cis-1,4	*trans*-1,4	1,2	3,4
Butadiene	자유 라디칼 (−20°C)	0.06	0.77	0.17	-
Butadiene	자유 라디칼 (−20°C)	0.28	0.51	0.21	-
Butadiene	헥세인에서의 음이온 중합, Li^+ 반대 이온 (0°C)	0.68	0.28	0.04	-
Butadiene	다이에틸 에터에서의 음이온 중합, Li^+ 반대 이온 (0°C)	0.08	0.17	0.75	-
Isoprene	자유 라디칼 (−20°C)	0.01	0.90	0.05	0.04
Isoprene	자유 라디칼 (100°C)	0.23	0.66	0.05	0.06
Isoprene	사이클로헥세인에서의 음이온 중합, Li^+ 반대 이온 (30°C)	0.94	0.01	0.00	0.05
Isoprene	다이에틸 에터에서의 음이온 중합, Li^+ 반대 이온 (20°C)	⟵ 0.35 ⟶		0.13	0.52

따라서 초기 활성 단위는 *cis*-형태가 된다. 또한 활성 단위 내의 전자 밀도가 말단 탄소 원자에서 가장 크기 때문에 1,4 성장이 유리해진다. 단량체의 농도가 충분히 높으면, 활성 단위의 *cis*-형태의 성장 속도가 그의 이성질화 속도를 앞지르게 되어 *cis*-1,4 성장이 우세하게 된다. 아이소프렌의 중합에서는 활성 단위가 *cis*-에서 *trans*-로 이성질화되는 속도가 뷰타다이엔에 비해 훨씬 낮기 때문에 이 방법으로 폴리아이소프렌을 제조하면 매우 높은 비율의 *cis*-1,4 첨가가 이루어진다.

만일 음이온 중합을 비극성 용매에서 Li^+ 이외의 반대 이온을 사용하여 진행하거나 극성 용매에서 반응시키면 (어느 반대 이온이든지 상관없이) 입체화학적 조절을 잃게 되어 1,4-반복 단위의 비율이 현격히 줄어든다. 뷰타다이엔에서는 1,2-첨가, 아이소프렌에서는 3,4-첨가 형태가 각각 높은 비율이 되는데, 이는 배위 효과가 매우 약한 데에도 일부 기인하지만, 주로 극성 용매 내에서 활성 단위의 전자 밀도가 말단 탄소 원자에 비해 γ-위치가 되는 탄소 원자에서 가장 높기 때문이다.

양이온 중합은 공액 다이엔류로부터 단일중합체를 제조하는 데 별로 사용되지 않는데, 이는 부반응으로 고분자 사슬 내에 고리형 구조가 형성되어, 예상되는 잔여 불포화기가 많은 비율로 소진되기 때문이다.

6.4 ZIEGLER-NATTA 배위 중합

이온 중합으로 높은 입체규칙성 고분자를 생산하는 것은 특정 단량체, 특히 극성인 단량체에만 제한된다. 일반적으로 이러한 방법은 비극성 단량체의 경우는 적절하지 못한데, 이온 중합에 사용되는 반대 이온과의 사이에서보다 더 강한 배위 능력을 요구하기 때문이다.

삼산화 크로뮴(chromium trioxide)을 실리카에 담지시킨 촉매가 Phillips 석유에 의해 1952년 보고되었는데, 배위 메커니즘에 의한 에틸렌 중합으로 고밀도의 선형 폴리에틸렌(HDPE)을 얻었다. 이것은 자유 라디칼 중합에 의해 얻어지는 가지가 많은, 저밀도 폴리에틸렌(LDPE)에 비해 매우 높은 결정화도를 유지하므로 높은 밀도를 갖는다(4.2.4.2절 참조). 크로메이트(chromate) 혹은 크로마센(chromacene)의 화합물로부터 에틸렌 중합에 매우 높은 활성을 갖는 담지 촉매가 만들어지게 되었다. 그렇지만 이러한 Phillips 타입 촉매는 α-올레핀 중합에서는 입체화학적 제어 특성을 보이지 않아 고밀도 폴리에틸렌의 중합에만 주로 쓰인다.

1953년 Ziegler는 알루미늄 알킬 화합물과 전이 금속 할로젠 화합물로부터 얻은 촉매를 사용한 에틸렌 중합에서 선형 폴리에틸렌을 얻었음을 보고하였다. Natta는 이 새로운 중합법이 입체규칙성인 고분자를 제조할 수 있는 가능성을 재빨리 인식하였다. 그는 Ziegler가 사용한 촉매를 약간 변형하여 비극성 α-올레핀(예: 프로필렌)으로부터 높은 아이소택틱 입체규칙성의 선형 결정성 고분자를 얻을 수 있었다. 그들의 발견은 학계 및 산업에서의 중요성을 널리 인정받아 1963년 노벨 화학상을 공동 수상하게 된다.

6.4.1 ZIEGLER-NATTA 촉매

보통 **Ziegler-Natta 촉매**는 그 제조 방법에 따라 폭넓게 정의되는데, IV-VIII족 전이 금속(Ti, V, Cr, Zr 등)의 화합물(보통 할로젠화물)과 I-III족 금속(Al, Mg, Li 등)의 유기금속 화합물(알킬, 아릴이나 수소화물)을 반응시켜 얻는다. 이러한 Ziegler-Natta 촉매의 정의는 너무 광범위하여 이러한 반응들 모두가 다 입체규칙성 고분자를 생성하는 데 적합한 촉매를 생성하지는 않는다. 그럼에도 불구하고 각각의 단량체들에 대해서는 사용 가능한 많은 범위의 촉매들이 있다.

아이소택틱 고분자를 제조하는 데 유용한 촉매는 **불균일계(heterogeneous)**이다. 다시 말해서 이 촉매들은 중합이 이루어지는 용매 또는 희석제에 녹지 않는다. 이러한 촉매들의 활성 및 입체규칙성을 부여하는 능력은 중합에서 사용되는 조성이나 방법 등에 크게 좌우된다. 예를 들어 $TiCl_3$의 α-형은 아이소택틱 폴리프로필렌 합성에 쓰이는 촉매로 사용할 수 있지만 β-형은 입체화학적 조절 능력이 없는 촉매를 만든다. 만일 α-$TiCl_3$를 $AlEt_2Cl$과 함께 반응시켜 만든 촉매는 $AlEt_3$과 함께 만든 촉매보다 활성은 떨어지나 아주 높은 입체특이성을 부여한다. 또한 촉매 제조 시 에터, 케톤 그리고 에스터 등 Lewis 염기와 같은 전자 주개를 포함시키면 입체특이성이 증가되는데, 이때 활성이 낮아지지 않는 경우가 많다. 촉매를 볼밀링하면 활성이 향상되는데, 이것은 유용한 표면적을 높일 뿐만 아니라 결정 사이의 변이를 가져오기 때문이다.

더 높은 효능을 위해, 전이 금속이 결합을 이루거나 담체 내에 결정 격자를 차지하도록 하는 **Ziegler-Natta 지지 촉매**가 개발되어 왔다. 마그네슘 화합물들이 담체(예: $Mg(OH)_2$, $Mg(OEt)_2$, $MgCl_2$)로서 널리 사용된다. 예를 들어, 방향족 에스터(예: 에틸 벤조에이트) 존재하에 볼밀링으로 처리한 $MgCl_2$ 지지형 $TiCl_4$로부터 활성을 높이고 입체특이성도 향상시키는 촉매가 얻어질 수 있다.

촉매 제조 과정에 쓰이는 용매에 녹는 Ziegler-Natta 촉매(다시 말해 **균일, homogeneous**)는 입체화학적 조절 능력이 없어 사용이 제한적이다. 여기에도 주목할 만한 예외는 있는데, 예를 들어 바나듐 화합물(예: $VCl_4 + AlEt_3$) 기반의 용해성 촉매를 사용하여 $-78°C$

의 낮은 온도에서 프로필렌을 중합하면 신디오택틱 폴리프로필렌이 얻어진다. 또 하나의 예는 Ti와 Zr의 벤질 유도체로부터 얻어낸 균일계 촉매인데 이는 활성은 낮지만 아이소택틱 폴리프로필렌을 만들어낸다.

촉매 활성과 입체특이성을 제어하는 인자는 여기서 논의되지 않을 것인데, 복잡하고 완전히 파악되지 않는 점이 아직 많기 때문이다. 더구나 금속-탄소 결합으로 단량체가 첨가에 의해 성장이 전개된다는 실험적 증거가 명확한데도 아직 정의된 Ziegler-Natta 중합의 성장 메커니즘이 없다. 다음 절에서 α-$TiCl_3$를 트라이알킬알루미늄(AlR_3)과 반응시켜 얻은 불균일계 촉매에 관해 그동안 가정해 온 내용들을 기술하는 두 가지 대표적인 메커니즘을 소개한다.

6.4.2 성장: I-III족 금속-탄소 결합에서의 단량체 삽입

전이 금속에 배위된 단량체의 초기 극성화 후 I-III족의 금속과 탄소 결합으로 단량체가 삽입되면서 성장하는 과정에 대한 메커니즘이 몇몇 제안되었다. 두 개의 금속이 함께 관여되므로 이들을 보통 **이금속 메커니즘(bimetallic mechanisms)**이라고 한다. Natta가 제안한 한 가지 메커니즘의 예는 활성점이 Ti 원자 표면과 AlR_3 사이의 반응으로 형성된 전자 부족 브리지 착물이다. 성장은 다음과 같이 이루어지는데

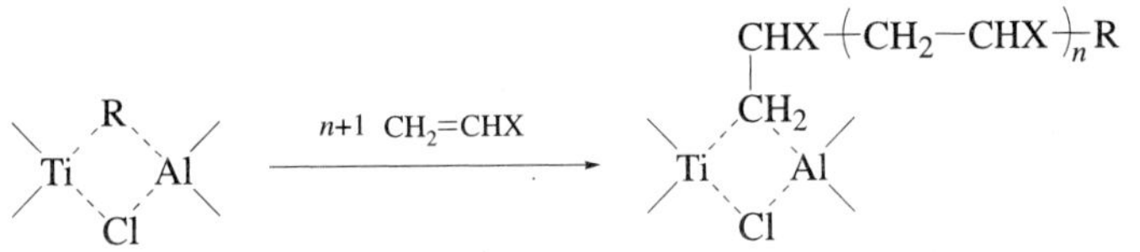

여기에서 주변의 리간드(Ti 원자에는 Cl, Al 원자에는 R)는 화학식의 이해를 명료하게 하기 위해 생략한다. 제안된 메커니즘은 다음과 같으며, 개시 반응으로 Ti 원자에 단량체가 배위되는 것을 나타내었다. 이후에 Ti—C 브리지 결합이 쪼개어져서 단량체가 육원자 고리형 전이 상태로 극성화된다. 단량체는 다시 Al—C 결합 사이에 끼어들어 브리지를 재형성한다.

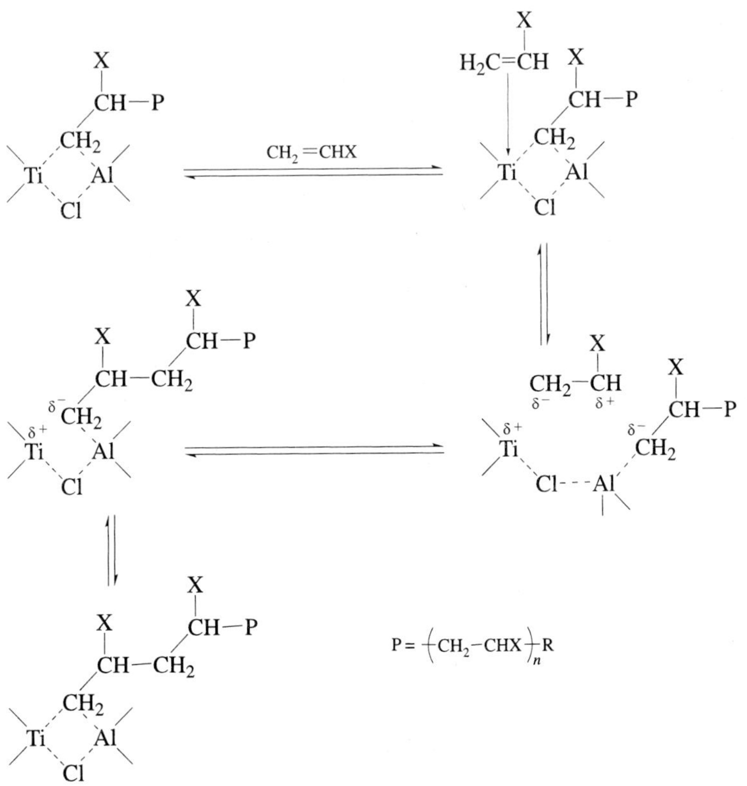

6.4.3 성장: 전이 금속–탄소 결합에서의 단량체 삽입

Cossee와 Arlman이 공동 제안한 **단일금속 메커니즘(monometallic mechanism)**이 가장 많이 받아들여지는 기구인데, 여기서는 단량체가 전이 금속–탄소 결합에 삽입되어 성장이 일어난다. 그들은 전기적으로 중성화되어 있는 α-$TiCl_3$의 결정에서 팔면체로 배위된 Ti 원자 표면에 Cl 공간(예: 빈 d-오비탈)이 있을 것으로 인식하고 AlR_3와의 반응으로 알킬화된 Ti 원자 표면이 활성점임을 제안하였다. 총괄 성장 반응은 다음과 같이 제시되었다.

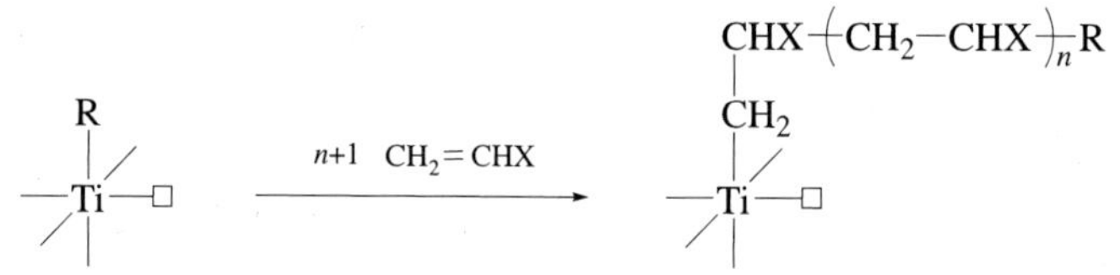

여기에서도 명료하게 하기 위해 주변 Cl 리간드들은 생략되었고 —□은 빈 d-오비탈을 의미한다. 메커니즘의 상세한 것은 다음과 같다. 처음에 단량체가 빈 d-오비탈에 배위된 후, 단량체는 고리형 전이 상태를 거쳐 Ti–C 결합 속에 삽입되고 사슬로 옮겨가는데, 이것이 원자의 움직임을 최소화하는 경로이다. 고분자 사슬은 이어서 원래의 위치로 옮겨가서 촉매 표면의 최초 활성점의 특성에 관련되는 입체화학적 제한요소를 유지하게 된다.

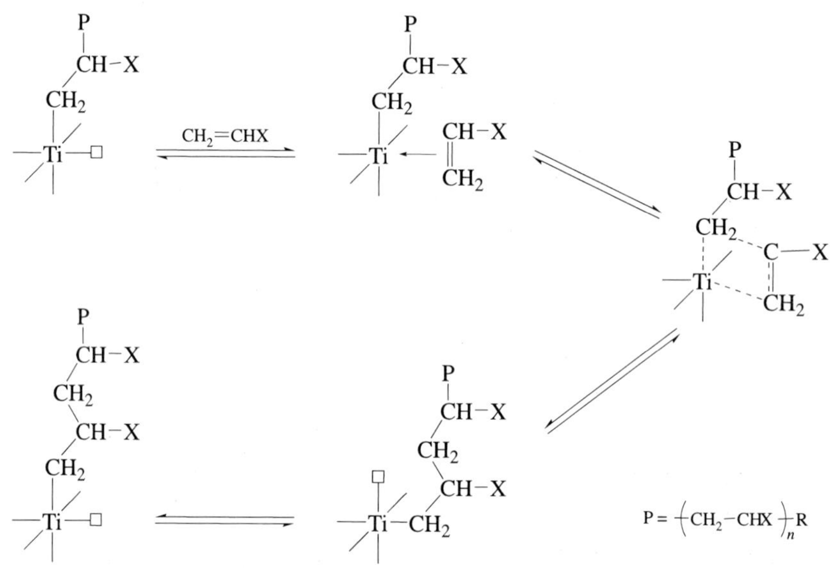

비록 사슬의 최종 원위치 이동이 아이소택틱 폴리머의 형성에 필수적이라고 이해되지만, 여기에는 논란의 여지가 있다. 가장 널리 받아들여지는 시각은 사슬의 최초 위치가 덜 복잡한 영역에 있으며 입체 장애의 혼잡을 경감시키는 것이 원위치 이동의 원동력이 된다는 것이다. 그렇지만, 사슬의 두 가지 위치가 단량체 배위 및 삽입에 동일한 제한 조건이 될 가능성도 있어, 이 경우 원위치 이동은 일어나지 않는다. 다시 말해 아이소택틱 배열은 원위치 이동이 일어나든 일어나지 않든 간에 생성된다. 이것은 Ziegler–Natta 촉매에서는 그 불균일성으로 인해 일어나기 어려운데, 메탈로신 촉매의 경우 적절한 설명일 것이다(6.5.2절 참조).

6.4.4 성장: 메커니즘적 개괄

성장의 정확한 메커니즘은 알려져 있지 않지만 실험적 증거로 널리 인정되는 기계적인 특성들이 알려져 있다.

1. 단량체는 초기에 촉매 표면에서 전이 금속 원자의 d-오비탈 공간에 배위된다.

2. 배위된 단량체의 배향은 전이 금속 원소 주위의 리간드와의 입체적 및 전기적 인력에 의해 결정된다. 하나의 특별한 배향은 가장 낮은 에너지를 가질 때이다.
3. 성장 단계는 배위된 단량체 분자가 금속-탄소 결합에 삽입되어 완료된다.
4. 단량체 분자가 금속-탄소 결합 사이에 삽입될 때의 배향이 새로 형성되는 말단 반복 단위의 비대칭 탄소 원자의 배열을 결정한다.
5. 배위된 단량체의 배향이 다른 어떤 배향보다 아주 낮은 에너지를 가지면 아이소택틱 고분자가 형성된다. 연속되는 각각의 단량체들은 같은 배위와 삽입이 이루어지므로 동일한 배형을 갖는다.
6. 세밀한 입체화학과 관계없이, 단량체 삽입 메커니즘은 항상 선형 고분자 사슬이 형성되는 쪽으로 기운다.

실험적인 증거들은 단량체가 전이 금속-탄소 결합 사이에 연속적으로 삽입되는 단일금속 메커니즘 쪽으로 유리하다. 나아가서 단량체의 메틸렌 탄소 원자는 항상 전이 금속 원자와 결합함이 밝혀졌다(예: $\mathrm{Cat{-}CH_2{-}CHX{\left(CH_2{-}CHX\right)}_nR}$ 이고, $\mathrm{Cat{-}CHX{-}CH_2{\left(CHX{-}CH_2\right)}_nR}$ 가 아니며, 촉매(Cat) 표시는 촉매 표면을 나타냄).

6.4.5 사슬 성장의 정지

비록 특징적인 정지 반응은 없지만, 몇 가지의 사슬 이동 반응이 가능하고 이들이 사슬의 성장을 정지시키게 된다. 잘 일어나는 반응의 일부를 다음과 같이 정리하였다.

(i) 내부 수소음이온 이동

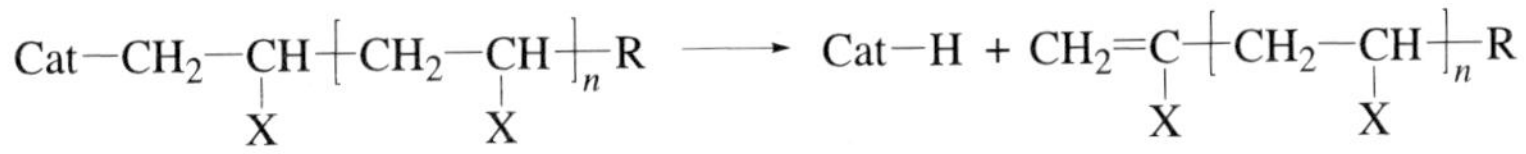

(ii) 단량체로의 사슬 이동

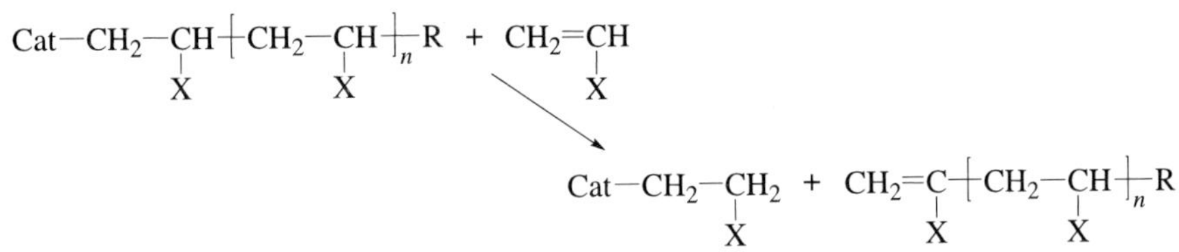

(iii) 유기금속 화합물(MtR_m)로의 사슬 이동

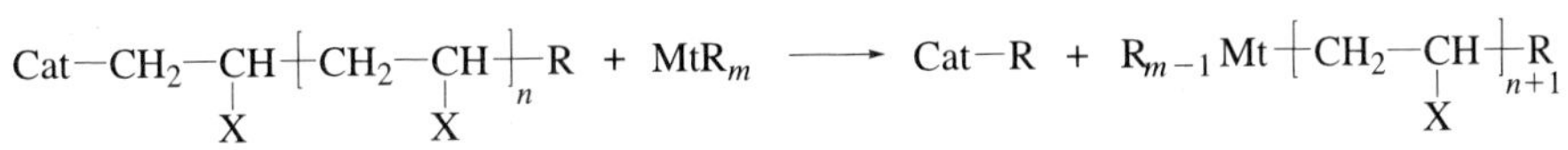

(iv) 활성 수소를 갖고 있는 화합물(H-T)로의 사슬 이동

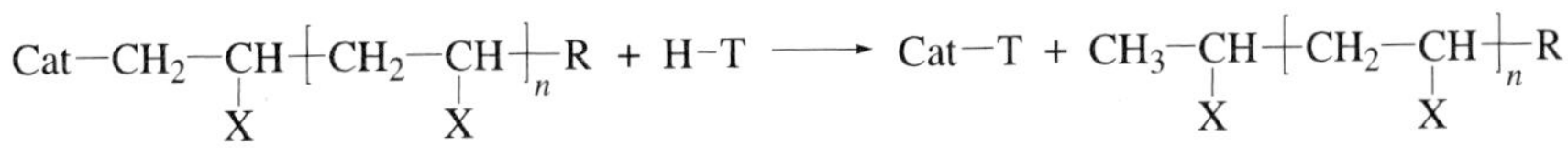

여기에서 Cat과 R은 일반 사용하는 뜻 그대로이고 Mt는 I-III군에서 산화수 m(예: Mt = Al, $m = +3$)인 금속이며, T는 활성 수소에 결합되어 있는 분자 조각이다.

보통의 중합 조건에서는 내부 수소음이온 이동은 무시되며, 사슬 이동에 의한 성장 사슬의 정지가 주로 일어난다. 흔히 고분자의 몰질량은 수소를 사슬 이동제로 사용하여 조절한다(즉, (iv)에서 T=H인 공정).

6.4.6 동역학

Ziegler-Natta 중합의 동역학은 반응의 불균일 특성으로 복잡하여 여기서는 개략적으로

만 검토한다. 중합 속도는 다음과 같이 주어지며,

$$R_p = k_p C_p^* \theta_M \quad (6.1)$$

여기서 k_p는 성장의 속도 계수, C_p^*는 활성 촉매점의 농도, θ_M은 단량체가 흡착된 자리의 분율이다.

불균일 반응에 대해 k_p는 s^{-1}의 차원을 갖는다. 보통 θ_M은 표준 흡착 등온항(예: Langmuir)으로 표현되며, 이것은 단량체, 유기금속 화합물, 그리고 다른 종(예: 수소)들이 활성 촉매점에 경쟁적으로 흡착되는 데 관계되는 평형값이다. 촉매 반응성은 보통 **활성(activity)**으로 표현되는데, 이는 단위 시간, 전이 금속의 단위 질량당 생성되는 고분자의 몰수로 나타내어진다. 상업적인 Ziegler–Natta 담지 촉매는 일반적으로 1g의 Ti를 사용하여 1시간 동안 1500~3000 kg의 고분자가 얻어지는 촉매 활성을 갖고 있다. 서로 다른 전이 금속에 기반한 촉매의 활성을 비교하는 경우, 그 원자량의 차이를 고려하여 전이 금속의 몰수를 기준으로 한다.

수평균 중합도 $\overline{x}_n$에 대한 일반식은 식 4.13을 적용하여 얻어질 수 있는데,

$$\overline{x}_n = \frac{k_p C_p^* \theta_M}{k_{ht} C_p^* + k_{trM} C_p^* \theta_M + k_{trA} C_p^* \theta_A + k_{trH_2} C_p^* \theta_{H_2}}$$

여기서 k_{ht}, k_{trM}, k_{trA}, k_{trH_2} 등은 각각 차례대로 내부 수소음이온 이동, 단량체로의 사슬 이동, 유기금속 화합물로의 사슬 이동 및 수소로의 사슬 이동의 속도 계수이다(모든 속도 계수는 s^{-1}의 단위를 갖는다). 그리고 θ_A와 θ_{H_2}는 차례대로 유기금속 화합물과 수소가 흡착되어 있는 활성 촉매점의 분율이다.

이 식을 반전시키고 간단히 정리하면 Ziegler–Natta 중합의 일반적 Mayo–Walling 식으로 만들 수 있다.

$$\frac{1}{\overline{x}_n} = \frac{k_{ht}}{k_p \theta_M} + \frac{k_{trM}}{k_p} + \frac{k_{trA} \theta_A}{k_p \theta_M} + \frac{k_{trH_2} \theta_{H_2}}{k_p \theta_M} \quad (6.2)$$

높은 단량체 농도(즉, 높은 θ_M)로 수소가 없는 계에 대해서는 식 6.2의 극한을 취하여 $\overline{x}_n = k_p / k_{trM}$으로 한다.

Ziegler–Natta 촉매의 불균일성 때문에, 같은 촉매 표면에서도 개별적인 활성점 사이의 활성에는 차이가 있으므로 **여러자리 촉매(multisite catalyst)**라 할 수 있다. 또한, 정지 반응은 주어진 활성점의 특성을 변화시켜 활성을 다르게 만든다(6.4.5절 참조). 분명히, 고분자 사슬은 낮은 활성보다는 높은 활성의 촉매점에서 빠르게 성장하므로 식 6.1과 식 6.2의 속도 계수는 평균값으로 간주되어야 한다. 각 촉매 활성점의 활성 차이의 결과로서 형성된 고분자는 전형적으로 $5 < \overline{M}_w / \overline{M}_n < 30$의 넓은 몰질량 분포를 갖게 된다.

6.4.7 실제 응용면에서의 문제

일반적으로 유기금속 화합물은 반응성이 커서 공기 중에 노출되면 자발적으로 인화된다. 이 같은 이유로 Ziegler–Natta 촉매들은 사이클로헥세인, 헵테인 등과 같은 탄화수소를 잘 건조시킨 용제 속에서 불활성 조건으로 제조, 사용한다. 일반적으로 중합은 50~150°C 사이에서 진행시키는데 온도가 상승함에 따라 중합 속도는 증가하지만 입체특이성은 떨어진다. 대부분의 촉매들이 입체규칙성 고분자를 생성시키지 못하는 활성점들을 갖고 있다. 그래서 결정성 아이소택틱 폴리(α-올레핀)을 제조하려면 보통 생성물로부터 용매 추출에 의해 무정형 아택틱 고분자를 제거하여야 한다.

에틸렌이나 α-올레핀의 중합을 위해 일반적으로 사용하는 공정은 담지된 불균일계 촉

매를 사용하며, 용액상, 슬러리, 기상 공정의 세 가지가 있다. **용액 공정(solution process)**은 고온(130°C 이상)에서 진행되며, 고분자가 생성될 때 사용된 탄화수소에 녹는 상태로 얻어진다. **슬러리 공정(slurry process)**은 좀 더 낮은 온도에서(50~100°C) 고분자가 탄화수소 희석액에 녹지 않고 침전되어 분산(또는 슬러리화)되는 것이다. 촉매 기술의 발전으로 **기상 공정(gas-phase process)**이 보다 많이 사용되고 있는데, 이것은 용제 혹은 희석제를 필요로 하지 않는 분명한 장점이 있다. 이 공정은 기상 단량체에 미립자인 촉매를 분산시켜 낮은 온도와 압력에서 조작된다. 각각의 공정들은 고밀도(선형) 폴리에틸렌, 아이소택틱 폴리프로필렌, 선형 저밀도 폴리에틸렌으로 불리는 에틸렌과 낮은 중간 레벨의 α-올레핀 공중합체[자유 라디칼 중합에 의해 생산되는 저밀도(높은 분지도의) 폴리에틸렌 단일중합체와 구분됨, 4.2.4.2절 참조]의 상업적 생산에 사용된다.

Ziegler–Natta 촉매를 사용하여 1,3-다이엔의 입체규칙성 고분자를 제조할 수도 있다. 그 예로, 96~97%의 *cis*-1,4 함유 폴리아이소프렌(예: 합성 '천연 고무')은 $TiCl_4 + Al^{i}Bu_3$로 얻어 지는 촉매를 사용하여 제조될 수 있다.

변형된 Ziegler–Natta 촉매를 써서 극성 단량체(예: 염화 비닐, 메틸 메타크릴레이트)로부터 입체규칙성 고분자를 얻으려는 시도가 이루어져 왔지만 성공하지 못하고 있다. 이들의 중합이 진행되어도 입체특이성이 없는 고분자가 얻어지므로 그것이 자유 라디칼 메커니즘으로 이루어지는 것으로 생각되고 있다.

1974년 Shirakawa는 기상의 아세틸렌을 고농도 $Ti(O^{n}Bu)_4$–$AlEt_3$ 촉매의 톨루엔 용액에서 Ziegler–Natta를 중합시켜 얻어진 높은 몰질량의 폴리아세틸렌 필름에 대한 뜻밖의 발견을 보고하였다. 이것은 유용한 형태의 폴리아세틸렌의 전도성을 실현시키는 데에 중요한 전환점이 되었고, 궁극적으로 전도성 고분자의 발견 및 개발에 대한 공로로 2000년 Shirakawa, Heeger, MacDiarmid의 노벨 화학상 수상으로 이어지게 되었다(25.3.4절 참조).

6.5 메탈로신 배위 중합

메탈로신은 두 개의 사이클로펜타다이닐(cyclopentadienyl, Cp) 음이온을 갖는 전이 금속(Mt)의 샌드위치형 유기금속 화합물이다. 가장 간단한 메탈로신은 Cp_2Mt의 일반 구조를 갖는데,

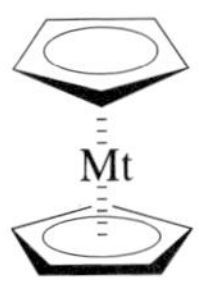

여기서 전이 금속은 +2의 산화 상태(예: 페로신, Mt=Fe과 타이타노신, Mt=Ti)를 가지며 ıııııı 표시는 배위 결합을 의미한다. 메탈로신 유도체들은 공통으로, 높은 산화 상태의 금속/또는 사이클로펜타다이닐 링(예: 지르코노신 이염화물 Cp_2ZrCl_2)에 붙은 첨가기를 갖는다.

메탈로신 유도체들은 Ziegler–Natta 중합법이 개발된 시점에 올레핀 중합을 위한 촉매로서 처음 연구되었는데, 부분적으로는 이들이 용해성(달리 말하면 균일계 촉매)이고 연구하기 용이하기 때문이었지만 이러한 초창기 연구는 그렇게 성공적이지는 못했다. 그렇지만, 1970~1980년대 Kaminsky의 연구에 의해 타이타노신이나 지르코노신과 메틸알루미녹세인(methylaluminoxane)의 반응이 에틸렌과 α-올레핀의 균일계 배위 중합에 사용되는 높은 활성의 촉매를 생성한다는 발견이 이루어지게 되었다. 이 발견에 의해 1990년대에 폴리올레핀의 상업적 제조를 위한 메탈로신 촉매의 급속한 발전이 촉진되었다.

6.5.1 메탈로신 촉매

타이타노신과 지르코노신 유도체들은 올레핀 중합에 영향을 미치는 촉매로서 주로 관심을 받았다. 현재까지 가장 중요한 메탈로신 촉매는 지르코노신 이염화물 유도체로, 메틸알루미녹세인(MAO)과의 반응에 의해 활성화되며, 여기서는 이러한 촉매 시스템에 대해 깊이 있게 다룰 것이다. MAO는 트라이메틸알루미늄의 제어된 가수분해에 의해 형성되는데, 올리고머 형태이기는 하지만 이것의 자세한 구조는 정확히 밝혀지지 못했다. MAO는 가장 일반적으로 다음의 선형 올리고머로 표현된다.

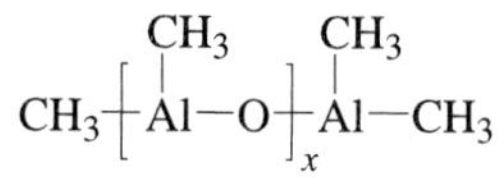

여기서 $x \approx 3{\sim}20$이지만, 고리형 올리고머, 올리고머 형태의 2D-사다리형, 올리고머 형태의 3D-클러스터 구조가 제안되었다. 이 중 3D-클러스터 구조가 가장 중요하게 생각된다. MAO의 영향은 복잡한데 이것은 지르코노신을 메틸화시켜 중합 촉매점을 형성하게 할 뿐 아니라 촉매점의 활성화, 비활성화, 그리고 재활성화 등을 포함하는 여러 가지 다른 반응들을 수반하기 때문이다. 이러한 반응들을 다음 절에 다루었다.

6.5.2 지르코노신: MAO 촉매를 사용하는 중합 메커니즘

촉매점은 지르코노신 이염화물로부터 MAO와의 메틸화 반응(두 개의 Cl 원자 중 어떤 쪽도 치환시킬 수 있으나, 아래쪽 Cl 원자의 경우만 다음 그림에 나타냄)에 의해 형성된다.

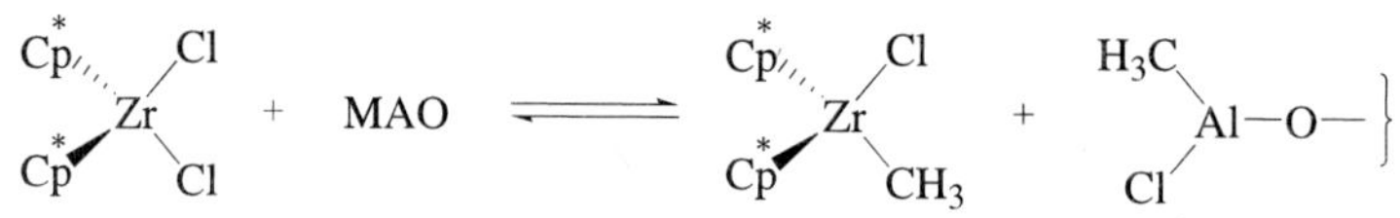

여기서 C_p^*는 고리에 치환기들을 갖는 사이클로펜타다이닐 음이온을 나타낸다. Ziegler–Natta 중합에 있어서 지르코노신: MAO 촉매를 사용한 성장 메커니즘은 논란의 주제가 되어 왔지만 MAO가 더 반응하여 이온쌍을 형성함으로써 촉매점을 활성화킨다는 것에 새로운 의견 일치를 보이고 있다. 이온쌍은 음이온 중합의 경우와 유사하게 자유 이온, 용매 분리형 이온쌍, 접촉 이온쌍 혹은 강한 배위(그리고 공유 결합 특성) 등으로 존재할 수 있는데 후자의 두 단계는 다음과 같이 표현된다.

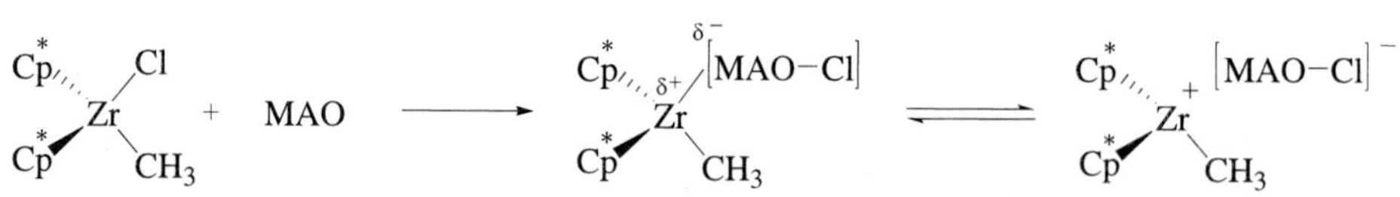

매우 과량의 MAO(예: Al:Zr 몰비가 3000 이상)가 필요하며, 이는 부분적으로는 MAO에서 소량의 알루미늄 원자만이 지르코노신의 활성화에 필요한 부착기를 갖는다는 점에 의해 설명되지만, 이미 설명한 MAO의 다른 반응들에 의해서도 역시 설명 가능하다. MAO는 메테인을 제거하는 수소 전달 과정에 의해 촉매점을 비활성화시킨다는 사실이 알려져 있다.

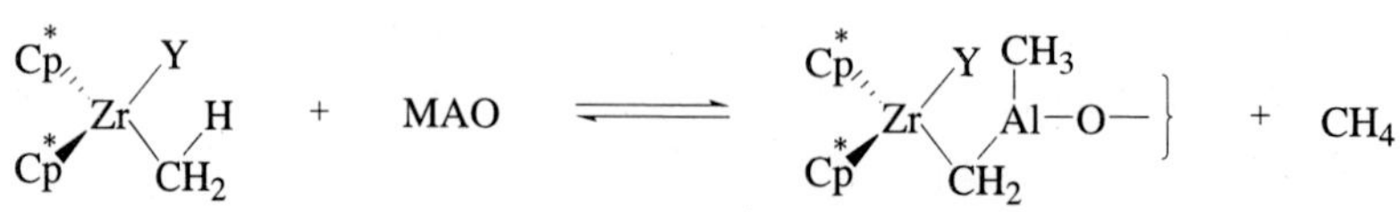

여기서 Y는 [MAO−Cl] 반대 이온을 나타내며, Zr−Y 결합의 산화 상태는 무시되었다. $-Zr-CH_2-Al-$ 종은 신속하게 만들어지지만 중합 촉매로서는 반응성이 없다. 따라서 MAO는 활성점을 재생시키는 추가적인 반응을 거친다고 생각된다.

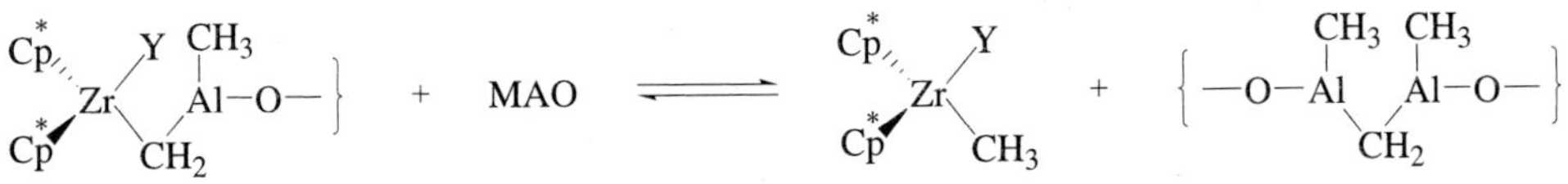

이러한 반응들 외에, MAO가 불순물 제거를 한다고 생각된다.

성장은 활성화된 Zr 원자에 단량체가 배위되면서 진행되며, 이어서 Zr—C 결합 사이로 단량체가 삽입된다. 성장은 위치선택성이며, 거의 항상 단량체의 메틸렌 탄소 원자가 Zr 원자에 붙도록 단량체 삽입이 이루어진다. 하지만 배위 및 성장의 자세한 메커니즘은 확실하게 정립되지 않았는데, 부분적 이유로는 반응의 중간 단계 검출이 어렵기 때문이기도 하지만 단량체와 Zr 원자 주위 리간드의 성질에 의존하기 때문이기도 하다. 대부분의 메탈로신 배위 중합이 소수성 용매에서 이루어지므로, 이온쌍은 약하게 분리되고 어떤 형태이든 이온 분리는 일시적이다. 그럼에도 불구하고 단량체 삽입 위치에서의 활성점은 양이온 특성을 갖고 그 메커니즘은 배위된 단량체에 의한 반대 이온의 초기 이동에 관련된다는 점에는 의견 일치가 되어 있다. 이후 단량체의 삽입은 이미 존재하는 사슬의 이동을 수반하는데, 이것이 삽입에 따른 원자 이동을 최소화하기 때문이다(Ziegler–Natta 중합의 단일금속 메커니즘과 유사함. 6.4.3절 참조).

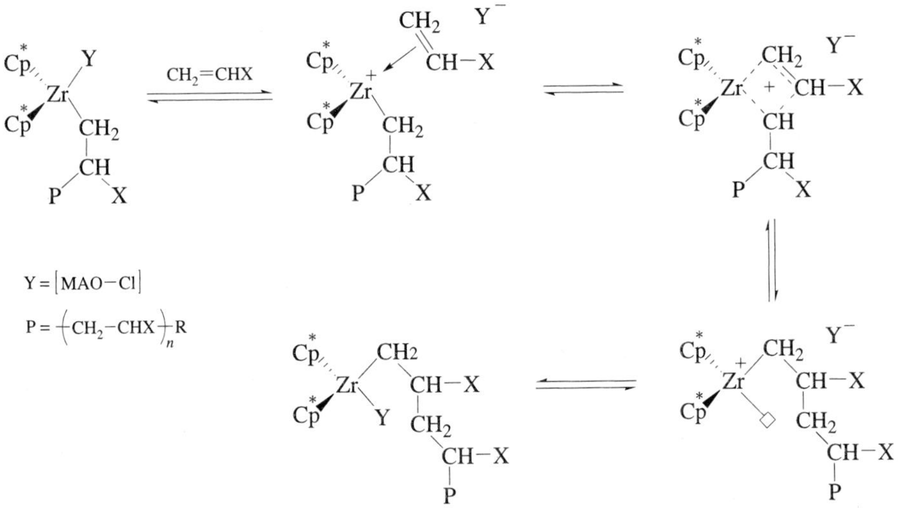

여러 가지 제안된 메커니즘 간의 차이점은 주로 단량체가 활성점에 접근하는 방향과 반대 이온의 해리 정도, 다시 말하면 메커니즘의 초기 단계에 있다. 위에 소개한 메커니즘은 단량체 배위 및 삽입이 잘 이루어지도록 Zr 원자로부터 충분히 멀리 떨어진 외각 반원상 위치에 단순하고 불완전한 반대 이온 분리가 생기는 조건을 잘 설명한다. 이온 분리는 몇 개의 연속하는 단량체 삽입이 이온이 재회합되기 전에 일어나도록 충분히 길 것으로 생각된다. Ziegler–Natta 중합의 단일금속 메커니즘과 달리, 메탈로신 성장 메커니즘은 사슬이 마지막에 원래 위치로 되돌려지지 않는다는 점에 주목하자. 따라서 구체적인 메커니즘에 상관없이, 성장은 다음과 같이 표현될 수 있다.

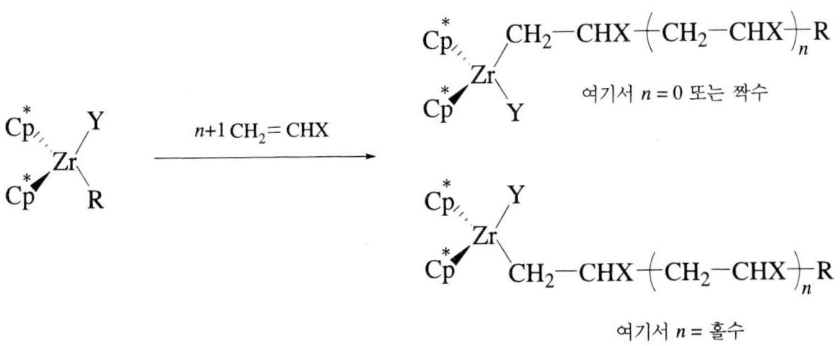

여기서 지로코노신: MAO 촉매에 대해 R=CH_3이다. 다른 메탈로신 촉매에 대한 성장 메커니즘은 지르코노신의 경우와 유사할 것으로 생각된다.

6.5.3 지르코노신에 의한 성장의 입체화학 제어

입체화학의 제어를 위해, 단량체가 양이온 Zr 원자로 배위될 때의 배향 조절이 활성점에서 선택적으로 가능해야 한다. 지금까지 고려된 지르코노신은 이러한 특성을 갖지 못하는데, 치환된 사이클로펜타다이닐 음이온이 회전하여 서로 다른 입체형태를 나타냄으로써 Zr 원자 주변에 서로 다른 입체화학적 제약을 주고 단량체 삽입 방식이 달라지기 때문이다. 회전은 성장에 비해 짧은 시간에 이루어지므로 아택틱(혼성배열) 고분자가 생성된다. 사이클로펜타다이닐 음이온에 붙은 큰 치환체는 회전 속도를 크게 저하시켜 **진동 지르코노신(oscillating zirconocene)**을 생성함으로써 몇 개의 연속하는 단량체 삽입에 충분한 시간 간격 동안 뚜렷한 입체화학적 형태를 얻게 한다. 예를 들어 비스(2-페닐리덴) 지르코노신 [bis(2-phenylindene) ziconocene] 이염화물로부터 만들어진 촉매는 두 개의 *anti*-회전형태(conformer) 사이에 느린 평형을 이루는데, 이는 선택적이며 아이소택틱 배열을 만들고, 하나의 *syn*-회전형태는 비선택적으로 다음과 같이 나타낼 수 있다.

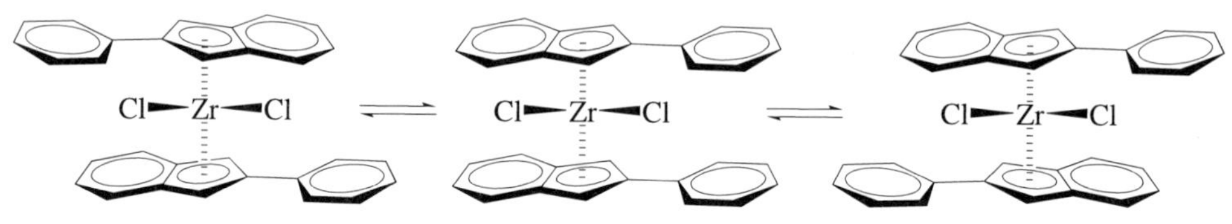

따라서 각각 아이소택틱과 아택틱 블록을 갖는 고분자 사슬을 생성한다[소위 **입체구역 고분자(stereoblock polymer)**]. 블록의 길이는 중합 온도가 낮아질수록(즉, 회전 속도가 낮을수록) 길어진다.

가장 흔히 쓰이는 완전한 입체화학적 제어는 두 개의 치환된 사이클로펜타다이닐 음이온이 브리지에 의해 서로 연결되어 고리 회전이 제한되는 *ansa*-지르코노신을 사용하여 얻어진다. $-CH_2-CH_2-$ 브리지를 갖는, *ansa*-비스인데닐지르코노신(*ansa*-bisindenylzirconocene) 이염화물로부터 유도된 촉매가 그 예이며, 다음의 세 가지 형태를 갖는다.

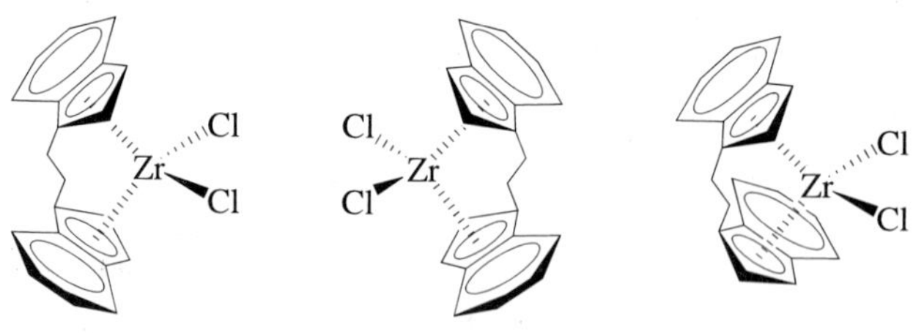

R-형과 *S*-형으로부터 얻어지는 카이랄 촉매는 특징적인 화합물이며 선택성이다. 각각은 아이소택틱 고분자를 만드는데, 이들 형태의 라세미 혼합물이다(각각의 형태가 독립적으로 혼합물 내에서 영향을 주므로). 반대로 *meso* 형태로부터 얻어지는 촉매는 비선택성이며 아택틱 고분자를 생성한다. *R*-형과 *S*-형으로부터 얻어진 촉매에서, 두 활성점은 동일하며(*ansa*-비스인데닐지르코노신 이염화물의 Cl 원자 위치들에 해당됨) 단량체 배위 및 삽입에 대해 동일한 제약 조건을 준다[두 위치에 대해 **대칭교환자리(homotropic)**라고 함]. 그러므로, 사슬이 어떤 위치에서 각각의 단량체가 연속적으로 삽입되며 다른 곳으로 이동할 때, 제약 조건은 동일하고 아이소택틱 배열이 형성된다. *ansa*-지르코노신의 세심한 설계를 통해 두 활성점이 **거울상자리(enantiotopic)**인 촉매를 제조하는 것이 가능하고, 단량

체의 배위와 삽입이 정반대로 이루어지는 제약조건이 되어 연속하는 단량체의 삽입에서 사슬의 위치 변화가 이루어지는 결과로써 신디오택틱 고분자가 만들어진다. 촉매 활성은 더 짧은 브리지[예: $Si(CH_3)_2$]를 사용하면 증가하지만, 결과적으로 생기는 열린 촉매점은 보통 낮은 입체특이성을 갖게 되고 이를 회복하기 위해서는 좀 더 부피가 큰 리간드가 필요하다. 이런 종류의 *ansa*-지르코노신에 대한 깊이 있는 연구의 결과로 1990년대에 α-올레핀으로부터 매우 입체특이성이 높은 고분자를 생산하는 기술이 상용화되었다.

Ziegler–Natta 배위 중합에서는 고유한 정지 반응이 없지만, 6.4.5절 (i)과 (ii)의 Ziegler–Natta 중합에 보인 것과 동일한 내부 수소 전이와 단량체로의 사슬 이동 반응이 개별 사슬 성장의 정지를 초래한다. 두 가지 반응 모두 C=C 말단의 고분자 사슬을 형성(Ziegler–Natta 중합에서와는 달리)하는데, 이것은 활성이 높은 메탈로신 촉매 및 고온에서 같이 성장에 참여해 긴 사슬의(보통은 낮은 정도의) 분지 형성에 기여한다. α-올레핀에서는, 내부 수소 전이가 촉진되며 반대 방향의 단량체 삽입(즉 단량체에서의 치환된 탄소 원자가 Zr 원자에 부착되는)이 일어나는데, 비록 자주 생기지는 않지만 Ziegler–Natta 중합보다는 메탈로신 중합에서 더 큰 범위로 생긴다.

6.5.4 메탈로신 중합의 동역학

활성점이 중합의 초기에 형성되고 메탈로신 촉매가 균일계이므로, 메탈로신 중합의 동역학은 불균일계인 Ziegler–Natta 중합보다 더 쉽게 예측되어야 한다. 간단한 해석에 의한 중합 속도식을 나타내었다.

$$R_p = k_p C_p^*[M] \tag{6.3}$$

여기서 k_p는 성장의 속도 계수(보통 $dm^3\,mol^{-1}\,s^{-1}$의 단위를 갖는데 이는 균일계 중합이기 때문임, 6.4.6절 참조)이고, C_p^*는 활성 촉매점의 농도이며, [M]는 단량체의 농도이다.

실제로, [M]에 관한 반응 차수는 주로 1과 2 사이가 된다. 이에 대한 이유는 논쟁거리로 남아 있는데, 하나의 이유는 단량체의 삽입 단계가 단량체의 두 번째 분자가 매우 근접함으로 인해 촉진된다는 것으로, 이는 여러 다른 방식으로 해석될 수도 있는 가정이다. 예를 들어, 활성점이 단량체 배위에 의해 형성되고 이 단량체의 삽입은 접근하는 두 번째 단량체 분자에 의해서만 촉진된다고 하면, $C_p^* = C_p[M]$ (여기서 C_p는 메탈로신 : 활성화제 촉매점의 농도; 예: Cp_2ZrCH_3:MAO−Cl 점)이고 따라서 $R_p \propto [M]^2$이다. 실험적으로 관찰된 1과 2 사이의 부분적 차수는, 단량체의 두 번째 분자가 없을 때에도 성장은 여전히 계속되는데($R_p \propto [M]$), 단량체의 두 번째 분자가 있을 때보다는 낮은 속도를 갖는다는 사실에 기반하여 합리화되었다. 이 경우, 간단한 해석에 의해

$$R_p = k_p^{slow} C_p[M] + k_p^{fast} C_p[M]^2 \tag{6.4}$$

여기서 k_p^{slow}, k_p^{fast}는 각각 두 번째 단량체 분자가 있고 없을 때의 성장 속도 계수이다. 따라서 두 가지 모드의 성장 사이의 균형이 [M]과 관계된 전체적인 겉보기 반응 차수를 결정한다. 실제 상황은 식 6.4에 나타난 것보다는 더 복잡한데, 이는 각각 성장 단계가 활성점의 특성에 따라 변하기 때문이다. (즉 단량체는 배위될 수도, 배위되지 않을 수도 있음). 또 다른 해석은 활성점이 활성 및 비활성 상태 간의 평형에 있다는 것이다. 이러한 부분에 대한 이해를 위해서는 메탈로신 중합에 대한 리뷰, 논문, 학회발표 등을 참고할 필요가 있다(참고 문헌 참조).

수평균 중합도에 대한 예측은 간략히, 그리고 Ziegler–Natta 중합에 대한 식 6.2의 유도와 유사하게 다루어질 수 있다. 메탈로신 중합에 대한 Mayo–Walling 식은 흡착된 분율을 해당되는 농도로 대체하여 얻어진다.

$$\frac{1}{\bar{x}_n} = \frac{k_{ht}}{k_p[M]} + \frac{k_{trM}}{k_p} + \frac{k_{trH_2}[H_2]}{k_p[M]} \quad (6.5)$$

여기서 k_{ht}, k_{trM}, k_{trH_2}는 내부 수소 전이, 단량체로의 사슬 이동, 수소로의 사슬 이동에 대한 속도 계수이다(속도 계수들의 단위는 균일 반응에 대한 통상적인 차원을 가진다. 즉, 후자 두 가지는 $dm^3\ mol^{-1}\ s^{-1}$의 단위를 갖는다; 6.4.6절과 비교). 수소로의 사슬 이동항이 포함된 이유는, Ziegler–Natta 중합에서와 마찬가지로, 메탈로신 중합에서도 수소가 종종 수평균 중합도를 제어하기 위한 사슬 이동제로 사용되기 때문이다. 수평균 중합도의 예측은 단량체의 두 번째 분자를 받아들이는 효과가 있을 때 좀 더 복잡하게 된다.

대부분의 메탈로신에 대해, 촉매는 반응 매체에 용해되고 각각의 촉매 분자 역시 동일하다. 따라서 각 활성점의 반응성이 시간에 따라 다를 수는 있지만 균일계 메탈로신 촉매에 대해서는 개별적인 촉매 활성점이 동일한 것으로 간주할 수 있다. 이러한 이유로 메탈로신 촉매는 **단일점 촉매(single-site catalyst)**라고 한다. 이로 인해 불균일계(다중점) Ziegler–Natta 촉매 사용 시보다 매우 좁은 몰질량 분포($2 < \bar{M}_w/\bar{M}_n < 5$)를 갖는 고분자가 만들어진다. 또한 각각의 촉매 분자가 촉매점을 형성하므로, 메탈로신 촉매는 반응점에 전이 금속의 일정 비율만이 존재하는 불균일계 Ziegler–Natta 촉매에 비해 활성이 높다. 예를 들어 단순 균일 촉매 Cp_2ZrCl_2:MAO를 사용한 Kaminsky의 최초 연구에서 시간/Zr 1g당 에틸렌 중합 약 40톤이 얻어지는 매우 높은 활성을 나타내었다. 그러나 Zr 촉매의 활성은 입체화학적 제어를 하기 위해 필요한 치환기의 입체 장애 때문에 크게 감소하며, 시간/Zr 1g당 100~3000kg의 고분자가 얻어지는 것이 더 일반적이다.

6.5.5 다른 메탈로신 및 메탈로신과 관계된 촉매

지르코노신: MAO계 대신에 다른 메탈로신 촉매계들이 개발되었다. 중요한 MAO의 대체 물질은 펜타플루오로페닐 보레인(pentafluorophenyl borane) 유도체들인데, 화학적으로 안정하며 가수분해에 대해 매우 저항력이 강하다. 예를 들어 매우 활성이 큰 지르코노신 촉매는 다이메틸지르코노신과 트라이틸 테트라(펜타플루오로페닐) 보레인 [trityl tetra(pentafluorophenyl) borane]의 반응으로 만들어지는데 이것이 MAO보다 더 약하게 결합된 음이온을 제공하기 때문이다.

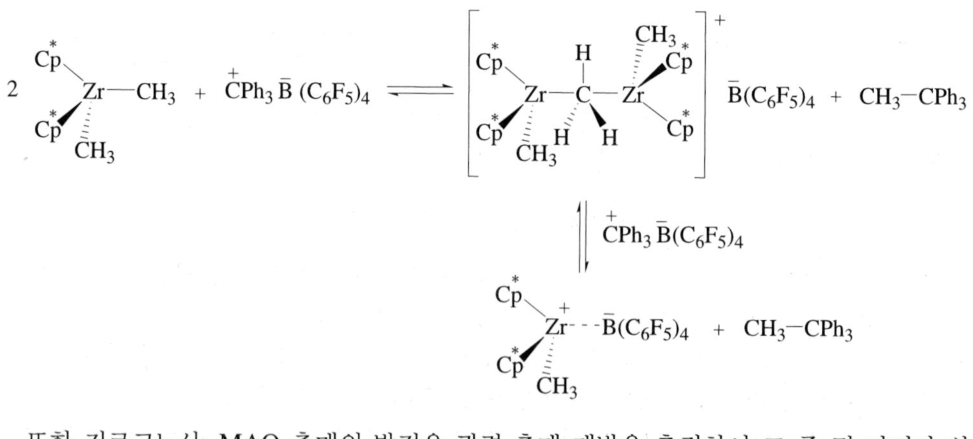

또한 지르코노신: MAO 촉매의 발견은 관련 촉매 개발을 촉진하여 그 중 몇 가지가 상업화되었다. Dow Chemical에서는 *ansa*-모노사이클로펜타다이닐 아미도(*ansa*-monocyclopentadienyl amido)기 IV 전이 금속 촉매를 개발하였는데 **억제된 기하 촉매(constrained geometry catalyst)**라고 명명되었고, MAO나 유기보레인(organoborane)을 사용한 활성화를 거쳐 다음과 같은 구조에서 유도된다.

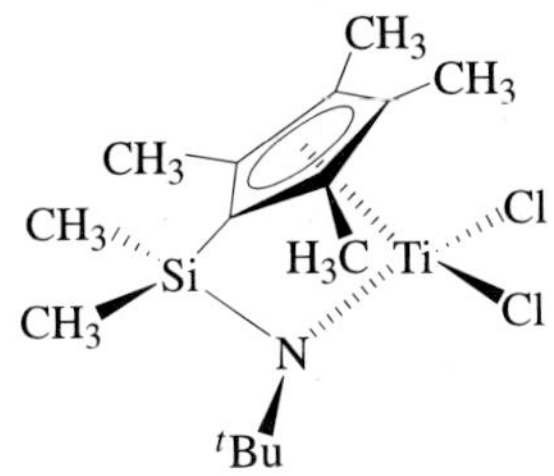

이러한 종류의 촉매는 더 개방형의 활성점을 가지므로, α-올레핀 중합에서 더 높은 활성을 갖지만 입체화학적 제어는 잘 되지 않는다. 그럼에도 불구하고, 이들은 에틸렌의 중합에 매우 효율적이며, 중합 도중에 가끔 일어나는 내부 수소 전이에 의해 말단기에 C=C 결합을 갖는 폴리에틸렌 사슬과 함께 에틸렌의 공중합체를 형성할 수 있다. 따라서 긴 사슬 가지를 갖는 정도를 제어할 수 있는 '선형' 폴리에틸렌을 생성하는데, 이는 중합 온도가 증가함에 따라 커진다.

두자리 다이디민(bidentate diimine) 리간드를 갖고 MAO로 활성화된 뒷 전이 금속 착체, 세자리 2,6-다이이미노피리딘계(tridentate 2,6-diiminopyridyl) 리간드를 갖는 MAO 활성화 철 착염 등과 같이 다른 종류의 촉매들이 특별히 에틸렌의 중합을 위해 개발되었는데, 이들의 예는 다음과 같다.

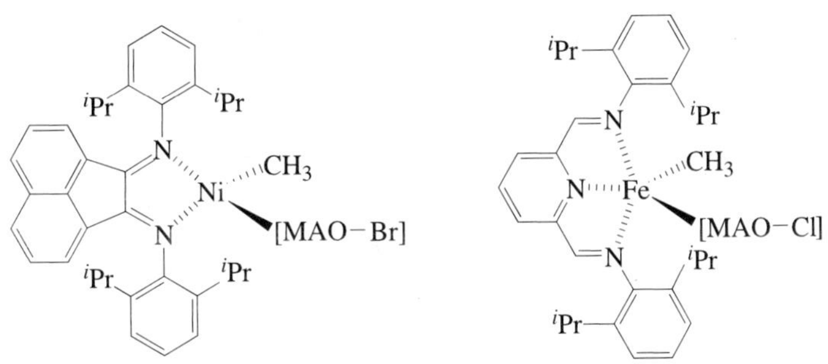

Ni 및 Pd 다이이민 착체는 메틸 곁작용기의 비율이 높은 폴리에틸렌을 생성하며, 이는 말단 C=C 결합으로의 배위를 유지하면서 내부 수소 전이의 경향이 높기 때문으로, 이어서 자발적인 삽입 및 말단 CH_2기로의 역 수소화물 전이로 진행된다.

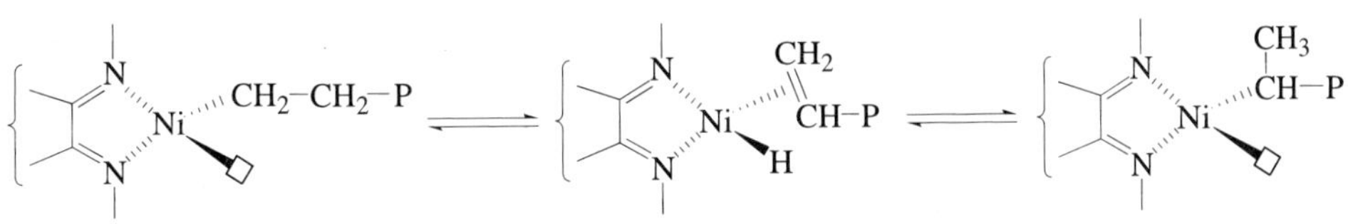

여기서 P는 고분자 사슬을 의미한다. 이러한 반응의 정도는 에틸렌 농도를 증가시키면 감소한다(왜냐하면 성장의 확률이 증가하기 때문). 그렇지만 중합 온도를 증가시킴에 따라 (반응도가) 증가하고 Ni에 비해 Pd의 경우 이런 성향이 심하다. 따라서 메틸 곁작용기의 정도가 서로 다른, 매우 넓은 범위의 폴리에틸렌이 만들어질 수 있다. 2,6-다이이미노피리디닐 철 착체의 또 다른 특성은 극성기에 민감하지 않아서, 에틸렌과 메타크릴레이트, 아크릴레이트를 중합시키는 데에도 사용될 수 있다.

6.5.6 실제 응용면에서의 문제

메탈로신 배위 중합은 일반적으로 10~100°C의 온도 범위에서 기체상 혹은 액체 탄화수소 매질에서 행해진다. 균일계 용액 중합이 흔히 실험실에서 사용되지만, 메탈로신 중합의 상업적 이용을 위해서는 불균일계 Ziegler–Natta 담지 촉매를 위해 고안된 반응기 및 공정을 사용하는 것이 요구된다. 담지된 메탈로신 촉매는 이러한 목적으로 개발되었는데,

대부분 실리카나 알루미나 입자를 지지체로 사용한다. 담지된 메탈로신 촉매를 제조하기 위해 몇 가지 방법이 연구되었는데, 가장 효과적이고 중요한 방법은 처음에 MAO를 실리카 담지 입자에 붙인 후 메탈로신을 부착시켜 입자 표면에 촉매점을 만드는 것이다. 대부분의 경우 이러한 방법에 의해 얻어진 불균일성 메탈로신 촉매점들은 상당히 균일하며 각각이 개별적인 촉매점으로 작용하여, 균일계 메탈로신 촉매를 사용한 경우와 비교해서 비슷하거나 더 나은 미세구조 제어 특성과 몰질량 분포를 갖는 고분자를 생산할 수 있다. 하지만, 이들의 활성은 촉매점에의 접근이 더 제한되는 결과로 활성이 종종 크게 떨어지기도 하는데, 그럼에도 비활성화 및 정지 반응 속도(즉 내부 수소 전이와 단량체로의 사슬 이동) 또한 낮아지는 장점이 되어 균일계 촉매 사용 시 가능한 것보다 높은 몰질량 생성을 가능하게 한다. 담지체를 사용하는 경우 또 하나의 장점은 과량의 MAO가 요구되는 현상이 크게 줄어드는 것이다. 지르코노신의 경우 Al:Zn의 몰비는 전형적으로 100~500이면 충분한데, 반면 균일계 지르코노신 중합 반응에서는 3,000~10,000이 필요하다. 이는 MAO의 가격이 상대적으로 비싸기 때문에 상업적으로 또한 중요한 문제이다.

입체화학의 제어에 필요한 공간적 제약이 불필요해지므로 에틸렌의 중합에 더 활성이 높은 촉매가 사용된다. 고온(150°C)에서 메탈로신 촉매를 사용하여 만들어진 폴리에틸렌의 품질은 긴 사슬 가지를 갖는 것인데, 이는 에틸렌과 말단의 불포화 고분자 사슬(반응 초기에 내부 수소 전이와 단량체로의 사슬 이동 반응으로 촉매점에서 멀어져서 생긴)의 공중합으로부터 기인한다. 이는 Ziegler–Natta 중합과는 달리 메탈로신 촉매점이 더 개방되어 접근이 가능하고 C=C 결합의 큰 치환기를 수용하기 때문이다. 따라서 메탈로신 촉매는 에틸렌과 α-올레핀의 공중합체 생산에 좀 더 효과적이다. 예를 들어, Ziegler–Natta 배위 중합에 의한 선형 저밀도 폴리에틸렌 제조에서보다 더 균일한 순서 분포를 갖는 높은 분율의 공단량체가 포함될 수 있다(6.4.7절 참조).

Ziegler–Natta 촉매는 α-올레핀으로부터 높은 분율의 아이소택틱 고분자를 매우 쉽게 만들지만, 메탈로신 촉매로는 순서 배열 분포의 제어가 훨씬 용이하다. 메탈로신 촉매의 세심한 디자인을 통해, 매우 높은 분율의 아이소택틱 고분자와 신디오택틱 고분자의 생산과, 6.5.3절에 나타낸 것처럼 입체블록형 고분자와 같은 복잡한 배열도 가능하다. 메탈로신 촉매는 또한 고리형 올레핀 중합의 입체화학을 제어할 수 있다.

문제

6.1 다음 각각의 단량체에 대해, 사슬 중합에 의해 형성되는 반복 단위의 가능한 입체화학적 형태를 쓰시오.

(a) $CH_2{=}C(H)({}^{n}Bu)$

(b) $CH_2{=}C(Et)(Et)$

(c) $CH_2{=}CCl{-}CH{=}CH_2$

6.2 폴리프로필렌의 Ziegler–Natta 배위 중합이 50°C에서 에틸 벤조에이트, *p*-크레솔, 메틸-*p*-톨루엔으로 활성화된 $MgCl_2$-담지 $TiCl_4$:$AlEt_3$ 촉매를 사용하여 진행되었다. 중합의 초기 속도는 $4.55 \times 10^{-4}\ mol\ dm^{-3}\ s^{-1}$이고 중합 초기에 생성된 아이소택틱 폴리프로필렌의 수평균 몰질량으로 $320.9\ kg\ mol^{-1}$을 얻었다. 다음에 주어진 속도

계수 데이터와 $AlEt_3$으로의 사슬 이동이 무시할만하다는 가정하에, 이 중합에서 프로필렌이 흡착되는 활성점의 분율과 활성 촉매의 농도를 계산하시오. 약간의 수소가 중합 단계에 도입되면 생성되는 폴리프로필렌의 몰질량에 어떤 영향을 미치는가?

성장 속도 계수 $k_p = 133\ s^{-1}$

내부 수소 이동의 속도 계수 $k_{ht} = 9.7 \times 10^{-3}\ s^{-1}$

단량체로의 사슬 이동에 대한 속도 계수 $k_{trM} = 7.2 \times 10^{-3}\ s^{-1}$

6.3 다음의 고분자를 만들기 위하여 사용되는 **단일중합법**의 조건을 요약하시오. 그러한 선택에 대한 이유를 밝히시오.

(a) 아이소택틱 폴리(1-뷰텐) [poly(but-1-ene)]

(b) 아이소택틱 폴리(메틸 메타크릴레이트)

(c) 가끔씩 메틸 곁작용기를 갖는 폴리에틸렌

참고 문헌

Allen, G. and Bevington, J.C. (eds), *Comprehensive Polymer Science*, Vol. 4 (Eastmond, G.C., Ledwith, A., Russo, S., and Sigwalt, P., eds), Pergamon Press, Oxford, 1989.

Baugh, L.S and Canich, J.M.M. (eds), *Stereoselective Polymerization with Single-Site Catalysts*, CRC Press, Boca Raton, FL, 2008.

Bochmann, M., Kinetic and mechanistic aspects of metallocene polymerisation catalysts, *Journal of Organometallic Chemistry*, **689**, 3982 (2004).

Boor, J., *Ziegler–Natta Catalysts and Polymerizations*, Academic Press, New York, 1979.

Coates, G.W., Precise control of polyolefin stereochemistry using single-site metal catalysts, *Chemical Reviews*, **100**, 1223 (2000).

Chum, P.S. and Swogger, K.W., Olefin polymer technologies – history and recent progress at the Dow Chemical Company, *Progress in Polymer Science*, **33**, 797 (2008).

Gibson, V.C. and Spitzmesser, S.K., Advances in non-metallocene olefin polymerization catalysis, *Chemical Reviews*, **103**, 283 (2003).

Kaminsky, W., Olefin polymerization catalyzed by metallocenes, *Advances in Catalysis*, **46**, 89 (2001).

Kaminsky, W., The discovery of metallocene catalysts and their present state of the art, *Journal of Polymer Science, Part A: Polymer Chemistry*, **42**, 3911 (2004).

Kaminsky, W. and Sinn, H.-W. (eds), *Transition Metals and Organometallics as Catalysts for Olefin Polymerization*, Springer, Berlin, Germany, 1988.

Lenz, R.W., *Organic Chemistry of Synthetic High Polymers*, Interscience, New York, 1967.

Mark, H.F., Bikales, N.M., Overberger, C.G., and Menges, G. (eds), *Encyclopedia of Polymer Science and Engineering*, Wiley-Interscience, New York, 1985–1989.

Odian, G., *Principles of Polymerization*, 4th edn., Wiley-Interscience, New York, 2004.

Scheirs, J. and Kaminsky, W., *Metallocene-Based Polyolefins – Preparation, Properties and Technology*, Vol. 1, John Wiley & Sons, Chichester, England, 1999.

Scheirs, J. and Kaminsky, W., *Metallocene-Based Polyolefins – Preparation, Properties and Technology*, Vol. 2, John Wiley & Sons, Chichester, England, 2000.

Stevens, M.P., *Polymer Chemistry: An Introduction*, 3rd edn., Oxford University Press, New York, 1998.

07 개환 중합

7.1 개환 중합 서론

$\left[R-Z \right]_n$

여기에서 $-Z-$ 는 연결기이다 (예: 에터, $-O-$; 에스터, $-OC(=O)-$; 아마이드 $-NHC(=O)-$)

위와 같은 일반 구조의 고분자는 단계 중합(3.2.1과 3.2.2절) 또는 해당하는 고리형 단량체의 **개환 중합(ring-opening polymerization)** 에 의해 제조될 수 있다.

즉, 부가적으로, 개환 중합은 폴리포스파젠[poly(phosphazene)s]과 같이 다른 중합 방법으로는 쉽게 얻을 수 없는 고분자를 제조하는 데 사용할 수 있다. 몇몇 중요한 개환 중합을 표 7.1에 나열하였다. 위 구조식이나 표 7.1에 보이는 가늘고 긴, 굽은 모양의 결합은 단지 그림으로 나타내고 분자를 보다 간결하게 표시하기 위한 목적이며, 실제 결합은 고리 스트레인(ring strain) 효과를 제외하면 정상적인 결합이다. 예를 들어

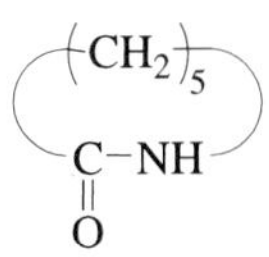 는 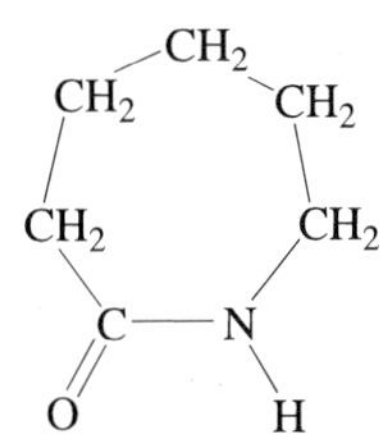 를 나타낸다.

고리형 단량체의 개환을 위한 추진력은 고리 중심으로 운집된 원소들의 결합각 스트레인과 입체적 반발을 해소하려는 것이다(3.2.4절 참조). 따라서 다른 종류의 중합에서와 마찬가지로 개환의 엔탈피 변화는 음(−)이다. 3-과 4-원자 고리에서는 결합각 스트레인의 해소가 가장 중요한 반면, 8-에서 11-원자 고리에서는 입체적 운집의 해소가 중요한 요소이다. 이러한 엔탈피적인 영향은 5-, 6-, 7-원자 고리(특히 6-원자 고리)에서 훨씬 작아지며, 이들 단량체들은 중합하기가 더욱 어렵다. 개환 중합은 개시제를 필요로 하며, 대부분의 경우 단량체가 양이온 또는 음이온성 활성 중심에 연속적으로 첨가되어 진행되는 사슬 중합 메커니즘에 의해 진행된다. 그러나 라디칼 또는 배위 중합과 같은 비이온성 메커니즘으로 일어나는 특수한 개환 중합도 있다. 또한 어떤 개환 중합은 고리가 열려 중축합을 하는 단량체로 전환되는 복잡한 메커니즘을 갖고 있다[예: 나일론6(표 7.1)의 상업적 제조에서는 카프로락탐의 가수분해로부터 생성되는 $H_2N(CH_2)_5CO_2H$가 락탐의 개환 중합과 병행하여 ARB 중축합을 한다). 그래서 개환 중합의 정확한 메커니즘은 개시제, 단량체, 중합 조건에 크게 의존한다. 이러한 이유로 모든 고리형 단량체의 개환 중합을 일반적으로 취급하는 것은 불가능하다. 다음 절에서는 더욱 중요한 응용과 여러 가능한 다

표 7.1 중요한 몇 가지 개환 중합

단량체	고분자
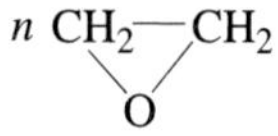 Ethylene oxide	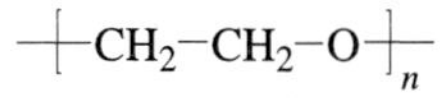 Poly(ethylene oxide)
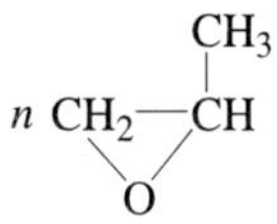 Propylene oxide	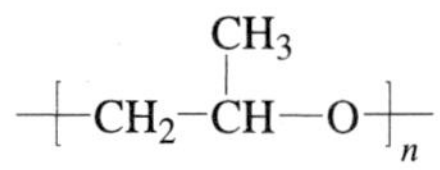 Poly(propylene oxide)
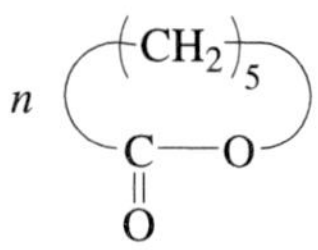 Caprolactone	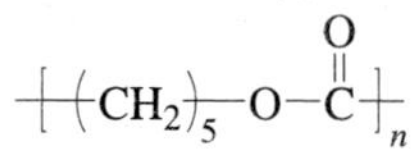 Polycaprolactone
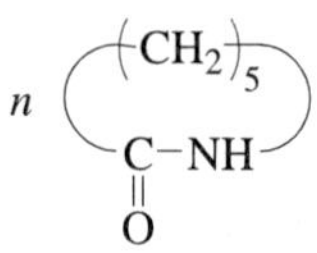 Caprolactam	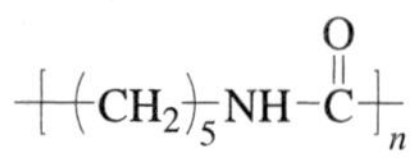 Polycaprolactam (nylon 6)
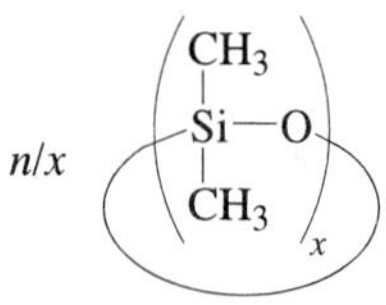 Hexamethylcyclotrisiloxane, D_3 ($x=3$) 또는 Octamethylcyclotetrasiloxane, D_4 ($x=4$)	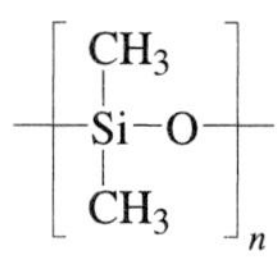 Poly(dimethylsiloxane)
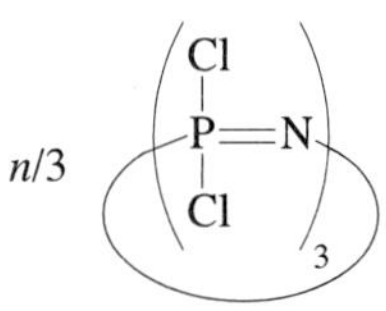 Hexachlorocyclotriphosphazene	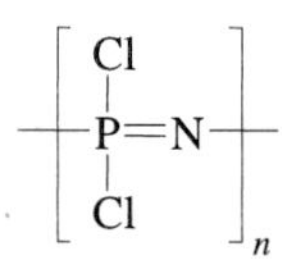 Poly(dichlorophosphazene)

른 형태의 메커니즘을 설명하기 위해 몇몇 특정한 개환 중합에 관해 다루고자 한다. 메커니즘에서 대부분 단계는 가역적이지만, 반응은 대개 정반응이 더욱 유리한 **반응속도론적 지배(kinetic control)** 조건하에서 진행되고, 따라서 여기서는 단지 정반응의 화살표만으로 표시되었다.

7.2 양이온 개환 중합

양이온 개환 중합에 사용되는 개시제는 에틸렌계 단량체의 양이온 중합에 사용되는 것과 같은 형태이다(5.2.1.1절). 즉, 강한 양성자성 산(예: H_2SO_4, CF_3SO_3H, CF_3CO_2H)과 '조촉매'와 결합하여 사용하는 Lewis 산(예: $Ph_3\overset{+}{C}\,[PF_6]^-$, $CH_3\overset{+}{C}O\,[SbF_6]^-$) 등이다. 어떤 특정한 형태의 개시제가 거의 독보적으로 사용되는 경우를 제외하고, 개시제는 일반적으로 R^+A^-로 간략하게 표시할 것이다.

7.2.1 에폭사이드의 양이온 개환 중합

에폭사이드(epoxide)는 **옥시란(oxirane)**으로도 알려져 있는데, 3-원자 고리형 에터이며 높은 고리 스트레인 때문에 개환 중합에 대한 반응성이 매우 크다(표 7.1에서 처음 두 개 예 참조). **에틸렌 옥사이드의 양이온 개환 중합(cationic ring-opening polymerization of ethylene oxide)**에서는 R^+가 에폭사이드 산소 원자에 첨가되어 고리형 옥소늄 이온(I)이 생성되면서 개시가 되며, 상응하는 열린 사슬형의 탄소양이온(II)과 평형에 있다.

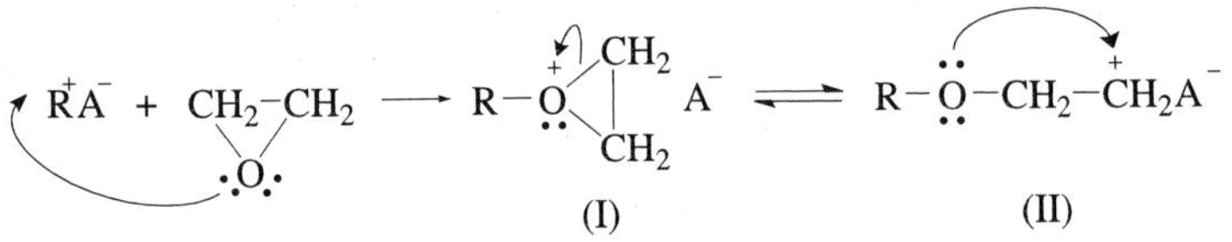

이 반응에서 산소 원자 위에 놓인 두 쌍의 점은 고립 전자쌍을 표시하며, 굽은 화살표는 전자의 이동을 표시하는데, 여기서 이중머리(double-headed) 굽은 화살표는 두 개 전자의 이동을 나타낸다. 따라서 첨가 단계에서는 에폭사이드 산소 원자로부터 하나의 고립 전자쌍을 제공하면서 R^+에 결합하여 산소 원자에 단 한 개 고립쌍을 남기고, 양전하를 갖는 옥소늄 이온(I)을 만든다. (I)에서 C−O 결합이 끊어짐에 따라 두 개 결합 전자가 움직여 산소 원자 위에 두 번째 고립쌍이 되고, 옥소늄 이온 고리가 끊어지면서 (II)에서 비어 있는 오비탈, 즉 양전하를 갖는 탄소 원자를 만든다. 평형의 역반응은 정확히 반대되는 과정, 즉 산소의 고립 전자쌍 중 두 개의 전자를 제공하여 양전하의 말단 탄소 원자와 결합하는 방향으로 진행된다. (I)과 (II) 양쪽 다 성장할 수 있는데, (I)은 다른 단량체의 에폭사이드 산소가 고리의 탄소 원자를 친핵성 공격하여 고리형 옥소늄 이온을 개환하거나, (II)는 개시 단계와 똑같은 반응으로 단량체에 첨가되어 성장이 진행된다. 이 반응은 다음과 같이 나타낼 수 있는데, 여기서는 말단 단위에서 산소 원자의 고립쌍만이 나와 있다.

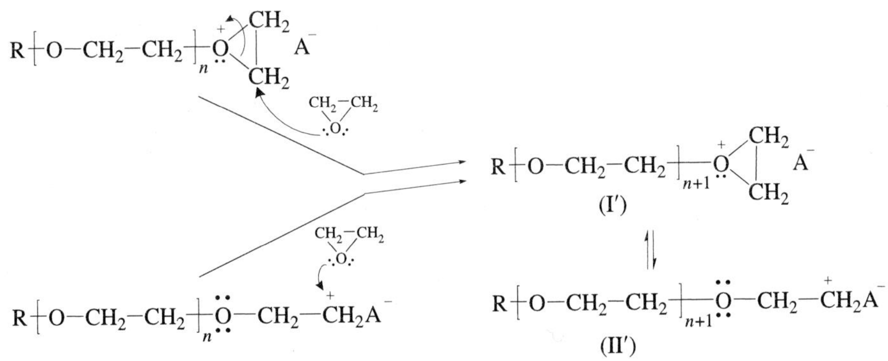

각각의 경우, 성장의 초기 산물은 새로 첨가되는 단량체로부터 형성되는 말단 고리형 옥소늄 이온(I′)을 갖게 되며, 개시 단계에서와 마찬가지로 이는 열린 사슬형 탄소양이온(II′)와 평형에 있을 것이다.

정지는 H^+가 제거되면서 불포화 C=C 말단기를 만드는 말단 구조의 재배열 반응을 통해 일어날 수 있다.

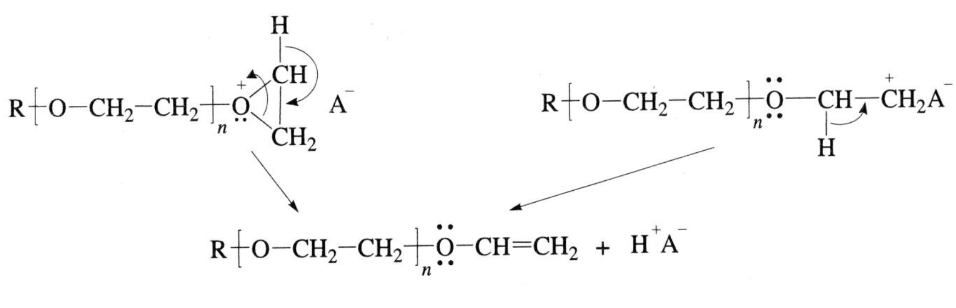

또한, $[AlCl_4]^-$와 같은 낮은 안정성의 반대 이온을 사용하면, 정지는 이온쌍 재배열을 통해 일어날 수 있다.

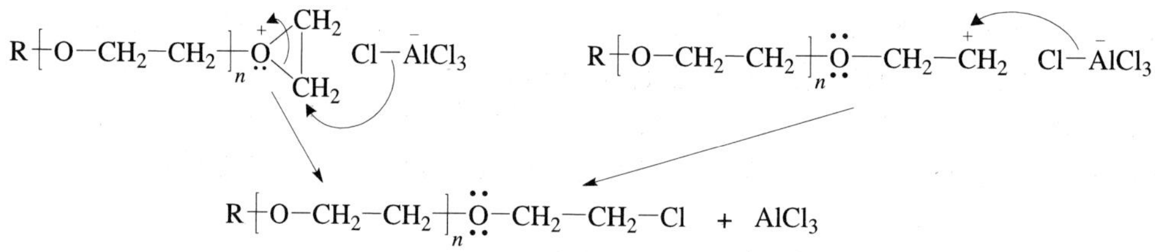

고분자로의 분자내 또는 분자간 사슬 이동이 중요하다. 전자는 고리 형성을 유도하는 꼬리물기(backbiting) 반응인 반면, 후자는 교환 반응으로 볼 수 있으며 선형 사슬과 고리 분자 모두에서 일어날 수 있다(그림 7.1 참조). 이들 반응은 많은 개환 중합의 특징인 **고리-사슬 평형(ring-chain equilibria)**을 야기한다(즉, 선형 사슬 분자는 고리 분자와 평형에 있다).

또한 이 중합은 여러 다른 형태의 성장 반응으로 더욱 복잡해진다(예: II′의 재배열 형태, 즉 ~O$-\overset{+}{C}H-CH_3$나, 알코올의 존재 또는 개시종이 H^+인 경우 말단의 $-OH$기를 통하여). 따라서 에틸렌 옥사이드의 경우만 해도 양이온 개환 중합은 매우 복잡하다. 프로틸렌 옥사이드 같이 치환기를 갖는 에폭사이드 단량체에서는 그 복잡성이 더욱 더 커지는데, 그것은 반복 단위의 머리-꼬리(head-to-tail) 또는 머리-머리(head-to-head) 배치가 가능하고, 각각이 모두 두 개의 가능한 입체배열을 갖는 비대칭(asymmetric) 탄소를 포함하고 있기 때문이다. 이와 같은 폴리에터의 머리-꼬리형 입체규칙적 형태는 에틸렌계 중합체의 그것과 비교된다(6.2절). 각 비대칭 탄소 원자가 같은 입체배열을 갖는 경우, 즉 **아이소택틱(isotactic)** 형태에서, 치환기(R)가 완전히 펼쳐진 주사슬 평면의 한쪽과 다른 쪽, 교대로 위치하게 된다.

아이소택틱 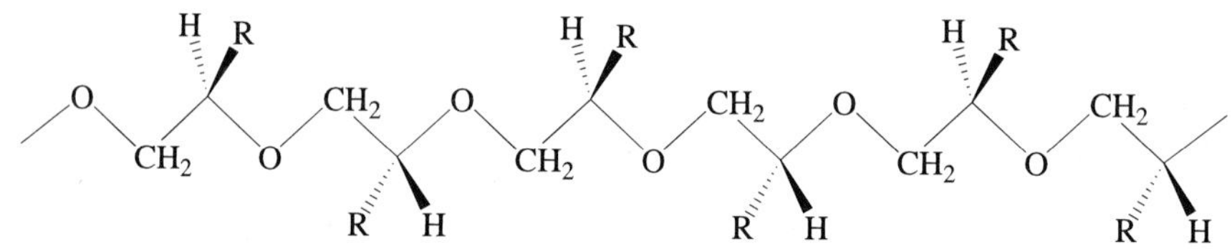

반면에 **신디오택틱(syndiotactic)** 형태는 또 다른 하나의 입체배열로서 모든 치환기가 같은 쪽에 위치하게 된다.

신디오택틱 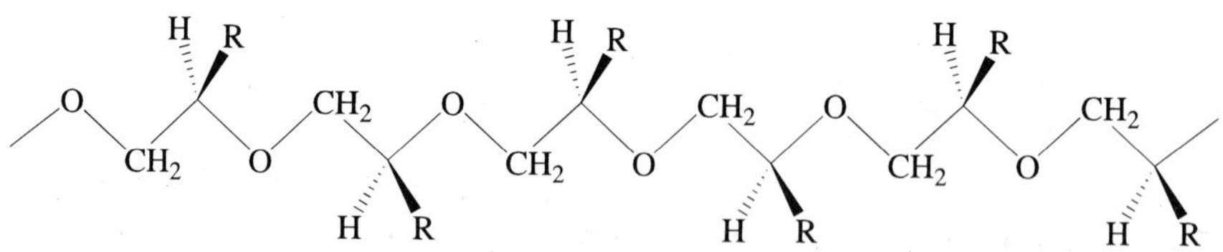

따라서 주사슬 평면에 대한 치환기들의 위치는 아이소택틱과 신디오택틱 에틸렌계 고분자(그림 6.1 참조)의 위치에 대해서 반대가 된다. 또한 폴리에터는 각 반복 단위가 실제로 비대칭 탄소 원자를 갖고 있어 광학적 활성을 갖는다. 그러나 광학적으로 순수한 단량체(예: 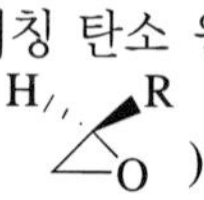)의 양이온 개환 중합이 아이소택틱 고분자를 만들지는 않는데, 이것은 II′형의 종들이 보통 치환기에 의해 안정화된 평면 구조의 탄소양이온 활성 중심을 갖고(비어 있는 p-오비탈을 갖는 sp^3-혼성화 상태) 에틸렌 옥사이드의 경우보다 더욱 더 성장 반응에 중요한 기여를 하기 때문이다.

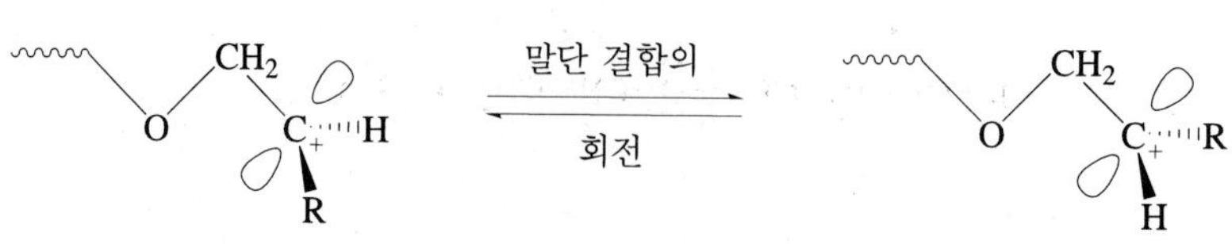

고분자로의 분자내 사슬 이동

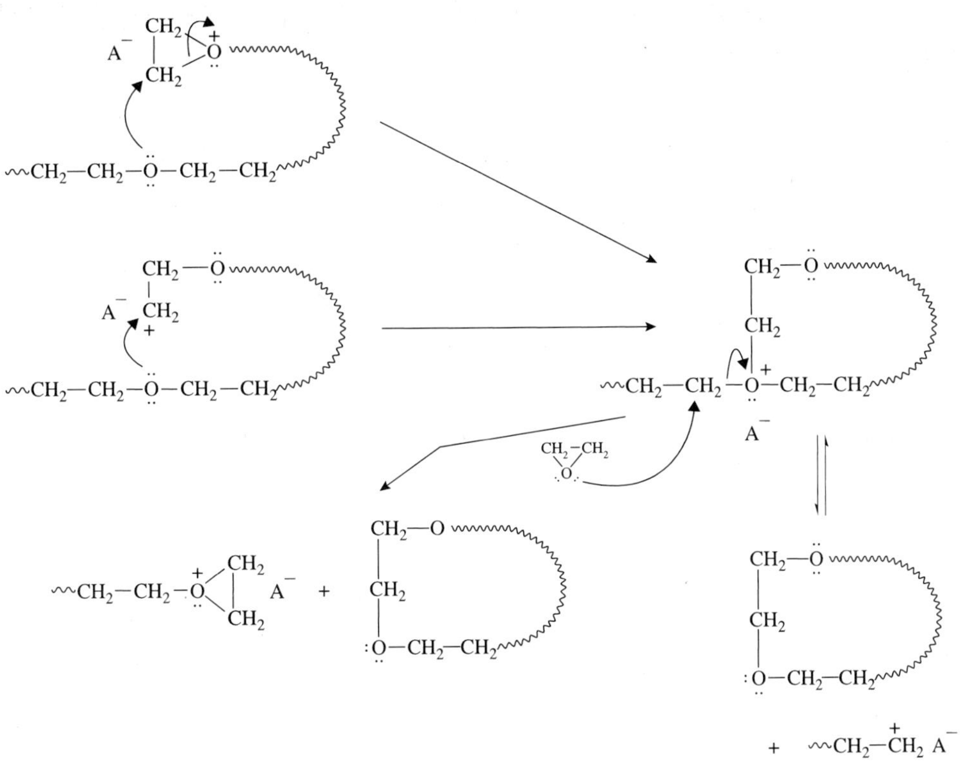

고분자로의 분자간 사슬 이동

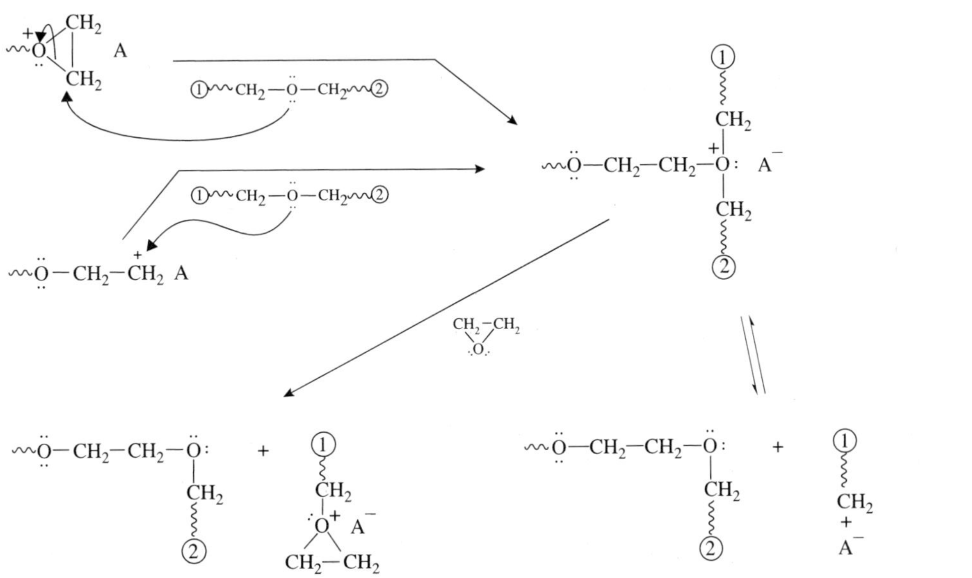

▶ 그림 7.1

에틸렌 옥사이드의 양이온 개환 중합에서 고분자로의 분자내 및 분자간 사슬 이동. 분자간 사슬 이동의 두 번째 단계에서 전자 움직임은 분자내 반응의 두 번째 단계의 그것과 동일함. 원내 숫자 ①과 ②는 비교 목적으로 나타낸 것이다 (고리형 사슬에서 ①과 ②는 서로 연결될 것이다).

따라서, 평면의 탄소양이온 활성 중심이 형성될 때 단량체가 갖고 있는 비대칭 탄소 원자의 특정한 입체구조가 사라지게 된다.

7.2.2 락톤의 양이온 개환 중합

락톤 (lactone) 은 다음의 일반 구조를 갖는 고리형 에스터이며, 두 가지 중요한 메커니즘에 의해 양이온 개환 중합을 한다.

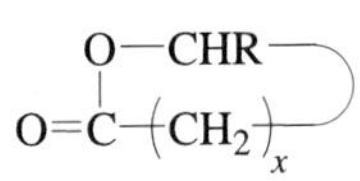

치환되지 않은 락톤(즉, R=H)의 우세한 메커니즘은 카보닐 산소 원자에 R^+가 첨가되어 옥소늄 이온이 형성되고, 이것이 다른 단량체에 의해 친핵성 공격을 받아 O−CHR 결합이 끊어지는 반응을 포함한다.

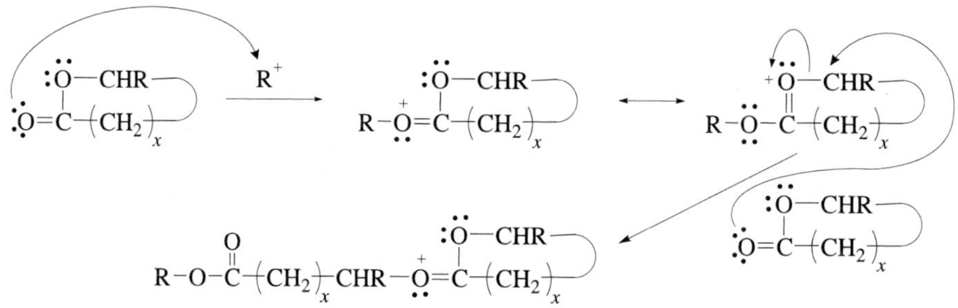

여기에서 반대 이온(counter-ion)은 간략한 표현을 위해 반응 도식에서 생략되었다. 이 성장 메커니즘은 다음과 같이 나타낼 수 있다.

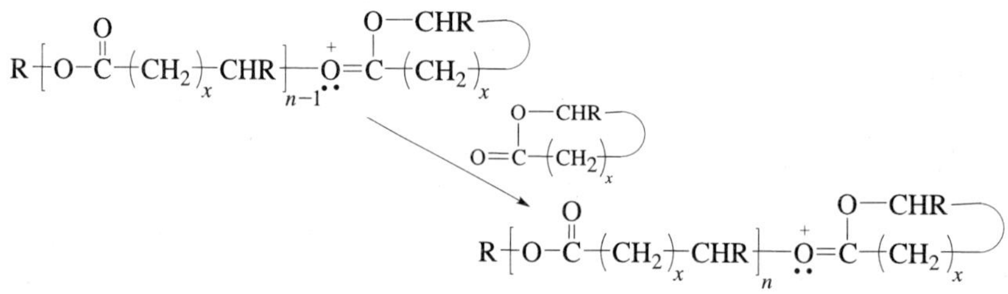

치환된 락톤(예: R=알킬)의 경우, 이 메커니즘으로 비대칭 탄소 원자 −CHR−의 입체배열에서 반전이 일어난다(즉, 폴리에스터에서 입체구조가 단량체에서의 그것과 반대가 된다). 그러나 어떤 치환된 락톤에서는 치환기의 유도 및 입체 효과에 기인하여 두 번째 성장 메커니즘이 더 가능성이 높다. 이 메커니즘에서는 먼저 고리의 산소 원자에 R^+가 부가된 후, 이어서 다른 단량체에 의한 친핵성 공격으로 CO−O 결합이 끊어지게 된다.

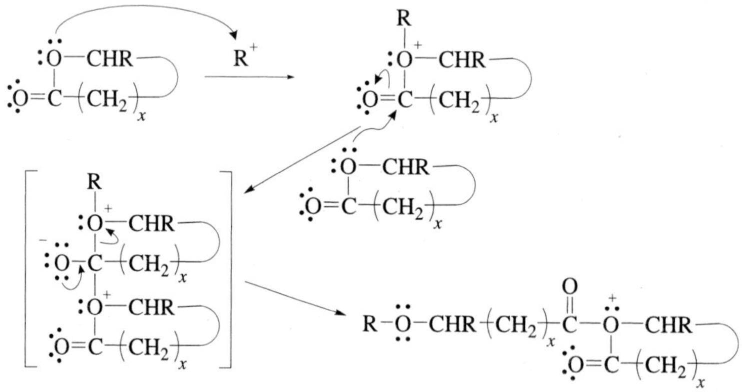

여기에서도 반대 이온은 생략하였고, 큰 괄호는 반응 중간체 종을 표시한다. 이 반응 메커니즘의 성장 반응은 다음과 같이 나타낼 수 있고, 비대칭 탄소 원자의 입체구조는 그대로 유지된다.

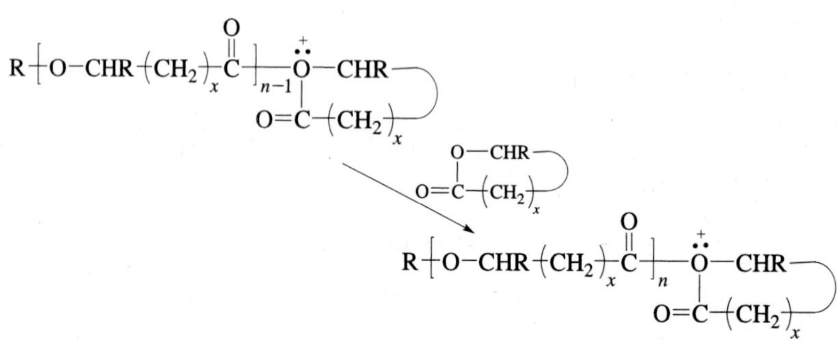

락톤의 중합에서도 에폭사이드의 경우와 같은 방법으로 교환 반응과 고분자로의 꼬리 물기 사슬 이동이 일어난다. 그래서 고리-사슬 평형이 이루어지며, 단량체의 높은 전환율에서 특히 중요하다.

7.2.3 락탐의 양이온 개환 중합

락탐(lactam), 즉 고리형 아마이드의 양이온 개환 중합은 보통 락탐의 산소나 질소 원자에 양성자를 줄 수 있는 산에 의해 개시된다. 개시 반응은 락탐 카보닐 산소(더욱 염기성이므로)가 양성자화되어 다른 락탐 분자의 아마이드 질소가 갖는 고립 전자쌍에 의한 카보닐 탄소 공격을 촉진하며, 그 첨가 생성물은 재배열을 통해 양성자화된 아실 락탐을 만들고, 그런 다음 H^+를 다른 락탐 분자로 전달하는 과정을 포함하는 것으로 여겨지고 있다.

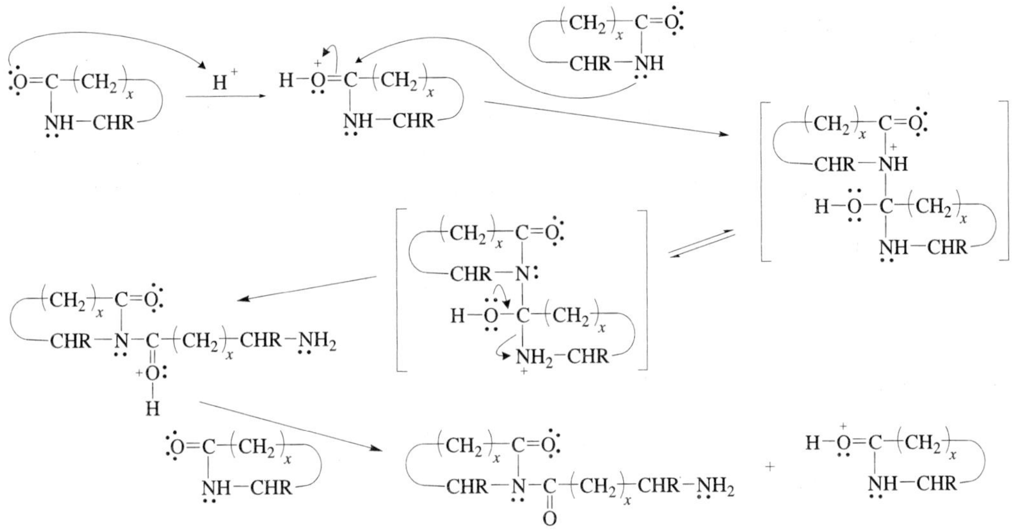

아실 락탐의 말단 $-NH_2$기는 다른 양성자화된 락탐 분자를 공격하는 친핵체로 작용하여 개시 단계에서와 똑같은 화학 반응을 거쳐 사슬 성장을 유도하고, 여기서 치환된 락탐의 비대칭 탄소 원자 $-CHR-$의 입체배열은 유지되며 매번 H^+를 내놓으면서 첨가 반응을 위한 다른 락탐 분자를 양성자화(즉, 활성화) 시켜 나간다.

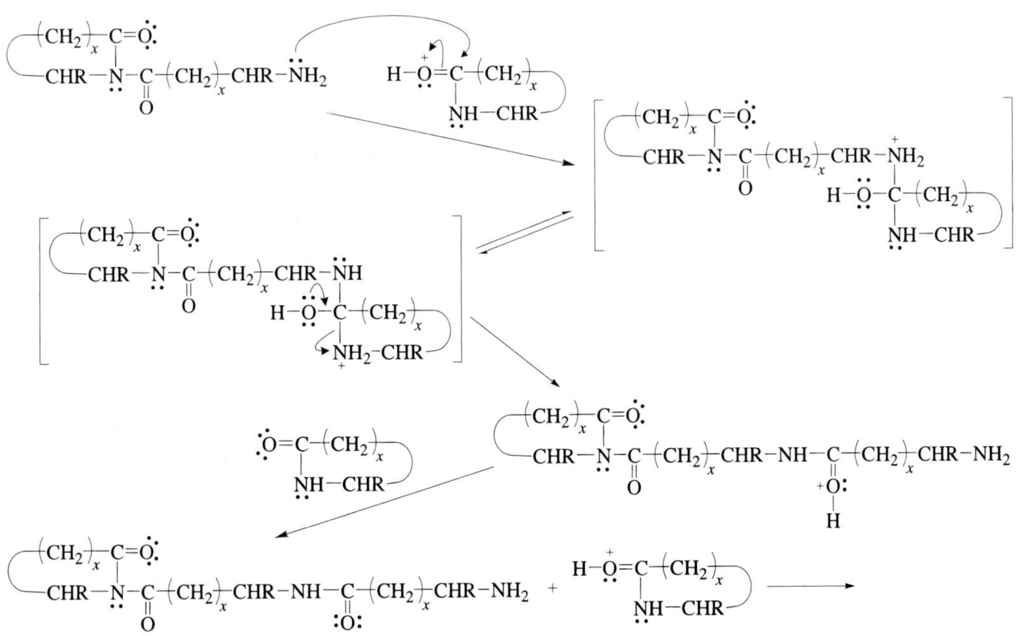

7.2.4 고리형 실록세인의 양이온 개환 중합

높은 몰질량의 폴리실록세인은 세 개 또는 네 개의 반복 단위로 이루어진 고리형 실록세인(표 7.1에서 D_3 또는 D_4)의 양이온과 음이온 중합에 의해 제조된다.

양이온 개환 중합의 반응 화학을 그림 7.2에 나타내었으며, 고리형 실록세인을 개환할 강한 양성자성 산에 의해 개시된다. 이어지는 중합 반응은 복잡하며, 병행하는 중축합과 사슬 중합 메커니즘에 의해 진행된다. 교환 반응과 꼬리물기 사슬 이동 반응 또한 일어나며, 따라서 고리-사슬 평형이 이루어진다. 이와 같은 복잡성에도 불구하고 양이온 개환 중합에 의한 높은 몰질량 폴리실록세인의 합성은 상업적으로 중요하며, 음이온 개환 중합(7.3.4절)을 일으키는 데 필요한 강염기에 대해 반응성이 있는 작용기가 있는데, 이 작용기를 포함한 치환기를 가진 실록세인의 중합에 사용할 수 있는 장점을 갖고 있다.

7.3 음이온 개환 중합

매우 광범위한 개시제가 음이온 개환 중합을 수행하는 데 사용되어 왔으며, 이들 개시제에는 알칼리 금속(예: Na, K), 무기 염기(예: NaOH, KOH, $NaNH_2$), 금속 알콕사이드(예: $LiOCH_3$, NaOEt), 금속 알킬 및 수소화물(예: Li^nBu, NaH), 전자 이동 착물(예: 나프탈렌화 소듐) 등이 포함된다. 이 가운데 앞쪽 세 가지 형태의 개시제에 대해서만 여기서 검토하고자 한다. 양이온 개환 중합에 대해서와 같이, 몇 가지 중요한 예들을 통해 이 반응을 설명할 것이다.

7.3.1 에폭사이드의 음이온 개환 중합

무기 염기나 금속 알콕사이드(둘 다 Mt^+B^-로 표시됨)에 의한 에폭사이드의 중합은 다음과 같이 진행된다.

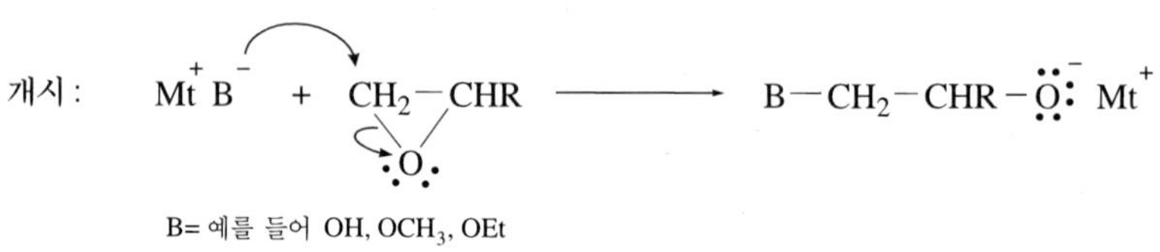

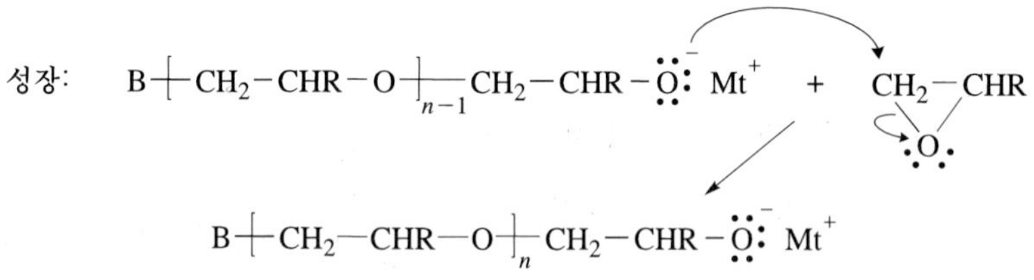

치환된 에폭사이드(즉, R ≠ H)에 대해서, 활성 음이온에 의한 단량체의 친핵성 공격이 가장 입체 장애가 작은 CH_2 탄소 원자로 일어나, 앞에 나타낸 것처럼 머리-꼬리형 구조가 생성된다. 또한 단량체의 비대칭 탄소 원자(−CHR−)의 입체구조가 고분자에서도 유지된다.

본질적으로 정지 반응은 없으며, 따라서 고분자 음이온은 활성을 유지한다. 즉, 리빙(living)이다. 개시를 위해 HO^-를 사용하고, 단량체 전환이 완결된 후 양성자 주개(즉, 묽은 산)를 첨가하여 중합 반응을 정교하게 정지시킴으로써 양 말단에 하이드록실기를 갖는 선형 폴리에터를 만들 수 있다(반응식에서 금속 반대 이온은 생략하였다).

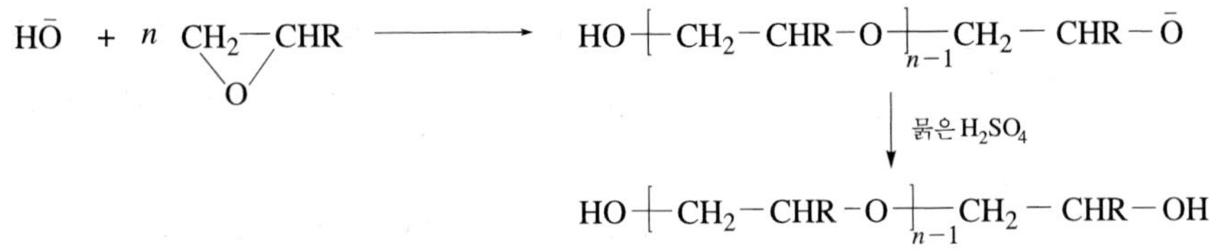

같은 원리를 적용하여, 개시제로 다기능 알콕사이드를 사용하면, 각 가지 말단에 하이드록실기를 갖는 다중팔(multiarm) 폴리에터를 만들 수 있다(역시 반대 이온은 생략함).

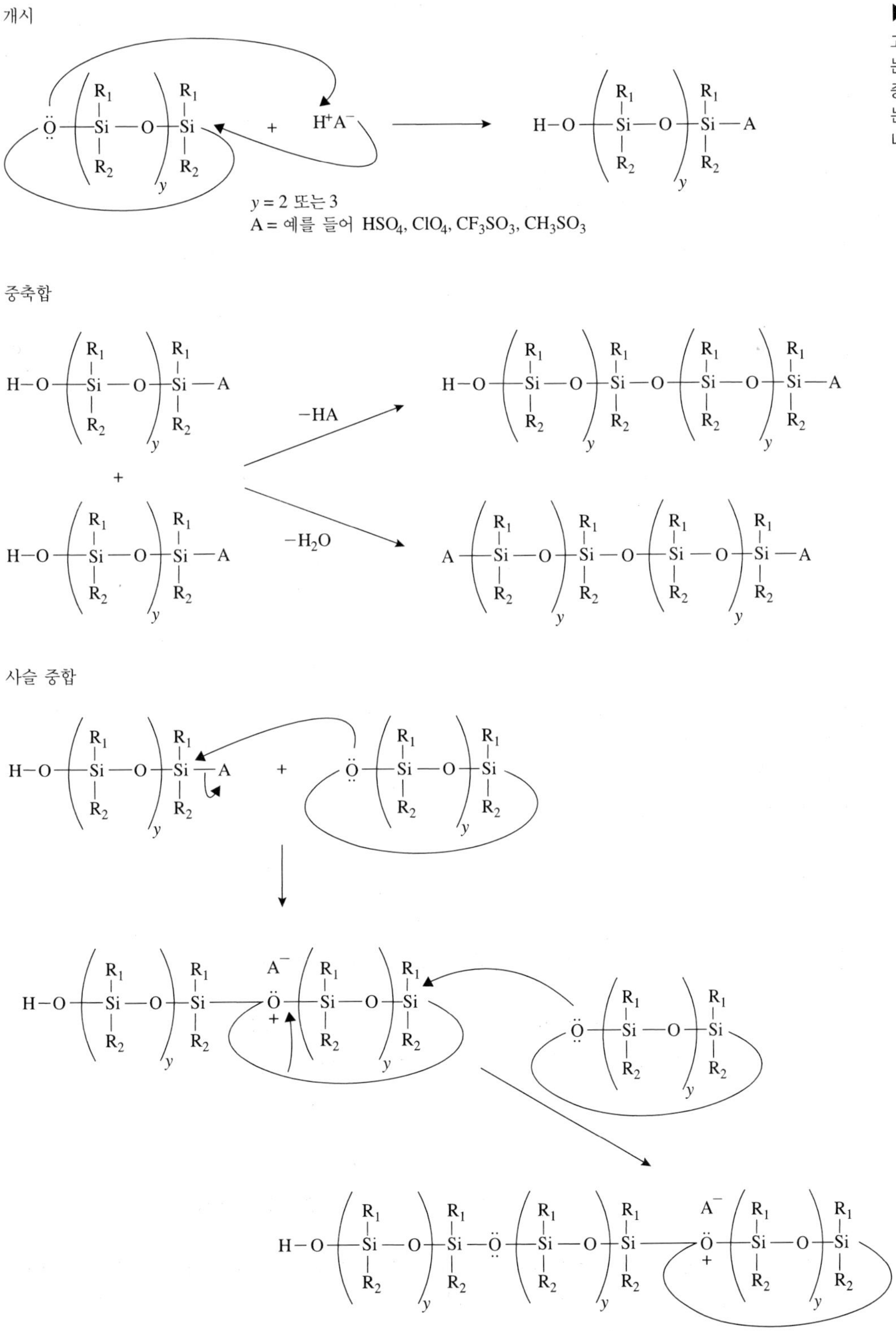

그림 7.2
고리형 실록세인(여기서 R_1과 R_2는 알킬 또는 아릴)의 양이온 개환 중합에서 개시 메커니즘과 병행하는 중축합 및 사슬 중합 반응 메커니즘의 초기 단계.

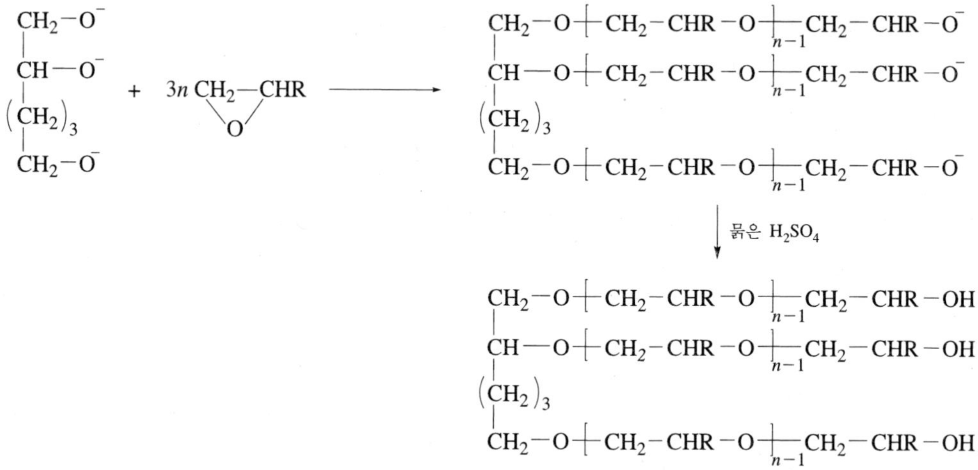

이와 같은 계획안은 폴리우레탄의 제조에 사용되는 폴리(프로필렌 옥사이드) **폴리올(polyol)** 합성의 기반이다(3.2.2.1과 3.3.1.3절). 중합을 정지하기 전에 프로필렌 옥사이드 중합 후 일정한 양의 에틸렌 옥사이드를 보통 첨가하는데, 이는 에틸렌 옥사이드 단위가 훨씬 반응성이 큰 일차 하이드록실 말단기를 부여하기 때문이다.

만약 다음과 같은 프로필렌 옥사이드($R=CH_3$) 예처럼, α-탄소 원자 상의 치환기가 수소 원자를 갖고 있으면,

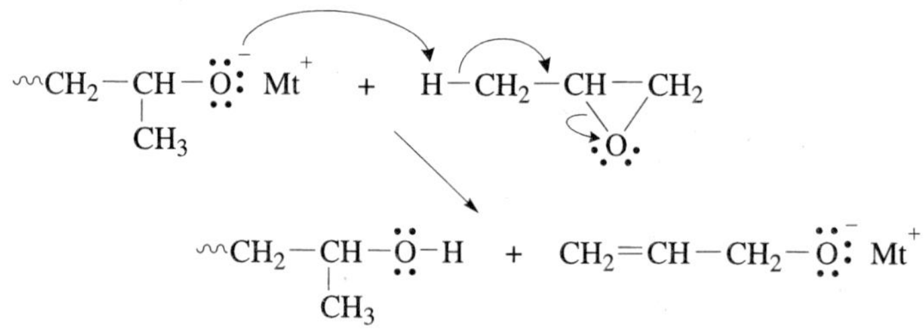

단량체로의 사슬 이동 반응이 심각한 부반응이 될 수 있는데, 중합을 개시하여 C=C 말단기를 함유하는 사슬을 생성할 수 있는 알릴(allylic) 알콕사이드 이온을 만든다. 그러므로 대부분 폴리(프로필렌 옥사이드) 폴리올은 단량체로의 사슬 이동과 재개시 반응으로 결과된 말단 불포화기를 함유한 소량의 사슬로 오염된다. 또한 고분자로의 분자간(상호교환)과 분자내(꼬리물기) 사슬 이동 반응이 일어날 수 있으나 양이온 개환 중합에서보다는 덜 심각하다.

7.3.2 락톤의 음이온 개환 중합

락톤은 고리 카보닐기로의 친핵성 공격과 이어지는 CO−O 결합의 절단을 통해 중합된다. 그 메커니즘(특히 개시 반응)에 대해 다음과 같이 나타내었다.

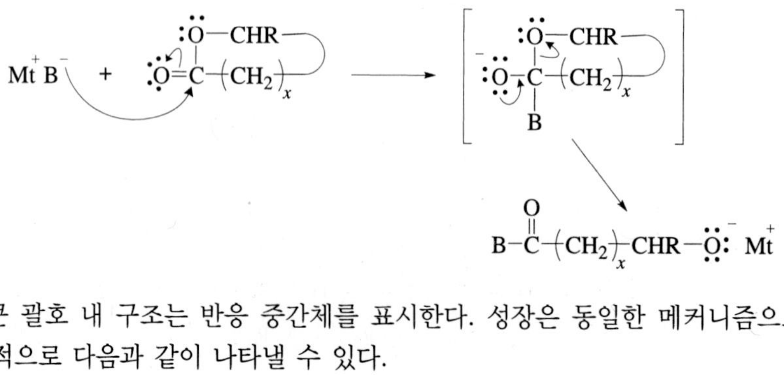

여기서 큰 괄호 내 구조는 반응 중간체를 표시한다. 성장은 동일한 메커니즘으로 일어나며, 일반적으로 다음과 같이 나타낼 수 있다.

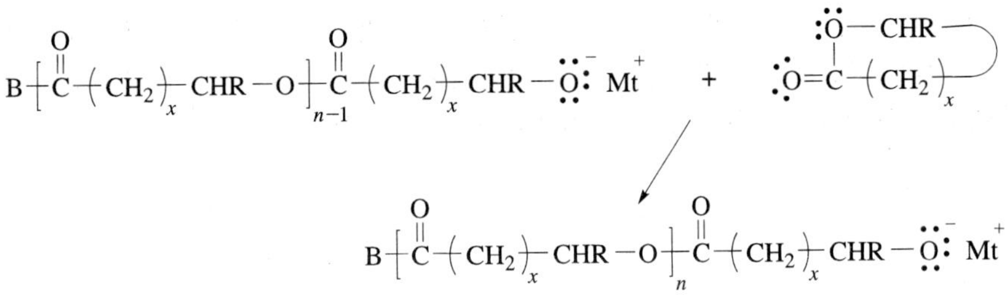

치환된 단량체가 갖고 있는 비대칭 탄소 원자 −CHR−의 입체구조는 고분자에서도 유지된다. 이러한 일반적 메커니즘으로부터 예외가 되는 한 가지는 약염기(예: $CH_3COO^-Na^+$)에 의한 β-프로피오락톤[β-propiolactone (x = 1, R=H)] 중합의 경우인데, O−CH_2의 탄소 원자에 친핵성 공격이 일어나 이 결합이 끊어지고 카복실레이트 이온 활성종이 생성된다(예: $\sim CHR\!\left(CH_2\right)_x\!\overset{O}{\overset{\|}{C}}\!-O^-$).

7.3.3 락탐의 음이온 개환 중합

락탐의 중합은 보통 알칼리 금속이나 강염기에 의해 개시되며, 초기에 락탐 음이온 생성을 포함하는 메커니즘으로 진행된다.

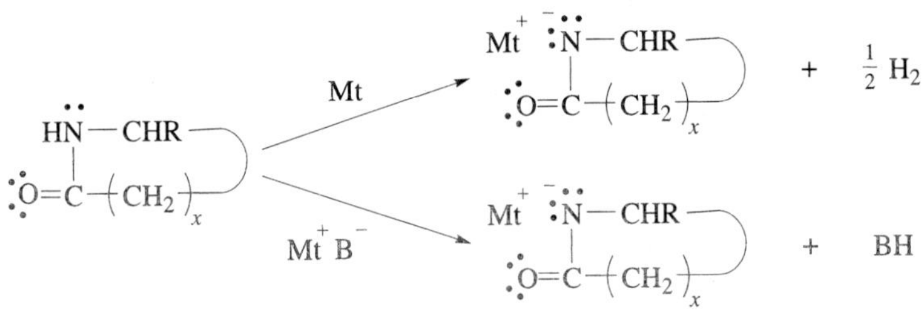

락탐 음이온은 공명에 의해 안정화되고,

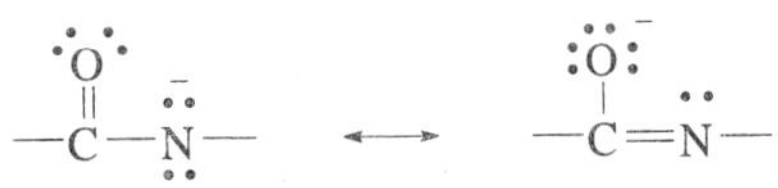

비교적 천천히 단량체 내의 카보닐 탄소 원자를 공격하여 CO−NH 결합을 끊고 매우 반응성이 높은 말단 −N̄H 이온을 생성시킨 후 빠르게 다른 단량체로부터 H를 빼낸다.

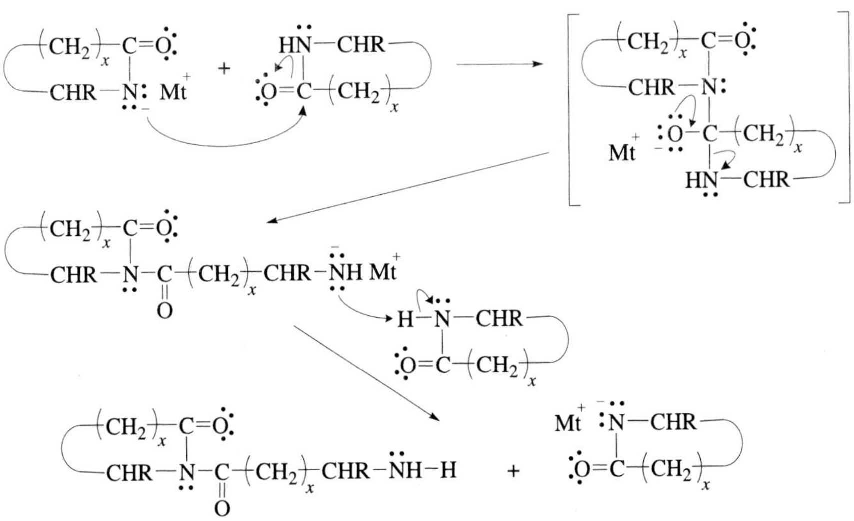

(III)

생성된 화합물 (III) 의 고리 카보닐 탄소 원자는 두 번째 카보닐기가 고리 질소 원자에 결합하고 있어 단량체보다 친핵성 공격에 대해 훨씬 강하게 활성화되어 있다[즉, (III) 은 *N*-아실락탐]. 성장은 유사한 반응으로 진행되며,

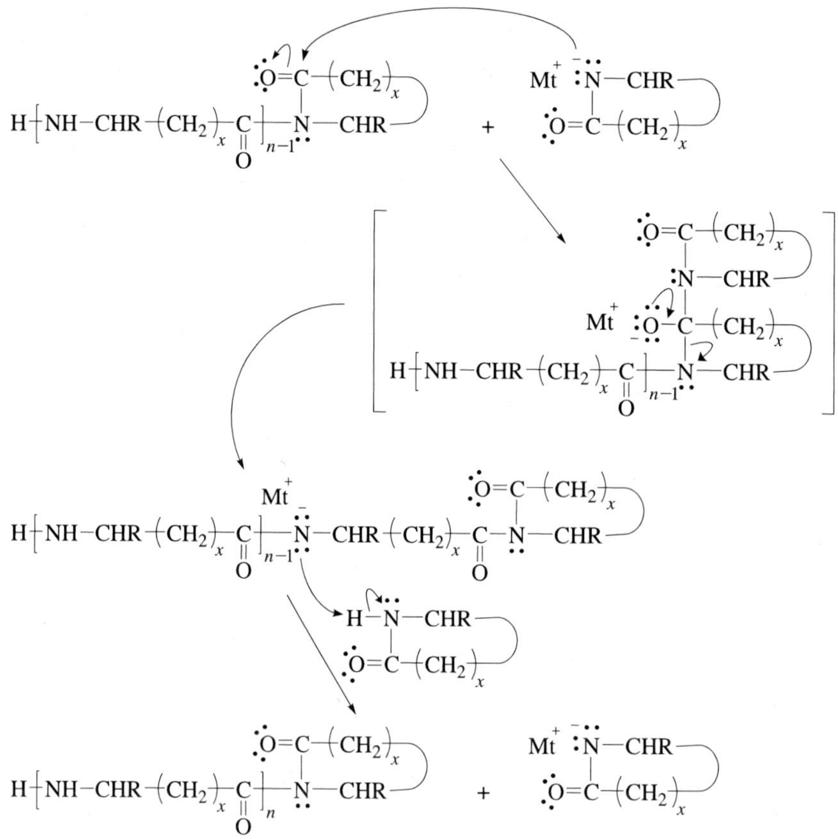

여기서 단량체 락탐 음이온은 말단 *N*-아실락탐에 있는 고리 카보닐 탄소 원자를 공격하여 CO−N 결합을 끊게 되고, 이것은 단량체로부터 H^+를 제거할 수 있는 $-\bar{N}H$ 이온을 생성시켜 또 다른 단량체 락탐 음이온을 만든다. 또한 $-\bar{N}H$ 이온이 다른 성장 사슬의 *N*-아실락탐의 말단기를 공격하여 가지형 고분자의 형성 또한 가능하다. 각 성장 단계에서 치환된 단량체의 비대칭 탄소 원자의 입체 구조는 그대로 고분자에서 유지된다.

락탐의 중합에서 (III) 의 농도가 증가해 나가지만, 유도 기간 (induction period) 이 종종 관찰된다. 이 유도 기간은 락탐과 빠르게 반응하여 단량체 *N*-아실락탐 (IV) 을 형성하는 아실화제 (예: 산 할로젠화물 또는 무수물) 를 넣어 제거할 수 있다.

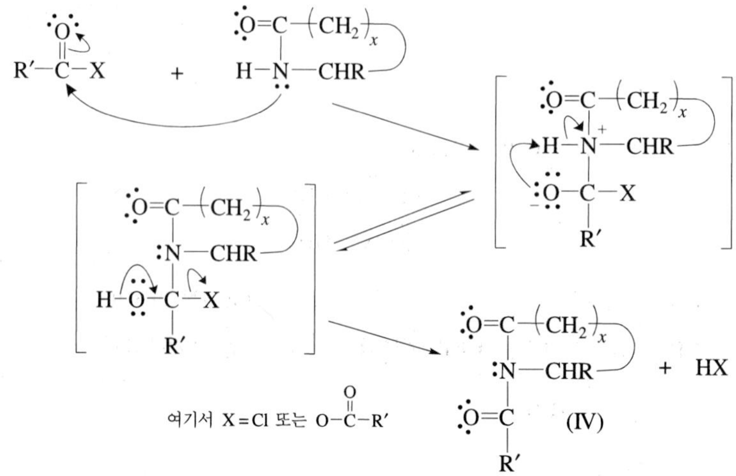

7.3.4 고리형 실록세인의 음이온 개환 중합

고리형 실록세인은 에폭사이드의 경우와 유사한 메커니즘을 통해 리빙 음이온 개환 중합된다. 금속 알킬이 개시제로 사용될 수 있지만, 실라놀레이트(silanolate)가 보다 자주 사용되며, 고리형 실록세인과 알칼리 금속 수산화물의 반응에 의해 *in situ* 생성될 수 있다.

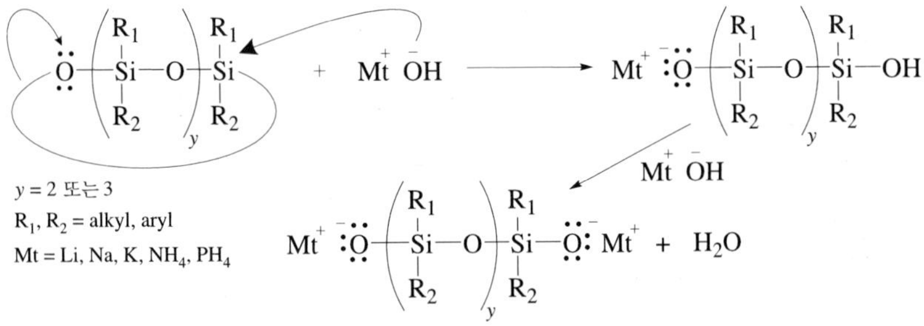

다음 성장은 유사한 반응화학을 통해 진행된다.

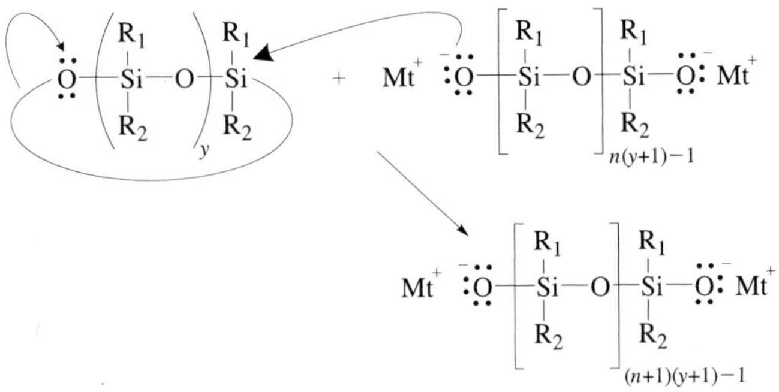

여기서는 사슬 성장이 한 개 사슬 말단으로부터 일어나는 것으로 나타냈지만, 성장은 실라놀레이트 양 말단으로부터 일어날 수 있다. 반응 조건에 따라 교환 및 꼬리물기 반응도 가능하지만, 성장 반응을 지배적인 반응 과정으로 만듦으로써, 즉 반응성이 큰 고리 이량체($y=2$)를 사용하고 단량체의 농도가 낮아져 다른 부반응이 중요하게 일어나기 전에 중합 반응을 정지시킴으로써, 좁은 몰질량 분포의 폴리실록세인을 제조할 수 있다.

7.4 자유 라디칼 개환 중합

두 가지 주요 형태의 자유 라디칼 개환 중합 메커니즘을 포괄적으로 그림 7.3에 나타내었다. 효과적인 개환을 위해서, 고리형 단량체는 초기 공격을 받는 위치로 작용할 말단 C=C 결합과, 개환을 촉진하기 위한 충분한 고리 스트레인, 그리고 열역학적으로 안정한 C=C 또는 C=X(여기서 X는 헤테로원자) 이중 결합을 형성하는 능력을 보유해야 한다. 개환은 '정상적인' C=C 결합의 자유 라디칼 중합과 경쟁하므로 통상 높은 온도(즉, 80~150°C)가 개환 메커니즘을 촉진하기 위해 사용된다. 과산화물 개시제가 보통 사용되는데, 이것은 위 온도 범위에서 과산화물 개시제가 아조 개시제와 비교하여 보다 적절한 반감기를 갖고 있기 때문이다(표 4.2 참조). 개환 반응은 성장 라디칼을 안정화시키는 Z 기에 의해 촉진된다(예: Ph, CN, CO_2R).

고리형 케텐 아세탈(cyclic ketene acetal, 유형 I 단량체)의 개환 중합이 가장 중요하며 폴리에스터를 만든다. 개환 중합과 '정상적인' C=C 결합 중합의 상대적인 정도는 단량체의 구조와 중합 온도에 의존하며, 표 7.2에 그 데이터를 예시하였다. 따라서 자유 라디칼 개환 중합은 지방족 폴리에스터를 합성하는 편리한 방법이며, 특히 x가 4 또는 5인 단량체에 대해 효과적이다. 그러나 양쪽 성장 모드로 일어나면 공중합체가 생성되는데, 예

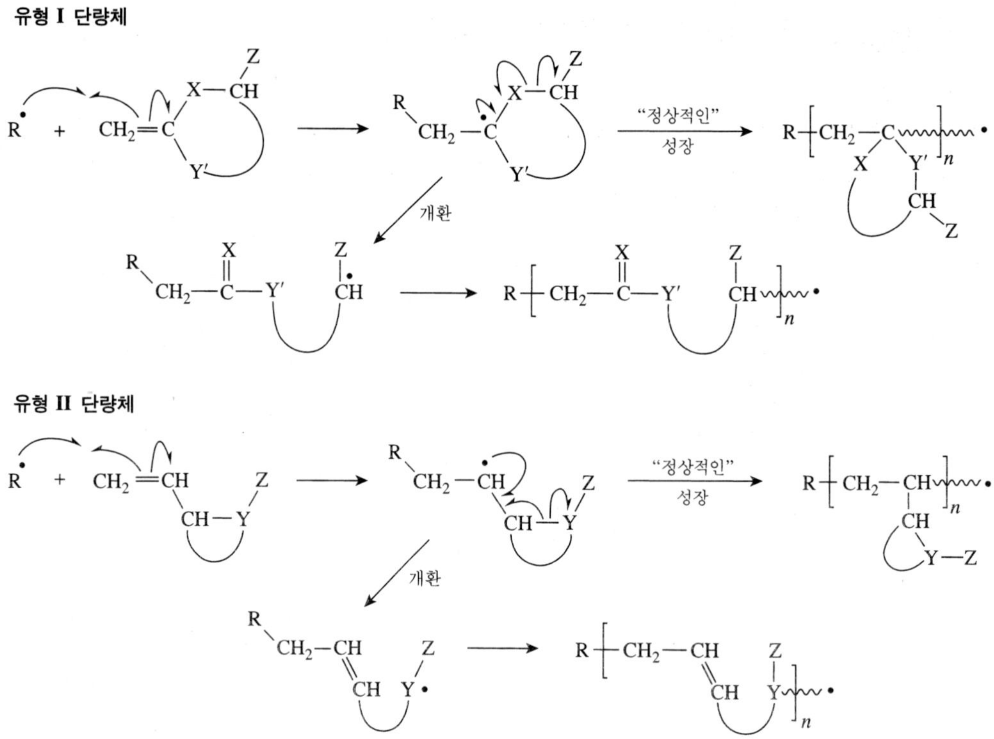

▶ 그림 7.3
유형 I과 II 고리형 단량체의 자유 라디칼 중합 메커니즘, 여기서 R˙는 개시제로부터 생성된 일차 라디칼, X는 헤테로원자(주로 산소), Y′는 헤테로원자(예: O 또는 NH), Y는 탄소 원자 또는 헤테로원자(예: Y−Z=SO_2), 그리고 Z는 치환 원자 또는 치환기(종종 H)이다. 개환 중합은 ‘정상적인’ 자유 라디칼 중합과 경쟁하지만, 중합 온도를 올리거나 라디칼에 안정성을 부여하는 Z기에 의해 촉진된다.

를 들어 x가 2인 단량체의 저온 중합에서 다음과 같은 공중합체가 생성되며,

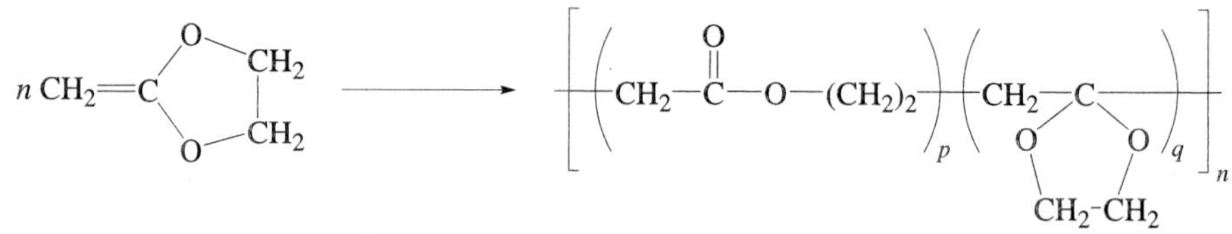

여기서 p와 q는 두 종류 반복 단위의 몰분율이다(표 7.2, 60°C에서 $p \approx q \approx 0.5$).

폴리아마이드 역시 이 방법으로 만들 수 있다. 예를 들어 다음 중합 반응으로부터 80°C에서 100% 개환을 얻을 수 있다,

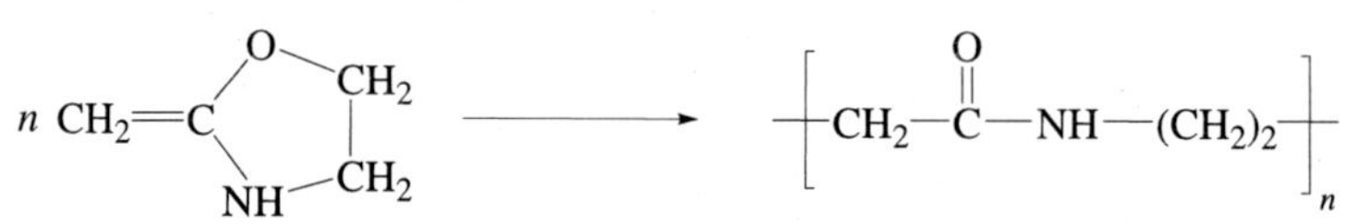

즉, 고리형 케텐 아세탈의 경우보다 개환이 더욱 유리하다. 한편 폴리싸이오에스터(polythioester)는 깨끗하게 만들어지지 않는데 160°C에서 45% 개환 생성물을 만들며, 120°C에서는 15% 개환만이 일어난다. 그 차이는 형성된 결합의 열역학적 안정성 순서에 근거하여 설명된 바 있다(아마이드 > 에스터 > 싸이오에스터).

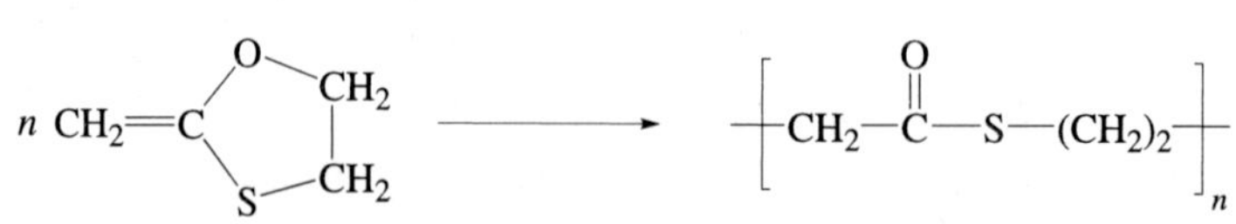

유형 II 단량체의 개환 중합은 덜 중요하며, 다음과 같이 생성될 수 있는 두 종류의 고분자를 예로 들었다.

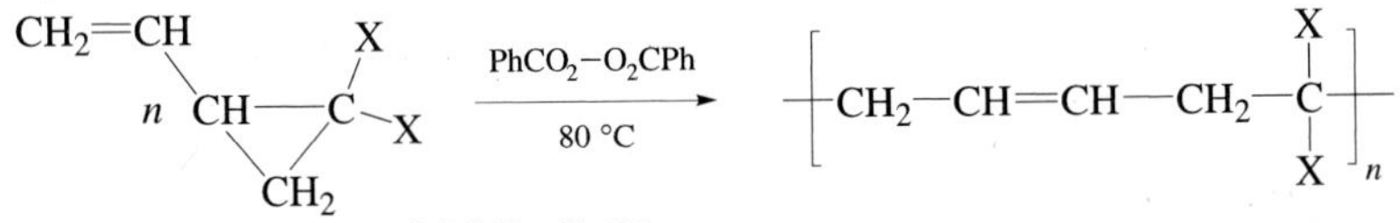

여기서 X = Cl, CN

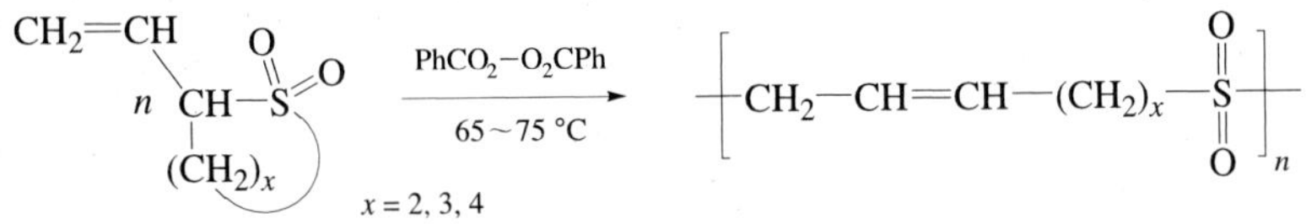

x = 2, 3, 4

양 중합 모두에 있어, 아래 각각 나타낸 성장 라디칼의 치환기 안정화에 주로 기인하여 100% 개환 생성물이 얻어진다.

7.5 개환 복분해 중합

올레핀(또는 **알켄**)의 **복분해(olefin** or **alkene metathesis)**는 전이 금속 착체에 의해 촉매 작용을 받는 불균등화(disproportionation) 반응으로, 다음과 같이 일반적으로 나타낼 수 있다.

$$2\ R_1{-}CH{=}CH{-}R_2 \rightleftharpoons R_1{-}CH{=}CH{-}R_1 + R_2{-}CH{=}CH{-}R_2$$

올레핀의 복분해는 1950년 중반 이후 알려졌으나, 1970년대에 들어서 보다 광범위하게 연구되기 시작하였으며, 곧이어 Chauvin에 의해 금속-탄소 이중 결합을 포함하는 메커니즘이 발견되었다. Shrock은 올레핀 복분해에 효과적인 여러 많은 금속들을 평가하여 매우 활성이 높은 몰리브데넘계 촉매를 개발하기에 이르렀다. 그러나 Grubbs가 더욱 안정하고 높은 활성을 갖는 루테늄(ruthenium)계 촉매를 개발하였으며, 이는 중합 반응을 포함한 올레핀 복분해 반응의 실제적 응용을 위한 표준이 되었다. Chauvin, Shrock, Grubbs는 올레핀 복분해 개발에 기여한 공로로 2005년 노벨 화학상을 공동 수상하였다.

일찍이 1960년대에 이 반응이 사이클로알켄(cycloalkene)과 바이사이클로알켄(bicycloalkene)의 **개환 복분해 중합(ring-opening methathesis polymerization, ROMP)**에 의해 고분자를 제조하는 데 응용될 수 있다는 것이 인식되었지만, Grubbs 촉매가 출현하면서 비로소 고분자 합성에 ROMP가 더 널리 사용되게 되었다. 간단한 예가 사이클로펜텐(cyclopentene)의 개환 복분해 중합이다.

표 7.2 고리형 케텐 아세탈의 개환 정도에 미치는 고리 크기와 온도의 영향

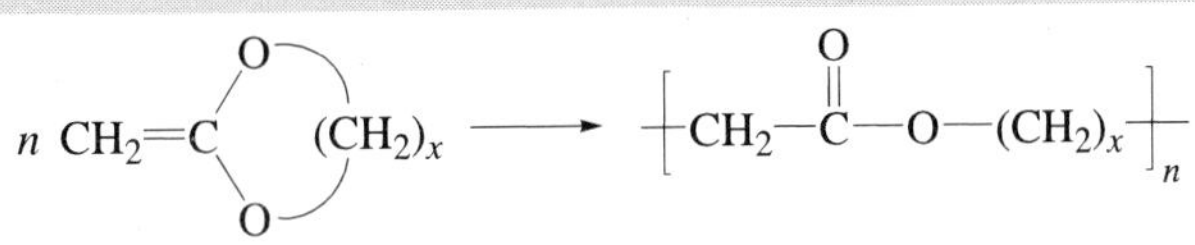

x	온도/°C	개환 고분자/%
2	160	100
2	125	83
2	60	50
3	130	85
4	≥ 25	100
5	≥ 25	100

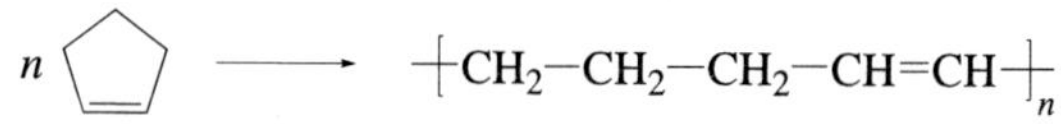

7.5.1 ROMP 화학

ROMP는 전이 금속 화합물과 금속 알킬이나 Lewis 산과의 반응으로 생성되는 전이 금속 착체에 단량체가 배위 결합하여 진행된다는 점에서 Ziegler–Natta 중합(6.4절)과 유사하다. 그러나 Ziegler–Natta 중합과 대조적으로 ROMP는 금속 카벤(carbene)을 수반하며, 통상 가용성(즉, 균일계) 촉매를 사용하여 시행된다. ROMP에 타이타늄, 텅스텐, 몰리브데넘, 레늄, 루테늄계 촉매가 사용되어 왔지만, 오늘날 가장 중요한 촉매는 Grubbs의 연구에서 개발된 루테늄계 촉매로서 그 두 가지 예의 화합물은 다음과 같다.

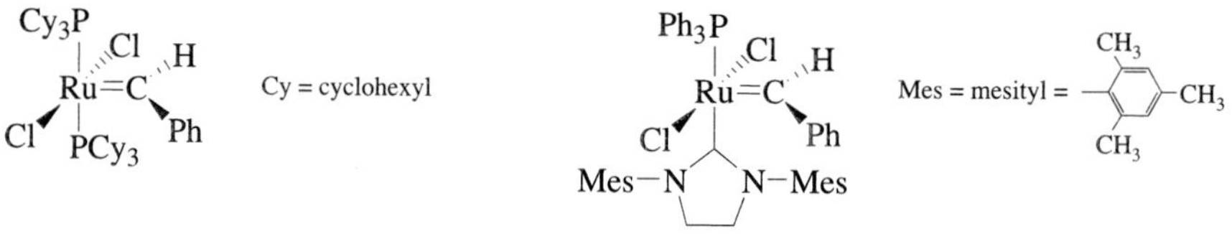

이들 루테늄계 촉매는 공기 중에서 안정하고, 극성의 작용기에 영향을 받지 않으며 온화한 온도 범위(전형적으로 25~50°C)에서 ROMP에 유효하다.

성장의 활성종은 포스핀 리간드의 일시적인 이탈을 통해 형성된 비어 있는 d-오비탈을 갖고 있는 전이 금속의 카벤이다. 루테늄계 촉매에 의한 사이클로펜텐의 중합에 대한 전체적인 성장 반응은 다음과 같이 나타낼 수 있다.

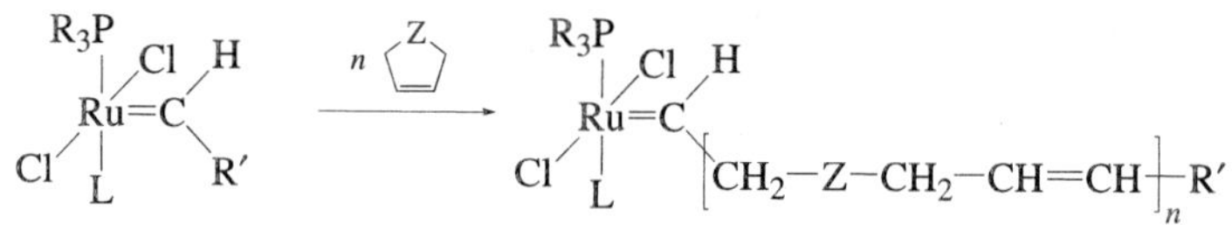

여기에서 PR_3는 포스핀 리간드(예: PCy_3 또는 PPh_3), L은 일반적인 리간드, R′은 금속카벤 치환기(예: Ph), Z는 고리형 단량체 내 결합기이다(예: 사이클로펜텐에서 $Z=CH_2$). ROMP 성장의 일반적 메커니즘을 다음과 같이 나타내었다. 이를 보면 사이클로알켄의 C=C 결합이 한 개 리간드를 대체하면서 전이 금속에 배위 결합하는데, 이는 리간드가(앞에서 나타낸 루테늄 촉매에서 PR_3) 떨어져 나가는 해리 과정이 먼저 일어난 다음, 사이클로알켄이 빈 d-오비탈(—□)에 배위 결합하는 것으로 여겨진다. 이어서 불안정한 금속사이클로뷰테인(metallocyclobutane) 중간 생성물이 2 + 2 고리화첨가 반응에 의해 형성되고, 이것이 쪼개어져서 새로운 전이 금속 카벤과 새로운 C=C 결합이 만들어지며, 카벤이 금속카벤의 원래 자리로 이동하면서 배위 결합을 끊고 다음 리간드는 다시 달라붙는다.

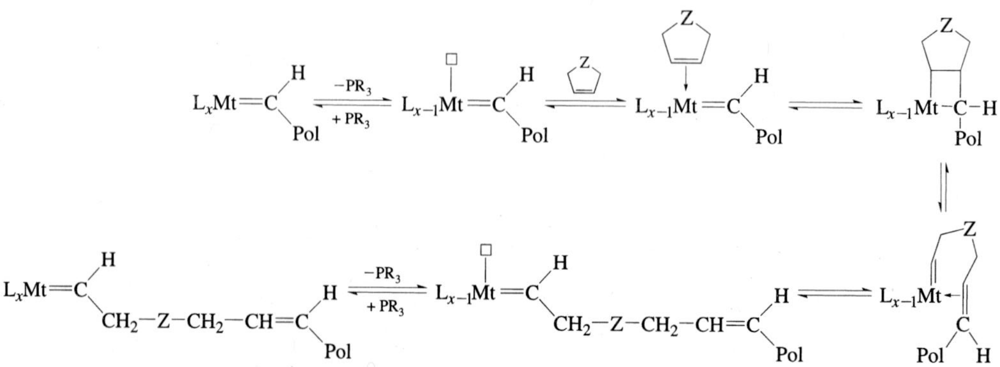

Mt = Mo, Re, Ru, Ti, W   Pol = $-[CH_2-Z-CH_2-CH=CH]_n-R'$

결과적으로 개환 반응은 단량체의 C=C 결합을 끊으면서 진행된다.

고분자로의 분자내 사슬 이동이 일어날 수 있으며 몰질량 분포를 넓게 만든다. 예를 들어

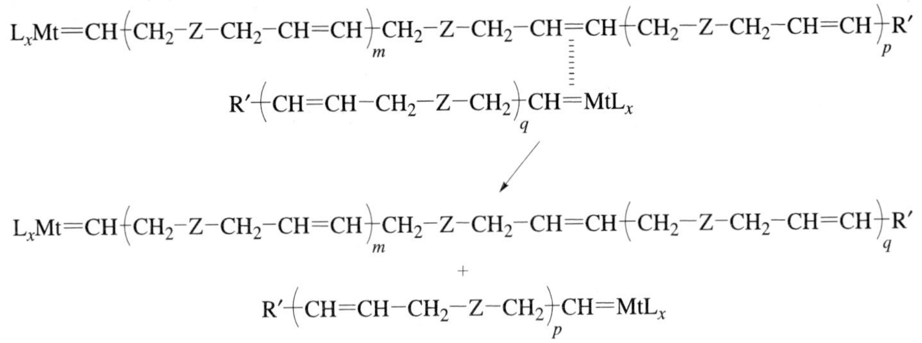

이 또한 역으로 진행되어 두 개의 활성 금속카벤 말단을 갖는 사슬과 하나도 없는 다른 사슬을 만들 수 있다.

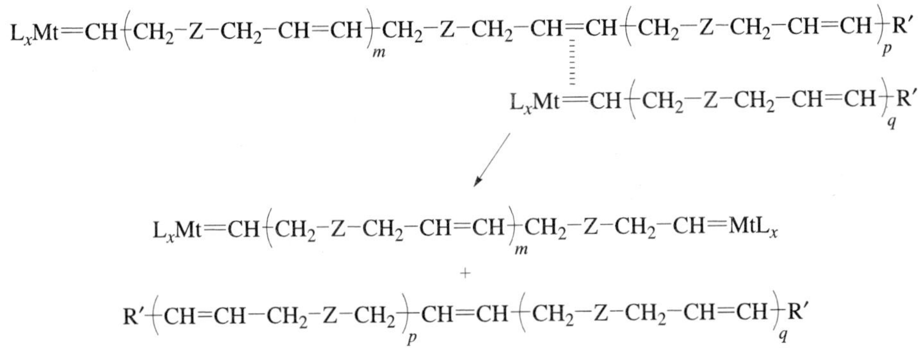

고분자로의 사슬 이동은 분자내적으로(즉, 꼬리물기를 통해) 진행되어 짧아진 한 개의 선형 사슬과 한 개의 고리형 사슬을 만들 수도 있다.

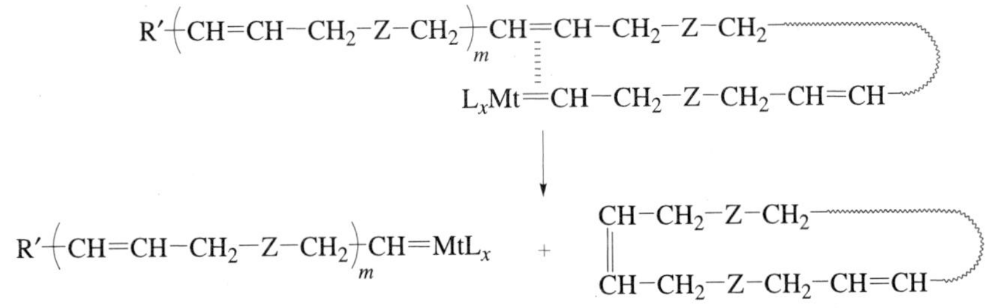

모든 사슬 중합에서와 마찬가지로 고분자로의 사슬 이동은 낮은 중합 온도를 사용함으로써 줄일 수 있다.

ROMP에서 금속카벤 말단기는 활성을 유지하며(즉, 리빙이다), 단량체가 더 첨가되면 성장을 계속할 것이다. 따라서 보통 중합이 완결된 후에 사슬 정지 물질을 첨가하여 활성을 제거한다. 예를 들어 앞에서 보인 루테늄 촉매의 경우, 통상 에틸 비닐 에터를 가하여 사슬을 대체하고 루테늄 착체를 비활성화시킨다.

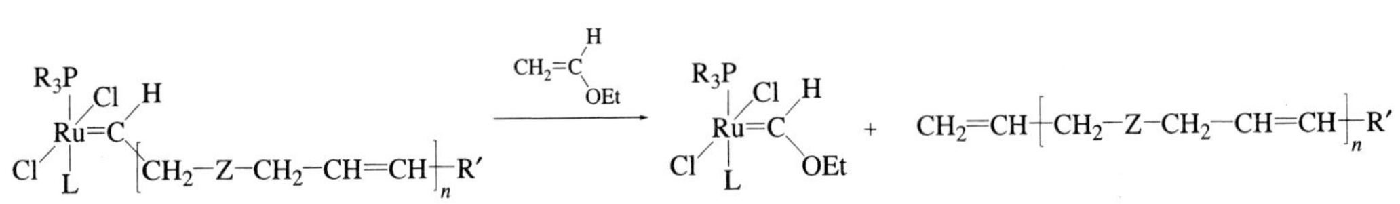

7.5.2 ROMP의 응용

ROMP는 상업적으로 노보넨(norbornene)이나 다이사이클로펜타다이엔(dicyclopentadiene) 고분자를 제조하는 데 사용된다.

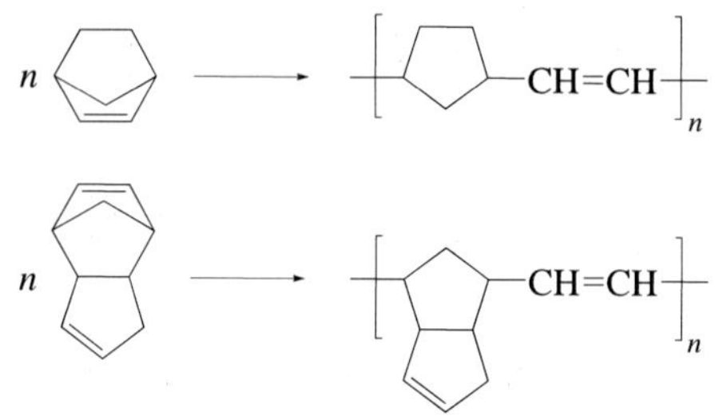

후자의 경우 중합은 곁사슬의 C=C 결합이 중합에 참여하기 때문에 가교 고분자를 형성하게 된다. 또한 ROMP는 고유한 전도성 고분자인 폴리아세틸렌을 합성하는 편리한 방법으로 사용되었다(8.4절과 25.3.5절 참조).

위에 나타낸 고분자 구조는 아주 단순히 나타낸 것이며, 실제로는 종종 반복 단위의 많은 입체화학적인 형태가 존재한다는 것을 염두에 두어야 한다. 어떤 경우는 높은 입체규칙성 고분자가 형성되기도 하는데, 예를 들어 라세미(racemic) 1-메틸노보넨을 오염화 레늄(rhenium pentachloride) 촉매로 ROMP 중합시킬때 꼬리-머리형 *cis*-신디오택틱 미세구조를 갖는 고분자가 생성된다.

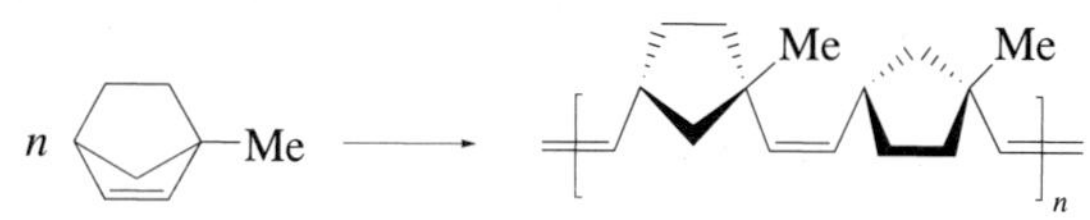

빠른 개시 속도를 주는 촉매의 사용(7.5.1절에 보인 *N*-헤테로고리 카벤 리간드를 갖는 촉매와 같은)과 낮은 온도(사슬 이동을 억제)는 ROMP에 리빙 중합 특성을 부여한다(5.3.2절). 이와 같은 조건하에서 ROMP는 좁은 몰질량 분포를 갖는 고분자와 블록 공중합체를 합성하는 데 이용될 수 있다(9.4.2절).

문제

7.1 다음 각 고분자를 제조하는 데 사용할 고리형 단량체의 구조를 나타내고, 개환 중합 반응의 형태를 요약하시오.

(a) $\left[\mathrm{Si(CH_3)(Ph)-O} \right]_n$

(b) $\left[\mathrm{CF_2-CF(CF_3)-O} \right]_n$

(c) $\left[\mathrm{CH{=}CH-(CH_2)_3} \right]_n$

(d) $\left[\mathrm{(CH_2)_3-O-C(=O)} \right]_n$

(e) $\left[\mathrm{CH{=}CH-CH_2-CCl_2-CH_2} \right]_n$

7.2 고리형 에터의 개환 중합으로 제조되는 폴리에터의 구조가 양이온 개시보다는 음이온 개시 방법을 사용했을 때 더 잘 조절되는 이유를 논하시오. 에폭사이드의 개환 중합과 유사하게 아래 고분자를 합성하는 데 사용할 고리형 단량체의 구조와 반응 조건을 제시하시오.

$$HO\!-\!\!\left[CH_2-CH_2-CH_2-CH_2-O\right]_n\!\!-H$$

7.3 아래 고분자를 합성하기 위하여 서로 다른 고리형 단량체를 사용한 두 가지 개환 중합 방법을 제시하시오. 각각에 대해 사용할 고리형 단량체의 구조를 나타내고, 개환 중합 반응의 형태를 요약하시오.

$$\left[(CH_2)_3-NH-\overset{\overset{\displaystyle O}{\|}}{C}\right]_n$$

참고 문헌

General Reading

Allen, G. and Bevington, J.C. (eds), *Comprehensive Polymer Science*, Vols. 3 and 4 (Eastmond, G.C., Ledwith, A., Russo, S., and Sigwalt, P., eds), Pergamon Press, Oxford, 1989.

Brunelle, D.J. (ed), *Ring-Opening Polymerization: Mechanisms, Catalysis, Structure, Utility*, Hanser, New York, 1993.

Dubois, P., Coulembier, O., and Raquez, J.-M. (eds), *Handbook of Ring-Opening Polymerization*, Wiley-VCH, Weinheim, Germany, 2009.

Frisch, K.C. and Reegen, S.L. (eds), *Ring-Opening Polymerization Kinetics and Mechanisms of Polymerization*, Vol. 2, Marcel Dekker, New York, 1969.

Ivin, K.J. and Saegusa, T. (eds), *Ring-Opening Polymerization*, Vol. 1–3, Elsevier, London, 1984.

Kubisa, P. and Penczek, S., Cationic activated monomer polymerization of heterocyclic monomers, *Progress in Polymer Science*, **24**, 1409 (1999).

Lenz, R.W., *Organic Chemistry of Synthetic High Polymers*, Interscience, New York, 1967.

Mark, H.F., Bikales, N.M., Overberger, C.G., and Menges, G. (eds), *Encyclopedia of Polymer Science and Engineering*, Wiley-Interscience, New York, 1985–1989.

Odian, G., *Principles of Polymerization*, 4th edn., Wiley-Interscience, New York, 2004.

Penczek, S., Cypryk, M., Duda, A., Kubisa, P., and Slomkowski, S., Living ring-opening polymerizations of heterocyclic monomers, *Progress in Polymer Science*, **32**, 247 (2007).

Stevens, M.P., *Polymer Chemistry: An Introduction*, 3rd edn., Oxford University Press, New York, 1998.

Free-Radical Ring-Opening Polymerization

Bailey, W.J., Chou, J.L., Feng, P.-Z., Issari, B., Kuruganti, V., and Zhou, L.-L., Recent advances in free-radical ring-opening polymerization, *Journal of Macromolecular Science, Part A: Pure and Applied Chemistry*, **25**, 781 (1988).

Ring-Opening Metathesis Polymerization

Bielawski, C.W. and Grubbs, R.H., Living ring-opening metathesis polymerization, *Progress in Polymer Science*, **32**, 1 (2007).

Trnka, T.M. and Grubbs, R.H., The development of L_2X_2Ru=CHR olefin metathesis catalysts: an organometallic success story, *Accounts of Chemical Research*, **34**, 18 (2001).

08 고분자 합성의 특수 방법들

8.1 서론

3장부터 7장에 걸쳐 기술한 주요 중합 반응의 형태에 잘 들어맞지 않는 여러 특수한 고분자 합성법이 있다. 이 장에서는 현재 상당한 관심을 끌고 있는 몇 가지 중합을 간단히 소개하고자 하며, 각 형태를 그 용도와 함께 기술할 것이다. 결코 상세하게 다루는 것이 아니므로 좀 더 깊이 있는 이해와 지식을 얻기 위해서는 리뷰나 원 논문을 참고할 필요가 있다. 여기서 다루지 않는 형판(template) 중합, 클라쓰랜드(clathrates) 내에서 중합, 고리 중합(cyclopolymerization) 및 플라스마 중합 같은 많은 특수 중합 형태도 있으나, 그들 정보는 리뷰나 고급 서적에서 찾을 수 있다.

8.2 고체상 위상화학적 중합

고체(대부분이 결정) 상태에서 중합이 진행될 수 있는 단량체가 많이 존재하는데, 일반적으로 그 중합 메커니즘은 명확히 밝혀져 있지 않다. 많은 경우에, 결정상 단량체의 격자 구조는 중합 과정에 상당히 파괴되므로, 생성된 고분자에서는 유지되지 않는다. 그렇지만 몇몇 가능성이 있는 경우도 있는데, 이때 고체상 중합으로 높은 배향을 가진 고분자를 얻을 수도 있다.

어떤 폴리아마이드와 폴리에스터는 적절한 단량체나 그 염을 가열하여 고체상 중축합 단계 중합으로 만들 수 있다. 예를 들어 나일론 11은 11-아미노운데칸산(11-aminoundecanoic acid, 녹는점 = 188°C)의 결정을 160°C 감압하에서 가열함으로써 제조할 수 있다. 공액 다이알켄(dialkene) 단량체들의 첨가중합 단계 중합은 고체상에서 단량체를 자외선 조사하여 유도할 수 있다. 예를 들어 2,5-distyrylpyrazine 결정의 광조사에 의해 높은 결정성을 갖는 선형 사이클로뷰테인 고분자가 정량적으로 얻어진다.

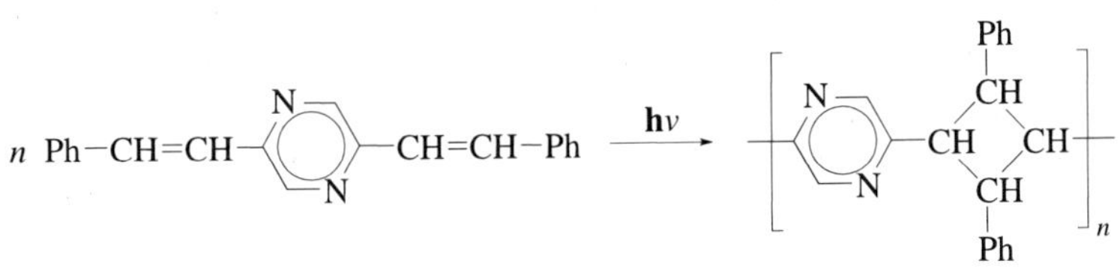

많은 에틸렌계 단량체와 고리형 단량체들이 고에너지 방사(예: γ-선)에 노출되면 고체상에서도 사슬 중합이 일어난다. 그 예는 아크릴아마이드, 아크릴산, 아크릴로나이트릴, 비닐 아세테이트, 스타이렌, 1,3,5-트라이옥세인(1,3,5-trioxane), 프로피오락톤(propriolactone), 헥사메틸사이클로트라이실록세인(hexamethylcyclotrisiloxane) 등등에서 찾을 수 있다. 이들 중합은 자유 라디칼과 이온종을 포함하는 반응으로 유추되지만, 대부분의 경우에 그 정확한 메커니즘은 밝혀져 있지 않다.

▶ 그림 8.1
대칭 구조의 다이아세틸렌 단량체로부터 고체상 중합이 일어나는 모형.

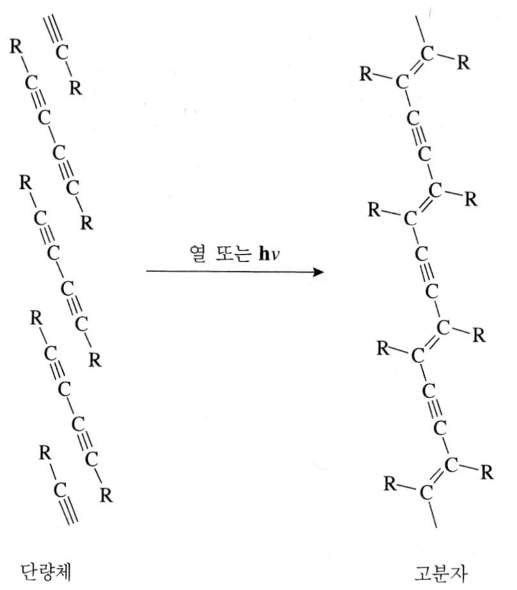

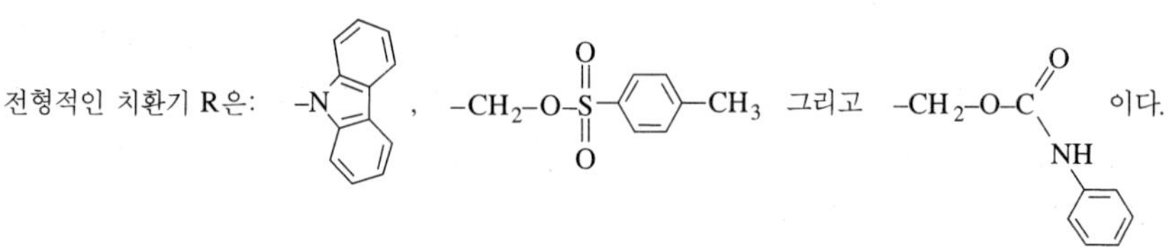

고체상 중합의 가장 활발한 연구가 진행된 시기는 1960년대이다. 보다 최근에 사실상 무결점의 거시적 고분자 단결정을 만드는 **다이아세틸렌**(즉, **다이인, diyne**) **단결정의 고체상 중합**(**solid-state polymerization of diacetylene single crystal**)에 상당한 관심이 모아졌다. 이들 중합은 열적으로나 광조사(자외선 또는 고에너지 방사)로 유도될 수 있으며, 이들의 사슬 성장의 방향이 단량체 결정 격자 구조의 기하학적 모양이나 대칭성에 의해 규정되기 때문에 **위상화학**(**topochemical**)이라고 한다. 대칭성의 이치환 다이아세틸렌(disubstituted diacetylene) 단량체의 중합을 그림 8.1에 도식적으로 나타내었다. 이 반응은 카벤 종을 통해 진행되는 것으로 생각되지만, 자유 라디칼 종 또한 포함될 수 있다. 그 결과는 관련 원자들의 주요 이동이 없는 단량체 분자로부터 고분자로의 직접적인 전환이며, 단량체 결정 격자의 삼차원적 질서가 대개 그대로 유지된다. 생성되는 중합체는 완전히 결정성이며, 고분자는 선형이고 입체규칙적이며 높은 중합도의 고분자로서, 펼쳐진 사슬 형태로 고분자 결정 내에 있게 된다. 몇몇 폴리다이아세틸렌 단결정 사진들을 그림 17.11에 나타내었다.

사슬 내에 다이아세틸렌 단위를 함유하는 고분자가 다이아세틸렌 다이올과의 단계 중합에 의해 합성된 바 있다. 그 예로 분절(segmented) 폴리우레탄(9.4.1절)과,

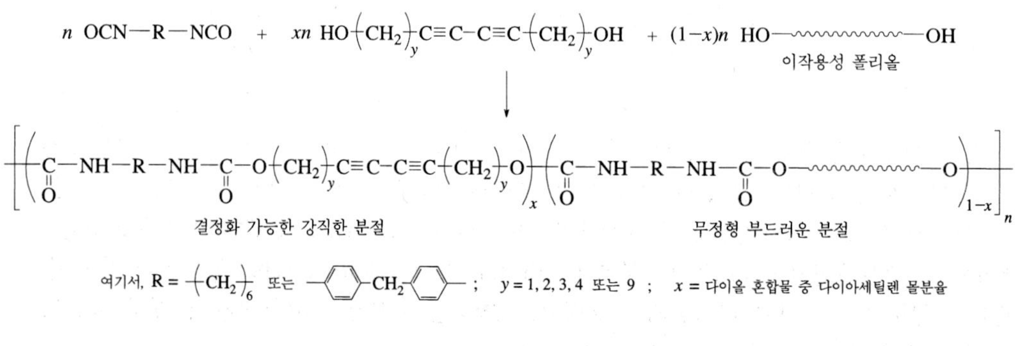

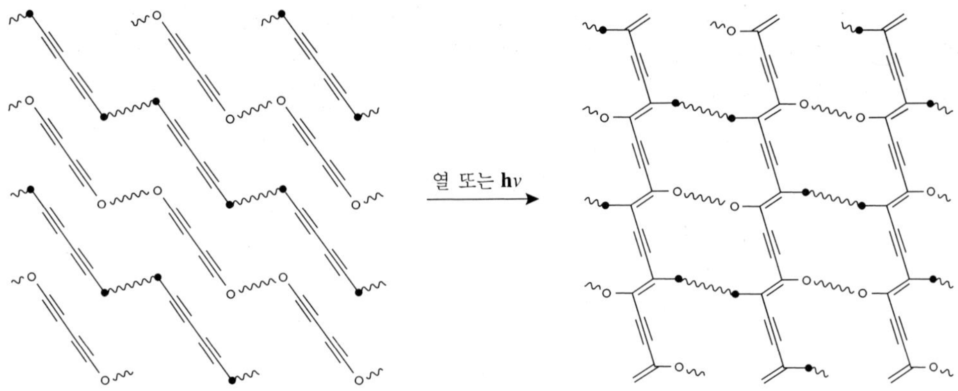

▶ 그림 8.2
공액 다이아세틸렌 함유 고분자의 결정상에서 고체상 교차 중합의 도식. 검은 점과 흰 점들은 가교 고분자 내에 원래 사슬의 위치를 강조하기 위해 포함되었다.

방향족 폴리에스터 (3.2.1.1절) 가 있다.

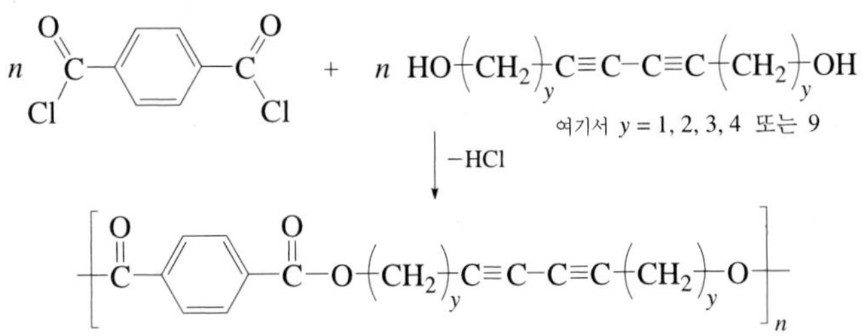

고분자의 결정상 내에 다이아세틸렌 단위가 필요한 배향을 갖고 있다면, 고체상 중합이 가열이나 자외선 및 고에너지 방사에 의해 일어날 수 있으며, 결정상 내에서 다이아세틸렌 함유 구조 단위의 **교차 중합 (cross-polymerization)** 을 일으킨다. 다이아세틸렌 함유 고분자의 고체상 교차 중합을 그림 8.2에 도식적으로 나타내었다.

8.3 산화성 짝지음에 의한 중합

몇 가지 중요한 고분자가 라디칼 또는 라디칼-이온 중간체를 포함하는 산화성 짝지음 (oxidative coupling) 반응에 의해 제조된다. 이들 반응은 화학적 또는 전기화학적으로 일어날 수 있는데, 후자의 방법이 전도성 고분자의 합성에 특히 유용하다. 산화성 짝지음 중합의 몇몇 중요한 응용을 여기서 기술할 것이다. 중합 반응의 정확한 메커니즘은 대부분의 경우 불확실하며, 단지 합리적인 합의가 있는 것에 대해서만 그 메커니즘을 제공할 것이다.

8.3.1 산화성 짝지음에 의한 페놀의 중합

폴리 (아릴렌 옥사이드) [ploy(arylene oxide)]는 산소와 Cu(I) 촉매 존재하에서 화학적으로 유도된 산화성 짝지음 중합에 의해 해당 페놀로부터 제조할 수 있다.

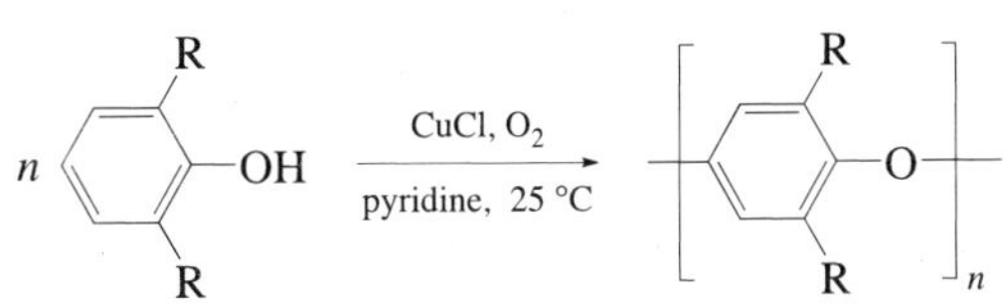

여기서, 폴리 (1,4-페닐렌 옥사이드) 에 대해 R은 H이며, 폴리 (2,6-다이메틸-1,4-페닐렌 옥사이드) [poly(2,6-dimethyl-1,4-phenylene oxide)] 에 대해서 R은 CH_3이다. 후자는 상업적으로 생산되는 고분자인데, 다소 혼란스럽게도 폴리스타이렌과의 혼합체 (blend) 로서 공급될 때조차도 종종 약어 PPO와 함께 폴리 (페닐렌 옥사이드) 로 불리고 있다.

중합 메커니즘은 Cu(I) 착체[또는 동시에 형성되는 Cu(II) 착체] 촉매 작용으로 산소에 의해 페놀의 OH(말단)기로부터 수소가 탈리된 다음, 페녹시(말단)기의 4-위치에서 수소 원자가 라디칼 치환되고 다시 산소가 수소 원자를 취하는 단계를 포함한다.

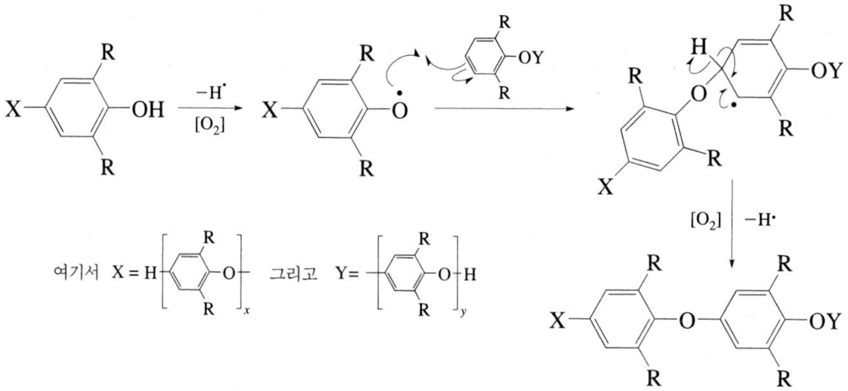

반응 초기에 x와 y는 0이고, 따라서 최초 반응은 페놀 분자간의 반응이지만, 사슬 길이가 증가함에 따라 이 반응은 어떤 종들간의 반응이 될 수 있다. 즉, 반응은 단계 중합의 특징을 갖는다. 교환 치환 반응 또한 가능하다.

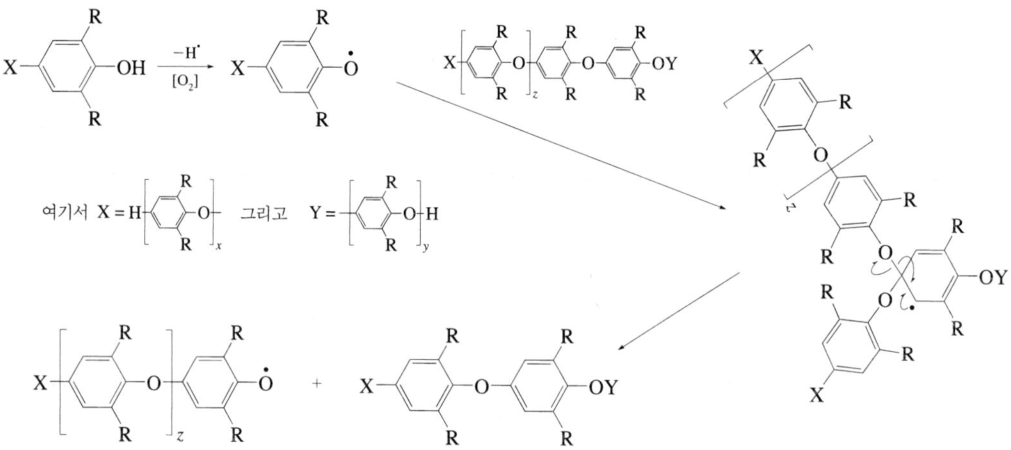

여기서 R은 CH_3이고, CH_3기의 벤질 C−H 결합으로부터 H-분리를 통해 가지화가 일어날 수 있다.

8.3.2 산화성 짝지음에 의한 아닐린, 피롤 및 싸이오펜의 중합

몇몇 전도성 고분자가 화학적 또는 전기화학적 산화성 짝지음 반응으로 제조될 수 있으며, 가장 중요한 예로 폴리아닐린(polyaniline), 폴리피롤(polypyrrole), 폴리싸이오펜(polythiophene)이 있다 (25.3.4절 참조).

아닐린의 화학적 산화는 19세기에 처음으로 보고되었지만, 그 중요성은 폴리아닐린의 고유한 전도성이 활용되기 시작하기 전까지 충분히 인식되지 못하였다. 여러 많은 방법과 산화제가 중합을 위해 사용되어 왔지만, 가장 일반적으로는 아닐린의 산성 수용액이 암모늄 퍼설페이트(ammonium persulfate) 수용액에 의해 산화된다. 폴리아닐린은 물에 녹지 않으며, 생성되면서 침전되어 파우더 또는 중합 반응이 콜로이드 안정제 존재하에서 진행되는 경우에 폴리아닐린 입자의 콜로이드 분산 형태로 얻어진다. 미리 형성된 폴리아닐린 입자 존재하에서 중합은 섬유상 폴리아닐린을 제조하는 데 사용될 수 있다. 아닐린의 전기화학적 산화는 방법에 따라서 파우더, 필름 또는 섬유상의 폴리아닐린을 만들 수 있고 산화제나 콜로이드 안정제(이들은 화학적 산화법에 의해 생성되는 폴리아닐린을 오염시킨다)를 사용할 필요가 없다는 장점이 있다. 산화성 짝지음 메커니즘은 사용된 방법에 따라 다르지만, 아미노기의 질소 원자가 갖는 고립 전자쌍으로부터 전자를 잃어 생성되는 아미노 라디칼-양이온 중간체의 짝지음을 수반하고 있다는 데 대체로 동의하고 있다. 어떤 두 개 종들이 서로 반응할 수 있는데, 이것은 단계 중합 반응이다. 삼합체의 생성 단계까지 그 반응 메커니즘은 다음과 같다.

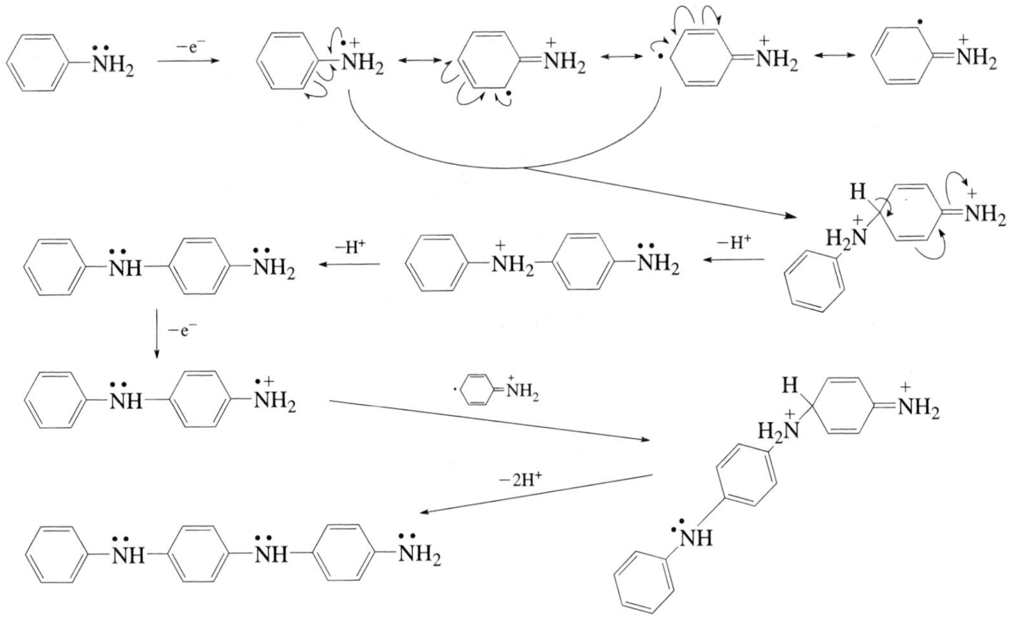

이차 아민 결합기는 라디칼-양이온, 나아가 이민(imine) 결합으로 산화가 일어날 수 있으므로 실제 메커니즘은 여기 표시한 것보다 더욱 더 복잡하다. 따라서 여러 많은 다른 형태의 폴리아닐린이 존재하고, 그 구조는 일반적으로 완전히 환원된 아민 형태와 완전히 산화된 이민 형태의 조합으로 나타낼 수 있을 것이다.

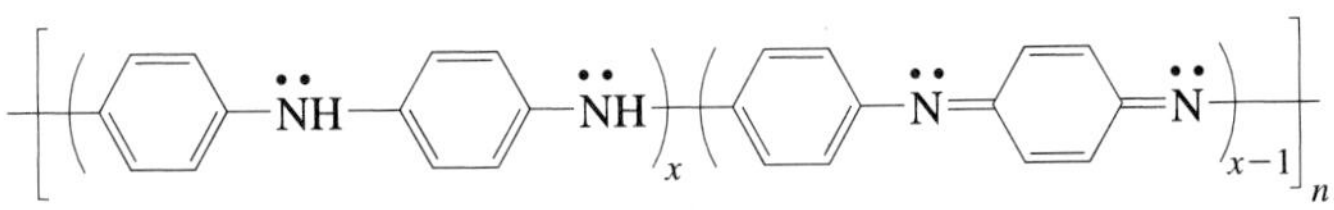

여기서 x는 아민 형태의 몰분율이다. 완전 환원된 아민 형태의 폴리아닐린($x = 1$)은 **leucomeraldine**, 완전 산화된 이민 형태($x = 0$)는 **pernigraline**, 그리고 반 산화된 형태($x = 0.5$)는 **emeraldine**으로 알려져 있다.

폴리피롤과 폴리싸이오펜은 구조적으로 유사하며, 폴리아닐린 합성에 사용된 것과 유사한 반응으로 각각 피롤과 싸이오펜의 산화성 짝지음에 의해 제조될 수 있다.

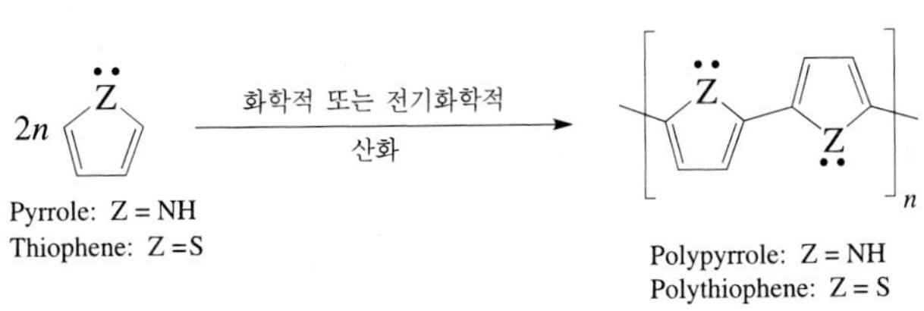

가장 보편적으로 피롤과 싸이오펜 수용액은 실온에서 페릭 클로라이드(ferric chloride)를 산화제로 사용해 중합되어, 폴리피롤 또는 폴리싸이오펜이 생성되면서 침전되어 파우더 또는 중합 반응이 콜로이드 안정제 존재하에서 진행되는 경우에, 폴리아닐린의 화학적 산화성 짝지음에서와 거의 같은 방식으로 입자의 콜로이드 분산을 만든다. 피롤 또는 싸이오펜의 전기화학적 산화는 역시 폴리아닐린 합성에서와 같이 고분자 입자나 필름을 만들

수 있다. 이들 반응의 메커니즘은 확실치 않으나 다음에 나타낸 바와 같이 형성된 라디칼-양이온 중간체가 결부되어 있다는 합리적인 증거가 있다.

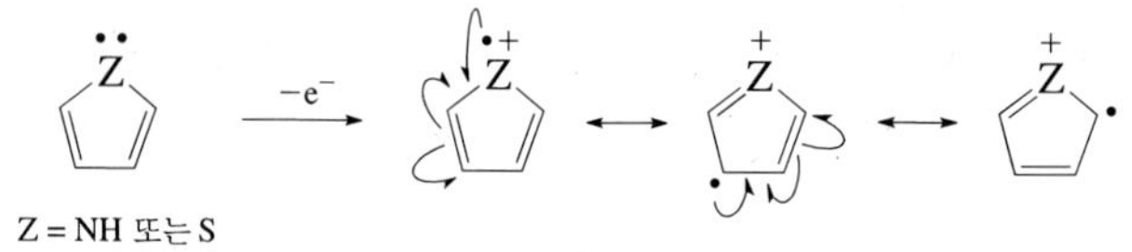

마지막 공명 혼성체가 가장 안정하며, 라디칼 짝지음이 일어나고 H^+가 떨어져 나오게 된다.

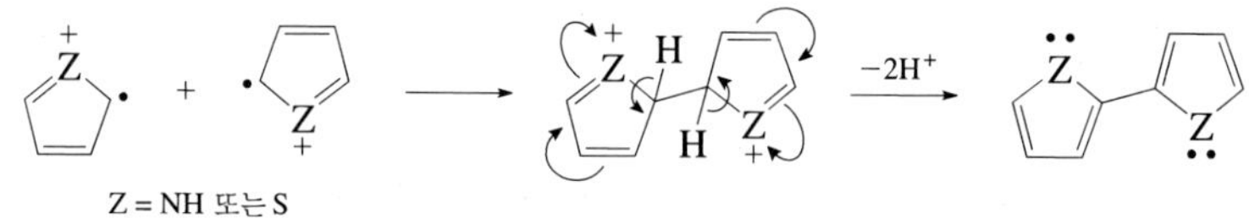

사슬 성장은 어떤 두 개의 종 사이에 일어날 수 있어 단계 중합의 특징을 가지며, 일반적으로 다음과 같이 나타낼 수 있을 것이다.

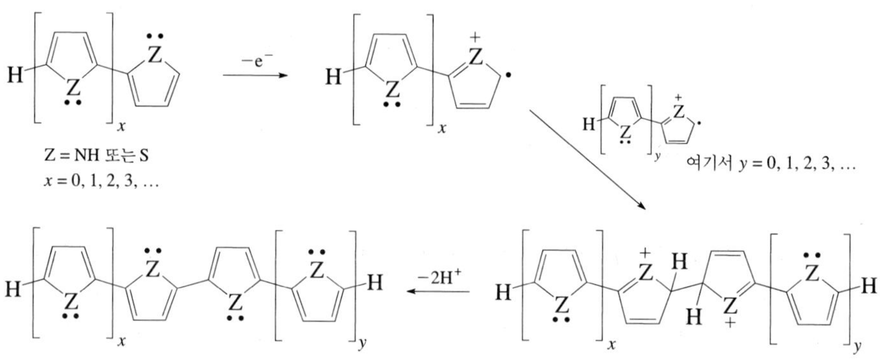

이 라디칼-양이온 메커니즘뿐만 아니라 자유 라디칼과 양이온 중간체를 포함하는 메커니즘이 제안되었다.

산화성 짝지음에 의해 제조되는 중요한 전도성 폴리싸이오펜 유도체의 하나로 폴리(3,4-에틸렌다이옥시싸이오펜 [poly(3,4-ethylenedioxythiophene), PEDOT] 이 있다.

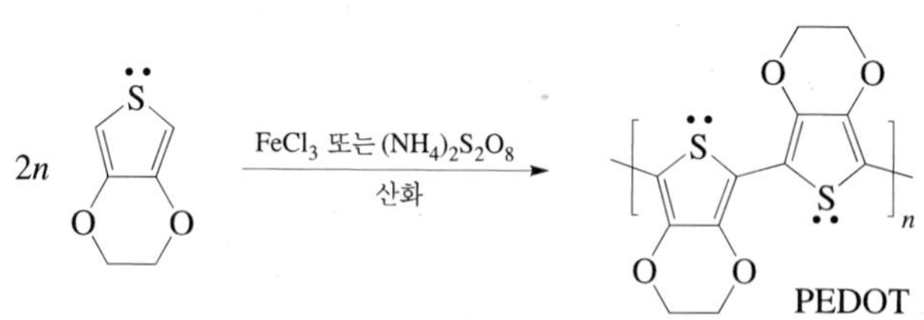

8.4 가공이 어려운 분자의 전구체 루트

어떤 고분자는 대부분의 고분자가 매우 높은 결정화도와 고분자의 분해 온도 이상의 녹는점을 갖기 때문에 완전히 불용성이며, 연화 또는 용융되지 않는 것들이 있다 [이들을 **intractable** (가공이 어려운) 이라고 함]. 이와 같은 고분자는 기존의 용융 또는 용액 성형 방법으로 필름, 섬유 또는 고형물의 형태로 변형될 수 없다. 이러한 문제를 극복하기 위해 이들 고분자들은 **전구체 루트 (precursor route)** 를 통해 만들 수 있는데, 여기서 intractable 고분자가 원하는 최종 형태로 성형되는 전구체 고분자로부터 *in situ* 만들어진다. 전구체 고분자로부터 intractable 고분자로의 전환은 언제나 전구체 고분자로부터 그 물리적 형태를 무너뜨리지 않고 빠져나와야 하는 휘발성인 저분자의 제거를 통해 열적으로 진행된다. 전구체 루트의 중요한 이슈는 목표하는 intractable 고분자로부터 이들 저분자를 완전히 제거하는 것이다. 따라서 전구체 루트는 필름이나 섬유 형태로 intractable 고분자를 제조하는 데 가장 적합하다(왜냐하면 이들은 매우 높은 표면 대 부피비를 갖고 있어 저분자 물질이 쉽게 빠져나가는 것을 용이하게 만들기 때문이다). 이 방법은 전도성 고분자 필름을 제조하는 데 특히 유용한데, 이는 많은 전도성 고분자가 intractable하기 때문이다(25.3.4절). 그 원리를 설명하기 위해 전도성 고분자인 폴리(1,4-페닐렌), 폴리(1,4-페닐렌 비닐렌), 폴리아세틸렌의 전구체 루트를 고찰하고자 한다.

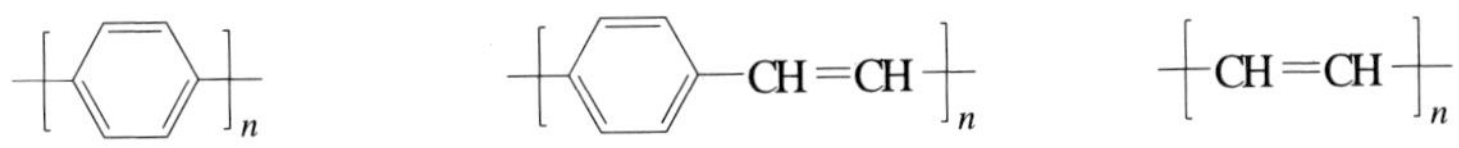

poly(1,4-phenylene) poly(1,4-phenylene vinylene) polyacetylene

폴리(1,4-페닐렌)의 한 가지 전구체 루트는 다음과 같이 폴리(사이클로헥사-1,3-다이엔) [poly(cyclohexa-1,3-diene)]을 만든 후 탈수소화하는 것이다.

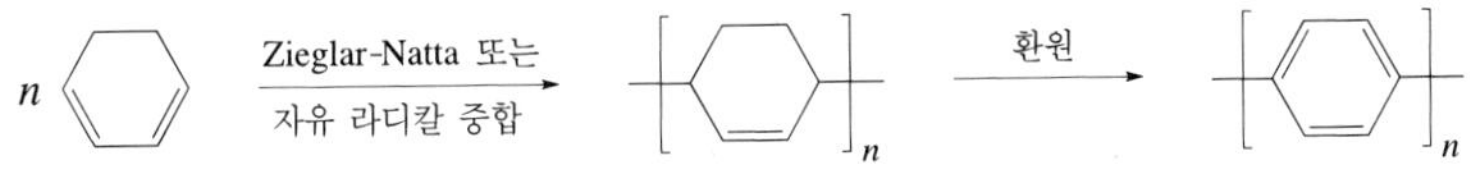

그러나 전구체 고분자 합성에서 입체화학적 조절이 폴리(1,4-페닐렌)을 깔끔하게 만들어내기에는 충분히 좋지 않다. 고품질의 폴리(1,4-페닐렌)을 제조하기 위한, 조금 다르지만 훨씬 더 효과적인 접근은 bis (allyl) trifluroacetatonickel (II) ((ANiTFA)$_2$) 촉매를 사용한 배위중합에 의해 poly [*cis*-5,6-bis (trimethylsiloxy) cyclo-1,3-diene]을 합성하고, 이를 poly [*cis*-5,6-bis (acetoxy) cyclo-1,3-diene]으로 전환하는 것으로서, 이 전구체 고분자는 가용성이며, 최종적으로 아세트산을 열적으로 제거하기 전에 정제되고 필름으로 성형될 수 있다.

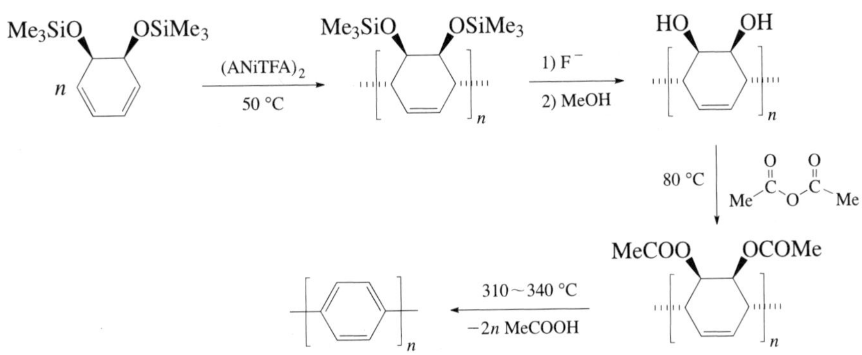

마지막 단계의 제거 반응은 협조적인(concerted) 분자내 재배열을 통해 진행되며,

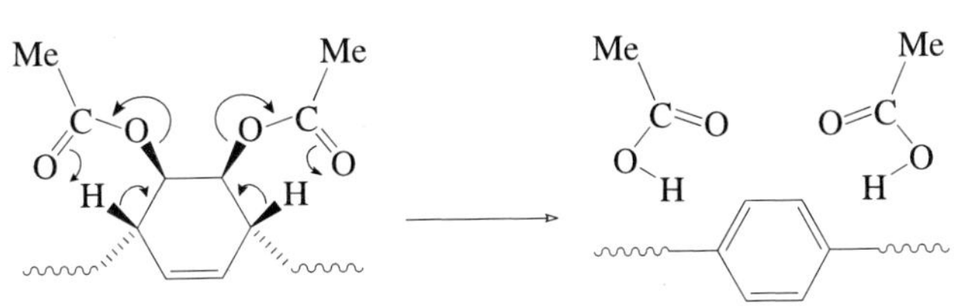

Lewis 산이나 양성자성 산을 사용하여 촉진될 수 있다. *trans*-폴리(1,4-페닐렌 비닐렌) [*trans*-poly(1,4-phenylene vinylene)] 합성을 위한 유사한 전구체 루트가 개발되었는데, bicyclo[2,2,2]octa-5,8-diene-*cis*-2,3-diol의 비스(메톡시카보닐) 에스터[bis (methoxycarbonyl) ester] 화합물의 개환 복분해 중합(ROMP; 7.5절)으로 필름으로 성형하기 전에 정제될 수 있으며, 앞에서 나타낸 바와 똑같은 메커니즘으로 메틸 탄산(methyl carbonic acid)을 가열에 의해 제거할 수 있는 가용성 전구체 고분자를 합성한다.

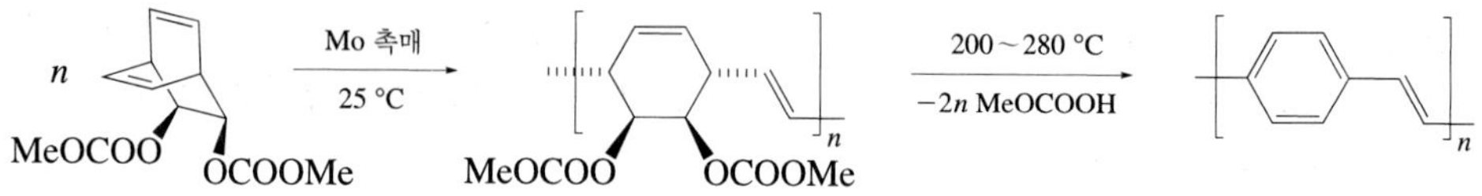

trans-폴리(1,4-페닐렌 비닐렌)을 만드는 많은 다른 전구체 루트가 있다. 예를 들어 관심을 끈 한 가지는 α,α'-bis(dialkylsulphonium chloride)-1,4-xylenes으로부터 *in situ* 생성되는 1,4-xylylene 중간체의 염기-유도 중합으로(불확실한 사슬 중합 메커니즘을 통한), 수용성의 설포늄(sulfonium) 고분자 전해질 전구체를 만들고, 후에 이는 필름으로 성형되어 가열을 통해 *trans*-폴리(1,4-페닐렌 비닐렌)으로 전환된다.

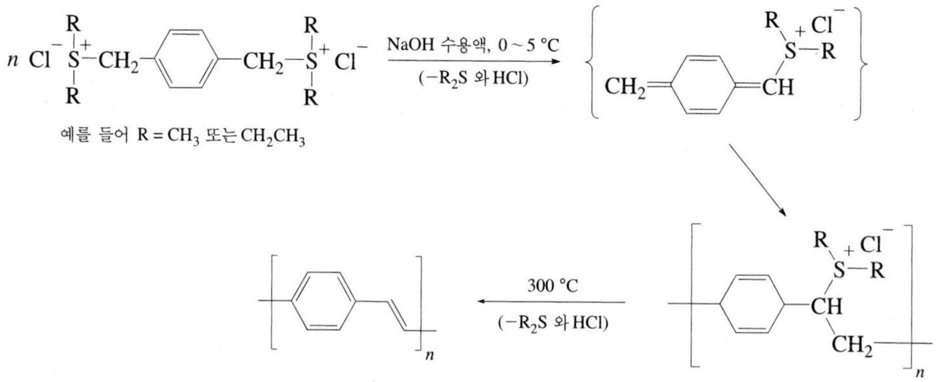

첫 단계 중합에서는 전구체 고분자의 용해도를 크게 떨어뜨리는 1,4-페닐렌 비닐렌 단위로의 부분적인 전환을 방지하기 위해 온화한 반응 조건을 사용한다.

폴리아세틸렌 제조의 한 가지 중요한 전구체 루트는 치환된 사이클로뷰텐(cyclobutene)의 ROMP를 사용하여 가용성 전구체 고분자를 만들고, 가열을 통해 역(retro) Diels–Alder 반응을 거쳐 *cis*-폴리아세틸렌으로 전환하며, 다시 가열을 통해 전도성 고분자로서 응용을 위에 요구되는 *trans* 형태로 이성화하는 반응을 포함한다. 이는 Durham 대학의 Feast와 공동 연구자들에 의해 처음으로 개발되었기 때문에 **Durham 경로(Durham route)**로 알려져 있다. 최초의 Durham 루트는 다음과 같다.

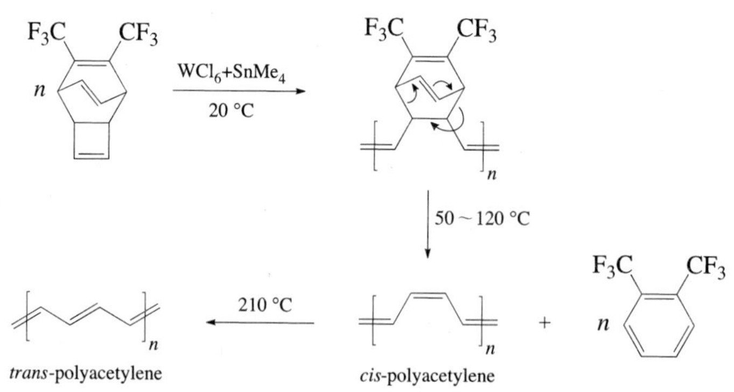

ROMP는 사이클로뷰텐의 C=C 결합에서 독보적으로 일어나는데, 이는 고리 스트레인이 매우 크고 단량체의 사이클로헥센 C=C 결합은 ROMP에 대해 상당히 낮은 반응성을 갖기 때문이다. 아세틸렌의 배위 중합이나 복분해 중합으로 폴리아세틸렌을 직접 합성하는 것(잔류 촉매에 의해 오염될 수 있음)과 비교하여, 이 루트는 필름으로 성형하고 폴리아세틸렌으로 전환하기 전에 전구체 고분자를 용매에 녹이고 재침전하여 정제할 수 있는 장점을 갖는다.

8.5 초분자 중합 (중회합)

초분자화학 (**supermolecular chemistry**) 은 적어도 두 개, 그러나 대개는 많은 수의 분자가 주개-받개 (donor-acceptor) 상호작용, 금속 이온 배위, 또는 정전기적 상호작용과 같은 분자간 비공유 상호작용 (non-covalent interaction) 을 통한 회합에 의해 만들어지는 실체와 물질의 화학이다. Lehn은 초분자화학을 정립하는 데 있어 중심에 있는 인물이며, 그의 업적이 인정되어 1987년 노벨화학상을 수상하였다. 초분자 조립은 광범위한 주제이므로 여기서는 간략한 소개, 특히 단량체 종의 사슬 형태 조립을 통한 **초분자 고분자** (**supermolecular polymer**) 의 제조와 관련하여 다루고자 하며, 이 조립은 흔히 다중 수소 결합의 형태를 취하는 분자간 상호작용에 의해 추진된다.

선형 초분자 고분자의 형성은 선형 단계 중합 (2.2절과 3.2절) 의 특성을 가지며, 다음과 같이 도식화 할 수 있다.

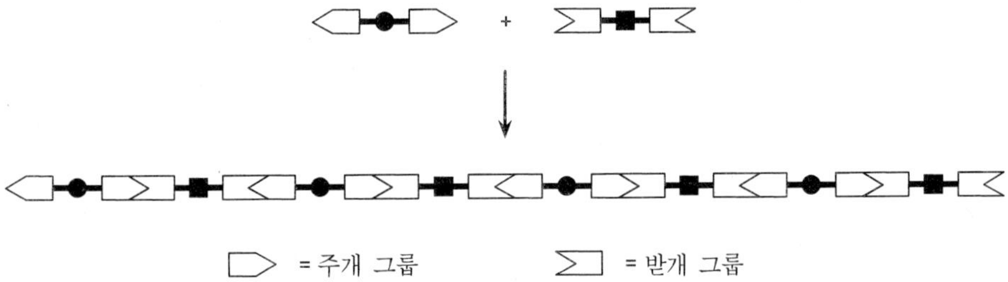

분자간 회합에 의해 고분자 사슬이 형성되는 과정을 **초분자 중합** (**supermolecular polymerization**) 또는 **중회합** (**polyassociation**) 이라고 한다. 결합당 각각 세 개, 네 개, 여섯 개 수소 결합 형성을 포함하는 초분자 중합의 예를 표 8.1에 나타내었다. 제조된 초분자 고분자는 종종 액정 (17.5절) 과 같은 큰 실체로 자기조립할 수 있도록 설계된다. 그 예로서 표 8.1의 예 (i) 에 나타낸 초분자 고분자는 각 단량체의 타타르산 (tartaric acid) 구조의 카이랄성이 **메조** (**meso**) 일 때 매우 넓은 온도 범위에서 액정성을 나타낸다.

표 8.1에 나타낸 형태의 다중 수소 결합은 결합의 안정성을 크게 증가시키는데, 이는 결합이 끊어지려면 결합에 참여한 모든 수소 결합이 동시에 해리되어야 하기 때문이다. 따라서 초분자 고분자는 종종 공유 결합 고분자와 같은 긴 사슬 분자의 특성적인 거동을 보인다 [예를 들어 높은 점도의 용액을 만들며 (10.4.2와 13.2절), 유용한 기계적 물성을 갖는 고체 성형물로 제조될 수 있다]. 그럼에도 불구하고 사슬은 서로 가역적인 상호작용으로 결합되어 있어, 어떤 환경 (온도나 용매) 에서 결합의 충분한 해리가 유리해지면, 초분자 고분자가 원래의 단량체 분자로 되돌아가는 능력에 기인하는, 그 물성에서 동적인 면을 부가적으로 제공한다. 또한 초분자 고분자는 그 사슬 결합의 유동적인 성질 때문에 특정한 조건 하에서 그 결합 순서 (link sequence), 몰질량 및 질량 분포를 재조직할 수 있다. 이와 같은 동적인 거동은 초분자 고분자에서 독특하며, 예를 들어 성형 중에 낮은 '용융' 점도를 갖거나, 자기 치료 (self-healing) 물질로서 사용될 수 있으며, 또는 환경에 감응할 수 있는 고분자를 설계하는 기회를 제공한다.

표 8.1 (i) 3중, (ii) 4중, (iii) 6중 수소 결합 형성을 통한 초분자 고분자의 합성 예 (계속)

(i) 사슬 결합당 세 개의 수소 결합 형성을 통한 초분자 중합

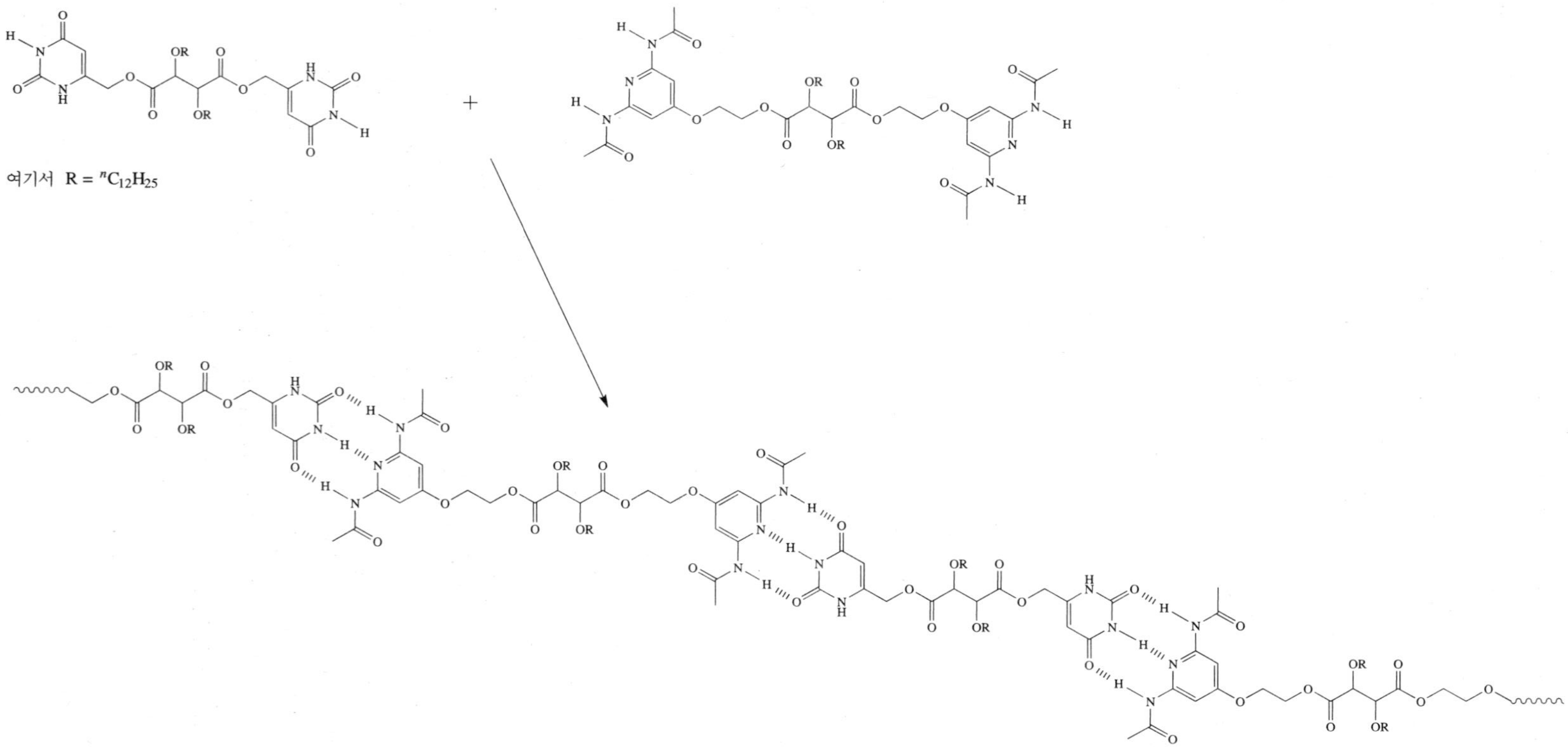

여기서 R = $^{n}C_{12}H_{25}$

(계속)

표 8.1 (i) 3중, (ii) 4중, (iii) 6중 수소 결합 형성을 통한 초분자 고분자의 합성 예 (계속)

(ii) 사슬 결합당 네 개의 수소 결합 형성을 통한 초분자 중합

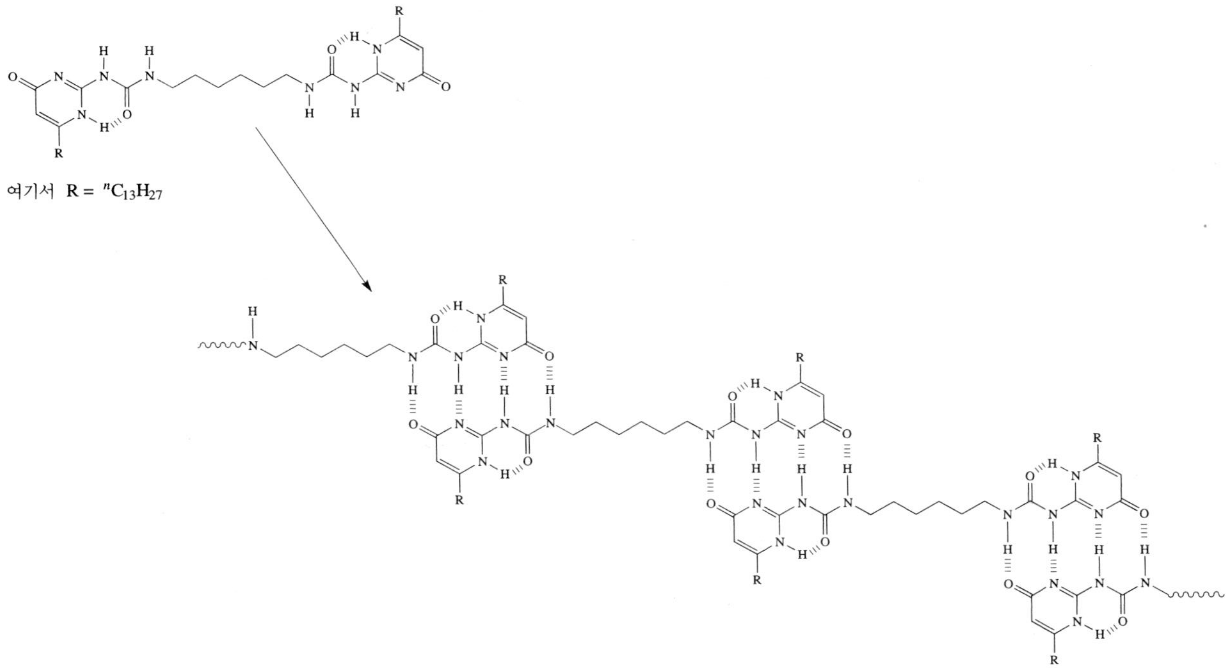

여기서 R = $^{n}C_{13}H_{27}$

(계속)

표 8.1 (i) 3중, (ii) 4중, (iii) 6중 수소 결합 형성을 통한 초분자 고분자의 합성 예

(iii) 사슬 결합당 여섯 개의 수소 결합 형성을 통한 초분자 중합

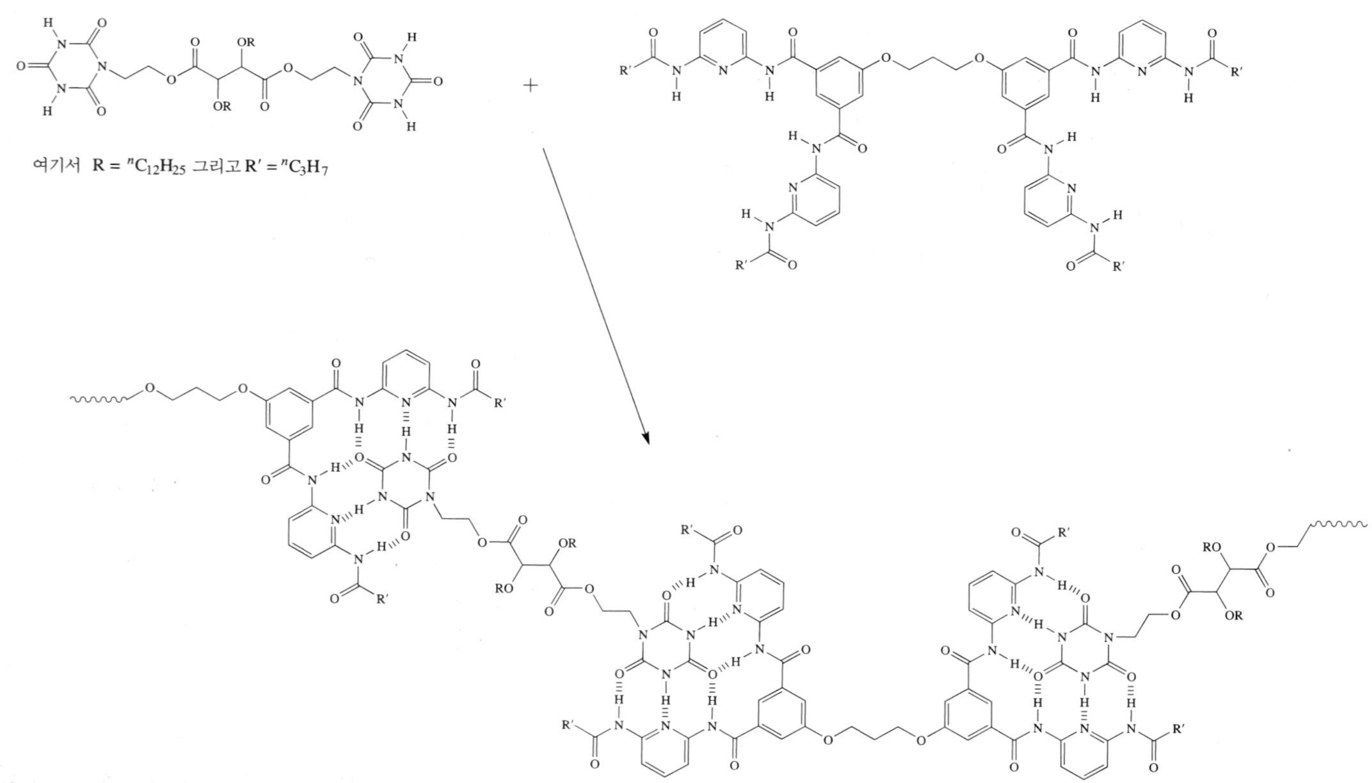

여기서 R = $^{n}C_{12}H_{25}$ 그리고 R′ = $^{n}C_{3}H_{7}$

문제

8.1 효과적인 고체상 위상화학적 중합을 위한 조건을 일반적인 용어로 서술하시오.

8.2 2,6-다이메틸페놀(2,6-dimethylphenol, 0.1 mol)의 산화성 짝지음 중합을 단량체의 거의 완전한 전환 상태로 진행하고, 이어서 페놀(0.1 mol)을 가하여 중합 반응을 양 단량체의 완전한 전환 상태까지 진행하였다. 이 공정으로부터 생성되는 고분자의 구조를 설명하시오.

8.3 다음의 분자들이 서로 어떻게 상호작용 하는지 나타내시오(I과 II, 여기서 R = $^{n}C_{12}H_{25}$). 분자를 나타내는 간단한 도표를 사용하여 이들 상호작용으로부터 생성되는 초분자 조립의 형태를 간략히 그리시오.

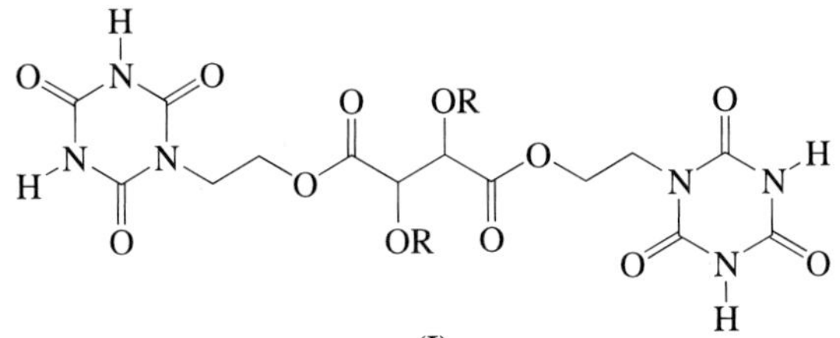

(I)

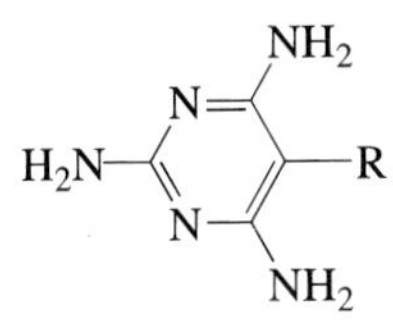

(II)

참고 문헌

General Reading

Allen, G. and Bevington, J.C. (eds), *Comprehensive Polymer Science*, Vols. 4 and 5 (Eastmond, G.C., Ledwith, A., Russo, S., and Sigwalt, P., eds), Pergamon Press, Oxford, 1989.
Lenz, R.W., *Organic Chemistry of Synthetic High Polymers*, Interscience, New York, 1967.
Odian, G., *Principles of Polymerization*, 4th edn., Wiley-Interscience, New York, 2004.
Stevens, M.P., *Polymer Chemistry: An Introduction*, 3rd edn., Oxford University Press, New York, 1998.
Mark, H.F., Bikales, N.M., Overberger, C.G., and Menges, G. (eds), *Encyclopedia of Polymer Science and Engineering*, Wiley-Interscience, New York, 1985–1989.

Synthesis of Conducting Polymers

Chan, H.S.O. and Ng, S.C., Synthesis, characterization and applications of thiophene-based functional polymers, *Progress in Polymer Science*, **23**, 1167 (1998).
Syed, A.A. and Dinesan, M.K., Polyaniline – a novel polymeric material, *Talanta*, **38**, 815 (1991).
Vernitskaya, T.V. and Efimov, O.N., Polypyrrole: a conducting polymer; its synthesis, properties and applications, *Russian Chemical Reviews*, **66**, 443 (1997).

Supramolecular Polymerization

Bouteiller, L., Assembly via hydrogen bonds of low molar mass compounds into supramolecular polymers, *Advances in Polymer Science*, **207**, 79 (2007).
Brunsveld, L., Folmer, B.J.B., Meijer, E.W., and Sijbesma, R.P., Supramolecular polymers, *Chemical Reviews*, **101**, 4071 (2001).
Lehn, J.-M., Supramolecular polymer chemistry – scope and perspectives, *Polymer International*, **51**, 825 (2002).
Lehn, J.-M., Dynamers: dynamic molecular and supramolecular polymers, *Progress in Polymer Science*, **30**, 814 (2005).

09 공중합

9.1 서론

1.2.3절에 간략하게 나와 있고 16장부터 18장까지 토론된 대로, 공중합체는 하나 이상의 반복 단위를 가지며 반복 단위의 성질과 사슬 내의 그 연결 순서와 비율에 따라 그 물성이 조절된다. 따라서 공중합체의 조성과 반복 단위의 연결 순서를 어떻게 조절하는지 이해하는 것이 중요하다.

단량체 혼합체의 동시 중합법은 공중합체를 만드는 가장 간단한 방법이면서 각각의 단일중합체 물성의 중간값을 가지는 통계적 공중합체를 만드는 데 사용되고 있다. 대부분의 상업용 고분자들이 이런 방법으로 제조되는 공중합체이며, 심지어 많은 상업용 '단일중합체' 들이 사실 물성을 개선하기 위해 다른 반복 단위를 일부 포함한 공중합체이다. 그러한 공중합체를 만드는 통계적 단계와 사슬 공중합은 9.2와 9.3절에서 다루고 있다.

블록과 그래프트 공중합체에서 단일중합체 사슬은 화학 결합으로 서로 연결되어 있다. 단일중합체 블록은 대개 비혼합적이며, 결과적으로 블록과 그래프트 공중합체는 단일중합체 구성 성분의 특성과 단일중합체 블록이 화학적으로 연결되어 나타나는 독특한 특성들(18장 참조)을 보여 주게 된다. 블록과 그래프트 공중합체의 합성은 특별한 방법, 9.4절과 9.5절에서 가장 중요한 원리를 나타내는 그림 예들로 다루고 있는 가장 중요한 전략들을 필요로 한다.

9.2 단계 공중합

통계적 단계 공중합의 몇 가지 간단한 개념은 선형 공중합법을 고려함으로써 여기서 다룰 것이다. 소개된 원리는 비선형 단계 공중합법에 똑같이 응용되므로 특별히 구분하지 않고 설명하였다.

가장 간단한 선형 단계 공중합법은 ARB + AR′B 또는 $RA_2 + R'B_2 + R''B_2$인 일반적 형태의 중합을 가리킨다. 예를 들면 헥사메틸렌다이아민(hexamethylene diamine)을 아디프산(adipic acid)과 세바스산(sebacic acid)의 혼합물과 반응시켜 나일론 6.6과 나일론 6.10 반복 단위가 동시에 있는 폴리아마이드 공중합체(copolyamide)를 얻는다.

크고 적절한 몰질량을 가진 공중합체를 단계중합으로 얻으려면 높은 반응도를 가져야 한다(3.2.3.1절과 3.2.3.2절). 이렇게 되면 얻은 공중합체의 총괄 조성은 초기에 넣은 공단량체(comonomer)의 조성과 같게 된다. 얻어진 공중합체 내의 연속되는 다른 반복 단위의 분포가 있게 되고 공단량체의 성질을 조절하는 인자를 제공하기 때문에 단량체들의 서로간의 반응성이 분포에 영향을 미치게 된다.

상호 반응성 작용기는 서로의 반응성이 같기 때문에 특정 단량체만의 반응할 확률은 초기에 넣은 작용기들의 몰분율에 의존하게 된다. 이러한 부류가 되는 것은 같은 작용기를 가진 서로 다른 단량체에서 찾을 수가 있는데, 앞에서 예를 든 아디프산과 세바스산의 경우와 같다. 이러한 조건에서, 몰질량이 가장 가능성 있는 분포를 갖는 **불규칙 공중합체(random copolymer)**가 되어 그 반응 동역학은 3.2.3.3절에서 소개한 것을 그대로 적용할 수 있다.

같은 형태의 작용기로서 서로 다른 반응성인 두 가지(또는 그 이상)의 단량체를 단계 공중합시키면 보다 복잡해서 불규칙 공중합체가 얻어지지 않는다. 이때는 더 반응성인 작용기를 가진 단량체가 우선 반응하게 되어 그것만의 올리고머 사슬이 우선 얻어지게 되고, 따라서 공중합체의 조성에서 그 단량체의 몰분율이 공단량체 혼합물의 조성보다 더 커지게 된다. 덜 반응성인 단량체는 우선 반응성인 단량체가 거의 소모된 후에 공중합에 참여하게 된다. 따라서 그 공중합체 속에는 같은 반복 단위가 연속해서 나오는 결과가 되어 '블록' 구조가 되고, 그 경향은 두 단량체의 반응성 차이가 클수록 단일중합체의 사슬은 더 길어지게 된다. $RA_2+R'B_2+R''C_2$ 형의 단계 공중합에서 B와 C는 서로 반응하지 않고 각각 A와만 반응한다면 블록 공중합체가 자주 형성된다. 예를 들어 한 가지 다이카복실산을 다이올과 다이아민 혼합물과 반응시키면 아민기가 하이드록실기보다 더 반응성이어서 블록 폴리(에스터-*co*-아마이드)가 얻어진다. 그러나 반응성의 미묘한 차이는 또한 연결 순서에서 블록을 만들게 된다. 예를 들어, 일차 하이드록실기($-CH_2OH$)가 이차 하이드록실기($-CHROH$)보다 반응성이 좋아, 폴리우레탄을 만들 때 폴리(프로필렌 옥사이드) 폴리올을 사용하는 이유가 보통 에틸렌 옥사이드기와 반응하여 사슬 연장기의 일차 하이드록실기와 반응성이 같게 만들기 때문이다(3.2.2.1절, 3.3.1.3.절, 9.4.1절 참조).

9.3 사슬 공중합

단계 공중합에서와 같이 사슬 공중합에서도 단량체의 반응성이 다르면 생성된 공단량체 분자의 다른 반복 단위들의 연속 분포에 차이가 있게 된다. 가장 반응성이 큰 단량체가 우선적으로 공중합체 사슬에 들어가게 되지만, 전반적으로 반응이 얼마 진행되지 않은 공단량체에서 큰 몰질량의 공중합체 분자들이 짧은 시간 동안 개시되어 성장, 종료되므로 중합된 높은 몰질량의 공중합체 분자들은 초기의 공단량체 혼합물의 조성과는 완전히 다른 조성을 가지게 된다. 또한 단계 공중합과 대조적으로, 서로 다른 단량체가 첨가되어 성장하는 사슬에 들어가는 상대 속도에 대한 이론적 예측이 더 뚜렷이 확립되어 있다. 다음 절에서 두 가지 단량체가 있는 사슬 공중합(이른바 이성분 공중합)에 관해 이론적인 예측을 유도하고, 세 개 또는 그 이상의 단량체가 들어 있는 공중합에 관한 식을 유도하는 데 적용시킬 수 있는 근접 방법을 소개한다.

9.3.1 공중합체 조성식

이성분(binary) 사슬 공중합이 진행되는 어느 시각에 형성되는 공중합체의 조성을 예측하기 위해서는 그 반응의 동역학적 모형을 세우는 것이 필요하다. 가장 간단한 모형을 소개하면 그것은 **말단 모형(terminal model)**인데, 활성 중심의 반응성은 그것이 있는 고분자 사슬의 말단 단량체 단위에만 의존한다고 가정하는 것이다. 더 나아가서 성장 이외의 반응에 소모되는 단량체는 무시할 만하고 공중합체는 높은 몰질량으로 얻어진다는 가정을 하는 것이다. 따라서 단량체 A와 단량체 B가 공중합할 때는 두 가지 활성 중심만이 고려된다.

$$\sim A^* \text{ 그리고 } \sim B^*$$

여기에서 별표(*)는 활성 중심을 표시한다. 개발될 이론은 모든 형태의 사슬 중합에 적용할 수 있어야 하므로 위의 가정이 필요하다(예: 별표는 자유 라디칼 공중합에서는 한 개의 쌍을 이루지 않는 전자, 양이온성 중합의 양전하, 음이온성 중합의 음전하, 또는 배위 중합과 개환 사슬 중합의 활성점을 의미함).

활성 중심은 모두 ~A* 또는 ~B* 단량체가 첨가되어 성장하므로 네 가지 성장 반응이 가능하고 각각 그들의 고유 속도 계수가 있게 된다.

$$\sim A^* + A \xrightarrow{k_{AA}} \sim AA^*$$

$$\sim A^* + B \xrightarrow{k_{AB}} \sim AB^*$$

$$\sim B^* + B \xrightarrow{k_{BB}} \sim BB^*$$

$$\sim B^* + A \xrightarrow{k_{BA}} \sim BA^*$$

속도 계수 k_{AA}와 k_{BB}를 가진 반응은 **단일성장(homopropagation)** 반응이고 속도 계수 k_{AB}와 k_{BA}를 가진 반응은 **교차성장(cross-propagation)** 반응이라 한다. 따라서 단량체 A의 소모되는 속도는 식 9.1로 주어진다.

$$-\frac{d[A]}{dt} = k_{AA}[A^*][A] + k_{BA}[B^*][A] \tag{9.1}$$

여기에서 [A*]와 [B*]는 순서적으로 말단 A형과 말단 B형을 가진 성장 사슬의 총농도를 뜻한다. 이와 같이 단량체 B의 소모 속도도 식 9.2로 표시 가능하다.

$$-\frac{d[B]}{dt} = k_{BB}[B^*][B] + k_{AB}[A^*][B] \tag{9.2}$$

반응이 진행되는 어느 순간에 공중합체 사슬에 섞여 들어가는 단량체 A의 양의 단량체 B의 양에 대한 비율은 식 9.1을 식 9.2로 나누면 된다.

$$\frac{d[A]}{d[B]} = \frac{[A]}{[B]}\left\{\frac{k_{AA}[A^*]/[B^*] + k_{BA}}{k_{BB} + k_{AB}[A^*]/[B^*]}\right\} \tag{9.3}$$

[A*]와 [B*]에 대한 정상 상태 즉,

$$\frac{d[A^*]}{dt} = 0 \quad \text{그리고} \quad \frac{d[B^*]}{dt} = 0$$

을 넣어 [A*]/[B*]의 비에 관한 식을 유도할 수 있다. 어느 특정형의 활성 중심의 생성과 손실에 관한 항에는 개시나 정지 반응의 역할은 교차 성장 반응의 역할에 비해 무시할 수 있다. 즉,

$$\frac{d[A^*]}{dt} = k_{BA}[B^*][A] - k_{AB}[A^*][B]$$

와

$$\frac{d[B^*]}{dt} = k_{AB}[A^*][B] - k_{BA}[B^*][A]$$

이 되는데 이 두 식에 정상 상태의 조건을 넣으면 식 9.4가 된다.

$$\frac{[A^*]}{[B^*]} = \frac{k_{BA}[A]}{k_{AB}[B]} \tag{9.4}$$

식 9.4를 식 9.3에 대입하여 간단히 하면 **공중합체 조성식(copolymer composition equation)**의 한 형태가 얻어진다.

$$\frac{d[A]}{d[B]} = \frac{[A]}{[B]}\left(\frac{r_A[A]+[B]}{[A]+r_B[B]}\right) \tag{9.5}$$

여기에서 r_A와 r_B는 순서적으로 **단량체 반응성비(monomer reactivity ratio)**로 다음과 같이 정의한다.

$$r_A = \frac{k_{AA}}{k_{AB}} \quad \text{그리고} \quad r_B = \frac{k_{BB}}{k_{BA}} \tag{9.6}$$

식 9.5는 공중합 중에 단량체 농도가 [A]와 [B]가 되는 어느 순간(즉, 아주 작은 시간 간격)에 생성되는 공중합체 내에 있게 되는 A형 반복 단위의 B형 반복 단위에 대한 **몰비(molar ratio)**를 나타낸다. 종종 이것을 몰분율로 표시하는 것이 더 편리한 경우가 있다. 단량체 A가 공단량체 혼합물 속에 있는 **몰분율(mole fraction)**을 f_A라고 하면 단량체 B에 대한 몰분율은 $f_B = 1 - f_A$이다. 중합 중 어느 특정 순간에 형성되는 공중합체 내의 A형의 반복 단위의 몰분율 F_A는 d[A]/(d[A]+d[B])이고 B형의 반복 단위의 몰분율은 $F_B = 1 - F_A$이다. 식 9.5는 양변에 1을 더하고 재배열하여 F_A(또는 F_B), f_A 및 f_B로 나타내면 다음과 같은 또 다른 **공중합체 조성식(copolymer composition equation)**이 얻어진다.

$$F_A = \frac{r_A f_A^2 + f_A f_B}{r_A f_A^2 + 2 f_A f_B + r_B f_B^2} \tag{9.7}$$

과

$$F_B = \frac{r_B f_B^2 + f_A f_B}{r_A f_A^2 + 2 f_A f_B + r_B f_B^2} \tag{9.8}$$

이 식들은 모든 형태의 사슬 공중합에 사용 가능하고 공단량체 조성과 단량체의 반응성비로부터 공중합체의 조성을 예측할 수 있다.

9.3.2 단량체 반응성비와 공중합체 조성 및 구조

단량체 반응성비는 주어진 순간 공단량체 조성에서 형성된 공중합체의 총괄 조성과 공중합체 내의 다른 반복 단위의 순서적인 분포를 조절한다. 식 9.6에 의하면 각각의 단량체 반응성비들은 각 단량체들로부터 이끌어낸 활성 중심의 교차 성장 속도에 대한 단일성장 속도의 비이다. 그래서 만약 $r_A > 1$이면 ~A*는 단량체 A에 첨가되려고 하고(즉, 그것은 단일중합되려 하고), 반면에 $r_A < 1$이면 ~A*는 단량체 B에 첨가되어 공중합이 된다. 이와 같이 r_B는 단량체 B의 행동을 표현한다. 식 9.7을 다른 r_A, r_B 쌍에 대해서 도표를 만들면 그림 9.1과 같이 된다.

$r_A = r_B = 1$일 때 모든 f_A에 대해 $F_A = f_A$가 되는 불규칙 공중합체가 형성된다. 즉, 활성 중심 양쪽 모든 단량체 A를 첨가할 확률이 단량체 B를 붙일 확률과 같을 때이다. 이러한 조건에 접근하는 공중합은 거의 드물다. 이러한 공중합에 속하려면 두 단량체가 아주 유사한 구조를 가져야 한다[예: 테트라플루오로에틸렌(tetrafluoroethylene)과 클로로트라이플루오로에틸렌(chlorotrifluoroethylene)]. 더 일반적으로 하나의 단량체, 여기에서 단량체 A라 하고 다른 것보다 더 반응성이 크다고 하면 두 종의 활성 중심은 더 반응성인 단량체(즉, 단량체 A)를 붙일 것이다. 이것은 반응성비로 언급하면 $r_A > 1$이고 $r_B < 1$인 경우를 의미한다. $r_A > 1$이고 $r_B > 1$인 공중합은 없을 것이라는 것은 자명하다.

$r_A > 1$이고 $r_B < 1$(또한 $r_A < 1$이고 $r_B > 1$)인 경우에서 특별한 것은 $r_A r_B = 1$이 되는 **이상 공중합(ideal copolymerization)**이다. 그 명칭은 F_A대 f_A 곡선이 이상 액체-액체 혼합물에 대한 비점의 도형과 같은 데에서 유도되었다. 이러한 조건에서

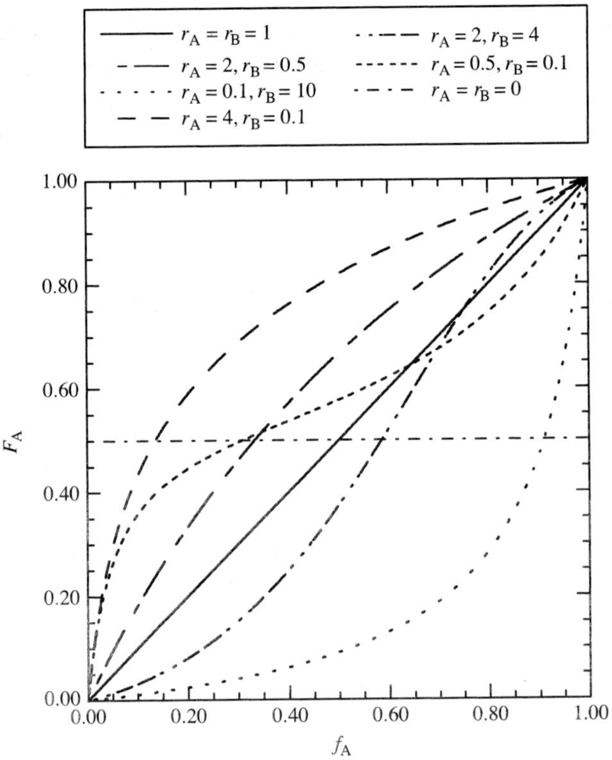

▶ 그림 9.1

r_A, r_B 값들의 여러 조합에 대한 공단량체 조성 f_A에 따른 공중합체 조성 F_A의 변화를 나타내는 식 9.7의 그림.

$$r_A = \frac{1}{r_B} \quad \text{즉,} \quad \frac{k_{AA}}{k_{AB}} = \frac{k_{BA}}{k_{BB}}$$

이것의 의미는 양쪽 활성 중심(즉, ~A*와 ~B*)에 대해 두 단량체가 공중합체 사슬로 섞여 들어가는 **상대 속도(relative rate)**가 같다는 것이다. 그래서 $F_A \neq f_A$일지라도 형성된 공중합체 내 반복 단위의 순서적인 분포가 불규칙하다는 뜻이다. 식 9.7에 $r_B = r_A^{-1}$을 대입하면 간단한 **이상 공중합에 대한 공중합체 조성식(copolymer compostition equation for ideal copolymerization)**이 된다.

$$F_A = \frac{r_A f_A}{r_A f_A + f_B} \tag{9.9}$$

이상 공중합은 네 개의 성장 반응 중에서 하나 또는 그 이상의 반응이 특별한 조정을 받지 않을 때 일어난다. 그 이유는 그렇게 될 때 두 단량체의 상대적인 반응 속도가 그들의 절대적인 상대 반응성에만 의존하기 때문이다. 많은 공중합에서 $r_A > 1$, $r_B < 1$(또는 그 반대)이며 $r_A r_B \neq 1$인 조건을 가진다(일반적으로 $r_A r_B < 1$). 그런 경우에 공중합은 이상 공중합에서 보인 F_A대 f_A 곡선과 비슷하나 더 반응성인 단량체로부터 유도된 반복 단위가 더 풍부해지는 공중합체 조성 쪽으로 더 기울게 된다.

$r_A > 1$, $r_B < 1$인 공중합에서 r_A/r_B의 비가 더 커질수록 형성된 공중합체는 A형 반복 단위가 계속되는 사슬이 더 길어지고 B형 반복 단위의 계속 오는 사슬은 더 짧아진다. 반응의 초기에 형성된 공중합체는 A형 반복 단위가 아주 긴 사슬을 가지며 드문드문 B형 반복 단위가 있게 된다(즉 그 중합체는 본질적으로 단일중합체 A이다). 반응의 후반에는 단량체 A가 완전히 소모되어, 남아있는 단량체인 B가 중합하여 단일중합체 B의 분자들만 형성된다.

공비 공중합(azeotropic copolymerization)은 $r_A < 1$이고, $r_B < 1$일 때와 $r_A > 1$, $r_B > 1$일 때 생긴다. 그렇지만 후자의 경우는 실제로 드물게 관측된다. 그 이름은 역시 액체-액체 혼합물의 비점 도형과 같이 생각하여 나온 것이다. 즉, F_A대 f_A의 곡선이 그들이 $F_A =$

f_A를 한 점에서 교차하는 특성을 지닌다. 그 교차점이 **공비 조성(azeotropic composition)** $(f_A)_{azeo}$이다. $F_A = f_A = (f_A)_{azeo}$를 식 9.7에 대입하면 식 9.10이 된다.

$$(f_A)_{azeo} = \frac{1 - r_B}{2 - r_A - r_B} \tag{9.10}$$

$r_A r_B$값이 줄어들수록 성장 사슬에 단량체를 첨가할 때보다 더 교대로 되는 경향이 증가한다. 공비 조성이 극한값 $r_A = r_B = 0$가 되면 f_A값에 관계없이 항상 완벽한 교대 공중합체가 생성된다(즉, $0 < f_A < 1$에 대해 $F_A = 0.50$이다). 이것은 당연히 단일성장 반응이 일어나지 않는 데에 기인하다.

9.3.3 공중합체 조성의 표류

주어진 두 단량체 짝에 의해 반응 초기에 얻어지는 공중합체에 대해서 F_A는 식 9.7로 초기 f_A값으로 결정된다. 대부분의 공중합에서 $F_A \neq f_A$이고 총괄 단량체 전환이 증가하면 할수록 f_A가 변화하므로 단량체 중 한쪽이 더 많이 소모되게 된다. 그러므로 식 9.7로부터 전환이 점점 증가될 때 전환에 따라 F_A가 변화한다. 이것을 **공중합체 조성의 표류(copolymer composition drift)** 라고 하는데, 이 현상이 최종 공중합체에 전혀 다른 조성의 공중합체 분자들로 구성되게 만든다. 이러한 **공중합체 조성의 분포(distribution of copolymer composition)** 가 넓어지는 현상은 특정 f_A의 값에 대한 F_A의 변화를 통계적 처리로 하는 것과는 아주 다른 것이 되어서 총괄 단량체 전환이 증가함에 따라 더욱 심각하게 된다.

$r_A > 1$, $r_B < 1$인 공중합에서 f_A는(따라서 F_A) 전환에 따라 단량체 A가 우선적으로 소비되므로 감소하게 된다. 점점 단량체 A는 모두 소비되고 오직 단량체 B만 반응을 하지 않은 채 얼마가 남아 있게 된다(즉 f_A는 0이 된다). 그래서 그 이후에는 단량체 B의 단일중합체가 만들어진다.

공비 공중합에서는 전환에 따라 f_A가 $r_A < 1$, $r_B < 1$일 때는 점점 0이나 1이 되어 그 이후에 해당하는 단일중합체가 생성되며, $r_A > 1$, $r_B > 1$일 때는 $(f_A)_{azeo}$와 같아져서 그 이후에는 $F_A = (f_A)_{azeo}$인 공중합체가 형성된다.

많은 응용에서 공중합체 조성 표류의 허용 범위는 작아서 그의 조절은 필수적이다. 이를 방지하는 목적으로 보통 많이 사용되는 전략은

1. f_A의 표류를 줄이기 위해서 총괄 단량체 전환을 제한하는 것(보통 ≤5%으로)이고,
2. 공중합시키는 동안 조절된 속도로 우세하게 소모되는 단량체를 추가로 반응기에 넣어 그 조성을 일정하게 유지하는 것이다.
3. 아주 높은 순간 전환율(100%에 근접한)을 얻기 위하여 반응기에 공단량체 혼합물의 **절제된 공급(starve-feeding)** (즉, 잠재적 중합 속도보다 낮게 공급)을 하는 것은 공중합 과정 중에 f_A가 변화하지 않게 한다. 이것이 유화 중합법으로 구조화된(예: 코어-쉘) 라텍스 입자를 만드는 데 광범위하게 사용되고 있다(4.4.4절).

9.3.4 단량체 반응성비의 계산

공중합체 조성식을 정확히 사용하기 위해서는 r_A와 r_B값을 알아야 할 필요가 있다. 가장 간단한 방법은 일련의 공중합을 알고 있는 초기 공단량체 조성(즉, f_A)에서 낮은 전환으로 행하여 이로서 공중합체의 조성(즉, F_A)을 결정하여 얻는 방법이다. 데이터는 몇 가지 방법으로 분석될 수 있다. **Fineman−Ross 방법**이 가장 많이 사용되는 방법이고 식 9.5를 농도가 아주 낮은 조건에서 $d[A]/d[B] = F_A/F_B$으로 재배열한 식이다.

$$\frac{x}{y}(y-1) = \left(\frac{x^2}{y}\right) r_A - r_B \tag{9.11}$$

$x=f_A/f_B$이고 $y=F_A/F_B$이다. 각 실험값의 묶음에서 식 9.11의 왼쪽 항은 x^2/y로 그려질 수 있다. 각 데이터 점들은 기울기가 r_A이고 절편은 r_B인 직선에 일치하게 된다. 이 방법은 인덱스화에, 즉 A로 지정된 단량체에 따라 좌우되어 이 방법의 중요한 결점을 강조해 주는 단량체 반응성비의 값을 잠재적으로 주는 것으로 보인다. 이 결점들은 축들을 따라 데이터를 일정하지 않게 분산시키는(최소제곱법과 일치하지 않는 오차들이 생기는) f_A, f_B, F_A, F_B의 함수(실험값의 오류를 강조하는 비, 제곱, 나머지와 몫을 포함함)를 그려보면 나타난다. **Kelen−Tudos 방법**은 훨씬 나중에 생겼으며, 다음의 식을 활용하여 Fineman-Ross 분석에 큰 진전을 이루었다.

$$\frac{(x/y)(y-1)}{\alpha+(x^2/y)}=\left\{\frac{(x^2/y)}{\alpha+(x^2/y)}\right\}\left\{r_A+\frac{r_B}{\alpha}\right\}-\frac{r_B}{\alpha} \tag{9.12}$$

오차의 확산을 감소시켜 주고 특히, 다음과 같은 값을 가지는 걸로 권장되는 임의 데이터 분산 요소인 α를 포함한다.

$$\alpha=\sqrt{F_A^{\min}F_A^{\max}}$$

$F_A^{\min}$과 $F_A^{\max}$는 실험값 F_A의 최솟값과 최댓값이다. 식 9.12는 다음과 같이 약식화하면,

$$\eta=\left\{r_A+\frac{r_B}{\alpha}\right\}\xi-\frac{r_B}{\alpha}$$

$\eta=[(x/y)(y-1)]/[\alpha+(x^2/y)]$이고 $\xi=\{(x^2/y)/[\alpha+(x^2/y)]\}$이다. η를 ξ에 대하여 그리면 $\xi=0$이고 $\xi=1$일 때로 외삽할 수 있어 각각의 η 절편에서 $-r_B/\alpha$와 r_A값을 얻을 수 있는 직선이 얻어진다.

Kelen−Tudos 방법은 보다 믿을 수 있는 데이터를 얻을 수 있지만 아직까지는 통계적으로 믿을만하지 않다. 지금은 반응성비를 평가하는 보다 복잡하고 통계적으로 유용한 방법이 있다. 가장 선호되는 방법은 모든 실험적 오차를 알아야 하고 따라서 시간이 많이 걸리는 **error-in-variables** 방법이다. 이러한 방법들에 대한 내용은 이 책의 범위를 넘어서므로 자세히 나와 있는 공중합에 관한 참고 문헌을 권한다.

9.3.5 자유 라디칼 공중합

상용화된 중요한 많은 공중합체는 에틸렌계 단량체들의 자유 라디칼 공중합으로 제조된다. 예를 들어 스타이렌−뷰타다이엔 고무(SBR), 아크릴로나이트릴−뷰타다이엔−스타이렌 공중합체(ABS), 에틸렌−비닐 아세테이트 공중합체(EVA), 그리고 아크릴로나이트릴−뷰타다이엔 공중합체(나이트릴 고무) 등이다.

대부분의 자유 라디칼 공중합은 다음 두 가지 형태 중 하나에 속할 수가 있다. 즉, i) $r_A>1$, $r_B<1$ (또는 $r_A<1$, $r_B>1$) 공중합과 ii) $r_A<1$, $r_B<1$ 공비 공중합체에 속한다. 이러한 증거를 표 9.1에서 발견할 수 있을 것이다. 표 9.1에는 자유 라디칼 공중합으로 이루어지는 몇 가지 생성물과 반응성비에 관해 표시하였다.

단량체의 반응성은 그의 치환기가 대응하는 고분자 라디칼을 안정화시킬 수 있는 능력에 강하게 의존한다. 그 이유는 고분자 라디칼의 안정성이 커지면 커질수록 단량체의 반응으로 보다 더 쉽게 형성되기 때문이다. 따라서 반응성 단량체는 홀전자의 비편재화(즉, 공명 구조)에 의하여 고분자 라디칼을 안정시키는 치환기를 가진다. 그래서 높은 반응성의 단량체는 낮은 반응성인 고분자 라디칼을 만들어 내고 그 반대도 같은 개념으로 생각할 수 있다. 공명 안정화가 증가하는 순서로 그 치환기를 늘어놓으면,

표 9.1 60°C에서 자유 라디칼 공중합에 대한 반응성비의 일반적인 값

단량체 A	단량체 B	r_A	r_B	r_Ar_B
Styrene	Butadiene	0.78	1.39	1.08
Styrene	Methyl methacrylate	0.52	0.46	0.24
Styrene	Methyl acrylate	0.75	0.18	0.14
Styrene	Acrylonitrile	0.40	0.04	0.02
Styrene	Maleic anhydride	0.02	0	0
Styrene	Vinyl chloride	17	0.02	0.34
Vinyl acetate	Vinyl chloride	0.23	1.68	0.39
Vinyl acetate	Acrylonitrile	0.06	4.05	0.24
Vinyl acetate	Styrene	0.01	55	0.55
Methyl methacrylate	Methyl acrylate	1.69	0.34	0.57
Methyl methacrylate	*n*-Butyl acrylate	1.8	0.37	0.67
Methyl methacrylate	Acrylonitrile	1.20	0.15	0.18
Methyl methacrylate	Vinyl acetate	20	0.015	0.30
trans-Stilbene	Maleic anhydride	0.03	0.03	0.001

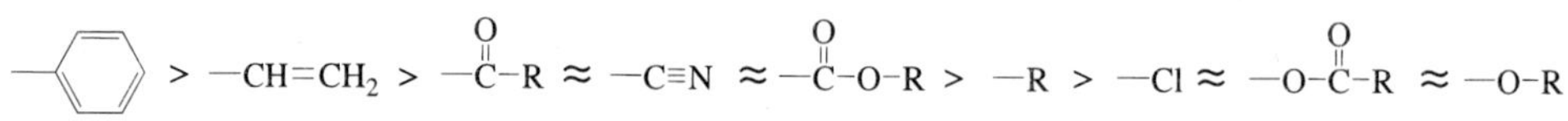

인데, 여기에서 R은 알킬기이다. 비닐 단량체(CH_2═CHX)는 그에 대응하는 1,1-이치환 단량체(CH_2═CXY)보다 더 낮은 반응성을 갖게 된다. 그 이유는 치환체의 공명 효과는 치환체가 많을수록 증가하고 이차 라디칼(즉, ~CH_2−ĊHX)보다 안정성이 덜한데 그것은 삼차(즉, ~CH_2−ĊXY)에서보다 더 활성 자리를 입체적으로 더 보호하고 있기 때문이다. 반면에 1,2-이치환 단량체(CHX═CHY)는 2-위치에 치환기가 성장 반응에 입체 장애를 주어 낮은 반응성을 갖는다. 이것은 단일중합체를 만들려면 힘이 들지만 비닐이나 1,1-이치환 단량체들과는 교차 성장 반응으로 입체 장애가 줄어들어 공중합을 할 수 있게 된다. 그렇지만 여기에서도 항상 낮은 반응성비를 보인다.

$r_A > 1$, $r_B < 1$ 공중합에서 r_A/r_B 비(또는 $r_A < 1$, $r_B > 1$ 공중합에서 r_A/r_B 비)는 단량체의 반응성 차이가 클수록 증가한다(참조: 비닐 아세테이트와 비닐 클로라이드, 아크릴로나이트릴과 스타이렌의 공중합). 따라서 가장 단순한 공중합은 비슷한 반응성 단량체 사이에서 이루어진다. 그러나 이러한 일반적 표현은 입체 효과(위에서 설명한 것과 같음)와 극성 효과로 설명이 되어야 한다. 극성 효과는 아주 중요한데 특히 공비 공중합에서 가장 잘 나타난다. 일반적으로 두 단량체에서 C═C 결합이 전자 밀도(즉, 극성)가 증가하면 교대로 되는 경향은 증가한다(즉 r_Ar_B는 감소: 스타이렌, 메틸 메타크릴레이트, 메틸 아크릴레이트, 아크릴로나이트릴 및 무수 말레산 등의 표 9.1에 있는 자료 참조). 스틸벤과 무수 말레산이 교대 공중합체가 되는 것에서 보듯이 강한 극성 효과는 입체 장애를 무효로 만든다. 대부분의 공중합에서 특정한 입체 및 극성 효과가 작용하기 때문에 이상적인 행동(즉, $r_Ar_B = 1$)에 접근하는 공중합이 드물고 대부분이 $r_Ar_B < 1$이다.

9.3.5.1 *Q*−*e* 개요

공중합의 복합성이 이론적으로 반응성비를 예측하는 데 어려움을 준다. 그렇지만 준-실험적 *Q*−*e* 개요는 종종 반응성비를 산출하고 단량체들의 반응성과 극성의 정도를 개략적으로 비교하여 수위를 부여하는 방법을 제공한다. 그 개요의 기초는 다음과 같다. 즉, 단량체(m)와 반응하는 고분자 라디칼(p)의 반응 속도 k_{pm}은 식 9.13으로 주어진다.

$$k_{pm} = P_pQ_m\exp(-e_pe_m) \tag{9.13}$$

여기서 P_p와 Q_m은 각각 순서적으로 고분자 라디칼과 단량체의 반응성을 측정한 값이다. 그리고 e_p와 e_m은 각각 순서적으로 고분자 라디칼과 단량체와 회합되어 있는 '정전 전하'의 측정치이다. 각 성장 반응의 k_{AA}, k_{AB}, k_{BB}, k_{BA}에 관해서 식 9.13으로 표현할 수 있고, 이들을 적절히 비례 관계로 놓고, 고분자 라디칼과 회합되어 있는 전하는 그 고분자 라디칼이 나온 단량체의 회합되어 있는 전하와 같다고 가정하면 반응성비에 대한 다음 두 식을 얻는다.

$$r_A = \left(\frac{Q_A}{Q_B}\right)\exp\left[-e_A(e_A - e_B)\right] \tag{9.14}$$

$$r_B = \left(\frac{Q_B}{Q_A}\right)\exp\left[-e_B(e_B - e_A)\right] \tag{9.15}$$

여기서 $e_A = e_{pA} = e_{mA}$이고 $e_B = e_{pB} = e_{mB}$이다. 따라서 이 식에서는 고분자 라디칼의 반응성에 관한 항은 소거되어 없어지고 두 단량체 본연의 반응성비(Q_A와 Q_B)와 C=C 결합의 정전 전하(e_A와 e_B)만이 관여하게 된다. 교대로 단량체 단위가 나오는 경향은 식 9.16으로 표현 가능하다.

$$r_A r_B = \exp[-(e_A - e_B)^2] \tag{9.16}$$

여기서 나타내는 바와 같이 $(e_A - e_B)$가 증가하면 $r_A r_B$가 감소하는 경향을 보이는 것에서 실험적 관측과 일치하는 면을 보인다. 또한 식 9.16은 이상 공중합에 $e_A = e_B$일 때 일어나는 것을 예측하는데, 그것은 이 식에서 $r_A r_B = 1$이 되기 때문이다.

$Q-e$ 개요를 개발하기 위해서 스타이렌을 표준 단량체로 선택하였으면 그것을 기준으로 Q와 e값들을 부여하였다. 처음에는 스타이렌과 다른 단량체를 공중합시켜 실험적으로 r_A, r_B를 결정하여 그들의 Q와 e값을 계산하였다. 그리고 스타이렌을 포함시키지 않은 공중합 실험으로, 식 9.14와 9.15를 이용하여 r_A, r_B값의 예측된 쌍을 각 단량체에 관해 '가장 잘 맞는' $Q-e$ 값으로 기록하였다.

표 9.2에 표준 단량체(스타이렌)를 포함하여 몇몇 중요한 단량체들의 $Q-e$ 값을 나타내었다. Q는 단량체 반응성이 증가함에 따라서 증가하고, C=C 결합의 전자 결핍이 증가하면 e값이 증가하는 것을 알 수 있다. e의 음(−)의 값은 C=C 결합이 전자가 풍부함을 가리킨다.

$Q-e$ 개요에 기초한 이론은 여러 관점에서 비판되어 왔다. 그것들 중에서 중요한 것은 (i) 단량체와 그것의 고분자 라디칼이 같은 전하를 갖고 있다는 것이 현실성이 없다는 것과, (ii) 교대의 경향이 나타나는 것은 성장 반응의 전이 상태에서 극성화 현상으로 유발되는 것이지 영구적인 전하들의 작용에 의해 유발되는 것이 아니라는 것(예: 자유 라디칼

표 9.2 몇몇 중요한 단량체에 대한 Q와 e의 값

단량체	Q	e
Isoprene	3.33	−1.22
Butadiene	2.39	−1.05
Styrene	1.00	−0.80
Methyl methacrylate	0.74	0.40
Acrylonitrile	0.60	1.20
Ethyl acrylate	0.52	0.22
Maleic anhydride	0.23	2.25
Vinyl chloride	0.044	0.20
Vinyl acetate	0.026	−0.22

공중합은 반응 매질의 유전 상수가 바뀌는데 영향을 받지 않는 것), 그리고 (iii) 입체 효과가 실험적으로 $Q-e$ 값을 계산하는 데 관여되어 있는데 직접적인 고려를 하지 않았다는 점 등이다. 따라서 $Q-e$ 개요는 엄격한 정량적 예측을 하는 데 사용할 수가 없다. 그렇지만 그것은 자유 라디칼 공중합을 시키는 데 유용한 지침이 된다.

9.3.6 가역-비활성화 라디칼 공중합

두 가지 이상의 단량체가 가역-비활성화 라디칼 중합법으로 동시에 공중합되는 것은 모든 공중합체 구성 분자들이 같은 확률로 결합하므로 결과적으로 전체적인 조성이 같고 반복 단위의 분포를 갖도록 하는 공중합체의 리빙 특성 때문에 동일몰 자유 라디칼 공중합과는 완전히 다르다. 반응성비가 충분히 1에 가까울 때에만 통계적인 공중합체가 형성된다. 만약 반응성비가 1에서 벗어난다면 정상적인 자유 라디칼 공중합에서 조성이 변하게 된다. 공중합체 사슬이 단순히 계속 자라기만 하고 새로운 사슬은 형성되지 않기 때문에 그 차이는 반복 단위의 순서에서 분명하게 나타난다. 형성된 공중합체는 반복 단위 순서가 반응성이 더 좋은 단량체(A)가 많은 부분을 차지하는 영역으로 시작되고 반응성이 떨어지는 단량체(B)가 많은 영역을 차지하는 부분으로 끝나기 때문에 **그래디언트(gradient)** 또는 **테이퍼드(tapered)** 라고 한다. 다음 그림에서 R은 개시제 부분이고 네모는 말단캡(end-cap)을 의미한다.

R-A-A-A-B-A-A-■

R-A-A-A-B-A-A-B-A-A-B-A-B-■

R-A-A-A-B-A-A-B-A-A-B-A-B-A-B-B-A-B-B-A-■

R-A-A-A-B-A-A-B-A-A-B-A-B-A-B-B-A-B-B-A-B-B-B-A-B-B-B-B-■

일단 사슬의 라디칼이 형성되면 단량체들의 상대적인 결합 속도는 식 9.5의 반응성비에 의해서 간단하게 조절될 수 있다. 그럼에도 불구하고, 다른 종류의 말단을 갖는 반복 단위들의 활성점의 활성화 계수와 비활성화 계수의 차이에 의한 효과가 관찰되고 리빙 조건을 가지도록 영향을 미친다. 그래서 사용된 가역-비활성화 라디칼 중합의 형태와 말단캡 물질의 특성이 중요하게 된다.

나이트록사이드로 매개된 공중합은 나이트록사이드로 매개된 중합의 한계로(4.5.1절 참조) 제한되어서 스타이렌이 많을 때만 유용한 공중합법이 된다.

원자-이동 라디칼 공중합과 가역-첨가-분열 사슬-이동 공중합은 보다 자유롭다(4.5.2와 4.5.3절 참조). 이러한 공중합법을 사용하는 것은 스타이렌, 메타크릴레이트, 아크릴레이트, 아크릴로나이트릴, 무수 말레산 등의 공단량체로부터 통계, 교대, 그래디언트 공중합체가 만들어질 수 있다. 연결 분포는 반응성비에 달려 있고 종종 보통의 자유 라디칼 공중합과 유사하다. 스타이렌의 공중합은 반응성비의 차이가 크기 때문에 보다 더 강하게 테이퍼드 연결 분포가 만들어 지게 된다.

9.3.7 이온 공중합

자유 라디칼 공중합과 비교하여 이온 공중합으로 두 단량체 반복 단위가 많은 비율로 들어가 있는 공중합체를 만드는 것은 비교적 흔치 않다. 이 이유는 이온 전하가 활성 중심과 회합되어 있어서 치환기 효과가 뚜렷하여 단량체들의 반응성에 아주 큰 차이를 갖게 하기 때문이다. 대부분의 경우 한 단량체가 다른 종보다 더 반응성이 커서 단일중합하는

표 9.3 스타이렌(단량체 A)의 양이온성과 음이온성 공중합에 대한 몇몇 일반적인 반응성비

공중합의 형태	온도 / °C	개시제	용매	단량체 B	r_A	r_B	r_Ar_B
양이온성	−90	$AlCl_3$	Dichloromethane	Isobutylene	0.24	1.79	0.43
	0	BF_3	Nitroethane	Chloroprene	33.0	0.15	4.95
	0	$TiCl_4$	Carbon tetrachloride	*para*-Methoxystyrene	0.05	46	2.30
음이온성	−78	^{s}BuLi	Tetrahydrofuran	Butadiene	11.0	0.04	0.44
	25	^{s}BuLi	Tetrahydrofuran	Butadiene	4.0	0.3	1.20
	25	^{s}BuLi	Benzene	Butadiene	0.04	10.8	0.43
	25	^{n}BuLi	Tetrahydrofuran	Isoprene	9.0	0.10	0.90
	30	^{n}BuLi	Benzene	Isoprene	0.26	10.6	2.76
	20	^{s}BuLi	Benzene	*para*-Methylstyrene	0.74	1.10	0.81

강한 경향을 갖게 된다. 즉, $r_A \gg 1$, $r_B \ll 1$ 이거나, r_A와 r_B가 바뀐 경우(표 9.3 참조)에 해당한다. 서로 아주 유사한 구조를 가진 공단량체를 사용하는 것이 공중합체를 만드는 데 가장 좋은 방법이다(예: 스타이렌과 *para*-메틸스타이렌 음이온성 공중합).

이온 공중합의 또 하나의 큰 차이는 반응성비가 용매와 반대 이온(즉, 개시제)의 성질에 따라 크게 좌우된다는 점이다. 이러한 영향은 극적이어서 상대적으로 단량체 반응성의 순서가 바뀌는 결과를 가져온다(비교: 스타이렌과 뷰타다이엔 또는 스타이렌을 아이소프렌과 음이온 공중합시킬 경우에서, 표 9.3에서 주어진 용매를 바꾸었을 때의 반응성비).

블록 공중합체 합성(9.4.2.1절)을 제외하고, 뷰틸 고무가 생성되는 예가 공업적으로 중요한 오직 하나의 이온 공중합이다(5.2.1.7절 참조).

9.3.8 Ziegler–Natta 배위 공중합

그동안 꾸준히 에틸렌, 프로필렌과 비공액성 다이엔(헥사-1,4-다이엔과 5-에틸리덴-2-노르보넨과 같은)을 반응시켜 고무 중 하나의 부류인 EPDM 고무라고 총체적으로 표현되는 물질을 제조하여 왔다. 더구나 큰 α-올레핀(1-뷰텐, 1-헥센, 1-옥텐과 같은)이 약간 들어간 에틸렌의 공중합이 공단량체 반복 단위 때문에 폴리에틸렌 결정이 깨져서 낮은 밀도(즉, 결정화도가 낮은)와 낮은 용융 온도를 갖는 여러 범위의 선형 저밀도 폴리에틸렌(LLDPE) 공중합체를 제조하는 데 상업적으로 중요하게 되었다.

비록 일반적인 공중합 조성식인 식 9.7과 9.8이 Ziegler–Natta 촉매를 사용한 공중합에도 적용될 수 있지만, 이것이 적절치 못한 몇 가지 반응들이 있다. 이론적으로는 하나의 활성 중심(즉, 자유 라디칼 중합의 쌍을 이루지 않은 전자)만이 있다고 가정하지만 비균일계 Ziegler–Natta 촉매는 다양한 활성과 입체화학적 선택성을 가지는 활성 표면 자리들을 가지고 있다. 따라서 반응성비는 평균값을 나타내는데 이것은 촉매를 준비하고 공중합 시키는 조건에 의존하게 된다. 더구나 그러한 간단한 이론으로 공중합체 조성 표류를 예측하는 시도는 활성 표면 자리가 촉매 활성의 시간에 따라 변화하기 때문에 별로 쓸모가 없어진다(즉, 그것들은 전이 반응에서 나타남, 6.4.5절 참조).

그렇게 제한된 적용에도 불구하고 언급한 공중합 이론은 상대적 단량체의 반응성과 촉매 조성의 변화에 대한 영향 등을 확립하는 곳에 유용하다. 예를 들어 α-올레핀의 상대적 반응성은 치환기의 크기가 증가하면 감소하고 따라서 에틸렌을 프로필렌과 공중합하는 경우에 상대 반응성은 바나듐에서 타이타늄으로 기준 촉매를 변경함에 따라 증가한다는 것이 발견된다. 에틸렌과 큰 α-올레핀과의 공중합에 대해 반응성비의 아주 큰 차이를 보이는 것이 자주 관측된다[예: r_A(에틸렌) > 50과 r_B(1-뷰텐) < 0.1].

9.3.9 메탈로신 배위 공중합

메탈로신 중합의 장점 중 하나는 에틸렌과 α-올레핀과의 공중합 반응비가 더 좋다는 점이다. 더 균일한 연결 분포를 가지는 공중합체를 만들 수 있고 Ziegler–Natta 배위 공중합보다 α-올레핀이 더 많이 들어가게 만들 수 있다. 그러나 더 중요한 점은 α-올레핀 반복 단위의 균일한 연결 분포 때문에 Ziegler–Natta 배위 공중합보다 α-올레핀이 더 적게 들어가도 폴리에틸렌 단일중합체에 비해 공중합체의 결정화도와 용융점을 낮출 수 있고 우수한 물성을 갖는 LLDPE를 제조할 수 있다. 또한 공중합체는 고분자 유변학 물성에 좋은 더 좁은 몰질량 분포를 가진다. 에틸렌/α-올레핀 공중합의 이러한 특성은 단일점 특성을 가지는 메탈로신 촉매(6.5.4절 참조)의 결과이고 장점이다. 식 9.7과 9.8의 일반화된 공중합 조성식을 이용한 공중합 반응의 보다 현실적인 분석이 가능하다.

프로필렌과 α-올레핀의 공중합도 메탈로신 촉매로 제조할 수 있다. 에틸렌과 그리고 프로필렌과 성공적으로 공중합할 수 있는 공단량체들은 사이클로올레핀, 공액 그리고 비공액 다이엔들, 그리고 스타이렌이다. 메탈로신과 관련된 제한된 구조의 촉매들은(6.5.5절 참조) 잘 분산된 스타이렌 반복 단위비가 높은 에틸렌/스타이렌 공중합체를 제조하는 데 아주 효과적이다.

9.3.10 사슬 공중합의 다른 형태

이 장의 앞부분에서 소개된(특히 기이동 중합과 여러 형태의 개환 중합) 다른 형의 사슬 중합으로 그리 관심을 갖지 못하는 통계 공중합체가 얻어지기도 한다. 이러한 관점에서 그런 것은 여기에서 생략하고 더 심화된 자료를 참고하기 바란다.

9.4 블록 공중합체 합성

블록 공중합체를 합성하는 네 가지 기본 전략이 있다.

1. 상호 반응성을 갖는 말단기들을 연결한 고분자 사슬. 만약 고분자 사슬이 α, ω 치환되었다면 그런 반응은 말단이 활성화된 예비중합체들의 단계 중합과 유사하게 된다.
2. 다른 단량체들이 순서대로 중합됨. 가장 간단한 경우는 첫 단량체로 형성된 리빙 고분자가 두 번째 단량체의 개시제로 사용되는 것이다.
3. 한 단량체가 중합되고 두 번째 단량체가 더해질 수 있는 다른 중합이 개시되도록 말단기를 활성화하는 반응이 따른다.
4. 사슬 중합으로 다른 고분자가 개시되도록 고분자 사슬의 반응성 말단기를 이용한다.

블록 공중합체 구조와 블록 길이를 조절하는 가장 좋은 방법은 각각의 블록을 리빙 중합법으로 제조하는 것이다. 블록 공중합체를 합성하는 가장 중요한 방법들은 다음 절에서 일반적인 원리들을 나타내는 예들과 같이 나타내었다.

9.4.1 단계 중합을 통한 분절과 교대 공중합체의 합성

공단량체를 사용함으로써 말단 반응성기들을 가지고 있는 낮은 몰질량의 예비중합체들은 단계 공중합법으로 교대 블록 공중합와 유사한 **분절 공중합체(segmented copolymer)**가 만들어진다. 그러나 블록 공중합체보다는 부정확한 블록 길이를 가지게 된다. 그럼에도 불구하고 이러한 방법으로 준비된 분절 공중합체는 상업적으로 중요하다. 개념을 설명하기 위하여 두 가지 예를 들었다.

다이메틸테레프탈레이트(dimethylterephthalate, $CH_3OOC-C_6H_4-COOCH_3$)와 폴리(옥시테트라메틸렌) 다이올 [poly(oxytetramethylene)diol, $H{+}O{+}CH_2{+}_4{+}_m OH$], 에틸렌 글리콜 ($HO-CH_2-CH_2-OH$)과의 에스터 교환 반응은 폴리[폴리옥시테트라메틸렌-*block*-폴리에틸렌테레프탈레이트)]를 만들고 다음과 같은 간단한 구조식을 갖는다.

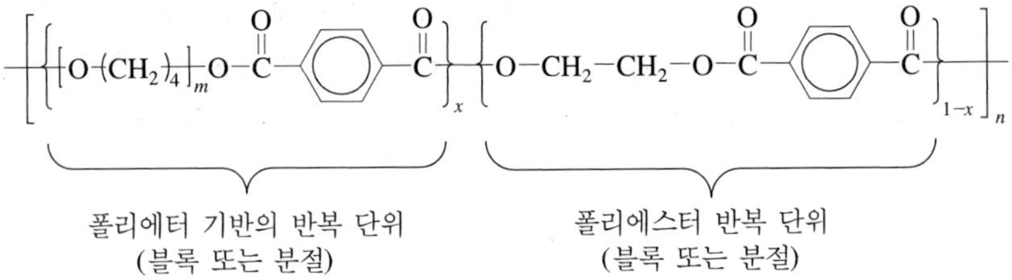

x는 폴리에터 기반의 반복 단위의 몰분율이다. 이 경우에 하이드록실기는 동일한 반응성을 가지고 있어서 두 가지 반복 단위의 연결 분포는 랜덤하고 'I' 형태의 i 유사한 반복 단위의 확률은 $[(m_1/(m_1+m_2)]^i$이고 이때 m_1과 m_2는 공단량체 혼합물에서 각 다이올의 몰분율이다. 하나의 독립된 폴리에터 기반의 반복 단위는 하나의 블록으로(왜냐하면 하나의 예비중합체 사슬이기 때문이다) 간주될 수 있는 반면, 하나의 독립된 폴리에스터 반복 단위는 그럴 수 없다. 오직 몇 개의 연속한 폴리에스터 반복 단위만이 독립된 플리에스터 반복 단위와는 달리 벌크 물질에서 서로 결합하고 결정화될 수 있으므로 폴리에스터 블록으로 간주될 수 있다. 그런 단계 공중합을 통한 블록 공중합체는 블록 **분절(segment)** 또는 **분절 공중합체(segmented copolymer)**라고 한다. 위의 예에서 폴리에터 기반의 블록은 무정형의 고무상을 제공하기 때문에 **부드러운 분절(soft segment)**이라고 한다. 폴리에스터 블록은 벌크 물질에서 강직한 결정상을 제공하기 때문에 **단단한 분절(hard segment)**이라고 한다.

많은 상업용 폴리우레탄이 다이이소시아네이트와 폴리올 예비중합체(하이드록실기가 2 이상)와 짧은 사슬의 다이올(즉, 1,4-다이올)의 반응에 의한 분절 공중합체이다.

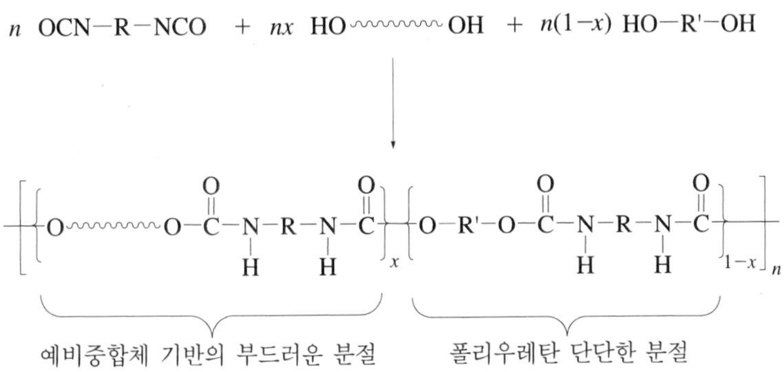

x는 다이올 혼합체에서 예비중합체 다이올의 몰분율이다. 대부분의 경우에 지방족 폴리에스터 또는 폴리(프로필렌 옥사이드) 폴리올이 사용되고 종종 반응기가 두 개 이상이므로 분절화된 폴리우레탄 공중합체 네트워크가 형성된다. 위에서 보여 준 폴리에스터처럼, 벌크 물질에서 부드러운 분절은 무정형 고무상을 제공하고 폴리우레탄의 단단한 분절은 우레탄기 간의 수소 결합이 강하기 때문에 용융점이 높은 강직한 결정상이다. 예비중합체 폴리올의 길이와 예비중합체 폴리올과 짧은 사슬 다이올의 비를 조절하여 아주 딱딱한 물질(즉, 예비중합체 폴리올의 양이 적거나 짧은 예비중합체 폴리올을 사용함) 또는 부드러운 물질(즉, 긴 사슬 예비중합체 폴리올을 사용함) 또는 그 사이의 물질을 얻을 수 있다. 이것이 세그먼트 분절 공중합체가 독특하고 다양한 분야에서 사용될 수 있는 이유이다.

같은 원리가 9.4.2.1절에서 나오는 리빙 음이온 중합처럼 예를 들면 낮은 몰질량의 α, ω기를 가진 두 개의 블록 공중합체의 단계 중합을 통한 교대 블록 공중합체에 적용될 수 있다. 이러한 전략은 각 블록이 미리 결정된 중합도를 가지고 좁은 몰질량 분포를 갖는 완벽한 교대 블록 공중합체를 합성하게 한다.

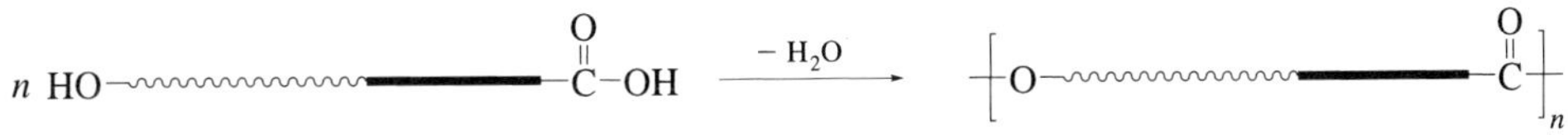

물결 무늬의 실선은 단일중합체 블록을 나타낸다. 기본적인 제한은 반응성 말단기가 적어서 반응 속도가 다소 느려지는 것이다. 이것은 **클릭화학**(9.4.3.1절)의 사용으로 개선될 수 있다. 또한, 단계 중합(3.2.3.2절)의 일반 통계 법칙에 따라 가장 확률이 높은 분포를 가지게 되는 교대 공중합체의 분포를 조절할 수 없는 것이다.

9.4.2 순차 중합을 통한 블록 공중합체의 합성

사슬 중합으로 블록 공중합체를 제조하는 가장 편리한 방법은 리빙 중합체를 이용하는 것이다. 이것은 우선 첫 번째 단량체(A)를 잘 조절된 조건에서 중합시켜 리빙 단일중합체를 만들고 말단의 활성 자리를 이용하여 다른 단량체(B)의 중합을 개시시킨다. 이런 과정을 거쳐 두 번째 단일중합체 블록을 형성하여 분자가 확장되어 하나의 AB 이중 블록 공중합체가 만들어진다. 이런 일반적인 합성으로(라디칼, 음이온, 양이온, 기이동, Ziegler-Natta, 메탈로신 그리고 개환 중합으로) 잘 정의된 구조를 가진 블록 공중합체를 얻어 왔다. 이러한 각각의 중합 방법에서 단량체를 중합하는 순서가 결정적으로 중요하다. 그것은 분명히 처음의 단량체로부터 얻어지는 리빙 중합체가 충분히 두 번째 단량체의 중합을 개시시킬 수 있어야 한다.

9.4.2.1 리빙 음이온 중합에 의한 블록 공중합체의 합성

가역적으로 비활성화가 가능한 라디칼 중합법이 나오기 전까지 음이온성 리빙 중합이 블록 공중합체를 만드는 가장 중요한 사슬 중합법이었다. 음이온 중합의 반응 조건을 주의 깊게 조절함으로써 미리 결정된 몰질량과 좁은 몰질량 분포를 가지면서 통제된 입체화학성을 가지는 블록 공중합체가 만들어진다. 이것을 달성하기 위해서는 두 번째 단량체가 더해지기 전에 첫 번째 단량체의 중합이 완전히 끝나야 한다.

음이온 리빙 중합은 열가소성 탄성체(18.3.3절), 즉 A가 유리상(폴리스타이렌)이고 B가 고무상(폴리아이소프렌)인 ABA 삼중 블록 공중합체를 만드는 데 적합한 블록 공중합체 제조법 중 특히 중요하다. 이 블록 공중합체는 ^{s}BuLi을 사용하여 스타이렌을 중합하고, 다음으로 여기에 아이소프렌을 붙여 리빙 이중 블록 공중합체를 형성시켜 최종적으로 다이클로로메테인(dichloromethane)이나 다이클로로다이메틸실레인(dichlorodimethylsilane)과 같은 이할로젠화물을 조합시켜서 만든다. 이때 스타이렌이 두 단량체 중에서 반응성이 떨어지게 하기 위해서 확실한 용매(예: 벤젠)인 비극성 용매 속에 일단계로 중합을 진행시킨다. 그 반응이 일어나는 순서를 도식적으로 보이면 다음과 같다.

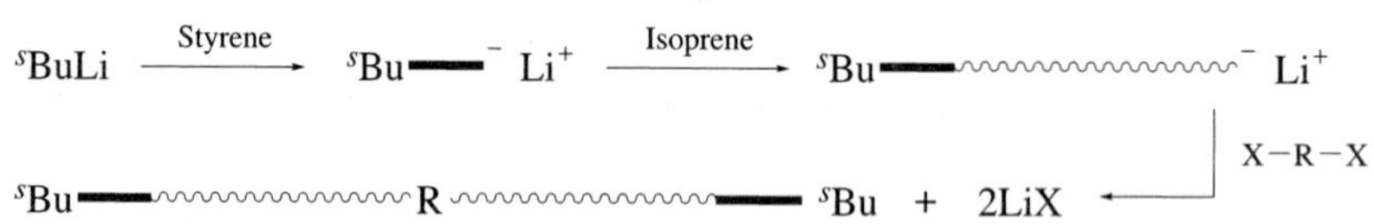

여기서 X=Cl 또는 Br이고 직선(——)은 폴리스타이렌 블록이며, 물결 무늬(〰)는 폴리아이소프렌 블록을 나타낸다. 다작용성 할로젠화물과 조합시켜 보다 복잡한 블록 공중합체를 얻을 수 있다(예: RX_4는 팔이 네 개인 별모양 블록 공중합체를 만든다). 대체 방법으로는 *tert*-뷰틸 리튬과 1,3-다이아이소프로페닐벤젠과의 반응을 형성하는 두 개의 기능성기를 갖는 알킬 금속 개시제를 이용하여 직접 두 개의 순차 성장 단계로 ABA 삼중 블록 공중합체를 제조하는 것이다.

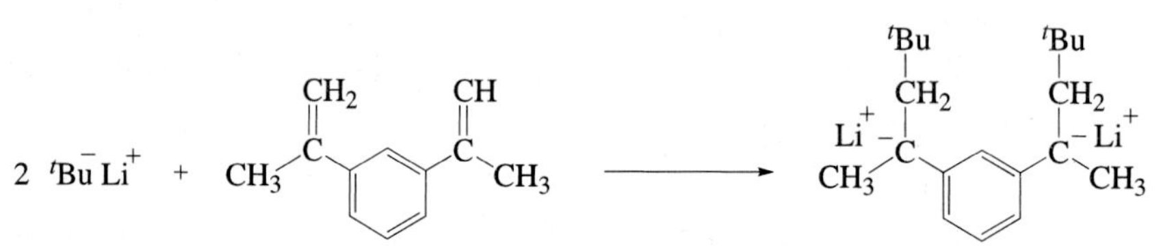

블록의 성질에 영향을 주지 않으면서 블록의 중심에 개시제가 남아 있을 만큼 중심 블록의 중합도는 커야 한다.

ABA 삼중 블록 공중합체를 만드는 다른 방법은 전자 이동 개시제(예: 나프탈렌화 소듐)를 THF와 같은 극성 용매에서 사용하여 ABA 삼중 블록 공중합체를 만드는 것으로, 이 용매 속에서는 아이소프렌이 더 낮은 반응성의 단량체이다. 이 방법으로는 아이소프렌이 먼저 중합이 되어 이탄소 음이온 리빙 폴리아이소프렌이 되고, 이어서 스타이렌을 중합시켜서 그 후에 정지시킨다.

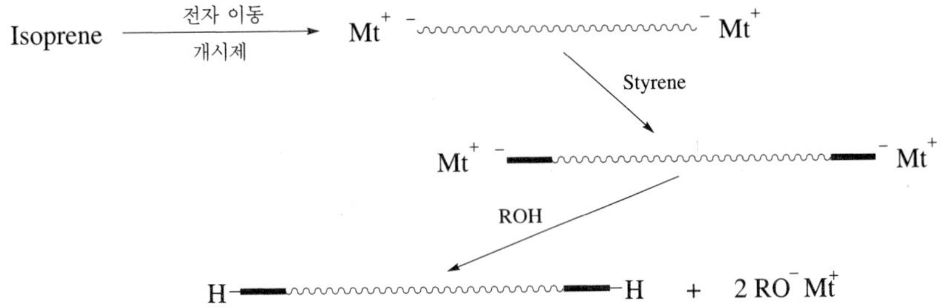

여기서 Mt^+는 금속 이온이다. 그러나 이 특정한 블록 공중합체에서 이 경우로는 그리 만족스럽지 못하다. 즉, 아이소프렌을 극성 용매에서 음이온 중합시키면 원하지 않는 1,2-와 3,4-첨가가 많은 비율로 일어나기 때문이다(6.3절).

두 개의 작용기를 가진 메탈 알킬 개시제의 사용이나 전자 이동 개시는 또한 마지막 정지 단계에서 5.3.2.5절에서 언급된 화학을 통하여 α,ω 기능화된 ABA 삼중 블록 공중합체의 합성에 사용된다. 예를 들어, 카복실 말단기는 이산화 탄소로 사슬 성장의 정지를 하는 경우에 도입된다.

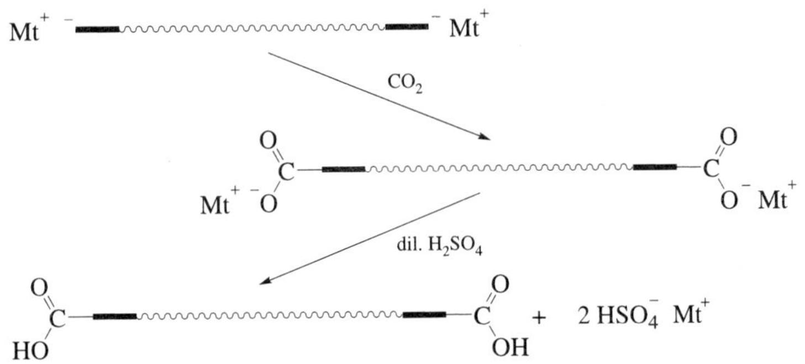

음이온 리빙 중합으로 스타이렌과 메타크릴레이트로부터 블록 공중합체를 제조하기 위해서는 스타이렌을 먼저 중합시켜야 한다. 스타이렌이 반응성이 낮은 단량체이고 메타크릴레이트로부터 얻어지는 것보다 안정성이 떨어지는 탄소음이온 고분자를 제공하기 때문이다. 폴리스타이렌 리빙 사슬을 메타크릴레이트 단량체를 연결하기 전에 1,1-다이페닐에텐의 하나의 반복 단위로 연장하는 게 일반적이다. 이것은 마지막 탄소음이온의 크기를 증가시켜 메타크릴레이트 단량체의 에스터기를 공격하는 것을 감소시켜 주기 때문이다(5.3.2.7절).

블록 공중합체를 형성하기 위해서는 반응하는 동안 말단기가 살아있어야 하기 때문에 미량이라도 반응성 불순물로부터 보호되어져야 한다(5.3.2.7절). 따라서 반응 환경의 엄격한 통제와 고순도의 단량체와 시약을 사용할 필요가 있다. 블록들은 가지에 산성 수소(예: 하이드록실 또는 카복실 산성기)를 가지는 단량체로부터 그 기들을 막았다가 블록 공중합체가 형성된 후에 풀어서 만들어질 수 있다(5.3.2.7절).

9.4.2.2 가역-비활성화(리빙) 양이온성 중합을 통한 블록 공중합체의 합성

탄소양이온 활성 중심이 대부분의 시간 동안 휴면종에 갇혀 있는 가역-비활성화 양이온성 중합의 개발(5.2.2절)은 활성 말단기가 보존되고 이 중합이 리빙 특성을 가지도록 만들어 준다. 그러한 발견은 리빙 음이온성 중합과 같은 원리로 자연적으로 블록 공중합체가 합성되도록 한다. 그러나 제한된 범위의 단량체(기본적으로 아이소뷰틸렌, 스타이렌 그리고 비닐 에터)와 두 개의 단량체의 중합을 조절하기 위해 개시 시스템이 필요한 이유로 블록 공중합체를 만드는 이 방법의 중요성이 떨어진다.

9.4.2.3 가역-비활성화 (리빙) 라디칼 중합을 통한 블록 공중합체의 합성

4.1절과 5.1절에서 논의된 대로 대부분의 작용기들이 허용되고 성장종들이 형식 전하를 띠고 있지 않기 때문에 대부분의 올레핀 단량체는 라디칼 중합이 가능하다. 따라서 리빙 중합 같은 가역-비활성화 라디칼 중합의 개발은 9.4.2.1절에서 언급한 규칙이 적용되면서 덜 까다로운 실험 조건과 단량체의 순도가 요구되고 더 다양한 단량체를 선택할 수 있는 블록 공중합체 합성을 가능하게 한다. 모든 종류의 가역-비활성화 라디칼 중합은 잘 정리된 몰질량과 좁은 몰질량 분포의 블록을 가지는 블록 공중합체를 만들지만 리빙 음이온 중합과는 다르게 블록의 입체화학성을 조절할 수는 없다. 많은 경우에 입체화학성은 중요하지 않고 넓은 범위의 단량체를 이용한 중합이 쉽게 가능한 점 때문에 이 중합법을 주로 사용한다. 가역-비활성화 라디칼 중합법은 유화 중합(4.4.4절)에서 콜로이드 안정화 입자로 사용되는 양쪽친화성 이중 블록 공중합체의 합성과 같이 중합을 좀 더 보내는 시작점인 *in situ* 블록 공중합체의 합성을 포함하여 많은 응용 분야에서 사용되는 다양한 범위의 블록 공중합체를 만드는 데 많이 사용된다. 가역-비활성화 양이온 중합에서처럼 두 개의 다른 단량체를 조절할 수 있는 개시제 시스템을 찾아야 한다.

나이트록사이드처럼 TEMPO와 함께 나이트록사이드로 유도되는 중합(NMP; 4.5.1절)은 폴리스타이렌-폴리아크릴레이트 블록 공중합체를 성공적으로 제조한다. 하지만 TEMPO가 아크릴레이트 중합을 적절히 조절하지 못하기 때문에 종종 폴리아크릴레이트 블록의 크기가 다양하게 된다. TIPNO와 SGI(4.5.1절)와 같은 비고리(acyclic) 나이트록사이드의 개발은 스타이렌과 아크릴레이트의 중합을 조절할 수 있는 NMP에 의해 잘 정의된 블록 공중합체를 합성하는 능력을 크게 향상시켜 준다. 4.5.1.2절에서 설명한 이유 때문에 메타크릴레이트의 NMP는 조절이 안 되고 사용이 불가능하다. 하지만 아이소프렌과 비닐 피리딘을 포함하는 몇몇 중요한 단량체들은 성공적으로 쓰일 수 있다. 항상 그렇듯이 단량체가 중합된 순서가 중요하고 가장 반응성이 좋은 알콕시아민을 제공하는 단량체가 다음 블록이 성장할 수 있도록 거대개시제를 만들기 위해 먼저 사용되어야 한다. 예를 들면, 나이트록사이드를 TIPNO로 사용하는 polystyrene-*block*-poly(*n*-butyl acrylate)의 합성에서는 poly(*n*-butyl acrylate) 블록을 먼저 성장시켜야 한다.

원자-이동 라디칼 중합(ATRP; 4.5.2절)과 가역-첨가-분열 사슬-이동(RAFT) 중합(4.5.3절)은 블록 공중합체의 합성에 보다 광범위하게 사용되고 있다. 준비된 블록 공중합체의 범위는 여기서 설명하기에 너무 다양하여 이 방법들의 다양성과 두 번째 블록을 효과적으로 개시시키는 전략들의 몇 가지 예를 보여 주고자 한다. 보다 일반적인 단량체들

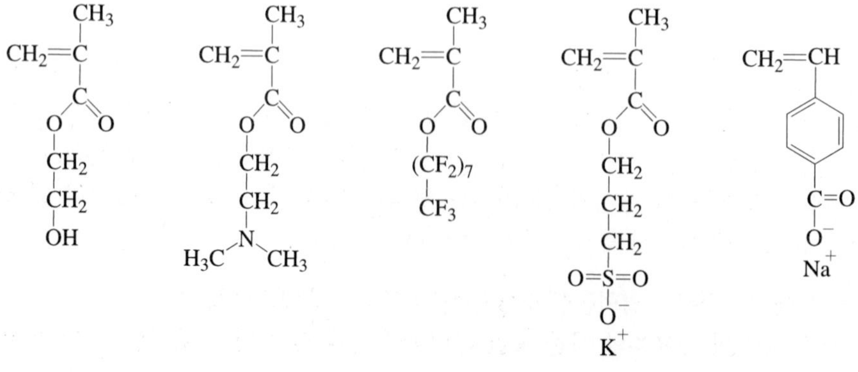

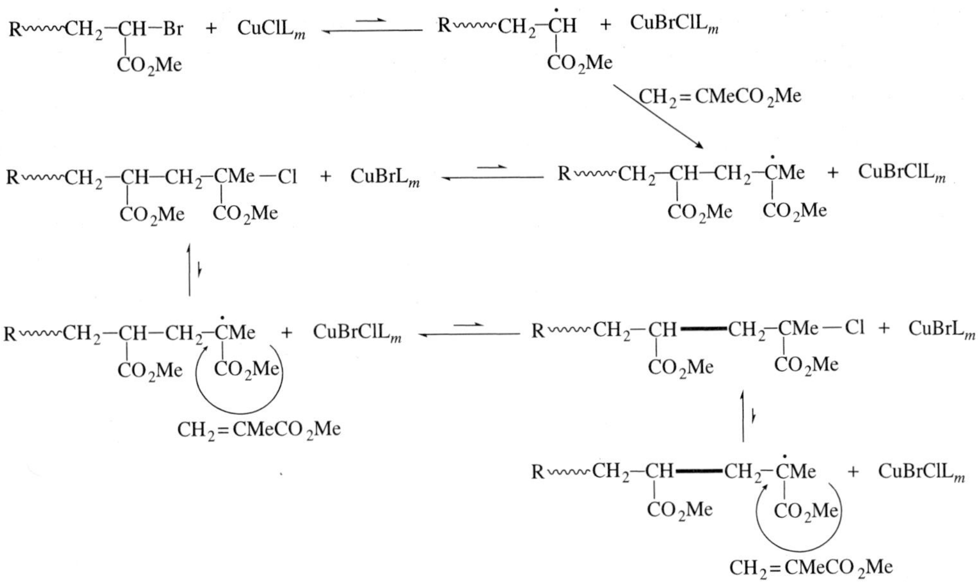

▶ 그림 9.2
할로젠 원소 교환이 어떻게 폴리(메틸 아크릴레이트) ATRP 거대 개시제로부터 폴리(메틸 메타크릴레이트) 블록을 효과적으로 개시하는 데 사용되는지에 대한 예; m은 리간드 L이 구리와 결합된 수, ∿∿∿은 폴리(메틸 아크릴데이트) 사슬이고, ━━은 폴리(메틸 메타크릴레이트) 사슬이다. C—Br 결합을 말단기로 갖는 폴리(메틸 아크릴레이트)가 먼저 CuBr과 R—Br 개시제를 사용하여 준비되고 추출되어서 폴리(메틸 아크릴레이트)의 C—Br 말단기와 몰비가 같은 CuCl 존재하에 메틸 메타크릴레이트의 ATRP 거대 개시제로 사용된다. 할로젠 원소 교환은 보다 안정한 C—Cl 결합으로부터의 메틸 메타크릴레이트의 성장 속도가 C—Br 결합보다는 훨씬 낮기 때문에 잘 일어나고 두 번째 블록의 개시 반응이 그 다음의 성장 속도보다 빠르게 된다.

(즉, 스타이렌, 아크릴레이트, 메타크릴레이트 에스터, 아크릴로나이트릴, 비닐 피리딘)로부터 ATRP로 만들어지는 블록 공중합체들에 더하여, 리빙 음이온 중합에서는 사용되기 힘든 몇몇 작용성 단량체들로부터 ATRP 또는 RAFT를 사용하여 합성되는 블록 공중합체의 예가 많이 있다. 예를 들면 잘 정의된 블록 공중합체가 다음 구조와 같은 하이드록시알킬 메타크릴레이트, 2-(다이알킬아미노)에틸 메타크릴레이트, 과플루오린화된 메타크릴레이트 에스터와 3-설포프로필 메타크릴레이트와 4-비닐벤조산의 염으로부터 중합된다.

4.5.2.2절에서 설명한 대로 산성의 수소 원자가 ATRP를 방해하므로 산성기를 가지고 있는 단량체들은 보호된 형태(예: 트라이메틸실릴 에스터)로 중합된 후 풀리거나 이온화된 형태(앞에 보여 준 산성 단량체처럼)로 중합된다. RAFT는 이런 제약을 받지 않고(산성의 수소 원자가 있는 단량체가 직접 사용될 수 있고) 또한 반응성이 낮은 단량체들(예: 비닐 아세테이트)을 중합하는 데도 사용될 수 있어서 ATRP에 비하여 활용도가 조금 더 높다.

잘 정의된 길이와 좁은 몰질량 분포의 블록을 갖는 블록 공중합체를 만들기 위해서는 두 번째 블록의 개시 속도가 그 블록의 성장 속도에 비교할 만하거나 더 빨라야 하므로 중합의 순서가 중요하다. ATRP에서 단량체의 반응성은 아크릴로나이트릴 > 메타크릴레이트 > 스타이렌 ≈ 아크릴레이트의 순서이므로 가장 반응성이 적은 단량체가 두 번째 블록을 형성하도록 블록을 그런 순서대로 형성시켜야 한다. 단량체의 반응성이 비슷한 경우에는 연속 ATRP(즉 다른 메타크릴레이트 단량체들로부터)로 직접 ABA와 ABC 삼중 블록 공중합체가 합성될 수 있다. ABA 삼중 공중합체를 만드는 다른 방법은 작용기가 두 개인 ATRP 개시제들(즉, X=Cl 또는 Br인 X—R—X)을 사용하는 것이다. 목표로 하는 블록 공중합체의 구조가 반응성이 높은 순서로 사용되기 위해서는 다른 반응성의 단량체가 필요하다. Br에서 Cl로 할로젠족을 바꾸는 것이 그림 9.2에서 나타난 대로 C—Cl 결합의 해리 평형 상수값이 C—Br 결합에 비하여 훨씬 낮기 때문에 두 번째 블록을 효율적으로 개시하도록 만들 수 있다.

RAFT 중합에서 두 번째 단량체의 효율적인 개시는 첫 번째로 형성된 블록의 고분자 라디칼이 첨가 부분 평형에서(4.5.3절과 그림 4.17) 두 번째로 형성된 블록의 라디칼보다 더 좋은 이탈기이다. 예를 들어 스타이렌과 메타크릴레이트 또는 메타크릴레이트와 아크릴레이트로부터 형성된 블록 공중합체에서 폴리메타크릴레이트 블록은 먼저 형성되어야만 한다. 그리고 스타이렌 또는 아크릴레이트가 붙으면서 성장해야 한다. ATRP에서처럼, 단량체들이 비슷한 이탈기 능력의 고분자 라디칼들을 만들거나 중합 순서가 허용하는 한 작용기가 두 개인 RAFT 물질로부터 직접 만들어진다면 ABA와 ABC 삼중 블록 공중합체들이 연속 RAFT 중합으로 만들어진다. 교환이 가능한 RAFT 물질은 반응성이 크게 차이나는 단량체들(비닐 아세테이트와 메타크릴레이트)로부터 블록 공중합체를 합성하기 위해 준비되었다. 예를 들어, *N*-(4-pyridinyl)-*N*-methyldithiocabamate는 활성이 낮으므로 비닐 아세테이트 중합을 위한 효율적인 RAFT 물질이다. 하지만 아크릴레이트, 메타크릴레이트, 스타이렌의 RAFT 중합을 조절하기 위하여 피리디닐 나이트로젠 원자를 양자화하여 반응성을 좋게 만들 수 있다. 그래서 poly(methyl methacrylate)-*block*-poly (vinyl acetate)는 피리디닐 나이트로젠을 강한 염기를 사용해 비양자화하여 비닐 아세테이트의 RAFT 중합이 계속되는 메틸 메타크릴레이트를 중합하는 양자화된 RAFT 물질을 사용하여 만들어진다.

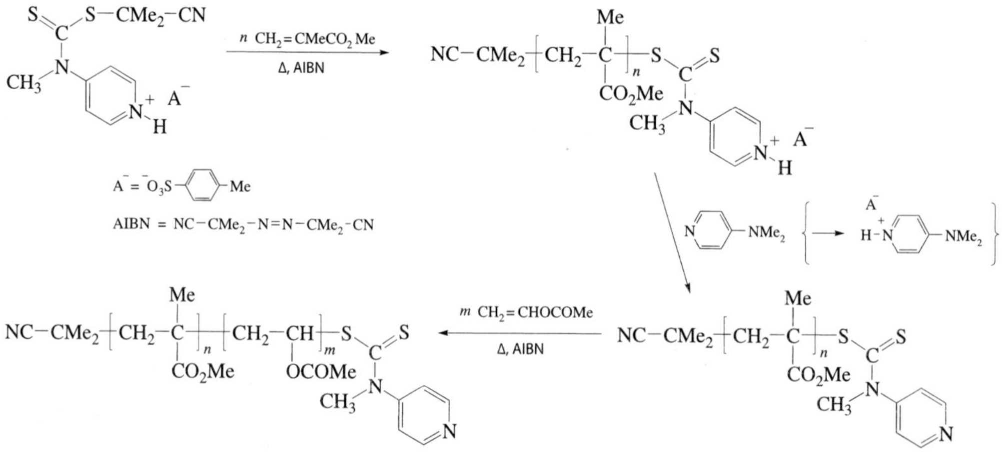

9.4.2.4 리빙 중합법 외의 블록 공중합체 합성

다양한 개환 중합들이 리빙 중합의 특성(7장)을 가지고 블록 공중합체를 만드는 데 사용된다. 이온 개환 중합과 개환 복분해 중합을 사용한 몇 가지 예가 9.4.2.5절에 나와 있다. 기이동 중합법은 비록 모든 메타크릴레이트 블록 공중합체를 만드는 데 가장 효율적이지만 또한 블록 공중합체를 준비하는 데도 사용된다. 배위 중합(6장)은 메탈로신 촉매 시스템에서 쉽게 주어지는 리빙 조건이 주어진다면 블록 공중합체를 준비하는 데 사용된다.

9.4.2.5 활성 중심의 변환에 의한 블록 공중합체의 합성

하나의 리빙 중합 방법에서 다른 리빙 중합 방법으로 변환시키며 블록 공중합체를 제조하는 기술이 개발되었는데, 이를 위해서 두 번째 단량체는 처음 블록을 형성할 때 사용한 사슬 중합의 방법에 쉽게 영향을 받지 않아야 된다. 그런 활성 중심의 변환을 이용하는 방법은 개환 복분해 중합과 가역-비활성화 라디칼 중합과 같은 새로운 중합법이 개발됨에 따라 관심을 가지게 되었다. 필수 불가결한 두 가지 전략이 있다.

1. 상업적으로 이용 가능한 단일중합체의 말단기를 그 다음 블록을 형성하는 단량체의 중합을 개시하는 작용기로 변환시킴
2. 단일중합체 첫 단계 중합의 리빙 말단기를 그 다음 블록을 형성하는 두 번째 단계 중합에서 중합을 개시하는 작용기로 변환시킴. 실시간으로 이루어지거나 대부분의 경우 단일중합체 말단기의 중간체를 분리하여 두 번째 단계의 중합을 분리하는 데 사용한다.

각 접근법의 몇 가지 예들이 원칙을 설명하기 위해 주어질 것이다.

상업적으로 이용 가능한 폴리(에틸렌 옥사이드)는 에틸렌 옥사이드의 개환 중합(7.3.1절 참조)이 알콕사이드로 개시되었는지 하이드록사이드로 개시되었는지에 따라 각각 하나의 알킬 에터 말단기와 하이드록실 말단기를 가지거나 두 개의 하이드록실 말단기를

가지게 된다. 하이드록실 말단기는 하나 또는 양쪽 말단에서 개시기를 형성하는 데 광범위하게 사용되고 있다. 예를 들어, ATRP 개시제 말단기가 소듐 메타크릴레이트 중합에 의해 블록 공중합체를 만드는 데 사용될 수 있다.

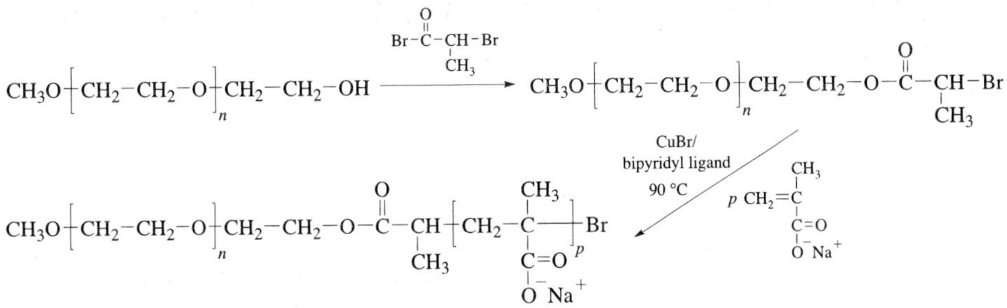

상업적으로 이용 가능한 하이드록시 말단기(예: 다이클로로다이메틸실록세인의 단계 중합에 의해 준비된, 3.2.1.4절 참조)를 가진 폴리(다이메틸 실록세인)은 두 개의 작용기를 가진 RAFT 물질로 전환될 수 있고 *N,N*-dimethylacrylamide의 중합에 의해 ABA 삼중 블록 공중합체를 제조할 수 있다.

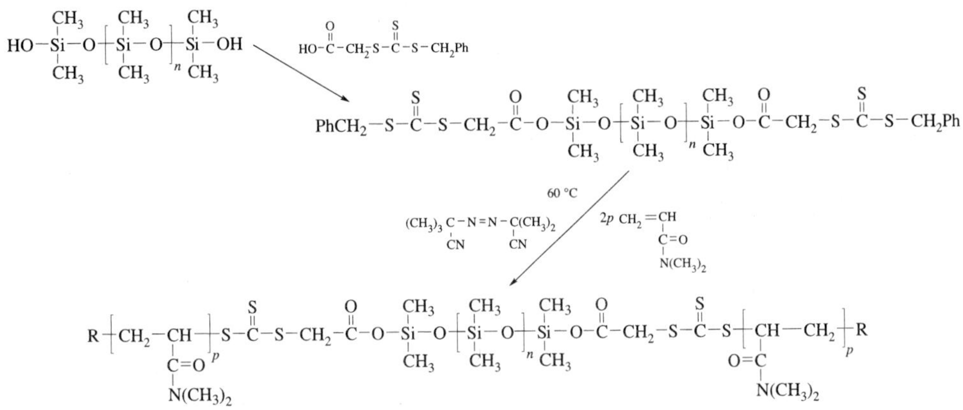

여기서 R=$C(CH_3)_2CN$ 또한 CH_2Ph

NMP로의 리빙 음이온 중합의 변환 원칙은 ^{S}Bu를 사용하여 뷰타다이엔을 중합하고 TEMPO(리빙 폴리뷰타다이엔 탄소음이온을 알데하이드 카보닐 탄소 원자에 더한) 알데하이드 유도체를 더해 사슬 성장을 멈춘다. 결과적으로 TEMPO 알콕시아민 말단기의 폴리뷰타다이엔이 분리되어 스타이렌의 두 번째 중합 단계의 개시제로 사용된다.

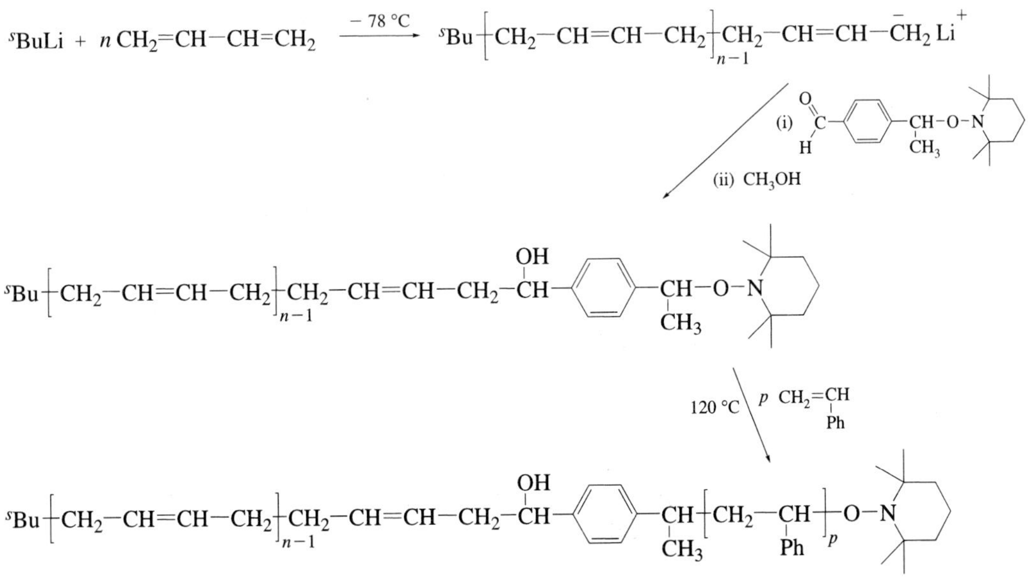

탄소와 수소 원자는 명확하게 보이기 위해(다음 예에서도 행해짐) 고리 구조에서 생략되었다.

ATRP를 양이온성 개환 중합으로 전환하는 것은 다음과 같이 증명하는데, 두 개의 작용기를 가진 브로모 개시제를 사용하여 먼저 스타이렌을 중합하고, 브로모 말단기를 THF의 중합에 영향을 미치는 퍼콜레이트기로 변환한다.

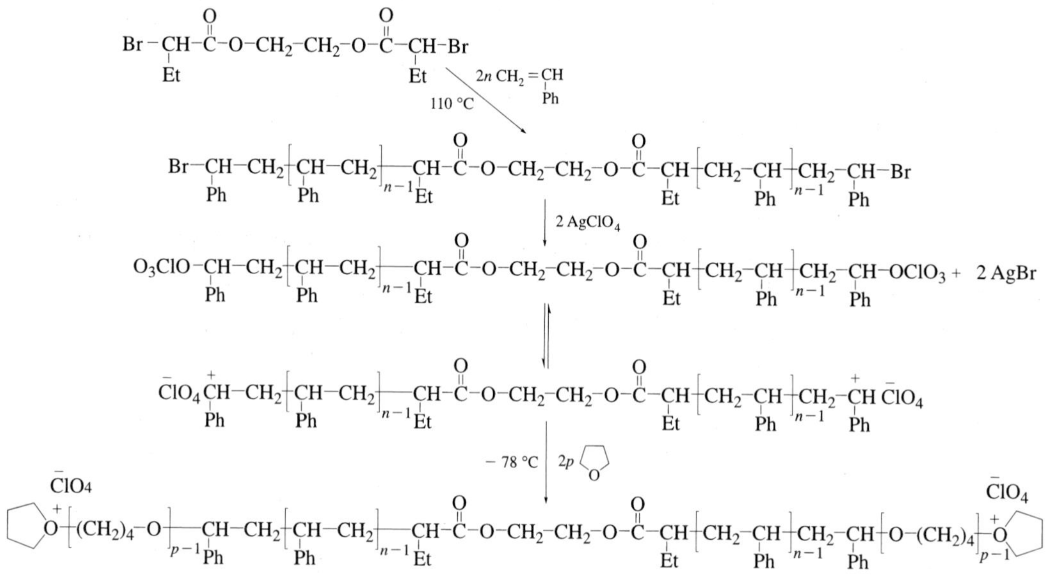

더 특이한 예는 말단기를 노보렌 중합의 개환 복분해를 위한 개시제로 변환한 에틸렌 옥사이드의 음이온 개환 중합이다.

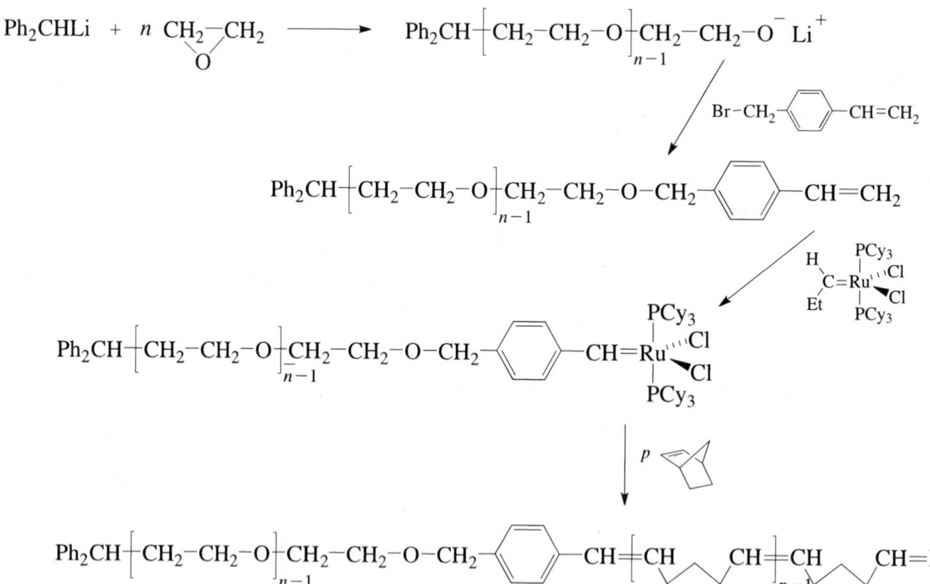

활성 중심의 변환과 같은 원칙을 따르는 블록 공중합체 합성의 개발은 두 개의 메커니즘상으로 다른 형태의 중합을 개시할 수 있는 이중 작용기의 개시제를 사용한다. 그런 이중 작용기 개시제의 예는 다음과 같다.

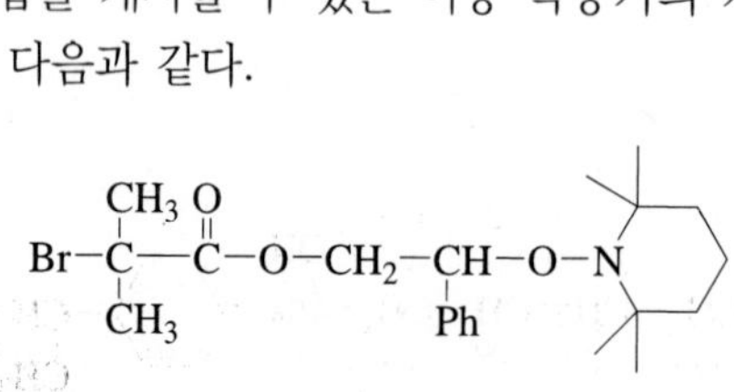

브로모 말단기가 ATRP(낮은 온도에서, 즉 60~90°C)를 개시할 수 있고 TEMPO 말단기가 NMP(높은 온도에서, 즉 120~130°C)를 개시할 수 있다.

이러한 예들은 성공적으로 시행된 변환법의 일부분일 뿐이라는 걸 염두에 두어야 한다. 또한, 리빙 중합과 블록 공중합법의 최신 리뷰들을 통하여 변환법을 통해서 어떤 성취를 이루었는지에 대한 통찰력을 가져야 한다.

9.4.3 고분자 사슬의 커플링에 의한 블록 공중합체의 합성

많은 중합법들이 잘 정의된 말단기를 가지는 고분자를 만들 수 있다. 몇 가지 예: RA_2 + RB_2, RB_2가 약간 과잉 공급되어 완전 전환된 단계 중합이 B기를 양쪽 말단에 갖는 고분자를 줄 것임; 반응성기를 가진 개시제를 사용한 사슬 중합; 그리고 특별한 말단 작용을 부여하는 분리로 종료되는 리빙 중합과 같다. 따라서 한 고분자의 반응성 말단기와 다른 고분자의 상보적 반응성 말단기와의 반응에 의해 블록 공중합체를 만들 수 있다.

블록 공중합체 합성의 이러한 원칙의 몇 가지 예가 이미 고려되었다. 9.4.1절의 마지막에서 α,ω-작용기를 가진 이중 블록 공중합체의 단계 중합에 의한 교대 블록 공중합체의 합성에서 설명되었다. 9.4.2.1절에서 설명된 ABA 삼중 블록 공중합체의 첫 번째 방법은 두 개의 리빙 AB 이중 블록 공중합체가 중합을 끝내기 위해 함께 결합하는 것을 예로 들었다.

주류의 유기화학에서 많은 다른 결합 반응들이 말단 기능화된 단일중합체들을 커플링(coupling)하는 목적으로 사용되었다. 미반응 단일중합체들에 의한 오염이 없는 블록 공중합체를 만들기 위해 결합 반응들의 높은 전환율을 얻는 게 도전적으로 필요하다. 특히 작용기의 농도가 낮기 때문에 높은 효율의 깨끗한 반응이 요구된다. 유기화학의 대부분의 오래 수립된 반응들은 이런 범주에 들지 않고 운 좋은 경우 선택적 용매 추출법으로 제거될 수 있는 단일중합체에 오염된 블록 공중합체를 만들게 된다. 그러나 이번 세기의 첫 10년 동안 극단적으로 효율적인 그룹, **클릭 반응(click reaction)**이라고 알려진 빠르고 의미 있는 부반응이 없는 깨끗한 결합 반응이 개발되었다. 지금은 분자들을 효율적으로 함께 결합시키는 몇 가지 형태의 클릭 반응이 있고 널리 사용되고 있다. 고분자 과학에서 **클릭화학(click chemistry)**을 사용하는 한 가지 방법이 블록 공중합체와 그래프트 공중합체를 제조하도록 고분자 사슬들을 함께 결합하는 것이다.

9.4.3.1 단일중합체 사슬들의 클릭 커플링에 의한 블록 공중합체의 합성

클릭화학의 개념은 2001년에 Kolb, Finn, Sharpless에 의해 소개되었다. 그들은 클릭화학에 포함되기 위해서 만족해야 하는 몇 가지 요구사항들을 정하였다. 클릭화학에서 가장 중요한 사항들은 범위가 넓고, 빠르고 순한 조건, 다른 작용기의 허용, 부반응 없고, 선택성이 높고, 높은 수율을 갖는 것이다. 알카인과 아자이드 사이의 **Huisgen 1,3-이중극성 고리화첨가 반응(Huisgen 1,3-dipolar cycloaddition reaction)**은 다음과 같은 1,2,3-트라이아졸(1,2,3-triazole) 연결기를 만들어 내는 수용액상과 유기 용매상에서 실온에서 또는 약간 높은 온도에서 빠르게 진행되는 넓은 활용성을 가지는 첫 번째 클릭화학이다.

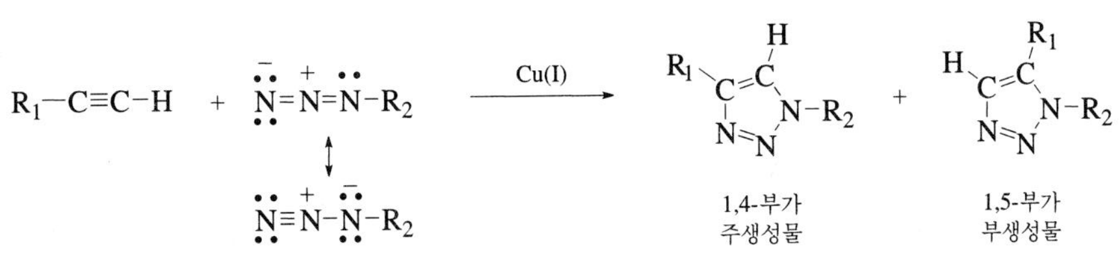

비록 Cu(I) 촉매가 가장 많이 사용되지만 Ru, Pd(II), Pt(II), Ni(II)가 촉매로 사용된다. 1,4-첨가가 지배적이지만 R_1과 R_2 치환기가 서로 연결된다. 분명하게 단일중합체 사슬들을 커플링하는 데 사용되는 클릭 반응은 한 단일중합체 사슬이 알킨 말단기를 가지고 있고 다른 쪽은 아자이드 말단기를 가져야 한다.

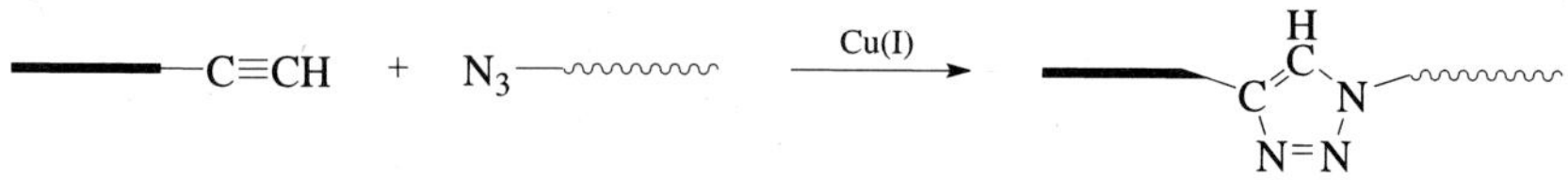

이러한 말단기들의 도입은 반응을 통해 알킨이나 아자이드 말단기를 줄 수 있는 기능성 말단기를 가진 고분자를 요구한다. 간단한 유기화학 반응을 통한 고분자 합성 후에 기능성 말단기의 반응은 일반적이다. 몇 가지 예를 들면,

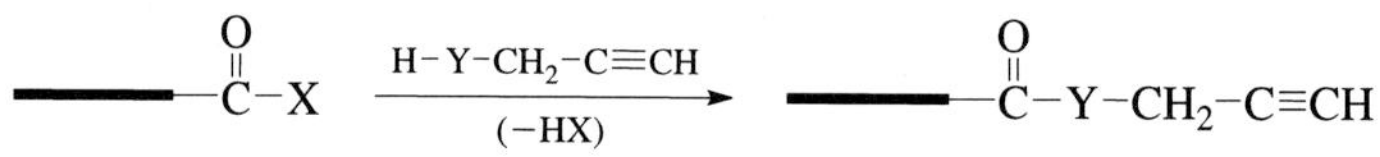

여기서 X = Cl, Br 또는 OH이고, Y = O 또는 NH

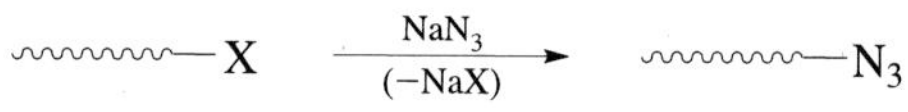

여기서 X = Cl, Br 또는 OTs

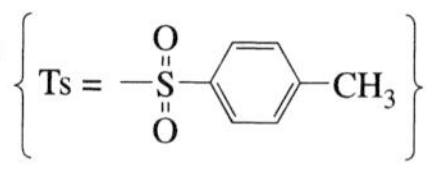

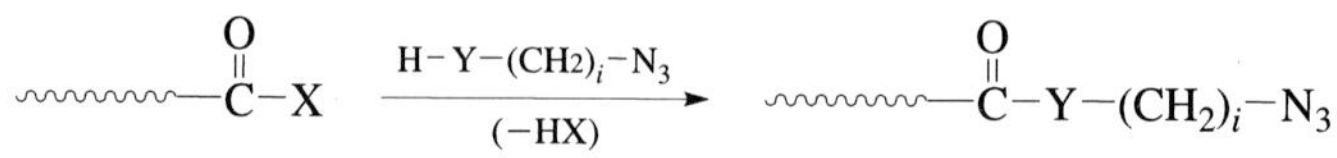

여기서 X = Cl, Br 또는 OH이고, Y = O 또는 NH; $i = 2$ 또는 3

게다가 알카인이나 아자이드 말단기를 도입하기 위해 리빙 중합에서 적절한 개시제나 정지제를 사용할 수 있다. 예를 들어 다음의 ATRP 개시제는 알킨이나 아자이드 말단기를 가지는 고분자 사슬을 제조하는 데 사용된다.

알카인이나 아자이드기가 라디칼 중합을 방해하지 않기 때문에 가능하다. ATRP에서 Cu(I)가 촉매인 알카인기들의 산화 커플링을 피하도록 해야 한다.

고분자 과학에서 클릭화학의 사용은 Huisgen 클릭 반응을 따라 주로 발전했다. 하지만 다른 클릭 반응들이 점점 중요해진다. 가장 중요한 것은 알켄에 싸이올이 1:1 결합하는 자유 라디칼 반응, 이른바 **thiole-ene 반응**이다.

$$R_1{-}SH \ + \ CH_2{=}CH{-}R_2 \longrightarrow R_1{-}S{-}CH_2{-}CH_2{-}R_2$$

자외선으로 조사된 광화학에 영향을 받거나 자유 라디칼 공급처(예: AIBN 같은 아조 '개시제') 존재하에 열을 가하는 것에 영향을 받는다. 비록 Huisgen 클릭 반응이 광범위하게 사용되고 있지만 thiol-ene 클릭 반응이 빠르게 따라 잡고 있다.

비록 블록 공중합체와 그래프트 공중합체 합성에서 클릭화학의 응용을 여기서 집중적으로 다루고 있지만, 클릭화학이 고분자 과학에서보다 더 광범위하게 사용된다는 점을 알아야 한다. 특히 작용성 고분자의 합성에 고분자 사슬에 활성 물질을 붙이는 데(즉 의료용과 치료용 분야에서 사용되는 고분자 사슬에 수용체 또는 차단기를 붙이는 데) 클릭화학을 사용하고 있다. 이 분야는 빠르게 성장하는 연구 분야이므로 클릭화학이 만드는 기회와 그것들이 어떻게 발전하는지 계속되는 문헌과 최신의 리뷰들을 읽을 필요가 있다.

9.4.4 비선형 블록 공중합체의 합성

지금까지 설명된 모든 방법들은 잘 정의된 블록 구조(AB, ABA 등)를 가지는 선형의 블

록 공중합체의 합성에 초점을 맞추고 있다. 비선형 블록 공중합체는 셋 이상의 작용성을 가진 개시제를 사용하거나 또는 셋 이상의 작용기를 가지는 연결체를 가진 블록 공중합체 사슬들을 연결하는 선형 블록 공중합체와 같은 합성 방법을 사용한다. 이런 방법으로는 다중팔 별모양의 블록 공중합체가 만들어진다. 예를 들어 삼중팔 별 AB 이중 블록 공중합체는 세 개의 작용기의 개시제로부터 연속 리빙 중합으로 만들어진다.

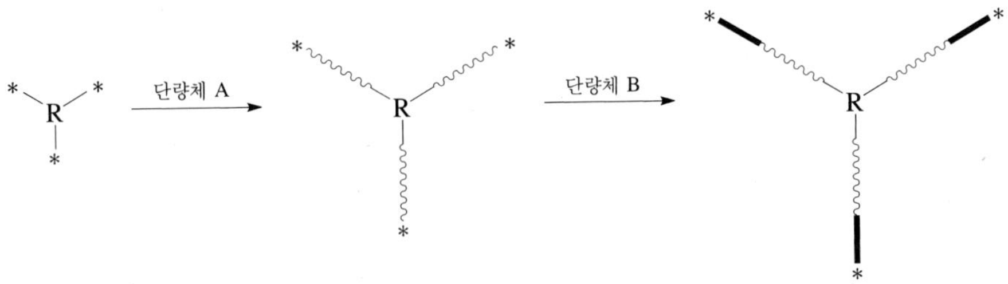

또는 말단이 작용기인 AB 이중 블록 공중합체 사슬을 세 개의 작용성의 연결체로 연결하여 만들어진다.

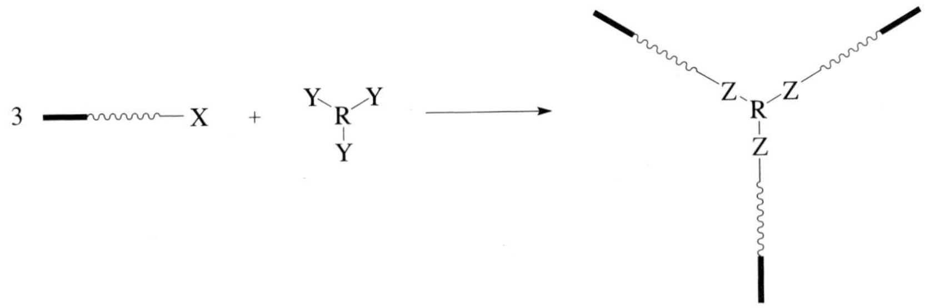

X와 Y 작용기는 Z 연결기와 반응한다. 블록의 형성 순서는 일반적으로 이 두 가지 전략(예: 연결 반응을 위해 X 말단기가 리빙 고분자의 활성 말단으로 도입된다)과 반대이다.

9.5 그래프트 공중합체 합성

그래프트 공중합체는 블록 공중합체와 동등한 가지형의 블록을 형성한다. 그 합성 방법은 넓게 다음의 세 가지 범주로 묶어질 수 있다.

1. 두 번째 단량체의 중합을 개시하기 위해 고분자 주형 위에 반응기를 활성화함. 다른 고분자가 가지화됨.
2. 거대단량체를 가지는 기본 주형-형성 단량체들의 공중합(말단기가 중합 가능한 예비중합체; 4.3.6절 참조).
3. 한 고분자의 말단기 사슬을 반응성 가지를 가지는 고분자 주형에 연결함

같은 방법들이 표면에 고분자 사슬을 그래프트시키는 데 사용되는 것을 알 필요가 있다. 하지만 이러한 그래프트는 이 장의 범위를 벗어난다. 다음 절에서는 그래프트 공중합체 합성의 이러한 접근법들의 원칙들이 간단하게 제시되어 있다. 블록 공중합체 합성에서 설명된 것처럼, 보다 넓은 지식과 이해를 얻기 위해서는 그래프트 공중합체의 합성에 대한 자료들을 읽어야 한다.

9.5.1 고분자 주형으로부터 중합된 그래프트 공중합체

고분자 주형으로부터 중합되는 가장 간단한 예는 단량체의 존재하에 높은 에너지 방사선(대개 자외선)을 조사하거나 자유 라디칼 개시제와 함께 단량체를 가열하는 것이다. 이

방법으로 사슬 내의 원자를 방사선으로 직접 연결시키던가 다른 자유 라디칼종으로 고분자 주형으로부터 원자(대개 수소 원자들)를 빼내던가 하여 고분자 주형 사슬을 따라 자유 라디칼 자리들을 만든다. 고분자 주형에 형성된 라디칼들은 이어 그래프트 사슬이 형성되게 다른 단량체가 중합되도록 한다. 그런 간단한 방법들은 간단하고 다용도이기 때문에 고분자 주형으로 사용 가능한 다양한 고분자들이 가능하여 그래프팅을 하는 데 아직까지 많이 사용되고 있다. 그래프팅은 라디칼 추출을 촉진하는(예: 4.2.4.2절과 4.6.2.2절 참조) 고분자 주형 위에 반응기에 의해 강화될 수 있다. 그런 반응기들은 일반적으로 고분자 주형을 합성할 때 작은 양의 적절한 공단량체를 사용하여 도입할 수 있다. 이 접근법이 간단하기 때문에 그래프트 공중합체의 구조 조절의 단계는 좋지 않고(잘 정의된 그래프트 공중합체를 만드는 데 사용될 수 없다) 그래프트 공중합체는 첨가된 단량체의 정상 자유 라디칼 중합에 의해 형성된 고분자로 인해 오염될 수 밖에 없다. 이 접근법의 요점은 가지와 주형 바로 위에 존재하는 수소 원자들을 쉽게 추출할 수 있는 아주 단순화된 도식 형태로 다음과 같이 나타낼 수 있다.

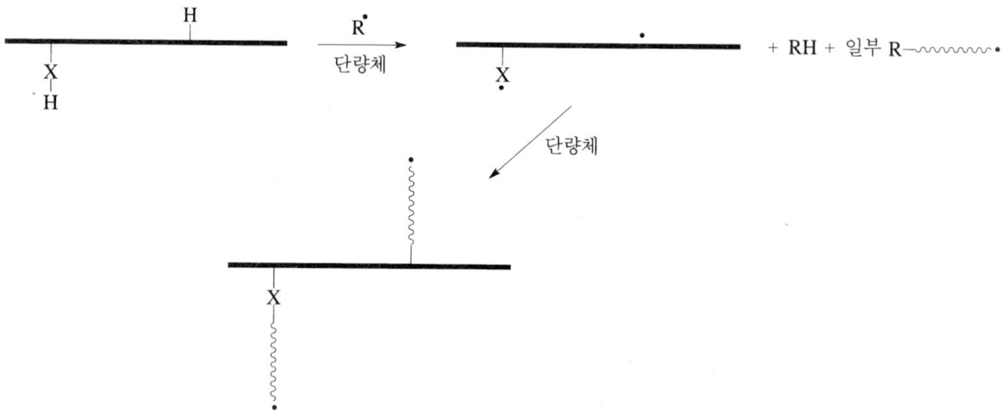

첨가된 단량체의 리빙 중합을 개시할 수 있는 가지를 갖고 있는 고분자 주형을 사용한 방법들은 그래프트 공중합체 구조를 더 잘 조절할 수 있고 단일중합체 형성으로 복잡해지지 않도록 설계할 수 있다. 가역-비활성화 라디칼 중합의 출현은 잘 정의된 몰질량과 몰질량 분포를 가지는 그래프트 사슬의 성장을 가능하게 하는 그래프트 공중합체를 합성할 수 있는 능력을 부여한다. 가역-비활성화 라디칼 중합의 개시제로 쓰일 수 있는 가지를 가지는 고분자 주형을 합성할 수 있는 세 개의 단량체들을 아래에 나타냈다.

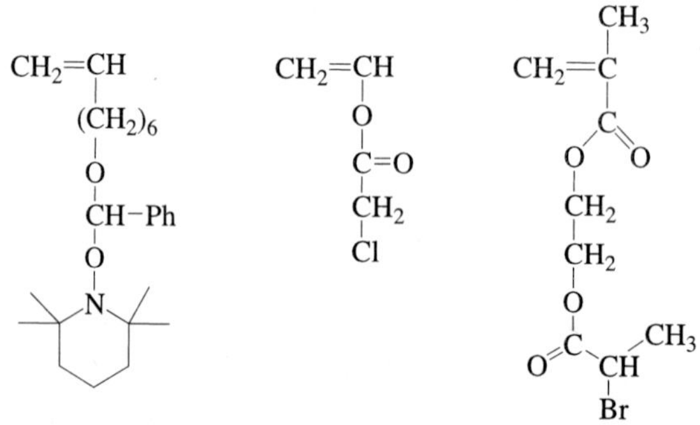

첫 번째는 NMP를 이어서 개시하는 공중합체에 펜던트 TEMPO 알콕시아민기를 제공한다. 다른 두 개의 단량체는 ATRP를 이어서 개시하는 데 적합한 공중합체에 펜던트 C—Cl과 C—Br기를 부여한다. 이러한 형태의 접근법의 요점은 이 단량체들을 사용하여 준비되는 고분자 주형들을 다음과 같이 나타낼 수 있다.

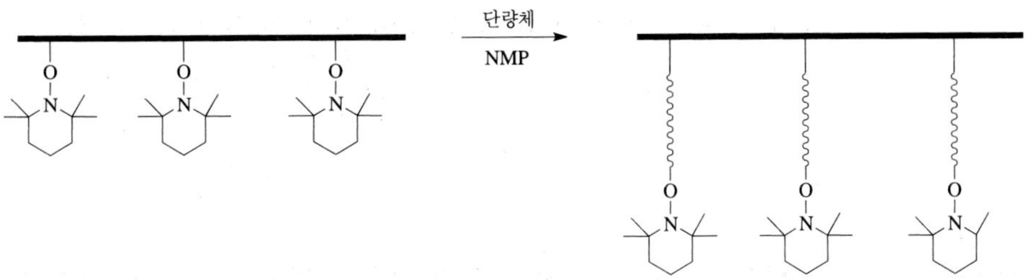

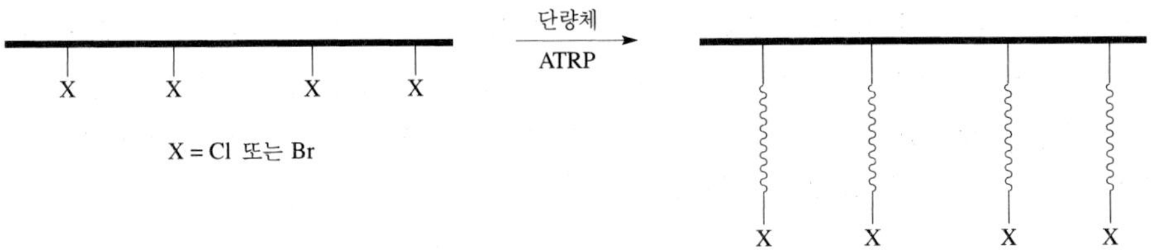

9.5.2 거대단량체와 공중합을 통한 그래프트 공중합체의 합성

그래프트 공중합체를 만드는 중요한 접근법은 말단에 중합할 수 있는 C=C 결합이 있는 (몰질량이 작은) 고분자인 **거대단량체(macromonomer)**를 사용하는 것이다. 예를 들어 아크릴레이트 또는 메타크릴레이트 거대단량체를 만들기 위해 말단 하이드록실기를 가진 고분자(예: 에폭사이드의 개환 중합에 의해 합성되거나 폼알데하이드와의 음이온 리빙 중합의 정지에 의한)를 아크릴로일 또는 메타크릴로일 염소 화합물과 반응시킬 수 있다.

그래프트 공중합체는 주형의 반복 단위를 제공하는 단량체와 거대단량체를 사슬 공중합하여 만들 수 있다. 이런 접근법은 거대단량체의 합성에서 조절될 수 있는 가지의 몰질량과 몰질량 분포를 갖는 잘 정의된 그래프트 공중합체가 가능하게 한다. 거대단량체 공중합의 반응성비는 일반 공중합에서처럼(9.3.2.절과 9.3.3절) 연결 분포를 결정한다. 비록 거대단량체 고분자 사슬의 입체적인 효과가 종종 반응성을 감소시키긴 하지만 대개 같은 종류의 C=C 결합(예: 위의 예와 같이 간단한 아크릴레이트 또는 메타크릴레이트처럼)을 가지는 전통적인 단량체들과 비슷하게 된다.

그래프트 공중합체의 물성에 큰 영향을 미치기 때문에 그래프트들의 연결 분포는 조절되는 것이 바람직하다. 거대단량체의 가역-비활성화 라디칼 공중합에서 반응성비의 차가 그래프트(예: 거대단량체 반복 단위)가 주형을 따라 고르게 분포되지 않고 대신에 반응성비의 차가 커질수록 주형의 한쪽 끝을 향해 점점 모이는 연결 분포의 기울기를 유도한다. 예를 들어, 9.3.6절에서 도식적으로 보여 준 기울기 공중합체는 단량체 B가 거대단량체일 때 다음과 같은 구조를 가진다.

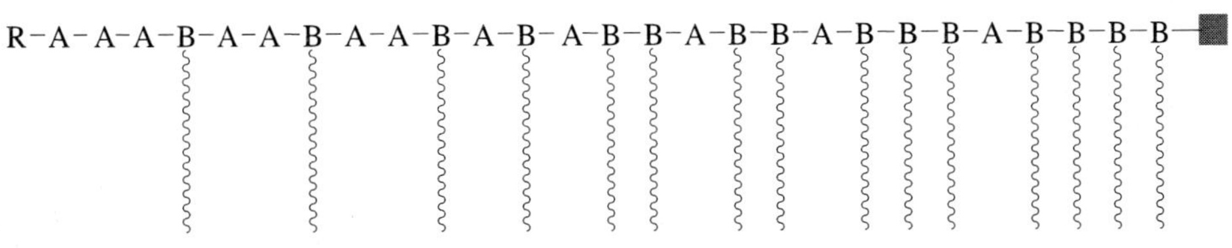

이것을 극단적으로 나타내면 단량체 A의 단일중합체 블록과 거대단량체 B의 단일중합체 블록을 가지는 블록 공중합체가, 거대단량체가 단일중합체화될 수 있다면(대개 거대단량체 안의 사슬이 짧은 경우) 연속 가역-비활성화 라디칼 중합에 의해 만들어질 수 있다.

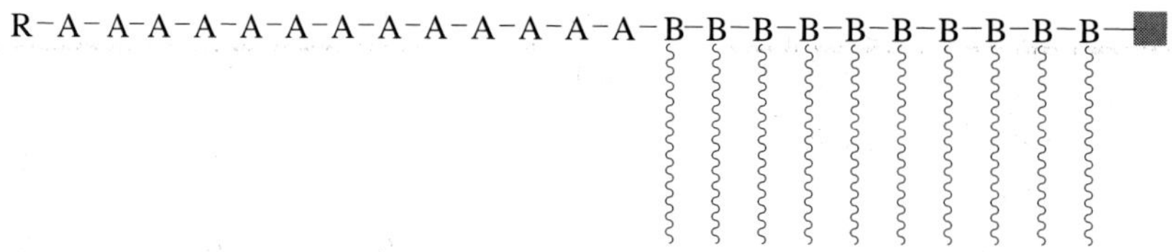

9.5.3 고분자 주형에 고분자 사슬을 커플링한 그래프트 공중합체의 합성

고분자 주형의 반응성 가지에 고분자 사슬을 연결하는 것은 광범위하게 사용되지는 않는다. 하지만 클릭화학의 발전과 더불어 관심을 끌고 있다. Huisgen 반응에 의해 그래프트 사슬이 결합된 공중합체를 만드는 펜던트 알카인 또는 아자이드기를 가지는 아크릴레이트와 메타크릴레이트 단량체들이 다음과 같이 나타나 있다.

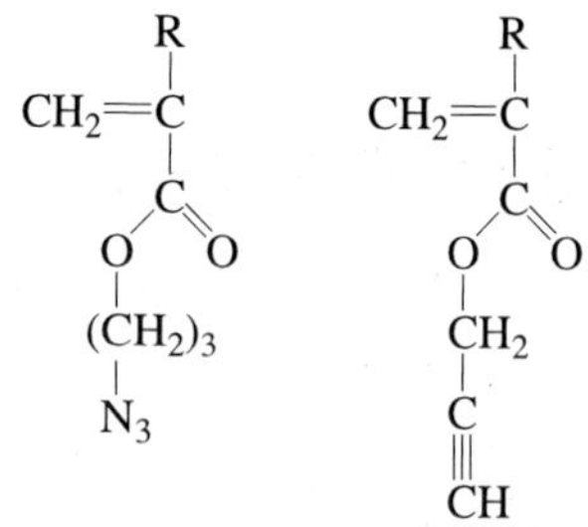

여기서 R═H 또는 CH_3이다. 말단 알카인 또는 아자이드기를 가지는 고분자 사슬의 합성은 9.4.3.1절에서 설명되었다. 그 사슬들은 공중합체 주형에 클릭 커플링을 하기 위해 충분한 반응성을 부여한다. 이 방법이 도식적으로 다음과 같다.

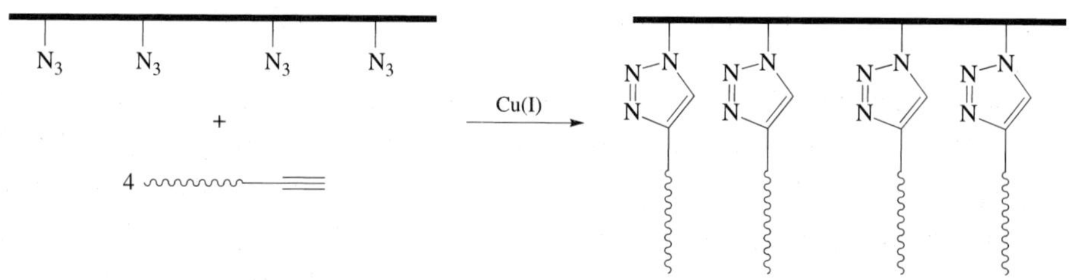

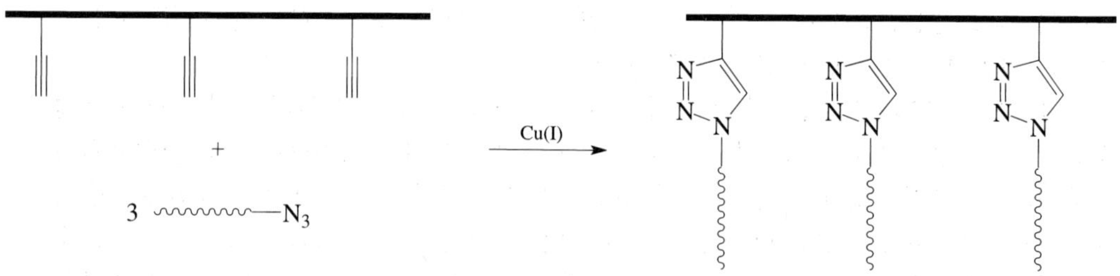

이 방법은 또한 고분자 주형에 블록 공중합체 그래프트들을 붙이는 기회를 제공한다.

문제

9.1 표 9.1에 자유 라디칼 공중합에서 스타이렌과 (a) 뷰타다이엔, (b) 메틸 메타크릴레이트, (c) 메틸 아크릴레이트, (d) 아크릴로나이트릴, (e) 무수 말레산, (f) 비닐 클로라이드, (g) 비닐 아세테이트와의 반응성비가 주어졌다. 각 공중합에서 말단모델 공중합체 조성식을 이용하여 다음을 계산하시오.

(i) 동일몰의 두 단량체 혼합물의 낮은 전환율일 때 공중합체 조성
(ii) 스타이렌 반복 단위가 50 mol%인 공중합체를 만들 때 필요한 공단량체 조성
공비 공중합일 때 공비 조성을 계산하시오.

9.2 표 9.1에서 주어진 반응성비와 말단 모델 공중합체 조성식을 이용하여 데이터값들을 계산하고, 메틸 메타크릴레이트가 (a) 스타이렌, (b) 메틸 아크릴레이트, (c) 비닐 아세테이트와 공중합하였을 때 그림 9.1처럼 공단량체 조성에 따른 공중합체 조성의 변화를 그리시오. 각 공중합에서 공중합체 조성의 표류와의 관계를 나타내는 곡선에 대해 토론하시오.

9.3 일련의 낮은 전환율의 자유 라디칼 공중합에서 스타이렌의 초기 농도가 $[S]_0$이고 아크릴로나이트릴의 초기 농도 $[AN]_0$가 생산된 poly(styrene-*stat*-acrylonitrile) 속의 질소의 무게비와 함께 다음 표에 주어져 있다.

$[S]_0$ / mol dm^{-3}	3.45	2.60	2.10	1.55
$[AN]_0$ / mol dm^{-3}	1.55	2.40	2.90	3.45
공단량체에서 %N	5.69	7.12	7.77	8.45

(a) 적절하게 그림을 그려 스타이렌과 아크릴로나이트릴의 자유 라디칼 공중합의 반응성비를 평가하시오.
(b) 낮은 전환율로 공중합을 제한해야 하는 이유를 설명하시오.

9.4 *s*-butyllithium 0.16 mol dm^{-3} 톨루엔 용액 3.50 cm^{3}에 톨루엔(200 cm^3)에 스타이렌(8.40 g)이 녹아 있는 용액을 가하였다. 스타이렌이 완전히 전환된 후에 아이소프렌(28.00 g)이 가해졌다. 아이소프렌이 완전히 중합되었을 때 다이클로로메테인 0.10 mol cm^{-3} 톨루엔 용액 2.80 cm^{3}을 가해 반응을 종료하였다.
(a) 각 반응 단계에서 일어나는 반응들을 적고 최종 고분자의 구조를 보이시오.
(b) 적절한 중합도를 평가하고 최종 고분자의 몰질량을 구하시오.

참고 문헌

Allen, G. and Bevington, J.C. (eds), *Comprehensive Polymer Science*, Vols. 3–5 (Eastmond, G.C., Ledwith, A., Russo, S., and Sigwalt, P., eds), Pergamon Press, Oxford, U.K., 1989.

Davis, K.A. and Matyjaszewski, K. (eds), Statistical, gradient, block and graft copolymers by controlled/living radical polymerizations, *Advances in Polymer Science*, **159**, 1–191 (2002).

Hadjichristidis, N., Pitsikalis, M., and Iatrou, H., Synthesis of block copolymers, *Advances in Polymer Science*, **189**, 1 (2005).

Ito, K. and Kawaguchi, S., Poly(macromonomers): Homo- and copolymerization, *Advances in Polymer Science*, **142**, 1 (1999).

Lenz, R.W., *Organic Chemistry of Synthetic High Polymers*, Interscience, New York, 1967.

Mark, H.F., Bikales, N.M., Overberger, C.G., and Menges, G. (eds), *Encyclopedia of Polymer Science and Engineering*, Wiley-Interscience, New York, 1985–1989.

Moad, G. and Soloman, D.H., *The Chemistry of Radical Polymerization*, 2nd edn., Elsevier, Oxford, 2006.

Odian, G., *Principles of Polymerization*, 4th edn., Wiley-Interscience, New York, 2004.

Pitsikalis, M., Pispas, S., Mays, J.W., and Hadjichristidis, N., Nonlinear block copolymer architectures, *Advances in Polymer Science*, **135**, 1 (1998).

Stevens, M.P., *Polymer Chemistry: An Introduction*, 3rd edn., Oxford University Press, Oxford, U.K., 1998.

Part II

고분자의 특성조사

10 고분자 용액 이론

10.1 서론

3장에서 9장에 걸쳐 고분자 합성과 분자의 특성 간의 관련성을, 16장에서 25장에 걸쳐서는 분자의 특성과 총체적인 물성 간의 상관관계를 설명해 고분자를 이해하는 데 필요한 기초를 세운다. 이들 상관관계를 이해하고 관련된 이론들을 검증하기 위해서, 이제 고려 대상 고분자를 정확하고도 철저하게 분석하는 것이 필수적으로 요구된다. 나아가서, 이들 상관관계를 이용해 특정 고분자를 사용할 때 어떤 특성이 발현되는가를 예측하고 이해하는 것은 해당 고분자의 분석이 얼마나 정확한가에 따라 달라진다. 결론적으로, 고분자의 분석은 학문적으로나 상업적으로 매우 중요하다.

11장부터 15장까지는 어떤 고분자 시편의 몰질량과 같은 **분자 구조 분석(molecular characterization)** 이 주요 내용이며, 고분자 용액의 농도가 20 g dm^{-3} 이하, 즉 용액 부피당 고형분 중량 2% 이하의 낮은 농도 용액에서 몰질량 평균, 몰질량 분포, 분자의 실제 크기, 전체적인 조성, 기본적인 화학적 구조 및 상세한 미세 분자 구조를 측정하는 방법을 다룰 것이다. 이들을 논의하고자 하면 고분자 용액의 이론적 배경을 이해하는 것이 필수적이기 때문에, 이 장에서는 관련된 이론을 소개하고 그 후의 장에 그를 응용해 앞서 이야기한 분자구조 분석을 하는 구체적 방법을 설명한다.

10.2 고분자 용액의 열역학

용액(solution) 은 둘 이상의 물질이 균일하게 섞여 있는 혼합물, 즉 혼합이 분자 차원에서 이루어져 있는 경우를 뜻한다. 온도 T, 압력 P가 일정한 통상적 조건하에서 두 가지 성분으로 이루어진 이성분계 용액이 만들어질 경우, 열역학적으로 혼합물의 Gibbs 자유 에너지 G_{12}는 두 가지 성분이 혼합되기 전에 가지는 각각의 Gibbs 자유 에너지 G_1과 G_2의 합보다는 적어야 한다. 즉 혼합으로 인해 변하는 Gibbs 자유 에너지의 양 ΔG_m은 다음과 같이 표현되며

$$\Delta G_m = G_{12} - (G_1 + G_2)$$

음의 값을 가져야 한다. 즉 $\Delta G_m < 0$. Gibbs 자유 에너지는 엔탈피 H와 엔트로피 S로 표현할 수 있으므로

$$G = H - TS \tag{10.1}$$

혼합에 따른 Gibbs 자유 에너지 변화량 ΔG_m은

$$\Delta G_m = \Delta H_m - T\Delta S_m \tag{10.2}$$

여기서 ΔH_m은 혼합 엔탈피(혹은 열량)이며, ΔS_m은 혼합 엔트로피이다.

10.2.1 이상 용액의 열역학

이상 용액(ideal solution) 이란 용액을 구성하는 두 성분 분자의 (i) 크기가 같고 (ii) 동종 분자간(1~1 혹은 2~2 사이) 상호작용 에너지와 이종 분자간(1~2 사이) 상호작용 에너지가 같은 경우이다. 즉 혼합에 의해 엔탈피 변화가 없는, 즉 $\Delta H_m = 0$인 경우로 **무열 혼합(athermal mixing)** 이라 칭하며, 혼합시 회전, 진동 및 전환 엔트로피에도 변화도 없음을 뜻한다. 따라서 혼합시 엔트로피 변화(ΔS_m)은 혼합에 의해 공간 내에 분자들을 배치할 때 가질 수 있는 경우의 수 변화량인 **조합(combinatorial**, 혹은 configurational) 엔트로피 변화량인 ΔS_m^{comb}와 같게 되고, 그 값은 경우의 수가 증가하므로 항상 양의 값을 가진다. 따라서 이상 용액에서는 ΔG_m이 항상 음의 값을 가지게 되므로 혼합은 자발적으로 일어난다. ΔS_m^{comb}값은 **통계 역학(statistical mechanics)** 접근법을 이용해 구할 수 있는데, 각 분자 크기를 가지는 셀(cell)로 구성된 삼차원적 격자에서 분자들을 배치할 때 가능한 경우의 수를 계산하면 된다. 그림 10.1a는 두 가지 종류로 구성된 격자의 이차원적 배치 모양을 보여 주고 있다.

통계 역학 중 주요 이론인 Boltzmann 이론에 따르면 분자들 배치에 의한 엔트로피 S는 분자를 배치할 수 있는 모든 경우의 수 Ω로 정의할 수 있다.

$$S = \mathbf{k} \ln \Omega \tag{10.3}$$

여기서 **k**는 Boltzmann 상수이다. 이를 이상 용액에 대입하면

$$\Delta S_m^{comb} = \mathbf{k}[\ln\Omega_{12} - (\ln\Omega_1 + \ln\Omega_2)] \tag{10.4}$$

여기서 Ω_1과 Ω_2는 각각 혼합 전 용매와 용질의 공간 내 배치 가능 경우의 수이며, Ω_{12}는 혼합 후 혼합 용액이 가지는 분자들의 공간 내 배치 가능 경우의 수이다. 이상 용액에서는 모든 분자가 구분이 없이 같으므로, N개의 셀로 구성된 격자에 N개의 동일 분자를 배치할 수 있는 가능 경우의 수는 한 가지뿐이다. 따라서 $\Omega_1 = 1$, $\Omega_2 = 1$이 되고, 식 10.4는 다음과 같이 표현된다.

$$\Delta S_m^{comb} = \mathbf{k} \ln \Omega_{12} \tag{10.5}$$

용매 분자의 개수가 N_1이고 용질 분자의 개수가 N_2인 경우, 이들로 이루어진 격자는 $(N_1 + N_2)$개의 셀을 가지게 되며, 이들을 공간 배치할 때 가능 경우의 수는 1로 표현되는 동종의 개체 N_1개와 2로 표현되는 다른 동종의 개체 N_2개를 $(N_1 + N_2)$개의 개체로 구성된 격자에 배치하는 순열(permutation)을 계산하면 된다. 즉,

$$\Omega_{12} = \frac{(N_1 + N_2)!}{N_1!N_2!} \tag{10.6}$$

식 10.6을 식 10.5에 치환하면

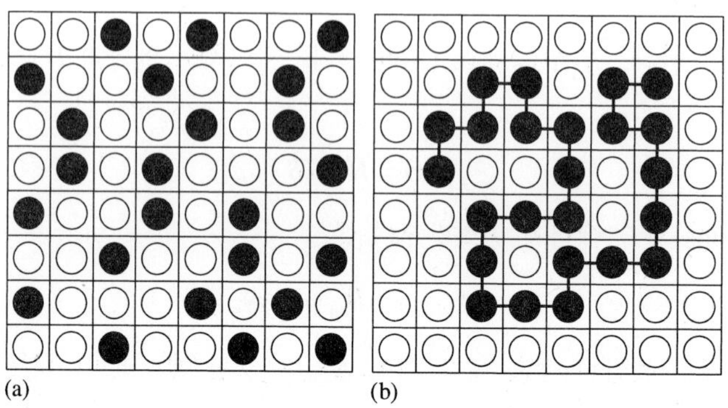

▶ 그림 10.1
(a) 같은 크기의 분자로 이루어진 혼합물과, (b) 용매와 그와 동일한 크기를 가지는 반복 단위(혹은 분절)로 연결된 고분자로 이루어진 용액의 격자 모양 개략도.

$$\Delta S_m^{comb} = \mathbf{k} \ln\left[\frac{(N_1+N_2)!}{N_1!N_2!}\right] \quad (10.7)$$

여기에 Stirling의 근사식인 ln $N! = N \ln N - N$(N이 큰 경우에 성립)을 도입하면

$$\Delta S_m^{comb} = -\mathbf{k}\left\{N_1 \ln\left[\frac{N_1}{(N_1+N_2)}\right] + N_2 \ln\left[\frac{N_2}{(N_1+N_2)}\right]\right\} \quad (10.8)$$

이상의 열역학적 방정식에 사용된 개수 N 대신 몰수인 n을 사용하면 N은 몰분율인 X로 대체될 수 있는데, Avogadro 상수가 $\mathbf{N_A}$일 때 $n_1 = N_1/\mathbf{N_A}$, $n_2 = N_2/\mathbf{N_A}$, $X_1 = n_1/(n_1+n_2)$, $X_2 = n_2/(n_1+n_2)$가 성립된다. 보편(universal) 기체 상수 $\mathbf{R} = \mathbf{kN_A}$이므로, 식 10.8은

$$\Delta S_m^{comb} = -\mathbf{R}[n_1 \ln X_1 + n_2 \ln X_2] \quad (10.9)$$

따라서 이상 용액이 만들어질 때 ΔG_m은,

$$\Delta G_m = \mathbf{R}T[n_1 \ln X_1 + n_2 \ln X_2] \quad (10.10)$$

이 식은 매우 중요하며, 이상 용액에서 Raoult의 법칙과 같은 기본적 열역학적 관계식을 유도할 수 있는 기초를 제공한다. 하지만 이상 용액처럼 작용하는 실제 용액은 거의 없으므로 이상의 단순 격자 이론을 실제에 적용하기 위해서는 개선이 필요하다. 작은 분자로 이루어진 혼합물의 경우, 이상 상태로부터 벗어나는 가장 큰 이유는 비열(non-athermal) 혼합($\Delta H_m \neq 0$) 때문이며, 분자간 상호작용 에너지가 같지 않다는 점을 고려해야만 한다. 반면에 고분자 용액의 경우 $\Delta H_m = 0$임에도 불구하고 이상 용액 상태로부터 벗어난다. 예를 들어, 고분자 용액에서 실험적으로 관찰되는 용매의 증기압은 식 10.10에 의해 계산되는 값에 비해 터무니없이 낮다. 고분자 용액에서 단순 격자 이론에 의한 열역학적 예측치가 실제와 다른 가장 큰 이유는, 격자 이론이 용매와 용질의 크기가 같다는 가정하에서 출발했기 때문이다. Flory와 Huggins는 동시에 각자 독립적으로 (i) 용매와 고분자의 크기에는 큰 차이가 있으며, (ii) 상호 결합력에도 차이가 있다는 점을 고려한 같은 내용의 변형 격자 이론을 발표했으며, 이는 오늘날 Flory–Huggins 이론이라고 한다. 이 이론을 다음 절에서 다룬다.

10.2.2 Flory–Huggins 이론

Flory–Huggins 이론은 고분자를 반복 단위인 **분절(segment)**로 연결된 사슬로 생각할 수 있다는 점에서 출발한다. 각 분절의 크기가 용매 분자의 크기와 같다는 가정하에서, 고분자 용액이 만들어질 때 ΔG_m이 어떻게 될지를 고려하면 된다. 계산하는 방법으로 고분자 사슬을 이루는 분절의 개수를 x라 정의하면 그에 따라 고분자의 크기가 정해지며, 고분자와 용매의 분자 부피(혹은 몰부피)도 정해진다(x는 중합도와 비례하지만, 반드시 같을 필요는 없다). 이러한 전제를 통해 용매 분자와 고분자 분자를 크기가 같은 셀로 이루어진 삼차원적 격자에 배치가 가능하게 된다. 이제, 각 셀은 삼차원적 공간에서 z개의 셀로 둘러싸여 있다고 생각하자(z를 격자 배위수)라 하고, z의 정확한 값이 실제 ΔG_m을 예측하는 데 중요하지는 않으며, 대략 6~12 사이의 값을 가지는 것으로 사료된다). 각 격자 셀은 용매나 고분자 분절에 의해 채워지며, 각 고분자 분자는 격자 안에 존재하지만 그림 10.1b에 제시한 것과 같이 연속적으로 연결된 x개의 셀을 차지하고 있다고 생각한다.

이론을 전개하기 위한 첫 번째 단계는 $\Delta H_m = 0$인 경우 ΔS_m^{comb}가 어떻게 표현되는가의 유도이다. 앞에서의 단순 분자의 혼합액에서와 마찬가지로 이 과정도 식 10.4를 적용하게 되는데, 다른 점은 순수 비정형 고분자의 경우 매우 많은 수의 **형태(conformation)**가 가능해 $\Omega_2 > 1$이 된다는 점이다. 따라서 고분자 용액의 경우

$$\Delta S_{m}^{comb} = \mathbf{k} \ln\left(\frac{\Omega_{12}}{\Omega_2}\right) \tag{10.11}$$

이 이론의 기본은 고분자 한 개가 x개의 분절이 연결된 사슬이고, 용액 내의 고분자의 분자 개수를 N_2개, 용매의 개수를 N_1개라 하면, 격자는 $N_1 + xN_2 (= N)$개의 셀로 구성된다. 용매 분자를 격자에 집어넣기 전에 N_2개의 고분자를 하나씩 차례로 격자에 넣는 경우를 생각해 보자. 격자에 들어가는 고분자의 첫 번째 분절은 비어 있는 셀 어디든지 들어갈 수 있다. 하지만, 연이어서 셀에 들어가게 되는 $(x-1)$개의 분절들은 이 전에 자리를 잡은 분절이 들어가 있는 셀을 둘러싼 셀 중 비어 있는 셀에만 들어갈 수 있다. 이러한 **연속성(connectivity)**을 고려한 배열 방법의 가능 경우의 수를 계산하고자 하면, 특정 고분자 사슬을 이루고 있는 각 분절의 배열 확률을 개별적으로 다 계산한 후 그들을 전부 곱해 주면 된다. 즉 N_2개의 고분자를 포함하고 있는 격자에서 고분자를 배치할 수 있는 가능한 배열의 전체 숫자 v를 계산하면 된다. 이미 셀을 차지하고 있는 고분자의 분절들은 격자 내에 균일하게 분산될 수 있다. 하지만 이론을 전개하기 위해 고분자 분절이 격자 내에 균일하지 않고 분산되어 있다는 **평균장 근사법(mean-field approximation)**을 사용한다. 하지만 10.2.4절에 논의되는 것처럼, 이 이론을 묽은 용액에 적용할 때 약점이 되기도 한다. N_1개의 용매는 다른 점이 전혀 없는 모두 동일한 분자로 간주할 수 있어, 격자에 그들을 배치할 때는 오직 한 가지 배치 방법만이 가능하다. 즉, 남아 있는 N_1개의 비어 있는 셀 하나에는 오직 한 개만의 용매 분자 배치가 가능하다. 따라서 N_2개의 고분자와 N_1개의 용매로 구성된 혼합액에서 배열 가능 경우의 수는

$$\Omega_{12} = \frac{1}{N_2!}\prod_{\zeta=1}^{N_2} v_\zeta \tag{10.12}$$

여기서 Π는 연속 곱을 뜻하는 부호이다(이 경우 $v_1 \times v_2 \times v_3 \times v_4 \times \cdots \times v_{N_2}$). Π 앞의 $1/N_2!$는 N_2개의 고분자 분자는 구분이 불가능한 같은 존재라는 점을 고려해서 식에 포함되었다. 격자에 ζ번째 고분자 분자를 집어넣는 경우를 생각해 보자. 이미 $x(\zeta-1)$개의 셀이 채워져 있고, ζ번째 고분자 분자의 첫 번째 분절은 남아 있는 $[N-x(\zeta-1)]$개의 나머지 셀 어디라도 들어갈 수 있다. ζ번째 고분자 사슬의 두 번째 분절은 그 옆의 **비어 있는** 셀 어디라도 들어갈 수 있다. 첫 번째 분절을 둘러싸고 있는 z개의 셀 중 $[N-x(\zeta-1)]/N$만큼이 비워 있으므로, 첫 번째 분절을 둘러싸고 있는 셀 중 비어 있는 셀의 개수는 $z\{[N-x(\zeta-1)]/N\}$이다. 동일한 논리에 기초해, 연이은 $(x-2)$개의 분절은 인접한 $(z-1)\{[N-x(\zeta-1)]/N\}$개의 비어 있는 셀에 들어갈 수 있다. $(z-1)$항은 z개의 배위 셀 중 하나는 이미 채워졌다는 점을 고려한 항이다. 따라서,

$$v_\zeta = \left[N - x(\zeta-1)\right]\left\{z\frac{\left[N - x(\zeta-1)\right]}{N}\right\}\left\{(z-1)\frac{\left[N - x(\zeta-1)\right]}{N}\right\}^{x-2}$$

이 되고, 이는 다음과 같은 단순 식으로 바뀐다.

$$v_\zeta = z(z-1)^{x-2}N^{1-x}\left[N - x(\zeta-1)\right]^x$$

이 식을 식 10.12에 대입하고 ζ만이 유일한 변수라는 점을 인지한다면

$$\Omega_{12} = \frac{1}{N_2!}\left\{z(z-1)^{x-2}N^{1-x}\right\}^{N_2}\prod_{\zeta=1}^{N_2}\left[N - x(\zeta-1)\right]^x \tag{10.13}$$

같은 방법에 의해 N_2개의 순전히 무정형(혹은 액체 상태의) 고분자로 이루어진 용액의 공간 배치 가능 경우의 수는

$$\Omega_2 = \frac{1}{N_2!}\left\{z(z-1)^{x-2}(xN_2)^{1-x}\right\}^{N_2}\prod_{\zeta=1}^{N_2}\left[xN_2 - x(\zeta-1)\right]^x \tag{10.14}$$

왜냐하면 이 경우 $N = xN_2$ (용매가 없으므로, 즉 $N_1 = 0$인 경우이다). Flory–Huggins 이론을 전개하기 위해 반드시 필요한 것은 아니지만 ΔS_m^{comb}을 유도하기 전에 앞서 식 10.13과 식 10.14를 분석해 보는 것은 매우 의미가 있다. 식 10.14를 다음과 같은 두 항의 곱으로 재배열하면

$$\Omega_2 = \underbrace{\left\{\left[z(z-1)^{x-2}\right]^{N_2}\right\}}_{\omega_{2f}}\underbrace{\left\{\frac{1}{N_2!}(xN_2)^{(1-x)N_2}\prod_{\zeta=1}^{N_2}\left[xN_2 - x(\zeta-1)\right]^x\right\}}_{\omega_{2c}} \tag{10.15}$$

첫 번째 항 ω_{2f}는 엄청나게 크며, N_2개의 사슬을 격자에 집어넣을 때 겹치지 않으면서 가질 수 있는 형태의 전체 개수이다(즉 각 고분자 사슬은 격자 내에서 무한히 자유롭게 움직일 수 있다). 이 항은 아주 인위적인 항으로 두 번째 항인 ω_{2c}에 의해 더 큰 값으로 팽창된다. ω_{2c}는 ω_{2f}값을 가지는 배열 중 xN_2개의 셀에 N_2개의 고분자를 배치할 때 가능한 분율을 나타낸다(즉 순전히 무정형 상태의 고분자 경우를 가정한다). ω_{2c}를 팽창하면

$$\omega_{2c} = \frac{1}{N_2!}(xN_2)^{(1-x)N_2}x^{xN_2}(N_2!)^x = N_2^{(1-x)N_2}x^{N_2}(N_2!)^{x-1}$$

ω_{2c}에 자연 로그를 취하고 10.2.1절에서 사용한 것처럼 Stirling 근사법을 사용하면, ω_{2c}는 다음과 같이 단순해지며

$$\omega_{2c} = \left[\frac{x}{e^{x-1}}\right]^{N_2} \tag{10.16}$$

이제 식 10.13을 식 10.15와 결합해 ω_{2f}과 ω_{2c}을 포함하는 식으로 정리하면

$$\Omega_{12} = \omega_{2f}\omega_{2c}\underbrace{\left\{\left(\frac{N}{xN_2}\right)^{(1-x)N_2}\left(\frac{\prod_{\zeta=1}^{N_2}\left[N - x(\zeta-1)\right]^x}{\prod_{\zeta=1}^{N_2}\left[xN_2 - x(\zeta-1)\right]^x}\right)\right\}}_{\omega_{2d}} \tag{10.17}$$

여기서 ω_{2d}는 고분자 사슬이 N_1개의 용매 분자로 희석됨으로 인해 증가하게 되는 자유도를 고려한 항이다. ω_{2d}의 분모는

$$\prod_{\zeta=1}^{N_2}\left[N - x(\zeta-1)\right]^x = x^{xN_2}\left[\left(\frac{N}{x}\right)\left(\frac{N}{x}-1\right)\left(\frac{N}{x}-2\right)\left(\frac{N}{x}-3\right)\left(\frac{N}{x}-2\right)\ldots\left(\frac{N}{x}-(N_2-1)\right)\right]^x$$

$(N/x - N_2 = N_1/x)$이므로 다음과 같이 정리해도 큰 오류는 없다.

$$\prod_{\zeta=1}^{N_2}\left[N - x(\zeta-1)\right]^x = x^{xN_2}\left[\frac{(N/x)!}{(N_1/x)!}\right]^x$$

이를 식 10.17의 ω_{2d}에 치환하고, ω_{2c}를 계산했을 때와 같은 표현을 사용해 분자도 정리하면

$$\omega_{2d} = \left(\frac{N}{xN_2}\right)^{(1-x)N_2}\left[\frac{(N/x)!}{N_2!(N_1/x)!}\right]^x$$

자연 로그를 취하고 Stirling 근사법을 적용하면, ω_{2c}는 다음과 같이 단순해진다.

$$\omega_{2d} = \left(\frac{N}{xN_2}\right)^{N_2}\left(\frac{N}{N_1}\right)^{N_1} \tag{10.18}$$

요약하면, 식 10.15와 식 10.16으로부터

$$\Omega_2 = \underbrace{\left\{\left[z(z-1)^{x-2}\right]^{N_2}\right\}}_{\omega_{2f}}\underbrace{\left\{\left[\frac{x}{e^{x-1}}\right]^{N_2}\right\}}_{\omega_{2c}} \tag{10.19}$$

식 10.17부터 식 10.19까지에서

$$\Omega_{12} = \Omega_2\underbrace{\left[\left(\frac{N}{xN_2}\right)^{N_2}\left(\frac{N}{N_1}\right)^{N_1}\right]}_{\omega_{2d}} \tag{10.20}$$

식 10.19와 식 10.20을 식 10.11에 대입하면

$$\Delta S_{\mathrm{m}}^{\mathrm{comb}} = \mathbf{k}\ln\left[\left(\frac{N}{N_1}\right)^{N_1}\left(\frac{N}{xN_2}\right)^{N_2}\right] \tag{10.21}$$

위 식에는 z가 포함되지 않음을 주목하라. 즉, $\Delta S_{\mathrm{m}}^{\mathrm{comb}}$을 계산하기 위해서 격자의 특성을 명확하게 알 필요는 없다. 식 10.21은 더욱 단순한 형태인 다음 식이 된다.

$$\Delta S_{\mathrm{m}}^{\mathrm{comb}} = -\mathbf{k}[N_1\ln\phi_1 + N_2\ln\phi_2] \tag{10.22}$$

여기서 ϕ_1과 ϕ_2는 각각 용매와 고분자의 부피 분율이며, $\phi_1 = N_1/(N_1 + xN_2)$, $\phi_2 = xN_2/(N_1 + xN_2)$. 식 10.22를 혼합액에서 용매와 고분자의 몰수인 n_1과 n_2로 표시하면

$$\Delta S_{\mathrm{m}}^{\mathrm{comb}} = -\mathbf{R}[n_1\ln\phi_1 + n_2\ln\phi_2] \tag{10.23}$$

위 식은 앞에서의 이상 혼합의 경우이므로 식 10.9와 비교된다. 차이점은 고분자 용액의 경우 식 10.9의 몰분율이 부피 분율로 바뀌었다는 점이다. 실제로는 식 10.23이 무열 혼합의 일반적 형태이며 $x = 1$ (두 성분 모두 크기가 **작은** 저분자로 구성된 경우) 이면 식 10.9로 바뀐다.

$\Delta S_{\mathrm{m}}^{\mathrm{comb}}$을 유도했으므로, Flory-Huggins 이론 전개의 두 번째로 분자간 (intermolecular) 상호작용 에너지를 고려해야 한다. 최초 이론에서는 엔탈피 변화만을 고려했으나, 추후에 상호작용에 의한 비무질서도 (non-randomness) 와 관련된 엔트로피 변화도 고려해 형태가 바뀌게 된다. 따라서 여기에서는 접촉 Gibbs 자유 에너지 변화 $\Delta G_{\mathrm{m}}^{\mathrm{contact}}$를 고려해 식을 전개한다. 계산은 전하를 띠지 않는 분자 사이의 인력은 거리가 멀어지면 급격히 준다는 제한을 사용하면 단순해질 수 있다. 세 가지의 접촉을 고려해야 하는데, 각각의 상호작용 에너지는

접촉 형태	Gibbs 자유 상호작용 에너지
용매-용매	g_{11}
분절-분절	g_{22}
용매-분절	g_{12}

혼합에 의해서는 용매-용매 간 접촉과 분절-분절 간 접촉은 없어지고 용매-분절 간 접촉이 생긴다. 따라서 용매-분절 간 접촉 생성에 의한 Gibbs 자유 에너지 변화는

$$\Delta g_{12} = g_{12} - \tfrac{1}{2}(g_{11} + g_{22})$$

p_{12}가 용액에서의 용매-분절 간 접촉의 전체 개수라면,

$$\Delta G_{\mathrm{m}}^{\mathrm{contact}} = p_{12}\Delta g_{12} \tag{10.24}$$

고분자 사슬 말단의 경우를 제외하고는, 모든 분절은 두 개의 분절로 연결되어 있다. 따라서 고분자 분자 하나는 $(z-2)x+2$개의 셀이 둘러싸고 있다. x가 큰 값을 가지면 $(z-2) \gg 2$가 되므로 전체 고분자를 둘러싸고 있는 셀의 전체 개수는 $N_2(z-2)x$이다. 평균장 근사법에 근거해, 이러한 셀이 차지하는 분율 ϕ_1은 용매 분자가 차지하고 있다. 따라서

$$p_{12} = N_2(z-2)x\phi_1$$

를 제거하면

$$p_{12} = (z-2)N_1\phi_2 \tag{10.25}$$

$xN_2\phi_1 = N_1\phi_2$이므로, 식 10.24와 10.25를 결합하면

$$\Delta G_{\mathrm{m}}^{\mathrm{contact}} = (z-2)N_1\phi_2\Delta g_{12} \tag{10.26}$$

격자 매개변수(lattice parameter) z와 Gibbs 자유 에너지 변화 Δg_{12}는 쉽게 계산할 수 없다. 따라서 새로운 단일 매개변수인 χ를 도입해 이들을 없앤다. χ는 **Flory-Huggins 고분자-용매 상호작용 매개변수(polymer-solvent interaction parameter)**로 정의되며

$$\chi = \frac{(z-2)\Delta g_{12}}{\mathbf{k}T} \tag{10.27}$$

χ는 온도에 의존하며 차원이 없는 수로 고분자-용매의 상호작용 정도를 나타내는 특징적 값으로 다음과 같은 더욱 더 간략한 형태로 표현된다.

$$\chi = a + \frac{b}{T} \tag{10.28}$$

여기서 a와 b는 온도에 의존하는 값이다. 더 일반적 형태로 표현하면, χ는 엔탈피 χ_H와 엔트로피 χ_S의 합이 되며

$$\chi = \chi_H + \chi_S \tag{10.29}$$

$\chi_H = b/T$, $\chi_S = a$가 된다. 그리고,

$$\chi_H = -T\left(\frac{\partial \chi}{\partial T}\right) \quad \text{그리고} \quad \chi_S = \frac{\partial (T\chi)}{\partial T} \tag{10.30}$$

$n_1 = N_1/\mathbf{N_A}$과 $\mathbf{R} = \mathbf{kN_A}$와 식 10.26과 식 10.27을 결합하면

$$\Delta G_{\mathrm{m}}^{\mathrm{contact}} = \mathbf{R}Tn_1\phi_2\chi \tag{10.31}$$

마침내 $\Delta S_{\mathrm{m}}^{\mathrm{comb}}$(식 10.23)과 $\Delta G_{\mathrm{m}}^{\mathrm{contact}}$(식 10.31)을 다음 식에 결합하면

$$\Delta G_{\mathrm{m}} = \Delta G_{\mathrm{m}}^{\mathrm{contact}} - T\Delta S_{\mathrm{m}}^{\mathrm{comb}}$$

Gibbs 혼합 자유 에너지의 Flory-Huggins 식이 얻어진다.

$$\Delta G_{\mathrm{m}} = \mathbf{R}T[n_1 \ln \phi_1 + n_2 \ln \phi_2 + n_1\phi_2\chi] \tag{10.32}$$

Flory-Huggins 식을 이용하면, 고분자 용액의 평형 열역학 특성 설명이 가능하다. 특히

11.3절에 논의되는 용매 증기압 강하와 11.4절의 용매 끓는점 상승이 고분자 용액의 경우 왜 큰지, 14.2절의 상분리(phase-separation)와 분별(fractionation) 현상, 17.8.3절의 결정성 고분자의 녹는점 강하 현상, 21.5.1절의 가교 고분자의 팽윤 현상 설명이 가능하다. 물론 이론이 실험적으로 관찰되는 현상의 일반적 경향을 예측할 수는 있지만, 둘이 정확하게 일치하지는 않는다. 이론이 완벽하지 않는 이유는 이론을 유도하는 과정에서의 모형과 가정에 한계가 있기 때문이다. 순수 용매, 순수 고분자 및 그들의 혼합물에 같은 격자를 사용하는 것은 비현실적이며, 이 경우 혼합에 의한 부피 변화가 없음을 요구한다. 격자 내에서 고분자가 가질 수 있는 총 배열을 계산하는 데 사용된 수학적 전개 과정은 분자 자체가 스스로 교차하는 있음을 배제하고 있지 않는데, 이는 명백히 비현실적이다. 더 나아가, 계산을 수월히 하기 위해 부분적으로 채워진 격자 안에 고분자를 배치하면서 평균장 근삿값을 사용하는 것은 고분자의 부피 분율 ϕ_2가 높을 경우에만 타당하다. 이러한 관점에서 본다면, Flory–Huggins 이론은 묽은 용액의 경우 가장 타당성이 떨어진다. 묽은 용액의 경우 고분자 주위에는 거의 순수 용매 분자만 있다고 볼 수 있기 때문이다. 즉, 고분자 분절들은 격자 내에 고르게 분포되어 있지 않다. 이외에도 상호작용의 영향을 설명하기 위해 도입한 상호작용 매개변수 χ도 단일 매개변수가 아니다. 식 10.29는 χ가 엔탈피와 엔트로피의 기여를 포함하고 있고 ϕ_2에도 의존한다는 인식에서 출발했다. 이렇게 부족한 면이 있음에도 불구하고, Flory–Huggins 격자 이론은 고분자 용액의 열역학적 해석을 가능케 한 주요 진전이었으며, 실제로 널리 사용되는 다른 이론들의 기초가 되었다. 따라서 이어지는 소개 부분에서 이론이 발전된 형태로 전개되겠지만, 앞에서 언급한 한계점이 내재하고 있음을 잊지는 말아야 한다. Flory–Huggins 격자 이론보다 발전된 형태의 좀 더 다듬어진 이론들을 간략히 소개를 하겠지만, 자세한 내용은 이 책에서 다루지 않는다.

10.2.3 분몰량과 화학 퍼텐셜

열역학에서는 **크기 성질(extensive property)**과 **세기 성질(intensive property)**을 구별할 필요가 있다. 크기 성질의 값은 계에서 물질의 양에 따라 변하고, 반면에 세기 성질의 값은 물질의 양과는 무관하다. 크기 성질의 예로는 질량, 부피, **총(total)** 자유 에너지, 엔탈피와 엔트로피가 있다. 세기 성질에는 압력, 온도, 밀도와 **몰(molar)** 자유 에너지, 엔탈피와 엔트로피가 있다. 일반적으로 평형 상태에 있는 계는 세기 성질을 사용해 정의한다.

고분자 용액과 같은 다성분계에 있어서, i로 표현되는 한 성분을 계에 첨가시 계의 압력, 온도와 j로 표현되는 그 외의 다른 성분은 일정하게 유지하면서 i 성분을 계에 소량 더함에 따른 Z로 표현되는 열역학적 매개변수가 어떻게 변하는지 아는 것이 중요하다. 이 과정에서 Z가 i 성분의 몰수인 n_i에 따라 변하는 정도를 나타내는 양인 $\overline{Z}_i$로 표현되는, 다음과 같은 미분값인 **분몰량(partial molar quantity)**을 사용하는 것이 요구된다.

$$\overline{Z}_i = \left(\frac{\partial Z}{\partial n_i}\right)_{P,T,n_j} \tag{10.33}$$

고분자 용액의 열역학적 이론에서 자주 만나게 되는 분몰량은 분몰 부피 $\overline{V}_i$와 분몰 Gibbs 자유 에너지 $\overline{G}_i$이다. $\overline{G}_i$는 **화학 퍼텐셜(chemical potential)** μ_i이라고 하며, 다음과 같이 정의된다.

$$\mu_i = \left(\frac{\partial G}{\partial n_i}\right)_{P,T,n_j} \tag{10.34}$$

순수 용매와 같은 단일 성분계에서 분몰량은 해당 몰량과 동일하다.

평형계에서 i 성분의 화학 퍼텐셜 μ_i는 일반적 열역학적 관계식에 의해 a_i 계 내에서의 활동도와 관련해 표현할 수 있다.

$$\mu_i - \mu_i^{\circ} = \mathbf{R}T \ln a_i \tag{10.35}$$

여기서

μ_i°는 표준 상태에서의 i 성분의 화학 퍼텐셜이다.

$\mu_i - \mu_i^{\circ}$는 계를 생성할 때의 분몰 Gibbs 자유 에너지 변화량 $\overline{\Delta G_i} = (\partial \Delta G / \partial n_i)_{P,T,n_j}$이다.

고분자 용액에서의 용매와 고분자의 화학 퍼텐셜 차이를 나타내는 식은 식 10.32에 제시된 ΔG_m에 관한 Flory–Huggins 표현식을 부분 미분하면 얻어진다. 용매를 먼저 생각해 보자.

$$\mu_1 - \mu_1^{\circ} = \left(\frac{\partial \Delta G_m}{\partial n_1}\right)_{P,T,n_2} = \mathbf{R}T \frac{\partial}{\partial n_1}\{n_1 \ln \phi_1 + n_2 \ln \phi_2 + n_1 \phi_2 \chi\}_{P,T,n_2}$$

ϕ_1과 ϕ_2는 n_1과 n_2의 함수라는 점을 고려해, 일반적인 수학적 표현을 사용해 곱의 미분항을 정리하면

$$\mu_1 - \mu_1^{\circ} = \mathbf{R}T\left\{\ln \phi_1 + n_1 \frac{\partial \ln \phi_1}{\partial n_1} + n_2 \frac{\partial \ln \phi_2}{\partial n_1} + \phi_2 \chi + n_1 \chi \frac{\partial \phi_2}{\partial n_1}\right\}_{P,T,n_2} \tag{10.36}$$

정의에 따르면 $\phi_1 = n_1/(n_1 + xn_2)$, $\phi_2 = xn_2/(n_1 + xn_2)$가 되므로,

$$\phi_2 = 1 - \phi_1 \text{이므로 } \left\{\frac{\partial \phi_2}{\partial n_1}\right\}_{P,T,n_2} = -\left\{\frac{\partial \phi_1}{\partial n_1}\right\}_{P,T,n_2} = -\left[\frac{(n_1 + xn_2) - n_1}{(n_1 + xn_2)^2}\right] = -\frac{\phi_2}{(n_1 + xn_2)}$$

$$\left\{\frac{\partial \ln \phi_1}{\partial n_1}\right\}_{P,T,n_2} = \frac{1}{\phi_1}\left\{\frac{\partial \phi_1}{\partial n_1}\right\}_{P,T,n_2} = \frac{\phi_2}{\phi_1 (n_1 + xn_2)}$$

$$\left\{\frac{\partial \ln \phi_2}{\partial n_1}\right\}_{P,T,n_2} = \frac{1}{\phi_2}\left\{\frac{\partial \phi_2}{\partial n_1}\right\}_{P,T,n_2} = -\frac{1}{\phi_2}\left\{\frac{\partial \phi_1}{\partial n_1}\right\}_{P,T,n_2} = -\frac{1}{(n_1 + xn_2)}$$

식 10.36에 치환 후 단순화하면, 용매의 경우

$$\mu_1 - \mu_1^{\circ} = \mathbf{R}T\left[\ln \phi_1 + \left(1 - \frac{1}{x}\right)\phi_2 + \chi \phi_2^2\right] \tag{10.37}$$

유사하게, 고분자의 경우

$$\mu_2 - \mu_2^{\circ} = \left(\frac{\partial \Delta G_m}{\partial n_2}\right)_{P,T,n_1} = \mathbf{R}T \frac{\partial}{\partial n_2}\{n_1 \ln \phi_1 + n_2 \ln \phi_2 + n_1 \phi_2 \chi\}_{P,T,n_1}$$

따라서

$$\mu_2 - \mu_2^{\circ} = \mathbf{R}T\left\{n_1 \frac{\partial \ln \phi_1}{\partial n_2} + \ln \phi_2 + n_2 \frac{\partial \ln \phi_2}{\partial n_2} + n_1 \chi \frac{\partial \phi_2}{\partial n_2}\right\}_{P,T,n_1} \tag{10.38}$$

다시 한 번 ϕ_1과 ϕ_2의 정의를 사용해

$$\phi_2 = 1 - \phi_1 \text{이므로 } \left\{\frac{\partial \phi_2}{\partial n_2}\right\}_{P,T,n_1} = -\left\{\frac{\partial \phi_1}{\partial n_2}\right\}_{P,T,n_1} = -\left[\frac{-xn_1}{(n_1 + xn_2)^2}\right] = \frac{x\phi_1}{(n_1 + xn_2)}$$

$$\left\{\frac{\partial \ln \phi_1}{\partial n_2}\right\}_{P,T,n_1} = \frac{1}{\phi_1}\left\{\frac{\partial \phi_1}{\partial n_2}\right\}_{P,T,n_1} = -\frac{x}{(n_1 + xn_2)}$$

$$\left\{\frac{\partial \ln \phi_2}{\partial n_2}\right\}_{P,T,n_1} = \frac{1}{\phi_2}\left\{\frac{\partial \phi_2}{\partial n_2}\right\}_{P,T,n_1} = -\frac{1}{\phi_2}\left\{\frac{\partial \phi_1}{\partial n_2}\right\}_{P,T,n_1} = \frac{x\phi_1}{\phi_2(n_1 + xn_2)}$$

식 10.38에 치환 후 단순화하면, 고분자의 경우

$$\mu_2 - \mu_2^{\circ} = \mathbf{R}T[\ln \phi_2 - (x-1)\phi_1 + x\chi\phi_1^2] \tag{10.39}$$

그리고 고분자 분절당 $(\mu_2 - \mu_2^{\circ})/x$이므로

$$\mu_s - \mu_s^{\circ} = \mathbf{R}T\left[\left(\frac{\ln \phi_2}{x}\right) - \left(1 - \frac{1}{x}\right)\phi_1 + \chi\phi_1^2\right] \tag{10.40}$$

식 10.37, 식 10.39, 식 10.40은 근본적으로 중요하다. 식에서 고분자 사슬의 반복 단위인 분절의 개수 x는 부피 분율을 나타내는 항의 분모에만 존재한다. 이를 고분자 크기가 일정하지 않은, 즉 다른 크기의 고분자가 섞여 있는 분산도(dispersity)를 가지는 경우를 생각하면

$$\phi_1 = \frac{n_1}{n_1 + \sum_i x_i n_i} = \frac{n_1}{n_1 + \bar{x}_n n_2}$$

$$\phi_2 = \frac{\sum_i x_i n_i}{n_1 + \sum_i x_i n_i} = \frac{\bar{x}_n n_2}{n_1 + \bar{x}_n n_2}$$

$\bar{x}_n = \sum_i x_i n_i \Big/ \sum_i n_i$ 이고 $\sum_i n_i = n_2$. 고로, 크기에 분산도를 가지는 고분자의 경우 ϕ_1와 ϕ_2의 정의에서 x는 쉽게 수평균 $\bar{x}_n$로 치환할 수 있다. 결과적으로 계속되는 유도식에서도 x를 $\bar{x}_n$로 치환이 가능하다.

식 10.37, 식 10.39, 식 10.40을 식 10.35와 결합하면 각 성분의 활동도 표현식을 얻을 수 있고, 계속해 이로부터 실험적으로 관찰되는 값의 이론적 예측값 계산이 가능하다. 다음 절에서 이러한 방법으로 이론을 묽은 고분자 용액의 경우에 적용하고자 한다.

10.2.4 묽은 고분자 용액

고분자 용액의 열역학을 해석하는 과정에서 여러 성분 중 한 성분만을 고려하면 충분하며, 대개 용매를 고려하면 좀 더 단순해진다. 따라서 식 10.35를 적용하면 다음과 같이 된다.

$$\mu_1 - \mu_1^{\circ} = \mathbf{R}T \ln a_1 \tag{10.41}$$

이는 $a_1 = \gamma_1 X_1$ (여기서 γ_1과 X_1는 각각 용매의 활동도 계수와 몰분율) 임을 인지한다면, 다시 **이상적(ideal)**과 **비이상적[non-ideal,** 혹은 **과잉(excess)]** 부분에서 기여하는 정도를 고려해 나눌 수 있다.
따라서

$$(\mu_1 - \mu_1^{\circ})^{\text{ideal}} = \mathbf{R}T \ln X_1 \tag{10.42}$$

$$(\mu_1 - \mu_1^{\circ})^{\text{E}} = \mathbf{R}T \ln \gamma_1 \tag{10.43}$$

여기서 위 첨자 E는 **과잉(excess)** 기여 정도를 나타낸다.

몰질량 결정을 위해서는 묽은 고분자 용액, 흔히 20 g dm^{-3} 미만의 용액을 사용한다. 이 경우, $n_1 \gg xn_2$와 $n_1 \gg n_2$가 되므로

$$\phi_2 = \frac{xn_2}{(n_1 + xn_2)} \approx \frac{xn_2}{n_1} \tag{10.44}$$

$$X_2 = \frac{n_2}{(n_1 + n_2)} \approx \frac{n_2}{n_1} \tag{10.45}$$

따라서 묽은 고분자 용액에서 ϕ_2과 X_2는 작은 값을 가지며, 서로 $X_2 = \phi_2/x$의 관계가 있다. 이러한 조건에서, 식 10.37과 식 10.42에서 로그 항은 시리즈 전개(series expansion)를 하면 다음과 같이 된다.

$$\ln\phi_1 = \ln(1-\phi_2) = -\phi_2 - \frac{\phi_2^2}{2} - \frac{\phi_2^3}{3} - \ldots \tag{10.46}$$

그리고

$$\ln X_1 = \ln(1-X_2) = -X_2 - \frac{X_2^2}{2} - \frac{X_2^3}{3} - \ldots$$

$X_2 = \phi_2/x$을 대입하면

$$\ln X_1 = -\left(\frac{\phi_2}{x}\right) - \frac{(\phi_2/x)^2}{2} - \frac{(\phi_2/x)^3}{3} - \ldots \tag{10.47}$$

ϕ_2는 작고 x는 크기 때문에, 식 10.46의 앞 두 항과 식 10.47의 첫 번째 항만 남게 된다. 식 10.37로부터

$$\mu_1 - \mu_1^{\mathrm{o}} = \frac{-\mathbf{R}T\phi_2}{x} + \mathbf{R}T\left(\chi - \frac{1}{2}\right)\phi_2^2 \tag{10.48}$$

그리고 식 10.42로부터

$$(\mu_1 - \mu_1^{\mathrm{o}})^{\mathrm{ideal}} = \frac{-\mathbf{R}T\phi_2}{x} \tag{10.49}$$

이들 식을 비교해 보면 묽은 고분자 용액의 경우 Flory–Huggins 이론은 과잉 기여도를 다음과 같이 예측하고 있음을 알 수 있다.

$$(\mu_1 - \mu_1^{\mathrm{o}})^{\mathrm{E}} = \mathbf{R}T\left(\chi - \frac{1}{2}\right)\phi_2^2 \tag{10.50}$$

여기서 $-\mathbf{R}T\phi_2^2/2$는 고분자 사슬 분절의 연결성에 기인했으며, $\mathbf{R}T\chi\phi_2^2$는 접촉에 의한 상호작용에 기인한다. $\chi = 1/2$이면 이 둘의 효과는 정확히 상쇄되어 $(\mu_i - \mu_i^{\mathrm{o}})^{\mathrm{E}} = 0$이 되고 묽은 고분자 용액은 이상적으로 거동한다. 즉, $\Delta H_{\mathrm{m}} = 0$이 되며 고분자 사슬 분절이 서로 연결되지 않은 것처럼 거동을 보인다. Flory는 이러한 묽은 고분자 용액의 이상적 상태를 **세타 조건(theta condition)**이라 명했으며, 이 개념을 팽창해 혼합시의 과잉 분몰 엔탈피 $\overline{\Delta H_1}^{\mathrm{E}}$과 엔트로피 $\overline{\Delta S_1}^{\mathrm{E}}$를 다음과 같이 정의했다.

$$\overline{\Delta H_1}^{\mathrm{E}} = \mathbf{R}T\kappa\phi_2^2 \tag{10.51}$$

$$\overline{\Delta S_1}^{\mathrm{E}} = \mathbf{R}\psi\phi_2^2 \tag{10.52}$$

여기서 κ와 Ψ는 각각 엔탈피와 엔트로피 매개변수이다.

$$(\mu_1 - \mu_1^{\circ})^{\mathrm{E}} = \overline{\Delta G_1}^{\mathrm{E}} = \overline{\Delta H_1}^{\mathrm{E}} - T\overline{\Delta S_1}^{\mathrm{E}} \tag{10.53}$$

이므로, 이들은 아주 쉽게 다음과 같이 표현된다.

$$\kappa - \psi = \chi - \frac{1}{2} \tag{10.54}$$

세타 조건은 $(\mu_i - \mu_i^{\circ})^{\mathrm{E}} = 0$인 특정 온도인 **세타(theta, 혹은 Flory) 온도**에서 일어난다. 그러므로

$$\overline{\Delta H_1}^{\mathrm{E}} = \theta\overline{\Delta S_1}^{\mathrm{E}} \tag{10.55}$$

이 식은 엔탈피 상호작용은 과잉 엔트로피에 그와 비례하는 변화를 가져옴을 뜻하며, $\overline{\Delta H_1}^{\mathrm{E}}$과 $\overline{\Delta S_1}^{\mathrm{E}}$(혹은 κ와 Ψ)는 같은 부호(즉, 둘 다 양이거나 둘 다 음이어야 함)를 가져야 함을 보여 주고 있다. 식 10.55는 또한 세타 온도의 다른 형태의 정의, $\overline{\Delta H_1}^{\mathrm{E}}$와 $\overline{\Delta S_1}^{\mathrm{E}}$의 비례 상수를 나타내고 있다. 이러한 기초하에서 어떤 고분자–용매 계에서의 θ 조건이 다른 계에서의 어떻게 변할지 명백히 알 수 있다.

식 10.51과 식 10.52를 식 10.55에 치환하면

$$\kappa = \left(\frac{\theta}{T}\right)\psi \tag{10.56}$$

이를 식 10.50과 식 10.54와 함께 결합해 정리하면

$$(\mu_1 - \mu_1^{\circ})^{\mathrm{E}} = \mathbf{R}T\psi\left[\left(\frac{\theta}{T}\right) - 1\right]\phi_2^2 \tag{10.57}$$

식 10.50과 식 10.57은 $\chi < 1/2$인 조건, 즉 Ψ가 양의 값을 가지는 경우에는 $T > \theta$가 되고 Ψ가 음의 값을 가지는 경우에서는 $T < \theta$가 되어 $(\mu_i - \mu_i^{\circ})^{\mathrm{E}}$값이 음이 되어 혼합이 촉진됨을 나타내고 있다. 더 나아가, 세타 조건인 $\chi = 1/2$, $T = \theta$에서 묽은 고분자 용액은 이상 용액처럼 거동을 보임을 보여 주고 있다. 일련의 고분자–용매 계에서의 θ값들을 표 10.1에 제시하였다.

앞에 제시한 묽은 고분자 용액 이론은 Flory–Huggins 이론식인 식 10.22에 기초하고 있으며, 평균장 이론을 이용한 근사식을 사용했으므로 엄격히 말하자면 타당하지 않다. 식 10.50과 식 10.57이 $(\mu_i - \mu_i^{\circ})^{\mathrm{E}}$을 정확하게 예측하지는 못하고 있음에도 불구하고, 그들은 타당한 함수 형태를 가지고 있다. 즉, 다음과 같은 상호관계를 보여 주고 있다.

표 10.1 여러 고분자–용매계의 세타 온도[a]

고분자	용매	θ / °C
Polyethylene	Biphenyl	125
Polystyrene	Cyclohexane	34
Poly(vinyl acetate)	Methanol	6
Poly(methyl methacrylate)	Butyl acetate	−20
Poly(methyl methacrylate)	Pentyl acetate	41
Poly(vinyl alcohol)	물	97
Poly(acrylic acid)	1,4-Dioxan	29

[a] 엔트로피 매개변수 Ψ는 폴리비닐알코올/물과 폴리아크릴산/1,4-디옥산의 두 경우(음의 값을 가짐) 경우를 제외하고는 모든 경우 양의 값을 가진다.

$$(\mu_1 - \mu_1^{\rm o})^{\rm E} \propto \left(\chi - \frac{1}{2}\right)$$

과

$$(\mu_1 - \mu_1^{\rm o})^{\rm E} \propto \psi\left[\left(\frac{\theta}{T}\right) - 1\right]$$

상기 관계식은 10.3.3절에서 논의되는 좀 더 만족스러운 이론인 배제 부피 이론(excluded-volume theory)에서도 동일하게 얻어진다. 따라서 Flory–Huggins 이론은 묽은 고분자 용액의 일반적인 열역학적 거동에 관한 타당한 결론을 제시해 주고 있다. 특히 $\chi = 1/2$과 $T = \theta$일 때 이상적 거동의 예측을 가능케 했다. Flory–Huggins 묽은 고분자 용액의 정확성은 세타 조건에 근접할수록 향상되며, 식 10.50과 식 10.57에 의한 $(\mu_i - \mu_i^{\rm o})^{\rm E}$값의 예측 정확성은 $\chi \to 1/2$과 $T \to \theta$함에 따라 점점 좋아진다.

10.2.5 용해도 매개변수 접근법

많은 실제 경우에 제일 필요한 것은 특정 고분자–용매 사이의 상용성[compatibility, 혹은 혼화성(miscibility, 섞임성)]을 어떻게 적절히 예측하는가이며, 다음과 같은 여러 예를 들 수 있다. 특정 고분자를 용해시키는 용매의 선택, 고무(혹은 탄성체)가 어떤 액체와 접촉 시 팽윤이 일어나지 않으려면 어떤 성질을 가져야 하는지, 23.4.4절에 논의하는 것처럼 고분자를 사용시 외부로부터 가해지는 어떤 조건이 고분자의 가는 균열(crazing)을 일으키는지를 예측하는 것 등이다. 이러한 목적에는 용해도 매개변수 접근법이 가장 유용하며, Hildebrand가 최초로 액체 혼합물의 혼합 엔탈피(enthalpy of mixing) $\Delta H_{\rm m}^{\rm contact}$의 계산을 통해 이론을 전개하였다. 사용한 이론식은

$$\Delta H_{\rm m}^{\rm contact} = V_{\rm m}\phi_1\phi_2(\delta_1 - \delta_2)^2 \tag{10.58}$$

여기서 $V_{\rm m}$은 혼합물의 몰부피이며, δ_1과 δ_2는 각각 성분 1과 2의 용해도 매개변수이다.

액체의 **용해도 매개변수(solubility parameter)** δ는 단위 부피당 증발 에너지의 제곱근이며 다음과 같다.

$$\delta = \left[\frac{(\Delta H_{\rm v} - \mathbf{R}T)}{V}\right]^{1/2} \tag{10.59}$$

여기서 $\Delta H_{\rm v}$는 증발 몰 엔탈피이며, V는 몰부피이다.

δ^2는 단위 부피 내에 존재하는 분자 사이의 인력(attraction)의 세기를 나타내므로 **응집 에너지 밀도(cohesive energy density: CED)**라고 한다. 휘발성 액체의 경우 CED, 즉 δ는 $\Delta H_{\rm v}$ 과 V를 실험적으로 측정하면 알 수 있다.

식 10.58에 의하면 $\Delta H_{\rm m}$은 영이거나 양의 값만을 가질 수 있음을 보여 주고 있다. 또한 두 성분의 용해도 매개변수 간 차이가 감소할수록 혼합이 더욱 바람직, 즉 $\Delta H_{\rm m}$값이 적어지며, $\delta_1 = \delta_2$일 때 $\Delta H_{\rm m} = 0$이 됨을 알 수 있다. 수소 결합이나 전하 이동 상호작용(charge transfer interaction)과 같은 특별한 영향이 있는 경우에 $\Delta H_{\rm m}$은 음의 값을 가질 수 있지만, 식 10.58은 이러한 경우는 고려하고 있지 않아, 이들 경우의 혼화성을 예측하기 위해서는 다른 판단 근거가 필요하다.

고분자–고분자 사이 및 고분자–용매 사이의 혼화성 예측을 위해 용해도 매개변수 접근법을 팽창해 적용할 경우 고분자의 δ값을 알아야 한다. 고분자는 휘발성이 없으므로, δ 값을 간접적으로 구한다. 통상적으로 그물구조 고분자의 경우에는 최대 팽윤을 유발하는

용매의 δ값을 고분자의 δ값으로 간주하며, 용해가 되는 고분자의 경우에는 고유 점도가 최대가 되는 용매의 δ값을 고분자의 δ값으로 간주한다(10.4.2절 참조). δ를 이론적으로 예측하기 위해서는 **덧셈법(additivity method)**을 사용하는데, 이 방법은 어떤 물질의 성질은 그 물질을 구성하는 각 부분의 기여도를 합해 계산 가능하다는 전제에 기반을 두고 있다.

$$\delta = \frac{\rho_p \sum_i f_i F_i}{M_0} \tag{10.60}$$

여기서

ρ_p는 고분자의 밀도,
f_i는 반복 단위에 존재하는 형태 i를 가지는 군(group)의 개수,
F_i는 i군의 그룹 몰인력 상수(group molar attraction constant),
M_0는 반복 단위의 몰질량이다.

F_i값이 가장 잘 맞아 떨어지는 화학 구조를 구성하는 여러 개의 작은 단위를 계산에 의해 결정하고, 아주 많은 수의 여러 다양한 화합물과 고분자(초기에는 저분자 물질로부터 얻어지는 ΔH_v와 V의 측정값을 사용함)에 적용해 재검증을 거쳐 최적의 값을 구한다. Small이 최초로 F_i값들을 제시한 표를 발표하였으며, 이후 Hoy가 다듬었고, 덧셈법의 적용 개념은 지속적으로 확장되어 오다가, 현재는 van Krevelen에 의해 완전한 형태로 정리되었다 (참고 문헌 참조).

여기에 폴리(메틸 메타크릴레이트)(PMMA)의 δ 계산을 통해 이 이론의 원리 적용법을 제시한다. PMMA의 반복 단위는

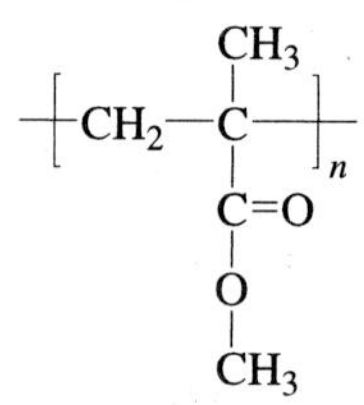

구조 내 각 군의 개수를 고려하고, Hoy가 제시한 다음의 F_i값을 이용하면:

군	f_i	F_i / (J cm^3)$^{1/2}$ mol^{-1}	f_iF_i/(J cm^3)$^{1/2}$ mol^{-1}
$-CH_2-$	1	268	268
$>C<$	1	65	65
$-CH_3$	2	303	606
$-C(=O)-O-$	1	669	669

고로, PMMA 반복 단위당 총 몰인력은

$$\sum_i f_i F_i = 268 + 65 + 606 + 669 = 1608\ (\text{J cm}^3)^{1/2}\ \text{mol}^{-1}$$

PMMA의 경우, $\rho_p = 1.18\ \text{g cm}^{-3}$이고 $M_0 = 100.12\ \text{g mol}^{-1}$이다. 따라서 식 10.60을 이용해 덧셈법에 따른 계산에 의해 $\delta_{PMMA} = (1.18\ \text{g cm}^{-3} \times 1608\ (\text{J cm}^3)^{1/2}\ \text{mol}^{-1})/100.12\ \text{g mol}^{-1} = 19.0\ \text{J}^{1/2}\ \text{cm}^{-3/2}$이 얻어진다.

이와 같은 계산에 있어서, 동일 출처로부터의 F_i값들을 사용하는 것이 매우 중요하다. 왜냐하면 그 값들에 일관성(self-consistent)이 있어야 하기 때문이다. Small과 Hoy가 제시

표 10.2 일반적 용매와 고분자의 용해 매개변수

용매	δ/J$^{1/2}$cm$^{-3/2}$	고분자	δ/J$^{1/2}$cm$^{-3/2}$
Acetone	20.3	Polyethylene	16.4
Carbon tetrachloride	17.6	Polystyrene	18.5
Chloroform	19.0	Poly(methyl methacrylate)	19.0
Cyclohexane	16.8	Polypropylene	17.2
Mathanol	29.7	Poly(vinyl chloride)	20.0
Toluene	18.2		
물	47.9		
Xylene	18.0		

한 F_i값들 각각은 매우 다르다. 하지만, 그들 각각을 사용해 계산된 δ값은 매우 유사하다.

일반적인 용매와 고분자의 δ값을 표 10.2에 제시하였다. Hoy가 제시한 F_i값들을 사용해 계산된 δ_{PMMA}값과 아주 잘 일치하고 있음을 볼 수 있다. 물론 매번 그렇지는 않으며 수소 결합과 같이 강력한 분자간 상호작용에 의해 상당한 기여가 있을 경우에는 단순한 덧셈법을 사용하는 것은 적절치 않다. 그러한 고분자의 경우에는 van Krevelen이 쓴 책에 제시된 방법과 같은 좀 더 발전된 방법을 사용해야 한다.

표 10.2에 제시된 용해도 데이터를 보면 폴리스타이렌의 경우에 물과 메탄올을 제외하고는(수소 결합이 주요 원인임) 용해도 차이가 적어 모든 용매에 용해가 됨을 알 수 있다. 그렇지만 일반적으로 용해도 매개변수 접근법은 비극성 무정형 고분자와 비극성 용매 간의 혼화성을 판정하는 지침으로 사용함이 적절하다. 앞에서도 언급했듯이 수소 결합이나 다른 특별한 영향으로부터 기여가 있는 경우에 이 이론은 한계가 있다. 이에 더해, 이 이론은 액체-액체 혼합물에 기초해 전개되었기 때문에 결정성 고분자가 용해될 경우의 결정 엔탈피를 극복해야 되는 필요성은 고려하고 있지 않다. 이 점이 결정성 고분자가 무정형 고분자에 비해 용해가 쉽지 않은 이유이며, 폴리에틸렌은 고온(즉, 80°C 이상)의 톨루엔이나 자일렌(xylene)에만 녹는 이유이다.

식 10.58을 식 10.29와 식 10.31과 결합하고, 식 10.58은 $\Delta G_m^{contact}$에 엔탈피 기여만을 포함하고 있는 것을 기억한다면, χ_H를 용해도 매개변수항의 형태로 표현할 수 있다.

$$\chi_H = \frac{V_1(\delta_1 - \delta_2)^2}{\mathbf{R}T} \tag{10.61}$$

여기서 V_1는 용매의 몰부피[이유는 Flory–Huggins 격자 이론에 따르면 $V_1 = V_m/(n_1 + xn_2)$이기 때문]이다. $(\delta_1 - \delta_2)$의 값에 전형적 수치인 0.2를 사용한다면 식 10.61을 이용해 χ를 계산할 수 있다.

10.3 사슬 크기

사슬 크기(chain dimension)란 주제는 개별 고분자의 크기와 모양을 그들의 화학 구조, 사슬 길이, 분자를 둘러싸고 있는 환경과 연관된 논의를 다뤄야 한다. 앞 절에서 제시한 고분자 용액의 열역학적 고찰에서는 고분자 사슬 크기를 구체적으로 고려하지 않았다. 하지만, 묽은 용액의 성질을 완전히 이해하기 위해서는 고립 상태의 고분자 분자의 거동, 특히 사슬의 크기를 고려함이 필수적이다. 이 절과 연이은 절에서, 고분자 사슬의 크기와 관련된 근본적인 면을 다루고자 한다.

고분자 분자의 모양은 대개 그들의 화학 구조가 사슬의 경직성(stiffness)에 어떠한 영향을 미치는지에 따라 결정된다. 대부분의 고분자는 비교적 유연한(flexible) 사슬 중추(backbone)를 가지고 있기 때문에, 아주 많이 꼬여 있어 랜덤 코일로 표현된다. 하지만 중추가 점점 경직될수록, 사슬은 점점 신장된(elongated) 벌레와 같은 형태를 띠고, 결국은 막대와 같은(rod-like) 모양을 가지게 된다. 앞으로 논의할 이론은 선형 유연 고분자의 사슬 크기만을 다룬다. 벌레나 막대 모양의 사슬에 관해서는 좀 더 고급 수준의 교재를 참조하도록 하자.

10.3.1 자유롭게 연결된 사슬

가장 간단한 사슬 크기는 사슬을 중추를 따라 쭉 늘렸을 때 사슬의 길이, **윤곽 길이 (contour length)** 이다. 어떤 사슬이 사슬 중추에 n개의 결합을 가지고 있고 결합의 단위 길이가 l일 때, 윤곽 길이는 nl이다. 그러나 선형 고분자의 경우 윤곽 길이보다는 그림 10.2에 제시한 것과 같이 사슬의 양 말단(chain ends)이 떨어져 있는 거리, 즉 **말단 거리 (end-to-end distance)** 인 $\boldsymbol{r}$을 고려하는 것이 더 유용하며 현실적이다.

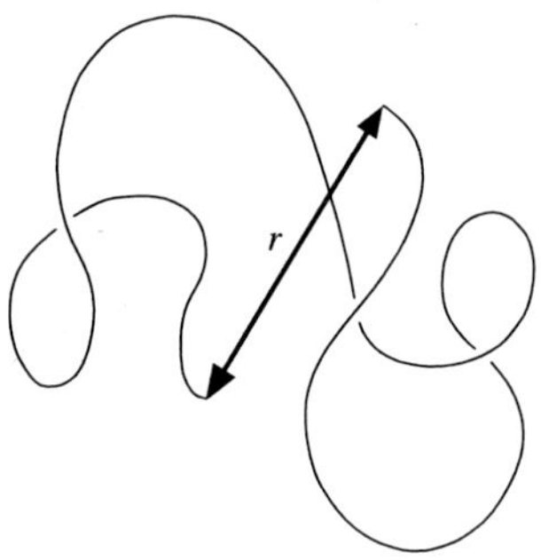

▶ 그림 10.2
말단 거리가 r인 고분자의 코일 모양 개략도.

고분자 분자 하나만이 고립되어 떨어져 있을 경우에는, 중추 결합의 계속적인 회전으로 인해 사슬의 배열(conformation)은 끊임없이 변하므로 r에 한 값을 부여하는 것은 불가능하다. 그러나 각 배열은 특정 r값을 가지고 있음에도 불구하고, 어떤 다른 배열들이 같은 r값을 가질 수 있다. 따라서 고려 대상인 사슬이 어떤 특정 r값을 가질 확률이 가장 높을 수 있고, r의 분포 함수는 **평균제곱근 말단 거리 [root mean square (RMS) end-to-end distance]**, $\langle r^2 \rangle^{1/2}$로 나타낼 수 있으며, 여기서 $\langle\ \rangle$는 시간에 따라 평균값을 취함을 뜻한다. 통계 역학적 방법이 $\langle r^2 \rangle^{1/2}$를 계산하는 데 사용되는데, 이 과정에서 고분자 분자를 적합하게 표현하는 모형의 가정이 필요하다. 가장 간단한 모형은 각 연결의 길이가 l이고, n개의 연결(즉 중추 결합)로 구성되어 있는 **자유롭게 연결된 사슬 (freely-jointed chain)** 이다. 이 경우에 결합각이나 결합 회전에 어떠한 제약도 없다고 가정을 한다. 이 모형의 해석 과정은 이상 기체에서 분자 운동의 묘사를 위해 도입된 매우 잘 알려진 소위 **랜덤 워크 (random-walk)** 계산을 팽창하게 된다. 오직 다른 점은 자유롭게 연결된 사슬의 경우 각 단계는 동일한 l 길이를 가진다는 점이다. 그림 10.3에 제시한 것과 같은 삼차원적 직교 좌표계가 사용된다. 사슬의 한쪽 말단은 원점인 O에 고정되어 있으며, 다른 사슬 말단은 특정 위치 (x,y,z)에서의 부피 요소 $dxdydz$에서 발견할 확률인 $P(x,y,z)$로 계산된다. 함수는 다음과 같은 형태로 표현된다.

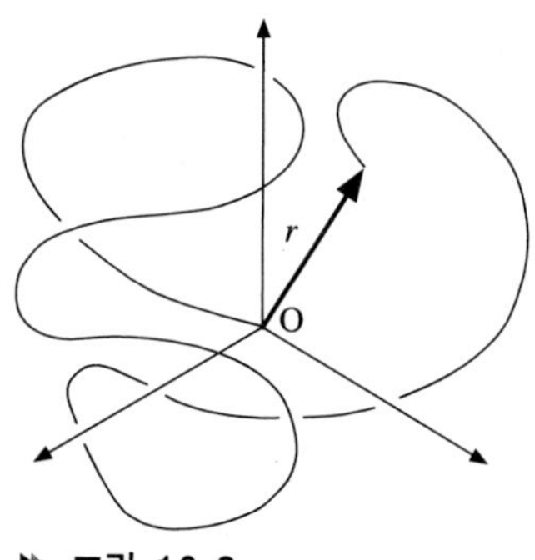

▶ 그림 10.3
말단 거리가 r인 코일 모양의 고분자의 직교 좌표계에서 한쪽 말단이 원점인 O에 고정되어 있는 모양을 보여 주는 그림.

$$P(x, y, z) = W(x, y, z)\,\mathrm{d}x\mathrm{d}y\mathrm{d}z \tag{10.62}$$

여기서 $W(x,y,z)$는 **확률 농도 함수 (probability density function)**, 즉 단위 부피당 확률이다. $r \ll nl$이고 n이 클 때, $W(x,y,z)$은 다음과 같다.

$$W(x, y, z) = \left(\frac{\beta}{\pi^{1/2}}\right)^3 \exp\left[-\beta^2(x^2 + y^2 + z^2)\right] \tag{10.63}$$

여기서 $\beta = [3/(2nl^2)]^{1/2}$이다. r^2은 $(x^2 + y^2 + z^2)$이므로, 식 10.63은 다음과 같은 간단히 형태로 표현할 수 있다.

$$W(x, y, z) = \left(\frac{\beta}{\pi^{1/2}}\right)^3 \exp\left[(-\beta^2 r^2)\right] \tag{10.64}$$

이 식은 $W(x,y,z)$가 그림 10.4a에 제시된 것과 같이 $r = 0$에서 최댓값을 가지는 **Gaussian** 분포 함수임을 뜻한다. $W(x,y,z)$로 명시된 확률이란 원점으로부터 r만큼 떨어진 특정 좌표 (x,y,z)에 있을 확률이며, 이는 r의 말단 거리를 가지는 수많은 경우의 수 중 단지 하나에 해당한다. 따라서 더 중요한 확률은 한쪽 말단을 원점에 두고 다른 말단을 방향에 상관없이 r만큼 떨어졌을 때 찾을 수 있는 확률이다. 이는 말단이 원점으로부터 r만큼 떨어져 있고 두께가 $\mathrm{d}r$인 구면 껍질(spherical shell)에 위치할 확률인 $W(r)\mathrm{d}r$이다. 껍질의 부피는

$4\pi r^2 dr$이므로

$$W(r)\mathrm{d}r = W(x,y,z) \times 4\pi r^2 \mathrm{d}r \tag{10.65}$$

이를 식 10.64의 $W(x,y,z)$에 치환하면 **방사상 분포 함수(radial distribution function)** $W(r)$에 관한 다음 식을 얻는다.

$$W(r) = 4\pi\left(\frac{\beta}{\pi^{1/2}}\right)^3 r^2 \exp(-\beta^2 r^2) \tag{10.66}$$

이 함수를 플롯한 결과를 그림 10.4b에 제시하였고, 이를 미분하면 쉽게 $r = 1/\beta$에서 최댓값을 가짐을 알 수 있다. $W(r)$는 쉽게 1로 정상화(normalize) 될 수 있다. 즉,

$$\int_0^\infty W(r)\mathrm{d}r = 1 \tag{10.67}$$

이 식을 살펴보면 지금까지 논의한 이론의 맹점이 명백해진다. 즉, $W(r)$은 $r > nl$일 경우에만 유한값을 가지게 되는데, 이는 말단 거리가 윤곽 거리보다 큰 값을 가질 수 없기 때문에 물리적으로 불가능하다. 그러나 $r > nl$일 경우 $W(r)$는 적은 값을 가지므로, 이러한 오류는 무시할만하다.

평균제곱근 말단 거리, $\langle r^2 \rangle$는 방사상 분포 함수의 이차 모멘트이며 적분으로 정의할 수 있다.

$$\langle r^2 \rangle = \int_0^\infty r^2 W(r)\mathrm{d}r \tag{10.68}$$

식 10.66과 식 10.68을 결합하고 적분을 하면 다음 결과를 얻는다.

$$\langle r^2 \rangle = \frac{3}{2\beta^2} \tag{10.69}$$

$\beta^2 = 3/(2nl^2)$이므로 평균제곱근 말단 거리는

$$\langle r^2 \rangle_\mathrm{f}^{1/2} = n^{1/2} l \tag{10.70}$$

여기서 아래 첨자 f는 위 식의 결과가 자유롭게 연결된 사슬의 경우에 해당함을 의미한다. 식의 형태는 매우 간단하지만 매우 중요하며, $\langle r^2 \rangle_\mathrm{f}^{1/2}$는 $n^{1/2}$로 표현할 수 있으며 윤곽 거리보다는 작다는 것을 잘 보여 준다. n은 크므로, 이 식은 고분자가 명백히 유연한 Gaussian 코일 형태를 가진다는 것을 보여 준다. 반복 단위의 길이가 0.3 nm이고, 10,000개의 반복

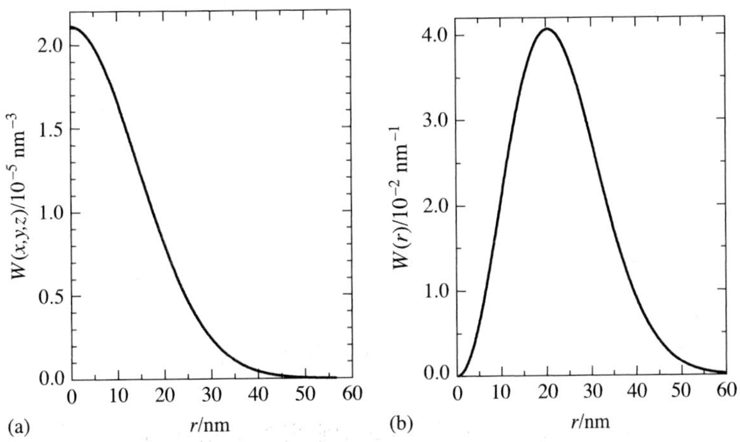

▶ 그림 10.4
연결 단위의 길이가 0.25 nm이고 10^4개의 연결점을 가지고 있는 고분자 사슬에서 (a) 식 10.64인 확률 농도 함수 W(x,y,z)와 (b) 식 10.66인 방사상 분포 함수 W(r)의 플롯을 보여 줌.

단위가 연결된 자유롭게 연결된 사슬의 경우, 완전히 신장된 윤곽 길이(fully-extended contour length)는 3000 nm이지만 평균제곱근 말단 거리는 단지 30 nm이다.

평균제곱근(RMS) 말단 거리에 더해 선형 고분자의 크기를 때론 분자의 무게 중심으로부터 각 분절의 RMS 거리를 고려해 정의하기도 한다. 이 거리를 RMS **회전 반지름(radius of gyration)**이라고 하며, $\langle s^2\rangle^{1/2}$로 표현한다. 이 수치는 두 개 이상의 말단을 가지는 가지 고분자나 말단이 없는 고리형(cyclic) 고분자의 크기를 논할 때 장점이 있다. 더 나아가, 사슬에 의존성을 가지는 묽은 용액의 성질은 $\langle s^2\rangle^{1/2}$에 의해 조절된다. 하지만 선형 Gaussian 사슬의 경우 $\langle s^2\rangle^{1/2}$과 $\langle r^2\rangle^{1/2}$는 다음과 같은 관계식을 가진다.

$$\langle r^2\rangle^{1/2} = \frac{\langle s^2\rangle^{1/2}}{6^{1/2}} \tag{10.71}$$

선형 고분자의 이론적 고찰에서는 통상적으로 $\langle r^2\rangle^{1/2}$만을 고려한다.

10.3.2 결합각의 영향과 짧은 범위에서의 입체 장애

자유롭게 연결된 사슬이 사슬의 크기를 예측하는 모형으로는 가장 간단한 형태로 논의의 첫 걸음을 제공해 줄 수 있지만, 물리적으로 볼 때는 비현실적이다. 실제 고분자 사슬의 연결에는 결합각에 제한이 있고 짧은 범위에서의 입체 장애로 인해 자유롭게 회전도 불가능하다. 이 두 가지 영향을 고려하면 실제 $\langle r^2\rangle^{1/2}$는 $\langle r^2\rangle_f^{1/2}$보다 크고, 이를 단순한 알케인(alkane)의 형태를 생각해 보면 쉽게 이해할 수 있다.

그림 10.5에 제시한 *n*-뷰테인의 가능한 형태를 가지고 설명을 전개하자. 이 분자의 각 탄소는 109.5° 결합각의 sp^3-혼성 사면체로 연결되어 있다. C_2—C_3 결합을 중심으로 한 회전에 따라 다른 형태가 가능하며, 이들은 C_2와 C_3에 연결된 메틸기와 수소 원자 사이의 상호작용 정도에 따라 안정성이 달라진다. 메틸기는 상대적으로 크기가 커 그들 상의 거리가 가장 가까워지는 *planar cis* 형태의 안정성이 가장 낮다. 같은 이치로, *planar trans* 형태의 안정성이 가장 높다. C_1—C_2—C_3 결합으로 구성된 평면을 중심으로 이에 연결된 C_3—C_4 결합이 *planar trans* 형태에서부터 회전하는 회전각인 C_3—C_4의 결합각 ϕ에 따른 *n*-뷰테인의 위치 에너지를 그림 10.6에 제시하였다 (*planar trans*일 때 $\phi = 0$, *planar cis*일 때 $\phi = 180°$). 엇갈린(staggered) 형태일 때 최저가 되는데(*planar trans*와 *gauche*$^{\pm}$), C_2와 C_3에 붙은 치환기의 거리가 최대가 되는, 즉 메틸기와 수소 원자가 서로 60°를 이루고 있는 경우에 해당된다. 이 형태를 그림 10.7에 Newman 투영법을 사용해 제시하였다. 또한 그림 10.7에 제시한 가려진(eclipsed) 형태가 그림 10.6의 에너지가 최대가 되는 점에 해당된다. 따라서 짧은 범위에서의 입체 상호작용은 분자의 다른 형태가 얼마만한 확률로 존재할지를 결정함에 있어 중요하다.

짧은 범위에서의 입체 상호작용이 고분자 형태에 가하는 제한은 사슬 분절이 짧게 연결되는 국지적 차원에서 발생한다. 실제 고분자의 경우 상호작용은 주어진 사슬 분절의 형태가 그 분절이 직접 연결된 분절들 주위의 형태에 따라 달라지기 때문에 *n*-뷰테인보다는 매우 복잡하다. 즉, 국지적 사슬 형태에서 **독립성(interdependence)**이 존재한다. 이는 *n*-펜테인에서 *planar trans*(*t*)와 *gauche*$^{\pm}$($g^{\pm}$) 형태의 연속 모양을 고려하면 쉽게 이해할 수 있다. 그림 10.8에 제시한 것처럼, *n*-펜테인에서 가운데 있는 세 개의 탄소를 종이면에 고정시키면, 다섯 개의 뚜렷이 다른 분자 형태가 가능하다. g^-g^+와 g^+g^- 형태를 가질 때 메틸기가 가장 가까이 오게 되며(이들의 탄소 사이 거리는 0.25 nm), 에너지는 가장 높고 다른 형태에 비해 존재할 확률은 가장 낮다. 이러한 독립적인 입체 장애가 고분자 사슬을 따라 국지적인 사슬 형태에 영향을 미치며, 궁극적으로 고분자의 크기 결정에 지대한 영향을 준다.

자유롭게 연결된 사슬 모형의 개선을 시도함에 있어 가장 단순한 방법은 결합이 자유롭게 회전은 가능하게 하면서 결합각에만 제한을 두는 방법이다. 이는 **원자가각 모형 (valence angle model)** 으로 알려져 있으며, 사슬의 결합각이 전부 θ로 이루어진 고분자의 경우, 평균제곱근 말단 거리는 다음 식으로 표현된다.

$$\left\langle r^2 \right\rangle_{fa} = nl^2 \left(\frac{1-\cos\theta}{1+\cos\theta} \right) \tag{10.72}$$

여기서 아래 첨자 fa는 일정 결합각을 가진 상태에서 결합이 자유롭게 회전하는 사슬에 대한 결과임을 뜻한다. $180° > \theta > 90°$이므로, $\cos\theta$는 음의 값을 가지고 $\left\langle r^2 \right\rangle_{fa}^{1/2} > \left\langle r^2 \right\rangle_{f}^{1/2}$. 식 10.72는 에틸렌 단량체로부터 출발하는, 즉 주사슬에 C—C 결합을 가지고 있는 고분자에 직접 적용 가능하다. 이 경우, $\theta \approx 109.5°$이고 $\cos\theta \approx -1/3$이므로 식은 다음과 같이 된다.

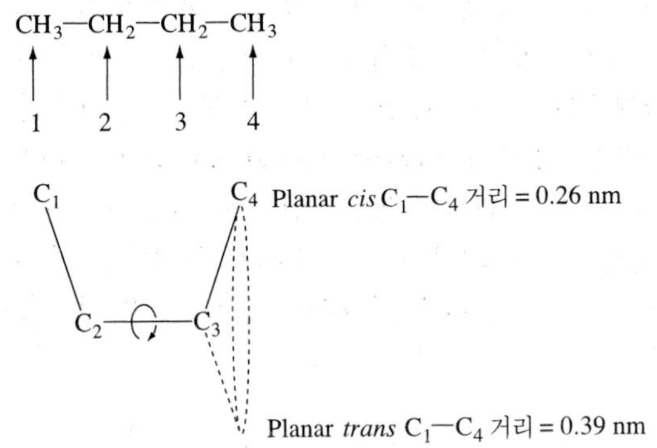

▶ 그림 10.5
n-뷰테인의 형태에서 결합의 회전함에 따라 거리가 어떻게 변하는지를 보여 주는 그림.

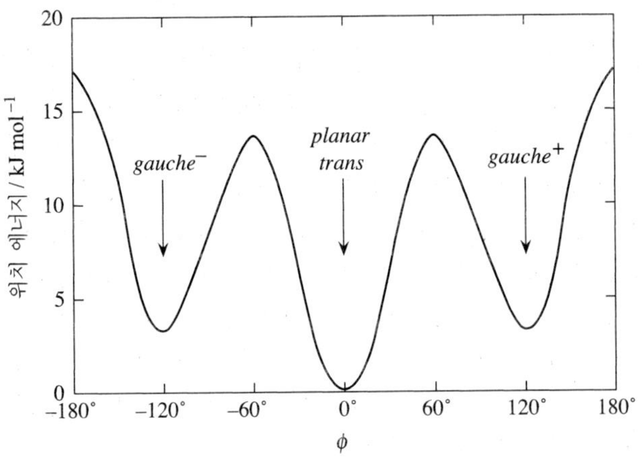

▶ 그림 10.6
n-뷰테인의 결합 회전각 ϕ에 따른 위치 에너지.

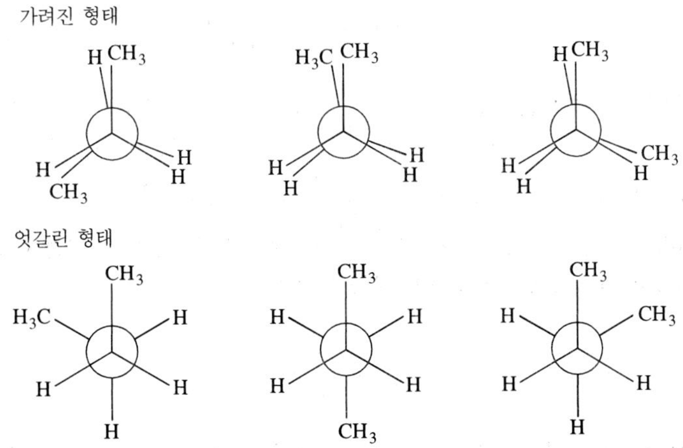

▶ 그림 10.7
Newman 투영법을 n-뷰테인의 가려진 형태와 엇갈린 형태로 보여 주는 그림.

▶ **그림 10.8**
n-펜테인의 매우 다른 다섯 가지 형태. 실선으로 표시된 결합은 종이면으로부터 바깥 편으로 튀어 나오고, 점선은 반대편인 안으로 뻗어 들어간다.

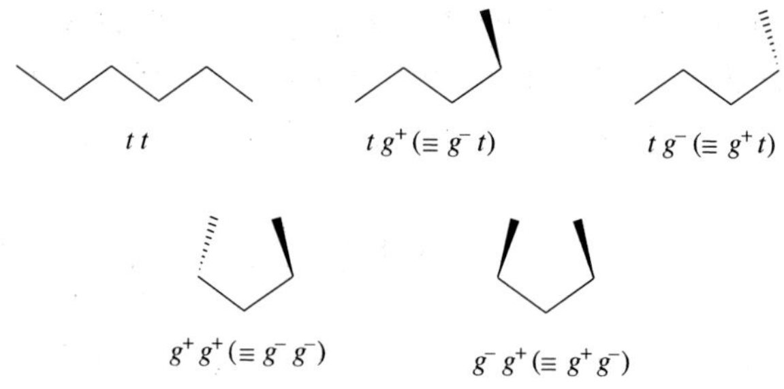

$$\langle r^2 \rangle_{fa} = 2nl^2 \tag{10.73}$$

따라서 폴리에틸렌과 같은 상기 언급된 고분자들의 경우 결합각에 의한 제한에 의해 RMS 말단 거리가 자유롭게 연결된 사슬에 비해 $2^{1/2}$(즉, 약 1.4) 만큼 증가한다.

짧은 범위에서의 입체 상호작용에 기인하는 결합 회전에 의한 제한은 이론적으로 정량화하기가 더욱 어렵다. 일반적 방법은 주사슬에서 연결된 세 개의 결합에서 각 결합이 가지는 형태에 그림 10.6에 제시한 *n*-뷰테인에 경우에 보여 준 것처럼 위치 에너지가 최소가 되도록 불연속적인 **회전 이성질체 상태(rotational isomeric state)**를 가지게 제한을 가하는 방법이다. 주사슬을 이루는 원자의 독립적인 입체 상호작용이 미치는 영향도 동일한 방법을 사용해 고려하는데, 즉 $g^- g^+$와 $g^+ g^-$ 순서가 일어나는 것은 배제하는 것과 같은 방법이다. 폴리에틸렌과 같은 가장 단순한 형태의 경우, 회전 이성질체 상태 이론에 따르면 다음 식이 얻어진다.

$$\langle r^2 \rangle_0 = nl^2 \left(\frac{1-\cos\theta}{1+\cos\theta} \right) \left(\frac{1+\overline{\cos\phi}}{1-\overline{\cos\phi}} \right) \tag{10.74}$$

여기서 아래 첨자 0은 제시한 결과가 일정 결합각을 가진 채 제한이 있는 회전을 하는 고분자의 경우라는 것을 뜻한다. $\overline{\cos\phi}$는 $\cos\phi$의 평균값이며, 여기서 ϕ는 그림 10.6과 10.7에 제시한 *n*-뷰테인의 경우에 정의한 것처럼 회전각이다. 결합각에 제한이 없을 때에는 $\overline{\cos\phi} = 0$이 된다. 왜냐하면 ϕ에 모든 값이 가능하고, 그 결과 양과 음의 $\cos\phi$가 같은 정도로 기여하게 되므로 서로 상쇄되기 때문에 식 10.74과 식 10.72는 동일하게 된다. 그러나 짧은 범위에서의 입체 장애로 인해 $|\phi| < 90°$가 더욱 가능하고 $\overline{\cos\phi}$는 양의 값을 가지며, $\langle r^2 \rangle_0^{1/2} > \langle r^2 \rangle_{fa}^{1/2}$. 고분자 사슬에 붙은 곁작용기(예를 들어, 폴리스타이렌에서 페닐기)는 결합의 회전을 더욱 더 어렵게 하는 경향이 있어 추가적으로 상호 영향력을 미치는 입체 상호작용을 일으킨다. 이 영향은 이론적으로 다루기가 매우 어렵기 때문에 통상 식 10.74는 좀 더 일반적 형태인 다음 식으로 표현된다.

$$\langle r^2 \rangle_0 = \sigma^2 nl^2 \left(\frac{1-\cos\theta}{1+\cos\theta} \right) \tag{10.75}$$

여기서 σ는 **입체 매개변수(steric parameter)**로, 그 값이 대부분 식 10.74에 포함된 $(1+\overline{\cos\phi})/(1-\overline{\cos\phi})$의 제곱근보다는 크다. 즉, $\langle r^2 \rangle_0^{1/2}$이 $\langle r^2 \rangle_{fa}^{1/2}$에 비해 커지는 정도이다. σ는 계산하기가 힘들기 때문에, 실험적으로 측정된 $\langle r^2 \rangle_0^{1/2}$값으로부터 결정된다.

고분자 사슬의 경직성 정도를 $\langle r^2 \rangle_0^{1/2} / \langle r^2 \rangle_f^{1/2}$에 의해 알 수 있는데, 이는 다음과 같이 정의되는 **특정비(characteristic ratio)** C_∞의 제곱근이다.

$$C_\infty = \frac{\langle r^2 \rangle_0}{nl^2} \tag{10.76}$$

몇몇 일반적 고분자의 σ와 C_∞값을 표 10.3에 제시하였다. σ는 전형적으로 1.5~2.5의 값

표 10.3 여러 일반적 고분자의 전형적인 σ와 C_∞ 값들

고분자	온도/°C	σ	C_∞
Polyethylene	140	1.8	6.8
Isotactic polypropylene	140	1.6	5.2
Poly(vinyl chloride)	25	1.8	6.7
Polystyrene	25	2.3	10.8
Polystyrene	70	2.1	9.2
Poly(methyl methacrylate)	25	2.1	8.6
Poly(methyl methacrylate)	72	1.8	6.6

을 가지며, 일정 결합각과 짧은 범위에서의 입체 상호작용을 같이 고려하면 실제 고분자의 RMS 말단 거리는 자유롭게 연결된 사슬에 비해 2~3배 커짐을 알 수 있다.

단위 길이가 b이며 N개의 연결을 가지고 있는, 윤곽 길이가 같고 (즉, $nl = Nb$) RMS 말단 거리가 같은 (즉, $\langle r^2\rangle_0^{1/2} = Nb^2$) **동등의 자유롭게 연결된 사슬 (equivalent freely-jointed chain)** 로 실제 고분자를 표현 가능하다. 따라서 이 경우 다음 식이 성립한다.

$$N = \frac{n}{C_\infty} \tag{10.77}$$

그리고

$$b = C_\infty l \tag{10.78}$$

길이 b는 통상 **Kuhn 분절 길이 (Kuhn segment length)** 라 알려져 있으며 사슬이 경직될수록 증가한다. 때로는 사슬 분절을 정의하는 기초로 사용된다. **지속 길이 (persistence length)** 는 좀 더 복잡한 양으로, 이 또한 사슬의 경직성에 의존한다. 단어적 의미는 말단 간 벡터의 평균값을 무한 길이의 사슬이 가지는 사슬 윤곽에 탄젠트로 투영한 값이다.

10.3.3 긴 범위의 입체 상호작용 영향: 배제 부피를 가지는 사슬

$\langle r^2\rangle_0^{1/2}$를 평가하는 수학적 모형은 사슬의 결합을 표현하는 연결된 벡터를 연속적으로 고려하는 모형이다. 이 경우 지엽적인 차원에서는 사슬들 서로 간에 어느 정도의 해당 배열에서 제한을 두게 된다. 결합 벡터는 공간에서 부피가 없는 선이며, 모형에서는 사슬에서 멀리 떨어져 있는 두 결합 벡터의 상대적 위치에 어떠한 제한도 두지 않고 있다. 따라서 모형은 먼 거리 사이에 연결되는 결합 벡터가 공간상에서 같은 부피를 점할 가능성을 배제하고 있지 않으며, 사슬의 자기 상호작용 (self-interaction)을 허용하고 있다. 실제로 고립되어 있는 고분자 사슬의 경우, 분자의 각 부분은 그로부터 멀리 떨어져 연결된 부분에 비해 그 부피가 배제되어 있다. 이러한 긴 범위의 입체 상호작용으로 인해 실제 RMS 말단 거리 $\langle r^2\rangle^{1/2}$는 $\langle r^2\rangle_0^{1/2}$보다 크게 되고, **배제 부피 (excluded volume)** 라는 항을 사용해 고려한다. $\langle r^2\rangle_0^{1/2}$에 해당하는 사슬의 크기는 이러한 부피가 배제되는 효과만큼 비섭동되었고, 이를 **비섭동 크기 (unperturbed dimension)** 라고 한다. 실제 사슬은 섭동 (perturbed) 되어 있으며, 그 정도를 **팽창 매개변수 (expansion parameter)** α_r라고 정의하고, 수식적으로 다음과 같이 표현된다.

$$\langle r^2\rangle^{1/2} = \alpha_r \langle r^2\rangle_0^{1/2} \tag{10.79}$$

그러나 부피 배제로 인해 분자 코일이 더욱 더 늘어나는 현상은 일정하지 않으며, 분절의 밀도가 최대가 될 때 가장 높다. 따라서 다른 팽창 매개변수 α_s가 비섭동 RMS 회전 반지름으로부터의 팽창을 설명하기 위해서 필요하다.

$$\langle s^2 \rangle^{1/2} = \alpha_s \langle s^2 \rangle_0^{1/2} \tag{10.80}$$

이론적 계산에 의하면 팽창 매개변수는 **배제 부피 매개변수(excluded volume parameter)** z의 멱급수(power series)가 되어 다음과 같아진다.

$$z = \left(\frac{3}{2\pi \langle r^2 \rangle_0} \right)^{3/2} N^2 \beta_e \tag{10.81}$$

여기서 N은 식 10.77에서 정의된 값이고, β_e는 **배제 부피 적분값(excluded volume integral)**이라고 하며, 한 사슬 분절이 다른 분 절들에 배제된 부피이다.

팽창 정도가 작을 때(즉, z가 작을 때)는 다음 상관관계가 얻어진다.

$$\alpha_r^2 = 1 + \left(\frac{4}{3} \right) z \tag{10.82}$$

$$\alpha_s^2 = 1 + \left(\frac{134}{105} \right) z \tag{10.83}$$

따라서

$$\alpha_r > \alpha_s$$

α를 z와 관련시키기 위한 근사 이론에 의해 다음의 일반식이 얻어진다.

$$\alpha^5 - \alpha^3 = Kz \tag{10.84}$$

여기서 K는 상수이다. 팽창 정도가 클 때는 $a^5 \gg a^3$이므로 $a^5 \approx Kz$. 이 경우 z는 $N^{1/2}$에 비례하고 결과적으로 $n^{1/2}$에 비례하므로 α는 $n^{1/10}$에 비례한다. 비섭동 크기는 $n^{1/2}$에 비례하므로, 식 10.79와 10.80으로부터 팽창 정도가 큰 사슬의 경우, 섭동 크기는 $n^{3/5}$에 비례함을 연이어 알 수 있다.

실제 사슬의 팽창 매개변수는 사슬이 분자 주위의 환경(용매나 다른 고분자)과의 상호작용 효과도 포함해 개선한다. 가장 간단한 경우는 **순수 무정형 고분자(pure amorphous polymer)** 경우이다. 각 고분자 분자는 같은 모양의 다른 고분자 분자들에 둘러싸여 있다. 어떤 한 사슬이 긴 범위의 **분자내(intramolecular)** 입체 상호작용을 완화하기 위해 팽창하면 이웃 사슬과 같은 수만큼의 **분자간(intermolecular)** 입체 상호작용을 생성하게 된다. 이러한 같은 정도의 부피 팽창 효과는 정확히 상호작용을 하기 때문에, 순수 무정형 고분자의 경우 12.4절에 제시한 중성자 산란 실험 결과에서 명백히 증명되는 것처럼 비섭동 크기(즉 $\alpha_r = \alpha_s = 1$)를 가진다. 전체 상호작용 에너지는 영의 값을 가지므로, 각 개별 고분자 코일은 서로 침투(interpenetrate)하게 되어 심하게 엉키게(entangled) 된다.

묽은 용액(dilute solution)에서는, 고분자 분자 사이에 서로 상호작용이 없어 사슬 팽창은 분자내 분절-분절, 분자간 분절-용매, 분자간 용매-용매 사이에 작용하는 상호작용 힘의 균형에 좌우하게 된다. 고분자가 **양용매(good solvent)**에 녹을 경우, 고립된 고분자 분자는 비섭동 크기에서 팽창하므로 분절-용매 간 접촉수는 증가하게 된다(즉 $\alpha > 1$). 그러나 분자가 **빈용매(poor solvent)**에 녹을 경우, 분절-용매 간 접촉 상호작용은 약해져 그들 사이의 Gibbs 자유 에너지 상호작용은 양의 값을 가진다(즉 불리한 경우이다). 분절-용매 간 접촉수를 감소시키기 위해 고분자 사슬을 수축하게 되고 비교적 밀집된 상태가 된다(즉 α값이 1에 근접한다). 따라서 빈용매의 경우, 고립된 고분자 사슬은 두 개의 대립된 영향하에 놓이게 된다: (i) 불리한 분절-분절 간 상호작용(즉 부피 배제)에 의한 팽창과, (ii) 불리한 분절-용매 간 상호작용에 의한 수축. 빈용매에서 특별한 조건하에서는, 분절-용매 간 상호작용 에너지가 분절-분절 간 상호작용 에너지를 없앨 정도로만 양의 값을 가지며, 이 경우 각 개별 고분자는 비섭동 크기를 가진다고 생각할 수 있다. 이러한 조건이 10.2.4절에 소개된 묽은 용액이 이상적으로 거동했을 때 조건 묘사에 정의한 **세타 조건(theta condition)** 에 해당한다. 이러한 조건하에서 용매는 그 고분자에 대해 **세타 용매(theta solvent)** 라고 하며, 비섭동 크기 측정이 가능하다. 용해도가 더 나빠지게 되면, 묽은 용액 조건에서 과도의 수축($\alpha < 1$)을 하기 보다는 매우 고농도의 고분자($\alpha \approx 1$)로 이루어진 분리된 상으로 '침전'되게 된다(14.2.2절 참조).

묽은 용액에서 사슬 크기와 열역학적 거동을 상호 연계해 해석하는 것은 매우 중요하며, 배제 부피 적분값 β_e에서 근원을 찾을 수 있다. 이는 β_e가 하나의 분절이 다른 분절과 부피가 배제됨에 기인하기 때문이며, 그런 이유로 같거나 다른 분자의 부분이 가능하다. β_e를 정의하는 이론에 의해 다음 방정식이 얻어진다:

$$\beta_e = C_e\left[\left(\frac{\theta}{T}\right) - 1\right] \tag{10.85}$$

여기서 C_e는 상수이며, θ는 세타 온도이다.

따라서 $T \to \theta$에 따라 $\beta_e \to 0$이다.

사슬 팽창 이론은 **분자간** 분절-분절 부피 배제를 설명하는 데 사용하며, 팽창 매개변수를 배제 부피 매개변수 z와 연관 짓는다. 이론에 따르면 $\beta_e \to 0$에 따라 $\alpha_r \to 1$이고 $\alpha_s \to 1$이다.

묽은 용액에서 각 고분자 분자는 자기 부피 내에는 다른 고분자를 배제한다. 따라서 Flory-Huggins 이론과 같은 평균장 이론은 적합치 않으며, 각 고분자 분자 부피 내에 다른 고분자가 배제된 부피에서 ΔG_m를 계산하는 더욱 정밀한 이론이 적합하다. 이의 계산에는 **분자내(intermolecular)** 분절-분절 부피 배제를 설명하는 β_e가 이용된다. 이 이론에 따르면 $\beta_e \to 0$에 따라 $(\mu_i - \mu_i^\circ)^E \to 0$이다.

그러므로 $\beta_e = 0$일 때, 고분자 분자는 비섭동 크기를 가지며 묽은 고분자 용액은 이상적 거동을 보인다는 결론을 내릴 수 있다.

10.4 묽은 용액에서 고분자의 마찰 성질

확산, 침강(sedimentation), 유동(viscous flow) 등의 과정은 개별 분자의 움직임과 관련이 있다. 고분자 분자가 묽은 용액에서 이동할 때, 용매 분자와 마찰 상호작용이 있게 된다. 마찰 상호작용의 성격과 효과는 용매 분자와의 열역학적 상호작용에 따라 달라지는 고분자의 크기와 모양에 의존한다. 따라서 사슬 크기는 고분자 분자의 마찰 성질을 측정함으로써 평가 가능하다.

10.4.1 고분자 분자의 마찰 계수

고분자 분자의 마찰 거동에는 두 가지 극단적 경우를 생각한다. 즉 자유 유출과 비유출이다. 용매 분자가 고분자 사슬의 각 분절을 지나면서 자유롭게 흐를 수 있다면, 고분자 분자는 **자유 유출(free-draining)** 한다고 말하며, 용매 분자가 코일 상태의 고분자 사슬 내에서 같이 움직일 경우 **비유출(non-draining)** 한다고 말한다. 고립된 개별 고분자 분자의 마찰 계수 f_0의 사슬 크기 의존성은 이러한 두 가지 극단적 경우에 다른 값을 가지게 된다.

자유 유출 고분자(free-draining polymer) 는 고분자를 같은 크기의 마찰 계수 ξ를 가지는 동일한 분절로 나누어 생각한다. 용매 분자는 고분자의 모든 용역을 같은 정도의 용이함(혹은 어려움)을 가지고 침투하므로, 고분자 각 분절은 f_0에 같은 정도로 기여를 하게 되어 다음 식이 얻어진다.

$$f_0 = x\xi \tag{10.86}$$

여기서 x는 사슬의 분절 개수이다.

비유출 고분자(non-draining polymer)는 동등 불침투 유체역학적(equivalent impermeable hydrodynamic) 입자, 즉 고분자 분자와 동일한 마찰 계수를 가지는 같은 크기의 입자로 표현한다. 따라서 비유출 랜덤 코일은 반지름 R_h의 동등 불침투 유체역학적 구로 표현한다. Stokes 법칙으로부터

$$f_0 = 6\pi\eta_0 R_h \tag{10.87}$$

여기서 η_0는 순수 용매의 점도이다. R_h는 $\langle s^2\rangle^{1/2}$에 비례한다는 타당한 가정을 가지고, 식 10.87을 다음 형태로 다시 표현한다.

$$f_0 = K_0\alpha_\eta\langle s^2\rangle^{1/2} \tag{10.88}$$

여기서 K_0는 계에 주어진 상수이며, α_η는 유체역학적 사슬 크기가 가지는 팽창 매개변수이다.

이론에 따르면 사슬 팽창이 적을 경우 $\alpha_\eta = \alpha_s^{0.81}$, 즉 $\alpha_\eta < \alpha_s$. $\langle s^2\rangle_0^{1/2}$는 $x^{1/2}$에 비례하고 팽창이 매우 큰 코일의 경우 α_η는 대략 $x^{1/10}$에 비례하므로(식 10.84 참조), 식 10.88은 다음과 같은 관계를 예측한다.

$$f_0 = K_0' x^{a_0} \tag{10.89}$$

여기서 K_0'는 다른 상수이며 $0.5 < a_0 < 0.6$이다. 이러한 f_0의 의존성은 자유 유출의 경우 f_0가 x에 직접 의존하는 것과는 대비된다.

실제 고분자의 마찰 거동은 자유 유출과 비유출의 두 가지 기여로 구성되어 있다. 크기가 작은 사슬과 쭉 펴진 막대 모양(rod-like) 고분자의 경우 자유 유출이 지배적이지만, 유연한(즉 코일 모양의) 사슬에서는 사슬 크기가 커질수록 자유 유출의 기여도가 급격히 감소한다. 대부분의 고분자는 긴 고분자 사슬로 이루어져 있으므로, 이들의 마찰 성질은 비유출 상태에서 고분자가 가지는 마찰 성질에 매우 가깝다. 따라서 다음 절에서 이 경우에 관해 묽은 용액의 점도와 관련해 더욱 더 논의하고자 한다.

10.4.2 비유출 한계에서의 유체역학적 부피와 고유 점도

단단하면서 상호작용이 없는 구 형태 현탁체(suspension)의 점도는 Einstein 방정식에 의해 다음과 같이 표현된다.

$$\eta = \eta_0\left[1 + \left(\frac{5}{2}\right)\phi_2\right] \tag{10.90}$$

여기서 η와 η_0는 각각 현탁체와 현탁 매질(suspension medium)의 점도이며, ϕ_2는 구의 부피 분율이다.

구를 유체역학적 부피 V_h를 가진 불침투성 고분자 코일이라 생각한다면

$$\phi_2 = \left(\frac{c}{M}\right)\mathbf{N_A}V_h$$

여기서 c는 고분자의 농도(단위 부피당 질량)이고, M은 고분자의 몰질량(몰당 질량)이며, $\mathbf{N_A}$는 Avogadro 상수이다.

이 식을 식 10.90에 치환하고 단순화하면

$$\eta_{\text{sp}} = \left(\frac{5}{2}\right)\left(\frac{c}{M}\right)\mathbf{N_A}V_h \tag{10.91}$$

여기서 $\eta_{\text{sp}} = (\eta - \eta_0)/\eta_0$이고, 이는 **비점도(specific viscosity)**라 알려져 있다. 고분자 코일의 상호작용이 없는 상태는 무한히 묽은 용액에서 가능하며, 이는 다음 식으로 정의되는 **고유 점도(intrinsic viscosity)**라 일컫는 물리적 양인 $[\eta]$를 정의함으로써 얻어진다.

$$[\eta] = \lim_{c \to 0}\left(\frac{\eta_{\text{sp}}}{c}\right) \tag{10.92}$$

따라서 식 10.91보다 좀 더 만족스러운 형태인 다음 식이 얻어진다.

$$[\eta] = \left(\frac{5}{2}\right)\frac{\mathbf{N_A}V_{\text{h}}}{M} \tag{10.93}$$

이는 불침투 고분자의 유체역학적 부피를 나타내는 식으로 재배열된다.

$$V_{\text{h}} = \left(\frac{2}{5}\right)\frac{[\eta]M}{\mathbf{N_A}} \tag{10.94}$$

따라서 $[\eta]M$는 V_{h}에 비례하며, 때로는 **정확하지는 않으나(though incorrectly)** 유체역학적 부피라 칭한다.

V_{h}는 $\left(\alpha_\eta \langle s^2 \rangle_0^{1/2}\right)^3$이라 가정하면, 식 10.93으로부터

$$[\eta] = \Phi_0^s \alpha_\eta^3 \left(\frac{\langle s^2 \rangle_0^{3/2}}{M}\right) \tag{10.95}$$

여기서 Φ_0^s는 상수이다. 비유출 고분자의 경우, Φ_0^s는 사슬 구조와 길이에 무관하며, 오직 분자 코일에서 분절이 어떻게 분포되었는가에만 의존한다. 비유출 Gaussian 고분자 사슬에 적합하다고 추천되는 Φ_0^s값은 $3.67 \times 10^{24}\ \text{mol}^{-1}$이며, 이론적 계산과 실험적 측정에 기반을 두고 있다.

$\langle s^2 \rangle_0$는 분절의 개수 x에 직접 비례하므로, M에도 직접 비례한다. 따라서 $\langle s^2 \rangle_0/M$은 상수이고, 식 10.95는 더 통상적으로 **Flory–Fox 식**이라 알려진 다음 식으로 다시 표현할 수 있다.

$$[\eta] = K_\theta \alpha_\eta^3 M^{1/2} \tag{10.96}$$

여기서

$$K_\theta = \Phi_0^s \left(\frac{\langle s^2 \rangle_0}{M}\right)^{3/2} \tag{10.97}$$

더 나아가 α_η는 개략적으로 $x^{1/10}$에 비례하고 팽창이 큰 유연 사슬의 경우 $M^{1/10}$에 비례하므로, Flory–Fox 식 10.96은 다음의 일반 상관관계식을 뜻한다.

$$[\eta] = KM^a \tag{10.98}$$

여기서 K와 a는 주어진 계의 상수이며, a는 $0.5 < a < 0.8$ 범위에서 고분자 코일이 그들의 비섭동 크기($a = 0.5$)로부터 팽창할 수록 증가한다.

이상의 $[\eta]$와 M 사이의 중요한 상관관계를 **Mark–Houwink–Sakurada 식**(혹은 덜 정확하지만 더 통상적으로 Mark–Houwink 식)이라고 하는데, 애초에는 실험적 결과에 기초

해 제안되었다.

10.4.3 비유출 한계에서 고분자 분자의 확산

고립된 고분자의 **병진 확산 계수(translational diffusion coefficient)** D는 Einstein 식에 의해 f_0와 관련이 있다.

$$D = \frac{\mathbf{k}T}{f_0} \tag{10.99}$$

여기서 $\mathbf{k}$는 Boltzmann 상수이며, T는 온도이다.

이 식과 Stokes 방정식인 식 10.87을 결합하면, 다음 관계식이 얻어진다.

$$D = \frac{\mathbf{k}T}{6\pi\eta_0 R_h} \tag{10.100}$$

여기서 R_h은 동등 불침투 구의 유체역학적 반지름이다. 이와 같은 비유출 사슬 경우, R_h에 관한 표현이 식 10.93과 식 10.95로부터 얻어진다.

$$R_h = \left[\left(\frac{3}{10\pi}\right)\left(\frac{\Phi_0^s}{\mathbf{N_A}}\right)\right]^{1/3}\left(\frac{\langle s^2\rangle_0}{M}\right)^{1/2}\alpha_\eta M^{0.5} \tag{10.101}$$

이를 식 10.100으로 치환하면 다음 식이 얻어진다.

$$D = \left(\frac{\mathbf{k}T}{6\pi\eta_0}\right)\left[\left(\frac{10\pi\mathbf{N_A}}{3\Phi_0^s}\right)\right]^{1/3}\left(\frac{M}{\langle s^2\rangle_0}\right)^{1/2}\alpha_\eta^{-1}M^{-0.5} \tag{10.102}$$

앞에 위치한 인자는 주어진 고분자-용매 계에 있어서 상수이며, α_η가 M에 의존한다는 것을 고려하면, 이 식은 다음과 같이 단순해진다.

$$D = K_D M^{-a_D} \tag{10.103}$$

이는 확산에 관한 Mark–Houwink–Sakurada 식과 같아진다. 매개변수인 K_D과 a_D는 주어진 계에서 상수이고(앞 절에서 $[\eta]$를 해석할 때와 유사하게), 매개변수 a_D는 세타 조건에서의 값인 0.5와 매우 팽창된 사슬의 경우인 0.6 사이에서의 값을 가진다.

10.4.4 고분자전해질의 용액 거동

고분자전해질은 고분자 사슬의 반복 단위 중 이온 전하를 가지는 반복 단위 부분이 아주 높은 매우 중요한 종류의 고분자로, 그 구조로 인해 물이나 극성이 높은 유기 용매에만 녹는다. 가장 간단한 예는 반복 단위가 산이나 염기 그룹으로 구성된 단일중합체(homopolymer)를 반응, 때로는 단순 중화시킨 경우이다. 예로 폴리(아크릴산) [poly (acrylic acid)]에서 곁에 붙은 카복실산 기를 수산화 소듐과 같은 염기로 중화해 **음이온 고분자전해질(anionic polyelectrolyte)**을 생성한 경우이다.

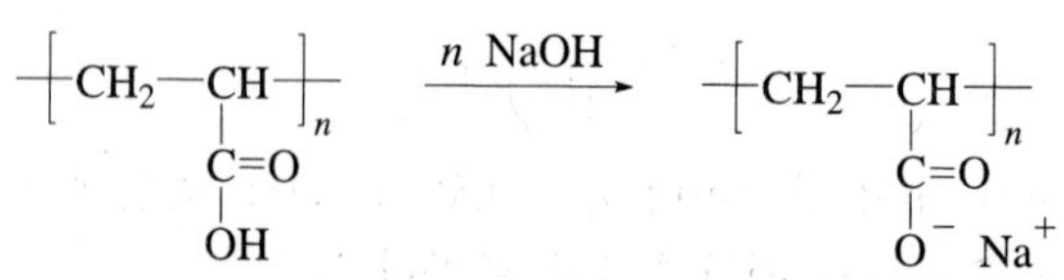

다소 다른 예로는 폴리(에틸렌 이민) [poly (ethylene imine)]이 아이오딘화 메틸(methyl iodide)과 같은 할로젠화 알킬과 반응해 **양이온 고분자전해질(cationic polyelectrolyte)**을

생성한 경우이다.

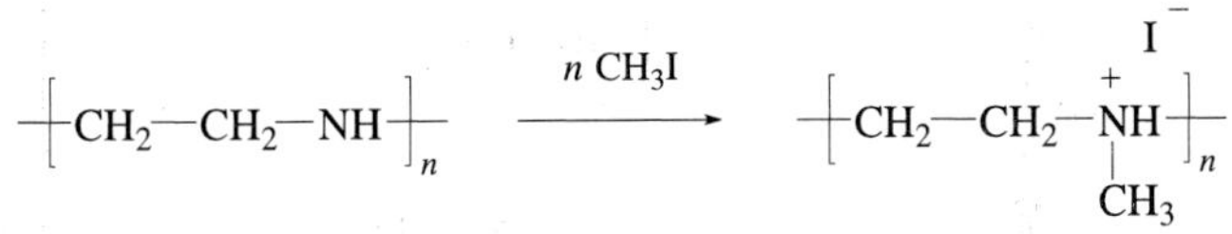

여기서는 사슬이 완전히 이온화되는 것을 보여 주고 있지만, 실제 경우에는 이를 달성하기가 어렵다. 왜냐하면 고분자 사슬에 전하가 높은 수준으로 증가할수록, 사슬을 따라 전하를 띤 부분 아주 가까이에는 계속적으로 전하를 띠기가 어렵기 때문이다. 그럼에도 불구하고, 이러한 고분자전해질 사슬은 매우 높게 전하를 띤다. 모든 반대 이온(counter ion)을 코일 내에 잡아두고 있다면 사슬은 전기적으로 중성이다. 그러나 용액 내에서 반대 이온은 정전기적으로(electrostatically) 사슬에 끌려 있음에도 불구하고, 그들을 이온 농도가 낮은 사슬의 바깥쪽으로 밀치는 삼투압도 존재한다. 고분자전해질이 묽어질수록, 삼투압은 증가하고 반대 이온은 코일로부터 빠져나가 알짜 전하(net charge)가 증가하게 된다. 이러한 조건하에서는 사슬에 존재하는 고립된 전하들이 서로 밀게 되고, 그 결과 사슬은 정상적인 Gaussian 코일 크기보다 팽창하게 된다. 이를 **고분자전해질 효과(polyelectrolyte effect)** 라고 하며, 이를 그림 10.9에 도식적으로 나타내었다.

이러한 사슬의 팽창 효과는 극적일 수 있다. 예를 들어 전하를 띠지 않은 고분자 용액의 경우 식 10.91에서 보면 명백하듯이 희석으로 인해 용매 분자의 유동을 방해하는 고분자의 개수가 점점 적어지기 때문에, 희석으로 인한 통상적 효과는 용액 점도를 감소시키게 된다. 반면에 고분자전해질 수용액을 희석하면 용액이 희석됨에 따라 반대 이온도 고분자 주사슬로부터 더욱 많이 떨어져 나가게 되어 용액 점도는 엄청나게 증가하게 된다. 이렇게 되면 사슬의 알짜 전하는 증가하고, 아주 높게 희석될 경우 사슬이 팽창해 궁극적으로는 막대모양 형태가 된다(이를 그림 10.9에 묘사하였다). 이러한 사슬 크기의 엄청난 증가는 용액에서 사슬의 개수가 상쇄하고도 남는다. 이 경우를 그림 10.10의 위 곡선 그래프에 제시하였다.

자유로운 외부 이론(free external ion)의 농도가 높은 경우(그림 10.10의 아래 곡선 그래프인 브로민화 포타슘 경우)에는 자유 이온이 고분자전해질의 모든 농도 영역에서 높은 농도로 존재한다. 이 경우 고분자전해질 사슬의 정전기적 방패 효과가 있는데, 반대 이온이 사슬로부터 떨어져 나가지 못하게 되어 전체적으로 중성 전하를 띠게 된다. 이러한 조건하에서 고분자전해질은 전하를 띠지 않은 사슬처럼 거동을 보이고 농도가 감소함에 따라 용액 점도는 감소한다. 그림 10.10의 아래 곡선 그래프에서 농도에 따른 환원 점도(reduced viscosity)의 변화는 적으며, 0.034 mol dm^{-3} 농도의 브로민화 포타슘(potassium bromide) 수용액은 25°C에서 poly(4-vinyl-*N*-butylpyridinium bromide)의 세타 용매에 근접한다는

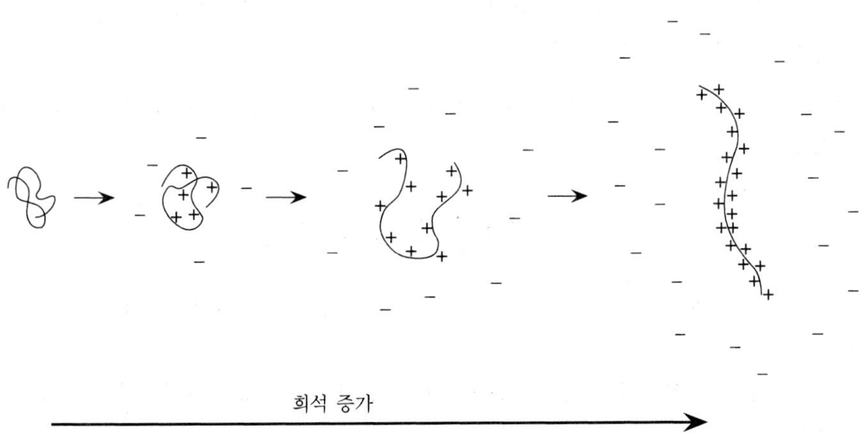

▶ 그림 10.9
고분자전해질 사슬(이 경우 양전하를 띠고 있음)을 희석할 때 고분자전해질 효과로 인한 사슬 팽창을 보여주는 그림. 반대 이온이 주사슬로부터 떨어져 나가면서 사슬을 따라 고립된 전하가 서로 밀치고 있다.

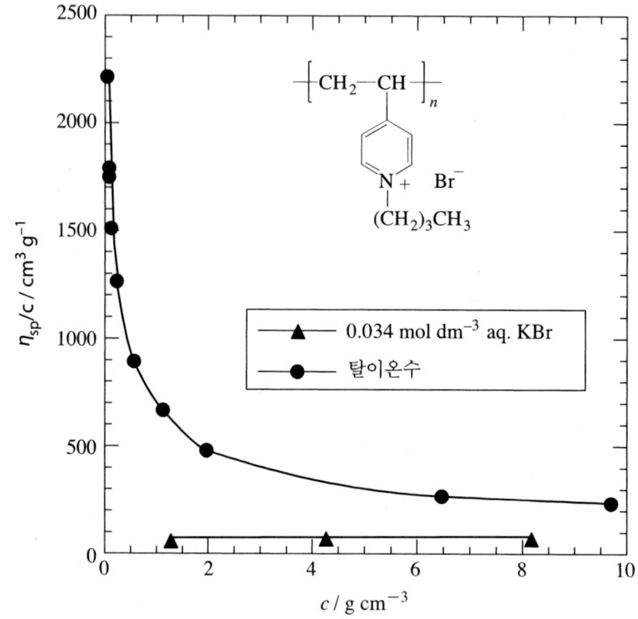

▶ 그림 10.10
25°C에서 poly (4-vinyl-N-butylpyridinium bromide) 수용액의 농도 c에 따른 환원 점도 η_{sp}/c 변화. (자료 출처: Fuoss, R.M. and Strauss, U.P., Ann. New York Acad. Sci., 51, 83, 1948.)

사실을 보여 주고 있다.

마이크로젤(microgel, 4.4.4.6절 참조)도 고분자전해질 효과에 의해 팽창이 될 수 있다. 예를 들어 마이크로젤을 만들기 위해 사용한 공단량체인 메타크릴(혹은 아크릴)산이 포함된 경우 카복실산을 중화함으로써 팽창이 된다. 이러한 효과로 인해 마이크로젤의 크기가 일곱 배 증가할 수 있다.

문제

10.1 Flory–Huggins 이론으로부터, 고분자 용액을 만들 때 분몰 Gibbs 자유 에너지는 다음과 같이 주어진다.

$$\overline{\Delta G_1} = \mu_1 - \mu_1^{\circ} = \mathbf{R}T\left[\ln\phi_1 + \left(1 - \frac{1}{\bar{x}_n}\right)\phi_2 + \chi\phi_2^2\right]$$

여기서 ϕ_2는 고분자의 부피 분율이며, $\bar{x}_n$는 고분자의 몰부피 대비 용매의 몰부피 수평균 비율이고, χ는 Flory–Huggins 고분자–용매 상호작용 매개변수이다.

$\overline{M}_n = 2.5\times10^5$ g mol^{-1}인 천연 고무에 벤젠에 녹인 용액의 증기압 측정 실험을 수행하였다. 용액에서 용매인 벤젠의 활동도 ϕ_2가 0.250의 값을 가진다고 가정할 때, 상기 식을 이용해 χ값을 계산하면 0.989이 얻어진다. 이 과정에서 어떠한 가정들을 사용했는지 의견을 제시하시오.

10.2 단독으로 떨어져 있는 유연한 고분자 사슬의 말단 거리 r의 방사 분포 함수 $W(r)$는 다음과 같다.

$$W(r) = 4\pi\left(\frac{\beta}{\pi^{1/2}}\right)^3 r^2 \exp(-\beta^2 r^2)$$

여기서 $\beta = [3/(2nl^2)]^{1/2}$이다($n$은 사슬을 형성하고 있는 길이가 l인 연결 단위의 개수이다).

위 방정식을 적분하면 분포 함수가 1로 정상화됨을 보이시오. 또한 다음 식들을 유도하시오.

(a) 확률적으로 가장 가능성이 높은 r의 값,

(b) r의 평균제곱근값,

(c) r의 평균값.

$I(b)=\int_0^\infty x^b \exp(-ax^2)dx$ 식이 성립한다.

$$I(0)=\left(\frac{1}{2}\right)\pi^{1/2}a^{-1/2};\ I(1)=\left(\frac{1}{2}\right)a^{-1};\ I(2)=\left(\frac{1}{4}\right)\pi^{1/2}a^{-3/2};\ I(3)=\left(\frac{1}{2}\right)a^{-2};\ I(4)=\left(\frac{3}{8}\right)\pi^{1/2}a^{-5/2}$$

10.3 몰질량 119,980 g mol^{-1}의 선형 폴리에틸렌에서 다음을 계산하시오.

(a) 분자의 윤곽 길이,

(b) 완전히 펼쳐진 분자의 말단 거리,

(c) 원자가각 모형에 따른 평균제곱근 말단 거리.

계산을 할 때, 말단기는 무시하고, C—C 결합의 거리는 0.154 nm, 원자가각은 109.5°이라고 가정하시오. 구한 값들에 어떤 특이점이나 중요성, 그 밖에 주목할 점이 있는지 의견을 제시하시오. 그러한 대답을 한 이유를 제시하면서, 매우 많은 수의 가능한 형태 중에서 어느 것이 가장 안정한지를 대답하시오.

참고 문헌

Allen, G. and Bevington, J.C. (eds), *Comprehensive Polymer Science*, Vol. 2 (Booth, C. and Price, C., eds), Pergamon Press, Oxford, U.K., 1989.

Flory, P.J., *Principles of Polymer Chemistry*, Cornell University Press, Ithaca, NY, 1953.

Hiemenz, P.C. and Lodge, T.P., *Polymer Chemistry*, 2nd edn., CRC Press, Boca Raton, FL, 2007.

Mark, H.F., Bikales, N.M., Overberger, C.G., and Menges, G. (eds), *Encyclopedia of Polymer Science and Engineering*, Wiley-Interscience, New York, 1985–1989.

Morawetz, H., *Macromolecules in Solution*, 2nd edn., Wiley-Interscience, New York, 1975.

Munk, P., *Introduction to Macromolecular Science*, Wiley-Interscience, New York, 1989.

Patterson, G., *Physical Chemistry of Macromolecules*, CRC Press, Boca Raton, FL, 2007.

Sun, S.F., *Physical Chemistry of Macromolecules: Basic Principles and Issues*, 2nd edn., Wiley-Interscience, New York, 2004.

Tager, A., *Physical Chemistry of Polymers*, 2nd edn., Mir Publishers, Moscow, Russia, 1978.

Tanford, C., *Physical Chemistry of Macromolecules*, John Wiley & Sons, New York, 1961.

11 수평균 몰질량

11.1 수평균 몰질량 측정을 위한 서론

고분자의 수평균 몰질량 $\overline{M}_n$은 매우 중요한 특성 중 하나이며, 이를 측정하는 방법에는 몇 가지가 있다. 이들 다양한 방법들 중에 흐르는 공통적인 개념은 고분자를 이루는 개개의 분자들의 개수를 계측하여 고분자 물질의 전체 몰질량을 도출한다는 것이다.

총괄성 (colligative propertiy) 은 용액의 단위 부피 내에 존재하는 용질 개수에 단순하게 의존하지만, 이들 용질의 성질이나 크기에는 좌우되지 않는 비휘발성 용질들로 이루어진 용액에서 나타나는 특성들이다. 따라서 고분자의 묽은 용액을 이용하여 이런 총괄성들을 측정하면, 선형과 가지형 단일중합체와 공중합체들의 수평균 몰질량 ($\overline{M}_n$) 을 측정할 수 있다. 네 가지의 중요한 총괄성들은 용액의 삼투압, 용매의 증기압 강하, 용매의 끓는점 상승 및 용매의 어는점 저하에 관한 것들이다. 몰질량 측정에 있어서 이런 영향들과 이들의 유용성은 11.2절부터 11.4절에 걸쳐 설명된다. 하지만 이에 앞서, 표 11.1에 표시된 데이터처럼 이런 영향들을 서로 상대적으로 비교해 보는 것은 매우 유익한 일이다. 여기에 표시된 데이터들을 살펴보면 큰 몰질량을 갖는 고분자의 몰질량을 가장 정확하게 측정할 수 있는 총괄성은 삼투압임을 알 수 있다.

잘 알려진 말단기를 갖는 고분자의 경우에는 **말단기 분석법 (end-group analysis)** 을 이용하여 사슬 말단의 개수를 계수하여 $\overline{M}_n$을 측정할 수 있다. 이와 같은 몰질량 측정에 관한 예들이 11.5절에 설명되어 있다.

11.2 막삼투법

용액과 순수 용매가 **반투과성 막 (semi-permeable membrane)** 으로 분리되어 있을 때에는 용매 분자는 반투막을 통과 가능하지만, 용질 분자는 통과하지 못하게 되어, 결과적으로 용매 분자는 항상 분리막을 거쳐 용액 쪽으로 건너가려는 경향을 보인다. 이러한 일반적인 현상은 **삼투현상 (osmosis)** 으로 알려져 있으며, 용매 분자들의 이동에 의해 **삼투압 (osmotic pressure)** 이 발생되는데, 이는 평형 상태에서는 더 이상의 용매 분자들의 이동을 허용하지 않는 저지력을 일컫는다. 이 **평형 삼투압 (equilibrium osmotic pressure)** 은 모세관 삼투압계를 이용하여 측정 가능하며, 그림 11.1에 모식적으로 나타내었다.

11.2.1 삼투현상과 화학 퍼텐셜

용액 측과 용매 측에 각각 첨가되는 압력 P_0가 동일할 때, 순수 용매의 화학 퍼텐셜 μ_1^0는 용액 중에 존재하는 용매의 화학 퍼텐셜인 μ_1보다 크기 때문에 삼투현상이 나타난다. 따라서 용매 분자들은 이런 화학 퍼텐셜의 차이를 감소시키기 위하여 막을 통과해 이동하게 된다. 이런 용매 분자의 이동으로 인해 막으로 구분되는 용액 측에서는 압력이 증가되고, 그 결과 용액 중에 존재하는 용매의 화학 퍼텐셜의 증가가 유발된다. 평형 상태에서

표 11.1 10 g dm^{-3}의 농도로 벤젠에 녹아있는 고분자의 총괄적 특성들의 상대적인 비교

$\overline{M}n$ g mol^{-1}	삼투압[a] mm Benzene	증기압 강하 mm Hg	끓는점 상승 °C	어는점 저하 °C
10,000	288	799×10^{-5}	270×10^{-5}	577×10^{-5}
100,000	29	80×10^{-5}	27×10^{-5}	58×10^{-5}
500,000	6	16×10^{-5}	5×10^{-5}	12×10^{-5}
1,000,000	3	8×10^{-5}	3×10^{-5}	6×10^{-5}

주: 모든 값들은 실제적인 단위를 사용하였으며, 이상 용액 거동을 가정하여 계산하였음.

[a] 25°C

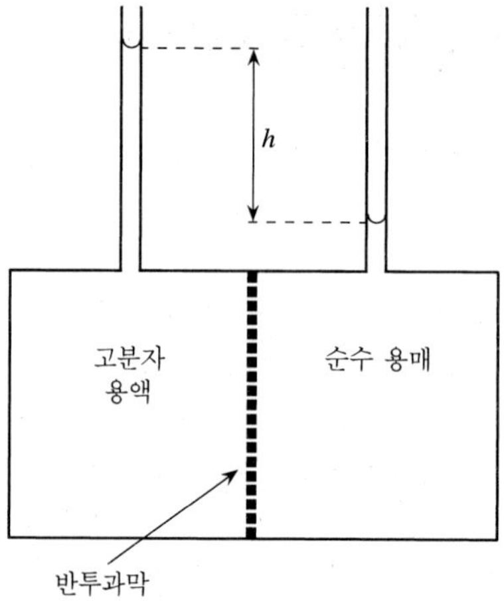

그림 11.1
반투과막에 의해 구분되어져 평형 상태에 도달된 고분자 용액과 순수 용매로 이루어진 막 삼투압계의 모식도. 삼투압 π는 $h\rho_0 g$와 같은 값을 가지며, ρ_0는 용매의 밀도를 그리고 g는 중력 가속도를 각각 나타낸다.

압력 P가 첨가된 용액 중의 용매가 나타내는 화학 퍼텐셜은 μ_1^0와 같아지고, 식 11.1으로 표시된다.

$$\mu_1^0 = \mu_1 + \int_{P_0}^{P} \left(\frac{\partial \mu_1}{\partial P}\right)_{T,n_1,n_2} dP \tag{11.1}$$

식 10.34로부터 다음 식이 주어진다.

$$\left(\frac{\partial \mu_1}{\partial P}\right)_{T,n_1,n_2} = \frac{\partial}{\partial n_1}\left(\frac{\partial G}{\partial P}\right)_{T,n_1,n_2}$$

한편, 용액의 부피(V)는 $(\partial G/\partial P)_{T,n_1,n_2}$로 주어지므로, 위 식은 식 11.2로 주어진다.

$$\left(\frac{\partial \mu_1}{\partial P}\right)_{T,n_1,n_2} = \left(\frac{\partial V}{\partial n_1}\right)_{T,P,n_2} = \overline{V}_1 \tag{11.2}$$

여기서 $\overline{V}_1$은 용매의 분몰 부피(식 10.33 참조)로 정의된다. 식 11.2를 11.1에 대입하고 적분을 풀면 식 11.3이 얻어진다.

$$\mu_1^{\circ} = \mu_1 + (P - P_0)\overline{V}_1 \tag{11.3}$$

압력의 차이$(P-P_0)$는 평형 삼투압인 π가 되고, 식 11.3은 표준형인 식 11.4로 다시 쓸 수 있는데, 이는 식 10.41과 유사하다.

$$\mu_1 - \mu_1^{\circ} = -\pi\overline{V}_1 \tag{11.4}$$

따라서 식 11.4는 정상 상태 시스템(ideal system) 여부에 관계없이 어떤 용질/용매 시스템에도 적용 가능하다.

Flory–Huggins 식에 사용되는 $\mu_1 - \mu_1^0$를 식 11.4에 대입시키면 (즉, 식 10.48로 치환) 고분자 묽은 용액에 적용 가능한 식 11.5가 얻어진다.

$$\boldsymbol{\pi} = \frac{\mathbf{R}T\phi_2}{x\bar{V}_1} + \frac{\mathbf{R}T(1/2-\chi)\phi_2^2}{\bar{V}_1} \tag{11.5}$$

고분자 묽은 용액에서 $\bar{V}_1$은 용액의 몰부피(molar volume) V_1과 유사하므로, $\phi_2 = xn_2/(n_1 + xn_2) \approx xn_2/n_1$가 성립되고, 용액의 전체 부피 $V \approx n_1V_1$을 적용하면 식 11.6이 얻어진다.

$$\frac{\phi_2}{x\bar{V}_1} = \frac{n_2}{V} \tag{11.6}$$

그리고 이를 식 11.5에 대입시키면 식 11.7이 얻어진다.

$$\boldsymbol{\pi} = \mathbf{R}T\left(\frac{n_2}{V}\right) + \mathbf{R}T\left(\frac{1}{2} - \chi\right)x^2V_1\left(\frac{n_2}{V}\right)^2 \tag{11.7}$$

이 식으로부터 $\boldsymbol{\pi}$는 용액의 단위 부피(n_2/V) 당 존재하는 고분자 물질의 몰수에 의존함이 명백해진다.

고분자가 몰질량 분산$(n_2 = \sum n_i)$을 가진다고 가정하면, 용액 내에 존재하는 고분자의 전체 질량은 $m = \sum n_iM_i$로 주어진다. 여기서 n_i는 용액 내에서 몰질량 M_i로 존재하는 고분자 물질의 전체 몰수이다. 따라서 식 1.4로부터 식 11.8이 얻어지고,

$$\bar{M}_n = \frac{\sum n_iM_i}{\sum n_i} = \frac{m}{n_2} \tag{11.8}$$

연이어 식 11.9가 얻어진다.

$$\frac{n_2}{V} = \left(\frac{m}{V}\right)\left(\frac{n_2}{m}\right) = \frac{c}{\bar{M}_n} \tag{11.9}$$

여기서 c는 고분자의 농도(단위 부피당 질량)를 의미한다. 식 11.9를 11.7에 대입시키고 **삼투압 저하(reduced osmotic pressure)** 인 $\boldsymbol{\pi}/c$를 사용하여 다시 쓰면 식 11.10과 같이 된다.

$$\frac{\boldsymbol{\pi}}{c} = \frac{\mathbf{R}T}{\bar{M}_n} + \left(\frac{\mathbf{R}T}{V_1}\right)\left(\frac{1}{2} - \chi\right)\left(\frac{xV_1}{\bar{M}_n}\right)^2 c \tag{11.10}$$

정의에 따르자면(10.2.2절 참조), 사슬 절편들의 수는 식 11.11로 표시되며, 여기서 V_2는 고분자의 몰부피를 의미한다.

$$x = \frac{V_2}{V_1} \tag{11.11}$$

따라서 식 11.12가 성립하며, ρ_2는 고분자의 밀도이다.

$$\frac{xV_1}{\bar{M}_n} = \frac{V_2}{\bar{M}_n} = \frac{1}{\rho_2} \tag{11.12}$$

Flory–Huggins의 묽은 용액 이론에 근간을 두고 식 11.12를 식 11.10에 대입시키면 식 11.13이 얻어진다.

$$\frac{\boldsymbol{\pi}}{c} = \frac{\mathbf{R}T}{\bar{M}_n} + \left(\frac{\mathbf{R}T}{V_1\rho_2^2}\right)\left(\frac{1}{2} - \chi\right)c \tag{11.13}$$

식 11.13은 이상 용액 조건, 즉 세타 조건(theta condition, $\chi = 1/2$) 에서는 식 11.14로 바

뀐다.

$$\left(\frac{\pi}{c}\right)_\theta = \frac{\mathbf{R}T}{\bar{M}_n} \tag{11.14}$$

그러므로 π를 측정하면 $\bar{M}_n$의 **절댓값(absolute value)** 을 계산할 수 있다(즉, 단순화된 모델식이나 기기의 보정이 필요하지 않다). 대부분의 고분자 묽은 용액을 이용한 측정에 있어서 비이상성(non-ideality)은 π/c값을 $c = 0$로 외삽시키면 무시 가능하고, 식 11.15가 얻어진다.

$$\left(\frac{\pi}{c}\right)_{c\to 0} = \frac{\mathbf{R}T}{\bar{M}_n} \tag{11.15}$$

실험값들을 그림으로 변환시키는 전형적인 결과를 그림 11.2에 나타내었다. 따라서 $\bar{M}_n$은 절편값으로부터 계산 가능하며, 직선의 기울기로부터 식 11.13을 사용하여 χ의 근삿값을 구할 수 있다. 하지만 Flory–Huggins 이론이 고분자 묽은 용액에 딱 들어맞는 것은 아니기 때문에, 식 11.13은 식 11.16과 같은 **비리알 식(virial equation)** 의 형태로 다시 쓸 수 있다.

$$\frac{\pi}{c} = \mathbf{R}T\left[\frac{1}{\bar{M}_n} + A_2c + A_3c^2 + \ldots\right] \tag{11.16}$$

아니면 식 11.17로도 쓸 수 있는데, 여기서 A_2, Γ_2, A_3, Γ_3들은 각각 이차 및 삼차 비리알 상수이고, 일반적으로 $\Gamma_i = A_i\bar{M}_n$의 관계를 갖는다.

$$\frac{\pi}{c} = \left(\frac{\pi}{c}\right)_{c\to 0}[1 + \Gamma_2c + \Gamma_3c^2 + \ldots] \tag{11.17}$$

비리알 식은 실질 용액과 실질 기체들에서 나타나는 열역학적 거동을 묘사할 때 흔히 사용되고, $c \to 0$를 의미하는 무한 묽은 상태에서 용액과 기체들이 이상 상태(ideal condition) 거동을 나타낸다는 특성을 설명하는 것이다. 식 11.13의 형태로 표시되는 Flory–Huggins 이론은 식 11.18로 표시 가능하며,

$$A_2 = \frac{(1/2 - \chi)}{V_1\rho_2^2} \tag{11.18}$$

이 식을 약간 변형시키면 **배제 부피 이론(excluded-volume theory)** 을 훨씬 더 만족시킬 수 있는 식 11.19로 쓸 수 있다.

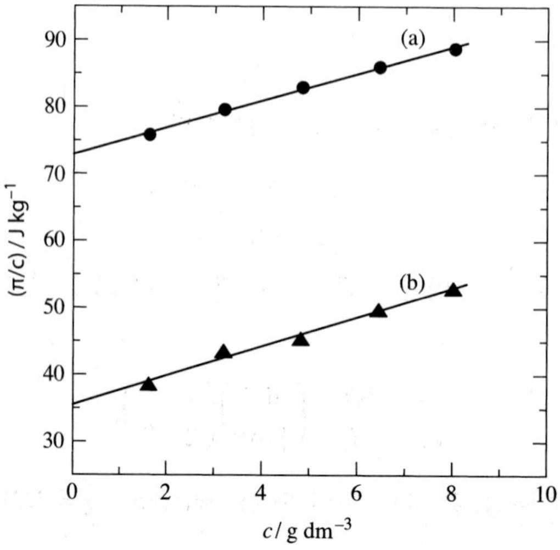

▶ **그림 11.2**
수평균 몰질량($\bar{M}_n$)이 (a) 36.0과 (b) 71.0 kg mol^{-1}의 값을 갖는 폴리스타이렌의 톨루엔 용액을 이용하여 25°C에서 측정한 π/c값을 c에 대해 직선으로 나타낸 결과. (자료 출처: Kamide, K. et al., Br. Polym. J., 15, 91, 1983.)

$$A_2 = \frac{F(z)(1/2-\chi)}{V_1\rho_2^2} \quad (11.19)$$

여기서 $F(z)$는 배제 부피 변수인 z에 대한 함수이며(10.3.3절 참조), 세타 조건에서는 1에 가깝다($z = 0$일 때). z의 값이 **작아지면**, 식 11.20이 얻어지며, b_1과 b_2는 양의 상수이고, 이론식으로부터 계산 가능하며, 사슬의 구조에 의존한다(즉, 선형 사슬에서는 $b_1 = 2.8654$이고 $b_2 = 13.928$이다).

$$F(z) = 1 - b_1 z + b_2 z^2 \quad (11.20)$$

11.2.2 삼투압 측정법

삼투압을 측정하는 데 사용되는 막삼투압계는 두 가지로 구분된다.

1. **정적 삼투압계(static osmometer)**; 막을 통과하는 용매의 확산에 의해 삼투압의 평형이 자연스럽게 얻어지는 경우에 사용
2. **동적 삼투압계(dynamic osmometer)**; 막을 통과하는 용매의 흐름이 검출되어 용액 측에 대한 압력의 첨가가 억제되는 경우에 사용

평형에 도달되는 시간을 최소화(전형적으로 30~60분) 시키기 위해, 최신 삼투압계는 용액 및 용매가 존재하는 공간은 작게(전형적으로 0.3~2 cm^3), 막의 표면적은 크게 설계된다. 부가적으로, 삼투압은 온도에 민감하게 반응하므로 양호한 온도 조절 체계(±0.01°C)가 필수적이다.

가장 단순한 장치인 정적 삼투압계는 그림 11.1(Pinner−Stabin 삼투압계)에 모식적으로 나타낸 형태에 근간을 두며, 비교적 큰 용량(전형적으로 3~20 cm^3)의 장치이다. 평형 상태에서 막을 통과하여 이동되는 용매의 부피는 압력이 걸리는 말단부에 모세관을 사용하면 감소시킬 수 있다. 그러나 이런 모세관 삼투압계는 사용하기에 번거롭고 평형에 도달하기까지 걸리는 시간이 비교적 길다는(전형적으로 수 시간) 단점이 있다. 최신의 정적 삼투압계에는 용량이 더더욱 작아지고 용액 측에서 발생되는 압력 혹은 용매 측에서 발생되는 압력 저하를 간접적으로 파악 가능한 압력 센서를 구비하고 있다. 이 장치에서는 용매가 용액 측으로 이동되는 희석 효과에 기인하는 농도의 보정이 필요 없게 되었는데, 이런 효과는 무시 가능하기 때문이다.

동적 삼투압계의 경우 용매 측은 용매 용기에 연결되어 있다. 용액 용기에 대해 거의 수직 방향으로 위치한 이 용매 용기는 말단 부위의 압력을 조절할 수 있고, 막을 투과하는 용매의 움직임을 감지하는 센서로부터 얻어지는 신호가 서보 모터(servo-motor)의 응답을 통해 조정된다. 다수의 디자인이 적용되었는데 예를 들면, 센서는 격막의 역할을 수행하여 용액 측 용기를 밀봉 상태로 유지하고 반쪽 축전지(capacitor)로 작용한다. 용매가 용액 측으로 들어감으로 인해 발생되는 격막의 전이는 용매 용기의 움직임을 제어하는 서보 모터에 의해 압력 말단 부위에서 발생된 증가분을 자동적으로 해석 가능한 축전 용량의 차이를 야기시킨다. 전혀 다른 디자인을 갖는 장치의 경우, 용매의 흐름은 용매 측에 연결되어 있는 모세관 내에서 생기는 공기 방울의 움직임을 광학적으로 측정하는 것인데, 이런 신호는 자동적으로 서보 모터로 보내진다. 이런 서로 다르게 디자인된 두 가지 장치들에 있어서는, 용매 용기가 특정 위치로 움직이면 막을 투과하는 용매의 흐름에 상응하여 압력 말단 부위에서의 압력 증가가 일어난다(즉, 막을 투과하는 용매의 알짜 흐름은 없다).

특정 고분자 시료의 $\overline{M}_n$을 구하기 위해서는, 서로 다른 농도(일반적으로 $c < 20\ g\,dm^{-3}$)를 갖는 일련의 고분자 용액들의 $\boldsymbol{\pi}$값들을 일일이 측정해야 할 필요가 있다. $\boldsymbol{\pi}/c$값을 c에 대해 구한 직선 그림에서 $c = 0$인 절편값이 식 11.15에서 계산한 $\overline{M}_n$값이다. 초기의 선형

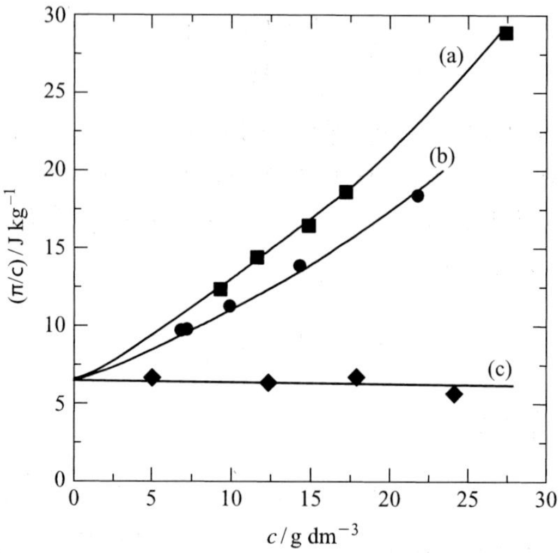

그림 11.3
폴리(메틸 메타크릴레이트)(PMMA)를 30°C에서 서로 다른 용매인 (a) 톨루엔, (b) 아세톤, (c) 아세토나이트릴에 녹인 용액에서의 π/c값을 c에 대해 구한 그림. c = 0인 절편값 π/c값은 6.48 J kg^{-1}이며, 식 11.15에 의하면 이 값은 388.8 kg mol^{-1}인 $\bar{M}_n$을 의미한다.(자료 출처: Fox, T.G. et al., polymer, 3, 71, 1962.)

이 유지되는 부분에서 직선의 기울기값과 식 11.16을 사용하면 이차 비리알 계수 A_2를 구할 수 있는데, 이 계수값으로부터 Flory–Huggins 식에서 설명한 고분자–용매 간의 상관 변수인 χ값을 계산 가능하다. 이때 식 11.18보다는 식 11.19를 이용하는 것이 용이하다. 좋은 용매(good solvent)인 경우에, A_3는 매우 중요한 의미를 지니며, 그림 11.3에 나타낸 그림은 높은 c값 범주에서는 식 11.6에 표시된 것처럼 c^2 항으로 인해 위로 열린 곡선 형태를 띤다. 그림 11.3에서는 선형을 나타내는 부분이 높은 c 영역까지 유지되고 있으며, A_2값은 용매의 용해력이 감소될수록 그림 11.3에 나타낸 바와 같이 감소한다. 세타 조건 하에서는 A_2값은 0으로 되고, 서로 다른 온도에서 측정한 A_2값들과 A_2값이 0으로 되는 외삽값을 이용하면, 고분자–용매계에서의 세타 온도를 추정 가능하다.

$\bar{M}_n$값을 정확하게 측정 가능한 상한선은 압력 감지 시스템의 민감성에 의해 결정되며, 대부분의 삼투압 장치에서는 5×10^5에서 1×10^6 g mol^{-1}의 범위가 유지된다. $\bar{M}_n$값을 정확하게 측정 가능한 하한선은 막이 어느 정도까지 작은 몰질량의 고분자를 투과시킬 수 있는 정도에 의해 결정된다. 현재 강한 막들에 대한 유용성이 검토되고 있지만, 대부분의 삼투막은 셀룰로스를 기본 재료로 사용하고 있는데, 몰질량이 5000 g mol^{-1}인 분자들을 투과시킬 수 있다. 따라서 낮은 몰질량을 갖는 고분자 물질들은 막을 투과하여 용매 측으로 이동 가능하며, 평형 상태에 다다르면 삼투압 현상에 더 이상 기여하지 않게 된다. 고분자 시료에 있어서 이런 분자들이 질량 분율면에서 소량 존재하더라도 개수 분율면에서는 중요한 의미를 띠게 되며(이들은 매우 작은 몰질량을 갖기 때문임), 막을 경계로 하여 양쪽 간에 유지되는 평형으로 인해 $\bar{M}_n$값의 측정에 있어서 과도한 추정이 개입될 소지가 있다. 그러므로 $\bar{M}_n$값을 정확하게 측정하기 위한 하한선은 고분자 시료의 몰질량 분포와 막의 투과도에 의존하며, 일반적으로 5×10^4에서 1×10^5 g mol^{-1}의 범위에 해당한다.

11.3 증기압 삼투법

증기압 삼투법(vapour pressure osmometry, VPO)은 고분자 용액에 의한 용매의 증기압 강하 현상에 근간을 둔 방법으로, 고분자 용액과 순수 용매들 사이에서 증기상 평형이 유지될 때, 두 가지 액체에서 나타나는 온도차를 측정하는 것이다. 증기압 삼투압계의 주요 부분을 그림 11.4에 모식적으로 나타내었다. 이에 따르면, 밀폐된 단열 격실(±0.001°C) 내에 두 개의 서로 상응하는 서미스터 소자가 위치하고 있고, 이 격실 내부는 바닥에 채워져 있는 용매로부터 증발된 용매 증기로 포화되어 있는 상태이다. 미리 장착된 주사기 바늘을 이용하여 순수 용매 방울을 하나의 서미스터 위에 떨어뜨리고 고분자 용액 방울

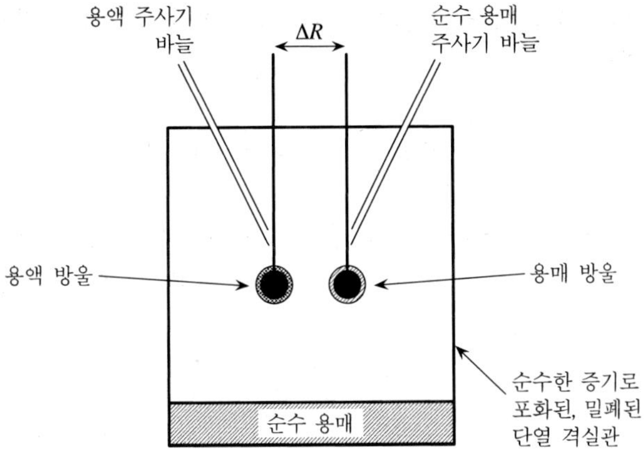

그림 11.4
용액과 용매 방울들이 서미스터 표면에 존재하는 증기압 삼투압계의 모식도. 용액과 용매 사이에서 발생되는 온도차는 상기 두 가지 서미스터 사이에서 발생되는 저항값의 차이로 측정 가능하다.

을 나머지 서미스터 표면에 떨어뜨린다. 고분자 용액에서 용매가 갖는 낮은 화학 퍼텐셜 때문에 증기상에 존재하던 용매 분자들이 고유의 증발 엔탈피를 포기하면서 용액 방울 쪽으로 응축되게 되고, 그 결과 용액 방울의 온도는 격실 및 용매 방울의 온도인 T_0보다 상승하게 된다. 서미스터 소자는 Wheatstone 브리지 회로를 구성하게 되므로, 용매 방울과 용액 방울 사이의 온도차 ΔT는 소자에서 발생되는 저항 차이인 ΔR를 측정함으로써 구할 수 있다. 평형 상태에 도달하면, 온도 T_s에서 용액 방울의 증기압 P_{1,T_s}는 온도 T_0에서 순수 용매의 증기압인 P_{1,T_0}와 정확하게 일치한다. 평형값인 $\Delta T_e = T_s - T_0$는 T_0에서 증기압이 P_{1,T_0}인 용액 중의 고분자 용질에 의해 저하되는 증기압으로 측정된 값과 동일하다. 증기가 이상 기체처럼 행동한다고 가정하면, 온도에 대한 증기압의 변이는 Clausius–Clapeyron 식으로 주어진다.

$$\frac{1}{P}\left(\frac{\mathrm{d}P}{\mathrm{d}T}\right)=\frac{\Delta H_v}{\mathbf{R}T^2} \tag{11.21}$$

여기서 ΔH_v는 용매의 증발에 필요한 몰 엔탈피(molar enthalpy)이다. 따라서 다음 식으로 고쳐 쓸 수 있다.

$$\int_{P_{1,T_0}}^{P_{1,T_s}}\left(\frac{1}{P}\right)\mathrm{d}P=\int_{T_0}^{T_s}\left(\frac{\Delta H_v}{\mathbf{R}T^2}\right)\mathrm{d}T$$

ΔT는 매우 작은 값을 가지므로, ΔH_v는 상수로 취급될 수 있고 그 결과 적분값은 다음과 같다.

$$\ln\left(\frac{P_{1,T_s}}{P_{1,T_0}}\right)=\frac{\Delta H_v \Delta T_e}{\mathbf{R}T_s T_0}$$

한걸음 더 나아가서 평형상태에서는 $P_{1,T_s} = P^0_{1,T_0}$ 이며, 동시에 $T_s \approx T_0$가 성립되므로 위 식은 다음과 같이 간단하게 표시 가능하다.

$$\ln\left(\frac{P^0_{1,T_0}}{P_{1,T_0}}\right)=\frac{\Delta H_v \Delta T_e}{\mathbf{R}T_0^2} \tag{11.22}$$

온도 T_0에서 용액내에 존재하는 용매의 활동도(activity)는 $a_{1,T_0} = P^0_{1,T_0}/P_{1,T_0}$로 주어지므로, 식 11.22는 다음과 같이 표현 가능하다.

$$\Delta T_e = -\left(\frac{\mathbf{R}T_0^2}{\Delta H_v}\right)\ln a_{1,T_0} \tag{11.23}$$

한편, 묽은 용액에 적용되었던 $\ln a_{1,T_0}$(예: Flory–Huggins 식) 항으로 치환하고, 삼투압 저하에 사용되었던 식들을 유도하는 과정과 유사하게 일련의 가정들을 적용하면, 다음의 수열식으로 전환 가능하다.

$$\frac{\Delta T_e}{c} = K_e\left[\frac{1}{\bar{M}_n} + A_2c + A_3c^2 + \ldots\right] \tag{11.24}$$

여기서 K_e는 $V_1\mathbf{R}T_0^2/\Delta H_v$로 주어지며, 용매와 온도에 의존한다. V_1은 용매의 몰부피이며, A_2와 A_3는 식 11.16에서 정의된 이차 및 삼차 비리알 계수이며, c는 고분자 용액의 농도 (단위 부피당 존재하는 질량) 를 나타낸다.

농축된 용매 증기를 c 농도 이상으로 희석시키는 효과는 대부분의 c의 실질값들에서는 무시 가능하다.

실제로, ΔT_e는 구형인 열센서와 축 부분에 용액 방울을 떨어뜨릴 때 생기는 열손실로 인해 측정 불가능한 값이며, 이는 포화 증기에 대해서도 동일하다. 따라서 이를 대신하여 정상 상태에서의 값인 ΔT_{ss}를 취하며, 이는 식 11.25로 쓸 수 있다.

$$\frac{\Delta T_{ss}}{c} = K_{ss}\left[\frac{1}{\bar{M}_n} + A_2^{vpo}c + A_3^{vpo}c^2 + \ldots\right] \tag{11.25}$$

여기서 K_{ss}는 K_e/κ로 주어지는데, κ는 열전달 과정에 의존한다. A_2^{vpo}와 A_3^{vpo}는 VPO의 이차 및 삼차 비리알 계수이며, A_2^{vpo}는 $A_2 + \kappa_2$로 주어지고 A_3^{vpo}는 $A_3 + \kappa_3$로 주어진다(여기서 κ_2와 κ_3는 K_{ss}/K_e의 비율에 의존한다). 따라서 막 삼투압계(MO) 와는 달리, VPO는 $\bar{M}_n$값의 절댓값을 구하는 방법은 아니다.

증기압 삼투압계(VPO; vapour pressure osmometer) 는 구형인 두 개의 열센서 사이에서 발생되는 저항값의 차이를 측정하는 방법이고, 이는 곧 온도차에 비례한다고 추정되므로, $\Delta R_{ss} = k_R\Delta T_{ss}$가 성립한다($k_R$은 비례 상수이다). 그러므로 이 방법을 실질적인 경우에 적용하기 위해서 식 11.25는 식 11.26과 같이 수정되어야 한다.

$$\frac{\Delta R_{ss}}{c} = K_{Rss}\left[\frac{1}{\bar{M}_n} + A_2^{vpo}c + A_3^{vpo}c^2 + \ldots\right] \tag{11.26}$$

여기서 K_{Rss}는 k_RK_{ss}이다. κ를 통해 K_{Rss}가 용액 방울 크기와 용질의 질량에 약간 의존한다는 실험적 증거들이 보고되어 있다. 하지만 대부분의 경우, K_{Rss}가 용매/온도/삼투압계 조건들이 주어지면 일정하다는 가정은 타당하다고 할 수 있다. 그럼에도 불구하고 서로 다른 몰질량을 갖는다는 것이 알려진 하나 이상의 몇몇 시료를 사용하여 항상 동일한 과정을 거쳐 K_{Rss}값을 결정하는 것이 유용할 것이다. 이런 방법으로, 결정되는 K_{Rss}값들의 평균값이 구해질 수 있고, $\bar{M}_n$값에 대한 K_{Rss}값들의 변이도 측정 가능하다.

ΔR_{ss}의 측정을 위해서는 분석하려는 온도에서 비교적 높은 증기압(대개의 경우 100~400 mmHg) 을 갖는 일련의 고분자 용액들의 묽은 용액을 사용해야 한다. $\Delta R_{ss}/c$를 농도에 대해서 그림으로 나타내고, $c = 0$인 절편값으로부터 $\bar{M}_n$값을 식 11.27을 이용하여 구할 수 있다.

$$\left(\frac{\Delta R_{ss}}{c}\right)_{c\to 0} = \frac{K_{Rss}}{\bar{M}_n} \tag{11.27}$$

이런 직선 그림에서 초기의 선형 구간에서 얻어지는 직선의 기울기는 상대적인 용매화 조건을 나타내지만, MO (membrane osmometry, **막삼투법**) 와는 달리 절댓값을 의미하지는 않는다.

VPO 방법이 절댓값을 도출하지 않음에도 불구하고, 낮은 몰질량을 갖는 고분자들의 $\bar{M}_n$ 값을 측정하는 데 있어서는 광범위하게 적용 가능하다. 상용화되어 있는 대부분의 장치들은 10^{-4} °C의 정도에서 ΔR_{ss}값을 도출할 수 있기 때문에, 상한 $\overline{M}_n$값이 1.5×10^4 g mol^{-1}까지는 정확도가 보장되는 측정값을 제공할 수 있다. 따라서 VPO와 MO는 상호 보완적인 측정방법이다.

11.4 비점상승 측정법와 빙점강하 측정법

용매의 **비점상승법 (ebulliometry)** 과 용매의 **빙점강하법 (cryoscopy)** 은 VPO와 유사한 방법으로 측정 가능한 $\overline{M}_n$값을 갖는 고분자 용질의 존재 조건하에서 적용된다. 하지만, 최근에는 이들 방법으로 고분자의 $\overline{M}_n$값을 측정하는 방법은 잘 실행되지 않으므로, 여기서는 간단하게 소개하고자 한다.

이론적인 접근은 아래에 제시된 조건들을 제외하고서는 VPO 방법에서 보여진 식 11.24와 동일하다.

1. 비점상승의 경우, 용액과 순수 용매의 비점을 T_b와 T_0로 둘 때, $\Delta T_e = T_b - T_0$가 성립함.
2. 빙점강하의 경우, 용액과 순수 용매의 빙점을 T_f와 T_0로 둘 때, $\Delta T_e = T_0 - T_f$가 성립하고, ΔH_v는 순수 용매의 용융 몰 엔탈피인 ΔH_m으로 대체됨.

비이상성 (non-ideality) 은 $\Delta T_e/c$를 $c = 0$에 대해 외삽하면 제거 가능하며, 이때 얻어지는 절편 값으로부터 $\overline{M}_n$값을 계산할 수 있다.

비점상승 측정법과 빙점강하 측정법을 이용하여 고분자 용액의 정확한 ΔT_e값을 측정하는 것은 ΔT_e값이 작아서 매우 어렵고(표 11.1 참조), 동시에 고분자 용액의 과도한 가열 (superheating) 과 과냉각 (supercooling) 이 심각한 오차를 발생시키기 때문이다. 이외에 종종 발생되는 실질적인 문제점들은 빙점강하 시에 따로따로 측정되는 T_f와 T_0로 인한 것과 비점상승 시에 고분자 용액에서 발생되는 발포 현상들을 들 수 있다. 상용화된 최신 기기들을 사용하면 5×10^3 g mol^{-1}까지는 정확하게 $\overline{M}_n$값을 얻을 수 있다.

11.5 말단기 분석법

$\overline{M}_n$값을 측정하는 비열역학적 방법은 주어진 질량을 갖는 고분자 내에 실질적인 형태로 존재하는 말단기의 몰수를 결정하는 방법으로서 **말단기 분석법 (end-group analysis)** 이라고 한다. 말단기 분석법이 성립하기 위해서는 다음에 열거한 네 가지 필수 요건들이 반드시 갖추어져야만 한다.

1. 고분자의 말단기들은 적정분석이나 분광법과 같은 정량적 분석법으로 분석 가능하여야 함.
2. 고분자 분자 사슬당 존재하는 분석 가능한 말단기의 수는 정확하게 알 수 있어야 함.
3. 말단기 분석에 있어서 간섭을 유발 가능한 다른 작용기들이 없어야 하거나, 이들로 인한 간섭 효과가 후보정 가능해야 함.
4. 말단기의 농도는 정량적 분석으로 정확하게 획득 가능하여야 함.

따라서 말단기 분석법은 잘 알려진 구조와 구별 가능한 말단기를 갖는 비교적 낮은 몰질량을 갖는 고분자에 한해 적용 가능하다. 이 방법으로 측정 가능한 몰질량의 상한은 말단기 농도를 결정하는 데 사용되는 기술의 감도에 의존하며, 일반적으로 1×10^4에서 1.5×10^4 g mol^{-1}이다.

말단기 분석법은 단계 중합법으로 생성된 고분자들에 가장 잘 들어맞는데, 이는 비교적 작은 몰질량을 가지며, 말단기들이 분석에 적합하기 때문이다. 예를 들면, 폴리에스터

(—OH와 —CO_2H 말단기), 폴리아마이드(—NH_2와 —CO_2H 말단기), 폴리우레탄(—OH와 —NCO 말단기) 등을 들 수 있다. 개환 중합(ring-opening polymerization)으로 합성된 작은 몰질량을 갖는 폴리에스터, 폴리아마이드, 폴리에터(—OH 말단기) 들이 말단기 분석법에 적합하다. 주로 사용되는 방법은 적정분석[흔히 역적정법(back titration)]과 핵자기 공명 분광법(15.6.2절 참조)을 이용한 분석법이다. 사슬 중합법에 의해 에틸렌 단량체로부터 만들어지는 낮은 몰질량을 갖는 고분자 물질은, 실제로 이들 작용성 말단기들은 '리빙(living)' 사슬 중합법(4.5절 및 5.3.2절 참조)으로 만들어지는데, 말단기 분석법으로 분석 가능하다. 하지만, 대부분의 경우에 사슬 중합으로 제조된 고분자들은 그 구조가 명확하게 구분되어지지 않으며, 말단기 분석법으로 정확한 몰질량을 구하기에는 너무 큰 몰질량을 갖는다.

말단기 분석법으로는 고분자의 **평형 질량(equivalent mass)**인 M_e(때로는 평형 무게라고도 함)가 얻어지는데, 이는 말단기의 몰당 존재하는 고분자 질량을 의미한다. 만일 몰질량 분포를 갖는 고분자 시료에 대해서, n_i가 몰질량 M_i인 고분자의 몰수를 나타내고, f가 하나의 고분자 사슬당 존재하는 분석 가능한 말단기의 수[즉, 작용성(functionality)]라고 하면, 식 11.28이 성립한다.

$$M_e = \frac{\sum n_i M_i}{\sum f n_i} \tag{11.28}$$

f 값이 상수이며 $\bar{M}_n = \sum n_i M_i / \sum n_i$ 이기 때문에, 식 11.28은 다음과 같이 다시 쓸 수 있다.

$$M_e = \frac{\bar{M}_n}{f} \tag{11.29}$$

여기서 $\bar{M}_n$값은 M_e와 f로부터 계산할 수 있다.

작용기를 갖는 낮은 몰질량의 예비중합체들(예를 들면, 폴리우레탄 제조에 사용되는 폴리에터 폴리올)의 작용성 f는 작용기 분석값(즉, M_e)과 VPO 측정에서 구해진 값(즉, $\bar{M}_n$)들을 같이 적용하여 식 11.26을 이용하면 결정 가능하다. 이런 관점에서 보면 작용기는 반드시 말단기에 있어야 할 필요가 없다.

11.6 $\bar{M}_n$ 값을 결정하는 데 있어서 낮은 몰질량의 불순물이 미치는 영향

$\bar{M}_n$값을 결정하는 데 있어서 고분자의 순도는 매우 중요한데, 낮은 몰질량의 불순물들이 표 11.2에 나타낸 바와 같이 $\bar{M}_n$값의 결정에 있어서 결정적인 오차를 발생시키기 때문이

표 11.2 낮은 몰질량 불순물들이 식 1.7에 따라 계산되는 $\bar{M}_n$ 값에 미치는 이론적인 영향

불순물	불순물의 질량 분율	순수 고분자의 $\bar{M}_n$ (g mol^{-1})	고분자에 포함된 불순물의 $\bar{M}_n$ (g mol^{-1})
물	0.010	10,000	1,528
(M = 18, g mol^{-1})	0.001	10,000	6,433
	0.010	200,000	1,784
	0.001	200,000	16,515
톨루엔	0.010	10,000	4,815
(M = 92, g mol^{-1})	0.001	10,000	9,028
	0.010	200,000	8,799
	0.001	200,000	63,033

다. 이런 오차들은 MO 방식에 있어서는 불순물들이 삼투막의 어떤 쪽에 존재하든지 평형 상태를 이루기 때문에 줄어들며, VPO 방식에서는 낮은 몰질량 물질들이 용액 방울의 적하 시에 쉽게 휘발되기 때문에 줄어들 수 있다. 따라서 $\overline{M}_n$값의 측정에 있어서 낮은 몰질량 불순물의 영향은 무시될 수 있지만, 결코 고려 대상에서 제외되어서는 안 된다.

문제

11.1 시료(2.00 g)로 사용되는 선형의 폴리(에틸렌 옥사이드)의 말단 하이드록실기는 피리딘 존재하에서 과량의 아세트산 무수물(acetic anhydride, 2.50×10^{-3} mol)과 반응하여 아세틸화된다.

반응이 완결된 다음, 과량으로 첨가한 아세트산 무수물을 아세트산으로 전환시킬 목적으로 물을 가하고, 아세틸화 반응에서 생성된 아세트산은 0.100 mol dm^{-3}인 수산화 소듐 용액 23.30 cm^3을 가하여 중화시킨다. 고분자 사슬당 두 개의 말단 하이드록실기를 갖는 폴리(에틸렌 옥사이드) 시료의 수평균 몰질량을 계산하시오.

11.2 일련의 폴리스타이렌의 톨루엔 용액을 이용하여 22°C에서 삼투압계로 측정한 평형 삼투압의 높이(head) h는 다음 표에 나타낸 바와 같다.

폴리스타이렌 농도 (g dm^{-3})	2.6	5.2	8.7	11.8	15.1
h / mm 톨루엔	5.85	12.93	24.37	36.34	50.99

22°C에서 톨루엔과 폴리스타이렌의 밀도를 각각 0.867과 1.05 g cm^{-3}이라고 가정하고, 다음을 계산하시오.

(a) 폴리스타이렌 시료의 수평균 몰질량

(b) Flory–Huggins 식에서 나타낸 폴리스타이렌–톨루엔 사이의 상관 변수(interaction parameter)를 추정하시오.

11.3 VPO 방식이 적용될 때, 장착된 구형의 열센서에 적하된 용매와 용액 사이에서 발생되는 평형 저항값 ΔR의 측정은 (i) 벤질과 (ii) 폴리(프로필렌 옥사이드)의 클로로폼 용액을 이용하여 동일한 조건하에서 수행되었다. 결과를 다음의 표에 나타내었으며, c_B는 벤질의 농도이고, c_P는 폴리(프로필렌 옥사이드)의 농도를 나타낸다. 폴리(프로필렌 옥사이드)의 수평균 몰질량을 계산하시오.

벤질	c_B / mol dm^{-3}	0.030	0.070	0.100	0.200
	ΔR / ohm	11.541	26.819	38.183	75.481
폴리(프로필렌 옥사이드)	c_B / g dm^{-3}	6.12	17.52	25.06	50.54
	ΔR / ohm	1.246	4.135	5.920	15.130

11.4 다음에 나타낸 고분자들의 수평균 몰질량 $\overline{M}_n$값을 측정하는 방법에 대해서 서술하시오.

(a) $\overline{M}_n$값이 4×10^2에서 5×10^3 g mol^{-1}의 범위 내에 존재하는 폴리(에틸렌 글리콜) 시료

(b) $\overline{M}_n$값이 5×10^4에서 2×10^5 g mol^{-1}의 범위 내에 존재하는 폴리아크릴로나이트릴 시료

각각의 경우에 있어서 몰질량 측정법을 선택한 이유를 기술하고, 측정 시 사용하는 용매의 이름을 나타낸 다음, 측정 시에 동반될 가능성이 있는 오차에 대해 간단히 설명하시오.

참고 문헌

Allen, G. and Bevington, J.C. (eds), *Comprehensive Polymer Science*, Vol. 1 (Booth, C. and Price, C., eds), Pergamon Press, Oxford, U.K., 1989.

Barth, H.G. and Mays, J.W., *Modern Methods of Polymer Characterization*, John Wiley & Sons, New York, 1991.

Billingham, N.C., *Molar Mass Measurements in Polymer Science*, Kogan Page, London, 1977.

Flory, P.J., *Principles of Polymer Chemistry*, Cornell University Press, Ithaca, NY, 1953.

Mark, H.F., Bikales, N.M., Overberger, C.G., and Menges, G. (eds), *Encyclopedia of Polymer Science and Engineering*, Wiley-Interscience, New York, 1985–1989.

Morawetz, H., *Macromolecules in Solution*, 2nd edn., Wiley-Interscience, New York, 1975.

Sun, S.F., *Physical Chemistry of Macromolecules: Basic Principles and Issues*, 2nd edn., Wiley-Interscience, New York, 2004.

Tanford, C., *Physical Chemistry of Macromolecules*, John Wiley & Sons, New York, 1961.

12 산란법

12.1 서론

물질에 전자기파가 가해지면 몇 가지의 상호작용이 일어난다. 그 중 가장 중요한 것은 흡수, 회절, 산란이다. 흡수는 방사 전자기파의 진동수가 주파수가 구성 분자나 원자가 한 에너지 준위에서 다른 에너지 준위로 전이될 때의 특정 에너지 차이와 일치할 때 일어나며, 이는 15장에서 다루는 분광학적 방법에 의해 고분자 분석의 기초가 된다. 구성 분자나 원자가 결정과 같이 규칙적 배열을 할 경우 격자 간격과 유사한 파장을 가진 전자기파가 방출되며, 이는 17.2.1절에서 다루는 결정학(crystallography)과 잘 알려진 X선에서의 Bragg 회절 법칙을 이용한 결정성 고체의 기초가 된다. 구성 분자나 원자가 규칙적 배열을 가지고 있지 않을 경우, 방출되는 전자기파의 주파수는 에너지 차이와 일치하지 않게 되어 분자나 원자에서 방출되는 모든 방향으로 전자기파가 방출된다.

가시광선을 광원으로 사용했을 때 용액상에서 고분자 분자에 의한 산란이 이 장의 주요 내용이며, 이를 이용해 분자 크기와 모양에 관한 정보를 얻는다. 더불어, 소각(small-angle) 광산란과 소각 중성자 산란을 이용한 고분자 용액 특성 분석법도 간략히 다뤄질 것이다.

12.2 정적 광산란

우리는 광산란 현상을 일상 생활에서 매우 광범위하게 만나게 된다. 예를 들어, 비행기를 타면 창을 통해 들어오는 강한 햇빛이 공기 중에 떠 있는 먼지들에 의해 산란되어 광선처럼 강하게 보이는 것도 산란 현상 때문이고, 안개가 낀 날 시야가 매우 나빠지는 것은 공기 중의 물방울이 빛을 산란시키기 때문이며, 레이저 빛을 볼 수 있는 것도 공기 중 먼지에 의한 산란 때문이다. 또한 공기를 구성하고 있는 기체 분자의 산란 때문에 하늘이 파랗게 보이며, 새벽과 석양의 찬란하고도 아름다운 색깔도 산란 때문이다. 이 경우 우리가 관찰하는 빛의 세기는 시간에 따라 평균이 된 상태를 관찰하고 있어 **정적 광산란(static light scattering)**에 해당한다.

분자에 전자기파를 조사하면 산란이 되는 분자가 진동하고 있는 전자기파와 상호작용을 하기 때문에, 전자는 한 방향으로, 핵은 반대 방향으로 움직이므로 쌍극자(dipole)가 형성된다. 등방성(isotropic) 산란체의 경우 전자기파와 평행하게 진동한다. 진동하는 쌍극자가 전자기파 방출의 근원이며, 분자는 모든 방향으로 빛, 즉 **산란광(scattered light)**을 내보낸다. 거의 모든 산란에 의한 빛 방출은 입사 전자기의 파장(주파수)과 같은 파장을 가진다. 이 경우 에너지 변화는 없게 되고, 이를 **탄성 산란(elastic scattering)** 혹은 **Rayleigh 산란**이라고 한다. 만일 에너지 변화가 심하지는 않지만, 산란광의 에너지가 입사광의 에너지에 비해 크거나 적은 경우를 **비탄성 산란(inelastic scattering)** 혹은 **Raman 산란**이라고 한다. 비탄성 광산란은 분자 진동에 관한 정보를 제공하며, 이는 15.5절에서

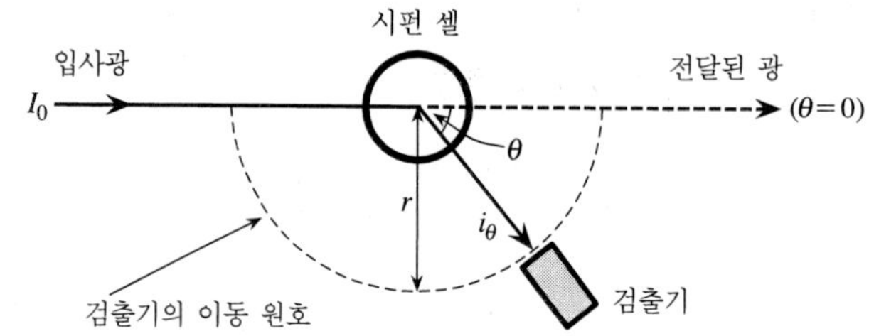

▶ 그림 12.1
광산란에 의한 고분자 용액의 특성 측정 장비의 개략도.

논의하는 Raman 분광법의 근본 원리이다. 이 절에서는 묽은 고분자 용액의 탄성 광산란을 다룬다. 이를 통해 무게 평균 몰질량(weight-average molar mass), Flory–Huggins 상호작용 매개변수, 고분자의 회전 반지름을 구할 수 있다.

12.2.1 작은 분자에 의한 광산란

광산란 이론은 1871년에 Lord Rayleigh가 기체의 성질을 연구하던 중에 처음으로 확립했다. 그의 이론에 의하면, 분자(혹은 입자)의 크기는 입사 단색광의 파장 λ에 비해 매우 작다고 가정한다. 앞으로 전개할 모든 이론에 공통적으로 적용되는, 즉 산란은 완전히 탄성 산란이라고 가정한다. 후자의 가정은 비탄성 산란이 존재한다고 해도 그 크기가 탄성 산란에 비해 매우 적기 때문에 성립에 문제가 없다. 하지만 전자의 가정은 언제나 성립되지는 않는다. Rayleigh 이론은 분자의 크기가 λ와 같거나 근접할 경우에는 수정이 필요하며, 가시광선을 입사광으로 사용할 때 분자의 크기가 큰 많은 고분자가 이에 해당한다.

그림 12.1에 제시한 개략도가 광산란 실험의 기본 원리를 보여 주고 있다. Rayleigh 이론식의 근원은 편광되지 않은 I_0의 세기를 가지는 광을 조사하면 산란 각도에 따라 산란광의 세기 I_θ가 변하며, 둘 사이는 다음 식이 성립한다는 점에 바탕을 두고 있다.

$$\frac{I_\theta}{I_0} = \frac{8\pi^4\alpha^2(1+\cos^2\theta)}{\lambda^4 r^2} \tag{12.1}$$

여기서 r과 θ는 그림 12.1에 정의되어 있다. α는 분자의 분극률(polarizability), 즉 방사에 의해 유도되는 쌍극자의 전기장 세기를 입사광의 전기장 세기로 나눈 값이다.

이제 부피 V에 N개의 기체 분자를 가지고 있는 묽은 기체를 생각해 보자. **단위 부피당 산란되는 광의 전체 세기(total intensity of scattered radiation per unit volume)** i_θ는 개별 기체 분자의 산란광 세기의 합이므로

$$\frac{i_\theta}{I_0} = \left(\frac{N}{V}\right)\frac{8\pi^4\alpha^2(1+\cos^2\theta)}{\lambda^4 r^2} \tag{12.2}$$

α는 쉽게 측정할 수 없는데, 굴절률(refractive index) n과 다음과 같은 관계가 있다.

$$4\pi\left(\frac{N}{V}\right)\alpha = n^2 - 1 \tag{12.3}$$

진공의 굴절률은 1이므로, 농도가 묽은 기체의 경우

$$n = 1 + \left(\frac{\mathrm{d}n}{\mathrm{d}c}\right)c \tag{12.4}$$

여기서 $\mathrm{d}n/\mathrm{d}c$은 굴절률 n의 기체 농도 c(단위 부피당 질량)에 따른 선형 증가율이며, **굴절률 증가치(refractive index increment)** 라고 한다. 묽은 용액에서 농도 c는 작은 값을 가지므로, 식 12.4로부터

$$n^2 \approx 1 + 2\left(\frac{\mathrm{d}n}{\mathrm{d}c}\right)c$$

식 12.3에 치환하고 재배열하면

$$\alpha = \frac{(\mathrm{d}n/\mathrm{d}c)c}{2\pi(N/V)}$$

이를 식 12.2에 대입하면

$$\frac{i_\theta}{I_0} = \frac{2\pi^2(\mathrm{d}n/\mathrm{d}c)^2 c^2(1+\cos^2\theta)}{\lambda^4 r^2 (N/V)} \quad (12.5)$$

이제 기체 분자의 몰질량이 M이고, Avogadro 상수가 $\mathbf{N_A}$이면 $N/V = c/(M/\mathbf{N_A})$. 따라서 식 12.5는

$$\frac{i_\theta}{I_0} = \frac{2\pi^2(\mathrm{d}n/\mathrm{d}c)^2 Mc(1+\cos^2\theta)}{\lambda^4 r^2 \mathbf{N_A}} \quad (12.6)$$

이 식을 비편향 방사의 **이상 탄성 Rayleigh 산란식(Rayleigh equation for ideal elastic scattering)**이라고 한다. 식을 살펴보면 그림 12.2에 제시된 것처럼 산란 각도 θ에 따라 산란광의 크기 i_θ는 대칭적으로 변한다.

이제 **Rayleigh 비(Rayleigh ratio)**라고 하는 R을 정의하는 것이 편리하다. R은 다음 식과 같이 정의되는 상대적인 산란 세기로

$$R = \frac{i_\theta r^2}{I_0(1+\cos^2\theta)} \quad (12.7)$$

R은 Rayleigh 식인 식 12.6에 기초해 생각하면 r과 θ에 의존성이 없다(Rayleigh 비는 때로는 $i_\theta r^2/I_0$로 정의되기도 한다. 이 값은 θ에 따라 의존함을 명심하라!). 따라서 **Rayleigh 식**은 다음과 같이 단순화되며,

$$R = \frac{2\pi^2(\mathrm{d}n/\mathrm{d}c)^2 Mc}{\lambda^4 \mathbf{N_A}} \quad (12.8)$$

이 식은 농도가 정해진 기체의 경우 λ와 dn/dc값을 알고 있다면 R을 측정해 M을 알 수 있다는 것을 보여 주고 있다.

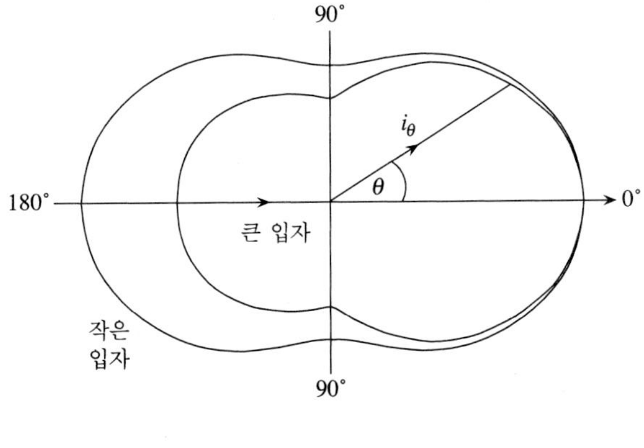

▶ **그림 12.2**
분자 크기가 각도에 따른 산란광 세기 분포에 미치는 영향을 보여 주는 이차원적 그림. 산란은 중심에서 시작되며 밖으로 뻗어 나가는데, 그 거리가 상대적인 산란광의 세기 i_θ를 나타낸다. 세기는 작은 입자의 경우 대칭적이며, 크기가 큰 입자의 경우 0도를 제외하고 모든 각도에서 비대칭적이다.

12.2.2 액체와 크기가 작은 분자로 구성된 용액의 광산란

액체의 농도는 이상 기체에 비해서는 매우 높다. 하지만 산란광의 세기가 농도의 증가에 정확히 비례하지는 않는다. 왜냐하면, 액체 내에는 어느 정도의 규칙적 배열이 있어 부분적으로 상쇄 간섭(destructive interference)을 일으키기 때문이다. 통상적으로 부피 전체를 여러 개의 분자를 포함하고 있는 부피 요소로 구성된 완전한 이상적인 격자의 집합체로 고려해 이론을 전개한다. 여러 분자를 포함하고 있다고는 하지만 이 부피 요소는 파장인 λ에 비해 매우 작기 때문에 산란을 야기하는 하나의 요소로 간주할 수 있다. 액체가 완전히 규칙적 배열을 가지고 있다면, 각 부피 요소는 동일한 개수의 분자를 포함하고 있으므로 $\theta = 0$를 제외하고는 상쇄 간섭이 완벽하게 일어난다. 명백히 실제로 그러한 일이 일어나지는 않으며 액체 내에서 부분적 농도 차이가 있어 광산란이 일어나게 된다. 즉 주어진 어떤 순간에 부피 요소에 포함된 분자의 개수가 일정하지 않기 때문이다 (물론, 시간을 평균하면 농도는 일정하다). 따라서 어떤 순간에 상쇄 간섭에 의한 산란광의 감소가 없는 부피 요소에서 잉여의 산란이 관찰된다.

묽은 용액에서는 부분적인 용질의 농도 요동(fluctuation)이 있어 추가로 산란이 관찰된다. 묽은 고분자 용액을 연구한 결과에 의하면 고분자 용액의 경우에는 고분자 분자의 산란만을 고려하면 됨이 밝혀졌다. 따라서 국지적인 용매의 농도 요동에 산란은 용액과 순수 용매의 Rayleigh 비와 ΔR의 차이를 고려해 제거한다.

$$\Delta R = R_{\text{solution}} - R_{\text{solvent}} \tag{12.9}$$

ΔR은 통상 **과잉 Rayleigh 비(excess Rayleigh ratio)**로 알려져 있으며, 정적 광산란의 경우 시간에 따라 용질 분자의 농도가 국지적으로 변한다. 부피 요소의 농도가 변하면 분극률 값이 농도 변화가 없을 경우에 비해 커지게 되고, 이를 과잉 분극률이라 한다. 시간 변화에 따라 변하는 값을 측정하지 않고 일정 시간 간격 내의 평균값을 측정하게 된다. ΔR은 이 값, 시간 평균제곱 평균 과잉 분극률(time-averaged mean-square excess polarizability) $\langle(\Delta\alpha)^2\rangle$에 의존성을 가진다. 부피 요소가 크기가 δV이고 전체 부피에 N개의 부피 요소가 있다면 $N/V = 1/\delta V$이 되고, 식 12.2, 식 12.7, 식 12.9로부터

$$\Delta R = \left(\frac{1}{\delta V}\right)\frac{8\pi^4\langle(\Delta\alpha)^2\rangle}{\lambda^4} \tag{12.10}$$

특정 순간에 $\Delta\alpha = \overline{\Delta\alpha} + \delta\Delta\alpha$. 여기서 $\overline{\Delta\alpha}$는 용질 농도 c에 해당하는 과잉 분극률의 평균값이며, $\delta\Delta\alpha$는 용질 농도 요동 δc에 따른 $\overline{\Delta\alpha}$의 순간적 요동값이다. 따라서

$$\langle(\Delta\alpha)^2\rangle = \langle[(\overline{\Delta\alpha})^2 + 2\overline{\Delta\alpha}\delta\Delta\alpha + (\delta\Delta\alpha)^2]\rangle$$

상기 관계식에서 첫 번째 항은 모든 순간 모든 부피 요소에 동일하다. 완전한 배열과 그에 따른 완전한 상쇄 간섭에 해당되므로 산란에 전혀 기여하지 않는다. 또한, 두 번째 항의 경우에도 같은 크기의 양과 음의 $\delta\Delta\alpha$값이 같은 정도로 가능하기 때문에 시간에 따른 평균은 영의 값을 가진다. 이를 바탕으로 해, 식 12.10은

$$\Delta R = \left(\frac{1}{\delta V}\right)\frac{8\pi^4\langle(\delta\Delta\alpha)^2\rangle}{\lambda^4} \tag{12.11}$$

이제 식 12.3으로부터

$$4\pi\left(\frac{1}{\delta V}\right)\Delta\alpha = n^2 - n_0^2 \tag{12.12}$$

여기서 n과 n_0는 각기 용액과 용매의 굴절률이다. 식 12.4에도 동일한 논리를 적용해

$$n = n_0 + \left(\frac{\mathrm{d}n}{\mathrm{d}c}\right)c$$

그리고 용액이 묽은 용액이므로

$$n^2 \approx n_0^2 + 2n_0\left(\frac{\mathrm{d}n}{\mathrm{d}c}\right)c$$

이를 식 12.12에 치환하고 c에 관해 미분하면 $\delta\Delta\alpha$와 δc의 관계식이 주어진다.

$$\delta\Delta\alpha = \left(\frac{n_0(\mathrm{d}n/\mathrm{d}c)\delta V}{2\pi}\right)\delta c \tag{12.13}$$

따라서 $(\delta\Delta\alpha)^2$의 시간에 따른 평균값은

$$\left\langle(\delta\Delta\alpha)^2\right\rangle = \left(\frac{n_0^2(\mathrm{d}n/\mathrm{d}c)^2\delta V^2}{4\pi^2}\right)\left\langle(\delta c)^2\right\rangle$$

식 12.11에 치환하면 다음 식이 된다.

$$\Delta R = \frac{2\pi^2 n_0^2(\mathrm{d}n/\mathrm{d}c)^2\delta V\left\langle(\delta c)^2\right\rangle}{\lambda^4} \tag{12.14}$$

Einstein과 Smoluchowski 요동 이론을 적용하면 일반식인 다음 식이 얻어진다.

$$\left\langle(\delta c)^2\right\rangle = \frac{\mathbf{R}Tc}{\delta V\mathbf{N_A}(\partial\boldsymbol{\pi}/\partial c)} \tag{12.15}$$

여기서 $\partial\boldsymbol{\pi}/\partial c$는 용질 농도에 따른 삼투압의 첫 번째 미분 계수이며 식 11.16으로부터 몰질량 M을 가지는 시료의 경우

$$\frac{\partial\boldsymbol{\pi}}{\partial c} = \mathbf{R}T\left[\frac{1}{M} + 2A_2c + 3A_3c^2 + \ldots\right] \tag{12.16}$$

따라서 식 12.14, 식 12.15, 식 12.16을 결합하면

$$\Delta R = \frac{2\pi^2 n_0^2(\mathrm{d}n/\mathrm{d}c)^2 c}{\mathbf{N_A}\lambda^4[(1/M) + 2A_2c + 3A_3c^2 + \ldots]} \tag{12.17}$$

이 식은 상호작용이 뚜렷해질수록(즉 A_2와 A_3가 증가할수록), ΔR가 감소한다는 것을 보여준다. 이는 상호작용이 용액 내에서 규칙적 배열을 증가시키기 때문이다.

통상적으로 다음과 같이 **광학 상수(optical constant)** K를 정의한다.

$$K = \frac{2\pi^2 n_0^2(\mathrm{d}n/\mathrm{d}c)^2}{\mathbf{N_A}\lambda^4} \tag{12.18}$$

그러면 식 12.17은 다음과 같이 바뀐다.

$$\frac{Kc}{\Delta R} = \frac{1}{M} + 2A_2c + 3A_3c^2 + \ldots \tag{12.19}$$

이 식은 $Kc/\Delta R$의 농도 의존성을 보여 주고 있으며, $c = 0$에서는 그 값이 영이 됨을 알 수 있다. 따라서 용질의 몰질량은 실험적으로 측정되는 $Kc/\Delta R$를 $c = 0$으로 외삽하면 얻을 수 있다.

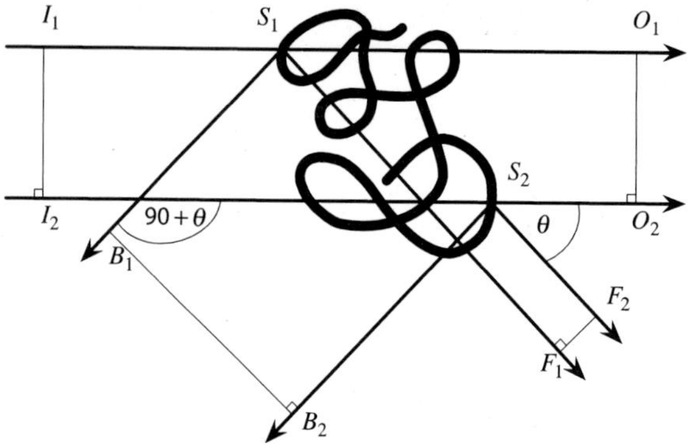

▶ 그림 12.3
같은 분자내에서 다른 두 부분 S_1과 S_2에서 일어나는 산란이 간섭을 일으킴을 보여 주는 개략도. 후방 산란의 경로 길이 차이 ($I_2S_2B_2 - I_1S_1B_1$) 가 전방 산란의 경로 길이 차이 ($I_1S_1F_1 - I_2S_2F_2$) 보다 크며, 경로 길이 차이는 $\theta = 0$에서 영이 된다 ($I_1S_1O_1 = I_2S_2O_2$).

12.2.3 크기가 큰 분자로 구성된 용액의 광산란

식 12.19의 유도 과정에서 용액과 용질은 점 산란체(point scatterer)라고 가정했다. 즉 r 크기가 파장에 비해 방사광의 파장 λ에 비해 매우 작다고 가정했다. 이러한 가정은 용매 분자의 경우에는 매우 타당하지만, 때때로 용질이 고분자인 경우 타당하지 않을 수 있다. 앞에서 전개한 ΔR에 관한 이론식은 용매 분자의 크기가 $\lambda'/20$에 근접하면 틀리기 시작한다. 여기서 λ'는 매질에서 광의 파장으로 $\lambda \approx \lambda/n_0$. 따라서 He–Ne 레이저($\lambda = 632.8$ nm) 광산란 장치의 적용 한계는 약 20 nm이다. 우리가 관심을 가지는 대부분의 고분자의 크기는 $\lambda'/20$에 근접하거나 더 크다. 이 경우 그림 12.3에 제시한 것처럼 동일 분자의 다른 부분에서 산란이 일어나게 되어, 그로 인한 산란광의 간섭이 발생해 ΔR이 감소한다. 그림 12.3은 또한 빛의 경로 길이 [path-length, 혹은 상(phase)] 차이가 θ에 따라 증가하며, $\theta = 0$인 경우에만 영이 된다. 따라서 산란 모양은 그림 12.2에 보여진 것처럼 비대칭적이며, i_θ는 전방 산란(forward scattering)이 후방 산란(backward scattering)보다 커진다. 이러한 간섭 현상을 설명하기 위하여, 다음과 같이 정의되는 **입자 산란 인자(particle-scattering factor)** $P(\theta)$를 도입한다.

$$P(\theta) = \frac{\Delta R_\theta}{\Delta R_{\theta=0}} \tag{12.20}$$

여기서

ΔR_θ는 산란 각도 θ에서 측정되는 ΔR값(간섭의 영향을 포함하고 있다)이며,
$\Delta R_{\theta=0}$는 간섭의 영향이 없을 때 얻는 ΔR값이다.

크기가 작은 분자의 경우 모든 θ에서 $P(\theta) = 1$이나, 크기가 큰 분자의 경우 $P(\theta)$는 1보다 매우 작은 값을 가지며, θ가 감소하면 증가하고 $\theta = 0$에서 1이 된다. 식 12.19과 식 12.20을 결합하면, 좀 더 일반적으로 사용할 수 있는 다음 식이 얻어진다.

$$\frac{Kc}{\Delta R_\theta} = \frac{1}{P(\theta)}\left[\frac{1}{M} + 2A_2c + 3A_3c^2 + \dots\right] \tag{12.21}$$

$\theta = 0$에서의 산란 세기 I_0의 실험적 측정은 불가능하므로, $P(\theta)$값의 결정은 간섭의 영향을 배제하기 위하여 $\theta = 0$으로 외삽을 함으로써 가능하게 된다. Debye는 $P(\theta)$가 산란체 모양의 함수 형태로 표현 가능함을 보였고, 단독으로 존재하는 Gaussian 코일에서 산란이 일어날 때의 경우

$$P(\theta) = \left(\frac{2}{u^2}\right)(u - 1 + e^{-u}) \tag{12.22}$$

여기서 u $= q^2\langle s^2\rangle$, $\langle s^2\rangle$는 코일의 평균제곱 회전 반지름(mean-square radius of gyration)이며, q는 **산란 벡터(scattering vector)**이다. 묽은 용액의 경우

$$q = \frac{4\pi n_0 \sin(\theta/2)}{\lambda} \tag{12.23}$$

Guinier는 $P(\theta)$가 $\theta \to 0$함에 따라 산란체의 모양 의존성이 없어짐을 인식하고, $q\langle s^2\rangle^{1/2} \le 1$의 조건에서 형태 의존성이 없는 $P(\theta)$에 관한 다음 식을 얻었다.

$$P(\theta) = 1 - \left(\frac{q^2\langle s^2\rangle}{3}\right) \tag{12.24}$$

$x \ll 1$일 때 $1/(1-x) \approx 1 + x$이므로, 식 12.24는

$$\frac{1}{P(\theta)} \approx 1 + \left(\frac{q^2\langle s^2\rangle}{3}\right) \tag{12.25}$$

식 12.21, 식 12.25, 식 12.23을 결합하면 **정적 광산란 일반식(general expression for static light scattering)**이 얻어진다.

$$\frac{Kc}{\Delta R_\theta} = \left[\frac{1}{M} + 2A_2c + 3A_3c^2 + \ldots\right]\left[1 + \left(\frac{16\pi^2 n_0^2 \sin^2(\theta/2)}{3\lambda^2}\right)\langle s^2\rangle\right] \tag{12.26}$$

이 식은 비편광된 입사광을 조사할 때 용질의 농도가 낮고 산란 각도가 $q\langle s^2\rangle^{1/2} < 1$인 경우에 적용 가능하다.

12.2.4 몰질량 분산도의 영향

광산란을 이용해 고분자의 특성을 분석하고자 할 때는 고분자의 몰질량이 하나의 값이 아니고 여러 몰질량의 집합체, 즉 분산도(dispersity)를 가지고 있다는 점을 고려해야 한다. 식 12.21으로부터, 무한히 묽은(희석) 용액의 경우

$$\Delta R_\theta = KcMP(\theta) \tag{12.27}$$

산란 부피 V에 몰질량 M_i 분자 n_i개가 존재하므로, ΔR_θ는 다음과 같이 되며

$$\Delta R_{\theta,i} = K\left(\frac{n_i M_i}{V}\right)M_i P_i(\theta)$$

여기서 $P_i(\theta)$는 고려 대상 i의 입자 산란 인자이다. $\Delta R_\theta = \sum \Delta R_{\theta,i}$이므로

$$\Delta R_\theta = \left(\frac{K}{V}\right)\sum n_i M_i^2 P_i(\theta)$$

이는 다음과 같이 다시 쓸 수 있다.

$$\Delta R_\theta = K\left(\frac{\sum n_i M_i}{V}\right)\left(\frac{\sum n_i M_i^2}{\sum n_i M_i}\right)\left(\frac{\sum n_i M_i^2 P_i(\theta)}{\sum n_i M_i^2}\right)$$

또한 다음과 같이 줄일 수 있다.

$$\Delta R_\theta = Kc\bar{M}_w \overline{P(\theta)}_z \tag{12.28}$$

따라서 몰질량 분산도를 가지는 용질의 경우, ΔR_θ는 무게 평균 몰질량과 z-평균 입자 산란 인자에 의존하게 된다. z-평균 입자 산란 인자는 식 12.24를 적용하면 다음 식으로 변환되며

$$\overline{P(\theta)}_z = 1 - \left(\frac{q^2}{3}\right)\left[\frac{\sum n_i M_i^2 \langle s^2 \rangle_i}{\sum n_i M_i^2}\right]$$

다음과 같이 줄여 표현할 수 있다.

$$\overline{P(\theta)}_z = 1 - \left(\frac{q^2}{3}\right)\overline{\langle s^2 \rangle}_z \tag{12.29}$$

따라서 **몰질량 분산도를 가지는 용질(solute with molar mass dispersity)**의 경우, 식 12.26은 다음과 같이 된다.

$$\frac{Kc}{\Delta R_\theta} = \left[\frac{1}{\bar{M}_w} + 2A_2c + 3A_3c^2 + \ldots\right]\left[1 + \left(\frac{16\pi^2 n_0^2 \sin^2(\theta/2)}{3\lambda^2}\right)\overline{\langle s^2 \rangle}_z\right] \tag{12.30}$$

위 식은 고분자의 크기가 충분히 클 때, 농도 c가 다른 고분자 용액 여러 가지를 만들어 각 시료의 산란각 θ에 따른 ΔR_θ를 측정하고, 위 식을 이용해 $\bar{M}_w$, A_2, $\overline{\langle s^2 \rangle}_z$를 구할 수 있음을 보여 주고 있다.

식 12.30은 $Kc/\Delta R_\theta$가 c와 θ에 따라 삼차원적으로 변하고 있다고 이야기하고 있다. 이는 실제적 적용에 약간의 어려움을 안고 있다. 하지만 Zimm이 고안한 매우 우아한 방법을 사용하면 이차원적으로 데이터 분석이 가능하며, 이 방법을 **Zimm 플롯**이라 한다. Zimm 플롯은 $Kc/\Delta R_\theta$를 c와 θ를 합한 양인 $\sin^2(\theta/2) + k'c$로 플롯하는 것이 주요 내용이다. k'는 임의의 상수로, 데이터 점들이 충분히 떨어질 수 있도록 적절히 선택한다(농도 c의 단위로 g dm^{-3}가 사용될 경우, k'는 통상 0.1로 잡는다). 그림 12.4에 제시된 것과 같은 그리드 형태의 그래프가 얻어지며, 두 세트의 선으로 구성되어 있고, 한 세트는 일정 농도 c에서의 데이터 점들을 연결하는 선이며, 다른 세트는 일정 각도 θ에서의 데이터 점들을 연결하는 선이다. A_2값을 얻기 위해서는, 일정 농도 c에서의 각 선들을 $\theta = 0$ (즉 $k'c$까지)으로 외삽하며, 이렇게 얻어진 점들을 계속해 $c = 0$로 외삽한다. 이렇게 외삽한 경우 초기 기울기로부터 A_2값이 얻어지는데, 이 값은 다음 식으로 정의된다.

$$A_2 = \left(\frac{k'}{2}\right)\left[\frac{\mathrm{d}[Kc/\Delta R_\theta]_{\theta=0}}{\mathrm{d}(k'c)}\right]_{c\to 0} \tag{12.31}$$

동일한 방법으로, 일정 각도 θ에서의 각 선들을 $c = 0$ (즉 $\sin^2(\theta/2)$까지)으로 외삽하면 $\theta = 0$에서 근접하는 값이 얻어진다. 이 경우 초기 선형 기울기가 $\overline{\langle s^2 \rangle}_z$이고, $\bar{M}_w$, λ, n_0를 포함하고 있는 다음 식으로 정의된다.

$$\overline{\langle s^2 \rangle}_z = \left(\frac{3\lambda^2 \bar{M}_w}{16\pi^2 n_0^2}\right)\left[\frac{\mathrm{d}[Kc/\Delta R_\theta]_{c=0}}{\mathrm{d}[\sin^2(\theta/2)]}\right]_{\theta\to 0} \tag{12.32}$$

위에서 제시한 두 가지 외삽에서 공통적 근접값인 $\bar{M}_w$가 얻어진다. 즉,

$$\left(\frac{Kc}{\Delta R_\theta}\right)_{\substack{c\to 0\\ \theta\to 0}} = \frac{1}{\bar{M}_w} \tag{12.33}$$

다음으로 식 12.32로부터 $\overline{\langle s^2 \rangle}_z$가 얻어진다. 따라서, 정적 광산란 측정을 통해 $\bar{M}_w$, A_2 (또한 11.2.1절에 제시한 방법을 따라 χ도 얻어진다), $\overline{\langle s^2 \rangle}_z$의 **절댓값(absolute value)**이 얻어진다. 마지막 $\overline{\langle s^2 \rangle}_z$는 분자 형태를 포함하고 있지 않지만, $q^2\overline{\langle s^2 \rangle}_z$과 $P(\theta)_{c=0}$의 관계식을 이용해 용액 내에서의 분자의 모양을 끄집어 낼 수 있다.

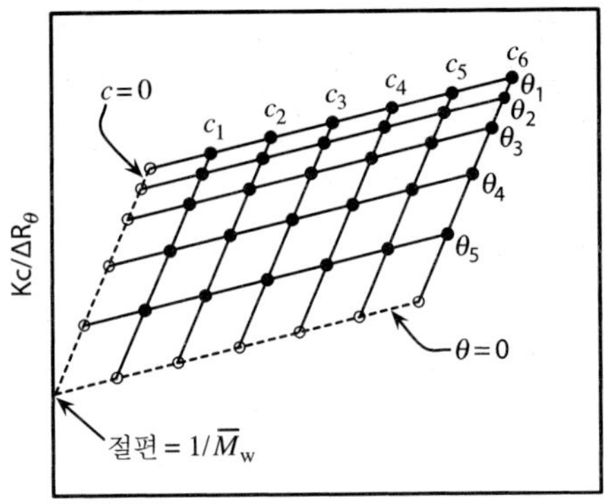

▶ 그림 12.4
광산란 데이터 분석법을 보여 주는 Zimm 플롯의 개략도. 검은색 점(●)은 실험적으로 측정된 값을, 흰색 점(○)은 외삽한 데이터를 뜻한다.

조금 간략한 방법도 있다. $\theta = 90°$에서 ΔR_θ를 측정하고 $\theta = 90°$를 기준으로 대칭성을 보이는 두 개의 다른 각도(즉 θ와 $180 - \theta$, 일반적으로 45°와 135°를 선택)에서의 ΔR_θ 를 측정하면 위의 경우보다 정확도는 떨어지나 $\bar{M}_w$와 $\langle s^2 \rangle_z$를 구할 수 있다. **비대칭성 비율(dissymmetry ratio)** Z는 농도가 다른 고분자 용액을 사용해 다음 식으로부터 계산한 후, $c = 0$로 외삽하면 된다.

$$Z = \frac{\Delta R_\theta}{\Delta R_{180-\theta}} \tag{12.34}$$

Z의 한계값으로부터 문헌에 발표된 데이터를 이용하면 $P(90)$와 $\langle s^2 \rangle_z/\lambda'$가 구해진다. 문헌은 특정 형태(즉 Gauss 코일, 딱딱한 막대(타원체)를 지닌 산란체의 $P(90)$의 Z 에 따른 변화성과 Z의 $\langle s^2 \rangle_z/\lambda'$에 따른 변화성에 관한 데이터를 제공하고 있다. 따라서 고분자의 모양은 특정 형태로 가정하거나 그 전에 알고 있어야 한다. 그러면, $\langle s^2 \rangle_z/\lambda'$로부터 $\langle s^2 \rangle_z$를, 다음 식으로부터 $\bar{M}_w$를 쉽게 구할 수 있다.

$$\left(\frac{Kc}{\Delta R_{90}}\right)_{c\to 0} = \frac{1}{\bar{M}_w P(90)} \tag{12.35}$$

12.2.5 정적 광산란 측정법

광산란 장치의 기본적 모양은 그림 12.1에 제시되어 있다. 설명하자면, 광원과 시편의 온도가 ±0.01°C 내에서 조절되는 시편 셀, 그를 중심으로 끝에 산란광의 세기를 측정할 수 있는 광전자증배관(photomultiplier)이 달려 있는, 각도를 매우 정확히 조정되는 각도 측정 장치인 측각기(goniometer)가 산란 각도를 따라 회전하게 되어 있다. $i_\theta \propto I_0\lambda^{-4}$이므로 광원으로 단파장의 가시광선을 사용하면 높은 세기의 산란광이 육안으로 관찰될 수 있어 이상적이다. 현재 개발되어 사용되고 있는 장비는 $\lambda = 632.8$ nm의 He–Ne 레이저나 $\lambda = 488.0$ nm 혹은 514.5 nm의 Ar 이온 레이저를 사용한다. 회전각은 약 10°에서 160°까지 각도 θ에 따라 i_θ 측정이 가능하게 설계되어 있다. 통상 i_θ는 광전자증배관에 나타나는 용액의 출력 전압값을 기록한 후, 이를 표준물질로 사용하는 용매(예를 들어 벤젠)을 측정했을 때의 출력 전압값과 비교해 용매 대비 용액의 Rayleigh 비를 결정한다. 이러한 방법에 의하면 I_0와 i_θ의 절댓값을 측정할 필요가 없어진다. 이렇게 얻어진 Rayleigh 비를 굴절의 영향과 θ에 따른 산란 부피의 변화에 고려해 보정을 한다.

측정의 민감성은 광원의 특징뿐 아니라 굴절률 증가율(dn/dc)에 크게 의존한다. 따라서 고분자와 굴절률이 크게 다른 용매를 선택하는 것이 바람직하다(전형적으로 dn/dc은 약 0.0001 dm^3 g^{-1}이다). $\bar{M}_w$, A_2, $\langle s^2 \rangle_z$의 계산을 위해서 입사하는 광의 dn/dc값을 정확히 알아야만 한다. 만일 문헌에서 정보를 구할 수 없을 시에는 미분 굴절계(differential refractometer)를 통해 측정이 가능하다.

다음으로 고려할 점은 측정하고자 하는 모든 시료는 먼지와 같은 불순물을 포함하고 있지 않아야 한다. 먼지가 존재하면 산란을 일으켜 측정값에 오류를 가져올 수 있기 때문이며, 이 같은 주위 사항은 실제 실험을 수행할 때 매우 중요하다. 따라서 표준시료, 용매 및 용액은 측정 전 깨끗하게 먼지 등을 제거하여야 하며, 통상 0.2~0.5 μm의 기공 크기를 가지고 있는 미세기공체에 압력을 가한 여과 과정 혹은 고속 원심분리 과정을 거치게 된다.

광산란 측정법은 전형적으로 무게 평균 몰질량($\bar{M}_w$)이 2×10^4~5×10^6 g mol^{-1}의 범위에서 매우 정확하다. 측정 가능한 하한선은 측정 가능한 i_θ값이 얼마인가와 몰질량이 매우 적은 경우에 몰질량에 따른 dn/dc값 변화 정도에 의해 결정된다. 분자 크기가 클 경우 같은 분자내의 다른 부분이 상쇄 간섭을 일으키기 때문에 분자 크기가 $\lambda'/2$와 같아지는 점이 상한선에 해당한다.

12.2.6 다성분계의 광산란

앞 절에서 논의한 광산란 이론과 이를 이용한 실험 방법은 단일 성분의 용매에 용해된 단일중합체에 적용 가능하다. 혼합 용매에 용해된 단일중합체 용액이나 단일 성분의 용매에 용해된 공중합체에 적용하기 위해서는 수정이 필요하지만, 이들 논의는 수준이 다소 높아 이 책에서 다루지는 않는다. 하지만 다음 사항들을 고려해야 한다는 것에 주위를 기울여야 한다: (i) dn/dc이 더 이상 하나의 값을 가지지 않고; (ii) 혼합 용매의 경우 분자 코일에 더 친화적으로 작용하는 용매가 있으며; (iii) 공중합체의 경우, 분자 각각을 비교할 때 총체적 조성은 같을지라도 반복 단위 분포는 다를 수 있다(즉, 불규칙, 블록, 그래프트).

12.3 동적 광산란

정적 광산란 실험에서는 일정 시간 간격에서 평균을 취한, 즉 산란광 세기의 전체 값을 측정하였다. 이 값은 용액의 경우 시간 평균 제곱 평균 과잉 분극률과 관련이 있으며, 이는 결국 시간 평균 제곱 평균 농도 요동과 관련이 있다. 정적 광산란은 그 자체로도 풍부한 정보를 제공하지만, 용질 분자의 실시간 랜덤(즉, Brownian) 움직임을 관찰한다면 더 많은 정보를 얻을 수 있다. 용질 분자의 이러한 움직임은 **Doppler 효과**를 가져와 산란광의 진동수가 입사광의 진동수에서 살짝 벗어나게 된다[이러한 산란을 **유사 탄성(quasi-elastic)**이라고 한다]. 이러한 진동수 이동은 용질 분자의 **동적(dynamic)** 움직임과 관련된 정보를 제공하며, 입사광의 진동수가 매우 좁은 경우(즉 진동수 이동의 크기에 비해 매우 작은 경우) 특수 간섭계(interferometer)와 스펙트럼 분석기를 사용해 측정 가능하다. 따라서 레이저 광원을 사용하면 이러한 측정이 가능하다.

용질 분자의 움직임을 관찰하는 더 인기가 있는 다른 방법으로는 산란광 세기의 변화를 실시간으로 기록하는 방법이다. 산란광의 세기가 변하는 정도나 주기는 단일 부피 요소에서의 산란이 관찰될 경우 최대가 된다(즉 해당 부피 요소 내 용액에 용질 분자가 거의 없을 경우이다). 만일 하나가 아닌 다수의 부피 요소에서 산란이 검출계에 전달되면 총괄적인, 즉 평균값이 기록되므로, 그 값들은 감소한다. 이러한 관점에서 본다면, 구경(aperture)이 매우 좁은 고감도의 광전자증배관이나 광다이오드 검출기를 사용해 용액 내 매우 적은 한 점에서 산란되는 빛이 검출기를 통과한다고 간주한다. 일련의 일정 측정 소요 시간 간격(통상 50 ns에서 1분까지 변함) 중에 검출기에 다다르는 산란광이 가지고 있는 광자(photon)의 전체 개수는 컴퓨터에 연결된 디지털 상관계(correlator)에 기록 분석된다. 광자의 개수 측정에 소요되는 시간 간격은 **샘플 시간(sample time)** Δt라고 알려져 있다. 특정 광자를 측정 후, 그 다음 특정 광자가 측정되기까지의 소요 시간의 간격은 **상관 시간(correlation time)** τ라고 알려져 있다. Δt를 세기 요동이 일어나는 시간에 비해 매우 짧게 설정하는 것이 핵심이며, 고분자의 경우 대략 1 μm~1 ms. 따라서 τ가 Δt의 몇 배(즉 1, 2, 3) 정도이면 해당 광자수 카운트(photon count)는 서로 밀접히 관련이 있으며, 이를 **상관성이 있다(correlated)**고 한다. 그러나 τ가 Δt보다 매우 큰 배수이면(즉 세기 요동이 일어나는 시간에 비해 매우 클 경우), 해당 광자수 카운트는 상관성이 없다고 한다. 특정 τ에서 광의 전체 세기 i_θ의 **자체상관 함수(autocorrelation function)** $G^{(2)}(\tau)$는 다음과 같이 정의된다.

$$G^{(2)}(\tau) = \lim_{T \to \infty} \left[\frac{1}{T} \int_0^T i_\theta(t) i_\theta(t+\tau) dt \right] \tag{12.36}$$

그리고 정규화 수치 $g^{(2)}(\tau)$ 는

$$g^{(2)}(\tau) = \frac{G^{(2)}(\tau)}{G^{(2)}(0)} \tag{12.37}$$

여기서 $G^{(2)}(0)$는 시간 t에서의 제곱한 후 시간에 대해 평균을 취한 값 $\langle i_\theta(t)^2 \rangle$이다. 어느 $g^{(2)}(\tau)$을 사용해야 정확한 값이 측정되는가는 상관계의 채널 수 N_c에 의존한다. 왜냐하면 각 채널이 특정 시간 간격 Δt 동안 검출기에 도달하는 광자 개수를 측정하기 때문이다. 예를 들어, 64-채널 상관계는 64개의 연속적인 Δt 시간 간격 동안 각 시간 간격에서 광자수 기록이 가능하다. 따라서 채널의 개수가 얻을 수 있는 τ값의 개수를 정확히 조정한다(예에 제시한 64 채널의 경우, $\tau = 0$, Δt, $2\Delta t$, $3\Delta t$, ... $63\Delta t$). 실험 시간대에서 상관계는 광자수를 세어 일련의 τ에서의 $g^{(2)}(\tau)$를 구한다.

$$g^{(2)}(\tau) = \frac{1}{\langle n^2 \rangle} \sum_{i=1}^{N_c} n_i n_{i+j} \tag{12.38}$$

여기서

$\tau = j\Delta t$(j 는 두 개의 연속적인 광자수 카운트를 분리하는 채널의 수).

n_i과 n_{i+j}는 각각 채널 i와 $i + j$에 기록되는 전체 광자수.

$\langle n^2 \rangle$는 시간 간격 Δt 동안 측정된 광자수를 제곱한 후 시간으로 평균한 값.

(예를 들어, $j = 3$에는 $g^{(2)}(3\Delta t)$가 얻어진다. 첫 번째 채널의 광자수는 네 번째 채널의 광자수와 상관해서 얻고, 두 번째 채널의 광자수는 다섯 번째 채널의 광자수와 상관해서 얻으며, 세 번째 채널의 광자수는 여섯 번째 채널의 광자수와 상관해서 얻고, 이러한 방법으로 이어서)

분석이 광자수 계산에 의해 수행되므로, 이러한 동적 광산란 기법은 **광자 상관 분광법(photon correlation spectroscopy)**이라 알려져 있다.

τ 증가에 따른 $g^{(2)}(\tau)$ 감소는 용질 분자의 움직임 속도에 관련된 정보를 포함하고 있으며, Siegert는 $g^{(2)}(\tau)$와 **정규화된 전기장 자체상관 함수(normalized electric field autocorrelation function)** $g^{(1)}(\tau)$의 상관식을 통해 얻을 수 있다.

$$g^{(2)}(\tau) = A + B\left|g^{(1)}(\tau)\right|^2 \tag{12.39}$$

여기서 A와 B는 주어진 계와 관련된 상수이며, $|g^{(1)}(\tau)|$는 $g^{(1)}(\tau)$의 크기이다.

Brownian 운동을 보이는 단일 몰질량의 용질 분자에 의한 독립적 산란의 경우, $g^{(1)}(\tau)$은 단일 지수 형태 감소 곡선의 모양을 보인다.

$$\left|g^{(1)}(\tau)\right| = \exp(-\Gamma\tau) \tag{12.40}$$

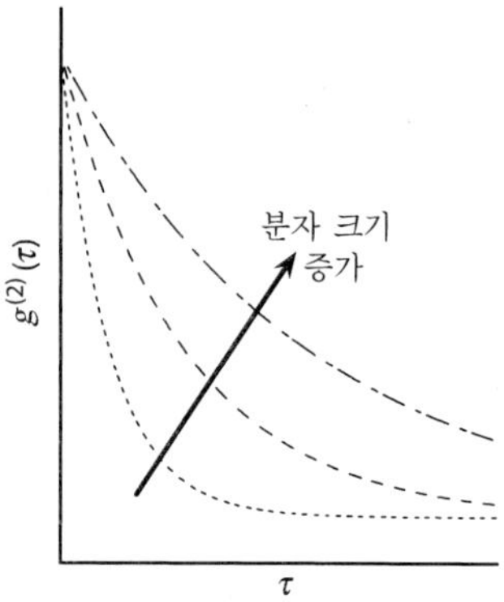

▶ **그림 12.5**
τ에 따라 $g^{(2)}(\tau)$가 지수적으로 감소함을 보여 주는 개략도. 감소율은 분자 크기가 커질수록 작아진다.

여기서 Γ는 **특성 감소율(characteristic decay rate)** 이다. 그러므로,

$$g^{(2)}(\tau) = A + B\exp(-2\Gamma\tau) \tag{12.41}$$

따라서 실험적으로 측정되는 $g^{(2)}(\tau)$ 데이터를 지수 곡선에 맞춰 가면 Γ 결정이 가능하다. Γ는 용질의 **전이 확산 계수(translational diffusion coefficient)** D와 다음과 같은 관련이 있다.

$$\Gamma = q^2 D \tag{12.42}$$

여기서 q는 12.23절에서 정의된 산란 벡터이다. 분자 크기가 크면 D값은 감소한다. 따라서 τ에 따른 $g^{(2)}(\tau)$의 감소율은 그림 12.5에 보이는 것처럼 분자의 크기가 커지면 줄어든다.

몰질량에 분산이 있는 고분자의 경우, $|g^{(1)}(\tau)|$는 지수항들의 무게를 감안한 값을 사용해 근삿값을 구할 수 있다.

$$|g^{(1)}(\tau)| = \sum C_p \exp(-\Gamma_p \tau) \tag{12.43}$$

여기서 C_p와 Γ_p는 각각 분자 p의 무게 인자 분율과 특성 감소율이다. 실제에서는 $g^{(2)}(\tau)$ 데이터를 두 개 이상의 지수를 포함하는 함수의 값이 더해진 값에 맞춰 가면서 관련된 값들을 결정하는 매우 복잡한 과정이 필요하다. 따라서 간략히 Γ의 평균값만 적당한 정도의 정확도로 결정한다. 광산란 이론은 C_p가 다음 식에 의해 p 분자의 산란 세기에 비례함을 보여 주고 있다.

$$C_p = \frac{z_p I_p}{\sum z_p I_p} \tag{12.44}$$

여기서 z_p는 p 분자의 분자 개수이며, I_p는 p 분자 한 개가 산란될 때의 산란 세기이다.

고분자 p를 동일 크기의 고체 구로 간주하면, I_p는 분자 부피 V_p^2에 비례한다. V_p는 몰질량 M_p에 비례한다. 즉 I_p는 M_p^2에 비례한다. 식 12.42, 식 12.43, 식 12.44를 결합하면 Γ의 첫 번째 축적 평균(first cumulant average)이 얻어진다.

$$\bar{\Gamma} = q^2 \frac{\sum z_p M_p^2 D_p}{\sum z_p M_p^2} = q^2 \frac{\sum w_p M_p D_p}{\sum w_p M_p} \tag{12.45}$$

여기서 w_p는 p의 전체 무게이다. 따라서 식 1.10과 유사하게

$$\bar{\Gamma} = q^2 \bar{D}_z \tag{12.46}$$

여기서 $\bar{D}_z$는 **z-평균 전이 확산 계수(z-average translational diffusion coefficient)** 이다. 식 10.103, 즉 $D = K_D M^{-a_D}$에서의 매개변수인 K_D과 a_D의 값을 알고 있다면, 비록 다음 식처럼 단순 평균은 아닐지라도 평균 몰질량 결정이 가능하다.

$$\bar{D}_z = K_D \left\langle \overline{\frac{1}{M^{a_D}}} \right\rangle_z \tag{12.47}$$

여기서 $\langle \overline{1/M^{a_D}} \rangle_z$는 $1/M^{a_D}$의 z-평균이다. 몰질량 평균도 얻어지며, 그 값은 $\langle \overline{1/M^{a_D}} \rangle_z^{-1/a_D}$이다. 비록 어느 정도 분산이 좁은 경우에만 신뢰성이 있지만, Γ_p의 분산 정도로부터 몰질량의 분포에 관한 추가 정보도 끄집어낼 수 있다. 용액에서 분자의 크기도 측정 가능하다; 예를 들어, 식 10.100으로부터 몰질량에 분포가 있는 다분산 고분자의 경우,

$$\bar{D}_z = \frac{\mathbf{k}T}{6\pi\eta_0}\left\langle \overline{\frac{1}{R_h}} \right\rangle_z \tag{12.48}$$

여기서 **k**는 Boltzmann 상수이고, T는 온도이며, η_0는 용매의 점도이고, $\langle \overline{1/R_h} \rangle_z$는 $1/R_h$의 z-평균이다.

따라서 D_z로부터 고분자의 **조화 z-평균 유체역학적 반지름(harmonic z-average hydrodynamic radius)** $\langle \overline{R_h} \rangle_{hz}$를 구할 수 있다 (고분자를 동일 크기의 고체 구로 간주했다).

$$\langle \overline{R_h} \rangle_{hz} = \frac{1}{\langle \overline{1/R_h} \rangle_z} \tag{12.49}$$

일련의 산란 각도에서 측정을 수행하면, 용액 내에서 고분자의 모양을 알아낼 수 있다.

광자 상관 측정법(photon correlation spectroscopy, PCS)은 고분자의 유체역학적 거동 연구와 용해 조건(예를 들어, 용매, 온도), 고분자의 골격 구조(예를 들어, 선형, 가지, 고리)의 영향에 관한 연구에 특히 적절하다. PCS 장치의 발전은 멀티 비트 프로세서(multi-bit processor) 개발(그로 인해 $g^{(2)}(\tau)$가 더욱 더 정확도를 가지고 구해질 수 있다)과 $g^{(2)}(\tau)$로부터 추출되는 정보를 사용하는 분석법의 개발에 크게 도움을 받았다. 오늘날, 대부분의 광산란 장치는(전체적 산란 세기를 측정하는) 정적 광산란과 PCS가 구비된 동적 광산란 측정 두 가지를 모두 수행할 수 있도록 설계되어 있다.

12.4 소각 X선과 중성자 산란

가시광선의 광산란을 논의하면서 제시했던 산란 관련 이론식들은 산란이 일어나는 기원이 다르므로 광학 상수인 K를 다르게 정의한다면 X선과 중성자 산란의 경우에도 그대로 적용할 수 있다. 두 가지 각각, K는 관심 대상인 산란체(예를 들어, 용질 분자)와 그들의 주변(예를 들어, 용매 분자) 간의 해당 특성 차이의 제곱에 비례한다. 가시광선의 산란은 K_{LS} 관련식인 식 12.18에 포함된 항인 분극률 차이가 가져오는 $[n_0(dn/dc)]^2$에 기인한다. X선 산란의 경우에는 **전자 농도 차이(electron density difference)** $\Delta\rho_{ed}$에 기인하며, $K_{XS} \propto (\Delta\rho_{ed})^2$이다. 중성자 산란의 경우에는 **중성자 산란 거리 농도 차이(neutron scattering-length density difference)** $\Delta\rho_{nsld}$에 기인하며, $K_{NS} \propto (\Delta\rho_{nsld})^2$이다.

X선의 파장은 통상 약 0.1 nm이며, 중성자의 파장은 통상 약 0.1 nm~2 nm로, 가시광선 산란에 비해 매우 짧다. 따라서 X선과 중성자 산란 측정으로부터는 광산란에 비해 매우 작은 크기 차원에서의 산란에 관한 정보가 얻어진다. 하지만 간섭 영향(즉 $P(\theta)$로 인한)으로부터 매우 작은 크기 차원의 정보를 얻기 위해서는 $\theta < 2°$의 매우 작은 산란각에서, 경로 길이 차이가 $\lambda'/2$보다 작은 상황하에서 측정을 해야만 한다. 이 경우의 측정은 검출기를 산란체로부터 매우 멀리 떨어지게(통상 1~40 m) 배치하면 가능해진다. 측정이 소각(small angle)에서 이루어지기 때문에 'SA'가 X선 산란(SAXS)과 중성자 산란(SANS)에 공통적으로 사용된다.

SAXS와 SANS에서도 광산란과 마찬가지로 같은 방법에 의해 $\bar{M}_w$, A_2, $\langle \overline{s^2} \rangle_z$를 구할 수 있다. 식 12.24에 정의된 Guinier 근사식을 이용해 식 12.30의 식을 SAXS와 SANS에 전개하면, 분자 모양을 정할 필요가 없이 $\langle \overline{s^2} \rangle_z$를 구할 수 있다. 하지만 Guinier 근사식은 $q\langle \overline{s^2} \rangle_z^{1/2} < 1$인 경우에만 만족하므로, $\langle \overline{s^2} \rangle_z^{1/2}$를 구하기 위해 근사식을 사용하는 것 또한 실험 데이터의 외삽이 $\langle \overline{s^2} \rangle_z^{1/2} < q^{-1}$인 θ 범위에서 이루어질 때만 만족한다. 달리 표현하자면, 주어진 λ값과 실험적으로 사용하는 θ 영역에서 Guinier 근사식을 사용해 $\langle \overline{s^2} \rangle_z^{1/2}$를 결정함에 있어 상한값이 있다. SAXS, SANS, 광산란의 상한값은 표 12.1에 제시한 전형적

인 λ, θ를 가지고 있을 때 얻어지는 q^{-1}값을 보면 알 수 있듯이 각각 5, 20, 200 nm이다. $q\langle \overline{s^2}\rangle_z^{1/2} > 1$인 경우, $P(\theta)$에 대한 완전한 표현이 실험 데이터를 해석하기 위해 요구되며, 고분자의 경우 특정 모형(예를 들어, Gaussian 코일의 경우 식 12.22를 사용한 것처럼)을 가정할 필요가 있다.

싱크로트론 방사(synchrotron radiation)에서 나오는 X선 방사광을 사용하면 파장 $0.06 < \lambda < 0.3$ nm가 가능하다. 실험실에서는 통상적으로 상용하는 CuK_α의 경우, $\lambda =$ 0.154 nm이다. 고분자의 경우 $\langle \overline{s^2}\rangle_z^{1/2}$은 5 nm보다 크기 때문에, Guinier 영역은 SAXS에서는 얻을 수 없기 때문에, $\langle \overline{s^2}\rangle_z^{1/2}$를 구하기 위해서는 적절한 모형 가정이 요구된다.

중성자 반응로부터 얻어지는 열중성자(thermal neutron, λ가 약 0.1 nm)를 SANS에 사용하기 위해서도 SAXS에서와 유사한 제약이 존재한다. 하지만 열중성자의 속도를 줄이면 $\lambda = 1$ nm의 냉중성자(cold neutron)가 얻어지고, 이를 사용하면 Guinier 영역에서 SANS 측정이 가능한 크기인 20 nm까지의 $\langle \overline{s^2}\rangle_z^{1/2}$를 구할 수 있다. 이 범위에서의 측정은 $\lambda = 488.0$ nm의 Ar 이온 레이저를 사용하는 광산란에서 얻을 수 있는 $\langle \overline{s^2}\rangle_z^{1/2}$의 하한선 값인 15 nm를 충분히 보완해 줄 수 있다. SANS에서 필요 대비(즉 $\Delta\rho_{nsld}$)를 얻기 위해, 수소(^1H) 원자와 중수소(^2H) 원자의 중성자 산란 거리의 큰 차이를 이용한다. 따라서 중수소화(deutero)-용매나 혹은 중수소화-용질이 사용된다. ^1H과 ^2H는 개별 산란체로 작용하기 때문에, 블록 공중합체의 특정 블록의 경우 $\langle \overline{s^2}\rangle_z^{1/2}$를 구할 수 있다. 이는 블록 공중합체에서 한쪽 블록만 중수소화-고분자를 가지게끔 합성하고 이를 적절한 ^1H 용매를 사용해 SANS 측정이 가능해졌기 때문에 실현 가능해졌다.

X선과 중성자는 고체 내부에도 침투가 가능해 SAXS와 SANS는 고체 고분자의 구조 측정에 이용된다. SAXS는 고분자에서 분산된 상의 크기 측정에 널리 사용되며, 특히 고분자 형태 연구에 적합하다(17.4.3절과 18.3.2.2절 참조). SANS 측정은 고체 상태의 ^1H 고분자에 중수소화-고분자(예를 들어, 폴리스타이렌에는 중수소화-폴리스타이렌)를 적은 양(즉 낮은 농도)만 혼합해도 측정이 가능하다. 이러한 측정을 통해 10.3.3절에 논의한 비정형 상태에서 고분자의 모양은 섭동(혹은 교란)되지 않은 크기를 가진다는 가설에 반박할 수 없는 실제적 증거를 제공하였다. 유사하게, 상이 분리된 블록 공중합체에서 개별 블록의 크기와 그물구조 고분자에서 그물구조를 이루는 사슬의 크기 측정도 선택적인 중수소화(deuteration)를 이용해 가능하다. 따라서 현재로는 SANS가 고분자 사슬의 크기 연구에는 가장 강력한 기법이며, 여기에 언급한 내용 이외에도 많은 적용 가치가 있다.

표 12.1 전형적인 λ, θ값을 가지는 경우 식 12.23에 의해 계산되는 산란 벡터의 역수 q^{-1} 값[a]

산란법	λ/nm	θ	q^{-1}/nm
SAXS	0.154	1.0°	1.4
	0.154	0.5°	2.8
	0.154	0.2°	7.0
SANS	1.0	1.0°	9.1
	1.0	0.5°	18.2
	1.0	0.2°	45.6
광산란	632.8	60.0°	67.1
	632.8	30.0°	129.7
	632.8	10.0°	385.2

[a] 매질의 굴절률 n_0은 임의로 SAXS와 SANS의 경우 1.0, 광산란의 경우 1.5로 가정함.

문제

12.1 폴리스타이렌을 벤젠에 녹인 일련의 용액으로부터 광산란 장치를 이용해 25°C에서의 Rayleigh 비 (R_θ)를 얻었다. 검출기는 입사광으로부터 여러 다른 각도 θ에 배치되었고, 파장이 546.1 nm인 비편광 단색광이 사용되었다. 측정 결과를 아래에 표로 제시하였다. 주어진 실험 조건하에서, 벤젠의 Rayleigh 비와 굴절률은 각각 $46.5 \times 10^{-4}\,m^{-1}$과 1.502이다. 폴리스타이렌 용액의 굴절률 증가도는 $1.08 \times 10^{-4}\,dm^3\,g^{-1}$이다.

폴리스타이렌	각도 θ에서 측정된 $10^4 \times R_\theta$값 (m^{-1})			
농도 ($g\,dm^{-3}$)	30°	60°	90°	120°
0.50	72.3	69.4	66.2	64.3
1.00	89.8	85.7	81.3	78.2
1.50	100.8	97.1	92.0	88.1
2.00	108.7	103.8	99.7	95.9

Zimm 플롯을 이용해, 다음을 구하시오.

(a) 폴리스타이렌 시료의 무게 평균 몰질량 $\bar{M}_w$.

(b) 25°C에서 벤젠에 용해된 폴리스타이렌의 z-평균 회전 반지름 $\langle \overline{s^2} \rangle_z^{1/2}$.

(c) 25°C에서 벤젠–폴리스타이렌의 상호작용을 나타내는 이차 비리알 계수 A_2.

12.2 폴리(메틸 메타크릴레이트) [poly(methyl methacrylate)]를 톨루엔에 녹인 후, 동적 광산란 장치를 이용해 25°C에서 z-평균 확산 계수를 측정한 결과 $1.63 \times 10^{-11}\,m^2\,s^{-1}$의 값이 얻어졌다. 25°C에서 톨루엔의 점도가 5.55×10^{-4} Pa s라면, 폴리(메틸 메타크릴레이트)의 회전 반지름이 얼마인지 계산하시오. 또한 이 경우 얻어진 회전 반지름은 어떠한 형태인지 제시하시오.

12.3 광산란법에 의해 고분자 사슬의 크기를 측정할 산란 벡터 q의 중요성이 무엇인지를 논의하시오.

참고 문헌

Allen, G. and Bevington, J.C. (eds), *Comprehensive Polymer Science*, Vol. 1 (Booth, C. and Price, C., eds), Pergamon Press, Oxford, U.K., 1989.

Billingham, N.C., *Molar Mass Measurements in Polymer Science*, Kogan Page, London, U.K., 1977.

Flory, P.J., *Principles of Polymer Chemistry*, Cornell University Press, Ithaca, NY, 1953.

Hiemenz, P.C. and Lodge, T.P., *Polymer Chemistry*, 2nd edn., CRC Press, Boca Raton, FL, 2007.

Huglin, M.B. (ed), *Light Scattering from Polymer Solutions*, Academic Press, London, 1972.

Mark, H.F., Bikales, N.M., Overberger, C.G., and Menges, G. (eds), *Encyclopedia of Polymer Science and Engineering*, Wiley-Interscience, New York, 1985–1989.

Morawetz, H., *Macromolecules in Solution*, 2nd edn., Wiley-Interscience, New York, 1975.

Roe, R.-J., *Methods of X-ray and Neutron Scattering in Polymer Science*, Oxford University Press, New York, 2000.

Sun, S.F., *Physical Chemistry of Macromolecules: Basic Principles and Issues*, 2nd edn., Wiley-Interscience, New York, 2004.

Tanford, C., *Physical Chemistry of Macromolecules*, John Wiley & Sons, New York, 1961.

13 용액에서 고분자의 마찰 특성

13.1 개요

묽은 고분자 용액에 대한 마찰 특성의 측정은 고분자 몰질량 측정을 위해 개발된 가장 초기의 방법들이었으며, 오늘날에도 중요한 것으로 여겨지고 있다. 용액 점도는 가장 널리 사용되는 마찰 특성인데, 그 이유 중 하나는 용액 점도를 정확하게 측정하는 것이 매우 간단하기 때문이다. 따라서 이 장의 주된 관심사인 묽은 용액 점도측정법은 고분자의 몰질량 측정과 상용 고분자의 특성 분석에 널리 행해지고 있다. 역사적으로 확산의 측정은 예전에도 중요했으며, 오늘날에도 동적 광산란법(dynamic light scattering, 12.3절)과 핵자기 공명 분광학(nuclear magnetic resonance spectroscopy)의 특정 방법(15.6절)에 의해 관찰된다. 침전법 또한 고분자 과학의 역사 전반에 걸쳐 사용되어 왔다. 과거에는 침전법이 주로 생체 고분자의 특성 분석에 사용되었지만, 현대에는 분석용 초원심분리기의 이용과 합성 고분자의 특성 분석을 위해 다시 많이 사용되고 있다. 이 장에서는 묽은 용액 점도 측정의 정확한 서술과 함께, 분석용 초원심분리기에 의한 고분자 특성 분석을 간단하게 소개할 것이다.

13.2 묽은 용액 점도 측정법

묽은 고분자 용액의 특징은 고분자 용액의 점도가 순수한 용매의 점도나 유사하게 희석한 작은 분자들의 용액 점도보다 상당히 더 높다는 것이다. 이 특성은 고분자와 용매 분자들간의 분자 크기에 있어서 큰 차이 때문이며, 점도 증가량의 크기는 용액 내 고분자 사슬의 크기와 연관된다. 따라서 묽은 고분자 용액의 점도 측정은 고분자 구조(화학 구조와 골격 구조)의 사슬 크기, 분자 모양, 중합도(몰질량), 고분자-용매 상호작용에 대한 효과들에 관련된 정보를 제공하는 데 사용될 수 있다. 가장 일반적으로 사용되는 점도 측정법은 고분자의 몰질량을 결정하기 위해 사용된다.

13.2.1 고유 점도

묽은 용액 점도 측정에서 요구되는 양들에 대한 전문 용어는 표 13.1에 요약되어 있다. IUPAC에 의해 제안된 전문 용어는 몇 가지 점도를 정의하기 위한 일반명이며, 점도의 차원($M\,L^{-1}T^{-1}$)이 없는 양이다. 이는 점도의 일반명에 대한 불일치를 제거하기 위해 제시되었으며, 공식적으로 공표되고 잘 정립되었다. 고분자 특성 분석의 목적에 대해서 가장 중요한 양은 **고유 점도(intrinsic viscosity)** $[\eta]$이며, 이는 주어진 온도에서 특정한 용매의 점도를 증가시키는 고분자의 고유한 능력과 관련되기 때문이다. 농도 c의 용액에 대한 **비 점도(specific viscosity)**는 $[\eta]c$에서의 멱급수에 의해 $[\eta]$과 연관된다.

표 13.1 묽은 용액 점도 측정법에서 분석되는 양과 용어

일반명	IUPAC 명[a]	기호와 정의[b]
상대 점도	점도비	$\eta_r = \eta/\eta_0$
비점도	—	$\eta_{sp} = \eta_r - 1$
환산 점도	점도수	$\eta_{red} = \eta_{sp}/c$
대수 점도	대수 점도수	$\eta_{inh} = \{\ln(\eta_r)\}/c$
고유점도	극한 점도수	$[\eta] = \lim_{c\to 0}(\eta_{red})$

[a] IUPAC: International Union of Pure and Applied Chemistry
[b] η_0: 용매의 점도, η: 농도 c에 대한 고분자 용액의 점도(단위 부피당 질량)

$$\eta_{sp} = k_0[\eta]c + k_1[\eta]^2c^2 + k_2[\eta]^3c^3 + \ldots \tag{13.1}$$

이 식에서 k_0, k_1, k_2는 차원이 없는 상수이며 $k_0 = 1$이다. 묽은 용액에 대해서 식 13.1은 축약되고 재배열되어 **환산 점도(reduced viscosity)**인 다음 식으로 표현될 수 있다.

$$\frac{\eta_{sp}}{c} = [\eta] + k_H[\eta]^2c \tag{13.2}$$

이 식은 $[\eta]c \ll 1$일 때 유효하며, **Huggins 식**으로 알려져 있다. Huggins 상수 $k_H(= k_1)$는 기본적으로 몰질량에 무관하며, 양용매–고분자 쌍에 대해 0.3, 빈용매–고분자 쌍에 대해 0.5의 값에 가까운 수치를 보인다.

$\eta_{sp} \ll 1$인 묽은 용액에 대해서는, $|x| < 1$의 조건에서 급수 전개 $\ln(1+x) = x - x^2/2 + x^3/3 - \ldots$로부터 다음과 같이 나타낼 수 있다($\eta_{sp}^3$와 그보다 더 높은 항은 무시할 수 있다).

$$\ln(\eta_r) = \ln(1+\eta_{sp}) \approx \eta_{sp} - \frac{1}{2}\eta_{sp}^2 \tag{13.3}$$

η_{sp}에 대해 식 13.2를 재배열하여 식 13.3에 치환하면, 오로지 c에서 c^2까지의 항들만으로 나타내어진다.

$$\ln(\eta_r) = [\eta]c + \left(k_H - \frac{1}{2}\right)[\eta]^2c^2$$

이 식은 **대수 점도(inherent viscosity)**에 대한 **Kraemer 식**의 형태로 재배열될 수 있다.

$$\frac{\ln(\eta_r)}{c} = [\eta] + k_K[\eta]^2c \tag{13.4}$$

이 식에서 $k_K = k_H - 1/2$이므로 k_K는 음수 또는 0이다.

식 13.1에 대한 다른 단순화된 식들이 있기는 하지만, Huggins와 Kraemer 식은 실험적인 데이터로부터 $[\eta]$의 값을 구하는 것에 대해 가장 용이한 식을 제공하며, 이는 그림 13.1과 같이 두 식의 외삽을 통해 y절편의 평균값을 구하는 것으로 $[\eta]$의 값을 구할 수 있음을 나타낸다.

13.2.2 고유 점도 데이터의 해석

고분자의 고유 점도 $[\eta]$는 **Mark–Houwink–Sakurada 식**에 의해 고분자의 **점도 평균 몰질량** $\bar{M}_v$에 관련된다.

$$[\eta] = K\bar{M}_v^a \tag{13.5}$$

이 식에서 K와 a는 주어진 고분자/용매/온도 시스템에 대한 특정 상수들이며, 이 상수들은 **Mark–Houwink–Sakurada 상수**(간단히 Mark–Houwink 상수)로 알려져 있다. 이 식의 형태에 대한 이론적인 타당한 이유는 10.4.2.절에 나타나 있다. Gaussian 코일에 대

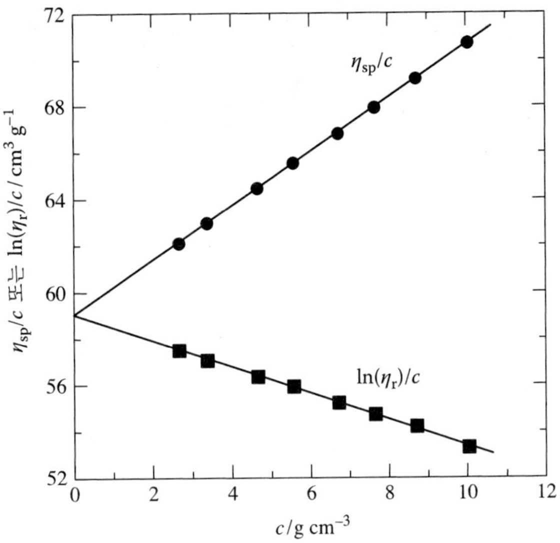

▶ 그림 13.1
이중 Huggins–Kraemer 도식을 이용하여 25°C에서 폴리 (tert-뷰틸 아크릴레이트) 샘플 톨루엔 용액에서의 [η]의 평가.(자료 출처: Y-F. Wang and P.A. Lovell, The University of Manchester, Manchester, U.K.)

해 세타(theta) 조건 아래서 $a = 0.5$이며, 코일 팽창으로 a가 0.8까지 제한적으로 증가한다(양용매에 있는 고분자의 경우, 일반적으로 $a > 0.7$의 값을 보인다). K의 값은 a가 증가하거나 유연한 사슬인 경우 감소하는 경향이 있으며, 일반적으로 $10^{-3} - 10^{-1}$ cm^{3}g^{-1} (g mol^{-1})$^{-a}$ 범위의 값을 보인다.

$\bar{M}_v$의 형태는 무한 희석 조건에서 비점도의 형태로 변형된다.

$$\eta_{sp} = \sum (\eta_{sp})_i$$

이 식에서 $(\eta_{sp})_i$는 묽은 고분자 용액의 단위 부피당 존재하는 몰질량 M_i에 대한 고분자의 n_i 몰수에 의해 정해지며 총합하여 η_{sp}가 된다. $c_i = n_i M_i, (\eta_{sp})_i = c_i[\eta]_i$, $[\eta]_i = KM_i^a$이므로 위 식은 다음과 같이 표현된다.

$$[\eta] = \left(\frac{\eta_{sp}}{c}\right)_{c\to 0} = K\left(\frac{\sum n_i M_i^{1+a}}{\sum n_i M_i}\right)$$

이 식과 식 13.5로부터 다음 식이 얻어진다.

$$\bar{M}_v = \left(\frac{\sum n_i M_i^{1+a}}{\sum n_i M_i}\right)^{1/a} \qquad (13.6)$$

식 13.6은 Gaussian 사슬의 경우, $\bar{M}_v$는 수평균 몰질량($\bar{M}_n$)과 무게 평균 몰질량($\bar{M}_w$) 사이의 크기에 해당하며, $\bar{M}_w$에 더 가깝게 됨을 나타낸다. 또한, $a = 1$일 때(어느 정도로 경직되거나 매우 펼쳐진 사슬에 대해) $\bar{M}_v = \bar{M}_w$임을 알 수 있다.

Mark–Houwink–Sakurada 식을 사용하여 $[\eta]$으로부터 $\bar{M}_v$ 값을 구하기 위해 K와 a의 값을 아는 것은 필수적이다. 이러한 값들은 알려진 $\bar{M}_n$이나 $\bar{M}_w$을 사용하여 일련의 고분자 샘플들에 대한 $[\eta]$의 측정으로부터 가장 잘 결정된다. 이상적으로, 그 샘플들은 $\bar{M}_n \approx \bar{M}_v \approx \bar{M}_w$과 같은 좁은 몰질량 분포를 가져야 한다. 만약 그렇지 않다면, 샘플들의 몰질량 분포가 동일한 기능적인 형태를 갖는다고 가정하면, 보정은 유효하고 식 13.5와 유사한 식을 산출해낸다. 그러나 이 식에서 $\bar{M}_v$는 $\bar{M}_n$이나 $\bar{M}_w$에 의해 대체된다. 일반적으로 log M에 대해 log$[\eta]$을 그래프화하면 직선의 상관관계를 보이며, 그 직선으로부터 K와 a가 결정된다. 이론적으로는 다양한 몰질량에 대해서 직선으로 그래프화 되어서는 안 된다. 따라서 K와 a값은 보정 샘플에 의해 정의되는 범위를 벗어나는 몰질량을 가진 고분자에

표 13.2 몇 개의 일반적인 Mark-Houwink-Sakurada 상수 K와 a

고분자	용매	온도/°C	K[a]	a
Polyethylene	Decalin	135	6.2×10^{-2}	0.70
Polystyrene	Toluene	25	7.5×10^{-3}	0.75
Polystyrene	Cyclohexane	34[b]	8.2×10^{-2}	0.50
Poly(vinyl acetate)	Acetone	30	8.6×10^{-3}	0.74
Cellulose triacetate	Acetone	20	2.38×10^{-3}	1.0

[a] K의 단위: $cm^3\,g^{-1}\,(g\,mol^{-1})^{-a}$
[b] 세타 온도 ($T=\theta$)

사용되어서는 안 된다. 그러나 실제로는 그러한 그래프들은 낮은 몰질량에서 짧은 유연한 사슬의 비-Gaussian (non-Gaussian) 특성 때문에 곡률이 종종 관찰된다 할지라도 기본적으로 다양한 몰질량에 대해 직선이다. 표 13.2에 몇 가지 고분자들의 K와 a값이 주어졌다.

Gaussian 고분자 사슬의 작은 팽창에 대해 수력학적(hydrodynamic, 유체학적) 사슬 크기에 대한 팽창 계수 α_η는 다음과 같이 주어진다.

$$\alpha_\eta^3 = 1 + bz \tag{13.7}$$

이 식에서,

z는 식 10.81에 의해 정의되는 부피 배제 변수(excluded volume parameter)이다.
b는 불분명한 상수값이다(예: 다른 이론들로부터 1.55와 1.05의 값은 얻어졌다).

이 관계를 Flory–Fox 식 10.96과 연관시키면 다음의 식이 얻어진다.

$$[\eta] = K_\theta M^{1/2} + bK_\theta z M^{1/2}$$

이 식에 대해 재배열을 하고, 식 10.81로부터 z가 $M^{1/2}$에 비례한다는 사실로부터 다음과 같은 식을 유도할 수 있다.

$$\frac{[\eta]}{M^{1/2}} = K_\theta + BM^{1/2} \tag{13.8}$$

이 식에서 상수 B는 고분자 사슬 구조와 고분자–용매 상호작용에 의존하며, 주어진 고분자/용매/온도 시스템에 대해 일정한 상수값을 나타낸다. 좁은 몰질량 분포를 가진 보정 샘플로부터 Mark–Houwink–Sakurada 상수를 이용하여 얻어진 $[\eta]$과 M 데이터는 또한 $M^{1/2}$에 대한 $[\eta]/M^{1/2}$를 도식화함으로써, $[\eta]/M^{1/2}=0$인 y절편으로 K_θ값을 구할 수 있다. K_θ값은 다음 관계된 고분자에 대한 평가에 사용할 수 있다: (i) 식 10.97에서 Φ_0^θ의 이론값을 가정함에 의해 어느 몰질량에 대한 $\langle s^2 \rangle_0^{1/2}$, (ii) Flory–Fox 식 10.96을 사용함으로써 해당하는 $[\eta]$과 M 값의 주어진 쌍에 대한 α_η.

가지 고분자나 공중합체에 대한 $[\eta]$의 해석은 상당히 더 복잡하다. 그리고 그 해석은 몇몇의 추가적인 복잡한 특징들을 강조하는 것 외에는 여기서 다뤄지지 않을 것이다. 곁가지의 효과는 분자 코일 내에서 고분자 분절의 밀도를 증가시키는 것이다. 그러므로 가지 고분자는 동일한 몰질량의 유사한 선형 고분자보다 더 작은 수력학적 부피와 더 낮은 고유 점도를 갖는다. 동일한 몰질량의 공중합체에 대해서, 구성요소, 구성요소 분포, 다른 반복 단위체들의 분포 순서, 서로 다른 반복 단위체들 간의 상호작용, 그리고 다른 형태의 반복 단위체 중 하나와 용매 분자와의 상호작용의 정도에 따라서 $[\eta]$은 다를 것이다.

13.2.3 용액 점도의 측정

묽은 고분자 용액의 점도는 대부분 U자관과 suspended-level 점도계 두 가지 형태의 모세관 점도계를 이용하여 측정된다(그림 13.2). 이 점도계들의 공통 특징은 위아래가 표시된 측정용 구경(measuring bulb)이 모세관 위에 직접 붙어있다는 것이다. 용액은 모세관 아래에 붙어있는 저장 구경(reservoir bulb)에서 측정 구경 속으로 힘에 의해 밀려가게 되며, 이때 두 개의 새겨진 표시들 사이로 역류하는 데 걸리는 시간이 기록된다.

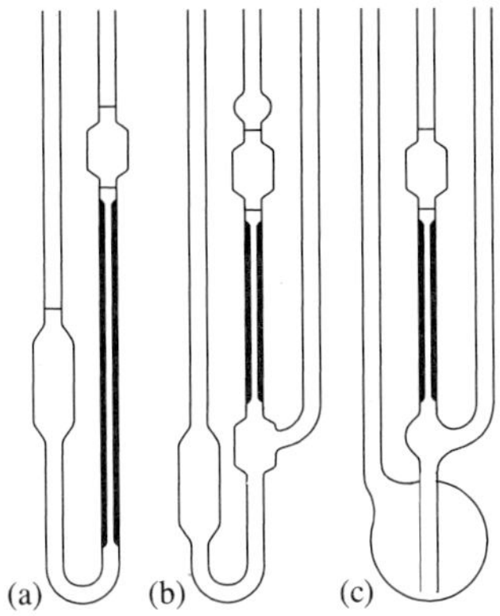

▶ 그림 13.2
(a) Ostwald U자관 점도계, (b) Ubbelohde suspended-level 점도계, (c) 희석을 위해 더 큰 저장 구경이 있는 Ubbelohde 점도계.

U자관 점도계 안에서, 흐름을 일으키는 압력 수두는 점도계 안에 들어있는 용액에 부피에 의해 결정되므로, 이 부피가 실제로 각 측정에 동일해야 하는 것은 필수적이다. 이것은 온도 평형 후에 보통 저장 구경 바로 위에 새겨진 표시들에 액체 준위를 조심스럽게 조절함으로써 이루어질 수 있다.

대부분의 suspended-level 점도계들은 Ubbelohde 디자인에 기본을 두고 있는데, 그것의 중요한 특징은 모세관 바로 아래에 붙어있는 추가된 관이다. 이것은 측정하는 동안 흐르고 있는 액체 기둥 위아래로 작용하는 대기압과 함께 용액이 측정 구경과 모세관 속에 떠있는 것을 확인하게 한다. 그러므로 압력 수두는 오로지 모세관 안과 위에 존재하는 용액의 부피에만 의존하며, 점도계 안에 포함된 용액의 총 부피량에 무관하다. 이러한 특징은 용액에 용매를 추가함으로써 점도계 안에서 희석될 수 있으므로 특히 유용하다. U자관 점도계를 사용할 때, 깨끗하게 건조하여야 하고, 농도가 변할 때마다 새로운 용액으로 다시 채워야 한다.

점도계를 사용하기 전에 점도계가 깨끗한지를 철저하게 하고, 용매와 용액이 여과 과정에서 먼지가 없도록 하지 않으면 부정확하고 불규칙한 시간의 흐름이 일어날 수 있다. 점도계는 일반적으로 온도에 따라 빠르게 변하기 때문에 ±0.01°C나 더 정교한 온도 조절 장치를 가진 항온조 안에서 측정해야 한다. 용액에 온도 평형 상태를 위한 충분한 시간을 기다린 후, 몇 번의 시간 흐름의 측정이 행해지고, 스톱워치를 이용하여 시각적으로 측정되었을 때, ±0.1%까지 재현되어야만 한다. 고분자전해질 용액을 분석할 때, 용매로써 비활성 전해질(예: NaCl)의 수용액을 이용함으로써 고분자전해질 영향(10.4.4절)을 억제하는 것이 중요하다.

일정한 층류(laminar)의 Newtonian 흐름의 조건하에서, 길이 l과 반지름 r인 모세관을 통해 t의 시간 동안 흐르는 액체의 부피는 모세관의 압력차 P와 **Poiseuille 식**에 의한 액체의 점도 η에 연관되어 있다.

$$\frac{V}{t} = \frac{\pi r^4 P}{8\eta l} \tag{13.9}$$

이 방정식에 해당하는 방사상 속도 분포는 모세관의 축을 따라 최대 속도를 가지며, 벽에서는 0의 속도를 갖는 포물선 분포이다. 흐름 시간의 측정 동안 P는 지속적으로 감소하며, 일반적으로 다음 식으로 나타내어진다.

$$P = \langle h \rangle \rho \mathbf{g}$$

여기서 $\langle h \rangle$는 평균 수두 압력이고, ρ는 액체의 밀도이며, $\mathbf{g}$는 중력에 의한 가속도이다.

그러므로 Poiseuille 식 13.9는 다음과 같이 재배열할 수 있다.

$$\eta = \frac{\pi r^4 \langle h \rangle \rho \mathbf{g} t}{8Vl} \tag{13.10}$$

이 식은 다음의 식과 같이 간략하고 일정한 형태를 보이는 것을 알 수 있다.

$$\eta = A\rho t \tag{13.11}$$

A는 주어진 점도계에 대한 상수이다. Poiseuille 식은 액체에 의해 소멸되고 분산된 운동에너지를 고려하지 않는다. 그러나 측정 시간이 약 180초를 넘은 대부분의 점도계에 충족

되는 식으로 알려졌다.

희석된 용액 점도계는 순수한 용매에 상대적인 고분자 용액의 점도를 결정하는 데 사용되며, 절대 점도의 측정에는 사용할 수 없다. 식 13.11을 응용하여 상대 점도(relative viscosity)에 대한 다음 식을 나타낼 수 있다.

$$\eta_r = \frac{\eta_s}{\eta_0} = \frac{\rho_s t_s}{\rho_0 t_0} \tag{13.12}$$

여기서, 농도 c의 고분자 용액과 순수한 용매에 대해,

η_s, η_0은 점도,

ρ_s, ρ_0은 밀도,

t_s, t_0은 흐름 시간을 각각 나타낸다.

묽은 용액이 사용되므로 $\rho = \rho_0$로 가정할 수 있으며, 따라서 상대 점도(η_r)는 단순히 흐름 시간의 비 t_s/t_0에 의해 얻어질 수 있다. 요구되는 다른 점도값은 η_r과 c로부터 계산된다. 더욱 정확한 값을 위해 운동 에너지와 밀도 보정이 적용되며, 필요하다면 얻어진 $[\eta]$의 값은 전단 속도 0(zero shear rate)에 외삽된다. 고분자전해질의 더욱 정확한 분석을 위해, 측정은 또한 다르게 추가된 비활성 전해질 농도와 무한 이온 세기로 추정된 값에서 얻어져야 한다.

비록 묽은 용액 점도계는 고분자의 특성 분석을 위한 절대적 방법은 아니지만, 다른 방법들과 비교했을 때, 간단하고, 빠르고, 상대적으로 값싼 장치를 사용한다. 또한, 얻을 수 있는 다양한 범위의 몰질량에 대해 적용할 수 있다는 장점이 있다. 이런 이유들로 묽은 용액 점도 측정은 몰질량 측정에 일반적인 방법으로 다양하게 사용되고 있다.

그림 13.3에서 보여지듯이 최근에 Wheatstone 브리지와 유사한 방법으로 배열된, 네 개가 연결된 모세관을 이용하는 모세관 다리 연결 미분 점도계(capillary-bridge differential viscometer)가 만들어졌다.

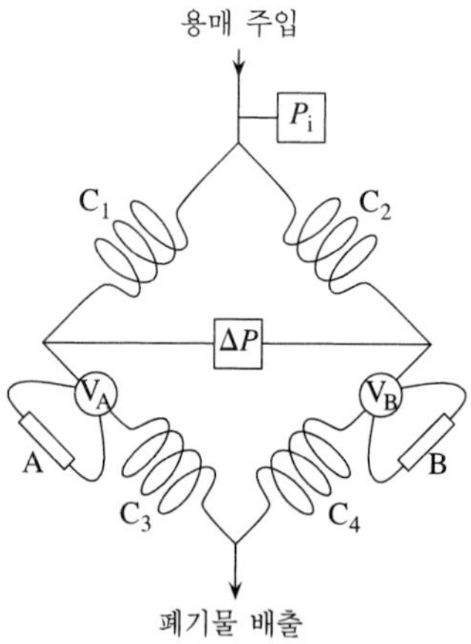

▶ 그림 13.3
모세관 연결 미분 점도계. C_1, C_2, C_3, C_4는 연결된 모세관 튜브, V_A, V_B는 직렬 스위치 밸브, A, B는 고분자 용액(A)와 용매(B)를 각각 포함하는 용기.

용매는 일정한 압력에서 다리 연결 구조로 전해지고, 반면 변환기는 입구에서 압력 P_i를, 다리 연결 구조에서 압력차 ΔP를 측정하는데, 다리 연결 구조가 정확하게 균형 잡혀 있다면, 용매가 각 모세관을 통해서 흐를 때 압력차는 0이어야만 한다. 분석을 시작하기 위해, 직렬 스위치 밸브가 동시에 두 개의 용기 A와 B를 통하도록 한다. 고분자 용액은 모든 용매가 그 모세관으로부터 완전히 제거되기 전까지 모세관 C_3를 통해서 흐른다. 고분자 용액과 용매 사이 점도차의 결과로, ΔP는 정상 상태 ΔP_s까지 증가하고, 모세관 C_1과 C_3를 통한 전체 흐름 속도 $Q\ (= V/t)$는 Q_s로 감소한다. 모세관 C_2와 C_4를 통한 용매의 흐름 속도 Q_0는 영향을 받지 않는다. 모세관들이 동일한 흐름 저항을 갖고, 다리 연결 구조 안 다른 요소들의 흐름 저항이 무시해도 될 정도의 양이라면, 각 모세관을 흐르는 유량은 식 13.10에 의해 다음과 같이 나타낼 수 있다.

$$C_3\text{에 대해: } \eta_s = K\left(\frac{P_s}{Q_s}\right) \tag{13.13}$$

$$C_1\text{에 대해: } \eta_0 = K\left(\frac{P_i - P_s}{Q_s}\right) \tag{13.14}$$

$$C_2\text{와 } C_4\text{에 대해: } \eta_0 = K\left(\frac{P_0}{Q_0}\right) \tag{13.15}$$

여기서,

$K = \pi r^4/8l$(각 모세관에 대해 같은 것으로 가정)이며,

P_s는 모세관 C_1와 C_3 사이의 압력이고,
P_0는 모세관 C_2와 C_4 사이의 압력이다.

모세관 C_2와 C_4를 통한 용매의 흐름 속도는 같기 때문에, 다음 식을 따른다.

$$P_0 = \frac{P_i}{2} \tag{13.16}$$

$$P_s = P_0 + \Delta P_s = \frac{P_i}{2} + \Delta P_s \tag{13.17}$$

식 13.16과 13.17에 의해 정의된 관계를 이용하여 재배열을 한 식 13.13에서 13.15의 비, 그리고 13.14와 13.15의 비는 다음의 식으로 전개된다.

$$\frac{\eta_s}{\eta_0} = \left(\frac{P_i + 2\Delta P_s}{P_i}\right)\left(\frac{Q_0}{Q_s}\right) \quad \text{그리고} \quad \frac{Q_0}{Q_s} = \frac{P_i}{P_i - 2\Delta P_s}$$

이 조합은 고분자 용액의 상대 점도(η_r)에 대한 식으로 조합되어 나타난다.

$$\eta_r = \frac{P_i + 2\Delta P_s}{P_i - 2\Delta P_s} \tag{13.18}$$

위 식으로부터, 비점도(η_{sp})를 위한 다음 식이 얻어질 수 있다.

$$\eta_{sp} = \frac{4\Delta P_s}{P_i - 2\Delta P_s} \tag{13.19}$$

운동 에너지와 밀도 보정은 무시될 수 있는데, 그것은 모세관들을 통한 끊임없는 흐름이 있고 매우 묽은 고분자 용액(예: 0.0001 g cm^{-3})이 이용된다는 것을 고려했을 때 불합리하지 않다. 매우 묽은 용액이라는 관점에서(즉, 식 13.2의 농도 c항이 생략된다), 환산 점도가 고유 점도와 같다고 가정하는 것은 일반적인 관행이다. 더 진지한 가정은 전단 흐름의 효과들이 무시해도 될 정도라는 것이다. 왜냐하면 모세관들에서 전단 속도는 상대적으로 높고(일반적으로 1000~5000 s^{-1}), 매우 높은 몰질량을 갖는 고분자들에 대해 비-Newtonian 흐름 거동(non-Newtonian flow behaviour) 또는 오차를 유발하는 전단 저하(예: 사슬의 절단)로 이어질 수 있기 때문이다. 비록 묽은 용액 점도계의 사용에 비해 다소 비쌀 수 있지만, 모세관 다리 연결 미분 점도계는 젤 투과 크로마토그래피에서 탐지기의 역할로서 잘 이용된다(14.3절). 젤 투과 크로마토그래피에서 모세관 다리 연결 미분 점도계는 고유 점도의 끊임없는 실시간 측정을 제공하며, 이것은 가장 중요한 응용 분야이다.

13.3 초원심분리

용액에서 고분자의 침전 거동 측정은 유체역학적 부피, 평균 몰질량, 몰질량 분포 등의 상당한 양의 정보를 제공한다. 용액 내에서 밀집된 회전타원체나 단단한 막대 형태로 존재하는 생물학적으로 활성이 있는 고분자들의 특성 조사를 위해 침전법이 광범위하게 이용되고 있고, 합성 고분자의 특성 분석의 경우도 지속적으로 증가하고 있다. 이런 이유로 비이론적인 침전법을 간략히 소개하고자 한다.

용액에서 고분자 물질에 작용하는 일반 중력은 Brownian 운동을 극복하기엔 불충분하여 침전되지 않는다. 침전법을 이용하기 위해 고분자 용액은 훨씬 더 높은 중력장을 받을 필요가 있다. 이것은 **초원심분리기(ultracentrifuge)**를 이용하여 이루어질 수 있는데, 그것은 약 70,000 rpm의 회전 속도를 얻을 수 있고, 약 400,000 **g**의 원심장을 생산할 수 있다.

원심장에서 **g**는 중력 가속도이다. 고분자 용액은 초원심분리의 회전자에 맞는 셀에 놓여진다. 셀은 원뿔대의 형태이며, 돌출부는 회전자의 축에 위치된다. 이 공간적 위치는 침전이 방사상 방향으로만 일어나지 않게 한다. 침전 과정으로 용매상과 응축된 고분자 용액상이 고분자 농도에 따른 경계층으로 분리된다. 셀 내부의 다른 지역에 구성 물질들이 화학 퍼텐셜을 동등하게 하기 위해 분자들의 역방향 확산 또한 자연스럽게 일어나게 되며, 이것은 경계층의 폭 넓히기를 유발한다. 경계층의 폭은 또한 몰질량 분산도 정도에 따라 증가하며 이는 더 높은 몰질량을 갖는 분자는 더 빠른 속도로 침전되기 때문이다. 셀 내부의 윈도우는 고분자 농도 안의 방사상 변화를 초원심분리 동안에 측정할 수 있게 한다(광산란; 12.2.2절 참조). 전형적으로 굴절률 차이를 관찰함으로써 침전 실험이 수행될 수 있는 일반적인 두 가지 방법이 있다.

침전 평형(sedimentation equilibrium) 실험에서, 셀은 상대적으로 낮은 속도(5,000~10,000 rpm)로 회전되며 원심력과 농도 분포에 거슬러 확산하려는 분자 경향이 균형을 이루면서 평형 상태가 진행된다. 관측은 다른 초기 고분자 농도를 가진 용액의 평형 농도 측정을 통해 $c = 0$에서 외삽하여 얻어진다. 정밀한 열역학적 분석으로 무게 평균 몰질량과 z-평균 몰질량값이 결정된다. 침전 평형 측정의 이용의 주된 제한은 평형에 도달하는 데 걸리는 긴 시간이다. 이것은 적어도 수시간에서 수일이 걸린다.

침전 속도 측정 방법(sedimentation velocity)은 용액 셀을 매우 빠른 속도(60,000~70,000 rpm)에서 회전시키는 것을 포함하고 침전 평형 관측보다 훨씬 더 짧은 시간 내에 결과를 준다. 시간에 대한 경계층의 정상 상태 움직임은 용액 내 고분자를 위한 평균 침전 계수(mean sedimentation coefficient, S)를 계산하기 위해 이용된다. 측정은 일련의 용액 농도에서 만들어지고 제한 침전 계수(limiting sedimentation coefficient, S_0)가 외삽에 의해 얻어질 수 있다. 평균 몰질량을 계산하기 위해 용매 안 고분자의 제한 확산 계수(limiting diffusion coefficient)를 알거나 일련의 유사한 고분자의 S_0를 측정함으로써 보정하는 것이 필요하다. 마지막 절차는 Mark–Houwink–Sakurada 식 13.5의 형태와 유사한 식을 각 고분자/용매/온도 시스템에 대한 S_0 자료를 연관짓기 위해 사용된다. 얻어지는 평균 몰질량은 보통 무게 평균 몰질량 $\overline{M}_w$과 비슷한 값을 갖는다.

문제

13.1 다음 표는 34°C에서 사이클로헥세인에 용해된 다섯 가지 단분산 폴리스타이렌 샘플 중 두 개에 대한 다양한 농도 c에서 suspended-level 점도계의 평균 흐름 시간 t이다. 이 조건에서 사이클로헥세인의 평균 흐름 시간 t_0는 151.8 s이다. 샘플 B와 E에 대한 고유 점도 $[\eta]$를 구하시오.

샘플 B	
$10^3 \times c/\mathrm{g\ cm^{-3}}$	t/s
1.586	158.5
5.553	178.6
7.403	189.6
8.884	199.5

샘플 E	
$10^3 \times c/\mathrm{g\ cm^{-3}}$	t/s
1.040	176.1
1.691	195.4
2.255	214.8
2.706	232.4

다른 세 가지 폴리스타이렌의 고유 점도는 같은 조건에서 분석되었으며, 다음 표에 광산란에 의해 얻어진 무게 평균 몰질량과 함께 주어졌다. 샘플 B와 E에 대해 계산된 고유 점도와 다음 데이터를 사용하여 34°C에서 사이클로헥세인에 용해된 폴리스타이렌의 Mark–Houwink–Sakurada 식의 상수를 구하시오. 점도 측정 조건에 대해 폴리스타이렌 사슬은 어떤 배향을 하고 있는지 추론하시오.

Polystyrene 샘플	$\bar{M}_w$/kg mol^{-1}	$[\eta]$/cm^3 g^{-1}
A	37.0	15.77
B	102.0	–
C	269.0	42.56
D	690.0	68.12
E	2402.0	–

13.2 폴리(메틸 메타크릴레이트) [poly (methyl methacrylate)] 샘플의 고유 점도는 25°C 톨루엔에서 22.04 cm^3 g^{-1}이며, 20°C 에틸 아세테이트에서 25.53 cm^3 g^{-1}이다. 다음 표에 주어진 Mark–Houwink–Sakurada 식의 상수를 이용하여 폴리(메틸 메타크릴레이트)의 점도 평균 몰질량을 계산하시오.

용매	온도 /°C	K/cm^3 g^{-1} (g mol^{-1})$^{-a}$	a
Toluene	25	7.5×10^{-3}	0.72
Ethyl acetate	20	21.1×10^{-3}	0.64

13.3 다음 표는 25°C 톨루엔에서 다섯 개의 폴리(비닐 아세테이트) [poly (vinyl acetate)] 샘플의 묽은 용액 점도계에 의해 측정된 고유 점도 $[\eta]$값과 광산란에 의해 측정된 무게 평균 몰질량이다. Flory–Fox 이론으로 유도된 식 13.8을 이용하여 폴리(비닐 아세테이트)에 대한 변수 K_θ를 구하시오. 식 10.96을 이용하여 각 폴리(비닐 아세테이트) 샘플에 대한 팽창 계수(α_η)를 구하고, 몰질량에 따른 변화를 토론하시오.

$[\eta]$/cm^3 g^{-1}	$\bar{M}_w$/kg mol^{-1}
20.91	56.5
37.46	125.6
48.06	176.7
56.54	220.8
70.05	296.1

참고 문헌

Allen, G. and Bevington, J.C. (eds), *Comprehensive Polymer Science*, Vol. 1 (Booth, C. and Price, C., eds), Pergamon Press, Oxford, U.K., 1989.

Barth, H.G. and Mays, J.W., *Modern Methods of Polymer Characterization*, John Wiley & Sons, New York, 1991.

Billingham, N.C., *Molar Mass Measurements in Polymer Science*, Kogan Page, London, U.K., 1977.

Flory, P.J., *Principles of Polymer Chemistry*, Cornell University Press, Ithaca, NY, 1953.

Hiemenz, P.C. and Lodge, T.P., *Polymer Chemistry*, 2nd edn., CRC Press, Boca Raton, FL, 2007.

Mark, H.F., Bikales, N.M., Overberger, C.G., and Menges, G. (eds), *Encyclopedia of Polymer Science and Engineering*, Wiley-Interscience, New York, 1985–1989.

Morawetz, H., *Macromolecules in Solution*, 2nd edn., Wiley-Interscience, New York, 1975.

Munk, P., *Introduction to Macromolecular Science*, Wiley-Interscience, New York, 1989.

Sun, S.F., *Physical Chemistry of Macromolecules: Basic Principles and Issues*, 2nd edn., Wiley-Interscience, New York, 2004.

Tanford, C., *Physical Chemistry of Macromolecules*, John Wiley & Sons, New York, 1961.

다음 세 가지 폴리스[illegible]이렌의 [illegible] 얻는 [illegible]
평형법에 의해 얻어진 [illegible] 평균 분자량 [illegible]
한 후 점도와 다음 데이터를 사용하여 25°C에서 [illegible]
타이렌의 Mark–Houwink–Sakurada 식의 상수를 구하시오. [illegible]에 따라
폴리스티렌 사슬은 어떤 배향을 하고 있는지 추론하시오.

14 몰질량 분포

14.1 서론

많은 실제적인 예에 있어서, 고분자의 평균 몰질량 및 이들이 나타내는 분율(대개의 경우 몰질량 분포를 의미함) 등을 이용해 고분자 본연의 특성을 묘사하기에는 충분하지 않으며, 몰질량 분포(molar mass distribution, MMD)에 관한 보다 세세한 정보가 필요하다. 이는 넓은 MMD값을 갖거나 아니면 일정하지 않은(즉, 높은 몰질량과 낮은 몰질량 영역에 다수의 분자들이 존재함) 몰질량 분포를 갖거나 혹은 다양한 몰질량 분포 패턴을 보이는 고분자들에 있어서는 매우 중요한 특성이다. 비록 비교적 단순한 MMD를 갖는 고분자라 할지라도, MMD에 대한 정보를 완벽하게 파악하는 것은 매우 유용하다. 나아가서 어떠한 고분자의 평균 질량값들이라 할지라도 몰질량 분포 곡선으로부터 구할 수 있다. 예를 들어, $w(M)$을 MMD 함수에 있어서 질량 분율이라고 하면, 수평균 몰질량 $\bar{M}_n$은 다음에 나타낸 적분식으로 표시 가능하다(식 1.7 참조).

$$\bar{M}_n = \frac{1}{\int_0^\infty w(M)(1/M)\mathrm{d}M} \tag{14.1}$$

한편 무게 평균 몰질량 $\bar{M}_w$(식 1.8 참조)는 다음과 같이 표시 가능하다.

$$\bar{M}_w = \int_0^\infty w(M)M\mathrm{d}M \tag{14.2}$$

그리고, z-평균 몰질량 $\bar{M}_z$(식 1.10 참조)는 다음과 같이 표현된다.

$$\bar{M}_z = \frac{\int_0^\infty w(M)M^2\mathrm{d}M}{\int_0^\infty w(M)M\mathrm{d}M} \tag{14.3}$$

점도 평균 몰질량 $\bar{M}_v$는 식 13.6으로부터의 유도 과정과 유사한 방법을 이용하면($w_i = n_iM_i$ 이며 $\int_0^\infty w(M)\mathrm{d}M = 1$ 즉, $w(M)$이 정상 상태값임을 참조) 다음과 같은 식이 얻어진다.

$$\bar{M}_v = \left[\int_0^\infty w(M)M^a\mathrm{d}M\right]^{1/a} \tag{14.4}$$

여기서 a는 Mark–Houwink–Sakurada 식인 식 13.5에서 언급한 지수항이다.

14.2 분별화

고분자 과학이 태동된 초창기의 몇십 년 동안에는 고분자의 MMD를 직접적인 방법으로 완벽하게 측정 가능한 수단이 보고되지 않았었다. 따라서 고분자들을 각각 좁은 몰질량 분포를 갖는 고분자 분획들로 분리할 필요가 대두되었다[즉, **분별화(fractionation)**를 의미함]. 이들 개개의 고분자 분획들의 무게와 몰질량들은 계산 가능하고(11, 13장에서 설명한 방법 이용), 그 결과 MMD는 히스토그램의 형태로 구축 가능하다. 하지만 이러한 과정은 최근에는 거의 사용되지 않는데, 이는 MMD를 결정하는 데 있어서 보다 빠르고 유효한 방법들이 개발되었기 때문이다. 그 중 가장 효과적인 방법은 크기 배제 크로마토그래피법이다(14.3절). 그럼에도 불구하고, 분별화는 정제 공정에 있어서 여전히 유용하며, 나아가서는 18장에서 다룰 예정인 고분자의 상분리 거동에 있어서 매우 중요한 정보를 제공할 수 있기 때문에 여기서 좀 더 자세히 다루고자 한다.

14.2.1 고분자 용액의 상분리 거동

가장 간단한 고분자의 분별 방법은 고분자가 잘 녹지 않는 용매(poor solvent, 빈용매)를 이용하여 낮은 농도로 고분자를 녹인 용액을 만들고, 용액의 온도를 바꾸거나 비용매(non-solvent, 불용 용매)를 첨가하여 고분자 분획들을 단계별로 상분리(즉, 침전화)를 유발시키는 것이다. 가장 큰 몰질량을 갖는 고분자 분획들이 가장 먼저 상분리를 일으키고, 용액 중의 고분자 분획들의 몰질량은 점점 감소하게 된다. 상분리 거동은 Flory–Huggins 이론에 근거하여 역시 이론적으로 설명 가능하다.

비결정성 고분자 용액에서 발생되는 상분리 거동에 대한 온도 효과가 이 장에서 검토될 것인데, 이는 분석을 용이하게 해 주기 때문이다. 여기서는 몰량(molar quantity)의 개념을 사용하는 것이 일반적이며, 이런 의미에서 Flory–Huggins 식(식 10.32)의 양변이 $(n_1 + xn_2)$로 나누어져야 한다[n_1과 n_2는 각각 용매와 고분자의 몰수를 나타내고, x는 개개의 고분자에 존재하는 **분절들의 수(number of segment)**인데(10.2.2절 참조), 이는 몰질량과 거의 일치함]. 이로부터 고분자 격자 1몰에 대한 Gibbs 혼합 자유 에너지인 ΔG_m^*는 다음 식으로 주어진다(즉, 분절 1몰에 대한 Gibbs 혼합 자유 에너지와 동일한 것으로 여겨질 수 있다).

$$\Delta G_m^* = \mathbf{R}T\left[\phi_1 \ln \phi_1 + \left(\frac{\phi_2}{x}\right)\ln \phi_2 + \chi\phi_1\phi_2\right] \tag{14.5}$$

여기서 $\phi_1(= n_1/(n_1 + xn_2))$와 $\phi_2(= xn_2/(n_1 + xn_2))$는 용매와 고분자의 부피 분율이며, χ는 Flory–Huggins 식에서 고분자와 용매 간의 상호작용을 나타내는 변수이다.

식 14.5에서 처음 두 항은 혼합에 관한 조합적인 엔트로피를 나타내는데, 항상 음의 값을 가지게 되고 상용성을 증진시킨다. 반면, 마지막 항은 접촉 상호작용을 나타내는데, 양의 값을 갖게 되고 상용성을 감소시킨다. 이들 두 종류 분배 항들 간의 균형은 온도와 χ(역시 온도 의존성을 나타냄)에 의존적이며, 고분자 용액이 상분리를 일으킴에 관계없이 결정될 수 있다. 따라서 식 14.5는 일련의 곡선들로 나타낼 수 있는데, 이는 그림 14.1a에 나타낸 바와 같이 하나의 온도에 있어서 ϕ_2에 대한 ΔG_m^*의 변화량으로 주어진다. 이 그림은 동시에 매우 낮은 x값(예를 들면 2)들에 대해서는 일정성을 보여 준다는 것을 모식적으로 나타낸다. x가 증가하면, 곡선은 급격하게 비대칭성을 나타내고, 두 개의 최솟값을 갖는다. 낮은 ϕ_2값에서 나타나는 첫 번째 최솟값은 극도로 작아지며 극단적으로 낮은 ϕ_2값 쪽으로 이동한다. 반면, 높은 ϕ_2값에서 나타나는 두 번째 최솟값은 점점 더 좁은 범위를 띠며 더 큰 ϕ_2값 쪽으로 이동한다.

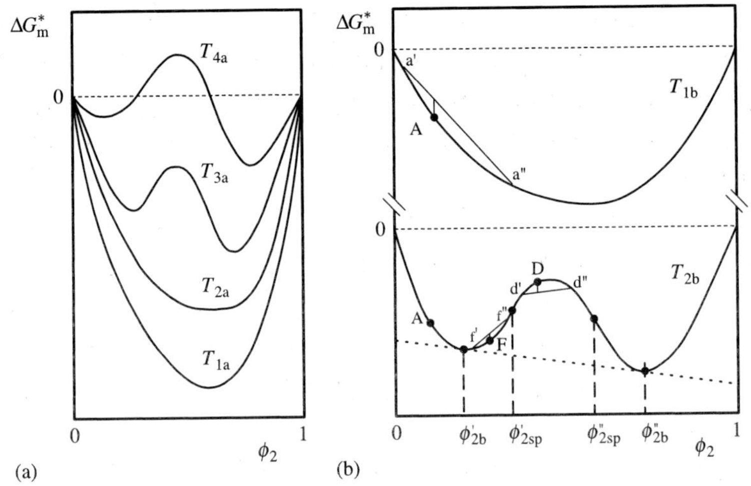

▶ 그림 14.1
온도 T와 ϕ_2에 대한 ΔG_m^*값의 변위의 모식적인 그림. (a)는 곡선의 모양이 T에 대해서 어떻게 달라지는가를 보여 줌. (b)는 두 가지 형태의 ϕ_2에 대한 ΔG_m^* 곡선을 나타내는데, 초기의 균일 용액이 상분리 거동에 대해 안정적, 비안정적 혹은 이 둘의 중간 정도인지를 결정하는 ϕ_2 영역을 결정할 수 있게 해줌.

따라서 ϕ_2에 대한 ΔG_m^*값으로 나타낸 곡선은 두 가지의 일반적인 형태로 나타나는데, 이들은 보다 세밀한 분석을 위해 사용되며 그림 14.1b에 나타내었다. 그림 14.1b에서와 같이 온도 T_{1b}에서 고분자와 용매는 어떤 조성에서라도 혼합 가능한데, 이는 곡선상의 어떤 점에서도 동일한 특성을 나타낸다는 것을 명확하게 보여 준다. 예를 들면, A점에서 나타낸 바와 같이 $\phi_2 = \phi_{286A}$인 균일 용액이 공존하는 두 개의 상으로 갈라진다면, 하나의 상에서는 $\phi_2 < \phi_{2A}$가 성립되고, 나머지 하나에서는 $\phi_2 > \phi_{2A}$가 성립된다. 즉, 각각 a′과 a″에 해당된다. 달리 말하자면, 이는 상분리 과정에 관여하는 Gibbs의 자유 에너지 변화가 (i) $\phi_2 = \phi_{2A}$인 점에서 그은 수직선인 **연결선**(a′과 a″를 연결하는 선)과의 교점에 관련된 ΔG_m^*값과 (ii) 곡선상의 A점에 대한 ΔG_m^*값과의 차이로 주어진다는 것을 의미한다. 이러한 차이는 곡선상의 모든 점에서 양의 값을 가진다는 것을 명확하게 보여 주며, 이에 따라 모든 ϕ_2 영역에 있어서 하나의 균일한 상으로 존재 가능하다.

그림 14.1b에서 온도가 T_{2b}일 때의 상황은 보다 복잡해지는데, 이는 두 개의 ΔG_m^* 최소값이 존재하기 때문이다. 균일 용액으로부터의 상분리가 ϕ_{286A}값과 관련되어 있다는 사실을 한번 더 상기해 보자. ϕ_{286A}값 어느 쪽에서든지 곡선상의 두 점을 연결하는 연결선들이 $\phi_{286} = \phi_{286A}$에 해당하는 곡선상의 수직선과 교차한다는 사실을 쉽게 간파할 수 있다. 이 사실은 $0 < \phi_{286} < \phi'_{2b}$와 $\phi''_{2b} < \phi_2 < 1$인 범위 내에서는 모든 성분에 대해서 성립되며, 동시에 이 범위 내에서 ϕ_2에 대한 균일 용액은 T_{2b} 온도에서 안정하다. 이제 D점에서 $\phi_{286} = \phi_{2D}$인 조건에서 균일한 용액으로부터의 상분리 거동을 생각해 보자. ϕ_{286D}값의 어느 쪽에서든지 두 점(d′과 d″)을 연결하는 연결선은 $\phi_{286} = \phi_{286D}$를 연결하는 수직선과는 곡선 **아래쪽**에서 서로 교차한다. 따라서 균일 용액은 불안정하게 되고, 그 결과 시스템이 안정해질 때까지, 즉 **두 개의 공존상(two co-existing phases)**이 두 개의 **바이노달 조성(binodal composition)**인 ϕ'_{2b}와 ϕ''_{2b}를 가질 때까지 상분리 현상이 일어나게 된다. $\phi'_{2sp} < \phi_2 < \phi''_{2sp}$ 범위 내에 존재하는 모든 성분들에 대해서 균일한 용액은 상기와 유사하게 불안정하며 ϕ'_{2b}와 ϕ''_{2b}에 해당하는 두 개의 상으로 분리된다. 두 개의 공존상 사이에서 평형이 존재하기 위한 일반적인 조건은 각각의 성분들에 대해서 화학 퍼텐셜이 양쪽 상에서 $\mu'_1 = \mu''_1$과 $\mu'_2 = \mu''_2$의 조건을 만족시켜야 한다는 것이다. 이 조건은 주로 화학 퍼텐셜의 차이로서 나타내어지며, 다음 식으로 주어지는데, 이들은 보다 직접적으로 ΔG_m^*값과 관련되기 때문이다.

$$\mu_1 - \mu_1^{\circ} = \mu_1'' - \mu_1^{\circ} \tag{14.6a}$$

$$\mu_2 - \mu_2^{\circ} = \mu_2'' - \mu_2^{\circ} \tag{14.6b}$$

곡선상의 어떤 점에서도 $(\mu_1 - \mu_1^{\circ})$와 $(\mu_2 - \mu_2^{\circ})/x$는 ΔG_m^*값으로 주어지며, 이는 다음 두 가

지 직선의 교차점에 해당한다. (i) 곡선상의 어떤 점에서의 tan 직선(접선)과 (ii) $\phi_2 = 0$과 $\phi_2 = 1$인 수직선. 그러므로 식 14.6a와 14.6b는 곡선상의 두 개 점이 **공통의 tan 직선**(그림 14.1b에서 나타낸 ϕ'_{2b}와 ϕ''_{2b}에 해당)을 가질 때 성립된다. 고분자 용액에 대해서는 ϕ_2에 대한 ΔG^*_{m}값의 변위는 비대칭성을 나타내므로, 두 개의 교점은 곡선에서 나타나는 최소값과는 무관하다.

마지막으로, 온도가 T_{2b}일 때 곡선상의 F점에 있어서 $\phi_2 = \phi_{2F}$에 해당되는 균일 용액을 생각해 보자. 바이노달 조성에 상응하여 두 개의 상으로 나누어지는 상분리 현상이 열역학적으로 선호된다는 것은 명백하다. 그러나 이런 현상이 일어나기 위해서는 에너지 장벽이 극복되어야 하는데, 상분리의 초기 단계에서는 ϕ_{2F}(점 f′과 f″에 해당)에서 Gibbs의 자유 에너지가 증가하기 때문이다. $\phi'_{2b} < \phi_2 < \phi'_{2sp}$인 범위와 $\phi''_{2sp} < \phi_2 < \phi''_{2b}$인 범위 내의 모든 성분들에 대해서 균일 용액 상태로 존재함은 사실이다. 여기서 ϕ'_{2sp}와 ϕ''_{2sp}는 곡선의 변곡점에 해당하는 **스피노달 조성(spinodal composition)**들이다. 이런 용액들은 **준안정(metastable)** 상태라고 하며, 에너지 장벽을 극복할 수 있다면 바이노달 조성을 향해 상분리 거동을 나타낸다. 스피노달 조성이 변곡점에서 나타나기 때문에, 다음 식이 적용되는 조건하에서만 스피노달 조성들이 존재 가능하다.

$$\left(\frac{\partial^2 \Delta G^*_{\mathrm{m}}}{\partial \phi_2^2}\right)' = \left(\frac{\partial^2 \Delta G^*_{\mathrm{m}}}{\partial \phi_2^2}\right)'' = 0 \tag{14.7}$$

ϕ_2에 대한 G^*_{m}값의 변위에서 두 개의 최솟값이 존재(그러므로 상분리가 일어남)하는 것은 G^*_{m}값이 접촉 상호작용(즉 χ와 0이 아닌 혼합 엔탈피, ΔH_{m})에 관여하며, 이때 G^*_{m}값이 증가하기 때문이다. 이런 현상은 온도가 그림 14.1b에 나타낸 것처럼 T_{2b}에서 T_{1b}로 이동함에 따라 감소하고, 그 결과 바이노달과 스피노달 조성은 가까워져서 결국에는 **임계점(critical temperature, T_c)**에서 이들 둘은 ϕ_{2c}로 나타내어지는 하나의 점으로 일치하게 된다(그림 14.1a에서는 T_{2a}가 T_c로 접근하게 된다). 바이노달 점과 스피노달 점들이 온도의 함수로서 정의되는 곡선들을 각각 **바이노달(binodal)** 및 **스피노달(spinodal)**이라고 한다. 대부분의 고분자 용액에 있어서 χ는 온도가 상승함에 따라 감소하며(즉, 식 10.28에 나타낸 접촉 엔탈피 항 b가 양의 값을 가짐), 그 결과 T_c ($> T_{2b}$)는 바이노달과 스피노달 곡선에서 **공통의 최댓값(common maximum)**과 연관되고, 이를 **상한 임계 용액 온도(upper critical solution temperature; UCST)**라고 하며, 이 온도 이상에서는 고분자와 용매는 어떤 배율로도 혼합 가능하다(그림 14.2a 참조). 한편, χ가 온도 상승에 따라 증가하는 보다 흔치 않은 조건에서(즉, 식 10.28에 나타낸 접촉 엔탈피 항 b가 음의 값을 가짐), T_c는($< T_{2b}$) 바이노달과 스피노달 곡선에서 **공통의 최솟값(common minimum)**과 연관되고, 이를 **하한 임계 용액 온도(lower critical solution temperature; LCST)** 라고 하며, 이 온도 이하에서는 고분자와 용매는 완벽하게 혼합된다(그림 14.2b 참조). LCST 거동은 주로 고분자와 용매가 특이하게 서로 호의적인 상호작용을 보일 때(즉, 수소 결합이나 전하 전달 등) 관찰 가능하다. 표 10.1에 나타낸 마지막 두 개의 예와 폴리(에틸렌 옥사이드)의 수용액들은 수소 결합에 기인하는 LCST 거동을 보여 주는데, 이 거동은 온도가 올라가면 약해진다. LCST 거동은 혼합 시에 발생되는 부피 축소에 의해서도 일어나는데, 이는 혼합 엔탈피의 감소를 유발하기 때문이다. Flory–Huggins 이론은 부피 변화를 배제하기 때문에, 부피 감소로 인한 영향들을 정량적으로 고려하기 위해서는 보다 진화된 이론이 필요하다. 이런 부분이 보완된 이론에 따르면, 모든 고분자–용매 시스템에서는 비록 서로 다른 온도 이력을 보이지만 UCST와 LCST 거동이 동시에 나타난다고 한다. 그러나 몇몇 경우를 제외한 대부분의 경우(예를 들면 사이클로헥세인에 녹인 폴리스타이렌)에서는 단 하나의 온도 이력이 실험적으로 용납되어진다.

바이노달 곡선의 바깥쪽 영역은 안정한 균일 용액에 연관되어 있고, 반면에 스피노달

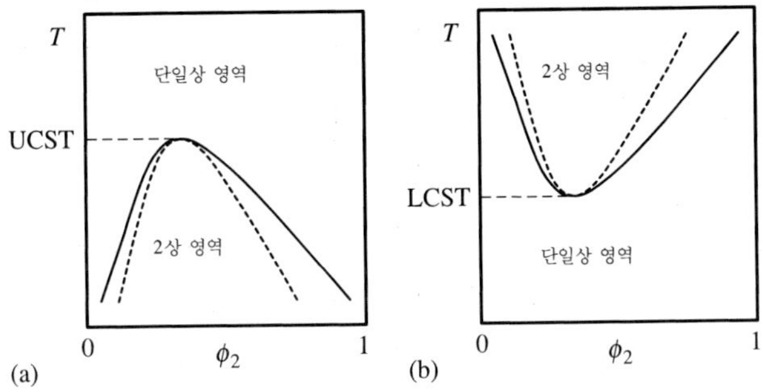

▶ 그림 14.2
(a) UCST 거동과 (b) LCST 거동을 보여 주는 고분자 용액의 상변이 그림의 모식도. 실선은 바이노달이며 점선은 스피노달임.

곡선의 안쪽 영역은 머지않아 상분리가 일어나는 불안정한 용액과 연관되어 있다. 바이노달과 스피노달 사이의 영역은 준안정 상태인 용액과 관련되어지며, 이런 에너지 장벽이 극복되면 상분리를 일으킨다.

UCST 및 LCST 거동에서, T_c는 스피노달에서의 전환점과 일치하며 다음 조건이 적용되는 영역에 위치한다.

$$\left(\frac{\partial^2 \Delta G_m^*}{\partial \phi_2^2}\right)' = \left(\frac{\partial^3 \Delta G_m^*}{\partial \phi_2^3}\right)'' = 0 \tag{14.8}$$

이 유도식은 $\phi_1 = 1 - \phi_2$인 사실을 인지하고, χ가 ϕ_2와는 무관하다는 사실을 적용하면 식 14.5로부터 간단하게 유도된다. 따라서 $\left(\partial^2 \Delta G_m^* / \partial \phi_2^2 = 0\right)$는 스피노달 점에서 다음 식을 만족시킨다.

$$\frac{1}{1-\phi_2} + \frac{1}{x\phi_2} - 2\chi = 0 \tag{14.9}$$

그리고, 온도에 대한 χ의 변화량이 주어지면 이론적인 스피노달 곡선이 구축될 수 있다. $\left(\partial^3 \Delta G_m^* / \partial \phi_2^3 = 0\right)$의 조건을 적용하면, 임계 조성은 다음과 같다.

$$\phi_{2c} = \frac{1}{1 + x^{1/2}} \tag{14.10}$$

그런데 ϕ_{2c}는 고분자의 경우(큰 x값을 가짐)에는 매우 작아진다. Flory–Huggins 상호작용 함수의 임계값인 χ_c는 식 14.10을 식 14.9에 치환시키면 다음 식과 같이 구해진다.

$$\chi_c = \frac{1}{2}\left[1 + \frac{2}{x^{1/2}} + \frac{1}{x}\right] \tag{14.11}$$

$x \to \infty$, $\phi_{2c} \to 0$, $\chi_c \to 1/2$임을 기억하라. 주로 사용되는 대부분의 고분자에 대해서, x는 100 이상의 유한한 큰값을 가지며, 임계점은 $0 \le \phi_{2c} < 0.1$과 $0.5 \le \chi_c < 0.7$의 범위와 관련성을 갖는다. 몰질량 분포를 갖는 고분자 용액의 상변이에 있어서, 바이노달, 스피노달, 그리고 ϕ_{2c}와 χ_c값들은 x를 수평균 몰질량값으로 대체하면 얻어지며, x의 특이값을 갖는 개개의 고분자종들이 나타내는 값들의 중간값이다.

14.2.2 고분자 묽은 용액의 상분리에 의한 분별 이론

각 x값에 대하여 바이노달과 스피노달 곡선의 독특한 짝이 존재한다는 사실이 최근 들어 밝혀지고 있다. x값이 증가함에 따라 이들 곡선들은 $\phi_2 = 0$에 해당되는 축 쪽을 향해 점진적으로 휘어지고, T_c는 UCST 거동이 나타날 때에는 고온 쪽으로, LCST 거동이 발현될 때에는 저온 쪽으로 이동한다(그림 14.3 참조). 따라서 상분리로 인한 분별의 근원은 명백하게 되었고, 큰 몰질량을 갖는 부분의 상분리가 선호됨이 예상된다. 그 다음으로 고려해야 할 부분은 서로 다른 x값을 갖는 사슬들이 상분리가 일어난 용액 내에 존재하는

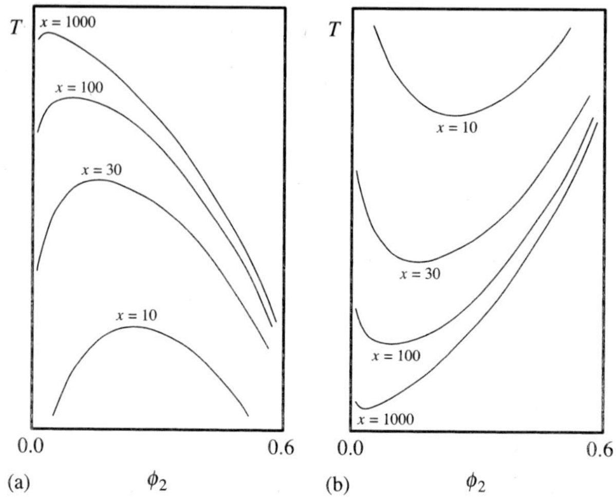

그림 14.3
사슬 절편 x의 수가 (a) UCST 거동과 (b) LCST 거동에 미치는 영향.

두 개의 공존상 사이에 어떻게 분포하는지에 관한 예측이다. 이를 위해 x_j 분절(segment)을 갖는 n_j 사슬의 화학 퍼텐셜에 관한 정보가 요구되며, 이는 식의 두 번째 항을 고분자에 존재하는 모든 사슬에 대한 총합으로 대체한 다음, Flory–Huggins 식(식 10.32)을 n_j에 대해 편미분하면 얻을 수 있다. 따라서, 몰질량 분포를 갖는 고분자에 존재하는 사슬 j에 대한 화학 퍼텐셜의 차이인 $\mu_j - \mu_j^0$는 다음 식으로 주어진다.

$$\mu_j - \mu_j^{\circ} = \left(\frac{\partial \Delta G_{\mathrm{m}}}{\partial n_j}\right)_{P,T,n_i \neq n_j} = \mathbf{R}T\frac{\partial}{\partial n_j}\left\{n_1 \ln\phi_1 + n_j \ln\phi_j + \sum_{i\neq j} n_i \ln\phi_i + n_1\phi_2\chi\right\}_{P,T,n_i\neq n_j}$$

ϕ_1, ϕ_2가 n_j에 대한 함수임을 인식하고 수학적인 표준 미분 과정을 이용하면, 다음 식으로 표시 가능하며,

$$\mu_j - \mu_j^{\circ} = \mathbf{R}T\left\{n_1\frac{\partial \ln\phi_1}{\partial n_j} + \ln\phi_j + n_j\frac{\partial \ln\phi_j}{\partial n_j} + \sum_{i\neq j} n_i \frac{\partial \ln\phi_i}{\partial n_j} + n_1\chi\frac{\partial \phi_2}{\partial n_j}\right\}_{P,T,n_i\neq n_j}$$

나아가서 다음 식이 성립한다.

$$\mu_j - \mu_j^{\circ} = \mathbf{R}T\left\{\left(\frac{n_1}{\phi_1}\right)\frac{\partial\phi_1}{\partial n_j} + \ln\phi_j + \left(\frac{n_j}{\phi_j}\right)\frac{\partial\phi_j}{\partial n_j} + \sum_{i\neq j}\left(\frac{n_i}{\phi_i}\right)\frac{\partial\phi_i}{\partial n_j} + n_1\chi\frac{\partial\phi_2}{\partial n_j}\right\}_{P,T,n_i\neq n_j} \tag{14.12}$$

ϕ_1, ϕ_2, ϕ_i , ϕ_j에 대한 정의를 다음과 같이 고려하고,

$$\phi_1 = \frac{n_1}{n_1 + x_j n_j + \sum_{i\neq j} x_i n_i} \text{ 이므로 } \left\{\frac{\partial\phi_1}{\partial n_j}\right\}_{P,T,n_i\neq n_j} = -\frac{x_j n_1}{\left(n_1 + x_j n_j + \sum_{i\neq j} x_i n_i\right)^2} = -\frac{\phi_1 x_j}{n_1 + \sum_i x_i n_i}$$

$$\phi_j = \frac{n_j}{n_1 + x_j n_j + \sum_{i\neq j} x_i n_i} \text{ 이므로 } \left\{\frac{\partial\phi_j}{\partial n_j}\right\}_{P,T,n_i\neq n_j} = \frac{\left(n_1 + x_j n_j + \sum_{i\neq j} x_i n_i\right) - x_j n_j}{\left(n_1 + x_j n_j + \sum_{i\neq j} x_i n_i\right)^2} = \frac{1-\phi_j x_j}{n_1 + \sum_i x_i n_i}$$

$$\phi_i = \frac{n_i}{n_1 + x_j n_j + \sum_{i \neq j} x_i n_i} \text{ 이므로 } \left\{\frac{\partial \phi_{i \neq j}}{\partial n_j}\right\}_{P,T,n_i \neq n_j} = -\frac{x_j n_i}{\left(n_1 + x_j n_j + \sum_{i \neq j} x_i n_i\right)^2} = -\frac{\phi_i x_j}{n_1 + \sum_i x_i n_i}$$

$$\phi_2 = 1 - \phi_1 \text{ 이므로 } \left\{\frac{\partial \phi_2}{\partial n_1}\right\}_{P,T,n_i \neq n_j} = -\left\{\frac{\partial \phi_1}{\partial n_1}\right\}_{P,T,n_i \neq n_j} = \frac{\phi_1 x_j}{n_1 + \sum_i x_i n_i}$$

식 14.12에 대입하여 간략화시키면 다음 식이 얻어진다.

$$\mu_j - \mu_j^{\circ} = \mathbf{R}T\left[-\phi_1 x_j + \ln\phi_j + 1 - \sum_i \left(\frac{x_j n_i}{n_1 + \sum_i x_i n_i}\right) + \chi \phi_1^2 x_j\right] \tag{14.13}$$

전술한 총합의 개념을 포함하는 항은 다음 식과 같이 간략화시킬 수 있다.

$$\sum_i \left(\frac{x_j n_i}{n_1 + \sum_i x_i n_i}\right) = x_j \sum_i \left(\frac{n_i}{n_1 + \sum_i x_i n_i}\right)\left(\frac{\sum_i x_i n_i}{\sum_i n_i}\right)\left(\frac{\sum_i n_i}{\sum_i x_i n_i}\right)$$

$$= x_j \sum_i \left(\frac{n_i}{\sum_i n_i}\right)\left(\frac{\phi_2}{\bar{x}_n}\right) = x_j\left(\frac{\phi_2}{\bar{x}_n}\right)$$

여기서 $\bar{x}_n$는 x의 수평균값이다. 그러므로 식 14.13을 재정비하면 다음 식으로 표현되며, 이 식은 단분산 분포를 갖는 고분자(즉, $\bar{x}_n = x_j = x$이고, 아래 첨자 j가 '2'로 대체될 때)에 대해서는 식 10.39로 단순화 가능하다.

$$\mu_j - \mu_j^{\circ} = \mathbf{R}T\left[\ln\phi_j + 1 - x_j + \phi_2 x_j\left(1 - \frac{1}{\bar{x}_n}\right) + \chi \phi_1^2 x_j\right] \tag{14.14}$$

사슬 j에 대한 상평형식 14.6b를 적용하면, $\mu'_j - \mu_j^{\circ} = \mu''_j - \mu_j^{\circ}$(여기서 ″은 보다 농축된 상을 나타냄)가 성립하고, 두 개의 공존상 사이의 사슬 j의 분할은 다음 식으로 표현 가능하다.

$$\frac{\phi''_j}{\phi'_j} = e^{\sigma x_j} \tag{14.15}$$

이때, 변수 σ는 다음과 같이 주어진다.

$$\sigma = (\phi'_2 - \phi''_2)\left(1 - \frac{1}{\bar{x}_n}\right) + \chi\left[\phi_1'^2 - \phi_1''^2\right] \tag{14.16}$$

두 개의 실질적인 공존상(co-existing phase)에 대해서, 식 14.16에 나타낸 부피 분율과 χ는 특별한 값을 가지며, σ는 상수이다. 그러므로 실질적인 경우에 있어서는 식 14.16으로부터 σ값이 계산 가능하지만, 실제로는 Flory–Huggins 식의 한계 때문에 계산값은 신뢰도가 떨어진다. 그러나 상분리 현상은 $\chi > 1/2$인 경우($\bar{x}_n < \infty$이므로)에 발생되므로 이런 계산값들은 σ값이 매우 작은 양의 값을 갖는다는 것을 보여 주기에는 충분하다. 여기서 가장 중요한 결론은 분별 과정이 x_j의 모든 값에 대해 $\phi''_j > \phi'_j$가 성립되는 x_j에 지수적으로 의존한다는 것이고, 동시에 ϕ''_j/ϕ'_j 비율은 x_j에 대해 급속하게 증가한다는 것이다.

고분자의 밀도가 x_j에 무관하다고 가정하면, 공존상 내에 위치하는 x_j량체(x_j-mer)의 질량 분율인 f''_j와 f'_j의 비율은 식 14.15를 근간으로 하여 다음 식으로 주어진다.

$$\frac{f_j''}{f_j'} = Re^{\sigma x_j} \tag{14.17}$$

여기서 $R = V''/V'$가 성립하는데, V''와 V'는 진한 농도의 공존상과 묽은 농도의 공존상이 나타내는 부피이다. 분별 과정이 유효하려면 $\sigma \ll 1$과 $R \ll 1$의 조건이 만족되어야 한다. σ값은 손쉽게 변하지 않고 대개의 경우 0.01 부근의 값을 가지는데, 이는 만족스러운 값이다. 반대로, R값은 변화 가능하고 $V' > V''$를 만족시키기 위해서는 매우 묽은 용액(전형적으로 $2\,\mathrm{g\,dm^{-3}}$)을 이용하여 시작하는 것이 필수적이다. 표 14.1에 나타낸 데이터들은 모든 고분자 분획물들이 각각의 상에 존재하고, 특히 고농도의 상에는 높은 몰질량의 분획물들이 대부분 존재한다는 것을 명확히 보여 준다. 부피 분율 비율인 ϕ_j''/ϕ_j'가 낮은 몰질량의 분획물들에 대해서 1에 가까운 값을 갖게 되면, 이들 낮은 몰질량 분획물들은 우선적으로 저농도의 상에 존재하게 되는데, 이는 이들이 부피가 크기 때문이다. 따라서 고농도인 농축상에 존재하는 고분자들은 $\bar{M}_w/\bar{M}_n$이 1.1~1.3의 범위에 들어가는 비교적 좁은 MMD를 가진다.

Flory–Huggins 이론을 따르면 묽은 고분자 용액의 상분리 거동의 예상은 비교적 유효하게 진행될 수 있는데, 이는 상분리 조건하에서는 배제 부피가 거의 0에 가까워지기 때문이다. 여기에 언급한 이론에 내재되어 있는 한계는 χ가 ϕ_2와는 무관하고 혼합 시에 유발되는 부피 변화가 0이라고 하는 만족스럽지 못한 가정에 주로 기인한다. 반면, T_c에 대한 예상은 비교적 양호하게 이루어지는데, 실험적인 방법을 통해 결정되는 바이노달들은 이론적인 예상값보다 큰 값을 갖는 ϕ_{2c}에 대해서 덜 뾰족해지는 경향을 보인다. 여기서 ϕ_2에 대한 χ의 의존성을 고려하고 동시에 부피 변화에 의한 영향을 고려하면 훨씬 더 잘 들어맞게 되지만, 이러한 이론적인 고찰은 여기서 다루고자 하는 범위를 초월한다.

T_c의 측정은 세타 온도(theta temperature)의 결정에 유용하게 적용 가능하다. Flory–Huggins의 묽은 용액 식인 식 3.50과 3.57을 비교하면 다음의 식이 얻어진다.

$$\chi - \frac{1}{2} = \psi\left[\left(\frac{\theta}{T}\right) - 1\right] \tag{14.18}$$

$T = T_c$일 때, χ는 χ_c로 대체 가능하며, 식 14.11을 다시 쓰면 다음 식으로 표현 가능하다.

$$\frac{1}{T_c} = \frac{1}{\theta} + \frac{1}{\psi\theta}\left[\frac{1}{x^{1/2}} + \frac{1}{2x}\right] \tag{14.19}$$

여기서 몰질량 분포를 갖는 고분자의 경우에 x는 $\bar{x}_n$으로 대체 가능하다. 따라서 $1/T_c$를 $(1/\bar{x}_n^{1/2} + 1/2\bar{x}_n)$에 대해 도시하면 절편 $1/\theta$를 갖는 직선이 얻어진다. 이런 방법으로 구해지는 세타 온도는 삼투압 측정법으로 구한 값과 잘 일치한다(11.2.2절 참조). 식 14.19를 잘 살펴보면, $x \to \infty$이면 $T_c \to \theta$임을 알 수 있고, 임계 온도에 대한 θ의 또 다른 정의를 제한적인 몰질량이라는 한계 내에서 비상용성의 설명에 대해 적용할 수 있다.

14.2.3 분별화 과정

분별화를 이행하기 위한 기본 요건은 앞 절에서 설명하였다. 매우 묽은 고분자 용액에서의 상분리는 용매의 용해능을 저하(즉, χ의 증가) 시킴에 의해 유발된다. 이는 용액에 비

표 14.1 $\sigma = 0.010$이고 $R = 0.005$일 때, 식 14.15와 14.17로부터 계산된 ϕ_j''/ϕ_j' f_j''/f_j' 값들

x_j	10	100	500	1000	5000
ϕ_j''/ϕ_j'	1.1	2.7	148.4	2.2×10^4	5.2×10^{21}
f_j''/f_j'	0.006	0.014	0.74	110	2.6×10^{19}

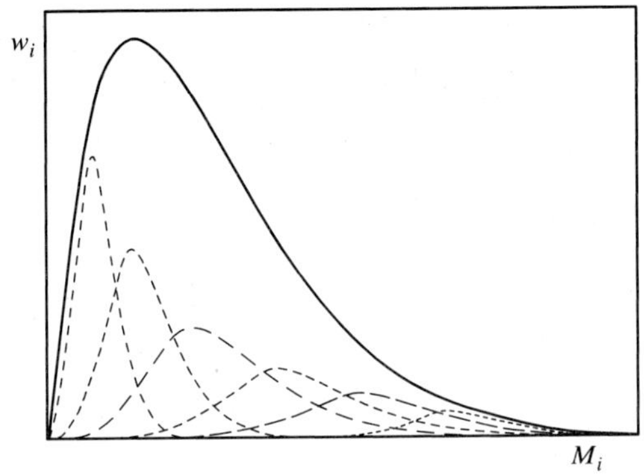

▶ 그림 14.4
몰질량 분포를 갖는 고분자 시료의 묽은 용액에서 연속적인 상분리 과정을 거쳐 얻어지는 분획물들의 몰질량 M_j와 질량 분율 w_i와의 전형적인 상관관계에 관한 모식도. 전체 고분자의 MMD는 실선으로 나타내었다.

용매를 첨가하거나, 온도를 변화시킴으로써 가능해진다. 전자의 과정이 더욱 선호되며, 고분자 용액에 상분리가 명확하게 일어날 때까지 비용매를 첨가한다. 이 시점에서 비용매의 첨가를 멈추고, 용액을 가열하면(UCST 거동의 발생을 추측함) 다시 녹아서 농축상으로 변한다(즉, χ의 감소를 의미함). 이 용액을 다시 상분리의 평형에 도달하기까지 **천천히** 냉각시킨다. 농축상이 분별 플라스크의 바닥에 가라앉도록 방치한 다음, 남은 묽은 용액 부분을 제거하여 유사한 분별화 과정을 반복한다. 얻어진 분획물의 MMD를 분별화 과정 전의 고분자 MMD와 관련지어서 그림 14.4에 모식적으로 나타내었다. 개개의 분획물들의 분포 곡선들은 서로 부분 부분에서 중첩되며, 이들을 총합하면 원래의 고분자에서 보여지는 분포 곡선이 구축된다.

여기에 언급한 과정은 꽤 시간이 소요되는 공정이어서, 크로마토그래피 방법을 이용하여 상분리에 의한 자동 분별화 과정의 개발이 시도되었다. 이런 방법 중 하나는 유리 입자들이 채워진 칼럼의 상단부에 고분자 용액을 떨어뜨리고, 양용매와 비용매의 혼합액을 칼럼을 통해 흐르게 하는 것이다. 이때 칼럼에는 길이 방향으로 온도 기울기를 준다(UCST 거동이 나타나도록 온도를 감소시킴). 칼럼을 통과하는 용출액에 있어서 용매 농도는 점차적으로 증가하여 낮은 몰질량 물질이 먼저 용매에 녹고, 통과된 용출액은 연속적으로 모아지며, 이들 용출액으로부터 용매를 제거하면 서로 다른 분획물을 갖는 고분자들이 얻어지게 된다. 최근에는 연속적인 액-액 추출 공정들이 적용되는데, 처음에 고분자는 하나의 용매에만 용해되고, 이를 처음 용매와는 일부분만 섞이는 제2의 용매를 이용하여 연속적으로 추출한다.

14.3 젤 투과 크로마토그래피

젤 투과 크로마토그래피(gel permeation chromatography; GPC) 기술은 1960년대 중반에 개발되었는데, 고분자의 MMD를 결정하는 데 있어서 가장 강력한 방법이다. GPC 방법에서는 고분자의 묽은 용액을 다공성 젤의 입자들로 채워진 칼럼을 통과하여 흐르는 용매로 구성된 용출액을 향해 주입한다. 젤 입자의 다공성은 극단적으로 중요한데 통상적으로 $5 \sim 10^5$ nm의 범위 내에 존재한다. 작은 크기의 용매 분자들은 젤 입자 구멍을 통과하기도 하고 동시에 입자의 주변을 따라 통과하며, 용매에 함유된 고분자 또한 칼럼을 통과하게 된다. 이때 가장 작은 몰질량의 고분자 분자들은 입자들이 가지는 대부분의 구멍을 통과하게 되고, 따라서 칼럼을 통과하는 데 있어서 비교적 긴 통과 경로를 갖게 된다. 하지만, 가장 큰 몰질량의 고분자 분자들은 큰 분자 크기로 인하여 대부분의 구멍을 통과하지 못하고 그대로 배제되며, 그 결과 훨신 짧은 통과 경로를 나타낸다. 따라서 GPC는 용액 내에 존재하는 분자들의 크기가 작아지는 순으로 크로마토그래피 칼럼으로부터 먼저 용출되는 **크기 배제 크로마토그래피(size-exclusion chromatography)**의 한 형태이다. 용출액 내의 고분자 농도는 연속적으로 관찰되며, 얻어지는 크로마토그램은 고분자 농도와 용출 부피의 상관관계로 나타나는데, 이는 MMD에 대한 정성적인 지표가 된다. 크로마토그램으로부터 낮은 몰질량의 첨가물(예를 들면, 가소제)에 대한 존재 유무를 알 수 있는데, 이들은 흔히 큰 용출 부피를 갖는 별도의 피크로 검출된다.

14.3.1 크기 배제에 의한 분리

시료 용액이 주입된 시점으로부터 칼럼을 통과한 시료 용액이 검출되는 시점까지, GPC 시스템 내에 포함되는 용매의 부피는 빈 부피(void volume; 즉, 다공성인 입자의 외부를 채우는 용매의 부피) V_0와 내부 부피(internal volume; 입자 내부에 포함되어 있는 용매의 부피) V_i와의 합으로 나타낼 수 있다. 특정 고분자 물질들을 주입구부터 검출부까지 용출시키는 데 필요한 용매의 부피를 **용출 부피(elution volume)** V_e라 하고, **크기 배제에 의한 분리**를 근간으로 하면 다음 식으로 나타낼 수 있다.

$$V_e = V_0 + K_{se}V_i \tag{14.20}$$

여기서 K_{se}는 상술한 특정 고분자 물질이 통과하는 다공성 구멍의 내부 부피 분율을 의미한다. 모든 내부 공간을 통과 가능한 작은 크기의 고분자에 대해서 $K_{se} = 1$과 $V_e = V_0 + V_i$가 성립하며, 구멍을 통과하지 못하는 큰 고분자의 경우에는 $K_{se} = 0$과 $V_e = V_0$가 성립한다. 중간 정도의 크기를 갖는 고분자에 대해서 K_{se}와 V_e는 상기값의 중간값을 갖는다.

GPC에 있어서 전형적인 유속인 약 $1\ \text{cm}^3\ \text{min}^{-1}$에 대해서는 V_e가 유속에 무관하다는 것이 밝혀졌다. 이것은 분자들이 구멍의 안쪽과 바깥쪽으로 확산되기에 충분한 시간이 확보되고, 그 결과 구멍의 내외부에서 존재하는 분자들의 평형 농도가 c_i 및 c_0에 도달된다는 것을 의미한다. 분리 과정은 평형 조건하에서 일어나기 때문에, K_{se}는 **평형 상수 (equilibrium constant)**로서 $K_{se} = c_i/c_0$로 정의된다(고분자의 분자들이 용매와 동등하게 구멍을 투과할 때, $c_i = c_0$와 $K_{se} = 1$이 성립함). 열역학적 사실들로부터, 구멍을 통과하는 데 있어서 K_{se}와 Gibbs 자유 에너지 변화 ΔG_p^o 사이의 상관관계는 다음 식으로 주어진다.

$$\Delta G_p^o = -\mathbf{R}T \ln K_{se} \tag{14.21}$$

크기 배제에 의한 분리에 있어서(즉, 상호작용을 고려하지 않으면), 용질 분자가 구멍으로 침투하는 것과 관련된 엔탈피 변화는 **0이 되어야 한다**. 따라서 ΔG_p^o는 보완 작용을 하는 엔트로피 변화 ΔS_p^o에 의해 제어되고, ΔG_p^o는 $-T\Delta S_p^o$로 주어진다. 그러므로 식 14.21은 다음 식으로 다시 쓸 수 있다.

$$K_{se} = \exp\left(\frac{\Delta S_p^o}{\mathbf{R}}\right) \tag{14.22}$$

고분자가 취할 수 있는 배좌(conformation)의 경우의 수는 구멍 내에서는 감소되는데, 이는 분자들이 투과할 수 없는 구멍의 벽에 바짝 붙어 있기 때문이다. 따라서 ΔS_p^o는 음의 값을 갖는다. 배좌를 취하는 데 필요한 엔트로피의 이와 같은 손실은 분자가 갖는 유체역학적인 반지름보다 더 짧은 영역(그림 14.5 참조) 내에 분자들의 질량 중심이 구멍의 벽 쪽으로 위치하고 있는 곳으로부터 배제되는 데 필요한 힘과 동등하다. 통계 열역학적인 방법은 단순화 모형(즉, 실린더 형태의 구멍 속에 들어가는 Gaussian 코일)을 이용하여 ΔS_p^o를 표현 가능케 한다. 자세한 과정은 생략하지만, 일반적인 결과 식은 다음과 같이 표현된다.

$$\Delta S_p^o = -\mathbf{R}A_s\left(\frac{\bar{L}}{2}\right) \tag{14.23}$$

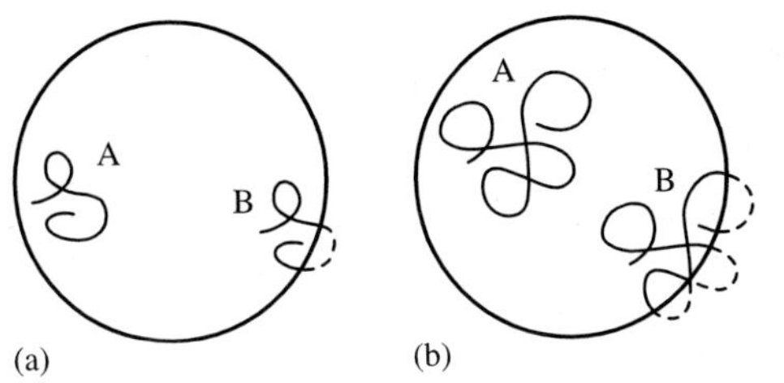

▶ **그림 14.5**
실린더 형태의 구멍 안쪽에 위치한 (a) 작은 고분자와 (b) 큰 고분자의 거동에 관한 모식도. 점 A에서는 분자가 질량의 중심에 위치하며 벽쪽으로 가장 가까운 거리를 유지한다. 반면, 점 B에서는 분자가 벽쪽으로 바짝 붙은 곳에 위치하기 때문에 동일한 분자 배좌는 유지되지 않는다.

여기서 A_s는 구멍의 단위 부피당 표면적이며, $\bar{L}$은 분자가 용액 속에서 자유 상태에 있을 때 보여 주는 평균적인 분자 투영(projection)이다(예를 들면, 구형 분자인 경우 $\bar{L}$은 평균 지름을 의미함).

식 14.22과 14.23을 식 14.20에 치환시키면 다음 식이 얻어진다.

$$V_e = V_0 + V_i \exp\left(\frac{-A_s\bar{L}}{2}\right) \tag{14.24}$$

따라서 V_e는 $\bar{L}$(즉, 분자 크기를 의미)에 대해 지수적으로 변화하며, $\bar{L} \to 0$이면 $V_e \to (V_0 + V_i)$가 성립하며, 동시에 $\bar{L} \to \infty$이면 $V_e \to V_0$가 성립된다. 식 14.24를 다른 방도로 해석하면 $\bar{L} \to 0$이면 V_e는 $\log \bar{L}$(즉, 분자 크기의 로그값)에 대해서 거의 **직선적으로** 감소한다고 예상된다. 이런 해석은 검정 곡선의 구축에 있어서 매우 유용하다.

14.3.2 몰질량 분포의 검정과 평가

GPC 측정으로 얻어진 크로마토그램을 MMD 곡선으로 전환시키기 위해서는 몰질량 M과 V_e의 상관관계에 대한 정보를 파악할 필요가 있다. 식 14.24로부터 얻어지는 이런 상관관계는 분자의 크기가 M값에 의존한다는 사실을 보여 준다. 용액상에 존재하는 고분자 물질의 분자 크기는 유체역학적 부피(10.4.2절 참조)로 표시되고, 식 10.94로부터 구해지는 고분자의 크기는 $[\eta]M$에 비례하며, $[\eta]$는 고유 점도이다. 따라서 $\log([\eta]M)$는 V_e에 대해서 거의 직선적으로 감소하게 될 것이다. Mark–Houwink–Sakurada 식(식 10.98)으로부터 다음 식이 얻어지고,

$$\log([\eta]M) = \log K + (1+a)\log M \tag{14.25}$$

그리고 $\log([\eta]M)$는 Mark–Houwink–Sakurada 식의 상수인 K와 a가 일정하게 유지되는 한 $\log M$에 따라 직선적으로 증가한다. 따라서 V_e에 대한 $\log M$의 검정 곡선은 거의 직선성을 나타내어야 하며, 실제로도 그러하다. 이들 검정 곡선은 탐구되어지는(K와 a값들을 통해) 고분자들에 있어서 특이적이며, 서로 다른 M값을 갖는 고분자들 중, 좁은 MMD 분포를 갖는 일련의 시료들의 V_e를 측정함으로써 구해진다(그림 14.6 참조). V_e값은 통상적

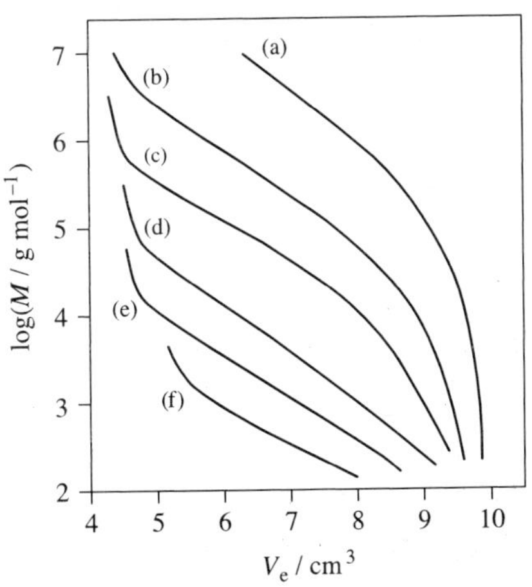

▶ **그림 14.6**
여섯 개의 서로 다른 다공성 젤이 채워진 GPC 칼럼으로 구성된 GPC 시스템을 이용하여 얻어진 폴리스타이렌 테트라하이드로퓨란(THF) 용액의 전형적인 GPC 검정 곡선: (a) 10^5 nm, (b) 10^4 nm, (c) 10^3 nm, (d) 10^2 nm, (e) 50 nm, (f) 5 nm. 각각의 경우에 검정 곡선은 용해성을 나타내는 분자 질량 범위 내에서는 거의 직선적으로 변화함. (자료 제공: Polymer Laboratories Ltd. Shropshire, U.K.)

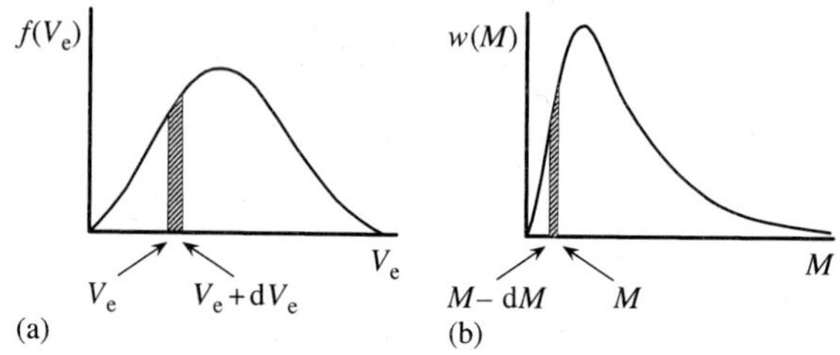

▶ 그림 14.7
(a) GPC 크로마토그램과 (b) 이를 변환시킨 무게 분율 MMD 의 모식도.

으로 GPC 크로마토그램의 피크값로부터 구해진다.

V_e에 대하여 얻어진 검출기 값 $f(V_e)$의 GPC 크로마토그램을 **질량 분율 MMD [weight-fraction MMD;** M에 대한 $w(M)$값]로 변환시키는 것에 대해 생각해보자(그림 14.7 참조). $f(V_e)$가 용출액에 존재하는 고분자의 질량 농도에 직접적으로 비례하고 동시에 비례상수는 M값에 무관하다고 가정하면, V_e와 $(V_e + dV_e)$ 사이의 범위에서 용출되는 고분자의 무게 분율 dw는 다음 식으로 주어진다.

$$dw = \frac{f(V_e)dV_e}{\int_0^\infty f(V_e)dV_e} \tag{14.26}$$

여기서 분모에 존재하는 적분값은 GPC 크로마토그램의 아래쪽에 위치하는 면적 A에 상응하고, $f(V_e)\,dV_e$를 표준화시키면 무게 분율이 얻어진다. 따라서 식 14.26은 다음 식으로 고쳐 쓸 수 있다.

$$\frac{dw}{dV_e} = \frac{f(V_e)}{A} \tag{14.27}$$

V_e와 $(V_e + dV_e)$ 사이의 구간에서 용출되는 부피를 생각해 보면, 고분자의 무게 분율인 dw도 무게 분율 MMD 곡선에서 M과 $(M - dM)$ 사이에 존재한다(V_e가 증가함에 따라 M은 감소하기 때문이다). 분포 함수 $w(M)$이 표준화되면, 이에 따라 식 14.28로부터 $dw = -w(M)\,dM$의 관계가 성립된다.

$$w(M) = -\frac{dw}{dM} \tag{14.28}$$

미분 계수를 위해 다음과 같은 연쇄 법칙을 적용해 보자.

$$-\frac{dw}{dM} = \left(\frac{dw}{dV_e}\right)\left(-\frac{dV_e}{d\ln M}\right)\left(\frac{d\ln M}{dM}\right) \tag{14.29}$$

이때 $-dV_e/d\ln M = 1/(2.303|S(V_e)|)$으로 주어지며 [$|S(V_e)|$는 V_e에서의 검정 곡선(V_e에 대한 $\log M$의 검정 곡선)의 (−)기울기 값을 나타냄], 그리고 $d\ln M/dM = 1/M(V_e)$이 성립한다[$M(V_e)$는 V_e에 상응하는 M값이다]. 식 14.27, 14.28, 14.29들을 결합시키면 다음 식이 얻어진다.

$$w(M) = \left(\frac{f(V_e)}{A}\right)\left(\frac{1}{2.303\,|S(V_e)|}\right)\left(\frac{1}{M(V_e)}\right) \tag{14.30}$$

이 식의 첫 번째 항은 크로마토그램으로부터 얻어지며, 나머지 두 항들은 검정 곡선으로부터 얻어진다. 따라서 $w(M)$값은 각각의 점들에서 얻어질 수 있으며 결국에는 무게 분율 MMD 곡선을 구축하게 된다. 궁극적으로는, $w(M)$값들이 알려지면, 어떤 평균 몰질량도 분포 함수의 모멘트(moments of distribution)로부터 계산 가능하다(식 14.1~14.4 참조).

V_e가 M의 **로그값**에 의존하기 때문에 GPC 크로마토그램을 정확하게 무게 분율 MMD로 전환시키는 데에는 검정 곡선의 형태에 관하여 상세하게 알아야 한다. 세부적이지는

않지만, 곡선이 명목상으로는 직선성을 가진다고 하며 검정 데이터에 대해 직선성 보정(lilear fit)을 이용하는 것은 $w(M)$에 있어서 큰 오류를 야기시킬 수 있다. 최근에 이르러 $\log M$값을 V_e의 멱급수(power series)에 맞추는 시도가 일반적으로 시행되고 있다[즉, $\log M = \sum_{x=1}^{n} k_x V_e^x$이라고 두고, 잘 일치되는 n값 중에서 가장 최솟값(주로 4 혹은 5)을 사용함]. 멱함수의 일차 미분으로부터 $S(V_e)(= \mathrm{d}\log M/\mathrm{d}V_e)$는 각각의 V_e값을 이용하여 계산 가능하다. 이런 방법으로 중요하지만 작은 국부적인 변위들인 $S(V_e)$값으로부터 $w(M)$값을 더욱 엄밀하게 고려해 볼 수 있다. 광범위한 검정 표준은 M값의 전 범위에 걸쳐서 정밀하게 검정 곡선을 정의해야 할 필요가 있음은 명백하다.

$w(M)$값의 정확성을 보다 증진시키기 위해서는 피크의 확산적인 확장을 위한 GPC 크로마토그램의 첫 번째 보정을 행해야만 한다. 이런 보정은 사실 수행하기가 쉽지는 않고, 작은 지름을 갖는 젤 입자를 사용하여 분석되는 대부분의 고분자에서는 무시 가능하다. 하지만, 이런 보정이 피크의 확산적 확장이 낮은 V_e쪽으로 치우쳐지는 협소한 MMD의 고분자 분석에 있어서는 매우 중요하다.

14.3.3 보편적인 검정

주어진 용매/온도/GPC 칼럼을 사용하는 시스템을 이용하여 분석하고자 하는 각 고분자 시료들에 대응하는 검정 곡선을 정확성 높게 얻기 위해서는 만만찮은 작업이 필요하다. 나아가서, 보다 범용인 고분자에 대한 예를 제외하고, 검정에 필요한 표준 시료는 대부분의 고분자에는 적용되지 않는다. 따라서 주어진 GPC 시스템을 사용하여 분석될 모든 고분자에 적용될 수 있는 보편적인 검정에 관한 개념의 확립이 요구된다.

14.3.2절에서 용액 중의 분자 크기는 분자의 **유체역학적 부피**(hydrodynamic volume)로 표현 가능하다고 기술하였으며, 이는 $[\eta]M$에 비례한다(식 10.94 참조). 따라서 V_e에 대한 $\log([\eta]M)$의 그림은 거의 직선을 나타내며 고려 중인 **고분자와는 무관하다**. 그림 14.8에 나타낸 데이터에서 보여지듯 광범위한 실험적 결과들로부터 이런 그림이, 주어진 용매/온도/GPC 칼럼 시스템에 있어서 **보편적인 검정법(universal calibration)**을 제공한다는 사실은 확실하게 증명된다. Mark–Houwink–Sakurada 식(식 10.98)으로부터, $[\eta]M$은 KM^{1+a}이고, 검정 곡선이 알려져 있지 않은 고분자의 V_e에 상응하는 몰질량 $M(V_e)$는 다음 식으로 주어진다.

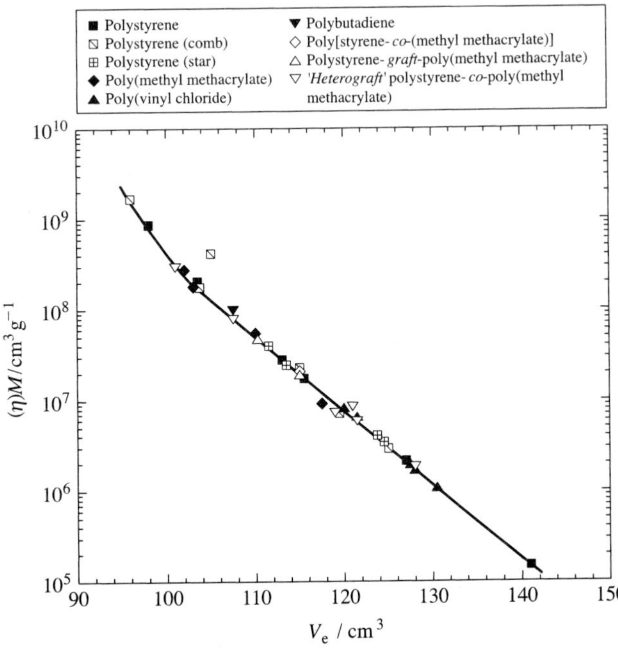

▶ 그림 14.8
테트라하이드로퓨란을 용매로 사용하는 가교 폴리스타이렌 젤로 구성된 GPC 시스템에 있어서의 보편적인 검정 곡선(자료 출처: Grubisic, B et al., J. Polym. Sci. B Polym. Lett., 5, 753, 1967.)

$$M(V_e) = \left[\frac{([\eta]M)_{V_e}}{K} \right]^{1/(1+a)} \tag{14.31}$$

여기서 $([\eta]M)_{V_e}$는 V_e점에서 보편적인 검정 곡선으로부터 구해지는 $[\eta]M$값이다. K와 a는 GPC 측정 조건하에서 얻어지는 고분자의 Mark–Houwink–Sakurada 상수이다.

따라서 시스템은 좁은 MMD를 용이하게 구해지면서도 유용한 표준물질인 폴리스타이렌을 사용하여 검정될 수 있다. 이 경우 Mark–Houwink–Sakurada 상수인 K_s와 a_s는 이미 알려져 있다. 어떤 고분자에 있어서 V_e에 대한 $\log M$의 검정 곡선이 K와 a값이 알려져 있을 때, 식 14.31을 사용하여 구해지는 것으로부터 V_e에 대한 $\log([\eta]_s M_s)$ $(= \log(K_s M_s^{1+a_s})$의 보편적인 검정 곡선 역시 구축될 수 있다.

14.3.4 GPC에 적용 가능한 다공성 젤과 용출액

유기 용매를 사용하는 가장 일반적인 GPC 칼럼 충전제는 가교된 폴리스타이렌이든가 아니면 표면 처리된 실리카 젤로 이루어진 단단한 다공성 입자이다. 수용성 GPC의 경우에는 수팽윤성 고분자(일반적으로는 가교된 폴리아크릴아미이드 젤), 유리 혹은 실리카로 이루어진 다공성 입자가 사용된다.

고분자 시료 내에 존재하는 서로 다른 몰질량을 갖는 개체들을 녹이는 데에는 많은 수의 변수들이 존재한다. 그림 14.6으로부터 얻어지는 하나의 증거로서, 필요한 측정 감도(resolution)를 위해서 적당한 범위의 다공도(porosity)가 요구되고, 이는 서로 다른 다공도를 갖는 젤로 채워진 짧은 칼럼들을 연속으로 연결하거나, 아니면 혼합된 젤로 채워진 비교적 긴 칼럼을 이용하면 가능해진다. 측정 감도는 대개 $l^{1/2}$에 비례하여 증가하는데, l은 칼럼의 전체 길이를 나타낸다. 그리고 $(1/d^2)$에 대해서도 동일한 경향을 나타내는데, d는 채워진 젤 입자의 지름을 나타낸다. 초창기의 GPC 젤 입자는 약 50 μm의 지름을 가졌으며 완전한 분리를 위해서는 긴 칼럼이 필요하였다. 그러나 최근에는 대부분의 GPC 젤 입자가 5 혹은 10 μm의 지름을 가지며, 훨씬 짧은 칼럼이 사용되고 있다. 이는 용출 부피가 점점 더 작아지게 되었고 분리 과정이 30~45분으로 훨씬 빨라지게 되었다는 것을 의미한다. 초기에는, 작은 지름을 갖는 젤 입자를 사용하는 GPC를 **고성능 GPC (high-performance GPC)** 라고 하였지만, 커다란 지름의 젤 입자가 더 이상 사용되지 않는 지금에 이르러서는 이런 이름은 과장된 표현으로 여겨진다. 가장 최근에 개발된 GPC는 **고출력 GPC (high-throughput GPC)** 인데, 이런 GPC에서는 매우 빠른 분석 시간(10~15분)을 만족시키기 위해 종종 감도가 희생되며, 작은 부피를 가지며 한 덩어리로 이루어진 다공성 칼럼이 고출력 GPC에 주로 적용되고 있다.

용출 용매의 선택 또한 중요한데, 이는 이차적인 분리 유형의 기여에 큰 영향을 미친다. 예를 들면, 구멍의 벽 표면에 흡착되는 고분자 분자들은 칼럼을 통과해가면서 움직임이 점점 둔해지는데, 이는 V_e값이 크기 배제를 위한 자신의 고유값 이상으로 커지기 때문이다. 이런 경향은 용매화 조건이 열악할수록 빈번하게 발생되므로, 고분자에 대한 양용매(good solvent)가 주로 용출 용매로 사용된다. 실온에서 가용성인 비극성 고분자와 약간 극성을 나타내는 고분자인 경우에 가장 흔히 사용되는 용출 용매는 톨루엔과 테트라하이드로퓨란이고, 테트라하이드로퓨란에 녹지 않는 더 극성인 고분자는 다이메틸아세트아마이드가 적합하며, 결정성 폴리올레핀 고분자는 130°C 이상의 조건에서 1,2-다이클로로벤젠을 이용하여 분리하고, 결정성 폴리에스터와 폴리아마이드는 90°C 이상의 조건에서 2-클로로페놀을 이용하여 분리할 수 있다.

14.3.5 GPC의 실제 모습

GPC 장치의 핵심 부분은 (i) 용매 펌프, (ii) 주입 밸브, (iii) 다공성 젤 입자로 채워진 단칼

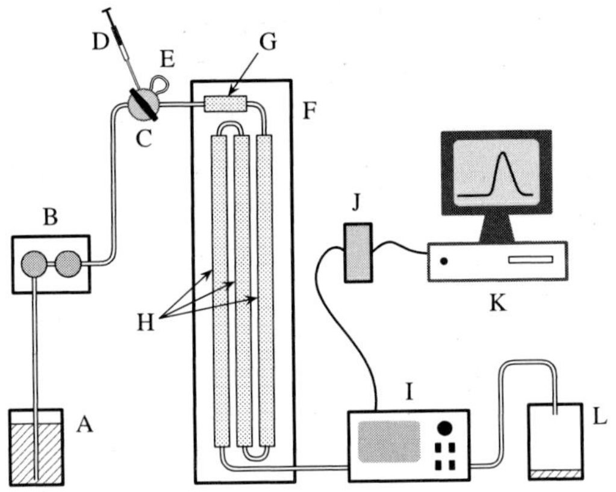

▶ 그림 14.9
GPC 장치의 모식도: A, 용매 용기; B, 용매 펌프; C, 주입 밸브; D, 고분자 용액을 주입하기 위한 주사기; E, 주입 루프 (injection loop) ; F, 칼럼용 오븐; G, 보호 칼럼 (guard column) –우발적인 막힘 현상으로부터 고가의 GPC 칼럼을 보호함; H, GPC 칼럼; I, 검출기; J, 아날로그-디지털 변환기; K, 컴퓨터; L, 용매/용액 회수 용기

럼(혹은 연속 칼럼), (iv) 검출기, (v) 데이터 분석을 위한 컴퓨터이다(그림 14.9 참조). 대부분의 크기 배제 분리 과정은 5 혹은 10 μm의 지름을 갖는 고성능 젤 입자를 사용하기 때문에, 이들 GPC 시스템에 대해 여기서 언급하고자 한다.

무맥동 정적 유속(pulse-free constant volumetric flow rate) Q를 보장하는 고품질의 용매 펌프가 GPC에는 필수적인데, 용출 부피($= Qt_e$)가 비교적 작은 값인 $V_0 + V_i$(전형적으로 30~40 cm^3)를 가지므로, 용출 부피를 측정하기보다는 용출 시간(t_e)을 측정하는 것이 더욱 정확하기 때문이다. 동시에 펌프는 용매를 칼럼(작은 지름의 젤 입자로 꽉 채워져 있음)을 통해 1 cm^3 min^{-1}의 유속을 유지하면서 이송시켜야 하므로 고압(4~14 MPa)을 만들어내야 한다. 연이은 측정에서도 일어날 수 있는 어떠한 유속의 변동을 용이하게 보정하기 위해서는 고분자 용액 속에 흐름 표시자를 포함시키는 것이 좋은데, 일반적으로는 통과 한계를 꽉 채운 시간(즉 $V_0 + V_i$에 해당)에 용출되는 유기 물질(예를 들면 데칼린)을 사용한다.

분석에 이용되는 고분자의 묽은 용액(대개 2 g dm^{-3})은 주사기를 이용하여 주입 밸브에 연결된 주입 루프(일반적으로 루프는 0.05 cm^{3}의 용량을 지님)로 옮겨진다. 정상적인 밸브 위치에서 용매의 흐름은 직접 밸브를 통해 지나가지만, 밸브의 위치가 주입(injection) 쪽으로 전환되면 흐름 경로는 주입 루프를 돌아서 가는 경로로 전환되어 고분자 용액을 루프 쪽에서 칼럼 쪽으로 보낸다. 그리고 나서 주입 밸브가 정상 위치로 되돌려지면, 다른 고분자 용액이 다음 번 분석을 위해 주입 루프에 주입될 수 있도록 준비하게 된다. GPC 칼럼은 통상적으로 오븐 내에 위치시켜지므로 칼럼의 온도는 일정하게 유지된다. 이렇게 하면 실온에서는 펌프에 적용시키기에는 높은 점도를 나타내는 용매도 사용할 수 있도록 고온 상태로 유지 가능하고, 고온에서만 녹는 고분자도 고온으로 유지되는 칼럼을 통과하여 분석할 수 있다.

실제의 경우, 단지 0.1 mg의 고분자가 주입되기 때문에 매우 고감도이면서 안정적인 검출기가 필요하다. 이런 관점에서 볼 때, 자외선(UV light) 흡수를 이용한 검출기가 최선일 수 있다. 단, 이 경우에 용매가 흡수되는 자외선 범위에서는 고분자가 자외선을 흡수하지 않아야만 검출이 가능하다는 단점이 존재한다. 많은 고분자들은 자외선을 흡수하지 않고, 적외선(IR) 흡수를 이용한 검출기가 좀 더 적합한 경우가 많지만, 이는 고가이다. 증기화 광산란(evaporative light scattering; ELS) 검출기는 용출물을 가열된 용기 속으로 분무하여 용매를 급속하게 증발시킨 다음, 작은 용질 입자들을 분산시키고 이들로 인한 탁도(turbidity, 즉 광산란 효과)를 측정하여 검출한다. 가장 통상적으로 사용되는 검출기는 시차 굴절계(differential refractometer, RI)인데, 이는 용출물과 순수 용매의 굴절률 차이를 연속적으로 측정한다. UV, IR, RI, ELS 검출기는 용출물 내의 고분자 농도에 비례한다.

용출물 내 고분자 몰질량을 연속적으로 측정 가능한 좀 더 특수한 검출기가 개발되었다. 이 중 가장 주목 받는 것은 온라인 모세관-다리형(on-line capillary bridge) 시차 점도계(differential viscometer, IV; 13.2.3절 참조)와 저각 레이저 광산란(low-angle laser light scattering, LALLS) 검출기인데, 이들은 각각 비점도 η_{sp}와 용출물의 한계 초과(limiting excess) Rayleigh 비 $\Delta R_{\theta \to 0}$를 연속적으로 측정한다. 따라서 농도 검출기(일반적으로 RI)와 IV 및 LALLS 검출기를 연속적으로 사용한 **삼중-검출 GPC (triple-detector GPC)**는 c, $[\eta]$, M이 연속적으로 측정되기 때문에 개개의 시료에 대한 보편적인 검정 곡선을 직접적으로 그려야 하는 경우에도 적용할 수 있다. $c = 0$ (c값이 매우 작기 때문)인 점에서 η_{sp}와 $\Delta R_{\theta \to 0}$값은 그들의 한계값에서 동일하다는 근거를 이용하여 이들 결합된 신호값들이 연속적으로 $M(V_e)$값을 결정할 수 있게 해준다. 이러한 삼중-검출 시스템을 이용하면 무게 분율 MMD값을 직접 구할 수 있으므로 검정 곡선이 필요 없게 된다. 여러 개의 각도에서 동시 다발적으로 광산란의 측정이 가능한 다각 레이저 광산란(multi-angle laser light scattering, MALLS) 검출기가 개발되어 몰질량과 분자 크기의 측정을 연속적인 인라인(in-line) 방법으로 측정하는 것을 용이하게 해준다(12.2.3절과 식 12.26 참조).

검출기들로부터 나오는 신호들은 아날로그이므로 필요한 데이터 조작을 수행할 목적으로는 컴퓨터의 기억장치에 저장되어지기 전에 디지털로 변환되어야 한다. 이렇게 하여, MMD와 평균 몰질량은 시료가 용출되자마자 곧 얻을 수 있게 되었다. 하나 이상의 검출기가 연속적으로 사용될 경우, 검출기들은 흐름 표식자(flow marker)를 이용하여 얻은 신호를 사용하여 동기화시킬 필요가 있다. 매우 높은 몰질량(일반적으로 10^6 g mol^{-1})을 갖는 중합체를 GPC로 분석할 경우에는 고분자의 분해 가능성에 대해 미리 검정해볼 필요가 있는데, 칼럼 내부의 전단 응력이 매우 높고 이런 전단력에 의해 고분자의 가장 큰 사슬이 잘라질 수 있기 때문이다. 매우 높은 몰질량을 갖는 고분자 사슬을 검출해 낼 수 있는 젤 입자를 제조하는 것이 어렵다는 점을 감안 할 때, 몰질량이 10^6 g mol^{-1}을 상회하는 중합체를 GPC로 분석하는 것은 적합하지 않다.

매우 높은 몰질량의 중합체를 분석하는 문제를 제외하고서, 왜 GPC가 고분자의 분석에 있어서 매우 중요한 기술인지 그리고 학계나 산업계에 걸쳐 광범위하게 사용되고 있는지에 대한 대답은 명백하다. 고분자의 분획에 있어서는 여기서 언급하고 있는 분석 시스템으로부터 자연스럽게 진전되어 마침내 커다란 부피에도 대응 가능한 **예비 GPC (preparative GPC)**가 개발되었다. 예비 시스템에 적용되는 부피는 일반적으로 분석 시스템에 적용되는 부피의 열 배이며 분석 시스템에서 걸리는 시간과 동일한 시간에 한 번의 조작으로 10~25 mg의 고분자를 분획 가능하다. MMD에서 고유의 몰질량 범위를 갖는 일련의 분획물들에 대응하는 용출물들이 따로 모아지고, 각각의 분획물들로부터 용매를 제거하면 서로 다른 고분자 분획물들을 얻을 수 있다. 만일 많은 양의 분획물이 필요하다면, 이 과정을 몇 번 되풀이하면 된다. 따라서 예비 GPC는 고전적인 분별화 방법을 뛰어넘는(14.2.3절 참조) 획기적인 장점을 가지며, 더 중요한 점은 미리 정해진 범위 내의 몰질량을 갖는 분획물을 훨씬 빠르게 얻을 수 있다는 것이다.

공중합체에 대한 GPC 분석은 분자 크기가 서로 중첩되며 동시에 공중합체의 조성 분포 등으로 인하여 복잡하다. 따라서 공중합체를 분석하고자 할 때에는 서로 상보적인 농도 검출기를 연속적으로 사용하는 것이 좋은데(예를 들면, RI + UV 혹은 RI + IR), 이들은 RI 신호로부터는 완전한 MMD 결과를, UV 혹은 IR 신호로 부터는 분포 범위 내 각각의 점들에 존재하는 공중합체의 평균 조성에 관한 결과들을 얻을 수 있도록 해준다. 예를 들면, 이들은 UV 혹은 IR에 활성을 띠는 단위체들이 서로 다른 몰질량을 갖는 공중합체 사슬(공중합체가 만들어졌던 조건과 연관됨)들과 서로 엉켜진 채로 분포되어 있을 경우에 이들의 일률성(uniformity)을 결정하는 것을 수월하게 해준다. 그러나 최근에 개발된 **크로마그래피 교차 분획(chromatographic cross-fractionation)**으로 알려져 있는 기술은 공중합체의 분석에 있어서 훨씬 훌륭한 방법을 제시하고 있으며, 분자의 크기 분포와 공중합체의 조성 분포에 대한 정보를 직접적으로 제공한다. 가장 효과적인 방법으로는,

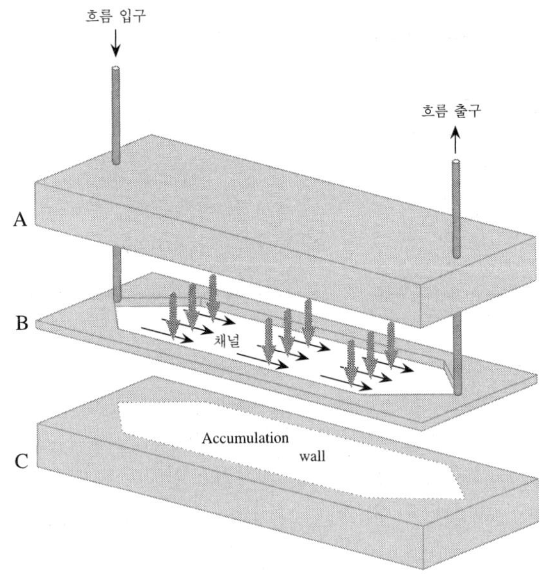

▶ 그림 14.10
세 개의 흐름 공간이 조작 시에 볼트로 채워지는 구조를 갖는 FFF 장치의 모식도: A, 유체의 흐름 방향에 수직으로 작용하는 교차-장 힘(굵은 화살표로 표시)을 제공하는 상층 블록; B, 채널이 단절되는 얇은 시트상 간지; C, accumulation wall 역할을 담당하는 하층 블록. 토출되는 용액은 컴퓨터와 연결된 검출기로 들어가서 데이터의 축적 및 분석이 이루어진다.

GPC 시스템의 토출구에 또 다른 고성능 칼럼 크로마토그래피 시스템을 연결함으로써 분자들이 미분 용해도 또는 흡착 효과에 의해서 조성별로 분리 가능한 시스템을 들 수 있다. 따라서 공중합체 분자는 일차로는 용액 내에서의 크기에 따라 분별되고, 다음으로 그들의 조성에 따라 분별되게 된다.

14.4 장흐름 분획법

장흐름 분획법(**field-flow fractionation, FFF**)의 원리는 그림 14.10에 나타낸 바와 같이 정상 흐름 방향에 수직인 **교차 흐름**(**cross flow**)을 발생시키는 장(field)을 동시적으로 걸어줄 수 있는 좁은 채널(channel)을 통하여 고분자 용액을 통과시켜 시료를 분리시키는 것이다.

이때 유속은 Newtonian 유체 거동이 확보될 정도로 충분히 느리며, 이를 반영하여 속도 프로파일은 채널의 중심부에서 최대 속도값을 갖고 벽면에서는 0의 속도를 나타내는 Poiseuille의 식을 따르는 포물선 형태를 나타낸다. 교차 흐름은 충분히 강력하며 고분자 사슬들을 **accumulation wall**에 근접한 흐름 영역으로 이동시킨다. 하지만 이런 이동은 고분자의 사슬 농도가 낮은 영역으로 이동하려는 사슬의 자연스러운 확산 거동에 의해 방해 받게 되어 채널 내에서는 사슬들의 위치에 따른 재분배가 발생된다. 이러한 서로 반대되는 힘들은 그림 14.11의 왼쪽에 나타나 있는데, 이쪽 구역에서는 고분자 사슬들이 일반적으로 50~300 μm의 깊이를 갖는 채널 크기에 비해 굉장히 과대한 크기를 갖는다는 것을 알 수 있다. 이 시스템은 개개의 사슬들에 대해 동적이므로 사슬들이 채널을 따라 내려가는 동안 서로 다른 점들에서 흐름에 교차하는 어떤 방향으로든지 사슬들이 이동할 수 있다. 채널을 따라 짧은 거리를 이동한 다음, accumulation wall로부터 떨어진 곳에서는 사슬들의 농도 기울기가 통계적으로 잘 정의되는 정상 상태에 도달한다. 한편 가장 큰 사슬일수록 교차 흐름에 의해 가장 많은 영향을 받으며 동시에 작은 사슬에 비해 더 천천히 확산되므로, 분자 크기를 변화시키는 특정 층의 두께로 이런 분포를 표현 가능하다. 따라서 층 두께는 큰 사슬의 경우에는 작은 값을 가지며, 층 두께가 크며 높은 점도를 나타내는 영역으로 확장되는 작은 사슬들보다는 낮은 속도 평균값이 실험적으로 얻어진다. 서로 다른 크기를 갖는 사슬들의 농도 차이는 그림 14.11의 오른쪽에 나타내었다. 사슬들은 크기를 키우기 위해서 채널로부터 떨어져 나오는데, 가장 작은 사슬이 가장 빨리 나오며 큰 사슬은 마지막에 떨어져 나온다.

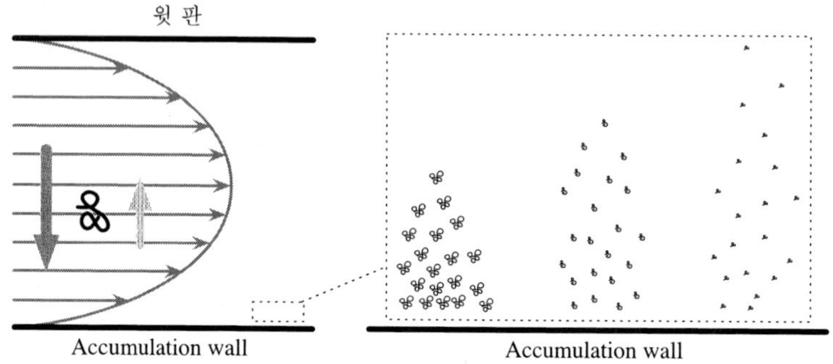

▶ 그림 14.11
FFF 장치에서 작동되는 분자 분리 메커니즘의 모식도. 왼쪽 그림은 사슬에 가해지는 세 가지 힘을 나타내고 있다: (i) 수평 화살표는 흐름 공간(채널)의 단면을 나타내는 서로 다른 지점들에서 용액을 앞쪽으로 끌고가는 흐름 속도를 나타내는 벡터들을 표현함; (ii) 광폭의 어두운 화살표는 사슬들을 accumulation wall 쪽으로 이동시키는 힘인 교차 흐름 장을 나타냄; (iii) 광폭의 밝은 화살표는 사슬들을 accumulation wall에서 멀리 떨어진 영역으로 되돌려서 사슬 농도가 없어지게 되는 확산력을 나타냄. 오른쪽 그림은 정상 상태 조건에서 사슬들이 accumulation wall에 가까운 좁은 지역 내에서 어떻게 채널을 교차하여 분포되는가를 보여 준다; 작은 사슬들은 채널 쪽으로 확산되어 들어가고, 큰 사슬들은 실험적으로 흐름 속도 쪽을 향하게 되므로 작은 사슬들이 큰 사슬에 비해 빠르게 채널을 통하여 이동하게 된다.

14.4.1 FFF 기술

교차 흐름 장(cross-flow field) 기술이 광범위하게 적용되므로 인해 FFF 기술의 적용 범위가 확대되고 있다. 이미 기기의 상용화가 이루어졌으며 가장 보편적으로 사용되는 기술에 대해서 여기서 언급하고자 한다. 가장 널리 응용되는 기술은 **흐름 FFF (flow-FFF, Fl-FFF)** 인데, 여기에는 부가적인 용매의 수직적인 흐름이 이용된다. **대칭형 Fl-FFF (symmetrical Fl-FFF, S-Fl-FFF)** 기술에서는 상층 블록과 하층 블록사이가 고분자 사슬은 통과하지 못하지만 용매는 통과 가능한 반투막으로 분리되어 있다. 정상적인 투입 흐름 이외에 용매가 상층 블록으로부터 채널로 펌프에 의해 도입되어 하층 블록 내를 통과함으로써 교차 흐름 장을 생성한다. **비대칭형 Fl-FFF (asymmetrical Fl-FFF, A-Fl-FFF)** 기술은 투과성 하부 판이 적용되고 정상적인 투입 흐름만이 용출 과정에 사용되는 등 조금은 복잡하지만 상기 시스템과 대체 가능하다. 따라서 용매는 채널을 따라 움직이는 동안에 하층부의 블록을 통과하여 흐르기 때문에 용매의 손실 부분을 보상하고 전 채널에 걸쳐서(비록 이런 조건이 훨씬 더 특이적인 흐름 조건에 적합하지만) 일정한 흐름 속도를 유지하기 위해서는 사다리꼴 형태의 채널 프로파일이 사용된다(출구 부근으로 갈수록 폭이 좁아지는 채널 형태). A-Fl-FFF의 작동 방법은 고분자 용액을 직접 채널에 주입시키기 위해서 별도의 투입구가 필요로 하며, 또한 시료의 용출과 분리를 위해 채널 아래쪽으로 흐르는 정상 흐름을 허용하기에 앞서 시료를 채널 속으로 보내는 데 있어서 투입 지점에서 시료를 **집중(focus)** 시킬 목적으로 투입구 및 토출구 양쪽을 통해서 채널로 용매가 들어가는 초기 집중 단계(initial focusing step)를 필요로 하는 등, S-Fl-FFF에 비해서는 다소 복잡하다. 그러나 A-Fl-FFF의 장점은 간단한 구조와 보다 높은 검출 감도를 들 수 있다. **열적 FFF (thermal-FFF, Th-FFF)** 기술은 전 채널에 걸쳐 온도 기울기를 형성시켜, 강한 열적 확산에 의한 교차 흐름 장을 생성시킨다. 일반적으로는 상층 블록은 하층 블록 대비 20~80°C 정도 높게 유지하며, 채널 깊이에 따라서 100~1000°C mm^{-1} 정도의 온도 기울기를 준다. 흔히 이용되는 또 다른 FFF 기술은 **침전 FFF (sedimentation FFF, Sd-FFF)** 인데, 이 경우 채널은 원심분리기의 회전자 원주 부분에 위치시켜 원심력이 채널을 통과하는 흐름에 수직으로 작용하게 된다. 전기적, 자성적, 중력적인 교차 흐름 장 역시 사용되지만, 덜 중요하게 여겨진다. 이외에, FFF 장치에 적용 가능한 몇몇 동작법이 존재한다. 최근에 보고된 총설들에 의하면 서로 다른 FFF 기술들의 보다 철저한 응용과 근원적인 이론의 적용이 꾸준하게 요구되고 있다.

FFF 자체 장치 이외에 FFF를 위한 장치는 GPC 장치와 흡사하다. 용매는 펌프를 이용하여 용기로부터 매우 안정적인 유속을 유지하면서 공급된다(단, GPC에 비해서는 현저하게 낮은 압력으로도 가능함). 분석해야 할 고분자 묽은 용액(대개의 경우 약 10 g dm^{-3} 농도인 용액에서 약 0.01 cm^3을 취함)이 펌프와 FFF로 들어가는 지점 사이에서 직접 유체 흐름으로 주입되거나 주입 밸브를 이용하여 주입된다. GPC에서와 마찬가지로 고분자 용액에 포함되는 낮은 몰질량 물질이 유속 표시자(flow-rate marker)로서 작용한다. FFF 채널로부터 갓 빠져나온 용출물은 GPC에서 언급한 어떤 형태의 검출기를 이용해서도 검출 가능하다. RI 검출기가 보편적으로 사용되지만, 이들 하나만 사용한다면, FFF 장치는 알려진 몰질량을 갖는 중합체를 이용하여 검정 곡선을 구축하여야 한다. 따라서 GPC와 마찬가지로, 몰질량을 측정 가능한 보다 개선된 검출기를 연속적으로 연결한 농도 검출기를 사용하면 훨씬 양호한 결과를 얻을 수 있다. RI와 MALLS 검출기를 함께 사용하면, 높은 몰질량의 고분자 시료에 있어서 위력을 발휘하며, 더불어서 정확한 몰질량뿐 아니라 분자 크기 분포에 관한 정보도 함께 얻을 수 있다.

14.4.2 FFF에 의한 용질의 분리 이론

분리에 관한 이론적인 기초가 동일하게 모든 FFF 기술에도 보편적으로 적용되기 때문에, 분리를 위한 조건들은 공통적으로 고려되어도 무방하다. 분리를 용매 분자의 용출 시간 t_0와 용질 분자에 대한 t_s와의 비율인 **용출률(elution ratio)** R과 관련지어 표현하는 것도 통상적이다. 주어진 분자에 대해서 용출 시간은 칼럼을 따라 통과하는 평균 속도의 역수에 비례하기 때문에, R은 채널을 따라서 발생되는 흐름의 선형 평균 속도(linear average velocity) $\langle\bar{v}\rangle_{XS}$와 용질 분자의 평균 이동 속도(mean migration velocity)인 $\langle\bar{v}_s\rangle_{XS}$와의 비율로 표시 가능하며 다음 식으로 나타낼 수 있다. 여기서 $\langle\ \rangle_{XS}$의 의미는 채널의 단면에서의 평균값이다.

$$R = \frac{t_0}{t_s} = \frac{\langle\bar{v}_s\rangle_{XS}}{\langle\bar{v}\rangle_{XS}} \tag{14.32}$$

어떻게 분자들이 나누어지는지를 조사하기 위해서는 $\langle\bar{v}_s\rangle_{XS}$에 영향을 미치는 변수들을 이해해야 할 필요가 있다. 그러나 $\langle\bar{v}\rangle_{XS}$라는 표현은 최초로 고려되는 변수일 것이고, 폭에 비해서 극도로 협소한 채널을 따라 내려가는 흐름에 있어서 벽으로부터 x 만큼 떨어진 지점에서의 유속 $v(x)$의 변위를 고려한 Poiseuille 식으로부터 얻어질 수 있으며(이는 FFF 에서와 동일함), 다음 식으로 표현 가능하다.

$$v(x) = \left(\frac{P}{2\eta l}\right)(w - x)x \tag{14.33}$$

여기서 P는 채널에 걸친 압력 차이를 나타내며, η는 유체의 점도(용매의 점도로부터 얻어질 수 있음), l과 w는 채널의 길이와 깊이를 나타낸다(깊이는 최댓값 x를 가짐).

따라서 다음 식이 성립하고

$$\langle\bar{v}\rangle_{XS} = \frac{\int_0^w v(x)\mathrm{d}x}{w}$$

식 14.33을 치환하여 풀면 간단하게 다음 식이 얻어진다.

$$\langle\bar{v}\rangle_{XS} = \frac{Pw^2}{12\eta l} \tag{14.34}$$

$\langle\bar{v}_s\rangle_{XS}$의 해석은 간단하지 않지만, 그렇다고 난해하지도 않다. Accumulation wall로부터 거리 x 만큼 떨어져 있는 용질 분자종에 대해 다음 식으로 표시되는 관계를 갖는 $v(x)$와 농도 $c(x)$에 대하여 잘 알아야 할 필요가 있다.

$$\langle\bar{v}_s\rangle_{XS} = \frac{\int_0^w c(x)v(x)\mathrm{d}x}{\int_0^w c(x)\mathrm{d}x} \tag{14.35}$$

따라서 $c(x)$에 관한 표현이 요구되며, 용질 분자에 작용하는 반대 방향을 갖는 교차 흐름 장과 확산력을 고려하면 구할 수 있다. 이는 이들 두 가지 힘이 실제로 같아지는 정상 상태 조건을 따라서 다음에 나타낸 것처럼 표시가능하다.

$$Uc(x) = D\frac{\mathrm{d}c(x)}{\mathrm{d}x} \tag{14.36}$$

여기서 U는 교차 흐름 장에 의해 야기되어 채널을 가로지르는 흐름의 대략적인 속도를 나타내며, D는 용매 중에 존재하는 용질 분자의 해석적인 확산 계수이다.

채널 내에서의 거리는 accumulation wall에서부터 측정되는 반면에 U는 accumulation wall 쪽 방향으로 향하기 때문에, U는 벡터 양이며, 이러한 분석과 연관되어서 음의 값을 갖는다는 것에 주목하라. 따라서 U 대신에 $-|U|$를 사용하는 것이 일반적이며, $|U|$는 U의 크기를 나타낸다. 식 14.36을 재정리하고 적분 한계를 적용하면 다음 식으로 주어진다.

$$\int_{c_0}^{c(x)} \frac{\mathrm{d}c(x)}{c(x)} = -\left(\frac{|U|}{D}\right)\int_0^x \mathrm{d}x \tag{14.37}$$

여기서 c_0는 accumulation wall에 존재하는 용질 분자종의 농도를 의미한다. 적분을 간단히 하면 다음 식이 얻어진다.

$$c(x) = c_0 \exp\left(-\frac{|U|x}{D}\right) \tag{14.38}$$

$D/|U|$의 비율은 유체가 채널을 따라 이동하는 동안에 용질 분자종이 accumulation wall로부터 떨어지는 평균 거리를 측정한 값이 되고, 종종 용질 층의 평균 두께로 여겨진다. 좀 더 엄밀히 말하자면, 다음 식으로 주어지는 중요한 무차원의 유보 변수(retention parameter)인 λ와 연관된다.

$$\lambda = \frac{D}{|U|w} \tag{14.39}$$

따라서 식 14.38은 다음 식과 같이 고쳐 쓸 수 있으며, 이는 식 14.35를 푸는 데 있어서 요구되는 적분에 유용하다.

$$c(x) = c_0 \exp\left(-\frac{x}{w\lambda}\right) \tag{14.40}$$

식 14.33과 14.40을 식 14.35에 대입하여 간단히 하면 다음 식이 된다.

$$\langle \bar{v}_s \rangle_{XS} = \left(\frac{P}{2\eta l}\right)\left\{\frac{\int_0^w \left[wx\exp\left(-\frac{x}{w\lambda}\right) - x^2\exp\left(-\frac{x}{w\lambda}\right)\right]\mathrm{d}x}{\int_0^w \exp\left(-\frac{x}{w\lambda}\right)\mathrm{d}x}\right\} \tag{14.41}$$

분자에 있는 두 개의 항을 부분 적분하면 다음과 같이 쓸 수 있다.

$$\langle \bar{v}_s \rangle_{XS} = \left(\frac{P}{2\eta l}\right)\left\{\frac{\left(\left[w^3\lambda^2 + 2w^3\lambda^3\right]\left[1+\exp\left(-\frac{1}{\lambda}\right)\right]\right) - 4w^3\lambda^3}{w\lambda\left[1-\exp\left(-\frac{1}{\lambda}\right)\right]}\right\} \tag{14.42}$$

$\exp(-1/\lambda)\cdot\exp(1/2\lambda) = \exp(-1/2\lambda)$ 임을 기억하면, 괄호의 오른쪽 부분의 분자와 분모

모두에 exp (1/2λ)를 곱하여 간략화하면 식 14.42는 다음과 같이 줄어든다.

$$\langle \bar{v}_s \rangle_{XS} = \left(\frac{Pw^2\lambda}{2\eta l}\right)\left\{\frac{\left[\exp\left(\frac{1}{2\lambda}\right)+\exp\left(-\frac{1}{2\lambda}\right)\right]-2\lambda\left[\exp\left(\frac{1}{2\lambda}\right)-\exp\left(-\frac{1}{2\lambda}\right)\right]}{\left[\exp\left(\frac{1}{2\lambda}\right)-\exp\left(-\frac{1}{2\lambda}\right)\right]}\right\}$$

이를 더더욱 간단히 하면 다음 식이 얻어진다.

$$\langle \bar{v}_s \rangle_{XS} = \left(\frac{Pw^2\lambda}{2\eta l}\right)\left[\coth\left(\frac{1}{2\lambda}\right)-2\lambda\right] \tag{14.43}$$

식 14.34와 14.43을 식 14.32에 대입시키면 다음 식이 주어진다.

$$R = 6\lambda\left[\coth\left(\frac{1}{2\lambda}\right)-2\lambda\right] \tag{14.44}$$

이로부터 λ의 중요성이 증명되었고, 이는 용질의 용출 시간을 제어하는 변수이다. R이 6($\lambda-2\lambda^2$)이면 coth (1/2λ)는 거의 1이 되기 때문에 $\lambda \le 0.2$인 조건하에서 식 14.44를 더욱 간단한 형태로 줄이면 λ가 매우 작아지는 한계(≤ 0.01) 내에서 $R = 6\lambda$가 성립한다. 식 14.39를 잘 살펴보면, 이렇게 λ가 작은 값을 갖는다는 것은 강한 교차 흐름 장이 걸린다는 것을 의미하는데, 이는 정상적인 경우이다.

몇몇 FFF 기법에 있어서 λ값은 철저한 이론적 검토를 받았으며 R값의 예상 또한 가능함에도 불구하고, 사용되는 개개의 교차 흐름 장에 대해서 유일한 엄밀한 수학적 분석이 존재한다. 개개의 경우에 있어서, D가 측정 가능한 값이고 w는 FFF 단위 장치의 설계에서 알 수 있는 값이므로 $|U|$를 위한 식을 유도해야 할 필요가 있다. 이 원리를 설명하기 위해서 S-Fl-FFF가 우선적으로 고려되는데, 이는 분석이 간단하기 때문이다. S-Fl-FFF에 있어서 부피 교차 흐름 속도(volumetric cross-flow rate) Q_{cf}는 측정 가능하고, $|U|A_{wall}$로 주어지는데, 여기서 A_{wall}은 accumulation wall의 단면적을 나타내며, $V_{channel}$을 채널의 부피로 둘 때 A_{wall}은 $V_{channel}/w$로 주어진다. 따라서 다음 식이 성립하고,

$$|U| = \frac{Q_{cf}w}{V_{channel}} \tag{14.45}$$

그리고 S-Fl-FFF인 경우에는 식 14.39로부터 다음 식이 얻어진다.

$$\lambda = \frac{DV_{channel}}{Q_{cf}w^2} \tag{14.46}$$

여기서 D값에 있어 차이가 나는 것은 서로 다른 용질종들이 분리되는 것에 기인한다. $V_{channel}$, Q_{cf}, w는 채널 내에 존재하는 모든 종들에 대해 실험적인 조건하에서 고정되기 때문이다. 따라서 용질종들은 그들의 유체역학적인 크기(10.4.3절 참조)에 따라 분리된다. D와 몰질량 M 사이의 관계는 식 10.103으로 주어지며, $D = K_D M^{-a_D}$가 성립한다. 여기서 K_D와 a_D는 고분자-용매-온도 시스템에 유일한 양의 값을 갖는 변수이다. 그러므로 유보 시간 t_s의 M에 대한 변위를 예상 가능하다. 식 14.46과, 식 14.32과 함께하는 식 10.103, 그리고 매우 작은 λ값(즉 $R = 6\lambda$인 경우)에 대해서 성립하는 식 14.44의 한계 형태들을 결합함으로써 다음에 표시한 t_s에 관한 식이 얻어진다.

$$t_s = \left(\frac{t_0 Q_{cf} w^2}{6K_D V_{channel}}\right) M^{a_D} \tag{14.47}$$

▶ 그림 14.12
잔탄 고무 시료를 50°C에서 RI와 MALLS 이중 검출기를 사용하여 비대칭형 흐름 FFF 법으로 분석한 미분형 무게 분율 MMD. (자료 출처: Viebke, C.and Willaiams P.A., Food Hydrocoll., 14, 265, 2000.)

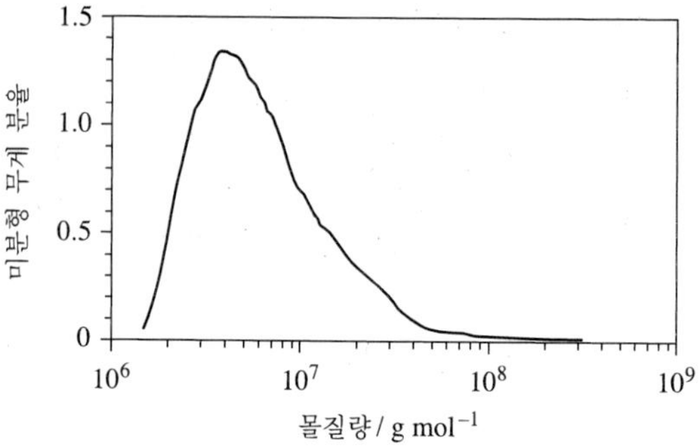

이는 검정 곡선이 다음 식에 나타낸 로그 직선으로 얻을 수 있다는 것을 의미한다.

$$\log t_s = A + a_D \log M \tag{14.48}$$

여기서 A는 $\log(t_0 Q_{cf} w^2 / 6K_D V_{channel})$ 이다. GPC에서처럼, 식 14.48에 적용되었던 고유한 가정은 로그 형태의 검정 곡선이 거의 직선형이며 낮은 차수의 다항식에서 잘 들어 맞는다는 것이다. 물론 몰질량 검출기(MALLS)가 적용되었다면, 검정 곡선은 필요 없게 된다.

침전 FFF 법 또한 엄밀하게 적용될 수도 있지만, 열적 FFF 법은 D값이 온도에 따라 변하며 온도 기울기로 인하여 채널에 가로질러서 변하기 때문에 좀 더 복잡하다. 흐름 FFF를 포함하는 모든 경우에 있어서, 여기에 나타낸 간편한 시도들에 비해서 좀 더 잘 들어맞으면서도 복잡한 수학적 분석법이 존재한다(예를 들면, 확산적 확장을 위한 보정이 FFF에 있어서는 중요하다). 그러므로 독창적인 논문과 총설들이 서로 다른 FFF 기술과 동작법에 대해 좀 더 완전한 대처 방법에 대해 언급하고 있다.

14.4.3 FFF의 응용

흐름 FFF와 열적 FFF는 10^3 g mol^{-1} 이하의 몰질량을 갖는 올리고머 사슬들을 분석하기에는 적합하지 않지만, 대부분의 고분자에 있어서 이런 사실은 중대한 제한적 요소가 되지는 않는다. 하지만, 침전 FFF는 낮거나 중간 정도의 몰질량을 갖는 사슬들을 분리하는 데 필요한 원심력이 현존하는 장치에서는 얻어지지 않기 때문에 매우 높은 몰질량의 중합체에만 적합하다. 흐름 FFF와 열적 FFF가 갖는 가장 뛰어난 장점은 약 10^3 g mol^{-1} 이상의(상한은 존재하지 않음) 매우 넓은 범위에 걸쳐서 MMD를 직접 제공한다는 것이고, 동시에 낮은 전단력으로 인하여 매우 큰 사슬이 전단력에 의해 잘려지는 것이 거의 불가능하다는 것이다(이는 GPC의 경우와는 상이함). 따라서 FFF 기술은 종종 극도로 높은 몰질량을 가지며, 또한 불균일하면서도 광범위한 MMD를 보여 주는 자연에서 얻어지는 다양한 고분자[예를 들면 다당류(polysaccharide)]들의 몰질량 특성을 분석하는 데 있어서 매우 중요한 역할을 담당한다. 이런 높은 몰질량의 중합체들의 MMD를 결정할 수 있는 FFF의 능력은 몰질량이 4×10^8 g mol^{-1}에 이르는 잔탄(xanthan) 고무의 MMD를 나타낸 그림 14.12에 잘 나타나 있다. 따라서 FFF 기술은 높은 몰질량의 중합체를 분석하는 데 있어서는 GPC를 포함하는 다른 어떤 방법보다 유리하다. 광범위한 MMD를 분석하기 위해서는 분석 과정 중에 미리 프로그램된 방법을 이용하여 교차 흐름 장의 세기를 변화시키면서 측정하면 좋은 결과를 얻을 수 있다.

14.5 질량 분광법

질량 분광법(mass spectroscopy, MS)은 시료를 재빨리 증기상의 분자 이온으로 전환시켜, 질량 : 전하량의 비율인 m/z에 의해 분석하는 방법이며, 여기서 m은 몰질량이고 z는 원소의 전자 전하량인 **e** (= 1.602×10^{-19}C) 값을 곱한 전하량이다. 생성된 분자 이온은 전기 및 자기장의 영향을 받으며 진공 상태의 튜브를 따라 이동하여 특정한 질량 : 전하량 비율인 m/z에 대응하는 개개의 분자 이온들이 분리되고 매우 정확하게 검출되는 방식에 의해 분석 가능하게 된다. 예를 들면, m/z값이 0.001 Dalton $\mathbf{e}^{-1}$ 만큼 차이가 나는 서로 다른 종들이더라도 아주 양호하게 감지된다(1 Dalton (≡ 1 Da)은 1.66×10^{-24}g의 질량을 갖는 12번 탄소의 단원자의 질량에 해당되며 동시에 1 g mol^{-1}의 몰질량과 동등한 값이 됨). 따라서 질량 분광기로부터 얻을 수 있는 결과들은 개개의 몰질량에 대한 존재 빈도를 그림으로서 나타낼 수 있고, 이들은 기수화된(number-based) MMD의 형태를 띤다.

초창기의 장치에 있어서, MS는 높은 에너지를 갖는 전자빔의 조사에 의해 쉽게 증발되고 이온화되는 작은 분자들의 분석에 주로 적용되었다. 이런 조건하에서는 분자들은 주로 낮은 m/z값을 갖는 더 작은 종들로 쪼개지는 분절화가 일어나는데, 이들은 하나의 유일한 몰질량을 가지는 작은 분자들의 분석에 있어서는 문제되지 않지만, 고분자의 경우에는 심각한 문제를 야기시킨다. 왜냐하면 MMD가 매우 좁은 경우일지라도 이들 고분자는 상이한 몰질량을 갖는 서로 다른 사슬들을 포함하고 있기 때문이다. 따라서 분절화 현상이 발생되면 낮은 m/z값을 갖는 신호가 전체적인 고분자 사슬로부터 기인한 것인지 아니면 사슬들의 분절로부터 얻어진 신호인지를 구별할 수 없다. 화학적 이온화 혹은 장 이온화처럼 덜 거친(**부드러운**) 이온화 방법이 개발되어 MS 장치로 측정할 때 작은 분자들의 분절화가 감소되는 반면, 고분자의 분절화에 적합한 조건이 가능하게 되었다. 그럼에도 불구하고 거대분자들을 분해되지 않은 상태에서 증기상으로 전환시키는 데에는 여전히 심각한 문제가 존재한다. 이런 이유로 인해서, 여러 해 동안 고분자의 MS는 낮은 몰질량의 분해 물질을 분석할 목적으로 고분자의 분해 거동을 연구하는 데에 주로 사용되었다(15.7.2절 참조).

비휘발성 물질을 MS로 분석하는 경우에 예상되는 문제점들은 고분자의 경우 간단하지 않으며 수십 년 동안에 걸쳐 꽤 많은 주목을 끌고 있는 문제이다. 고분자 물질의 몰질량 측정에 있어서 다수의 획기적인 발전이 생체고분자(biopolymer)에 대한 연구 분야에서 일어났다. 1970년대에 부드러운 이온화가 가능한 새로운 시도가 행해졌고, 1980년대가 도래하기 전에 **전기분무 이온화(electrospray ionization, ESI)**와 **매트릭스 보조 레이저 탈착/이온화(matrix-assisted laser desorption/ionization, MALDI)** 기술이 개발되었으며, 이들 기술은 분절화를 일으키지 않은 채 고분자들로부터 분자들의 이온화를 가능하게 하였다. 이들 두 가지 방법 모두가 MS 분석에 적용되었지만, ESI는 단백질과 같은 생체고분자의 분석에 주로 적용된 반면, MALDI는 합성 고분자의 분석에 더더욱 중요하게 적용되는 방법으로 보고되었다. 1990년대에 이르러 기술들과 장치의 개선이 현격하게 이루어졌고, 최근에는 MALDI-MS가 MMD의 검정과 화학적 구조에 관한 상세한 정보를 명확하게 제공할 목적으로 고분자 분야에서 큰 도움을 주고 있다. 이 절에서는 MS의 원리와 MMD 측정의 활용에 관하여 집중적으로 설명하고자 한다. 고분자의 구조를 해석할 목적으로 MALDI-MS를 사용하는 것은 15.7절에서 분자 구조의 결정과 관련지어서 상세하게 설명할 것이다.

14.5.1 고분자의 질량 분석 스펙트럼

중합체의 사슬은 반복 단위의 몰질량(말단기를 무시할 경우)을 곱하여 얻어지는 몰질량을 가지며, MMD 분석을 위한 여타의 방법들과는 달리, 질량에 대한 MS의 분해능은 몰질량 분포에 존재하는 개개의 종들에 대한 이러한 특성들을 따로따로 파악 가능할 정도로 충분히 높다. 이의 증거로서 그림 14.13에 나타낸 바와 같이 두 개의 낮은 몰질량을 갖는 폴리스타이렌 시료의 MALDI 스펙트럼을 들 수 있다. 신호의 세기는 특정한 m/z값을 가지는 분자 이온이 얼마나 많이 검출기 표면을 두들기느냐에 의존하며, 그 결과 이런

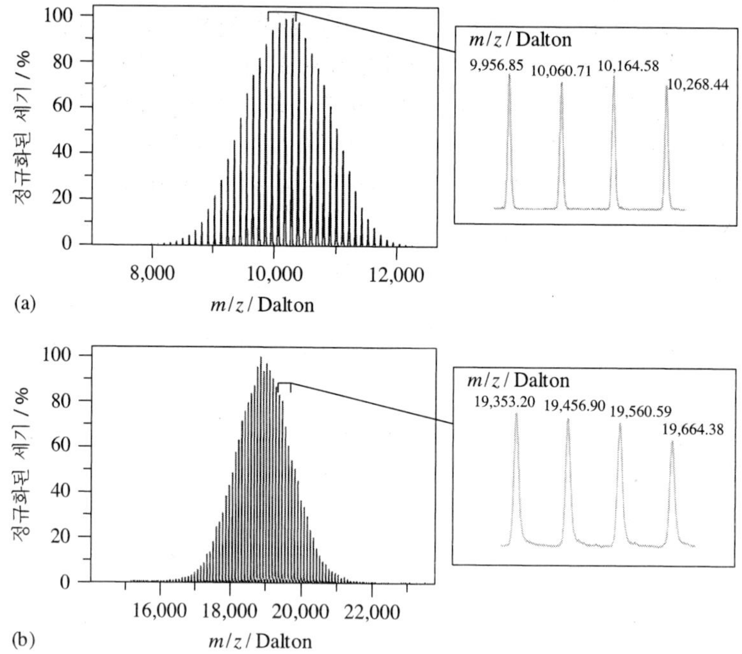

▶ 그림 14.13
수평균 몰질량이 (a) 10,210 g mol^{-1}과 (b) 19,880 g mol^{-1}인 좁은 MMD 분포를 나타내는 폴리스타이렌 시료의 MALDI 비행시간 질량 스펙트럼. 삽입되어 있는 그림은 MMD의 최대값 부근의 스펙트럼을 확대한 것이다. 시료들은 매트릭스로서 trans-2-[3-(4-t-butylphenyl) -2-methyl-2-propenylidene]malononitrile을 채택하고 Ag^+이온을 이용하여 탈착/이온화 되었다. (스펙트럼 제공: D. Haddleton, University of Warwick, Warwick, U.K.)

종들의 숫자(양)로 나타난다. 그림 14.13에 삽입되어 있는 그림은 *m/z*의 분해능에 대해 좀 더 명확하게 보여 주는 것으로서, 각 그림에서 보여지듯이 분자 이온들의 피크가 서로 떨어져 있는 것은 실험 오차 범위 내에서 폴리스타이렌 사슬의 단위 질량(104 Da)에 상응한다는 것을 명확하게 보여 주고 있다. 따라서 고분자의 질량 스펙트럼에서 주요 피크들의 규칙적인 분리는 반복 단위들의 몰질량을 결정하는 데 이용되며, 어떤 경우에는 고분자의 기본적인 구조를 확정하거나 규정하는 데 유익하다.

그림 14.13에 보여지는 질량 스펙트럼의 표시 방식은 보편적으로 행해지는 것이며, 검출기에서 얻어진 신호를 직접 존재 확률을 의미하는 빈도 퍼센트(percentage abundance)로 전환하는 것과 이를 *m/z*값(Dalton이라는 단위로 표시 가능. 엄밀하게 말하면 Dalton $\mathbf{e}^{-1}$)에 대하여 그림으로 나타내는 것은 정상적인 절차이다. 따라서 MALDI-MS로 구해지는 고분자의 MMD는 *m/z* 값[$z = \pm 1\,\mathbf{e}$인 *m/z* 종에 대한 몰질량(g mol^{-1})과 동등함]에 대한 빈도(이는 숫자 분율에 비례함)로 나타낼 수 있으며, 이는 수에 근간을 둔 분포(number-based distribution)를 의미한다. 그러나 고분자의 MMD를 고려할 때, 정상적인 과정은 종들의 무게 분율을 몰질량에 대해서 그려보는 것이다. 즉, 매우 다른 모습을 갖는 무게 분율 MMD이다. MALDI-MS로 구한 MMD를 이 장에서 언급되었던 다른 방법을 써서 구한 결과와 비교할 때에는 이 과정을 반드시 떠올려야 할 필요가 있다.

그림 14.12에 삽입된 그림은 *m/z* 피크가 고유의 질량을 갖는 종에서 생성된 분자 이온에서 예상되는 것처럼 날카로운 송곳 형태는 아니라는 것을 보여 준다. 피크의 넓어짐은 질량 분광기의 제한된 *m/z*의 분해도에 부분적으로 기인하거나, 다른 동위원소 원자의 존재에 기인하기도 한다. 고분자 구조에서 가장 빈번하게 발견되는 원소(C, H, O, N) 중에서 탄소는 1.1%의 빈도로 동위원소(^{13}C)를 가지고 있으며, 이는 중합도와 중요한 상관관계를 갖는다. 예를 들면, 100개의 탄소 원자로 이루어진 C—C 중심축에 있어서, 이 중 단 하나만이 ^{13}C일 가능성이 있고 사슬이 두 개의 ^{13}C 원자를 가질 확률은 거의 1% 정도이다. 따라서 어떤 고분자 시료에 있어, 동일한 중합도를 갖는 중합체 분자가 존재할 수 있지만, 분자내에 존재하는(결작용기 포함) ^{13}C 원자의 수에 의존하는 질량은 서로 다를 수 있다. 이때 개개의 분자들은 *m/z* 단위로 1인 단계에 있어서 등가의 모든 ^{13}C 분자에서 얻어지는 *m/z*값과는 다른 특이한 *m/z*값을 갖는 분자 이온을 제공한다. 이런 약한 신호로서는 분해능을 기대하기 어렵고 따라서 피크의 넓어짐이 발생한다. 그리고 자연적으로 서

로 다른 숫자의 ^{13}C 원자의 존재에 해당되는 유한한 경우의 수가 증가함에 따라 중합도로서의 숫자가 커지게 될 것이다.

14.5.2 고분자에 있어서 부드러운 이온화 방법

중합체로부터 분자 이온을 만들어 내려면 고분자의 분절화를 방지하거나 최소화시키기 위해 부드러운 이온화(soft ionization) 방법이 요구된다. 이를 만족시키는 가장 중요한 두 가지 방법이 여기에서 설명되며, 분석될 개개의 고분자를 위한 최적화 과정은 신뢰도가 요구되는 분석에는 절대적으로 필요하다.

14.5.2.1 전기분무 이온화(Electrospray Ionization; ESI)

ESI의 근원은 1960년대로 거슬러 올라가지만, 1980년대 중반에 이르러서야 고분자의 분석에 있어서 신뢰도를 얻었다. ESI는 고분자 용액을 주사 바늘을 통해 용기 안쪽으로 분사하는 과정을 포함하는데, 주사 바늘 끝부분에는 고전압이 첨가된다. 바늘 끝에서 생성되는 작지만 고도로 하전된 용액 방울이 질소 가스로 가열되면, 용매의 증발 과정 동안에 Coulombic 반발력에 의해서 수많은 작은 방울들로 급속하게 나뉘어지게 되고, 마침내 개개의 하전된 분자의 형태로 질량 분리기/검출기 시스템으로 들어가게 된다. ESI의 특징은 다중으로 하전된 분자종들이 용이하지만 재현성 있게 만들어져야 할 필요성은 없다는 점이다. 즉, 동일한 분자 질량을 갖는 모든 거대분자들이 동일한 전하를 갖는 분자 이온으로 증기화/이온화되지는 않는다(예를 들면, 서로 일치하는 몰질량을 갖는 종들로부터 서로 다른 m/z값을 가지는 분자 이온들이 만들어진다). 생체고분자로부터 얻어지는 m/z 피크는 몰질량의 잘 정의된 분율과 일치되게 갈라지므로 유일한 몰질량을 갖는 생체고분자의 경우에는 이런 현상이 덜 복잡한 것처럼 보인다. 사실, 몰질량이 매우 크고 얻어지는 분자 이온이 다중 전하를 갖는다면 m/z값은 감소되고 분자 이온은 더 용이하게 검출되기 때문에 이것이 좋은 장점으로 부각될 수 있다. 하지만, 몰질량이 분산되어 있는 고분자를 분석하는 데 있어서, 그 고분자가 좁은 몰분포를 갖는 고분자일지라도 서로 다른 수의 전하를 가진 분자 이온종들을 만드는 것은 ESI 질량 스펙트럼의 해석에 있어서 고려하지 않을 수 없는 불확실성을 창출한다.

14.5.2.2 매트릭스 보조 레이저 탈착/이온화

MALDI는 금속 이온을 함유하는 낮은 몰질량을 갖는 결정성 매트릭스(matrix, 지지체)에 저농도(0.01~1 wt%)로 분산된 고분자 고형분의 용액을 증발시키는 과정을 포함하고 있다. 시료는 높은 에너지를 가진 레이저(일반적으로 337 nm의 UV광)를 짧은 순간(수 나노초) 동안 조사하여 증발시킨다. 이 과정에서 개개의 중합체 분자는 금속 이온과 회합하고 증기상으로 이동된다. 약간의 시간 간격을 두고서(일반적으로 100~800 ns), 분자 이온들은 질량 분리기/검출기 시스템으로 도입된다. MALDI는 변함없이 하나로 하전된(singly-charged) 종을 생성하며 몰질량 분포를 갖는 고분자의 분석에 있어서는 ESI보다 훨씬 유용하다. 이것이 바로 MALDI가 합성 고분자의 질량 분석 분야에 있어서 우위를 점하는 이유이다. MALDI 시스템에서 거대분자가 증기화되고 이온화되는 메커니즘은 확실하게 밝혀지지는 않았지만, 신뢰성 높은 측정을 위해서는 매트릭스 물질의 선택이 결정적이며, 또한 매트릭스 물질은 분석될 개개의 고분자에 대하여 최적화되어야 한다는 것은 이미 잘 알려져 있다. 매트릭스는 고분자 및 금속염들과 잘 섞여서 균일한 고형분 용액을 형성할 수 있어야 하며, 레이저가 조사될 때 특정 파장에서 이를 잘 흡수할 수 있어야 하고, 그 결과 신속하게 증발되어야 한다. 따라서 적합한 매트릭스 물질은 분석되어질 고분자와 유사한 용해도 변수(10.2.5절 참조)를 가져야 하고 자외선에 대해 강력한 흡수성을 띠어야만 한다. 특별한 고분자에 대한 광범위한 매트릭스의 목록은 이미 확보되어 있다(참고 문헌 참조). 중합체 분자를 **양이온화(cationization)** 시키는 데 사용되는 금속염은 역시 중합체의 구조와의 연관성을 고려하면서 선택되어져야 할 필요가 있다. 헤테로원자를 갖는 고분자(예 : 폴리에터, 폴리메타크릴레이트, 폴리에스터, 폴리아마이드)를 위해서는 알칼리 금속염(예를 들면, Na^+, K^+염)들이 사용될 수 있는데, 이들 금속 이온이 고분자에 존재하는 헤테로원자와 용이하게 회합체를 형성할 수 있기 때문이다. Na^+는 단 하나의 동위원소로만 존재하여 질량 스펙트럼의 해석이 간단하기 때문에 좋은 후보 물질로서 널리 사용된다. 비극성 고분자는 알칼리 금속 이온을 포집하지 못하고, 불포화된 부분이 존재하지 않아, 양이온화가 잘 일어나지 않는다. 따라서 폴리에틸렌과 폴리프로필렌은 MALDI MS에 의한 분석에는 적합하지 않다. 그러나 폴리스타이렌과 좀 더 어렵기는 하지만 폴리(1,3-다이엔)들은 π-결합에 존재하는 전자들과 회합하는 것으로 알려진 전이 금속 이온(흔히 트라이플루우오로아세트산의 Ag^+염) 들을 이용하면 분석할 수 있다. 시료의 제작법에는 서로 다른 많은 방법들이 있다. 가장 간단한 방법은 매트릭스 물질의 용액과 금속염 그리고 고분자를 섞은 다음, 혼합 용액을 한 방울씩 MALDI 시료판 위에 적하시키고 각 조성성분들이 분리되는 기회를 최소화할 수 있도록 재빨리 용매를 날려 보낸다. 그러면 고분자와 금속 염들이 용매의 증발 과정 중에 결정화가 일어나듯이 매트릭스 전반에 걸쳐서 균일하게 분산되게 된다.

14.5.3 질량 분광법의 비행시간 계측

질량 분광기는 네 개의 주요 부분으로 구분된다. (i) 시료를 증발/이온화시키는 시스템(고분자의 경우에는 ESI 혹은 MALDI); (ii) 개개의 분자 이온들을 고속으로 움직이게 만들어 주는 이온 가속기; (iii) 자기장과 전기장을 위한 시스템, 이들은 분자 이온을 모아주고 *m/z* 값에 따라 이들을 분리시킴; (iv) 분자 이온들의 숫자를 검출하고 계측 가능한 검출기이다.

고분자의 분석에서는 매우 높은 수치에 이르기까지 확장되는 *m/z*값의 넓은 범위 내에서 분자 이온들을 분리하고 검출해 내는 것을 요구한다. 통상적인 질량 분광기는 초점 장(focusing field)에 대한 힘을 휩쓸어버림에 의해 일련의 서로 다른 *m/z*값을 갖는 분자 이온들을 검출한다는 원리 위에서 구동된다. 특별한 *m/z*값을 가지는 단 하나의 분자 이온은 장 제거(field sweep) 시에 각각의 점에서 검출기로 들어갈 수 있다. 그러므로 *m/z*에 대해서, 생성된 전체 분자 이온 개수 중에서 단지 작은 분율만이 검출기에 도달한다(즉, 검출은 비경제적임). 이외에 매우 커다란 *m/z*값을 갖는 분자 이온을 검출한다는 것은 쉽게 접근할 수 있는 부분이 아니다. 비행시간(time-of-flight, ToF)의 계측에 있어서 모든 분자 이온들은 *m/z*값에 관계없이 정확하게 똑같은 경로를 지나서 검출기에 도달한다. 그리고 검출기에 도달하기까지 걸린 시간의 차이에 따라 간단하게 분리된다. 따라서 ToF MS의 경우, 생성된 모든 분자 이온들이 검출기에서 검출되고 감도가 극도로 향상되어, 높은 *m/z*값의 분자 이온들도 쉽게 검출된다. 이런 이유로 인하여 대부분의 ESI와 MALDI 질량 분광기가 요즘에는 ToF 검출기를 채용하고 있다.

14.5.3.1 MALDI ToF 질량 분광법의 원리

MALDI ToF 질량 분광기에 있어서, MALDI 시료판에서 만들어진 깃털 모양의 분자 이온들은 시료판과 접지된 추출판(이들이 함께 **이온 가속용** 공간을 구성함) 사이를 고정된 전압차(일반적으로 15~35 kV)를 적용하면 가속되게 된다. 가속화된 분자 이온은 추출판의 열린 구멍을 통과하여 일정한 전기장이 걸려있는 선형의 흐름 튜브(drift tube, 1~2 m의 길이를 가짐)로 들어간다. 생성된 모든 분자 이온들은 하나의 길을 따라 흐름 튜브 쪽으로 내려가서 검출기에 도달한 모든 이온들은 검출되지만, 이들의 이동 속도는 *m/z*값에 의존하므로 상이한 *m/z*값을 갖는 분자 이온들은 순차적으로 검출기에 도착하게 된다. 각 스펙트럼은 매우 짧은 시간 단위(예를 들면 $< 100\ \mu s$)로 얻어진다. 분해능의 향상과 큰 *m/z*값을 갖는 분자종들을 검출하기 위한 개선책으로서 **반사 ToF (reflectron ToF)**를 이용

하게 되는데, 이는 전기장을 가하여 선형의 흐름 튜브를 따라 내려가는 경로의 말단부로부터 각도를 되돌려서 분자 이온들을 반사시키고, 이에 따라 다른 검출기로 향하는 새로운 선형 경로를 따라 움직이게 된다. 가장 최신의 MALDI ToF 질량 분광기는 이런 장치를 겸비하고 있으며, 보다 큰 몰질량의 중합체를 분석하거나 큰 m/z 분해능이 요구될 때 그 가치를 드러낸다.

이온 가속기 내에서 각 분자 이온이 가해진 전기장을 통과할 때 얻어지는 위치 에너지는 다음에 나타낸 간단한 에너지 평형식(energy balance equation)에 따라 운동 에너지로 전환된다(여기서 왼쪽은 위치 에너지를, 오른쪽은 운동 에너지를 의미함).

$$zV_x = \frac{1}{2}mv_x^2 \tag{14.49}$$

이때 V_x는 전위를, v_x는 MALDI 시료판에서 거리 x만큼 떨어진 곳에서의 분자 이온의 속도를 나타낸다.

$V_x = E_v x$이고 E_v는 이온 가속기를 따라 형성되는 선형적인 전기장 기울기를 나타내므로, 다음 식이 성립된다.

$$v_x = \left(\frac{2E_V}{m/z}\right)^{1/2} x^{1/2} \tag{14.50}$$

그리고 분자 이온이 추출판의 열린 구멍을 통과할 때 바로 그 지점에서의 분자 이온의 속도 v_A는 다음 식으로 나타낼 수 있다.

$$v_A = \left(\frac{2V_A}{m/z}\right)^{1/2} \tag{14.51}$$

여기서 $V_A (= E_v x_A)$는 전위차이며, x_A는 이온 가속기 내에 있는 두 개의 판 사이의 거리이다.

따라서 m/z가 증가하면 v_A는 감소하며, 검출기까지의 ToF는 m/z가 증가함에 따라 같이 커진다. 즉, 가장 작은 몰질량을 갖는 종이 가장 먼저 검출되는 것이다.

분자 이온이 가속기를 탈출하는 데 걸리는 시간인 t_A는 $v_x = (dx/dt)_x$임을 인식하면 계산되는데, 이를 식 14.50에 치환하고 재정리하고서 적분 한계를 적용하면 다음 식으로 나타낼 수 있다.

$$\int_0^{t_A} dt = \left(\frac{m/z}{2E_V}\right)^{1/2} \int_0^{x_A} x^{-1/2} dx$$

적분의 해를 구하고 $E_v = V_A/x_A$를 치환하면 다음 식이 유도된다.

$$t_A = 2x_A \left(\frac{m/z}{2V_A}\right)^{1/2} \tag{14.52}$$

가속기의 출구에서 각 분자 이온은 일정 속도인 v_A로 흐름 튜브를 따라 내려가서 검출기 표면에 도달하는데, 이는 추출판으로부터 직선상으로 x_D 만큼 떨어져 있으며 여분의 시간 t_D가(이는 x_D/v_A로 표시 가능) 경과되면 검출기에 다다른다. 즉, 식 14.51로부터 다음 식이 얻어진다.

$$t_D = x_D \left(\frac{m/z}{2V_A}\right)^{1/2} \tag{14.53}$$

따라서 분자 이온에 가속 전위가 인가되는 지점으로부터 분자 이온이 검출기에 충돌하는 지점까지 걸리는 전체 ToF인 t_f는 $t_A + t_D$가 되며, 식 14.52와 14.53으로부터 다음 식이 구해진다.

$$t_f = (2x_A + x_D)\left(\frac{m/z}{2V_A}\right)^{1/2} \tag{14.54}$$

특별한 장치를 사용하고 V_A값을 고정시키면, 식 14.54는 다음 식으로 쓸 수 있다.

$$t_f = K(m/z)^{1/2} \tag{14.55}$$

여기서 K는 상수이다($= \{2x_A + x_D\}/\{2V_A\}^{1/2}$). 이 식에 어떤 숫자값을 대입하는 것이 훨씬 도움이 된다. 예를 들면, 만일 $2x_A + x_D$가 1m이고 V_A가 20 kV이며 m/z값이 10,000 Da $\mathbf{e}^{-1}$ ($= 10{,}000$ Da $\times 1.66 \times 10^{-27}$ kg Da^{-1} $\times (1/1.602 \times 10^{-19}$ C$) = 1.04 \times 10^{-4}$ kg C^{-1})라면, 1 CV = 1 J = 1 Nm이고 1 N = 1 kgms^{-2}라는 것을 인식하라. 그런 다음 식 14.54에 대입시키면 t_f는 51 μs로 주어진다. 따라서 MALDI ToF MS 분석 시간은 빠르며 레이저의 깜박거림이 연속적으로 빠르게 진행되므로 수백 회에 걸친 스펙트럼의 기록이 중첩되는 것은 정상적인 과정이며, 이를 통해 신호-대-잡음(signal-to-noise) 비가 증가하게 된다.

모든 분자 이온들이 증기화되었다는 것을 확인할 목적으로, MALDI에 도입되는 레이저 조사의 깜박임에 연계되는 가속 전압의 인가를 매번 조금씩 지연시키는 것(100~800 ns)이 일반적인 방법이다. 하지만 깜박임이 여전히 t_f를 측정하는 데 있어서 방아쇠로 사용된다. 이는 **지연된 추출(delayed extraction)**이라고 하며, MALDI ToF 질량 스펙트럼의 질을 크게 향상시켰다. 지연된 추출에 의해 측정된 ToF는 다음과 같이 주어진다.

$$t_f = t_{delay} + K(m/z)^{1/2} \tag{14.56}$$

여기서 t_{delay}는 지연 시간을 나타낸다. t_{delay}값이 부정확하게 알려지기 때문에 MALDI ToF 질량 분광기는 잘 알려진 몰질량을 갖는 물질을 이용하여 검정되어야만 한다. 낮은 몰질량의 검정 물질로 검정하는 것은 비교적 간단하지만, 높은 몰질량인 물질의 경우에는 주의를 기울여야 하며, 통상적으로 유일한 몰질량을 갖는 잘 알려진 단백질을 이용한다.

14.5.3.2 ToF 질량 스펙트럼으로부터 몰질량 분포의 평가

식 15.33으로부터 다음 사실이 명확해진다. 분자 이온들은 선형인 시간 간격 t_f를 가지고서 검출되기 때문에 MALDI ToF MS로부터 얻어지는 질량 스펙트럼에는 $(m/z)^{1/2}$의 간격으로 나타나는 피크가 존재한다. 즉, 각 m/z 피크는 m/z값이 증가함에 따라 벌어지는 m/z 간격과는 다른 간격을 두고서 나타나게 된다. 그러므로 따로따로 얻어지는 MMD는 낮은 몰질량 영역에서의 피크들에 있어서는 몰질량과는 비선형적으로 나타나지만, 높은 몰질량 영역에서는 몰질량에 선형적인 비례 관계를 갖는다. 그 결과, 평균 몰질량은 MALDI ToF 질량 스펙트럼으로부터 구해지는 따로따로 존재하는 빈도와 몰질량 데이터와의 상관 관계로부터 직접적으로 계산되지는 않는다(이 값은 굉장히 작은 값으로 얻어지기 때문임). 이런 현상은 GPC의 경우와도 유사한데, GPC 크로마토그램으로부터 얻어진 몰질량 간격은 log$M$(14.3.2절 참조)에 선형적이며, 동시에 MALDI ToF MS 데이터는 이와 비슷한 방법으로 다루어져야만 한다. ToF 질량 스펙트럼에서 t_f와 $(t_f + \mathrm{d}t_f)$ 사이에 존재하는 중합체 분자의 수 분율 dn은 다음 식으로 주어진다.

$$\mathrm{d}n = \frac{f(t_f)\mathrm{d}t_f}{\int_{t_{delay}}^{\infty} f(t_f)\mathrm{d}t_f} \tag{14.57}$$

여기서 $f(t_f)$는 검출 신호가 t_f(즉, 질량 스펙트럼)에 대해 어떻게 변하는가를 보여 주는 함수이며, 분모에 위치한 적분은 질량 스펙트럼 아래쪽의 면적 A_n이므로 간단하게 $f(t_f)$로 정상화(nolmalize) 된다. 따라서 다음 식이 성립한다.

$$\mathrm{d}n = \frac{f(t_f)\mathrm{d}t_f}{A_n} \tag{14.58}$$

이를 ToF 간격과 연관지으면, 중합체 분자의 동일한 수 분율 dn은 정상화된 수 분율 MMD $n(M)$에서 M과 $(M + \mathrm{d}M)$ 사이에 존재한다. 그리고 dn은 다음과 같다.

$$\mathrm{d}n = n(M)\mathrm{d}M \tag{14.59}$$

식 14.58과 14.59를 같다고 생각하고 재정리하면 다음 식으로 된다.

$$n(M) = \left\{\frac{f(t_f)}{A_n}\right\}\frac{\mathrm{d}t_f}{\mathrm{d}M} \tag{14.60}$$

항상 $z = +1\,\mathbf{e}$라는 것을 인식하면, m/z는 M이 되고, 식 14.56은 다음과 같이 다시 쓸 수 있다.

$$t_f = t_{\mathrm{delay}} + KM^{1/2} \tag{14.61}$$

이를 미분하면 다음과 같이 된다.

$$\frac{\mathrm{d}t_f}{\mathrm{d}M} = \left(\frac{K}{2}\right)M^{-1/2} \tag{14.62}$$

식 14.62를 식 14.60에 대입시키면 다음 식이 얻어지며, 이는 질량 스펙트럼을 수 분율 MMD로 전환시킬 수 있다.

$$n(M) = \left(\frac{K}{2A_n}\right)f(t_f)M^{-1/2} \tag{14.63}$$

평균 몰질량은 $n(M)$의 모멘트로부터 결정될 수 있고, $\bar{M}_n$과 $\bar{M}_w$는 다음의 식들로 주어진다.

$$\bar{M}_n = \int_0^\infty n(M)M\mathrm{d}M$$

와

$$\bar{M}_w = \frac{\int_0^\infty n(M)M^2\mathrm{d}M}{\int_0^\infty n(M)M\mathrm{d}M}$$

완벽하게 들어맞지는 않지만 상보적으로 $\bar{M}_n$과 $\bar{M}_w$는 질량 분석 스펙트럼에 존재하는 개개의 피크에 대해서 식 14.63을 적용하면 계산될 수 있는 $n(M)$값으로부터 다음과 같이 구해진다.

$$\bar{M}_n = \sum_{M_{t\,\mathrm{min}}}^{M_{t\,\mathrm{max}}} n(M_{t_f})M_{t_f}$$

와

$$\bar{M}_w = \frac{\sum_{M_{t\,\mathrm{min}}}^{M_{t\,\mathrm{max}}} n(M_{t_f})M_{t_f}^2}{\sum_{M_{t\,\mathrm{min}}}^{M_{t\,\mathrm{max}}} n(M_{t_f})M_{t_f}}$$

여기서 $M_{t_{min}}$과 $M_{t_{max}}$는 가장 먼저와 나중에 검출되는 m/z 종들의 몰질량이다.

다른 방법을 써서 구한 MMD와의 비교를 위해서 정상화된 무게 분율(weight fraction) MMD $w(M)$가 필요하다. $n(M)$을 평가했었던 분석법과 유사하게 수행하면 ToF 질량 스펙트럼에서 t_f와 $(t_f + dt_f)$ 사이에 존재하는 중합체 분자의 무게 분율 dw는 무게 분율 MMD에서 M과 $(M + dM)$ 사이에 존재하는 이에 상응하는 무게 분율과 동일하다. 즉 아래의 식이 성립한다.

$$dw = \frac{f(t_f)M dt_f}{A_w} = w(M)dM \tag{14.64}$$

여기서 A_w는 정상화된 $f(t_f)M$이며, $\int_{t_{delay}}^{\infty} f(t_f)M dt_f$ 로 주어진다. 식 14.62와 14.64를 결합하여 다시 쓰면 다음 식이 얻어진다.

$$w(M) = \left(\frac{K}{2A_w}\right) f(t_f) M^{3/2} \tag{14.65}$$

이때 질량 스펙트럼은 무게 분율 MMD로 전환 가능하다. 식 14.63과 14.65를 결합함으로써 $w(M)$과 $n(M)$ 사이의 관계는 다음과 같음이 밝혀졌다.

$$w(M) = n(M)\left(\frac{A_n}{A_w}\right) M^2$$

14.5.4 MALDI 질량 분광기로부터 구해지는 몰질량 분포

1990년대에 서서히 발전한 MALDI MS처럼, MMD 절댓값을 제공 가능한 장치에 대한 열망이 있어 왔다. 하지만 이전 장에서 증명된 바와 같이, MALDI 질량 스펙트럼으로부터 얻어지는 MMD값에는 여전히 불확실성이 존재한다. 시료의 불완전한 탈착/이온화 과정으로 인하여 특히 가장 큰 몰질량을 갖는 중합체의 경우에 이 자체가 불확실성을 공여하는 요인이다. 탈착/이온화 과정에서 일어나는 사슬 분절화(분해)의 정도(이 또한 명확하지 않음)는 또다른 요인으로 여겨진다. 또한, 가장 최신의 장치는 분자 이온들의 ToF 분리를 근간으로 하기 때문에, 검출기에 먼저 도달하는 낮은 m/z값을 갖는 분자 이온들이 검출기 표면에 포화된 상태로 흡착된 결과 큰 m/z값에 대한 검출기의 분해능은 극도로 감소된다. 이런 효과뿐 아니라, 신호-대-잡음비도 증가하며, 상이한 중합도를 갖는 고분자 사슬을 분해하는 능력은 사슬이 길어짐에 따라 증가한다. 왜냐하면 신호 세기는 검출기에 부딪히는 분자 이온종들의 수에 의존하며, 큰 몰질량을 갖는 분자는 비록 그들이 전체 고분자 중에서 차지하는 무게 분율은 클지라도 소량으로 존재하기 때문이다. 이런 각각의 불확실성들은 몰질량의 증가에 따라 함께 커지고, 그 덕분에 꽤 높은 몰질량을 갖는 중합체에 적용되는 MMD값을 구할 수 있는 MALDI MS는 낮은 몰질량의 중합체에 대해서는 실제의 MMD값과는 왜곡된 값을 제공한다.

ToF 질량 스펙트럼에 대한 또 다른 특이적인 변수는 이들 결과들이 비선형인 m/z축을 따라 기록되며, 나타나는 피크들은 m/z값이 커짐에 따라서 m/z 간격이 점점 증가하는 양상을 나타낸다는 것이다(14.5.3.2절 참조). MALDI ToF MS로부터 얻어지는 MMD값들은 m/z에 대한 빈도의 형태를 띤 질량 스펙트럼으로 기록되고, 수 분율 MMD의 실제 모습은 가려진다.

동일한 고분자 시료를 GPC(14.3절)와 MALDI MS에 의해 얻어지는 MMD 값들을 비교한 보고들이 있다. 일반적으로, MALDI MS는 정확한 몰질량의 측정값을 제공하지만, 개개의 종들(특히 높은 몰질량의 분자종)에 대한 수 및 무게 분율에 관해서는 부정확한 결과를 제공한다. 반면, GPC는 얻어지는 몰질량 측정치(검정 곡선 혹은 다중 검출기를 사용한 경우에도)에서는 큰 불확실성을 나타내지만, 검출되는 개개의 종들에 대한 무게 분율에 있어서는 매우 정확한 결과를 제시한다. 좁은 MMD를 갖는 낮은 몰질량의 중합체에 있어서, MALDI MS는 적절한 시료 제작법이 적용되고 분광기의 조건이 잘 세팅되면(14.5.2와 14.5.3절 참조), 정확한 결과를 제시할 수 있다. 그러나 중간 정도 혹은 높은 몰질량을 가지며 동시에 넓은 MMD를 보유한 중합체인 경우에, MALDI MS는 신뢰성이 떨어지며, 얻어진 데이터들은 평균 몰질량을 계산하기에 앞서, 조심스레 꼼꼼히 들여다보아야 할 필요가 있다.

간략하게 전술한 바와 같이, 비록 최신의 장비들이 약 1,000 kg mol^{-1} 부근의 몰질량을 갖는 고분자의 분석에 적용될 수는 있지만, MALDI MS는 여전히 50,000 g mol^{-1} 부근의 MMD값을 갖는 고분자의 MMD 측정에 유효하며 적합한 장치이다. MALDI MS는 15.7.1절에서 언급한 바와 같이 MMD와 분자 구조의 결정을 결합하여 수행해야 할 경우에는 매우 강력하며 동시에 독특한 정보를 제공할 수 있는 특별한 장비이다.

문제

14.1 고분자 용액이 상분리가 일어날 때까지 매우 느리게 냉각되어 평형 상태에서 두 개의 상으로 존재한다. 이어서 이들 상들을 분석하니 각각의 상들에 해당되는 고분자의 부피 분율은 $\phi_2'' = 0.89$와 $\phi_2' = 0.01$이었다. 평형 조건인 $\overline{\Delta G_1''} = \overline{\Delta G_1'}$을 고려하여 문제 10.1에서 주어진 $\overline{\Delta G_1}$에 대한 식을 이용하여 상분리 조건에 대한 Flory–Huggins의 고분자 용액 상관 변수의 추정값(두 개의 중요한 그림)을 계산하시오.

14.2 좁은 MMD 값을 갖는 폴리스타이렌과 폴리(메틸 메타크릴레이트) 시료들이 동일한 GPC 시스템을 사용하여 동일한 조건하에서 분석되었다. 폴리(메틸 메타크릴레이트) 시료의 용출 시간은 97,000 g mol^{-1}의 몰질량을 갖는 폴리스타이렌의 용출 시간과 동일하였다. 이 폴리(메틸 메타크릴레이트) 시료의 몰질량을 예측하시오. 주어진 용매와 온도 조건하에서 Mark–Houwink–Sakurada 상수들은 다음과 같다. $a = 0.74$일 때 폴리스타이렌의 K는 $1.03 \times 10^{-2}\ \mathrm{cm^3\ g^{-1}\ (g\ mol^{-1})^{-a}}$이고, $a = 0.76$일 때 폴리(메틸 메타크릴레이트)의 K는 $5.7 \times 10^{-3}\ \mathrm{cm^3\ g^{-1}\ (g\ mol^{-1})^{-a}}$이다. 계산할 때 어떤 가정을 세웠다면 그에 대해서도 명백하게 기술하시오.

14.3 흐름 FFF 실험이 25°C에서 좁은 MMD를 갖는 폴리스타이렌의 테트라하이드로퓨란 용액을 사용하여 수행되었다. 이때의 시험 조건으로는 0.79 cm^{3}에 달하는 전체 채널 부피를 갖는 채널(깊이는 220 μm)을 이용하여 1.00 cm^3 min^{-1}의 교차 흐름 속도와 1.00 cm^3 min^{-1}의 채널 흐름 속도를 유지하였다. 얻어진 검출 신호와 시간에 대한 그림에서 피크에 해당하는 용출 시간 t_s는 15.43분이었다. 동일한 분석 조건하에서 얻어진 용매 분자의 용출 시간 t_0는 0.81분으로 주어진다. 유보 변수(retention parameter) λ의 부피를 계산하고, 동시에 폴리스타이렌 시료의 확산 계수를 결정하시오.

14.4 ToF 매트릭스 보조 레이저 탈착/이온화 질량 분광법(ToF matrix-assited laser desorption/ionization mass spectrosmetry) 측정에 있어서, 검출된 하나의 시료종에 대한 전체 ToF는 77 μs였다. 장치 내에서 시료종이 움직인 전체 거리(이온화 과정에서부터 검출까지)가 0.9 m로 주어지고, 15 kV의 가속 전압이 가해질 때, 검출된 시료종의 몰질량을 계산하시오(g mol^{-1}의 단위로 계산할 것). 계산 과정에서 어떤 가정을 세웠다면 그에 대해서도 기술하시오.

참고 문헌

General Reading

Allen, G. and Bevington, J.C. (eds), *Comprehensive Polymer Science*, Vol. 1 (Booth, C. and Price, C., eds), Pergamon Press, Oxford, U.K., 1989.

Barth, H.G. and Mays, J.W., *Modern Methods of Polymer Characterization*, John Wiley & Sons, New York, 1991.

Billingham, N.C., *Molar Mass Measurements in Polymer Science*, Kogan Page, London, 1977.

Flory, P.J., *Principles of Polymer Chemistry*, Cornell University Press, Ithaca, NY, 1953.

Mark, H.F., Bikales, N.M., Overberger, C.G., and Menges, G. (eds), *Encyclopedia of Polymer Science and Engineering*, Wiley-Interscience, New York, 1985–1989.

Morawetz, H., *Macromolecules in Solution*, 2nd edn., Wiley-Interscience, New York, 1975.

Sun, S.F., *Physical Chemistry of Macromolecules: Basic Principles and Issues*, 2nd edn., Wiley-Interscience, New York, 2004.

Tager, A., *Physical Chemistry of Polymers*, 2nd edn, Mir Publishers, Moscow, Russia, 1978.

Tanford, C., *Physical Chemistry of Macromolecules*, John Wiley & Sons, New York, 1961.

Field-Flow Fractionation

Cölfen, H. and Antonietti, M., Field-flow fractionation techniques for polymer and colloid analysis, *Advances in Polymer Science*, **150**, 67 (2000).

Giddings, J.C., Field-flow fractionation of macromolecules, *Journal of Chromatography*, **470**, 327 (1989).

Kowalkowski, T., Buszewski, B., Cantado, C., and Dondi, F., Field-flow fractionation: theory, techniques, applications and the challenges, *Critical Reviews in Analytical Chemistry*, **36**,129 (2006).

Schimpf, M., Polymer analysis by thermal field-flow fractionation, *Journal of Liquid Chromatography and Related Technologies*, **25**, 2101 (2002).

Mass Spectroscopy

Batoy, S.M.A.B., Akhmetova, E., Miladinovic, S., Smeal, J., and Wilkins, C.L., Developments in MALDI mass spectrometry: the quest for the perfect matrix, *Applied Spectroscopy Reviews*, **43**, 485 (2008).

de Hoffman, E. and Stroobant, V., *Mass Spectrometry: Principles and Applications*, John Wiley & Sons, Chichester, U.K., 2007.

El-Aneed, A., Cohen, A., and Banoub, J., Mass spectrometry, review of the basics: electrospray, MALDI, and commonly used mass analyzers, *Applied Spectroscopy Reviews*, **44**, 210 (2009).

Hanton, S.D., Mass spectrometry of polymers and polymer surfaces, *Chemical Reviews*, **101**, 527 (2001).

Montaudo, G. and Lattimer, R.P. (eds), *Mass Spectrometry of Polymers*, CRC Press, Boca Raton, FL, 2002.

Montaudo, G., Samperi, F., and Montaudo, M.S., Characterization of synthetic polymers by MALDI-MS, *Progress in Polymer Science*, **31**, 277 (2006).

Nielen, M.W.F., MALDI time-of-flight mass spectrometry of synthetic polymers, *Mass Spectrometry Reviews*, **18**, 309 (1999).

15 화학적 조성과 분자 미세구조

15.1 개요

앞 장에서는 몰질량 평균, 몰질량 분포, 분자 치수를 결정하는 방법과 관련하여 논하였다. 많은 경우에서 이러한 정보는 준비 방법이 잘 알려져 있는 단일중합체를 이해하는데 필요한 요소였다. 그러나 특정 단일중합체(예: 폴리프로필렌, 폴리아이소프렌)의 경우, 분자 미세구조에 대한 내용이 절대적으로 중요하다. 게다가, 공중합체의 경우 여러 반복 단위의 몰분율 또는 질량 백분율의 값이 화학적 조성을 결정하는 데 필요하다. 이는 또한 공중합체를 구성하고 있는 서로 다른 공중합체 사이에서 화학적 조성의 분포를 결정하거나 (14.3.5절 참조), 분자내에서 다르게 반복되고 있는 단위체의 배열 분포를 결정하는 데에도 필요하다. 뿐만 아니라 알려지지 않은 고분자 시료를 분석할 때 첫 번째 요구되는 조건은 반복되는 단위체(repeat unit)의 존재를 확인하는 것이다. 그러므로 화학적 조성과 분자 미세구조의 결정 방법은 매우 중요하다.

경우에 따라서 간단한 화학적 분석 방법이 유용하게 쓰인다. 특정 성분(예: 할로젠, 질소, 황)의 존재를 확인하는 Beilstein과 Lassaigne 테스트와 같은 정성적인 화학적 테스트는 성분이 알려지지 않은 고분자를 확인하는 데 활용된다. 정량적인 구성의 원소 양을 결정하는 **연소 분석(combustion analysis)**은 단일중합체의 순도를 확인하거나, 반복 단위가 알려져 있고, 크게 다른 원소 조성을 갖는 공중합체의 평균 화학 조성을 결정하는 데 사용될 수 있다[예: 나이트릴 고무, 폴리(뷰타다이엔-*co*-아크릴로나이트릴)의 아크릴로나이트릴 조성은 포함되어 있는 탄소의 함량(%) 또는 질소 함량(%)을 통해 계산할 수 있음]. 그러나 이러한 분석은 구조에 대한 정보를 주지 못하기 때문에 제한된다. **분광법(spectroscopic method)**은 이런 목적에 부합하는 가장 강력한 방법이고, 현재 낮은 몰질량 화합물과 고분자의 충분히 해석된 스펙트럼이 활용되고 있으나 이는 구조 결정의 기반이 되는 종합적인 구조의 정보의 제공(예를 들어 반복 단위의 확인, 공중합체의 평균 화학적 조성의 결정)뿐만 아니라 분자의 미세구조, 반복 단위의 배열 분포와 구조적 결합을 확인하기 위해서 사용된다. 이런 이유로 위와 같은 내용을 이 장의 주요 쟁점으로 삼도록 했다.

15.2 분광법의 원리

분광법은 방사선(radiation)의 흡수 및 방출의 측정과 그에 대한 해석에 연관이 있다. 이러한 현상은(방사선 에너지에 따른) 원자, 원자단 혹은 분자의 구성 원자의 양자화된 에너지 준위 사이의 전이로부터 발생되고, 이는 특정한 에너지 차이 ΔE에 일치한다. 한 개의 광자와 관련되는 방사선 진동수 v와 에너지 E 사이의 중요한 관계는 **Planck 식(Planck's equation)**으로 표현된다.

$$E = \mathbf{h}\nu \tag{15.1}$$

h는 Planck 상수(= 6.626 × 10^{-34} J s). 파장 λ는 진동수 ν와 광속 **c**(= 2.998 × 10^8 m s^{-1})를 통해 다음과 같은 관계를 갖는다.

$$\lambda = \frac{\mathbf{c}}{\nu} \tag{15.2}$$

즉 식 15.3과 같이 진동수(혹은 파장)가 Planck 식(식 15.1)에 따라 두 양자화된 준위 사이의 차 ΔE와 정확하게 일치한다면 낮은 에너지 준위로부터 높은 에너지 준위로의 전이는 방사선의 흡수로부터 오는 결과가 될 것이다.

$$\nu = \frac{\Delta E}{\mathbf{h}} \quad \text{또는} \quad \lambda = \frac{\mathbf{hc}}{\Delta E} \tag{15.3}$$

마찬가지로, 식 15.3은 높은 에너지 준위로부터 낮은 에너지 준위로의 전이 결과로 방출된 방사선의 진동수(혹은 파장) 또한 나타낸다.

15.2.1 고분자 과학에서의 전자기 방사선의 이용

전자기 스펙트럼의 이론적 영역을 분석 시 여러 영역의 방사선이 어떻게 사용되고 있는지 그림 15.1에 나타내었다.

고에너지(단파장, 고주파) X선, 전자, 중성자의 산란과 회절은 용액 또는 계면에서의 고분자의 크기와 모양을 결정하는 데 사용되고, 고분자의 형태와 정렬된 원자의 배열을 설명한다. 이러한 내용을 12.4, 17.2, 17.4, 18.3.2.2절에서 설명하고 있다.

근래에 마이크로파는 고분자 중합 등을 포함한 화학 반응을 촉진시키는 데 활용되고 있지만, **마이크로파 분광법(microwave spectroscopy)**은 단지 작은 분자의 분석에서만 유용하기 때문에 고분자 과학에서는 중요하지 않다.

전자 스핀 공명(ESR, electron spin resonance) 분광학에서, 마이크로파의 흡수는 **홀전자(unpaired electron**, 즉 상자기성)의 스핀에 의해 유발되는 자기 모멘트와 같은 강한 자기장 존재하에서 다른 정렬간 전이로부터 발생한다. 그로 인해 ESR 분광법은 라디칼, 라디칼 음이온, 라디칼 양이온과 같은 종류의 연구에 활용될 수 있다. 홀전자를 포함한 분자종에서의 자기핵(예: ^{1}H) 존재하의 스핀–스핀 짝지음으로 인한 ESR 흡수의 분할을 통해 분자종의 세부적인 분자 구조를 알 수 있다. 따라서 ESR 분광법은 라디칼 혹은 단일 전자 전달 메커니즘을 통한 고분자 중합 반응과 산화 과정, 고에너지의 조사와 고분자의 열적 기계적 저하 과정, 고분자 중합의 반응 중간 상태에 발생된 종을 확인하고 연구하는 데 유용하다. 추가적으로 ESR 분광법은 홀전자(예: 도핑된 전도성 고분자; 25.3.5절)를 갖는 고분자를 파악하거나 분자 역학을 조사하는 데에도 활용된다.

그러나 **자외선-가시광선 흡수 분광법(ultraviolet and visible light absorption spectroscopy)**, **적외선 분광법(infrared spectroscopy)**, **Raman 분광법(Raman spectroscopy)**, **핵자기 공명 분광법(nuclear magnetic resonance spectroscopy)**, **질량 분광법(mass spectroscopy)** 등이 고분자의 화학적 구조를 결정하는 데 가장 중요하다. 이러한 분광법은 고분자의 분석 시 그 필요성에 역점을 두어 이번 장에서 소개된다. 기초적인 측면에서부터 장비, 실험 절차 등을, 방대한 내용과 이러한 내용들을 이미 다룬 여러 분광학 서적들을 고려해 간단하게 다룬다. 또한 공간의 제한 때문에, 단지 몇 개의 스펙트럼과 고분자를 특성화할 때 이런 분광법의 잠재성에 대한 짧은 조사만 제시되었다. 필요에 맞는 더 완벽한 이해를 위해서는 고분자 분광법에 관련한 전문 서적을 참고하기 바란다.

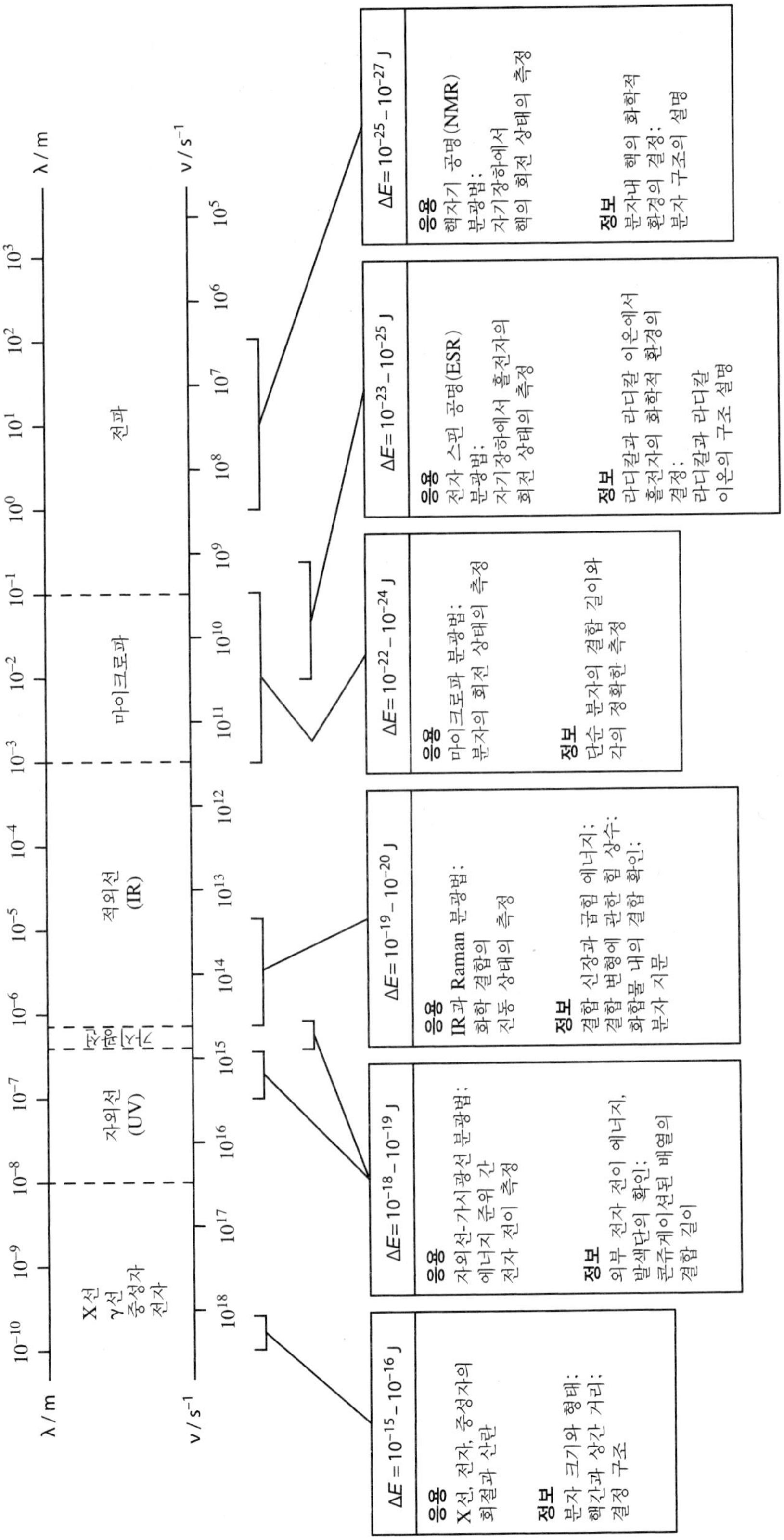

▶ 그림 15.1

전자기 조사 스펙트럼과 분석에 있어서의 그 이용. ΔE는 실제적으로 이용되는 일반적인 영역에서의 조사된 한 광자와 관련된 에너지 변화 영역이다.

15.2.2 전자기 방사선 흡수에서의 BEER-LAMBERT 법칙

식 15.3은 두 에너지 상태 사이에서 전이가 발생할 때 단일종(single species) 물질이 흡수하는 방사선의 진동수(혹은 파장)를 나타낸다. 그러나 그 흡수된 전체 양에 대한 정보는 제시되지 않는다. 만일 각각의 종들이 하나의 광자를 효율 φ로 흡수한다고 가정한다면, 흡수된 전체 양은 흡수된 방사선에서의 모든 광자의 단순한 합이다. 그러면 물질에 의해 흡수된 방사선의 전체 세기는 완전히 간단화된다. 그림 15.2에서 나타내는 경우를 고려해보자. 입사되는 방사선의 세기는 I_0, 단위 부피당 흡수종 N_{ab}가 포함된 물질의 투과 길이 l이다.

물질의 투과 간격이 z일 때, 방사선의 세기는 I_z로 감소하고 미세적 얇은 두께의 단면적 a와 두께 dz를 통과하는 방사선은 얇은 판 $N_{ab}a\mathrm{d}z$에 존재하는 흡광종의 상호작용 때문에 dI의 양에 의해 감소한다. 더욱이 $z+\mathrm{d}z$에서의 방사선의 세기 $I_{z+\mathrm{d}z}$는 다음과 같다.

$$I_{z+\mathrm{d}z} = I_z - I_z \varphi N_{ab} a \mathrm{d}z$$

$\mathrm{d}I = I_{z+\mathrm{d}z} - I_z$이므로 물질의 먼 측면으로부터 나온 방사선의 세기 I_T는 전체 두께 l에서의 간단한 적분으로부터 얻어질 수 있다.

$$\int_{I_0}^{I_T} \frac{\mathrm{d}I_z}{I_z} = -\varphi N_{ab} a \int_0^{\ell} \mathrm{d}z$$

즉,

$$\ln\left(\frac{I_0}{I_T}\right) = \varphi a N_{ab} \ell \tag{15.4}$$

여기서 φa는 **흡수 단면(absorption cross-section)**이라고 명명된다.

더 편리하게 쓰여지는 **Beer–Lambert 식**의 형태는 식 15.4와 같다.

$$A = \varepsilon c \ell \tag{15.5}$$

여기서, ε은 **몰흡광 계수(molar absorptivity)** (= $\varphi a \mathbf{N_A}/2.303$, $\mathbf{N_A}$는 Avogadro 수)이며, c는 흡수종의 몰농도(= $N_{ab}/\mathbf{N_A}$)이다.

A는 **흡광도(absorbance)**이고, 이 값은 I_0, I_T 값과 관련이 있으며, 투과 백분율이다. $\%T$ (= $100I_T/I_0$)

$$A = \log_{10}\left(\frac{I_0}{I_T}\right) = \log_{10}\left(\frac{100}{\%T}\right) \tag{15.6}$$

일반적으로 ε은 $\mathrm{dm^3\,mol^{-1}cm^{-1}}$, c는 $\mathrm{mol\,dm^{-3}}$, l은 cm의 단위를 갖는다.

Beer–Lambert 식(식 15.5)은 작용기의 농도 측정, 특히 자외선–가시광선과 IR 분광법에서 광범위하게 사용된다. 그러나 의미있는 결과를 얻기 위해서는 양적인 측정을 할 때 식 자체를 활용할 때 내재되어 있는 중요한 가정을 염두에 두어야 한다: (i) 빛의 산란으로 인한 세기의 저하가 무시되어 있다는 점(즉, 시료는 먼지나 이물질의 영향을 받지 않음), 그리고 (ii) 흡수종의 농도는 매우 낮다(일반적으로 $10\,\mathrm{mmol\ dm^{-3}}$을 넘지 않음). 그 이유는 ε은 분자 사이의 상호작용 때문에 고농도에서는 농도 의존적(감소하는 경향)이

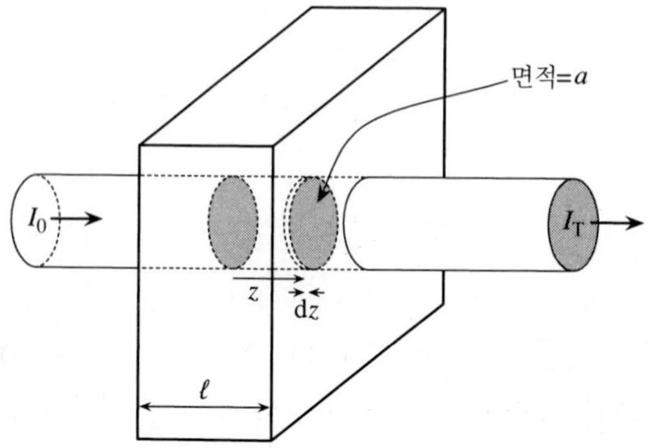

▶ **그림 15.2**
I_0 세기로 입사되는 방사선과, 투과 길이가 l이고 단면적이 a인 물질을 투과하는 물질이 흡광에 의해 낮아진 세기 I_T를 나타낸 것임.

되기 때문이다. ε값의 농도 의존적인 효과는 이온성 분자를 포함하고 있는 용액 분석 시 특히 중요하다[예를 들어, 고분자전해질과 아이오노머(ionomer)]. 그 이유는 농도는 매우 희석된 농도에서 적당한 농도의 광범위한 농도 분포에 걸쳐 이온 분리에 매우 중요한 영향을 준다. 형광과 인광 또한 식 15.5의 응용 시 오차를 유발할 수 있다.

15.3 자외선과 가시광선 흡수 분광법

자외선과 가시광선(UV-vis) 흡수는 전자 결합의 전자 전이로부터 발생하며, 주로 **HOMO (highest occupied bonding or non-bonding molecular orbital)** 에서 **LUMO (lowest unoccupied molecular orbital)** 로의 전이로 발생한다. 그림 15.3은 전자 오비탈의 상대적 에너지를 보여 주고 있다. 이것은 주로 σ 결합에서의 전자들의 전자 전이(주로 $\sigma \rightarrow \sigma^*$ 전이)는 비교적 높은 에너지이기 때문에 원자외선(far-UV 영역)(100 nm $< \lambda <$ 200 nm)에서 발생하므로 접근이 어렵고 실질적으로 관심이 덜하다. 반면 π 결합 안의 전자들의 전자 전이(주로 $\pi \rightarrow \pi^*$ 전이)는 더 접근 가능한 근자외선(near/middle-UV) 영역(200 nm $< \lambda <$ 400 nm 범위)에서 발생하는 경향이 있으며, 또한 π 결합이 길게 콘쥬게이션된 배열 안에 있다면 가시 영역(400 nm $< \lambda <$ 700 nm)에서 나타나고 이것은 대부분의 UV-vis 분광법의 기반이 된다. π 결합 내 헤테로원자의 비결합 고립 전자쌍의 약한 **금지된(forbidden)** $n \rightarrow \pi^*$ 전자 전이 또한 근자외선 영역에서 관찰된다. 그러므로 UV-vis 분광법은 π 결합을 갖는 분자를 공부하는 데 가장 유용하다. 흡수를 일으키는 기(group)를 **발색단(chromophore)** 이라 한다.

비록 위 경우의 전자 전이에서의 ΔE가 고유한 값을 갖는다 하더라도 보다 낮은 에너지의 진동 에너지와 회전 에너지 준위가 각각의 전자 에너지 준위와 상호작용하는 경우에는 그렇지 않다. 이러한 이유로, 결합의 진동 에너지와 회전 에너지 준위 간의 여러 전이에 의해 동일한 전자 전이에 대한 ΔE 값의 범위가 증가된다. 그 효과는 결합 진동 에너지 상태 간의 서로 다른 전이에 의해 지배된다. 그것들은 결합 회전 에너지 상태 간의 전이보다 더 큰 에너지 차이를 갖기 때문이다. 그러나 진동 에너지 상태의 차이가 ΔE 보다 작기 때문에(그림 15.3 참조) ΔE 차이값은 종종 실험적으로 해결할 수 없고, 대부분의 경우에 있어서 UV-vis 흡수는 개별적 흡수 무리보다는 넓은 영역으로 나타난다. 넓은 흡수대에서 최대 흡광도 A_{max}를 측정하고 관련된 파장 λ_{max}로서 흡수 위치를 기록하는 것은 일반적인 방법이다. 마찬가지로 문헌에 보고된 ε 값은 최대 흡광도 ε_{max}와 관련이 있다.

UV-vis 분광법의 가장 두드러지는 특징 중 하나는 발색단의 **허용된(allowed)** 전자 전이에 대한 ε_{max} 값이 매우 크고 이러한 발색단의 아주 낮은 농도를 고도의 정확도로 측정할 수 있게 한다는 점이다. 일반적인 발색단의 전자 전이에 대한 λ_{max}와 ε_{max}의 몇몇 값들은 표 15.1에 나와 있다.

15.3.1 고분자 과학에서의 UV-vis 분광법의 응용

UV-vis 분광법은 발색단의 특정 형태가 존재한다는 것을 확립시키는 것을 넘어서서 화학적 구조의 자세한 정보를 제공하는 것은 할 수 없다. 그래서 이것의 사용은 분석하기 위

그림 15.3
전자 오비탈 간의 상대적인 에너지(두꺼운 선)와 전이의 일반적인 종류를 보여 주는 모식도. 각각의 전기 에너지 준위 위의 추가적인 미세한 선들은 관련된 결합 진동 에너지 준위를 나타내고 있다.

한 시스템의 충분한 지식이 놓인 상황으로 사용이 제한된다. 게다가, 대부분 실험적으로 접근 가능한 범위에서 (200 nm < λ < 700 nm) 방향족기이나 이중 결합의 확장된 배열의 콘쥬게이션된 π 결합을 포함하는 분자를 분석하는 데에 국한된다(질소 또는 진공 조건에서 셀의 분석이 필요함). 또한 콘쥬게이션되어 있지 않은 C=O 기와 C=C 기의 경우 강한 $\sigma \rightarrow \sigma^*$ C=O 흡수(180~200 nm)와 강한 $\pi \rightarrow \pi^*$ C=C 흡수(160~200 nm)가 분자 단위의 산소 또한 강한 흡수를 보이는 범위에서 발생하기 때문에 더욱 분석이 어렵다. C=O 기의 n → π^* 전이는 접근이 편하고(표 15.1 참조) 분석에 널리 쓰이지만, 흡수도 약하여 정확도가 떨어진다. 이 모든 것을 고려해 보면, 고분자 과학에서 UV-vis 분광법의 사용 범위가 왜 적은지를 쉽게 이해 할 수 있다.

표 15.1에서 알 수 있듯이, UV-vis 분광법이 낮은 레벨에서 나타난다 하여도, 콘쥬게이션된 π 결합을 갖는 단량체는(예를 들면, 아크릴산과 메타크릴산, 에스터, 아마이드, 스타이렌 단량체 그리고 여러 방향족 단량체들) 강한 $\pi \rightarrow \pi^*$ 흡수를 보이기 때문에 낮은 농도에서도 UV 분광법에 의해 쉽게 감지된다. 이러한 단량체에 있어서, UV 분광법이 중합하는 동안의 전환율을 관찰하기 위해, 그리고 중합 말기나 생산물 내 단량체의 남은 정도

표 15.1 근자외선과 가시 영역에서 일반적인 발색단의 전자 전이에 대한 λ_{max}와 ε_{max}의 값

발색단[a]	전이 형태	띠 형태[b]	λ_{max} / nm	ε_{max} / dm^3 mol^{-1} cm^{-1}
$H{+}CH{=}CH{+}_2H$	$\pi \rightarrow \pi^*$	K	217	21,000
$H{+}CH{=}CH{+}_3H$	$\pi \rightarrow \pi^*$	K	258	35,000
$H{+}CH{=}CH{+}_4H$	$\pi \rightarrow \pi^*$	K	296	52,000
$H{+}CH{=}CH{+}_5H$	$\pi \rightarrow \pi^*$	K	335	118,000
$H{+}CH{=}CH{+}_8H$	$\pi \rightarrow \pi^*$	K	415	210,000
$H{+}CH{=}CH{+}_{11}H$	$\pi \rightarrow \pi^*$	K	470	185,000
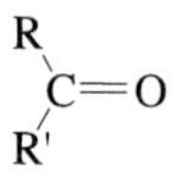	$n \rightarrow \pi^*$	R	270~300	10~20
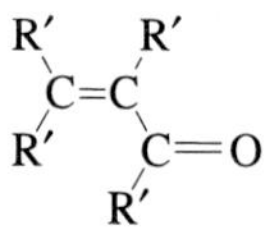	$\pi \rightarrow \pi^*$ $n \rightarrow \pi^*$	K R	215~250 310~330	10,000~20,000 20~30
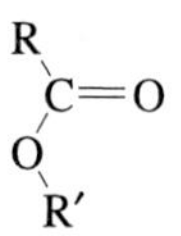	$n \rightarrow \pi^*$	R	~200	~60
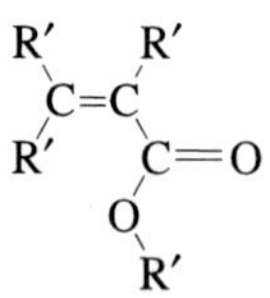	$\pi \rightarrow \pi^*$	K	200~220	10,000~15,000
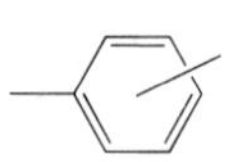	$\pi \rightarrow \pi^*$ $\pi \rightarrow \pi^*$	K B	200~240 250~280	6,000~15,000 200~2,000

자료 출처: Lambert, J.B. et al., *Introduction to Organic Spectroscopy*, Macmillan, New York, 1987; Silverstein, R.M. et al., *Spectrometric Identification of Organic Compounds*, 5th edn., John Wiley & Sons, New York, 1991.

[a] R = alkyl이고 R′ = alkyl 또는 H.

[b] Burawoy 분류.

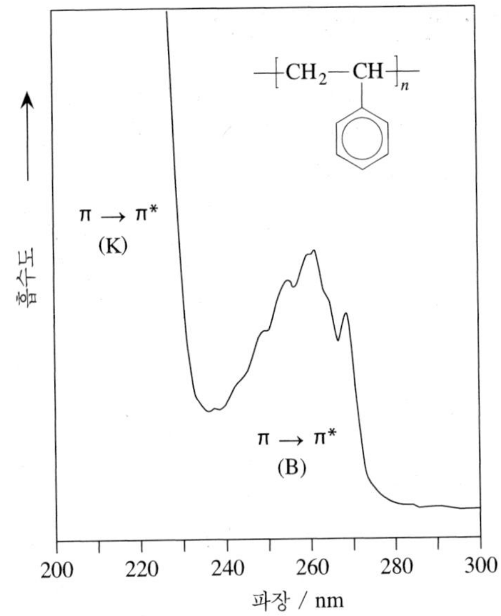

▶ 그림 15.4
진동 에너지의 미세한 구조와 함께 B $\pi \rightarrow \pi^*$ 전이 띠를 보여 주는 폴리스타이렌의 UV 스펙트럼. K $\pi \rightarrow \pi^*$ 전이 띠는 매우 높은 ε_{max} 때문에 범위를 넘어간다(표 15.1 참조). (자료 출처: Meal, L., J. Appl. Polym. Sci., 41, 2521, 1990.)

를 수량화하거나 배합된 수지 내의 단량체 농도를 결정하는 데 사용된다. 마찬가지로, 방향족기[예를 들어, 반복되는 스타이렌 단위 또는 프탈로일(phthaloyl) 구조 단위]를 포함하는 고분자는 $\pi \rightarrow \pi^*$ 전이(그림 15.4 참조)를 이용하여 분석할 수 있다. 그리고 이러한 접근 방법은 반복 단위 구조가 알려져 있을 때 공중합체의 조성을 결정하는 데에 매우 유용하게 쓰인다. 예를 들어 폴리(뷰타다이엔-*co*-스타이렌)의 조성은 단위가 반복되는 스타이렌의 $\pi \rightarrow \pi^*$ B 띠흡수로부터 결정될 수 있다. 왜냐하면 공중합체의 화학적 구조의 다른 부분들은 UV 스펙트럼 영역에 기여하지 않기 때문이다. 이것은 특히 공중합체의 젤 투과 크로마토그래피 분석에 적합하다(14.3.5절). 또한 두 개의 탐지기를 이용함으로써 (예를 들어, 용리액 안의 총 공중합체 농도 측정을 위한 차등 굴절계와 방향족의 반복 단위의 흡수도를 기록하기 위한 UV-vis 탐지기) 몰질량 분포에 있어서의 공중합체 조성 분포를 결정하는 것이 가능하다.

π 결합의 콘쥬게이션된 배열의 길이가 증가함에 따라 $\pi \rightarrow \pi^*$ 전이는 더 낮은 에너지(더 긴 파장) 영역으로 이동한다. 이 효과는 표 15.1에 첫 번째부터 여섯 번째까지 보여지는 폴리엔 시리즈의 데이터에 의해 관찰할 수 있다. 전이를 위한 ΔE 값은 직사각형 상자 내에서 움직이는 제한된 전자를 위한 Schrödinger 방정식의 일차원적인 해답으로부터 예상할 수 있다. 그 길이는 π 결합의 콘쥬게이션 서열의 길이와 일치하므로 흡수에 의한 λ_{max}로부터 콘쥬게이션 길이의 측정이 가능해진다. 이러한 이유로, UV-vis 분광법은 예를 들어 폴리아크릴로나이트릴(polyacrylonitrile) 섬유에서 탄소 섬유로 전환되는 첫 번째 단계 안에서 폴리엔 서열의 성장과 폴리(염화 비닐)의 탈염화수소화 분해 과정 등과 같이 π 결합의 콘쥬게이션된 배열의 길이 변화를 관찰하는 데 사용될 수 있다. 콘쥬게이션 길이는 염료의 색을 변화시켜줌으로써, 그 측정은 염료의 연구에 유용하다. 대부분의 염료는 가시 영역의 $\pi \rightarrow \pi^*$ 전이로 이동하는 π 결합의 확장된 배열이 있는 방향족 화합물이다. 가시 영역의 분광법은 고분자 제품에 있는 염료를 분석하는 데 사용된다. 마찬가지로 UV-vis 분광법은 항산화제와 같이 발색단을 포함하는 여러 첨가제의 존재의 확인과 같은 고분자 분석에 사용될 수 있다.

형광(fluorescence)과 **인광(phosphorescence)** 기술은 UV-vis 분광법과 밀접한 관련이 있고, 고분자 광물리학을 공부하는 데 중요하다. **공초점 레이저 주사 현미경(confocal laser scanning microscopy)**은 현재 물질 내 형광 종류의 이차원이나 삼차원 이미지를 제공하기 위한 중요한 기술이며, 이것은 고분자의 생물의학 응용 분야에 가장 중요하다.

15.3.2 UV-vis 분광법의 실질적 측면

UV-vis 분광법의 한가지 주목할 점은 낮은 가격에서 이용할 수 있는 간단한 장비이고, 거의 모든 측정에 충분히 사용될 수 있다는 점이다. 이 장비는 **이중빔(double-beam)** 원리로 작동하는데, 측정 시료와 표준 시료(개방된 대기 중이나 용제만을 포함한 셀) 사이 흡광도의 차이를(대부분 간단한 장비에서) 동시에 한 가지 파장 또는 보통 정해진 스캔 속도로 파장대 전 범위에 걸쳐 기록한다. 대부분의 연구 대상의 흡수들은 높은 ε 값을 갖는다. 그래서 때때로 관심 범위 안의 파장대에서, 흡수가 일어나지 않는 용제로 묽은 용액 샘플을 만드는 것이 필요하다. 용제는 고순도여야 하고(UV-vis를 흡수하는 미량의 불순물로부터 영향을 받지 않아야 함) 주의 깊게 선택 할 필요가 있다. 그 이유는 쌍극자와 수소 결합이발색단과 상호작용함으로써 λ_{max}와 ε_{max}의 변화를 일으킬 수 있기 때문이다. 분석 셀은 정밀하게 제조되고, 명확한 경로 길이(일반적으로 2~20 nm)를 갖는다. Beer-Lambert 식(식 15.5 참조)이 따르는 범위 내로 흡광도 값을 감소시키기 위하여 고체 상태의 고분자를 분석하는 데에는 박막이 사용되어야 한다. 게다가 중첩 흡수에 의한 영향은 보통 해결할 수 없기 때문에 UV-vis 분광법의 분석을 위한 전제 조건은 시료 내의 단한성분만이 관심 파장대의 UV-vis 흡수를 한다는 것이다. 공중합체의 분석에서 고려되어야 할 또 다른 요소는 반복 단위들 간 상호작용이 λ_{max}와 ε_{max}에 영향을 주는지 주지 않는지에 대한 여부이다.

앞서 언급한 대로 UV-vis 분광법의 속도와 감도는 실시간 분석에 있어 이상적이다. UV-vis 분광법은 반응을 모니터링하기 위해 매우 자주 사용되지는 않지만 용리액 안의 용질 분석을 위한 크로마토그래피에서 광범위하게 사용되며, 젤 투과 크로마토그래피에서 UV-vis 탐지기는 고분자 과학에서 가장 중요한 응용이다.

15.4 적외선 분광법

분자내 원자들의 상호작용에 의한 원자의 진동에 관계되는 에너지는 양자화되고(그림 15.3의 미세한 선으로 묘사된 것과 같이) 적외선 영역(약 1 μm > λ > 50 μm)에서 전자기적 방사선 흡수는 서로 다른 진동 상태 사이에서 전이를 일으킨다. 흡수는 적외선 복사의 전기적 진동계에서 커플링에 의하여 일어나고 이 상호작용은 단지 진동이 진동하는 쌍극자 모멘트를 일으킬 때만 생긴다(Raman 분광법, 15.5절 참조). 진동하고 있는 원자들은 화학 결합에 의해 연결되어 있기 때문에 진동은 신장되거나 굽혀진 가장 단순한 형태의 결합 변형으로서 이해하는 것이 보통이다. 특정한 적외선에 반응하는 결합의 변형에 있어(예를 들어 C=O 신장) 흡수는 식 15.3에 의해 결정된 복사의 진동수 ν에서 발생한다. 여기서 ΔE는 특별한 결합 변형에 대한 높고 낮은 진동 에너지 준위 사이의 에너지 차이다. 보통 유일한 특정 흡수는 기저 상태로부터 다음으로 높은 에너지 준위까지의 결합 변형과 관련된다. **적외선 분광법(IR spectroscopy)**의 기초는 결합 변형의 독특한 형태에 있어 ΔE, 즉 ν가 관련된 원자에 의존한다는 것이다(예: N—H 신장에 대한 ΔE와 ν는 C—H 신장보다 높다). 따라서 어느 범위의 ν에서 적외선의 흡수를 측정함으로써 ν에 대한 일련의 흡수 스펙트럼이 얻어진다. 각각의 흡수 결과는 특정 결합에 있어서의 결합 배열의 특유한 변형에 해당하는데, 이는 특정한 ν에서 분자내에 존재하는 다른 원자에 의해 크게 영향 받지 않는 결합 변형을 보여 준다. 따라서 특정 결합 변형에 기인한 흡수는 그 결합을 포함하고 있는 고분자를 포함하여 모든 분자에 대하여 대략적으로 같은 ν에서 일어난다.

가장 흔히 관찰되는 결합 변형 중 몇몇 **특성 흡수 영역(characteristic absorption region)**이 그림 15.5에 나와 있다. 적외선은 파장 또는 현재에는 점차 **파수(wavenum-**

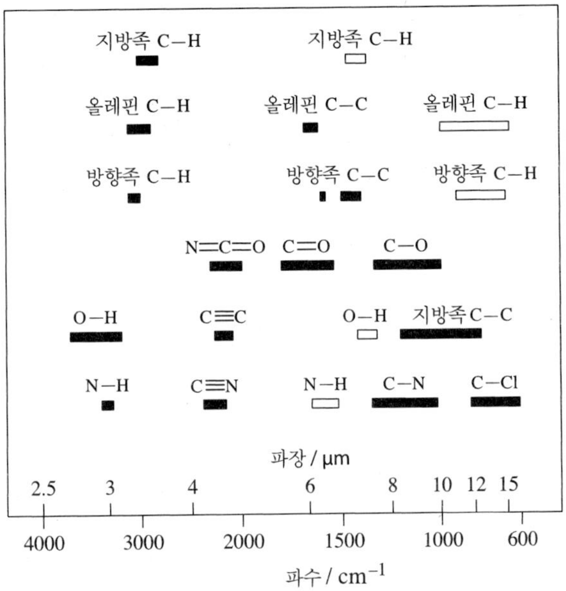

▶ **그림 15.5**
일반적으로 관찰되는 몇몇 결합 신장 (■) 과 굽힘 (□) 변형에 대한 특성 적외선 흡수 영역.

ber) $\bar{v}$로 정의된다. 파수는 파장의 역수이고(즉, $\bar{v} = 1/\lambda$), **c**가 빛의 속도일 때 식 $v = \bar{v}\mathbf{c}$에 의하여 진동수와 관계한다. 따라서 가장 일반적 흡수는 4000~650 cm^{-1} 파수 범위에서 일어나고 이러한 이유에서 IR 스펙트럼은 보통 이 범위에서 기록된다. 해석을 위해 적외선 스펙트럼은 세 가지 영역으로 나누는 것이 용이하다. 3500~1300 cm^{-1}(작용기) 영역에서 흡수는 그들의 위치, 강도와 본성을 기본으로 특정 결합 변형에 쉽게 배정할 수 있다(예: O—H 신장은 매우 강하고 약 3300 cm^{-1} 중심의 넓은 흡수를 보여주는 반면 같은 파수 범위에 있는 N—H 신장은 더 약하고 좁은 흡수를 보여 준다. 일차 아민기에서의 동시에 일어나는 두 N—H 결합의 대칭과 비대칭 변형에 의해 N—H의 존재는 이중(doublet)으로 나타난다). 1300~1000 cm^{-1} 영역에서 흡수는 C—O 신장과 몇몇 결합과 함께 더 복잡한 C—C 골격 결합의 신장 진동으로 나타나기 때문에 확실한 배정이 어려워진다. 그러므로 이 영역에서 흡수의 수, 위치, 강도는 물질마다 다른 고유한 특성이기 때문에 이것은 '지문' 영역으로 알려져 있다. 마지막으로 1000~650 cm^{-1}(올레핀/방향족) 영역은 대체된 C=C 기(**비닐**, *cis*- 또는 *trans*-) 또는 벤젠 고리(1치환 또는 *ortho*-, *meta*- 또는 *para*-치환)의 특성 형태의 흡수 패턴을 보여 준다. 이는 sp^2-혼성 탄소 원자들에 의해 나타나는 궤도 이탈 C—H 굽힘 진동에 의한 것이다. 그림 15.5(다른 결합 진동에 대한 흡수를 포함)에 나타낸 각 특성 적외선 흡수의 세부사항은 다른 유기 화합물 분광 분석 관련 서적에서 찾을 수 있다.

15.4.1 고분자 과학에서의 적외선 분광법의 응용

IR 분광법의 가장 간단한 응용은 **고분자 규명(polymer identification)**이다. 특정 흡수 영역에서 고분자 시료의 IR 스펙트럼 흡수 위치를 비교함으로써 고분자 내 결합 종류와 작용기를 확인할 수 있다. 많은 경우에 이런 정보는 고분자를 확인하는 데 충분하다. 그러나 이를 확인하기 위해서는 스펙트럼이 실제 표본과 자세히 비교되어야 한다. 만약 동일한 물질이라면 두 스펙트럼이 같아야 하기 때문이다. 즉 고분자의 IR 스펙트럼은 이런 뜻에서 '지문'과도 같은 것이다. 그림 15.6a의 폴리스타이렌의 IR 스펙트럼에서 볼 수 있듯이 스펙트럼에서 흡수에 관여하는 첨가제가 고분자에 포함되었을 때 스펙트럼의 해석은 더 복잡하게 된다. 예를 들어 그림 15.6b를 보면, 부드러운 폴리(염화 비닐)(PVC) 시료의 경우 C=O 결합이 이 분자 구조에 없을지라도 강한 C=O 신장 흡수가 나타난다. 그 흡수는 PVC 안에 첨가된 프탈레이트 에스터 가소제 내의 C=O 신장 흡수와 면외 방향족 C—H 굽힘 변형에 의한 흡수 때문이다. 즉, IR 스펙트럼은 가소제와 PVC의 스펙트럼의

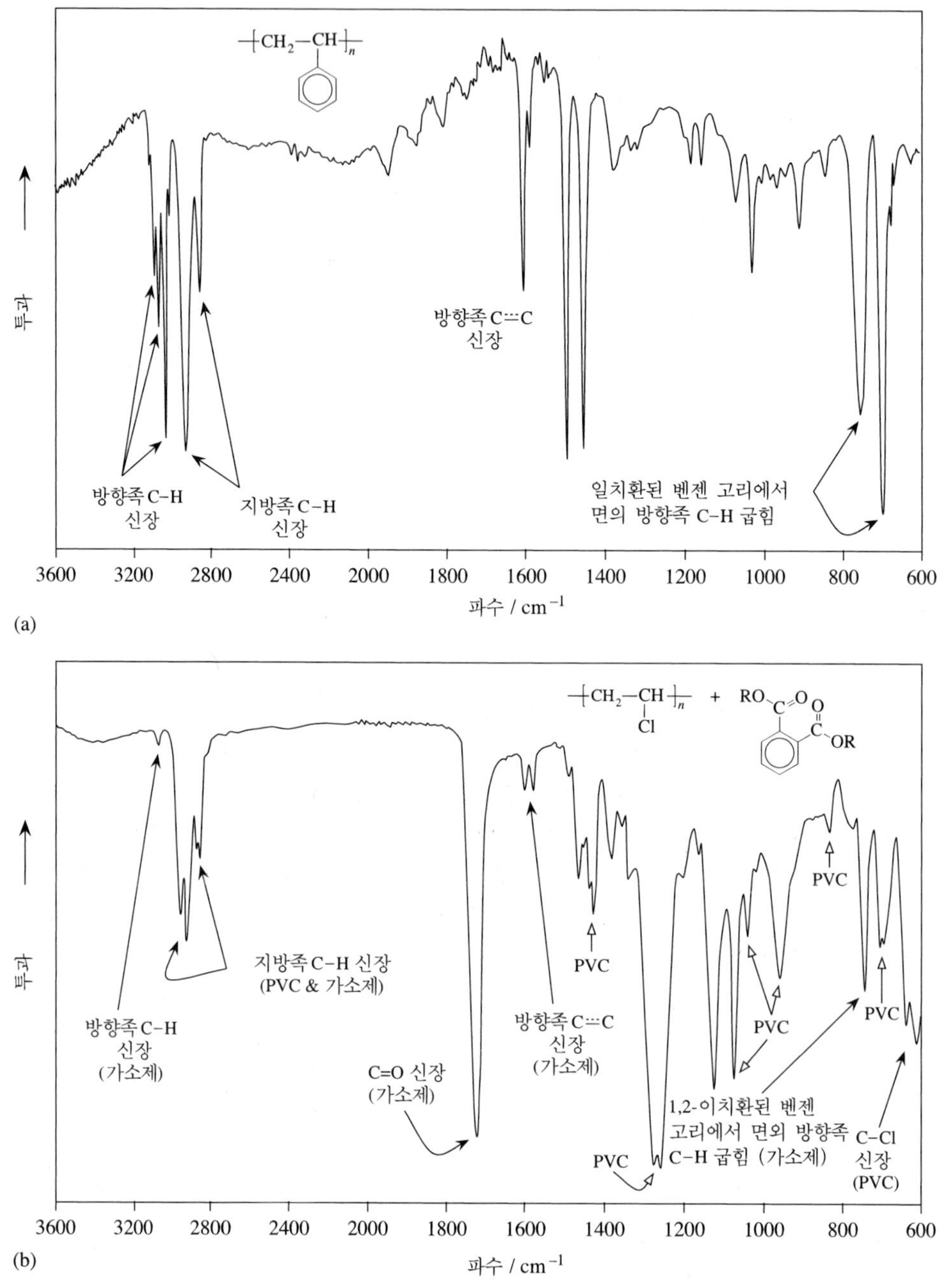

▶ 그림 15.6
프탈레이트로 가소화된 (a) 폴리스타이렌과 (b) 폴리(비닐 클로라이드)(PVC)의 IR 스펙트럼(R은 일반적으로 2-에틸헥실기임). 주요 흡수의 배치를 보여 줌; (b)에서의 흰색 화살표들은 PVC의 지문 흡수 위치를 표시함.

총합이다. 이와 같은 상황은 두 개나 그 이상의 고분자가 혼합된 경우에 일어난다.

IR 분광법은 또한 가지 고분자나 공중합체의 특징을 살필 때도 응용할 수 있다. 가지 고분자에서 만약 가지에 의한 특성 흡수가 확인될 수 있다면 **가지도(degree of branching)**를 측정할 수 있다. 예를 들어 가지 저밀도 폴리에틸렌의(4.2.4.2절 참조) 가지도도 가지 말단의 CH_3 기에 기인한 흡수를 사용하여 측정할 수 있다. **공중합체의 평균 조성(average composition of copolymer)**은 반복 단위가 각각 일치하지 않는 특정 IR 흡수를 나타낸다면 측정될 수 있다. 예를 들어, 폴리[스타이렌-*co*-(*n*-뷰틸 아크릴레이트)] 시료의 조성은 스타이렌 반복 단위 내 벤젠 고리의 면외 C—H의 굽힘 흡수로부터 그리고 *n*-뷰틸 아크릴레이트 반복 단위 내 에스터기의 C=O 신장 흡수로부터 측정할 수 있다. 이러한 정량적인 측정을 위해 스펙트럼을 파수(또는 파장) (식 15.6 참조)에 대한 흡광도 A로서 기록한다. 최대 흡광도와(흡수 전후 기준선을 연결하여 얻는) 바탕 흡광도와의 차이 ΔA는 흡수를 일으키는 결합과 기의 몰농도 c에 대하여 Beer−Lambert 식에 의해 관련되어 있다(식 15.5 참조). 단일 시료가 분석되면, 시료를 통과한 복사의 경로 길이 l

은 모든 흡수에서 같다. 그러므로 특정 흡수에 있어 ΔA 값의 비율을 통해 관심이 있는 결합과 기에 대한 농도의 몰비를 계산할 수 있다(즉, $c_1/c_2 = \varepsilon_2\Delta A_1/\varepsilon_1\Delta A_2$). 물론 조성이 알려진 시료를 통해 몰흡광 계수의 비를 미리 알고 있어야 한다. UV-vis 분광법에 있어서 이러한 정량적인 측정을 수행할 때, 공중합체의 서로 다른 반복 단위의 기와 사슬을 나타내는 반복 단위 배열 간 상호작용이 파수와 또는 흡수에 있어 몰흡광 계수에 영향을 미친다면 그 정확성에 영향을 줄 수 있다는 것을 알고 있어야 한다(다시 말해서 그 성질들이 공중합체 조성에 영향을 받을 때).

결합 변형 특히 굽힘 변형은 다른 원자들의 존재, 분자 구조 내의 결합 종류 또는 분자 형태와 분자 상호작용에 어느 정도 영향을 받는다. 그래서 IR 흡수 위치를 자세히 관찰하면 단순히 특정 결합과 기의 존재를 확인하는 것 이상으로 더 많은 정보를 얻을 수 있다. 특정 구조에 있어 더욱 복잡한 변형을 형성하기 때문에 IR 스펙트럼은 고분자의 지문과도 같이 사용될 수 있으며 분자 미세구조에 관한 정보를 줄 수 있다. 따라서 IR 분광법을 사용함에 따라 1,3-다이엔 단량체(표 6.1 참조)의 중합으로부터 나타날 수 있는 서로 다른 반복 단위 구조를 구별하는 것이 가능하다. 고분자의 아이소택틱, 신디오택틱 그리고 아택틱 형태의 IR 스펙트럼은 그림 15.7의 폴리프로필렌을 보면 독특한 차이를 나타낸다. 하지만 이는 배열에서의 차이로부터 직접적으로 생긴 것이 아니라 일부 사슬의 형태에서의 배열의 영향으로부터 생긴 것이다(10.3.2절). 이러한 차이는 폴리프로필렌과 폴리(메틸 메타크릴레이트)의 시료에서 아이소택틱과 신디오택틱 배열의 비율을 측정하는 데 사용되어 오고 있다. IR 흡수에 대한 사슬의 형태가 미치는 효과는 더 일반적이고, 택틱이 아닌 고분자에 적용된다. 예를 들어, 반결정성 폴리(에틸렌 테레프탈레이트)의 IR 스펙트럼은 결정과 무정형 상태에서의 사슬의 형태 차이로 인해 순수 무정형 고분자보다 추가적인 흡수를 보여 준다.

이밖에 IR 분광법을 사용하여 흡수의 발생 또는 감소를 통해 반응의 진행을 감지할 수 있고 편광 IR 복사광을 사용하여 분자의 배향 등을 관찰할 수 있다.

15.4.2 IR 분광법의 실질적 측면

IR 스펙트럼을 기록하기 위한 두 가지 일반적인 형태의 기계가 있는데 이는 **이중빔**과

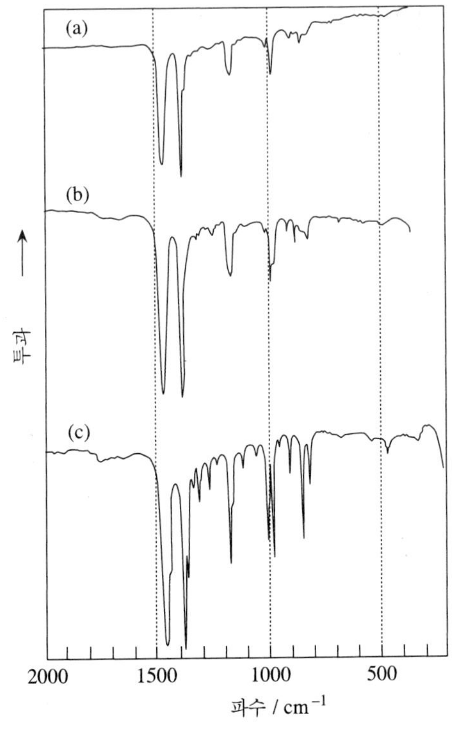

그림 15.7
(a) 아택틱, (b) 신디오택틱, (c) 아이소택틱 폴리프로필렌의 IR 스펙트럼. 970과 1460 cm^{-1}에서의 흡수는 입체규칙성에 영향을 받지 않는다. 반면, 840, 1000, 1170 cm^{-1}에서의 흡수는 아이소택틱 폴리프로렌의 2×3/1 헬릭스 구조 특성을 나타내며, 870 cm^{-1}에서의 흡수는 신디오택틱 폴리프로필렌의 4×2/1 헬릭스 구조 특성을 나타낸다.(자료 출처: Klöpffer, W., Introduction to Polymer Spectroscopy, Springer-Verlag, Berlin, Germany, 1984.)

Fourier 변환 IR 분광계(Fourier transform (FT) IR spectrometer) 이다. 현재 후자의 기계는 전자의 경우에 비해 수많은 장점이 있어 후자의 형태가 많이 사용된다. 그 이유는 더 노이즈가 적은 스펙트럼을 얻을 수 있고 더 짧은 시간(일반적으로 분단위가 아닌 초단위) 동안 완벽한 스펙트럼을 기록할 수 있기 때문이다. 따라서 FTIR 분광계를 사용하여 빠른 반응을 감지하고 젤 투과 크로마토그래피에 있어서 용출액의 조성을 계속적으로 감지하는 것과 같은 빠른 반응의 관찰을 위한 **시간분해 측정(time-resolved measurement)**이 가능하다. 더 특별한 장치를 이용하면 심지어 일 초보다 더 짧은 시간 간격으로 분자동역학을 측정하는 것이 가능하다.

시편의 준비는 분광계의 두 형태 모두 같다. IR 영역의 흡수를 하지 않는 브로민화 포타슘(potassium bromide)과 염화 소듐과 같은 염을 사용한다. 고체 고분자는 보통 (i) 브로민화 포타슘에 고분자의 미세한 가루를 묽게(1~2 wt%) 분산시켜 이를 압축한 디스크 형태, 그리고 (ii) 용융 압축된 또는 얇은 필름 형태가 사용된다. 액체 고분자는 염화 소듐으로 만든 광택이 있는 표면 사이의 얇은 필름의 형태를 만들어 분석한다. 용액 상태에서 고분자를 분석하는 것은 가능한 피하는 경향이 있는데, 이는 고분자의 IR 스펙트럼의 상당한 부분이 용매의 IR 흡수에 의해 불명확해지기 때문이다. 고분자 표면의 IR 스펙트럼은 **감쇠 전반사(attenuated total reflectance)**와 **정반사율(specular reflectance)**과 같은 기술을 사용하여 측정될 수 있고 그 사용은 고분자 표면 화학의 중요성에 따라 점차 증가하고 있다.

IR 분광법은 많은 정보를 제공하고 비교적 저렴하고 쉽게 이용할 수 있기 때문에 고분자의 분자 구조를 결정하기 위한 가장 널리 사용되는 방법이다. 그러나 입체규칙성(tacticity)에서의 차이 등 때문에 IR 스펙트럼의 세세한 모양을 완전히 분석하기란 간단한 일이 아니다. 이러한 해석은 고분자의 자세한 분자 미세구조를 판별하기 위한 가장 강력한 방법인 **핵자기 공명 분광법(nuclear magnetic resonance spectroscopy)** (15.6절)과 같은 다른 기술들을 사용하여 정보를 얻을 수 있다.

FTIR 현미경법(FTIR microscopy)은 IR 분석의 특별한 형태로서 주로 수 마이크로 사이즈를 가지는 시료는 집중된 영역에서 IR 흡수 기록에 의해 이미지화되는 과정을 거친다. 일반적으로 FTIR 현미경법은 표면의 2D IR 스펙트럼을 나타내기 위해 표본의 면적을 가로지르며 스캔이 되고, 그렇게 함으로써 표면의 불균등함을 쉽게 알아내기 위함이다. 현대의 FTIR 현미경 장비는 약 50 μm에서 수 마이크론의 공간 분해능으로 수 cm^2의 면적을 빠르게 스캔할 수많은 정렬된 검출기를 가지고 있다. FTIR 영상의 사용은 특히 생물의학과 법의학에서 그 중요성이 증가하고 있다.

15.5 RAMAN 분광법

Raman 분광법(Raman spectroscopy)은 진동 분광학의 또 다른 형태이지만, IR 방사선 흡수와는 다르게, 라만 스펙트럼은 가시광선에서의 비탄성으로부터 발생한다. 이 차이는 중요한데, 결합의 진동은 Raman 활성 중 편광의 변화를 만들어내지만, IR 흡수에서는 쌍극자 모멘트의 변화를 만들어낸다는 것이다. 따라서 Raman 분광법은 IR 분광법에서 Raman 활성이 약하거나 활성화되지 않을 때나 혹은 그 반대 현상이 일어날 때 결합의 진동 모드에서 IR 분광법을 보완한다.

IR 방사선, 탄성(Rayleigh) 광산란(12.2절)이나 비탄성(Raman) 광산란의 흡수로부터 발생한 에너지 변화는 그림 15.8에서 보는 것과 같이 묘사된다. IR 방사선의 흡수는 바닥 상태에서부터 다음 높은 에너지 진동 상태로 결합 진동을 촉진하는 결과를 가져온다. Rayleigh(탄성) 광산란에서는 진동 상태의 변화가 없고 산란된 방사선이 입사광보다 훨씬 더 낮은 세기로 입사 가시광선 ν_0와 같은 진동수를 갖는다(12.2.1절 참조). Raman(비탄

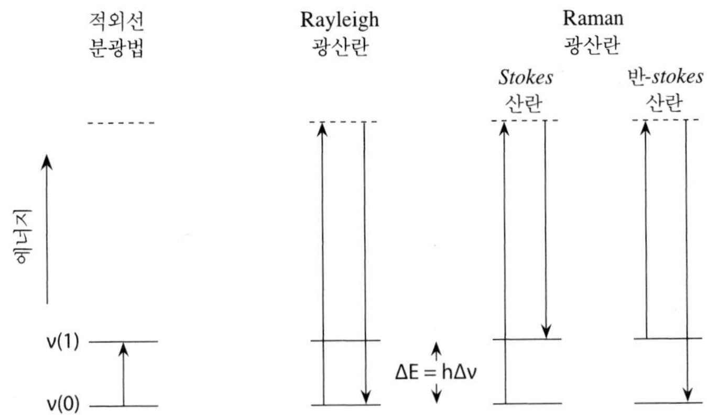

▶ 그림 15.8
Rayleigh (탄성) 광산란과 Raman (비탄성) 광산란에 있어서 IR 방사선의 흡수 동안에 발생하는 에너지 변화를 보여 주는 모식도. v(0)과 v(1)은 특정한 결합 진동의 바닥 상태와 낮은 들뜬 상태의 에너지 수준을 나타낸다. Raman 분광학에서, Raman 이동으로 알려진 Δv는 입사광선과 그것의 Stokes 산란선들의 진동수 차이로부터 측정된다.

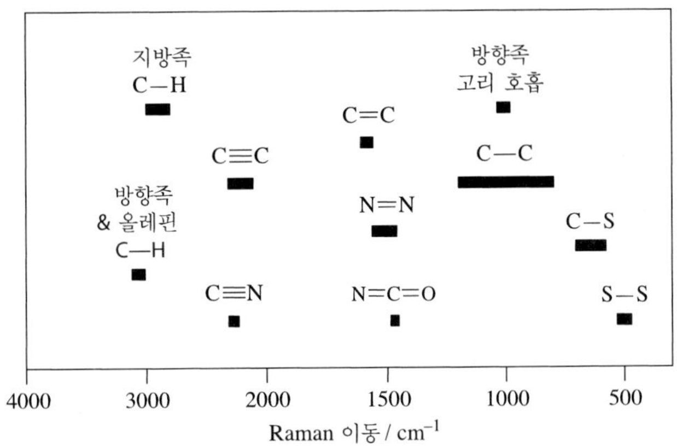

▶ 그림 15.9
강한 Raman 선들을 갖는 결합 신장 진동의 파수 영역.

성) 광산란에서는 진동 상태의 변화가 발생하고 산란된 방사선의 진동수가 ν_0에서 **Raman 이동(Raman shift)**으로 알려진 $\Delta\nu$ 만큼 차이가 난다(그림 15.8 참조). Stokes 산란으로부터 도출된 선들은 $\nu_0-\Delta\nu$의 진동수를 가지고(바닥 진동 상태의 군집수가 높은 에너지의 진동 상태보다 크기 때문에), $\nu_0+\Delta\nu$의 진동수를 가지는 반-Stokes 선들보다 강하다. 즉, Raman 산란선들은 Rayleigh 산란선들 옆에 대칭적으로 놓이고, $\Delta\nu$ 만큼 분리된다. Raman 선들은 전체 산란된 방사선 중에서 작은 부분만을 표현(Stokes 선들은 Rayleigh 선들에 비해 1/1000의 세기를 갖음)하고, $\nu_0 \gg \Delta\nu$이기 때문에, 고도의 단색 입사 방사선은 감지를 위해 요구된다. 이런 측면에서 보면 Raman과 Krishnan이 1928년에 이 효과를 처음에 발표했음에도 불구하고, Raman은 그 발견으로 인해 1930년에 노벨 물리학상을 받고, Raman 분광학은 고효율의 단색광기와 레이저 광소스가 이용될 때까지 사용되지 못한 것이 놀라운 것이 아니다. 스펙트럼의 각각의 Raman 선의(즉, 다른 결합 진동에 상응하는 $\Delta\nu$의 고유값) 측정을 통해 IR 분광법처럼 **특성기 진동수(characteristic group frequency)**라는 용어로 해석되는 스펙트럼을 얻는다. 대칭 결합 신장 모드는 Raman 선을 나타내며, 고분자에 있어서 가장 중요한 부분들은 그림 15.9에 강조되어 있다.

15.5.1 고분자 과학에서의 RAMAN 분광법의 응용

Raman 분광법은 고분자 구조의 특정 결합이나 작용기를 확인하기 위해서 사용할 수 있고, IR 분광법과 같은 방법으로 지문 확인이 가능하다. 예를 들면, 폴리스타이렌의 Raman 스펙트럼은 그림 15.10에서 보여진다. 그림 15.6a에서 보여진 IR 스펙트럼과의 비교는 Raman과 IR 분광법의 보완적인 특성을 강조한다. 하지만, 고분자 과학에서의 Raman 분광법이 널리 응용되는 이유는(투과되는 방사선보다) 산란된 방사선을 측정함으로써 연구 대상의 시스템과 물질의 시료 준비 없이 직접 분석할 수 있다. 예를 들면, Raman 분광법은 올레핀 단량체의 중합 반응을(실험실과 산업 생산 규모에서) C=C 신

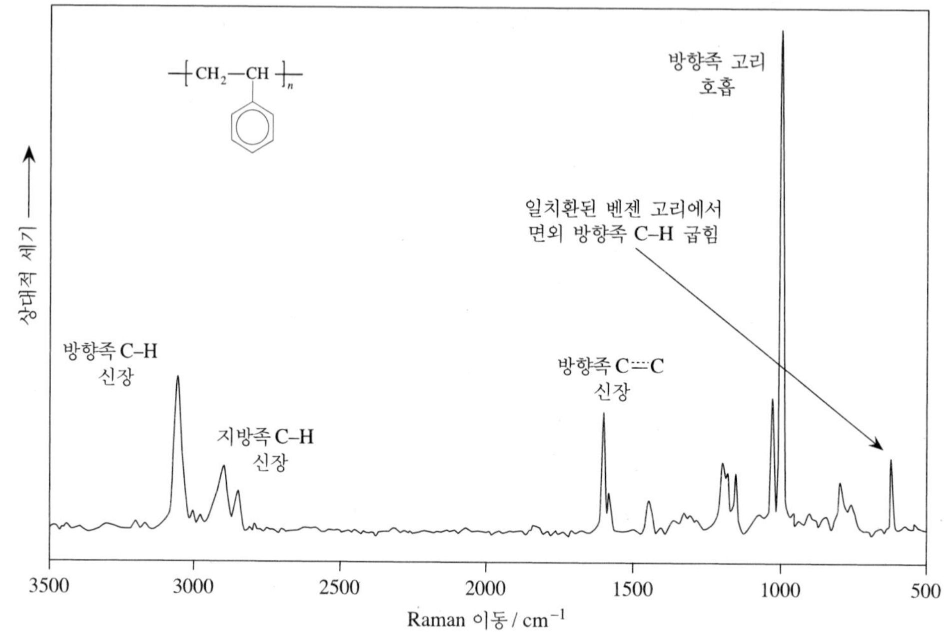

▶ **그림 15.10**
폴리스타이렌의 Raman 스펙트럼. 벤젠 고리의 강한 호흡 모드는 벤젠 고유의 특징이다.

장에 대한 선들의 세기를 통해, 직접적으로 관찰하는 데 사용된다. 여러 단량체에 따라 선의 정밀한 위치들이 변화하기 때문에 이렇게 하여 공중합 시 동시에 개개의 단량체들의 전환율을 추적할 수 있다. Raman 분광법은 코팅과 자연 고무의 가황 반응에서의 가교 반응의 연구에 또한 사용되고 있다.

결합 진동의 특정 모드의 대칭 때문에, Raman 스펙트럼은 국소 환경과 결합의 방향에 민감하다. 따라서 Raman 분광법은 벌크 고분자의 형태상 특징을 조사하는 데 사용할 수 있다. 예를 들면, Raman 분광법은 고분자의 결정성을 연구하는 데 사용된다. 이 목적으로 사슬 접힘 결정(17.3, 17.4.1절 참조)에서 줄기를 형성하는 상대적으로 짧은 사슬 배열의 종적 음향 모드(LAM), 즉 아코디언과 같은 신장을 사용하는 것이 일반적이다. 유사하게, 고분자 물질에서의 사슬 형성, 방향성과 이방성은 편광된 Raman 스펙트럼의 분석을 통하여 연구될 수 있다. Raman 분광법의 또 다른 중요한 응용은 고분자 변형에서의 미세역학 분야이다. 이는 Raman 선들이 결합의 응력에 준하여 낮은 파수로 이동하기 때문이고 이로 인해 특정 결합 진동(이중, 삼중 결합은 응력에 가장 민감함)의 응력에 따른 Δv 변화를 관찰하는 것이 가능하고 그 데이터를 사용하여 고분자로 만들어진 인공물의 응력(또는 변형)을 관찰하여 계산하는 것이 가능하다. 예를 들면, 모형 합성물들은 에폭시 수지 인장력 시험 견본의 긴축된 부분 내 중심으로 정렬시킨 단일 폴리(*p*-페닐렌 벤즈옥사졸)(PBO) 섬유를 포함하여 준비한다. 모형 합성물 견본은 일반적인 인장력 시험을 통해 전체 응력-변형 곡선을 측정하는 동시에 Raman 현미경으로 몇몇 부분에서 PBO 섬유 안의 변형을 측정하여 방향족 C=C가 늘어나는 동안 이동한 Raman 선들의 위치 차이로 분석한다. 이러한 섬유 분석은 광학적으로 투명한 에폭시 수지 내이기 때문에 가능하다(24.6.3.2절과 그림 24.16 참조). 이러한 측정은 화합물들의 Cox 전단 지연(shear lag) 모형의 첫 실험 시도로 이어졌다. 요즈음에는 Raman 현미경이 고분자 섬유, 합성물, 혼합물 영역에서 변형의 미세역학 연구에 널리 사용되고 있다.

15.5.2 RAMAN 분광법의 실질적 측면

Raman 선들로부터 Rayleigh 산란선들의 분리는 Raman 스펙트럼의 측정에 매우 중요하고, 고효율의 단색화장치를 필요로 한다. 일찍이, 상용화된 Raman 스펙트럼기는 Raman 선들을 각각의 선들과 Rayleigh 선들로부터 분리하기 위해서 큰(약 1 m 길이의) 두 개 혹은 세 개로 된 단색화장치를 사용했다. 1990년대 소형화된 단일 단색화장치의 효과적인 발전으로 Raman 분광법이 큰 성장이 이루어졌고 광소스로써 다이오드 레이저를 사용하는 휴대용 Raman 분광기가 출현했다. IR 분광법과는 달리, 산란광을 측정하기 때문에 특별한 시료 준비가 필요하지 않다. 그래서 Raman 스펙트럼은 여러 형태(예: 파우더, 섬유, 필름, 시트)의 액체나 고체로부터 똑같이 측정된다. 형광에 의한 바탕 신호는 종종 가장 큰 문제가 되는데, 다른 레이저(즉, 다른 ν_0값)의 사용이 이 문제를 경감하거나 제거할 수 있지만 스펙트럼의 넓은 영역을 불분명하게 만드는 특정한 방향족 고분자에 있어서 특히 중요하다. Raman 신호는 입사 광선의 ν_0가 고분자의 가시 광선 흡수와 상응하면, 상당히 증가할 수 있다. 이 기술은 **공명 Raman 분광법(resonance Raman spectroscopy)**이라고 하며, 매우 복합적이고 방향족 고분자의 Raman 스펙트럼을 기록할 때 유용하게 사용된다.

앞에서 제시된 것처럼, Raman 현미경의 기술은 고분자의 분자 수준에서 변형의 미세역학을 증명하는 데 있어서 매우 중요하게 여겨지고 있으며, 대부분 Raman 분광기는 요즈음 현미경으로 디자인되고 있다. 레이저 광은 현미경의 렌즈를 통해 시료를 통과하고, 그 산란된 광은 현미경을 통해 다시 돌아간다. 어느 정도는 Raman 선들의 감지와 광이 산란된 시료를 관찰하기 위해서(위치 확인) 단색화장치 내로 반사된다. 시료에 대한 래스터링을 통해서, Raman 스펙트럼의 2D 표면 지도를 얻을 수 있다. 추가적으로, 액체 내 짧은 거리를 통과하여 산란광을 기록하는 탐색기는 특별히 액체 안을 측정하기 위하여 액체(예: 중합 반응기)를 담고 있는 용기로부터 먼 감지 시스템의 위치를 고려하여 디자인되었다. 이러한 광-관 시스템은 고체의 원격 분석을 가능하게 하였다.

15.6 핵자기 공명 분광법

모든 원자핵은 양성자 때문에 양전하를 띤다. 홀수의 양성자나 중성자를 가진 동위원소의 원자핵에는 이 전하가 원자핵 축을 따라 돌며 **자기 모멘트(magnetic moment)**를 형성한다. 이러한 원자핵은 정수(1, 2, ⋯)나 반정수(1/2, 3/2, ⋯)의 **핵 스핀 양자수(nuclear spin quantum number)** I를 갖고 외부 자기장하에서 2I + 1개의 다른 방식으로 재배열하며 각각은 특성 에너지를 가진다. 이것은 **핵자기 공명(NMR) 분광법(nuclear magnetic resonance spectroscopy)**의 원리로 외부 자기장하에서 원자핵이 전파주파수 영역(1~500 MHz)의 전자기 복사광을 흡수하여 낮은 에너지에서 높은 에너지 배열로 증진되는 분광의 한 형태를 이용한 것이다. 가장 단순한 상황은 $I = 1/2$를 갖는 원자핵(예: ^{1}H, ^{13}C, ^{19}F)으로 이것의 원자핵 자기 모멘트는 낮은 에너지 상태에서 자기장과 평행하게 배열되고 높은 에너지 상태에서는 수직으로 배열된다. 두 상태 간의 에너지 차이는 원자핵의 **자기회전비(magnetogyric ratio)** γ과 **원자핵에 작용하는 외부 자기장(strength B of the external magnetic field at the nucleus)**의 **세기** B와 관련이 있다. 외부 자기장과 평행하게 배열된 원자핵 자기 모멘트가 외부 자기장에 수직으로 배열되는 데 필요한 복사선의 주파수 ν를 **공명 주파수(resonance frequency)**라 하며 다음과 같이 주어진다.

$$\nu = \frac{\gamma B}{2\pi} \tag{15.7}$$

이때 ν는 γ와 B에 비례한다는 것을 알 수 있다. 몇 가지 중요한 원자핵의 특성은 표 15.2에 주어져 있다. ν의 값에 따른 에너지 차이는 매우 작으며(약 0.01~0.1 J mol^{-1}) 또한 복사광을 흡수하기 전에도 낮은 에너지 상태에 있는 집단이 높은 에너지 상태의 집단보다 약간 더 많다.

한 분자내에 있는 원자핵에서는 전기적 환경과 이웃하는 핵의 영향으로 가해진 자기장

표 15.2 몇몇 중요한 핵의 성질[a]

동위원소	a / % [b]	I	γ / rad $T^{-1}s^{-1}$	ν_0 / MHz [c]
^{1}H	99.98	1/2	2.674×10^{8}	100.0
^{2}H	0.016	1	4.106×10^{7}	15.3
^{13}C	1.108	1/2	6.724×10^{7}	25.1
^{14}N	99.63	1	1.932×10^{7}	7.2
^{19}F	100.00	1/2	2.516×10^{8}	94.1

[a] ^{12}C와 ^{16}O은 $I=0$의 스핀이므로 NMR 효과가 나타나지 않는다.
[b] a는 동위원소의 자연 존재비이다.
[b] ν_0은 $B_0 = 2.3487$ T를 이동하여 식 15.7로부터 계산된 기본 공명 주파수이다. 여기서, B_0는 적용된 자기장의 세기를 나타낸다.

의 세기 B_0와 조금 상이한 B가 유발된다. 원자핵 주변을 둘러싸고 있는 전자의 영향이 가장 크다. 이 전자들은 B_0 내에서 회전하면서 그것에 상반되는 국지적인 자기장을 형성하고 이 자기장은 외부 장으로부터 원자핵을 **차단(shielding)** 하게 된다. 원자핵의 전자 밀도가 증가할수록 B(따라서 ν)는 감소한다. 유도 효과는 부분적인 전자 밀도에 영향을 미치며 따라서 차단 정도를 결정하는 데 중요한 역할을 한다. 원자핵에 묶여 있는 기가 전자를 내놓을 때 이것을 핵을 **차단(shield)** 한다고 말하며 반대로 전자를 끌어당길 때 핵을 **비차단(deshield)** 한다고 한다. 또한 π 전자의 순환은 인접한 원자핵의 B에 상당한 영향을 줄 수 있다. 예를 들어 벤젠 고리(C—C π-결합을 갖는)의 ^{1}H 원자핵과 알데하이드기(C—O π-결합을 갖는)는 π 전자의 순환으로 야기된 자기장에 의해 강하게 비차단되어 있다. 이제 같은 분자내에 있는 같은 형태의 원자핵(예: ^{1}H)이 정확히 동일한 국소적 환경을 갖지 않는다면 그들은 다른 B를 가질 것이고 다른 진동수에서 흡수(즉, **자기 공명**이 일어날 것임)할 것이 명백하다. 비록 B에서의 이런 차이들이 단지 B_0의 백만분의 일의 수준이지만, 이는 측정 가능하며 이것이 NMR 분광법의 기초를 형성한다.

NMR 스펙트럼은 (i) B_0를 고정하고 알고자 하는 원자핵 형태의 기본 공명 주파수 ν_0 ($=\gamma B_0/2\pi$)에 가까운 ν의 영역에서 복사광의 흡수를 측정하거나 (ii) ν를 ν_0에 고정하고 B_0를 작은 영역에 걸쳐 변화시키며 그 복사광의 흡수를 측정함으로써 얻을 수 있다. 이러한 방법들은 동일하지만 현대의 분광계는 방법 (i)을 이용한다. 방법 (i)을 사용하면 강하게 차단된 원자핵은 낮은 ν(낮은 B)에서 흡수할 것이고, 방법 (ii)를 사용하면 높은 B_0에서 흡수할 것이다. 두 경우에서 흡수는 **업필드(upfield)** 에서 일어난다. 마찬가지로 비차단의 영향으로 비교적 높은 ν 또는 상대적으로 낮은 B_0에서 일어나는 흡수는 **다운필드(downfield)** 라고 한다. 두 방법에 있어서 시료의 흡수는 표준 시료의 흡수로부터 밀려난 화학적 이동으로 기록된다. 화학적 이동의 무차원 δ-scale은 현재 전 세계적으로 사용되고 있고 스펙트럼을 기록하는 방법에 좌우되지 않는다. 방법 (i)을 사용하는 경우 δ은 다음과 같이 정의된다.

$$\delta = \frac{10^{6}(\nu_0^{\text{sample}} - \nu_0^{\text{ref}})}{\nu_0} \tag{15.8a}$$

방법 (ii)를 사용하는 경우는 다음과 같이 정의된다.

$$\delta = \frac{10^{6}(B_0^{\text{ref}} - B_0^{\text{sample}})}{B_0^{\text{ref}}} \tag{15.8b}$$

(종래의 ^{1}H NMR 분광에 대한 무차원의 τ-scale은 $\tau = 10 - \delta$에 의해 δ-scale과 관련되어 있다) $\nu_0^{\text{sample}} - \nu_0^{\text{ref}}$과 $B_0^{\text{ref}} - B_0^{\text{sample}}$이 B_0와 ν_0가 증가함에 따라 증가하는 것과 달리 δ-scale은 B_0와 ν_0에 독립적이기 때문에 사용된다. 따라서 δ-scale이 독립적이기 때문에 강한 자기장으로부터 얻어진 매우 향상된 해상도를 가진 NMR 스펙트럼은 오래되고 낮은 해상

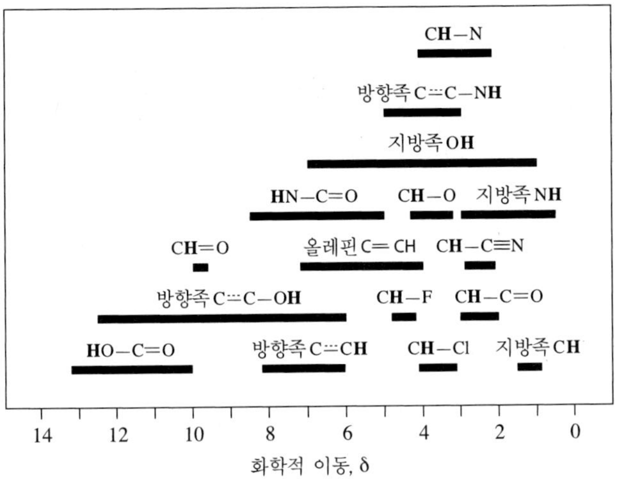

▶ **그림 15.11**
^{1}H NMR 흡수 영역.

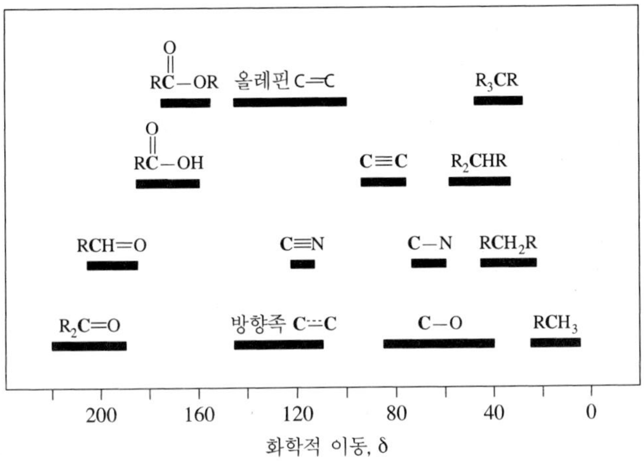

▶ **그림 15.12**
^{13}C NMR 흡수 영역.

도를 가진 장비로 얻어진 다른 스펙트럼과도 쉽게 비교할 수 있다.

고분자의 NMR 연구에서 ^{1}H와 ^{13}C NMR 분광법은 가장 널리 사용된다. 모두 표준 시료로 테트라메틸실레인(TMS, $Si(CH_3)_4$)을 사용한다. 실리콘이 탄소보다 더 전기양성적이기 때문에 TMS의 수소와 탄소 원자는 단일의 ^{1}H와 ^{13}C 흡수($\delta = 0$에 상응하는)를 보여준다. 그것은 거의 예외 없이 유기 화합물과 고분자의 ^{1}H와 ^{13}C 흡수의 업필드이다. 따라서 ^{1}H 와 ^{13}C의 δ 값은 보통 양성이고 다운필드(즉, 비차단) 방향으로 증가한다. ^{1}H와 ^{13}C 원자핵에 대한 화학적 환경과 화학적 이동과의 일반적인 상관관계는 그림 15.11과 15.12에 나와있다. 이 상관관계는 분자 구조의 확인을 위한 NMR 분광법의 가능성을 보여주고 있으며, 대부분의 ^{1}H 흡수가 $0<\delta<13$ 영역에서 일어나는 데 반해 ^{13}C의 흡수는 $0<\delta<220$의 범위에서 더 넓게 일어나는 것을 보여 준다. 따라서 ^{13}C NMR 분광법은 ^{1}H NMR 분광법보다 훨씬 높은 해상도의 장점을 가진다.

정량적인 연구를 위해서는 각 흡수면적이 필요하다. 이 면적은 적분기에 의해서 계산되고 **적분값(integration)**이라고 한다. 현대 NMR 분광기는 연속적인 복사광의 펄스로부터 얻어진 개별의 스펙트럼을 더함으로써 스펙트럼을 얻는다. 만약 NMR 스펙트럼을 기록하기 위한 과정이 적절히 선택된다면(15.6.5절 참조), 상이한 흡수에 대한 적분값의 비율은 분자내에 존재하는 각각의 원자핵 수의 비율에 해당하고 이것을 이용하여 정량 분석을 할 수 있다. 예를 들어, 공중합체의 상대적인 몰 조성을 계산할 수 있다. 이것은 펄스간 짧은 간격이 사용되는 경우에도 ^{1}H NMR 스펙트럼에서는 일반적으로 적용할 수 있다. 그러나 ^{13}C 원자핵은 펄스 사이에 더 느리게 안정화되고 빨리 포화되기 때문에 빠른 펄스의 일반적인 조건 아래에서는 일반적으로 흡수 면적이 ^{13}C의 원자핵의 수에 비례하지 않는다. ^{13}C NMR 분광법의 정량 분석을 위해서는 특별한 조건이 필요하다(15.6.5절 참조).

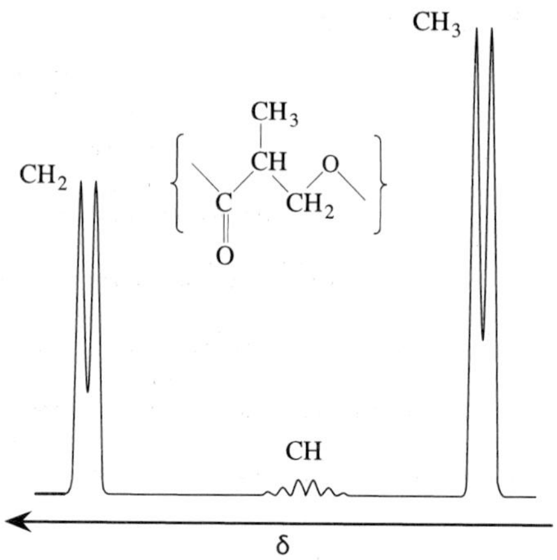

▶ 그림 15.13
상기의 분자 구조에 의한 ^{1}H NMR 스펙트럼. 각각의 다중선 피크 아래 면적은 그 화학적 환경에서의 ^{1}H 원자핵의 수에 비례하며, J-coupling에 의한 흡수의 쪼개짐은 인접한 탄소 원자에 있는 ^{1}H 원자핵의 총 개수에 대한 중요한 정보를 제공한다.

앞에서 설명한 바와 같이 원자핵 스핀이 개재하는 결합 전자를 통해 상호작용을 하기 때문에 이웃하는 원자핵은 NMR 흡수에 영향을 미친다. 이런 상호작용은 **스칼라 스핀-스핀 커플링(scalar spin-spin coupling)** (이하 **J-coupling**)이라 알려져 있으며, 원자핵의 자기 모멘트는 같은 분자에 있는 다른 원자핵에 의해 서로 영향을 받는다. 그러나 이 영향은 세 개의 결합 이하로 연결된 원자핵 사이에서만 의미가 있다. J-coupling은 NMR 흡수를 대칭인 다수의 흡수로 나눈다. 대부분의 경우 흡수의 수는 그 원자핵에 연결되는 이웃한 원자핵들의 수보다 하나 더 크며, 그것들의 분리는 커플링의 강도에 의해 결정된다. 그러므로 J-coupling에 기인한 NMR 흡수의 쪼개짐은 다양한 구조 정보를 제공한다.

자연에 존재하는 ^{13}C가 풍부하지 않다는 것은 ^{1}H NMR에서 ^{1}H−^{13}C J-coupling의 영향은 중요하지 않다는 것을 의미한다. 그러나 같은 (H−C−H) 또는 인접한 (H−C−C−H) 탄소 원자에서의 ^{1}H 원자핵의 J-coupling은 의미가 있으며 분자 구조를 규명하는 데 중요하다. 그러나 J-coupling에 의한 흡수의 쪼개짐은 오직 ^{1}H 원자핵이 다른 환경을 가질 때만 나타난다(즉, 스펙트럼에서 다른 화학적 이동). 그림 15.13에 보여지는 분자와 이와 관련된 ^{1}H NMR 스펙트럼을 예를 들어 생각해 볼 수 있다. 이러한 분자에서는(빠른 결합 회전 때문에) CH_3의 세 개의 ^{1}H과 CH_2의 두 개의 ^{1}H 원자핵은 각각 동일하지만 CH, CH_2, CH_3 기는 고유한 화학적 환경을 갖는다. CH_3 기의 ^{1}H 원자핵은 하나의 다른 이웃하는 ^{1}H 원자를 가지며(CH 기로부터), 따라서 CH_3 기에 대한 ^{1}H NMR 흡수는 $1<\delta<2$ 범위에서(CH_3 기가 에터 산소 원자와 카보닐기의 비차단 효과로부터 떨어져 있기 때문에) 상대적인 적분값 3을 가지는 이중선으로 나타난다. CH 기는 다섯 개의 다른 이웃 ^{1}H 원자를 가지며(CH_3와 CH_2 기로부터), 따라서 $2<\delta<3$ 범위에서(카보닐기의 비차단 효과 때문에) 상대적인 적분 1을 가지는 육중선으로 나타난다. 마지막으로 CH_2 기의 ^{1}H 원자핵은 하나의 다른 이웃하는 ^{1}H 원자를 가지며(CH 기로부터), 따라서 $3<\delta<4$ 주변에서(에터 산소 원자의 강한 비차단 효과 때문에) 상대적인 적분 2를 가지는 이중선으로 나타난다. 하나의 CH 기에 의하여 많은 이웃 ^{1}H 원자핵의 J-coupling에 기인한 쪼개짐의 결과임을 주목하고 또한 반대로 분석함으로써 ^{1}H NMR 스펙트럼으로부터 분자의 정확한 구조를 추정할 수 있다.

이 예시에서 알 수 있듯이, 대부분의 경우 ^{1}H−^{1}H J-coupling은 다른 환경의 ^{1}H 원자핵 사이에서 화학적 이동차에 비교하여 작기 때문에 ^{1}H NMR 스펙트럼은 어려움 없이 해석된다. 중복되는 부분이 발생하더라도 J-갈라짐(splitting) 정보(세부화된 구조적 정보)는 2D NMR 스펙트럼을 기록하는 더 발전된 NMR 기술로 얻을 수 있다. 이 NMR 기술에서는 한 축상에 다른 ^{1}H 흡수의 화학적 이동을 나타내고 그것들의 ^{1}H−^{1}H J-coupling에 의한 쪼개짐은 윤곽선으로 표현된 강도와 함께 두 번째 수직축에 나타낸다.

^{13}C NMR 분광법에서는 ^{13}C 원자핵이 풍부하지 않기 때문에 ^{13}C−^{13}C J-coupling의 영

향은 완전히 무시할 수 있다. 그러나 $^{1}H-^{13}C$ J-coupling은 중요하다. 하지만 그 갈라짐이 뚜렷하고 많은 경우에 있어서 이것이 다른 ^{13}C 원자핵 흡수 간 화학적 이동차보다 크기 때문에 ^{13}C NMR 스펙트럼의 해석을 어렵게 만든다. 따라서 ^{13}C NMR 스펙트럼을 기록할 때는 다른 ^{13}C 원자핵이 스펙트럼에서 각각 단일 흡수를 일으키게 하기 위해서 ^{13}C 스핀을 ^{1}H 스핀으로부터 **분리하는(decouple)** 기술을 사용하는 것이 보통이다. 비록 이것이 스펙트럼 해석을 용이하게 하지만 $^{1}H-^{13}C$ J-coupling 패턴으로부터 이용할 수 있는 구조 정보는 잃게 된다. 그러나 이 정보는 특별한 NMR 기술을 사용하여 해석을 침해하지 않고 얻을 수 있다. 그것은 ^{1}H가 분리된 ^{13}C NMR 스펙트럼을 얻는 것을 가능하게 하여 그 스펙트럼으로부터 흡수를 일으키는 각각의 탄소 원자에 직접적으로 연결된 ^{1}H 원자의 수를 쉽게 식별할 수 있다. 예를 들어, **분극 이동에 의한 무왜곡 증대(distortionless enhancement by polarization transfer; DEPT)**는 널리 사용되는 다중 펄스 ^{13}C NMR 기술이다. 이 기술은 DEPT45, DEPT90, DEPT135로 나타내는 일련의 펄스를 ^{1}H 원자핵 스핀의 45°, 90°, 135° 각도로 설정하여 ^{13}C과 ^{1}H 원자핵을 다룬다. 모든 DEPT 스펙트럼에서 각각의 ^{13}C NMR 흡수는 하나의 피크로 나타나지만(일반적인 ^{1}H가 분리된 ^{13}C NMR 스펙트럼과 같이) 직접적으로 연결되어 있는 ^{1}H 원자가 없는 ^{13}C 원자핵(즉, 사차 탄소 원자, C_q)은 나타나지 않는다. DEPT45 스펙트럼에서는 CH, CH_2, CH_3 흡수를 보여주는 반면, DEPT90의 경우 종종 CH_2과 CH_3 흡수를 완전히 제거하는 일련의 펄스 매개변수를 찾기 어렵지만(이론적으로는) 하나의 ^{1}H 원자가 연결된 ^{13}C 원자핵(즉 CH 기)으로부터의 흡수만을 보여 준다. DEPT135 스펙트럼에서, 홀수의 직접적으로 연결된 ^{1}H 원자를 갖는 ^{13}C 원자핵(즉, CH과 CH_3 기에 있는)은 양의 흡수를 나타내며 짝수의 직접적으로 연결된 ^{1}H 원자를 가지는 ^{13}C 원자핵(즉, CH_2 기에 있는)은 음의 흡수로 나타난다. 그림 15.14는 일반적인 DEPT45와 DEPT135 ^{1}H-decoupled ^{13}C NMR 스펙트럼을 도식적으로 나타낸 것이다. 일반적인 ^{1}H-decoupled ^{13}C NMR 스펙트럼과 각 흡수에 대한 δ의 정보와의 결합을 통해 DEPT 스펙트럼은 C_q, CH, CH_2, CH_3 기에 대한 각각의 흡수를 규정하는 것이 매우 쉽다.

여기에서는 비교적 간략한 소개를 통해 분자 구조를 규명하는 데 있어서 NMR 분광법의 막대한 힘을 암시해 주었다. 다음 절에서는 고분자의 분자 구조를 자세히 규명하는 데 이용한 몇 가지 중요한 NMR 분광법의 응용을 다룬다.

15.6.1 NMR 분광법에 의한 분자의 구조와 조성 분석

NMR 분광법에 의한 많은 응용 분야는 IR 분광법과 유사하다(15.4.1절 참조). 따라서 ^{1}H

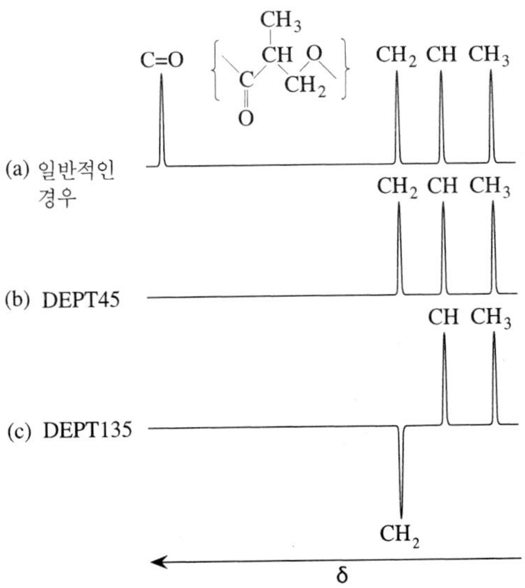

▶ 그림 15.14
그림 15.13에서 보여 주는 분자 단편의 (a) 일반적인 ^{1}H-decoupled ^{13}C NMR 스펙트럼, (b) DEPT45와 (c) DEPT135의 ^{13}C NMR 스펙트럼의 모식도. 직접 연결되어 있는 ^{1}H 원자가 없어 DEPT 스펙트럼에서는 C=O 흡수가 나타나지 않는다. 또한 DEPT135 스펙트럼에서는 CH_2기로 인한 음의 값이 나타난다. (이 흡수 스펙트럼들은 똑같은 영역을 보여 줌으로써 스펙트럼들이 정량적인 조건하에 기록되었다고 가정한다.)

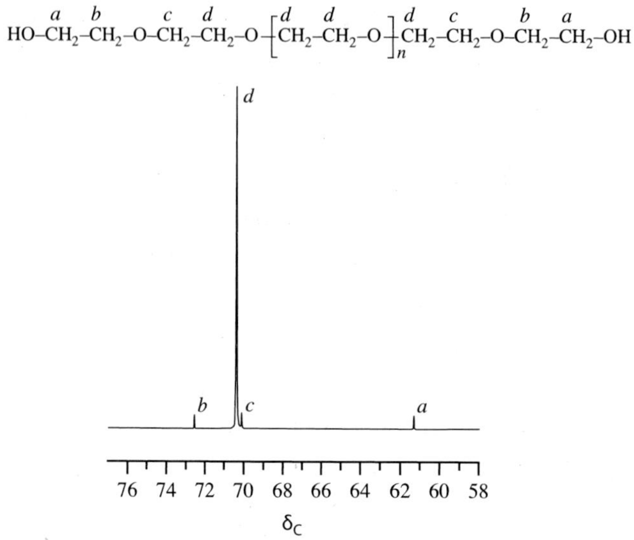

▶ 그림 15.15
수산 말단기를 가진 선형의 폴리(산화 에틸린) 시료의 ¹H-decoupled ¹³C NMR 스펙트럼. δ 72.5, 70.1, 61.2에서 나타난 (약한) 흡수는 말단기에 가장 가까운 ¹³C 원자로부터 기인하고, 수산 말단기로부터 발생하는 효과 때문에 주사슬의 ¹³C 원자는 δ 70.3로 이동된다. 주사슬의 흡수와 말단기 흡수의 적분 비율로부터 폴리(산화 에틸린) 시료의 수평균 몰질량이 1500 g mol⁻¹임을 계산할 수 있다.
(스펙트럼과 분석 제공: F. Heatley, The University of Manchester, Manchester, U.K.)

와 ^{13}C NMR은 모두 고분자 식별, 분자 구조 확인 그리고 공중합체의 평균 조성을 구하는 일반적인 목적에 폭넓게 사용되고 있다. 그러나 NMR 분광법은 IR 분광법보다 더 세밀하여 분자의 미세구조 특징을 상세히 규명할 수 있다. ^{13}C NMR 분광법은 오늘날 고분자의 세세한 구조 확인에 매우 중요한 기술이다.

15.6.2 NMR 분광법에 의한 말단기와 가지점의 분석

낮은 몰질량의 고분자 NMR 스펙트럼은 말단기에 의해 고유의 흡수를 보여 준다. 반복 단위 내 핵의 흡수들을 참조함으로써, 말단기와 반복 단위의 비율을 얻는 것이 가능해지고 그렇게 함으로써 합성법으로부터 알게 된 고분자 내 말단기의 개수를 이용하여 고분자의 수평균 몰질량을 계산할 수 있다. 그림 15.15로 그 예를 나타내었다. 반면, 낮은 몰질량의 고분자 NMR 스펙트럼은 말단기의 구조를 알아내기 위해 분석할 수 있고, 그렇게 함으로써 중합하는 동안 발생한 사슬 개시와 정지 시점을 확인할 수 있다.

가지 고분자의 경우 NMR의 흡수는 가지점에 의해 확인되고 그 가지점의 화학 구조를 알 수 있으며, 가지 형성의 메커니즘을 효과적으로 이해할 수 있다. 가지의 정도는 모든 반복 단위 내 핵과 가지점의 흡수로부터의 총적분 비율을 통해 밝혀낼 수 있다. *n*-뷰틸 아크릴레이트의 라디칼 중합에서 사슬 전달이 그림 4.3의 메틸 아크릴레이트(methyl acrylate)와 동일함을 보여 주는데 이 메커니즘은 유화 중합에 의해 제조된 폴리(*n*-뷰틸 아크릴레이트)의 ^{13}C NMR 분석에 의해 처음 드러났고, 전형적인 스펙트럼은 그림 15.16에 나타나 있다. 폴리(*n*-뷰틸 아크릴레이트)의 가지점으로부터 나타난 뚜렷한 흡수가 DEPT 스펙트럼의 도움으로 확인되었다.

15.6.3 NMR 분광법에 의한 분자 미세구조의 결정

NMR 분광법의 중요성은(특히 ^{13}C NMR에 있어서) 다른 기술에 의해서 접근하기 어려운 분자 미세구조의 특징에 관한 정량적인 정보를 얻을 수 있다는 데에 있다. 이런 특징에는 (i) 머리-꼬리형과 머리-머리형의 반복 단위 연결, (ii) 1,3-다이엔 단량체로부터 생긴 반복 단위의 다른 형태, (iii) 반복 단위의 아이소택틱과 신디오택틱 배열, (iv) 공중합체의 서로 다른 반복 단위의 배열 분포 등이 있다. 후자의 두 가지 응용은 여기서 자세히 다뤄지고 있는데, 그 이유는 분자의 미세구조를 자세히 나타내는 NMR 분광법의 기능뿐만 아니라 배열 분포의 통계 또한 나타내기 때문이다.

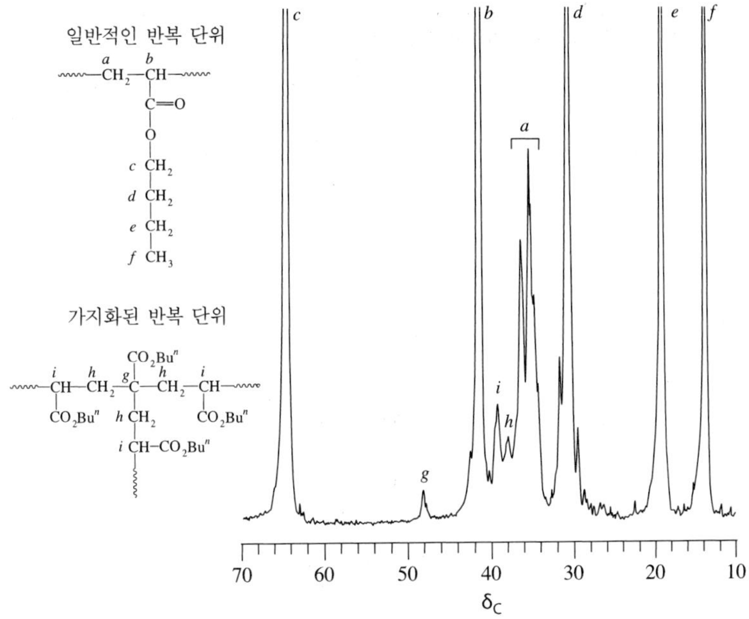

▶ 그림 15.16
80°C에서의 유화 중합에 의해 제조된 폴리(n-뷰틸 아크릴레이트) 시료의 지방족 범위 $70 > \delta > 10$에서의 ^{1}H-decoupled ^{13}C NMR 스펙트럼. C_q 가지와 세 개의 CH_2 그리고 가지점에 가까운 세 개의 CH 탄소 원자에 의한 뚜렷한 공명이 나타난다. 총 뼈대 CH_2+CH 적분(공명 a+b+h+i)의 1/3 비율의 CH_2+CH 가지의 적분(공명 h+i)으로 시료가 4.1 mol%의 가지로 구성됨을 알 수 있다.
(스펙트럼 출처: the research of P.A. Lovell and F.Heatley, The University of Manchester, Manchester, U.K.)

15.6.3.1 입체규칙성의 결정

6.2절에서 소개된 입체규칙성은 구체적으로 유리 전이 온도와 결정체를 이루는 능력 등 고분자의 물리적인 성질에 주요한 영향을 미치기 때문에 매우 중요하다고 할 수 있다. 고분자의 입체규칙성은 NMR 분광법에 의해 정확한 측정이 가능해졌고, 비슷한 핵이지만 조금 다른 환경에 의한 화학적 이동에 차이가 발생함에 따라 다른 서열의 반복 단위 간의 구별이 가능해졌다. NMR 분광법에 의해 드러나는 입체규칙성의 예를 알아보기 이전에 보편적인 배열 분포도에 대해 알아보겠다.

6.2절에서 말했듯이 사슬이 성장하는 동안 각각의 반복 단위의 생성은 기존의 반복 단위와 **메조**(m) 위치의 아이소택틱의 관계 또는 **라세미**(r) 위치의 신디오택틱의 관계에서 얻을 수 있다. 배열 분포를 고려했을 때 m과 r 기호로 나타내는 것이 일반적이다. 이런 이유로 아이소택틱 고분자는 연속적인 메조 연결의 배열을 갖지만 신디오택틱 고분자는 라세미 연결의 연속적인 배열을 갖는다. 아이소택틱 고분자의 배열 분포는 드물게 굉장히 완벽하며 실질적인 부분은 다음과 같이 보일 것이다.

~*mmmmmmmmmmmmmmmmrmmmmmmmmmmmmmmmmmmmmmmmmmm*~

여기서 하나의 r 연결은 양쪽의 입체화학을 변화시키기 때문에 중요하다. 양쪽의 고유 입체화학을 바꿔주기 때문이다(양쪽의 m 배열은 반대되는 입체형태이다). NMR 분광법은 정성적으로나 정량적으로나 배열 분포에 대한 자세한 정보를 제공한다. NMR 분광법의 관점에서 사슬을 간단한 2D 투영으로 보통 나타낼 수 있고 그림 15.17에서 확인할 수 있다. 이러한 투영은 더 긴 배열을 쉽게 기록할 수 있고 탄소와 수소 원자핵들의 가능한 다른 환경을 확인하는 것이 가능하다.

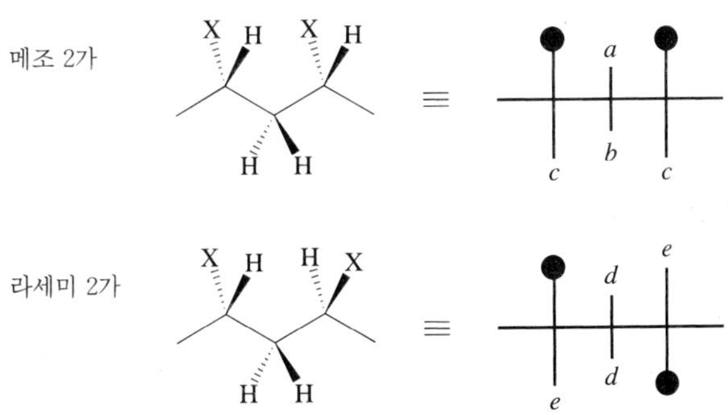

▶ 그림 15.17
비닐 단일중합체의 메조와 라세미 2가 배열을 이차원으로 투영하여 나타냄. 여기서 X는 치환기로서 투영도에서는 검은색 원으로 나타내었다. 수소 원자핵을 (a–e)로 표시한 것은 조금씩 다른(예: 비동등) 환경임을 나타내는 것이고, ^{1}H NMR 스펙트럼에서 이 원자핵들은 다른 화학적 이동과 갈라짐 양상을 보인다. 실제 c와 e로 표기된 CH 원자핵의 스펙트럼은 이러한 간단한 배열이 아닌 다른 근처 반복 단위의 배열에 의존하게 된다.

표 15.3 비닐 단일중합체의 배열과 Bernoullian 통계학에 따른 몰분율

배열 형태	지정[a]	투영도	P_m[a]로 나타낸 배열의 몰분율
2가	*m*	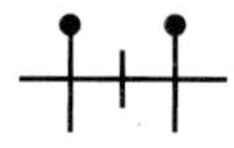	P_m
	r	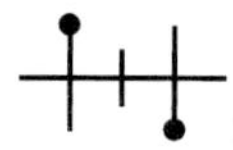	$1-P_m$
3가	*mm*	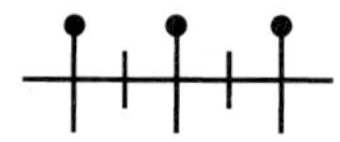	P_m^2
	mr (그리고 *rm*)	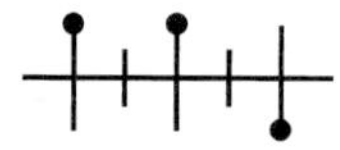	$2P_m(1-P_m)$
	rr		$(1-P_m)^2$
4가	*mmm*	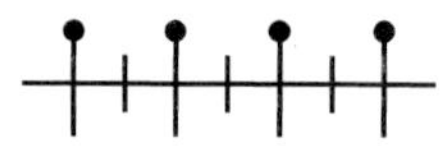	P_m^3
	mmr (그리고 *rmm*)	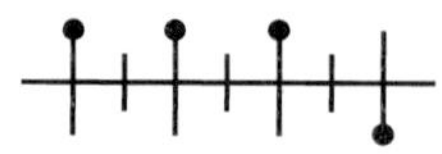	$2P_m^2(1-P_m)$
	rmr		$P_m(1-P_m)^2$
	mrm	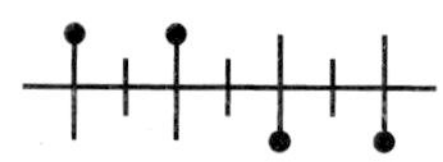	$P_m^2(1-P_m)$
	rrm (and *mrr*)	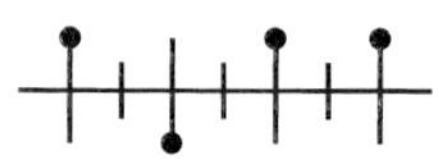	$2P_m^2(1-P_m)^2$
	rrr		$(1-P_m)^3$

[a] 두 개의 동등한 배열이 있다면 (예: mr은 rm과 구분이 되지 않음), 이것은 몰분율식에서 2의 인자로 계산한다.

메조 배열이 만들어지는 확률을 P_m, 그리고 라세미 배열이 만들어지는 확률을 P_r이라 하고, 그 확률이 이전의 사슬 구조에 영향을 받지 않는다고 할 때, 어떤 특정한 배열의 확률을 예측하기 위해서는 $P_m + P_r = 1$이고 P_m(혹은 P_r)만 알면 된다. 예를 들어, *mrm* 4가 배열 형태의 확률은 $P_mP_rP_m = P_m^2(1 - P_m)$이다. 이런 단순 조건(이전의 사슬 구조가 아무런 영향을 주지 않을 때)에서의 확률은 **Bernoullian 통계학**을 따른다. NMR 분광법을 이용해 특정 배열의 몰분율을 측정할 수 있다. 이것은 형성물의 확률과 같기 때문에, P_m의 값을 결정할 수 있다. 표 15.3은 2가, 3가, 4가 배열을 나타내고 있고, 몰분율에 대한 방정식이 P_m항으로 주어져 있다. 2가와 4가 배열의 투영도에서는 중심의 CH_2 원자핵에 대해서 다른 환경을 강조하였고 3가 배열의 투영도에서는 중심의 CH 원자핵에 대하여 적용하였다. NMR 흡수가 특정 배열에 할당된다면, 이 흡수에 대한 적분값은 해당하는 몰분율의 측정에 이용될 수 있고 표 15.3의 확률 방정식에 적용함으로써 P_m을 계산할 수 있다. P_m이 단일중합체에서 메조 위치의 총몰분율이거나 아이소택틱의 몰분율이라 하더라도 더 긴 아이소택틱 배열(예: *mm* 3가 배열 또는 *mmm* 4가 배열)의 몰분율이 입체규칙성의 측정에 더 좋다.

그림 15.18은 다른 입체규칙성을 갖는 폴리프로필렌 시료의 ^{1}H NMR 스펙트럼과 ^{1}H-decoupled ^{13}C NMR 스펙트럼을 보여 준다. 그림 15.18a에서 ^{1}H NMR 스펙트럼은 J-

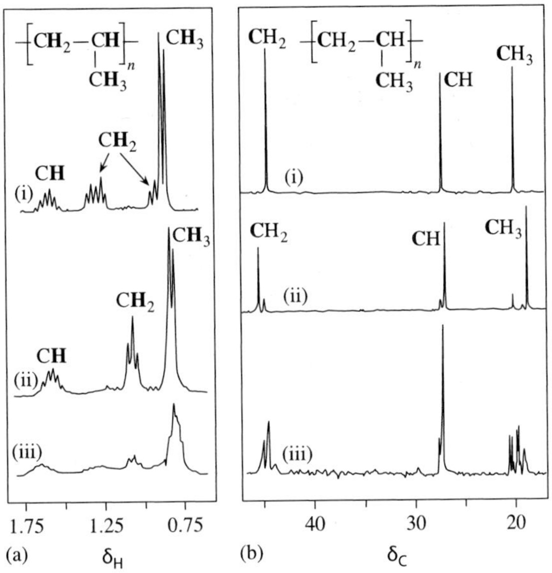

▶ 그림 15.18
(i) 아이소택틱, (ii) 신디오택틱, (iii) 아택틱 폴리프로필렌의 (a) ^{1}H NMR 스펙트럼과 (b) ^{1}H-decoupled ^{13}C NMR 스펙트럼. (자료 출처: Tonelli, A.E., NMR Spectroscopy and Polymer Microstructure: The Conformational Connection, VCH, New York, 1989.)

coupling에 의한 다중선 흡수를 보여 주고, 이 효과는 아이소택틱 폴리프로필렌의 스펙트럼에서 분명하게 드러난다. CH_3의 ^{1}H 흡수는 인접한 CH의 ^{1}H 원자핵과 J-coupling에 의해 갈라지고 이는 이중선으로 관찰된다. 그림 15.18a에서 보이는 스케일에서는 팔중선의 가장 바깥쪽 피크는 보이지 않지만 CH의 ^{1}H 흡수는 인접한 CH_2와 CH_3의 ^{1}H 원자핵과의 J-coupling에 의해 갈라져 팔중선으로 관찰된다. 그림 15.17에서 보듯이 아이소택틱 폴리프로필렌의 CH_2에 있는 두 ^{1}H 원자핵은 동일하지 않아서 ^{1}H 흡수에 있어서 화학적 이동이 다르게 나타나 있고, 각각 J-coupling에 의해 갈라진다. 또한 $\delta < 1$에서의 CH_2의 ^{1}H 흡수가 CH_3의 ^{1}H 흡수에 의해 전체 범위에서 가려졌다. 그러나 신디오택틱 폴리프로필렌의 CH_2 속의 두 ^{1}H 원자핵은 동일하고 ^{1}H 흡수와 인접한 두 CH의 ^{1}H 원자핵이 J-coupling에 의해 삼중선으로 중간에 나타나는 화학적 이동이 생긴다. CH_2의 ^{1}H 흡수가 배열에 민감하지만 J-coupling에 의한 갈라짐은 P_m의 결정을 복잡하게 만든다. 이것은 비닐 단일중합체의 ^{1}H NMR 스펙트럼에 있어서 일반적인 사실이다. 이와는 대조적으로 폴리(메틸 메타크릴레이트)와 같은 두 개의 수소가 아닌 치환기를 갖는 단일중합체의 NMR 스펙트럼은 J-coupling에 의한 영향을 받지 않고 P_m을 결정하기 위해 다른 $CH_2{}^1$H 흡수에 대한 적분을 이용할 수 있다.

^{13}C NMR 스펙트럼은 ^{1}H-decoupling이라는 조건하에 기록되기 때문에 그림 15.18b에서 나오는 폴리프로필렌의 ^{13}C 흡수는 단일선으로 나타난다. 이와 같이 각 ^{13}C 흡수는 특정 배열에 해당하므로 P_m과 입체규칙성의 측정에 ^{1}H-decoupled ^{13}C NMR 스펙트럼이 가장 광범위하게 이용된다. 스펙트럼을 살펴보면 CH_2와 CH_3의 ^{13}C 흡수는 배열에 가장 민감하다는 것을 알 수 있다. 아이소택틱과 신디오택틱 폴리프로필렌의 스펙트럼을 비교해보면 신디오택틱 시료는 *mm* 배열을 갖는다는 것을 알 수 있다. 더 세밀한 구조를 보기 위해 ^{1}H-decoupled ^{13}C NMR의 능력이 중시되기 때문에 아택틱 폴리프로필렌의 스펙트럼은 가장 흥미롭다. 그림 15.19는 특정 5가 배열의 각각의 흡수의 배치와 함께 다른 아택틱 폴리프로필렌 시료의 $CH_3{}^{13}$C 흡수 영역을 확대해서 보여 준다. 이것은 화학적 이동을 이론적으로 예측하고 같은 배열을 포함한 간단한 탄화수소(모형 화합물)의 스펙트럼과 비교해봄으로써 확신할 수 있다. 고해상도의 NMR 분광계를 사용함으로써 6가, 7가의 훨씬 긴 배열을 구별하는 것도 가능하다.

라디칼 중합 반응에 의해 제조된 단일중합체를 위한 측정 확률과 표 15.3에서 그 예측을 자세히 비교하면 Bernoullian 통계학을 따른다는 것을 보여 준다. 이는 전달 과정에서의 입체 화학적 제어가 없기 때문이다. 그러나 입체화학적 제어가 가해진(예: 강한 배위

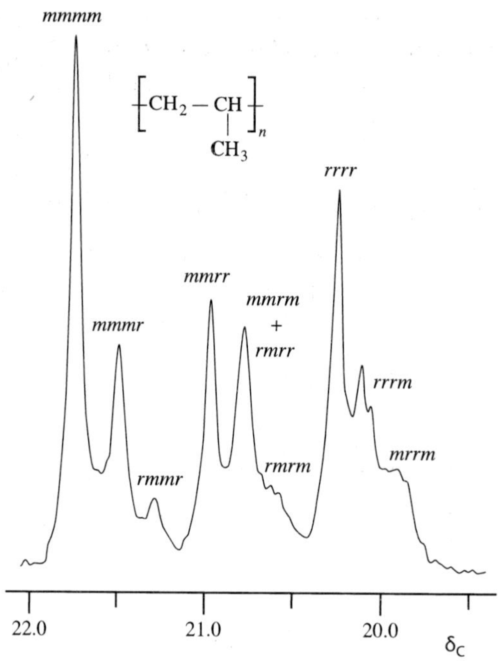

▶ 그림 15.19
아택틱 폴리프로필렌 시료의 ^{1}H-decoupled ^{13}C NMR 스펙트럼에서 CH_3 부분의 확대는 특정 5가 배열의 각각의 흡수 배치를 보여준다. (자료 출처: Randall,J.C., Polymer Sequence Determination: Carbon-13 NMR Method, Academic Press, New York, 1977.)

조건 아래 행해진 배위 중합과 음이온성 중합 반응, 6장 참조) 조건 아래 제조된 폴리프로필렌과 다른 단일중합체들은 이미 만들어진 반복 단위가 다음에 만들어질 자리에 영향을 주기 때문에 Bernoullian 통계학을 따르지 못한다. 따라서 배열 분포에 따른 통계학은 더 복잡하고 P_{mm}, P_{mr}, P_{rm}, P_{rr}, 네 개의 확률을 이용해 설명하게 된다: P_{mm}, P_{mr}, P_{rm}, P_{rr}의 첫 번째 첨자는 먼저 만들어진 반복 단위를 나타내고 두 번째 첨자는 새로 만들어진 반복 단위를 나타낸다(예를 들어, P_{mr}은 먼저 만들어진 메조 배치 이후 생성되는 라세미 배치의 확률). 성장하는 사슬은 메조나 라세미 배치가 만들어져야 하므로,

$$P_{mm} + P_{mr} = 1 \tag{15.9}$$

$$P_{rm} + P_{rr} = 1 \tag{15.10}$$

그리고 오직 두 확률(예: P_{mr}과 P_{rm})은 어느 특정 배열의 확률을 정의하기 위해 필요하다. 확률 P_{mr}, P_{rm}과 특정 배열의 몰분율에 관련된 방정식을 전개시키기 위해서, 동등하거나 구별이 되지 않는 3가 배열의 mr과 rm이 이용된다. 3가 배열에 해당하는 몰분율은 동등해야 하며, 이 조건을 수학적으로 나타내면,

$$x_m P_{mr} = x_r P_{rm} \tag{15.11}$$

x_m과 x_r은 2가의 메조와 라세미의 몰분율이고, 즉 두 유형의 배치의 총몰분율이다. $x_m + x_r = 1$이므로 $x_r = 1 - x_m$으로 치환하여 정리해보면,

$$x_m = \frac{P_{rm}}{P_{mr} + P_{rm}} \tag{15.12}$$

유사하게,

$$x_r = \frac{P_{mr}}{P_{mr} + P_{rm}} \tag{15.13}$$

P_{mr}과 P_{rm}은 더 긴 배열의 몰분율과 관련이 있다. 예를 들어, 식 15.9를 식 15.13에 적용하게 되면 3가 배열의 몰분율의 식이 얻어진다.

$$x_{mm} = x_m P_{mm} = x_m(1-P_{mr}) = \frac{P_{rm}(1-P_{mr})}{P_{mr}+P_{rm}}$$

$$x_{mr} = x_m P_{mr} + x_r P_{rm} = \frac{2P_{mr}P_{rm}}{P_{mr}+P_{rm}}$$

$$x_{rr} = x_r P_{rr} = x_r(1-P_{rm}) = \frac{P_{mr}(1-P_{rm})}{P_{mr}+P_{rm}}$$

여기서 x_{mr}의 정의에 있어서 3가의 mr과 rm이 동등하고 구별되지 않는다고 고려한다(즉, x_{mr}이 두 배열을 포함한다). 비슷한 방식으로 P_{mr}, P_{rm} 항의 4가, 5가 등의 몰분율의 식을 얻을 수 있다. 이 분석에 대한 결과는 **Markov 일차 통계학(first-order Markov statistics)**을 따르고 4가의 몰분율 방정식을 포함하여 표 15.4에 제시되어 있다. 입체화학적 제어하에 제조된 고분자의 배열 분포는 Markov의 일차 통계학을 잘 따르는데, 하지만 어떤 경우에는 뒤에서 두 번째 전의 반복 단위 또한 배열에 영향을 주고 Markov의 이차 통계학을 적용시킬 수 있다.

$P_{mm} = P_{rm}$과 $P_{rr} = P_{rm}$이기 때문에, 3가의 몰분율로 단일중합체의 배열 분포가 Bernoullian 통계학을 따르는지 여부를 확인할 수 있다. 표 15.3에 주어진 3가의 몰분율 방정식은 다음과 같이 조합될 수 있다.

$$\frac{4x_{mm}x_{rr}}{x_{mr}^2} = 1 \tag{15.14}$$

표 15.4 Markov 일차 통계학을 따르는 비닐 단일중합체 내 배열의 몰분율

배열 유형	~의 몰분율[a]	P_{mr}과 P_{rm}의 관계[a]
2가	m	$x_m = \frac{P_{rm}}{P_{mr}+P_{rm}}$
	r	$x_r = \frac{P_{mr}}{P_{mr}+P_{rm}}$
3가	mm	$x_{mm} = \frac{P_{rm}(1-P_{mr})}{P_{mr}+P_{rm}}$
	mr (rm을 포함)	$x_{mr} = \frac{2P_{mr}P_{rm}}{P_{mr}+P_{rm}}$
	rr	$x_{rr} = \frac{P_{mr}(1-P_{rm})}{P_{mr}+P_{rm}}$
4가	mmm	$x_{mmm} = \frac{P_{rm}(1-P_{mr})^2}{P_{mr}+P_{rm}}$
	mmr (rmm을 포함)	$x_{mmr} = \frac{2P_{mr}P_{rm}(1-P_{mr})}{P_{mr}+P_{rm}}$
	rmr	$x_{rmr} = \frac{P_{mr}P_{rm}^2}{P_{mr}+P_{rm}}$
	mrm	$x_{mrm} = \frac{P_{mr}^2 P_{rm}}{P_{mr}+P_{rm}}$
	rrm (mrr을 포함)	$x_{rrm} = \frac{2P_{mr}P_{rm}(1-P_{rm})}{P_{mr}+P_{rm}}$
	rrr	$x_{rrr} = \frac{P_{mr}(1-P_{rm})^2}{P_{mr}+P_{rm}}$

[a] 두 개의 동등한 배열이 있다면(예: mr은 rm과 구분이 되지 않음), 이것은 몰분율식에서 2의 인자로 계산한다.

만약 식 15.14가 만족된다면, 단일중합체의 배열 분포는 Bernoullian를 따른다. 그렇지 않은 경우 고차원의 통계학을 사용해야 한다. Markov의 일차 통계학을 따르기 위해서는 표 15.4의 식들을 조합에 따라 4가 배열의 몰분율은 다음과 같아야 한다.

$$\frac{4x_{mmm}x_{mrm}}{x_{mmr}^2}=1 \tag{15.15}$$

그리고,

$$\frac{4x_{rrr}x_{rmr}}{x_{rrm}^2}=1 \tag{15.16}$$

만약 두 식을 모두 만족하면, 표 15.4에 나온 식을 이용해 x_{mrm}/x_{rmr}의 비의 값을 통해 일차 Markov 확률 P_{mr}과 P_{rm} 사이에 연관성을 다음과 같이 얻을 수 있다.

$$\frac{P_{mr}}{P_{rm}}=\frac{x_{mrm}}{x_{rmr}} \tag{15.17}$$

표 15.4에 주어진 식에 측정된 몰분율을 적용시키는 반복 과정을 통해 P_{mr}과 P_{rm}의 값을 얻을 수 있다. 이러한 간단한 과정을 통해 P_{mr}과 P_{rm} 그리고 배열의 몰분율 사이의 간단한 관계가 성립된다. 예를 들어, 표 15.4에서의 x_{mmm}/x_{mm}과 x_{rrr}/x_{rr}의 비가 이용될 수 있고 다음을 이끌어낸다.

$$P_{mr}=1-\frac{x_{mmm}}{x_{mm}} \tag{15.18}$$

$$P_{rm}=1-\frac{x_{rrr}}{x_{rr}} \tag{15.19}$$

성장이 완벽히 아이소택틱 혹은 신디오택틱일 때, $P_{mr}=0$과 $P_{rm}=0$임이 확실하므로 이 식은 유용한 정보를 준다.

15.6.3.2 공중합체에서의 반복 단위 배열 분포의 결정

통계학적 관점에 따라, 두 종류의 반복 단위(A와 B로 나타내어진)들로 구성된 공중합체에서의 배열 분포는 입체규칙성을 갖는 단일중합체 배열과 정확하게 같은 모습이라고 할 수 있겠다. 입체규칙성을 갖는 단일중합체 배열에서의 두 가지 입체화학적 형태는 간단히 근본적인 수학적 개념에 따라 공중합체 내 두 가지의 다른 반복 단위로 치환될 수 있다. 그러나 입체화학적 제어가 없을 때 표 15.3에서 정리된 Bernoullian 통계를 만족시키는 입체규칙성과 달리 성장 사슬에 대한 특정 단량체의 첨가 확률은 항상 활성 끝단위의 A 형태 또는 B 형태인 고유 성질에 의존한다(9.3.1, 9.3.2절 참조). 그러므로 일차 Markov 통계는 P_{AA}, P_{AB}, P_{BA}, P_{BB}의 네 가지 확률을 정의하고 공중합체의 배열 분포를 분석하기 위해 사용되어야 한다. 여기서 P_{AA}는 단량체 A가 A 형태 반복 단위의 사슬 끝에 첨가될 확률이다. 즉, 첫 번째 첨자는 활성 끝단위를 나타내고 두 번째 첨자는 그 끝에 첨가되는 단량체를 나타낸다. 성장 사슬은 단량체 A나 단량체 B가 첨가되어야만 하므로,

$$P_{AA}+P_{AB}=1$$

$$P_{BA}+P_{BB}=1$$

따라서 입체규칙성에 있어 오직 두 개의 확률값(P_{AB}와 P_{BA})이 어느 특정 배열의 확률을 정의하기 위해서 필요하다(이것은 기성분 공중합 정지 모형에서의 두 단량체의 반응성비 사용과 정확하게 유사하다; 9.3.1절 참조). 그러므로 표 15.4에 주어신 식은 간단하게 m

은 A로, r은 B로 대신하여 이성분 공중합체에 사용될 수 있다. 이는 앞서 언급된 일차 Markov 식에도 똑같이 적용된다. 그러므로 NMR 흡수가 특정 반복 단위 배열을 규정할 수 있다면, P_{AB}와 P_{BA}는 흡수에 대한 적분으로부터 계산될 수 있다. 공중합의 정지 모형에서 사용된 이 확률은 9.3.1절에 정의된 동역학 변수에 관한 용어로 정의될 수 있다.

$$P_{AB} = \frac{k_{AB}[B]}{k_{AA}[A] + k_{AB}[B]} \tag{15.20}$$

$$P_{BA} = \frac{k_{BA}[A]}{k_{BB}[B] + k_{BA}[A]} \tag{15.21}$$

식 15.20과 식 15.21의 분모와 분자를 각각 $k_{AB}/([A]+[B])$와 $k_{BA}/([A]+[B])$로 나누고, 식 9.6에 주어진 단량체 반응비 r_A와 r_B의 정의를 고려하면 다음과 같은 식을 얻을수 있다.

$$P_{AB} = \frac{f_B}{r_A f_A + f_B} \tag{15.22}$$

$$P_{BA} = \frac{f_A}{r_B f_B + f_A} \tag{15.23}$$

그리고 이 식의 r_A와 r_B를 공중합체 반복 단위 배열 분포의 NMR 측정과 공중합에 사용된 두 단량체의 몰분율 f_A와 f_B로 결정된 P_{AB}와 P_{BA}에 관해 재배열할 수 있다.

$$r_A = \frac{f_B(1 - P_{AB})}{P_{AB} f_A} \tag{15.24}$$

$$r_B = \frac{f_A(1 - P_{BA})}{P_{BA} f_B} \tag{15.25}$$

그러므로 똑같은 NMR 스펙트럼에서 얻은 데이터로, 공중합체 반복 단위 배열 분포 확률인 P_{AB}와 P_{BA}와 전체 공중합체 조성으로부터 단량체 반응성비를 결정하는 것이 가능하다(9.3.4절 참조).

입체규칙성 측정에 있어서, ^{1}H-decoupled ^{13}C NMR 스펙트럼은 갈라짐(splitting)이 일어나지 않으면서 흡수에서 보다 큰 분리가 생기기 때문에 공중합체 반복 단위 배열의 분석에 가장 유용하다. 특정 반복 단위 배열에 대한 흡수 연구는 발전된 NMR 기술(DEPT는 공중합체에 특히 유용)과 화학적 이동에 대한 이론적인 예측을 이용할 수 있다. 공중합체 반복 단위 배열 분포의 정밀한 세부사항을 보여 주는 ^{13}C NMR의 기능에 대해 설명하기 위해, 에틸렌과 비닐 아세테이트의 네 가지 공중합체의 ^{1}H-decoupled ^{13}C NMR 스펙트럼을 3가 배열의 흡수 결과와 함께 그림 15.20에 나타내었다. 예측한 대로, 상대적인 흡수 면적은 전체적인 공중합체 조성과 관련하여 변화한다. 즉, 비닐 아세테이트의 몰%가 증가할수록, 비닐 아세테이트 반복 단위를 포함한 3가 배열이 강해지는 반면, 에틸렌 반복 단위를 포함한 3가 배열의 흡수는 약해진다.

공중합체의 분석에 있어 이제까지 반복 단위 입체화학의 영향을 무시해 왔다. 이러한 영향을 고려하면 분석은 더욱 복잡해진다. 예를 들어, 입체규칙성을 갖는 단일중합체를 만드는 두 단량체의 공중합체에서 입체화학을 고려하면 구별할 수 있는 2가 배열의 개수는 두 개에서 여섯 개로(그림 15.21 참조), 3가 배열은 세 개에서 20개로 늘어난다. 그러므로 여러 배열이 중요치 않도록 몇몇 영향을 간략화하지 않는다면 이러한 공중합체의 NMR 스펙트럼의 흡수에 대한 완벽한 분석과 연구는 어렵다(예를 들면, 공중합이 매우 강한 교차 경향을 갖는 경우).

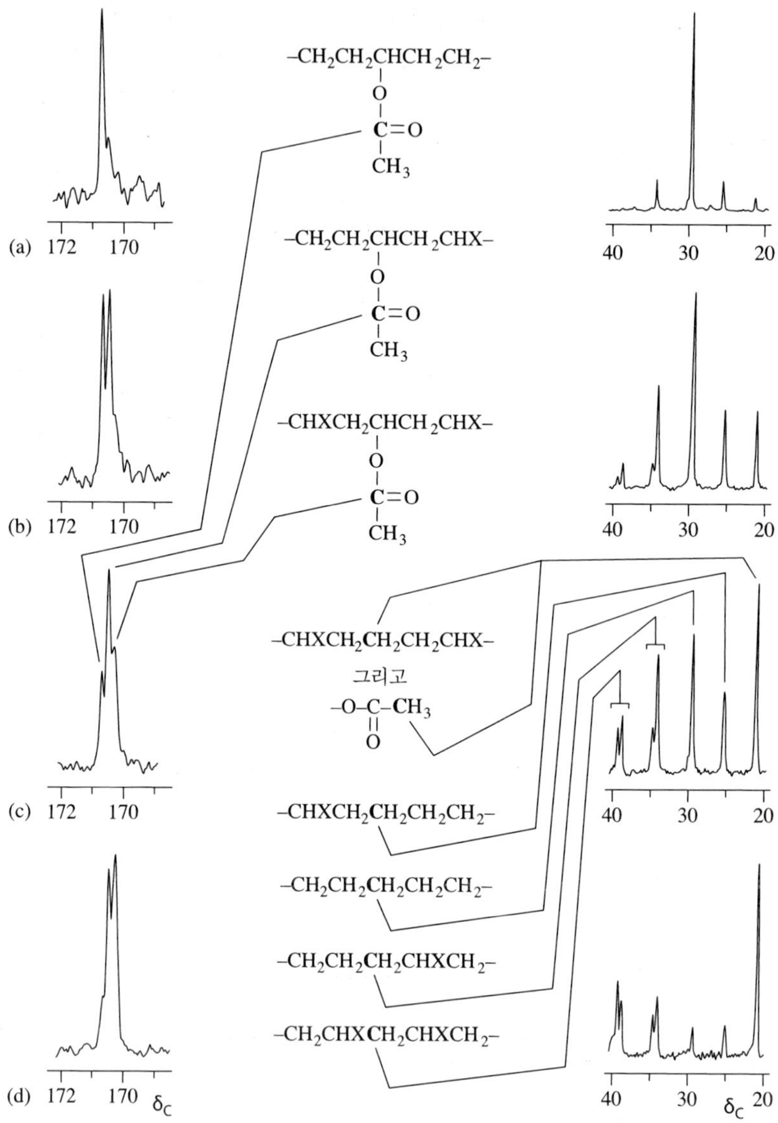

그림 15.20

비닐 아세테이트의 반복 단위가 (a) 10 mol%, (b) 34 mol%, (c) 48 mol%, (d) 74.5 mol%로 구성된 폴리[에틸렌-co-(비닐 아세테이트)]의 네 가지 시료에 대한 ¹H-decoupled ¹³C NMR 스펙트럼의 C=O와 CH_2+CH_3 부분. 3가 배열에 대한 (X = $OCOCH_3$일 때) 흡수 확인은 스펙트럼 그래프 (c)를 보고 알 수 있고, 이는 모형 화합물의 스펙트럼과 화학적 이동의 이론적 예측을 통해서 정해진다. (자료 출처: Wu, K. et al., J. Polym. Sci. Polym. Phys. Edn., 12, 901, 1974.)

15.6.4 고분자 과학에서 NMR 분광법의 또 다른 이용

NMR 분광법의 또 다른 중요한 응용으로는 들뜬 핵의 자기적 완화 현상 관찰을 통해 **사슬 역학(chain dynamic)**의 연구가 있다. 지금 이 부분에서 당장 자세한 내용을 설명하는 것은 불가능하지만, 이 연구는 곁사슬이나 사슬의 일부분의 움직임을 통해서 특징을 발견할 수 있고 확산 계수를 결정할 수 있게 해준다.

15.6.5 NMR 분광법의 실질적인 측면

모든 NMR 분광계는 큰 자석을 갖는데, 이 자석은 매우 균일한 자기장을 방출하고 일반적으로 자석의 힘에 상응하는 기본적인 ¹H 공명 주파수로 명시된다. 예를 들어, $B_0 = 2.3$ T (표 15.2 참조)일 때, 100 MHz이다. 초기의 NMR 분광계는 영구적인 자석 또

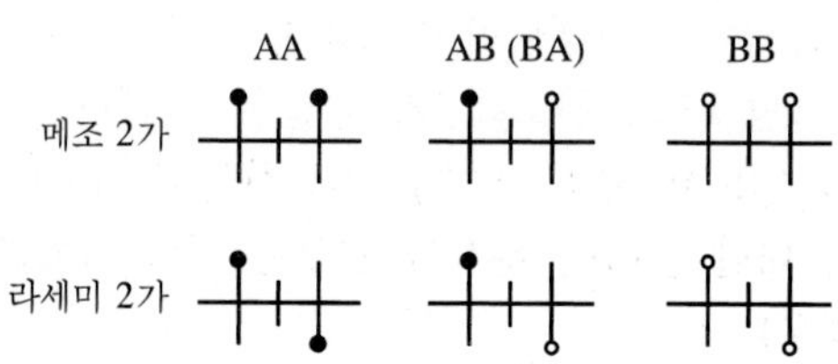

그림 15.21

A와 B의 반복 단위가 두 가지 구별되는 입체화학적 형태를 가지는 공중합체에서 여섯 가지로 구별되는 2가 배열 형태.

는 전자석을 사용하였다(예: 60과 100 MHz). 또한 그것은 **연속적인 파동 형태(continuous-wave, CW)** 타입으로, 이때 단일 전파의 주파수가 연속적으로 가해지고 적당한 범위에서 자기장이 B_0인 스위프 코일(sweep coil)이 지나간다. 현대의 핵 자기 공명 분광계는 보통 초전도성 자석을 가지고 있다(예: 300과 500 MHz). **펄스 Fourier 변환 형태[pulsed Fourier transform(PFT) type]**이다. PFT NMR에서 B_0는 값이 고정되어 있고, 관심 있는 부분의 전 범위를 커버하는 주파수의 짧은 펄스(예: 수 마이크로 초)가 가해지고, 이는 모든 핵의 높은 에너지 상태를 촉진시키는 데에 사용된다. 이 핵들이 동시에 낮은 에너지 상태로 돌아가는 것을 Fourier 변환을 통하여 NMR 스펙트럼으로 변환된 **자유 유도 붕괴(free induction decay, FID)**로 알려진, 인터페로그램(interferogram)을 이용해 감지할 수 있다. 주로 이러한 절차들은 FID를 얻기 위한 연속적인 펄스의 사이에서 적당한 시간 주기로(예: 수초) 여러 번 반복된다. 이러한 스캔을 통한 자료는 최종적인 NMR 스펙트럼을 얻기 위해 축적된다. 원하는 스펙트럼을 얻기 위한 스캔수는 NMR 효과의 민감도에 의존한다. 예를 들어, 한 개의 스캔 자료로 충분한 ^{1}H NMR에 반해 ^{13}C NMR은 ^{13}C가 자연적으로 존재하는 양이 적기 때문에 몇 천 개의 스캔 자료가 필요하다. 정량적인 연구의 경우, 연속적인 펄스를 가할 때 모든 들뜬 상태의 핵들이 그 다음 펄스가 적용되기 전에 완전하게 낮은 에너지 상태로 돌아올 수 있는 충분한 시간의 간격이 필수적이다. 일반적으로 0.5~1초인 펄스의 간격이 ^{1}H NMR 스펙트럼을 기록하는 데에 충분한 반면, ^{13}C NMR 스펙트럼에는 약 10초의 펄스 간격이 요구된다. ^{13}C NMR에서 ^{1}H 분리는 ^{13}C 흡수를 강화시킨다. 이는 **Overhauser 핵효과[nuclear Overhauser effect (NOE)]** 때문이다. 그리고 ^{13}C NMR 연구에서, NOE 강화 효과는 반드시 고려되어야 하고 전문화된 기술의 사용에 의해 반드시 억제되어야 한다[예: **게이트 디커플링(gated decoupling)**].

고분자 시료는 완전히 희석된 형태나 적당히 희석된 형태 또는 용매가 불어난 젤과 같은 농축 용액이나 고체의 형태로도 분석될 수 있다. ^{1}H와 ^{13}C NMR 연구에서 고분자 용액과 젤 형태의 시료는 중수소화클로로폼($CDCl_3$)이나 중수소화벤젠(C_6D_6)과 같은 수소 원자가 중수소로 치환된 물질을 용매로 이용해 준비된다. 일반적으로 묽은 용액을 제외하고, 고분자 농도가 증가함에 따라 흡수 범위는 더 넓어지고 이는 J-coupling에 의한 분열로부터 얻을 수 있는 정보의 손실로 이어진다. 위와 같은 일은 고체 고분자로부터 나오는 스펙트럼을 기록하는 데 있어서 특히 심각한 결과를 낼 수 있다. 그러나 기술이 발달되어서 이 흡수 범위가 넓어지는 것을 대부분 억제할 수 있게 되었고[예를 들어, **매직 앵글 회전을 이용한 쌍극 디커플링(dipolar decoupling with magic-angle spinning)**] 유용한 스펙트럼을 고체 고분자로부터 기록될 수 있게 하였다. 이와 같이 고체 상태 NMR 분광법은 대량의 고분자를 연구하는 데에도 쓸 수 있도록 발전하고 있다.

15.7 질량 분광법

질량 분광법(MS)은 전자기 방사선의 흡수와 방출을 기초로 하지 않으므로 다른 형태의 분광법과 근본적으로 다르다. 대신 시료의 분자 증발과 이온화를 통해 그 분자 이온을 질량전하비 m/z에 따라 분리한다. 질량 분광법이 분자 구조에 대한 정보와 스펙트럼 같은 결과물을 제공하기 때문에, 여기서의 용어 '분광법'은 분광법과의 유사함에 의해 사용되는 것이다. 그러나 사실상 이것은 m/z에 대한 존재비의 기록이다. 고분자의 분석을 위한 질량 분광법의 원리는 몰질량 분포를 결정하는 14.5절에서 설명된다. 질량 분광법의 이론, 연습, 제한을 이해하기 위해서 14.5절을 참조해야 한다.

14.5.2절에 설명된 것처럼 고분자의 질량 분광법은 소프트 이온화 기술의 사용이 요구된다. 가장 중요한 것은 높은 몰질량 고분자들로부터 질량 스펙트럼을 얻을 수 있는 매트

릭스 보조 레이저 탈착/이온화(matrix-assisted laser desorption/ionization, MALDI)이다. 몰질량 분포의 측정뿐만 아니라, MALDI 질량 분광법은 특히 세부적인 면에서 고분자의 화학 구조의 연구에 영향력 있다는 것이 밝혀져 오고 있다. 이 절에서, 분자 구조의 분석을 위한 MALDI 질량 분석의 사용이 예시될 것이고, 오랜 기간 걸쳐 형성된 고분자 분석에서의 질량 분광법의 중요성을 기술할 것이다.

15.7.1 질량 분광법에 의한 구조적 세부 특징의 설명

비록 MALDI 질량 분광법은 구조 이성질체(NMR 분광법은 구조적 이성질체를 해결할 수 있음)를 해결할 수 없을지라도, 이것이 제공하는 질량 분해능과 정밀한 분자 질량과 같은 고분자 정보에 관한 다른 세부사항들을 밝혀내는 데 매우 유용하다. 단일 말단기 혹은 고분자 내 비표준 반복 단위가 사슬의 길이와 상관없이 고정된 양으로 분자량이 변할 것이기 때문에, 비록 낮은 농도로 존재할지라도 고분자의 질량 스펙트럼에서 피크들이 나타내는 몰질량과 그 분리는 반복 단위의 몰질량, 말단기의 화학 구조와 여러 반복 단위, 개선된 결작용기의 존재를 결정하는 데 사용될 수 있다. 만약 반복 단위의 구조, 고분자 합성의 방법 그리고 고분자에서 일어난 모든 차후 반응의 특성이 알려진다면, MALDI 질량 분광법에 의해 얻어진 m/z 값은 예측된 값과 비교되어 목표 고분자 구조를 얻을 수 있을 것이다.

구조적 세부 특징의 설명을 위한 MALDI 분광법의 사용은 90°C의 아조비스아이소뷰티로나이트릴(azobisisobutyronitrile) (4.2.1절)을 사용하여 개시된 메틸 메타크릴레이트(MMA) 자유 라디칼 고분자 중합에서의 불균등화 반응과 조합(4.2.3절)에 의한 정지 단계의 상대적 기여도의 연구 결과를 예로 들 수 있다. 폴리(메틸 메타크릴레이트)(PMMA) 사슬의 세 종류 형태가 두 정지 모드로부터 발생한 말단기에 의해 예상될 수 있고, 구별될 수 있다.

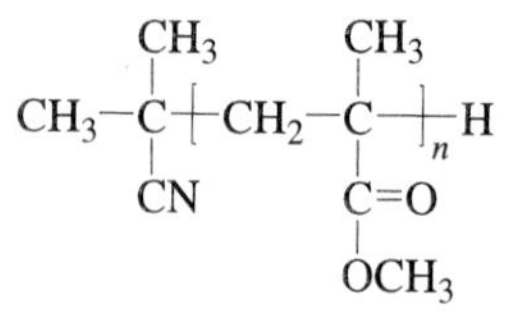

$$M_{\text{exact}} = 68.05 + \{100.05 \times n\} + 1.01 \ (\text{g mol}^{-1})$$

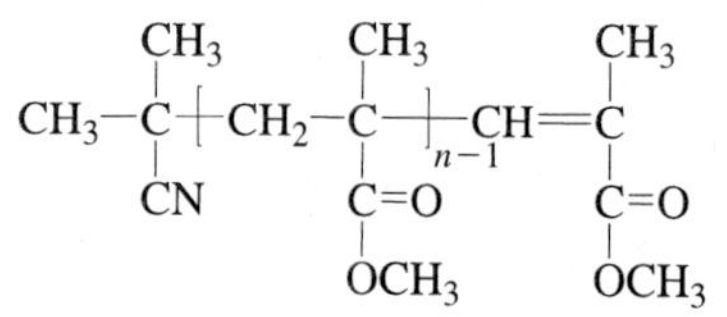

$$M_{\text{exact}} = 68.05 + \{100.05 \times (n-1)\} + 99.04 \ (\text{g mol}^{-1})$$

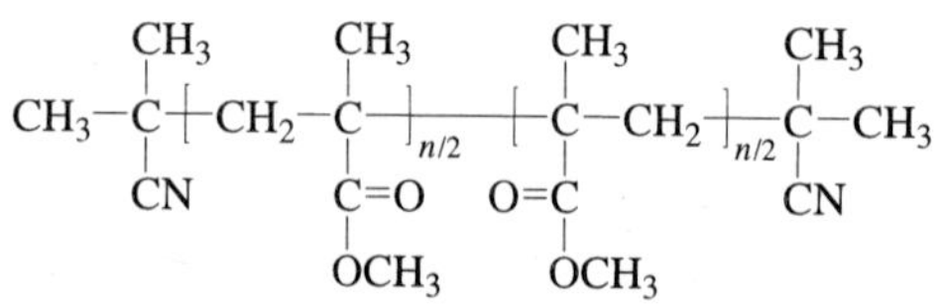

$$M_{\text{exact}} = \{2 \times 68.05\} + \{100.05 \times n\} \ (\text{g mol}^{-1})$$

정확한 몰질량 M_{exact}를 위한 식들이 여기에 주어졌다. 왜냐하면 질량 분광법은 개별적인 동위원소종들을 분리하고, m/z 값은 M_{exact} 값과 함께하기 때문이다. 이 식에서 n은 사슬에서 얻어진 MMA 개체수이다. 그림 15.22는 위에 묘사된 제조된 PMMA 시료의 MALDI 질량 분석에 의해 결정된 MMD를 보여 준다(질량 분석에서 일반적으로, 몰질량은 m/z 값과 동일시된다. 그래서 몰질량은 기화된 사슬의 Na^+ 이온에 의해 발생된 질량과 일치하지 않는다). 그들이 시리즈 (i)과 (ii)라고 표기된 확장된 MMD에서 매우 분명한 MMD는 두 대체된 MMDs의 명백한 중첩을 보여 준다. 예상한 대로, 각 시리즈의 피

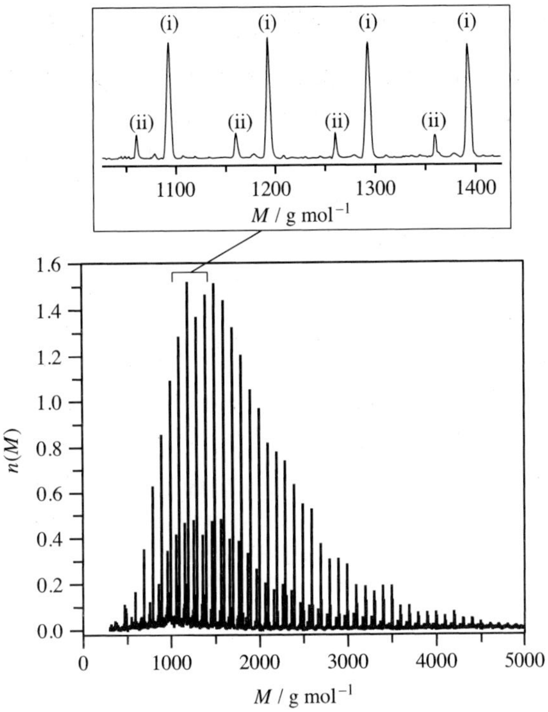

▶ **그림 15.22**
90°C에서 자유 라디칼 고분자 중합에 의해 제조된 낮은 몰질량의 PMMA 시료의 MALDI ToF 질량 분광법에 의해 얻은 수비율 n (M) 몰질량 분포도. 삽입된 그림은 분포에서 최댓값에 가까운 지역의 확대를 보여 주고 시리즈 (i)과 (ii)라고 표기된 피크들을 강조했다. 이 시료는 매트릭스로서 2,5-다이하이드록시벤조산 (2,5-dihydroxy-benzoic acid) 과 이온으로써 Na^+를 사용하여 탈착/이온화되었다. (자료 출처: Zammit, M.D. et al., Macromolecules, 30, 1915, 1997.)

크들은 MMD 반복 단위(100 g mol^{-1})의 몰질량에 의해 분리되고, 두 분포는 두 종료 모드의 결과에 의한 사슬을 나타낸다. 표 15.5는 위의 주어진 식으로부터 계산된 $M_{exact} + M_{Na^+}$값을 이용한 측정된 몰질량 데이터의 값을 보여 준다(M_{Na^+}는 $^{23}Na^+$의 정확한 몰질량). 이것은 시리즈 (i)의 피크들은 불균등화 반응에 의해 정지된 사슬임을, 시리즈 (ii)의 피크들은 조합에 의해 정지된 사슬임을 보여 준다. 이 결과는 MMA의 자유 라디칼 고분자 중합에서 정지는 불균등화 반응(4.2.3절)이 지배적임을 보여 준다. 피크 영역의 분석은 불균등화 반응의 속도 계수와 조합 반응의 속도 계수의 비(k_{td} / k_{tc})가 90°C에서 약 4.4임을 보여준다. 이것은 불균등화 반응에 의해서 진행된 종료가 약 81%임을 보여 준다(즉, $q \approx 0.81$; 4.3.2절 참조).

표 15.5 그림 15.22의 MALDI MS MMD로부터 몰질량 M_{MALDI} 데이터의 분석

피크 시리즈	M_{MALDI}[a] / g mol^{-1}	n	$M_{exact}+M_{Na^+}$ / g mol^{-1} [b]		
			불균등화에 의한 정지[c]		조합에 의한 정지
			포화된 사슬 말단	불포화된 사슬 말단	
(i)	1092.555	10	1092.55	1090.53	-
	1192.620	11	1192.55	1190.58	-
	1292.676	12	1292.65	1290.63	-
(ii)	1060.257	9	-	-	1059.54
	1160.164	10	-	-	1159.59
	1260.231	11	-	-	1259.54

[a] 자료 출처 : Zammit et al., *Macromolecules*, 30. 1915. 1997.
[b] M_{MALDI} 값은 MS 스펙트럼에서 얻어진 m/z 값이다. 이는 증기화된 PMMA 사슬과 연결된 Na^+이온을 포함한다. 따라서 M_{MALDI} 값과 비교할 수 있도록 Mexact 값에 정확한 $^{23}Na^+$(M_{Na^+} = 22.90 g mol^{-1})의 값을 더하여 나타내었다.
[c] 분광계의 m/z 해상도가 3~4 Dalton e^{-1}이기 때문에 불균등화에 의한 포화된 그리고 포화되지 않은 사슬 말단의 피크는 질량 스펙트럼에서 구별되지 않는다.

15.7.2 고분자 과학에서 질량 분광법의 또 다른 응용

MALDI의 개발 이전에 질량 분광법(MS)은 상업적인 고분자로부터 용매 추출법에 의해 얻어진 낮은 몰질량 분자들의 분석(예: 가소제, 항산화물질, 자외선 안정제 분석)을 위해, 고분자 조성의 조사(예: 경쟁 회사의 생산물)를 위해, 고분자 분해 연구(여기서 MS는 분해 방법을 식별할 수 있는 지식과 분해물을 규명할 수 있도록 도와줌)를 위해 사용되어 왔다. MS의 이러한 응용은 오늘날에도 여전히 중요시되고 있다. 후자의 두 가지는 근본적으로 같은 것이다. 이는 조성을 계산하기 위한 MS의 적용은 고분자의 열분해에 의한 분해물의 분석을 포함하기 때문이다.

모든 응용에서 GC와 MS와 연결되는 것은 흔한 일이다. 즉, 기체-액체 크로마토그래피(GC)로부터 흘러나온 용출액을 연속적으로 MS 분석으로 연결한다. MS는 GC관 안에서 분리된 생성물을 위한 마지막 단계의 탐지기로서 사용된다. GC관에서 직접 열분해되는 특정 조건하에서, 단일중합체들은 종종 특징적인 GC-MS '지문'이 나타난다. 이 '지문'은 알려지지 않은 구조의 고분자 조성 연구를 위한 기술로 사용된다.

문제

15.1 다음 표는 2.0 mm 경로 길이의 큐벳을 사용하여 용매인 테트라하이드로퓨란(tetrahydrofuran)에 폴리스타이렌을 녹인 묽은 용액 대해서 254 nm 파장의 자외선 투과 백분율을 측정한 결과이다. 데이터를 적절히 사용하여, 254 nm에서 폴리스타이렌 반복 단위의 몰흡광 계수를 $dm^3\ mol^{-1}\ cm^{-1}$)의 단위값으로 결정하시오.

폴리스타이렌 용액 농도 / $g\ dm^{-3}$	0.081	0.167	0.339	0.550	0.689
$\%T$ (254 nm)	91.1	82.6	67.9	53.3	45.5

15.2 다음에 주어진 고분자 I~V을 구별하기 위해 어떻게 적외선 분광법을 사용할 수 있는지 설명하시오. 또한 명확한 식별을 위한 고분자 스펙트럼의 차이점을 구체적으로 설명하시오.

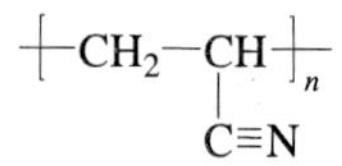

I: Polyacrylonitrile

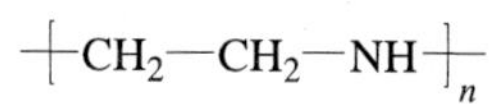

II: Poly(ethylene imine)

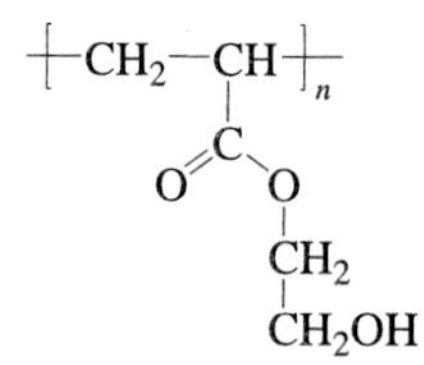

III: Poly(2-hydroxyethyl acrylate)

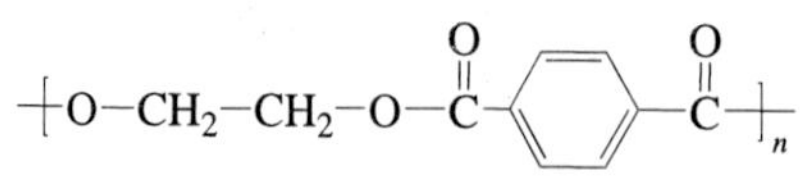

IV: Poly(ethylene terephthalate)

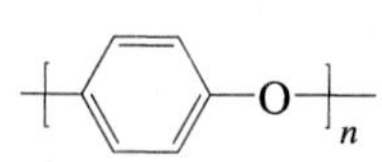

V: Poly(1,4-phenylene oxide)

15.3 다음 고분자에서 관찰될 것으로 예상되는 (a) ^1H NMR 스펙트럼, (b) ^1H-decoupled ^{13}C NMR 스펙트럼 (c) DEPT135 ^{13}C NMR 스펙트럼을 그리시오.

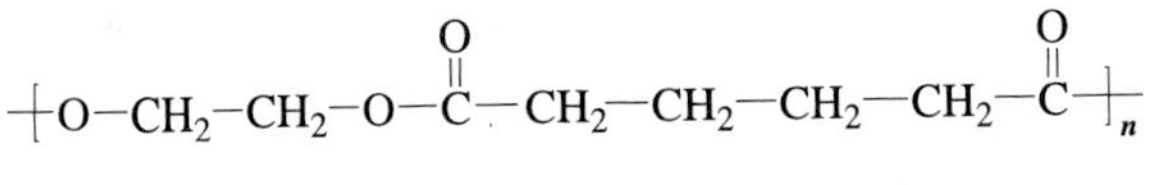

VI: Poly(ethylene adipate)

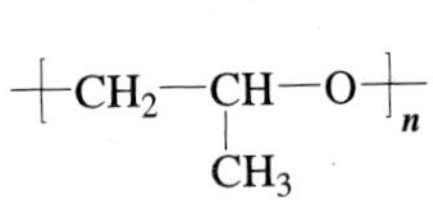

VII : 아이소택틱 poly(propylene oxide)

15.4 폴리(메틸 메타크릴레이트)의 두 가지 시료의 ^{1}H-decoupled ^{13}C NMR 스펙트럼이 다음과 같이 정량적인 조건하에서 기록되었다. $15 < \delta < 25$ 범위에서 α-메틸 탄소 공명은 *mm*, *mr*, *rr* 세 가지로 명확한 분리를 나타내었다. 여기서 α-메틸 탄소 공명의 *mm*, *mr*, *rr* 3가 배열에 대한 피크 적분값은 다음 표에 주어졌다. 각 시료에 대해서:

(a) 각각의 3가 배열의 몰분율을 계산하시오.

(b) **메조** 배치에 대한 Bernoullian 확률 P_m을 결정하시오.

(c) 자료가 Bernoullian 통계학과 일치하는지를 테스트하시오.

(d) 고분자의 입체규칙성에 대해 논해보고, 시료의 합성을 위해 사용되었을 중합 방법을 추론하시오.

Poly (Methy Methacrylate) 시료	3가 α-메틸 탄소 공명에 대한 피크 적분값		
	mm	*mr*	*rr*
A	7.8	64.5	123.2
B	218.2	9.2	2.3

15.5 다음의 평가를 수행하기 위해 어떻게 MALDI 질량 분광법이 사용될 수 있는지 논하시오.

(a) 낮은 몰질량의 선형 폴리(에틸렌 옥사이드) 시료가 양쪽 사슬 끝에 모두 하이드록실기를 가질지, 메톡시 말단기와 하이드록실 말단기를 가질지 증명하시오.

$$H\!\left[O-CH_2-CH_2\right]_p\!OH \quad \text{또는} \quad CH_3\!\left[O-CH_2-CH_2\right]_p\!OH$$

(b) 다음의 반응 구조식에 따라 낮은 몰질량의 폴리(*t*-뷰틸 아크릴레이트) 시료가 폴리(아크릴산)으로의 전환으로 완결됨을 보이시오.

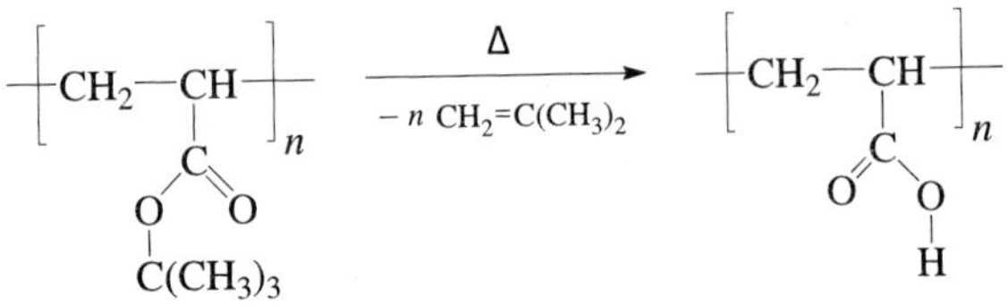

(c) 자유 라디칼 촉매 사슬 전달 중합에 의해 제조된 약 3 kg mol^{-1}의 수평균 몰질량을 가진 폴리(에틸 메타크릴레이트)가 다음 구조를 갖는지 보이시오.

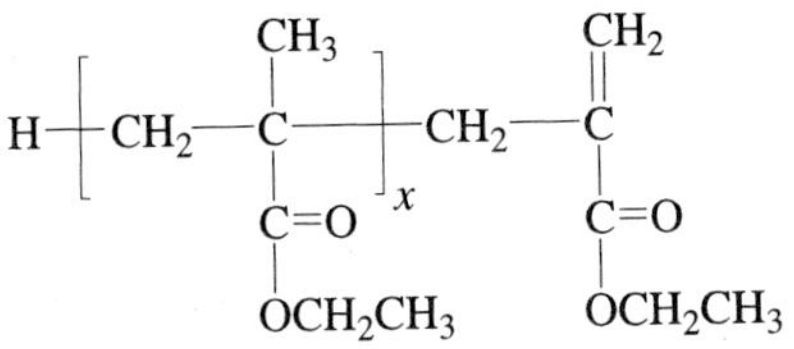

참고 문헌

General Reading

Allen, G. and Bevington, J.C. (eds), *Comprehensive Polymer Science*, Vol. 1 (Booth, C. and Price, C., eds), Pergamon Press, Oxford, 1989.

Klöpffer, W., *Introduction to Polymer Spectroscopy*, Springer-Verlag, Berlin, Germany, 1984.

Koenig, J.L., *Spectroscopy of Polymers*, 2nd edn., Elsevier, Amsterdam, The Netherlands, 1999.

Lambert, J.B., Shurvell, H.F., Lightner, D.A., and Cooks, R.G., *Introduction to Organic Spectroscopy*, Macmillan, New York, 1987.

Mark, H.F., Bikales, N.M., Overberger, C.G., and Menges, G. (eds), *Encyclopedia of Polymer Science and Engineering*, Wiley-Interscience, New York, 1985–1989.

Silverstein, R.M., Bassler, G.C., and Morrill, T.C., *Spectrometric Identification of Organic Compounds*, 5th edn., John Wiley & Sons, New York, 1991 (last edition to include UV-visible spectroscopy).

Silverstein, R.M., Webster, F.X., and Kiemle, D.J., *Spectrometric Identification of Organic Compounds*, 7th edn., John Wiley & Sons, Hoboken, NJ, 2005.

Vibrational Spectroscopy

Bower, D.I. and Maddams, W.F., *The Vibrational Spectroscopy of Polymers*, Cambridge University Press, Cambridge, MA, 1989.

Colthrup, N.B., Daly, L.H., and Wiberley, S.E., *Introduction to Infrared and Raman Spectroscopy*, 2nd edn., Academic Press, New York, 1975.

Nuclear Magnetic Resonance Spectroscopy

Abraham, R.J., Fisher, J., and Loftus, P., *Introduction to NMR Spectroscopy*, John Wiley & Sons, New York, 1988.

Bovey, F.A., *Nuclear Magnetic Resonance Spectroscopy*, 2nd edn., Academic Press, San Diego, CA, 1988.

Bovey, F.A. and Mirau, P.A., *NMR of Polymers*, Academic Press, New York, 1996.

Ibbett, R.N., *NMR Spectroscopy of Polymers*, Blackie, Glasgow, U.K., 1993.

Mirau, P.A., *A Practical Guide to Understanding the NMR of Polymers*, Wiley-Interscience, New York, 2005.

Matsuzaki, K., Uryu, T., and Asakura, T., *NMR Spectroscopy and Steroregularity of Polymers*, Japan Scientific Societies Press, Tokyo, Japan, 1996.

Randall, J.C., *Polymer Sequence Determination: Carbon-13 NMR Method*, Academic Press, New York, 1977.

Tonelli, A.E., *NMR Spectroscopy and Polymer Microstructure: The Conformational Connection*, Wiley-VCH, New York, 1989.

Wehrli, F.W., Marchand, A.P., and Wehrli, S., *Interpretation of Carbon-13 NMR Spectra*, 2nd edn., John Wiley & Sons, New York, 1988.

Mass Spectroscopy

Batoy, S.M.A.B., Akhmetova, E., Miladinovic, S., Smeal, J., and Wilkins, C.L., Developments in MALDI mass spectrometry: the quest for the perfect matrix, *Applied Spectroscopy Reviews*, **43**, 485 (2008).

de Hoffman, E. and Stroobant, V., *Mass Spectrometry: Principles and Applications*, John Wiley & Sons, Chichester, U.K., 2007.

El-Aneed, A., Cohen, A., and Banoub, J., Mass spectrometry, review of the basics: electrospray, MALDI, and commonly used mass analyzers, *Applied Spectroscopy Reviews*, **44**, 210 (2009).

Hanton, S.D., Mass spectrometry of polymers and polymer surfaces, *Chemical Reviews*, **101**, 527 (2001).

Montaudo, G. and Lattimer, R.P. (eds), *Mass Spectrometry of Polymers*, CRC Press, Boca Raton, FL, 2002.

Montaudo, G., Samperi, F., and Montaudo, M.S., Characterization of synthetic polymers by MALDI-MS, *Progress in Polymer Science*, **31**, 277 (2006).

Nielen, M.W.F., MALDI time-of-flight mass spectrometry of synthetic polymers, *Mass Spectrometry Reviews*, **18**, 309 (1999).

Part III

벌크 고분자의 상구조와 형태

16 무정형 상태

16.1 서론

무정형(amorphous) 이라는 용어는 유리상(glass state)의 고분자나 고무상의 고분자와 같이 결정상이 아닌 물질을 설명하는 데 쓰이는 용어이다. 무정형 유리상 고분자 중 가장 많이 알려진 고분자는 폴리스타이렌인데, 이 고분자는 잘 깨지기는 하지만 비교적 싸게 생산할 수 있고 가공성이 우수하기 때문에 널리 사용된다. 광학 특성이 우수한 폴리(메틸메타크릴레이트) [poly(methyl methacrylate), PMMA]의 사용도 일반적인 열성형이나 주형(틀) 성형(moulding)으로까지 확대되었다. 폴리카보네이트도 개발되었는데 투명성과 강인성 때문에 널리 사용된다. 다음 장에서 이들 고분자의 성질에 관해 자세히 살펴보겠지만 무정형 고분자는 분자 수준의 정렬된 구조가 없기 때문에 이 고분자들의 자세한 형태학(morphology)을 간단한 용어로 묘사하기는 힘들다.

16.1.1 무정형 고분자의 구조

고체 상태의 무정형 고분자는 단순히 얼어 있는 고분자 액체라고 생각할 수 있다. 오랫동안 저분자물의 액체 상태에서의 구조를 분석하고자 많은 노력이 있었으며 각각의 경우 그 나름대로의 성공적인 측면이 있었다. 고분자 용융체나 무정형 고분자의 경우 반드시 긴 사슬 형태를 띠기 때문에 그 구조 분석은 당연히 낮은 몰질량 물질에 비해서는 훨씬 어렵다. 따라서 지금까지의 무정형 고분자의 구조 연구는 제한적인 정보만을 제공하고 있다. 그림 16.1a는 무정형 고분자의 X선 회절 결과를 나타내는데 광범위하게 퍼진 뚜렷하지 않은 하나의 고리만 보여 주고 있다. 그림 16.1b를 보면 확실히 알 수 있는데 이 그림은 고리의 중심으로부터의 거리에 따른 산란 강도를 나타낸다. 결정성 물질의 X선 회절에서 보이는 따로 떨어진 고리나 점들은 결정들 사이의 특정 결정면들의 Bragg 반사를 나타낸다(17.2.1절). 비결정성 물질의 경우 그러한 불연속적인 반사를 관찰할 수 없는데, 이는 결정에 해당되는 규칙성이 존재하지 않는다는 것을 의미한다. 그림 16.1에서 관찰되는 광범위하게 퍼진 뚜렷하지 않은 환은 단지 고분자 주사슬 혹은 곁사슬을 구성하는 원자 사이에 일정한 간격과, 그 값이 일정치 않고 조금씩 다른 인접한 분자를 구성하는 원자와의 간격에 해당한다. 12.4절에서 소각 중성자 산란을 이용한 연구 결과 무정형 고분자의 크기는 섭동되지 않은 크기(unperturbed dimension)를 가지고 있음을 지적한 바 있다(10.3절).

오랫동안 많은 사람들이 고분자 용융체나 무정형 고분자의 경우에도 분자의 크기에 해당하는 미세 영역에서는 규칙성이 존재한다고 생각하였다. 이러한 생각은 고분자에만 해당되는 것이 아니고 액체나 무기 유리에 존재하는 구조를 설명하는 데 이용되어져 왔다. 유리 고분자에 규칙성을 지닌 영역이 존재한다는 주요 증거로는 전자 현미경을 통한 구조 관찰 결과가 제시되었다. 파괴 표면의 레플리카(replica) 혹은 박막을 전자 현미경으로 관찰하면 간혹 약 100 nm 정도의 노듈(nodule) 구조를 관찰할 수 있다. 이러한 노듈은 유

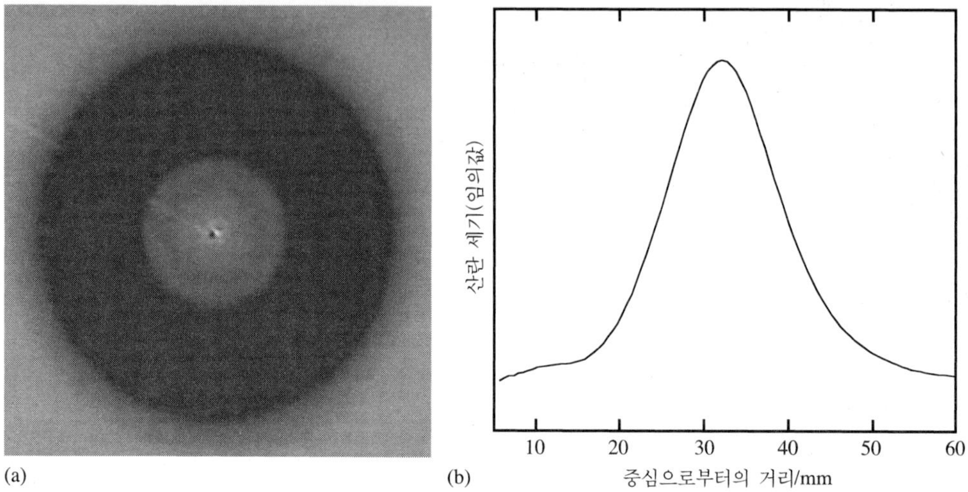

▶ 그림 16.1
에폭시 수지의 광각 X선 회절 결과. (a) 평판 회절 패턴. (b) 패턴의 중심으로부터 거리에 따른 산란 강도.

리 고분자에서 규칙성을 지닌 영역으로 간주되었다. 하지만, X선 회절법을 사용한 실험 결과 노듈의 존재를 확인할 수 없고 오로지 규칙성이 전혀 없다는 것이 밝혀졌으며(예: 그림 16.1) 몇몇의 전자현미경 연구 결과의 경우 실험 결과의 신빙성에 관해 의문이 제기되었다.

폴리(에틸렌 테레프탈레이트)나 아이소택틱 폴리프로필렌과 같은 몇몇 고분자의 경우 결정화 속도가 매우 느려 용융체를 급랭시키면 핵생성 및 성장의 통상적 과정을 통해 결정화가 진행될 시간이 충분치 못해 겉보기에는 무정형의 고분자를 얻을 수 있다. 이렇게 급랭된 분자를 고온에서 열처리하면 결정화를 유도할 수 있다. 급랭된 고분자의 X선 회절은 뚜렷하지 않은 명백히 규정지을 수 없는 형태를 보여 준다. 이는 시편이 진짜로 결정이 아니거나 결정이 있어도 그 크기가 매우 작고 불완전한 구조를 가지고 있기 때문이다. 열처리가 진행되면서(고온에서 가열) 회절 형태가 점점 뚜렷해짐은 결정화가 일어나고 있다는 것을 의미한다. 이 경우 열처리 중 어느 정도 분자들의 재배열이 형성된다는 것은 명백하나 고체 상태에서 일어나는 결정화 과정이 광범위한 분자 확산에 의해 진행될 수는 없다. 따라서 결정화 기구가 정확히 어떠한지는 확실치 않으며 또한 열처리된 고분자가 진정 무정형인지 혹은 작은 결정을 포함하고 있는지도 명확히 이야기하기는 매우 어렵다.

16.2 유리 전이

고분자 용융체가 냉각되면 점도가 상승하고 흐름이 점점 어려워진다. 무정형 고분자의 온도를 충분히 냉각하면 고무 상태가 되고 더욱 더 냉각하면 다소 딱딱하고 탄성을 지닌 고분자 유리 상태가 된다. 고분자가 고무 상태에서 유리 상태로 변하는 이러한 온도를 **유리 전이 온도(glass transition temperature,** T_g**)**라고 한다. 이러한 유리 전이 현상은 비결정성 고분자에만 한정된 것은 아니다. 녹는점 이하에서 결정화가 불가능한 물질은 어떠한 물질이라도 그 온도 이하로 충분히 냉각하면 유리 상태로 전이가 일어난다.

유리 전이 온도에서 고분자의 물성은 매우 급격히 변한다. 예를 들어, 무정형 고분자의 경우 온도가 T_g 이하로 냉각되면 강직도가 급격히 증가한다. 이를 20.6절의 기계적 성질에서 상세히 다루기로 한다. 또한, 열용량과 열팽창 계수와 같은 다른 물성도 급격히 변한다. 이러한 유리 전이 현상을 보여 주고 T_g를 결정하기 위해 가장 널리 쓰이는 여러 방법들 중 한 가지가 그림 16.2에 제시된 것과 같은 고분자 시편의 비부피를 온도의 함수로 측정하는 방법이다. T_g 아래와 위에서는 비부피가 온도에 따라 선형적으로 변하고, 반면에 T_g 부근 몇몇 도수에 걸쳐 그 기울기가 변한다. 통상적으로 두 선을 외삽하여 그들이 만나는 온도를 T_g로 취급한다. T_g의 다른 특징은 그 온도가 온도 변화 속도에 의존한다는

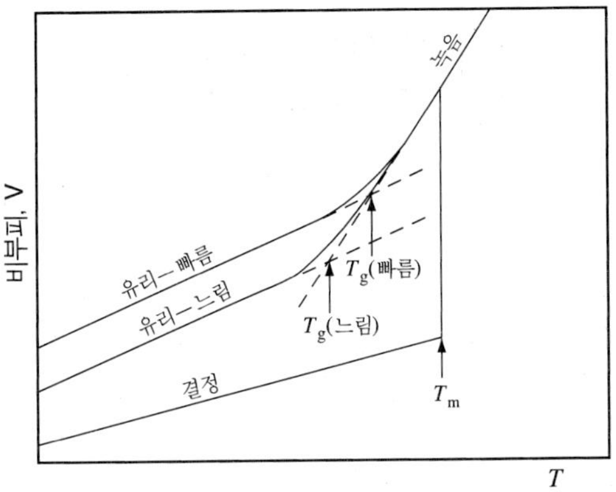

▶ 그림 16.2
서로 다른 물질들의 온도에 따른 비부피의 변화. 세 가지 서로 다른 물질은 천천히 냉각된 물질과 급속 냉각된 유리상 물질 그리고 100% 결정물질의 용융 과정을 나타낸다.

점이다. 냉각 속도가 충분히 느릴 때 과연 일정 온도의 T_g에 도달할 수 있는가는 아직도 논란의 대상이 되고 있다. 반결정성 고분자의 경우에도 무정형 부분의 T_g 결정은 가능하지만, 이 경우 무정형 부분의 비율이 아주 작기 때문에 T_g에서의 물성 변화는 무정형 고분자 경우처럼 뚜렷하지는 않다.

16.2.1 유리 전이의 열역학

열역학적 관점에서 유리 전이 현상을 해석하고자 하는 많은 시도가 있었다. 열역학적 전이는 일차 전이와 이차 전이로 분류된다. 일차 전이에서는 상태 변수(V, P, T)의 함수인 자유 에너지가 연속적이지만 자유 에너지의 편미분은 불연속적이다. 따라서 일차 전이 온도에서 Gibbs 자유 에너지(G)는 연속적이지만, 그의 온도 $(\partial G/\partial T)_P$ 및 압력 미분 $(\partial G/\partial T)_T$은 불연속적이 된다. 따라서 용융 및 기화와 같은 일차 전이에서는 부피(V), 엔탈피(H), 엔트로피(S) 같은 변수들이 불연속점을 보인다.

$$\left(\frac{\partial G}{\partial P}\right)_T = V \tag{16.1}$$

$$\left(\frac{\partial (G/T)}{\partial (1/T)}\right)_P = H \tag{16.2}$$

$$\left(\frac{\partial G}{\partial T}\right)_P = -S \tag{16.3}$$

예를 들어 그림 16.2에 나타낸 바와 같이 V는 용융 온도에서 불연속적인 증가를 보인다. 이차 전이에서는 Gibbs 자유 에너지 자체와 그 일차 편미분은 연속적인 형태를 보이지만 Gibbs 자유 에너지의 이차 편미분이 불연속을 보인다. 따라서 V, H, S와 같이 Gibbs 자유 에너지의 일차 편미분으로 나타내어지는 상태 변수들은 이차 전이점에서 불연속적인 변화를 보이지 않지만 다음과 같이 Gibbs 자유 에너지의 이차 편미분으로 표현되는 열팽창 계수(α), 압축 계수(compressibility, κ) 및 열용량 계수(C_p)와 같은 변수들은 불연속점을 보이게 된다.

$$\left(\frac{\partial}{\partial T}\left(\frac{\partial G}{\partial P}\right)_T\right)_P = \left(\frac{\partial V}{\partial T}\right)_P = \alpha V \tag{16.4}$$

$$\left(\frac{\partial^2 G}{\partial P^2}\right)_T = \left(\frac{\partial V}{\partial P}\right)_T = -\kappa V \tag{16.5}$$

$$\frac{\partial}{\partial T}\left(\left(\frac{\partial(G/T)}{\partial(1/T)}\right)_P\right)_P = \left(\frac{\partial H}{\partial T}\right)_P = C_P \tag{16.6}$$

$$-\left(\frac{\partial^2 G}{\partial T^2}\right)_P = \left(\frac{\partial S}{\partial T}\right) = \frac{C_P}{T} \tag{16.7}$$

용융과 같은 일차 전이는 대부분 익숙하지만 다소 생소한 이차 전이 현상도 자연계에서 많이 발견된다. 그런 이차 전이 중 하나가 강자성체(ferromagnetism)의 자화 현상이다.

유리 전이 또한 열역학적인 전이 현상 중 하나로 해석할 수 있다. 그림 16.3은 열역학적인 성질, G, V, H, S의 온도 의존성과 그들의 미분값인 α, κ, C_p 등의 온도 의존성을 일-이차 전이 및 유리 전이 온도에서 나타낸 것이다. 그림에서 볼 수 있듯이 유리 전이점은 V, H, S의 갑작스러운 변화를 보이는 녹는점과는 달리 V, H, S의 기울기가 변하는 전형적인 이차 전이의 특징을 보여 주고 있다. 그러나 그림 16.2에 나타낸 바와 같이 냉각 속도가 증가할수록 T_g는 높은 온도로 이동하는데, 이것은 진정한 이차 전이에서는 볼 수 없는 현상이다.

앞에서 설명한 특징들은 유리상이 형성되는 과정이 진정한 의미에서 열역학적인 과정이라기보다는 동역학적인 과정임을 의미한다. 이는 유리상과 고무상의 열역학적인 평형이 존재하지 않기 때문이다. 이러한 이유로 유리 전이보다는 '유리상 고체화' (glassy solidification)라는 용어가 더 적당하다는 의견도 있다. 그렇지만 일반적으로는 유리상 고체화라는 용어가 널리 쓰이지 않으므로 이 책의 나머지 부분에서는 '유리 전이'라는 용어를 사용할 것이다.

16.2.2 자유 부피

유리 전이를 분석하는 유용한 방법들 중 하나가 **자유 부피(free volume)**의 개념을 이용하

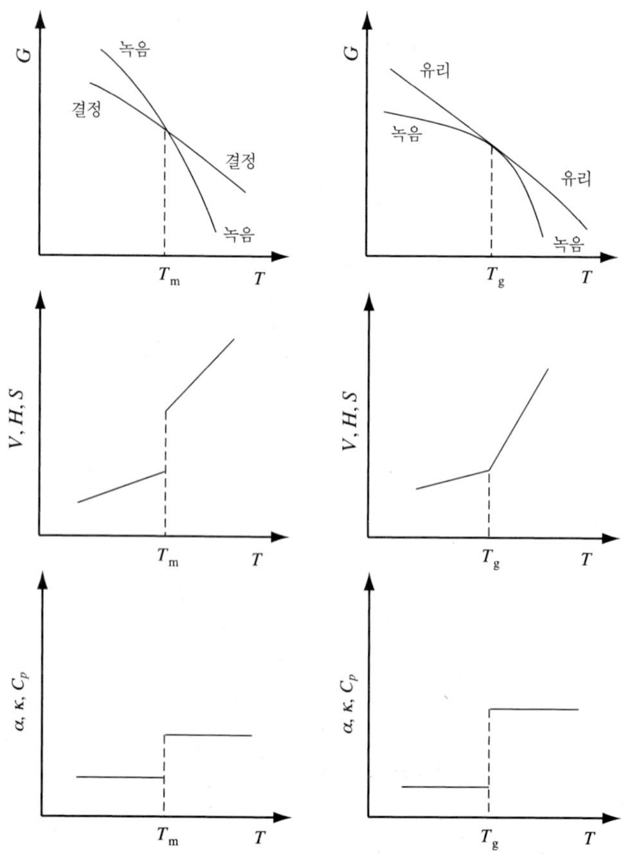

▶ 그림 16.3
용융과 유리 전이의 차이점을 나타낸 개략도. (자료 출처: Rehage, G. and Borchard, W., Physics of Glassy Polymers, Applied Science Publishers, London, U.K., 1973.)

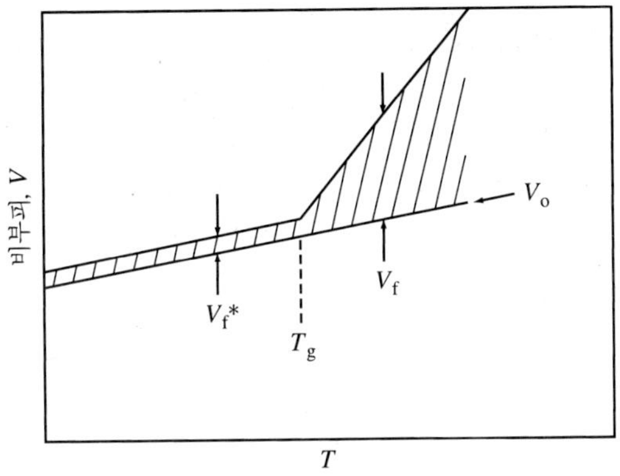

▶ 그림 16.4
고분자의 온도 T에 따른 비부피 V의 변화를 나타낸 개략도. 빗금친 부분이 자유 부피를 나타낸다.

는 것이다. 이 개념은 액체를 분석하는 데 이용되어져 왔던 것으로 쉽게 고분자의 유리에 확장하여 적용이 가능하다. 자유 부피란 고체나 액체 상태의 시료에서 분자가 차지하고 있지 않은 공간, 즉 분자 사이의 '빈 공간'이다. 액체 상태에서는 자유 부피가 커 분자가 이 공간을 통해 쉽게 이동할 수 있고 분자의 배열 변화도 자유롭기 때문에 분자 움직임이 쉽게 일어나는 것으로 생각된다. 온도가 냉각되면 분자 움직임에 필요한 열에너지의 양이 줄어들게 된다. 자유 부피는 온도 변화에 따라 민감하게 달라지는 것으로 생각되며, 고분자 고무나 용융 상태에서 대부분의 열팽창은 자유 부피의 변화에 기인한다. 용융물의 온도가 낮아질수록 자유 부피는 줄어들고 마침내 분자 회전이나 옮김이 불가능할 정도에 도달한다. 이러한 온도, 즉 고분자 유리가 완전히 얼어붙은 상태에 도달한 온도가 T_g이다. 이러한 상황을 그림 16.4에 개략적으로 제시하였다. 빗금친 부분이 자유 부피를 나타낸다. T_g 이하에서 자유 부피 V_f^*는 일정하고 T_g 이상에서는 온도가 올라가면 증가하는 것으로 생각된다. 시료 전체 부피 V는 분자가 차지한 부피, V_0와 자유 부피 V_f의 합이므로

$$V = V_o + V_f \tag{16.8}$$

$f_v = V_f/V$로 정의되는 자유 부피 분율 f_v를 사용하는 것이 더욱 편리하다. T_g와 그 이하에서 자유 부피 분율 f_v는 $f_g = V_f^*/V$가 되며 상수로 간주된다. T_g 이상에서는 용융물이 팽창이 V_f 에 기여하게 된다. T_g 이상에서 자유 부피는 다음과 같이 되며,

$$V_f = V_f^* + (T - T_g)\left(\frac{\partial V}{\partial T}\right) \tag{16.9}$$

양변을 V로 나누면 다음과 같다.

$$f_V = f_g + \left(T - T_g\right)\alpha_f \tag{16.10}$$

여기서 α_f는 자유 부피의 열팽창 계수로, T_g 부근에서 고무 상태와 유리 상태 고분자의 열팽창 계수의 차를 뜻한다. 엄격히 말해 위 식은 T_g 이상의 좁은 온도 범위에서만 적용할 수 있다. 여러 종류의 고분자를 분석한 결과 놀랍게도 대부분 고분자의 f_g는 일정하다는 것이 밝혀졌으며 자유 부피에 관한 이러한 개념을 이용하면 T_g와 $T_g + 100$ K 사이에서 속도와 온도에 따른 고분자의 점탄성 거동을 해석할 수 있다는 매우 중요한 사실이 밝혀졌다(20.7절).

16.3 유리 전이 온도에 영향을 미치는 인자들

각각의 고분자들은 서로 다른 유리 전이 온도를 가지는 것이 일반적인 현상이다. 이는 다른 많은 물리적 성질들과 그 온도 의존성이 영향을 미치므로 고분자의 T_g에 미치는 인자

표 16.1 여러 고분자들의 유리 전이 온도

반복 단위	고분자 이름	T_g/°C
$—CH_2—CH_2—$	Polyethylene	−130 ~ −10
$—CH_2—CH_2—O—$	poly(ethylene oxide)	−67
	poly(*p*-xylylene)	80
비닐 고분자	곁사슬(X)	
$—CH_2—CHX—$	$—CH_3$	−23
	$—CH_2—CH_3$	−24
	$—CH_2—CH_2—CH_3$	−40
	$—CH_2—CH(CH_3)_2$	30
	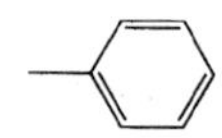	100
	—Cl	81
	—OH	85
	—CN	97

들에 관하여 살펴볼 필요가 있다.

16.3.1 화학 구조

고분자의 경우 유리 전이가 일어나면 물성이 현저히 변한다. 유리 상태의 고분자가 T_g에 도달하면 강직함을 잃고 흐르게 된다. 많은 고분자들이 실제적으로 유리 상태에서 사용되므로 어떠한 요인들이 T_g를 결정짓는가를 아는 것은 필수적이다. 유리 상태에서 완전히 얼어붙은 고분자가 T_g에 도달하면 분자 회전이나 옮김이 자유롭게 되므로 T_g가 고분자를 구성하는 분자의 물리적이고 화학적인 본질에 의존함은 당연하다. 몰질량과 가지와 같은 요인은 16.3.3절에서 다루기로 하고, 여기에서는 표 16.1에 나타낸 바와 같은 고분자 사슬의 근본적인 화학적 구조가 T_g에 어떻게 영향을 미치는지를 검토하고자 한다.

가장 중요한 요인은 주사슬을 구성하고 있는 화학기(chemical group)에 의해 결정되는 사슬의 유연성(flexibility)이다. 폴리에틸렌 $(—CH_2—CH_2—)_n$이나 폴리옥시에틸렌 $(—CH_2—CH_2—O—)_n$과 같이 비교적 유연한 사슬로 구성되어 주사슬 결합의 회전이 쉬운 고분자는 T_g가 낮다. 폴리에틸렌의 경우 결정도가 높아 T_g 측정이 어려워 실제 T_g값이 어떠한지는 논란의 대상이 되고 있으며, −130°C에서 −30°C 사이의 값이 보고되고 있다. 하지만, 회전을 방해해 사슬을 강직하게 만드는 부분이 포함되면 T_g가 상당히 올라간다. 예를 들어, 폴리에틸렌 주사슬의 에틸렌 대신 주사슬이 p-페닐렌 고리고 구성된 폴리파라자일렌[poly(*p*-xylene)]의 T_g는 80°C나 된다.

$(—CH_2—CHX—)_n$ 형태의 비닐 고분자는 표 16.1에서 볼 수 있는 것처럼 곁사슬의 성질이 T_g에 커다란 영향을 끼친다. 주사슬에 곁사슬이 붙으면 주사슬 결합의 회전을 제한해 T_g를 높이는 효과가 있다. 주사슬은 유연한 결합으로 구성되었어도 거대한(bulky) 곁사슬이 있을 경우 주사슬의 존재는 미미해지고 곁사슬의 영향으로 인해 고분자가 강직해진다. —Cl, —OH나 —CN과 같은 극성기가 있으면 같은 크기의 비극성기가 있을 경우에 비해 높은 T_g를 나타낸다. 이는 극성기 사이의 상호작용으로 인해 회전이 어려워지기 때문이며, 그러한 예로 폴리프로필렌$(—CH_2—CHCH_3—)_n$에 비해 폴리(염화 비닐)$(—CH_2—CHCl—)_n$의 T_g가 높음을 들 수 있다(표 16.1).

16.3.2 공중합

앞 절에서 기술한 자유 부피의 개념을 이용해 공중합체의 유리 전이 거동을 해석하는 것

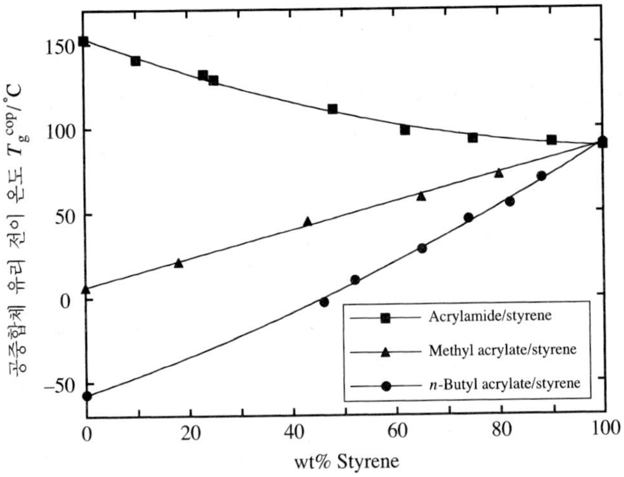

그림 16.5
스타이렌을 기반으로 한 몇 가지 불규칙 공중합체의 유리 전이 온도의 변화. (자료 출처: Illers, K.H., Kolloid-Zeitschrift., 190, 16, 1963.)

도 가능하다. 서로 다른 두 단량체의 비율을 바꿔가며 균일상을 가지는 공중합체를 합성하여 조성의 함수로 T_g를 플롯하면(그림 16.5), 공중합체의 T_g가 두 단일중합체의 T_g를 연결하는 직선상에 떨어지거나 대부분의 경우 직선의 아래 부분에 위치한다는 것이 발견되었다.

만일 공중합체를 구성하는 각 반복 단위가 가지고 있는 자유 부피가 크기가 공중합체와 단일중합체에서 같다면 공중합체의 T_g의 조성 의존성을 예측할 수 있다. 두 단량체가 A와 B라면 식 16.10은 다음과 같으며

$$f_V^A = f_g^A + (T - T_g^A)\alpha_f^A \tag{16.11}$$

$$f_V^B = f_g^B + (T - T_g^B)\alpha_f^B \tag{16.12}$$

그리고 공중합체의 경우

$$f_V^{cop} = f_g^{cop} + (T - T_g^{cop})\alpha_f^{cop} \tag{16.13}$$

여기서 왼쪽항들은 $T(> T_g)$에서 자유 부피 분율이며, f_g는 T_g에서 자유 부피 분율이고, α_f는 자유 부피의 열팽창 계수이다.

공중합체의 자유 부피가 공단량체 A와 B의 무게 분율 w_A와 w_B에 비례하여 더해지는 형태로 표시된다면 다음과 같다.

$$f_g^{cop} = w_A f_g^A + w_B f_g^B \tag{16.14}$$

그리고

$$f^{cop} = w_A f^A + w_B f^B \tag{16.15}$$

자유 부피의 열팽창 계수도 유사한 형태로 표시된다면,

$$\alpha_f^{cop} = w_A \alpha_f^A + w_B \alpha_f^B \tag{16.16}$$

식 16.11에서 식 16.16까지를 결합하여 재배열하면,

$$T_g^{cop}(w_A + Cw_B) = T_g^A w_A + CT_g^B w_B \tag{16.17}$$

여기서 $C = \alpha_f^B/\alpha_f^A$이다. 만일 $C \sim 1$이면,

$$T_g^{cop} = T_g^A w_A + T_g^B w_B \tag{16.18}$$

위의 식은 T_g^{cop}와 공중합체 조성 사이에 직선 비례 관계가 성립함을 보여 준다. 보통 실험적으로 관찰되는 T_g^{cop}에 비해 식 16.18에 의해 예측되는 값이 높다는 것이 발견되었다. 또 다른 이론에 의하면 다음과 같은 결과를 얻을 수 있다.

$$\frac{1}{T_g^{cop}} = \frac{w_A}{T_g^A} + \frac{w_B}{T_g^B} \tag{16.19}$$

위의 관계식에 의거해 조성에 T_g^{cop}를 플롯하면 식 16.18의 직선 비례 관계식에 의한 선보다 아래에 위치하게 되는데, T_g^{cop}의 실제 값은 위의 두 식에 의해 예측되는 값들 사이에 떨어진다.

혼화성 고분자 블렌드(miscible polymer blend)에서도 두 성분 사이에 하나의 T_g가 관찰되는 비슷한 현상이 발견된다. 반면에 상분리가 되는 블록 공중합체나 고분자 블렌드와 같은 다상계(multiphase system)에서는 각각 성분의 T_g에 가까운 두 T_g가 관찰된다.

16.3.3 분자 설계

지금까지 고분자의 근본적 화학적 구조가 어떻게 T_g에 영향을 미치는가를 살펴보았다. 몰질량, 가지도(branching), 가교와 같은 물리적 특성 또한 T_g에 영향을 미친다는 것이 밝혀졌다. 고분자의 몰질량이 증가할수록 T_g는 높아지고 이러한 현상은 다음과 같은 형태의 근사식으로 표시할 수 있다.

$$T_g^{\infty} = T_g + \frac{K}{M} \tag{16.20}$$

여기서 T_g^{∞}는 고분자의 몰질량이 무한대일 경우의 T_g이며, K는 상수이다.

위 식은 각 분자의 말단 부분에서의 자유 부피가 사슬의 중간 부분에 비해 크다는 것을 생각하면 쉽게 이해할 수 있다. 밀도가 ρ이고 수평균 몰질량이 $\bar{M}_n$인 고분자의 단위 부피당 사슬의 수는 $\rho \mathbf{N_A}/\bar{M}_n$으로 주어지고, 따라서 단위 부피당 사슬의 말단수는 $2\rho \mathbf{N_A}/\bar{M}_n$이다. 여기서 $\mathbf{N_A}$는 Arogadro 수이다. 한 개의 말단이 자유 부피에 기여하는 바가 θ라면, 자유 부피 분율의 총량 f_c는 다음과 같다.

$$f_c = \frac{2\rho \mathbf{N_A} \theta}{\bar{M}_n} \tag{16.21}$$

f_c값을 가진 고분자의 유리 전이 온도가 T_g라면 f_c는 고분자가 T_g에서 T_g^{∞} 사이의 온도 영역에서 열에 의해 팽창할 때 자유 부피의 증가와 동일하게 되며, 이는 다음과 같은 관계식이 성립함을 뜻한다.

$$f_c = \alpha_f (T_g^{\infty} - T_g) \tag{16.22}$$

여기서 α_f는 자유 부피의 열팽창 계수이다(16.2.2절). 식 16.21과 16.22를 결합하여 재배열하면 다음의 결론식이 얻어진다.

$$T_g = T_g^{\infty} - \frac{2\rho \mathbf{N_A} \theta}{\alpha_f \bar{M}_n} \tag{16.23}$$

위 식을 식 16.20과 비교할 때 $K = 2\rho \mathbf{N_A}\theta/\alpha_f$라면 두 식은 완전히 동일한 형태라는 것을 알 수 있다. 따라서 T_g의 몰질량 의존도는 자유 부피를 고려하면 예측 가능하다.

고분자 사슬의 가지가 조금만 있어도 T_g가 낮아진다는 것이 밝혀졌다. 이 또한 자유 부피

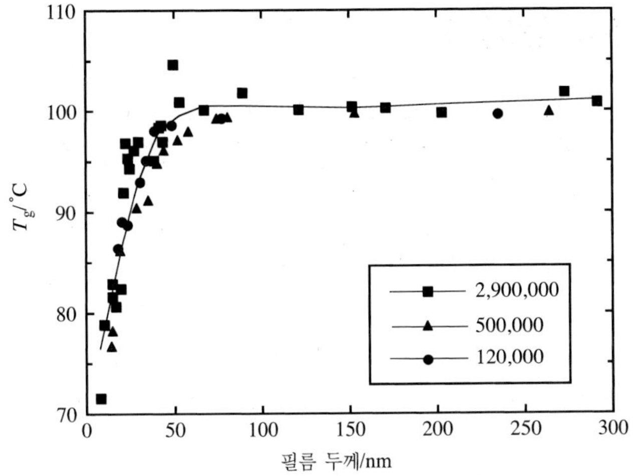

▶ 그림 16.6
몰질량에 따른 폴리스타이렌 박막의 유리 전이 온도 측정 결과 (g mol^{-1} 단위의 몰질량). (자료 출처: Keddie, J.L. et al., Europhys. Lett., 27, 59, 1994.)

의 개념을 응용해 해석할 수 있다. 전술한 자유 부피를 이용한 설명에 의하면 사슬 하나당 통털어 y개의 말단을 가지고 있는 고분자의 T_g는 다음과 같이 표현할 수 있음을 알았다.

$$T_g = T_g^{\infty} - \frac{\rho y \mathbf{N_A} \theta}{\alpha_f \bar{M}_n} \tag{16.24}$$

여기서 T_g^{∞}는 몰질량이 무한대인 선형 고분자의 T_g이다. 선형 고분자는 사슬 하나당 두 개의 말단을 가지고 있으므로 가지의 개수는 $(y-2)$이다. 식 16.24는 가지의 수가 적을 경우에만 적용 가능하다. 가지의 개수가 많아지면 가지들이 사슬의 움직임을 제한하는 곁사슬과 같은 역할을 해 T_g를 증가시킨다.

고분자 시료에 화학적 반응에 의해 **가교(crosslink)**가 일어나면 T_g가 올라간다. 하지만 가교 밀도가 높을 경우 전이가 일어나는 범위가 넓어지면 심하게 가교된 물질에서는 유리 전이가 관찰되지 않을 수도 있다. 가교는 고분자의 비부피를 감소시켜 자유 부피를 줄이게 되고 그로 인해 분자가 움직이기 더욱 힘들어져 T_g가 올라간다.

16.3.4 필름의 두께

최근의 연구에 의하면 아주 얇은 두께를 가지는 필름 형태의 고분자는 일반적인 크기(bulk value)의 고분자에 비해 상당히 다른 유리 전이 온도를 가지는 것으로 알려졌다. 단결정 실리콘 기판에 폴리스타이렌을 얇게 코팅시켜서 코팅 두께에 따른 유리 전이 온도 측정 결과를 나타낸 그림 16.6의 결과를 보면 쉽게 이해할 수 있다. 이 실험에서 T_g의 측정은 필름의 굴절율에 민감한 타원계측법(ellipsometry)에 의하여 측정한 것으로, 이 방법은 매우 얇은 박막의 T_g를 정밀하게 측정하는 것이 가능하다. 10 nm 두께의 필름의 경우 T_g가 벌크값에 비해 30 K 가량 낮은 것을 볼 수 있다. 실리콘 기판에 붙지 않고 독립적으로 존재하는 박막의 경우에는 유리 전이 온도가 이보다 더 떨어지는 것도 관찰이 된다. 이 현상은 T_g 근처에서 분자의 움직임의 시작(onset of mobility)과 밀접하게 관련되어 있는 것으로 이해된다. 표면에 위치하는 고분자는 주위 고분자 사슬과 얽혀있음으로 인한 움직임의 제약이 다른 부분보다 적음으로 더 쉽게 움직일 것으로 생각할 수 있다. 따라서 분자의 움직임이 시작되는 T_g가 더 낮을 것으로 예상할 수 있다. 그림 16.6을 보면 관찰된 시료의 몰질량 범위 내(10^5~10^6 g mol^{-1})에서는 몰질량의 영향이 거의 없는 것을 볼 수 있는데, 이는 측정된 시료의 몰질량이 매우 높기 때문인 것으로 추정된다. 박막에서 T_g가 떨어지는 현상이 대부분의 고분자에서 보이는 일반적인 현상이지만 고분자와 고체 기판과의 상호작용이 강한 경우에는 박막에서 T_g가 올라가는 현상이 관측되기도 한다.

16.4 고분자 동역학

고분자 동역학(macromolcular dynamics)은 고분자 사슬이 움직일 수 있는 방법에 대한 이론이며, T_g 근처에서 사슬의 움직임에 관한 내용뿐 아니라 결정화(17장) 및 점탄성(20장)과 같은 여러 현상을 이해하는 데 필수적인 이론이다. 기체 상태에서 분자는 직접적인 선 운동에 의하여 움직이면서 벽과 다른 분자들과 충돌한다. 액체상에서도 작은 크기의 분자는 기체와 유사한 움직임을 보이지만 충돌과 그 다음 충돌 간의 거리는 분자의 크기 정도로 제한된다. 고분자의 움직임은 각기 다른 두 움직임 중의 하나로 나뉜다. 고분자는 무게 중심의 위치가 변하지 않으면서 형태가 바뀔 수도 있고 이웃한 고분자와 상대적인 무게 중심이 바뀔 수도 있다. 두 경우 모두 열 활성화(thermal activation)에 기인한 Brownian 운동을 통해 일어나며, 자기 확산(self diffusion)의 형태라 생각할 수 있다. 고분자 사슬의 확산은 주사슬 방향으로는 가능하지만 수직한 측면 방향으로는 다른 고분자 사슬과의 상호작용에 의해 움직임이 불가능하기 때문에 고분자의 움직임은 더욱 느리게 된다. 따라서 고분자의 움직임은 다른 사슬과의 협동적인 방법에 의해서만 가능하다.

16.4.1 ROUSE–BUECHE 이론

고분자 사슬의 움직임에 관한 이론 중 가장 초기의 이론이 Rouse – Bueche 이론이다. 이 이론에서는 각각의 고분자가 Gaussian 분포 함수를 따르는 여러 개의 작은 단위의 조합으로 구성되어 있다고 가정한다(10.3.1절). 그림 16.7에 나타낸 것처럼 이 작은 단위는 여러 개의 구슬과 스프링으로 직렬 연결된 것으로 나타낼 수 있다. 스프링은 Hooke 법칙을 따른다고 가정하며 또한 사슬을 따라 만능 조인트(universal joint)와 같은 역할을 한다고 가정한다. 고분자 사슬의 동역학은 반복 단위에 가해지는 세 가지 힘의 상호작용에 의존한다고 생각할 수 있다.

- 반복 단위와 반복 단위를 둘러싼 매질과의 상대 속도에 비례하는 마찰력
- 이웃한 반복 단위 사이에 연결을 유지하기 위한 힘
- 이웃 매질과의 충돌로 발생되는 무작위 힘(Brownian 운동을 일으키는 힘)

Rouse – Bueche 모형은 고분자의 자기 확산, 응력-완화 및 크리프(creep, 20장) 특성을 예측하기 위하여 분자 동역학에 기여하는 이러한 힘들을 고려한다. 묽은 고분자 용액($< 1\%$)에서는 이 이론이 꽤 유용하지만 고체 고분자에서는 실험 결과와 잘 일치하지 않는 결과를 보여 준다.

이 이론으로 예측할 수 있는 중요한 결과 중 하나는 고분자 용융체(η)의 점도가 반복 단위의 개수, 즉 몰질량(M)에 비례한다는 사실이다.

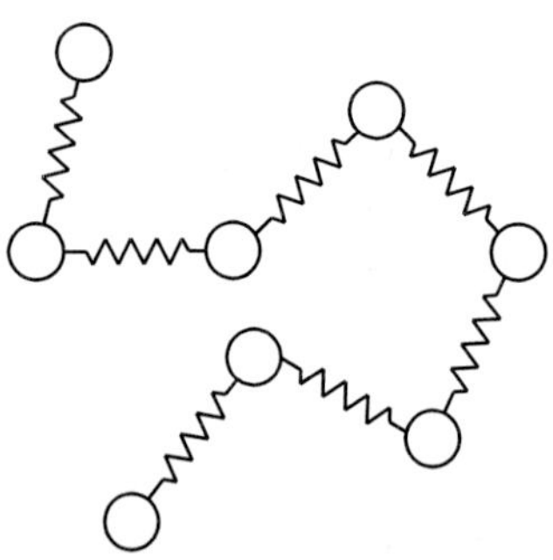

▶ 그림 16.7
고분자 사슬의 Rouse – Bueche 비드와 스프링 모형을 나타낸 개략도. (자료 출처: Sperling, L.H., Introduction to Physical Polymer Science, 4th edn., Wiley Interscience, Hoboken, NJ, 2006.)

$$\eta \propto M \tag{16.25}$$

이 예측은 몰질량이 낮은 범위에서는 실험 결과와 일치하지만 임계 몰질량 이상에서는 점도에 미치는 몰질량의 영향이 훨씬 강해진다. 몰질량이 높은 경우 점도는 몰질량의 3.5승에 비례한다.

$$\eta \propto M^{3.5} \tag{16.26}$$

이러한 점도의 몰질량 의존성의 변화는 **사슬 얽힘(chain entanglement)**으로 설명된다. 고분자는 농도가 아주 낮은 묽은 용액의 경우에만 분자 하나하나가 이웃 사슬에 영향을 받지 않고 독립적으로 움직인다. 용액의 농도가 점점 증가하게 되면 긴 고분자 사슬은 이웃한 고분자 사슬과 만나게 되고 주사슬의 공유 결합들이 교차되지 않으므로 이웃한 고분

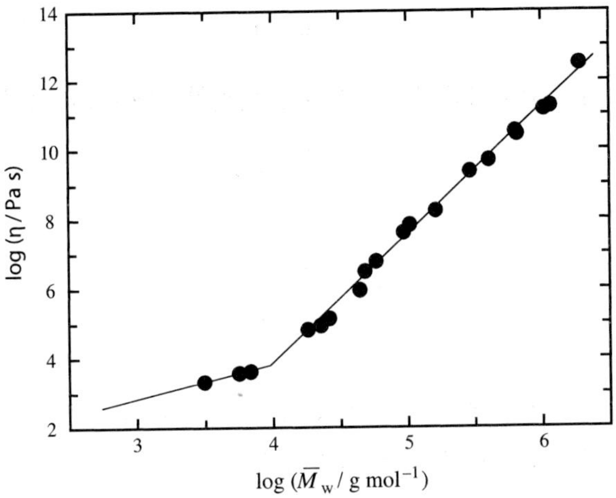

▶ 그림 16.8
몰질량에 따른 단분산 폴리아이소프렌의 점도 변화. (자료 출처: Nemoto N. et al., Macromolecules, 5, 531, 1972.)

자들이 서로 얽히게 된다. Rouse – Bueche 모형은 결합들이 교차되지 않는다는 것을 고려하지는 않는다.

사슬의 얽힘은 또 다른 결과를 낳을 수 있다. 몰질량이 높은 탄성체는 가교가 없는 상태, 심지어는 용해 상태에서도 사슬의 얽힘이 물리적인 가교로 작용하여 고무 탄성을 나타낸다(21장). 얽힘 간의 유효 몰질량은 고무 탄성 이론에 의하여 평탄 탄성율(plateau modulus)로부터 구할 수 있다(그림 20.12). 유리상 고분의 강도 역시 얽힘이 시작되는 임계 몰질량(M_e) 이하에서 급격히 감소한다. 그림 16.8에 나타낸 기울기가 변하는 임계 몰질량(M_{cr})은 분자의 얽힘에 기인하기는 하지만 둘이 정확하게 일치하는 것이 아니다. 둘 사이의 관계의 복잡하며 대략 $M_{cr} \cong 2M_e$인 것으로 알려져 있다.

16.4.2 DE GENNES의 사동 모형

Rouse – Bueche 모형이 분자의 움직임과 크리프 완화 및 점도와 같은 여러 현상들과의 관계를 처음으로 세웠다는 점에서는 의미가 있으나, 실험적인 결과의 정량적인 예측에서는 다소 아쉬움이 있다. 최근에는 고분자 동역학에 관련된 관심들이 de Gennes의 방법으로 옮겨졌다. 그는 고분자 사슬의 움직임이 그림 16.9a에 나타낸 **사동**(뱀의 움직임, **reptation**)이라고 하는 과정에 의해 일어난다는 개념을 소개했다. 이 경우 고분자 사슬의 움직임은 넘어갈 수 없는 여러 개의 고정된 장애물에 의해 방해 받게 되고 사슬의 움직임은 장애물 사이 사이를 뱀이 움직이는 것 같은 방식으로만 가능하다. 'Reptation'이라는 용어는 파충류를 뜻하는 reptile에서 유래되었다. 이 상황에서 사슬의 움직임은 그림 16.9b에 나타낸 튜브에 갇힌 경우와 같다고 생각할 수 있다. 고분자는 튜브 안에서 여러 형태를 가질 수 있고 튜브의 길이는 분자의 펼친 길이(contour length)보다는 훨씬 짧다.

이 모형을 이용하여 고분자의 여러 현상들을 예측하는 것은 Doi와 Edward에 의해서 처음 시도되었다. 이론은 복잡하지만 고분자 점도의 몰질량 의존성은 비교적 쉽게 예측이 가능하다. 일정한 힘 f가 사슬에 가해지면 사슬이 튜브 길이 방향으로 속도 v로 움직인다고 가정할 수 있다. 튜브 내의 분자의 유동성을 μ_{tube}라 정의하면 다음 식을 얻을 수 있다.

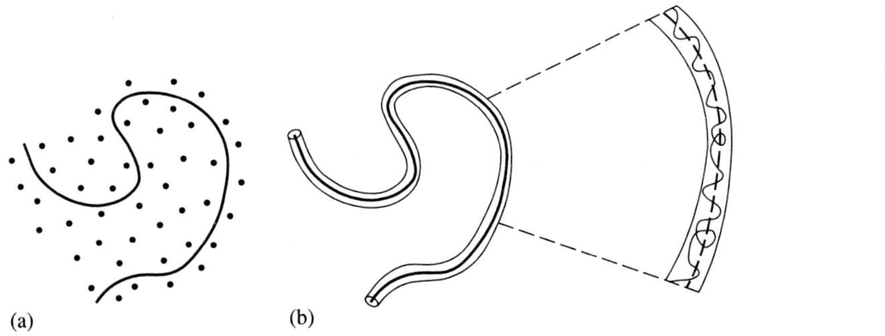

▶ 그림 16.9
de Gennes의 사동 모형. (a) 고분자 사슬이 장애물에 둘러싸여 있다. (b) 사슬이 등가 튜브에 둘러 싸여 있는 모습. (자료 출처: de Gennes, P.G., Scaling Concepts in Polymer Physics, Cornell University Press, Ithaca, NY, 1979.)

$$v = \mu_{\text{tube}} f \tag{16.27}$$

사슬의 반복 단위수가 x라면 가해지는 힘은 x에 비례할 것이다. 따라서

$$f = \frac{v}{\mu_{\text{tube}}} \propto x \tag{16.28}$$

따라서

$$\mu_{\text{tube}} = \frac{\mu_1}{x} \tag{16.29}$$

여기서 μ_1은 사슬 길이에 무관한 변수이다. 튜브 확산 계수 D_{tube}의 개념을 도입하면 Einstein 관계(식 10.99)에 의하여 다음 식을 얻을 수 있다.

$$D_{\text{tube}} = \mu_{\text{tube}}\mathbf{k}T = \frac{\mu_1 \mathbf{k}T}{x} = \frac{D_1}{x} \tag{16.30}$$

여기서 $\mathbf{k}$는 볼쯔만 상수, T는 온도, D_1은 사슬 길이에 무관한 확산 계수이다.

튜브를 벗어나기 위해서는 분자가 전체 길이 L 정도의 길이를 확산해서 움직여야 한다. 확산 이론과 확산이 일어나는 시간을 τ로 정의하면 L은 x에 비례하므로 다음의 식을 얻을 수 있다.

$$\tau \cong \frac{L^2}{D_{\text{tube}}} \cong \frac{xL^2}{D_1} \propto x^3 \tag{16.31}$$

사슬의 사동 운동과 관련된 점도는 $\eta = \tau \mathrm{E}$의 관계로부터 구할 수 있다. 여기서 E는 장애물들 사이의 거리에 의존하고 사슬의 길이와는 무관한 탄성률이다. 반복 단위수 x와 몰질량 M은 비례 관계이므로 사동 모형은 다음과 같다.

$$\eta \propto M^3 \tag{16.32}$$

이 모형은 Rouse－Bueche 모형에서 예측한 점도의 몰질량 의존성보다 월등히 강한 의존성을 예측한다. 식의 유도는 비교적 단순하지만 사동 이론은 아주 성공적이라고 여겨진다. 실제 실험 결과인 3.5승과는 다소 차이가 있지만(그림 16.8과 식 16.26). 얽힌 고분자 동역학의 근본을 이해하는 데 공헌을 했다는 평을 받고 있다. 이 이론을 더 발전시킨 결과가 곁사슬의 사동 운동을 예측하는 연구이다. 곁사슬의 사동 운동은 매우 어렵고, 따라서 곁사슬을 가진 고분자의 점도는 선형 고분자에 비해 아주 높다는 것을 예측할 수 있는데 실제 실험 결과와 일치한다. 실제의 상업 고분자는 선형이 아니므로 이 이론은 상업적으로도 큰 의미가 있다고 할 수 있다.

문제

16.1 어떤 고분자의 굴절률 $\bar{n}$을 여러 온도에서 측정하였다.

T/°C	$\bar{n}$
20	1.5913
30	1.5898
40	1.5883
50	1.5868
60	1.5853

70	1.5838
80	1.5822
90	1.5801
100	1.5766
110	1.5725
120	1.5684
130	1.5643

이 고분자의 유리 전이 온도는 몇 도인가?

16.2 폴리(메틸 메타크릴레이트)(PMMA)에 유화 중합에 의해 제조된 고무 성질을 가지는 폴리[(*n*-뷰틸 아크릴레이트)-*co*-스타이렌] 입자를 첨가하여 강인화하고자 한다. PMMA의 뛰어난 광학적 투명성을 그대로 유지하기 위해서는 PMMA와 공중합체 입자의 굴절률을 동일하게 할 필요가 있다. PMMA, 폴리(*n*-뷰틸 아크릴레이트), 폴리스타이렌의 실온에서의 굴절률이 각각 1.489, 1.466, 1.591이라면 폴리[(*n*-뷰틸 아크릴레이트)-*co*-스타이렌] 중 공단량체 조성을 어떻게 조절해야 하는가?
온도가 실온에서 고온으로 올라가면 이 물질의 광학적 투명성은 그대로 유지될 수 있는지 답하시오.

16.3 다음과 같이 화학 구조가 유사한 고분자 두 고분자가 다른 유리 전이 온도를 가지는 이유를 설명하시오.
(a) 폴리에틸렌(약 −120°C)과 폴리프로필렌(약 −20°C)
(b) 폴리(메틸 아크릴레이트)(10°C)과 폴리(비닐 아세테이트)(32°C)
(c) 폴리(1-뷰텐)(−24°C)과 폴리(2-뷰텐)(−73°C)
(d) 폴리(에틸렌 옥사이드)(−41°C)과 폴리(비닐 알코올)(85°C)
(e) 폴리(에틸 아크릴레이트)(−24°C)과 폴리(메틸 메타크릴레이트)(105°C)

16.4 폴리[(비닐리덴 플로라이드)-*co*-클로로트라이플루오로에틸렌]의 유리 전이 온도 T_g를 비닐리덴 플로라이드의 무게 분율 w_A의 함수로 측정하였다.

W_A	0	0.14	0.35	0.4	0.54	1.0
T_g/K	319	292	270	265	258	235

이 데이터를 적합한 이론식에 대입하여 $w_A = 0.75$일 경우 T_g를 구하시오.

16.5 수평균 몰질량($\bar{M}_n$)이 2300인 선형 고분자의 유리 전이 온도 T_g는 121°C이며, $\bar{M}_n =$ 9000인 동일 고분자의 T_g는 153°C이다. $\bar{M}_n = 5200$이고 가지를 가지고 있을 때 T_g는 115°C이다. 가지를 가진 경우 평균 가지의 수는 얼마인가?

참고 문헌

Booth, C. and Price, C. (eds), *Comprehensive Polymer Science*, Vol. 2, Pergamon Press, Oxford, U.K., 1989.
de Gennes, P.-G., *Scaling Concepts in Polymer Physics*, Cornell University Press, Ithaca, NY, 1979.
Doi, M., *Introduction to Polymer Physics*, Clarendon Press, Oxford, 1996.
Elias, H.-G., *Macromolecules 1: Structure and Properties*, 2nd edn., Plenum Press, New York, 1984.
Haward, R.N. (ed.), *The Physics of Glassy Polymers*, Applied Science Publishers, London, U.K., 1973.
Haward, R.N. and Young R.J. (eds.), *The Physics of Glassy Polymers*, 2nd edn., Chapman & Hall, London, 1997.
Jones R.A.L., *Soft Condensed Matter*, Oxford University Press, Oxford, U.K., 2002.
Shaw, M.T. and MacKnight, W.J., *Introduction to Viscoelasticity*, 3rd edn., John Wiley & Sons, Hoboken, NJ, 2005.
Sperling, L.H., *Introduction to Physical Polymer Science*, 4th edn., Wiley-Interscience, Hoboken, NJ, 2006.

17 결정 상태

17.1 서론

고분자 과학의 시작부터 고분자는 결정화할 수 있는 능력을 가지는 것으로 인식되어 왔다. 결정화가 일어나는 정도는 고분자의 종류와 분자의 미세구조에 따라 변하게 된다. 대부분의 다른 결정성 고체와 구별되는 결정성 고분자의 주된 차이는 결정성 고분자들은 주로 **반결정성**(**semi-crystalline**)이라는 것이다. 이러한 사실은 보통 결정성 고분자의 밀도가 완전한 결정성 고분자의 밀도와 무정형 고분자 사이의 밀도값 사이에 있다는 사실로 알 수 있다. 반결정성 고분자에서 결정의 크기와 배열 및 결정화 정도는 고분자의 물리적, 기계적 성질에 큰 영향을 주고, 이러한 성질을 충분히 설명하기 위해서는 결정 영역의 특성을 명확히 이해하는 것이 필요하다.

17.1.1 고분자의 결정성

고분자의 결정화는 산업적으로 매우 중요하다. 많은 열가소성 고분자는 용융 상태의 고분자가 결정상의 녹는점 이하로 냉각될 때 어느 정도 결정화가 진행된다. 이것은 고분자를 가공하는 동안 반복적으로 행해지는 과정이고 결정의 존재는 고분자 특성에 큰 영향을 준다. 고분자의 결정화가 일어나는 속도와 정도에 영향을 주는 많은 요소들이 있다. 즉 냉각시키는 속도와, 용융 상태에서의 배향성의 존재, 그리고 용융 온도와 같은 공정상의 변수들이 있을 수 있다. 다른 요인들로써는 고분자의 입체규칙도와 몰질량, 가지 사슬의 양 그리고 조핵제(nucleating agent)와 같은 첨가제들의 존재 등이 있다.

고분자의 결정성에 관한 분명한 의문은 왜? 어떻게? 고분자가 결정화되는가이다. 그 의문에 대한 대답은 결정화 과정의 열역학을 고려함으로써 알 수 있다. 어떤 계의 Gibbs 자유 에너지 G는 $G = H - TS$의 식에서 엔탈피 H와 엔트로피 S와 관계가 있다. 여기서 T는 열역학적 온도이며, 계는 G가 최소일 때 평형 상태에 있다. 용융 고분자는 불규칙한 코일과 얽힘 사슬로 이루어져 있다. 이것은 분자가 펼쳐진 사슬 형태일 때보다 코일 상태일 때 더 많은 형태를 가질 수 있기 때문에 큰 엔트로피를 가지게 된다. S가 높다는 것은 낮은 G값을 의미한다. 만약 용융체가 고분자의 용융 온도인 T_m 아래로 냉각된다면 결정화가 일어난다. 다른 결정성 물질에서와 같이, 고분자 결정에도 높은 규칙도가 분명히 있고 이러한 규칙성은 S의 상당한 감소로 이어진다. 그러나 이러한 엔트로피의 감소는 결정화하는 동안의 엔탈피값의 큰 감소에 의해 상쇄되는 것 이상으로, 만약 엔탈피 변화의 크기 ΔH_m(잠열)이 엔트로피 변화와 용융 온도의 곱인($T_m \Delta S_m$)보다 크면 낮은 값의 G가 생기기 때문에 결정화가 일어나리라는 것이 열역학적으로 뒷받침된다.

열역학의 법칙을 적용하기 위해서는 그 과정이 매우 천천히 일어나는 준평형 상태를 유지하여야 한다. 그러나 고분자가 특히 산업적으로 이용될 때 종종 빠르게 냉각된다. 이 상태에서 결정속도(kinetics)와 핵생성(nucleation, 기핵) 속도 등이 결정화(crystallization)에 매우 중요한 요소이다. 많은 결정성 고분자에 있어서 빨리 냉각시키면 결정이 아예 없는 무정형의 유리질 고분자가 생긴다. 이런 상태에서는 보통 유리 전이 온도와 결정의 녹는점 T_m 사이의 온도에서 무정형의 고분자를 열처리(annealing) 시켜서 결정화를 유도할 수 있다.

제기했던 두 번째 문제는 고분자가 어떻게 결정화할 수 있느냐는 것이다. 용융된 고분자를 상상하는 효과적인 방법은 큰 접시에 꼬여지고 꿈틀거리는 엄청 긴 스파게티를 생각하는 것이다. 고분자 스파게티의 실제 가닥은 스파게티의 길이와 지름의 비, 100 : 1 보다 더 큰 10,000 : 1의 값을 가진다. 이렇게 불규칙한 덩어리가 규칙적인 구조와 독특한 분자 배열을 가져서 결정화될 수 있다는 사실과 분자 상호간의 움직임이 결정화를 일으킨다는 것은 놀라운 일이다.

고분자 결정의 좋은 예는 고분자가 묽은 용액으로부터 결정화될 때 명확히 관찰된다. 비록 정밀한 측정을 하면 아직도 반결정 상태라는 것을 알 수 있지만 작고 고립된 라멜라 결정(lamellar crystal)이 얻어지는 것을 볼 수 있다. 이 경우에 고분자는 접혀지게 되는데 이 접히는 부분이 비결정상을 구성한다고 생각된다. 용액 상태에서 결정화되는 고분자 결정이 용융 상태로부터 형성된 결정보다 더욱 완벽하다. 묽은 용액에서는 고분자가 고립된 코일의 형태로 존재하며, 결정화는 얽힘(entanglement)과 같은 요인에 의해 방해받지 않는다.

여러 물질들의 단결정(single crystal)은 자연적으로 형성된다(예: 석영과 다이아몬드). 금속이나 반도체와 같은 물질의 경우, 용융물로부터 단결정을 성장시키는 것은 현재로서는 쉬운 일이다. 고분자의 경우에는 완전한 단결정을 성장시키는 일이 최근에 와서야 가능해졌다. 이는 8.2절에서 기술한 고체상 중합 공정을 사용해야만 가능하다. 가장 완벽한 결정은 치환된 다이아세틸렌(diacetylene) 단량체를 이용하여 위상화학적으로 중합하여 얻은 100% 결정도의 커다란 고분자 결정이다.

17.1.2 결정 구조와 단위셀

결정성 고체는 원자들의 규칙적인 삼차원 배열로 이루어진다. 고분자에서 원자들은 거대분자 사슬을 따라 공유 결합에 의해 연결된다. 이런 사슬은 결정 안에서 일렬로 채워지고 일정한 방향에 따라 놓이게 된다. 결정 구조 안에서 반복되는 원자의 규칙적인 배열 형태에 따라 고체 결정의 구조를 규정하는 것이 가능하다. 이 반복 단위는 단위셀(unit cell)이라 지칭하며, 결정은 이 단위셀의 다발로 이루어진다. 금속과 같은 원자 고체에는 원자들이 마치 당구공들처럼 아주 가깝게 채워져 배열되며, 그 구조는 몇 개의 원자로만 이루어진 사각 또는 육각 단위셀을 규정하여서 분류될 수 있다. 고분자 결정과 같은 분자 고체에서는 충전 단위(packing unit)가 원자고체에서보다 더욱 복잡하다. 이 경우에 단위셀은 반복되는 고분자 사슬 분절, 주로 각 단위셀에서 몇 개의 분절로 구성된다. 고분자 사슬의 복잡함에 따라 단위셀 안에는 수십, 수백 개의 원자들이 있을 수 있다. 원자가 공간을 채우는 배열은 특정 분절 내에서 공유 결합에 의해 결정되며, 이 분절은 van der Waals 힘 또는 수소 결합과 같은 이차 결합에 의해 결속된다. 고분자 사슬이 한 방향으로 누워 있고, 분자 사이에 비교적 약한 이차 결합이 있기 때문에 결정은 **비등방성(anisotropic**, 이방성)의 물리적 성질을 갖는다.

17.2 결정 구조의 결정

17.2.1 X선 회절

분자 화합물의 결정 구조를 분석하려면, 분자 반복 단위에 있는 원자들의 상대적 위치와 단위셀에 있는 분절의 배열이 결정되어야만 한다. 이 삼차원 구조는 X선 회절(X-ray diffraction)을 사용하여 단결정 표본으로부터 모든 X선 회절의 최대치의 강도와 위치를 측정하여 결

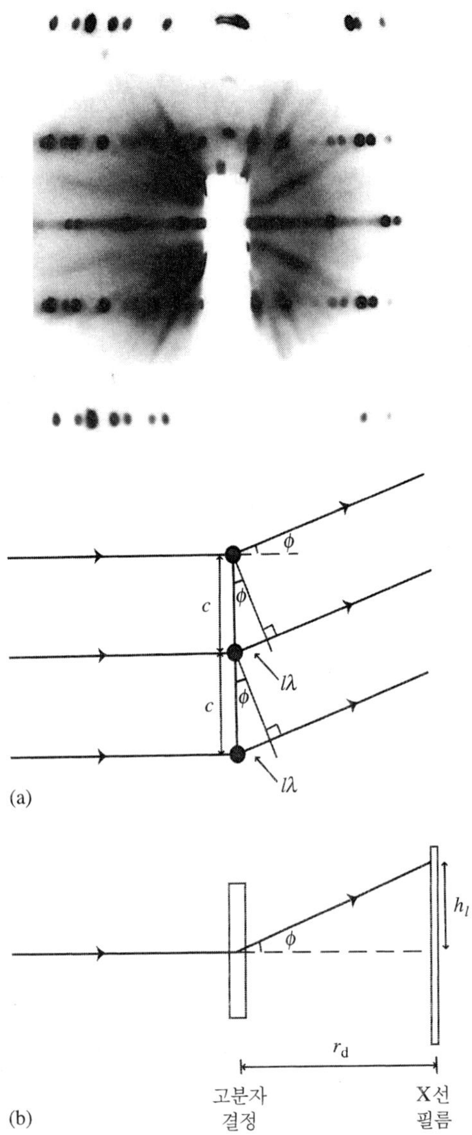

그림 17.1
폴리다이아세틸렌 단결정으로부터 얻어진 단결정의 X선 진동 사진. 사슬의 방향이 수직이다. 그림은 (a) 일차원의 격자에 의한 회절을 위한 진동 결정 사진의 층선의 형성과 (b) 실험적인 배열의 설명을 나타낸다.

정된다. 4원형 회절기(four-circle diffractometer)는 복잡한 구조를 갖는 결정 안의 모든 원자의 상대적 위치를, 실험실에서는 며칠 안으로 결정되며 싱크로트론 X선을 사용하면 몇 시간 안에 결정되지만, 이는 기술력이 좋아야 하고 비교적 큰 결정을 요구한다.

17.2.1.1 고분자 단결정

대부분의 고분자들은 큰 단결정을 만들기 어렵지만, 고체 상태의 커다란 단결정들로서 만들어진 폴리다이아세틸렌(polydiacetylene)의 완전한 결정 구조(8.2절)가 측정되었다. 폴리다이아세틸렌 단결정들에 의해 얻어진 완벽한 결정을 그림 17.1에서 볼 수 있다. 이것은 회전축과 사슬 방향이 같은, 원통형의 필름을 사용하여 얻어진 단결정 회전사진이다. 그 회절 형태는 특별한 한 축에 대하여 결정을 회전해서 얻어지는데, 평행한 선을 따라 누워 있는 점들의 형태로 나타난다. 결정의 회전축 방향으로의 격자 상수는 선간거리(layer line spacing)로부터 직접 결정될 수 있다. 회전축이 사슬 방향과 일치하기 때문에 이를 단위셀의 c로 보통 지칭한다. 만약 층선이 수평선이면 $l = 0$이고, 첫 번째 층에 대해서는 $l = 1$ 등으로 표시되며, 그때 c는 수평선 위로부터 첫 번째 층선의 높이, h_l에 관계된다. 결정 격자는 그림 17.1a에 주어진 것처럼 회절하는 것으로 생각될 수 있다. 그 층선은 통과 길이(path length), $l\lambda$에서 단계적인 차이에 기인하는데, 여기서 λ는 복사되는 파장이다. 광선의 분리각, ϕ는 다음과 같이 주어진다.

$$\sin\phi = \frac{l\lambda}{c} \tag{17.1}$$

각 ϕ는 h_l과 필름의 반지름 r_d(필름 표본 간격), 그리고 그림 17.1b에 보여지는 기하학적 구조에 관계한다. 이를 정리하면 다음 식과 같다.

$$\tan\phi = \frac{h_l}{r_{\mathrm{d}}} \tag{17.2}$$

식 17.1과 17.2의 결합된 식으로부터 격자 상수를 다음 식에서 구할 수 있다.

$$c = \frac{l\lambda}{\sin\tan^{-1}(h_l/r_{\mathrm{d}})} \tag{17.3}$$

17.2.1.2 반결정성 고분자

거시적인 단결정은 특별한 경우이며 전통적인 고분자는 큰 단결정은 만들 수 없다. 반결정성 고분자에 대한 결정 구조 측정은 정확하지 못하며, 결정 구조 특정에 사용되어온 방법은 수정 없이는 이용될 수 없다. 단결정을 사용하는 대신에 시료들을 높은 방향성을 가지도록 당겨지거나 또는 말려진 섬유의 형태로서 준비한다. 그것들은 또한 회전 사진을 구하여 분석할 수도 있으나 평평한 판 X선 형태가 보통 얻어진다. 오늘날, 이차원의 CCD 카메라는 그림 17.2에서 나타난 것처럼 디지털 방식의 회절 형태를 얻기 위해 사용된다. 그림 17.2b 회절 형태에서 링의 지름은 그림 17.2a의 산란된 형상과 Bragg 법칙을 통해 결정 평면 d_{hkl}의 간격과 연관될 수 있다.

$$n\lambda = 2d_{hkl}\sin\theta \tag{17.4}$$

여기서 n은 링의 차수이며, θ은 분산각이다.

결정성 고분자의 용융으로부터의 X선 회절 형태는 그림 17.3a에서 보여 주는 것처럼 확산 백그라운드에 고리의 형태로 겹쳐진다. 이 백그라운드는 비결정(무정형)상의 존재를 가리키고, 고리는 작고 불규칙한 결정으로 구성된 이차상이 존재한다는 것을 의미한다. 방향성을 가진 폴리프로필렌의 평평한 필름 형태는 그림 17.3b에 나타나 있다. 이 같은 X선 사진을 보통 섬유 패턴이라고 하며, 그것들은 반결정성 고분자의 배향 섬유의 특징이다. 이들은 회전 사진과 유사하지만, 필름이 원통형이 아니고 평평하기 때문에 층간선이 쌍곡선 형태이다. 고분자 섬유는 섬유축에 대하여 결정의 방향성이 고루 분포되어 퍼져 있는 다결정이기 때문에 회전시킬 필요가 없다. 고분자 섬유에서 고분자들은 대부분 섬유축과 평행하게 방향이 생기며, 이것이 결정축과(보통 c로 정의된) 평행하기 때문에 섬유 패턴은 단결정 표본의 결정축(crystallograpic axis)에 대한 회전 사진과 동일하다. 만약 주의만 한다면 회전 사진과 같은 방법으로 섬유 형태에서 층선을 분석하는 것이 가능하다. 식 17.3은 h_l이 중심점의 위아래로 직접 측정될 때, 그리고 r_d는 필름의 반지름이 아니라 시편과 필름과의 거리일 때만 적용이 가능하다. 사슬 방향이 방향성 고분자 시편에서 섬유축과 일치하기 때문에 단위셀에서 c축의 차원들은 첫 번째 층선의 높이로부터 직접 얻어진다.

다른 단위셀의 차원을 측정하기 위해서 섬유 패턴의 각 점에 결정 지수(crystallographic indices (hkl))를 할당하는 것이 필요하다. 이 과정은 단결정의 경우에도 종종 어려움이 있으며, 반결정성 고분자에서는 더 큰 문제가 있다. 결정의 방향이 다소 불완전하기 때문에 반사가 점이라기보다 아크(arc)의 형태로 이루어지는 경향이 있다. 또한 결정의 크기가 작고(수십나노미터) 많은 격자가 불완전하기 때문에 다소 반사광이 산란된다. 이중의 배향을 가진 시료를 사용해서 회절 패턴의 분석을 개선하는 것이 때때로 가능하다. 즉 테이

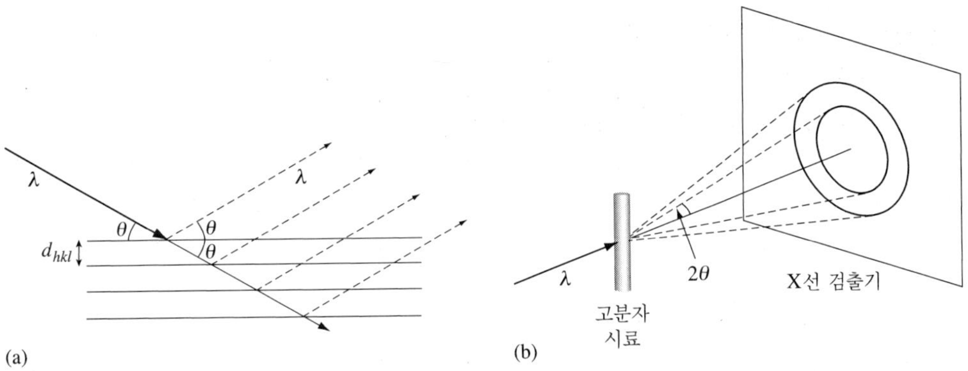

▶ 그림 17.2
(a) 결정 격자에 의한 X선의 회절과 (b) 다결정질 고분자 시료의 X선 회절의 도식적 설명.

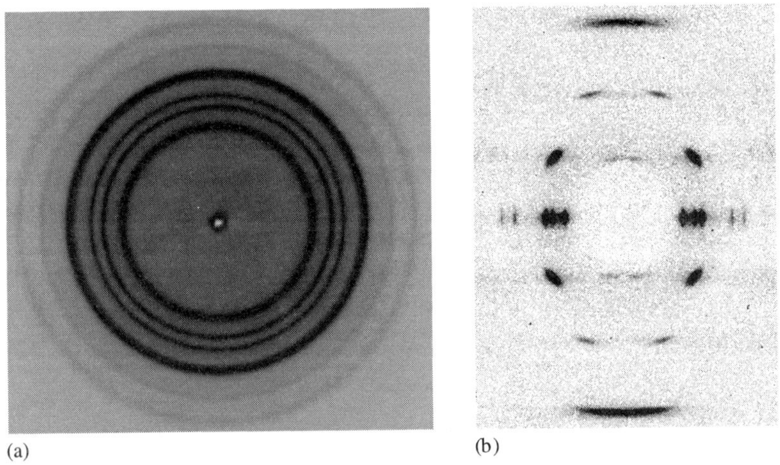

▶ 그림 17.3
폴리프로필렌 시료로부터 얻은 평탄면 X선 회절 패턴: (a) 등방성 용융결정 물질. (자료 제공: Y.-T. Shyng, University of Manchester, Manchester, U.K), (b) 배향된 폴리프로필렌 섬유. (자료 제공: C. Meakin, University of Manchester, Manchester, U.K.)

프의 수직 방향면 안에서 일으키는 신장되고 말려진 테이프 형태가 바로 그것인데, 그때 섬유가 가지는 보통의 원통형의 대칭이 아니라 삼차원적 조직을 갖는다.

일단 모든 (*hkl*) 반사 또는 고리의 위치와 강도가 허락되는 한도 내에서 측정하더라도 고분자의 결정 구조를 측정하기 위한 충분한 정보를 보통 가지지는 못한다. 따라서 고분자 구조에 관하여 타당한 가정을 하여야만 한다. 이런 분야에서 현재는 상당한 경험이 쌓여 있고 그런 경험적인 규칙은 구조를 결정하는 데 사용된다. 고분자 사슬은 보통 결정 내에서 가장 낮은 에너지 형태로, 결정을 이루는 결합은 사슬의 본성을 혼란시킬 만큼 충분히 강하지 못하다. 사슬은 분자간의 힘을 최대로 하기 위해 가능한 한 가장 효과적으로 결정 공간을 메운다. 사슬에 달린 원자들의 van der Waals 반지름까지 인접 사슬의 근접이 제한된다.

이외에 일반적으로 이용할 수 있는 다른 정보를 사용하기도 한다. 화학적으로 비슷한 고분자의 구조들이 알려져 있는 경우 고분자 결정 구조에 큰 도움이 된다. 고분자 사슬의 입체화학적 성질은 합성의 방법에 달려있는데 이는 매우 유용하다 (6장). 분광학적 기술 (15장) 은 고분자의 자세한 미세구조와 형태에 대한 정보 그리고 결정 내에서 사슬의 적층에 대한 정보를 준다. 또한 서로 다른 여러 가지 구조에 대하여 분자 사이와 내부에서의 상호작용을 고려한 모형을 비교하여 가장 낮은 에너지 결정 구조를 결정하는 것이 가능하다.

일단 예견된 구조가 발견되면 제시된 구조에 대하여 가정된 것들과 측정된 (*hkl*) 반사의 위치와 강도를 비교하는 것이 필요하다. 얻어진 결과는 보통 완벽하지 못하고 측정된 자료에 맞는 최선의 것을 갖는 구조가 얻어질 때까지 제시된 구조를 다듬어야만 한다. 즉 다음 절에 기술될 결정 구조는 다소 이상화된 것을 의미하며, 많은 경우에 있어서는 측정 자료를 더욱 정확히 묘사할 수 있는 모형이 가능하다.

17.2.2 고분자 결정 구조

현재까지 수백 가지 고분자의 결정 구조가 측정되었다. 표 17.1에 통상적인 몇몇 고분자의 구조가 나와 있다. 고분자의 이름과 화학적 반복 단위는 첫 번째 열에 주어져 있다. 어떤 결정 구조의 단위셀은 일곱 가지 기본 결정계(삼사정계, 단사정계 등) 중 하나에 해당될 수 있는데 이를 두 번째 열의 첫 번째 칸에 포함시켰다. 고분자 분절의 적층과 대칭성(packing and symmetry)에 따라서 230 공간군 중의 한 구조를 가질 수 있는데, 두 번째 열의 두번째 칸에 이를 기술하였다. 고분자는 지그재그(zig-zag)나 나선 형태로서 결정에 적층되는데 역시 두 번째 열에 기술되어 있다. 지그재그나 나선형을 기술하는 명명법은 A^*u/t이다. 여기서 A는 비대칭 단위 사슬에 있는 뼈대 원자(skeletal atom)의 수에 의해 주어지는 나선 계층을 나타낸다. 변수 u는 결정의 반복과 일치하는 나선에서의 이러한 단위의 수를 나타낸다. 그리고 t는 이 결정학적 반복 안에서 나선의 회전수이다. 이 명명법은 나선과 지그재그를 기술하는 데 사용될 수 있다. 예를 들어, 폴리에틸렌이 폴리메틸렌 $(-CH_2-)_n$으로 여겨진다면, 1*2/1 나선은 평면의 지그재그를 나타낸다. 반면에 그것은 $(-CH_2-CH_2-)_n$로서 여겨질 수 있고 지그재그 사슬 형태는 평면의 1*2/1로 명명된다. 단위셀의 크기는 a, b, c순으로 세 번째 열에 적혀 있으며, 사슬축은 볼드체로 표시되어 있다. 단위셀의 축인 α, β, γ 사이의 각도는 네 번째 열에 순서대로 주어졌다. 단위셀당 사슬 반복 단위의 수는 다섯 번째 열에 있으며 결정 구조로부터 측정된 결정들의 밀도 ρ_c는 마지막 열에 있다.

17.2.3 결정 구조의 측정 요소

고분자가 결정화하기 위해서 필수적인 구조로 갖추어야 할 조건이 있다. 즉 고분자 사슬은 선형이야 한다. 비록 고분자 사슬에 붙어 있는 가지가 결정화의 범위를 제한하는 경향이 있지만 결정화를 완전히 멈추게 하지는 않는다. 비슷한 이유로 공중합물이 고분자 사슬의 균형 잡힌 결정에 영향을 미치나 절대적인 것은 아니다. 결정화와 결정 구조의 범위를 측정하는 중요한 요인들 중의 하나가 **입체규칙도(tacticity)**이다. 일반적으로 주목할만한 예외는 있지만 아이소택틱과 신디오택틱 고분자들은 결정화되는 반면에 어택틱 고분자는 비결정성이다. 결정성 고분자의 구조를 제어하는 요인들을 살피는 가장 효과적인 방법은 정확한 예를 살피는 것이다.

17.2.3.1 폴리에틸렌

가장 널리 연구되는 결정성 고분자는 **폴리에틸렌(polyethylene)**이다. 이 미세구조의 가장 낮은 에너지 사슬 형태는 *n*-뷰테인(*n*-butane)의 분자의 배열을 고려하여 측정할 수 있다. (그림 10.6). 일련의 **모든** *trans* 결합은 *n*-뷰테인의 가장 낮은 에너지 형태를 생기게 한다. 이는 입체적인 상호작용 때문인데, 이로부터 폴리에틸렌의 경우 가장 안정한 분자 형태는 *trans* 결합, 즉 평면 지그재그를 갖는 결정인 것을 알 수 있다. 이 분자들은 표 17.1에 주어진 사방정계(orthorhombic)의 단위셀을 형성한다. 폴리에틸렌 결정 구조는 c축에 평행하게 분자가 배열된 모습으로 그림 17.4에서 볼 수 있다. 분자들은 사슬 분절 간의 van der Waals 결합에 의해서 셀을 형성한다. 고분자의 H 원자 사이의 상호작용에 의해 셀에 있는 분자의 결정각이 결정된다. 이것은 a 또는 b축과 지그재그 분자가 만드는 각이다. 사방정계 폴리에틸렌(I)은 가장 안정한 결정 구조이다. 그러나 폴리에틸렌의 기계적 변형에 의해서 단사정계(monoclinic)의 변형(II)이 형성될 수 있다. 그러나 분자는 아직도 평면의 지그재그형 안에 있고 사슬 방향의 반복과 결정의 밀도는 실제적으로 바뀌지 않는다. 두 구조는 분자가 단위셀에 채워지는 방법이 다르다. 다른 결정화 조건 또는 변형에 의해 나타나는 한 종류 이상의 결정 구조의 존재, 즉 **다형(polymorphism)**은 고분자에서 흔히 목격되며 이에 대한 다른 예는 다음과 같다.

표 17.1 고분자의 결정 구조

고분자 반복 단위	결정계, 공간군, 나선형 명명법	단위셀 Axes/nm	단위셀 각도	단위 번호	ρ_c/Mg m^{-3}
Polyethylene I	사방정계	0.7418	90°	4	0.9972
$-CH_2-$	Pnam	0.4946	90°		
	1*2/1	**0.2546**	90°		
Polyethylene II	단사정계	0.809	90°	4	0.998
$-CH_2-$	C2/m	**0.253**	107.9°		
	1*2/1	0.479	90°		
Polytetrafluoroethylene I	삼사정계	0.559	90°	13	2.347
$-CF_2-$	P1	0.559	90°		
	1*13/6	**1.688**	119.3°		
Polytetrafluoroethylene II	삼사정계	0.566	90°	15	2.302
$-CF_2-$	$P3_1$ 또는 $P3_2$	0.566	90°		
	1*15/7	**1.950**	120°		
Polypropylene (iso)	단사정계	0.666	90°	12	0.946
$-CH_2-CHCH_3-$	$P2_1/c$	2.078	99.62°		
	2*3/1	**0.6495**	90°		
Polystyrene(iso)	삼방정계	2.19	90°	18	1.127
$-CH_2-CHC_6H_5-$	$R\bar{3}c$	2.19	90°		
	2*3/1	**0.665**	120°		
Polypropylene(Syndio)	사방정계	1.450	90°	8	0.930
$-CH_2-CHCH_3-$	$C222_1$	0.560	90°		
	4*2/1	**0.740**	90°		
Poly(vinyl chloride) (Syndio)	사방정계	1.040	90°	4	1.477
$-CH_2-CHCl-$	Pbcm	0.530	90°		
	4*1/1	**0.510**	90°		
Poly(vinyl alcohol) (atac)	단사정계	0.781	90°	2	1.350
$-CH_2-CHOH-$	P2/m	**0.251**	91.7°		
	2*1/1	0.551	90°		
Poly(vinyl fluoride) (atac)	사방정계	0.857	90°	2	1.430
$-CH_2-CHF-$	Cm2m	0.495	90°		
	2*1/1	**0.252**	90°		
Poly(4-methyl-1-pentene) (iso)	정방정계	2.03	90°	28	0.822
$-CH_2-CH(CH_2-CH(CH_3)_2)-$	$P\bar{4}$	2.03	90°		
	2*7/2	**1.38**	90°		
Poly(vinylidene chloride)	단사정계	0.673	90°	4	1.957
$-CH_2-CCl_2-$	$P2_1$	**0.468**	123.6°		
	4*1/1	1.254	90°		
1,4-Polyisoprene (*cis*)	사방정계	1.246	90°	8	1.009
$-CH_2-CCH_3=CH-CH_2-$	Pbac	0.886	90°		
	8*1/1	**0.81**	90°		
1,4-Polyisoprene (*trans*)	사방정계	0.783	90°	4	1.025
$-CH_2-CCH_3=CH-CH_2-$	$P2_12_12_1$	1.187	90°		
	4*1/1	**0.475**	90°		
Polyoxymethylene I	삼방정계	0.4471	90°	9	1.491
$-CH_2-O-$	$P3_1$ 또는 $P3_2$	0.4471	90°		
	2*9/5	**1.739**	120°		
Polyoxymethylene II	사방정계	0.4767	90°	4	1.533
$-CH_2-O-$	$P2_12_12_1$	0.7660	90°		
	2*2/1	**0.3563**	90°		

표 17.1 고분자의 결정 구조 (계속)

고분자 반복 단위	결정계, 공간군, 나선형 명명법	단위셀 Axes/nm	단위셀 각도	단위 번호	ρ_c/Mg m^{-3}
Poly(ethylene terephthalate)	삼사정계	0.456	98.5°	1	1.457
$-(CH_2)_2-O-CO-C_6H_4-CO-O-$	P$\bar{1}$	0.596	118°		
	12*1/1	**1.075**	112°		
Nylon 6, α	단사정계	0.956	90°	8	1.235
$-(CH_2)_5-CO-NH-$	P2_1	**1.724**	67.5°		
	7*2/1	0.801	90°		
Nylon 6, γ	단사정계	0.933	90°	4	1.173
$-(CH_2)_5-CO-NH-$	P2_1/a	**1.788**	121°		
	7*2/1	0.478	90°		
Nylon 6.6, α	삼사정계	0.49	48.5°	1	1.24
$-(CH_2)_6NH-CO-$	P$\bar{1}$	0.54	77°		
$(CH_2)_4-CO-NH-$	14*1/1	**1.72**	63.5°		
Nylon 6.6, β	삼사정계	0.49	90°	2	1.25
$-(CH_2)_6NH-CO-$	P$\bar{1}$	0.80	77°		
$(CH_2)_4-CO-NH-$	14*1/1	**1.72**	67°		

출처 : Wunderlich, B., *Macromolecular Physics*, Vols. 1-3, Academic Press, London, 1973, 1976 and 1980.

적은 양의 프로필렌과 폴리에틸렌을 공중합시키면 결정화가 가능한 가지친 폴리에틸렌을 만들 수 있는데 사방정계 결정 구조가 유지되고 *b*와 *c*축은 거의 변하지 않는다. 반면에 *a* 결정축은 고분자 사슬에서 $-CH_3$ 기의 비율에 따른 신장을 겪는다.

17.2.3.2 폴리테트라플루오로에틸렌

폴리테트라플루오로에틸렌 (polytetrafluoroethylene) 은 적어도 두 개의 결정 변형 (modification) 이 존재한다. 낮은 온도형 I는 19°C 이하에서 안정되고 그 이상의 온도에서는 삼방정계 (trigonal) II형이 발견된다. 고분자는 폴리에틸렌의 유사체로서 여겨질 수 있고 만약 F 원자들이 너무 크지 않아서 평면의 안정한 지그재그를 유지한다면 틀림없이 비슷한 결정 구조를 가질 것이다. F 원자는 H 원자보다 상당히 크고 $(-CF_2-)_n$가 평면의 지그재그형일 때 상당한 양의 입체적 반발력 (steric repulsion) 이 생긴다. 이 때문에 분자는 큰 F 원자가 적층될 수 있는 나선 형태를 택하게 된다. 19°C 아래에서 분자는 13/6 나선형을 갖고 더 높은 온도에서는 15/7 나선형으로 조금 꼬인 것을 풀게 된다. 폴리테트라플루오로에틸렌 나선의 두 형태는 분자 모형을 확인해본 결과 매우 평탄한 모습을 가졌고 원통으로 여겨질 수 있다. 이러한 평탄한 모습은 이 고분자가 낮은 마찰 특성을 가지고 있다는 것을 암시한다. 분자 원통은 마치 한 더미 연필처럼 매우 효과적으로 결정 구조를 만들고 육면의 배열을 갖는 단위셀을 만든다 (표 17.1). 그러나 꼬인 분자는 효과적으로 높은 대칭성을 가지지 않기 때문에 육면체 결정 구조라 하지는 않는다. **폴리 (비닐 플로라이드)** [poly (vinyl fluoride)] 는 폴리테트라플루오로에틸렌이 소유한 F 원자의 불과 25%만을

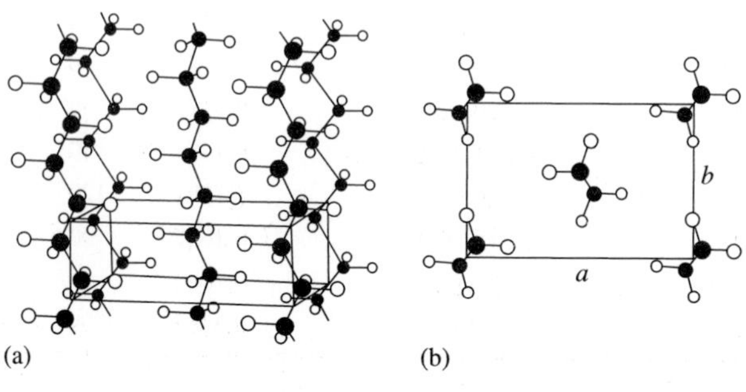

그림 17.4
사방정계의 폴리에틸렌의 결정 구조. (a) 단위셀의 일반적 모양. (b) 사슬 방향에 평행하게 이어진 단위 세포들의 모양 (● = 탄소 원자, ○ = 수소 원자).

가진 고분자이다. F 원자의 입체적 반발력이 적어서 심지어 어택틱형도 폴리에틸렌 I과 유사한 결정 구조를 채택한다(표 17.1). 사실 b와 c 단위셀 규격도 실제로 폴리에틸렌의 것과 동일하다. 그러나 에틸렌-프로필렌 공중합체와 같이 더 큰 F 원자를 축적하기 위해서는 a가 훨씬 더 크다.

17.2.3.3 비닐 고분자

어택틱 비닐 고분자들$(-CH_2-CHX-)_n$은 X가 클 때 결정을 형성하지 못하지만, X=F일 때 결정화는 아직도 일어날 수 있다는 것을 확인하였다. 이것은 또한 어택틱 **폴리(비닐 알콜)[poly(vinyl alcohol)]**의 경우에도 해당한다. $-OH$ 기가 비교적 작아서 분자는 폴리에틸렌 구조가 변형된 찌그러진 단사면체로 결정화된다. 일반적으로 비닐 고분자가 결정화하기 위해서는 아이소택틱이거나 신디오택틱이어야 한다고 알려져 있다. 아이소택틱 비닐 고분자는 비교적 큰 곁작용기(side group)를 적층하기 위해서 나선 형태를 갖게 되며 언제나 결정화가 된다. 예를 들어 **폴리스타이렌(polystyrene)**과 **폴리프로필렌(polypropylene)**의 아이소 택틱형 분자들은 그림 17.5에 개략적으로 설명된 3/1 나선형이다. 이 나선은 고분자 사슬을 따라 *trans*와 *gauche* 위치를 바꾸어가며 쉽게 형성된다(10.3.2절). 만약 곁작용기의 부피가 크다면 그것들은 3/1 나선에서 차지하는 공간보다 더 많은 공간을 요구하게 되어 느슨한 나선 구조를 갖게 된다.

아이소택틱 비닐 고분자가 나선에 적층되는 것은 나선의 형태와 곁작용기의 크기와 종류에 달려 있으며, 이 적층은 곁작용기 서로 간의 맞물림에 의해서 나타난다. 그러나 그것 또한 우회전 또는 좌회전의 서로 다른 나선 형태에 의해서 복잡하게 된다. 아이소택틱 폴리스타이렌(표 17.1)의 삼방정계 결정 구조는 전형적으로 2*3/1 나선인 반면에 폴리프로필렌의 단사정계 구조는 다소 예외적이다. **신디오택틱(syndiotactic)** 비닐 고분자에 있어서 분자의 변형은 역시 곁작용기의 크기에 의해서 제어된다. 예를 들어 신디오택틱 **폴리(염화비닐)[poly(vinyl chloride)]**에서의 Cl 원자는 평면의 지그재그 형태로 사슬축이 유지될 만큼 충분히 작다.

17.2.3.4 폴리아마이드

마지막으로 자세히 고려되어야 할 결정 구조의 형태는 van der Waals 결합이 사슬 적층을 제어하는 것보다 훨씬 커질 수 있는 수소 결합이 있는 **나일론**(폴리아마이드)이다. **나일론 6(nylon 6)**과 **나일론 6.6(nylon 6.6)**의 두 가지 형태에서 분자는 평면의 지그재그가 수소 결합된 시트로 겹쳐진 형태이다. 나일론 6.6의 경우, 인접한 산소 원자와 $>NH$ 기 사이에서의 수소 결합이 그림 17.6a에서 점선에 의해 보여진다. 이 분자의 α와 β 형태는

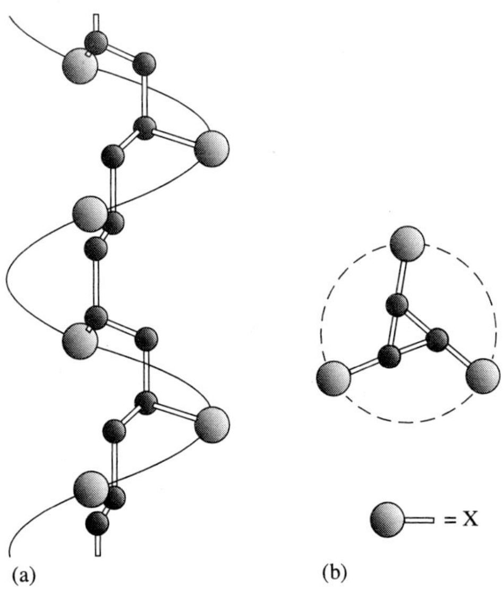

▶ 그림 17.5
$(-CH_2-CHX-)_n$ 형태의 아이소택틱 비닐 폴리머에서 발견되는 3/1 나선의 표현. 여기서 X = $-CH_3$, $-C_6H_5$, $-CH=CH_2$ 등. (a) 나선의 옆모습. (b) 나선 방향으로의 모습.

그림 17.6b와 c에서 설명된 것처럼 수소 결합된 시트들이 쌓이는 방법에서 다르다. α 형태에서 연속적인 면은 c 방향으로 대체되며, β 형태에서는 수소 결합된 시트들이 위, 아래로 번갈아 위치한다. 그 상황은 수소 결합된 시트의 분자 배향에 있어서 α와 γ 형태가 다른 나일론 6에서는 약간 달라진다. 즉 α 형태에서 평행하지 않고 γ 형태에서 서로 평행한다. 이 배향의 차이는 γ 형태에서 조금 더 짧은 사슬 방향의 반복을 초래한다.

17.3 고분자 단결정

17.3.1 용액 배양 단결정

고분자의 결정화는 오랜 시간 동안 알려져 있었지만, 1957년에 와서야 격리된 단일 고분자 결정들이 묽은 용액에서 침전으로 인하여 성장한다고 보고되었다. 폴리에틸렌 결정이 최초로 만들어진 단결정이지만, 그 후 거의 모든 용해성 결정성 고분자의 단결정이 만들어져 왔다. 폴리에틸렌 결정은 고분자 단결정의 예로 가장 널리 연구되어 왔고, 여기서도 폴리에틸렌 결정에 관해 주로 기술하고자 한다.

용액으로부터 자란 고분자 결정의 특징은 결정이 작다는 것이다. 그것은 광학 현미경으로 분석될 수 있으며 전자 현미경에서 더 손쉽게 관찰된다. 그림 17.7에서는 폴리에틸렌 단결정이 묽은 용액으로부터 침전되어 성장된다는 것을 보여 준다. 결정은 보통 가열된 용액을 냉각시키며 침전시켜 얻고, 경우에 따라서는 비용매를 첨가하여 얻는다. 그림 17.7에서 폴리에틸렌 결정은 평판형(라멜라)이고 10 μm의 폭을 갖는다. 결정 두께는 일

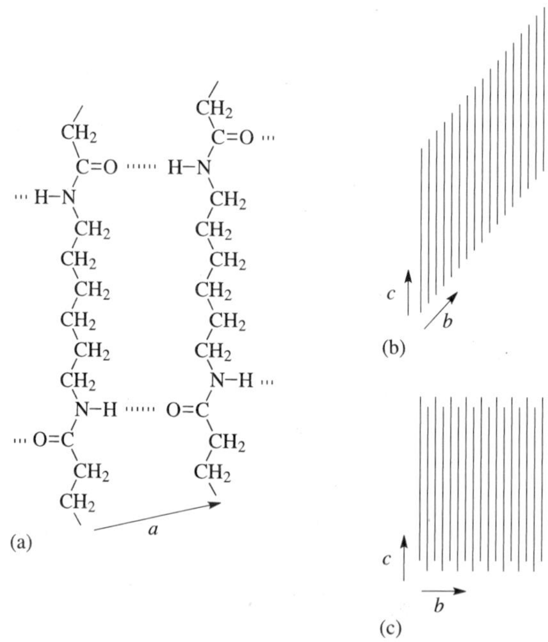

▶ 그림 17.6
나일론 6.6의 α와 β형의 표현. (a) 두 형태 모두에 해당하는 수소 결합으로 이루어진 판의 분자 배열. (b) α형에서 판들이 서로 평행하도록 보여진 모습. (c) β형에서 판들이 겹쳐 있는 모습. (자료 출처: Wunderlich, B., Macromolecular Physics, Vols. 1-3, Academic Press, London, 1973, 1976 and 1980.)

▶ 그림 17.7
용액에서 자란 폴리에틸렌의 단결정. 특정 부위의 회절 형태(자료 제공: I.G. Voigt-Martin, University of Mainz, Mainz, Germany.)를 보여주는 라멜라 결정의 전자 현미경사진. (자료 제공: P. Allan, Brunel University, Middlesex, U.K.)

정한 각도에서 금과 같은 중금속으로 진공 상태에서 결정의 그림자를 만들어 측정할 수 있다. 간단한 기하학적 계산을 이용하여 그림자의 길이로부터 결정 두께를 계산할 수 있다. 대부분의 용액 배양 결정들의 두께는 10 nm 정도로 나타난다. 고분자를 특징짓는 각은 라멜라(lamella) 결정의 테두리에 의해 결정되며, 이는 그림 17.7에 나타나 있다. 이 규칙적 모양은 라멜라 결정의 결정성을 보여 준다.

각각의 단결정은 너무 작아서 X선을 가지고 연구할 수 없고 오직 라멜라 결정 안에서 고분자의 배향만이 전자 회절에 의해 측정된다. 이것은 어떤 특정한 곳의 전자 회절에 대해 전자현미경장치에서 쉽게 측정할 수 있다. 결정 표면에 수직의 전자빔을 투사하여 폴리에틸렌의 단결정을 관찰한 전자 회절 형태는 그림 17.7에 나와 있다. 회절 형태는 불연속점들의 규칙적 배열로 이루어져 있고 비결정성 할로우(amorphous halo)에 대한 증거는 없다. 결국 그림 17.7은 금속과 같은 비고분자 고체의 단결정처럼 회절되었다는 것을 의미한다. 이 때문에 회절 형태를 표준적인 방법으로 분석할 수 있고, 전자빔에 평행하고 결정학 방향에 수직인 격자 부분에 해당하는 것으로 여겨진다. 그림 17.7에서의 회절 형태는 전통적인 사방정계 폴리에틸렌(표 17.1)에서 예상되는 것으로 간주될 수 있으며 그것은 [001]의 투사 방향에 해당한다. 사방정계 폴리에틸렌에서의 사슬 방향이 c인 까닭에 폴리에틸렌 단결정에 있는 분자의 축은 **결정 표면에 수직(perpendicular to the crystal surface)**이다. 고분자가 수백 nm 길이를 갖는 데 반해 결정 두께는 약 10 nm이기 때문에 이 관찰은 다소 놀라운 것이다. 이것은 고분자가 라멜라표면의 위와 아래 사이에서 **앞과 뒤로 접혀진다는 것(fold back and forth)**을 의미한다. 비록 그림 17.7에 주어진 시료가 폴리에틸렌이지만, 용액에서 성장한 고분자의 결정은 보통 라멜라이며, 분자는 언제나 결정 표면에 수직이기 위해서 접혀져 있다.

단결정 고분자의 뚜렷한 생김새는 결정 테두리가 보통 곧고 서로 잘 정의된 각들을 가진다. 또한 테두리 면이 특정한 결정학적 면에 해당한다는 사실이 전자 회절로부터 밝혀졌다. 그림 17.7의 결정은 네 개의 {110}형 테두리 면을 가졌다. 때때로 폴리에틸렌 결정은 모서리가 잘린 {100} 테두리를 가진다. 폴리에틸렌 결정의 여러 형들이 그림 17.8에 개략적으로 나타나 있다. 결정들이 섹터들로 나누어지는 것 또한 발견된다. 그림 17.8a에 있는 결정은 네 개 {110} 섹터를 보여 주며, 그림 17.8b에 있는 것은 두 개의 추가적인 섹터(sector)를 가진다. 이 섹터는 나중에 언급될 고분자의 접힘에 관계되는 것이다.

용액 중에서 성장한 고분자의 밀도와 다른 특성들을 측정해 보면 그것들이 완전한 단결정이 아니라는 것을 보여 준다. 결정의 밀도는 언제나 이론적인 밀도보다 적게 측정되는데 이것은 비결정성(non-crystalline) 물질이 결정 안에 언제나 존재한다는 것을 의미한다. 일반적으로 비결정성 성분을 가진 부분이 **접힌 면(fold surface)**에 존재한다고 생각된다. 접혀진 분자모형으로부터 결합이 있는 상태에서 자연스럽게 접혀지려면 세 개의 *gauche* 형태를 갖는 결합을 포함하여 총 다섯 개의 결합이 필요하게 된다. 그리고 접힌 분자의 채워짐은 펴진 분자들보다 덜 효과적이다. 접힌 표면의 비결정성 특징은 폴리에틸렌 또는 다른 고분자의 단결정들이 언제나 편평한 것은 아니라는 관찰에서 또한 입증된다. 그런 결정은 전자 현미경에서 주름이나 붕괴된 형태로 종종 관찰된다. 결정의 진정한 형태는 광학 현미경을 사용하여 액체 속에서 떠도는 단결정들의 직접적인 관찰에 의해

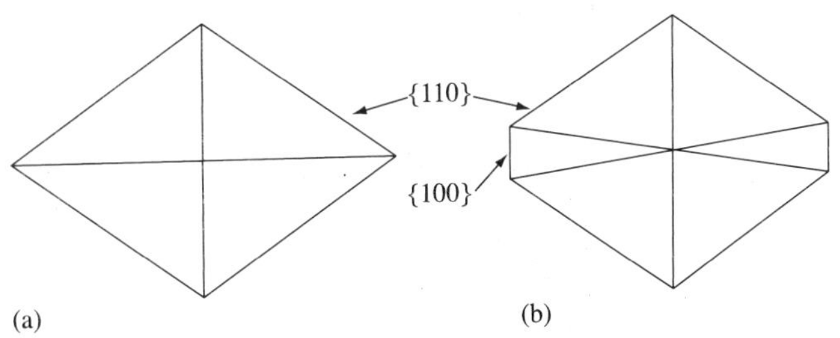

▶ 그림 17.8
폴리에틸렌의 라멜라 단결정의 두 형태. (a) {110} 섹터를 갖는 결정. (b) {100} 섹터를 갖는 결정.

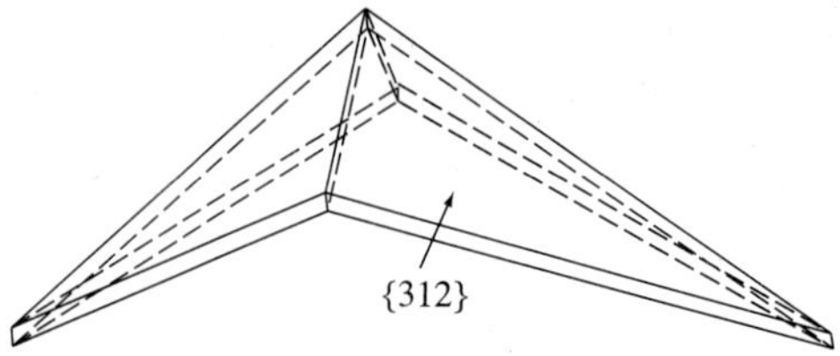

▶ 그림 17.9
피라미드 형태의 폴리에틸렌 단결정. (자료 출처: Schultz, J.M., Polymer Materials Science, Pren-tice Hall, Englewood Cliffs, NJ, 1974.)

확인될 수 있다. 폴리에틸렌 결정은 그림 17.9에 개략적으로 나와 있는 빈 피라미드의 형태이다. 피라미드의 폴리에틸렌 단결정에서 접힌 면은 폴리에틸렌 단위셀의 {312} 평면에 가깝게 보여진다. 단결정의 정확한 형태는, 결정이 성장했던 높은 온도와 같은 몇몇 인자에 의존한다. 피라미드형 결정은 높은 온도에서 자라며, 붕괴된 형태의 결정은 낮은 결정 온도에서 자라는 경향이 있다.

접힘(folding)이 일어나는 방법과 접힌 면의 성질에 대하여 오랜 기간 상당한 논의가 있어 왔다. 고분자 결정에서 접힘을 설명하기 위하여 제시된 모형들이 그림 17.10에서 개략적으로 설명되어 있다. 분자가 인접한 위치에서 결정을 떠나고 다시 들어오는 인접한 재진입 모형(re-entry model)으로부터 분자가 결정을 무작위로 떠나고 다시 들어오는 랜덤 재진입 모형까지 제시되었다. 두 개의 인접한 재진입 모형에서는 규칙적이고 빽빽하게 접힌 경우나 비규칙적이고 다양한 길이를 갖고 접힌 모형들이 제시되었다.

묽은 용액으로부터 성장한 단결정에서 분자가 인접한 리엔트리를 경험한다는 것에는 의견이 일치하고 있다. 이것은 보통 **접힌 면(fold plane)**으로 알려진 분자가 접히는 면이 결정학적 면이라는 것을 입증한다. 그림 17.8a에 그려진 폴리에틸렌 결정으로부터 접힌 면이 결정 테두리에 평행하다고 생각된다. 이것은 접힌 면이 {110}형으로 이루어져야 한다는 것을 의미하고, 모서리가 잘린 결정(그림 17.8b)에서는 접힌 면이 {100}형이 된다고 여겨진다. 접힌 표면(fold surface)은 느슨하고 빽빽한 접힘과 사슬의 끝부분이 혼합된 아주 비규칙적인 면으로 생각된다.

17.3.2 고상 중합된 단결정

앞의 8.2절에서 언급한 대로 고상 중합의 공정에 의해 100% 결정의 고분자 결정을 만드는 것이 가능하다. 고상 중합으로 만든 폴리다이아세틸렌(polydiacetylene) 단결정 섬유의 한 예가 그림 17.11a에 나와 있다. 또한 그 결정은 마름모꼴의 형태로도 얻을 수 있다. 두 가지 형태 모두 규칙적인 면을 가지고 있으며, 거시적 크기이므로 금속이나 세라믹(ceramic) 또는 반도체 같은 비고분자 물질(non-polymeric material)로부터 만들 수 있는 단결정과 유사하다. 유사한 폴리다이아세틸렌 결정의 전형적인 X선 회절 사진이 그림 17.1에 나와 있으며, 그런 결정들에서는 분자들이 펼쳐진 사슬 형태에 있다는 것을 나타낸다. 고분자들은 섬유형 결정에서 섬유의 축과 평행하며 그림 17.11b에서 보듯이 고해상도 투과 전자 현미경을 통하여 확인할 수 있다. 이것은 사슬 내에서의 간격이 1.2 nm로

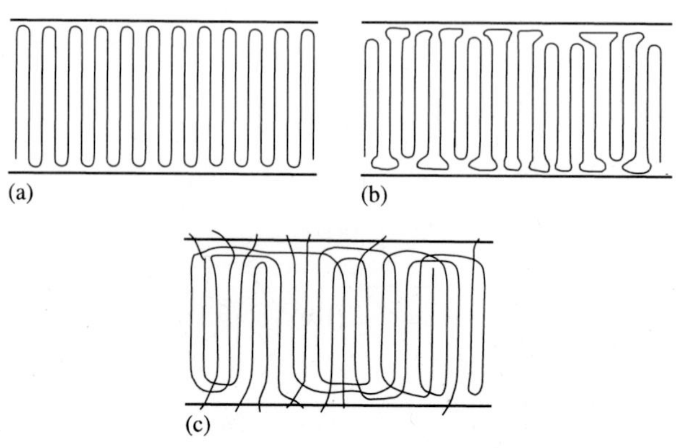

▶ 그림 17.10
고분자 단결정에서 나타난 접힘의 서로 다른 형태. (a) 조밀한 접힘의 인접 재진입 모형. (b) 느슨한 접힘의 인접 재진입 모형. (c) 랜덤 재진입 또는 '교환대' 모형.

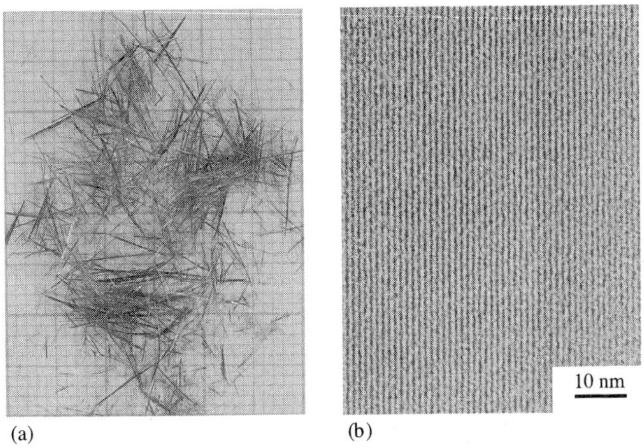

▶ 그림 17.11
(a) 밀리미터 단위로 촬영한 그래프 용지의 폴리다이아세틸렌 단결정 섬유의 현미경 사진. (b) 폴리다이아세틸렌 단결정의 격자 모양의 이미지를 보여 주는 고분해능 투과 전자 현미경사진(고분자 사슬 방향 c는 수직적임).

완벽하게 배열되어 있는 고분자 사슬을 보여 주는 결정 격자의 사진이다. 밀도 측정을 통해 결정들이 결정 구조의 정보로부터 계산된 이론적인 밀도값을 가진다는 것을 알 수 있으며 사슬 접힘이 전혀 없는 사실상 무결점의 결정이라 할 수 있다. 이러한 결정으로 인해 결정성 고분자의 기본적인 물리적 성질을 이해하는 데 큰 진보를 이룰 수 있었다. 특히 고분자 결정의 변형과 파괴의 중요한 양상들이 밝혀지고 있다.

17.4 반결정성 고분자

17.3.1절에 기술된 접힌 사슬 라멜라 단결정은 묽은 용액으로부터 결정화되어 얻어진다. 용액이 짙어짐에 따라 더 복잡한 결정 형태가 얻어진다. 묽은 용액에서 고분자는 각자로 격리되지만 점점 더 짙어짐에 따라 분자가 얽힌다. 그러므로 독특한 사슬들은 서로 얽힌 결정이 되어 서로 통합될 가능성이 있다. 짙은 용액으로부터 성장한 결정들은 그림 17.12에 보이는 것처럼 나선형 과성장(spiral overgrowth)된 라멜라 또는 라멜라 결정의 덩어리로 종종 관찰된다. 어떤 조건에서는 결정들이 비결정성 고체에서 발견되는 형태와 비슷한 나뭇가지형(dendritic)의 구조를 보이면서 더욱 복잡하게 되기도 한다.

여기서는 용융물로부터 결정이 형성되는 구조에 관하여 기술하고자 한다. 이는 고농도의 용액으로부터 결정화되는 현상과 크게 다르지 않다. 용융 상태에서 사슬이 얽히는 현상은 매우 중요하고 결국은 묽은 용액으로부터 얻어진 것들보다 더 불규칙적인 형태의 결정을 형성하게 한다. 용융 상태 또는 용액 상태로부터 형성된 결정 현상의 공통점은 두 가지 모두 결정상과 무정형의 상이 서로 공존하는 **반결정성(semi-crystalline)** 고분자를 만든다는 것이다.

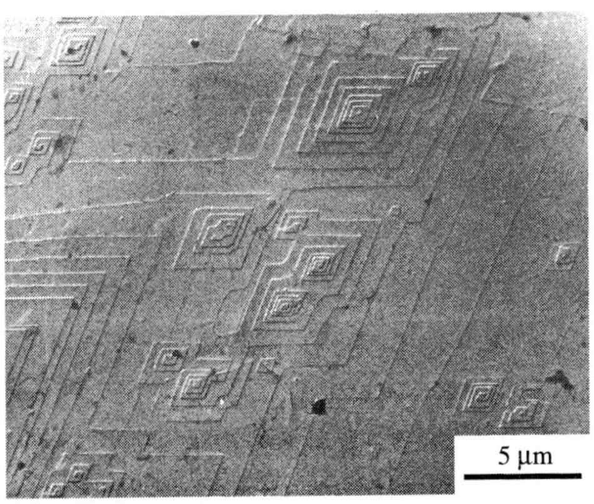

▶ 그림 17.12
80°C에서 CCl_4로부터 성장한 큰 나선 모양으로 나타난 폴리에틸렌 결정의 전자 현미경 사진. 사진은 중금속을 씌워 얻어진 복사물의 그림자에 의하여 얻어진다.(자료 제공: G. Lieser, MPI, Mainz, Germany.)

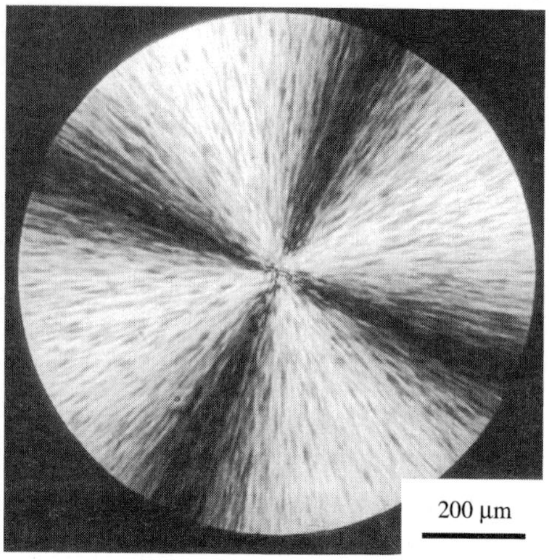

▶ 그림 17.13
아이소택틱 폴리스타이렌에서 구정의 성장. 편광에 의하여 찍은 광학 현미경의 사진. (자료 제공: D. Tod, Queen Mary College, University of London, London, U.K.)

17.4.1 구정

결정화된 고분자의 덩어리를 자르거나 직접 주조해서 필름의 형태로 준비하고, 그것을 편광을 이용한 광학 현미경으로 보면 특징적인 구조를 확인할 수 있다. 그것은 편광에서 Maltese 단면 패턴을 나타내는 **구정 (spherulite)** 이다. 전형적인 구정이 그림 17.13에 나와 있다. 그것들은 시료의 서로 다른 지점에서 핵생성에 의해 형성되고 구형으로 성장하며, 구정의 성장은 인접 구정과의 충돌로 성장을 멈춘다. 그림 17.14a에서 보여지듯이 그것들은 비슷한 크기를 가지고 비슷한 방법으로 성장하는 금속의 낟알과 매우 비슷하다. 그러나 금속의 낟알은 개개의 단결정들인 반면에 고분자 구정을 자세히 조사해보면 그것들이 중심핵으로부터 나온 무수한 결정들로 이루어져 있다는 것을 알 수 있다.

다른 결정형 고체에 있어서, 특히 광석에서 자연적으로 일어나는 구정에 대한 많은 실례를 들 수 있다. 편광에서 보여지는 전형적인 패턴은 구정 안 결정의 방향 때문이다. Maltese 단면 패턴을 분석하여 보면 분자가 구정에서 접선 방향으로 배열되어 있는 것을 알 수 있다. 폴리에틸렌 구정에서 b 결정축은 방사의 방향이고, a와 c의 결정학적 방향은 접선 방향이라는 것을 알 수 있다. 몇 개의 고분자 시료에서 구정이 고리 모양으로 보이는데 이것은 결정 내에서 규칙적인 꼬임에 의한 것이다.

고분자 구정의 자세한 구조는 각 결정의 작은 크기 때문에 전자 현미경에 의해 연구된다. 그림 17.14b는 128°C에서 결정화된 폴리프로필렌의 표면을 부식 (etching) 시킨 후 전자 현미경으로 관찰한 사진이다. 표면은 얇게 자른 후 (microtomed) 선택적으로 무정형 영역을 공격하는 강한 산화 용액으로 부식시킨다. 그러면 결정이 중심핵으로부터 방사되어가는 것과 구정 경계면에서 끝나는 것을 볼 수 있다. 자세히 검사해 보면 전자 현미경 사진의 결정이 라멜라임을 보여 준다. 비스듬히 보았을 때 그것들은 10 nm 두께의 얇은

▶ 그림 17.14
폴리프로필렌 구정의 주사 전자 현미경 사진. (a) 구정 내부의 파괴를 보이는 낮은 몰질량 고분자의 취약한 시료의 파단면. (자료 제공: K. Friedrich, University of Kaiserslautern, Kaiserslautern, Germany.) (b) 각 구정의 구조와 구정 간의 경계를 보여 주는 128°C에서 결정화된 폴리프로필렌의 부식 표면. (자료 제공 : M. Burke, University of Manchester, Manchester, U.K.)

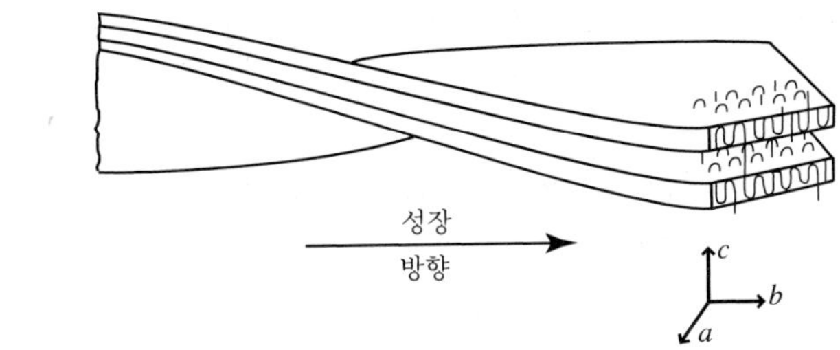

▶ 그림 17.15
구정 폴리에틸렌에서 사슬 접힘과 결정간 결합을 보여 주는 꼬여진 라멜라에 대한 가능한 모형.

선으로 보이며, 시료 표면에 평행했을 때는 평면으로 보인다. 이 라멜라 결정의 크기는 용액에서 성장한 라멜라 단결정의 것들과 비슷하다. 고분자 구정에서 결정의 라멜라 성질에 대한 다른 증거는 질산으로 폴리에틸렌과 폴리프로필렌을 분해시킨 후 남아있는 파편의 검사에 의해서 알 수 있다. 산이 선택적으로 결정 사이의 물질을 산화시키고 남아 있는 결정 파편들은 전자 현미경에 의해 관찰될 수 있다. 전자 회절로부터 분자가 대략적으로 라멜라 표면에 수직으로 배향이 생긴 것을 알 수 있다. 이것은 용융 상태에서 결정화된 것과 용액에서 자란 라멜라는 서로 유사하다는 것을 증명한다.

전자 현미경은 광학 현미경에서 의심되었던 구정 안에서의 결정이 꼬인다는 사실을 밝혀주었다. 구정 고분자로부터 얻은 표면 복제물로부터 라멜라가 꼬여진 것을 명확히 볼 수 있으나, 꼬여진 이유는 아직도 밝히지 못했다. 폴리에틸렌 구정에 존재하는 꼬인 라멜라의 가능한 구조는 그림 17.15와 같이 개략적으로 도식화될 수 있다.

다음으로 밝혀야 할 분명한 문제는 결정 안 분자의 배열에 대한 것이다. 결정간 결합이 구정 고분자에서 라멜라 사이에 존재한다는 증거가 계속 제시되고 있다. 용융 상태와 용액에서 자란 결정에 있어 분자 방향과 형태들 사이에서 발견되는 유사성으로부터 어느 정도 사슬 접힘이 일어나야만 한다는 것을 알 수 있다. 그러나 이 분야에서의 확실한 실험은 수행하기 매우 어렵다. 용융 결정화된(melt-crystallized) 고분자에서의 배열에 대한 확실한 증거는 단일중합체와 같은 고분자의 중수소화 중합체의 혼합물을 이용한 중성자 산란 연구로부터 얻어진다. 이 실험의 결과에 대해 많은 의견이 있지만, 일치하는 것은 그 구조가 그림 17.16에 보이는 것과 비슷할 것이라는 가정이다. 적어도 두 결정이 공유하는 분자에 의한 많은 결정간 결합이 존재하며, 예리한 사슬 접힘의 작은 분절(segment)이 있다고 생각된다.

17.4.2 결정화도

용융 상태로부터 결정화된 고분자는 결코 완전한 결정체가 아니다. 이것은 용융시 많은 수의 사슬이 엉켜있기 때문에 결정화 동안 100% 고분자 결정을 형성하는 것이 불가능하기 때문이다. 결정화도(degree of the crystallinity)는 매우 기술적이고 실용적인 중요성을 띠며, 비록 항상 정확하게 같은 결과를 측정하지는 못하지만 이를 측정하는 몇 가지 방법들이 개발되어 왔다.

용융 상태로부터 고분자가 결정화할 때 밀도가 증가하기 때문에 원래 부피의 감소를 수반한다. 이것은 결정이 용융물 또는 비결정성 고분자보다 더 높은 밀도를 가지기 때문인데, 이 결과를 이용해 **밀도 방법(density method)**으로 결정화를 측정할 수 있다. 이 기술은 고분자의 결정과 무정형 밀도 사이에 비교적 크고 측정할 만한 차이(20%)가 있을 때 가능하다. 이 방법에서는 시편의 밀도 ρ를 측정함으로써 결정의 부피 분율 c와 질량 분율 X_c을 구할 수 있다.

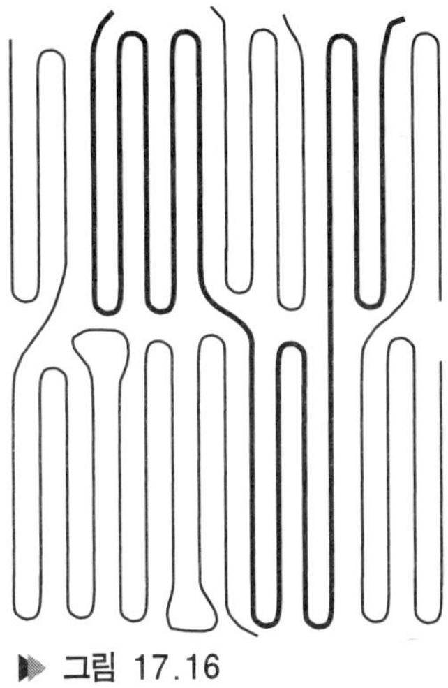

▶ 그림 17.16
양성자화된 분자(가는 선)에 있는 중수소화된 고분자(굵은 선)의 배열에 대해 가능한 모형.

만약 V_c가 결정의 부피이고, V_a가 무정형의 부피, 그리고 V가 전체 시료의 부피라고 하면 다음과 같이 주어진다.

$$V = V_c + V_a \tag{17.5}$$

위와 마찬가지로 시료의 질량 W는 다음과 같다.

$$W = W_c + W_a \tag{17.6}$$

여기서 W_c와 W_a는 각각 결정과 무정형 물질의 질량이다. 밀도 ρ가 부피에 대한 질량이기 때문에 식 17.6으로부터 다음과 같이 유도된다.

$$\rho V = \rho_c V_c + \rho_a V_a \tag{17.7}$$

식 17.5에서 V_a를 식 17.7에 대입하여 재배열하면

$$\frac{V_c}{V} = \left(\frac{\rho - \rho_a}{\rho_c - \rho_a}\right) = \phi_c \tag{17.8}$$

ϕ_c가 전체 시료의 부피로 나누어진 결정의 부피에 해당한다. 결정의 질량 분율, x_c는 다음과 같이 규정된다.

$$x_c = \frac{W_c}{W} = \frac{\rho_c V_c}{\rho V} \tag{17.9}$$

식 17.8과 17.9를 합치면

$$x_c = \frac{\rho_c}{\rho}\left(\frac{\rho - \rho_a}{\rho_c - \rho_a}\right) \tag{17.10}$$

이 식은 질량 분율 결정화도 x_c를 시료 밀도 ρ 그리고 결정과 무정형 성분의 밀도 ρ_c와 ρ_a로부터 구하는 식이다.

고분자 시료의 밀도는 밀도 기울기관에서 **부력의 정도(flotation)**에 의해 쉽게 측정된다. 이것은 서로 다른 밀도를 갖는 액체 혼합물을 담은 긴 수직의 관이다. 이 관의 윗 부분에는 가벼운 액체가 채워지고 바닥을 향할수록 밀도가 서서히 증가한다. 밀도가 알려진 일련의 표준시편을 가지고 눈금을 매기며, 고분자의 밀도는 그것이 칼럼 안으로 떨어졌을 때 부유하는 위치로부터 결정된다. 결정의 밀도, ρ_c는 결정 구조의 정보로부터 이론적으로 계산될 수 있다(표 17.1). 만약 융해된 고분자를 빨리 냉각시키는 경우처럼 완전한 무정형 고분자를 얻을 수 있다면 직접 ρ_a를 측정할 수도 있다. 아니면 특정한 온도에서의 용융물의 밀도를 고체의 온도까지 연장하여 결정하거나, 결정에서 무정형까지의 일련의 밀도를 측정하여 이를 결정할 수 있다. 식 17.8과 17.10은 시료가 구멍이나 빈 공간이 없을 경우와 ρ_a가 일정할 때 유효하다. 실제로 무정형 영역에서 분자의 채움이 불규칙적이기 때문에, ρ_a는 서로 다른 온도 처리를 가진 시료마다 다를 수도 있는 것이다.

결정화도를 측정하는 가장 좋은 방법은 **광각 X선 산란[wide-angle X-ray scattering (WAXS)]**을 이용하는 것이다. 반결정성 고분자에서 볼 수 있는 전형적인 WAXS 곡선이 그림 17.17에 주어져 있고, 여기에서 X선 산란의 강도가 회절각, 2θ에 대해서 그려져 있다. 그런 검사는 그림 17.3a에 있는 회절형태의 중간에서부터 바깥쪽으로의 산란의 강도를 측정함으로써 얻어질 수 있다. 상대적으로 날카로운 피크(그림 17.3a에서의 고리)는 결정 영역으로부터의 산란 때문이고 넓게 깔려 있는 '할로우(halo)'는 비결정 영역으로부터의 산란 때문이다. 원칙적으로 결정성의 피크 아래와 무정형 할로우의 상대적인 면적으로부터 결정화도를 측정하는 것이 가능한 것이다. 실제로 각 상(phase) 때문에 곡선으로부터 면적을 측정하기가 어렵다. 무정형 할로우 부분의 모양은 용융 시료를 빨리 냉각시켜 얻어진 완전한 무정형 시료의 WAXS로부터 측정될 수 있다. 폴리에틸렌과 같은 고분자의 측정은 어렵거나 불가능하기 때문에 무정형에서의 산란을 추정할 수밖에 없다. 또한 결정이 불완전한 경우 날카로운 피크의 면적이 감소하기 때문에 이를 보정해 주어야 한다. 그럼에도 불구하고 결정화도는 그림 17.17에 보여지는 단순한 구조로부터 얻어질 수 있다.

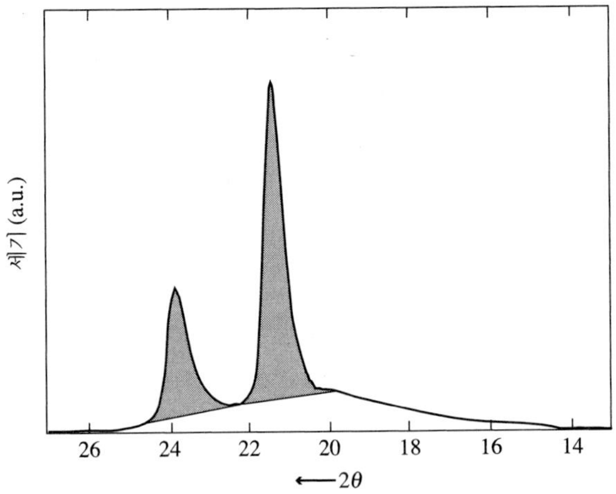

▶ 그림 17.17
중간-밀도 폴리에틸렌에 대한 WAXS 곡선. 산란 세기는 2θ의 함수로 그려졌다. 결정성 피크는 칠해져 있는 부분이며, 무정형 할로우는 흰색부분이다.

수평 기준선은 배경 산란을 제거하는 산란 곡선의 끝 사이에서 그려진다. 따라서 무정형 할로우 영역은 완전한 무정형 시료의 산란에 대한 정보나 다른 고분자로부터 얻어진 경험으로부터 추적될 수 있다. 이때 결정의 질량 분율 x_c는 다음 식에 의해 주어진다.

$$x_c = \frac{A_c}{\left(A_a + A_c\right)} \tag{17.11}$$

여기서 A_a는 무정형 할로우 부분의 면적, A_c는 결정성 피크 밑의 나머지 면적이다.

그림 17.17에서 동일한 기준선을 사용하여 두 개의 결정성 피크 그리고 무정형의 할로우인 세 성분으로 곡선을 나누면 더 정확한 결과를 얻을 수 있다.

비록 반결정성 고분자의 결정화도를 측정하는 데에는 밀도 측정과 WAXS 방법이 널리 이용되지만 몇몇 다른 기술에서도 성공적으로 측정이 가능하다. 자주 사용되는 한 기술이 시차 주사 열량법(DSC; 17.8.1절)이다. 이것은 반결정성 고분자가 녹는 동안 엔탈피(ΔH_m)의 변화를 측정하는 것이다. 결정화도는 100% 결정 시료에 대한 ΔH_m과 비교해서 계산된다. NMR과 적외선 분광기(15.6과 15.4절)와 같은 분광학적 방법이 또한 사용된다. 일반적으로 자세히 보면 결과는 차이가 있지만 결정화도를 측정하기 위해 서로 다른 측정 방법들 사이에 대략적으로 상호관계가 있다는 것이 입증된다.

17.4.3 결정의 두께와 사슬 팽창

라멜라 결정의 실체는 용융물과 묽은 용액으로부터 고분자의 결정화에 의해 얻어진다. 이 라멜라의 가장 독특한 차원은 두께이며, 이것이 결정화 조건에 의해 달라진다는 것으로 알려져 있다. 결정의 두께를 제어하는 가장 중요한 변수는 **결정화 온도(crystallization temperature)**이고 이것의 자세한 측정은 용액으로부터 결정화된 라멜라에 의해 이루어진다. 결정 두께를 측정하기 위해 몇 개의 방법들이 사용된다. 그것들은 기질(substrate)에 있는 라멜라를 그늘지게 하여 전자 현미경으로 그늘의 길이를 측정하거나, 간섭 현미경으로 그늘의 두께를 측정하기도 하며, 결정 더미를 소각 X선 산란[small-angle X-ray scattering (SAXS)]을 사용하여 두께를 결정하는 방법 등이 있다. 라멜라 단결정이 용액으로부터 침전될 때 그것들은 평행한 결정의 고체층을 형성한다. 이 층에서 적층의 주기성은 결정의 두께와 결정화도와 관계된다. 원자들의 경우와 비슷한 방법으로 적층 결정 격자는 X선을 산란시키고 Bragg 법칙 (식 17.4)에 따른다.

$$n\lambda = 2d\sin\theta \tag{17.12}$$

여기서 n은 정수, λ는 방사선의 파장, d는 현재 배열의 주기성, θ는 회절각이다.

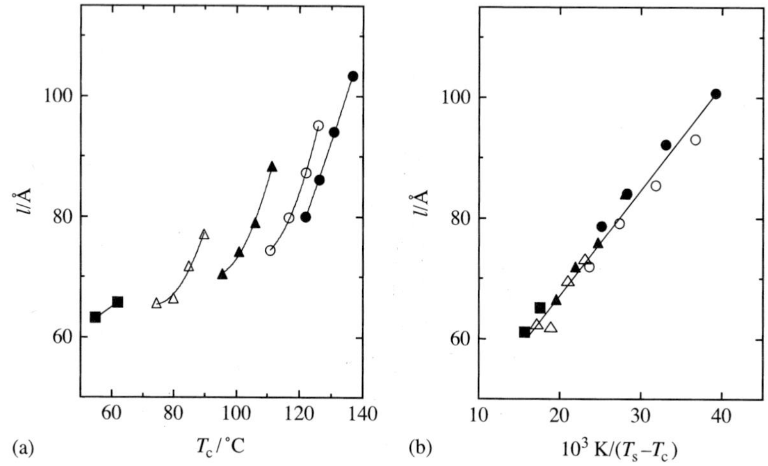

▶ **그림 17.18**
(a) 서로 다른 용매로부터 결정화된 폴리옥시메틸렌의 결정화 온도 T_c에 대한 라멜라 두께, l의 의존성 (1Å = 0.1 nm). (b) 과냉각의 역수로 그려진 모든 데이터에 대한 마스터 곡선. 용매: ■, 페놀; Δ, m-크레솔; ▲, 푸르푸릴 알코올; ●, 벤질 알코올; ○, 아세토페논. (자료 출처: Magill, J., Treatise on Materials Science and Technology, Vol. 10A, J.M. Schultz (ed), Academic Press, New York, 1977.)

X선(약 0.1 nm)을 사용하며 d는 약 10 nm이기 때문에 θ는 매우 작고 산란 최대치는 주광선(main beam)에 매우 가깝다.

다양한 용매로부터 결정화된 폴리옥시메틸렌에 대한 결정화 온도에 따른 라멜라 두께의 변화가 그림 17.18a에 나타나 있다. 주어진 용매에 대해 라멜라 두께는 결정화 온도가 증가함에 따라 증가하는데, 폴리에틸렌 또는 폴리스타이렌과 같이 많은 결정성 고분자에서 전형적으로 나타난다. 그림 17.18a와 같이 다양한 용매에서 서로 다른 결정화 현상을 보이는 것은 매우 전형적인 현상이며, 그림 17.18b는 그림 17.18a에서 얻은 과냉각(super cooling) $\Delta T (= T_s - T_c)$의 역수에 대한 라멜라 두께를 그린 그림이다. 이 결과로부터 결정화 현상은 실제 결정화 온도(T_c)보다는 결정화 온도와 용매 온도 T_s의 차에 의해 더 영향을 받는다는 사실을 보여 주고 있다. 이것은 나중에(17.7.3절)에 다룰 고분자결정 이론에 대한 중요한 암시를 하고 있다.

용융 결정화된 고분자에 대한 라멜라 두께는 정밀하게 측정하기가 다소 어렵다. SAXS 곡선이 이러한 시료로부터 얻어질 수 있으나, 그것들은 훨씬 약하고 단결정층으로부터 얻은 결과보다 명확하지 않은 경향이 있다. 만약 라멜라 두께가 충분히 크다면(> 50 nm) 벌크 시료의 단면을 전자 현미경에 의해 측정할 수 있다. 용융 결정화된 폴리에틸렌에 대해 결정화 온도에 따른 라멜라 두께의 변화가 그림 17.19에 나타나 있다. 결정화 온도가 증가함에 따라 라멜라 두께가 증가한다는 점에서 용액 결정된 고분자의 것과 거의 비슷하다. 사실 높은 과냉각의 경우 용액과 용융 결정화된 라멜라는 서로 비슷하다. 그러나 낮은 과냉에서는 용액에서의 결정화와 일치하지 않고 온도에 대해 라멜라 두께가 급격히 증가한다. 이는 녹는점에 가까운 일정한 온도에서 결정이 시간에 따라 더 두껍게 되기 때문이다. 반면에 용액에서는 라멜라의 두께가 결정화 시간에 대해 거의 영향을 받지 않는다.

예상할 수 있듯이 분자 길이가 결정 두께에 필적할 때 고분자의 **몰질량(molar mass)**은 라멜라 두께에 강하게 영향을 끼친다. 보통 분자 길이는 접힌 길이보다 수백 배 크기 때문에 몰질량이 크게 증가하더라도 라멜라 두께는 조금 증가한다. 용융물로부터 폴리에틸렌과 몇몇 고분자들이 결정화할 때 커다란 영향을 미치는 변수는 **압력(pressure)**이다. 고분자의 용융 온도는 압력에 대하여 급격히 상승한다. 약 3 kbar (300 MPa)의 압력하에 낮은 과냉각 상태에서 폴리에틸렌이 결정화할 때는 분자가 완전히 펼쳐지는 형태를 가지는 라멜라를 생산할 수 있다. 10 μm 두께가 넘는 결정이 높은 몰질량을 갖는 고분자에 대해서 보고된 바 있다. 사슬이 펼쳐진 형태(chain extended)는 상압에서 서서히 결정화되는 폴리테트라플루오로에틸렌에서 관찰되는데, 이 고분자의 현미경 사진이 그림 17.20에 나와 있다. 이 사진은 라멜라 표면에 거의 수직인 줄무늬를 포함하고 있는 길게 가늘어진 라멜라를 보여 주고 있다. 그 줄무늬는 파단면에서 단계에 의해 나타나고 각 라멜라 내부에 사슬 방향을 규정한다. 그림 17.20에서, 사슬이 펼쳐진 라멜라에서 분자들의 길이가

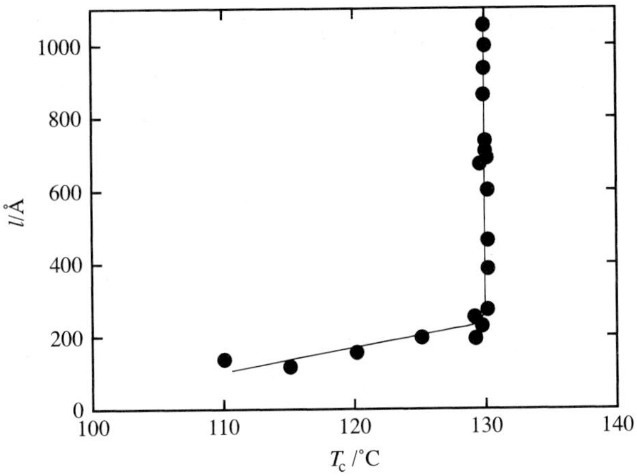

▶ 그림 17.19
등온적으로 용융 결정화된 고분자의 결정화 온도에 대한 라멜라 두께 l (1Å=0.1 nm). (자료 출처: Wunderlich B., Macromolecular Physics, Vols. 1-3, Academic Press, London, 1973, 1976 and 1980.)

평균 결정 두께보다 다소 크다는 것에 미루어, 분자가 앞뒤로 몇 번이고 접힌다고 생각할 수 있다. 사슬이 펼쳐진 형태는 95%를 초과하는 높은 결정화도를 가질 수 있다. 그러나 그것들의 기계적 특성들은 아주 실망스러운 정도이다. 사슬이 펼쳐진 폴리에틸렌은 비교적 딱딱하지만 결정간 결합 분자들의 부족으로 매우 부서지기 쉽고 기계적으로 변형될 때 부슬부슬 부서진다.

폴리에틸렌의 접히는 길이와 라멜라 두께에 미치는 변수들의 영향은 표 17.2에 요약되어 있다. 양 또는 음의 수는 각 경우에 대한 효과의 크기를 나타낸다.

17.4.4 배양에 의한 결정화

고분자 용융물 또는 용액이 응력(stress) 하에서 결정화될 때, 응력 없이 얻어진 것과는 아주 다른 형태들이 얻어진다. 이는 많은 고분자가 섬유의 형태로 가공되고, 사출되거나(injection moulded) 압출되며(extruded), 이러한 공정은 결정화하는 동안 물질에 작용하는 응력의 응용과 관련되어 매우 기술적으로 중요하다.

결정화에 관한 응력의 영향은 신축된 천연 고무의 필름에 대한 연구로부터 시작되었는데, 가한 응력의 방향에 횡으로 결정이 형성된다고 알려졌다. 결정은 주사슬에서 핵이 생성되어 수직 방향으로 성장한다는 것이 발견되었다. 유사한 열-방향 핵생성 구조는 다른 많은 고분자의 배향된 용융물로부터 결정화할 때 생성된다고 알려졌다. 이와 관계된 구조는 고분자 용액을 빨리 저어주면서 냉각시킬 때에 발견되는데, **꼬리 형태학(shish-kebab morphology)**으로 명명되었다. 이는 과성장한 라멜라가 있는 주사슬로 구성되는데 주사슬과 과성장한 라멜라 모두에서 분자들이 꼬리 형태축에 평행하다는 것이 전자 산란에

▶ 그림 17.20
사슬이 펼쳐진 결정에서 나타나는 용융 결정 폴리테트라플루오로에틸렌 파단면의 전자 현미경 사진.

표 17.2 폴리에틸렌의 라멜라 두께에 미치는 과냉각 ΔT, 압력 p, 몰질량 M, 시간 t 의 영향

	ΔT	p	M	t
용액 결정화	−−	0	0	0
용융 결정화 (고온 *T*)	−−	+++	0	+
용융 결정화 (저온 *T*)	−−−	++++	+	++
열처리	−−	++	(+)	++

자료 출처: Wunderlich, B., *Macromolecular Physics*, Vol, 1-3, Academic Press, London, 1973, 1976 and 1908.)

의해 발견되었다. 분자가 과성장에서는 접혀지지만, 주사슬에서는 비록 몇몇 접히는 것이 있을 수도 있지만 상당한 정도의 사슬 연장(chain extension)과 배향이 있다고 생각할 수 있다.

17.4.5 고분자 섬유

고분자 섬유는 두 종류의 일반적인 방법인 **용융(melt)** 방사와 **용액(solution)** 방사를 통해 제조할 수 있으며, 일반적으로 섬유축 방향으로 정렬된 미세구조를 가지게 된다. 정렬도 또는 배향은 가공 방법, 가공 조건과 고분자의 성질을 포함하는 많은 요인에 따라 달라진다. 고분자 섬유는 산업 소재로서 매우 중요하며, 고분자 복합체를 위한 강화제, 섬유, 밧줄과 같이 다양한 분야에서 널리 사용되고 있다(24장). 섬유는 고분자의 강도와 한방향의 높은 강성도가 잘 활용되도록 정렬된 분자들로 구성되어 있다.

용융 방사 공정에서 용융 고분자는 작은 구멍 또는 다이를 통해서 압출되며, 압출된 고분자는 분자가 배향된 상태로 급속하게 냉각을 하게 된다. 배향도는 가공 조건에 따라 의존하게 되는데, 빠른 압출 속도와 빠른 냉각으로 고배향된 섬유를 얻을 수 있다. 고분자 섬유의 결정화도는 고분자의 결정화 동역학에 의존한다. 결정화 속도가 느린 고분자의 급속한 냉각은 무정형 섬유를 만들 수 있지만, 폴리에틸렌 또는 폴리프로필렌과 같은 고분자에 있어서의 섬유는 언제나 결정성이다. 그림 17.3b에 사용된 폴리프로필렌 섬유는 용융 방사에 의해 제조되었으며, 회절 현상은 결정성과 배향 모두 높은 수준을 보여 준다.

17.5 액정 고분자

액정(liquid crystallinity)은 액체와 결정 둘 다의 성질을 보여 주는 물질의 상태이다. 예를 들면, 액정 재료는 액체처럼 흐를 수 있지만, 결정성 고체에서 볼 수 있는 것과 유사한 분자 질서를 가지고 있다. 액정 재료는 편광 광원을 이용한 광학 현미경의 관찰을 통해서 처음 확인되었다. 액정상은 분자가 특정 방향으로 정렬되어 있는 영역에 해당하는, 다른 질감의 영역들을 나타내는 것이 현미경으로 관찰되었다. 액정 재료에 관한 초기의 많은 연구는 낮은 몰질량의 물질에 한정되어 있고, 실제로 그런 재료가 액정 디스플레이(LCDs)에 많이 사용되고 있지만, 오래 전부터 액정성을 나타내는 고분자가 있는 것으로 인식되어 왔다. 액정 고분자의 개발은 새로운 공정 특성 및 성질의 독특성을 가지는 새로운 고분자 재료의 한 부류가 되었다.

17.5.1 액정의 분류

액정 재료의 일반적인 분류는 액정의 세 가지 일반적인 유형인 **네마틱(nematic)**, **콜레스테릭(cholesteric)**, **스메틱(smetic)**으로 정의한 Friedel의 연구로 거슬러 올라간다. 이 분류는 액정 고분자를 분류하는 데도 사용되고 있다. 소개가 필요한 또 다른 용어는 액정상을 형성할 수 있는 분자 또는 분자의 일부를 설명하는 단어인 **메소제닉(mesogenic, 액정유발)**이다. 작은 분자인 경우에는 전체의 분자들이 메소젠이 될 수 있으며, 고분자의 경우

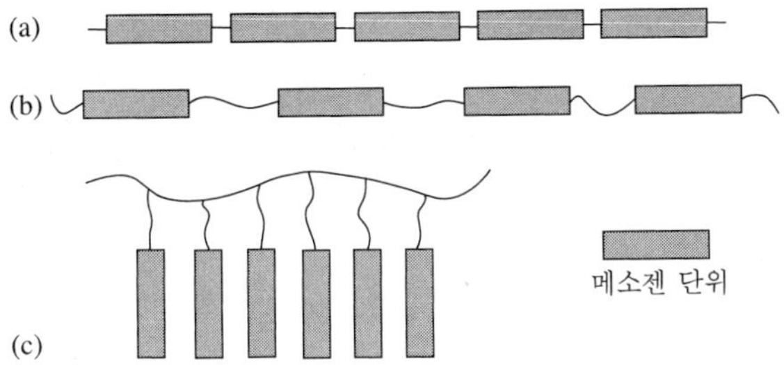

▶ 그림 17.21
다른 유형의 고분자 액정의 개략도. (a) 경질의 막대 고분자. (b) 열방성 거동을 보이고 메소젠 단위 간에 연질 결합이 있는 고분자. (c) 곁사슬 액정 고분자.

에는 분자의 부분들이 액정 영역을 형성할 수 있도록 충분히 경질이고 직선적이면 메소젠 단위를 가질 수 있다. 메소젠 단위는 그림 17.21에서처럼 고분자의 주사슬이나 곁사슬에 있을 수 있다.

그림 17.22는 액정의 세 가지 일반적인 분류의 메소젠 배열에 대한 개략도를 보여 준다. **네마틱 (nematic)**상에서 메소젠은 한 방향으로 불완전하게 정렬되어 있으며 디렉터 (director) **n**으로 알려진 벡터는 메소젠의 평균 방향성을 나타내고 있다 (그림 17.22a). 네마틱상은 메소젠 단위의 방향 측면에서 보면 규칙성을 가지고 있지만, 메소젠 단위의 무게중심 간에 먼 거리 규칙성이 존재하지 않는다는 점에서 고체 결정과 다르다.

그림 17.22b에서 설명하고 있는 **콜레스테릭 (cholesteric)** 상은 처음에 콜레스테롤의 유도체에서 확인되어 이름이 붙여졌다. 이것은 본질적으로 디렉터 방향에 수직인 축에 대한 주기적인 꼬임이 있는 네마틱상이다. 콜레스테릭상은 근본적으로 카이랄이며 왼손과 오른손의 이성질체 같은 비대칭 탄소 원자의 존재와 관련된 분자에 의해 형성된다. 이러한 카이랄 분자들의 비대칭 패킹 (packing) 이 디렉터에 수직인 축에 대한 꼬임의 원인이 되고 콜레스테릭상에 보이는 먼 거리 카이랄 규칙성으로 이어진다.

스멕틱 (smetic) 상은 그림 17.22c에서 보이는 것처럼 메소젠들의 층상 배열을 가진다. 층들 내에 메소젠들의 위치에서 먼 거리 위치 규칙성이 없으며, 층들 사이에 있는 메소젠의 위치에도 어떤 상관관계가 없다.

17.5.2 고분자 액정

고분자 액정은 낮은 몰질량 액정 화합물에서 발견되는 메소젠기와 유사한 경질이며 보통 속성이 방향족인 메소젠 단위를 포함한다. 액정 (LC) 상은 고분자의 용융 온도와 LC 고분자의 용융물이 등방성이 되는 높은 온도, 이른바 상단 전이 온도와의 사이에서만 발견되고 있다. 방향족 고분자는 일반적으로 높은 용용 온도 (17.8.3.1절) 를 갖고 있으므로 LCPs의 설계 측면에서 보면 고온에서 물질이 분해하지 않는 조건에서 액정 상태로 가공할 수 있는 물질을 합성해야 한다.

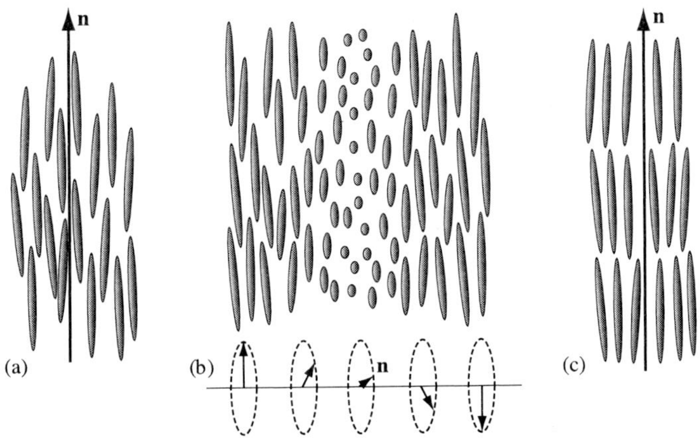

▶ 그림 17.22
액정의 세 가지 일반적인 분류: (a) 네마틱, (b) 콜레스테릭, (c) 스메틱. 각 경우에 디렉터 **n**을 표시하였다.

17.5.2.1 열방성 계

열방성(thermotropic) 액정계는 용융 온도인 T_m에 도달하면 액정 거동으로의 전이가 일어나고 등방성 액체가 되는 상단 전이 온도까지 용융 상태를 지속하는 것이다. 열방성 LCPs의 설계에 있어 주요 고려 사항은 물질의 기대되는 액정 특성을 유지하면서 유용한 작업범위까지 전이 온도를 낮추는 것이다.

낮은 몰질량의 유기 화합물의 경험으로 비추어 보면, 폴리(*p*-페닐렌 테레프탈아마이드) [poly(*p*-phenylene terephthalamide), PPTA]와 폴리 (하이드록시벤조산) [poly (hydroxybenzoic acid), PHBA]과 같은 *para*-치환 방향족 경질 막대 고분자는 그들의 용융 온도 이상에서 액정상의 형성을 예측할 수 있었다. 그러나 문제는 이러한 고분자가 매우 높은 용융 온도(> 500°C)를 가지고 T_m 또는 그 가까이에서 분해한다는 것이다. 이 문제를 해결하는 한 방법은 메소젠 특성을 유지하면서 구조를 변경하여 T_m을 낮출 수 있는 다른 그룹의 첨가를 포함하는 불규칙 공중합체를 생성하는 것이다. 이와 같은 방법으로 얻을 수 있는 예는 방향족 폴리에스터 공중합체를 들 수 있다.

한 종류의 방향족 폴리에스터 공중합체 계는 하이드록시벤조산(hydroxybenzoic acid, HBA)과 하이드록시나프토산(hydrooxynaphthoic acid, HNA)의 공중합체로, 표 3.2에 나와 있는 것처럼 Vectra®라는 이름으로 상용화되었다. 그림 17.23은 조성에 따라 공중합체의 용융 온도의 변화를 보여 주는데, 공중합체는 모든 조성에 대해 T_m 위에서 모두 액정임을 보이고 있고, HNA 반복 단위의 약 40%를 함유하는 조성에서 T_m이 최소인 약 250° 임을 알 수 있다. HNA 단위의 존재는 내열 및 내화학적 성질을 손상시키지 않고 좋은 기계적 성질을 유지하면서 사슬의 주기성 파괴와 결정 생성의 억제를 통해 T_m을 낮추는 데 유용한 효과가 있다. 용융 고분자의 액정 특성은 매우 정렬된 LCP 섬유를 만들 수 있다는 것이다. 이러한 섬유는 용융 방사 및 후스핀(post-spin) 연신에 의해 제조되며 높은 수준의 강성과 강도를 가지고 있다(제19장 참조). 이러한 액정 폴리에스터 공중합체 섬유는 Vectran®라는 이름으로 상용화되었다.

17.5.2.2 유방성 계

경직 막대 분자의 가공을 용이하게 하기 위한 다른 방법은 **유방성(lyotropic)** 계를 형성하는 낮은 몰질량 용매를 첨가하는 것이다. 이 방법은 고분자의 용융 가공을 하는 동안 분해할 수 있는, PPTA와 같은 고분자의 가공을 가능하게 한다. 용매의 존재는 액체 상태에서 액정의 성질을 유지하면서 고분자의 용융 온도를 저하시키는 효과가 있다.

용액 방사는 고분자 섬유의 제조에 널리 사용되고 있고 최근에는 PPTA 또는 폴리(*p*-페닐렌 벤조비스옥사졸)[poly (*p*-phenylene benzobisoxazole), PBO] 등과 같은 열방성 거동을 보이지 않는 고분자로부터도 섬유를 제조할 수 있는 기술이 개발되었다. 이 고분자들의 분자는 본질적으로 딱딱하고, 적절한 용매에서 유방성 용액을 형성한다. PPTA는 일

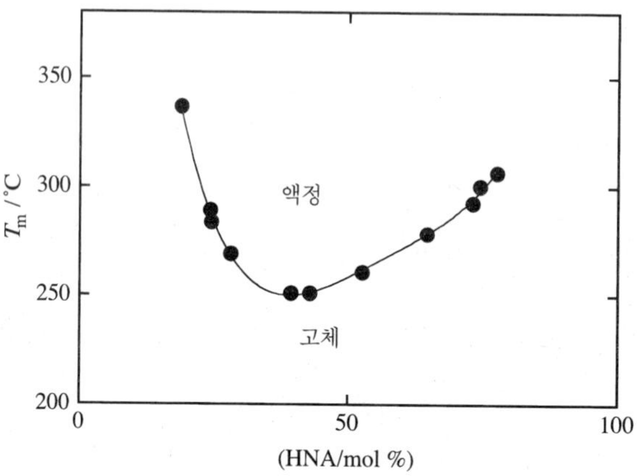

▶ 그림 17.23
하이드록시벤조산(HBA)과 하이드록시나프토산(HNA)의 불규칙 공중합체의 조성에 따른 용융 온도 T_m의 의존성. (자료 출처: Donald, A.M. and Windle, A.H., Liquid Crystalline Polymers, Cambridge University Press, Cambridge, U.K., 1992.)

반적으로 실온에서 고체이고, 99.8% 황산 속에 20% PPTA가 용해된 유방성 용액을 70°C와 90°C 사이에서 방사한다. 유방성 용액 안에서 분자들은 네마틱 액정상을 형성하며 서로 평행하게 정렬하고, 이러한 용액이 다이의 작은 구멍 [**방적돌기 (spinneret)**] 을 통해 압출될 때 분자들은 섬유 속에서 정렬하게 된다. 섬유 가닥은 방적돌기로부터 나와, 용매를 제거하는 응고 중탕 (예를 들어, 5°C의 물) 속을 지나 후스핀 연신을 하게 된다. 제조된 섬유는 경질 분자 성분들의 높은 분자 배향을 나타내어 높은 기계적 특성을 가지게 된다. **드라이 제트 습식 방사 (dry-jet wet-spinning)** 로 알려진 공정의 개략도를 그림 17.24에 나타내었는데, Kevlar®와 Twaron® 같은 PPTA 섬유를 생산하는 데 상업적으로 사용되고 있다. 이와 유사한 공정이 상품명 Zylon®인 PBO 섬유를 생산하는 데 사용되는데, 이때 폴리 (포스포릭산) [poly (phosphoric acid)] 에 5%의 고분자 용액 상태인 유방성 용액을 사용하게 된다.

PPTA와 PBO 섬유는 고결정성이며, 섬유축과 평행한 높은 분자 배향성을 갖는다. 그림 17.25는 지름이 12 μm인 PBO 단섬유의 주사 전자 현미경 사진을 보여 준다. 섬유에서의 중첩은 섬유의 가장자리와 중앙 사이의 다른 위치에서 2 μm 지름의 빔을 가진 싱크로트론 방사광을 이용하여 얻은 마이크로포커스 X선 회절 현상의 연속이다. 비록 패턴의 강도는 빔이 섬유 속을 통과하는 거리에 따라 다르지만, 그들이 섬유를 통해 높은 분자 배향도를 가진다는 사실은 알 수 있다. PPTA와 PBO 분자는 본질적으로 딱딱하기 때문에 이러한 경직 막대 고분자 섬유는 높은 강도와 강성도를 가지고 있다 (제19장 참조).

17.6 고분자 결정의 결함

결정성 고분자는 잘 정의된 결정 구조와 형태를 가지고 있지만, 구조적 관점에서 완전하지 못하다는 것은 분명하다. 그것들은 결정과 무정형 영역을 포함하고 있으며 아마도 부분적으로 불규칙하게 정렬된다. 어떤 재료라 할지라도 어긋나는 것이나 점과 같은 결함이 없는 완벽한 물질은 오랜 기간 동안 없다고 인식되어 왔으며, 고분자 역시 그렇다. 사실, 고분자 결정은 다른 결정성 고체에서 발견되는 것과 비슷한 결함을 갖고 있다고 현재 알려져 있으며, 결정을 형성할 때 그런 불완전성을 고려해 결정의 거대분자 구조 특성을 생각하는 것이 요구된다.

결정에 결함이 있을 때는 그림 17.3a의 X선 회절 형태에서 보이는 링과 같은 회절의 최댓값이 넓게 일어난다. 주로, 넓음의 정도 (degree of broadening) 는 결함에 의한 결정에

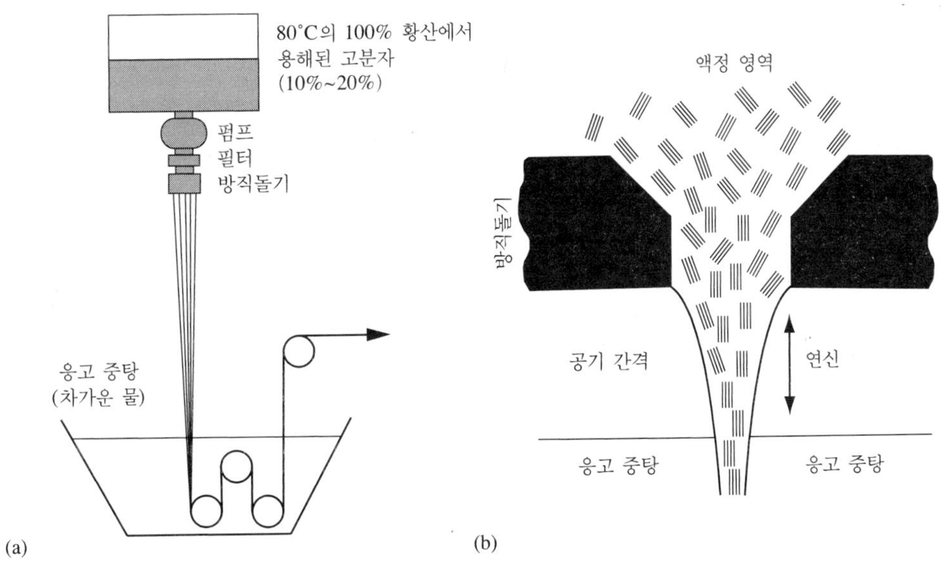

▶ 그림 17.24
드라이 제트 습식 방사 공정으로 PPTA 섬유를 생산하는 개략도. (a) 공정의 개요. (b) 방적돌기 안에서의 액정 상의 배열. (자료 출처: Rebouillat, S., High Performance Fibers, J.W.S. Hearle (ed) Wood-head Publishing Ltd., Cambridge, U.K., 2000.)

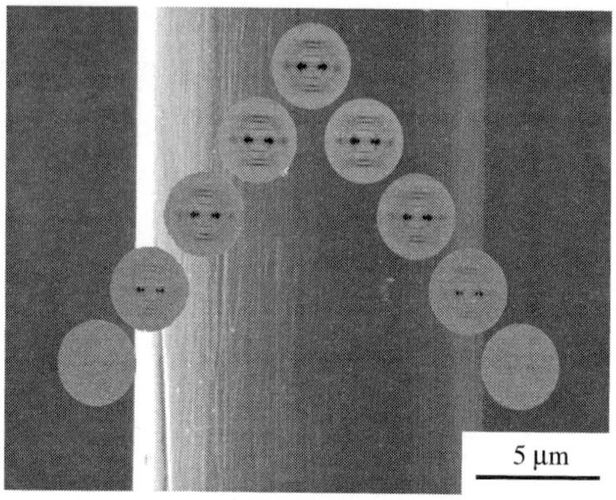

▶ 그림 17.25
섬유를 교차하는 다른 위치에서 촬영된 중첩된 싱크로트론 마이크로 포커스의 X선 회절 패턴의 PBO 섬유의 주사 전자 현미경 사진. (자료 제공: R.J. Davies, ESRF, Grenoble, France.)

서의 불규칙 배열의 양을 측정하는 데 이용될 수 있다. 그러나 회절 최댓값의 넓음은 결정이 가지고 있는 한정된 크기나 일반적인 고분자 결정에 상대적으로 작은 것이 원인이며 대부분의 관찰된 이 확대 현상은 보통 결정 크기의 효과에 의해서도 일어난다. 고분자 결정에 존재하는 결함의 형태를 고려할 때 이를 분류해서 서로 다른 형을 관찰하는 것이 최선이며 고분자 결정에서 이미 존재하거나 가정된 결함은 다음에서 논의한다.

17.6.1 점 결합

빈 공간이나 틈새형 원자 또는 이온과 같은 점 결합의 존재는 원자나 이온 결정에서 잘 이해되어 왔다. 그 상황은 점 결합이 고분자의 긴 사슬 성질에 의해 제한을 받게 되는 거대분자 결정에서와는 다소 다르다. 이때는 비교적 결점의 형태를 상상하기 쉽다. 그것들은 사슬 끌, 짧은 가지, 접힘 또는 공중합 단위 등이 될 것이다. 대다수 사슬의 불규칙함은 결정으로부터 빼져나와 비결정성 영역에 합해지는 것이 분명하다. 그러나 그것 중 몇 개는 결정 영역에 존재한다는 것도 분명하다.

거대분자에서 일어날 수 있거나 독특한 다른 점 결합의 형태는 분자적인 킹크(kink, 꼬임)이다. 예를 들어, 킹크는 지그재그 사슬 안에서 두 개의 *gauche* 결합과 나머지는 모두 *trans* 결합인 경우 일어날 것이다. 다섯 개의 연속적인 결합의 배열은 ...*ttttt*... 보다 ... $tg^{+}\ tg^{-}\ t$ ... 이다. 그런 꼬인 사슬은 상대적으로 미세한 국소적인 뒤틀림을 갖는 구조의 결정으로 될 것이다. 그런 킹크 결함의 중요한 면은 폴리에틸렌에서 $-CH_2-$ 기로 하여금 결정에 포함되게 한다는 것이다. 이런 결함의 움직임은 결정화가 되는 동안 결정이 두꺼워지는 메커니즘이라고 추측된다(17.4.3절).

17.6.2 어긋나기

금속 결정에서 이론적으로 계산된 전단 응력(shear strees)하에서 결정이 미끄러진다는 것이 발견되었다. 선 결함의 움직임이 바로 어긋나기(dislocation)로 알려졌고, 전자 현미경이 출현하자 이런 결함이 마침내 증명되었다. 어긋나기의 기본적 형태는 그림 17.26에 나와 있는 바와 같이 나사형(screw)과 가장자리(edge)로 나눌 수 있다. 어긋나기는 그것의 선과 Burgers 벡터에 의해 특정지을 수 있다. 만약 Burgers 벡터가 그 선에 평행하다면 그것은 **나사형 어긋나기(screw dislocation)**라고 하며, 수직이라면 **가장자리 어긋나기(edge dislocation)**라고 한다. 일반적으로 Burgers 벡터와 어긋나기 선은 그림 17.26c에 보이는 것처럼 어떤 각에서도 있을 수 있다. 어긋나기가 가장자리와 나사형 성분 모두를 가지는 경우 **혼합(mixed)**이라고 한다. 그림 17.26에 그려져 있는 어긋나기는 원자 결정의 경우지만 그것들이 왜 고분자 결정에서는 존재할 수 없는지에 대한 논리적인 이유는 없다. 그러나 고분자 결정과 원자적 결정 사이에 몇 가지 중요한 차이가 있다. 그 차이는 다음과 같다.

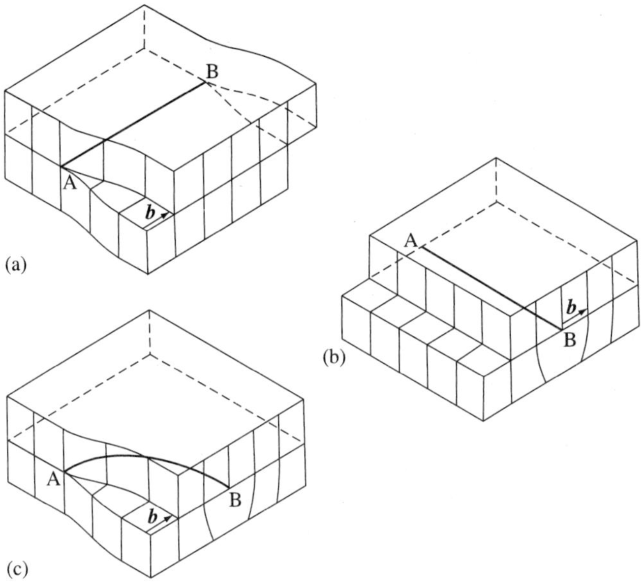

▶ 그림 17.26
결정에서의 어긋나기를 나타냄. (a) 나사형 어긋나기. (b) 가장자리 어긋나기. (c) 나사형과 가장자리의 혼합된 어긋나기. 어긋난 선 (AB) 와 Burgers 벡터 (**b**) 가 각각의 경우에 표시되어 있다. (자료 출처: Kelly, A. and Groves, G.W., Crystallography and Crystal Defects, Longman, London, U.K., 1070.)

- 고분자 결정에서는 높은 정도의 이방성이 있다. 사슬 방향의 공유 결합은 상대적으로 약한 횡단 이차 결합보다 매우 강하다.
- 고분자는 부서짐에 강하게 저항하므로 이것을 하려는 어긋나기는 받아들여지지 않는다.
- 결정 형태는 안정성과 어긋나기의 움직임에 영향을 준다. 사슬이 접히는 것과 고분자 결정이 상대적으로 얇다는 사실은 이에 영향을 줄지도 모른다.

고분자 결정의 변형과 관계된 어긋나기의 가능성은 최근에 상당히 주목된다. 이것은 나중에(22.4.3절) 고려될 것이며, 여기서는 변형되지 않은 결정에서 존재할 수 있는 어긋나기에 대해서 기술할 것이다.

고분자 결정에서 어긋나기의 발생에 대한 가장 분명한 예는 결정이 나선으로 성장한 것을 보여 주는 그림 17.12에 나와 있다. 나선의 중심에서 약 10 nm로 접힌 길이의 크기의 Burgers 벡터를 갖는 나사형 어긋나기라고 생각된다. 그런 어긋나기는 그림 17.27에서 개략적으로 설명되며 Burgers 벡터와 어긋나기 선은 각각 사슬 방향에 평행하다.

단위셀의 치수와 같은 크기의 Burgers 벡터를 갖는 어긋나기는 전자 현미경에서 관찰되는 겹쳐진 라멜라 단결정으로부터 얻어지는 Moiré 패턴에서 유래한다. Moiré 패턴은 두 결정이 약간 잘못 배열되고 그것들이 결정에서 결합을 만들 때 이중 회절에 의해 얻어진다. 이 기술을 사용하여 몇몇 고분자 결정의 경우 사슬 방향에 수직한 Burgers 벡터를 갖는 가장자리 어긋나기를 관찰할 수 있다. 이런 어긋나기는 인접한 분자의 재진입에 의한 접힘이 있는 분자를 포함하는 결정에서 접힌 정지면(terminated fold plane)이 존재하기 때문으로 생각할 수 있다. 만약 그렇다면 그 어긋나기는 접힌 면에서 결합을 끊지 않고서는 움직일 수 없을지도 모른다.

최근의 전자 현미경 측정의 진보와 개량으로 인해 결정 격자의 상을 통해서 원자, 이온, 분자 결정에서 어긋나기를 관찰할 수 있어서 이에 대한 연구가 많이 보고되고 있다. 비록 이 기술은 방사 손실 때문에 고분자 결정에 적용하기 어렵지만 최근에 와서는 고분자 결정에서 어긋나기를 직접 볼 수 있다. 그 예로 폴리다이아세틸렌 단결정이 그림 17.28에 나와 있다. 사슬 끝의 열에 의한 가장자리 어긋나기는 고해상도 현미경으로 볼 수 있다. 이러한 어긋나기는 단량체 결정에 존재할 수 있으며 고상 중합 반응 동안 고분자 사슬의 형성에 의해 고정된다(그림 8.1).

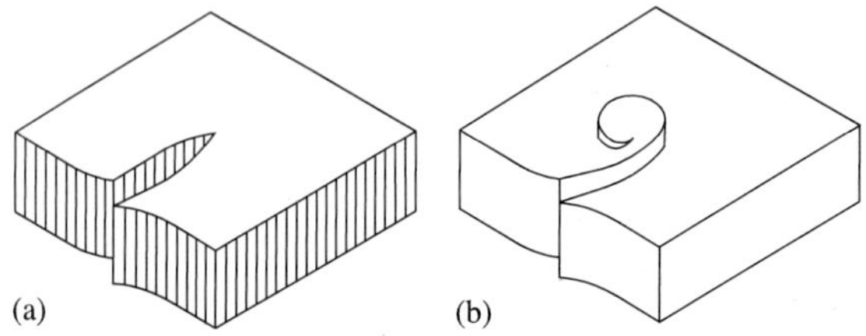

▶ 그림 17.27
라멜라 고분자 결정에 있어 사슬 방향과 평행한 Burgers 벡터를 갖는 나사형 어긋나기의 도식화. (a) 사슬 방향과 어긋난 선 사이의 관계. (b) 나선형 성장을 보이는 나사형 어긋나기.

17.6.3 다른 결함

점 결합, 어긋나기와 마찬가지로 고분자 결정에서는 많은 다른 불완전한 형태가 가능하다. 접힌 면과 사슬 접힘도 결함이라고 할 수 있다. 또한 결정 사이의 영역인 낟알 경계(grain boundary) 역시 결함으로 생각할 수 있다.

위에 언급된 모든 결함은 고분자 결정에서 불규칙함을 유도한다. 그것들의 존재로 인해 결정 격자가 변형되고 뒤틀리게 되어 X선 회절 최댓값이 넓어진다(그림 17.3). 이러한 결정 구조에서 불규칙한 형태는 **파라크리스탈리니티(paracrystallinity)**라고 한다. 고분자 파라크리스탈은 단위셀의 치수를 사용함에 따라 모델링할 수 있고 X선 패턴이 넓어지는 효과를 설명한다. 이 파라크리스탈리니티의 개념은 반결정형 고분자의 구조를 특징짓는데 매우 유용하지만, 아직도 이러한 재료에 대해서 배워야 할 것이 많다.

17.7 결정화

17.7.1 일반적인 측면

결정화는 보통 용융물이나 묽은 용액과 같은 불규칙한 상으로부터 규칙적인 구조가 나오는 과정이며, 녹는다는 것은 본질적으로 이 과정과는 반대로 생각할 수 있다. 고분자 용융물의 온도가 녹는점에 접근할 때 불규칙적으로 꼬여진 분자가 배열되고 규칙적인 작은

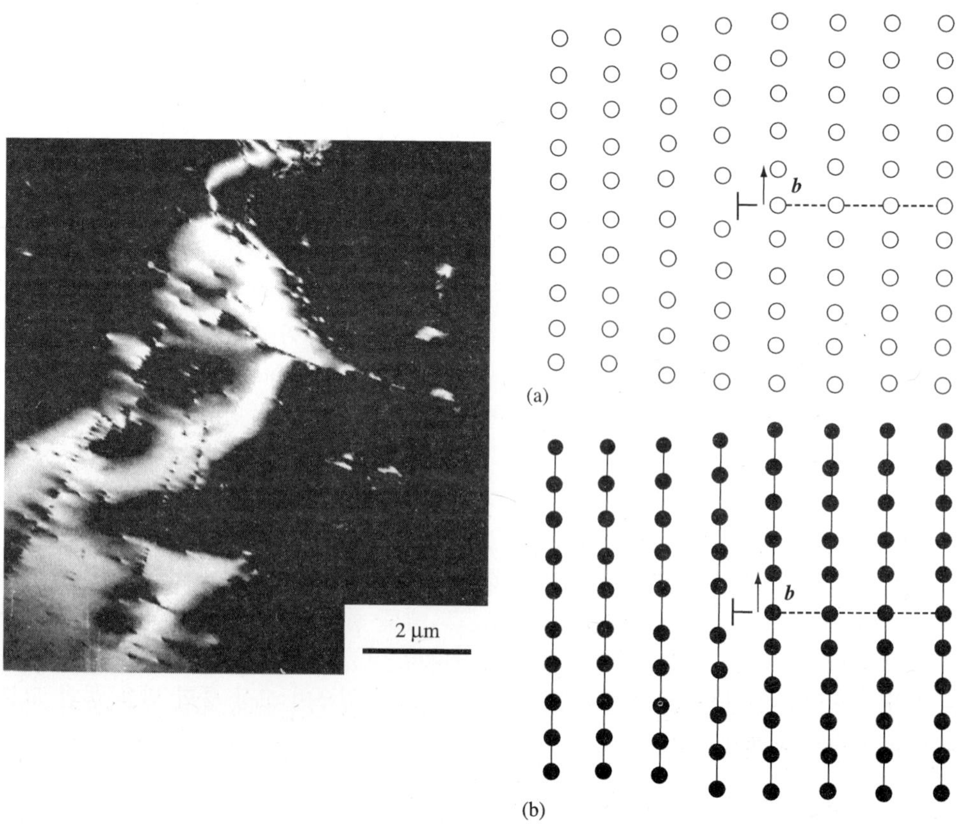

▶ 그림 17.28
폴리다이아세틸렌 단결정에서 흑과 백의 대비를 통해 점들의 열들에서 보이는 가장자리 어긋나기를 보여주는 투과 전자 현미경. (a) 단량체 결정과 (b) 고분자 결정에서의 어긋나기 개략도.

영역을 형성하는 경향이 있다. 이 과정은 **핵생성(nucleation)**으로 알려져 있으며 이 규칙적인 영역은 **핵(nuclei)**이라고 한다. 이러한 핵은 고분자의 녹는점 이하에서만 안정한데, 이 온도 이상에서는 열적 유동에 의해서 혼돈되기 때문이다. 결정화 과정에서 두 번째 단계는 결정핵이 성장하는 **성장(growth)** 단계이다. 그러므로 결정화는 핵생성과 성장 두 개의 뚜렷한 단계에 의해서 일어나는 과정이다.

핵생성은 균일(homogeneous)과 비균일(heterogeneous)로 구분된다. 균일 핵생성이 고분자 용융물이나 용액에서 일어날 때에는 작은 핵이 용융물 안에서 무작위로 생성된다고 예상한다. 비록 이 과정이 이론적 입장에서 자세히 분석되어졌지만, 고분자 용융물 또는 용액으로부터 대부분의 결정화는 핵생성이 먼지나 용기의 벽 등 이질적인 부분에서 비균일적으로 일어난다. 핵의 수는 모든 조건이 일정하게 유지될 때 결정화의 온도에 달려 있다. 낮은 과냉각(undercooling)일 때 핵생성은 산발적으로 일어나고 용융 결정화 동안 상대적으로 적은 수의 커다란 구결정이 형성된다. 반면에, 과냉각이 증가하면 더 많은 수의 핵이 형성되고 크기가 작은 구결정이 형성된다.

일반적으로, 결정 핵(nuclus)의 성장은 상대적으로 작은 막대(rod), 디스크(disk) 또는 구(sphere) 형태로 일, 이 또는 삼차원적으로 일어난다. 고분자 결정의 성장은 보통 라멜라 거대분자 사슬의 협조에 의해서 일어난다. 용액에서의 결정화에서는 라멜라의 측면치수의 변화가 일어나고, 용융 결정화가 일어나는 동안에는 구결정의 반지름의 변화로서 명백히 성장이 관찰된다. 이론적 분석을 간소화하는 중요한 실험적 관찰은 주어진 온도에서 자라는 결정의 치수가 보통 시간에 선형적이라는 것이다. 이것으로부터 구결정의 반지름 r과 시간 t는 다음과 같이 표현된다.

$$r = vt \tag{17.13}$$

여기서 v는 성장 속도(growth rate)로 알려져 있다. 구결정이 서로를 건드릴 만큼 커질 때까지 이 식은 보통 유효하다. 용액의 결정화에서도 라멜라의 선형적 변화는 비슷한 형태의 식으로 표현할 수 있는 경향이 있다. 성장 속도 v는 그림 17.29에서 보이는 것처럼 강하게 결정화 온도에 의존하다. 성장 속도는 고분자의 녹는점 이하의 결정화 온도에서는 상대적으로 낮지만, 과냉각이 증가하면 v가 빨리 증가한다. 하지만 결국에 v는 최고점을 보이며 결정화 온도를 더 낮출 때 v는 감소한다. 또한 주어진 고분자에서 일정한 온도에서 성장률은 몰질량 M이 감소할 때 v가 증가하는 관계를 보인다(그림 17.29). v에서 그 최고치가 생긴 이유는 두 가지 이유가 있다. 결정화를 유도하는 열역학적 추진력(thermodynamic driving force)은 결정화 온도가 낮아질 때 증가할 것이다. 그러나 온도가 감소하면 점도가 증가할 것이고, 성장점으로의 분자의 이동은 더욱 어려워질 것이므로 v는 최고치를 이루고 추진력이 계속 증가할지라도 온도가 감소함에 따라 결국은 감소하게 될 것이다.

17.7.2 전체 결정화 속도론

결정화도는 고분자의 물리적 성질에 중요한 영향을 끼친다. 만약 고분자가 용융물에서 결정화된다면 결정성은 분명히 구결정이 형성되고 성장함에 따라 증가할 것이고, 따라서 고분자의 결정화에 대한 분석은 고분자에 있어서 구조와 물성의 상관관계를 이해하는 데 매우 중요하다. 액체 상태의 고분자에서 핵생성과 성장은 일련의 가정이 이루어진다면 쉽게 분석될 수 있다.

만약 질량 W_0를 갖는 고분자 용융물이 결정화 온도 아래로 냉각되면 그때 구결정의 핵이 생성되고 일정한 시간 동안 성장할 것이다. 핵생성이 균일이고 주어진 온도에서 단위 부피당 단위 시간 동안 형성된 핵의 수(즉 핵생성 속도) N은 일정하며, 일정 간격 d_t 동안 형성된 핵의 전체 개수는 NW_0d_t/ρ_L이 될 것이다. 여기서 ρ_L는 액체 고분자의 밀도이다.

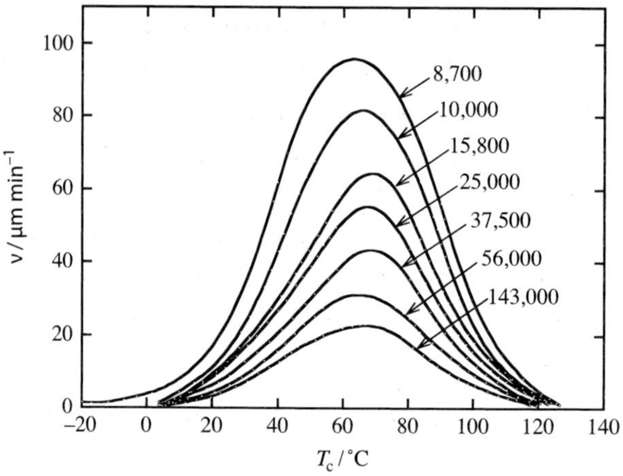

▶ 그림 17.29
폴리 (테트라메틸-p-실-페닐렌) 실록세인 [poly (tetramethyl-p-sil-phenylene-siloxane)] (g mol^{-1}로 주어진 몰질량) 의 다른 분율에 대한 결정화 온도 T_c에 따른 결정 성장 속도 v의 의존성. (자료 출처: Magill, J., Treatise on Materials Science and Technology, Vol. 10A. J.M. Schultz (ed), Academic Press, New York, 1977.)

시간 t가 흐른 후 이 핵은 반지름 r을 갖는 구결정으로 성장할 것이다. 각 구결정의 부피는 $4\pi r^3/3$로 되거나 식 17.13을 이용하면 $4\pi v^3t^3/3$로도 된다. 만약 구결정 재료의 밀도가 ρ_S라면 각 구결정의 질량은 $4\pi v^3t^3\rho_S/3$가 될 것이다. 시간 t에서 시간 간격 d_t 동안 형성된 핵으로부터 성장한 구결정 물질의 전체 질량 dW_S는 다음과 같다.

$$dW_S = \frac{4}{3}\pi v^3 t^3 \rho_S N W_0 \frac{dt}{\rho_L} \tag{17.14}$$

t 시간 후 모든 핵으로부터 형성된 구결정 물질의 총질량은 다음 식에 주어져 있다.

$$W_S = \int_0^t \frac{4\pi v^3 \rho_S N W_0 t^3}{3\rho_L}\, dt \tag{17.15}$$

적분한 식은 다음과 같다.

$$\frac{W_S}{W_0} = \frac{\pi N v^3 \rho_S t^4}{3\rho_L} \tag{17.16}$$

이때 $W_S + W_L = W_0$이기 때문에 이것은 시간 t 후 남아있는 액체의 질량, W_L에 의해서 표현될 수 있다.

$$\frac{W_L}{W_0} = 1 - \frac{\pi N v^3 \rho_S t^4}{3\rho_L} \tag{17.17}$$

이러한 해석은 매우 단순하며, 식은 결정화의 초기 단계에서만 유효하다. 하지만, 구결정의 근본적인 특성을 예견할 수는 있다. 결정의 질량 분율은 초기에 t^4에 비례할 것이라는 것이 예측된다. 그것은 또한 핵이 자발적으로 형성된다면 결정은 단지 구결정의 부피 변화가 시간에 의존하기 때문에 t_3에 비례할 것이다.

식 17.17은 결정의 초기 단계에서만 유효하고 구결정의 충돌을 설명하기 위해서는 수정되어야 한다. 또한 이 분석은 결정이 일어나는 동안 전체 부피의 감소가 있고 구결정이 서로 더 가깝게 움직이기 때문에 정확한 것은 아니다. 충돌(impingement)이 고려될 때 W_L/W_0는 다음과 같은 형태의 식으로 표현될 수 있다.

$$W_L/W_0 = \exp(-zt^4) \tag{17.18}$$

이 형태의 식은 일반적으로 Avrami 식으로 알려져 있고 t가 작을 때는 식 17.17과 17.18과 같은 형태이다. 만약 여기서 생각된 것과 다른 핵생성과 성장의 형태가 발견된다면 일반적으로 Avrami 식은 다음과 같이 표현될 수도 있다.

$$W_L/W_0 = \exp(-zt^n) \tag{17.19}$$

여기서 n은 Avrami 지수라고 한다.

실험적인 관점에서, 오히려 구결정 물질의 질량보다 표본 부피의 변화를 측정하여 결정화 과정을 이해하는 것이 훨씬 더 수월하다. 만약 처음과 최종 표본 부피를 각각 V_o와 V_∞라 할 때 시간 t에서 표본 부피 V_t는 다음 식을 따른다.

$$V_t = \frac{W_L}{\rho_L} + \frac{W_S}{\rho_S} = \frac{W_0}{\rho_S} + W_L\left(\frac{1}{\rho_L} - \frac{1}{\rho_S}\right) \tag{17.20}$$

그리고 다음과 같기 때문에

$$V_0 = \frac{W_0}{\rho_L} \quad \text{그리고} \quad V_\infty = \frac{W_0}{\rho_S}$$

식 17.20이 다음과 같이 된다.

$$V_t = V_\infty + W_L\left(\frac{V_0}{W_0} - \frac{V_\infty}{W_0}\right) \tag{17.21}$$

식 17.19와 식 17.21을 재배열하고 결합하면 다음과 같다.

$$\frac{W_L}{W_0} = \frac{V_t - V_\infty}{V_0 - V_\infty} = \exp(-zt^n) \tag{17.22}$$

이 식은 표본 부피를 시간에 따라 측정함으로써 결정화 과정을 조사할 수 있는 식이다. 이는 팽창법(dilatometry)에 의해 측정된다. 결정이 되는 고분자 시료는 팽창계(dilatometer) 안에 넣어지고 부피의 변화가 표본 부피에 의한 액체 높이의 변화로부터 감지된다. 팽창계에서 측정된 높이에 의해 식 17.22는 다음과 같이 표현될 수 있다.

$$\left(\frac{V_t - V_\infty}{V_0 - V_\infty}\right) = \left(\frac{h_t - h_\infty}{h_0 - h_\infty}\right) = \exp(-zt^n) \tag{17.23}$$

Avrami 지수 n은 $\log t$에 대한 $\log\{\ln[(h_t - h_\infty)/(h_0 - h_\infty)]\}$의 그림에서 기울기로부터 결정될 수 있다. 그림 17.30은 여러 온도에서 결정이 형성되는 폴리프로필렌의 Avrami 그림을 보여 준다. 가끔 n이 시간에 따라 변화하기 때문에 이 그림으로부터 n을 측정하는 것이 어려울 경우가 있다. 또한, 비정수값들이 얻어질 수 있기 때문에 Avrami 식을 사용할 때는 유의해야 하는데, 이유는 독특한 핵생성과 성장의 메커니즘에 의한 n의 값의 해석이 때때로 모호해질 수 있기 때문이다.

Avrami 표현의 가장 심각한 편차는 결정화의 가장 나중 단계에서 특히 발견되는데, 이는 이차 결정화가 종종 일어나며 결정이 완벽해지는 과정이 있기 때문이다. 이 과정은 비교적 천천히 일어나며 V_∞를 결정하기 어렵게 한다.

17.7.3 결정화의 분자 메커니즘

Avrami 분석이 결정화 과정을 현상학적으로 해석하는 데는 성공적이지만 고분자가 핵생성 및 성장 과정을 거쳐 결정화될 때 분자차원에서 어떠한 일이 일어나는지에 관해 명확한 설명을 제시하고 있지는 않다. 결정화와 관련된 여러 가지 주요 사항들을 이론적으로 설명하고자 하는 많은 시도가 있었다. 어떤 이론들은 매우 현학적이고 상당히 길게 전개되는 수학적 처리를 포함하고 있다. 하지만 오늘까지, 어떠한 이론도 고분자 결정화의 전 국면을 완전히 설명하고 있지는 않다. 이론이 성공적이기 위해서는 다음과 같은 실험적으로 관찰되는 중요한 현상들을 설명할 수 있어야 한다.

- 결정이 묽은 용액과 용융으로부터 성장할 때, 일반적으로 고분자 결정의 두께는 매우 얇으며 라멜라 구조를 가진다.

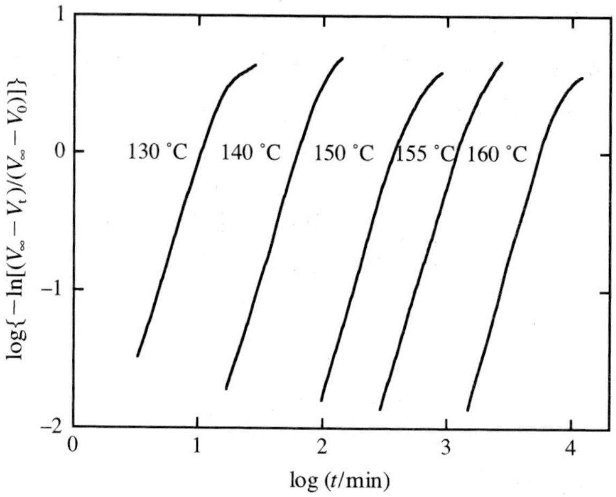

▶ 그림 17.30
용융 상태의 폴리프로필렌으로부터 그림에 표시된 여러 온도에서 결정화할 때 얻어지는 Avrami 그림. 겹침을 방지하기 위하여 데이터를 이동시켰다. (자료 출처: Parrini, P. and Corrieri, G., Makromol. Chem., 62, 83, 1963.)

- 라멜라 두께와 결정화 온도 사이에는 어떤 의존성이 있는데, 라멜라 두께는 $1/\Delta T$에 비례한다(그림 17.18b 참조).
- 묽은 용액으로부터 결정화될 때에는 사슬 접힘(chain folding)이 일어나며 용융으로부터 결정화될 때에도 어느 정도까지는 사슬 접힘이 일어난다.
- 고분자 결정의 성장 속도는 결정화 온도와 몰질량에 크게 의존한다.

다양한 여러 이론들이 얼마나 타당한가를 검증하는 데 있어, 그 특성이 잘 알려진 시료를 사용해 얻은 신뢰할 만한 실험 데이터가 부족하고 결정화 과정을 열역학적으로 해석하기 위해 필요로 하는 주요 데이터가 부족하다는 어려운 점이 있다. 그럼에도 불구하고, 다양한 여러 이론들을 이용해 결정화 과정을 예측할 만한 가치는 충분히 있다.

가장 널리 받아들여 지고 있는 이론으로는 Hoffman, Lauritzen 및 다른 사람들에 의한 동역학적 이론을 들 수 있다. 이 이론은 저분자의 결정 동역학에 관한 이론을 고분자에 연장한 것이다. 그 과정은 두 단계로 나누어져 있는데, 바로 핵생성과 성장이며, 주요 매개변수로 17.1.1절에서 정의된 Gibbs 자유 에너지 G를 사용하고 있다. 그것으로 인해 일정 온도에서 결정화로 인한 자유 에너지 ΔG는 다음과 같은 식으로 주어지고

$$\Delta G = \Delta H - T\Delta S \tag{17.24}$$

여기서 ΔH는 엔탈피 변화이고, ΔS는 엔트로피의 변화이다.

일차 핵생성 단계에서는 몇 개의 분자가 차례차례 늘어서 작은 원통 모양의 눈(embryo)을 형성하는 것으로 생각하면 된다. 이 과정에서 결정 생성에 따른 표면 형성에 의한 자유 에너지의 변화가 수반되고, 새로운 표면 형성에 필요한 표면 에너지는 G의 증가를 가져오며, 반면에 분자들이 결정에 포함되는 것은 G의 감소를 가져온다(17.1.1절). 이러한 경쟁적인 두 요인을 고려한 전체 ΔG는 결정의 부피에 따라 그 값이 결정되는데 그 관계를 그림 17.31에 개략적으로 나타내었다. 눈의 크기가 작을 경우에는 표면적 대 부피의 비가 크게 되므로 표면 에너지가 급격히 증가하여 전체적인 ΔG값이 커진다. 하지만 눈의 크기가 점점 커질 경우 표면적 대 부피의 비가 작아지게 되고, 그 크기가 어느 이상으로 커지면 전체적인 ΔG값이 감소하기 시작하며 마침내 용융 상태의 자유 에너지값보다 작아지게 된다. 일차 핵생성에 관한 이러한 개념은 결정이 생기는 많은 계에 널리 적용되었다. 고분자와 저분자 혹은 원자와의 주된 차이점은 눈의 형태에 있다. 모든 경우에 자유 에너지 변화는 그림 17.31에 제시된 형태를 보이는 것으로 생각된다. 곡선의 정상점은 에너지 장벽으로 간주될 수 있으며 결정화가 일어나는 온도에서 이 장벽을 극복할 만큼 충분한 열적 요동(thermal fluctuation)이 있는 것으로 생각된다. 일단 핵의 크기가 임계 크기보다 커지면 크기 성장이 ΔG의 감소를 가져오므로 핵은 자발적으로 성장한다.

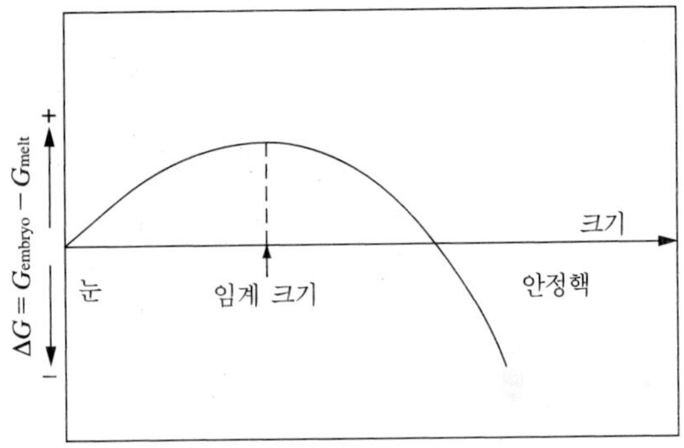

▶ 그림 17.31
고분자 결정화의 핵생성 과정에서의 자유 에너지의 변화 개략도.

결정화 이론에 의하면 고분자 결정의 성장 과정은 이미 존재하고 있던 결정 표면 위에 이차 핵생성에 의해 진행하는 것으로 생각할 수 있다. 그 과정은 그림 17.32에 개략적으로 나타나 있으며, 그림은 분자 크기 차원에서 매끄럽게 형성된 결정 표면에 분자들이 부가되는 것을 보여 주고 있다. 이러한 과정은 일차 핵생성과 유사하지만 일차에 비해 단위 부피당 생성되는 표면이 작아 에너지 장벽이 낮다는 점이 다소 다르다. 이차 핵생성의 첫 번째 단계는 매끄러운 결정 표면 위에 분자의 한 부분(strand)이 내려앉으면서 시작된다. 뒤이어 분자의 다른 분절들이 사슬이 접히면서 계속적으로 첨가된다. 사슬 접힘은 유연한 사슬을 가진 분자에서만 가능한 것으로 밝혀졌다. 경직된 분자의 경우 펼쳐진 사슬(extended chain)로 구성된 결정이 얻어진다. 사슬 접힘은 고분자 주사슬에서 어느 정도 자유 회전이 가능할 경우에만 일어나는 것으로 생각된다. 고분자 라멜라의 접힌 표면 에너지(fold surface energy) γ_e와 측면 표면 에너지(lateral surface energy) γ_s, 그리고 결정화에 의한 단위 부피당 자유 에너지 변화 ΔG_v를 설정하면 결정화 과정을 열역학적 관점에서 표현할 수 있다. 그림 17.32에 제시된 이차 핵생성 과정을 근거로 하면 길이가 1인 n개의 이웃한 분자 부분들이 표면에 내려앉음으로써 초래되는 표면 자유 에너지 ΔG_n의 증가는 다음과 같다.

$$\Delta G_n(\text{표면}) = 2bl\gamma_s + 2nab\gamma_e$$

여기서 각 분자 부분의 단면적이 ab이다. 분자 부분의 결합 때문에 결정에서의 자유 에너지 감소는 다음과 같고

$$\Delta G_n(\text{결정}) = -nabl\,\Delta G_V$$

n 부분이 내려앉음으로써 수반되는 자유 에너지의 전체 변화량은 다음과 같다.

$$\Delta G_n = 2bl\gamma_s + 2nab\gamma_e - nabl\,\Delta G_V \tag{17.25}$$

ΔG_v값은 단순 계산을 통해 쉽게 구할 수 있다. 우선 아무런 표면을 가지고 있지 않는 고분자 결정이 녹는 온도를 **평형 용융 온도(equilibrium melting temperature)** T_m^o으로 가정하면 결정의 단위 부피는 그 온도에서 식 17.24의 형태를 갖는다.

$$\Delta G_V = \Delta H_V - T_m^o \Delta S_V \tag{17.26}$$

여기서 ΔH_v, ΔS_v는 각각 단위 부피당 용융 엔탈피와 엔트로피이다. 그러나 T_m^o에서는 결정화되려는 경향과 녹으려는 경향이 정확히 균형을 이루므로 경계가 없는 이상적인 결정의 경우 자유 에너지의 변화는 없으며 그 온도에서 $\Delta G_v = 0$이라는 것을 의미한다.

$$\Delta S_V = \frac{\Delta H_V}{T_m^o} \tag{17.27}$$

이 온도 아래에서 결정화가 일어난 경우, ΔG_v는 일정한 값을 갖게 되고 ΔS_v는 온도에 그

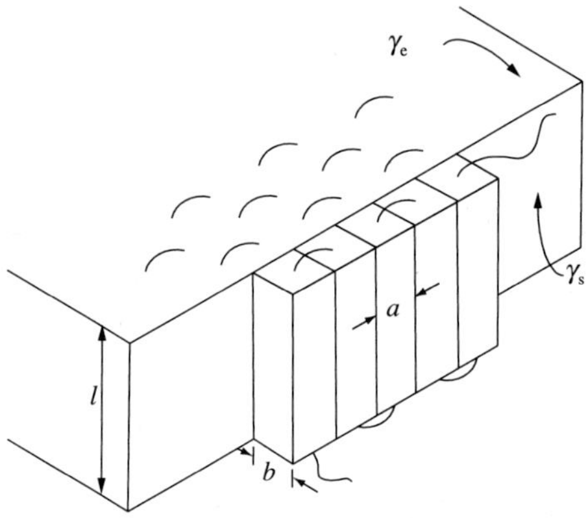

▶ 그림 17.32
이웃한 고분자 사슬의 부분들이 계속적으로 내려앉으면서 라멜라 형태로 자라고 있는 고분자 결정이 성장하는 모형. 다른 변수들은 교재에 설명되어 있다. (자료 출처: Magill, J., Treatise on Materials Science and Technology, Vol. 10A, J.M. Schultz(ed.), Academic Press, New York, 1977.)

다지 크게 의존하지 않는다고 생각되므로 $T(< T_m^\circ)$에서 ΔG_v는 다음과 같은 근사식으로 나타낼 수 있다.

$$\Delta G_V = \Delta H_V - \frac{T\Delta H_V}{T_m^o} \tag{17.28}$$

과냉각의 정도(degree of undercooling)인 ΔT는 $(T_m^\circ - T)$으로 정의되므로 식 17.28을 재배열하면

$$\Delta G_V = \frac{\Delta H_V \Delta T}{T_m^o} \tag{17.29}$$

식 17.25를 살펴보면 n값이 정해졌을 때 ΔG_n은 l이 작으면 최대가 되며 l이 증가함에 따라 감소함을 알 수 있다. 결국, 어떤 임계 크기(critical length of strand)인 l^*가 되면 이차 핵이 소멸되지 않고 안정한 상태가 된다($\Delta G_n = 0$). 또한, 보통 n값이 매우 크므로 $2bl\gamma_s$는 무시할 수 있다. 식 17.25와 17.29를 결합하면 최종 결론식인 l^*과 ΔT의 관계식이 얻어진다.

$$l^* \sim \frac{2\gamma_e T_m^o}{\Delta H_V \Delta T} \tag{17.30}$$

따라서 실험적으로 관찰된 l과 ΔT 사이의 역비례 관계를 이론적으로 예측이 가능하다. 위에서 보여 준 분석은 매우 단순하지만 고분자의 결정화에 관련된 중요한 사항들을 동역학적으로 설명하는 역할을 한다.

동역학적 접근법을 이용하면 용액으로부터 성장한 고분자 결정에서 사슬 접힘이 일어나는 이유를 밝힐 수도 있다. 묽은 용액의 경우 분자들이 서로 멀리 떨어져 있어 일단 분자의 일부분이 결정화되기 시작하면 다른 분자보다는 같은 분자의 나머지 부분이 계속적으로 결정화에 참여하게 되기 때문에 사슬 접힘이 일어나며 성장이 매우 빠르게 진행될 수 있다.

17.8 용융

고분자 결정의 용융 과정은 근본적으로 결정화 과정의 역이라고 할 수 있다. 그러나 고분자 결정의 용융은 낮은 몰질량 결정의 용융에 비해 훨씬 복잡하다 할 수 있다. 용융은 또한 반결정성 고분자의 최대 사용 온도를 알게 해준다. 중요한 정보들은 용융 거동에서 고분자의 형태학을 통하여 알 수 있지만, 이 사항은 실험실에서 용융 거동을 먼저 알아야 한다. 용융의 실험적 측면을 우선 고려해야 하고, 고분자의 용융 거동에 있어 구조의 효과에 대한 설명을 논의한다.

17.8.1 시차 주사 열량법

시차 주사 열량법(differential scanning calorimetry, DSC)는 열용량의 변화(소위 이차 전이) 또는 엔탈피의 변화(소위 일차 전이)와 관련된 과정을 조사하는 고분자 과학에서 매우 중요한 열분석 방법이다. 여기서 용융에 대한 연구를 위해서 DSC의 사용에 초점을 두지만, DSC는 결정화, 중합(특히 경화/가교를 수반되는 발열을 관찰함으로써), 그리고 단일중합체, 공중합체 또는 고분자 블렌드의 유리 전이 온도의 측정 등, 광범위한 범위에서 사용된다.

DSC 장치는 디자인과 작동면에서 기본적으로 다른 두 종류가 있다. **전력-보상(power-compensation)** DSC에서는 시료와 비활성(inert) 기준 물질이 독립적으로 일정한 속도로 가열(또는 냉각)되어지고, 분리된 셀은 동시에 그들의 온도를 기록하고 정확하게 동일한 온도로 유지하는 데 필요한 시료와 기준에 가하는 차등열을 관찰한다. **열선속(heat-flux)** DSC에서는 시료와 비활성 기준 물질이 단일 셀에서 동시에 그들 사이의 온도 차이를 기록하면서 일정한 속도로 가열(또는 냉각)된다. DSC 두 종류는 같은 시료 용기를 사용하는데, 보통 고분자를 측정할 때는 지름이 6 mm이고 깊이가 1~2 mm인 작은 알루미늄 펜을 사용하는데, 필요에 따라서 알루미늄 뚜껑을 씌우고 오그라뜨려 사용한다. 시료의 양은 시료의 형태와 밀도에 의존하여 사용하게 되는데 (얼마나 많이 팬에 장착할 수 있는지를 결정하기 위해서) 일반적으로 5~20 mg을 사용한다. 특수하게 밀폐된 알루미늄 팬/뚜껑은 휘발성 물질의 손실을 예방하는 데 사용되기도 한다. 전력-보상 및 열선속 DSC 장치에 대한 디자인을 구분하는 주요 기능은 그림 17.33에 나타나 있다.

전력-보상 DSC에서 얻은 데이터는 온도에 대한 차등 에너지 $\Delta E(=E_s-E_r)$의 주입으로서 그림을 그린다. 시료와 기준 물질은 아주 작은 열용량의 차이를 가지고 있기 때문에, ΔE는 결코 0은 아니지만 시료가 일차 또는 이차 전이를 겪을 때 발생하는 변위, 즉 기준선을 주는 정상 상태의 값을 얻게 된다. 예를 들어, 만약 시료가 흡열 상황(용융과 같은)을 겪는 경우, 기준과 똑같은 온도를 유지하기 위해서($\Delta T=T_s-T_r=0$) 시료 셀에 더 많은 에너지를 공급하게 되고(즉, $E_s>E_r$), 결국 ΔE는 양이기 때문에 기준선의 상향 변위가 일어난다. 시료가 발열 상황(결정화와 같은)을 겪는다면 반대 상황이 발생한다. 무정형상에서의 유리 전이 온도 T_g에서는 비열 용량에서 단계 변화가 일어나는데(16.2절), 이는 ΔE의 정상 상태의 값에서 갑작스런 변화의 원인이 된다. 따라서 유리 전이는 기준선 위치에서 갑작스런 변화로 나타나는데, T_g 위에서 더 높은 ΔE값으로 움직인다(고무상에서의 비열 용량은 유리 상태보다 더 높기 때문에). 각각의 열적 사항은 그림 17.34a에 전력-보상 DSC의 열 이력에서 볼 수 있는데, 이것은 용융 상태에서 T_g 이하의 온도로 급냉각한 결정성 고분자 시료의 전형적인 그림이다. 급속 냉각은 결정화할 시간을 허용하지 않고 얻어진 무정형 고분자는 T_g 이하이기 때문에 이는 결정화할 수 없는 상태로 남게 된다. 따라서 DSC 이력에서 첫 번째 열적 사항은 유리-고무 전이이다. 그것을 지나게 되면

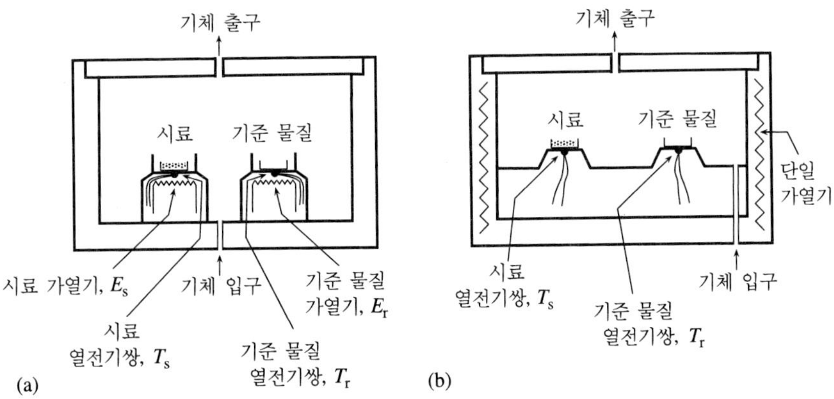

그림 17.33
(a) 전력-보상 DSC와 (b) 열선속 DSC에서 셀 디자인의 주요 특징을 보여 주는 모식도. 시료가 포함되어 있는 알루미늄 팬과 기준으로 쓰이는 비어 있는 알루미늄 팬을 보여준다. 각각의 T_s와 T_r은 시료와 기준의 온도이다. 전력-보상 DSC에서, 시료와 기준에 따로 에너지가 들어가고, 각각의 에너지 E_s와 E_r은 두 셀이 가열과 냉각이 될 때 $T_s=T_r$이 되도록 조절된다. 열선속 DSC는 단일 가열기를 사용하고 $\Delta T(=T_s-T_r)$는 셀이 가열 또는 냉각될 때 관찰된다. 압력은 셀 울타리를 통한 기체의 흐름에 의해 조절할 수 있다.

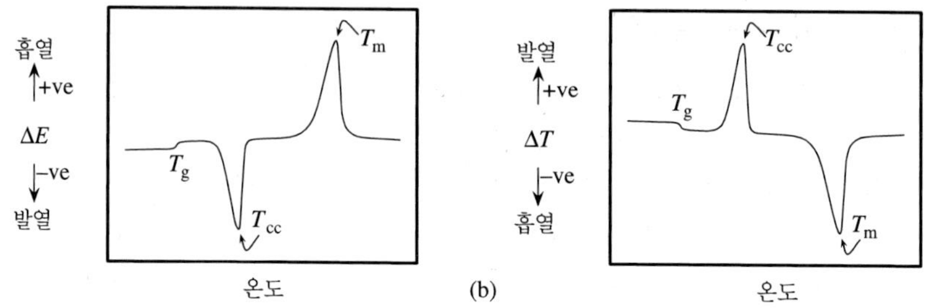

▶ 그림 17.34
결정성 고분자의 무정형 시료에서 기대되는 (a) 전력-보상과 (b) 열선속 DSC의 이력을 보여 주는 개략도, 여기서 T_g는 유리 전이 온도, T_{cc}는 냉결정화 온도(즉 고체 상태에서 결정화)이고, T_m은 용융 온도이다.

고분자 사슬은 유동성을 가지게 되고 결국 분자들이 결정을 만들 수 있는 온도[(**냉결정화 온도(cold crystallization temperature, T_{cc})**]에 도달한다. 결정화 과정은 발열이어서 ΔE는 음이다. 결정화가 완료되면 반결정성 고분자의 비열 용량과 관련된 새로운 기준선이 만들어진다. 온도가 더 증가할 때 용융 온도 T_m에 도달할 때까지는 변화가 거의 없다. 용융 온도에서는 고분자의 결정이 용융되기 시작하는데 그 과정은 흡열이고, ΔE는 양의 값으로 변하게 된다.

열선속 DSC에 의해 같은 급냉 고분자의 분석은 동일한 열적 사항을 보여 주지만 이력의 모양은 그림 17.34b 처럼 전력-보상 DSC 이력과는 달리 온도축에 대해 대칭되어 나타난다. 이것은 열선속 DSC에서는 시료와 기준이 같은 가열기 사용하며 좌표는 온도에 대한 온도 차이 $\Delta T(=T_s-T_r \neq 0)$를 나타내기 때문이다. 이렇게 하면 시료는 발열하게 되고 T_s는 T_r 위를 지나게 된다(ΔT는 양). 반면에 흡열의 경우 T_s는 T_r 아래를 지나게 된다(ΔT는 음). 그러므로 어떤 특정 시료의 전력-보상과 열선속 DSC 이력을 서로 비교하면 온도축에 대해 대칭으로 나타나며 이러한 것들을 표 17.3에 정리하였다.

DSC는 통상적으로 고체 고분자를 가열하는 동안, 또는 용융으로부터 액체 고분자를 냉각하는 동안 용융과 결정화의 엔탈피를 계산한다든지 고분자 전이 온도의 측정에 사용되어왔다. 그림 17.35는 어떻게 DSC 이력으로부터 정량적인 데이터를 얻는지 보여 주고 있다. T_g값은 일반적으로 그림 17.35a와 같이 시작 온도로 측정하지만, 어떤 경우에는 기준선 단계의 중간 온도로 사용되기도 한다. 열이 가해지는 동안(고분자 비열 용량에서 완만한 변화에 의해) 그림 17.35b에 보이는 것처럼 기준선 위치의 변화를 고려해야 하기 때문에 정확한 면적 A를 알아내기 위해서는 발열과 흡열의 정확한 적분이 필수적이다. DSC 장치는 전력[즉, **열흐름(heat flow)**]으로서 ΔE 또는 ΔT의 값을 기록하게 되고 A의 값은 W K 단위(즉, $\mathrm{J\,K\,s^{-1}}$)로 얻어진다. 따라서 발열/흡열에 관련된 에너지는 비율 A/k에 의해 주어지는데, 여기서 k는 가열/냉각 속도를 나타낸다.

일반적으로 엔탈피 변화 ΔH의 값은 단위 질량당 에너지값으로 표시되며, 식은 다음과 같이 주어진다.

$$\Delta H = K_{\mathrm{DSC}}\left(\frac{A}{kW}\right) \tag{17.31}$$

여기서 K_{DSC}는 기기 보정 인자이다(측정된 열흐름에 대한 실제 열흐름비 ≈ 1). W는 분석하고자 하는 물질의 질량이다.

표 17.3 전력-보상과 열선속 DSC 이력의 다른 모양의 비교

			시료의 변화가 일어날 때 DSC에서 기본적인 변화 이력			
DSC의 유형	ΔT[a]	세로좌표축[a]	C_p[b]의 증가	C_p[b]의 감소	발열	흡열
전력-보상	=0	ΔE	+ve 이동	−ve 이동	−ve 피크	+ve 피크
열선속	≠0	ΔT	−ve 이동	+ve 이동	+ve 피크	−ve 피크

[a] $\Delta T(=T_s-T_r)$과 $\Delta E(=E_s-E_r)$; 그림 17.33 참조.

[b] C_p = 비열 용량

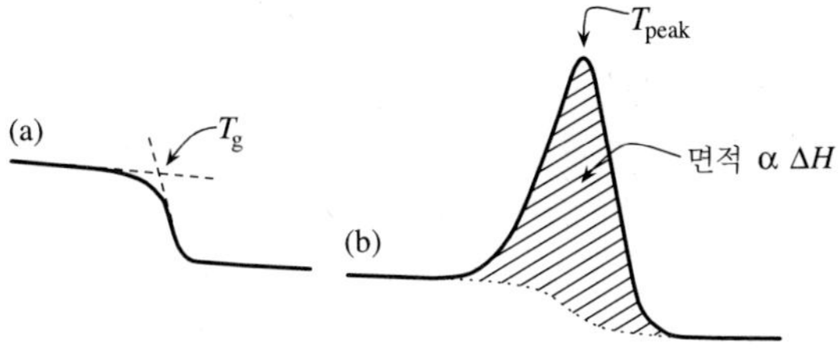

▶ 그림 17.35
열선속 DSC 이력을 보여 주는 개략도: (a) 어떻게 유리 전이 온도 T_g가 위치하는지와 (b) 발열에 대해, 어떻게 피크 온도 T_{peak} (예 : T_{cc}) 와 피크 면적이 DSC 이력으로부터 결정되어지는지 (동일한 원리가 흡열 분석에도 적용된다) 를 나타냄.

실제로 K_{DSC}는 데이터를 수집하는 동안 열적 지연에 대한 시간 의존성의 결과로 k에 따라 약간 변한다. 그래서 ΔH의 정확한 측정을 위해서는 사용된 각각의 승온 속도에 대한 K_{DSC}를 결정하는 것이 필수적이다. DSC 두 가지 유형의 경우, ΔH의 알려진 값을 가지고 발열이나 흡열인지를 알 수 있는 물질의 분석을 통해 보정할 수 있으며, 일반적으로 잘 알려진 용융 엔탈피와 낮은 녹는점을 갖는 인듐과 같은 금속의 용융을 분석함으로써 보정을 하게 된다. 전력-보상 DSC 장치에서 K_{DSC}는 온도에 무관하지만(시료와 기준에 공급한 전력이 직접 측정되기 때문에), 열선속 DSC에서의 K_{DSC}는 온도에 따라 변한다(ΔT 값이 온도에 따라 변하는 열용량으로 사용하는 전력으로 전환되어야 하기 때문에). 최근의 열선속 DSC 장치는 데이터 분석 소프트웨어에 온도에 따른 K_{DSC}의 변화에 대해서 보정 되었다.

조정된-온도 DSC (MTDSC) 는 전력-보상과 열선속 DSC 장치 설계에 모두 적용할 수 있는 더 최근의 개발품이다. MTDSC를 실행할 때 단 하나의 변화는 표면상 가열(또는 냉각) 속도에 조정을 하게 되어(사인파 모양의 조정을 위한) 시간 t에서의 온도 T_t는 다음과 같이 주어진다.

$$T_t = T_0 + kt + T_{mod} \sin \omega t \tag{17.32}$$

여기서 T_0는 초기 온도, k는 기본 선형 가열/냉각 속도, T_{mod} 및 ω는 각각 온도 보정의 진폭과 주파수를 나타낸다.

일반적인 DSC에는 식 17.32의 마지막 항이 없다. 일반 DSC와 달리 MTDSC 이력에서는 열적 사항의 정상과 대칭을 분리할 수 있고, 또한 열용량의 측정을 용이하게 해주기 때문에 이러한 작은 변화도 매우 중요하다. 그래서 MTDSC를 사용하면 동시에 열적 사항의 정상과 대칭을 독립적으로 측정할 수 있다. 예를 들어 급냉각된 폴리에틸렌테레프탈레이트 [poly (ethylene terephthalate), PET] 시료의 MTDSC 분석은, 낮은 T_m에서 결정이 녹고 그때 고분자가 새롭고 보다 완전한 높은 T_m을 가진 결정으로 재결정화되는 것과 같은 용융을 통해서 재결정이 일어난다는 것을 알려준다. 일반적인 DSC는 전체적인 열변화만 주어 큰 열적 사항만 고려하게 된다. 급냉각된 PET의 경우 오직 흡열 용융만 보이고, 그 면적은 동시에 재결정화에 의해서 열이 발생하는 보상 효과에 의한 것보다 더 작게 된다. 그러므로 MTDSC는 용융 엔탈피를 측정을 할 때 사용되어져야 한다.

오늘날 대부분의 시차 주사 열량계는 일반 DSC 및 MTDSC 기능을 다 가지고 있다. MTDSC는 일반적으로 $k = 1°C \sim 3°C\ min^{-1}$ ($T_{mod} = 1°C \sim 2°C$ 그리고 $\omega^{-1} = 30 \sim 60\ s$) 를 사용하고 $k = 10°C \sim 20°C\ min^{-1}$를 사용하는 일반 DSC보다 매우 느리다. 그 결과는 시료 크기와 형태, 가열/냉각 속도(MTDSC의 T_{mod}와 ω^{-1}포함), 기체 압력과 흐름 속도, 보정 방법 및 전이 온도의 위치와 엔탈피의 변화를 결정하는 등 절차적인 변수들에 의해서 영향을 받을 수 있으므로, 사용한 기기의 보고는 매우 중요하다.

17.8.2 고분자 결정의 용융

다른 재료로부터 구분하는 고분자 용융거동에는 몇 가지의 다른 특징이 있는데, 다음과 같이 요약할 수 있다.

- 고분자 결정의 녹는점은 어떤 특정한 온도로 지정되지 않으며 대부분 일정 온도 범위에 걸쳐서 용융이 일어난다.
- 같은 물질이라 하더라도 시료의 제조 과정에 따라 녹는점이 달라지며, 특히 어떤 온도에서 결정화되었는가에 따라 달라진다.
- 같은 물질이고 시료의 제조 과정이 똑같다 하더라도 시료의 가열 속도에 따라 서로 다른 녹는점이 관찰될 수 있다.

이상과 같은 사실은 고분자 결정의 경우 형성되는 과정에 따라 결정의 형태(morphology)가 달라지며, 통상적으로 결정의 두께가 매우 얇다는 것을 반영하고 있다. 이와 같이 상황에 따라 용융 현상이 달라질 수 있기 때문에 평형 상태에서의 용융 온도인 T_m°의 개념을 알아야 할 필요성을 이미 17.7.3절에서 지적한 바 있다. 평형 용융 온도는 크기가 무한대인 결정의 용융 온도라고 생각할 수 있는데, 실제의 경우 결정성 고분자 중 가장 많이 연구된 폴리에틸렌의 경우에도 연구에 따라 그 값에 많은 차이를 보이고 있다. 이는 결정화와 용융에 관한 이론을 정량적으로 검증하기 위해서는 정확한 T_m°의 실험치가 필수적이라는 점을 생각하면 매우 곤혹스러운 일이다.

평형 용융 온도를 실험적으로 측정하는 방법 중 가장 널리 쓰이는 방법은 단순 외삽법을 이용하는 방법이다. 고분자의 경우 실험적으로 측정되는 용융 온도 T_m은 항상 결정화 온도보다 높으며 이 두 값을 양축으로 하여 도시하면 그림 17.36과 같은 선형 관계를 이루게 된다. T_m이 T_c보다 낮을 수 없으므로 $T_m = T_c$ 선은 용융 거동의 하한값을 나타낸다. 실험치로부터 얻어지는 직선을 위쪽으로 외삽하여 $T_m = T_c$선과 만나는 점을 찾을 수 있는데, 이 점은 용융 온도와 결정화 온도가 일치하게 되는, 즉 무한대로 천천히 결정화시킨 시료의 용융 온도를 뜻한다. 따라서 그 온도를 T_m°으로 추정한다.

고분자 결정의 용융 온도 T_m은 결정의 두께 l과 밀접한 관계가 있다는 것이 실험적으로 밝혀졌다. 이는 결정의 형태가 측면 길이가 각각 x와 y인 라멜라일 경우 결정의 용융에 관련된 열역학을 고려하면 설명될 수 있다. 먼저 주어진 결정의 측면 표면 에너지를 γ_s라 하고, 위와 아래의 표면 에너지를 γ_e라 하면 용융에 따른 표면 자유 에너지의 감소는 $(2xl\gamma_s + 2yl\gamma_s + 2xy\gamma_e)$가 된다. 이것은 결정보다는 오히려 용융에서 분자들의 결합에 의한 단위 부피당 자유 에너지 ΔG_v의 증가에 의해 보상된다. 라멜라 결정의 용융에 따른 자유 에너지의 전체 변화는 다음과 같이 주어진다.

$$\Delta G = xyl\Delta G_V - 2l(x+y)\gamma_s - 2xy\gamma_e \tag{17.33}$$

ΔG_v값은 식 17.29에 의해 주어진다. 라멜라 결정의 경우 측면의 표면적은 아래와 위면의 표면적에 비해 매우 작아 무시될 수 있으므로 $2l(x+y)\gamma_s$항은 제거 가능하다. 녹는점에서 결정과 용융액은 평형을 이루므로 $\Delta G = 0$이 된다. 따라서 식 17.29와 17.33을 정리하면

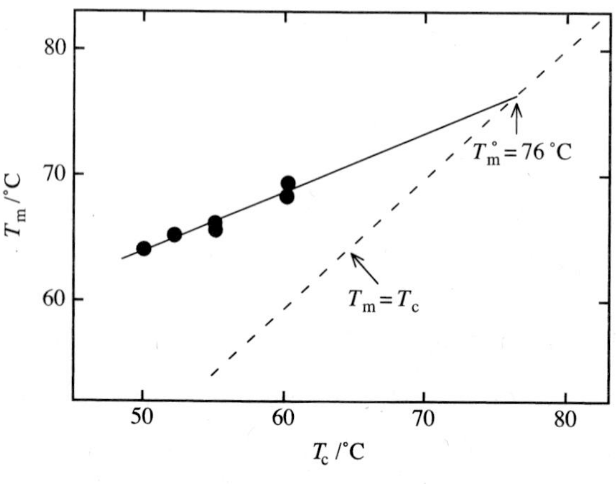

▶ 그림 17.36
폴리(dl-프로필렌 옥사이드)의 결정화 온도 T_c와 녹는점 T_m의 관계 (자료 출처: Magill, J., Treatise on Materials Science and Technology, Vol. 10A, J.M. Schultz (ed), Academic Press New York, 1977.)

$$T_m = T_m^o - \frac{2\gamma_e T_m^o}{l\Delta H_V} \tag{17.34}$$

여기에서 ΔH_v는 결정 부피당 용융 엔탈피이다. 식 17.34를 살펴보면 일정 크기를 가진 결정의 경우 측정된 T_m은 T_m^o 보다 항상 낮으며, 또한 측정된 T_m을 $1/l$의 함수로 플롯하면 절편은 T_m^o이고 기울기가 $-2\gamma_e T_m^o/\Delta H_v$가 되어 ΔH_v값을 알면 γ_e를 구할 수 있음을 알 수 있다. ΔH_v 값은 DSC에 의해 독립적으로 측정할 수 있다.

결정성 고분자를 **열처리(annealing)** 과정을 거치면 용융 거동이 달라진다. 열처리란 말은 금속을 열처리하는 공정을 묘사하는 데 통상적으로 사용되는 용어로, 고분자의 경우에도 금속의 경우와 매우 유사한 공정을 뜻한다. 결정성 고분자를 그 녹는점 바로 아래의 온도에서 가열하면 라멜라의 두께가 두꺼워진다. 이는 라멜라 두께가 두꺼워지고 폭이 줄어들수록 표면 에너지는 감소하고, 그에 따라 자유 에너지가 낮아지기 때문이다. 이러한 라멜라 두께의 증가는 분자의 움직임이 가능할 만큼 충분한 열에너지가 공급 가능한 고온에서만 일어날 수 있다.

통상 결정성 고분자를 가열하여 용융시킬 때 가열에 의해 어느 정도까지는 열처리가 일어난다. 식 17.34 에서 보았듯이 가열에 의해 라멜라 두께 l이 증가하면 T_m이 높아진다. 이는 실험적으로 측정되는 T_m은 측정 시 사용된 가열 속도에 의존함을 뜻한다. 가열 속도가 빠를수록 열처리의 효과가 줄어든다. 하지만 가열 속도가 빠르면 열전달이 나쁜 고분자의 경우 열전달과 같은 다른 문제가 발생할 수 있어 가열에 의해 결정 구조가 바뀌는 고분자 시료의 T_m 측정은 매우 세심한 주의를 요한다.

17.8.3 T_m에 영향을 주는 인자들

여러 고분자 물질을 실제적으로 사용함에 있어 지나치게 낮은 녹는점은 그 사용에 제한을 가져온다. 따라서 고분자의 녹는점을 결정짓는 인자를 알아내고 이를 바탕으로 높은 녹는점을 갖는 새로운 고분자를 설계하기 위한 시도는 매우 의미가 있는 일이다.

17.8.3.1 화학 구조

고분자의 녹는점에 영향을 미치는 가장 주요한 인자는 화학 구조이다. 몇몇 고분자의 용융점을 표 17.4에 제시하였다. 화학구조에 따라 녹는점이 어떻게 달라지는지는 폴리에틸렌을 $(-CH_2-CH_2-)_n$ 기준으로 하여 해당 고분자의 구조가 어떻게 다른지를 살펴보는 것이 가장 이해하기 쉽다. 화학적 구조 중 첫 번째로 고려해야 할 인자는 고분자 주사슬의 강직도(stiffness)이다. 이는 사슬을 중심으로 한 화학 결합의 회전이 얼마나 용이한지에 따라 결정된다. 일반적으로 주사슬에 −O−나 −CO−O− 같은 기가 있으면 유연성이 증가해 폴리에틸렌에 비해 T_m이 낮아진다(표 17.4). 반면에 주사슬에 페닐렌기를 포함하면 강직성이 증가해 폴리에틸렌에 비해 T_m이 많이 높아진다.

두 번째로 고분자 주사슬에 아마이드기(−CONH−)와 같은 극성기가 포함될 경우 이들이 결정 내에서 분자간 수소 결합을 할 수 있으므로 결정 구조를 안정화시켜 T_m이 많이 높아진다. 수소 결합의 존재는 결정의 용융을 매우 어렵게 하는 경향이 있어 그들의 T_m을 증가시키게 된다. 이것은 용융의 전체 엔탈피에 추가하는 각 수소 결합과 관련된 용융 엔탈피 $\Delta H_{\text{H-bond}}$가 있기 때문이다. 다른 폴리아마이드의 녹는점은 분자간 결합 정도에 매우 민감하여 아마이드 결합 사이에 $-CH_2-$의 개수가 많아지면 T_m은 감소한다 (표 17.4). 나일론 고분자의 녹는점에 화학적 구조의 효과는 그림 17.37에 나타나 있다. 나일론 6.6(그림 17.37a)으로부터 나일론 6.10(그림 17.37b)으로 가면서 수소 결합의 밀도가 감소하는 것을 알 수 있는데, 이것으로 인해 T_m이 265°C에서 222°C까지 감소한다. 그림 17.37c에 있는 나일론 7.7의 경우처럼 나일론의 화학적 반복에 탄소 원자의 홀수를 포함하는 경우에는 더 미묘한 효과가 있다. 이 경우 >N−H기의 반은 −C=O기에 인접하게

표 17.4 여러 가지 고분자의 대략적인 녹는점 T_m의 근삿값.

반복 단위		T_m/°C
$-CH_2-CH_2-$		137～146
$-CH_2-CH_2-O-$		67
$-CH_2-CH_2-CO-O-$		122
		397
$-CH_2-CH_2-CO-NH-$		330
$-CH_2-CH_2-CH_2-CO-NH-$		260
$-CH_2-CH_2-CH_2-CH_2-CO-NH-$		258
곁작용기 (X)		
$-CH_2-CHX-$	$-CH_3$	187
	$-CH_2-CH_3$	125
	$-CH_2-CH_2-CH_3$	78
	$-CH_2-CH(CH_3)_2$	235
	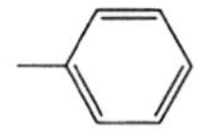	240

놓여있지 않아 수소 결합을 할 수 없다. 결과적으로 나일론 7.7의 T_m값은 210°C이며 나일론 6.6보다 훨씬 더 낮다.

세 번째로는 고분자 주사슬에 붙어 있는 각종 곁작용기(side group)의 형태와 크기를 들 수 있다. 비닐 형태의 고분자 $(-CH_2-CHX-)_n$ 에서 x의 종류에 따라 T_m이 어떻게 변하는지를 살펴보면 쉽게 이해할 수 있다. 폴리에틸렌의 주사슬에 $-CH_3$가 치환된 모양을 가진 폴리프로필렌의 T_m이 폴리에틸렌의 T_m보다 높다. 하지만 곁작용기의 길이가 길고 유연하다면 길이가 길어질수록 T_m이 낮아진다. 반면에, 곁작용기의 크기가 거대해지면 주사슬에 있는 결합을 중심으로 회전이 어려워져 T_m이 높아진다(표 17.4).

지금까지 고분자의 화학 구조 변화에 따라 T_m이 상당히 달라짐을 알았다. 일반적으로 T_m에 영향을 주는 인자는 유리 전이 온도 또한 달라지게 함을 명심해야 한다. 일반적으로 이 두 가지는 독립적으로 변하지 않는다. 다시 말해 T_m이 높아지면 유리 전이 온도 또한 높아진다. 또한 고분자의 구조가 바뀌면 그에 따라 결정화가 얼마나 쉽게 일어나는지의 정도가 달라진다. 결정화가 되면 녹는점이 높을 수 있는 고분자의 경우라도 실제 결정화 되는 부분은 매우 적을 수 있다.

17.8.3.2 몰질량과 가지

특정 고분자에 대해서 T_m값은 몰질량과 사슬 가지의 정도에 따라 달라진다. 몰질량이 낮은 고분자와 비선형 형태의 고분자에서 가지가 많을수록 사슬 말단의 수가 많아지게 되는데, 이는 결정의 결함으로 나타나 T_m이 낮아진다. 몰질량이 충분히 높으면 고분자는 유용한 기계적 성질을 가지게 되고 몰질량 M에 따라 T_m이 변하는 정도도 심하지 않게 된다. 이와 반대로, 몰질량이 높은 폴리에틸렌의 경우 가지가 있으면 T_m이 30 K나 낮아진다.

사슬 말단과 가지는 고분자 결정의 녹는점을 저하시키는 불순물로 생각할 수 있다. 이러한 현상은 화학 퍼텐셜의 개념을 이용해 해석할 수 있다(10.2.3절). 표준 상태에서 결정 상태의 고분자 반복 단위당 화학 퍼텐셜을 μ_u^c라 하고, 순수 액체 상태의 화학 퍼텐셜을 μ_u^0라 하자. 한 가지 성분으로만 구성된 **순수** 고분자의 경우

$$\mu_u^c - \mu_u^o = -\Delta G_u = -(\Delta H_u - T\Delta S_u) \tag{17.35}$$

여기서 ΔG_u는 반복 단위 몰당 용융 자유 에너지이고, ΔH_u와 ΔS_u는 반복 단위 몰당 용융 엔탈피와 엔트로피이다.

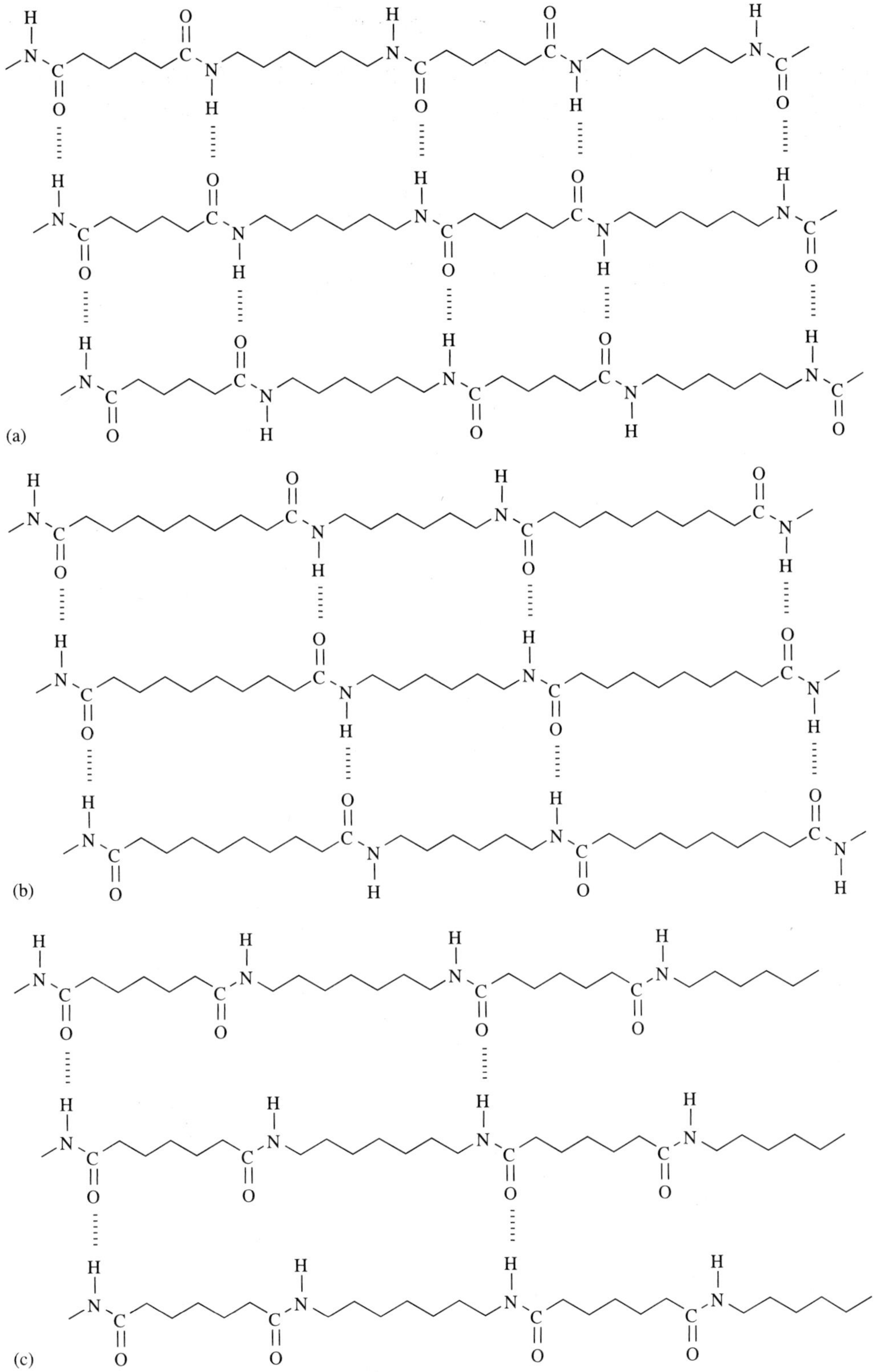

▶ **그림 17.37**
다양한 나일론 고분자의 결정에서 수소 결합의 다른 형태: (a) 나일론 6.6, $T_m = 265°C$; (b) 나일론 6.10, $T_m = 222°C$; (c) 나일론 7.7, $T_m = 210°C$.

17.7.3절에서 T와 T_m^o 사이의 온도에서 ΔH와 ΔS는 온도에 의존하지 않음을 보였다. 식 17.27를 이용하면 식 17.35는 다음과 같다.

$$\mu_u^c - \mu_u^o = -\Delta H_u \left(1 - \frac{T}{T_m^o}\right) \tag{17.36}$$

평형 상태에 있는 다성분계의 경우, 각 성분의 화학 퍼텐셜은 식 10.35와 같다. 따라서 식 17.36의 화학 퍼텐셜의 차이는 다음과 같다.

$$\mu_u^c - \mu_u^o = \mathbf{R}T \ln a$$

여기서 a는 결정 부분의 활성도이고, 대부분의 경우 결정에는 용융 온도 T_m을 떨어뜨리는 불순물이 존재하여 a는 일보다 작은 값을 가진다. 이 식과 식 17.36을 결합하면 다음과 같다.

$$\frac{1}{T_m} - \frac{1}{T_m^o} = -\frac{\mathbf{R}}{\Delta H_u} \ln a \tag{17.37}$$

결정성 고분자의 몰분율이 X_A이고, 불순물의 몰분율이 X_B라 하면 이상 거동을 가정할 경우 식 17.37은 다음과 같다.

$$\frac{1}{T_m} - \frac{1}{T_m^o} = -\frac{\mathbf{R}}{\Delta H_u} \ln X_A \tag{17.38}$$

X_B의 작은 값에 대해 $-\ln X_A \approx X_B$가 된다. 그러므로 식은

$$\frac{1}{T_m} - \frac{1}{T_m^o} = \frac{\mathbf{R}}{\Delta H_u} X_B \tag{17.39}$$

선형 고분자는 두 개의 사슬 말단을 가지고 있으므로 사슬 말단의 몰분율은 $2/\bar{x}_n$이 된다. 사슬 말단이 '불순물'이라면 식 17.39는 다음과 같다.

$$\frac{1}{T_m} - \frac{1}{T_m^o} = \frac{\mathbf{R}}{\Delta H_u} \frac{2}{\bar{x}_n} \tag{17.40}$$

이 식은 $\bar{x}_n \to \infty$가 되면 $T_m \to T_m^o$이 됨을 명확히 보여 주고 있으며, 이를 이용하면 몰질량에 따른 녹는점의 의존성을 잘 예측할 수 있다. 가지가 있는 고분자의 경우 사슬당 y개의 말단이 있으면 식 17.40의 $2/\bar{x}_n$를 $y/\bar{x}_n$로 대체하여 식 17.40의 수정이 가능하다.

17.8.3.3 공중합체

고분자의 녹는점은 **공중합(copolymerization)**에 의해서도 영향을 받는다. 불규칙 또는 통계적 공중합체(1.2.3절)의 경우 구조가 매우 불규칙해서 결정화가 저해되므로 일반적으로 공중합체는 무정형이다. 반면에, 블록과 그래프트 공중합체의 경우 하나 또는 그 이상 블록의 결정화가 일어날 수 있다. 사슬에 결정화가 되지 않는 공단량체가 소량 포함되면 그들이 '불순물'의 역할을 해 공중합체의 녹는점이 그들이 없는 균일 고분자에 비해 낮아지며(사슬 말단을 비교), 이 경우 식 17.39를 이용해 녹는점을 예측할 수 있다. X_B는 결정화되지 않은 공단량체의 몰분율이다. 하지만, 위 식은 X_B값이 매우 작을 경우에만 적용된다.

17.8.4 T_m과 T_g 관계

앞에서 기술한 T_m에 영향을 미치는 화학적 요인은 T_g에 영향을 미치는 요인들과 같은 것이다(16.3절). 실제 동일한 요인에 의해 T_m과 T_g이 높아지거나 낮아진다. 왜냐하면 이 T_m과 T_g 두 가지 모두 근본적으로 주사슬의 강직도에 의해 제어되기 때문이다. 따라서 T_m과 T_g 두 가지 전이가 나타나는 고분자의 경우 둘 사이에 상호 관련성이 있음은 놀라운 일이 아니다. 절대 온도 Kelvin으로 표시하면 T_g는 $0.5\,T_m$와 $0.8\,T_m$ 사이의 값을 가진다는 것이 일반적이다. 이러한 결과를 그림 17.38에 개략적으로 제시하였다. 따라서 단일중합체의 경우 T_g와 T_m을 독립적으로 조절하는 것은 불가능하다. 공중합체를 제조해 T_g와 T_m을 개별적으로 조절할 가능성은 다소 있다. 예를 들어 나일론 6.6과 6.10의 불규칙 공중합체의 경우 단일중합체의 T_g와 거의 동일한 T_g를 얻을 수 있다. 이는 공중합체의 경우에도 주사슬의 강직도에는 거의 변화가 없기 때문이다. 반면에, 주사슬의 비균일성은 분자의 결정화를 어렵게 하고 결국 T_m을 떨어뜨린다.

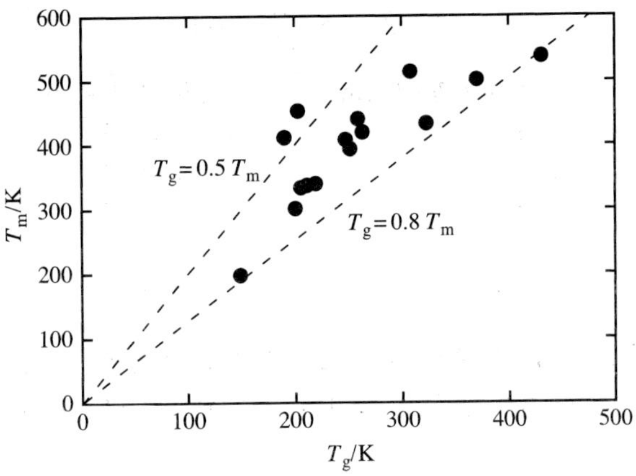

▶ 그림 17.38
폴리에틸렌, 폴리프로필렌, 폴리스타이렌, 폴리 (에틸렌 옥사이드)와 같은 일반 고분자들의 T_g와 T_m의 관계. (자료 출처: Boyer, R.F., Rubb. Chem. Technol., 36, 1303, 1963.)

문제

폴리에틸렌의 단위 격자 크기는 다음과 같다.

$$a = 0.741\ \text{nm},\ b = 0.496\ \text{nm},\ c = 0.254\ \text{nm},\quad \alpha = \beta = \gamma = 90°$$

CuK_α 방사광의 파장은 0.1542 nm이다.

17.1 CuK_α 방사광을 사용하여 배향하지 않은 폴리에틸렌의 평판 X선 회절을 얻었다. 반지름이 22.2, 36.6, 19.7 mm인 세 개의 환이 나타났다. 시료와 필름의 거리는 50 mm였다. 이러한 결과를 가져오는 면의 *d*-간격을 계산하시오. 이 형태는 (*hk*0) 형 면으로부터 얻어진다고 생각하시오. *c*축을 따라 폴리에틸렌 단위 격자의 규격도를 그리시오. 저차원 (*hk*0) 형 면의 간격을 구하고, 이러한 형태를 보일 수 있는 면이 어느 것인지를 밝히시오.

17.2 CuK_α 방사광을 사용하여 배향한 고분자 섬유의 평판 X선 회절을 얻었다. 중심에 위치한 점을 포함한 수직선상에서 일련의 점들과 중심선의 위와 아래로 일차 선들이 나타났다. 시료와 필름의 거리는 30 mm였고 중심선의 위와 아래에 나타난 일차 선들의 거리는 22.9 mm였다.

(a) 고분자 결정의 사슬 반복 간격 *c*를 계산하시오.

(b) 이 고분자에서 일차 선들만이 나타난 이유를 설명하고, 일차보다 높은 선들은 어떻게 얻을 수 있는지를 제안하시오.

(c) 회절 형태에서 (001) 반사를 얻기 위해서는 시편을 몇 도만큼 기울어야 합니까?

17.3 아이소택틱 폴리프로필렌 $[-CH_2-CHCH_3-]_n$은 (고분자 사슬 방향으로) $a = 0.666$ nm, $b = 2.078$ nm, $c = 0.649$ nm와 γ (*a*와 *b* 사이 각도) = 99.6°인 단사정의 단위 격자 크기를 가진다.

(a) 단위 격자에 12개의 고분자 반복 단위가 있다면 아이소택틱 폴리프로필렌 결정의 밀도를 구하시오.

(b) 무정형 폴리프로필렌의 밀도가 886 kg m^{-3}이라면, (a)에서 구한 정보를 이용하여 밀도가 905 kg m^{-3}인 폴리프로필렌 시료에서 결정의 부피 분율을 계산하시오.

(c) 용액 성장 고분자 단결정은 100% 결정이 아니다 라는 관찰에 대해서 설명하시오.

[Avogadro 수는 6.022×10^{23} mol^{-1}이고, C와 H의 몰질량을 12 g mol^{-1}과 1 g mol^{-1}로 계산하시오.]

17.4 다음 자료는 밀도 기울기의 보정을 통해 얻어졌다.

부표의 밀도 / kg m^{-3}	관에서의 위치 / cm
921.1	59.23
929.1	50.74
939.1	40.85
949.1	30.96
959.2	20.84

폴리에틸렌 결정의 밀도는 998 kg/m^3이고 무정형 폴리에틸렌의 밀도는 886 kg/m^3이다. 관에서 44.41 cm 높이에 있는 폴리에틸렌 시료 **결정의 부피 분율**과 **무게 분율**을 계산하시오.

17.5 폴리(1,4-페닐렌 설파이드) [poly(1,4-phenylene sulfide), PPS]의 유리 전이 온도, 결정화 온도, 용융 온도는 각각 89°C, 137°C, 278°C이다. 이런 PPS시료를 25°C에서 완전한 무정형 상태인 325°C까지 열을 가할 때 기대할 수 있는 열적인 변화를 축을 표시하면서 시차 주사 열량계 (DSC)의 흐름을 그려보시오.

1시간 동안 150°C에서 열처리한 15.3 mg의 PPS 시료를 분당 20°C로 가열하면서 DSC를 측정하였다. 이때 용융 흡열량의 면적은 192.55 mW K였다. 이때 보정으로 사용된 인듐(indium) (23.2 mg)의 용융 흡열양의 면적은 216.87 mW K였다. 인듐의 용융 엔탈피가 28.6 J g^{-1}이고 100% 결정에 대한 PPS의 용융 엔탈피가 55.9 J g^{-1}이라면 다음을 계산하시오.

(a) DSC 장치 보정 인자, K_{DSC}

(b) 열처리한 PPS 시료의 용융 엔탈피와 결정화도

17.6 선형 단일중합체를 용융으로부터 270 K에서 330 K 사이의 결정화 온도(T_c)에서 결정화시켰다. 결정화를 완전히 시킨 후 시차 주사 열량계를 이용하여 용융 온도(T_m)를 측정하였다. 그래프를 이용하여 평형 용융 온도 T_m°을 계산하시오.

T_c/K	T_m/K
270	300.0
280	306.5
290	312.5
300	319.0
310	325.0
320	331.0
330	337.5

CuK_α 방사광을 사용한 소각 X선 산란 실험을 통해 각 결정화 온도에서 다음과 같은 첫 번째 최대점을 얻었다. Bragg 식을 이용해 각 결정화 온도에서의 장주기의 값을 계산하시오.

T_c/K	θ/°
270	0.44
280	0.39
290	0.33
300	0.27
310	0.22
320	0.17
330	0.11

모든 시료에서 결정화도는 45%였다. 각 경우 라멜라 두께를 구하고 그래프를 이용하여 접힘 표면 에너지 γ_e를 도식적으로 구하시오. 단위 부피당 용융 엔탈피 ΔH_v는 1.5×10^8 J m^{-3}이다.

17.7 수평균 중합도 ($\bar{x}_n$)가 3인 폴리(데카메틸렌 아디페이트) [poly (decamethylene adipate)]의 용융 온도 (T_m)는 65°C이다. $\bar{x}_n = 10$인 동일 고분자의 T_m은 75°C이다. 이 고분자의 평형 용융 온도 T_m^0은 얼마인가?

17.8 다음 자료는 폴리아마이드 (polyamide)에서 x값에 따른 용융 온도를 나타내고 있다.
$-[-HN-(CH_2)_x-NH-CO(CH_2)_8CO-]-_n$

x	T_m/°C
2	258
3	221
4	240
5	196
6	220

(a) x에 대한 용융 온도 T_m의 의존성 및 그 이유에 대해 설명하시오.

(b) 폴리아마이드 구조에서 $-(CH_2)_x-$기 대신에 다음과 같은 p-페닐렌 (p-phenylene)기로 바뀐다면 용융 온도에 어떤 영향이 있겠는가?

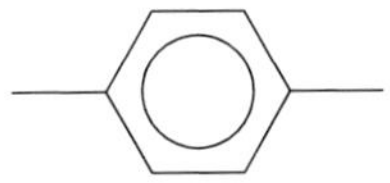

참고 문헌

Alexander, L.E., *X-Ray Diffraction Methods in Polymer Science*, Wiley-Interscience, New York, 1969.

Bassett, D.C., *Principles of Polymer Morphology*, Cambridge University Press, Cambridge, U.K., 1981.

Bassett, D.C., *Developments in Crystalline Polymers-1*, Applied Science Publishers, London, U.K., 1982.

Bassett, D.C., *Developments in Crystalline Polymers-2*, Elsevier Applied Science, London, U.K., 1988.

Donald, A.M., Windle, A.H., and Hanna, S., *Liquid Crystalline Polymers*, 2nd edn., Cambridge University Press, Cambridge, U.K., 2005.

Hall, I.H., *Structure of Crystalline Polymers*, Elsevier Applied Science, London, U.K., 1984.

Hatakeyama, T. and Quinn, F.X., *Thermal Analysis: Fundamentals and Applications to Polymer Science*, 2nd edn., John Wiley & Sons, Chichester, U.K., 1999.

Hearle, J.W.S. (ed), *High Performance Fibres*, Woodhead Publishing Ltd., Cambridge, U.K., 2000.

Höhne, G.W.H., Hemminger, W.F., and Flammersheim, H.-J., *Differential Scanning Calorimetry*, 2nd edn., Springer-Verlag, Berlin, Germany, 2003.

Kelly, A. and Groves, G.W., *Crystallography and Crystal Defects*, Longman, London, U.K., 1970.

Magill, J.H., Morphogenesis of solid polymers, in *Treatise on Materials Science and Technology*, Vol. 10A (ed. J.M. Schultz), Academic Press, New York, 1977.

Menczel, J.D. and Prime, R.B. (eds), *Thermal Analysis of Polymers – Fundamentals and Applications*, John Wiley & Sons, Hoboken, NJ, 2009.

Reading, M. and Hourston, D.J. (eds), *Modulated Temperature Differential Scanning Calorimetry*, Springer, New York, 2006.

Sawyer L.C., Grubb D.T., and Meyers G.F., *Polymer Microscopy*, 3rd edn., Springer, New York, 2008.

Schultz, J.M., *Polymer Materials Science*, Prentice Hall, Englewood Cliffs, NJ, 1974.

Turi, E.A., *Thermal Characterization of Polymeric Materials*, 2nd edn., Academic Press, San Diego, CA, 1997.

Wunderlich, B., *Macromolecular Physics*, Vol. 1, Academic Press, London, 1973.

Wunderlich, B., *Macromolecular Physics*, Vol. 2, Academic Press, London, 1976.

Wunderlich, B., *Macromolecular Physics*, Vol. 3, Academic Press, London, 1980.

18 다성분계 고분자 시스템

18.1 개요

이전 두 장에서는 원칙적으로 무정형 및 결정성 단일 성분 고분자 시스템의 구조를 다루었다. 그러나 고분자의 실제적인 응용에 있어서는 다성분계 형태로 사용된다. 다성분계의 개념은 혼합물로써 고분자 블렌드, 블록(block) 또는 그래프트(graft, 접목)와 같은 다양한 공중합체 형태 및 고분자가 기본 연속상(매트릭스, matrix) 물질인 다양한 종류의 고분자 기반 복합체를 포함하는 광범위한 구조 형태에 적용된다. 용어 '복합체'는 입자 혹은 섬유 강화 고분자, 나노복합체 및 발포체(foam, 고분자와 가스 혼합체) 까지를 포함하는 다양한 구조적 형태에 적용된다. 입자 혹은 섬유 강화 고분자 기반 복합체의 특성은 24장에서 자세히 다룰 것이며, 이 장에서는 블렌드(blend, 혼합체)와 블록 공중합체(block copolymer)라고 하는 두 종류의 다상 고분자 시스템으로 한정한다.

다성분계(multicomponent system)를 이용하는 데에는 여러 가지 이유가 있다. 주요인 중 하나는 비용을 줄일 수 있다는 단순한 점일 것이다. 비교적 저렴한 제2성분을 첨가하여 고분자 성능에 큰 영향을 미치지 않으면서 고가의 고분자 비용을 줄일 수 있다는 것이다. 반면에, 제2성분을 첨가하여 기계적 및 기능적(예: 전기적 및 광학적) 특성 향상을 가져올 수 있다. 그 외에 단일 성분 고분자 시스템에서 얻을 수 없는 특별한 특성을 갖는 물질인 다성분계 고분자, 특히 나노 수준에서 독특한 상 구조를 만들 수 있다.

18.2 고분자 블렌드

화학적으로 다른 두 종류 고분자를 혼합하면, 완전히 상분리되어 별도의 두 상을 형성하는 것을 자주 볼 수 있다. 그림 18.1은 고온 탄성체(elastomer)를 갖는 엔지니어링 고분자 블렌드의 얇은 단면을 찍은 투과 전자 현미경(TEM) 사진이다. 이 블렌드는 고분자 매트릭스에 균일하게 퍼져 있는 0.5 μm보다 작은 다양한 크기의 고무 입자로 구성된 것을 볼 수 있다. 예전에는 고분자-고분자 상용성(miscibility)이 비교적 아주 드물게 일어난다고 생각되었으나, 오늘날에는 성질이 다른 고분자-고분자 결합이 완전 상분리 상태에서 부분적 상용성 및 어떤 경우에는 완전 상용성까지 보여 주는 다양한 형태의 거동을 보인다고 알려져 있다. 표 18.1에 상용성 또는 비상용성을 보이는 특별한 고분자쌍의 예를 보여 준다.

18.2.1 고분자 블렌드의 열역학

유사하지 않은 고분자들의 혼합을 지배하는 기본적인 열역학적 관계식은

$$\Delta G_{\mathrm{m}} = \Delta H_{\mathrm{m}} - T\Delta S_{\mathrm{m}} \tag{10.2}$$

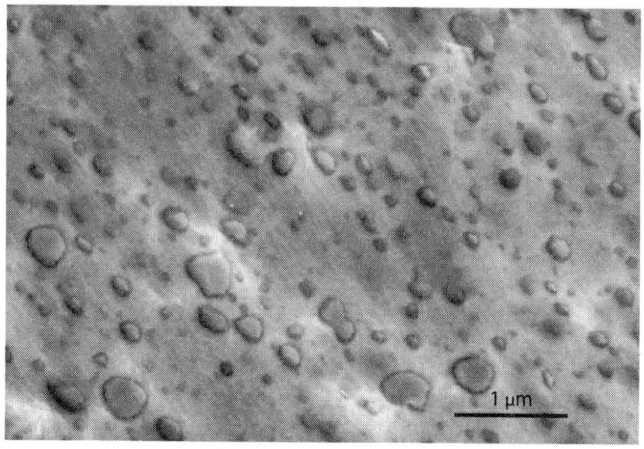

▶ 그림 18.1
분산된 입자로서 존재하는 고온 탄성체(염색상)를 갖는 엔지니어링 고분자의 비상용성 블렌드의 단면을 찍은 투과 전자 현미경(TEM) 사진. (자료제공: S. Rannou, University of Manchester, Man-chester, U.K.)

표 18.1 상용성 또는 비상용성 고분자쌍의 예

고분자 1	고분자 2	상용성
Polystyrene	Poly (2,6-dimethyl-1,4-phenylene oxide)	√
Polystyrene	Poly (vinyl methyl ether)	√
Poly (methyl methacrylate)	Poly (vinylidene fluoride)	√
Poly (vinyl chloride)	Poly (butylene terephthalate)	√
Poly (ethylene oxide)	Poly (acrylic acid)	√
Polystyrene	Polybutadiene	×
Polystyrene	Pohy (methyl methacrylate)	×
Polystyrene	Poly (dimethyl siloxane)	×
Nylon 6	Poly (ethylene terephthalate)	×

출처: Sperling, L.H., *Introduction to Physical Polymer Science*, 4th edn., Wiley Interscience, Hoboken, NJ, 2006.

여기서 ΔG_m은 혼합 자유 에너지(free energy)이고, ΔH_m은 혼합 엔탈피(enthalpy)이며, ΔS_m은 혼합 엔트로피(entropy)이다.

서로 잘 섞이는 두 종류 고분자에 있어서, ΔG_m은 음수(−)이어야만 한다. 낮은 몰질량 물질의 경우, 온도를 상승시키면 $T\Delta S_m$ 항이 증가하고, 이에 따라 ΔG_m은 더 음수(−)가 되어 온도가 높아짐에 따라 더욱 잘 섞이도록 된다. 이는 온도가 상승함에 따라 보통 상용성이 줄어드는 고분자–고분자 혼합물과는 다른 형태이다.

또한 고분자 블렌드의 열역학적 거동 모형을 만들기 위해 고분자–용매 혼합물에 대해 최초로 개발된 Flory–Huggins 이론(10.2.2절)을 적용할 수 있다. 이 경우, 두 가지 형태의 고분자 사슬은 그림 18.2에 나타낸 동일한 셀(cell)의 격자점에 위치하는 분절(segment)로 이루어진 것으로 생각할 수 있다. 고분자 1은 x_1 분절의 연속적 순서를, 고분자 2는 x_2 분절의 연속적 순서를 차지한다. 이 두 고분자의 부피 분율은 다음 식으로 주어진다.

$$\phi_1 = \frac{N_1 x_1}{(N_1 x_1 + N_2 x_2)} \quad \text{그리고} \quad \phi_2 = \frac{N_2 x_2}{(N_1 x_1 + N_2 x_2)} \tag{18.1}$$

여기서 N_1과 N_2는 각 형태 고분자의 분자수이다. 블렌드에서 동일 고분자의 분절 간 혹은 다른 고분자의 분절 간의 상호작용을 고려해야 하며, 단일 고분자와 용매가 있는 것이 아니라 두 종류 고분자가 있는 것으로 약간 생각을 바꾸어서 10.2.2절에 있는 고분자 용액에 대한 해석을 이용할 수 있다. 식 18.1은 블렌드의 경우에 식 10.26이 된다.

$$\Delta G_m^{\text{contact}} = (z-2)x_1 N_1 \phi_2 \Delta g_{12} \tag{18.2}$$

그리고 수식 10.31은 다음 수식이 된다.

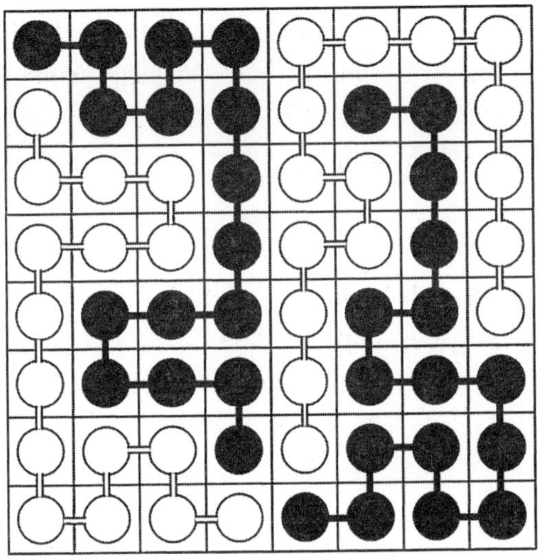

▶ 그림 18.2
고분자 블렌드에 대한 Flory-Huggins 격자 모형. 검은색 부분과 흰색 부분은 각각 다른 형태의 고분자를 나타낸다.

$$\Delta G_{\mathrm{m}}^{\mathrm{contact}} = \mathbf{R}Tx_1n_1\phi_2\chi \tag{18.3}$$

여기서 n_1은 고분자 1의 몰수를 나타내고, χ는 Flory-Huggins 고분자-고분자 상호작용 변수이다.

결합된 엔트로피 식 10.23은 모든 혼합물에 대해 적용될 수 있는 포괄적인 식이고, 따라서 고분자-고분자 혼합물에 적용할 수 있다.

$$\Delta S_{\mathrm{m}}^{\mathrm{comb}} = -\mathbf{R}[n_1 \ln \phi_1 + n_2 \ln \phi_2] \tag{10.23}$$

혼합 자유 에너지는 다시 다음 식으로 결정될 수 있다.

$$\Delta G_{\mathrm{m}} = \Delta G_{\mathrm{m}}^{\mathrm{contact}} - T\Delta S_{\mathrm{m}}^{\mathrm{comb}}$$

이는 고분자-고분자 블렌드의 **혼합에 대한 Gibbs 자유 에너지(Gibbs free energy)에 대한 Flory-Huggins 식**이 된다.

$$\Delta G_{\mathrm{m}} = \mathbf{R}T[n_1 \ln \phi_1 + n_2 \ln \phi_2 + x_1n_1\phi_2\chi] \tag{18.4}$$

이 식의 오른쪽 처음 두 항은 혼합에 대한 결합(combinatorial) 엔트로피를, 세 번째 항은 엔탈피를 나타낸다. 용매-용매 또는 고분자-용매 혼합물의 경우에, 결합 엔트로피는 큰 음수값이다(ϕ_1과 ϕ_2는 항상 분수이기 때문에, 이들의 로그값은 음수가 된다). 그러므로 온도가 상승됨에 따라, ΔG_{m}은 더욱 음의 값으로 되고, 혼합은 이들 혼합물에 대해 더욱 선호적이 될 것이다. 고분자-고분자 블렌드의 경우에 n_1과 n_2 모두 상대적으로 작기 때문에 결합 엔트로피 항은 중요성이 덜하고, 엔탈피 항($\mathbf{R}Tx_1n_1\phi_2\chi$)이 혼합 열역학을 지배하게 된다. 10.2.2절에서 상호작용 변수 χ는 다음과 같은 온도 의존성을 갖는다는 것을 보여주었다.

$$\chi = a + \frac{b}{T} \tag{10.28}$$

이러한 χ의 온도 의존성은 엔탈피 항에서 비중을 차지하게 되고, 따라서 식 18.4의 ΔG_{m}은 온도 상승에 따라 음의 값 경향이 줄어들면서 고분자 블렌드에 대한 상용성을 감소시키는 결과로 될 것이다.

고분자 블렌드의 특성을 해석하는 데 Flory-Huggins 접근법이 유용하지만, 이는 경향만을 보여줄 뿐이며, 혼합에서 일어나는 부피 변화와 같은 여러 요소들을 무시할 수 있을 만큼 그 거동을 정확히 예측할 수 있도록 하지는 못한다. 또한 용해도 변수 접근법(10.2.5

절)은 고분자 블렌드에서의 상용성 예측에 유용한 지침이 된다. 예를 들어, 폴리(2,6-다이메틸-1,4-페닐렌 옥사이드)[poly(2,6-dimethyl-1,4-phenylene oxide)]는 19 $J^{1/2}cm^{-3/2}$ 정도의 용해도 변수 δ를 가지며, 유사한 용해도 변수를 갖고 있는 폴리스타이렌(표 10.2 참조)과 상용성임을 표 18.1에서 볼 수 있다.

18.2.2 상거동

고분자 블렌드의 상거동(phase behaviour)은 고분자 용액의 거동과 유사하고(14.2.1절), 이에 따라 Flory–Huggins 이론을 이용하여 이론적으로 다룰 수 있다. 식 18.4의 양변을 $(x_1n_1 + x_2n_2)$으로 나누어서 몰량(molar quantity)을 얻는 것이 정상적이며, 여기서 n_1와 n_2는 블렌드에 존재하는 두 고분자의 몰수이며, x_1과 x_2는 각 고분자의 분절수이다. 분절의 몰당 혼합 Gibbs 자유 에너지는 다시 다음 식으로 주어진다.

$$\Delta G_m^* = \mathbf{R}T\left[\left(\frac{\phi_1}{x_1}\right)\ln\phi_1 + \left(\frac{\phi_2}{x_2}\right)\ln\phi_2 + \chi\phi_1\phi_2\right] \tag{18.5}$$

고분자 블렌드의 **상평형도(phase diagram)**를 그림 18.3에 나타내었다(그림 14.2 참조). 이 도표는 혼합물의 조성과 온도의 함수로서 다른 상이 존재하는 부분을 보여 주는 과정을 나타낸 것이다. 이 그림은 다른 상용성 정도를 갖는 세 가지 부분을 보여 준다; 두 바이노달(binodal) 사이의 단일상 지역, 바이노달과 스피노달(spinodal) 사이의 준안정 지역과 스피노달을 마주하고 있는 비상용성 두 상 지역. 또한, 이 그림에서 두 종류의 임계 용액 온도를 볼 수 있다; 고온에서의 하한 임계 용액 온도(LCST, lower critical solution temperature)와 저온에서의 상한 임계 용액 온도(UCST, upper critical solution temperature). 상용성(한 개 상)과 준안정 지역은 바이노달에 의해 나뉘어지고, 준안정 두 개 상 지역은 스피노달에 의해 나뉘어진다. 단일상 시스템이 조성의 변화 또는 바이노달 혹은 스피노달을 가로지르도록 하는 온도 변화를 겪을 때 상분리가 일어나게 된다. 스피노달 내의 두 상 지역은 결정화와 유사한 과정에 의해 상분리가 일어나고, 그곳에서 상분리된 도메인(domain)의 핵생성 및 성장이 일어나는 지역에 대응된다. 반면에, 바이노달과 스피노달 사이의 준안정 지역에서 에너지 장벽이 극복된다면, **스피노달 상분리(spinodal decomposition)**로 알려진 자발적 과정에 의해 상분리가 일어날 것이다.

14.2.1절에서 스피노달에 대한 상분리 조건이 일반적으로 다음과 같이 주어진다는 것을 보여 주었다.

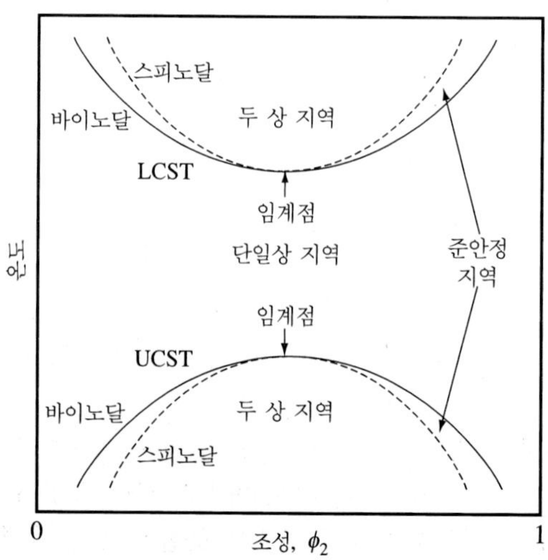

▶ 그림 18.3
LCST와 UCST 및 바이노달과 스피노달을 보여 주는 고분자 블렌드의 상평형도.

$$\left(\frac{\partial^2 \Delta G_{\mathrm{m}}^*}{\partial \phi^2}\right) = 0 \tag{18.6}$$

그리고 일반 조건을 적용하면 임계 온도는,

$$\left(\frac{\partial^2 \Delta G_{\mathrm{m}}^*}{\partial \phi^2}\right) = \left(\frac{\partial^3 \Delta G_{\mathrm{m}}^*}{\partial \phi^3}\right) = 0 \tag{18.7}$$

이 유도식은 χ가 ϕ_1과는 독립적인 것으로 가정하고, $\phi_2 = 1 - \phi_1$임을 생각하면, 식 18.5로부터 쉽게 구할 수 있다. $(\partial^2 \Delta G_{\mathrm{m}}^*/\partial \phi_1^2) = 0$은 스피노달 점에 대해 다음 식이 된다.

$$\frac{1}{x_1\phi_1} + \frac{1}{x_2(1-\phi_1)} - 2\chi = 0 \tag{18.8}$$

따라서 온도에 대한 χ의 변화량을 알면, 이론적인 스피노달을 그릴 수 있다(예: 식 10.28). 임계 조성은 조건 $(\partial^3 \Delta G_{\mathrm{m}}^*/\partial \phi_1^3) = 0$을 적용하여 구할 수 있다.

$$\phi_{1\mathrm{c}} = \frac{1}{1 + (x_1/x_2)^{1/2}} \tag{18.9}$$

따라서 $x_1 = x_2$이면, $\phi_{1\mathrm{c}} = 0.5$가 된다. Flory–Huggins 고분자–고분자 상호작용 변수 χ_{c}의 임계값은 식 18.9을 식 18.8에 대입하여 구할 수 있게 된다.

$$\chi_{\mathrm{c}} = \frac{1}{2}\left[\frac{1}{x_1^{1/2}} + \frac{1}{x_2^{1/2}}\right]^2 \tag{18.10}$$

상평형도는 재료 과학에서 널리 사용되며, 금속 합금의 조성과 미세구조 해석에 자주 이용된다. 이를 고분자 블렌드에도 유사하게 사용할 수 있다. $x_1 = x_2 = x$인 동일한 수의 분절을 갖는 이성분계 고분자 혼합체에 대한 경우와 같이 상황이 단순화되지 않으면 수치 해석법이 적용되어야 하지만, 고분자 블렌드에 대한 상평형도는 위와 같은 해석으로부터 결정할 수 있다. 이 경우에 임계점은 $\phi_{1\mathrm{c}} = 0.5$에 위치하고, 식 18.10은 다음 식이 된다.

$$\chi_{\mathrm{c}} = \frac{2}{x} \tag{18.11}$$

위에서 설명한 해석에 의해 온도에 대한 χ의 변동량을 알면, 고분자 블렌드의 상평형도에 대한 수치적 해를 얻을 수 있다.

다양한 형태의 상거동이 이성분계 고분자 블렌드에서 발견되었다. 온도에 대해 χ가 증가 또는 감소하는가에 따라 어떤 블렌드는 가열에 의해 상분리를 겪게 되지만, 다른 블렌드는 냉각할 때 분리된다. 일반적으로 용액–용액 및 고분자–용매 혼합체는 UCST를 나타내고, 온도가 증가함에 따라 더욱 상용성이 되며, 반면에 온도 상승에 대해 상용성이 줄어드는 고분자–고분자 혼합체는 LCST를 나타낸다. 고분자 블렌드에 대한 실험적 상평형도는 항상 비대칭적이다(그림 18.3과 다름). 두 고분자의 몰질량이 유사하지 않고 큰 차이가 있으면, 이는 더욱 비대칭적으로 될 수 있다. 그림 18.3에 나타낸 상평형도는 액체–액체 상분리에 대한 것이다. 만일 구성 성분들이 결정화할 수 있다면, 상거동은 더욱 복잡하게 될 수 있다.

저온에서는 분자 운동을 제한하고 상분리가 일어나지 않게 하는 유리 전이(glass transition)가 일어나기 때문에, 고도의 상용성 고분자의 경우에 LCST 혹은 UCST를 결정하는 것은 실제적으로 쉽지 않을 것이다. 고도 비상용성 고분자 블렌드에 대한 상평형도는 일반적으로 전 온도 및 조성 영역에서 두 상 영역을 보여 준다.

그림 18.4는 LCST 거동을 보이는 고분자 블렌드에 대한 상평형도이다. LCST 위의 특

정 온도에서 상 경계선과 접하는 점은 그 온도에서의 두 고분자의 상용성 한계, ϕ_{2a}과 ϕ_{2b}를 나타낸다. 주어진 블렌드 조성 ϕ_2에 대해, 두 상 영역에서 성분 1이 풍부한 상의 부피 분율 $\phi_2^{1\text{rich}}$와 성분 2가 풍부한 부피 분율 $\phi_2^{2\text{rich}}$는 그림 18.4에 나타낸 연결선 계산(tie-line calculation)을 함으로써 결정할 수 있다.

$$\frac{\phi_2^{1\,\text{rich}}}{\phi_2^{2\,\text{rich}}} = \frac{\phi_{2b} - \phi_2}{\phi_2 - \phi_{2a}} \tag{18.12}$$

18.2.3 유리 전이 거동

고분자 블렌드의 유리 전이 거동(glass transition behaviour)은 상 거동에 많은 연관이 있다(그림 18.3). 완전히 섞이지 않는 두 고분자의 블렌드는 두 개의 유리 전이 온도를 보일 것이다. 반면에 완전히 섞이는 고분자 블렌드라면, 유리 전이 온도는 단일상 공중합체에 대해 유도된 식 16.18 또는 16.19의 관계식으로부터 얻을 수 있다. 예를 들어,

$$\frac{1}{T_g^{\text{blend}}} = \frac{w_1}{T_g^1} + \frac{w_2}{T_g^2} \tag{18.13}$$

여기서 위 첨자 1과 2는 두 고분자 물질의 무게 분율(w)에 대한 것을 나타낸다.

이 유리 전이 거동은 그림 18.4에 나타난 바와 같이 부분적으로 섞이는 경우에는 더 복잡해진다. 블렌드는 다시 두 개의 유리 전이 온도를 보일 것이며, 하나는 성분 1이 많은 상에 대한 것이고, 다른 하나는 성분 2가 많은 상에 대한 것이다. 두 개의 유리 전이 온도는 두 고분자 성분의 각 유리 전이 온도 사이의 값을 보일 것이다. 각 T_g값은, 구성 고분자의 밀도와 상 경계면에서 부피 분율 ϕ_1과 ϕ_2로 계산되는 w_1과 w_2의 값을 알고 있다면 식 18.13을 이용함으로써 결정될 수 있다.

18.2.4 고분자 블렌드의 상용성

대부분의 고분자 블렌드는 잘 섞이지 않는 것으로 알려져 있다. 또한 상용성도 없으며, 이는 고분자를 용융체(melt) 상태에서 혼합할 수 있는 시도가 이루어지면 분산된 상의 입자들이 계면의 표면적을 감소시키기 위해 모여 성장하게 된다는 것을 의미한다. 따라서, 그림 18.1에 나타낸 것처럼 작은 입자들의 좋은 분산도를 얻기 위해서는 두 상의 계면을 개질해야 한다.

상용화가 이루어지기 위한 여러 가지 방법들이 있다. 두 상의 계면을 안정화시키는 블록 공중합체나 그래프트 공중합체를 만들기 위해, 두 고분자를 공유 결합으로 연결시키는 *in situ* **중합법**(*in situ* **polymerization**)이 있다. 다른 방법은 섞이지 않는 고분자의 블렌드에 **세 번째 고분자 구성 물질**을 첨가하는 것이다. 이러한 고분자는 양쪽 상에 모두 좋은 계면 접착력을 가지고 있어 계면 영역을 집결시켜 좋은 분산성과 두 상 사이의 계면으로

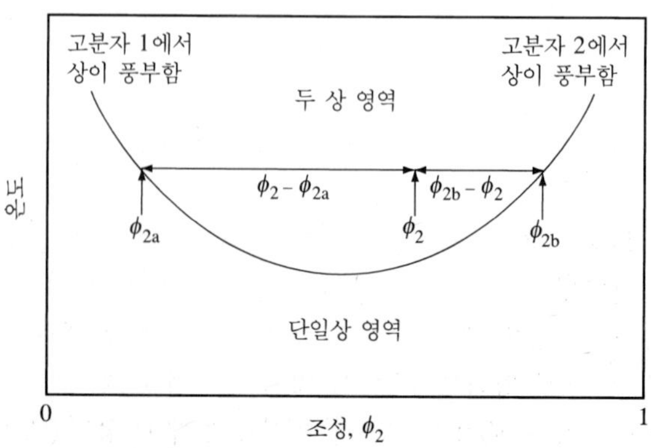

▶ 그림 18.4
고분자 블렌드에서 상조성을 결정하기 위한 연결선 계산. (자료 출처: Robeson, L. M., Polymer Blends: A Comprehensive Review, Hanser, Cincinnati, OH, 2007.)

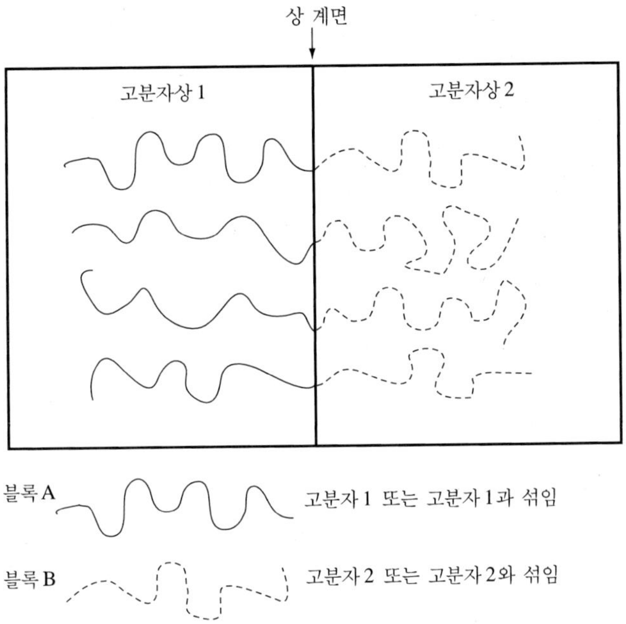

▶ **그림 18.5**
이중 블록 공중합체를 사용한 고분자 블렌드의 상용성을 나타낸 도표. (자료출처: Robeson, L.M., Polymer Blends: A Comprehensive Review, Hanser, Cincinnati, OH, 2007.)

유효한 힘의 전달을 가능하게 한다. **반응 상용화 (reactive compatibilization)** 라고 하는 방법들도 많이 연구되었다. 세 번째 고분자는 구성 고분자들 중 한 성분과 혼합되며 다른 성분과는 반응할 수 있는 물질이고, 이는 계면을 연결하는 그래프트 공중합체의 형성을 유도한다. **반응 압출 (reactive extrusion)** 은 압출기의 극한 조건에서 블렌드의 구성 성분 사이에 화학 반응이 일어나 그래프트 공중합체가 형성되는 방법이다. **고분자간 반응 (polymer-polymer reaction)** 또한 상용성을 증가하기 위해 사용될 수 있다. 하나의 예로 에스터 교환 반응 (ester interchange reaction, 3.2.5절) 을 들 수 있으며, 두 개의 섞이지 않는 폴리에스터 사이에 화학 반응을 통해 몇몇의 블록 모양 공중합체를 형성하게 된다. 극단적으로 이 공정은 초기에 섞이지 않은 두 고분자로부터 섞이는 블렌드의 형성을 증진시키는 데 사용될 수 있다.

상용성을 위한 가장 좋은 방법 중 하나는 블렌드를 구성하는 고분자들의 구조와 같거나 비슷한 블록을 갖는 **블록 공중합체**를 첨가하는 것이다. 그림 18.5에 나타낸 것과 같이 블록 공중합체가 첨가된 블렌드는 두 상의 계면에 블록 공중합체가 모여 있을 때 가장 낮은 자유 에너지를 가지게 된다. 이것은 AB 이중 블록 공중합체의 예로서, 이성분계에서 A 블록은 한 상에, B 블록은 다른 상에 위치하지만 계면은 공유 결합으로 연결되어 있다. 이러한 개념은 비상용성 블렌드 시스템에 널리 사용되고 있으며, 계면 접착력과 기계적 물성 향상과 함께 형태 (morphology) 조절에도 좋은 효과가 있는 것으로 알려져 있다.

18.3 블록 공중합체

공중합체는 1.2.3절에 나타낸 바와 같이 두 개 이상의 단량체로 이루어진 고분자이다. **블록 공중합체 (block copolymer)** 는 화학적으로 다른 반복 단위 (A와 B) 의 일련의 블록으로 구성되어 있다. 블록 공중합체 합성법은 9.4절에 나타나 있으며, 몇 가지 전형적인 블록 공중합체 구조를 그림 18.6에 나타내었다. 가장 간단한 예는 A와 B 두 개의 서로 다른 반복 단위의 단일 블록으로 구성된 이중 블록 공중합체이다. 삼중 블록 공중합체는 ABA 또는 BAB 블록 구조 또는 세 번째 단량체가 합성에 참여한다면 ABC 형식의 구조를 가질 수 있다. 다른 블록 공중합체의 예는 그림 18.6에 나타난 별모양 블록 공중합체 (star block copolymer) 이며, 더 다양한 구조의 블록 공중합체가 있지만 이 장에서는 이중 블록 및 삼중 블록 공중합체만 다루어진다.

▶ 그림 18.6
여러 다른 블록 공중합체를 묘사한 도표. 실선은 블록 A를, 점선은 블록 B를 나타낸다.

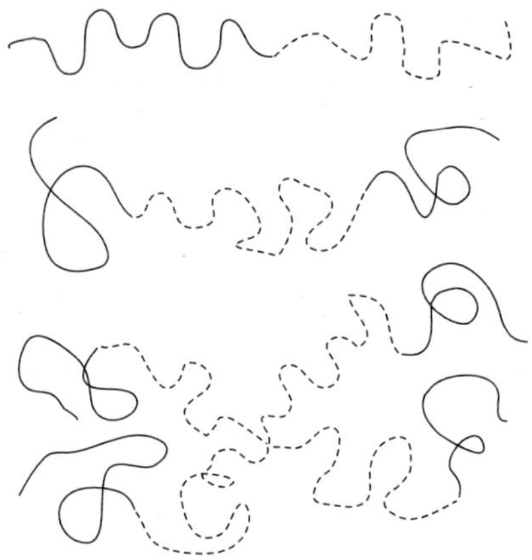

18.3.1 블록 공중합체 상거동의 열역학

블록 공중합체의 거동 중 흥미롭고 유용한 관점은 **상분리 (phase separation)** 과정을 통해 나노미터 크기의 정돈된 구조로 자기 조립화하는 것이다. 상분리를 통한 자기 조립화의 원동력은 고분자 블렌드와 유사하게 상분리가 되는 블록의 경향을 이끄는 블록의 비혼합 엔탈피이다. 하지만 블록 공중합체는 블록들이 서로 공유 결합에 의해 연결되어 고분자 블렌드에서 발견되는 거시적 상분리를 막을 수 있는 제한 요인을 가지고 있다 (그림 18.1). 또한, 블록 공중합체가 이루는 정돈된 질서 구조의 크기는 블렌드 구조에 비해 작으며, 일반적으로 블록 공중합체의 회전 반지름 (radius of gyration, $\langle s^2\rangle^{1/2}$) 의 수배 정도이다 (10.3절). 블록 공중합체 전체 상분리 공정은 두 요인에 의해 좌우된다. 시스템은 고분자 사슬의 엔트로피를 극대화하는 반면, 두 미세상이 이루는 계면의 면적은 최소화하려고 한다.

블록 공중합체의 상구조는 A 블록의 부피 분율 (f_A), 전체 중합도 (x), 그리고 Flory–Huggins A–B 분절 상호작용 변수 (χ) 등의 세 가지 변수에 의해 조절된다. 균일한 용융 블록 공중합체의 불균일 미세상으로의 전이를 **질서-무질서 전이 (order–disorder transition)** 라고 한다. 이것은 그림 18.7에 나타나 있고, 주어진 블록 공중합체 전체 조성에 대해 전이는 χx의 곱의 임계값에서 일어나는 것으로 알려졌다. 평균장 (mean-field) 이론에 의해 예측한 바로는 대칭성 이중 블록 공중합체 ($f_A = f_B = 0.5$) 에 대해 질서-무질서 전이에 대한 임계값은 $(\chi x)_{crit} \sim 10.5$이다. χx 곱은 이중 블록 공중합체의 엔탈피적, 엔트로피적 요인 사이의 균형을 특성화하는 것이며, 식 18.11에 주어진 대칭성 고분자 블렌드의 상분리에 대해 $(\chi x)_{crit} = 2$와 비교되는 값이다. 대칭성 이중 블록 공중합체에서는 이중 블록 공중합체의 연결에 기인한 하나의 상에서 혼합 엔트로피의 손실과 두 개로 구분된 상에서의 사슬 펼쳐짐에 의한 엔트로피 손실 등이 고려되며, 이는 일반 대칭성 고분자 상분리된 블렌드에서 생각할 수 없는 부분이다 (그림 18.7). 엔트로피 페널티는 전체 중합도 x에 비례한다. 대부분의 이중 블록 공중합체의 경우 상호작용 변수는 $\chi = a + b/T$ (식 10.28, 상수 $a, b > 0$) 에 의해 주어진 온도 의존성을 갖는다. 예를 들어 무질서한 블록 공중합체 용융체의 상호작용 변수 (χ) 증가는 온도를 낮춤으로써 그림 18.7에 나타난 바와 같이 지역적인 질서 구조를 이루게 한다. 반면에 상호작용 변수 또는 중합도가 충분히 감소한다면, 이중 블록 공중합체의 질서 구조는 무질서 구조로 전이된다.

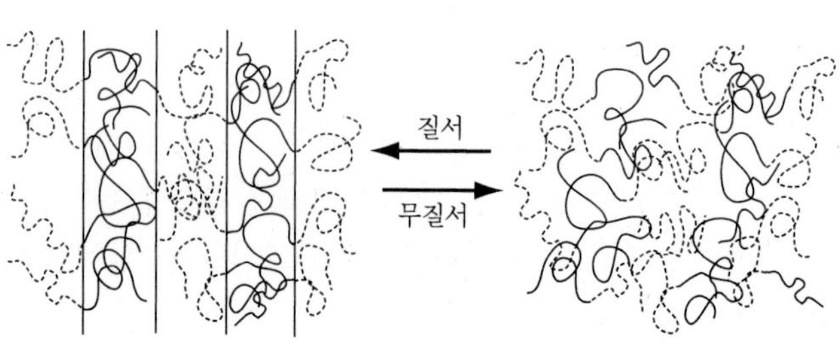

▶ 그림 18.7
이중 블록 공중합체서의 질서-무질서 전이.

평균장 이론을 이용하여 블록 공중합체의 열역학에 대한 이해를 연장시키는 것이 가능한데, 이는 질서–무질서 전이와 χx, f_A에 의한 다른 전이를 예측하는 것이 가능하다. 예측된 **형태도(morphology diagram)**는 그림 18.8에 나타나 있다. 전통적인 관점에서 온도와 성분비의 함수로 표시되는 상거동의 상평형도(그림 18.3)는 아니지만, 본질적으로 같은 식으로 이해할 수 있다. 그림 18.8에 표시된 바와 같이 χx곱이 약 10.5를 초과하면 대칭성 이중 블록 공중합체($f_A = f_B = 0.5$)의 분자 분절이 자기 조립하여 평형층 교대 구조의 라멜라 미세상 구조(LAM)를 형성하게 된다. 질서–무질서 전이 바로 위의 이 영역에서는 미세 도메인 계면을 가로지르는 구성의 변화는 급격하지 않으며 순수한 상의 형성보다 부분적 사인곡선(sinusoidal)의 변화와 같다. 이 영역을 일반적으로 **WSL (weak segregation limit)**이라고 한다. χx곱이 100 정도까지는 두 상의 성분이 비교적 단일 구성성분이 되며 상 사이에 매우 좁은 계면이 형성되는데, 이 영역은 **SSL (strong segregation limit)**이라 한다.

비대칭 이중 블록 공중합체($f_A \neq f_B$)의 경우, 상들은 곡선의 계면을 갖는 것이 더 유리해지고 분자 분절들이 회합하여 다른 구조를 이루게 된다. 다른 구조의 상 형성은 고분자 사슬이 펼쳐지지 않도록 엔트로피 감소에 의해 제한되며, 따라서 이러한 미세구조는 계면 굴곡과 사슬 펼쳐짐의 균형에 의해 유지되면서 얻어지게 된다. SSL 영역에서는 그림 18.8에 나타나듯 공중합체 조성이 비대칭적으로 갈수록 계면 굴곡이 증가하고 양방향 연속 구조의 gyroid 상(GYR)이 얻어지며, 다음 육방형 밀집 구조(hexagonal close-packed) 실린더(HEX), 마지막으로 체심 입방 구조(BCC)가 얻어진다. 분절 A와 B의 길이가 공중합체에서 같아지면 거동은 대칭적이 되며, 성분 B가 많은 상은 f_A가 감소함에 따라 미세구조의 연속상이 되고, 비슷하게 성분 A가 많은 상은 f_A가 증가함에 따라 미세구조의 연속상이 된다.

18.3.2 블록 공중합체의 형태학

블록 공중합체는 수십 나노미터 크기의 상 도메인을 가지고 있기 때문에 모양을 광학 현미경으로 관찰할 수는 없고 전자 현미경이나 소각 X선 산란과 같은 고분해능의 전문 장비를 사용해야 한다.

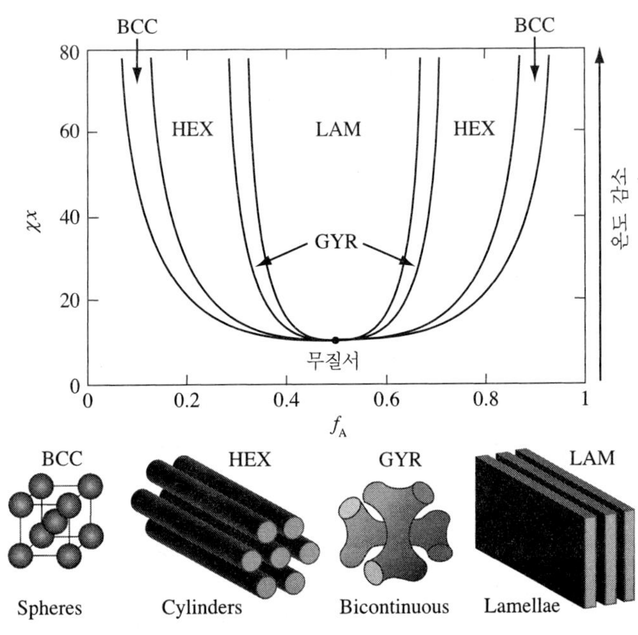

▶ 그림 18.8
다른 상구조가 예측되는 영역을 나타내는 이중 블록 공중합체에 대한 이론적인 블록 공중합체 상평형도 : LAM, 라멜라; GYR, bicontinuous gyroid; HEX, 육방형 밀집 구조 실린더; BCC, 체심 입방 구조. 또한 다른 구조들에 대한 상평형도도 제공된다. (자료 출처: Matsen, M.W. and Bates, F.S. Macromolecules, 29, 1091, 1996.)

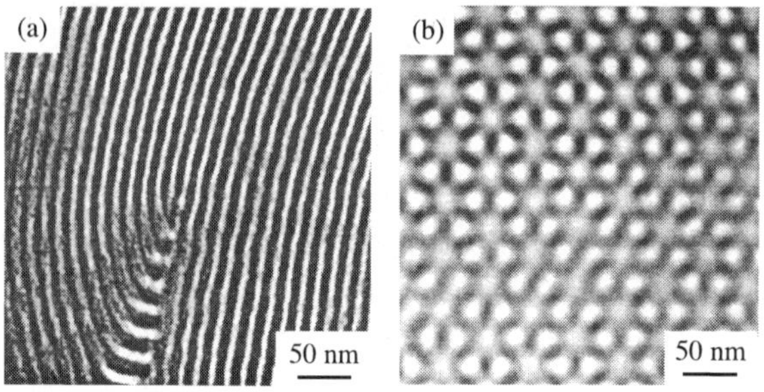

▶ 그림 18.9
블록 공중합체의 염색된 부분의 투과 전자 현미경. (a) 두 성분이 비슷한 부피 분율 (f_{PS}~0.45)을 갖는 폴리스타이렌-폴리뷰타다이엔-폴리스타이렌 ABA 삼중 블록 공중합체. (b) f_{PS}~0.33을 갖는 폴리스타이렌-폴리아이소프렌-폴리스타이렌 ABA 삼중 블록 공중합체. (자료 출처: B.J. Dair and E.L. Thomas, MIT, Cambridge, MA.)

18.3.2.1 투과 전자 현미경

블록 공중합체의 상 도메인을 시각화할 수 있는 가장 직접적인 방법은 투과 전자 현미경이다. 시편은 일반적으로 용액으로부터의 막을 주조(cast)하여 준비하고, 평형 상태의 모양을 얻기 위해 열처리(annealing)를 한 후, 미세절편에 의해 초박막 시편을 준비한다. 시편을 절단할 때는 모양의 손상이나 왜곡을 피하기 위해 일반적으로 −100°C의 극저온에서 행해진다. 두 상의 대조를 위해 고분자에 따라 다양한 염색제를 사용하여 염색하게 되며, 예를 들어 상의 한 구성 물질이 폴리다이엔(polydiene) 고무라면, OsO_4가 선택적으로 고무 부분을 어둡게 염색하게 된다. 다른 조성을 갖는 폴리스타이렌과 폴리아이소프렌 또는 폴리뷰타다이엔 블록 공중합체 등의 형태학은 다음 문단에 서술한다.

그림 18.9a는 두 구성 성분비가 비슷한 부피 분율(f_{PS}~0.45)을 갖는 폴리스타이렌-폴리뷰타다이엔-폴리스타이렌(polystyrene-*block*-polybutadiene-*block*-polystyrene) ABA 삼중 블록 공중합체의 라멜라(LAM) 미세상 구조이며, 이는 그림 18.8에서 예측된 것과 같다. 그림을 보면 뒤틀리고 입자 경계를 형성하는 부분이 있지만 라멜라가 우세하게 보여진다. 적은 성분의 부피 분율이 0.33(f_{PS}~0.33)으로 바뀌면 폴리스타이렌–폴리뷰타다이엔-폴리스타이렌 ABA 삼중 블록 공중합체의 모양은 그림 18.9b와 같이 완전히 다른 형태가 얻어진다. 이러한 경우 입방형 단위 셀의 대각선인 [111] 투상을 따라 특징적인 세 겹의 대칭형 바퀴 모양의 bicontinuous gyroid의 형태가 얻어진다. 이것 또한 그림 18.8의 예측과 일치한다.

폴리스타이렌의 부피 분율 감소 효과는 그림 18.10에 나타나 있다. 별모양 중심에 폴리아이소프렌 블록을 갖는 폴리스타이렌-폴리아이소프렌 별모양 블록 공중합체(f_{PS}~0.30, 그림 18.6)에서 육방형 밀집 구조(HEX)가 발견된다. HEX 구조도 그림 18.8에서 이 조성비에서 예측된 대로이며, 그림 18.10에서 실린더 모양의 육방형 구조는 수직방향과 평행방향에서 뚜렷하게 보여진다.

그림 18.11은 BCC 구조로 폴리스타이렌의 적은 부피 분율(f_{PS} = 0.074)을 포함하는 폴리스타이렌-폴리뷰타다이엔(polystyrene-*block*-polybutadiene) 블록 공중합체의 체심 입방(BCC) 미세 구조를 나타낸다. 연속적인 상은 폴리뷰타다이엔(어두운 염색)이며, 가장 안정적인 구조는 BCC 모양에서 작은 폴리스타이렌 구형의 구조이다(그림 18.8). 그림 18.11에서 BCC 형태는 평방 격자로 표시된다.

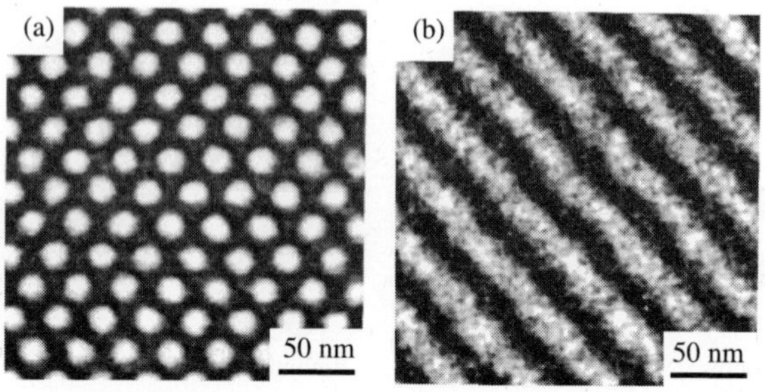

▶ 그림 18.10
별모양 중심에 폴리아이소프렌 블록을 갖는 폴리스타이렌–폴리아이소프렌 별모양 블록 공중합체 (f_{PS}~0.30)의 염색된 부분의 투과 전자 현미경 사진. (a) 폴리스타이렌 실린더의 육방형 밀집 구조를 보이는 수직 단면. (b) 실린더에 평행한 단면. (자료 출처: D.J. Kinning and E.L. Thomas, MIT, Cambridge, MA.)

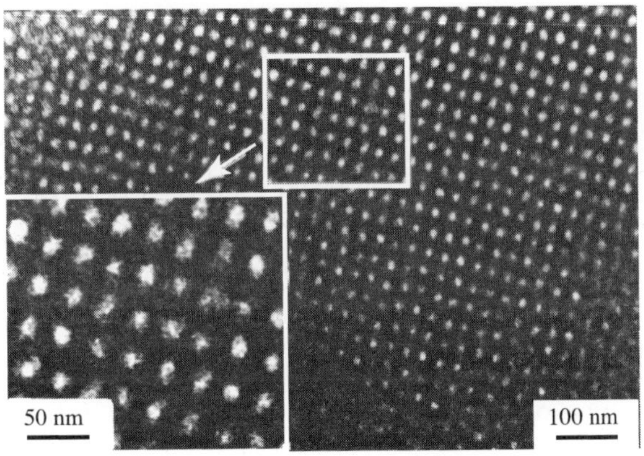

▶ 그림 18.11
BCC 구조를 갖는 폴리스타이렌-폴리아이소프렌 블록 공중합체 (f_{PS} = 0.074) 의 염색된 부분의 투과 전자 현미경 사진. 미세구조의 세부 형태는 삽화에 보여 진다. (자료 출처 : D.J. Kinning and E.L. Thomas, MIT, Cambridge, MA.)

TEM의 단점 중 하나는 단순히 샘플의 작은 영역만이 2D 투영으로 분석되므로 종종 전체 형태의 조직 모양으로 착오를 가져올 수 있다는 것이다. 반면에 소각 X선 산란과 같은 3D 분석 장비는 더 크고 대표성 있는 부피 (약 1 mm^3) 를 확인하기 위해 필요하다.

18.3.2.2 소각 X선 산란

블록 공중합체는 보통 1~100 nm 크기 영역의 상을 나타내므로, 소각 X선과 중성자 산란법이 그 형태를 관찰하는 데 이상적인 실험 방법이다 (12.4절). 그림 18.12는 라멜라 미세구조를 갖는 폴리스타이렌-폴리아이소프렌 (polystyrene-*block*-polyisoprene) 블록 공중합체에 대해 산란 벡터 q의 함수로써 산란된 빛의 세기 $I(q)$ 의 도식화된 소각 X선 산란 데이터이다. SAXS의 경우 산란되는 벡터는 일반적으로 다음과 같이 정의된다.

$$q = \frac{4\pi \sin\theta}{\lambda} \tag{18.14}$$

여기서 λ는 방사선의 파장이고, θ는 산란각 2θ의 절반이며, q는 역산란 길이의 크기이다.

(광산란 같은 경우 산란각은 θ로 정의되며, Bragg 식과 일치한다 (식 12.23). SAXS의 산란각은 2θ이고 또한 식 12.23에서의 n_0의 값은 1이다.) X선 산란의 Bragg 법칙은 식 17.4와 같은 다음의 식으로 주어진다.

$$n\lambda = 2d \sin\theta \tag{18.15}$$

여기서, d는 평면들의 공간이고, n은 반사된 순서이다.

식 18.14와 18.15를 결합함으로써, 라멜라 평면 공간 길이 d는 산란되는 벡터와 관련되어 나타낼 수 있다.

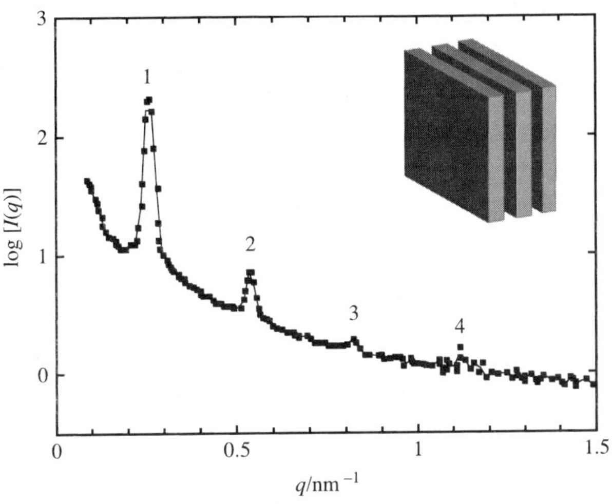

▶ 그림 18.12
라멜라 미세구조를 갖는 폴리스타이렌-폴리아이소프렌 블록 공중합체 (f_{PS} = 0.64) 에 대해 q에 대한 I (q) 의 도식화된 소각 X선 산란 데이터. (자료 출처: Khandpur, A.K. et al., Macro-molecules, 28, 8796, 1995.)

$$d = \frac{2\pi n}{q} \tag{18.16}$$

산란 벡터 q 사용의 이점은 다양한 X선원과 다른 파장들로부터 얻은 데이터를 쉽게 비교할 수 있다는 점이다. 그림 18.12의 산란 패턴은 배열된 라멜라 구조의 층들에 평행한 X선 빔으로부터 얻어진다. 반사 n차로 다르게 표시되는 균등한 길이의 연속적인 피크들의 구분으로 나타나며, 이는 라멜라 평면 간의 공간 d가 23.3 nm로 계산된다.

18.3.3 열가소성 탄성체

화학적 가교결합은 일반적으로 고분자가 탄성체 거동을 보이기 위해 요구되며, 이는 **열가소성 탄성체(thermotropic elastomer)**라고 하는 고분자의 새로운 영역이다. 열가소성 탄성 중합체는 화학적 가교결합의 필요성 없이 탄성체로 행동할 수 있다. 그 물질은 높은 온도에서 열가소성 플라스틱으로 가공될 수 있으며, 또한 주위 온도로 냉각될 때는 탄성중합체가 된다. 열가소성 탄성체에서의 가교결합은 본질적으로 화학적이라기 보다 물리적이며, 이 물리적 가교결합은 물질에서의 유연한 분자들의 네트워크를 이루게 한다. 열경화성 물질에서 탄성체로의 거동의 전이는 완전히 가역적이며, 따라서 일반적인 탄성체와 달리 열경화성 탄성체는 어려움 없이 재가공될 수 있다. 고분자들의 몇몇 형태들은 열가소성 탄성체로서의 사용을 위해 개발되었다.

열가소성 폴리우레탄 탄성체(thermoplastic polyurethane elastomer)는 9.4.1절에서 기술된 대로 예비중합체 폴리올(polyol)을 갖는 다이아이소사이아네이트(diisocyanate)와 짧은 사슬의 다이올(diol)의 반응에 의해 얻어지는 분절된 공중합체이다. 예비중합체 폴리올 블록은 **유연한 분절(soft segment)**을 형성하고 다이올과 반응한 다이아이소사이아네이트는 폴리우레탄의 **단단한 분절(hard segment)**을 이룬다. 단단한 분절은 인접한 분절들 간의 수소결합에 의해 회합하는 경향이 있어 정돈된 액상 도메인을 형성한다. 반면에 유연한 분절들은 유리 전이 온도 위의 실온에서 무정형 상태로 존재한다. 구조는 그림 18.13에 보여 지는 것처럼 단단한 분절들의 회합은 유연한 분자들의 그물구조의 연결 부분으로 작용한다. 단단한 분절 영역이 상대적으로 안정할지라도, 가공 온도 가까이 온도를 높이거나 용매의 작용에 의해 분리될 수 있다. 이것은 물질들이 고체 형태 탄성체 인공물로써 또는 용액을 사용하여 얇은 탄성체 코팅막으로의 응용이 쉽게 이루어짐을 의미한다. 유사한 거동이 분절된 폴리에스터 공중합체(copolyester)에서 발견된다(9.4.1절).

9.4.2절에 설명된 리빙(living) 중합과 같은 방법은 열가소성 탄성체로 이용하기 위해 적절한 ABA 삼중 블록 공중합체를 제조하는 데 사용될 수 있다. 이러한 공중합체에서, A 블록은 일반적으로 유리와 같은(glassy) 단일중합체이고(예: 폴리스타이렌) B 블록은 고무 같은 단일중합체이다(예: 폴리뷰타다이엔 또는 폴리아이소프렌과 같은 폴리다이엔).

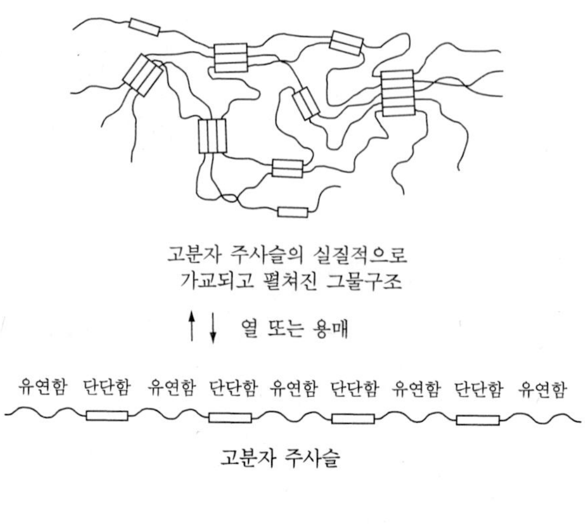

▶ 그림 18.13
열가소성 폴리우레탄 탄성체에서 단단한 분절의 형성에 대한 개략도. (자료 출처: Schollenberger, C.S. and Dinbergs, K., J. Elast. plast., 1. 65, 1975.)

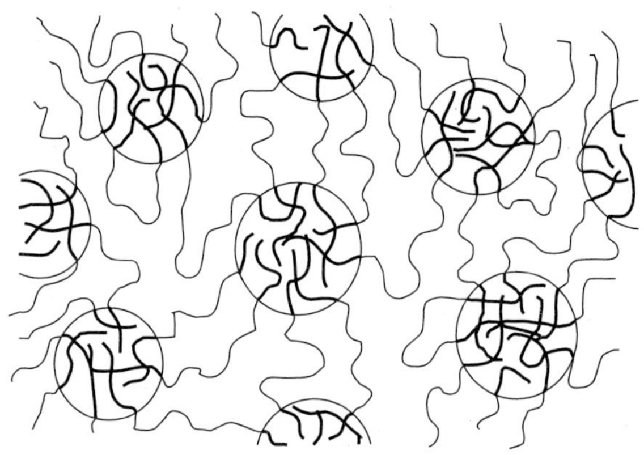

▶ **그림 18.14**
폴리스타이렌-폴리다이엔-폴리스타이렌 ABA 삼중 블록 공중합체 (f_{PS}~0.2) 의 구조에 대한 개략도. 굵은 선은 폴리스타이렌 블록, 얇은 선은 폴리다이엔 블록을 각각 나타낸다.

이러한 물질의 속성은 다른 화학적 형태의 반복 단위를 포함하는 두 종류의 고분자가 분자 수준에서 상용화되기 어려운 점이다. 따라서 블록 공중합체는 반복 단위의 한 형태 또는 다른 형태가 많은 도메인으로 상분리된다. 열가소성 탄성체로 사용되는 약 20부피%의 폴리스타이렌 블록을 갖는 폴리스타이렌-폴리다이엔-폴리스타이렌(polystyrene-*block*-polydiene-*block*-polystyrene) ABA 삼중 블록 공중합체는 실온에서 상분리되어 폴리다이엔 사슬의 연속상과 대략적으로 구형의 폴리스타이렌이 많은 분산상의 영역이 이루어진다. 그림 18.14에서 폴리스타이렌 블록은 구형의 도메인으로 연결되어 있다. 실온에서 폴리스타이렌은 유리 전이 온도 T_g 아래에 있는 반면, 폴리다이엔은 유리 전이 온도 위에 있다. 따라서 물질은 단단한 분산상을 포함하는 고무 같은 연속상으로 구성된다고 할 수 있다.

그러나 유연한 폴리다이엔 블록들이 경계에서 폴리스타이렌 블록에 공유 결합으로 연결되어 있기 때문에 구조는 효과적으로 '물리적으로 가교된(physically crosslinked)' 형태이며 탄성 특성을 나타낸다. 온도를 폴리스타이렌의 유리 전이 온도 이상으로 올리면 폴리스타이렌이 많은 분산상이 분리되며, 일반적인 열가소성 물질로 가공될 수 있다.

문제

18.1 이성분 고분자 블렌드의 분절 몰당 혼합의 Gibbs 자유 에너지는 다음과 같이 주어진다.

$$\Delta G_m^* = \mathbf{R}T\left[\left(\frac{\phi_1}{x_1}\right)\ln\phi_1 + \left(\frac{\phi_2}{x_2}\right)\ln\phi_2 + \chi\phi_1\phi_2\right]$$

여기서,

ϕ_1과 x_1은 고분자 1의 분절의 부피 분율과 수
ϕ_2는 x_2는 고분자 2의 분절의 부피 분율과 수
χ는 Flory–Huggins 고분자–고분자 상호작용 변수

(a) 상분리 조건이 스피노달에 대해 다음과 같이 주어지면,

$$\left(\frac{\partial^2 \Delta G_m^*}{\partial \phi^2}\right) = 0$$

스피노달 지점을 정의하는 식은 다음과 같음을 보이시오.

$$\frac{1}{x_1\phi_1} + \frac{1}{x_2(1-\phi_1)} - 2\chi = 0$$

(b) 임계 온도 T_c에서 스피노달에 대한 일반 조건이 다음과 같다면,

$$\left(\frac{\partial^2 \Delta G_m^*}{\partial \phi^2}\right) = \left(\frac{\partial^3 \Delta G_m^*}{\partial \phi^3}\right) = 0$$

(i) 임계 조성은 다음과 같음을 보이시오.

$$\phi_{1c} = \frac{1}{1+(x_1/x_2)^{1/2}}$$

(ii) Flory–Huggins 변수의 임계값이 다음과 같음을 보이시오.

$$\chi_c = \frac{1}{2}\left[\frac{1}{x_1^{1/2}} + \frac{1}{x_2^{1/2}}\right]^2$$

(c) 두 고분자의 분절수가 같은 경우 임계점에서 ϕ_{1c}와 대응되는 Flory–Huggins 고분자–고분자 상호작용 변수 χ_c를 구하시오.

18.2 다음 데이터는 폴리(비닐렌 플루오라이드) [poly (vinylene fluoride)] 의 부피 분율 (ϕ_{PVDF}) 함수로서 폴리(메틸 메타크릴레이트) [poly (methyl methacrylate)] 와 폴리(비닐렌 플루오라이드) 블렌드의 유리 전이 온도(T_g) 이다. $\phi_{PVDF} = 0.8$인 블렌드의 유리 전이 온도를 구하고, 예측되는 고분자의 모양에 대해 설명하시오.

T_g/°C	ϕ_{PVDF}
94	0.0
74	0.1
62	0.3
40	0.4
5	0.6
−45	1.0

18.3 다음 데이터는 다른 탄성체들과 혼합된 천연 고무(NR)에 대한 다양한 블렌드의 유리 전이 온도(T_g) 이다. 각 탄성체의 쌍에 대해 혼합비 50/50 블렌드와 각 고분자들의 유리 전이 온도가 다름을 설명하시오.

탄성체		T_g/°C		
I	II	혼합비 I/II	I	II
NR	NBR	–	−69	−30
NR	NBR	50/50	−67	−33
NR	CR	–	−69	−43
NR	CR	50/50	−65	−44
NR	BR	–	−69	−48
NR	BR	50/50	−60	−60

NBR, poly (butadiene-*co*-acrylonitrile) ; CR, polychloroprene; BR, polybutadiene.

18.4 그림 18.12의 라멜라 구조를 갖는 폴리스타이렌-폴리아이소프렌 블록 공중합체의 소각 X선 산란 데이터는 약 0.264, 0.542, 0.819 nm^{-1}의 q값에서 피크를 보인다. 라멜라 도메인의 평면 공간과 폴리스타이렌의 부피 분율(f_{PS})이 0.64인 경우, 폴리아이소프렌 층의 두께를 구하시오.

참고 문헌

Abetz, V. and Simon, P.F.W., Phase behaviour and morphologies of block copolymers, *Advances in Polymer Science*, **189**, 125 (2005).

Blackley, D.C., *Synthetic Rubbers*, Applied Science Publishers, London, U.K., 1983.

Hamley I.W., *The Physics of Block Copolymers*, Oxford Science Publications, Oxford, 1998.

Hamley I.W. (ed.), *Developments in Block Copolymer Science and Technology*, John Wiley & Sons, Chichester, NY, 2004.

Haward, R.N. and Young R.J. (eds.), *The Physics of Glassy Polymers*, Chapman & Hall, London, U.K., 1997.

Jones R.A.L., *Soft Condensed Matter*, Oxford University Press, Oxford, U.K., 2002.

Robeson, L.M., *Polymer Blends – A Comprehensive Review*, Hanser, Cincinnati, OH, 2007.

Sperling, L.H., *Introduction to Physical Polymer Science*, 4th edn., Wiley-Interscience, Hoboken, NJ, 2006.

Part IV

벌크 고분자의 성질

19 탄성 변형

19.1 서론

고분자는 상당한 하중을 받는 구조 재료로써 그 사용량이 증가하고 있다. 이러한 용도의 증가에는 여러 가지 요소들에 기인한다. 가장 중요한 것 중 하나는 비록 그들의 기계적 강도와 강성도가 금속이나 세라믹과 비교하여 절대적 기준에 있어서는 상대적으로 약할지 모르지만 고분자의 낮은 밀도를 고려한 비강도(specific strength)와 비강성도(specific stiffness)는 그러한 전통적인 소재들과 비교할만하다는 점이다. 또한, 고분자로 구성된 부품의 제조 가격은 다른 물질들에 비해 상당히 낮다. 고분자는 비교적 낮은 온도에서 용융되므로 한 번의 성형 공정으로 매우 복잡한 모양의 부품을 쉽게 성형할 수 있다.

아마도 고분자를 사용하는 가장 주요한 이유는 그들이 독특한 기계적 물성들을 지니고 있기 때문이다. 오래 전부터 사용되어 온 고분자로는 탄성체인 천연 고무를 들 수 있다. 천연 고무는 매우 높은 정도까지 연신되며, 응력을 제거하면 즉시 원래 모양으로 되돌아온다. 폴리올레핀은 가정에서 사용되는 보관 상자와 포장재로 폭넓게 사용되고 있는데 그 이유는 그들이 깨지지 않으며 유연하고 쉽게 제조될 수 있기 때문이다. 다른 고분자로는 접착제가 있다. 에폭시 수지는 금속을 붙이는 접착제로 사용될 수 있고, 그 접합력은 용접과 리베팅 같은 전통적인 접합 방법에 의하여 만들어진 것만큼이나 강하다.

이제 고분자가 점점 많이 사용됨에 따라 이들의 기계적 물성에 대한 이해가 필수적이다. 이 장에서는 기계적 물성을 현상학적 관점과 변형이 일어나는 과정을 분자 차원에서 논의하고자 한다. 특히 후자의 접근은 이전 장에서 다룬 고분자 형태학(morphology)을 더 잘 이해함으로써 용이해질 것이다.

19.2 탄성 변형

고분자의 탄성 변형(elastic deformation) 거동을 이해하기 위해서는 먼저 응력과 변형, 그리고 둘의 관계에 대한 기본적인 정의를 하는 것이 필요하다.

19.2.1 응력

힘은 두 가지의 독특한 방식으로 외부로부터 물체에 가해질 수 있다. 중력과 관성력은 물체 내부의 개별적인 원자와 분자 모두에게 직접 작용하기 때문에 **물체력(body force)**으로 볼 수 있다. 다른 종류의 힘으로 물체의 표면에만 작용하는 **표면력(surface force)** 혹은 **접촉력(contact force)**이 있지만, 그들의 영향은 원자나 분자 결합을 통하여 물체의 안쪽에 있는 원자와 분자에게 전달된다. 고분자의 기계적 물성을 고려할 때, 주로 외부로부터 물질에 가해지는 응력이나 압력과 같은 표면력의 영향에만 관심을 기울인다. 그러나 비가교 탄성체와 같은 고분자들은 중력이 물체에 작용하는 힘에 대하여 단순히 반응하게 되어, 스스로의 무게에 의해서 흐를 수 있다는 것을 기억해야 한다.

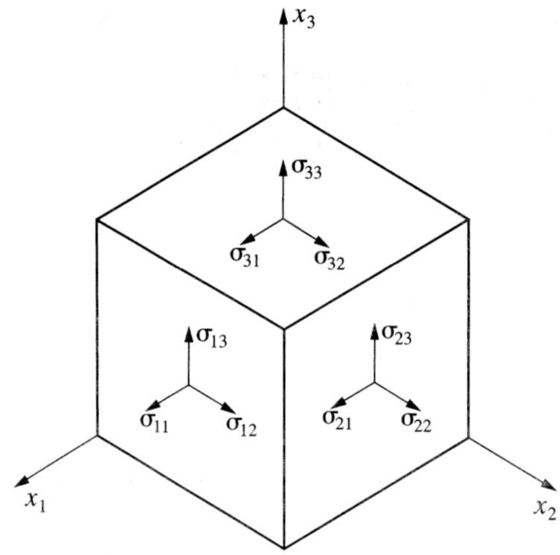

▶ 그림 19.1
직교 좌표계에서 아홉 개의 응력 성분을 나타낸 그림.

비록 이러한 힘들에 대한 반응으로 물체 안에서 개별 원자와 분자들의 변위(displacement)를 반영하지만, 계는 일반적으로 거시적 관점에서 고려하여 연속체(continuum)라고 간주한다. 물체 내의 한 점에 작용하는 응력 상태를 정의하기 위해서 그림 19.1에 나타난 것처럼 그 점 주위의 작은 정육면체를 설정해서 그곳에 작용하는 표면력을 고려한다. 이 표면력들 각각은 그것이 작용하는 표면으로 구분되며 세 개의 좌표축에 평행한 요소로 분해된다. 모두 합하면 다음과 같은 아홉 개의 응력 요소가 있다.

$$\begin{matrix} \sigma_{11} & \sigma_{12} & \sigma_{13} \\ \sigma_{21} & \sigma_{22} & \sigma_{23} \\ \sigma_{31} & \sigma_{32} & \sigma_{33} \end{matrix}$$

여기서 첫 번째 아래 첨자는 응력이 작용하는 면에 대해 수직 방향을, 두 번째 아래 첨자는 응력의 방향을 나타낸다. 요소 σ_{11}, σ_{22}, σ_{33}는 그들이 작용하는 면에 수직인 법선 응력(normal stress)이고, 나머지는 전단 응력이다. 아홉 개의 응력 요소는 서로 독립적이지 않다. 만일 정육면체가 평형 상태에 있고 회전하지 않는다면 전단 응력은 필수적으로 다음과 같아야 한다.

$$\sigma_{12} = \sigma_{21},\ \sigma_{23} = \sigma_{32},\ \sigma_{31} = \sigma_{13}$$

따라서 평형 상태에서의 물체의 한 점에 작용하는 응력의 상태는 여섯 개의 독립 요소를 가지고 있는 응력 텐서(stress tensor) σ_{ij}로 정의될 수 있다.

$$\sigma_{ij} = \begin{pmatrix} \sigma_{11} & \sigma_{12} & \sigma_{13} \\ \sigma_{21} & \sigma_{22} & \sigma_{23} \\ \sigma_{31} & \sigma_{32} & \sigma_{33} \end{pmatrix} \tag{19.1}$$

한 점에서의 응력의 상태를 알면 물체 안의 어느 면이라도 그 면에 작용하는 응력을 충분히 계산할 수 있다.

한 점에 작용하는 응력을 주축들을 따라 작용하는 세 개의 **주응력(principal stress)**들의 항으로 표현할 수 있다. 이 경우 $i \neq j$인 전단 응력은 모두 0이고 응력 텐서에서 남아있는 항은 단지 σ_{11}, σ_{22}, σ_{33}뿐이다. 물체와 그에 작용하는 응력을 간략히 살펴보기만 해도 흔히 주축을 쉽게 결정할 수 있다. 예를 들면, 두 개의 주축은 항상 자유 표면의 평면 위에 놓여 있다. 고분자의 기계적 물성을 고려할 때, 때때로 정적(hydrostatic)과 편차(deviatoric) 요소로 응력 텐서를 나누는 것이 유용하다. 정압(hydrostatic pressure) p는

$$p = \frac{1}{3}(\sigma_{11} + \sigma_{22} + \sigma_{33}) \tag{19.2}$$

로 주어지고 편차 응력 텐서 σ'_{ij}는 총괄 텐서에서 정적 응력 요소를 뺀 것으로 정의된다.

$$\sigma'_{ij} = \begin{pmatrix} (\sigma_{11} - p) & \sigma_{12} & \sigma_{13} \\ \sigma_{21} & (\sigma_{22} - p) & \sigma_{23} \\ \sigma_{31} & \sigma_{32} & (\sigma_{33} - p) \end{pmatrix} \tag{19.3}$$

19.2.2 변형

물질에 힘이 작용하면 원자들은 힘에 대한 반응으로 그 위치가 변한다. 이 변화가 **변형(strain)** 이다. 간단한 예로 길이 l의 얇은 막대기를 외부에서 응력을 가하여 작은 양 δl 만큼 연신될 때 변형 e는 다음과 같이 표현된다.

$$e = \frac{\delta l}{l} \tag{19.4}$$

다른 방향으로의 연신과 압축, 그리고 전단이 있는 일반적 형태의 변형의 경우 상황은 매우 복잡하다. 그러나 임의의 변형의 크기는 작고 e^2항을 무시할 수 있다고 가정하면, 분석을 매우 단순화시킬 수 있다. 실제에 있어 이러한 해석은 일반적으로 결정의 탄성 변형에만 제한적으로 적용할 수 있다. 예를 들어, 매우 큰 변형이 일어나는 탄성체의 경우는 다른 접근법을 사용해야 한다.

극소 변형(infinitesimal strain)을 해석할 때는 물체 내의 어떤 한 점의 변위를 고려한다. 원점 0에서 x_1, x_2, x_3의 3축이 만나는 직교 좌표계를 사용하는 것이 가장 편리하다. 해석은 그림 19.2에서 제시된 것처럼 이차원적인 경우를 생각하면 쉽게 설명된다. 만일 P가 좌표(x_1, x_2)에 위치한 물체 내의 한 점이고, 변형에 의해 좌표$(x_1 + u_1, x_2 + u_2)$로 주어지는 점 P′로 움직인다고 생각하자. 그러나 점 P에 극히 가까운 점 Q는 같은 정도로 변위하지는 않는다. 만일 Q가 원래$(x_1 + dx_1, x_2 + dx_2)$의 좌표를 가지고 있었다면 변형에 의해 Q′로 변위가 일어나고 $(u_1 + du_1, u_2 + du_2)$라는 성분을 갖는다. dx_1와 dx_2는 무한히 작으므로 다음과 같이 쓸 수 있다.

$$du_1 = \frac{\partial u_1}{\partial x_1} dx_1 + \frac{\partial u_1}{\partial x_2} dx_2 \tag{19.5}$$

그리고

$$du_2 = \frac{\partial u_2}{\partial x_1} dx_1 + \frac{\partial u_2}{\partial x_2} dx_2 \tag{19.6}$$

여기서 편미분을 정의하는 것이 필요하고, 그것은 다음과 같이 쓸 수 있다.

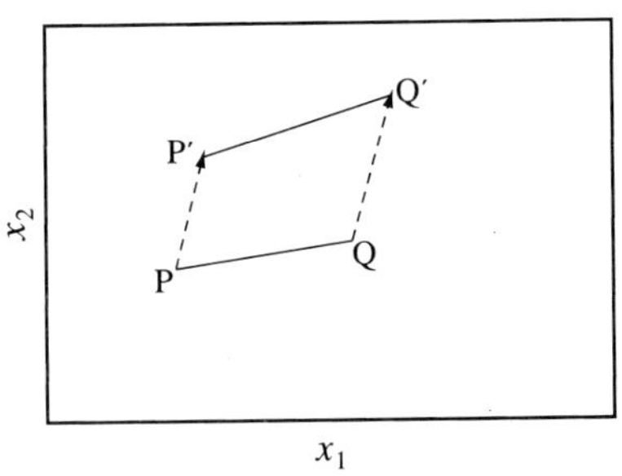

▶ 그림 19.2
물체 내의 점 P와 Q의 이차원적 일반적인 변위. (자료 출처: Kelly, A. and Groves, G.W., Crystallography and Crystal Defects, Longman, London, U.K., 1970.)

$$e_{11} = \frac{\partial u_1}{\partial x_1} \quad e_{12} = \frac{\partial u_1}{\partial x_2}$$

$$e_{21} = \frac{\partial u_2}{\partial x_1} \quad e_{22} = \frac{\partial u_2}{\partial x_2}$$

식 19.5와 19.6은 다음과 같이 좀 더 간략하게 쓸 수 있다.

$$du_i = e_{ij}dx_j \quad (j = 1, 2)$$

du_i와 dx_j는 벡터이므로 e_{ij}는 텐서이어야 한다. 다양한 성분을 갖는 e_{ij}의 의미는 변형 상태에 대한 개별적인 예를 듦으로써 알 수 있다.

가장 간단한 경우는 변형이 작고, 벡터 PQ가 그림 19.3a에서와 같이 먼저 축 x_1에 평행하고 그러고 나서 축 x_2에 평행하게 얻어질 수 있는 것이다. 이렇게 하면 직각 요소의 뒤틀림(distortion)을 각각의 벡터의 변위를 분리하여 생각함으로써 결정할 수 있다. PQ_1이 축 x_1에 평행하기 때문에 $dx_2 = 0$이고 따라서

$$du_1 = \frac{\partial u_1}{\partial x_1}dx_1 = e_{11}dx_1 \tag{19.7}$$

$$du_2 = \frac{\partial u_2}{\partial x_1}dx_1 = e_{21}dx_1 \tag{19.8}$$

이들 방정식의 의미는 그림 19.3a에서 알 수 있다. e_{11}과 e_{21}이 작을 때 PQ_1의 연신 변형과 일치하는 e_{11}항은 x_1축을 따라 분해되고, e_{21}은 PQ_1의 반시계 방향 회전을 나타낸다. 또한 PQ_2의 연신 변형과 일치하는 e_{22}항은 x_2축을 따라 분해되고, e_{12}는 PQ_2의 시계 방향 회전을 나타낸다.

위에 요약된 변형의 단순한 텐서 표기는 물체가 뒤틀림이 없이 $e_{ij} \neq 0$인 어떤 요소를 가질 수 있기 때문에 물체의 변형을 나타내기에 완전히 만족스럽지는 않다. 이 상황이 그림 19.3b에 묘사되었다. 이 경우 $e_{11} = e_{22} = 0$이지만 물체의 작은 회전 ω는 $e_{12} = -\omega$와 $e_{21} = \omega$에 의해 주어진다. 이 문제는 비대칭 텐서와 대칭 텐서의 합인 일반적인 변형 텐서 e_{ij}로 표현함으로써 극복될 수 있다.

$$e_{ij} = \frac{1}{2}(e_{ij} - e_{ji}) + \frac{1}{2}(e_{ij} + e_{ji})$$

또는

$$e_{ij} = \omega_{ij} + \varepsilon_{ij} \tag{19.9}$$

ω_{ij} 항은 회전을, ε_{ij}는 순수 변형을 나타낸다.

이 분석은 쉽게 삼차원으로 확장될 수 있고 변형 텐서 e_{ij}는 네 개 성분 대신 아홉 개의

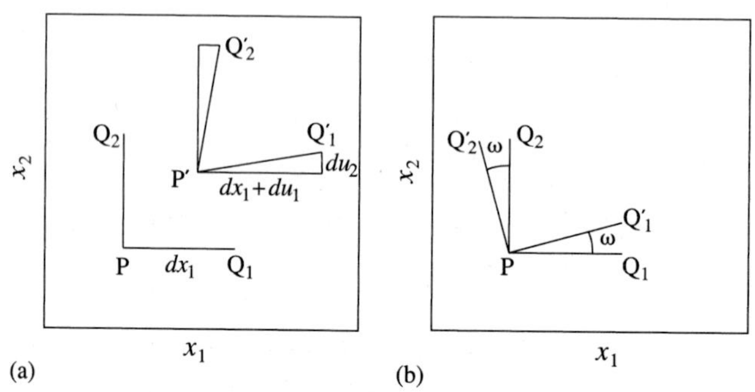

▶ 그림 19.3
변형의 정의에 사용된 이차원적 변위 (a) 일반적인 변위 (b) 회전 변위 $e_{11} = e_{22} = 0$, $e_{12} = -\omega$, $e_{21} = \omega$. (자료 출처: Kelly, A. and Groves, G.W., Crystallography and Crystal Defects, Longman, London, U.K., 1970.)

성분을 갖는다. 순수 변형을 나타내는 텐서 ε_{ij}는 다시 다음과 같이 주어진다.

$$\varepsilon_{ij} = \frac{1}{2}(e_{ij} + e_{ji})$$

그리고 이것을 좀 더 완전한 형태로 쓰면

$$\begin{pmatrix} \varepsilon_{11} & \varepsilon_{12} & \varepsilon_{13} \\ \varepsilon_{21} & \varepsilon_{22} & \varepsilon_{23} \\ \varepsilon_{31} & \varepsilon_{32} & \varepsilon_{33} \end{pmatrix} = \begin{pmatrix} e_{11} & \frac{1}{2}(e_{12}+e_{21}) & \frac{1}{2}(e_{13}+e_{31}) \\ \frac{1}{2}(e_{21}+e_{12}) & e_{22} & \frac{1}{2}(e_{23}+e_{32}) \\ \frac{1}{2}(e_{31}+e_{13}) & \frac{1}{2}(e_{32}+e_{23}) & e_{33} \end{pmatrix} \quad (19.10)$$

이 식을 자세히 살펴보면 $\varepsilon_{12} = \varepsilon_{21}$, $\varepsilon_{23} = \varepsilon_{32}$, $\varepsilon_{31} = \varepsilon_{13}$가 됨을 알 수 있는데, 이것은 변형 텐서 ε_{ij}가 단지 여섯 개의 독립 성분을 갖는다는 것을 의미한다(마지막 절의 응력 텐서 σ_{ij} 참조). ε_{ij}의 대각선 성분들은 축에 평행한 인장 변형이며, 비대각선 요소들은 전단 변형이다.

응력과 마찬가지로 전단 변형이 모두 0이 되게끔 좌표계의 축을 설정하면 단지 남는 항은 **주변형(principal strain)** 인 ε_{11}, ε_{22}, ε_{33}이다. 사실상 등방체의 경우 주응력과 주변형의 축은 동일하다. 이러한 종류의 변형은 변 모서리에 평행한 주축을 가진 단위 정육면체에 어떠한 일이 일어나는가를 생각함으로써 쉽게 설명될 수 있다. 변형하는 경우, 정육면체는 직육면체로 모양이 바뀌고 변의 길이는 $(1 + \varepsilon_{11})$, $(1 + \varepsilon_{22})$, $(1 + \varepsilon_{33})$으로 바뀐다.

19.2.3 응력과 변형 사이의 관계

많은 물질의 경우 응력과 변형 사이의 관계는, 적어도 낮은 변형에서는 응력이 변형에 비례한다고 언급한 **Hooke 법칙**에 의해 표현될 수 있다. 하지만 이 법칙은 자연의 근본 법칙과 다르다는 것을 명심해야 한다. 이는 실험적 관찰에 의하여 밝혀졌고, 어떤 물질들, 특히 고분자는 매우 작은 변형인 경우를 제외하고는 이 법칙을 따르지 않는다. Hooke 법칙은 물질을 단순히 한 방향으로 연신이나 압축할 경우, 다음 식으로 주어지는 Young 탄성률(modulus) E를 정의할 수 있도록 해 준다(E = 응력/변형).

이 단순한 관계는 복잡한 응력계에 대해서는 그대로 적용할 수 없다는 것을 쉽게 알 수 있을 것이다. 따라서 Hooke 법칙이 일반화되려면 적절하게 변형되어야 한다. σ_{ij}와 ε_{ij}사이의 관계는 모든 응력 성분은 모든 변형 성분의 선형 함수라는 가정을 하면 다음과 같은 가장 일반적인 형태로 표현된다.

$$\text{즉, } \sigma_{11} = A\varepsilon_{11} + B\varepsilon_{22} + C\varepsilon_{33} + D\varepsilon_{12}\cdots$$

$$\text{그리고 } \sigma_{22} = A'\varepsilon_{11} + B'\varepsilon_{22} + C'\varepsilon_{33} + D'\varepsilon_{12}\cdots$$

이것은 다음과 같이 텐서 표기를 사용하여 가장 간결한 형태로 표현할 수 있다.

$$\sigma_{ij} = c_{ijkl}\varepsilon_{ij} \quad (19.11)$$

여기서 c_{ijkl}은 모든 강성도(stiffness) 상수를 포함하고 있는 사차 텐서이다. 원칙적으로는 모두 $9 \times 9 = 81$개의 강성도 상수가 있지만, σ_{ij}와 ε_{ij}의 요소들 중 대칭성이 있는 부분은 제외되어 그 수가 $6 \times 6 = 36$으로 줄어든다.

앞에 사용된 표기는 때때로 축약된 형태를 사용하여 다음과 같이 간략하게 표현하기도 한다.

$$\sigma_{11} \to \sigma_1,\quad \sigma_{22} \to \sigma_2,\quad \sigma_{33} \to \sigma_3$$
$$\sigma_{23} \to \sigma_4,\quad \sigma_{13} \to \sigma_5,\quad \sigma_{12} \to \sigma_6$$
$$\varepsilon_{11} \to \varepsilon_1,\quad \varepsilon_{22} \to \varepsilon_2,\quad \varepsilon_{33} \to \varepsilon_3$$
$$2\varepsilon_{23} \to \gamma_4,\quad 2\varepsilon_{13} \to \gamma_5,\quad 2\varepsilon_{12} \to \gamma_6$$

텐서 전단 변형을 전단 각도 γ로 대치하는 것이 편리하다. 이때 γ는 변형 텐서에서 해당 전단 성분의 두 배가 된다. 또한 $c_{\rm ijkl}$에 대해서도 그에 해당되는 축약형을 사용할 수 있으며 다음과 같다.

$$c_{\rm ij} = \begin{pmatrix} c_{11} & c_{12} & c_{13} & c_{14} & c_{15} & c_{16} \\ c_{21} & c_{22} & c_{23} & c_{24} & c_{25} & c_{26} \\ c_{31} & c_{32} & c_{33} & c_{34} & c_{35} & c_{36} \\ c_{41} & c_{42} & c_{43} & c_{44} & c_{45} & c_{46} \\ c_{51} & c_{52} & c_{53} & c_{54} & c_{55} & c_{56} \\ c_{61} & c_{62} & c_{63} & c_{64} & c_{65} & c_{66} \end{pmatrix} \tag{19.12}$$

변형 에너지를 고려하면 $c_{\rm ij} = c_{\rm ji}$이므로 36개의 행렬 성분 중 21개만이 독립적이다. 또한, 만일 변형축을 물질의 대칭축과 일치하게 선택하면 독립 요소의 수가 더 많이 줄어든다. 예를 들면, 정육면체의 결정에서 x_1, x_2, x_3 축은 대등하므로

$$c_{11} = c_{22} = c_{33},\quad c_{12} = c_{23} = c_{31},\quad c_{44} = c_{55} = c_{66}$$

그리고 계속적으로 이를 제외한 모든 다른 강성도 상수는 0이라는 것이 증명할 수 있다. 이렇게 되면 정육면체 결정에서 c_{11}, c_{12}, c_{44}의 단지 세 개의 독립적 탄성 상수만이 존재함을 의미한다. 고분자 결정들은 대부분 대칭성이 적어 더 많은 독립 상수들이 존재한다. 사방정계(orthorhombic)의 폴리에틸렌(표 17.1)의 경우 그것의 탄성 거동을 완전히 표현하기 위해 아홉 개의 강성도 상수가 필요하다.

탄성적으로 등방성(isotropic)인 고체의 경우에는 $2c_{44} = c_{11} - c_{12}$이기 때문에 단지 c_{11}과 c_{12}의 두 개의 독립 탄성계수만이 있다. 유리상 고분자와 무질서하게 배향된 반결정성(semi-crystalline) 고분자가 이 범주에 속한다. 이 경우 강성도 상수가 Young 탄성률 E, Poisson 비 ν, 전단 탄성률 G, 그리고 부피 탄성률 K와 같이 직접 측정할 수 있는 양들과 어떤 관계가 있는지를 생각해 볼 필요가 있다. **전단 탄성률** G는 다음과 같이 전단 응력 σ_4와 전단각도 γ_4의 관계를 만족한다.

$$\sigma_4 = G\gamma_4 \tag{19.13}$$

그리고 $c_{44} = \sigma_4/\gamma_4$이기 때문에 전단 탄성률은 다음과 같다는 결과가 얻어진다.

$$G = c_{44} \tag{19.14}$$

σ_1을 제외한 나머지 응력들은 0이고 $\varepsilon_2 = \varepsilon_3$인 **일축 인장(uniaxial tension)**의 경우에는 상황이 위의 경우처럼 단순하지는 않다. 일반화된 Hooke 법칙은 다음과 같이 표현할 수 있다.

$$\sigma_1 = c_{11}\varepsilon_1 + c_{12}\varepsilon_2 + c_{13}\varepsilon_3 = c_{12}(\varepsilon_1 + \varepsilon_2 + \varepsilon_3) + (c_{11} - c_{12})\varepsilon_1 = c_{12}\Delta + 2c_{44}\varepsilon_1 \tag{19.15}$$

여기서 $\Delta = \varepsilon_1 + \varepsilon_2 + \varepsilon_3$는 변형이 적을 때, 부피 변화 분율 또는 팽창(dilatation) 분율을 의미한다. ($\sigma_1, \sigma_2, \sigma_3 \neq 0$)인 삼축 변형에서 **부피 탄성률(bulk modulus)** K는 다음과 같이 정압 p와 Δ의 관계를 만족한다.

$$p = K\Delta \tag{19.16}$$

$p = \frac{1}{3}(\sigma_1 + \sigma_2 + \sigma_3)$이므로, 식 19.15에서 대각선 항만을 고려하면

$$p = \left(c_{12} + \frac{2}{3}c_{44}\right)\Delta \tag{19.17}$$

식 19.16과 19.17을 비교하면 K는 다음과 같이 나타낼 수 있다.

$$K = c_{12} + \frac{2}{3}c_{44} \tag{19.18}$$

이 식을 사용하여 Young 탄성률 E에 관한 식을 얻을 수 있다. Young 탄성률은 일축 인장에서 다음과 같이 응력과 변형의 관계를 만족한다.

$$\sigma_1 = E\varepsilon_1 \tag{19.19}$$

일축 인장에서 $\sigma_2 = \sigma_3 = 0$이므로

$$\sigma_1 = 3p = (3c_{12} + 2c_{44})\Delta \tag{19.20}$$

식 19.15를 사용해 σ_1을 대체하고 재배열하면

$$\varepsilon_1 = \frac{(c_{12} + c_{44})\Delta}{c_{44}} \tag{19.21}$$

따라서 탄성률은 다음과 같이 주어진다.

$$E = \frac{\sigma_1}{\varepsilon_1} = \frac{c_{44}(3c_{12} + 2c_{44})}{(c_{12} + c_{44})} \tag{19.22}$$

유도될 마지막 상수는 **Poisson 비(Poisson's ratio)** ν인데, 이는 일축 인장 시험에서 길이 방향의 인장 변형에 대한 측면 방향의 변형(lateral strain) 비이다. 이것은 다음과 같이 주어진다.

$$\nu = -\frac{\varepsilon_2}{\varepsilon_1} = -\frac{\varepsilon_3}{\varepsilon_1} \tag{19.23}$$

이것은 Δ로 표현될 수 있다.

$$\nu = \frac{1}{2}\left(1 - \frac{\Delta}{\varepsilon_1}\right) \tag{19.24}$$

식 19.21을 이용하면

$$\nu = \frac{c_{12}}{2(c_{12} + c_{44})} \tag{19.25}$$

네 개의 상수 G, K, E와 ν는 세 개의 강성도 상수의 항으로 표현할 수 있다. 그들 중 단지 두 개만이 독립적이므로 G, K, E와 ν는 반드시 서로 관련이 있다. 예를 들어, 간단한 대수 조작을 통해 다음과 같은 관계식을 얻을 수 있다.

$$G = \frac{E}{2(1+\nu)} \quad \text{그리고} \quad K = \frac{E}{3(1-2\nu)} \quad \text{등등.}$$

이제 등방성 물체가 일반적인 응력계에 대해 어떻게 반응하는지를 보여 주고자 한다. 응력 σ_1은 x_1 방향을 따라 σ_1/E의 변형을 가져오지만, 또한 x_2와 x_3 방향을 따라 $-\nu\sigma_1/E$의 변형을 초래한다. 마찬가지로 응력 σ_2는 x_2 방향을 따라 σ_2/E의 변형과 다른 방향으로는 $-\nu\sigma_2/E$의 변형을 야기시킨다. 만일 서로 다른 응력에 따른 변형이 서로 더해질 수 있다고 가정하면, 원래의 표기법을 사용하여 다음과 같이 나타낼 수 있다.

$$\varepsilon_{11} = \frac{\sigma_{11}}{E} - \frac{\nu}{E}(\sigma_{22} + \sigma_{33}) = e_{11} \tag{19.26}$$

$$\varepsilon_{22} = \frac{\sigma_{22}}{E} - \frac{\nu}{E}(\sigma_{33} + \sigma_{11}) = e_{22} \tag{19.27}$$

$$\varepsilon_{33} = \frac{\sigma_{33}}{E} - \frac{\nu}{E}(\sigma_{11} + \sigma_{22}) = e_{33} \tag{19.28}$$

전단변형은 식 19.13으로부터 직접 얻을 수 있고, $\varepsilon_{12} = \sigma_{12}/2G$, $\varepsilon_{23} = \sigma_{23}/2G$, $\varepsilon_{31} = \sigma_{31}/2G$이다.

19.3 고분자의 탄성 변형

고분자는 여러 가지 형태로 파괴에 이를 수 있으며 그림 19.4에는 여러 종류의 고분자의 응력-변형 곡선이 제시되어 있다. 이러한 곡선의 초기 기울기로부터 Young 탄성률 E를 얻을 수 있다. 고분자의 장점 중의 하나가 다양한 수준의 탄성률을 갖고 있다는 것이다. 고분자 물질의 전형적인 E값이 표 19.1에 정리되어 있다. **탄성체(elastomer)**는 매우 낮은 Young 탄성률을 갖고 있어서 10^6 Pa 수준이다. 이는 탄성체의 변형이 주로 가교된 그물 구조에서 사슬이 풀리는 데 기인하기 때문이다. 통계 이론을 사용하면 탄성체의 탄성률 값을 계산하는 것이 가능하고, 이는 실험적으로 구한 값(21장 참조)과 매우 잘 일치한다. **반결정성 고분자**는 무정형 연속상에 고분자 결정이 분산상으로 구성되어 있는 복합 재료로 간주할 수 있으며, 무정형 연속상 고분자가 유리 전이 온도보다 높거나 낮은 상태에 의존해서 Young 탄성률은 $10^8 \sim 10^9$ Pa 수준의 값을 갖는다. **유리상 고분자**의 통상적인 탄성률 수치는 10^9 Pa 정도이다. 유리상 고분자의 변형을 이론적으로 분석하기는 좀 더 어려운 작업이라 할 수 있다. 그 구조는 완전한 무질서 상태로 볼 수 있으며 따라서 탄성 변형은 상대적으로 약한 이차 결합(예: van der Waals)에 의해 방해받고 있는 이웃하는 분자들 사이의 위치 이동과 더불어 고분자 주사슬의 강한 공유 결합들의 구부러짐과 연신 과정이 관여할 것이다.

고분자 섬유(polymer fibre)의 탄성 성질 중에 가장 특징적인 사항은 심한 비등방성이

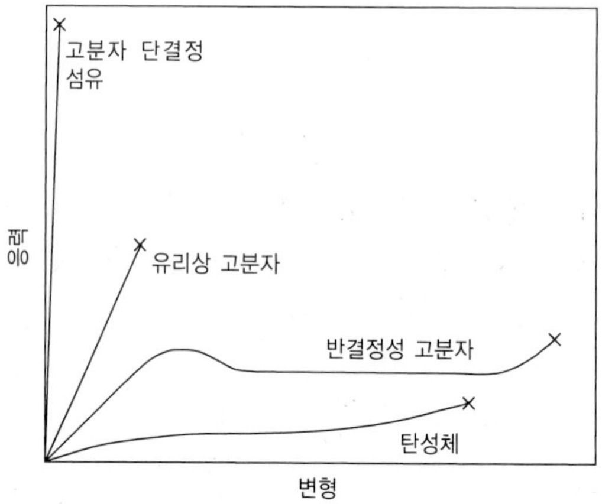

▶ 그림 19.4
여러 종류의 고분자의 일반적인 응력-변형 곡선. 상대적인 척도로 나타냈으며, 고분자가 파괴되는 점을 "X"로 표시하였음.

표 19.1 여러 종류의 고분자의 전형적인 Young 탄성률 값

고분자의 종류	Young 탄성률/Pa
탄성체	약 $10^6 \sim 10^7$
반결정성 고분자	약 $10^8 \sim 10^9$
유리상 고분자	약 10^9
고분자 섬유	
(⊥방향)	약 10^9
(∥방향)	약 10^{11}

라는 것이다. 사슬의 방향과 평행한 방향의 탄성률은 약 10^{11} Pa 수준으로서, 금속(예를 들어 철, $E \approx 2.1 \times 10^{11}$ Pa)과 유사한 수준이다. 반면에 사슬축과 수직 방향의 탄성률은 매우 낮아서 약 10^9 Pa 수준에 불과하다. 이러한 탄성률의 큰 차이는 분자 배향(17.4.5절)과 섬유 내의 결합의 비등방성을 입증하고 있다. 사슬 방향과 평행한 방향의 변형은, 주사슬의 강한 공유 결합을 신장시키고 결합각에도 변화를 준다. 만약 고분자가 나선형 형태(helical conformation)를 갖는다면, 나선형 구조의 뒤틀림도 야기시킨다. 반면에, 사슬의 수직 방향 변형은 van der Waals나 수소 결합과 같은 이차 결합을 극복하는 정도이다.

19.3.1 고분자 사슬의 변형

고분자 결합 내의 결합들에 존재하는 강력한 비등방성으로 인해 결정 구조(17.2절)에 관한 정보와 화학 결합의 힘상수(force constant)를 이용하면 고분자 결정의 이론적 탄성률의 계산이 가능하다. 물론 아주 정확한 계산에는 분자간과 분자내의 상호작용력에 관한 상세한 정보가 필요하므로 상당히 복잡한 작업이라 할 수 있지만, Treloar는 평면 지그재그 형태의 사슬이 결정을 이루었을 경우 사슬 방향으로의 탄성률을 예측할 수 있음을 보인 바 있다. 이러한 작업은 주사슬 방향으로의 구부러짐과 신장만이 가능하다고 가정하면 상대적으로 간단히 수행될 수 있다.

이와 같은 계산에 사용한 모형은 그림 19.5와 같다. 이 계산에서는 사슬이 길이 l인 막대 n개가 일종의 스프링으로 연결되어 이루어졌다고 생각하고 막대의 구부러짐은 불가능하고 주사슬 방향으로 신장만이 가능하다고 가정하였다. 초기의 결합각 Θ를 가해진 힘 f와 각 결합간의 초기 각도는 α라고 하자. 사슬의 초기 길이 L은 $nl\cos\alpha$에 해당하며 변형이 결과로 초래된 사슬 길이의 변화인 δL을 구하면 다음과 같다.

$$\delta L = n\delta(l\cos\alpha) = n(\cos\alpha\,\delta l - l\sin\alpha\,\delta\alpha) \tag{19.29}$$

또한 가해진 힘인 f의 함수로 δl과 $\delta\Theta$를 나타내는 것이 가능하며 먼저 δl은 결합이 신장되는 과정을 분석하면 구할 수 있다. 우선 사슬의 방향으로 작용하는 힘은 $f\cos\alpha$라 할 수 있다. 이 힘은 적외선 분광법이나 Raman 분광법(15.4와 15.5절)으로 측정할 수 있는 결합 신장의 힘상수인 k_l과 관련지을 수 있다. 즉 힘상수 k_l은 결합 방향의 힘과 결합의 신장을 관련짓는 비례 상수에 해당하며 다음과 같은 관계가 성립한다.

$$\delta l = \frac{f\cos\alpha}{k_l} \tag{19.30}$$

한편 결합각을 변화시키는 데 필요한 힘은 역시 힘상수 k_Θ를 이용하면 표현할 수 있는데 이 힘상수는 주어진 결합에 작용한 토크(torque)와 결합각의 변화 $\delta\Theta$를 관련짓는 상수에

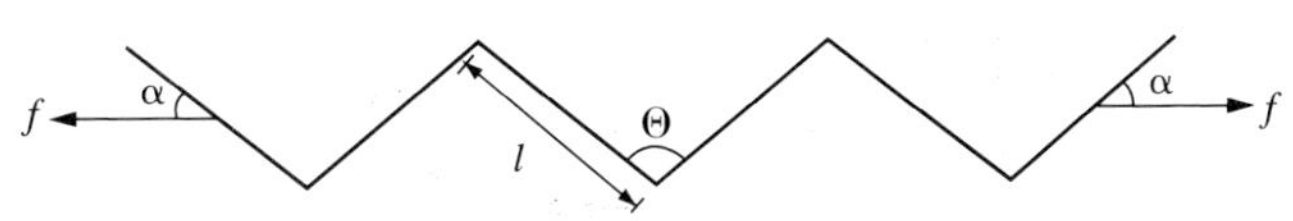

▶ 그림 19.5
변형 상태에 있는 고분자 사슬의 모형. (자료 출처: Treloar, L.G.R., Polymer, 1, 95, 1960.)

해당한다. 이때 토크는 가해진 힘의 모멘트인 $\frac{1}{2}fl\sin\alpha$에 해당하며 따라서 결합 사이의 각 변화는 다음과 같이 주어진다.

$$\delta\Theta = \frac{(fl\sin\alpha)}{2k_\Theta} \tag{19.31}$$

한편 단순한 기하학적 구조를 생각하면 $\alpha = 90^\circ - \Theta/2$ 이므로, 다음의 관계가 성립한다.

$$\delta\alpha = -\frac{\delta\Theta}{2}$$

따라서 식 19.31은 다음과 같이 변환된다.

$$\delta\alpha = -\frac{(fl\sin\alpha)}{4k_\Theta} \tag{19.32}$$

식 19.30과 19.32를 식 19.29에 대입하면 다음의 식을 얻게 된다.

$$\frac{\delta L}{f} = n\left[\frac{\cos^2\alpha}{k_l} + \frac{l^2\sin^2\alpha}{4k_\Theta}\right] \tag{19.33}$$

한편 고분자 물질의 Young 탄성률은 다음과 같이 주어지며

$$E = \frac{(f/A)}{(\delta L/L)} \tag{19.34}$$

여기서 A는 사슬 하나에 해당하는 단면적이므로

$$E = \frac{l\cos\alpha}{A}\left[\frac{\cos^2\alpha}{k_l} + \frac{l^2\sin^2\alpha}{4k_\Theta}\right]^{-1}$$

또는 결합각 Θ의 항으로 표현하면 다음과 같이 된다

$$E = \frac{l\sin(\Theta/2)}{A}\left[\frac{\sin^2(\Theta/2)}{k_l} + \frac{l^2\cos^2(\Theta/2)}{4k_\Theta}\right]^{-1} \tag{19.35}$$

이 식을 이용하면 결정구조로부터 얻은 A, l, Θ의 값과 분광학적으로 측정한 힘상수 k_l과 k_Θ의 값으로부터 탄성률을 계산할 수 있다. 폴리에틸렌의 경우 탄성률은 180 Pa로 계산되며, 이 값은 좀 더 정밀한 계산 방법으로 얻은 값보다 다소 낮은 값에 해당한다. 이는 위의 계산 방법이 탄성률을 좀 더 증가시키는 요인인 분자내 상호작용을 고려하지 못하기

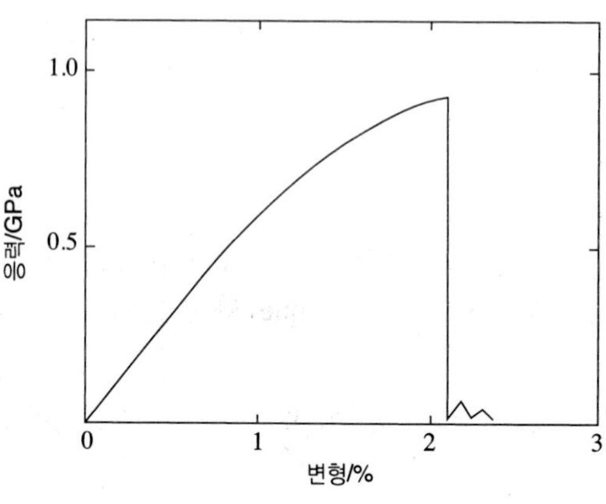

▶ 그림 19.6
폴리다이아세틸렌 단결정 섬유에 대한 응력-변형 곡선.

때문이다. 고분자 결정의 탄성 거동을 설명하기 위해서는 사슬 방향의 탄성률만으로는 충분하지 못하며, 완전한 표현을 위해서는 일련의 탄성 상수 c_{ij}(식 19.12)의 값들이 필요하다. 필요한 상수의 수는 주어진 결정이 갖는 대칭성에 따라 달라지며, 예를 들어 폴리에틸렌과 같은 사방정계 결정 구조는 아홉 개의 상수가 필요하다. 모든 탄성 상수들을 측정하기에는 폴리다이아세틸렌(polydiacetylene)과 같은 완벽한 단결정(17.3.2절)에서도 매우 어려운 작업이다. 계산에 의해 얻어진 사방정계 폴리에틸렌의 탄성 상수들의 값들이 표 19.2에 정리되어 있다. 이 값들은 Odajima와 Maeda가 앞에서 설명한 모형과 유사하게 고분자 주사슬을 따라 존재하는 결합을 신장하거나 결합 사이의 각도를 증가시키는 데 필요한 힘을 계산하였으며, 여기에 분자간 그리고 분자내 상호작용을 감안하여 계산한 것이다.

표 19.2 25°C의 폴리에틸렌 결정에 대해 계산된 아홉 개의 탄성 상수의 값

강성도 성분	c_{ij}/GPa
c_{11}	4.83
c_{22}	8.71
c_{33}	257.1
c_{12}	1.16
c_{13}	2.55
c_{23}	5.84
c_{44}	2.83
c_{55}	0.78
c_{66}	2.06

자료 출처: Odajima, A. and Maeda, T., *J. Polym. Sci.*, C15, 55, 1966.

19.3.2 고분자 결정의 탄성률

일반적으로 측정이 가능한 정도의 크기를 갖는 단결정 고분자를 얻기는 어렵다. 고상 중합(8.2절)에 의해 폴리다이아세틸렌의 100% 단결정을 제조함으로써 단순한 기계적 방법으로 결정의 탄성률을 직접 측정할 수 있게 되었다. 폴리다이아세틸렌 단결정 섬유에 대한 응력-변형 곡선이 그림 19.6에 나타나 있다. 초기 기울기로부터 계산한 탄성률 값인 61 GPa은 앞에서 설명한 Treolar의 방법에 의해 계산된 값(약 65 GPa)과 거의 비슷한 수준이다.

사슬 방향의 탄성률을 추정하는 데는 X선 회절 방법을 실험적으로 사용할 수 있다. 이 방법은 응력을 가해 사슬 방향의 반복성을 대표하는 (*hkl*) 결정면의 Bragg 굴절(보통 *c* 색인)의 변화를 측정하는 것이다. 이렇게 하려면, 분자가 섬유축에 평행하게 배열된 섬유 또는 등방성 고분자를 기계적으로 연신하여 만든 필라멘트 또는 테이프 등이 필요하다. 이러한 섬유 다발, 필라멘트, 또는 테이프들은 변형된 상태로 X선 빔에 놓이게 되는데, 여기서 X선은 그림 17.1b에서 제시된 기하학적 구조를 채택하여 X선 발생기 또는 싱크로트론 방사선 가속장치 등으로부터 얻어진다.

그림 17.25에 나타난 것과 같이, X선 회절 사진에서 층선으로 나타난 Bragg 굴절 위치는, 인장 응력하에서 빔 중앙에 좀 더 가깝게 이동하게 된다. 이는 결정 격자가 응력을 받고 있다는 것을 의미한다. 그림 19.7은 PBO [poly (*p*-phenylene benzobisoxazole)] 단섬유를 제시한 것이다. 격자 상수 c는 식 17.3에서 계산되고 축방향 결정 응력 e_c는 다음과 같이 구할 수 있다.

$$e_c = \frac{c_\sigma - c_0}{c_0} \tag{19.36}$$

여기서 c_σ는 응력하에서 결정 격자의 값이고, c_0는 변형받기 전에 결정 격자의 값이다.

섬유, 필라멘트, 또는 테이프 시편에 가해지는 응력이 결정이 받는 응력이라고 가정하면, 사슬 방향 결정의 탄성률을 구할 수 있다. 만약 가하는 응력이 σ_f라면, 사슬 방향 결정의 탄성률은 다음과 같이 주어진다.

$$E_c = \frac{\sigma_f}{e_c} \tag{19.37}$$

응력을 가하고 이에 따른 축방향 결정 변형의 변화를 연속적으로 측정하는 것이 일반적이다. 이때 E_c는 그림 19.8에서 알 수 있듯이 실험 데이터의 기울기로부터 얻는다.

E_c는 식 19.12의 c_{11}의 근삿값임을 주목하고, c_{ij}의 다른 성분, 예를 들어 횡축 성분과 같은 값은 구하기가 더욱 어렵다. 이는 섬유축의 수직 방향으로 조절해서 응력을 가하기가 힘들기 때문이다. 축방향 탄성률 E_c은 항상 섬유, 필라멘트 또는 테이프 시편의 Young 탄

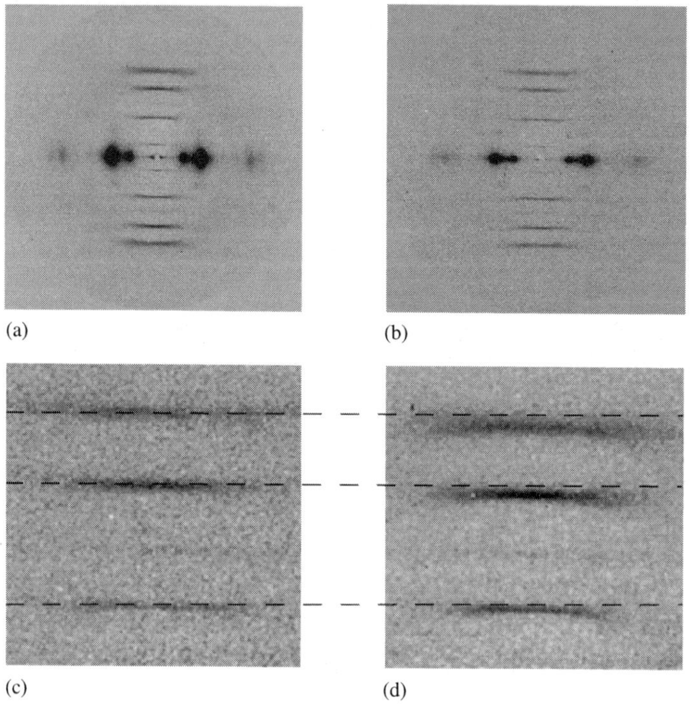

▶ 그림 19.7
사슬 방향과 섬유의 수직 방향으로 정렬된 PBO 섬유의 X선 회절 형태. (a) 변형 전, (b) 응력을 받을 때, (c) 변형 전 사진에서 중심 위에 층선을 확대, (d) 응력 받을 때 사진에서 중심 위에 층선을 확대. (자료 출처: R.J. davies, ESRF, Grenoble, France.)

성률 E_f보다 항상 큰 값을 갖는다. 섬유의 형태학을 보면, 결정과 낮은 탄성률을 갖는 무정형 물질이 병렬로 배열되어 있다. 두 요소들이 같은 수준의 응력을 받는다고 해도, 무정형 물질의 변형이 결정의 변형보다 크기 때문에 $E_f<E_c$가 되는 것이다.

몇 가지 다른 고분자 결정에 대하여 사슬 방향의 결정 탄성률 E_c의 계산값과 실험 측정값이 표 19.3에 정리되어 있다. 고배향 반결정성 고분자는 이론값의 50% 이하의 탄성률 값을 갖기도 한다. 이 같은 이유는 결정 배향이 잘 되어 있다 할지라도 무정형 영역이 존재하면 탄성률 값을 현저하게 감소시키기 때문이다. 폴리다이아세틸렌 단결정에 대한 계산 및 측정 탄성률 값들이 표 19.3에 나타나 있다.

고분자 결정의 사슬 방향 탄성률 크기에 대해서 전반적으로 이해할 수 있게 되었다. 고분자 사슬이 나선형보다는 평면 지그재그의 형태를 가질 때 이론값보다 높은 탄성률 값을 갖는 경향이 있다. 예를 들어, 나선형 구조(표 17.1)를 갖는 폴리옥시메틸렌 또는 폴리테트라플루오로에틸렌과 같은 고분자보다는 폴리에틸렌이 더욱 강직하다. 나선형은 폴리에틸렌의 평면 지그재그 형태보다는 쉽게 펼쳐질 수 있다. 또한, 큰 곁작용기가 있어서 탄성률이 낮아지는데, 이는 결정 내의 분자들의 간격을 더 크게 분리시키는 데 기여하기 때

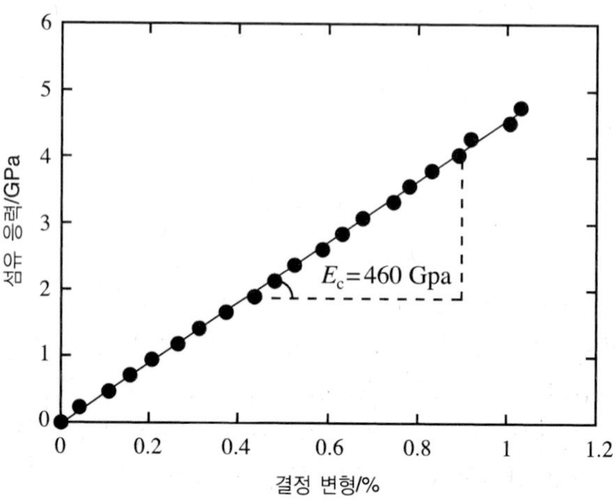

▶ 그림 19.8
PBO 단섬유에 대하여 섬유 응력에 따른 결정 변형의 변화.

표 19.3 고분자 결정의 사슬 방향 탄성률의 계산값과 측정값

고분자		계산값 E/Gpa	계산값 방법[a]	측정값 E/Gpa	측정값 방법
Polyethylene		182	VFF	240	X선
		340	UBFF	358	Raman
		257	UBFF	329	중성자 (CD_2)
Polypropylene		49	UBFF	42	X선
Polyoxymethylene		150	UBFF	54	X선
Polytetrafluoroethylene		160	UBFF	156	X선
				222	중성자
치환된	(i)	49	VFF	45	기계적
Polydiacetylenes[b]	(ii)	65	VFF	61	기계적
PPTA[c]				224	X선
PBO[c]				460	X선

자료 출처: Young, R.J., in *Developments in Polymer Fracture,* E.H. Andrews (ed.) , Applied Science, London, U.K., 1979.

[a] VFF, 원자가 힘장(예: Treloar의 방법); UBFF, Urey-Bradley 힘장(표 19.2의 계산값을 결정하는 데 이용됨).

[b] (i) Phenyl urethane 유도체; (ii) ethyl urethane 유도체(그림 8.1참조).

[c] PPTA, poly(*p*-phenylene terephthalamide); PBO, poly(*p*-phenylene benzobisoxazole).

문이다. 이로 인해, 개개의 사슬이 차지하는 단면적의 크기가 증가하게 된다(식 19.35의 A).

일반적으로 고분자 물질은 상대적으로 낮은 탄성률을 갖는 유연한 물질로 인식되고 있지만 표 19.3에 제시된 사슬 방향의 탄성률을 관찰하면, 한방향 탄성률(unidirectional moduli)의 가능한 수치가 상대적으로 높다고 할 수 있다. 이러한 특징은 지난 오랜 기간 동안 전통적인 고분자 섬유 기술에 국한되어 적용되어 왔다. PPTA와 PBO와 같은 강직하고 딱딱한 고분자의 개발로 인해 'Kevlar' 와 'Zylon' 과 같은 초 고탄성률 고분자 섬유가 상업화되었다. 이러한 섬유는 액정 고분자 용액의 방사 공정으로 생산된다. 다양한 용도, 특히 경량 고강성도 물질이 요구될 때, **비탄성률(specific modulus)**(Young 탄성률을 비중으로 나눈 값)이 매우 중요하다. 고분자는 일반적으로 비중이 7.9인 철과 비교하여 훨씬 낮은 0.8~1.5 사이의 비중을 갖고 있으므로 금속과 비교하면 상대적으로 높은 비강성도를 갖게 된다.

19.3.3 반결정성 고분자의 탄성 변형

고분자에 있어서 결정성 부분의 존재는 그 기계적 물성에 막대한 영향을 미친다. 이러한 점은 천연 고무의 연구를 통해서 잘 인식된 사실이다. 그림 19.9a는 실온에서 장시간 보관할 때 진행되는 결정화에 의해 Young 탄성률의 증가가 일어나고 있음을 보여 주고 있다. 결정화도가 0에서 0.25로 증가하였을 때 100배의 탄성률 증가가 관찰되고 있다. 이와 유사한 경향은 다른 종류의 반결정성 고분자에서도 관찰된다. 그림 19.9b는 폴리에틸렌에서 열처리 조건을 달리하여 결정화도가 증가함에 따라 탄성률이 어떻게 변화하는가를 보여 주고 있다. 선형 폴리에틸렌의 결정화도는 보통 상당히 높은 수준(60% 이상)이며, 그림 19.9b에 주어진 값을 외삽하여 100% 결정성 폴리에틸렌의 탄성률을 예측해 보면 5 GPa 수준에 이른다.

17.4절에 토론된 결정성 고분자의 구조를 살펴보면 근본적으로 두 개의 상으로 이루어진 것이며, 결정성 고분자가 높은 탄성률을 갖는 것은 결정성 부분의 존재로 인한 것임은 명백하다. 결정성 부분이 어떻게 탄성률을 높히는 작용을 하는가에 대한 종래의 생각은 탄성 변형의 통계적 이론(21.3절)에 바탕을 두고 있다. 무정형 고무상 중에 존재하는 결정성 부분은 일종의 가교점처럼 작용하며, 결정성 부분 자체의 강성도로 인해 전체의 탄

성률이 증가한다기보다는 가교도의 증가를 통해 증가한다고 생각하였다. 그러나 이러한 생각은 상대적으로 낮은 결정성에서는 어느 정도 적용될지 모르지만 대부분의 결정성 고분자는 일종의 복합재료(24장)처럼 거동하는 것이 확실하다. 즉 측정된 탄성률은 무정형 부분과 결정성 부분의 탄성률이 복합적으로 작용하여 발현된 것이다. 그러나 이 두 가지 탄성률이 어떻게 복합적으로 작용하는가에 대한 수학적 표현이나 모형을 구하는 작업은 간단한 문제가 아니다. 예를 들어 구정(spherulite)을 지닌 고분자는 거시적으로는 등방성 탄성 거동을 보인다. 그러나 구정 내부의 개개의 결정들은 특정한 배향을 지니고 있다. 따라서 결정성 고분자의 탄성률의 예측에는 어떤 형태의 형태학을 갖고 있는가를 고려하여야 한다. 즉 결정성 고분자의 탄성률은 결정성 부분이 얼마만큼 존재하는냐와 더불어 크기, 모양, 분산의 정도 등과 같은 요인에도 의존한다. 결론적으로 반결정성 고분자 복합재료의 신뢰할만한 물성을 예측하는 것은 전적으로 형태학을 얼마나 구체적으로 잘 정의하는냐에 달려 있다.

이러한 예측을 시도할만한 가장 적절한 모형으로서는 그림 19.6에 응력-변형 곡선이 주어져 있는 폴리다이아세틸렌을 들 수 있다. 폴리다이아세틸렌의 경우에는 중합 조건을 적절히 조절하여 단량체와 고분자가 적절한 비율로 섞여 있는 단결정 섬유를 얻어낼 수 있다. 단량체의 결정은 약 9 GPa 정도의 탄성률을 지니고 있고 고분자 결정은 약 61 GPa의 탄성률을 갖는다. 단량체와 고분자가 혼재되어 부분적으로 중합시킨 섬유는 이 두 양 극단의 중간값을 갖고 있음을 그림 19.10에서 관찰할 수 있다. 여기서 고분자 부분의 양(전환율과 거의 같음)에 따른 탄성률의 변화는 두 가지의 간단한 모형으로 대표될 수 있다. 첫째는 Reuss의 것으로서 두 개의 요소(단량체와 고분자)가 직렬로 연결되어 있고 동일한 응력을 받는다고 가정한 것이다. 이때의 탄성률 E_R은 다음과 같이 주어진다.

$$\frac{1}{E_R} = \frac{V_p}{E_p} + \frac{(1-V_p)}{E_m} \tag{19.38}$$

여기서 V_p는 고분자의 부피 분율이고, E_p와 E_m은 각각 고분자와 연속상(단량체)의 탄성률이다.

두 번째 모형은 Voigt의 것으로서 모든 요소가 병렬로 연결되어 있으며 동일한 변형이 가해진다고 가정한 것이다. 이때의 탄성률 E_v는 다음과 같은 혼합 법칙으로 주어진다.

$$E_V = E_p V_p + E_m(1-V_p) \tag{19.39}$$

식 19.39로 예측한 결과를 그림 19.10의 실선으로 나타내었다. 여기서 알 수 있듯이, 특정한 구조에서 두 요소들이 동일한 변형을 갖는다고 가정한 Voigt 모형이 실험값에 근사하

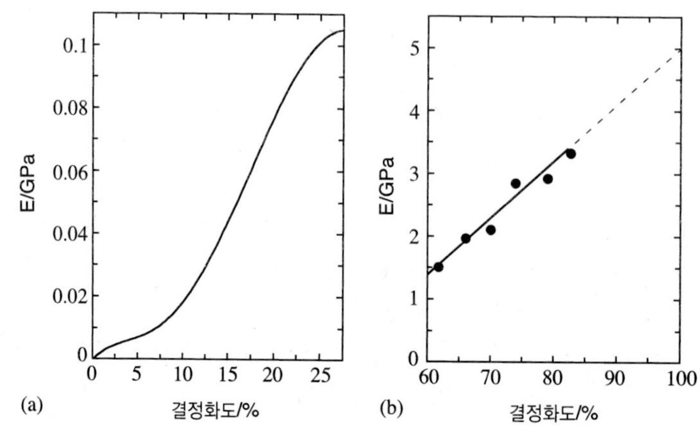

▶ **그림 19.9**
고분자의 결정화도에 따른 Young 탄성률의 변화. (a) 결정화로 인한 천연 고무의 탄성률 증가(자료 출처: Leitner, M., Trans. Farad. Soc., 51, 1015, 1955.). (b) 폴리에틸렌의 결정화도에 따른 탄성률(자료 출처: Wang, T.T., J. Appl. Phys., 44, 4052, 1973.)

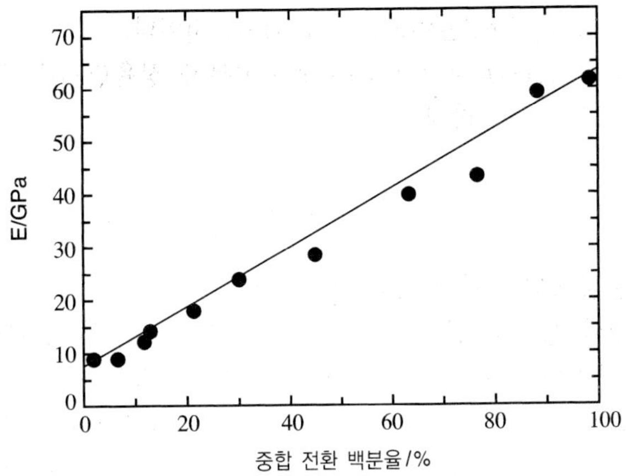

그림 19.10
중합 전환 백분율에 따른 폴리다이아세틸렌 단결정 섬유의 탄성률. 실선은 식 19.39로부터 예측한 결과이다.

게 예측하고 있다. 24장에서는 식 19.38, 식 19.39와 유사한 식들이 섬유 강화 복합체의 탄성률을 예측하는 데 사용되고 있고, 복합체 구조가 유사한 경우에 모든 측정된 탄성률은 Voigt 선과 Reuss 선 사이에 놓여 있어야만 한다. 폴리다이아세틸렌 고분자 섬유의 탄성률이 Voigt의 모형으로서 비교적 근사하게 묘사될 수 있는 이유는 그 구조상 단량체로 이루어진 연속상 안에 긴 고분자 사슬이 섬유축 방향으로 정렬되어 있기 때문이다. 이러한 형태학에서는 변형을 받는 동안 시편의 전 부분에 걸쳐 변형이 균일하게 미친다는 것을 입증한다.

그러나 구정을 가진 결정성 고분자와 같은 불규칙적인 내부 구조를 지닐 경우에는 상황이 좀 더 복잡해진다. 이러한 경우 측정된 탄성률은 결정성 부분과 무정형 부분의 탄성률의 평균값에 해당한다고 볼 수 있다. 그러나 무정형 부분의 물성이 등방성을 지닌다고 가정하더라도 결정성 부분의 평균 탄성률을 구하는 작업과 이것을 어떠한 방법으로 무정형 부분의 탄성률과 연관시키느냐 하는 문제는 여전히 어려운 문제로 남게 된다. 후자의 경우는, 그림 19.9b와 같이 실험적으로 관찰된 탄성률을 결정화도의 함수로서 도시하고 이를 100% 결정성까지 외삽함으로써 해결할 수 있다. 이러한 결정성 고분자의 구조는 다결정 금속과 마찬가지로 무질서하게 배향된 다결정 구조로 생각할 수 있다. 이러한 경우에도 각각 동일한 응력과 동일한 변형이 가해진다고 가정한 Voigt 모형과 Reuss 모형을 적용할 수 있다. 표 19.2에 제시된 아홉 개의 탄성 상수를 이용하여 Reuss의 모형을 적용해 계산한 탄성률은 4.9 GPa로서 Voigt 모형에 의한 15.6 GPa보다 훨씬 작은 값을 나타낸다. 실험값으로부터 외삽하여 얻은 값이 약 5 GPa수준이므로 구정을 지닌 폴리에틸렌의 경우, Reuss의 모형이 좀 더 정확한 예측을 하고 있다고 볼 수 있다.

문제

19.1 균일한 등방성 탄성 물질이라고 가정한 고분자에 대한 변형에 관한 문제이다.

(a) 서로 직각인 세 면에 응력 σ_1, σ_2, σ_3가 작용하는 고분자 정육면체를 고려하자. 만약 이 정육면체가 세 응력의 영향을 받아서 탄성 변형을 한다고 가정한다면, 이때 탄성 변형의 가성 원리를 이용하여 삼차원 탄성 응력-변형식을 유도하시오.

$$e_1 = \frac{1}{E}[\sigma_1 - \nu(\sigma_2 + \sigma_3)]$$

$$e_2 = \frac{1}{E}[\sigma_2 - \nu(\sigma_3 + \sigma_1)]$$

$$e_3 = \frac{1}{E}[\sigma_3 - \nu(\sigma_1 + \sigma_2)]$$

여기서 E는 Young 탄성률이고, ν는 Poisson 비이다.

(b) 정압하에 놓여 있는($p = \sigma_1 = \sigma_2 = \sigma_3$) 고분자 정육면체에 대하여 (a)의 식들을 이용해 다음 식을 유도하시오.

$$K = \frac{E}{3(1-2\nu)}$$

여기서 K는 물질의 부피 탄성률이다.

(c) 부피가 일정한 상태로 일축 탄성 변형을 하는 등방성 고분자의 Poisson 비 ν는 얼마인가? 탄성체는 보통 일정 부피 조건에서 변형한다고 가정하는데, 그렇다면 이러한 조건인 경우 탄성체의 부피 탄성률 K는 어떻게 되는가?

(d) 삼차원 응력을 받는 등방성 고분자의 경우, 탄성 부피 변화와 주축 응력의 합($\sigma_1 + \sigma_2 + \sigma_3$)과는 어떤 관계가 존재하는가?

(e) 삼차원 응력, $\sigma_1 = +30\,\text{MPa}$, $\sigma_2 = -40\,\text{MPa}$, $\sigma_3 = +10\,\text{MPa}$으로부터 얻은 결과와 동일하게 고분자의 부피 변화를 야기시키는 일축 응력 σ_1는 얼마인가?

19.2 Trelor는 지그재그형 고분자의 탄성률 E를 다음과 같이 나타냈었다.

$$E = \frac{l\sin(\Theta/2)}{A}\left[\frac{\sin^2(\Theta/2)}{k_l} + \frac{l^2\cos^2(\Theta/2)}{4k_\Theta}\right]^{-1}$$

여기서

A는 개별 사슬의 단면적,
l은 분절의 길이,
k_l는 결합력 상수,
k_Θ는 각변형 상수,
Θ는 초기 결합각이다.

(a) 다음에 주어진 수치를 이용해서 폴리에틸렌 단결정의 E를 계산하시오

(b) 폴리에틸렌 결정의 탄성률의 계산값에 대한 정확도에 관해 논의하시오.
(폴리에틸렌의 경우, $A = 1.824 \times 10^{-19}\text{m}^2$, $l = 1.53 \times 10^{-10}\text{m}$, $\Theta = 109.5°$, $k_l = 436\,\text{Pa m}^{-1}$, $k_\Theta = 8.19 \times 10^{-19}\,\text{Pa m}$)

19.3 X선 회절측정기 내에서 배향된 반결정성 고분자 시료를 인장 변형하였다. (002) 피크의 위치가 다음과 같이 시료에 가해진 응력에 따라 변화하였다.

응력/MPa	(Bragg 각)/도
0	37.483
40	37.477
80	37.471
120	37.466
160	37.460
200	37.454

결정에 가해지는 응력이 고분자 시편 전체에 가해지는 응력과 동일하다고 가정할 때 사슬 방향으로 배향된 고분자 결정의 Young 탄성률을 구하시오(사용한 방사선은 CuK_α, $\lambda = 0.1542\,\text{nm}$).

참고 문헌

Hearle, J.W.S. (ed), *High Performance Fibres*, Woodhead Publishing Ltd, Cambridge, U.K., 2004.
Hibbeler, R.C., *Mechanics of Materials*, 8th edn., Pearson, Upper Saddle River, NJ, 2010.
Kelly, A., Groves, G.W., and Kidd, P., *Crystallography and Crystal Defects*, John Wiley & Sons, New York, 2000.
Ward, I.M. and Sweeney, J., *An Introduction to the Mechanical Properties of Solid Polymers*, 2nd edn., Wiley, New York, 2004.
Williams, J.G., *Stress Analysis of Polymers*, Longman, London, 1973.
Young, R.J., in *Developments in Polymer Fracture* (E.H. Andrews, ed.), Applied Science, London, U.K., 1979.

20 점탄성

20.1 서론

고분자의 기계적 성질의 독특한 특징은 외부로부터 가해지는 응력이나 변형에 반응하는 정도가 하중의 속도나 시간에 의존한다는 점이다. 금속과 세라믹 같은 탄성 고체는 적어도 낮은 변형에서 **Hooke 법칙**을 따르며, 응력은 변형에 비례하고 하중 속도에 의존하지 않는다. 반면에, 점성 액체의 기계적 거동은 시간 의존적이다. 변형 속도가 낮을 때 응력은 변형 속도에 비례하고 변형에는 독립적이라는 **Newton 법칙**을 따른다. 대부분의 고분자의 기계적 거동은 탄성 고체와 점성 액체의 거동 사이 어딘가에 속하는 것으로 생각할 수 있다. 낮은 온도와 높은 변형 속도에서는 탄성적 움직임을 보이는 반면, 높은 온도와 낮은 변형 속도에서는 액체처럼 흐르는 점성적 움직임을 보인다. 그러므로 고분자는 점성적이면서도 탄성적인 거동 두 가지를 모두 보이기 때문에 **점탄성(viscoelastic)**이라고 한다.

공학적인 응용 분야에서 사용되는 고분자는 오랜 시간 동안 응력을 받아야 한다. 그러나 그들의 점탄성 성질에 관한 자세한 지식이 없으면 고분자가 어떤 특정 하중에 어떻게 반응할지를 알 수 없다. 고분자의 점탄성적 성질에 대해 많은 연구가 수행되어져 왔고 점탄성이라는 주제에 한정하여 여러 권의 교과서가 쓰여졌다. 여기서 이러한 방대한 주제에 관해 간단히 소개하고자 함은, 보다 상세한 것은 좀 더 전문적인 교재들을 찾아보라는 취지이다.

고분자 시료의 기계적 물성들에 대한 시간 의존성의 정확한 본질은 그들이 응력의 종류나 사용된 변형의 주기에 의존한다는 점이다. 시간 t에 따른 응력 σ과 변형 e의 변화는 그림 20.1에 제시된 것처럼 네 개의 다른 변형을 겪는 경우로 도식화하여 표현할 수 있다. 각각의 경우, 비교를 위해 탄성 물질의 움직임을 점선으로 표시하였다. **크리프(creep)** 하중시 일정한 응력이 $t = 0$에서 시편에 가해졌고 변형은 처음에는 빨리 증가하고 오랜 시간에 걸쳐 증가 속도가 줄어든다. 탄성 고체의 경우, 변형은 시간에 따라 일정하게 유지된다. **응력 완화(stress relaxation)** 동안 점탄성 물질의 움직임을 그림 20.1b에 나타내었다. 이 경우 변형은 일정하고 응력은 시간에 따라 천천히 감소한다. 반면에, 탄성 고체의 경우 응력이 계속 일정하게 유지된다. **일정 응력 속도(constant stress-rate)**에서 점탄성 물질의 변형 효과를 그림 20.1c에 나타내었다. 변형의 증가는 선형적이 아니며 시간과 응력 속도가 증가할수록 곡선의 기울기가 급해진다. 만약 다른 형태인 **일정 변형 속도(constant strain-rate)**를 이용한다고 해도, 시간에 따른 응력의 변화 역시 선형적이 아니다. 곡선의 기울기는 시간에 따라 감소하는 경향을 보인다. 그러나 변형 속도가 높아질수록 기울기는 급해진다. 탄성 물질의 경우 일정 응력 속도와 변형 속도에서 시간에 따른 변형과 응력의 변화는 모두 선형적이다.

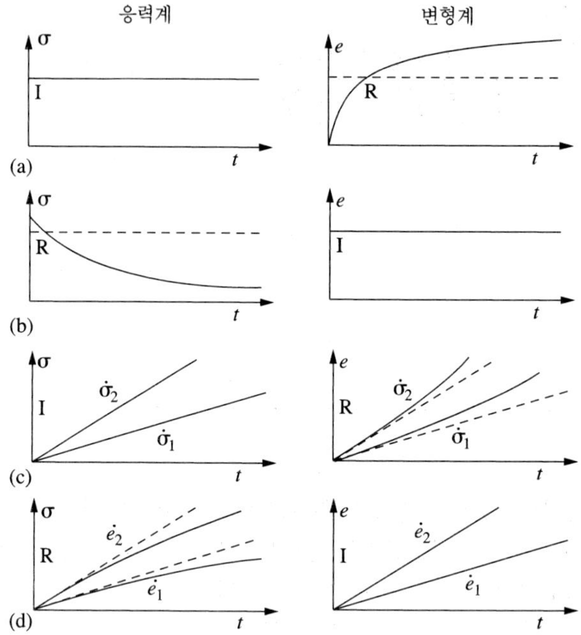

▶ 그림 20.1
서로 다른 형태의 하중하에서 시간에 따른 응력과 변형의 변화를 나타낸 도식도. 여기서 I는 입력, R은 출력을 의미한다: (a) 크리프, (b) 응력 완화, (c) 일정 응력 속도, (d) 일정 변형 속도. (자료 출처: Williams, K.G., Stress Analysis of Polymers, Longman, London, U.K., 1973.)

20.2 점탄성 성질을 표현하는 기계적 모형

위의 현상을 해석하는 어떤 이론이라도 응력과 변형의 시간 의존성을 설명할 수 있어야 함은 분명하다. 예를 들어, 이상적으로는 크리프 곡선의 지식으로부터 응력 완화 움직임을 예측할 수 있다. 하지만, 실제 고분자의 경우 다소 어려움이 따른다. 그러나 고분자가 **선형 점탄성(linear viscoelastic)** 물질처럼 움직인다고 가정을 하면 상황은 단순화된다. 고분자의 변형은 탄성 성분과 점성 성분으로 나뉜다고 가정할 수 있고 이 경우 고분자의 변형을 Hooke 법칙과 Newton 법칙을 조합해 기술할 수 있다. 선형 탄성 움직임은 Hooke 법칙에 의해 주어진다.

$$\sigma = Ee \tag{20.1}$$

또는

$$\frac{d\sigma}{dt} = E\frac{de}{dt} \tag{20.2}$$

여기서 E는 탄성 고체의 탄성률이고, 선형 점성 거동은 Newton 법칙에 의해 표현된다.

$$\sigma = \eta\frac{de}{dt} \tag{20.3}$$

여기서 η는 점도이고, de/dt는 변형 속도이다.

이 식들은 단지 작은 변형에 대해서만 적용될 수 있음을 알아야 한다. 탄성과 점성 움직임을 조합해 공식화할 때 특히 유용한 방법은 기계적 모형을 사용하는 것이다. 모형에 사용되는 두 개의 기본 요소는 Hooke 법칙(식 20.1)을 따르는 탄성률 E를 가진 탄성 스프링과 Newton 법칙(식 20.3)을 따르는 점도 η를 가진 대시포트(dashpot)이다. 이들 두 개의 기본 요소를 조합하는 방법에 따라 여러 가지 다른 모형이 얻어진다.

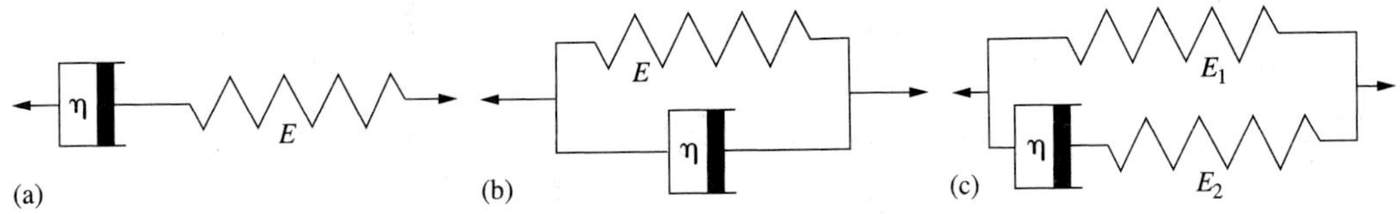

▶ 그림 20.2

고분자의 점탄성 거동을 나타내는 데 사용되는 기계적 모형: (a) Maxwell 모형 (b) Voigt 모형 (c) 표준 선형 고체.

20.2.1 Maxwell 모형

이 모형은 타르(tar)나 피치(pitch)와 같은 점성 물질의 시간 의존적 움직임을 설명하기 위하여 19세기에 Maxwell에 의해 제안되었다. 이것은 그림 20.2a에서 보는 바와 같이 스프링과 대시포트가 직렬로 연결되어 있다. 계 전체에 응력 σ가 가해질 때 전체의 변형 e는 다음과 같다.

$$e = e_1 + e_2 \tag{20.4}$$

여기서 e_1은 스프링의 변형이고, e_2는 대시포트의 변형이다.

요소들은 직렬로 연결되어 있기 때문에 응력은 각각에 동일하게 가해질 것이다.

$$\sigma_1 = \sigma_2 = \sigma \tag{20.5}$$

그러므로 식 20.2와 식 20.3은 다음과 같이 쓸 수 있다.

$$\frac{d\sigma}{dt} = E\frac{de_1}{dt} \text{ 그리고 } \sigma = \eta\frac{de_2}{dt}$$

이는 스프링과 대시포트 각각에 대하여 표현한 것이다. 한편, 식 20.4를 미분하면

$$\frac{de}{dt} = \frac{de_1}{dt} + \frac{de_2}{dt} \tag{20.6}$$

이고 Maxwell 모형은 다음과 같이 정리된다.

$$\frac{de}{dt} = \frac{1}{E}\frac{d\sigma}{dt} + \frac{\sigma}{\eta} \tag{20.7}$$

이제 Maxwell 모형이 고분자의 기계적 움직임을 얼마나 잘 예측하는지 고려해 보자. 크리프의 경우 응력은 $\sigma = \sigma_0$에서 일정하게 유지되므로 $d\sigma/dt = 0$이다. 그러므로, 식 20.7은 다음과 같이 된다.

$$\frac{de}{dt} = \frac{\sigma_0}{\eta} \tag{20.8}$$

따라서 Maxwell 모형은 그림 20.3a에 보인 것처럼 Newton 유체의 거동을 예측할 수 있다. 변형은 시간에 따라 선형적으로 증가하는 것으로 예측하고 있지만 이는 시간에 따라 de/dt가 감소하는 점탄성 고분자의 거동(그림 20.1)을 예측하지 못하고 있다.

이 모형은 아마도 응력 완화 동안 고분자의 거동을 예측하는 데 보다 유용하다. 일정 변형인 경우 $e = e_0$이고 따라서 $de/dt = 0$이다. 식 20.7은

$$0 = \frac{1}{E}\frac{d\sigma}{dt} + \frac{\sigma}{\eta} \tag{20.9}$$

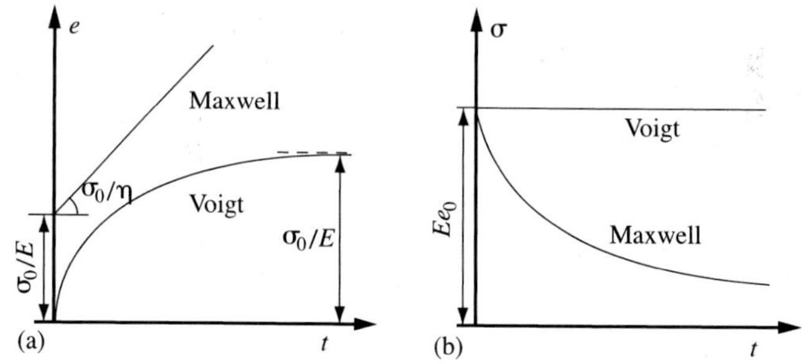

▶ 그림 20.3
다른 종류의 하중이 가해질 때의 Maxwell과 Voigt 모형의 거동: (a) 크리프 (일정 응력 σ_0), (b) 응력 완화 (일정 변형 e_0). (자료 출처: Williams, J.G., Stress Analysis of Polymers, Longman, London, U.K., 1973.)

이 된다. 따라서

$$\frac{d\sigma}{\sigma} = -\frac{E}{\eta}dt \tag{20.10}$$

이것은 쉽게 적분되고, 만일 $t = 0$에서 $\sigma = \sigma_0$이라면

$$\sigma = \sigma_0 \exp\left(-\frac{Et}{\eta}\right) \tag{20.11}$$

여기서 σ_0는 초기 응력이다. η/E항은 주어진 Maxwell 모형에서 일정한 값으로, 때로는 **완화 시간(relaxation time)** τ_0이라고 한다. 이 식은 다음과 같이 다시 쓸 수 있고

$$\sigma = \sigma_0 \exp\left(\frac{-t}{\tau_0}\right) \tag{20.12}$$

이 식은 그림 20.3b에 보인 것처럼 응력의 지수 함수적인 감소를 예측하고 있다. 이는 Maxwell 모형이 크리프에 대해 예측한 것보다는 훨씬 더 훌륭히 분자의 움직임을 예측하고 있다. 그러나 식 20.12는 응력이 완전히 완화되는 데 오랜 시간이 걸린다고 예측하고 있지만, 일반적으로 실제 고분자의 경우에는 그렇지 않다.

20.2.2 Voigt 모형

이것은 또한 Kelvin 모형으로도 알려져 있다. 이것은 Maxwell 모형에 있는 것과 같은 요소들로 이루어져 있으나, 이 경우에는 그들이 직렬이 아니라 병렬로 연결되어 있다(그림 20.2b). 스프링과 대시포트의 병렬로 된 정렬은 각 요소에서의 변형이 동일함을 의미한다. 즉,

$$e = e_1 = e_2 \tag{20.13}$$

그리고 각 요소를 더하면 전체에 가해지는 응력 σ가 얻어진다.

$$\sigma = \sigma_1 + \sigma_2 \tag{20.14}$$

응력 σ_1과 σ_2는 스프링과 대시포트 각각에 대하여 식 20.1과 20.3에서 얻을 수 있다.

$$\sigma_1 = Ee \quad \text{그리고} \quad \sigma_2 = \eta\frac{de}{dt}$$

이 식들을 식 20.14에 대입하여 재정리하면

$$\frac{de}{dt} = \frac{\sigma}{\eta} - \frac{Ee}{\eta} \tag{20.15}$$

모형이 얼마나 유용한가는, 특별한 형태의 하중에 대해 그것이 어떻게 반응하는지를 조사하면 된다. Voigt 혹은 Kelvin 모형은 응력이 $\sigma = \sigma_0$에서 일정하게 유지되는 크리프 움직임을 묘사하는 데 특별히 유용하다. 식 20.15는

$$\frac{de}{dt} + \frac{Ee}{\eta} = \frac{\sigma_0}{\eta} \tag{20.16}$$

이 된다. 이 간단한 미분 방정식은 다음의 해를 갖는다.

$$e = \frac{\sigma_0}{E}\left[1 - \exp\left(-\frac{Et}{\eta}\right)\right] \tag{20.17}$$

상수비 η/E는 다시 완화 시간 τ_0로 대체될 수 있고, Voigt 모형에서 크리프 하중 시 시간에 따른 변형의 변화는 다음과 같다.

$$e = \frac{\sigma_0}{E}\left[1 - \exp\left(\frac{-t}{\tau_0}\right)\right] \tag{20.18}$$

이에 따른 거동을 그림 20.3a에 나타내었다. 그림에서 Voigt 모형이 크리프 하중을 받는 고분자의 움직임을 명확히 표현하고 있음을 알 수 있다. 시간에 따라 변형 속도는 감소하고 $t \to \infty$ 따라 $e \to \sigma_0/E$가 된다. 반면에, Voigt 모형은 고분자의 응력 완화 움직임을 예측하지 못하고 있다. 응력 완화의 경우 변형은 e_0에서 일정하게 유지되므로 $de/dt = 0$이기 때문에 식 20.15는 다음과 같이 되며, 이는 그림 20.3b에 제시된 선형 탄성 반응만을 예측하고 있다.

$$\frac{\sigma}{\eta} = \frac{Ee_0}{\eta} \tag{20.19}$$

또는

$$\sigma = Ee_0 \tag{20.20}$$

20.2.3 표준 선형 고체

Maxwell 모형은 고분자의 응력 완화를 가장 비슷하게 묘사했고, 반면에 Voigt 모형은 크리프를 유사하게 묘사했음을 증명했다. 그러므로, 앞으로의 논리적 단계는 이 두 개의 기본 모형을 조합해 두 가지 현상을 모두 예측할 수 있는 방법을 찾는 것이다. 이러한 생각에서 얻어진 가장 알려진 모형이 표준 선형 고체로, 한 예를 그림 20.2c에 나타내었다. 이 경우에 Maxwell 요소와 스프링이 병렬로 연결되어 있다. 두 번째 스프링의 존재는 Maxwell 요소가 크리프 하중 동안에 단순히 점성 흐름만이 일어나는 것을 막아준다. 그러나 여전히 응력 완화가 일어나는 것은 허용할 것이다.

고분자의 점탄성 움직임을 더 잘 표현하고자 하는 많은 시도가 있었다. 당연히 더 복잡한 형태의 모형이 사용되었고 요소의 수가 증가함에 따라 수학적 처리 과정이 더욱 복잡하게 되었다. 기계적 모형은 단지 기계적인 움직임을 수학적으로 표현해 주었을 뿐 분자 수준에서 점탄성 현상을 해석하는 데 있어서는 많은 도움을 주지 못한다는 것을 명심해야 한다.

20.3 Boltzmann 중첩 원리

선형 점탄성 이론의 주춧돌은 **Boltzmann 중첩 원리 (Boltzmann superposition principle)** 이다. 점탄성 물체에서 변형이 어떤 경로를 거쳐 왔는지를 알면 이 원리를 이용해 응력 또는 변형의 상태를 알 수 있다. 기본 가정은 시간에 따라 가해지는 응력이 변하는 점탄성 변형의 경우 각각의 하중 단계에 일어나는 변형을 대수적으로 더하면 총변형을 얻을 수 있다는 것이다. 이 원리를 어떻게 이용할지를 보이기 전에 먼저 단지 시간만의 함수인 **크리프 컴플라이언스 (creep compliance)**, $J(t)$를 정의할 필요가 있다. 이를 사용해 선형 점탄성 물질에서 응력 σ가 가해진 시간 t에서의 변형 $e(t)$를 얻을 수 있다.

$$e(t) = J(t)\sigma \tag{20.21}$$

그림 20.4에 제시된 것과 같이 단계적 하중이 계속적으로 가해질 때 크리프 변형을 고려하면 중첩 원리가 어떻게 이용되는지를 알 수 있다. 만일 시간 τ_1에서 응력의 증가 $\Delta\sigma_1$이 가해졌다면 시간 t에서 이 응력 증가로 인한 변형은 다음과 같다.

$$e_1(t) = \Delta\sigma_1 J(t-\tau_1) \tag{20.22}$$

그 값이 양이건 음이건 상관없이 응력이 더 가해질 때 중첩 원리는 각 응력 증가가 총변형 $e(t)$에 더해지는 형태로 기여한다고 가정한다. 그 결과

$$\begin{aligned} e(t) &= e_1(t) + e_2(t) + \ldots \\ &= \Delta\sigma_1 J(t-\tau_1) + \Delta\sigma_2 J(t-\tau_2) + \ldots \\ &= \sum_{n=0}^{n} J(t-\tau_n)\Delta\sigma_n \end{aligned} \tag{20.23}$$

이 합산형은 적분형으로 표현 가능하고 다음과 같다.

$$e(t) = \int_{-\infty}^{t} J(t-\tau)\mathrm{d}\sigma(t) \tag{20.24}$$

점탄성 시료의 경우 어떤 시간에서의 움직임은 그 다음의 움직임에 영향을 미치므로 변형 이력 전부를 고려하는 것은 필수적이기 때문에 $-\infty$에서 t까지 적분을 행한다. 이 식은 하중 이력이 어떠하든 상관없이 하중 이력 후의 변형을 결정하기 위해 사용될 수 있다. 이 식은 일반적으로 τ의 함수로써 표현된다.

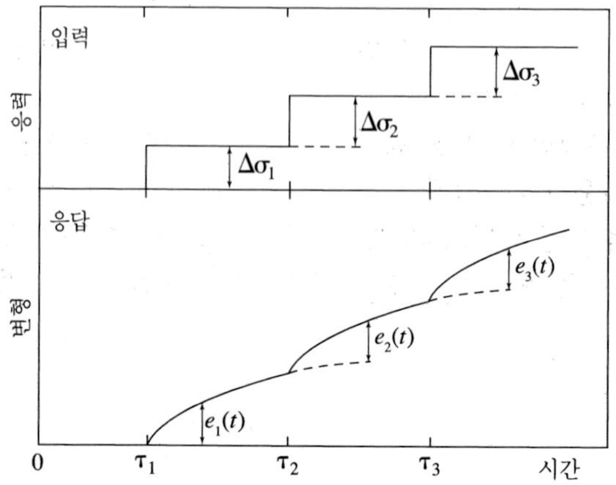

그림 20.4
연속되는 단계적 하중하에서의 선형 점탄성 물질의 응답. (자료 출처: Ward, I.M., Mechanical Properties of Solid Polymers, 2nd edn., Wiley-Interscience, New York, 1983.)

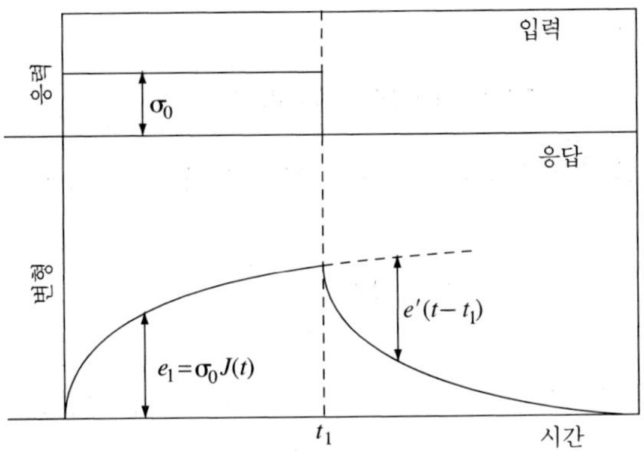

▶ **그림 20.5**
하중을 주고 연이어 하중을 제거했을 때 선형 점탄성 물질의 응답. Boltzmann 중첩 원리의 예시를 보여 줌.

$$e(t)=\int_{-\infty}^{t} J(t-\tau)\frac{d\sigma(\tau)}{d\tau}d\tau \tag{20.25}$$

다음과 같이 구체적이고 간략한 예를 생각함으로써 Boltzmann 중첩 원리를 어떻게 사용하는가를 이해할 수 있다. 가장 단순한 예로 시간 $\tau=0$에서 하중 σ_0를 한 번만 가하는 경우이다. 이 경우 $J(t-\tau)=J(t)$이므로 $e(t)=\sigma_0 J(t)$이다. 좀 더 유용한 응용의 예를 그림 20.5에 제시하였다. 이 경우 응력 σ_0가 시간 $\tau=0$에서 가해졌고 시간 $\tau=t_1$에서 제거되었다. 하중으로 인한 변형 e_1은 다음과 같다.

$$e_1=\sigma_0 J(t) \tag{20.26}$$

그리고 하중 제거로 인한 변형은

$$e_2=-\sigma_0 J(t-t_1) \tag{20.27}$$

시간 $t\,(t>t_1)$ 후의 총변형 $e(t)$는

$$e(t)=\sigma_0 J(t)-\sigma_0 J(t-t_1) \tag{20.28}$$

이때 $e(t)$는 감소하며 이 과정은 회복(recovery)으로 알려져 있다. 만일 회복된 변형 $e'(t-t_1)$이 초기 응력이 유지되었을 때 일어났을 변형과 실제 변형과의 차이로 정의된다면,

$$e'(t-t_1)=\sigma_0 J(t)-e(t) \tag{20.29}$$

식 20.28과 20.29를 조합하면 회복 변형은

$$e'(t-t_1)=\sigma_0 J(t-t_1) \tag{20.30}$$

로 주어진다. 이것은 시간 t_1 후에 응력 $+\sigma_0$가 가해졌을 때 기대되는 크리프 변형과 동일하다. 그러므로 가하는 하중이나 제거된 하중에서 기인된 추가 인장이나 회복은 그 전의 부하 이력에는 독립적이고, 중첩 원리에 의해 연속된 독립적 사건들을 더하면 시편의 총 변형을 얻을 수 있다.

Boltzmann 중첩의 원리를 이용하여 유사한 방법으로 응력 완화를 분석하는 것도 가능하다. 이 경우 응력 완화 탄성률 $G(t)$를 사용하여 시간에 의존하는 응력 $\sigma(t)$와 변형 e의 관계식을 정의해야 한다.

$$\sigma(t)=G(t)e \tag{20.31}$$

만일 시간 τ_1, τ_2 등에서 시편에 Δe_1, Δe_2 등의 일련의 변형 증가가 일어난다면 시간 t 후

의 총응력은 다음과 같다.

$$\sigma(t) = \Delta e_1 G(t-\tau_1) + \Delta e_2 G(t-\tau_2) + \ldots \tag{20.32}$$

이 식은 식 20.23과 유사하며 같은 방법으로 적분 형태로 표현된다(식 20.25와 비교).

$$\sigma(t) = \int_{-\infty}^{t} G(t-\tau)\frac{de(\tau)}{d\tau}d\tau \tag{20.33}$$

이 식은 어떤 일련의 변형을 가한 후 총응력을 예측하는 데 사용될 수 있다.

20.4 동적 기계적 측정

지금까지 단지 크리프와 응력 완화 동안 고분자의 반응만을 생각해 보았다. 고분자는 때때로 상당히 높은 주파수에서 여러 종류의 하중하에 사용된다. 따라서 이러한 종류의 변형을 받을 동안 고분자의 움직임을 고려할 필요가 있다. 이 상황은 특정 주파수에서 사인 함수적으로 진동하는 하중을 시편에 가하면 쉽게 해석할 수 있다. 만일 가해지는 응력이 다음과 같이 시간의 함수로써 변한다면

$$\sigma = \sigma_0 \sin \omega t \tag{20.34}$$

여기서 ω는 각(angular) 주파수($2\pi f$, 여기서 f는 주파수)이고, 탄성 물질의 경우 변형은 다음과 같은 유사한 방식으로 변형된 Hooke 법칙을 따른다.

$$e = e_0 \sin \omega t \tag{20.35}$$

하지만 점탄성 물질의 경우 변형은 응력이 가해진 시점에 비해 다소 시간이 지연되어 나타난다(예: 크리프 공정). 이는 감쇠 과정(damping process)으로 생각할 수 있고, 그 결과로 식 20.34에 의해 정의된 응력이 시료에 가해졌을 때, 변형은 가해진 응력과는 위상 차이를 갖는 사인 함수 형태로 나타난다. 그러므로, 시간에 따른 응력과 변형의 변화는 다음과 같은 식으로 주어진다.

$$\left.\begin{aligned} e &= e_0 \sin \omega t \\ \sigma &= \sigma_0 \sin(\omega t + \delta) \end{aligned}\right\} \tag{20.36}$$

여기서 δ는 '위상각(phase angle)' 또는 '위상차(phase lag)'이다. 즉 응력과 변형의 상대적 각 변위이다(그림 20.6). 응력에 관한 식은 다음과 같이 풀어 쓸 수 있다.

$$\sigma = \sigma_0 \sin \omega t \cos \delta + \sigma_0 \cos \omega t \sin \delta \tag{20.37}$$

여기서, 응력은 두 성분으로 분해되는 것으로 생각할 수 있다. 성분 $\sigma_0 \cos \delta$은 변형과 같

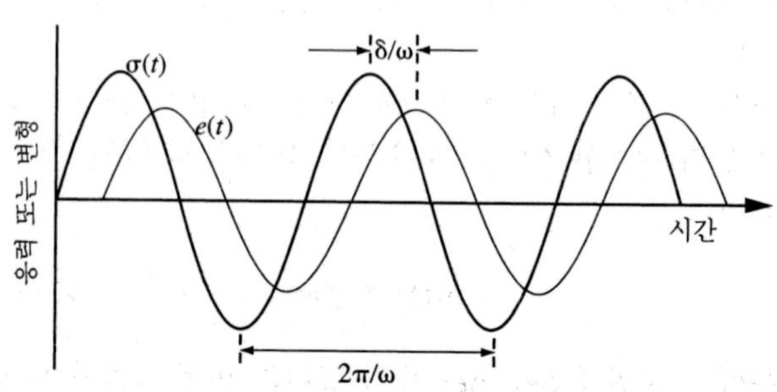

그림 20.6
점탄성 물질에 대한 시간에 따른 응력과 변형의 변화. 각 인자들에 대한 정의는 본문에 있음.

은 위상에 있고, 성분 $\sigma_0 \sin\delta$은 변형과 $\pi/2$ 만큼 위상차가 있다. 그러면 두 개의 동적 탄성률을 정의할 수 있다. E_1은 변형과 같은 위상에 있는 탄성률이고, E_2는 변형과 $\pi/2$ 만큼 위상차가 있는 탄성률이다. $E_1 = (\sigma_0/e_0)\cos\delta$이고, $E_2 = (\sigma_0/e_0)\sin\delta$이기 때문에, 식 20.37은 다음과 같이 된다.

$$\sigma = e_0 E_1 \sin\omega t + e_0 E_2 \cos\omega t \tag{20.38}$$

위상각 δ는 다음과 같다.

$$\tan\delta = \frac{E_2}{E_1} \tag{20.39}$$

점탄성 물질의 동적 기계적 물성을 나타내는데 때로는 복소수 표기법을 선호하게 된다. 응력과 변형은 다음과 같이 표현할 수 있다.

$$e = e_0 \exp \mathrm{i}\omega t$$

$$\sigma = \sigma_0 \exp \mathrm{i}(\omega t + \delta) \tag{20.40}$$

여기서 $\mathrm{i} = (-1)^{1/2}$이다. 총괄 복합 탄성률 $E^* = \sigma/e$는 다음 식으로 주어진다.

$$E^* = \frac{\sigma_0}{e_0}\exp \mathrm{i}\delta = \frac{\sigma_0}{e_0}(\cos\delta + \mathrm{i}\sin\delta) \tag{20.41}$$

E_1과 E_2는 정의로부터 다음과 같이 된다.

$$E^* = E_1 + \mathrm{i}E_2 \tag{20.42}$$

그리고 이러한 연유로 E_1과 E_2는 각각 탄성률의 **실수부**와 **허수부**라고 명명한다.

이 단계에서 고분자의 동적 기계적 물성을 어떻게 실험적으로 측정할 수 있을까 생각해볼 가치가 있다. 그림 20.7에 도식적으로 나타낸 것과 유사한 **비틀림추 (torsion pendulum)** 를 사용하여 매우 쉽게 실험을 수행할 수 있다. 이 장치는 커다란 관성 판에 연결된 원통형의 고분자 봉으로 구성되어 있다. 일반적으로 판의 무게가 서로 균형이 잡혀 있어서 그 결과 시편은 어떠한 일축 방향으로의 인장이나 압축을 받지 않게 된다. 이 장치는 관성 판을 뒤틀고 풀어 줌으로써 진동시킬 수 있고, 일정 주파수 ω에서 사인 함수적으로 나타나는 진동은 장치의 크기와 고분자 시료봉의 물성에 의존하게 된다. 만일 이 장치가 마찰이 전혀 없다면, 완전 탄성체로 구성된 봉의 경우 무한히 진동할 것이다. 고분자와 같은 점탄성 물질의 경우, 점성 성분 때문에 진동은 감쇠하고 그림 20.7에 보인 것과 같이 시간에 따라 그 진폭도 줄어든다. 이 장치는 넓은 범위의 온도 (일반적으로 −200℃ ~ +200℃) 에서 사용 가능할 정도로 간결하지만, 시편의 크기에는 많이 변화시킬 수 없기에 ω는 상대적으로 좁은 범위(일반적으로 0.01 ~ 10 Hz) 로 제한되어 있다.

넓은 범위의 주파수 응답이 필요하면, 강제 진동 방식을 이용한 점탄성 측정 장치를 이용할 수 있다. 동적 기계적 시험 장치는 굽힘 및 인장 변형을 사인 함수로 시편에 가할 수 있고, 응력, 변형, 그리고 tan δ를 직접 측정할 수 있다.

비틀림추의 운동은 비교적 간단히 분석할 수 있다. 만일 반지름이 a이고 길이가 l인 원형단면봉이 사용되었다면 한쪽 끝이 다른 쪽에 비해 상대적으로 Θ각만큼 뒤틀렸을 때 봉의 토크 T는 다음과 같다.

$$T = \frac{G\pi a^4}{2l}\Theta \tag{20.43}$$

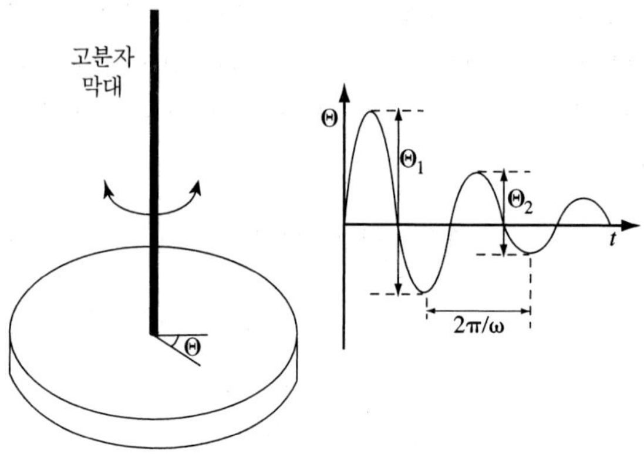

▶ 그림 20.7
점탄성 물질의 비틀림추와 진동 감쇠에 대한 도식도.

여기서 G는 봉의 전단 탄성률이다. 만일 물질이 완전 탄성체라면 이 진동계의 운동 방정식은

$$I\ddot{\Theta} + T = 0 \tag{20.44}$$

여기서 I는 판의 관성 모멘트이다. $\ddot{\Theta}$는 Θ의 시간에 따른 2계 도함수이다.

따라서 다음 식이 계의 움직임을 기술한다.

$$I\ddot{\Theta} + \frac{G\pi a^4}{2l}\Theta = 0 \tag{20.45}$$

이러한 형태의 식은 다음과 같은 표준해를 가진다.

$$\Theta = \Theta_0 \cos(\omega t + \alpha)$$

여기서

$$\omega = \left(\frac{G\pi a^4}{2lI}\right)^{1/2} \tag{20.46}$$

탄성봉에 대한 전단 탄성률은 다음과 같다.

$$G = \frac{2lI\omega^2}{\pi a^4} \tag{20.47}$$

점탄성 물질의 Young 탄성률은 복합 탄성률 E^*로 생각될 수 있음을 앞에서 보였다. 같은 방법으로 복합 전단 탄성률을 정의할 수 있다.

$$G^* = G_1 + iG_2 \tag{20.48}$$

여기서 G_1과 G_2는 전단 탄성률의 실수부와 허수부이다. 만일 봉이 점탄성 물질로 이루어졌다고 가정하면, 운동 방정식(식 20.45)는 다음과 같이 된다.

$$I\ddot{\Theta} + \frac{\pi a^4}{2l}(G_1 + iG_2)\Theta = 0 \tag{20.49}$$

만일 이 방정식이 다음의 해를 갖는다고 가정하면 다음과 같고,

$$\Theta = \Theta_0 e^{-\lambda t} e^{i\omega t} \tag{20.50}$$

식의 실수부와 허수부는 다음과 같이 되고,

$$G_1 = \frac{2lI}{\pi a^4}(\omega^2 - \lambda^2) \tag{20.51}$$

그리고

$$G_2 = \frac{2lI}{\pi a^4} 2\omega\lambda \tag{20.52}$$

또한 위상각 δ는 다음과 같이 된다.

$$\tan\delta = \frac{E_2}{E_1} = \frac{G_2}{G_1} = \frac{2\omega\lambda}{\left(\omega^2 - \lambda^2\right)} \tag{20.53}$$

일반적으로 비틀림추에서 점탄성 물질에 대해 측정되는 양은 대수적(logarithmic) 감소인 Λ이다. 이것은 두 개의 연속적인 주기의 진폭 크기비를 자연 로그값으로 정의한다.

$$\Lambda = \ln\left(\frac{\Theta_n}{\Theta_{n+1}}\right) \tag{20.54}$$

Λ를 어떻게 결정하는지는 그림 20.7에 도식적으로 제시하였다. 두 연속적인 주기 사이의 시간 간격이 $2\pi/\omega$이기 때문에 식 20.50과 20.54를 묶으면,

$$\Lambda = \frac{2\pi\lambda}{\omega} \tag{20.55}$$

따라서 식 20.51은 다음과 같고,

$$G_1 = \frac{2lI\omega^2}{\pi a^4}\left(1 - \frac{\Lambda^2}{4\pi^2}\right) \tag{20.56}$$

그리고 식 20.52는 다음과 같다.

$$G_2 = \frac{2lI\omega^2}{\pi a^4}\frac{\Lambda}{\pi} \tag{20.57}$$

또한 δ는 다음과 같이 구할 수 있다.

$$\tan\delta = \frac{\Lambda/\pi}{1 - \Lambda^2/4\pi^2} \tag{20.58}$$

보통 Λ는 작으므로($\ll 1$) 일반적으로 $\Lambda^2/4\pi^2$항은 무시할 수 있다. 식 20.56은

$$G_1 \simeq \frac{2lI\omega^2}{\pi a^4} = G \tag{20.59}$$

이 되고 식 20.58은 감쇄가 작을 때 근사적으로 다음과 같이 된다.

$$\tan\delta \simeq \frac{\Lambda}{\pi} \tag{20.60}$$

복합 탄성률의 실수부 G_1은 때때로 **저장 탄성률(storage modulus)**이라 하는데, 그 이유는 그것이 변형의 탄성 성분과 위상이 같기 때문이다. 변형이 일어나는 동안 탄성체는 에너지를 저장하고 하중이 제거되었을 때 에너지를 방출한다. 허수부 G_2는 때때로 **손실 탄성률(loss modulus)**이라고 하는데, 그것은 각 주기 동안, Λ(식 20.57)와 $\tan\delta$의 관계에서 보듯이, 소멸되는 에너지의 정도를 나타내기 때문이다. E^*의 실수부와 허수부도 유사한 방법으로 표현할 수 있다.

20.5 점탄성 거동의 주파수 의존성

일정 온도에서 고분자의 저장 탄성률 E_1, 손실 탄성률 E_2와 $\tan\delta$의 값을 실험적으로 측정할 때 그들이 측정 주파수나 속도에 의존한다는 사실이 밝혀졌다. 일반적으로 $\tan\delta$와 E_2는 매우 낮거나 매우 높은 주파수에서는 통상 작고 중간 주파수에서 최대의 값을 가진다는 것이 알려졌다. 반면에, E_1은 고분자가 유리 상태를 나타내는 높은 주파수에서는 높고 고무 상태를 나타내는 낮은 주파수에서는 낮게 나타난다. E_1 값은 감쇠가 크고 $\tan\delta$와 E_2가 피크에 이르는(일반적으로 약간 다른 주파수에서 나타남) 점탄성 영역에 해당하는 중간 주파수에서 빠르게 변한다.

고분자의 점탄성 물성이 주파수에 의존한다는 것은 Maxwell 모형(20.2.1절)을 이용하여 매우 간단히 설명될 수 있다. 모형의 기계적 거동은 식 20.7에 의해 표현된다.

$$\frac{\mathrm{d}e}{\mathrm{d}t} = \frac{1}{E}\frac{\mathrm{d}\sigma}{\mathrm{d}t} + \frac{\sigma}{\eta} \tag{20.7}$$

여기서 E는 스프링의 탄성률이고, η는 대시포트의 점도이다(그림 20.2a).

모형이 특성 완화 시간, $\tau_0 = \eta/E$를 가지고 있다는 것은 이미 앞에서 설명했다. 그래서 식 20.7은

$$E\tau_0\frac{\mathrm{d}e}{\mathrm{d}t} = \tau_0\frac{\mathrm{d}\sigma}{\mathrm{d}t} + \sigma \tag{20.61}$$

만일 점탄성 물질에 가해지는 응력이 주파수 ω에서 사인 함수 형태로 변한다면 시간에 따른 응력과 변형의 변화는 복소수의 형태로 표시될 수 있음을 20.4절에서 논의하였다.

$$e = e_0 \exp \mathrm{i}\omega t$$

그리고

$$\sigma = \sigma_0 \exp \mathrm{i}(\omega t + \delta) \tag{20.40}$$

여기서 δ는 '위상차'이다. 식 20.40의 σ와 e의 관계식을 식 20.61에 대입하면

$$\frac{E\tau_0\mathrm{i}\omega}{(\tau_0\mathrm{i}\omega + 1)} = \frac{\sigma_0 \exp \mathrm{i}(\omega t + \delta)}{e_0 \exp \mathrm{i}\omega t} = \frac{\sigma}{e} \tag{20.62}$$

σ/e의 비는 복합 탄성률 E^*이고 따라서 다음과 같다.

$$E_1 + \mathrm{i}E_2 = \frac{E\tau_0\mathrm{i}\omega}{(\tau_0\mathrm{i}\omega + 1)} \tag{20.63}$$

식의 실수부와 허수부는,

$$E_1 = \frac{E\tau_0^2\omega^2}{(\tau_0^2\omega^2+1)} \text{ 그리고 } E_2 = \frac{E\tau_0\omega}{(\tau_0^2\omega^2+1)} \tag{20.64}$$

또한 $\tan\delta = E_2/E_1$이므로 다음과 같이 구할 수 있다.

$$\tan\delta = \frac{1}{\tau_0\omega} \tag{20.65}$$

일정 완화 시간을 가진 Maxwell 모형의 경우 주파수에 따른 E_1과 E_2, 그리고 $\tan\delta$의 변화를 그림 20.8에 도식적으로 제시하였다. E_1과 E_2의 거동은 $\tau_0\omega = 1$에서 E_2의 피크를 매우 잘 예측할 수 있다. 그러나 $\tan\delta$는 ω가 증가함에 따라 연속적으로 떨어지고 실험적으로 발견되는 피크는 나타나지 않는다. 표준 선형 고체와 같은 좀 더 복잡한 모형을 사용하거나 일정 범위의 완화 시간을 가지는 여러 가지의 모형을 조합해 사용하면 더 나은 예측이 가능하다.

동적 기계적 물성의 주파수 의존성을 연구하는 주요 이유 중 하나는 고분자에 있어서 특별한 형태의 분자 운동과 E_2 및 $\tan\delta$의 피크들을 연관시킬 수 있기 때문이다. 피크는 '감쇠' 효과로 간주될 수 있고 고분자 구조에서 어떤 특정 분자 움직임과 관련이 있는 주파수에서 나타난다. **유리 전이(glass transition)**에서는 감쇠가 특히 강하게 나타난다. 지금까지는 유리 전이를 비부피나 열용량 같은 물성의 변화가 실험적으로 관찰되는 단순한 정적 현상으로만 간주해 왔다(16장). T_g 이상에서는 자유 부피가 크게 증가해 분자운동이 좀 더 쉽게 일어날 수 있게 해 준다. 실험에서 적용한 주파수가 주사슬 회전에 필요한 고유 주파수와 같게 되면, T_g에서 매우 현격한 감쇠가 발생한다. 높은 주파수에서는 사슬의 풀림(uncoiling)이 일어나기에는 시간이 부족해서 물질은 상대적으로 강직해지고, 반면에 낮은 주파수에서는 사슬이 움직이기에 충분한 시간이 주어져 고분자는 부드럽고 고무상같이 된다.

반결정성 고분자의 경우 **용융 온도(melting temperature)** T_m에서도 E_2의 피크가 관찰된다. 이것은 분자들이 더 이상 결정 내에 규칙적으로 채워지지 않을 때 분자 운동이 가능할 만큼 자유도가 증가하기 때문이다.

다소 다른 주파수에서는 곁사슬(side group)의 회전과 같은 다른 형태의 분자 운동을 나타내는 감쇠가 일어날 수 있다. 이 경우 E_2와 $\tan\delta$의 피크의 크기는 일반적으로 T_g에 해당하는 피크의 크기보다 작고 이런 현상은 '이차 전이(secondary transition)'라고 한다. 고분자의 경우 동적 기계적 시험법을 사용해 주사슬과 곁사슬의 움직임을 추적할 수 있기 때문에, 이 시험법은 고분자 구조 분석에 필요한 강력한 기술의 하나로 자리 잡고 있다.

T_g와 이차 전이가 일어나는 정확한 주파수는 고분자의 구조뿐만 아니라 시험 온도에도 의존한다. 일반적으로, 전이가 일어나는 주파수는 시험 온도가 올라감에 따라 증가한다. 그리고 일정 주파수에서 시험 온도를 변화시키면서 전이를 유도할 수도 있다. 현실적인

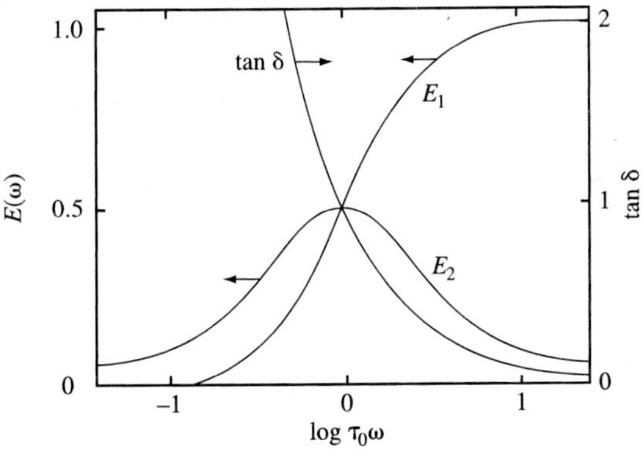

그림 20.8
스프링 탄성률 E = 1이고, 고정된 완화 시간 τ_0를 갖는 Maxwell 모형에서 주파수 ω에 따른 E_1, E_2, 그리고 $\tan\delta$의 변화.

측면에서 보면, 일반적으로 주파수를 고정하고 시험 온도를 바꾸는 방법이 일정 온도에서 주파수를 변화시키면서 측정하는 방법보다 더 용이하다. 따라서 고분자의 동적 기계적 거동에 관한 대부분의 실험 결과는 주파수를 고정한 채 일정 범위 내에서 온도를 변화시키면서 측정하여 얻어진 것이다. 고분자의 동적 기계적 거동을 완전하게 파악하기 위해서는 가능한 넓은 범위의 주파수와 온도에서 측정하는 것이 필요하다. 때때로 시간-온도 중첩(20.7절 참조)으로 알려진 방법을 통하여 다른 주파수와 온도에서 얻어진 실험 결과들을 관련시키는 것도 가능하다.

20.6 전이와 고분자 구조

동적 기계적 시험 방법을 사용하여 시험 온도의 함수로써 매우 많은 수의 고분자들의 전이 현상에 관해 폭넓은 연구가 이루어졌다. 고분자가 무정형인지 결정성인지에 따라 관찰되는 거동의 형태가 매우 달라진다는 사실이 밝혀졌다. 그림 20.9는 전형적인 무정형 고분자인 아택틱 폴리스타이렌의 온도에 따른 전단 탄성률 G_1과 tan δ의 변화를 보여 주고 있다. 전단 탄성률은 시험 온도가 증가함에 따라 감소하고, 유리 전이 영역에서 급격히 감소하는데, 여기서 tan δ는 커다란 피크를 나타낸다. 그림 20.9b는 온도에 따른 tan δ의 변화를 보여 주고 있는데, 낮은 온도 영역에서 크기가 작은 피크들을 볼 수 있다. 이것이 이차 전이에 해당한다. 가장 높은 온도에서 나타나는 피크를 일반적으로 α라 하고 순차적으로 β, γ 등등으로 부른다. 무정형 고분자에서 α-전이 또는 α-완화는 다른 물리적 시험 방법(16.2절)에 의해서도 감지할 수 있는 유리 전이에 해당된다. α-완화가 일어나는 온도는 고분자의 화학 구조에 의존하며 일반적으로 주사슬이 강직할수록 전이 온도는 증가한다(16.3절 참조). 곁사슬이 극성이거나 부피가 큰 경우 T_g 또는 α-완화 온도가 높아지고, 만약 길거나 유연하면 그 온도는 낮아진다.

이차 전이 β, γ 등과 관련이 있는 특정 메커니즘이 무엇인지를 밝히는 것은 연구 대상 고분자의 종류에 따라 그들의 위치나 발생 여부가 달라지기 때문에 때때로 어려울 수 있다. 아택틱 폴리스타이렌의 경우 적어도 세 개의 이차 전이가 문헌에 보고되고 있다(그림 20.9b). 대략 50°C에 나타나는 β-피크의 위치는 시험 주파수에 따라 상당히 민감하게 달라지고 높은 주파수에서는 α-완화와 겹쳐 나타난다. 그것은 주사슬 주위로 페닐기가 회전하거나 여러 개의 원자로 구성된 주사슬의 분절들의 협동적 운동 때문인 것으로 설명되어져 왔다. γ-피크는 머리-꼬리 중합보다는 머리-머리의 존재 때문에 나타난다고 여겨진다(4.2.3절). 그리고 δ-피크는 주사슬에 결합된 페닐기가 자체 결합축을 중심으로 회전하기 때문이라고 생각한다.

반결정성 고분자의 완화 거동을 해석하는 것은 그들이 결정과 비결정의 두 상으로 구성된 복잡한 구조를 가지고 있기 때문에(17.4절) 극히 어렵다. 결정과 무정형의 두 영역으로 분리해 무정형 영역이 유리 전이를 갖는 것으로 생각할 수도 있다. 그러나 어떤 특정 분자들은 무정형과 결정 영역을 모두 왔다 갔다 할 수 있으므로 이러한 해석은 너무 단순하다는 것은 명백하다. 폴리에틸렌의 완화 거동은 아마도 다른 어떤 반결정성 고분자보다도 많이 연구되어져 왔고, 그래서 비록 완전히 이해되지 못했다 하더라도 이를 예로써 사용하고자 한다. 그림 20.10은 두 개의 폴리에틸렌에 대해 온도에 따른 tan δ의 변화를 보여준다. 하나는 고밀도(선형)이고 다른 것은 저밀도(가지형)이다. 폴리에틸렌에는 α', α, β, γ로 지정된 네 개의 전이 영역이 있다. γ 전이는 고밀도와 저밀도 시료 모두에서 매우 비슷하게 관찰되는 반면, β-완화는 고밀도 시료에서는 관찰되지 않는다. α와 α' 피크 또한 용융이 일어나기 전 지역에서는 다소 차이가 있다.

폴리에틸렌에서 가지의 존재는 분자 그 자체에 차이를 가져올 뿐 아니라 형태학에도 차이를 가져온다. 결정화도와 결정의 크기 및 완전성은 모두 가지가 많으면 감소한다. 그

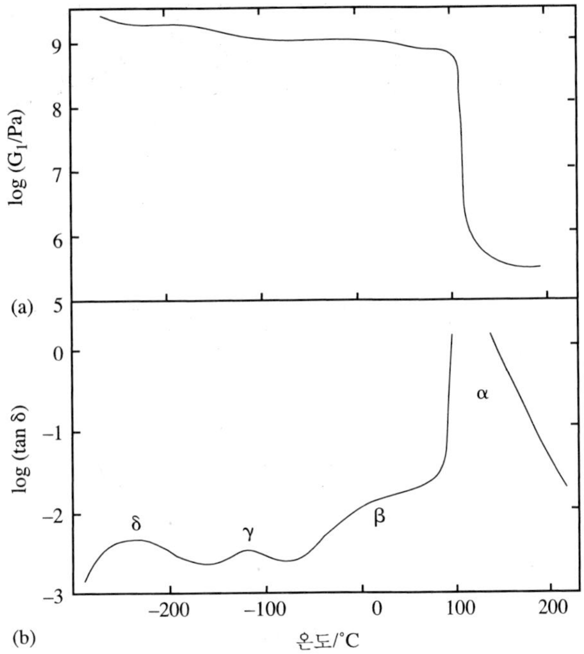

▶ **그림 20.9**
폴리스타이렌의 온도에 따른 (a) 전단 탄성률 G_1과 (b) tan δ의 변화. (자료 출처: Arridge, R.G.C., Mechanics of Polymers, Clarendon Press, Oxford, U.K., 1975.)

리고 가지의 존재는 완화 거동의 해석을 복잡하게 만든다. α'-와 α-완화의 크기는 결정화도가 낮아지면 감소하므로 그들이 결정 영역 내의 운동과 관련이 있다는 것을 암시한다. 반면에, γ-완화의 크기는 결정도가 감소하면 증가하다. 이는 무정형 물질과 관련이 있다는 것을 의미하며 잠정적으로 비결정 영역의 유리 전이와 관련이 있다고 알려져 있다. 가지가 없어지면 β-전이가 함께 사라지는 것은 그것이 가지점에서의 완화와 관련이 있다는 것을 강하게 나타낸다. 일반적으로 결정성 고분자의 경우 피크가 어떤 특별한 종류의 분자 운동과 관련이 있는지를 밝히는 것은 때때로 매우 어렵고 자주 논쟁의 대상이 되는 문제이다.

20.7 시간-온도 중첩

고분자의 점탄성 성질에 미치는 시간과 온도 의존성은 서로 관련지어 해석하는 것이 가능함을 이미 앞부분에서 논의한 바 있다. 시간과 온도 사이에는 일반적인 대등성이 있다고 생각된다. 예를 들어, 주어진 시험 조건하에서 고무 성질을 나타내는 고분자를 대상으로, 온도를 감소시키거나 시험 속도 또는 주파수를 증가시켜 유리상 거동이 나타나도록 유도할 수 있다. 이런 형태의 거동은 그림 20.11에서 볼 수 있듯이, 시험 주파수에 따른 고분자의 전단 컴플라이언스 J의 변화를, T_g 영역을 중심으로 서로 다른 온도에서 측정한

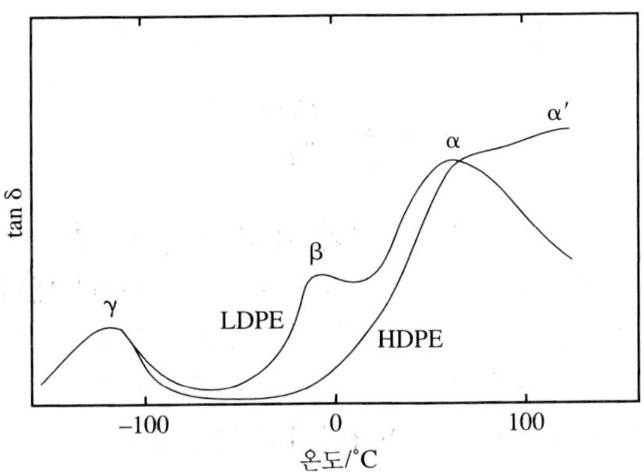

▶ **그림 20.10**
고밀도 및 저밀도 폴리에틸렌의 온도에 따른 tan δ의 변화. (자료 출처: Ward, I.M., Mechanical Properties of Solid Polymers, 2nd edn., Wiley-Interscience, New York, 1983.)

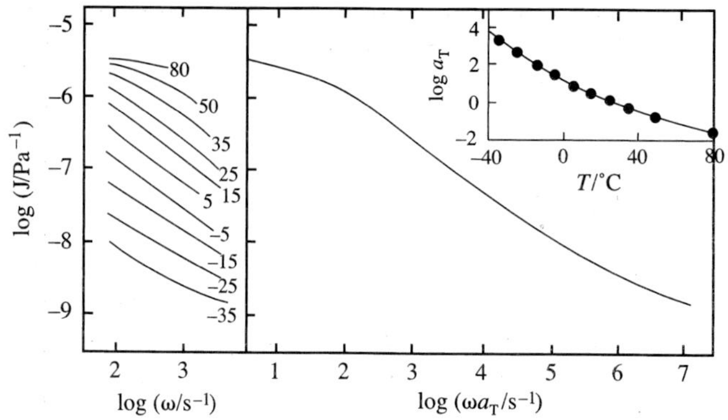

▶ 그림 20.11
폴리아이소뷰틸렌의 전단 컴플라이언스 J를 이용한 시간-온도 중첩 원리의 예. 서로 다른 온도에서 얻은 주파수의 함수인 J 곡선들은 이동 인자 a_T를 이용하여 마스터 곡선에 놓이도록 이동시킬 수 있다. (자료 출처: Fitzgerald, E.R. et al., J. Appl. Phys., 24, 650, 1953.)

결과에 잘 나타나 있다. 온도가 높고 주파수가 낮아지면 높은 컴플라이언스를 가진 고무 상태가 되고, 온도가 낮아지고 주파수가 높아지면 낮은 컴플라이언스를 가진 유리 상태가 된다.

그림 20.11에서 한 개의 곡선을 지정해 그것은 고정시킨 채 나머지 모두를 로그로 나타낸 주파수 축을 따라 수평 방향으로 평행하게 이동시키면 하나의 곡선으로 중첩됨을 볼 수 있다. 임의의 온도를 고정시킬 곡선으로 선택할 경우 이 온도를 기준 온도 T_s라 하고, T_s에 해당하는 곡선 위의 특정 컴플라이언스를 가지는 점의 주파수는 ω_s이며, 다른 온도에 해당하는 곡선에서 컴플라이언스 값이 같아지는 점의 주파수가 ω라면, 두 곡선을 겹치기 위하여 이동하는 변위 양은 로그 주파수 축을 따라 $(\log \omega_s - \log \omega)$이다. '이동 인자(shift factor)' a_T는 다음으로 정의된다.

$$\log a_T = \log \omega_s - \log \omega = \log\left(\frac{\omega_s}{\omega}\right) \tag{20.66}$$

그리고 이 매개변수는 단지 온도만의 함수이다. 곡선을 겹치기 위해 사용되어야 하는 로그 a_T의 값들을 그림 20.11에 같이 제시하였다. 고분자의 밀도는 온도에 따라 변하게 되고 이것 또한 고분자의 컴플라이언스에 영향을 준다. 만일 높은 정확도가 요구되지 않는다면 일반적으로 이를 고려할 필요는 없다. 시간-온도 중첩에 대한 초기 연구의 대부분은 Williams, Landel, Ferry에 의해 이루어졌다. 이들은 a_T가 다음 형태의 식으로 표시될 수 있다고 제안했다.

$$\log a_T = \frac{-C_1(T - T_s)}{C_2 + (T - T_s)} \tag{20.67}$$

여기서 C_1와 C_2는 상수이고, T_s는 기준 온도이다.

이 식은 일반적으로 **WLF 식**이라고 하고 원래 실험적으로 개발되었다. 이 식은 유리전이 온도 부근에서 매우 넓은 범위의 다양한 고분자에 극히 잘 맞는다. T_s를 팽창법(dilatometry)과 같은 정적 방법에 의해 측정된 T_g로 선택하면

$$\log a_T = \frac{-C_1^g(T - T_g)}{C_2^g + (T - T_g)} \tag{20.68}$$

그리고 새로운 상수 C_1^g과 C_2^g는 각각 17.4와 51.6 K의 값을 갖는 만능(universal) 상수이다. 사실상 상수는 고분자에 따라 그 값이 다소 바뀐다. 그러나 대개 만능 상수를 사용하면 측정된 값에 가까운 이동 인자를 얻을 수 있으므로 그대로 사용해도 큰 위험은 없다.

다른 온도에서 얻어진 결과를 중첩시켜 얻어지는 WLF 마스터 곡선은 고분자의 기계적 거동을 나타내는 매우 유용한 방법이다. WLF 식은 또한 실험적 결과가 얻어질 수 있

는 온도와 주파수(혹은 시간)를 벗어난 범위에서의 고분자의 기계적 움직임을 예측하는데 유용하다.

비록 WLF 식은 원래 곡선 맞춤에 의해 개발되었지만 자유 부피를 고려하면 그 타당성을 이론적으로 설명할 수 있다. 16.2절에 소개된 자유 부피의 개념은 온도에 따라 고분자의 비부피는 변하고 T_g에서 V–T 곡선의 기울기가 급격히 변한다는 내용이다. 고분자의 경우 자유 부피 분율 f_v는 다음의 식으로 주어진다(식 16.10):

$$f_V = f_g + (T - T_g)\alpha_f \tag{20.69}$$

여기서 f_g는 T_g에서의 자유 부피 분율이고, α_f는 자유 부피의 열팽창 계수이다.

WLF 식 형태를 가진 관계식을 유도하는 방법은 여러 가지가 있다. 그러나 아마도 가장 쉬운 방법으로는 고분자가 완화 시간, τ_0(20.2절)를 가지는 점탄성 모형에 따라 움직인다고 가정하는 것이다. Maxwell 모형의 경우 $\tau_0 = \eta/E$이고, 여기서 η은 대시포트의 점도이고 E는 스프링의 탄성률이다. E는 온도에 독립적이고 η만이 온도에 따라 변한다고 가정할 수 있다. 만일 시간-온도 중첩에서의 이동이 완화 시간을 맞추는 과정으로 생각된다면 T_g가 기준 온도로 사용 되었을 때 이동 인자는 다음과 같다.

$$a_T = \frac{\tau_0(T)}{\tau_0(T_g)} = \frac{\eta(T)}{\eta(T_g)} \tag{20.70}$$

액체의 점도를 연구한 Doolittle에 의해 개발된 준실험식을 이용하면 점도와 자유 부피의 관계식을 구할 수 있다. 그는 다음과 같은 형태의 식을 통하여 액체의 점도 η가 자유 부피 V_f와 관련이 있음을 보였다.

$$\ln \eta = \ln A + \frac{B(V - V_f)}{V_f} \tag{20.71}$$

여기서 V는 총부피이고, A와 B는 상수이다.

이 식을 재배열하면

$$\ln \eta(T) = \ln A + B\left(\frac{1}{f_V} - 1\right) \tag{20.72}$$

그리고 T_g에서

$$\ln \eta(T_g) = \ln A + B\left(\frac{1}{f_g} - 1\right) \tag{20.73}$$

식 20.72에 식 20.69의 f_v를 사용하고 식 20.72에서 식 20.73을 빼면

$$\ln \frac{\eta(T)}{\eta(T_g)} = B\left(\frac{1}{f_g + \alpha_f(T - T_g)} - \frac{1}{f_g}\right) \tag{20.74}$$

재배열하면

$$\log \frac{\eta(T)}{\eta(T_g)} = \log a_T = \frac{-(B/2.303 f_g)(T - T_g)}{f_g/\alpha_f + (T - T_g)} \tag{20.75}$$

이것은 WLF 식 20.67과 동일한 형태를 가지고 있다. WLF 식에서 만능 상수 C_1^g과 C_2^g의 본질적 의미로부터, 종류가 다른 고분자들에 대하여 f_g와 α_f가 같아야 한다는 것을 암시한다. 대부분의 무정형 고분자에 경우 f_g는 0.025 수준이고 α_f는 대략 $4.8 \times 10^{-4}K^{-1}$ 이라는 것이 밝혀졌다.

20.8 얽힘 효과

고분자가 고무상과 유리상 사이를 전이하는 경우에는 얽힘(entanglement) 또는 가교결합 등의 영향이 적으므로, 고분자의 점탄성 거동은 고분자 형태의 공간 재배열에 지배적으로 영향을 받는다. 이 때문에 몰질량이 매우 낮은 경우가 아니면, 고분자의 몰질량은 전이 영역에서의 거동에 크게 영향을 주지 못한다. 그러나 그림 20.12에서 볼 수 있듯이, 고무상 영역에서의 고분자의 물성은 몰질량에 매우 의존한다. 이 그림에서는 몰질량 분포가 매우 좁은 폴리스타이렌의 여러 샘플을 대상으로, 160°C에서 WLF 이동 인자 a_T를 곱한 주파수 ω를 곱한 실험 주파수에 따른 G_1값을 WLF 로그-로그 그래프로 나타내었다. 몰질량이 작은 경우에는, 실험 주파수가 증가함에 따라 로그G_1이 지속적으로 증가한다. 몰질량 M이 증가하면 이 곡선은 점차적으로 낮은 주파수 쪽으로 이동한다. 몰질량이 보다 큰 경우에는, 로그G_1이 처음에는 주파수 증가에 따라 증가하다가 평탄 영역에까지 도달하고, 이 평탄 영역의 길이는 몰질량이 증가할수록 커진다. 몰질량 증가에 따른 평탄 영역의 형성은 얽힘 네트워크가 시작되는 시점과 관련이 있다. 평탄 영역에서의 고분자 탄성률 G_N^0는 **평탄 탄성률(plateau modulus)**이라고 하고, 실제로는 얽힘 망의 준평형(pseudo equilibrium) 탄성 계수이다.

G_N^0는 고분자마다 다른 값을 갖는다. 그러나 얽힘 망이 형성될 정도로 고분자 사슬의 길이가 되면, 이 값은 근본적으로 몰질량에 무관하다. 고분자 사슬이 튜브 안에 구속되어 있다는 개념에 관한 de Gennes의 사행 이론(reptation theory)을 이용하여(그림 16.9) Doi와 Edwards는 다음과 같이 예측하였다.

$$G_N^o \propto M^0 \tag{20.76}$$

즉 G_N^0는 M에 무관하다는 것이다. 이 결과는 고분자 점도 η가 M^3에 의존한다(식 16.32)는 예측과 함께 사행 이론이 성공적임을 증명하는 데 도움이 되었다. 이로 인해 de Gennes이 고분자와 액정의 연구 업적을 인정받아서 1991년 Nobel상(Novel prize)을 수상하게 되었다.

Graessley와 Edwards는 고분자가 서로 다른 G_N^0값을 갖는 이유에 대하여 조사하였다. 이들은 고무 탄성(21.3.3절)과 유사성을 이용하여 상호작용 밀도, 또는 단위 부피당 탄성

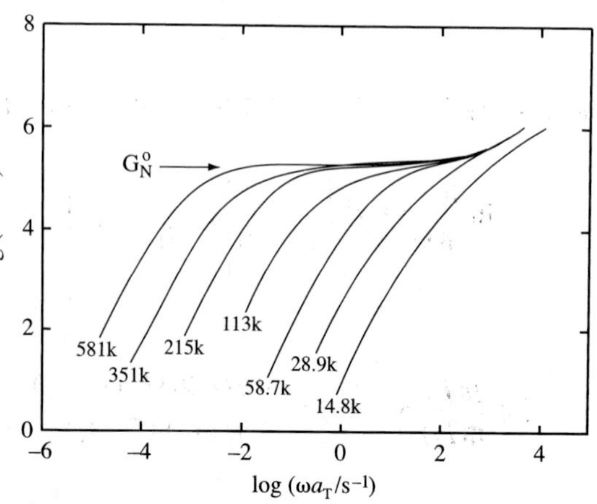

▶ 그림 20.12
좁은 몰질량 (몰질량 단위는 g mol^{-1}) 분포를 갖는 여러 가지 폴리스타이렌 시료를 대상으로 160°C에서 측정한 저장 탄성률을 WLF 곡선으로 나타낸 그림. (자료 출처: Onogi, T. et al., Macromolecules, 3, 109, 1970.)

고분자 사슬의 수로써 $G_N^0/\mathbf{k}T$ ($\mathbf{k}$는 Boltzmann 상수이고 T는 절대 온도)를 정의하였다. 이 경우, 고분자의 구조와 사슬 형태가 다르면 서로 다른 G_N^0을 갖게 된다. 이러한 사슬 특성은 **Kuhn 길이** b (10.3.2절)로 설명하는데, 이는 이론 사슬을 설명하는 자유롭게 연결된 사슬 구조에서 분절(link)의 길이이고, 고분자의 특성을 나타내며, 실제 사슬에 상당하는 크기를 의미한다. 등가 분절당 탄성 사슬의 개수는 $G_N^0b^3/\mathbf{k}T$에 비례한다. 여기서 b^3은 등가 분절당 부피에 비례한다. 이는 단위 부피당 고분자 사슬의 수 ν와 사슬 부피의 곱으로 표현되는 등가 분절의 부피 분율과 연관시킬 수 있다. 사슬 부피는 사슬의 **윤곽 길이(contour length)** (10.3.1절)와 b^2에 비례하는 단면적의 곱으로 주어진다. 따라서 분절의 부피 분율은 νLb^2에 비례한다. Graessley와 Edwards는 $G_N^0b^3/\mathbf{k}T$는 명시적으로 νLb^2의 함수로 표시할 수 있다고 가정하였다. 즉, 다음과 같다.

$$\frac{G_N^0 b^3}{\mathbf{k}T} = \mathrm{F}(\nu Lb^2) \tag{20.77}$$

15개의 서로 다른 고분자의 실험 결과를 주의 깊게 관찰한 결과, Graessley와 Edwards는 함수 $\mathrm{F}(\nu Lb^2)$는 다음과 같이 지수 법칙의 형태를 갖추어야 한다고 결론지었다.

$$\frac{G_N^0 b^3}{\mathbf{k}T} = K_1(\nu Lb^2)^a \tag{20.78}$$

여기서 비례 상수 K_1과 지수 a는 모두 만능 상수이다.

많은 고분자 용융체를 대상으로 무차원 상호작용 밀도 $G_N^0b^3/\mathbf{k}T$와 무차원 윤곽 길이 농도 νLb^2에 관한 결과가 그림 20.13에 제시되었다. 여기서 알 수 있듯이 실험 결과가 직선 기울기 2 (= a)에 근접하게 일치하고 있다. $a = 2$에 대해 데이터를 최적으로 맞추었을 때 $K_1 = 0.0108 \pm 0.0033$이다. 두 개의 분절이 참여하는 이성분 상호작용인 경우 단위 부피당 얽힘의 수는 이론적으로 등가 분절의 부피 분율의 제곱에 비례하기 때문에, 이 경우 $a = 2$, 식 20.78이 지수 법칙에 의존하는 것을 합리적으로 설명할 수 있게 된다.

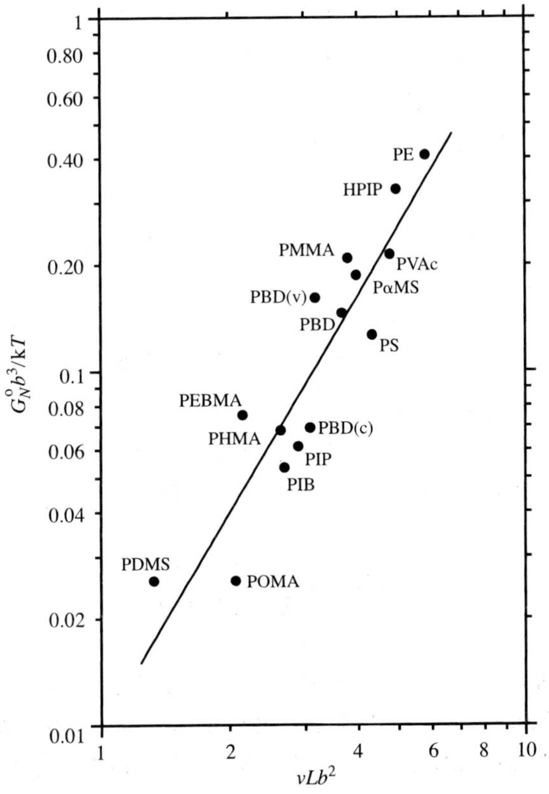

▶ 그림 20.13
무차원 상호작용 밀도 $G_N^0b^3/\mathbf{k}T$와 무차원 윤곽 길이 농도 VLb²에 대한 플롯. 고분자의 약어는 다음과 같다: PE, polyethylene; HPIP, hydrogenated polyisoprene; PMMA, poly(methyl methacrylate); PVAc, poly(vinyl acetate); PαMS, poly(α-methyl styrene); PBD(v), high vinyl-content polybutadiene; PBD, polybutadiene; PS, polystyrene; PEBMA, poly(2-ethylbutyl methacrylate); PHMA, poly(n-hexyl methacylate); PBD(c), high cis-content polybutadiene; PIP, high cis-content polyisoprene; PIB, polyisobutylene; PDMS, polydimethylsiloxane; POMA, poly(n-octyl methacrylate). (자료 출처: Graessley, W.W. and Edwards, S.F., Polymer, 22, 1329, 1981.)

20.9 비선형 점탄성

고분자의 점탄성 거동을 분석함에 있어 불행하게도 선형 점탄성 이론은 실제 상황에서 변형하는 대부분의 고분자에 적용될 수 없다. Hooke 법칙과 Newton 법칙은 단지 변형이 적을 경우에만 맞는다는 것을 앞에서 강조하였다(20.2절). 그러나 많은 고분자 특히 반결정성 고분자는 심지어 변형이 작은 경우에서조차 Boltzmann 중첩 원리를 따르지 않는다. 그리고 하중이 정확히 어떤 경로를 거쳐 가해졌는가에 따라 응력과 변형의 최종적 상태가 결정된다는 사실이 밝혀졌다. 이와 같은 경우, 통상 실험적 접근법이 사용된다. 기계적 물성은 예측되는 사용 조건의 범위(예: 응력, 변형, 시간과 온도)에서 평가되고, 현실적으로 적용하기 위해서 표로 만들어지거나 그래프로 나타내어진다.

문제

20.1 고분자의 점탄성 거동을 설명하기 위해서 기계적 모형을 자주 사용한다. 스프링과 대시포트가 직렬로 구성되어 있는 Maxwell 모형은 점탄성 물질의 시간(t)에 따른 변형(e)을 다음과 같은 식으로 예측한다.

$$\frac{\mathrm{d}e}{\mathrm{d}t} = \frac{1}{E}\frac{\mathrm{d}\sigma}{\mathrm{d}t} + \frac{\sigma}{\eta} \qquad \begin{aligned} &E = \text{스프링의 탄성률} \\ &\eta = \text{대시포트의 점도} \end{aligned}$$

여기서 σ는 응력이다. Voigt 모형은 스프링과 대시포트가 병렬로 연결되어 다음과 같은 식으로 표현된다.

$$\frac{\mathrm{d}e}{\mathrm{d}t} = \frac{\sigma}{\eta} - \frac{Ee}{\eta}$$

(a) 두 모형에 대해, 일정한 응력 속도(즉, $d\sigma/dt=$일정)를 주었을 때 시간에 따른 변형의 변화를 나타내는 식을 유도하시오.

(b) 두 모형에 대해, 일정한 변형 속도($de/dt=$일정)를 주었을 때 시간에 따른 응력의 변화를 나타내는 식을 유도하시오.

20.2 점탄성 물질로 만든 고리 모양의 밀봉재가 두 파이프를 연결하는 데 사용되었다. 연결 부위 사이에서 밀봉재는 크기가 0.2인 압축 변형하에 놓여 있다. 밀봉재는 Maxwell 모형을 따른다고 가정하고, 유체 내부 압력 0.3 MPa이 작용하고 있다면 누출이 발생하기 전까지 걸리는 시간을 구하시오. 여기서 물질의 완화 시간 τ_0는 300일이고, 단기(순간) 탄성률은 3 MPa이라고 가정하시오.

20.3 Boltzmann 중첩 원리를 따르는 점탄성 고분자는, $t=0$일 때 일정한 인장 응력 15 MPa를 받고 있다가 $t=100$ s일 때 응력이 제거되었다. 만약 크리프 컴플라이언스가 다음과 같다면 $t=200$ s일 때 총변형은 얼마인가? 단, $J_o=2\ \mathrm{m^2/GN}$

$$J(t) = J_0\left(1+\left\{\frac{t}{500}\right\}\right)$$

20.4 Boltzmann 중첩 원리를 따르는 점탄성 고분자가 다음과 같은 변형 조건하에 있다. $t=0$일 때 20 MPa의 인장 응력을 순간적으로 작용하여 100 s 동안 유지한 후, 응력이 없어질 때까지 $0.2\ \mathrm{MPa\,s^{-1}}$의 응력 속도로 감소시켰다. 만약 물질의 크리프 컴플

라이언스가 다음과 같이 주어진다면,

$$J(t) = J_0\left(1 - \exp\left\{\frac{-t}{\tau_0}\right\}\right)$$

여기서 $J_0 = 3\ \text{m}^2/\text{GN}$이고, $\tau_0 = 200\ \text{s}$이다.

다음을 구하시오.
(a) 100 s 후의 변형(응력이 반대가 되기 전)
(b) 응력이 '0' 이 될 때 잔류 변형

20.5 점탄성 물질이 각주파수 ω를 갖는 주기적인 사인 형태의 하중을 받고 있다. 시간(t)에 따른 변형 e과 응력 σ의 변화가 다음 식으로 표현된다고 가정하자.

$$e = e_0 \sin \omega t$$

$$\sigma = \sigma_0 \sin(\omega t + \delta)$$

여기서 δ는 응력과 변형의 위상차를 말한다. 이때 변형의 한 주기당 소멸되는 에너지 ΔU는 다음과 같이 되는 것을 증명하시오.

$$\Delta U = \sigma_0 e_0 \pi \sin \delta$$

참고 문헌

Arridge, R.G.C., *Mechanics of Polymers*, Clarendon Press, Oxford, U.K., 1975.
Doi, M. and Edwards, S.F., *The Theory of Polymer Dynamics*, Clarendon Press, Oxford, 1986.
Ferry, J.D., *Viscoelastic Properties of Polymers*, Wiley, New York, 1970.
Lakes, R.S., *Viscoelastic Solids*, CRC Press, Boca Raton, FL, 1999.
Lin Y.-H., *Polymer Viscoelasticity: Basics, Molecular Theories, and Experiments*, World Scientific Publishing Co. Pte. Ltd, Singapore, 2003.
Mark, J.E. (ed), *Physical Properties of Polymers Handbook*, Springer, New York, 2007.
Shaw, M.T. and MacKnight, W.J., *Introduction to Viscoelasticity*, 3rd edn., John Wiley & Sons, Hoboken, NJ, 2005.
Sperling, L.H., *Introduction to Physical Polymer Science*, 4th edn., Wiley-Interscience, New York, 2006.
Ward, I.M., *Mechanical Properties of Solid Polymers*, 2nd edn., Wiley-Interscience, New York, 1983.
Williams, J.G., *Stress Analysis of Polymers*, Longman, London, U.K., 1973.

21 탄성체

21.1 서론

가교 고무, 즉 **탄성체(elastomer)**는 원래 길이의 5~10배까지 늘어나며, 응력이 제거되면 빠르게 거의 원래 모양으로 복원되는 뛰어난 능력을 가지고 있다. 이런 현상은 견딜 수 있는 최대 가역 변형이 1%도 안 되는 금속이나 세라믹 같은 물질들과는 판이한 점이다. 탄성체의 기계적 거동을 현상학적 측면과 분자적 측면에서 살펴보고, 기계적 성질 또한 기본적 원리로부터 예측 가능함을 보여 주려 한다.

21.1.1 일반적 고려 사항

우선 고무 탄성을 갖기 위한 분자 구조적 요건을 살펴보자면 다음의 **세 가지**를 들 수 있다.

- 주어진 고분자는 그것의 유리 전이 온도 T_g 이상에서 존재하여야 한다.
- 고분자는 매우 낮은 결정화도를 가져야 한다($x_c \rightarrow 0$).
- 고분자는 낮은 가교도를 가져야 한다.

많은 고분자들이 이상의 조건을 만족하지만 진정한 고무 탄성을 갖는 것은 소수에 불과하다. 예를 들어 폴리에틸렌은 실온이 그것의 유리 전이 온도 이상이지만 결정화도가 너무 높아 탄성체가 아니다. 에틸렌을 프로필렌과 공중합하게 되면 에틸렌/프로필렌 고무가 된다. 이런 물질은 가교하게 되면 탄성체가 된다. 천연적으로 형성된 *cis*-1,4-폴리아이소프렌(*cis*-1,4-polyisoprene)인 **천연 고무(natural rubber)**를 가교하게 되면 고무탄성을 갖게 된다는 사실은 이미 수십 년 전부터 알려진 것이다. 천연 고무는 자연 그대로의 것은 끈적거리고 흐름성이 있지만, 가교가 도입되면 유용한 고무 탄성을 보이게 된다.

결정성의 중요성은 6.3절에서 설명된 폴리아이소프렌(polyisoprene)의 천연적 이성질체 두 개의 물리적 물성의 비교에서 잘 나타난다. 사슬들이 시스(*cis*) 입체형태를 갖게 되면 결정화가 어렵게 된다. 천연 고무의 결정화도는 매우 낮으며 녹는점(약 35℃)도 실온보다 조금 높다. *cis*-1,4-폴리아이소프렌의 사슬은 단일 결합을 중심으로 쉽게 회전하여 상대적으로 용이하게 변형하며 가교를 통해 훌륭한 고무 탄성을 발현한다. 반면에 두 종의 *trans*-1,4-폴리아이소프렌으로 이루어진 구타 페르차(gutta percha)와 발라타(balata)의 경우에는 사슬들이 좀 더 규칙적이며 높은 결정화도를 갖는다. 이는 결정화가 더 쉽게 이루어지기 때문이며, 또한 좀 더 안정한(T_m 약 75℃) 결정을 형성한다. 또한 트랜스(*trans*) 형태는 사슬 자체가 유연성이 부족하기도 하다. 이런 요인들은 상대적으로 딱딱하며 고무 탄성을 발현하지 못 하게 한다. 많은 응용 분야에서 천연 고무가 사용되지만, 합성 고무 또한 사용된다. 천연 고무는 내화학성이 부족하며, 유기 용매에 팽윤된다. 합성 고무는 이런 단점들을 보완할 수 있게 한다. 또한 탄성체에는 카본 블랙(carbon black)과 같은 여러 종의 첨가제들이 사용되는데, 카본 블랙의 경우에는 강성도(stiffness), 강도(strength)와 같은 기계적 강도를 보강하고 내마모성을 향상시킨다.

21.1.2 가황

고무를 가교하는 공정은 역사적 이유로 가황(vulcanization) 공정이라고 한다(1.1절). 처음에는 천연 고무에 적용하기 위해 가황(sulphur vulcanization)이 개발되었지만, 불포화 결합을 포함하는 대부분의 고무의 가교에 적용할 수 있다. 황은 고무 양 대비 0.5~5 pph 정도 사용되며, 보통 120~180°C에서 성형 공정 중에 가열하면서 이루어진다. 다음 그림에는 뷰타다이엔(butadiene) 기반 고분자를 가교하는 반응을 예로 제시하여 놓았다. 다른 성분이 없다면 이 반응은 상대적으로 느리며 효율이 떨어진다(큰 *m*값). 따라서 반응 속도와 효율성($m = 1$ 혹은 2)을 향상시키기 위해 보통 가속제(예: mercaptobenzothiazole)와 활성제(예: zinc stearate)를 첨가한다.

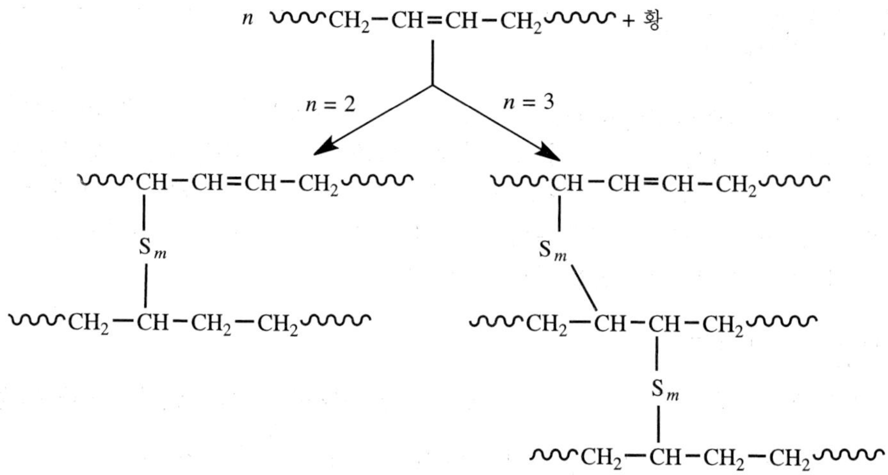

황을 사용하지 않는 가황은 불포화 결합을 보유하지 않은 고무[예: 폴리(에틸렌-*co*-프로필렌)과 실록세인]를 위해 개발되었지만, 불포화 결합이 있는 경우에도 적용된다. 가교는 황을 사용하는 공정과 유사한 온도에서 과산화류의 라디칼 개시제(예: cumyl peroxide와 benzoyl peroxide)에 의해 진행된다. 포화 고무에서 개시제에 의해 형성된 라디칼(R˙)은 C−H 결합에서 수소 원자를 축출하여 고분자 라디칼을 형성하고, 이것 두 개가 다시 결합함으로써 가교를 형성한다.

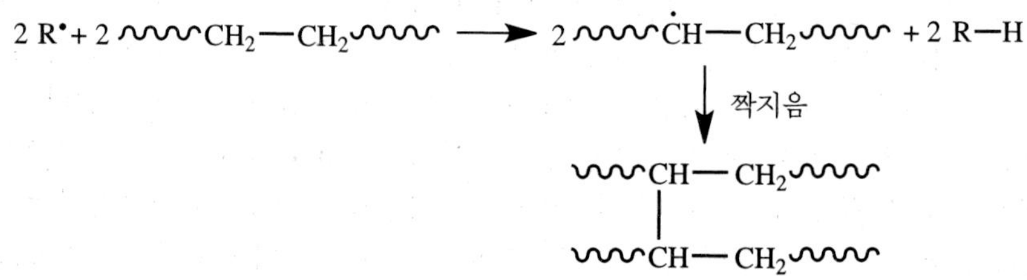

유사한 반응이 불포화 고무에서의 알릴 라디칼(allylic radical)의 형성과 결합 과정에 일어나며, 알릴 라디칼은 C=C 결합에 첨가되어 가교를 형성할 수도 있다.

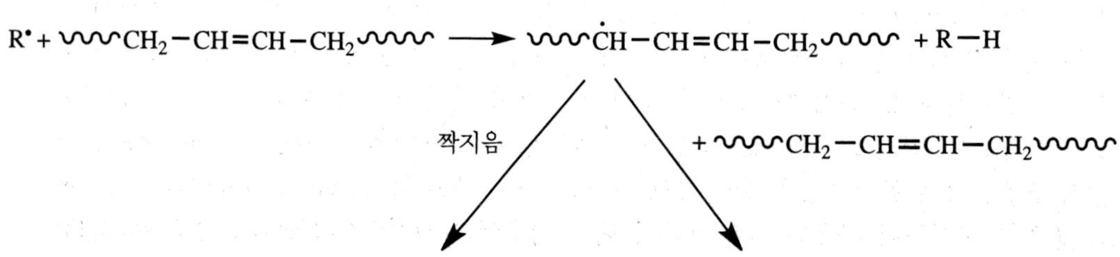

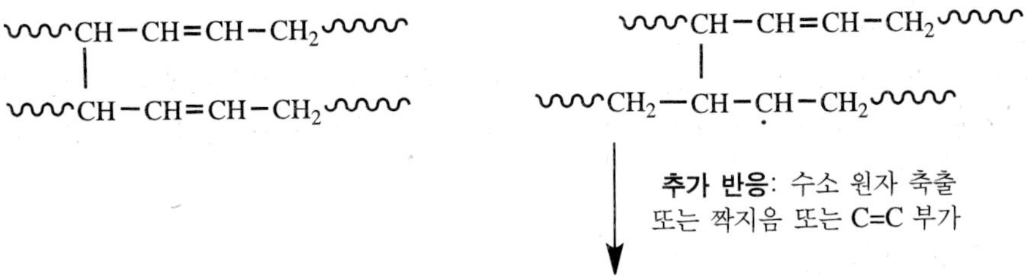

또 다른 황을 사용하지 않는 가황 방법(예: 폴리클로로프렌 혹은 실록세인의 실온 가교)들이 개발된 바 있으나 이 책에서는 다루지 않는다.

어느 특정 탄성체의 물성은 그 가교 구조의 성격에 의존한다. 가교 구조는 적어도 세 개의 사슬들이 모여 형성된 연결점을 갖고 있는 무정형 고분자 그물구조로 요약할 수 있다. 모든 사슬은 두 개의 서로 다른 가교점에 연결된 것으로 볼 수 있다. 현실적으로는 이는 지나치게 단순화된 관점이며, 실제의 상황은 그림 21.1과 유사할 것이다. 몰질량이 무한대가 아니라면 반드시 가교점에 연결되지 않은 사슬 끝 분절들이 존재하기 마련이다. 또한 동일 분자내 가교가 이루어지면 고리상 구조가 형성된다. 거론된 두 가지의 구조적 변종은 탄성에 공헌하지 못한다. 그러나 사슬 얽힘은 활성 가교처럼 작용하며, 이는 가교되지 않은 고무에서도 짧은 시간 동안의 부하에서는 충분히 작동한다.

실온에서 천연 고무의 결정화는 ΔT가 작은 관계로 매우 느리지만, 시료를 연신(stretching)하게 되면 매우 빠르게 결정화가 진행된다. 결정화도나 속도는 연신의 정도나 연신의 유지 시간에 의존한다. 연신률이 300~400%에서는 매우 빠른 결정화가 이루어지며, 최대 30%의 결정화도를 보인다. 결정화의 증거는 X선 회절에서 나타나는 원호상(arc)에서 찾아볼 수 있다. 연신하지 않은 시료는 비결정성이며, X선 회절에서 확산된 고리상(diffused ring)을 보인다. 천연 고무를 변형하게 되면 사슬들이 연신 방향으로 배열하게 된다. 고분자 사슬들은 결정 시 항상 나란히 정열되므로 결정화에 따라 엔트로피는

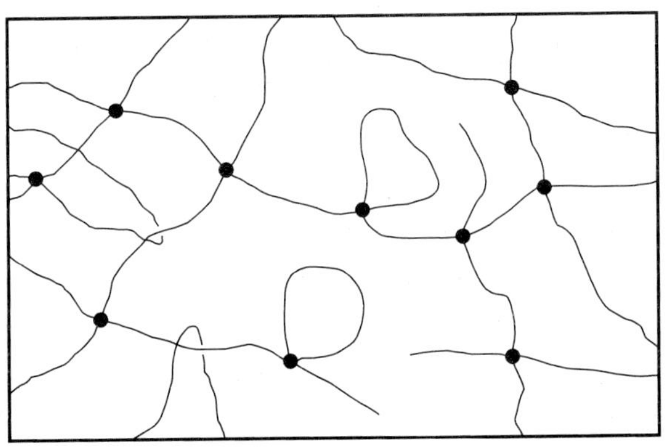

그림 21.1
탄성체의 사슬들이 보유하는 정상적 가교, 사슬 끝, 분자내 고리, 사슬 얽힘의 개념도.

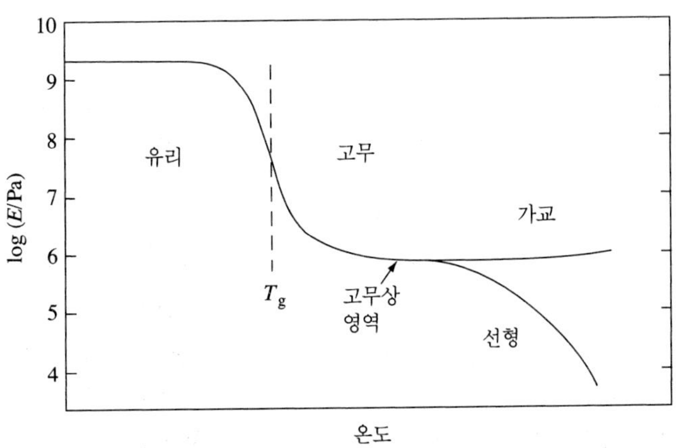

그림 21.2
전형적 고분자 물질의 온도에 따른 Young 탄성률 E의 변화. 고무상 영역과 고무상 상태의 탄성률에 미치는 가교의 영향을 보여 준다.

감소한다(17.1.1절). 따라서 연신은 결정화를 돕게 되며 회절 실험에서 관찰되는 원호상 패턴은 연신 방향에 평행한 c축을 따라 형성된 결정에 의해 형성된 것이다. 한편 비연신 시료에 결정화가 이루어지면 회절 패턴은 고리상에 그치며, 이는 형성된 결정이 특정한 방향성이 없음을 시사한다.

21.1.3 기계적 거동

대부분의 비결정성 고분자는 고무와 유사한 상태로 존재할 수 있다. 그림 21.2는 고정된 시험 속도 혹은 시험 주파수에 대해 무정형 고분자의 온도에 따른 Young 탄성률 E의 변화를 보여 준다. 낮은 온도에서 고분자는 높은 탄성률(약 10^9 Pa)을 가진 유리 상태이다. 탄성률은 고분자가 점탄성적인 유리 전이 지역을 통과하면서 떨어지며, 그 값은 속도와 온도 의존성을 보인다. 만약 주어진 고분자가 사슬 얽힘을 유발하기에 충분한[예: $M > M_e$, 여기서 M_e는 사슬 얽힘 임계 몰질량(16.4.1절 참조)] 몰질량을 갖는다면, 온도가 상승함에 따라 고분자는 고무상 평탄 영역에 도달하여 일정한 탄성률을 갖게 된다. 선형 고분자가 갖고 있는 몰질량에 따라 충분히 높은 온도에서는 탄성률이 0에 접근하며, 액체처럼 거동하게 된다(20.8절 참조). 그러나 만약 고분자가 가교되어 있다면 탄성률이 약 10^6 Pa 수준에 머무르거나 약간 상승하는 거동을 보일 것이다.

탄성체의 독특한 변형 거동은 여러 해 동안 과학자들을 매료시켰으며, 19세기 초기부터 천연 고무의 변형을 연구한 많은 보고들이 있다. 탄성체 변형의 해석에는 열역학을 사용한 분석이 특별히 유용하다. 왜냐하면 탄성체는 본질적으로 '엔트로피 스프링' 처럼 행동하기 때문이다. 분자로 이루어진 그물구조의 통계 열역학적 해석을 통한 기본 원리로부터 기초적 형태의 응력–변형 관계를 유도할 수 있기까지 하다.

21.2 탄성체 변형의 열역학적 해석

탄성체는 상당히 넓은 가역적 변형 능력을 가졌을 뿐만 아니라 변형 거동 자체에서 비일상적이고 좀 더 자세히 고려해 볼 가치가 있는 몇 가지 다른 신비스런 측면이 있다. 잘 알려진 성질로 탄성체가 빠르게 늘어날 때 따뜻해지며, 역으로 일정한 연신 상태에서 평형 상태를 유지하다가 빠르게 수축되면 차가워진다. 이것은 탄성 밴드를 온도 변화에 상당히 민감한 입술에 대고 빠르게 늘림으로써 쉽게 증명될 수 있다. 또 다른 성질로는 일정 응력하에서 온도가 증가함에 따라서 탄성체의 길이가 감소한다는 점이다. 반면에, 응력을 받지 않은 시편은 일상적인 온도 팽창 현상을 보인다. 탄성체의 변형을 열역학적 항을 사용해 고찰함으로써 이러한 열–기계적(thermomechanical) 거동을 합리적으로 설명할 수 있다. 이러한 열역학적 고찰은 탄성적 시편에 있어서의 힘, 길이와 온도 사이의 기본 관계를 내부 에너지와 엔트로피 같은 매개변수의 항으로 표현 가능케 한다. 분석을 단순화할 수 있는 한 가지의 중요한 실험적 관찰 결과는 탄성체의 변형 시 대략적으로 부피가 일정하게 유지된다는 것이다(Poisson 비 약 0.5).

열역학 제일 법칙에 의해 계의 내부 에너지의 변화 $\mathrm{d}U$와 계에 의해 흡수된 열 $đQ$와 계에 의해 행해진 일 $đW$의 변화량 사이에 다음과 같은 관계가 성립한다.

$$\mathrm{d}U = đQ - đW \tag{21.1}$$

미분값을 나타내는 d에 표시된 줄은 $đQ$와 $đW$는 부정확한 미분이라는 것을 의미한다. 왜냐하면 Q와 W는 U와는 달리 계의 거시적 함수가 아니기 때문이다. 만일 탄성 시편의 길이가 인장력 f에 의해 작은 양 $\mathrm{d}l$만큼 증가하였다면 계에 행해진 일의 양은 $f\,\mathrm{d}l$이다. 또한 탄성 변형 동안 부피 변화 $\mathrm{d}V$가 있다면 압력 p에 대해 $p\,\mathrm{d}V$만큼의 일이 행해진다. 대략적으로 부피 변화가 없는 탄성체의 변형의 경우, 상압에서 $p\,\mathrm{d}V$가 $đW$에 기여하는 양은 작을 것이므로 탄성체가 연신될 때 계(예: 시편)에 의해 행해진 일은 다음과 같다.

$$đW = -f\mathrm{d}l \tag{21.2}$$

탄성체의 변형은 가역 공정으로 생각될 수 있으므로, $đQ$는 가역 반응에 대하여 언급한 열역학 제이 법칙으로부터 얻어진다.

$$đQ = T\mathrm{d}S \tag{21.3}$$

여기서 T는 열역학적 온도이고 $\mathrm{d}S$는 계의 엔트로피 변화이다.

식 21.1~식 21.3을 조합하면 다음과 같이 된다.

$$f\mathrm{d}l = \mathrm{d}U - T\mathrm{d}S \tag{21.4}$$

대부분의 탄성체에 대한 실험적 연구는 일정 압력하에서 행해졌다. 이 조건하에서 평형 상태를 묘사하는 데 사용될 수 있는 열역학적 함수는 Gibbs 자유 에너지이다. 그러나 탄성체는 변형 시 부피의 변화가 무시될 수 있음을 고려하면 Helmholtz 자유 에너지 A가 사용될 수 있다. 이는 다음과 같이 정의된다.

$$A = U - TS \tag{21.5}$$

그리고 일정 온도에서 일어나는 변화의 경우

$$\mathrm{d}A = \mathrm{d}U - T\mathrm{d}S \tag{21.6}$$

식 21.4와 21.6을 비교하면

$$f\,\mathrm{d}l = \mathrm{d}A \text{ 일정한 } T \text{ 에서}$$

그리고

$$f = \left(\frac{\partial A}{\partial l}\right)_T \tag{21.7}$$

식 21.6과 21.7을 조합하면 힘을 다음과 같이 표현할 수 있게 해준다.

$$f = \left(\frac{\partial U}{\partial l}\right)_T - T\left(\frac{\partial S}{\partial l}\right)_T \tag{21.8}$$

첫 번째 항은 연신에 따른 내부 에너지의 변화를 뜻하고 두 번째 항은 연신에 따른 엔트로피 변화를 말한다. 이러한 형태의 표현은 어떤 고체든 가해진 힘에 대한 반응을 대략적으로 묘사하는 데 사용될 수 있다. 대부분의 물질의 경우 내부 에너지항이 지배적이나 탄성체의 경우 힘에 가장 큰 기여를 하는 것은 엔트로피의 변화이다. 이것은 식 21.8의 엔트로피항을 변형하면 설명될 수 있다. Helmholtz 자유 에너지는 어떤 일반적 변화에 대해 다음과 같이 미분 형으로 표현될 수 있다.

$$\mathrm{d}A = \mathrm{d}U - T\mathrm{d}S - S\mathrm{d}T \tag{21.9}$$

그리고 식 21.4와 위 식을 묶으면

$$\mathrm{d}A = f\mathrm{d}l - S\mathrm{d}T \tag{21.10}$$

그리고 무엇보다도 먼저 일정 온도 조건에서 편미분을 하고 이어 일정 길이에 대해서 편미분을 하면

$$\left.\begin{aligned}(\partial A/\partial l)_T &= f \\ (\partial A/\partial T)_l &= -S\end{aligned}\right\} \tag{21.11}$$

한편 다음과 같은 편미분에 관한 표준 관계식이 존재하는데,

$$\frac{\partial}{\partial l}\left(\frac{\partial A}{\partial T}\right)_l = \frac{\partial}{\partial T}\left(\frac{\partial A}{\partial l}\right)_T \tag{21.12}$$

그리고 이 관계를 식 21.11에 적용하면

$$\left(\frac{\partial S}{\partial l}\right)_T = -\left(\frac{\partial f}{\partial T}\right)_l \tag{21.13}$$

식 21.8은 다음과 같이 된다.

$$f = \left(\frac{\partial U}{\partial l}\right)_T + T\left(\frac{\partial f}{\partial T}\right)_l \tag{21.14}$$

이들 마지막 두 방정식은 실험적으로 측정될 수 있는 매개변수를 가지고 있어 엔트로피와 내부 에너지항을 계산할 수 있게 해준다. 이는 탄성체의 길이를 일정하게 유지시킨 채 절대 온도에 따라 얼마만큼의 힘이 필요한지를 측정함으로써 수행할 수 있다. 그림 21.3은 이런 형태의 초기 실험 결과를 보여 주고 있다. 탄성체에서 온도가 낮아짐에 따라 약 220 K까지는 응력이 감소하다가 그 온도 이상에서는 응력이 다시 증가하기 시작한다. 이러한 기울기의 변화는 물질이 더 이상 탄성체가 아닌 유리 상태로의 전이가 일어나는 것과 일치한다. 곡선 중 고무상 영역에 속하는 부분은 실제로 직선이며 절대 온도 0에서 인장이 없는 곳까지 근사적으로 외삽이 가능하다. 그림 21.3의 곡선은 매우 큰 의미를 가지고 있으며, 직접적으로 식 21.14와 관련 지을 수 있다. 어떤 점에서의 곡선의 기울기 $(\partial f/\partial T)_l$은 그 온도에서 연신에 따른 엔트로피의 변화를 나타낸다. 곡선이 선형이기 때문에 $(\partial S/\partial l)_T$는 명백히 온도에 독립적이며, 절편이 거의 0이기 때문에 $(\partial U/\partial l)_T$는 작다는 것을 의미하고 있다. 이것은 고무가 연신되는 동안 내부 에너지에서는 매우 작은 변화만이 일어나고 변형은 엔트로피의 변화에 의해 좌우된다는 것을 뜻한다.

그림 21.3의 결과는 꽤 높은 연신(350%)에서 얻어졌다. 낮은 연신에서 실험을 반복하면 곡선의 기울기는 감소하며, 10% 미만의 연신에서는 기울기가 음이 된다. 이것은 온도가 증가함에 따라 물질의 열팽창이 일어나 응력이 감소하기 때문이며, 이는 **열-탄성 반전 효과(thermo-elastic inversion effect)**로 알려져 있다. 만일 열팽창으로 인한 길이의 변화가 실제적으로 허용된다면 열-탄성 반전 효과는 사라질 것이고, 응력은 높은 연신뿐 아니라 낮은 연신에서도 온도에 비례하여 증가할 것이다.

열-탄성 효과에 대해 지금까지 고려된 모든 사항은 일정 연신하에서의 응력 변화에 한정되어 있었다. 그러나 이는 응력을 일정하게 유지시킨 채 수행하는 시험에까지 직접적으로 확장할 수 있다. 이 경우 온도가 올라감에 따라 응력이 증가하려는 경향은 일정 응력을 받고 있는 시편의 길이를 감소시키게 된다. 이는 어떤 길이를 가진 탄성체에 추를 매

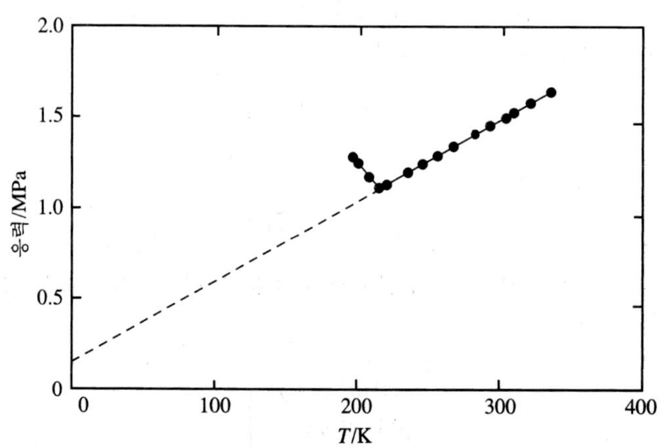

▶ 그림 21.3
350%로 연신을 고정시킨 탄성체(가교된 천연 고무)의 온도에 따른 응력의 변화. (자료 출처: Meyer, K.H. and Ferri, C., Helv. Chim. Acta, 18, 570, 1935.)

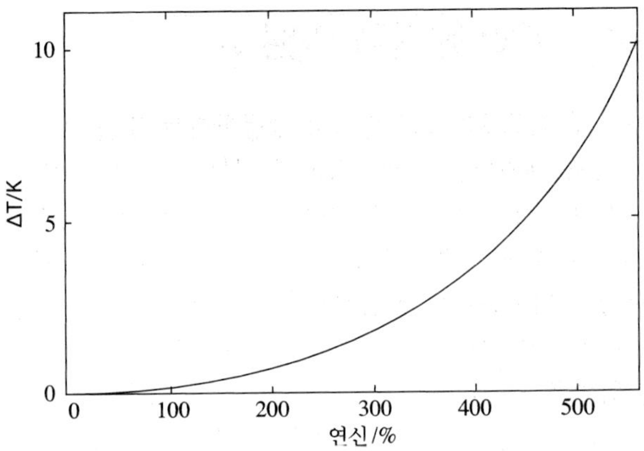

▶ 그림 21.4
탄성체(가교된 천연 고무)의 단열 팽창에 따른 온도의 증가 ΔT. (자료 출처: Dart, S.L., et al., Ind. Engng. Chem., 34, 1340, 1942.)

달고 온도를 변화시킴으로써 쉽게 증명될 수 있다. 추는 탄성체가 가열되면 위로 움직이고 탄성체를 냉각시키면 아래로 내려간다.

앞에서 언급된 또 다른 열-탄성 효과는 탄성체를 빠르게 잡아당기면 따뜻해지는 경향이 있다는 것이었다. 이런 형태의 현상인 탄성체의 단열 팽창에 대한 전형적인 결과를 그림 21.4에 나타내었다. 가열 현상 중 일부는 천연 고무가 늘어날 때의 결정화로 인한 것일 수 있다고 설명할 수 있지만 비결정 탄성체에서조차 온도 상승 현상이 발견된다. 이것은 열역학적 평형을 고려함으로써 설명될 수 있다. 길이가 단열적으로 증가할 때 온도 상승은 $(\partial T/\partial l)_S$로 나타낼 수 있으며, 이때 아래 첨자는 일정 엔트로피 조건하에서의 변화를 의미한다. 이는 표준 관계식에 의해 다음과 같이 나타내질 수 있다.

$$\left(\frac{\partial T}{\partial l}\right)_S = -\left(\frac{\partial T}{\partial S}\right)_l \left(\frac{\partial S}{\partial l}\right)_T \tag{21.15}$$

우변의 첫째 인자는 다음과 같이 표현될 수 있다.

$$\left(\frac{\partial T}{\partial S}\right)_l = \left(\frac{\partial T}{\partial H}\right)_l \left(\frac{\partial H}{\partial S}\right)_l \tag{21.16}$$

한편 다음의 관계가 성립하므로(여기서 C_l는 일정 길이를 유지하고 있는 탄성체의 열용량이다),

$$\left(\frac{\partial T}{\partial H}\right)_l = \frac{1}{C_l} \quad \text{그리고} \quad \left(\frac{\partial H}{\partial S}\right)_l = T$$

식 21.15는 다음과 같이 된다.

$$\left(\frac{\partial T}{\partial l}\right)_S = -\frac{T}{C_l}\left(\frac{\partial S}{\partial l}\right)_T \tag{21.17}$$

식 21.13과 21.17을 묶으면

$$\left(\frac{\partial T}{\partial l}\right)_S = \frac{T}{C_l}\left(\frac{\partial f}{\partial T}\right)_l \tag{21.18}$$

이 식은 일반적 경우처럼 $(\partial f/\partial T)_l$이 양수인 한(그림 21.3) 탄성체가 단열적으로 늘어나면 탄성체의 온도가 올라갈 것이라는 것을 명백히 보여 준다. 탄성체가 늘어날 때 일은 가역적으로 열로 변환된다는 사실의 직접적인 결과이다.

21.3 탄성체 변형의 통계적 이론

비록 탄성체가 변형될 때 엔트로피 스프링처럼 행동한다는 것을 열역학적 접근이 명백히 보여 주지만, 특별한 변형 메커니즘을 제시하고 있지는 않다. 탄성체적 현상이 탄성체 내에 고분자가 존재하기 때문에 기인함은 명백하지만, 사실상 열역학적 식들 중 어느 것도 고분자라는 거대분자의 본질에 연관되어 있지는 않는다. 통계적 접근은 변형이 일어나는 동안 분자 구조가 어떻게 바뀌는지를 직접적으로 바라보고 엔트로피 변화를 계산 가능케 하며 기본적 원리로부터 응력-변형 곡선이 유도되도록 해준다. 이것은 통계 열역학을 이용하여 이상 기체의 압력을 계산하는 것과 유사하며, 10.3절에서 개략적으로 설명한 자유 결합 사슬(freely-jointed chains)에 대한 입체형태의 계산을 이용하게 된다.

21.3.1 개개 사슬의 엔트로피

가교 고분자 사슬의 그물구조를 구성하는 각 사슬들은 무질서한 입체형태(random conformation)를 갖고 있다고 가정하자. 그물구조가 연신되면 분자들이 원래의 코일 형태에서 풀리고 이에 따라 엔트로피는 감소한다. 따라서 탄성체를 변형시키기 위해 필요한 힘은 이 엔트로피의 변화에 직접적으로 연관되어 있다. 분석의 첫 번째 단계는 개개 고분자 분자의 엔트로피를 계산하는 것이다. 이는 자유 결합 사슬의 한쪽 끝은 원점에 고정되고, 다른 쪽 끝이 원점으로부터의 거리 r인 (x, y, z) 좌표에 위치한 단위 부피에 존재할 확률 $W(x, y, z)$를 표현하는 식 10.64를 이용하면 가능하다. 그 확률은 다음과 같이 표현될 수 있다.

$$W(x,y,z) = \left(\frac{\beta}{\pi^{1/2}}\right)^3 \exp\left(-\beta^2 r^2\right) \tag{10.64}$$

그리고 이를 도시하면 그림 10.4(a)와 같다. β는 $\beta = (3/(2nl^2))^{1/2}$로 정의되며, 여기서 n은 사슬에서 길이 l인 반복 단위의 개수이고 β는 특정 사슬에 해당하는 특성치로 생각할 수 있다. 식 10.64는 사슬 하나의 엔트로피를 통계 열역학의 Boltzmann 관계식을 이용하여 계산 가능케 한다.

$$S = \mathbf{k} \ln \Omega \tag{21.19}$$

여기서 $\mathbf{k}$는 Boltzmann 상수이고, Ω는 사슬이 가질 수 있는 가능한 입체형태의 수를 나타낸다.

따라서 Ω는 $W(x, y, z)$에 비례한다. 이는 r이 감소하면 $W(x, y, z)$이 증가하며(그림 10.4a), 주어진 사슬에 많은 수의 입체형태가 있는 것을 고려하면 타당한 논리이다. 사슬이 연신되면 r이 증가하고, 이에 따라 $W(x, y, z)$이 감소하며, 가능한 입체형태의 수 또한 줄어들게 된다. 사슬 하나의 엔트로피, S는 다음과 같은 형태의 식으로 표현될 수 있다.

$$S = c - \mathbf{k}\beta^2 r^2 \tag{21.20}$$

여기서 c는 상수이다.

21.3.2 고분자 그물구조의 변형

단일 사슬의 엔트로피가 어떤지를 알면 그물구조를 가진 탄성 고분자가 변형될 때의 엔트로피 변화는 상대적으로 쉽게 알 수 있다. 또한 탄성체가 연신된 상태이건 그러하지 않은 상태이건 가교점들은 평균 위치에 고정되어 있으며, 가교점 사이의 사슬 길이는 식 21.20이 적용되는 자유 결합 사슬로 표현할 수 있다고 가정하자. 다음으로는 탄성체의 변형 시 각 사슬이 변위 벡터 r의 요소들의 변화가 시료의 거시 크기의 변화에 상응한다는

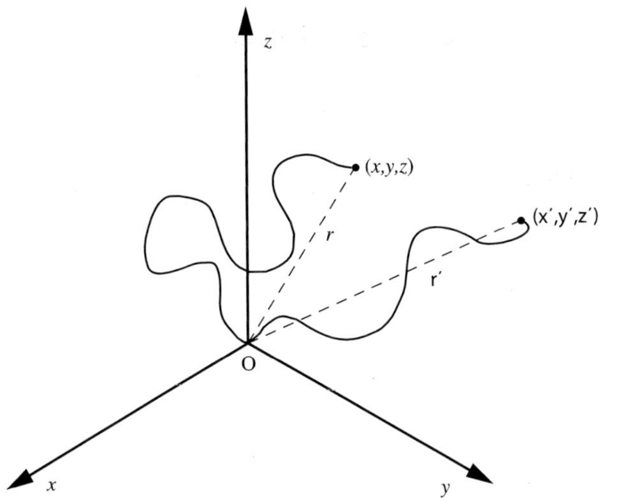

그림 21.5
탄성체의 일반적인 변형 시 가교점이 (x, y, z) 에서 (x′, y′, z′) 로 변위 되는 과정의 개념도. (자료 출처: Treloar, L.R.G., The Physics of Rubber Elasticity, 3rd edn,, Clarendon Press, Oxford, 1975.)

소위 **어파인**(**affine**) 변형을 가정한다. 탄성체의 변형에는 매우 큰 변형이 동반됨으로 변형 자체보다는 **신장률**(**extension ratio**) λ_1, λ_2, λ_3를 쓰는 것이 편리하다. 특정 방향의 신장률 λ는 그 방향으로 변화된 시편의 길이를 원래의 길이로 나눈 것이다. 신장률의 축은 사슬의 초기 길이의 입체형태의 표현에 사용된 것과 일치하도록 설정한다. 어느 한 개의 개별 사슬이 변형되는 과정을 설정하자면 사슬의 한쪽 끝을 원점 O에 고정하고 다른 한쪽 끝의 좌표가 (x, y, z)에서 (x', y', z')로 바뀐다고 생각할 수 있을 것이다(그림 21.5). 어파인 변형이라는 가정은 변위 좌표들의 변화가 시편 전체의 변화에 비례한다는 의미이며, 식으로는 다음과 같이 표현된다.

$$x' = \lambda_1 x, \quad y' = \lambda_2 y, \quad z' = \lambda_3 z \tag{21.21}$$

r^2은 $(x^2 + y^2 + z^2)$과 같기 때문에 식 21.20으로부터 개개 사슬의 엔트로피는 다음과 같이 얻어진다.

$$S = c - \mathbf{k}\beta^2(x^2 + y^2 + z^2) \quad (\text{변형 전})$$

$$S' = c - \mathbf{k}\beta^2(\lambda_1^2 x^2 + \lambda_2^2 y^2 + \lambda_3^2 z^2) \quad (\text{변형 후})$$

따라서 한쪽 끝의 위치가 (x, y, z)로부터 (x', y', z')로 변화한 어떤 특정 사슬의 엔트로피 변화는 다음과 같이 계산할 수 있다.

$$\Delta S_i = S' - S = -\mathbf{k}\beta^2[(\lambda_1^2 - 1)x^2 + (\lambda_2^2 - 1)y^2 + (\lambda_3^2 - 1)z^2] \tag{21.22}$$

고분자는 어떤 범위의 변위 벡터를 가지고 있는 그러한 사슬이 많이 모여 그물구조를 구성하고 있다. 만일 이러한 사슬의 단위 부피당 수를 N이라 하면, 위치 (x, y, z)에서의 단위 부피 dxdydz 내에 어느 한 쪽의 끝이라도 위치하고 있는 사슬의 개수 dN은 다음의 Gaussian 분포 함수로부터 결정될 수 있다.

$$\mathrm{d}N = NW(x, y, z)\mathrm{d}x\mathrm{d}y\mathrm{d}z$$

또는

$$\mathrm{d}N = N\left(\frac{\beta}{\pi^{1/2}}\right)^3 \exp[-\beta^2(x^2 + y^2 + z^2)]\mathrm{d}x\mathrm{d}y\mathrm{d}z \tag{21.23}$$

변형이 일어날 때 이들 사슬의 엔트로피 변화는 $\Delta S_i \mathrm{d}N$가 되고, 시료의 단위 부피당 총 엔트로피 변화 ΔS는 모든 사슬의 엔트로피 변화의 합이 된다. 이는 다음과 같은 적분 형태로 표시되고

$$\Delta S = \int \Delta S_i \mathrm{d}N$$

또는

$$\Delta S = \int_{-\infty}^{\infty}\int_{-\infty}^{\infty}\int_{-\infty}^{\infty} -\frac{N\mathbf{k}\beta^5}{\pi^{3/2}}[(\lambda_1^2-1)x^2+(\lambda_2^2-1)y^2+(\lambda_3^2-1)z^2]\exp[-\beta^2(x^2+y^2+z^2)]\mathrm{d}x\mathrm{d}y\mathrm{d}z$$

다음과 같은 표준 관계식을 적용하면

$$\int_{-\infty}^{\infty} \exp(-\beta^2x^2)x^2\mathrm{d}x = \frac{\pi^{1/2}}{2\beta^3} \quad \text{그리고} \quad \int_{-\infty}^{\infty} \exp(-\beta^2x^2)\mathrm{d}x = \frac{\pi^{1/2}}{\beta}$$

다음과 같은 간단한 결과를 얻는다.

$$\Delta S = -\frac{1}{2}N\mathbf{k}(\lambda_1^2+\lambda_2^2+\lambda_3^2-3) \tag{21.24}$$

이 식은 엔트로피의 변화를 신장률과 단위 부피당 가교점 사이의 사슬의 수에 관련시킨다. 탄성체가 변형될 때 이상적으로 내부 에너지 U는 변화가 없다는 것을 앞(21.2절)에서 나타내었다. 그리고 변형은 일정 부피에서 일어나므로, 등온 변형의 경우 단위 부피당 Helmholtz 자유 에너지의 변화 ΔA는 다음과 같이 주어지며

$$\Delta A = -T\Delta S = \frac{1}{2}N\mathbf{k}T(\lambda_1^2+\lambda_2^2+\lambda_3^2-3) \tag{21.25}$$

이것은 단위 부피당 등온 가역 변형의 일 w와 동일하다.

$$w = \frac{1}{2}N\mathbf{k}T(\lambda_1^2+\lambda_2^2+\lambda_3^2-3) \tag{21.26}$$

21.3.3 이론의 한계와 유용도

통계적 이론은 분자 구조가 가해진 변형에 어떻게 반응하는가를 고려함으로써 탄성체의 거시적 변형 현상을 예측할 수 있게 한다는 점에서 주목할 만하다. 그러나 이것은 실제 현상에 대해 단지 근삿값만을 줄 뿐이며, 뚜렷한 한계가 있음을 깨닫는 것이 중요하다. 아마도 가장 분명한 문제점은 사슬의 말단간(end-to-end) 거리를 Gaussian 분포에 의해 묘사할 수 있다고 가정한 것이다. 이 문제점은 이미 용액의 성질을 논의하면서(10.3절) 사슬이 펴졌을 때는 이 분포를 사용할 수 없다는 것을 지적하면서 부각된 바 있다. 이 경우 좀 더 복잡한 형태의 분포 함수를 사용함으로써 그 한계를 극복할 수는 있지만 그러한 함수의 사용은 이 책에서 논의할 수준을 넘어선다. 다른 문제는 N값이다. 이것은 화학적(가교) 또는 물리적(얽힘)으로 형성이 가능한 고분자의 그물구조가 보유한 접합점의 수에 의해 지배를 받는다. 이전(21.1절)에 토의되었듯이 탄성체에서의 사슬 그물구조에는 그물구조의 강도에 기여하지 못하는 사슬 말단과 고리들이 존재한다. 그러나 그들의 존재를 무시하고 모든 그물구조 사슬이 두 개의 가교점에 의해 단단히 붙잡혀 있다면 고분자의 밀도 ρ는 다음과 같이 쓸 수 있다.

$$\rho = \frac{NM_c}{\mathbf{N_A}} \tag{21.27}$$

여기서 M_c는 가교점 간 사슬의 수평균 몰질량이고, $\mathbf{N_A}$는 Avogadro 수이다.

N은 다음과 같다.

$$N = \frac{\rho \mathbf{N}_A}{M_c} = \frac{\rho \mathbf{R}}{M_c \mathbf{k}} \tag{21.28}$$

그리고 식 21.26은 다음이 된다.

$$w = \frac{\rho \mathbf{R} T}{2M_c}(\lambda_1^2 + \lambda_2^2 + \lambda_3^2 - 3) \tag{21.29}$$

이것은 일반적으로 다음처럼 쓴다.

$$w = \frac{1}{2} G(\lambda_1^2 + \lambda_2^2 + \lambda_3^2 - 3) \tag{21.30}$$

여기서 G는 다음으로 주어진다.

$$G = \frac{\rho \mathbf{R} T}{M_c} \tag{21.31}$$

G는 응력의 차원을 가진 단위 부피당 변형에 동반되는 일 w와 신장률에 관련되어 있다. 그러므로 G 또한 응력의 차원을 가진다. 따라서 G는 자주 탄성체의 탄성률로 불린다. 식 21.31을 살펴보면 G는 재미있는 성질을 가졌음을 알 수 있다. 예상되는 것처럼 G는 가교점 사이의 사슬 길이 M_c가 줄어듦에 따라 증가한다. 이는 가교 밀도가 증가함에 따라, 즉 그물구조가 촘촘해짐에 따라 물질이 딱딱해짐을 의미한다. 이 식은 더욱 놀랍게도 실험으로 증명된 사실, 즉 탄성체의 경우 대부분의 다른 물질들과는 다르게 온도가 증가함에 따라 탄성률이 증가한다는 사실을 아주 잘 예측하고 있다. 이것은 탄성체의 변형에서 내부에너지보다는 엔트로피의 변화가 지배적이라는 사실의 또 다른 결과이다.

그림 21.1에 제시된 바와 같은 **사슬 얽힘(entanglement)**, **고리(loop)**, **사슬 말단(chain end)**과 같은 그물구조의 결함은 탄성체의 기계적 물성에 커다란 영향을 미친다. 사슬 얽힘은 일종의 물리적 가교로 작용하여 탄성률을 올린다. 고리는 그물구조의 탄성에 아무런 영향을 미치지 않으므로 탄성률에 변함이 없다. 사슬 말단 역시 별 영향이 없다.

21.3.3.1 사슬 얽힘

16장에서 높은 몰질량을 가지면 가교되어 있지 않아도 유리 전이 온도 이상에서 탄성체와 같은 거동을 보일 수 있음이 지적된 바 있다. 그림 20.12는 이러한 현상이 고분자의 몰질량에 무관하게 탄성률 G_N°가 놀랍도록 일정한 고무 평탄 영역을 형성함을 보여 주고 있다. 사슬 얽힘이 이러한 현상의 원인이므로, 식 21.31은 다음과 같이 변형 된다.

$$M_e = \frac{\rho \mathbf{R} T}{G_N^\circ} \tag{21.32}$$

여기서 M_e는 사슭 얽힘 점 사이의 몰질량이며, 흔히 **사슬 얽힘 몰질량(entanglement molar mass)**이라고 한다. 이런 형식의 식을 바탕으로 Graessley와 Edwards는 $G_N^\circ/\mathbf{k}T$가 상호작용 밀도나 단위 부피당 탄성 사슬의 수와 관련이 있음을 밝혀낸 바 있다(20.8절). 16장에서 설명된 바와 같이 M_e는 몰질량 변화에 따른 용융 점도의 추이로부터 결정된 M_{cr}와도 관련되어 있다(그림 16.8).

21.3.3.2 사슬 말단

사슬 말단의 영향은 Flory에 의해 고찰된 바 있다. 가교 전 분자의 개수를 N_p라 하면, 연속적인 구조를 형성하기 위해 $N_p - 1$의 분자간 연결 구조가 필요하다. 이 이상의 추가적 연결 구조는 그림 21.6에 제시된 바와 같은 고리나 두 개의 그물구조의 형성을 초래한다. 탄성체 형성에 유효한 것은 그물구조를 형성하는 추가적 연결 구조뿐이다. 만약 v_0가 도입된 가교의 총 개수라면 이 중 유효한 가교 v_e는 다음과 같을 것이다.

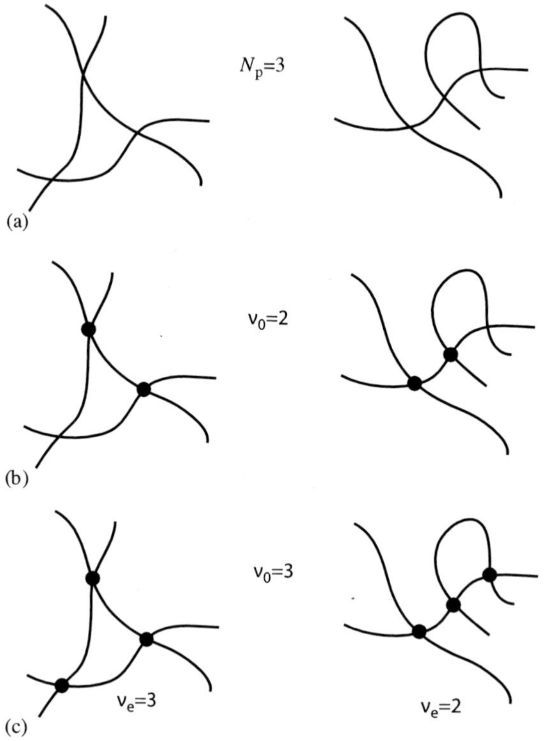

▶ **그림 21.6**

Flory에 의해 분석된 세 개의 초기 사슬로부터 ($N_p = 3$) 형성된 고분자 그물구조의 가교 과정 개략도: (a) 세 개의 초기 사슬로 이루어진 두 가지의 집합, (b) $\nu_0 = 2\ (= N_p - 1)$일 경우 형성된 연속된 한 개의 분자, (c) 세 개의 가교를 도입한 경우 ($\nu_0 = 3$), 고리의 형성이 유효한 가교의 수를 줄임을 보여 주고 있다.

$$\nu_e = \nu_0 - (N_p - 1) \tag{21.33}$$

유효 가교 사슬의 숫자 N_e는 유효 가교 수의 두 배가 될 것이고, $N_p \gg 1$이므로 다음의 관계가 성립한다.

$$N_e = 2\nu_e \approx 2\nu_0\left(1 - \frac{N_p}{\nu_0}\right) \tag{21.34}$$

불완전한 가교가 없다면 $N_e = 2\nu_0$일 것이고, 따라서 $(1 - N_p/\nu_0)$는 N_e 중 다른 사슬에 연결되지 않은 말단에서 비롯된 감소 분율의 의미를 가질 것이다. 이 분율은 가교 도입 이전 원래 사슬 몰질량의 함수로 나타낼 수 있는데, 식 21.27을 변형하면 $N_p = \rho \mathbf{N_A}/M$가 성립되고 유사한 방법으로 사슬 말단이 존재하지 않는 이상적 그물구조에 대하여 $2\nu_0 = \rho \mathbf{N_A}/M_c$가 성립된다. 따라서 식 21.34는 다음과 같이 정리된다.

$$N_e = 2\nu_0\left(1 - \frac{2M_c}{M}\right) \tag{21.35}$$

그물구조의 기계적 물성을 가름하는 유효 사슬의 수가 줄어들므로 전단 탄성률의 표현식 21.31은 다음과 같이 수정되어야 한다.

$$G = \frac{\rho \mathrm{R} T}{M_c}\left(1 - \frac{2M_c}{M}\right) \tag{21.36}$$

이 식은 초기 사슬의 길이가 커질수록 ($M \to \infty$) 사슬 말단의 영향은 줄어들며, 이 식은 식 21.31과 동일해짐을 보여 주고 있다.

21.4 탄성체의 응력-변형 거동

통계적 이론을 이용해 탄성체의 응력-변형 현상을 예측할 수 있다. 탄성체가 변형될 때 부피 변화가 없다고 가정하면 계산은 크게 단순화될 수 있다. 이는 신장률의 곱이 1이 돼야만 한다는 것을 의미한다.

$$\lambda_1\lambda_2\lambda_3 = 1 \tag{21.37}$$

응력-변형 거동의 형태는 사용된 하중의 형태 혹은 방향에 따라 달라진다. 현재의 분석은 시편이 가해진 응력의 방향으로 신장률만큼 변형되는 단순한 일축 인장(uniaxial tension)이나 압축에만 적용할 수 있다. λ로 λ_1을 대치하는 것은 가능하지만 식 21.37은 $\lambda_2\lambda_3 = 1/\lambda_1$, 따라서 $\lambda_2 = \lambda_3 = 1/\lambda^{1/2}$가 될 것을 요구한다. 따라서 식 21.30은 일축 인장이나 압축에 대해 다음과 같이 쓸 수 있다.

$$w = \frac{1}{2}G\left(\lambda^2 + \frac{2}{\lambda} - 3\right) \tag{21.38}$$

만일 시편이 초기에 A_0의 단면적과 l_0의 길이를 가지고 있고 일축 방향의 힘 f에 의해 δl만큼 연신되었다면 시편에 행해진 일 δW는 다음과 같다.

$$\delta W = f\delta l$$

식 21.37은 단위 부피당 일인 w에 대한 표현이다. 시편의 부피가 A_0l_0이므로

$$\delta w = \frac{\delta W}{A_0l_0} = \left(\frac{f}{A_0}\right)\left(\frac{\delta l}{l_0}\right) \tag{21.39}$$

그러나 f/A_0는 초기 단면적당 힘, 즉 명목상(nominal) 응력 σ_n이며 $\delta l/l_0 = \delta e \approx \delta\lambda$이다. 식 21.39를 재배열하고 미분형으로 표현하면 식 21.38로부터 σ_n과 λ 사이의 관계식이 유도된다.

$$\sigma_n = \frac{dw}{d\lambda} = G\left(\lambda - \frac{1}{\lambda^2}\right) \tag{21.40}$$

적당한 G값을 선택하여 이론적 곡선을 실험적 결과에 맞춤으로써 실험적 결과와 이 식으로 예측된 σ_n과 λ 사이의 관계를 비교할 수 있다. 그림 21.7a는 가교된 천연 고무 시료를 인장시켰을 때의 결과를 보여 주고 있다. 선택된 G값은 약 0.4 MPa이고, 실험값과 이론값 사이 신장률이 적을 때($\lambda < 1.5$)는 잘 일치함을 보여 준다. 그러나 변형이 증가함에 따라 이론적 곡선은 실험값 위에 있지만, $\lambda > 6$에서는 실험값 아래로 떨어진다. 이론은 Gaussian 근사법이 잘 적용될 것으로 예상되는 낮은 변형 영역에서 σ_n과 λ 사이 관계의 기본 형태를 아주 잘 예측함을 볼 수 있다. 높은 변형에서 잘 일치하지 않는 것은 적어도 두 가지 요인이 있다고 생각된다. 더 이상 Gaussian 공식을 적용할 수 없고 또한 물질 내

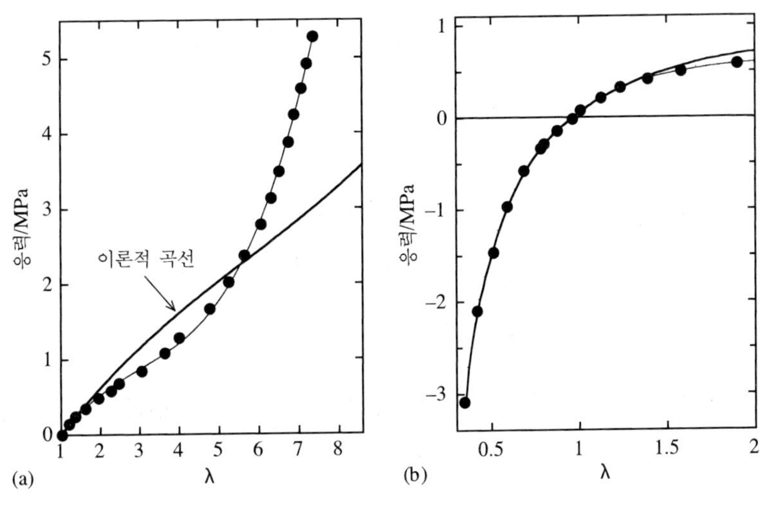

그림 21.7
가교된 천연 고무의 응력과 신장률 λ 사이의 관계. G = 0.4 MPa의 값을 사용한 이론적 곡선은 굵은 선으로 표시되었다. (a) 인장 변형, (b) 압축 변형. (자료 출처: Treloar, L.R.G., Physics of Rubber Elasticity, 3rd edn., Clarendon Press, Oxford, 1975)

에 결정화가 일어날 수 있다. 이론은 압축 변형 거동을 더 잘 예측한다. 그림 21.7b는 인장시험에 사용된 것과 같은 시편을 사용해 압축 변형($\lambda < 1$) 실험을 했을 때 λ에 따른 σ_n의 변화를 잘 보여 준다. $\lambda = 0.4$와 1.3 사이의 실험값과 이론(식 21.39)이 잘 일치함을 알 수 있다. 이 영역에서는 Gaussian 공식이 사슬의 움직임을 더욱 더 가깝게 표현하고 있으리라 기대되며 결정화는 일어나지 않는다.

21.5 기계적 거동에 영향을 미치는 인자들

탄성체의 기계적 거동이 주로 그물구조에 지배를 받음은 설명된 바와 같지만 상당한 영향을 미치는 다른 요소들 또한 존재한다. 첫째는 용매와의 상호작용에 의한 팽윤이고, 또 다른 하나는 응력 유도 결정화이다.

21.5.1 팽윤

선형 고분자가 적절한 용매에 녹아 고분자 용액을 형성함은 잘 알려진 사실이다. 가교 고분자는 용매에 녹지는 않지만 평형 상태까지 많은 양을 흡수할 수 있다. 따라서 용매의 존재하에서는 상당히 많은 정도의 팽윤이 가능하며, 이에 따라 기계적 물성도 바뀌게 된다. 또한 의외로 응력을 가하면 좀 더 많은 팽윤이 가능하게 된다.

팽윤 전에 탄성체는 단위 부피당 N개의 사슬이 포함된 단위 육면체(cube)라고 가정하자. 팽윤되면 흡수된 액체만큼 전체 부피가 늘어날 것이며, 따라서 팽윤 후에는 액체의 부피 분율이 ϕ_1, 그리고 고분자의 부피 분율이 ϕ_2가 될 것이다. 초기의 단위 육면체의 부피를 기준으로 한 팽윤도는 $1/\phi_2$로 표현될 수 있다. 따라서 단위 육면체의 어느 한 면의 길이 변화는 $\lambda_0 = 1/\phi_2^{1/3}$로 표시된다. 이러한 등방성 팽창은 그물구조의 엔트로피 감소를 초래한다. 팽윤된 탄성체를 또 다시 연신 하게 되면 엔트로피는 더욱 줄어들 것이다. 팽윤된 물질의 기계적 성질은 두 가지의 요소에 의해 지배받게 된다.

식 21.24를 이용하면 팽윤과 이에 따른 변형에 의해 초래되는 엔트로피 변화를 계산할 수 있다. 팽윤된 고분자의 변형에 따른 엔트로피 변화 $\Delta S_0'$는 다음의 식으로 주어지며

$$\Delta S_0' = -\frac{1}{2}N\mathbf{k}\left(l_1^2 + l_2^2 + l_3^2 - 3\right) \tag{21.41}$$

여기서 l_1, l_2, l_3는 초기 팽윤 전 단위 육면체의 각 면의 길이에 해당한다. 초기 팽윤만에 의한 엔트로피 변화는 식 21.24로 주어지며

$$\Delta S_0 = -\frac{1}{2}N\mathbf{k}\left(\lambda_1^2 + \lambda_2^2 + \lambda_3^2 - 3\right) = -\frac{1}{2}N\mathbf{k}\left(3\phi_2^{-2/3} - 3\right) \tag{21.42}$$

이 두 엔트로피 변화의 차이값은 팽윤된 물질의 순수한 변형에 의해 초래되는 엔트로피 변화에 해당할 것이다.

$$\Delta S' = \Delta S_0' - \Delta S_0 = -\frac{1}{2}N\mathbf{k}\left(l_1^2 + l_2^2 + l_3^2 - 3\phi_2^{-2/3}\right) \tag{21.43}$$

이 단계에서 신장률 λ_1, λ_2, λ_3을 팽윤된 물질의 변형 전을 기준으로 재정의하는 것이 편리한데, 이 경우 $l_1 = \lambda_1\lambda_0 = \lambda_1\phi_2^{-1/3}$처럼 표현 가능하며, 따라서

$$\Delta S' = -\frac{1}{2}N\mathbf{k}\phi_2^{-2/3}\left(\lambda_1^2 + \lambda_2^2 + \lambda_3^2 - 3\right) \tag{21.44}$$

이는 팽윤 전 탄성체의 단위 부피당 변형에 동반되는 엔트로피 변화에 해당한다. 팽윤 후에 해당하는 값은 다음 식으로 표현되는데

$$\Delta S = \phi_2 \Delta S' = -\frac{1}{2} N\mathbf{k}\phi_2^{1/3}\left(\lambda_1^2 + \lambda_2^2 + \lambda_3^2 - 3\right) \tag{21.45}$$

한편 식 21.25와 21.26에 따르면 단위 부피의 탄성체의 등온 가역 변형에 동반되는 일은 다음의 식으로 주어진다.

$$w = -T\Delta S = \frac{1}{2} N\mathbf{k}T\phi_2^{1/3}(\lambda_1^2 + \lambda_2^2 + \lambda_3^2 - 3) \tag{21.46}$$

식 21.26에 주어지는 팽윤되지 않은 탄성체의 분석과 비교하면 주요 차이는 $\phi_2^{1/3}$에 있음을 알 수 있고 이에 따라 팽윤 탄성체의 탄성률 G'는 다음과 같이 재정의된다.

$$G' = G\phi_2^{1/3} = \frac{\rho\mathbf{R}T}{M_c}\phi_2^{1/3} \tag{21.47}$$

결국 팽윤의 효과는 탄성체의 탄성율을 팽윤비의 1/3승에 비례하여 떨어뜨리는 셈이다. 그럼에도 불구하고 응력-변형 곡선의 형태는 변함이 없는데, 이는 응력-변형 곡선이 고분자 그물구조 자체의 변형에 의존하기 때문이다.

위의 분석은 팽윤도의 고저를 막론하고 어느 영역에서나 적용 가능하나 실제로는 주어진 탄성체–용매–온도의 조건에 따라 **평형 팽윤도(equilibrium level of swelling)**가 존재한다. 이 값은 Flory–Huggins 식(10.2.2절 참조)을 변형 적용하면 분석 가능하다. 용매에 의한 탄성체의 팽윤에 동반되는 자유 에너지의 변화는 다음과 같이 주어진다.

$$\Delta G_1 = \Delta G_{1m} + \Delta G_{1e} \tag{21.48}$$

여기서 ΔG_{1m}은 가교 전 고분자의 고분자와 용매의 혼합에 따른 자유 에너지 변화이고, ΔG_{1e}는 탄성체의 팽윤에 동반되는 자유 에너지 변화이다.

두 번째 항은 식 21.29에 의해 주어지는 단위 부피당 등온 가역 일, w로부터 비롯된 것이다. 탄성체가 등온 팽창하게 되면 $\lambda_1 = \lambda_2 = \lambda_3 = \phi_2^{-1/3}$이고, 따라서

$$w = \frac{\rho\mathbf{R}T}{2M_c}(\lambda_1^2 + \lambda_2^2 + \lambda_3^2 - 1) = \frac{3\rho\mathbf{R}T}{2M_c}(\phi_2^{-2/3} - 1) \tag{21.49}$$

그물구조의 팽창에 동반되는 자유 에너지 변화는 $\partial w/\partial n_1$으로 주어지며, 여기서 n_1은 팽윤되는 탄성체 내의 액체의 몰수이다. 여기서 ϕ_2와 n_1의 관계는 다음과 같다.

$$\phi_2 = \frac{n_2V_2}{n_1V_1 + n_2V_2} \quad \text{또는} \quad \frac{1}{\phi_2} = 1 + n_1V_1 \tag{21.50}$$

이 식에서 V_1과 V_2는 각각 용매와 고분자의 몰부피이다. 이 관계를 식 21.49에 적용하고 n_1에 대해 미분하면 다음의 식을 얻게 되는데

$$\Delta G_{1e} = \frac{\rho\mathbf{R}T}{M_c}V_1\phi_2^{1/3} \tag{21.51}$$

식 21.48의 첫 번째 항은 용매에 대한 Flory–Huggins 식(식 10.37)로부터 유도할 수 있는데 따라서 순수한 팽윤에 따른 전체 자유 에너지 변화는 다음과 같아진다.

$$\Delta G_1 = \mathbf{R}T\left[\ln(1-\phi_2) + \left(1 - \frac{1}{x}\right)\phi_1 + \chi\phi_2^2 + \frac{\rho V_1}{M_c}\phi_2^{1/3}\right] \tag{21.52}$$

여기서 평형 팽윤 상태라면 이는 $\Delta G_1 = 0$에 해당하고, 고분자의 중합도 x가 충분히 크다고 가정하면 최종식인 **Flory–Rehner** 식을 얻게 된다.

$$\ln(1-\phi_2)+\phi_2+\chi\phi_2^2+\frac{\rho V_1}{M_c}\phi_2^{1/3}=0 \tag{21.53}$$

많은 종류의 탄성체에 대해 Flory–Huggins 상호작용 인자 χ의 값이 발표되어 있으며, 가산성의 원리를 이용하여 용해도 인자로부터 계산해 낼 수도 있다(10.2.5절 참조). 식 21.53을 만족하는 ϕ_2값으로부터 평형 팽윤도를 결정할 수 있다. 이는 만약 주어진 탄성체–용매 시스템의 χ와 V_1의 값을 알고 있다면, ϕ_2로 대표되는 평형 팽윤도의 값으로부터 가교점 사이의 몰질량인 M_c를 추정해 낼 수 있다는 점에서 의미를 갖고 있다. 더욱이 식 21.31이 $\rho V_1/M_c$가 탄성체의 탄성률과 비례 관계가 있다는 점을 보여 주고 있으므로 ϕ_2와 탄성체의 기계적 물성을 연관시킬 수 있다는 점은 매우 유용하다.

식 21.53은 로그 항을 ϕ_2^2까지 확장함으로써 다음과 같이 간략화될 수 있다.

$$\left(\chi-\frac{1}{2}\right)\phi_2^2+\frac{\rho V_1}{M_c}\phi_2^{1/3}\approx 0 \quad \text{또는} \quad \frac{\rho V_1}{M_c}\approx\left(\frac{1}{2}-\chi\right)\phi_2^{5/3} \tag{21.54}$$

그림 21.8은 평형 팽윤도의 역수인 $1/\phi_2$을 탄성률에 대하여 로그-로그로 도시한 결과로서 사이클로헥세인을 용매로 하여 서로 다른 가교도를 가진 시료를 대상으로 실험한 결과를 종합한 것이다. 이 그림에서 식 21.54에서 예측된 바대로 기울기 $-5/3$을 가진 직선에 실험결과가 일치하고 있음을 보여 준다.

마지막으로 설명하여야 할 사항은 탄성체가 인장력하에 놓이게 되면 좀 더 많이 팽윤된다는 점이다. 놀라운 사실로 보이지만 이는 19.2.1절에서 소개된 삼차원적 응력의 개념을 이용하면 쉽게 이해될 수 있는 사항이다. 전단 응력은 팽윤에 아무런 영향이 없다고 가정할 수 있지만 수력학적 압력은 팽윤을 감소하게 한다. 만약 팽윤된 탄성체에 인장력

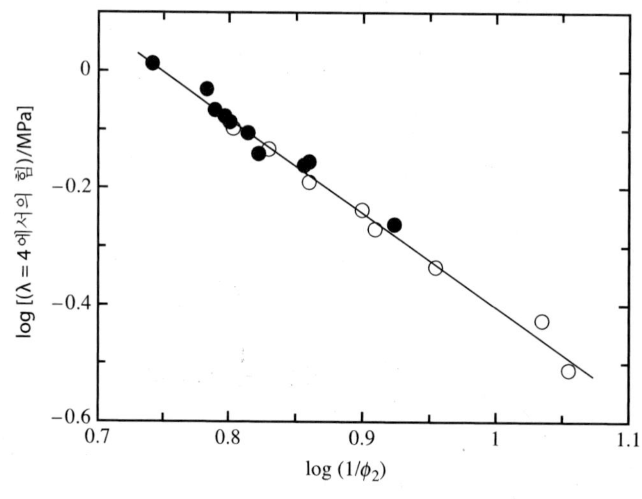

▶ 그림 21.8
평형 팽윤도 $1/\phi_2$를 탄성률에 대하여 로그–로그로 도시한 결과. 시료는 서로 다른 값의 M_c를 갖는 가교된 뷰틸 고무를 사이클로헥세인으로 팽윤한 것임. (자료 출처: Flory, P.J., Ind, Engng. Chem., 38, 417, 1946.)

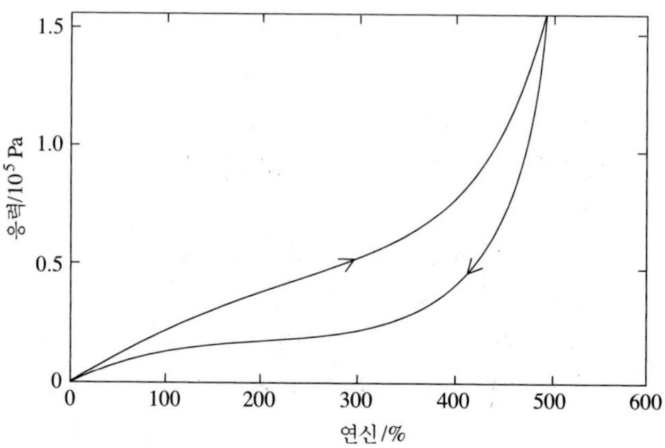

▶ 그림 21.9
변형에 의해 결정화가 유도되는 탄성체의 기계적 히스테리시스의 설명도. (출처: Andrews, E.H., Fracture in Polymers, Oliver and Boyd Ltd, London, 1968.)

을 가하게 되면 시료에 전단 응력과 동시에 수력학적 인장(수력학적 압력의 반대)이 생성된다. 따라서 이 수력학적 인장이 팽윤을 증가하게 만들게 된다.

21.5.2 변형 유도 결정화

21.1.1절에서 천연 고무의 결정화는 실온에서 매우 느리게 진행됨을 설명한 바 있다. 탄성체가 연신되면 고분자 사슬들은 정열되고, 이 정열된 사슬들은 매우 빠른 결정화에 참여하여 무정형 상태였던 탄성체에 결정을 형성하게 된다. 그림 21.9는 변형에 유도된 탄성체의 응력-변형 곡선을 보여 주고 있다. 이 그림에서 인장력을 가하는 동안에 약 400%의 변형($\lambda = 3$)에서 응력은 매우 빠르게 증가하고 있음을 보여 주고 있으며, 이는 그림 21.7a에서 보았던 이론적 곡선의 예측과는 사뭇 다른 거동이다. 높은 변형에서 관찰되는 물질의 강직화에는 두 가지 원인이 있을 수 있다. 첫 번째는 결정들이 이웃하는 분자들의 미끄러짐을 방해하여 일종의 물리적 가교처럼 작용하기 때문이고, 두 번째로는 결정성 고분자는 무정형 고분자보다 훨씬 큰 탄성률을 보이므로(19장 참조) 일종의 강화 충전제(reinforcing filler)로 작용하기 때문이다.

통계적 이론에 의해 예측되지 않는 탄성체의 응력-변형 거동의 또 다른 측면은 변형된 고무에, 특히 연신 유도 결정화가 발생하는 경우, 인장력을 제거하였을 때 발견되는 **기계적 히스테리시스(mechanical hysteresis)** 현상이다. 이러한 종류의 거동을 그림 21.9에 제시하였다. 이 경우 비록 모든 변형은 하중을 제거하자마자 회복되었지만 하중제거 곡선은 하중 곡선과 같은 길을 따르지는 않는다. 두 곡선 사이의 면적은 하중과 하중제거의 순환 시 손실된 열과 일치한다. 히스테리시스는 변형에 의해 결정화가 일어나는 탄성체와 충전제(filler)가 들어간 탄성체에서 더 뚜렷하게 발견된다. 그리고 그것은 어떤 응용의 경우 바람직하지 않는 결과를 가져온다. 예를 들어, 높은 히스테리시스를 나타내는 탄성체를 낮고 높은 변형 사이에서 빠르게 순환시키면, 에너지 손실은 많은 열 발생을 초래하며 이는 물질의 물성을 나쁘게 할 수 있다.

문제

21.1 식 21.24에서 적분을 수행하면 다음의 식을 얻게 됨을 보이시오.

$$\Delta S = -\frac{1}{2}N\mathbf{k}(\lambda_1^2 + \lambda_2^2 + \lambda_3^2 - 3)$$

21.2 탄성체의 단위 부피당 등온 가역 변형 시 동반되는 일 w는 통계 이론에 의하면 다음과 같이 주어진다.

$$w = \frac{1}{2}G(\lambda_1^2 + \lambda_2^2 + \lambda_3^2 - 3)$$

여기서 λ_1, λ_2, λ_3는 신장률이다. 이 식을 이용하여 판상의 물질에 일반적인 이차원의 연신이 가해졌을 때 응력-변형 곡선의 추이를 제시하고, 같은 값의 신장률 λ가 이차원적으로 가해졌을 경우의 응력-변형 관계가 다음의 식과 같음을 증명하시오.

$$\sigma_t = G\left(\lambda^2 - \frac{1}{\lambda^4}\right)$$

여기서 σ_t는 연신면에 수직한 평면에 작용하는 진-응력을 의미한다.

21.3 가교된 천연 고무에 대한 실온에서의 팽윤 거동을 관찰하기 위한 실험이 여러 가지 용매를 사용하여 수행되었다. 실험 결과 사염화 탄소(carbon tetrachloride)를 사용

했을 경우 평형 팽윤도가 5.5이었고, 벤젠을 사용하였을 경우 4.4였다. 주어진 정보로부터 다음 인자들의 값을 계산하시오.

(a) 천연 고무 시료의 가교점 간 몰질량, M_c

(b) 벤젠에서 천연 고무의 Flory–Huggins 상호작용 인자 χ의 값

(천연 고무의 밀도 = $910\,\text{kg}\,\text{m}^{-3}$; 사염화 탄소–천연 고무 간 Flory–Huggins 상호작용 인자 $\chi = 0.290$; 사염화 탄소의 몰부피 = $97.1 \times 10^{-6}\,\text{m}^3\,\text{mol}^{-1}$; 벤젠의 몰부피 = $89.4 \times 10^{-6}\,\text{m}^3\,\text{mol}^{-1}$)

참고 문헌

Andrews, E.H., *Fracture in Polymers*, Oliver and Boyd Ltd, London, U.K., 1968.

Bhowmick, A.K. and Stephens H.L. (eds), *Handbook of Elastomers*, Marcel Dekker, New York, 2001.

Flory, P.J., *Principles of Polymer Chemistry*, Cornell University Press, Ithaca, NY, 1953.

Mark, J.E., Erman B., and Eirich, F.R. (eds), *Science and Technology of Rubber*, 2nd edn., Academic Press, San Diego, CA, 1994.

Mark, J.E., Ngai, K., Graessley, W., Mandelkern, L., Samulski, E., Koenig, J., and Wignall, G., *Physical Properties of Polymers*, 3rd edn., Cambridge University Press, Cambridge, U.K., 2003.

Treloar, L.R.G., *The Physics of Rubber Elasticity*, 3rd edn., Clarendon Press, Oxford, U.K., 1975.

22 항복과 크레이징

22.1 서론

물질의 응력-변형 거동의 파악은 Young 탄성률, 항복 강도 및 취화도(brittleness)와 같은 중요한 기계적 물성과 관련된 정보를 얻을 수 있어 특히 유용하다. 이들 물성은 고분자 물질의 실제적인 사용을 염두에 두고 설계를 할 경우 꼭 알아야 할 핵심적인 변수들이다. 고분자의 응력-변형 곡선은 시편에 일정 시험 속도로 인장력을 가함으로써 쉽게 얻을 수 있다. 고분자의 응력-변형 거동은 일반적인 재료들의 그것과 근본적으로는 다르지 않다. 주요한 차이는 고분자의 경우 두드러진 시간과 속도 의존성을 보인다는 것이다(예: 점탄성). 이러한 상황은 시험 속도를 고정시킨 채 측정을 수행함으로써 크게 단순화시킬 수 있다. 그러나 시간 의존성이 잠복하고 있다는 것을 명심하는 것이 중요하다.

22.2 항복의 현상적 관찰

어떠한 물질이 탄성 변형을 한다면, 19장에서 자세히 설명된 바와 같이 응력을 제거하게 되면 완벽히 변형이 회복되어 초기의 상태로 되돌아가게 된다. 이에 반해 항복은 변형의 원인인 응력이 제거되더라도 영구적 소성 변형의 시작점으로 정의할 수 있다. 이를 먼저 현상적인 측면에서 관찰해 보기로 하자.

22.2.1 정의

그림 22.1은 연성(ductile) 고분자의 이상적인 응력-변형 곡선이며, 이것은 겉보기 응력 σ_n을 변형 e에 대하여 도시한 것이다. 아울러 변형의 각 단계에 대하여 시편의 측면 모양 변화를 함께 표시하였다. 초기에는 응력이 변형에 대하여 선형적으로 비례하며 Hooke 법칙을 따른다. 인장 탄성률은 이 영역의 기울기에 해당한다. 변형이 좀 더 진행함에 따라 기울기는 점차로 감소하여 응력의 최고점에 이른다. 이 최고점이 통상적으로 **항복점(yield point)**에 해당하며, 그림에 표시한 바와 같이 이때의 응력과 변형을 **항복 응력**(σ_y), **항복 변형**(e_y)이라 한다. 좀 더 엄밀히 이야기하자면 고분자 물질의 항복점을 정의하기란 쉬운 일이 아니다. 본래 항복점의 의미는 영구적 소성 변형(plastic deformation)이 일어나는 시점을 이야기하지만, 고분자의 경우는 영구적 변형이 최고점에 해당하는 응력 이하, 즉 응력-변형 곡선이 직선성을 벗어나기 시작하는 영역에서도 일어날 수 있기 때문이다. 또한 이미 발생한 영구적 소성 변형이 적절한 열처리(annealing)에 의하여 완전히 회복되기도 하므로 고분자에서의 항복점에 대한 정의는 더욱더 불분명하다. 실용적인 측면에서는 정확한 항복점의 정의가 그다지 커다란 의미를 지니지 못하며 단순히 앞서 말한 영구적 변형의 최고점을 항복점으로 생각해도 무방하다. 통상적인 고분자 물질의 항복 변형은 5~10% 내외이며, 이는 보통 0.1% 이하인 금속의 경우와 비교하면 훨씬 크다고 할 수 있다.

탄성 변형(elastic deformation) 중에는 시편의 길이가 늘어남에 따라 시편의 단면적이

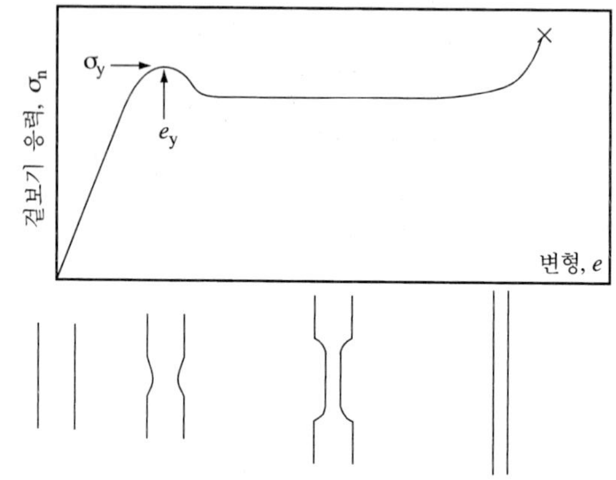

▶ 그림 22.1
연성 고분자의 응력-변형 거동의 개략도와 각 변형 단계에서의 시편 모양의 변화 (X 표시는 최종 파괴점).

시편의 전체에 걸쳐서 균일하게 줄어들게 되지만, 항복점에서는 중요한 변화가 일어나게 된다. 즉 시편 중 특정 부분의 단면적이 급격히 줄어들게 되는 소위 '넥(neck)'이 형성되기 시작한다. 겉보기 응력 (norminal stress) 은 항복점을 지나 감소하다가 일단 '넥킹 (necking)'이 일어나기 시작하면 일정한 값에 도달하여 넥이 시편의 전 영역에 퍼질 때까지 그 값을 유지하게 된다. 시편 전체에 넥이 퍼지고 나면 변형 경화가 일어나 응력이 다시 상승하다 마침내 파괴(fracture)에 이르게 된다. 앞의 과정 중 초기에 발생한 넥이 시편 전 범위에 걸쳐 확장되는 과정을 특별히 지칭하여 **냉연신(cold drawing)**이라고 한다. 초기의 연구에 의하면 이러한 현상은 변형에 동반되는 에너지에 의해 국지적인 열이 발생하여 야기되는 것으로 믿어져 왔지만, 좀 더 자세한 실험에 의하면 발생된 열이 쉽게 발산되는 조건인 매우 낮은 변형 속도하에서도 넥이 형성되는 것이 관찰됨으로써 근거가 없는 것으로 판단된다.

고분자 물질은 그 종류에 따라 넥이 형성되는 정도가 다르며, 어떤 경우에는 전혀 넥을 형성하지 못 하는 것도 있다. 넥의 형태는 고분자마다 다르며, 주어진 동일한 고분자를 대상으로 실험하여도 실험 조건에 따라 다른 형태로 관찰되게 된다. 넥킹의 정도는 완전히 넥이 형성된 시편의 길이를 초기 길이로 나눈 비로 정의되는 '연신비(draw ratio)' 로 표시한다. 통상적으로 냉연신 과정 중에는 시편 전체의 부피가 거의 일정하게 유지된다고 볼 수 있으므로 연신비는 초기 시편의 단면적을 완전한 넥을 형성한 시편의 단면적으로 나누어준 값과 동일하다고 볼 수 있다. 특정 고분자의 응력-변형 곡선의 모양은 온도와 실험 속도에 따라 달라지게 된다. 그림 22.2에는 폴리(메틸 메타크릴레이트)를 대상으로 서로 다른 온도에서 구한 일련의 응력-변형 곡선을 보여 주고 있다. 초기의 직선 부분 기울기로부터 구한 탄성률은 온도가 낮아질수록 증가하며, 한편 시편의 연성은 온도의 감소에 따라 감소하다 50°C 이하에서는 거의 연신 현상이 관찰되지 않으며, 시편은 취약성

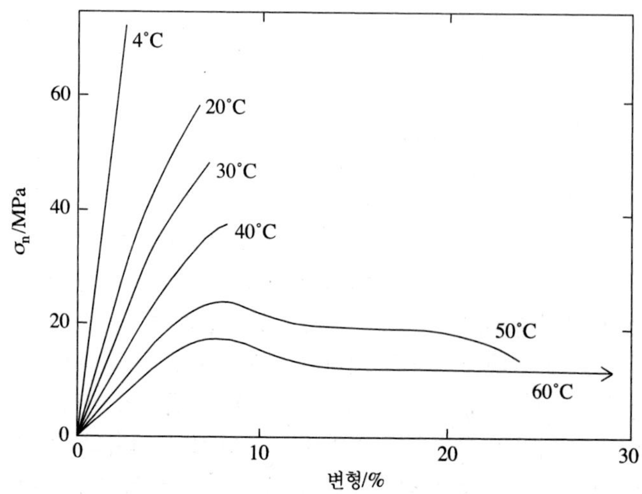

▶ 그림 22.2
온도에 따른 폴리(메틸 메타크릴레이트의 응력-변형 거동의 변화. (Andrews, E.H., Fracture in Poly-mers, Oliver and Boyd Ltd, London, U.K., 1968.)

(brittle) 고분자처럼 거동한다. 이러한 **연성-취약성 전이 (ductile-to-brittle transition)** 가 발생하는 정확한 온도는 또한 시험 속도에 의존한다. 이러한 현상은 마치 20장에서의 점탄성 거동에서 온도와 변형 속도 간의 관계와 유사한 것으로 이해할 수 있다. 일반적으로 Young 탄성률이나 항복 응력에 대한 시험 속도 증가의 영향은 시험 온도를 낮추는 것과 동일한 영향을 미친다고 볼 수 있다.

22.2.2 넥킹과 넥킹 조건 설정도

앞서 관찰한 바와 같이, 주어진 고분자는 어떤 특정한 조건하에서만 안정한 넥을 형성하고 냉연신을 할 수 있음을 알 수 있다. 이러한 능력은 고분자 물질뿐만 아니라 연철(mild steel)과 같은 금속에서 관찰된다. 물론 여타의 금속은 그 종류에 따라 넥이나 냉연신 없이 시편 전체가 파괴가 일어날 때까지 균일하게 변형하기도 한다. 넥킹과 냉연신이 일어날 수 있는 조건은 진-응력 σ를 겉보기 변형 e에 대해 도시한 넥킹 **조건 설정도 (Considère construction)** 를 이용하여 편리하게 분석할 수 있다. 이는 겉보기 응력과 겉보기 변형을 사용한 그림 22.1과 22.2를 비교하여 보면 그 차이점을 이해할 수 있다.

진-응력 σ는 하중 혹은 힘 f를 변형 중 어느 한 순간의 단면적인 A로 나누어준 것으로 정의된다.

$$\sigma = \frac{f}{A} \tag{22.1}$$

변형이 시편 전체의 부피가 일정하게 유지된 채로 일어난다고 가정하면 A는 변형 전 시편의 단면적인 A_0와 다음의 식과 같이 연결된다.

$$Al = A_0 l_0 \tag{22.2}$$

이 식에서 l과 l_0는 각각 변형 중 어느 한 순간의 시편의 길이와 변형 전 시편의 길이로 각각 정의되며, 겉보기 변형은 다음과 같이 정의된다.

$$e = \frac{(l - l_0)}{l_0} \quad \text{이므로} \quad \frac{l}{l_0} = (1 + e) \tag{22.3}$$

또한 겉보기 응력은 다음과 같이 정의되므로

$$\sigma_n = \frac{f}{A_0} \tag{22.4}$$

식 22.1에서 22.4까지 연결하면 겉보기 응력과 진-응력 사이의 관계를 다음과 같이 구할 수 있다.

$$\sigma_n = \frac{\sigma}{(1 + e)} \tag{22.5}$$

이 식에 의하면 인장 변형 시 진-응력 σ는 항상 겉보기 응력 σ_n보다 큰 값을 갖게 된다.

일단 넥이 형성되기 시작하면 시편에 가해지는 하중은 변형이 증가하여도 더 이상 증가하지 않게 된다. 이러한 조건은 수학적으로 $\mathrm{d}f/\mathrm{d}e = 0$ 혹은 $\mathrm{d}\sigma_n/\mathrm{d}e = 0$ (그림 22.1)으로 표시할 수 있으며, 이 조건을 식 22.5에 적용하게 되면 다음과 같은 결과를 얻게 된다.

$$\frac{\mathrm{d}\sigma_n}{\mathrm{d}e} = \frac{1}{(1+e)}\frac{\mathrm{d}\sigma}{\mathrm{d}e} - \frac{\sigma}{(1+e)^2} = 0$$

또는

$$\frac{d\sigma}{de} = \frac{\sigma}{(1+e)} \quad (22.6)$$

이 식은 넥을 형성하기 위한 조건을 제시하며, 이 식의 이용 방법은 그림 22.3에 도시하여 놓았다. 넥킹이 시작되는 점은 $e = -1$을 지나는 진-응력/겉보기 변형 곡선의 접선으로부터 구할 수 있다. 식 22.6의 조건은 이 접선과 곡선의 접점에서 만족하게 된다. 이러한 방법은 형성된 넥의 안정성 여부를 판단하고자 할 때 또한 적용될 수 있다. 그림 22.3a와 같이 한 개의 접점만을 그릴 수 있는 경우는 일단 넥이 형성된 후 이 넥이 더 이상 발달하지 않고 그 부분이 계속적으로 얇아져 마침내 파괴에 이르는 불안정한 넥이 형성된 것에 해당한다. 안정된 넥은 그림 22.3b와 같이 두 개의 접선을 그릴 수 있어야만 형성된다. 두 번째 접선이 진-응력/겉보기 변형 곡선과 만나는 점은 그림 22.1의 겉보기 응력-겉보기 변형 곡선의 최소점에 해당하며, 이는 형성된 넥이 안정할 조건이다. 따라서 넥의 형성과 냉연신이 일어날 수 있는 조건은 $d\sigma/de$가 $\sigma - e$ 곡선상의 두 점에서 $\sigma/(1+e)$와 같아야 한다고 요약할 수 있다.

여태까지는 안정된 넥을 형성하기 위한 조건만을 살펴보았을 뿐 어떠한 이유로 안정된 넥을 형성하느냐 하는 점은 거론되지 않았다. 금속에서는 어긋나기(dislocation)의 증식에 의해 야기되는 소위 변형 경화가 그 기전으로 알려져 있다. 즉 금속의 변형이 증가함에 따라 좀 더 딱딱해지며, 다른 부분보다 더 큰 변형이 일어난 넥에서는 변형 경화에 의해 좀 더 딱딱해지므로 더 이상 변형이 일어나지 않게 된다. 한편 아직 넥이 형성되지 않은, 즉 상대적으로 덜 변형되었고 따라서 말랑말랑한 부분은 단면적이 넥이 형성된 부분과 비교하여 크므로, 진-응력이 낮음에도 불구하고 변형이 계속되어 냉연신으로 진행되게 된다. 고분자 물질에서의 변형 경화는 주로 사슬의 배향과 관련이 있는 것으로 알려져 있다. 17장에서의 X-선 회절 실험에 의하면 무정형 혹은 결정성 고분자의 냉연신 영역에서는 사슬들이 연신 방향으로 배향된 것이 관찰되며, 분자내 화학 결합의 이방성(anisotropy)으로 인해 배향된 부분은 배향되지 않은 부분에 비하여 훨씬 강하고 뻣뻣한 성격을 지니게 된다. 따라서 고분자 물질은 일반적으로 취약 파괴가 선행되지 않는다면 안정된 넥의 형성과 냉연신 현상을 보이게 된다.

22.2.3 속도와 온도 의존성

여태까지의 항복 현상에 대한 토론은 일정 속도와 온도 조건에서 만의 것으로 한정되어 왔다. 그러나 고분자의 여타 기계적 물성과 마찬가지로 소성 변형은 실험 속도와 온도의 변화에 상당한 의존성을 지니고 있다. 그림 22.4는 유리상 고분자를 인장 하중 하에서의 변형을 추적한 것으로서 이러한 경향을 뚜렷이 보여 주고 있다. 주어진 변형 속도 하에서 항복 응력은 온도가 증가함에 따라 감소하고 있으며, σ_y는 선형적으로 감소하여 고분자 물질이 유리상에서 고무상으로 전환되는 유리 전이 온도에서는 0에 접근한다. 만약 온도를 일정하게 유지한 채로 변형-속도를 증가시키면 항복 응력은 증가한다(20.7절의 시간-온도 중첩성 참조).

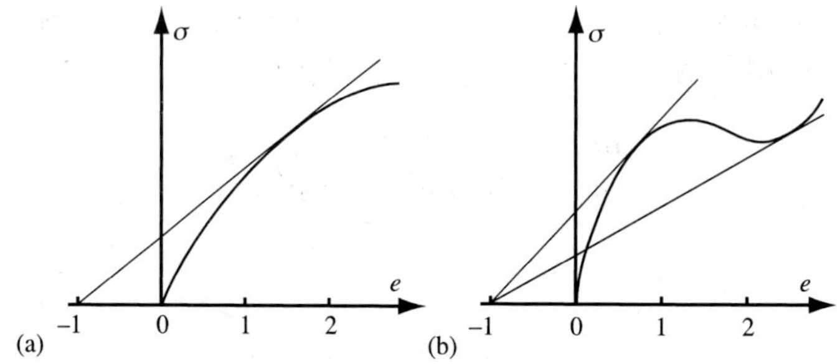

▶ 그림 22.3
조건 설정도를 위한 진-응력 σ와 겉보기 변형 e를 양축으로 도시한 그림. (a) 불안정한 넥, (b) 안정한 넥.

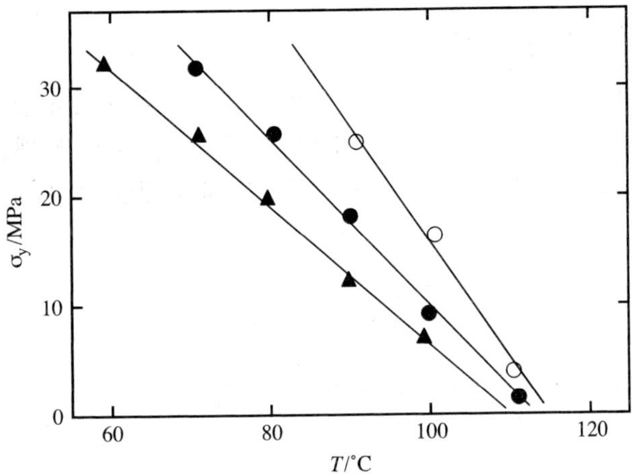

▶ 그림 22.4
온도에 따른 폴리(메틸 메타크릴레이트)에 대한 항복 응력의 변화. 변형속도는 다음과 같다.(▲ : 0.002 min^{-1}, ● : 0.02 min^{-1}, ○ : 0.2 min^{-1}). (자료 출처: Langford, G. et. al., Materials Research Laboratory Report No. R63-49, Dept. Civil Eng., MIT, Cambridge, MA, 1963.)

반결정성 고분자의 거동은 무정형 고분자의 경우와 유사하지만, 가장 중요한 차이점은 항복 응력이 유리 전이 온도(T_g)가 아니라 결정의 용융 온도(T_m)에서 0으로 감소하는 점을 들 수 있다. 유리 전이 온도와 용융 온도 사이에서 무정형 부분으로 이루어진 고무상 매트릭스에 분산되어 있는 결정성 부분은 고무상 매트릭스를 강화하는 역할을 하게 된다. 만약 반결정성 고분자의 온도를 유리 전이 온도 이하로 낮추게 되면 마치 전형적인 유리상 고분자처럼 거동하며, 결정 부분은 별다른 영향을 미치지 않는다.

22.3 항복 요건

이 절에서 여태까지 다루어 왔던 고분자의 항복 현상은 인장 변형에 한정되어 왔다. 그러나 항복 현상의 완전한 이해를 위해서는 좀 더 일반적인 응력 조건하에서의 항복 현상을 다루어야 할 필요가 있다. 예를 들면 유리상 고분자가 유리 전이 온도보다 충분히 낮은 실험 온도에서 수행된 인장(tensile) 시험에서 통상적으로 취약성 거동을 보이는 데에 반해 동일한 조건에서 압축(compressive) 실험을 하게 되면 상당히 소성 거동을 보이는 경우를 들 수 있다. 또한 일반적인 응력 조건하에서의 항복 거동의 이해는 인장, 압축, 전단 응력 등 다양한 형태의 응력 조건을 경험하게 되는 실제의 공학적 이용 시에 상당히 중요한 의미가 있다. 이와 같이 일반적인 응력 조건하에서 항복 현상이 일어나기 위한 조건을 제시하는 것을 **항복 요건(yield criteria)**이라 한다. 일반적인 물질에 대한 항복 요건은 다양한 종류가 제시된 바 있으나 그 구체적인 내용을 소개하기에 앞서 물체에 미치는 응력 상태를 어떻게 일반적으로 표현할 수 있느냐를 알아 볼 필요가 있다. 만약 그 물체가 등방성이라면 그 응력은 다음과 같은 텐서로서 표시할 수 있다(19.2절 참조).

$$\sigma_{ij} = \begin{pmatrix} \sigma_{11}\ \sigma_{21}\ \sigma_{31} \\ \sigma_{21}\ \sigma_{22}\ \sigma_{23} \\ \sigma_{31}\ \sigma_{23}\ \sigma_{33} \end{pmatrix}$$

한편 모든 전단 응력이 0이 되도록 세 개의 서로 수직한 축을 설정하면 주어진 응력은 세 개의 수직 응력의 조합으로 나타낼 수 있으며 응력 텐서는 다음과 같이 정리된다.

$$\begin{pmatrix} \sigma_1\ 0\ 0 \\ 0\ \sigma_2\ 0 \\ 0\ 0\ \sigma_3 \end{pmatrix}$$

이상 세 개의 **주요 응력(principal stresses)** σ_1, σ_2, σ_3을 이용하여 여러 종류의 항복 요건을 표현하게 된다.

22.3.1 Tresca 항복 요건

이것은 금속의 항복 거동을 설명하기 위하여 가장 먼저 제안된 요건 중 하나로, Tresca는 최대 전단 응력 σ_s이 일정한 임계값에 도달하면 항복이 시작된다고 제안하였다. 만약 세 개의 주요 응력의 크기가 $\sigma_1 > \sigma_2 > \sigma_3$의 순서라면 최대 전단 응력은 다음과 같이 주어진다.

$$\frac{1}{2}(\sigma_1 - \sigma_3) = \sigma_s \tag{22.7}$$

단순 인장 실험의 경우 σ_1은 가해진 응력이며, 나머지 두 개의 주요 응력은 $\sigma_2 = \sigma_3 = 0$이므로 항복점에서의 각 응력간의 관계는 다음과 같다.

$$\sigma_s = \frac{\sigma_1}{2} = \frac{\sigma_y}{2} \tag{22.8}$$

여기서 σ_y는 인장 변형 시의 항복 응력에 해당한다.

22.3.2 Von Mises 항복 요건

앞서 소개된 Tresca의 제안이 간단하기는 하지만, von Mises가 제안한 요건이 대부분의 물질에 대한 항복 거동을 예측하는 데에는 좀 더 정확성을 지니고 있다. 이 요건은 전단-변형 에너지(shear-strain energy)가 임계값에 도달하였을 때 항복이 시작된다고 보고 있으며 다음과 같은 주요 응력 간의 대칭적 관계로 요약될 수 있다.

$$(\sigma_1 - \sigma_2)^2 + (\sigma_2 - \sigma_3)^2 + (\sigma_3 - \sigma_1)^2 = \text{상수} \tag{22.9}$$

만약 단순 인장 실험을 가정하였을 경우 $\sigma_2 = \sigma_3 = 0$이며, 인장 항복 응력을 σ_y로 표시하면 앞의 식의 상수는 $2\sigma_y^2$이 되므로 식 22.9는 다음과 같이 변형된다.

$$(\sigma_1 - \sigma_2)^2 + (\sigma_2 - \sigma_3)^2 + (\sigma_3 - \sigma_1)^2 = 2\sigma_y^2 \tag{22.10}$$

또한 실험이 완전한 전단 응력을 가한 상태에서 행해졌다면 $\sigma_1 = -\sigma_2$이며 $\sigma_3 = 0$이므로 식 22.10은 다음과 같이 된다.

$$\sigma_1 = \frac{\sigma_y}{\sqrt{3}} \tag{22.11}$$

따라서 전단 항복 응력은 인장 항복 응력의 $1/\sqrt{3}$배임을 알 수 있다. 이러한 결과는 Tresca의 요건이 전단 항복 응력을 $\sigma_y/2$로 예측한 것과 좋은 비교가 된다. 한편 두 요건 모두 다 인장과 압축에서 측정한 항복 응력이 동일한 것으로 예측하고 있음은 주목할 만한 사실이다.

이러한 항복 요건을 그림으로 나타내는 것 또한 유용하다. 그림 22.5는 평면 응력 변형(plane stress deformation) 조건($\sigma_3 = 0$) 하에서의 항복 요건을 도시한 것이며, 이때 응력축은 인장 항복 응력에 대해 정규화한 것이다. 평면 응력 변형 조건하에서의 von Mises 요건(식 22.10)은 다음과 같이 간략화되며,

$$\left(\frac{\sigma_1}{\sigma_y}\right)^2 + \left(\frac{\sigma_2}{\sigma_y}\right)^2 - \left(\frac{\sigma_1}{\sigma_y}\right)\left(\frac{\sigma_2}{\sigma_y}\right) = 1 \tag{22.12}$$

이 식은 그림 22.5의 타원에 해당한다. 이 그림에 의하면 특정한 조건하에서는 가해진 인장 응력이 항복 응력 σ_y보다 클 수 있음을 알 수 있다. Tresca 요건은 앞서와 마찬가지로 $\sigma_3 = 0$이면 식 22.7과 22.8을 결합하여 다음과 같이 표현할 수 있으므로 동일한 그림에

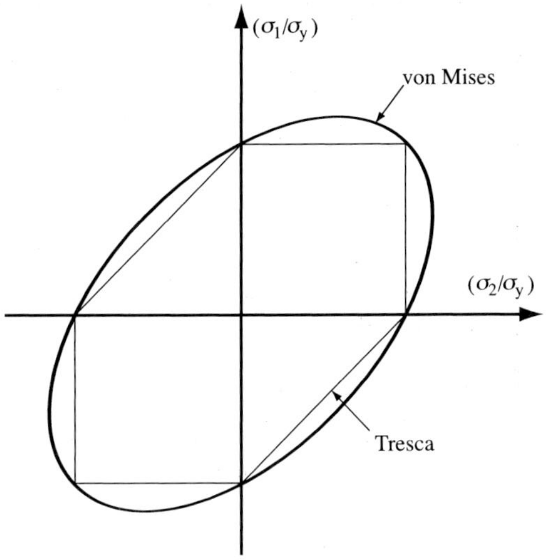

▶ 그림 22.5
평면 응력 조건하에서 변형될 경우의 Tresca와 von Mises의 응력 요건의 개략도.

함께 도시할 수 있다.

$$\frac{1}{2}(\sigma_1 - \sigma_2) = \sigma_s = \frac{1}{2}\sigma_y$$

$$\frac{\sigma_1}{\sigma_y} - \frac{\sigma_2}{\sigma_y} = 1 \quad (22.13)$$

이 식은 σ_1과 σ_2가 서로 다른 부호를 지닌 좌표축에서 적용되며 서로 같은 부호를 지닐 경우의 최대 전단 응력 요건은 다음과 같이 바뀐다.

$$\frac{\sigma_1}{\sigma_y} = 1 \text{ 그리고 } \frac{\sigma_2}{\sigma_y} = 1$$

Tresca 요건은 von Mises 요건인 타원 안에 존재하는 다각형의 형태를 지니고 있음을 알 수 있다.

실제의 경우, 주어진 물질이 삼축 응력(triaxial stress) 하에 놓여지면 항복 요건 또한 삼차원적으로 고려하여야 한다. 삼차원의 경우 양 요건 모두 길이가 무한대이며, 결정학상의 [111] 방향에 평행인 원통형의 모양을 지니게 되고, Tresca 요건에 의한 실린더의 평면은 정육각형 형태이며, von Mises 요건에 의한 실린더의 평면은 구형이다. Tresca 요건이 상대적으로 간단한 형태를 지니고 있으므로 대략적인 계산을 위해서는 좀 더 편리하다고 할 수 있지만, 금속들을 대상으로 한 실험상으로는 von Mises 요건이 좀 더 정확한 예측을 제공한다.

22.3.3 항복 현상의 압력 의존성

주어진 물질에 가장 적합한 항복 요건이 어떤 것인가를 결정하기 위해서는 다양한 조합의 다축 응력(multiaxial stress) 하에서 항복 현상을 추적하여 볼 필요가 있다. 그러나 고분자 물질의 경우 단순히 일축 인장과 일축 압축에서의 항복 응력을 측정하여 보면 의외의 사실을 관찰하게 된다. 앞서의 Tresca와 von Mises의 항복 요건은 인장과 압축 모두 동일한 항복 응력을 지닌 것으로 예측하고 있으며, 대부분의 금속의 경우 실제의 관찰과 부합되고 있다. 그러나 고분자 물질에서는 압축 항복 응력이 인장 항복 응력보다 큰 것이 통례이다. 압축과 인장에서의 항복 응력이 일치하지 않는다는 사실은 가해진 응력 중 압력 성분이 고분자의 항복 현상에 영향을 미치고 있음을 시사하고 있다. 이러한 사실은 동일한 인장 항복 응력을 서로 다른 외부 압력을 가해가면서 측정, 비교하면 좀 더 명확히 관찰될 수 있다. 그림 22.6은 이러한 작업의 결과이며 여기서 압력이 증가할수록 σ_y가 증

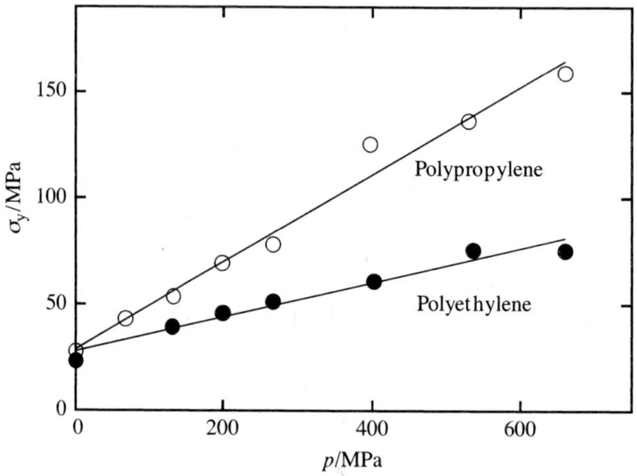

그림 22.6
압력 p의 변화에 따른 폴리에틸렌과 폴리프로필렌의 항복 응력의 변화. (자료 출처: Meaars, D.R. et al., J. Apple, Phys. 40, 4229, 1969.)

가하고 있음을 관찰할 수 있다. 또한 일반적으로 무정형 고분자의 항복 응력은 결정성 고분자보다 훨씬 큰 압력 의존성을 보인다. 그러나 금속의 경우에는 비슷한 수준의 압력을 가했을 때 항복 응력의 변화가 거의 없으며, 이는 고분자의 물리적 성질이 이처럼 상대적으로 낮은 압력에 의해서도 영향을 받을 수 있는 점을 고려한다면 상당한 타당성이 있다고 할 수 있다. 고분자 물질은 금속에 비교하여 훨씬 낮은 벌크 탄성률을 지니고 있으며, 압력에 의해 상당한 부피 변화를 보인다.

앞 절에서 소개한 항복 요건에 이러한 압력 의존성을 도입할 수 있으며, 압력 p는 다음과 같이 표현할 수 있다.

$$p = \frac{1}{3}(\sigma_1 + \sigma_2 + \sigma_3) \tag{19.2}$$

이러한 압력 성분의 영향을 앞의 식 22.9에 도입하면 다음과 같으며,

$$A[\sigma_1 + \sigma_2 + \sigma_3] + B[(\sigma_1 - \sigma_2)^2 + (\sigma_2 - \sigma_3)^2 + (\sigma_3 - \sigma_1)^2] = 1 \tag{22.14}$$

여기서 A, B는 상수이며 이 상수들은 단순 일축 인장과 압축 항복 응력인 σ_{yt}, σ_{yc}의 함수로 나타낼 수 있다. 위 식에서 단순 인장과 압축일 경우 $\sigma_2 = \sigma_3 = 0$이므로

$$A\sigma_{yt} + 2B\sigma_{yt}^2 = 1 \text{ (인장)}$$

$$-A\sigma_{yc} + 2B\sigma_{yc}^2 = 1 \text{ (압축)}$$

따라서 A와 B는 다음과 같이 주어진다.

$$A = \frac{(\sigma_{yc} - \sigma_{yt})}{\sigma_{yc}\sigma_{yt}} \quad \text{그리고} \quad B = \frac{1}{2\sigma_{yc}\sigma_{yt}} \tag{22.15}$$

이렇게 구한 A와 B를 식 22.14에 도입하여 정리하면 다음의 결과를 얻게 되고

$$2(\sigma_{yc} - \sigma_{yt})[\sigma_1 + \sigma_2 + \sigma_3] + [(\sigma_1 - \sigma_2)^2 + (\sigma_2 - \sigma_3)^2 + (\sigma_3 - \sigma_1)^2] = 2\sigma_{yc}\sigma_{yt} \tag{22.16}$$

만약 인장 항복 응력과 압축 항복 응력의 값이 동일하다면 $(\sigma_{yt} = \sigma_{yc})$, 위 식은 본래의 von Mises 요건으로 되돌아간다.

Tresca의 최대 전단-응력 요건 또한 여러 가지 방법으로 수정할 수 있다. 가장 간단한 방법은 임계 전단 응력을 압력 p의 함수로 보는 것이며, 이때 σ_s는 다음의 형태로 주어진다.

$$\sigma_s = \sigma_s^o - \mu p \tag{22.17}$$

여기서 σ_s^0는 압력이 가해지지 않은 상태의 전단 항복 응력이며, μ는 물질의 종류에 의존하는 상수이다.

압력 p는 일축 인장의 경우 양의 값을, 일축 압축의 경우에는 음의 값을 갖는 것으로 생각할 수 있으며, 일축 인장의 항복 응력은 식 19.2, 22.8, 22.17을 조합하여 다음과 같이 얻을 수 있다.

$$\sigma_{yt} = 2\sigma_s^o - \frac{2\mu\sigma_{yt}}{3}$$

또는

$$\sigma_{yt} = \frac{2\sigma_s^o}{(1+2\mu/3)} \tag{22.18}$$

또한 압축($\sigma_1 = -\sigma_{yc}$)의 경우에는 다음과 같이 주어지므로

$$\sigma_{yc} = 2\sigma_s^o + \frac{2\mu\sigma_{yc}}{3}$$

또는

$$\sigma_{yc} = \frac{2\sigma_s^o}{(1-2\mu/3)} \tag{22.19}$$

위의 두 식을 조합하면 다음의 식을 얻을 수 있다.

$$\mu = \frac{3}{2}\left(\frac{\sigma_{yc}-\sigma_{yt}}{\sigma_{yc}+\sigma_{yt}}\right) \tag{22.20}$$

이 식에 의하면 μ가 양의 값일 경우 압축 항복 응력의 값이 인장 항복 응력의 값보다 크게 된다.

주어진 고분자에 가장 적합한 항복 요건을 찾아내기 위해서는 다양한 조합의 응력을 가해 항복 거동을 관찰할 필요가 있다. 이 중 가장 쉽게 수행할 수 있는 조건은 평면 응력 조건($\sigma_3 = 0$) 하에서의 측정, 단순 전단($\sigma_1 = -\sigma_2$) 실험, 이축 인장(σ_1, $\sigma_2 > 0$) 그리고 단순 일축 실험 등을 들 수 있다. 여러 종의 유리상 고분자를 대상으로 한 실험들의 결과가 그림 22.7에 제시되어 있다. 실온에서 폴리카보네이트와 폴리스타이렌은 개선된 Tresca 요건을, 반면에 폴리(메틸 메타크릴레이트)는 개선된 von Mises 요건을 따르고 있음을 보여 주고 있다. 이 그림에 의하면 von Mises의 요건은 약간 뒤틀린 타원형의 형태를 지

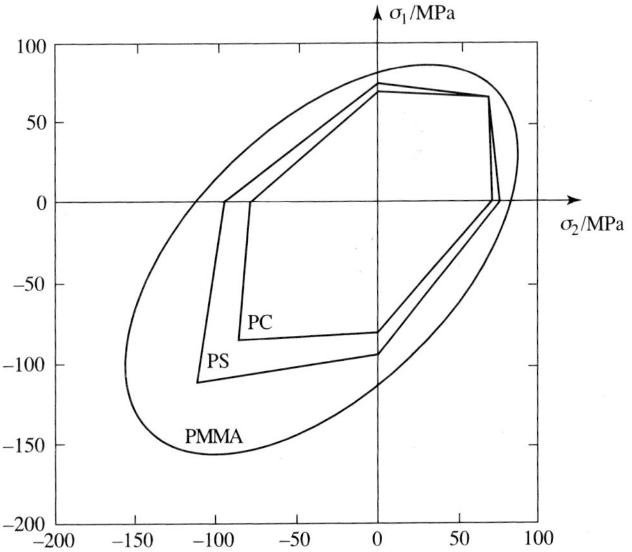

▶ 그림 22.7
폴리카보네이트 (PC), 폴리스타이렌 (PS), 폴리 (메틸 메타크릴레이트) (PMMA)의 항복 실험 결과에 맞춘 개선된 von Mises와 Tresca의 항복 요건. (자료 출처: Quinson, R. et al., J. Mater. Sci., 32, 1371, 1997.)

니고 있으며, 변형된 Tresca 요건은 변형된 육각형의 형태를 갖고 있음을 알 수 있다. 여러 종의 유리상 고분자의 항복 거동은 온도에 따라 달라질 수 있으며, 어떠한 특정 거동을 보이는가는 변형 기전에 따라 달라짐을 다음 절에서 보일 것이다.

압력 의존성을 고려한 삼차원의 항복 요건은 Tresca의 실린더가 육각형 피라미드로 von Mises의 실린더가 원뿔형으로 변환되며, 피라미드와 원뿔의 꼭지점은 압력만으로 항복 현상이 진행되는 경우를 나타내는 것으로서 압력 의존성을 고려하지 않은 항복 요건으로서는 예측할 수 없는 점이 특징이다.

22.4 변형 메커니즘

지금까지 고분자의 항복 거동을 순수한 현상론적 관점에서 살펴보았다. 그러나 고분자의 항복에 미치는 고분자의 구조와 형태(morphology)의 영향을 이해하는 것 역시 중요하며, 또한 항복 과정에서의 분자적 해석 또한 중요하다.

22.4.1 이론적 전단 응력

소성 흐름에 대한 물질의 저항성을 이해하는 것에 있어 구조의 전단 변형에 요구되는 이론적인 응력을 예측할 수 있다는 것은 매우 유용할 것이다. 이러한 작업은 금속이나 고분자와 같은 여러 다른 종의 물질에 대한 상대적인 강도를 비교하기에 앞서 수행되어야 한다. 물질이 전단 변형을 할 경우의 전반적인 상황은 그림 22.8에 나타낸 바와 같을 것이다. 이 그림에서 어느 한 원자나 분자의 층이 다른 층을 기준으로 미끄러질 때 가해진 전단 응력은 σ로 표시할 수 있을 것이다. 층간의 간격은 h이고, 전단 응력 방향의 반복 거리는 b로 표현할 수 있다. 이때 전단 응력은 전단 변위 방향인 x 방향으로 주기적인 형태로 작용한다고 표현할 수 있으며, 이는 일종의 sine 곡선으로 추정할 수 있다. 따라서 이 경우의 전단에 대한 최대 저항은 $x = b/4$로 표현할 수 있다. 따라서 변위 x에 대한 응력 σ의 변화는 다음과 같이 주어진다.

$$\sigma = \sigma_u \sin\left(\frac{2\pi x}{b}\right) \tag{22.21}$$

전단 응력 σ의 곡선에서 초기 기울기는 주어진 물질의 전단 탄성률 G에 해당하며, 변형이 작을 경우 다음의 식으로 표현된다.

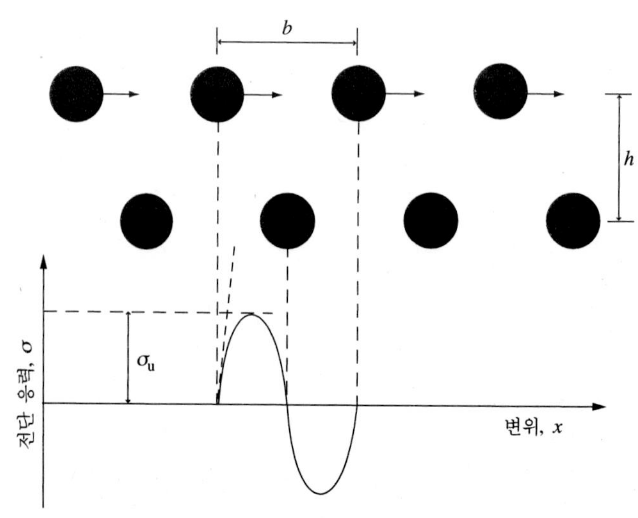

▶ 그림 22.8
결정 내부의 원자층에 가해지는 전단 응력의 개념도 및 변위에 따른 전단 응력의 변화의 개념도. 각 인자들은 본문에 제시되어 있음.

$$\sigma = \frac{\sigma_u 2\pi x}{b} = \frac{Gx}{h} \tag{22.22}$$

따라서 이론적 전단 강도는 다음과 같이 계산된다.

$$\sigma_u = \frac{Gb}{2\pi h} \tag{22.23}$$

면심 입방(face centered cubic) 구조 금속에서 $h = a/\sqrt{3}$, $b = a/\sqrt{6}$ 로 주어지며, 여기서 a는 격자 정수(lattice parameter)이다. 따라서 이론적 전단 강도는 $\sigma_u \approx G/9$로 예측해 볼 수 있다. 폴리에틸렌에서 사슬 방향 면(020) 미끄러짐에 대해 $b = 0.254$ nm, h는 (020) 면의 간격인 0.247 nm가 된다. 따라서 폴리에틸렌 결정의 이론적 전단 응력은 $G/6$ 수준이 된다. 식 22.23의 보다 복잡하고 진보된 계산은 σ_u값을 좀 더 낮게 제시하고 있으며 $G/30$ 수준이다. 그렇다 하더라도 이러한 계산에 의한 전단 변형에 요구되는 응력의 수준은 실험적으로 측정한 값보다 매우 큰 값이며, 이러한 불일치는 결정 내의 **어긋나기(dislocation)**와 같은 결함의 존재 때문으로 추정된다. 높은 수준의 응력값은 좀 더 완벽한 결정이나 결정 위스커(whisker)에서만 도달 가능하다.

22.4.2 유리상 고분자에서의 전단 항복

유리상 고분자는 일반적으로 상당히 취약한 물질로 알려져 있지만, 압축 응력하에서 변형할 경우에는 유리 전이 온도 이하에서도 상당한 연성을 보일 수 있다. 이러한 경향은 그림 22.9에 제시된 실온에서 에폭시 수지를 대상으로 일축 인장과 압축에서 얻은 응력-변형 곡선을 비교하면 뚜렷이 확인할 수 있다. 경화된 수지의 T_g는 100°C 내외로서 이러한 가교 고분자는 실온에서 인장 조건하에 실험하게 되면 취약성 거동을 보인다. 반면에 동일한 조건에서 압축 응력하에 실험하게 되면 상당한 연성을 보이며 전단 항복(shear yielding) 거동을 보이게 된다. 유리상 고분자의 변형에 있어서 관찰되는 또 하나의 중요한 현상은 소위 '변형 연화(strain softening)' 현상이다. 압축 응력하에서의 변형 시 항복점을 지나 응력이 감소하는 현상은 압축하에서는 발생이 불가능한 넥의 형성 때문이 아니라 물질 자체가 변형에 따라 연화되기 때문이다.

유리상 고분자에서 관찰되는 전단 항복 현상은 시편 전체에 균일하게 일어날 수도 있고 부분적일 수도 있다. 그림 22.10은 평면 변형 압축(plane strain compression) 조건하에서 변형된 폴리스타이렌을 광학 현미경으로 관찰한 결과이다. 미세한 변형 띠들이 관찰되며, 이는 국부적으로 발생한 전단 응력이 존재함을 시사하고 있다. 이러한 전단대(shear band)의 발생은 주어진 물질의 변형 연화 현상과 연관되어 있다고 알려져 있다. 일단 작은 영역에서 전단 항복이 개시되면 이 부분 주위는 변형되지 않은 부분보다 연화되어 있으므로 계속적인 발달이 진행된다. 다른 유리상 고분자들은 국부적인 현상이 증거 없이

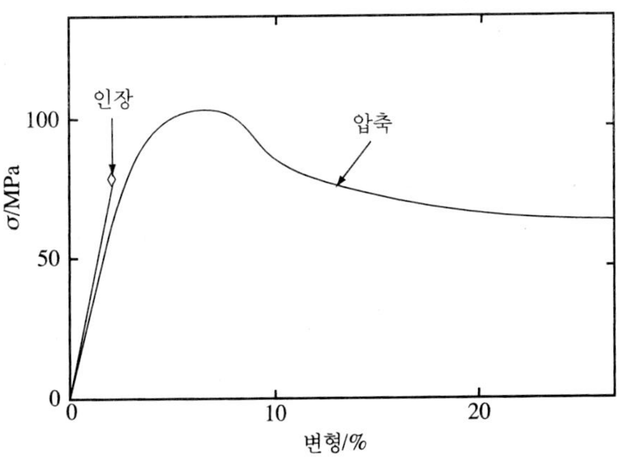

그림 22.9
에폭시 수지를 실온에서 인장과 압축에서 변형시켰을 경우의 응력-변형 곡선의 비교.

▶ 그림 22.10
폴리스타이렌을 평면 변형 압축 조건에서 변형 시 생성된 전단대의 모습. (자료 제공: R.J. Oxborough, University of Cambridge, Cambridge, U.K.)

전반적이고 균일한 변형을 보인다. 일반적으로 PMMA와 같은 고분자들은 균일한 변형이 발생하고 개선된 von Mises 요건을 따르지만, 폴리스타이렌의 경우에는 개선된 Tresca 요건을 따른다(그림 22.7).

과거 수년 동안 전단 항복 현상을 분자 수준에서 설명하고자 하는 시도들이 계속되어 왔으며, 이 중 몇 가지 중요한 이론들을 정리하여 보겠다.

22.4.2.1 응력에 의해 초래된 자유 부피의 증가

시편에 변형이 가해져서 나타나는 현상 중 하나로서 자유 부피(free volume)의 증가를 들 수 있으며(16.2.2절 참조), 이는 사슬 분절들의 이동을 용이하게 하는 동시에 T_g를 낮추어 주는 역할을 하게 된다. 이 이론에 의하면 인장 응력하에 변형된 시편은 자유 부피의 증가가 초래되며, 따라서 소성 변형이 가능하다고 설명하고 있다. 그러나 자유 부피의 증가를 초래하기 어려운 압축 응력하에서도 소성 변형이 일어나고 있는 점은 설명할 수 없으며, 더구나 좀 더 상세한 관찰에 의하면 인장과 압축 응력하에서 모두 미세하나마 전체 시편의 부피가 감소됨이 밝혀진 바 있다. 따라서 자유 부피의 변화에 의해 유리상 고분자의 소성 변형을 설명하고자 하는 시도는 그다지 타당성이 없다고 볼 수 있다.

22.4.2.2 고분자의 항복에 Erying의 이론을 적용한 경우

고분자의 항복이나 소성 변형은 일종의 점성 흐름(viscous flow)으로 취급할 수 있다. 이는 특히 유리상 고분자가 근본적으로는 결정화에 참여하지 못한 유체가 '얼어 있는' 상태로 볼 수 있으므로 타당성이 있다고 할 수 있다. Erying의 이론은 액체 내에서의 점성 흐름에 관해 다루고 있으며, 이 개념은 쉽사리 유리상 고분자의 거동을 묘사하는 데에 응용될 수 있다. 고분자 사슬의 분절들은 일종의 격자로 취급될 수 있으며, 흐른다는 현상은 주어진 분절이 이웃하는 격자로 이동하는 것으로 볼 수 있다. 이러한 이동에는 이웃하는 분절들의 존재에 의해 발생하는 위치 에너지 장벽(potential energy barrier)의 극복이 수반되며, 이러한 상황은 그림 22.11a와 같이 표시될 수 있다. 장벽의 높이는 ΔG_0에 해당하며 주어진 분절이 장벽을 넘어 새로운 위치로 이동하는 주파수 v_0는 다음과 같이 Arrhenius 형태의 식으로 대표될 수 있다.

$$v_0 = B\exp\left(\frac{-\Delta G_0}{\mathbf{k}T}\right) \tag{22.24}$$

여기서 B는 온도에 의존하는 상수이며, $\mathbf{k}$는 Boltzmann 상수이다.

분절들이 장벽을 극복하여 새로운 위치로 이동하는 속도는 전단 응력 σ가 가해지면 증가하며, 이는 에너지 장벽을 분절이 거리 x만큼 이동하는 데 사용하는 일의 양인 $(1/2)\,\sigma Ax$만큼 감소시키는 것에 해당한다(여기서 A는 단위 격자의 단면적에 해당함). 이러한 변화는 그림 22.11b와 같이 반영되며, 따라서 전방 이동의 주파수는 다음과 같이 증가한다.

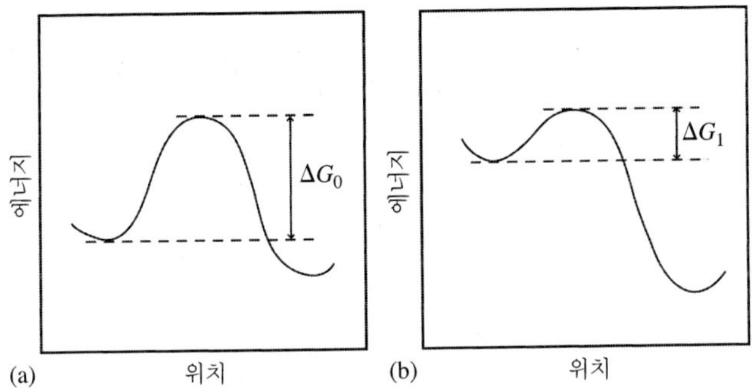

▶ 그림 22.11
유리상 고분자에서의 흐름 시 작용하는 위치 에너지 장벽의 개념도. (a) 응력을 받지 않은 상태에서는 ΔG_0에 해당하는 장벽이 존재. (b) 응력이 가해지면 장벽의 높이는 $\Delta G_1 = \left(\Delta G_0 - \frac{1}{2}\sigma Ax\right)$로 감소한다.

$$v_f = B\exp\left[\frac{-(\Delta G_0 - (1/2)\sigma Ax)}{\mathbf{R}T}\right]$$

$$\text{또는} \quad v_f = v_0 \exp\left(\frac{\sigma Ax}{2\mathbf{R}T}\right) \tag{22.25}$$

한편 반대 방향으로의 이동도 가능하므로 다음과 같은 반대 방향으로의 이동의 주파수인 v_0 또한 고려되어야 한다.

$$v_b = v_0 \exp\left(\frac{-\sigma Ax}{2\mathbf{k}T}\right) \tag{22.26}$$

한편 응력의 존재는 이 반대 방향으로의 이동을 좀 더 어렵게 만들며, 이러한 현상들의 결과로 초래되는 고분자의 변형 속도 $\dot{e}$는 전방과 후방으로의 이동의 주파수 차이에 비례한다.

$$\dot{e} \propto (v_f - v_b) = v_0 \exp\left(\frac{\sigma Ax}{2\mathbf{k}T}\right) - v_0 \exp\left(\frac{-\sigma Ax}{2\mathbf{k}T}\right)$$

또한 이는 다음과 같이도 표시될 수 있으며

$$\dot{e} = K \sinh\left(\frac{\sigma V}{2\mathbf{k}T}\right) \tag{22.27}$$

여기서 K는 상수이며, $V(=Ax)$는 '활성 부피(activation volume)' 혹은 'Erying 부피'라고 한다. 이 부피는 소성 변형을 야기하는 데 필요한 고분자 분절의 부피에 해당한다. 만약 주어진 응력이 충분히 강하고 후방으로의 이동 주파수가 낮다면 식 22.27은 다음과 같이 간략화될 수 있다.

$$\dot{e} = \left(\frac{K}{2}\right) \exp\left(\frac{\sigma V}{2\mathbf{k}T}\right) \tag{22.28}$$

이러한 접근은 고분자의 항복 응력이 변형 속도에 의존하는 현상을 설명하는 데에 성공적으로 사용되었다. 앞서의 활성 부피 V를 고분자 구조상의 어떤 단위와 연관 지을 수 있음직도 싶지만 고분자 구조와 활성 부피 간의 정확한 상관관계는 찾아보기 힘들며, 대부분의 유리상 고분자의 경우 2~10개 사이의 고분자 분절들의 부피에 해당한 것으로 알려져 있다.

22.4.2.3 분자적 관점에서의 항복

최근의 유리상 고분자의 항복에 대한 해석은 소성 변형을 특정한 종류의 분자 운동과 연관 지으려는 시도라고 요약할 수 있다. 그 중 특히 성공적인 것은 평면 지그재그형(planar zig-zag) 사슬을 대상으로 한 Robertson의 이론을 들 수 있다. 그는 사슬 분절들은 항상

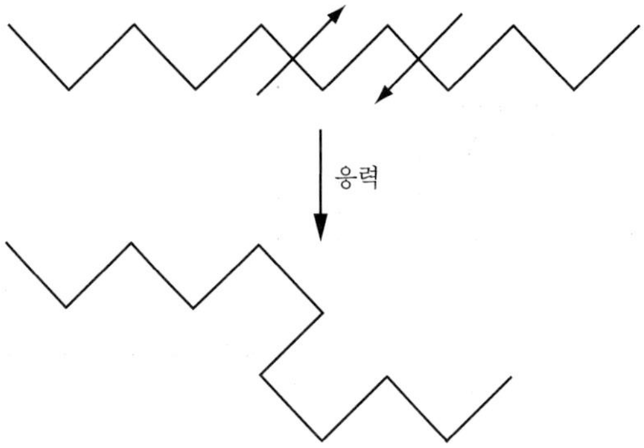

▶ 그림 22.12
평면 지그재그형인 고분자 사슬이 변형 시 보이는 입체형태의 변화. (자료 출처: Robertson, R.E., J. Polym. Sci. Polym. Symp., 63, 173, 1978.)

낮은 에너지 상태인 **트랜스**(*trans*) 상태와 높은 에너지 상태인 **시스**(*cis*) 입체형태(conformation) 중 어느 한 가지를 가지며, 분포되어 있다고 가정하였다. 그는 가해진 응력이 미치는 영향을 그림 22.12에 도시된 바와 같이 어떤 분절들을 트랜스형에서 시스형으로 바꾸는 것으로 해석하였다. 이 이론과 이와 유사한 이론들은 유리상 고분자의 항복 현상이 변형 속도와 온도에 의존하는 거동을 잘 설명하고 있으며 자세한 내용은 좀더 전문적인 서적을 참고하기 바란다.

22.4.3 고분자 결정의 소성 변형

고분자 결정이 다른 종류의 결정성 물질과 유사하게 미끄러짐(slip), 쌍둥이화(twinning, 쌍정), 마르텐사이트 변태(marthensitic transformation)와 같은 과정을 통해 소성 변형을 할 수 있음은 잘 알려진 사실이다. 이러한 현상들은 단결정에서뿐만 아니라 반결정성 고분자의 결정성 부분에서도 일어난다. 고분자 결정의 변형과 다른 원자성 결정 변형 간의 주요 차이점은, 고분자에서의 변형에서는 가능한 한 분자가 파괴되거나 상대적으로 최소한의 왜곡을 동반하면서 진행된다는 점이다. 이러한 분자 자체의 형태가 어느 정도 유지되어야 한다는 조건은 일반적인 원자성 결정에서는 찾을 수 없는 특징이다. 따라서 고분자 결정의 변형은 사슬 방향에 수직하거나 평행한 방향으로 분자들이 미끄러짐으로써 진행되며, 이 과정에서 파괴되는 결합은 단지 이차적인 van der Waals 결합들에 한정된다. 각 변형 메커니즘들을 하나 하나 토론하여 보자.

22.4.3.1 미끄러짐

금속 결정이 변형될 경우에는 주로 하나의 원자층이 어긋나기 운동을 통하여 다른 층으로 미끄러지는 현상인 미끄러짐이 가장 주요한 메커니즘으로 작용한다. 실상 금속이 지니는 연성은 다양한 종류의 미끄러짐(예를 들어 다양한 평면과 방향)이 가능함에 기인한다. 고분자 결정의 경우에도 미끄러짐은 중요한 변형 메커니즘임에는 틀림이 없으나 사슬의 파괴가 동반되지 않는다는 조건은 미끄러짐의 방향과 성격을 상당히 제한한다. 미끄러짐이 발생하는 평면은 사슬 배열 방향을 포함한 평면([001]이 사슬 배향일 경우 (*hk*0) 평면)에 국한된다. 미끄러짐의 방향은 일반적으로 이러한 평면상의 어느 방향으로도 가능하지만, 주로 사슬 배향 방향에 수직하거나 수평한 방향의 미끄러짐만을 주로 살펴보게 되는 것이 통례이다. (*hk*0) 평면상에서 일어나는 미끄러짐은 다음의 특정한 두 요소로서 대표될 수 있다. 그 첫 번째는 **사슬 방향 미끄러짐(chain direction slip)**으로서 그림 22.13에 도시된 것이다. 분자들은 분자축과 평행한 방향으로 서로 미끄러지며, 이러한 거동은 용융 결정화된 반결정성 시편과 용액상으로부터 얻은 단결정에서 공히 관찰된다. 그림 22.14의 폴리테트라플루오로에틸렌(polytetrafluoroethylene)에서와 같이 이러한 미끄러짐은 분자들의 배향의 변화를 동반하므로 쉽게 관찰할 수 있다. 변형 전에는 분자들이 라멜라 표면에 거의 수직하게 배향되어 있다가(그림 17.20), 변형 후에는 서로 미끄러져 결정 내에서 일정한 방향으로 기울어지게 된다. 두 번째 형태로서는 분자축의 수직한 방향으로 진행되

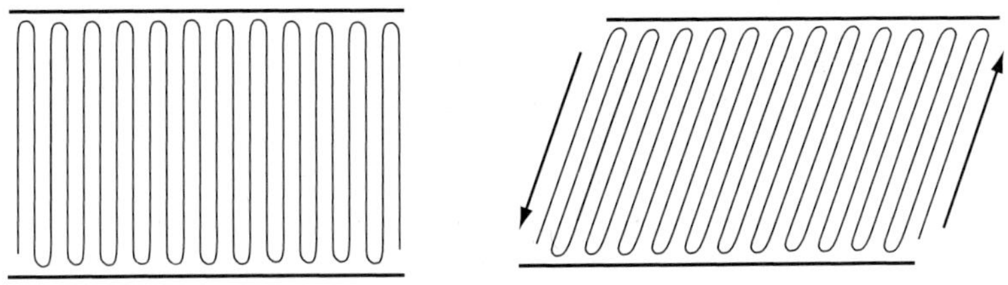

▶ 그림 22.13
사슬 접힘에 의해 형성된 고분자 결정이 사슬 방향으로 미끄러질 경우.

▶ 그림 22.14
폴리테트라플루오로에틸렌에 수직 방향으로 압축 응력을 가해 파괴한 단면의 사진: (i) 사슬 방향 미끄러짐 후에 결정 내 분자의 기울어짐과 (ii) 몇몇 결정의 파괴를 보여 준다 (변형 전의 형태는 그림 17.20 참조).

는 **횡방향 미끄러짐(transverse slip)**을 들 수 있다. 이 역시 용융 결정화된 고분자나 용액상으로부터 얻은 단결정에서 모두 관찰되지만 결정 내의 분자 배향의 변화가 동반되지 않으므로 직접적인 관찰은 어렵게 된다.

22.4.3.2 어긋나기 운동

원자성 결정에서 미끄러짐 과정은 어긋나기 운동과 연관되어 있다는 것은 주지의 사실이다. 금속 결정의 이론적 전단 강도(22.4.1절 참조)를 $G/10$에서 $G/30$ 수준으로서 여기서 G는 결정의 전단 탄성률이다. 그러나 많은 결정의 측정된 전단 항복 강도는 $10^{-4}G$에서 $10^{-5}G$ 사이로서 실험값과 이론값의 차이는 상당하다. 이러한 차이는 이론적 강도보다 훨씬 낮은 응력하에서 발생하는 어긋나기 운동 때문이다. 고분자 결정에서 존재하는 어긋나기 운동은 이미 간략히 다뤄진 바 있으며(17.6.2절 참조), 고분자 결정의 미끄러짐이 어긋나기 운동을 통하여 이루어지지 않는다고 믿을 이유는 없다.

등방성(isotropic) 물질에서의 어긋나기에 동반되는 단위 길이당 에너지 $U(l)$는 다음과 같이 주어진다.

$$U(l) = \frac{Gb^2}{4\pi} \ln\left(\frac{r}{r_0}\right) \tag{22.29}$$

여기서 b는 어긋나기의 Burgers 벡터이며, r은 결정의 반지름, r_0는 어긋나기의 중심 반지름이다(보통 b와 유사한 값을 갖는다고 봄).

식 22.29의 전단 탄성률 G는 등방성 물질에 해당하는 것이고 고분자 결정에서의 결합들은 상당한 이방성을 지니고 있으므로 이 식을 고분자 결정에 적용하기 위해서는 결정의 유효 탄성률(effective modulus)로 대치되어야 한다. 식 22.29를 분석하여 보면 결정의 크기가 일정하게 주어졌을 경우 전단 탄성률과 b의 값이 작을수록 낮은 에너지를 갖게 된다. 또한 어긋나기에 요구되는 전체 에너지는 어긋나기가 발생하는 전체 길이가 줄어들수록 작게 된다. 어긋나기는 결정 내부에서 정지될 수는 없으므로, 고분자 결정에서 최소한의 어긋나기 길이는 라멜라 표면에 수직한 방향, 즉 사슬 방향과 평행한 길이에 해당한다. 또한 고분자 사슬이 파괴되지 않는다는 조건을 고려하면 b 또한 사슬 방향과 평행한 방향을 가질 것이다. 이러한 요건들을 종합하면 라멜라 결정에서 가장 유효한 어긋나기는

그림 17.27a에 제시된 바와 같이 사슬 배향과 평행한 Burgers 벡터를 갖는 나사형 어긋나기 (screw dislocation) 라고 예측할 수 있다.

이러한 어긋나기는 용액상에서 자란 폴리에틸렌 단결정에서 관찰된 바 있으며, 변형이 진행됨에 따라 그 숫자가 점점 증가한다. 이러한 어긋나기의 Burgers 벡터는 사슬 방향의 반복 길이인 0.254 nm에 해당하며 (표 17.1 참조), 사슬 방향으로의 미끄러짐에 필요한 전단 탄성률은 미끄러짐 평면이 (010) 이냐 (100) 이냐에 따라서 $c_{44} = 2.83$ GPa이거나 $c_{55} = 0.78$ GPa이다 (표 19.2 참조). 실온 상태의 폴리에틸렌에서 [001] 사슬 방향으로의 미끄러짐은 약 0.015 GPa (전단 탄성률의 약 1/50~1/200배) 의 응력에서 발생함이 관찰되었다. 또한 계산에 의하면 사슬 방향의 미끄러짐은 그림 17.27a의 경우와 같이 열활성화 (thermal activation) 에 의한 것임이 밝혀진 바 있다. 그러나 이러한 메커니즘들은 결정이 상대적으로 얇은 경우, 즉 어긋나기의 길이가 작은 경우에만 적용되는 한계를 지니고 있다. 따라서 낮은 전단 탄성률을 갖는 고분자의 얇은 결정에서 이러한 어긋나기가 일어난다고 예측할 수 있다. 대부분의 다른 고분자 결정은, 특히 나선형 입체형태를 갖고 있을 경우 폴리에틸렌보다 더 큰 사슬 방향 반복 단위를 갖고 있다 (표 17.1). 이에 따라 더 큰 Burgers 벡터를 가지므로 더 큰 $U(l)$ 값을 갖게 된다. 따라서 변형에 따른 에너지를 줄이기 위해 완벽한 어긋나기보다는 다수의 지역적인 어긋나기가 발행할 것으로 예측해 볼 수 있다.

22.4.3.3 쌍둥이화

많은 물질의 결정 성장이나 변형 과정에서 쌍둥이 결정 (twinned crystal) 의 형성이 관찰된다. 많은 광물성 결정들은 자연 상태에서 쌍둥이 결정 형태를 지니고 있으며 금속이 낮은 온도에서 변형될 때도 동일한 현상들이 관찰된다. 가장 흔한 형태의 쌍둥이 결정은 결정의 한쪽 부분이 다른 쪽의 거울상 (mirror image) 인 것이다. 이 두 부분의 경계면을 **쌍정면 (twinning plane)** 이라고 한다. 쌍둥이 결정의 구체적인 형태는 그 결정이 지니는 격자 구조에 따라 달라지며 변형에 의해 형성된 쌍둥이 결정은 결정 격자에 미치는 전단력으로 설명될 수 있다.

미끄러짐의 경우와 마찬가지로 고분자 물질에서 쌍둥이 결정의 형성이 가능하지 않을 이유는 없으며, 실제로 결정성 고분자가 변형될 때 종종 관찰되는 현상이기도 하다. 고분자 결정에서 관찰되는 쌍둥이 결정은 고분자 사슬이 끊어지거나 크게 변형됨이 없이 격자들이 미끄러짐으로써 형성된다. 결정성 고분자에서의 쌍둥이 결정 형성의 좋은 예는 고체상 중합된 폴리다이아세틸렌 단결정 (17.3.2절 참조) 의 변형에서 찾아볼 수 있다. 그림 22.15a는 사슬 방향에 90°에서 관찰한 전자 현미경 사진이다. 사진의 줄무늬 자국들은 분자축에 해당하며, 쌍둥이 결정의 경계점에서 분자들이 날카롭게 꺾이고 있음을 보여 준다. 좀 더 정확한 측정에 의하면 경계면을 대칭으로 하여 결정 배향의 거울상이 형성된 것을 발견할 수 있다. 이러한 사실은 이 결정이 쌍둥이 결정상을 포함하고 있음을 시사한다. 쌍둥이 경계의 양면에 위치한 분자 배열의 개념도가 그림 22.15b에 제시되어 있다. 사슬들의 분자 구조를 그대로 유지하면서 분자들이 구부러질 수 있는 한계 각도는 결정 구

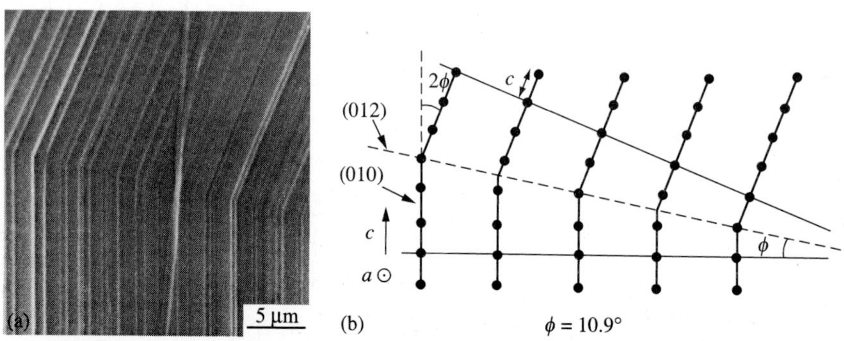

▶ 그림 22.15
폴리다이아세틸렌 단결정에서 관찰되는 커다란 쌍둥이 결정. (a) 주사 전자 현미경에 의한 관찰. (b) 분자 수준에서 본 쌍둥이 결정의 구조. 사슬 방향은 c로 주어져 있으며, a축은 페이지에 수직한 방향이며, ϕ는 쌍둥이 구조의 회전각이다. (자료 출처: Young, R. J. et al., J. Mater. Sci., 13, 62, 1978.)

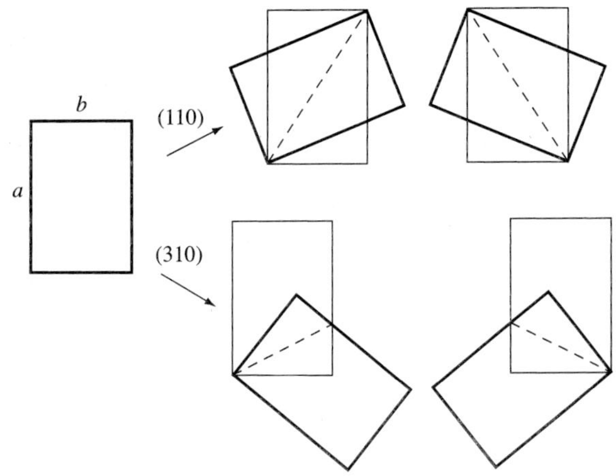

▶ 그림 22.16
사방정계 폴리에틸렌의 (110), (310) 결정 면에서의 쌍둥이 결정의 형성 과정. 단위 세포는 사슬 방향과 평행한 방향으로 투사하여 관찰한 것임. (자료 출처: Frank, F.C. et al., Philos. Mag. 3,64, 1958.)

조로부터 추정할 수 있으며, 이렇게 계산된 각도와 실제의 각도가 정확히 일치함을 발견한 바 있다. 쌍둥이화 과정의 결과로서 쌍둥이 결정의 연이은 평면에 위치한 분자들이 각각 사슬 방향에 평행한 c축의 한 단위 길이씩 이동하게 된다. 이러한 사실은 사슬 방향으로의 미끄러짐이 일어난 결과와 동일하며, 이러한 형태의 쌍둥이화가 많은 종류의 고분자 결정에 대한 변형의 중요한 요소임은 잘 알려진 사실이다.

다른 종류의 쌍둥이화가 일어남이 관찰된 바 있는데, 이는 사슬 방향에 수직한 방향으로 이동함으로써 이루어지며 이러한 경우에는 분자들이 구부러질 필요가 없다. 이러한 종류의 쌍둥이화의 예는 그림 22.16에 제시된 바와 같이 사슬 방향과 평행하게 투시된 폴리에틸렌 단위 격자의 변형에서 찾아볼 수 있다. 두 개의 특정한 평면인 (110), (310) 평면에서 쌍둥이화가 관찰되며, 이는 용액상으로부터 성장한 단결정과 용융-결정화된 시편에서 모두 관찰된다. 이러한 종류의 쌍둥이화는 결정 격자의 회전을 동반하므로 분자축인 c축에 대한 결정축 a와 b의 각도를 측정함으로써 확인될 수 있다.

22.4.3.4 마르텐사이트 변태

이 개념은 쌍둥이화와 유사하지만 결정 구조의 변화를 동반하는 변형을 의미한다. 용어 자체는 잘 알려진 변태 현상으로부터 비롯된 것이다. 이 변태는 오스테나이트 철(austenitic steel)이 급랭 되어 딱딱하고 준안정성의 정방형계 결정인 마르텐사이트(martensite)로 변태하는 것을 의미한다. 이 변태는 많은 결정성 물질이 변형하거나 냉각될 때 발견되며, 모든 마르텐사이트 변태는 장거리 확산을 동반하지 않고 일어난다는 공통점을 지니고 있다.

마르텐사이트 변태는 고분자의 경우 흔하게 관찰되는 현상은 아니지만, 폴리에틸렌의 변형 시에는 관찰된다. 용액상에서 자란 단결정이나 용융 결정화된 결정 모두 통상적인 결정 구조는 사방정계(orthorhombic, 직각비등축)이지만, 변형 후에는 회절 패턴에서 새로운 Bragg 굴절이 검출된다. 이것은 단사정계(monoclinic, 일사축) 형태의 결정(표 17.1 참조)이 형성되어 일어난 것으로 해석된다. 이 변태는 사방정계 결정이 c축에 수직한 방향으로 이차원적인 전단 이동함으로써 이루어지며, 사슬축은 변태가 일어나도 거의 변화가 없어 0.254 nm을 유지하며, 이 축은 단사정계 세포(monoclinic cell)의 경우 통상 b축으로 할당되는 축이다.

22.4.4 반결정성 고분자의 소성 변형

용융-결정화된 고분자는 통상 구정 내부에 결정성 영역과 무정형 영역을 함께 지닌 복잡한 구조를 지니고 있다(그림 17.13). 결정성 고분자는 통상 $T_g < T < T_m$ 사이에서 가장 유용한 물성을 나타내며, 실제 사용 시에는 이 온도 범위에서 사용되도록 선택된다. 유리전이 온도 이하에서는 취약성을 나타내는 반면에 녹는점 이상에서는 점성 유체나 고무와

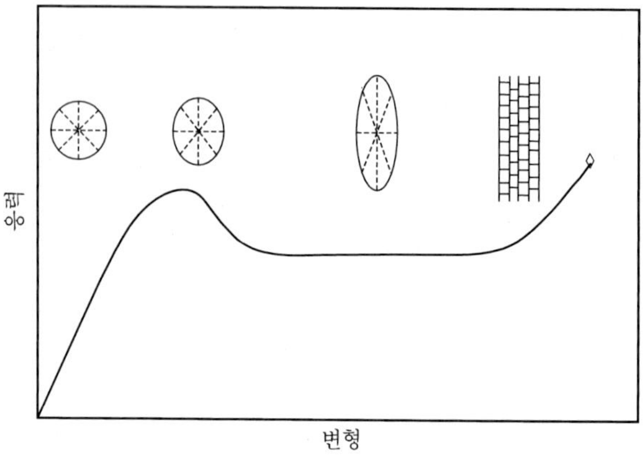

▶ 그림 22.17
반결정성 고분자가 냉연신 과정에서 보여주는 구정 형태의 변화. (자료 출처: Magill, J., in J.M. Schultz (ed.), Treatise on Materials Science and Technology, Vol. 10A, Academic Press, New York, 1977.)

유사한 물성을 지니게 된다. 반결정성 고분자의 변형은 그 구조상 여러 측면에서 살펴볼 수 있다. 그림 22.17은 구정이 변형 시 어떻게 그 미세구조가 변화하는가를 보여 주고 있다. 변형이 증가함에 따라 구정은 연신 방향과 평행한 방향으로 늘어나며, 충분한 변형이 이루어지면 구정의 미세구조는 파괴되어 섬유 같은 형태를 지니게 된다. 구정 구조의 거시적 변형은 구정 내부의 미세한 결정성과 무정형 부분들의 변형을 반영하고 있음은 틀림이 없다. 변형의 초기에는 구정이 균일하게 변형하여 이전 절에서 다룬 바와 같이 미끄러짐, 쌍둥이화, 마르텐사이트 변태 등이 복합적으로 작용하여 변형되는 것으로 생각할 수 있다. 또한 무정형 부분은 고무상 상태이므로 결정들이 전단 작용에 의하여 변형이 가능하다. 변형의 초기 및 중간 상태에서는 결정이 다소 왜곡되기는 하지만 거의 초기와 변함이 없는 상태를 유지한다. 변형이 거의 완성됨에 따라 구정은 그 초기의 형태를 잃어가며 마침내 새로운 섬유와 유사한 형태를 이루게 된다. 이러한 과정에 대한 자세한 메커니즘은 알려져 있지 않지만 그림 22.18에 나타낸 것과 같이 추정해 볼 수는 있다. 해석의 편의상 초기의 결정은 규칙적으로 접힌 사슬로 이루어져 있다고 가정한다. 변형은 궁극적으로 결정이 붕괴되고 사슬들이 뽑혀나가기 전까지는 주로 미끄러짐이나 쌍둥이화 같은 변형 메커니즘에 의해 이루어진다고 생각할 수 있다. 충분한 변형이 가해지면 분자들과 결정들은 변형 방향과 평행하게 정열되며 섬유 같은 구조가 형성된다. 냉연신의 초기 이론에 의하면 이런 구조적 변화는 변형 시 발생된 열이 용융을 초래하고 다시 냉각 시 결정화된 결과라고 해석하였다. 물론 변형 시에 다소의 발열이 관측되기는 하지만 그것은 용융을 초래하기에는 충분치 않으며 통상의 변형 속도에서는 발생된 열이 쉽게 발산된다.

고분자들이 연신에 의해 배향된다는 사실은 상당한 실용적 중요성을 갖고 있는데, 이는 충분히 연신된 경우 결정의 사슬 방향 이론값의 50%에 가까운 탄성률을 보일 수 있기 때문이다. 이론값에 100% 접근하지 못 하는 이유는 결정 내부의 결합과 사슬 접힘 및 기타 비결정성(noncrystalline) 부분이 존재하기 때문이다. 얻어진 탄성률의 값은 고분자의 결정 구조와 시편이 얼마나 연신되었는가(연신비, draw ratio)에 따라 달라진다. 또한 최대

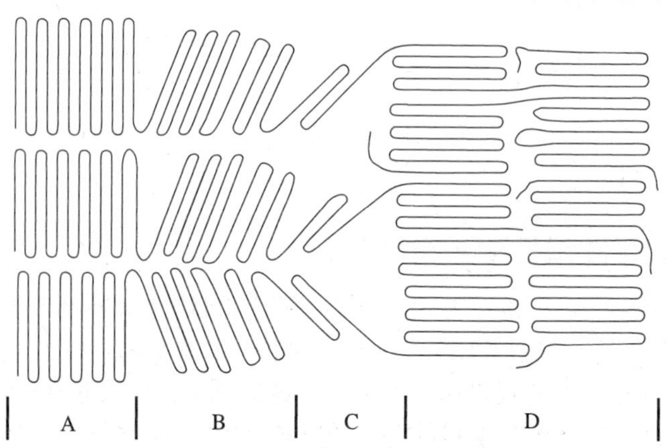

▶ 그림 22.18
반결정성 고분자의 변형 중 넥이 형성되는 과정을 분자 수준에서 모사한 개념도. (A) 이상적으로 표현된 변형전의 구조. (B) 결정이 미끄러짐, 쌍둥이화, 마르텐사이트 변태에 의해 변형하고 있다. (C) 결정이 파괴되며 사슬들이 뽑혀 나오기 시작한다. (D) 섬유상 구조가 형성되기 시작한다.

연신비는 연신 시의 온도나 평균 몰질량, 그리고 몰질량 분포에 따라 달라지기 마련이다. 고탄성률을 지닌 배향된 고분자를 얻기 위하여 이러한 변수들을 최적화하기 위한 연구는 상당한 관심의 대상이라 할 수 있다.

22.5 크레이징

여태까지 토론되어 온 고분자의 소성 변형은 소위 "전단 항복"에 한정되어 온 셈이다. 전단 항복은 시편 전체의 부피 변화가 없는 상태로 진행되며, 시편 전반에 걸쳐 균일하게 발생하는 현상이다. 특정한 고분자, 특히 유리상의 열가소성 수지는 "크레이징(crazing)"이라고 하는 국부적인 소성 변형이 가능하다.

22.5.1 크레이즈 항복

크레이징(crazing)은 인장 방향의 압력 성분(hydrostatic tensile stress)이 존재할 경우($p > 0$)에만 발생하며, 따라서 크레이즈의 형성은 시편 전체의 부피에 상당한 증가를 초래한다. 크레이즈는 보통 시편 표면에서 개시되어 인장축에 수직한 방향으로 발달하고 있는 조그만 균열(crack)처럼 보인다. 좀 더 자세히 관찰하게 되면 이것은 진정한 의미에서의 균열이 아니라 작은 공동(cavity)들이 모인 영역임을 알 수 있다. 궁극적으로는 이미 형성된 크레이즈로부터 발달된 균열이 시편의 파괴를 초래하게 됨은 물론이다. 그림 22.19는 크레이징에 의한 변형이 일어난 폴리스타이렌을 보여 주고 있다.

크레이징은 유리상 폴리스타이렌을 손가락으로 문지른 다음, 이를 거의 파괴 직전까지 구부린 후 관찰하면 쉽게 확인할 수 있다. 크레이즈는 인장된 표면에 작은 안개처럼 나타나며, 그 크기는 매우 작아서 100 nm 내외의 두께와 수 마이크론의 길이를 지니고 있다. 그러나 이것들은 육안으로도 관찰될 수 있는데, 이는 변형되지 않은 부분보다 훨씬 밀도가 낮아 빛을 산란시킴으로써 가능하다. 앞서의 간단한 실험은 손가락에 존재하는 기름 성분과 유사한 액체(크레이징 촉진제, crazing agent)의 존재가 상대적으로 낮은 응력 하에서의 크레이즈 유발을 돕는다는 사실을 시사하고 있다. 크레이즈는 시료의 외관을 손상시키며, 궁극적으로는 전체적인 파괴에 이르게 한다.

여타의 기계적 물성과 유사하게 고분자 내에서의 크레이즈 형성은 실험 온도와 속도 혹은 하중을 가한 시간 등에 의존성을 보인다. 그림 22.20은 폴리스타이렌에 일축 인장 하중을 가해 크레이즈를 유발하는 데 필요한 응력을 온도에 대해 도시하여 놓은 것이다. 크레이즈를 유발하기 위한 응력은 온도가 증가할수록, 그리고 변형 속도가 감소할수록 감소한다. 이 그림의 실험은 공기 중에서 행한 건성 크레이징(dry crazing)이며, 만약 크레

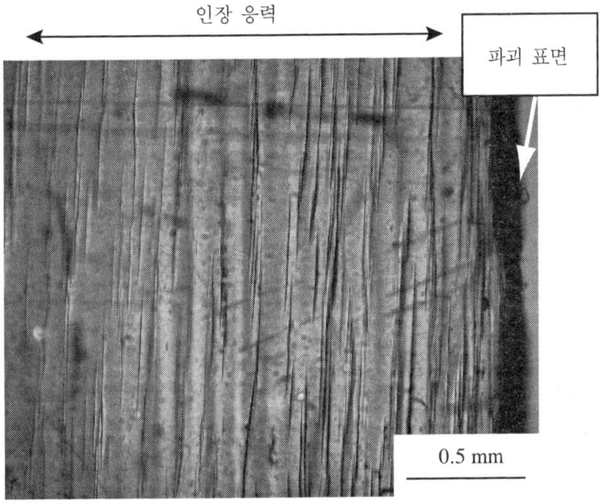

▶ **그림 22.19**
크레이즈가 발생한 폴리스타이렌 평판의 광학 현미경 사진. 크레이즈들이 인장축의 수직 방향으로 정렬되어 있음을 보여 준다. (자료 제공: S. Rannou, University of Manchester, Manchester, U.K.)

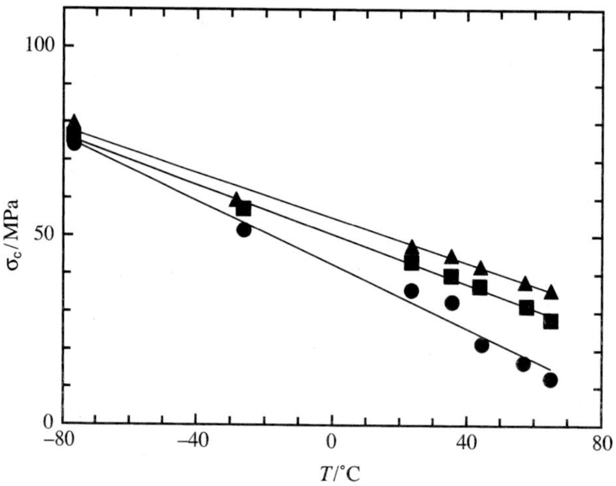

그림 22.20
폴리스타이렌에 서로 다른 변형 속도를 가했을 때 온도에 따른 크레이징 개시 응력의 변화 추이.
● : 0.00067 s^{-1}, ■ : 0.0267 s^{-1}, ▲ : 0.267 s^{-1}

이징 촉진제(폴리스타이렌의 경우 그리스나 유기 용매)가 있다면 크레이즈 개시 응력을 더욱 더 감소시킨다.

22.5.2 크레이즈 요건

전단 항복을 대상으로 Tresca나 von Mises가 시도했던 것과 유사하게 역시 항복 현상의 하나인 **크레이징**에 대해서도 그 **요건(criterion)**을 찾아내려는 시도는 계속되어 왔다. 크레이징은 전형적으로 고분자의 항복 응력의 약 반 정도에서 개시된다. 이것은 '탄성' 영역(그림 22.3)에 해당하지만 초기의 크레이징 진행은 응력-변형 곡선의 기울기에 거의 영향을 미치지 않는다. 이는 아마도 초기에는 크레이즈에 의한 부피 증가가 미미하기 때문으로 생각된다. 연구의 초기에는 크레이즈를 형성하기 위해서 최소한의 일축 인장 응력이나 변형이 필요하다고 생각하였다. 그러나 이러한 가정은 다축 응력이 가해질 경우 적용될 수 없으므로 적절치 못한 것으로 판단되었다. 외부 압력을 가한 상태에서 전단 항복을 관찰한 것과 유사하게 압력하에서의 일축 인장에 의한 크레이즈를 관찰하고자 시도한 바 있다(그림 22.6). 양의 압력(hydrostatic compression)은 크레이즈의 형성을 더욱 어렵게 하고 크레이즈를 개시하기 위해 요구되는 인장 응력이나 변형을 증가시키는 결과를 초래한다. 반면에 음의 압력(hydrostatic tension)이 가해지면 공간의 형성을 쉽게 하며, 따라서 크레이즈의 형성을 용이하게 하는 팽창(dilation)을 초래함을 관찰하였다.

크레이징은 공동화된 부분의 확장이라 할 수 있으므로 크레이징에 필요한 임계 변형 e_c가 존재한다고 예측할 수 있다. 앞에서 언급한 압력의 영향은 다음과 같이 고려할 수 있으며 전반적인 음의 압력이 작용할 경우

$$e_c = C + \frac{D}{p} \qquad (22.30)$$

여기서 p는 압력이며 C와 D는 각각 시간, 온도에 의존하는 요소이다.

세 개의 주요 응력 σ_1, σ_2, σ_3 ($\sigma_1 > \sigma_2 > \sigma_3$)로 대표되는 일반적인 응력하에 놓여 있는 등방성 물체의 최대 인장 변형은 다음과 같이 주어진다.

$$e_1 = \frac{1}{E}(\sigma_1 - \nu\sigma_2 - \nu\sigma_3) \qquad (22.31)$$

여기서 ν는 Poisson 비(Poisson's ratio)이며, 위의 변형은 주요 응력 중 최대인 성분의 방향으로 발생하게 된다. 임계 변형의 요건은 e_1이 어떠한 임계값에 도달하여야만 크레이징이 발생한다고 예측하고 있으며, 식 22.30을 응력의 항으로서 표시하자면 다음과 같이 변형되어야 한다.

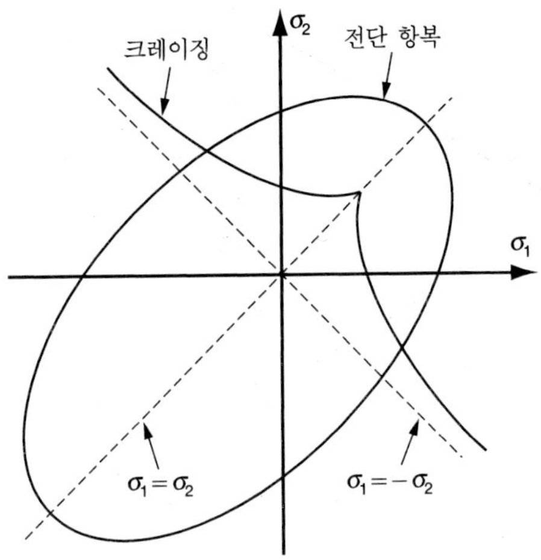

▶ **그림 22.21**
평면 응력 조건하에서 변형된 무정형 고분자의 크레이징과 항복 요건. (자료 출처: Sternstein, S. and Ongchin, L., ACS Polym. Prepr., 19, 1117, 1969.)

$$\sigma_1 - \nu\sigma_2 - \nu\sigma_3 = X + \frac{Y}{(\sigma_1 + \sigma_2 + \sigma_3)} \tag{22.32}$$

여기서 X와 Y는 새로운 시간, 온도에 의존하는 상수들이다. 이 요건은 크레이즈가 발생할 조건을 제시함과 동시에 생겨난 크레이즈가 어떤 방향으로 자랄 것인가(σ_1에 수직한 방향)에 대한 정보를 제공한다는 점에서 매우 유용하다. 항복 요건에서와 마찬가지로 크레이즈 요건을 검증하기 위한 방법으로서 가장 편리한 것은 평면 응력 조건($\sigma_3 = 0$)에서 측정하는 것이다. 이때 식 22.32는 다음과 같이 변형된다.

$$\sigma_1 - \nu\sigma_2 = X + \frac{Y}{(\sigma_1 + \sigma_2)} \tag{22.33}$$

그림 22.21은 X와 Y의 값을 무정형 고분자에 이축 응력을 가해 발생한 크레이즈의 실험 결과에 맞춘 결과를 보여 주고 있다. 크레이징은 공동 형성에 필수불가결한 음의 압력 $[(\sigma_1, +\sigma_2, +\sigma_3) > 0]$이 존재할 경우에만 발생한다. 식 22.33으로 주어지는 곡선은 $\sigma_1 = -\sigma_2$의 직선에 점근(asymptotic)한다. 크레이즈 요건을 항복 요건과 비교하여 보는 것도 상당히 유용하다. 동일한 조건에서 실험한 무정형 고분자의 압력 의존성 von Mises 곡선(그림 22.7)을 함께 그림 22.21에 그려놓았다. 이와 같이 항복과 크레이즈 요건을 동시에 한 그림에 도시하면 어떤 조건에서 어떤 종류의 항복이 일어날 것인가를 예측할 수 있게 된다.

22.5.3 유리상 고분자의 크레이징

크레이징의 현상적인 측면에 관해서는 앞에서 토론된 바 있지만 어떠한 기전으로 크레이징이 발생하느냐 하는 점은 아직 다루지 않았다. 크레이즈는 통상 상처(scratch)나 다른 종류의 흠(imperfection)과 같은 결함(flaw)이 존재하는 표면으로부터 시작된다. 그 전체적인 모양은 라멜라와 같으며 그림 22.22와 같이 표면으로부터 시편 내부로 발달되어 나아간다. 표면상에 존재하는 결함들은 국지적으로 가해진 응력을 상승시키며 크레이즈가 발생하는 시발점을 제공한다.

크레이즈와 균열의 근본적인 차이는 크레이즈는 약 50% 가량의 고분자를 내부에 포함하고 있지만, 균열은 고분자를 전혀 포함하고 있지 않다는 점이다. 최초로 크레이즈 내부에 고분자 물질이 존재하고 있다는 사실을 발견한 것은 크레이즈의 굴절률 관찰로부터이지만 전자 현미경을 이용하면 좀 더 직접적인 관찰이 가능하다. 그림 22.23은 폴리스타이렌의 크레이즈를 투과 전자 현미경으로 고배율하에서 관찰한 것인데, 우선 크레이즈와 고분자 매트릭스 간의 뚜렷한 경계가 관찰된다. 또한 고분자 섬유들이 밀집되어 형성된 20 nm 내외의 다발로 나뉘어져 있는 많은 공동들이 크레이즈 내부에서 관찰된다. 만약 크레이즈를 길이 방향으로 꼭지까지 따라가 보면 그 두께는 점점 가늘어지고 5 nm 내외의

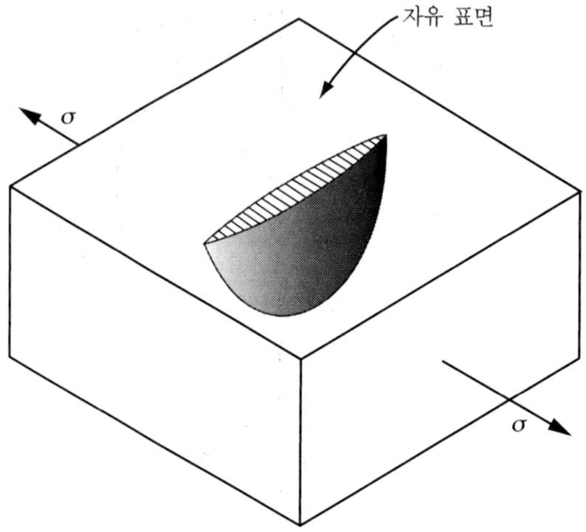

▶ 그림 22.22
고분자 표면에서 개시되는 크레이즈의 개념도.

미세섬유로 구분된 일련의 공동을 관찰하게 된다.

현미경 관찰은 유리상 고분자에서 크레이즈가 어떻게 발생되고 자라는지에 관한 가장 중요한 단서를 제공한다. 크레이즈 형성의 기본 기전은 지역적으로 발생하는 국지적 항복과 냉연신 과정으로 생각할 수 있다. 표면 결함이나 자라고 있는 크레이즈의 선단에 작용하는 국지적 응력은 전체 시편에 가해지는 인장 응력보다 큰 값을 가지고 있음은 잘 알려진 사실이다. 따라서 시편 전체에 일반적인 항복 현상을 야기하는 응력보다 훨씬 낮은 응력하에서도 선단에 존재하는 응력 집중으로 인해 국지적 항복이 시작되는 것으로 생각할 수 있다. 만약 시편 전체에 가해진 일축 응력이 σ_0라면 이로 인해 가해지는 인장 압력은 $p = \sigma_0/3$에 해당한다. 그러나 결함의 말단이나 성장하고 있는 크레이즈의 선단에 가해지는 인장 압력은 이보다 훨씬 큰 값을 갖게 되며, 이러한 요인으로 인해 결함으로부터 크레이즈가 개시되거나 이미 존재하고 있는 크레이즈가 발달하게 된다. 한편 크레이즈 내부에 존재하는 미세섬유들은 국지적 항복과 냉연신 과정을 통하여 형성되며, 이러한 섬유 다발들은 배향된 사슬들로 구성되어 주위의 미변형 부분과 비교해 훨씬 큰 하중을 지탱할 수 있으므로 파괴되지 않은 상태로 크레이즈 내부에 존재할 수 있는 것으로 생각할 수 있다. 크레이즈의 성장은 크레이즈에 참여하지 않은 부분의 물질들이 크레이즈/매트릭스 경계에서 섬유 형태로 변형되어 크레이즈의 일부로 편입됨으로써 진행된다. 크레이즈는 인장축의 수직 방향의 평면, 즉 가장 최대의 인장 응력이 가해지는 평면상에 매우 얇은 라멜라 형태로 발달되며, 주위의 미변형 물질의 탄성에 의한 제한은 일단 형성된 크레이즈가 두께 방향으로만 발달되어 점점 두꺼워지는 방향으로 발달하도록 유도한다.

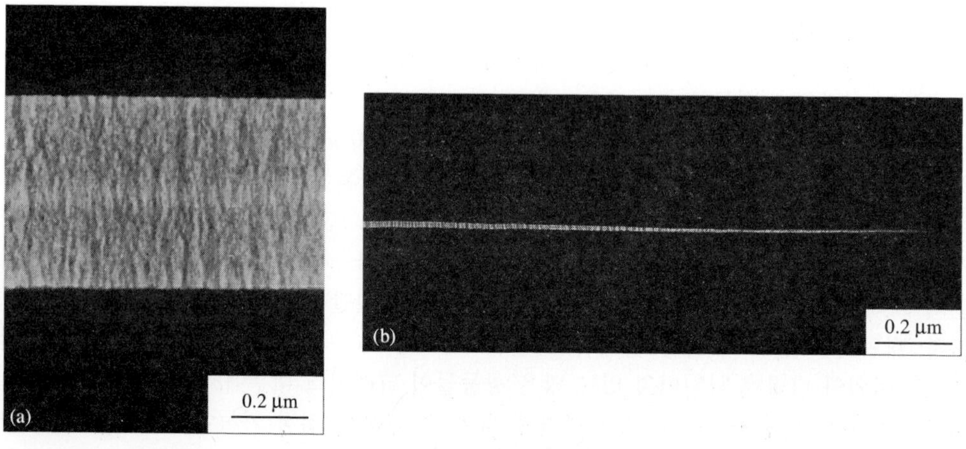

▶ 그림 22.23
폴리스타이렌에서 형성된 크레이즈를 박막 형태로 잘라 투과전자 현미경으로 관찰한 모습: (a) 두꺼운 크레이즈의 중심 부분, (b) 얇은 크레이즈의 말단 부분. (자료 제공: E.J. Kramer, Cornell University, Ithaca, NY.)

문제

22.1 고분자의 인장 응력-변형 곡선을 $\sigma = ae^b$로 표현할 수 있다고 가정하자. 여기서 σ는 진-응력, e는 겉보기 변형, 그리고 a와 b는 상수들이다. 넥킹이 다음의 조건을 만족할 때 발생함을 보이시오.

$$e = \frac{b}{(1-b)}$$

또한 인장 항복 응력을 a와 b의 함수로 표현하시오.

22.2 어느 고분자가 다음과 같은 압력 의존성 von Mises 항복 요건을 따른다고 가정하자.

$$A[\sigma_1 + \sigma_2 + \sigma_3] + B[(\sigma_1 - \sigma_2)^2 + (\sigma_2 - \sigma_3)^2 + (\sigma_3 - \sigma_1)^2] = 1$$

여기서 σ_1, σ_2, σ_3은 주요 3축의 응력이며, A와 B는 상수이다.

이 물질이 압력만으로 변형할 수 있음을 보이고 항복을 개시하는 압력을 인장과 압력하에서의 항복 응력의 항으로 표현하시오.

22.3 폴리에틸렌은 폴리다이아세틸렌의 단결정에서 일어나는 쌍둥이화와 유사하게 사슬들의 구부러짐을 통하여 쌍둥이화가 진행되는 것으로 알려져 있다. 이러한 사슬 굽힘이 발생하리라 예상되는 가장 유력한 평면은 (200), (020), (110) 평면이다. 각 평면에서 발생하는 쌍둥이화의 모식도를 전단 응력의 방향과 수직한 방향에서 바라본 각도로 그리고 다음의 사항들을 결정하시오.

(a) 각 경우에 해당하는 쌍둥이화 평면(쌍정면)

(b) 사슬 굽힘의 각도

(c) 각 쌍둥이화 결정에 가해지는 전단력의 방향

(d) 가장 낮은 전단력이 가해지는 쌍둥이 결정

(폴리에틸렌의 결정은 사방정계이며, 각 결정축의 값은 a = 0.740 nm, b = 0.493 nm, c = 2.537 nm이다)

22.4 폴리스타이렌은 가해진 응력의 상태에 따라 크레이징과 전단 항복이 모두 가능하다. 일축 인장하에서 전단 항복의 임계 응력값은 73 MPa이고, 일축 압력하에서의 임계 응력값은 92 MPa로 관찰되었다고 가정하자. 동일한 조건에서 크레이징 유발의 임계 응력은 각각 47 MPa과 45 MPa이었다.

폴리스타이렌이 전단 항복은 von Mises 항부 요건을, 크레이즈 항복은 임계 변형 크레이즈 요건을 따른다고 가정할 때 단순 응력 변형 조건하에서 크레이징과 전단 항복이 동시에 발생할 조건을 구하시오(폴리스타이렌의 Poisson 비는 0.33이라고 가정한다).

참고 문헌

Andrews, E.H., *Fracture in Polymers*, Oliver and Boyd Ltd, London, U.K., 1968.

Haward, R.N. (ed.), *The Physics of Glassy Polymers*, Applied Science Publishers, London, 1973.

Haward, R.N. and Young, R.J. (eds.), *The Physics of Glassy Polymers*, 2nd edn., Chapman & Hall, London, 1997.

Kausch, H.H. and Michler, G.H., The effect of time on crazing and fracture, *Advances in Polymer Science*, **187**, 33 (2005).

Kinloch, A.J. and Young, R.J., *Fracture Behaviour of Polymers*, Applied Science, London, 1983.

Monnerie, L., Halary, J.L., and Kausch, H.H., Intrinsic molecular mobility and toughness of polymers 1, *Advances in Polymer Science*, **187**, 215 (2005).

Ward I.M., *Mechanical Properties of Solid Polymers*, 2nd edn., Wiley-Interscience, New York, 1983.

23 파괴와 강인성

23.1 서론

공학적 부품들의 파괴는 치명적 결과를 초래하기 때문에 많은 과학자와 공학자들이 파괴를 막을 수 있는 재료의 개발이나 구조의 설계에 노력을 기울여 왔다. 물질은 크게 분류하면, 쉽게 부서지는 유리와 같은 **취성(brittle)**인 것과 구리나 알루미늄과 같이 파괴에 이르려면 상당한 변형이 필요한 **연성(ductile)**의 것으로 나눌 수 있다. 고분자는 그 구조나 시험 조건의 변화에 따라 이 두 가지 특성을 모두 나타낼 수 있다. 실제로 동일한 고분자를 가지고도 시험 온도나 속도를 바꾸어 줌으로써 취성과 연성을 모두 관찰할 수 있다. 여태껏 어떤 고분자들은 "깨지지 않는" 것으로 광고되어 왔다. 물론 모든 물질은 어느 정도의 하중까지만 견딜 수 있으므로 이 광고 문구는 잘못된 것임은 틀림이 없다. 한편 폴리프로필렌이나 고밀도 폴리에틸렌으로 만들어진 가정용 용기들은 통상의 사용 조건에서는 거의 깨어지지 않을 만큼 강인한 것 또한 사실이다.

고분자는 여러 가지 형태로 파괴에 이를 수 있으며 그림 19.4에 여러 종류의 고분자의 응력–변형 곡선이 제시되어 있다. 유리상 고분자는 통상 취약하며 거의 소성 변형이 일어나지 않은 채로 낮은 변형에서 파괴된다. 한편 반결정성 고분자는 보통 연성을 지닌 물질로 분류되며 특히 유리 전이 온도와 용융 온도 사이에서는 상당한 연성을 보인다. 또한 최종적인 파괴가 일어나기 전에 냉연신 현상을 보이기도 한다. 가교된 고무(탄성체)는 고연신비까지 탄성적으로 늘어날 수 있으나 만약 시편에 이미 결함이 존재하면 연신 시 낮은 변형에서도 찢어짐(tear) 현상을 보이기도 한다. 고분자 단결정 섬유는 매우 높은 응력을 가해야만 파괴될 정도로 고탄성률을 보이지만, 허용되는 변형은 몇 %에 지나지 않는다. 이와 같이 고분자는 다양한 파괴 거동을 보이므로 이러한 것들은 따로따로 토론해 나아가는 것이 편리하다.

23.2 파괴의 기초

파괴란 간단하게 외력의 작용에 의하여 물체 내부에 새로운 표면이 형성되는 것으로 정의할 수 있다. 다음 절의 파괴 기구에 관하여 고찰하기 전에 이 절에서는 고분자 파괴에 관한 분자론적인 기본 개념에 관하여 다룰 것이다.

23.2.1 이론적인 인장 강도

재료의 기계적인 거동에서 고려 대상이 되는 중요한 인자는(궁극적으로는 화학 결합을 깨트려) 재료의 파단이 시작되는 응력일 것이다. 그림 23.1에 이해를 돕기 위한 상황을 도식화하였다. 고분자 결정과 같이 완전한 탄성체인 물질로 만들어지고 단위 면적을 가지는 사각형 막대가 인장 변형 상태에 놓여 있다. 물질에 인장 변형이 일어나려면 일(work)이 행해져야 하고 파괴란 새로운 두 표면을 생성시키는 것이므로 열역학적인 관점에서 볼

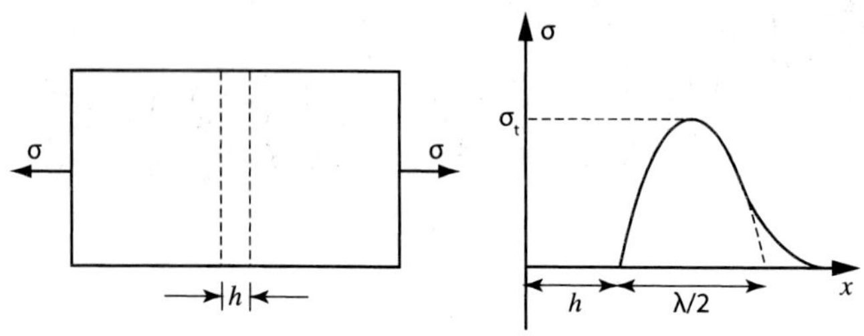

▶ 그림 23.1
결정의 이론적 균열 응력 계산에 사용되는 모형. 사용된 파라미터는 본문에 설명되어 있음.

때 물질에 가해주어야 할 일은 새로운 두 표면의 표면 에너지보다 커야 한다. 이때 위치에 따른 응력은 그림 23.1과 같을 것으로 예측되고 이는 어림잡아 파장이 λ인 사인 함수로 나타낼 수 있다.

$$\sigma = \sigma_t \sin\left(\frac{2\pi x}{\lambda}\right) \tag{23.1}$$

여기서 σ_t는 최대 인장 응력이다. 변형이 낮은 구간에서 위 식은 다음과 같이 쓸 수 있다.

$$\sigma = \sigma_t \frac{2\pi x}{\lambda} \tag{23.2}$$

재료가 완전한 탄성체라는 가정으로부터 응력(σ)과 거리(x)의 또 하나의 관계를 얻을 수 있다. 인장축과 수직한 결정 원자면들의 평형 거리가 h라 하면 Hooke 법칙은 다음과 같다.

$$\sigma = \frac{Ex}{h} \tag{23.3}$$

식 23.2와 23.3으로부터 다음 식을 얻을 수 있다.

$$\sigma_t = \frac{\lambda E}{2\pi h} \tag{23.4}$$

사각형 막대기가 파단되었을 때 가해준 일은 응력–이동 곡선에서의 아랫부분 면적과 같고 이렇게 구한 일과 새 표면을 형성시키는 데 필요한 표면 에너지는 서로 같으므로 다음 식을 얻을 수 있다.

$$\int_0^{\lambda/2} \sigma_t \sin\left(\frac{2\pi x}{\lambda}\right) dx = 2\gamma$$

변형이 낮은 경우 위 식은 다음과 같이 된다.

$$\gamma = \frac{\lambda \sigma_t}{2\pi}$$

식 23.4로부터 $\lambda/2\pi$를 위 식에 대입하면 다음 식을 얻을 수 있다.

$$\sigma_t = \sqrt{\frac{E\gamma}{h}} \tag{23.5}$$

여러 가지 물질의 E, γ, h 값들을 위 식에 대입하면 일반적으로 다음과 같은 관계를 얻을 수 있다.

$$\sigma_t \approx \frac{E}{10} \tag{23.6}$$

이와 같은 결과는 응력 계수가 낮더라도 특정한 상황에서는 탄성 계수가 높게 될 수 있으므로, 이러한 고분자의 맥락에서 특히 흥미로운 일이다. 배향된 무정형 및 반결정성 고분자는 상대적으로 높은 응력 계수를 가지며, 결정성 고분자의 사슬 방향으로의 응력 계수는 금속만큼이나 높다. 따라서 고분자가 이처럼 높은 응력 계수를 갖도록 변형되는 경우 높은 인장 강도를 보일 것으로 예상할 수 있다.

일반적으로 물질의 인장 강도는 $E/10$에 비해 매우 낮다는 것이 알려져 있는데 이는 취성 재료는 결점의 존재에 의해 급격히 파괴가 일어나며 연성 소재는 전위의 움직임 동안 소성 변형을 겪게 되기 때문이다. 그렇지만, 무결점이고 소성 변형을 나타내지 않는 유리, 실리카 및 어떤 고분자 결정의 미세한 위스커(whisker) 결정들은 이론적으로 예측되는 값에 유사한 파괴 강도를 갖는다.

23.2.2 분자 파괴 과정

이 절에서는 고분자가 파괴될 때 분자 수준에서 일어나는 현상에 대하여 살펴볼 것이다. 일반적으로 파괴란 분자의 파열과 분자 사이의 미끄러짐이 동시에 수반된다는 것은 확실하지만, 이 두 과정이 어느 정도 일어나는가는 몇몇 특이한 경우를 제외하고는 알기가 어렵다.

23.2.2.1 결합 파열

일차 결합의 파열은 고분자 단결정이 사슬과 평행한 방향으로 인장 파단 시 일어나는 주된 파괴 기구(mechanism)라 생각할 수 있다. 그림 23.2는 폴리다이아세틸렌 단결정이 인장 파단된 현미경 사진이다(그림 17.11a 참조). 유사한 단결정의 응력-변형 곡선을 그림 19.6에서 볼 수 있다. 파단된 끝부분을 자세히 관찰하면 분자의 파단이 일어난 것을 확실히 알 수 있다. 고분자 주사슬의 공유 결합은 매우 강하므로 고분자는 매우 높은 파단 강도를 가진다. 그림 23.3은 고분자의 파단 강도를 섬유 지름에 따라 측정한 결과를 보여 준다. 파단 강도는 섬유의 지름이 적어질수록 커지는 것을 볼 수 있다. 이는 섬유의 지름이 가늘어 질수록 강도를 떨어뜨리는 흠집의 수가 적기 때문이다. 가장 가는 섬유의 경우 파단 강도가 1.5 GPa 정도로 관찰되었다. 관찰된 고분자의 탄성률은 60 GPa인데, 최대 파단 강도는 탄성률의 $E/40$ 정도이다. 23.2.1절에서 고려한 이론적인 고찰에 의하면 최대 파단 강도는 탄성률의 $E/10$ 정도이다. 대부분의 고분자는 표면에 흠집이 있기 때문에 이보다 훨씬 낮은 값을 보여 준다. 폴리다이아세틸렌 단결정의 파단 강도는 이론값과 근접한 값을 나타내기 때문에 종종 다른 고강도 재료와 비교되는 고분자이다.

크랙이 성장하는 동안 분자의 파단이 일어나는 다른 부류의 물질은 탄성체(elastomer)와 같은 가교 고분자이다. 가교점에서는 분자의 미끄러짐이 발생할 수 없으므로 사슬의 파단만이 발생할 수 있다. 점탄성적인 손실이 없는 경우 탄성체의 찢김 에너지(tearing energy)를 계산함으로써 분자의 파열이 가교 고분자의 파괴 기구임을 증명한 연구도 있다. 이렇게 계산한 에너지는 파괴가 결합의 파괴에 의해서 일어나는 경우에 예측된 값과 비슷한 것으로 증명된다.

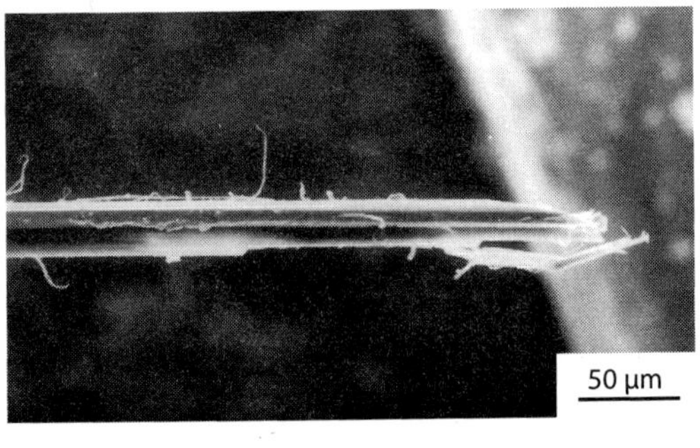

▶ 그림 23.2
폴리다이아세틸렌 단결정 섬유의 파괴 선단의 주사 전자 현미경 사진.

▶ 그림 23.3
폴리다이아세틸렌 단결정 섬유에서 섬유 두께의 변화가 파단 강도에 미치는 영향.

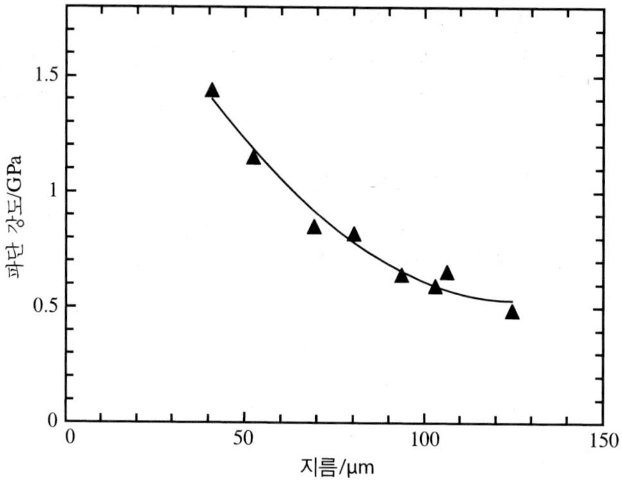

공유 결합의 파괴에 의해서 생성된 라디칼을 감지하기 위해 전자 회전 공명 분광법 (electron spin resonance spectropcopy, ESR, 15.2.1절)이 사용될 수 있다. 시료는 분광기 내에서 파단되며 분자의 파단은 ESR 신호를 통해서 증명된다. 이 방법은 종종 충분한 신호를 얻기 위해서는 아주 많은 양의 시료를 분광기에 넣어야 할 때도 있고 생성된 라디칼이 자기들끼리 결합하거나 다른 반응에 의해서 급속히 줄어들어 신호가 약해지는 수도 있기 때문에 모든 시료에 대해 쉽게 적용되는 방법은 아니다. 온도가 낮을수록 사슬의 움직임이 떨어지기 때문에 낮은 온도에서 라디칼이 더 안정하다. 대부분의 고분자에서는 아주 약한 신호를 보여 주는데, 이는 분자의 파단보다는 분자의 미끌어짐에 의해서 파괴가 주로 일어나기 때문이다. 가교 고분자나 결정성 고분자에서는 훨씬 강한 신호가 얻어지는데 가교 점이나 결정이 사슬을 묶어주는 역할을 하여 분자간의 미끄러짐을 방지하고 결국 공유 결합의 파단에 의한 파괴를 증가시키기 때문이다.

그림 23.4는 나일론 6의 인장 변형 시 변형(strain)에 의하여 라디칼 농도가 증가하는 것을 보여 준다. 섬유 내의 분자는 잡아당김에 의하여 배향된다. 어느 정도 세기의 신호가 시편이 파괴되기 훨씬 전인 10% 정도의 변형에서 감지된다. 시편의 전체 파단이 일어나기 전에 이런 ESR 신호가 나타나는 것은 아주 높은 응력을 받아 끊어진 몇몇 사슬들 때문인 것으로 생각된다.

23.2.2.2 몰질량의 영향

고분자의 파괴는 일차 공유 결합의 파괴와 분자 사이의 미끄러짐 사이의 균형에 큰 영향을 받으므로 파괴 거동에 몰질량이 영향을 미칠 것임을 쉽게 예측할 수 있다. 일반적으로 몰질량이 낮은 고분자는 아주 낮은 인장 강도를 나타내고 몰질량이 증가함에 따라 인장 강도가 급격히 증가한다. 어느 정도 이상의 몰질량에서는 몰질량에 따라 인장 강도가 증

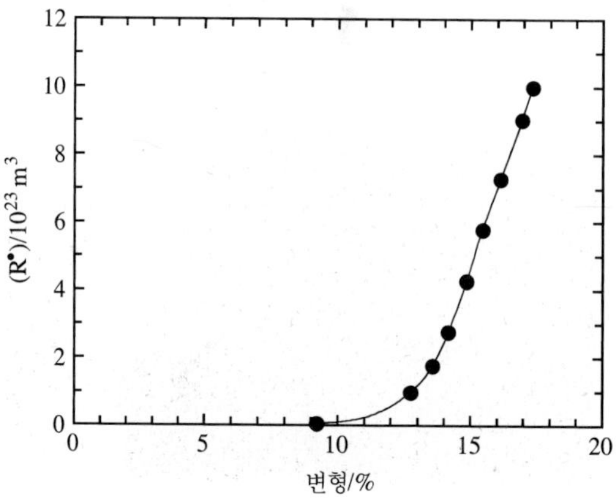

▶ 그림 23.4
실온에서 변형된 나일론 6에서 변형에 따른 라디칼 농도 [R·] (자료 출처: Becht, J. and Fischer, H., Kolloid-Zeitschrift, 229, 167, 1969.)

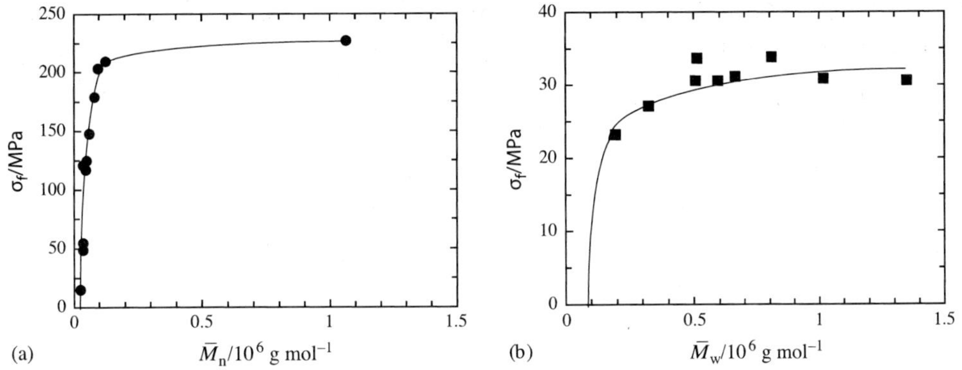

▶ **그림 23.5**

몇몇 유리상 고분자에 대한 파단 응력, σ_f의 몰질량 의존성. (a) −196°C에서 PMMA의 σ_f의 $\bar{M}_n$ 의존성 (자료 출처: Vincent, P.I., polymer, 1, 425, 1960.) (b) 실온에서 PS의 σ_f의 $\bar{M}_w$ 의존성(자료 출처: Martin J.R. et al., J Macromol. Sci. Rev. Macromol. Chem., C8, 57, 1972.)

가하지 않고 거의 일정한 값을 보인다.

그림 23.5에 PMMA와 PS 같은 취성 고분자의 몰질량에 따른 인장 강도 거동을 나타냈다. 이러한 거동은 분자 얽힘이라는 용어로 설명될 수 있다(16.4 및 20.8절). 사슬의 몰질량이 낮고 사슬이 짧을 때는 사슬 간의 얽힘이 어려워 분자간에 미끄러짐이 쉽게 일어난다. 이 결과로 강도가 낮아진다. 반면 몰질량이 M_e 이상으로(16.4.1절 참조) 높아서 사슬의 길이가 얽힘이 일어날 정도로 충분히 길어지면 사슬 간의 미끄러짐이 어려워져서 강도가 증가하게 된다. 그림 23.6에 나타낸 예는 사슬의 미끄러짐이 억제되는 충분히 높은 몰질량에서 안정된 크레이즈(22.5.3절)가 동시에 일어나는 유리상 고분자의 경우를 나타낸 것이다. 이 결과는 강도가 필요한 용도에서 고분자의 몰질량은 M_e보다 충분히 커야 한다는 것을 강조한다.

23.3 파괴의 기구

분자 수준에서 파괴의 기본적인 문제를 다뤘으므로 파괴의 기구를 거시적인 관점에서 다룰 필요가 있다.

23.3.1 취성 파괴와 결함

고분자의 취성 파괴(brittle fracture)를 설명하기 위한 가장 유용한 접근 방법 중의 하나는 Griffith가 유리의 파괴를 설명하기 위해 제안한 취성 파괴 이론이다. 이 이론은 완전

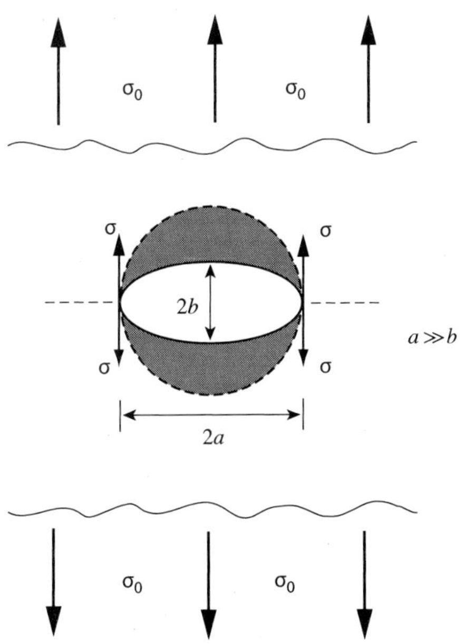

▶ **그림 23.6**

일정하게 하중이 걸린 무한 평판에 존재하고 있는 타원형(길이 2a)의 균열. 응력 자유 공간 위와 아래 균열 부분은 음영처리되었다.

한 탄성을 지닌 취성 고체에 존재하는 결함으로부터 개시된 균열을 열역학적으로 설명하고자 하는 시도이다. 여기서 말하는 결함이란 흠집이나 미세 균열 등 **응력 집중(stress concentration)**을 야기하는 요인들을 의미한다. 이 이론에서는 균열 선단에 존재하는 국지적 응력은 시편 전체에 가해진 응력보다 훨씬 크므로 이 점으로부터 파괴가 시작되어 걷잡을 수 없이 발달되어 나아가는 것으로 생각한다.

이 이론에서 균열의 모양은 그림 23.6에 나타낸 바와 같이 균일한 하중이 걸린 크기가 무한대인 평판에 장축과 단축이 각각 a와 b인 타원형으로 가정한다. 만약 균열과 충분한 거리를 갖는 위치의 응력이 σ_0라면 균열 선단의 응력 σ은 다음과 같이 주어진다.

$$\sigma = \sigma_0\left(1+\frac{2a}{b}\right) \tag{23.7}$$

여기서 비 σ/σ_0는 균열에서의 응력 집중 효과(stress concentration effect)를 정의하며 구형($a=b$)의 균열이라면 3이 되며 만약 타원형($a > b$)이라면 더욱 커지게 된다. 이 식은 타원의 뾰쪽한 쪽의 곡률 반지름 ρ를 사용하면 좀 더 편리한 형태로 바꿀 수 있는데 곡률 반지름과 타원의 크기와의 관계는 다음과 같으므로

$$\rho = \frac{b^2}{a}$$

따라서 식 23.7은 다음과 같이 변형된다.

$$\sigma = \sigma_0\left[1+2\left(\frac{a}{\rho}\right)^{1/2}\right] \tag{23.8}$$

만약 균열이 길고 날카로운 형태라면($a \gg \rho$), σ는 대략 다음과 같이 간략화할 수 있다.

$$\sigma = \sigma_0 2\left(\frac{a}{\rho}\right)^{1/2} \tag{23.9}$$

이 식들을 살펴보면 날카로운 균열은 균열 발달의 시작점인 균열 선단에서 최대가 되는 응력이 좀 더 집중되도록 하는 역할을 함을 알 수 있다.

Griffith의 최대 공헌은 시편에 날카로운 균열이 도입되고 주위의 물질을 완화시킴으로써 방출되는 에너지를 새로운 표면의 창출에 요구되는 에너지와 관련지은 데에 있다고 할 수 있다. 완전한 계산은 균열 주의의 응력장(stress field) 전체에 대한 적분이 요구되지만 새로운 표면 창출에 동반되는 에너지는 그림 23.6에서와 같이 반지름 a의 빗금친 원형 부분에서 균열이 완전히 응력을 완화하고 있다고 가정하면 좀 더 간단히 예측할 수 있다. 만약 평판이 일정한 두께를 갖고 있다면 이 부분의 부피는 πa^2에 비례할 것이다. 한편 이 물질이 선형 탄성을 갖고 있다고 가정하면 빗금친 원형 부분에서 단위 부피당 변형 에너지는 σ_0의 응력이 가해졌을 때 $\left(\frac{1}{2}\right)\sigma_0^2/E$에 해당한다. 여기서 E는 탄성률이다. 만약 빗금친 부분에서 응력이 완전히 완화된다고 가정하면 단위 두께당 방출되는 에너지는 $\left(\frac{1}{2}\right)\pi a^2\sigma_0^2/E$에 해당한다. 한편 γ를 물질이 표면 에너지라고 할 때 균열의 단위 부피당 표면 에너지는 $4a\gamma$이다. 여기서 두 배가 된 것은 길이가 $2a$인 균열이 구대의 평면을 갖고 있기 때문이다. 여기서 균열이 계속 발달되는지의 여부는 응력을 완화함으로써 얻어지는 에너지가 새로운 표면을 형성하기 위한 에너지보다 큰가 하는 점에 의하여 결정되며 이 조건을 수학적으로 표현하면 다음과 같다.

$$\frac{\partial}{\partial a}\left(-\frac{\pi\sigma_0^2 a^2}{2E}+4a\gamma\right) > 0 \tag{23.10}$$

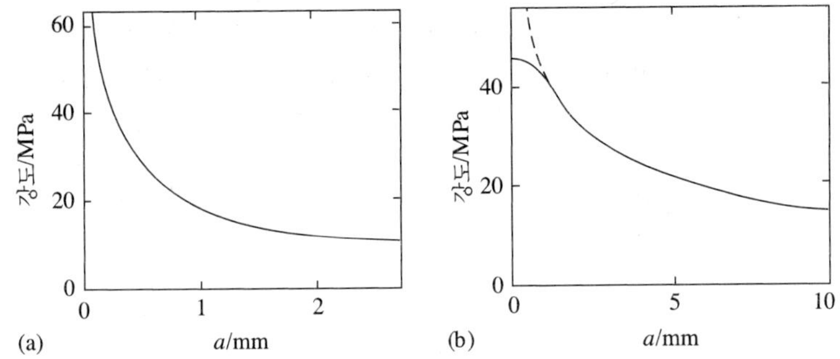

▶ **그림 23.7**
균열 길이 a의 변화에 따른 폴리(메틸 메타크릴레이트) (a)와 폴리스타이렌 (b)의 파괴 강도의 변화. (자료 출처: Berry, J.P., in Fracture VII, H. Liebowitz (ed.), Academic Press, New York, 1972.)

혹은 파괴의 시점에서는 다음의 식이 성립한다.

$$\sigma_0 = \sigma_f = \left(\frac{4E\gamma}{\pi a}\right)^{1/2} \tag{23.11}$$

여기서 σ_f는 파괴 응력이다. 한편 Griffith에 의해 좀 더 자세한 계산 과정을 거친 결과는 이 식과 유사하며 다음과 같다.

$$\sigma_f = \left(\frac{2E\gamma}{\pi a}\right)^{1/2} \tag{23.12}$$

이 식은 통상 Griffith 조건(criterion)이라고 하며 엄밀히 이야기하면 완전한 평면 응력 조건에서 적용되는 식이다. 평면 변형 조건에서는 이 식이 다음과 같이 변환되어야 한다.

$$\sigma_f = \left[\frac{2E\gamma}{\pi(1-v^2)a}\right]^{1/2} \tag{23.13}$$

여기서 v는 Poisson 비이다.

Griffith 이론은 초기에 유리의 파괴에 적용되어 오다 다른 취성 고체에 응용되었다. 이 이론에 의해 예측된 사항은 실제에서도 매우 유용하게 사용된다. 이 이론은 파괴 강도 σ_f가 $a^{-1/2}$에 비례하며 균일한 응력에서는 일단 균열이 시작되면 균열이 성장할수록 균열 전개에 필요한 에너지는 점점 작아지므로 파괴가 멈추지 않는다는 점을 설명한다.

또한 이 이론은 폴리스타이렌(PS)이나 폴리(메틸 메타크릴레이트)(PMMA)와 같은 취성 고분자의 파괴 거동을 잘 설명한다. 그림 23.7은 이 두 종류의 고분자에서 인공적으로 서로 다른 길이의 균열이 도입되었을 때 일축 인장(uniaxial tension)하에서 강도가 어떻게 변화하는가를 보여 주고 있다. 이 결과에 의하면 Griffith 이론이 예측한 바와 같이 σ_f와 $a^{-1/2}$ 사이에 뚜렷한 상관관계가 있음을 알 수 있으나 좀 더 자세히 분석하면 상당한 불일치 또한 존재함을 알 수 있다. 예를 들어 고분자의 Young 탄성률을 알고 있으므로 식 23.12를 이용하면 그림 23.7의 실험 결과로부터 이 두 고분자의 γ값을 계산할 수 있다. 폴리(메틸 메타크릴레이트)의 γ값은 약 210 J m^{-2}이며 폴리스타이렌의 경우 1700 J m^{-2}

표 23.1 Griffith 이론에 의해 계산된 파괴 표면 에너지 γ의 대략적인 값

물질	γ/J m^{-2}
무기 유리	7~100
MgO	8~10
고강도 알루미늄	약 8000
고강도 강철	약 25000
Poly(methyl methacrylate)	200~400
Polystyrene	1000~2000
에폭시 수지	50~200

로 계산된다. 이 값들은 $1\,J\,m^{-2}$ 내외로 예상되는 두 고분자의 실제값보다 엄청나게 큰 값이다. 다른 물질의 경우에도 계산된 γ의 값은 이론값보다 훨씬 큰 값을 보이고 있다(표 23.1 참조). 이러한 불일치는 Griffith 이론이 물질은 완전한 탄성을 보이며 소성 변형의 가능성은 배제하고 전개한 것이기 때문이다. 주어진 물질이 취성 거동을 보이며 항복 현상을 전혀 보이지 않는다고 하여도 균열 선단에서 매우 국한적이긴 하지만 다소의 소성 변형을 한다는 사실은 잘 알려진 사실이다. 이런 소성 변형 시에 흡수되는 에너지는 새로운 표면 형성에 필요한 에너지보다 훨씬 크며 따라서 대부분의 물질에서 측정된 γ의 값에는 이런 소성 변형에 의한 에너지가 함께 포함되어 이론값보다 훨씬 큰 값을 보인다고 할 수 있다.

Griffith의 이론은 어떤 물질에 대하여서도 파괴 응력은 그 물질에 존재하는 결함의 크기에 의해 조절될 수 있다고 가정하고 있다. 즉 시료의 강도는 이러한 결함들의 크기를 줄임으로써 증가될 수 있다. 이 점은 통상적인 취급 과정에서 발생하기 마련인 결함이 존재하는 유리를 대상으로 하여 확인할 수 있다. 즉 플루오린화수소산(hydrofluoric acid)을 사용하여 대부분의 결함을 제거하면 유리의 강도는 크게 향상된다. 그림 23.7에 보여 준 바와 같이 인공적으로 도입된 결함의 크기를 줄이게 되면 취성 고분자의 강도는 크게 향상된다. 그러나 이러한 강도의 증가는 무한정 계속되는 것은 아니며 결함의 크기가 일정한 임계값 이하, 실온에서 폴리스타이렌의 경우 약 1 mm, 폴리(메틸 메타크릴레이트)의 경우 약 0.07 mm가 되면 σ_f는 결함의 크기와 무관하게 된다. 이렇게 되면 주어진 물질은 이 임계 크기의 자연적 결함을 지닌 물질로서 거동하며 이 크기보다 작은 결함을 인위적으로 도입하더라도 그 물질의 강도에는 영향을 미치지 않게 된다. 자연적 혹은 내재적(intrinsic) 결함의 정확한 크기는 노치를 내지 않은 시편의 파괴 강도의 그 물질의 탄성률 그리고 그림 23.7의 데이터로부터 측정한 γ로부터 계산해낼 수 있다. 폴리스타이렌이 더 큰 값의 γ값을 갖고 있음에도(표 23.1) 불구하고 폴리(메틸 메타크릴레이트)가 더 큰 강도를 갖는 것은 노치가 없는 상태에서의 자연적 결함의 크기가 폴리(메틸 메타크릴레이트) 쪽이 더 작기 때문으로 설명될 수 있다.

폴리스타이렌이 약 1 mm 내외의 자연적 결함을 갖고 있는 것처럼 보이므로 변형되지 않은 상태에서도 결함이 관찰될 수 있을 것 같지만 실제로는 그렇지 않다. 내재된 결함은 사실은 변형 시에 형성되는 크레이즈(craze)이다(22.5절). 노치가 가해지지 않은 폴리스타이렌은 인장에서의 변형 시 약 1 mm 내외의 커다란 크레이즈를 형성하는 데 반해 폴리(메틸 메타크릴레이트)의 경우 훨씬 작은 크레이즈가 형성된다(그림 22.19). 파괴는 결국 이런 크레이즈들이 발달되어 궁극적으로 균열을 형성함으로써 이루어지게 된다. 한편 만약 시편이 이 내재적(intrinsic) 결함의 크기보다 큰 균열을 포함하고 있다면 일반적으로 크레이즈는 형성되지 않으며 파괴는 인위적으로 형성된 결함 부분에서 일어나게 된다.

23.3.2 선형 탄성 파괴 기구

23.3.2.1 정의

앞서 살펴본 바와 같이 계산된 γ의 값은 소성 변형과 같은 여타의 에너지 흡수 요인들을 포함하고 있기 때문에 정확한 표면 에너지보다 큰 값을 갖게 된다. 따라서 통상 식 23.12의 2γ항은 파괴에 요구되는 전체 일의 양을 의미하는 **파괴 에너지(fracture energy)** G_c로 대체하게 된다[**임계 변형 에너지 방출률(critical strain energy release rate)**]. 따라서 식은 다음과 같이 변환되며

$$\sigma_f = \left(\frac{EG_c}{\pi a}\right)^{1/2} \tag{23.14}$$

이 식은 불안정한 상태로 균열이 자라나기 위한 임계 응력과 임계 균열 크기를 예측하는 데 사용될 수 있다. 파괴는 $\sigma\sqrt{\pi a}$의 값이 $\sqrt{EG_c}$값에 이르렀을 때 시작된다고 예측할 수 있다. $\sigma\sqrt{\pi a}$는 균열 시작(crack initiation)을 유발하는 동인(driving force, 추진력)에 해당하며 응력 집중 인자 K는 다음과 같이 정의된다.

$$K = \sigma\sqrt{\pi a} \tag{23.15}$$

따라서 균열의 전개는 K의 값이 임계값인 K_c에 도달했을 때 시작되며 K_c는 다음과 같이 주어진다.

$$K_c = \sqrt{EG_c} \tag{23.16}$$

임계 응력 집중 인자(critical stress intensity factor) K_c는 **파괴 강인성(fracture toughness)**이라고도 하며, 이는 주어진 물질이 균열 전개에 얼마나 저항성이 있느냐를 정의하는 척도가 된다.

K_c와 G_c는 **선형 탄성 파괴 역학(linear elastic fracture mechanic)**에서 사용하는 주요한 두 개의 인자이다. 식 23.15와 식 23.16은 엄밀히 이야기하자면 물질이 선형 탄성적으로 거동하고 항복은 균열 선단 부근의 조그만 영역에 한정될 경우에만 적용될 수 있다. 이러한 제약은 취성 파괴 거동을 보이는 유리상 고분자에서는 타당하며 취성 고분자에 선형 탄성 파괴 메커니즘을 적용하여 고분자의 파괴 거동을 이해하는 데 상당한 진척이 있었다. 연성 고분자 및 탄성체의 경우에는 Griffith 이론을 적용하는 것이 더 타당하다 할 수 있다.

23.3.2.2 파괴 메커니즘의 시험

단순한 일축 인장 실험 이외에 다양한 시험 방법을 사용함으로써 취성 파괴에 대한 이해의 폭이 획기적으로 증가될 수 있었다. 시험 방법을 적절히 고안하면 균열이 조절된 속도

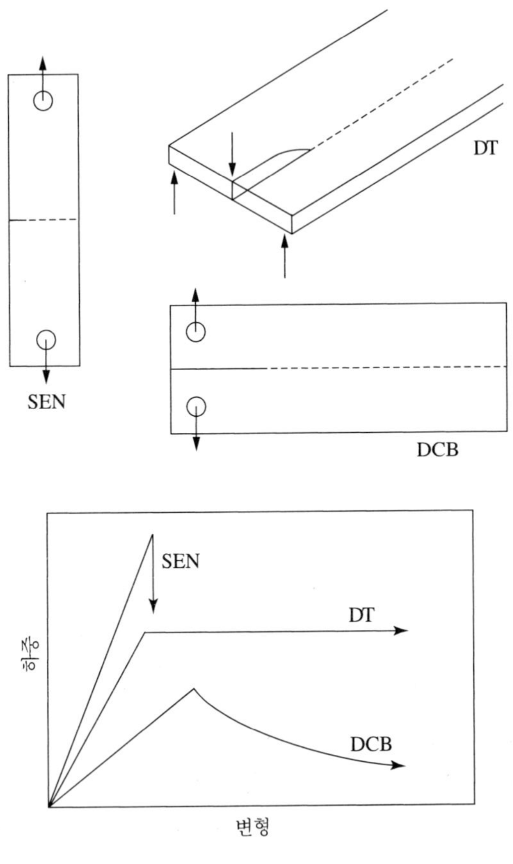

그림 23.8
취성 고분자의 파괴 역학적 분석을 위한 여러 종류의 시편 모양들과 각 시편에서 일정한 변형 속도가 가해졌을 경우의 하중-변형 곡선들: SEN, 단순한 일축 인장; DT, 이중 비틀림; DCB, 이중 캔티레버 빔

로 안정되게 자라나도록 할 수 있다. 일축 인장 시편의 경우 일단 균열이 시작되면 빠르게 진행되어 순식간에 파괴에 이르게 된다. 이러한 단점은 균열의 크기가 커질수록 균열의 동인이 되는 응력이 점차 감소하도록 시편을 고안함으로써 극복될 수 있다. 그림 23.8은 파괴 역학에서 사용되는 전형적인 시편의 모양을 보여 주고 있다. 이중 비틀림(double-torsion) 시편에서는 시편의 한쪽을 다른 쪽과 반대 방향으로 뒤틀어 줌으로써 균열이 진행되게 되어 있다. 이럴 경우 시편에 가해지는 응력 분포는 응력 집중 인자 K가 균열의 크기와 무관하도록 작용한다. 이는 일축 인장 시편에서 K가 균열의 길이가 커짐에 따라 계속 증가하는 것과 좋은 대조를 이룬다. 또한 그림 23.8에 균열이 진행됨에 따라 이중 캔티레버 빔(double cantilever beam)의 경우와 같은, 응력 집중 인자의 변화가 미치는 영향을 도식적으로 나타냈다. 시편 양끝이 일정한 속도에서 변환될 때 하중-변형 곡선에 따른 균열 길이와 K 변화의 효과 역시 그림 23.8에 나타내었다. 세 경우 모두 응력이 가해진 초기에는 변형과 비례 관계를 보이고 있다. 그러나 단순한 인장 시편(SEN)의 경우 일단 균열이 자라기 시작하면 균열은 일정한 속도와 일정한 하중에 의해 진행된다. 마지막으로 이중 캔티레버 빔 시편에서는 시편의 양 끝이 일정한 속도로 변형될 때 균열이 진행됨에 따라 점차로 속도와 하중이 감소되고 있다.

일정한 크기를 지닌 시편에서 균열이 시작되는 K_c의 값은 가해진 하중, 균열의 길이, 시편의 전체 크기에 의해 결정된다. 식 23.16이 다루고 있는 경우는 균열의 길이가 $2a$인 무한 평면으로 한정되어 있다. 따라서 다른 형태의 시편을 지닌 경우라면 주어진 시편에 따라 소위 "K calibration"이라고 하는 탄성 역학적 분석이 필요하다. 그림 23.8에 나타낸 세 가지 형태의 시편에 대한 결과가 표 23.2에 제시되어 있다. 이 중 특히 주목할 만한 사실은 이중 비틀림 시편의 경우 균열의 길이 a가 식에 포함되어 있지 않다는 사실이다.

어떤 경우에는 K_c보다 G_c를 사용하는 것이 주어진 물질의 파괴 거동을 분석하는 데 편리한데, 이는 G_c가 근본적으로 에너지를 의미하므로 특정한 파괴 에너지 흡수 인자들과 좀 더 용이하게 관련지을 수 있기 때문이다. 만약 K_c의 값을 알고 있다면 식 23.16을 이용하여 G_c로의 변환이 가능한데 이때 주의할 점은 E의 값이 측정 속도에 의존하여 달라지며 또한 어떤 변형 속도가 파괴 실험에 적합한 것이냐에 대한 일반적 기준이 존재하지 않는다는 점이다. 한편 어떤 특정한 시편에 대하여 K_c나 E의 값을 모르더라도 컴플라이언스 보정법(compliance calibration technique)을 사용하여 G_c의 값을 계산할 수 있다. 이 방법은 균열 크기에 대한 컴플라이언스인 C의 변화율 $(\partial C/\partial a)$를 측정하는 것이며, 여기서 컴플라이언스 C는 가해진 하중 또는 힘 f(예: 그림 23.20c 참조)에 대한 시편 양끝의 변형의 비에 해당한다. 균열이 진행될 경우 G_c는 다음의 식으로 주어지며 여기서 t는 시편의 두께이다.

표 23.2 취성 고분자의 파괴 역학적 분석을 위한 각 시편들에 해당하는 K의 표현

기하구조	K =
단순한 일축 인장(SEN)	$\frac{fa^{1/2}}{bt}[1.99-0.41(a/b)+18.7(a/b)^2$ $-38.48(a/b)^3+53.85(a/b)^4]$
이중 비틀림(DT)	$fW_m\left[\frac{3(1+v)}{Wt^3t_n}\right]^{1/2}$ $(W/2 \gg t)$
이중 캔티레버 빔(DCB)	$\frac{2f}{t}\left[\frac{3a^2}{h^3}+\frac{1}{h}\right]^{1/2}$

자료 출처: Young, R.J., in *Developments in Polymer Fracture*, E.H. Andrews (ed.), Applied Science, London, 1979.

f, 하중값; b, 시편 너비; t, 판 두께; a, 균열 길이; h, 파괴면에서 시편 모서리까지 거리; t_n, 균열의 면에서 판의 두께; w_m, 모멘트 암의 길이; v, Possion 비.

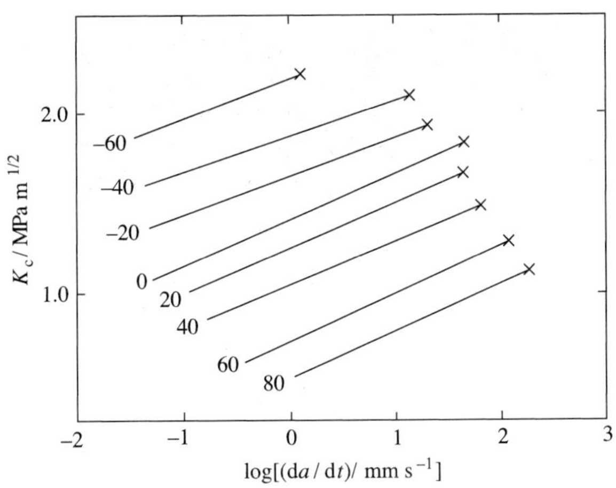

▶ 그림 23.9
여러 온도(단위 °C)에서 PMMA의 균열 성장을 관찰하였을 경우의 균열 속도에 대한 K_c의 변화. 각 경우의 K_c*의 값은 X로 표시. (자료 출처: Marshall, G. P. et al., J. Mater. Sci., 9, 1409, 1974.)

$$G_c = \frac{f^2}{2t}\left(\frac{\partial C}{\partial a}\right) \tag{23.17}$$

23.3.2.3 폴리(메틸 메타크릴레이트)에서의 균열의 진행

폴리(메틸 메타크릴레이트)는 서서히 진행되는 균열을 관찰할 수 있는 계이므로 앞서의 선형 탄성 파괴역학을 적용할 수 있는 이상적인 취성 고분자라 할 수 있다. 이중 비틀림 시편과 같이 안정된 균열을 진행시키는 시편 형태를 사용하면 균열의 발달 과정을 잘 조절된 상태로 관찰할 수 있다. 이 경우 만약 시편의 양끝을 일정한 속도로 변형시키면 균열은 일정한 속도로 서서히 자라게 된다. K_c와 G_c의 값은 균열의 속도가 기계적 물성의 시간, 속도 의존성을 시사하는 온도에 따라 달라지게 된다. 이러한 거동은 그림 23.9에서 확실하게 관찰할 수 있다. K_c의 값은 주어진 온도에서의 균열의 속도에 의존하며 K_c는 균열의 속도가 증가할수록 그리고 실험 온도가 감소할수록 커진다. 그림 23.9의 실험 결과는 로그-로그로 도시되어 있으며 이 결과는 다음과 같은 실험식으로 나타낼 수 있다.

$$K_c = A\left(\frac{da}{dt}\right)^n \tag{23.18}$$

여기서 A는 온도에 의존하는 상수이며 n은 직선의 기울기(약 0.07)에 해당한다.

주어진 온도에서 K_c의 값은 무한정 증가하는 것은 아니며 최고점(K_c^*)을 보여 준다. 이 최고점은 이 값보다 더 작은 K_c값에서도 균열이 진행되기 시작하는 점인 불안정점에 해당한다. 이 불안정성은 단열-등온 전이(adiabatic-isothermal transition)로 설명된다. 불안정점 이하의 속도에서는 자라고 있는 균열의 선단에서의 열 발산이 충분히 일어나므로 균열이 등온 상태에서 일어난다고 할 수 있다. 반면에 이 전이점 이상의 속도에서는 균열의 성장이 너무 빠르므로 균열 선단에서의 열 발산이 충분히 일어나지 못하고 따라가서 단열 조건에 해당한다고 볼 수 있다. 이런 결과로 상승된 온도는 고분자를 연화시키고 결국 K_c의 값을 감소시키는 역할을 하게 된다.

PMMA에서 K_c의 값이 균열속도에 의존한다는 사실은 일반적인 고분자가 오랜 기간에 걸쳐 하중이 가해지면 시간 의존적인 파괴를 일으킬 수 있다는 사실을 시사한다. 종종 고분자 물질은 오랜 기간 동안 하중이 가해진 상태에서 사용되므로 이러한 점은 심각히 고려하여야 할 사항이라 할 수 있다. 전형적인 예로서는 항공기의 가압 객실의 유리창을 들 수 있다. 특정한 응력하에 존재하는 시편의 파괴에 이르기까지의 시간(time to failure) t_f는 식 23.18을 적분함으로써 계산할 수 있다. 만약 a_0의 결함 크기를 갖는 시편이 일정한 응력 σ_0를 받고 있다면 균열은 식 23.18이 예측하고 있는 속도로 성장할 것이다. 만약 시편의 균열이 어떤 임계 길이인 a*에 도달하면 파괴가 일어난다고 가정하면 식은 다음과

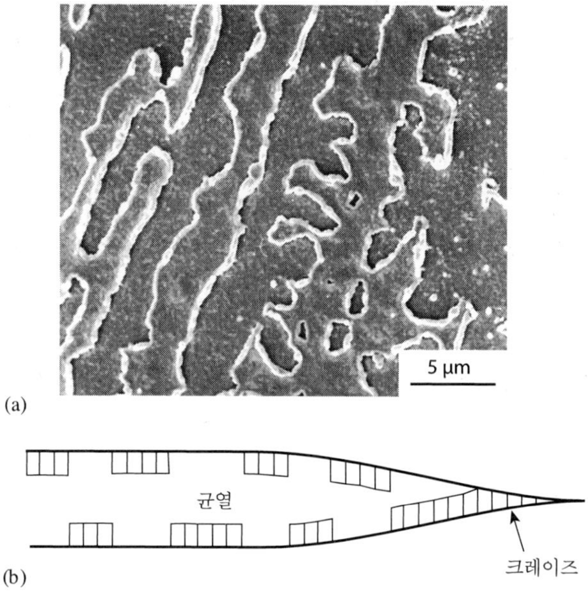

▶ 그림 23.10
(a) 크레이즈를 보여 주는 PMMA 단면 시편의 주사 전자 현미경 사진 (자료 제공: M.N. Sherratt, University of Manchester, Manchester, U.K.) (b) 크레이즈-고분자 계면에서 크레이즈들의 절단에 의해 균열이 전파되는 상황을 묘사한 개략도.

같이 재정리할 수 있다.

$$\int_0^{t_f} \mathrm{d}t = \int_{a_0}^{a^*} \frac{A^{1/n}}{K_c^{1/n}} \mathrm{d}a \tag{23.19}$$

만약 결함의 크기가 작고 무한 평면 형태의 시편이라면 K는 $\sigma\sqrt{\pi a}$로 주어지므로 식 23.19는 다음과 같이 쓸 수 있다.

$$t_f = \int_{a_0}^{a^*} A^{1/n} \sigma_0^{-1/n} \pi^{-1/2n} a^{-1/2n} \mathrm{d}a \tag{23.20}$$

이를 적분하면 파괴에 이르는 시간을 다음과 같이 계산할 수 있다.

$$t_f = \frac{A^{1/n}(\sigma_0^2\pi)^{-1/2n}}{(1-1/2n)}\left[a^{*(1-1/2n)} - a_0^{(1-1/2n)}\right]$$

또한 $a^* \gg a_0$, $n \ll 1$ (그림 23.9) 이고 a^*의 항은 무시할 수 있으므로 파괴에 이르는 시간은 다음과 같이 추론할 수 있다.

$$t_f = \frac{A^{1/n} a_0^{(1-1/2n)}}{(\sigma_0^2\pi)^{1/2n}(1/2n-1)} \tag{23.21}$$

따라서 파괴에 이르는 시간은 σ_0, a_0 및 균열 속도에 따른 K_c의 변화를 알면 계산할 수 있다. 위의 식은 무한 평면에 작은 균열이 있을 때에 한정된 것이며 다른 형태의 시편에 대하여서도 이와 유사한 식을 유도할 수 있다.

이제까지 균열 성장의 구체적 메커니즘에 대해서는 다루지 않았지만 거시적인 파괴 거동이 균열 선단에서의 변형 과정에 바탕을 두고 있다는 점에서 그 중요성을 지니고 있다고 할 수 있다. PMMA뿐만 아니라 다른 유리상 고분자에서도 균열은 자라고 있는 균열 선단에 위치한 크레이즈가 파괴됨으로써 진행되고 있다는 의견이 지배적이다. 이러한 의견의 간접적이기는 하지만 한 가지 증거로서는 파괴 표면을 반사광하에서 관찰하면 색 간섭이 관찰되며 이는 크레이즈의 존재를 의미한다는 점이다. 그림 23.10은 크레이즈와 균열이 어떠한 방식으로 공존하고 있는가를 보여 주고 있다. 단일 크레이즈 끝에서의 균열 성장과, 균열/크레이즈 실체가 점차 시편을 따라 전파되면서 크레이즈의 성장-파괴가 같아질 때 정상 상태에 도달하는 것을 통하여 그 전파 과정을 예측할 수 있다. 파괴는 크레이즈의 중심 또는 크레이즈-고분자 계면에서 모두 일어날 수 있다. 그 예를 그림 23.10에 나타내었는데, 파괴는 고분자-크레이즈 계면에서 일어났다. 이러한 크레이즈의 형성과 파괴는 상당한 양의 에너지를 흡수하여 이러한 일련의 과정이 왜 파괴 에너지가 단순히 새로운 표면을 형성하는 데에 필요한 에너지보다 훨씬 큰가를 설명하여 주고 있다 (표 23.1).

PMMA는 균열의 진행을 분석하기 용이한 극히 예외적인 경우이며 다른 종류의 고분자의 경우에는 그리 쉽지 않다. 예를 들어 폴리스타이렌에서는 균열 선단 부근에서 다중 크레이징(multiple crazing)이 관찰되며, 좀 더 강인한 고분자인 폴리카보네이트와 같은 경우에서는 균열 선단에서 크레이징뿐만 아니라 전단 항복이 동시에 관찰되기도 한다. 이런 경우들에서는 균열의 전개가 PMMA와 같이 잘 조절된 형태로 관찰되지 않으며 따라서 그 분석은 훨씬 어렵게 된다.

23.3.3 탄성체의 찢어짐

선형 탄성 파괴 역학은 고변형(high strain)에서 파괴가 일어나며 변형 자체가 선형 탄성적이지 않은 경우에는 적용할 수 없다. 그러나 어떤 특정한 경우에 대하여서는 Griffith의 접근 방법을 일반화하여 적용될 수 있으며, 이에 따라 파괴 요건을 추정할 수 있다. 고무의 찢어짐에 있어서 균열의 성장을 물질 내부의 변형 에너지와 찢김 에너지의 균형에 의해 결정된다고 다루는 것이 그 좋은 예이다. 고무의 경우는 엄밀히 말해 비선형적이기는 하지만 선형적 탄성을 보인다고 가정할 수 있으며 에너지 손실이 균열 선단 부근에 한정되어 일어난다고 볼 수 있기 때문에 가능하다. 이러한 분석은 그림 23.11과 같이 Rivlin과 Thomas에 의한 것처럼 완전한 전단(pure shear)하에 변형되는 시편을 대상으로 하는 것이 가장 용이하다. 이런 형태의 시편에서는 균열 면적 A의 단위 증가에 따른 에너지 방출의 양인 "에너지 발산 속도(energy release rate)", $-dU/dA$를 계산할 수 있다.

이러한 형태의 시편이 변형할 때 변형 에너지는 시편의 위치에 따라 달라지며 각 부분들을 따로 분석해야 한다. 영역 A는 응력을 받지 않은 부분이며 따라서 변형 에너지 U_A는 0이다. 영역 B는 균열 선단 부근으로서 응력장의 분포는 매우 복잡하며 변형 에너지 또한 결정하기 어려운 부분이다. 영역 C는 완전한 전단 상태에서 놓인 부분이며 이 부분의 에너지는 $U_C = wV_C$로 주어지며 여기서 w는 완전한 전단하에 각각의 변형에서 가지는 에너지 밀도(단위 부피당 변형 에너지)이며, V_C는 영역 C의 부피이다. 영역 D는 더 이상 순수한 전단 상태의 놓인 부분이 아니며 시편의 말단에 가까우므로 U_D는 계산하기 어렵다. 각 영역에서의 변형 에너지를 정리하면 다음과 같다.

$$U_A = 0, \quad U_B = ?, \quad U_C = wV_C, \quad U_D = ?$$

위 식에서 현재 모르는 변수인 U_B와 U_D는 균열이 진행될 때의 에너지 변화를 계산함으로써 알아낼 수 있다. 만약 시편을 잡은 위치가 일정한 거리를 유지한 채 고정되어 있고

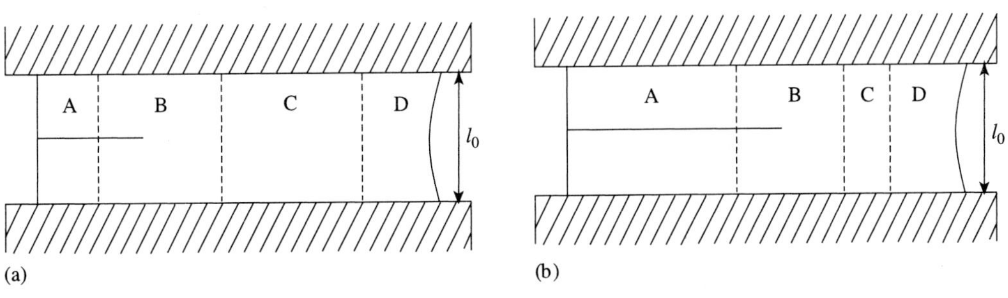

▶ 그림 23.11
탄성체의 찢김 연구에 사용된 순수 전단 시편의 모습. (a) 균열이 발달하기 전의 모습. (b) 균열이 발달한 후의 모습. (자료 출처: Andrews, E.H., in Polymer Science, Jenkins (ed.), North-Holland, Amsterdam, the Netherlands, 1972.)

균열이 거리 Δa 만큼 진행되었다면 그 결과로 C 영역이 줄어들며 그 대신 영역 A가 확장된다. 따라서 응력이 작용하고 있지 않은 영역 A가 늘어나게 되므로 시편 내의 변형 에너지의 변화 ΔU는 다음과 같이 주어진다.

$$\Delta U = -w\Delta V_C \qquad (23.22)$$

여기서 ΔV_C는 균열 성장에 의한 C 영역의 부피 감소이다. 한편 영역 B와 D의 부피는 변하지 않으므로 이 영역 내의 변형 에너지는 알지 못하여도 상관이 없게 된다. 시편을 일정한 거리를 유지한 채 잡고 있다는 사실은 시편에 혹은 시편에 의한 일이 없다는 의미가 되며 저장된 에너지의 총 변화는 식 23.22에 의해 주어진다. 탄성체는 변형 시 일정한 부피를 유지한다고 가정할 수 있으므로 ΔV_C는 변형 전이나 변형 후의 시편의 크기로부터 계산할 수 있으며 이는 다음과 같다.

$$\Delta V_C = l_0 t_0 \Delta a \qquad (23.23)$$

여기서 l_0와 t_0는 각각 초기의 시편의 길이와 두께에 해당된다. 따라서 에너지 변화는 다음의 식으로 표시되며

$$\Delta U = -wl_0 t_0 \Delta a \qquad (23.24)$$

이를 미분형으로 전환하면 다음의 식을 얻게 된다.

$$\frac{-\partial U}{\partial a} = wl_0 t_0 \qquad (23.25)$$

균열은 두 개의 면을 가지고 있으므로 균열 면적의 변화인 ΔA는 다음과 같이 주어진다.

$$\Delta A = 2t_0 \Delta a$$

따라서 위의 식은 다음과 같이 변환된다.

$$\frac{-\partial U}{\partial A} = \frac{1}{2} wl_0 \qquad (23.26)$$

취성 고체의 Griffith의 요건은 균열 성장에 따라 탄성 변형 에너지의 방출이 동일한 균열 성장에 따른 새로운 표면 형성에 필요한 표면 에너지의 증가보다 클 경우 균열이 진행된다고 가정한 것이다. 이와 유사한 요건을 탄성체의 경우에 적용시키자면 다음과 같다.

$$\frac{-\partial U}{\partial A} \geq \mathfrak{I} \qquad (23.27)$$

여기서 $\mathfrak{I}$는 **찢김 에너지 (tearing energy)** 혹은 물질에서의 단위 부피의 균열 성장 시 동반되는 에너지 (Griffith 이론의 γ나 선형 탄성 파괴 역학에서의 $G_c/2$와 동격인) 라 볼 수 있다. 임계 저장 에너지 밀도 (critical stored energy density) 를 w_c라 하면, 순수한 전단 조

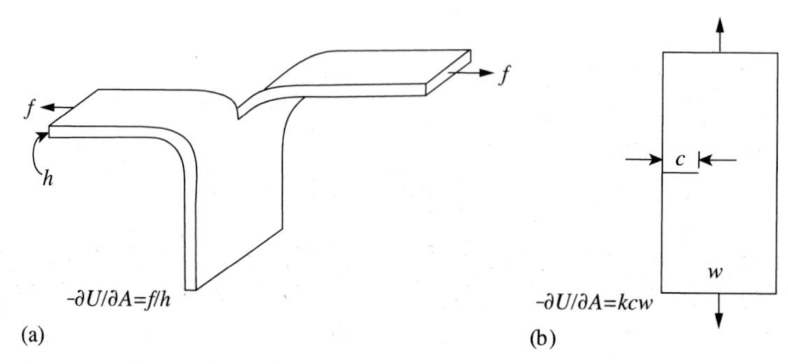

▶ 그림 23.12
고무의 찢김 현상을 연구하기 위한 (a) trouser와 (b) edge-crack 시편의 모양. 각 경우에 대해 $-\partial U/\partial A$이 표시되어 있음. (자료 출처: Andrews, E.H., in Polymer Science, Jenkins (ed.), North-Holland, Amsterdam, the Netherlands, 1972.)

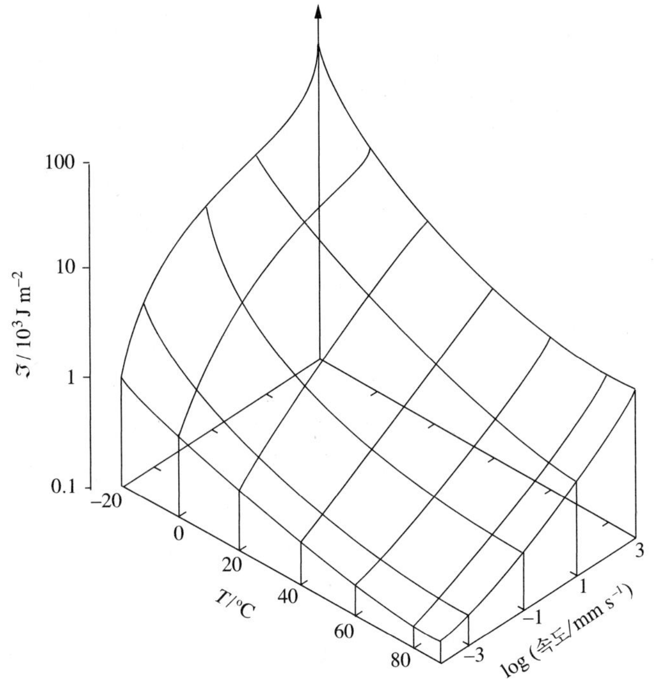

▶ 그림 23.13
스타이렌-뷰타다이엔 고무에서 변형 속도와 온도의 변화에 따른 찢김 에너지 $\mathfrak{T}$의 변화. (자료 출처: Greensmith, H.W. and Thomas, A.G., J. Polym. Sci., 18, 189, 1955.)

건하의 균열 성장의 요건은 다음과 같다.

$$w_c = \frac{2\mathfrak{T}}{l_0} \tag{23.28}$$

따라서 시편에 가해지는 변형의 상태와 주어진 물질의 응력/변형 특성으로부터 w_c를 계산할 수 있다.

$-\partial U/\partial A$의 값은 순수한 전단 시편 이외의 모양에 대해서도 결정할 수 있다. 탄성체의 찢김을 조사하기 위한 여러 다른 모양의 시편에 대한 $-\partial U/\partial A$의 값들은 그림 23.12에 그 시편들의 모양과 함께 제시되어 있다. 서로 다른 모양의 시편을 사용하더라도 균열 속도와 온도가 같으면 균열은 동일한 $-\partial U/\partial A$에서 시작된다는 사실이 확인되었다. 이러한 사실은 $\mathfrak{T}$를 진정한 의미에서의 물질 특성으로 간주할 수 있다는 증거가 된다. 또한 $\mathfrak{T}$의 값은 PMMA와 같은 유리상 고분자에서의 K_c와 같이 균열 속도나 온도에 의존하게 된다(그림 23.9). 그림 23.13에는 이러한 경향이 가황된 스타이렌-뷰타다이엔 고무(SBR)의 찢김 에너지를 삼차원적으로 도시하여 보여 주고 있다. $\mathfrak{T}$의 값은 균열 속도가 증가함에 따라 그리고 온도가 감소함에 따라 증가하고 있다. 이러한 속도나 온도에 의한 변화는 단일 WLF plot(20.7절)에 의해 표현될 수 있으며, 이를 이용하면 어떤 속도나 온도에서도 $\mathfrak{T}$의 값을 예측할 수 있다. 임의의 주어진 온도에서의 $\mathfrak{T}$의 균열 속도에 의한 변화는 다음 형태의 식으로써 대표될 수 있는데,

$$\mathfrak{T} = B\left(\frac{\mathrm{d}a}{\mathrm{d}t}\right)^n \tag{23.29}$$

여기서 지수 n은 SBR의 경우 약 0.25의 값을 가지며, B는 온도에 의존하는 상수이다. 이 식은 식 23.18이 PMMA에 적용되었듯이 SBR의 시간 의존적인 파괴를 예측하는 데 사용될 수 있다.

탄성체의 $\mathfrak{T}$값은 10^3에서 $10^5\,\mathrm{J\,m^{-2}}$으로서 화학 결합을 파괴하기 위한 에너지보다도 훨씬 크다. 이 여분의 에너지는 크레이징이나 소성 변형에서 소모된다기보다는 변형 시 균열 선단 주위에서 발산되거나 균열이 진행할 때 점탄성적으로 완화되어 소멸된다고 봐야

한다. 만약 균열이 매우 높은 온도에서 느린 속도로 진행된다면 이러한 손실들은 상당히 줄어들어 $\mathfrak{I}$의 값은 화학 결합 파괴에 요구되는 에너지에 근접하게 된다. 한편 그림 23.13에 나타난 거동은 고무에 충전제가 존재하거나 결정화될 경우에는 해당하지 않는다. 이와 같이 복잡한 구조를 지닌 물질에서는 균열 전개가 요동하며 불안정하게 이루어지기 때문에 $\mathfrak{I}$와 균열 속도, 온도 간의 관계는 그림 23.13에 나타난 것보다 훨씬 복잡한 형태를 띠게 된다. 이러한 거동상의 차이는 충전제나 결정의 존재가 탄성체의 점탄성적 물성에 변화를 초래하기 때문이다.

23.3.4 연성 파괴

항복이 균열 선단(crack tip) 근처에서만 일어나는 취성 고분자와 항복 없이 큰 탄성 변형만이 일어나는 탄성체의 경우 Griffith 이론을 확장하여 적용시킬 수 있음을 보였다. 파괴 이론에서 해결해야 할 당면 과제는 균열 선단에서 대규모의 플라스틱 변형이 일어나는 연성 고분자의 파괴 거동을 해석하고 이해하는 것이다(그림 23.14 참조). 이 문제는 최근에 **파단에 필요한 순 일(essential work of fracture)**이라는 개념을 이용하여 해결되었다. 연성 물질이 변형될 때 시편의 서로 다른 두 지점에서 파단 과정과 소성 변형이 동시에 진행되는 것이 이 개념의 핵심이다. 그림 23.14에 나타낸 바와 같이 파단 과정은 내부 영역에서, 소성 변형은 바깥쪽 소성 영역에서 진행된다. 균열이 연성 물질 내에서 확장됨에 따라 소성 변형 영역에서 소실되는 파단에 필요한 에너지의 상당 부분은 재료의 파단에는 직접적인 영향을 미치지 않는다. 소성 변형과 관련된 일(work, 에너지)은 시편의 형상(예: 시편의 폭이나 두께)에 영향을 받는 것이지 물질 상수는 아니다. 파단 과정에서 쓰이는 일이 물질 상수이면서 관심 사항이다.

파단에 소요되는 총 일 W_f는 파단에 필요한 순 일 W_e과 나머지 소성 에너지와 관련된 부분 W_p으로 분리할 수 있다. 따라서

$$W_f = W_e + W_p \tag{23.30}$$

W_e은 순수하게 파괴에 필요한 에너지로 파단면의 면적과 비례할 것으로 예상할 수 있다. 파단면의 면적은 파단 길이 l(그림 23.14의 $b-a$)와 시편의 두께 t의 곱으로 나타낼 수 있다. 반면 W_p는 부피 에너지로서 l^2과 두께 t의 곱에 비례할 것이다. 따라서 식 23.30은

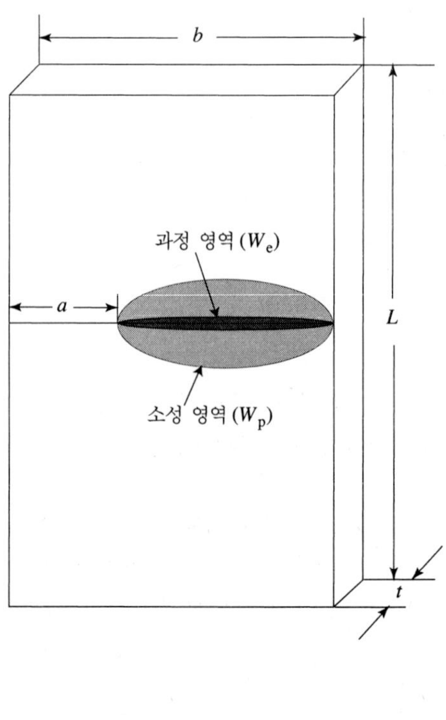

▶ 그림 23.14
연성 파괴 시편의 개략도. 사용된 파라미터는 본문에 설명되어 있음. (자료 출처: Wu, J. and Mai, Y.W., Polym. Sci. Eng., 36, 2275, 1996.)

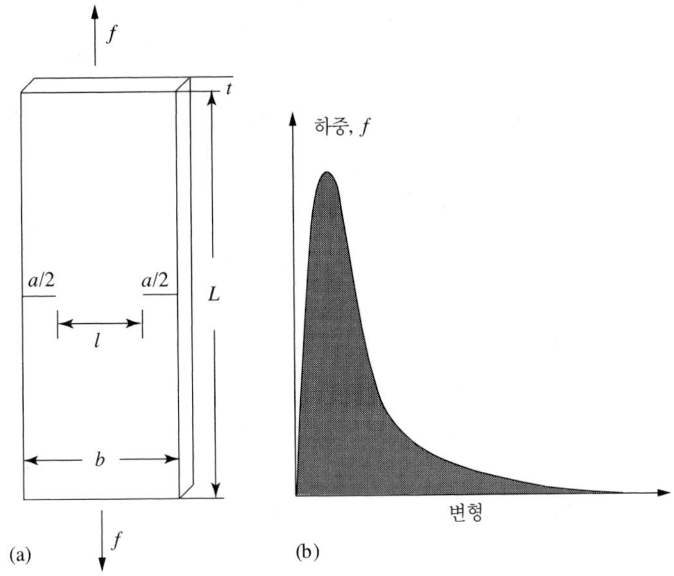

▶ 그림 23.15
(a) 이중-노치 시편의 형상. (b) 총 파단 에너지가 정의되는 방법을 설명하기 위한 하중-변형 곡선의 개략도. (자료 출처: Wu, J. and Mai, Y.W., Polym. Sci. Eng., 36, 2275, 1996.)

다음과 같이 나타낼 수 있다.

$$W_f = w_e tl + \beta w_p tl^2 \tag{23.31}$$

그리고 시편 단위 면적당 파단 총 일 w_f는 다음과 같다.

$$w_f = \left(\frac{W_f}{tl}\right) = w_e + \beta w_p l \tag{23.32}$$

여기서 w_e와 w_p는 단위 면적당 순 파단 일과 소성 일이다. β는 소성 영역의 모양과 관련된 인자이다.

식 23.32로부터 다음과 같은 사실을 알 수 있다. w_e가 재료의 성질에만 의존하는 인자라는 가정하에 w_f를 l의 함수로 측정하고 그래프로 나타내면 절편으로부터 w_e를 얻을 수 있다($l \to 0$). 그림 23.15는 연성 고분자에 대한 해당 실험 결과를 나타낸다. 이 경우에는 시편의 양쪽에 날카로운 노치를 제조하였다(그림 23.15a). 인장 시험기를 이용하여 시편을 일정한 속도로 잡아당겨 그림 23.15b와 같은 변위-하중 데이터를 얻게 된다. 이때 곡선 아래쪽의 면적(그림 23.15b에서 검은색으로 나타낸 부분)이 파단에 필요한 총 일(W_f)이 된다. 시편의 파단 길이를 변화시켜 여러 번의 시험을 반복하여 각각의 시편에 대하여 W_f를 구한다. 이런 분석의 한 예를 폴리(뷰틸렌 테레프탈레이트)/폴리카보네이트 블렌드

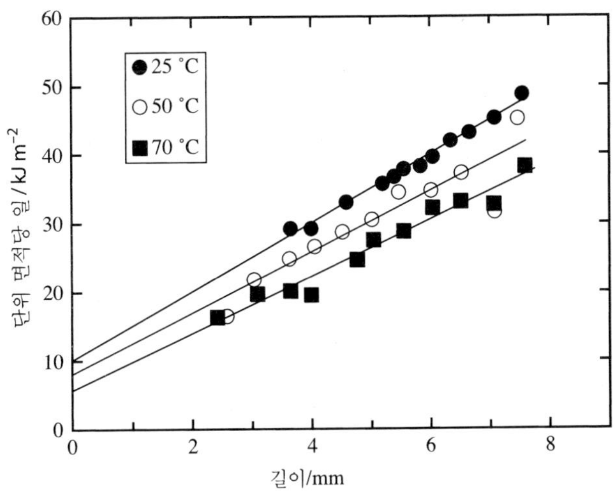

▶ 그림 23.16
파단 길이 변화에 따른 단위 면적당 파단 에너지 플롯. (자료 출처: Wu, J. and Mai, Y.W., Polym. Sci. Eng., 36, 2275, 1996.)

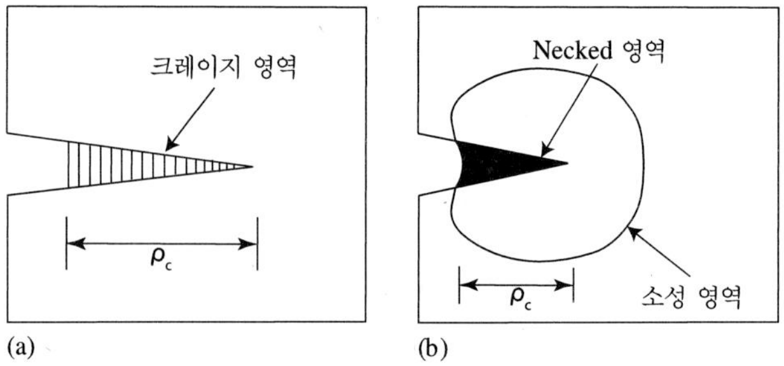

그림 23.17
파괴 진행 영역의 개략도. (a) 취성 유리상 고분자. (b) 연성 고분자. 인자 P_c는 (a) 유리상 고분자에서 크레이징 영역, (b) 연성 고분자에서 necked 영역을 나타낸다. (자료 출처 : Wu, J. and Mai, Y.W., Polym. Sci. Eng., 36, 2275, 1996.)

를 이용하여 여러 온도에서 구한 결과를 그림 23.16에 나타냈다. 면적당 총 파단 일 $w_f(=W_f/tl)$를 파단 길이 l의 함수로 나타내면 그 절편으로부터 순 파단 에너지를 구할 수 있는데 그림에서 볼 수 있듯이 온도가 낮아질수록 w_e가 줄어드는 것을 볼 수 있다.

마지막으로 연성 고분자의 순 파단 에너지의 의미를 취성 고분자와 비교해 논하고자 한다. 두 고분자의 파단 영역을 그림 23.17에 간략화하여 나타냈다. 취성 고분자의 경우에는 크랙 끝부분의 영역에만 크레이징 영역이 국한되어 있다. 반면에 연성 고분자의 경우에는 necked 파괴 영역이 존재하고 그 주면의 넓은 영역에 걸쳐 소성 변형 부분이 존재한다. 따라서 이런 순 파단 에너지 접근법은 파단면이 증가할 때 필요한 소성 에너지를 결정하고 이를 제외한 순 파단 에너지를 결정할 수 있게 한다. 결국 연성 고분자의 w_e는 취성 고분자의 G_c에 해당된다고 할 수 있다.

23.4 파괴 현상

재료의 파괴 현상은 속도나 온도 같은 시험 조건에 따라 여러 다양한 형태로 나타나게 된다. 따라서 이 절에서는 그러한 관점을 다루고자 한다.

23.4.1 연성–취성 전이

많은 물질들이 어떤 특정한 시험 조건에서는 연성을 보이다가도 어떤 조건, 예를 들어 온도를 낮추면 취성을 보이게 된다. 이러한 거동은 철에서도 관찰되며 고분자에서는 흔히 관찰되는 현상이다. 그림 23.18a는 PMMA가 시험 온도에 따라 어떤 강도를 보이는가를 정리하여 놓은 것이다. 이 물질은 저온에서는 취성 거동을 보이며 파괴되지만 온도가 상승하여 실온 이상이 되면 항복 현상을 보이며 취성 거동은 찾아볼 수 없게 된다. 이러한 연성–취성 전이는 취성 파괴와 소성 변형은 서로 독립적이며 그림 23.18b에 도시된 바와 같이 서로 다른 온도 의존성을 지니고 있기 때문에 기인한다고 설명할 수 있다. 항복 응력(σ_y)은 파괴 응력보다 온도가 감소함에 따라 좀 더 빠른 속도로 증가하므로 어떤 특정 온도에 다다르면 취성 파괴에 요구되는 응력 (σ_b)보다 높은 값을 갖게 된다. 이에 해당하는 온도가 **연성–취성 전이점(ductile–brittle transition)** 인 T_b이며 어떠한 형태로 파괴

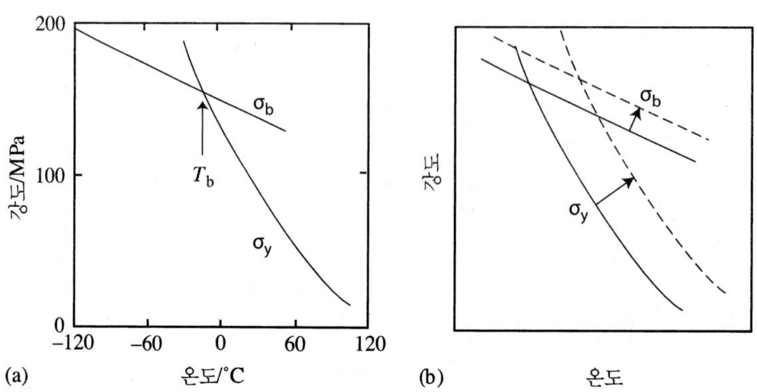

그림 23.18
연성-취성 전이. (a) 폴리(메틸 메타크릴레이트)에서 굽힘 변형에서 측정한 취약 강도 σ_b와, 인장 변형에서 측정한 항복 강도 σ_y의 온도에 따른 변화 추이. (b) 전이점의 변형 속도에 대한 의존성. 좀 더 높은 변형 속도시의 거동은 점선으로 표시되어 있다. (자료 출처: Ward, I.M., Mechanical Properties of Solid Polymers, 2nd edn., Wiley-Interscience, New York, 1983.)

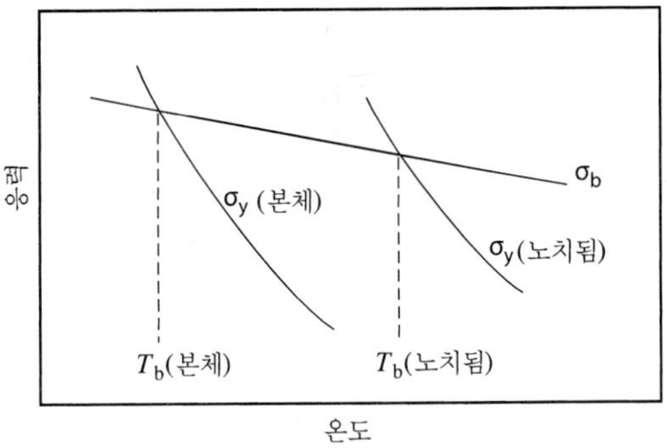

▶ 그림 23.19
연성-취성 전이에 미치는 노치의 영향. (자료 출처: Andrews, E.H., Fracture in Polymers, Oliver and Boyd, London, U.K., 1968.)

되느냐 하는 것은 어느 것이 더 낮은 응력에서 일어나느냐에 의해 결정된다. 즉 $T < T_b$이면 취약 파괴가, $T > T_b$이면 항복 현상이 보이게 된다.

고분자의 파괴 현상은 일반적인 기계적 물성이 온도 의존성뿐만 아니라 변형 속도 의존성을 가지고 있으므로 좀 더 복잡한 성격을 지니고 있다. 예를 들어 나일론은 실온에서 낮은 변형 속도를 가하면 냉연신 현상을 보이다가도 변형 속도를 증가시키면 취성 거동을 보이게 된다. 이는 항복 응력과 취성 강도가 변형 속도의 증가에 따라 오른쪽으로 이동하여 연성-취성 전이 온도가 상승하기 때문으로 해석할 수 있다(그림 23.18b).

특정 고분자 물질에서 연성-취성 전이 온도가 고분자의 구조와 표면 결함(flaw)이나 노치(notch)의 존재 유무에 따라 민감하게 바뀐다는 사실은 잘 알려진 사항이다. 이 전이 온도는 일반적으로 가교나 결정성의 증가에 따라 상승한다. 이 두 요인은 취성 강도에는 별다른 영향 없이 항복 응력을 증가시키는 경향을 갖고 있기 때문이다. 가소제(plasticizer)의 첨가는 항복 응력을 감소시키게 되므로 전이 온도를 낮추게 된다. 가소(plasticization)는 폴리(염화 비닐)과 같이 실온에서 취성을 보이는 고분자에 강인성을 부여하는 수단으로 널리 사용된다.

표면상의 흠이나 균열 혹은 노치의 존재는 그 물질의 인장 강도를 약화시킴과 동시에 취성-연성 전이 온도를 증가시킨다. 이런 이유로 인해 결함의 존재는 결함이 존재하지 않았을 경우 연성을 보일 온도에서도 취성 거동을 보이는 파괴를 초래할 수 있다[**노치 취성(notch brittleness)**이라고 알려짐]. 이러한 경우에는 주어진 물질이 충분한 연성을 지닌다고 가정하고 수행한 설계에 커다란 오류를 초래할 수 있음을 쉽사리 짐작할 수 있다. 이러한 **노치 민감도(notch sensitivity)**는 노치의 뿌리에 존재하는 응력의 상태를 살펴봄으로써 설명될 수 있다. 일축 인장 응력이 물체에 가해진 경우 균열이나 노치의 끝은 복합적인 삼축 응력(triaxial stress) 하에 놓이게 된다. 이는 그림 23.19에 보여 준 바와 같이 균열 선단(crack tip)에서의 항복 응력의 막대한 증가(세 배 까지)를 초래하게 된다. 한편 취성 파괴 응력은 영향을 받지 않으므로 결과적으로 T_b를 증가시키게 된다. 만약 물질이 본래의 T_b와 노치가 존재한 상태의 T_b 사이에서 사용되게 되면 상당한 노치 취성을 보일 염려가 있다.

연성-취성 전이 온도가 주어진 물질의 유리 전이 온도나 여타의 이차 전이(20.6절 참조)와 어떤 상관관계가 있음직도 하나 별다른 관계를 찾기는 힘들다. 천연 고무나 폴리스타이렌과 같은 고분자에서는 T_b와 T_g가 거의 동일한 온도에서 관찰된다. 그러나 많은 다른 고분자에서는 유리 전이 온도 이하에서도 연성을 보인다($T_b < T_g$). 이럴 경우 T_b를 이차 저온 완화(secondary low temperature relaxation)와 관련지을 수도 있으나 좀 더 자세한 연구에 의하면 연성-취성 전이 온도와 분자 완화 간의 일반적 관계를 찾을 수 없는 것으로 알려져 있다. 이것은 분자 완화 현상은 낮은 변형에서 일어나는 반면에, T_b는 고변형에서 관찰되는 현상이며 분자 완화 현상과는 아무런 관련이 없는 노치의 존재 유무에 심각하게 영향을 받는다는 점 등을 고려하면 당연하다고 볼 수 있다.

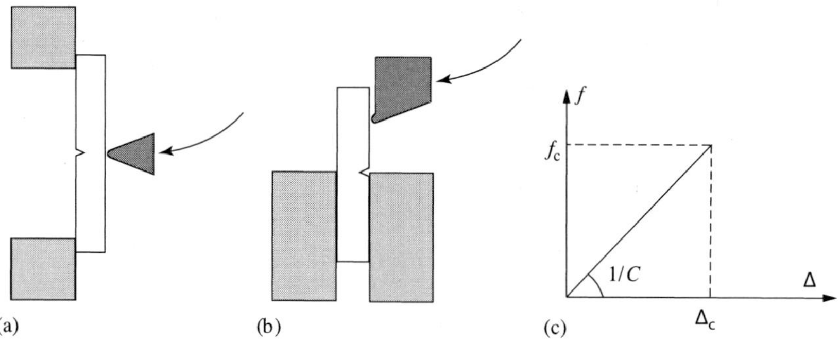

▶ 그림 23.20
(a) Charpy 충격 시험기와 (b) Izod 충격 시험기의 개략적인 형상. 한쪽에만 노치가 있는 시편을 사용하는 것이 일반적이다. (c) 선형 탄성체의 변위(Δ)에 따른 하중 f의 변화(아래 첨자 c는 임계값을 나타냄). C는 컴플라이언스를 나타냄.

23.4.2 충격

앞 절에서 노치나 빠른 변형이 취성 파괴를 유도한다는 것을 설명하였다. 취성 파괴 성질은 충격 시험을 통하여 평가할 수 있다. 재료의 취성 거동은 충격 시험 시 시편의 형상 및 시험 속도와 같은 조건에 따라 달라지기 때문에 충격 시험의 자세한 사항을 정확히 알 필요가 있다. 가장 많이 사용되는 충격 시험법은 그림 23.20a와 b에 나타낸 **Charpy**와 **Izod** 충격 시험법이다. 두 경우 모두 시편에는 노치가 파져 있고 딱딱한 지지대에 고정되어 있다. 아래쪽에 고정된 시험편은 시계추와 같이 흔들리는 망치의 타격에 의해서 파괴되며 시편을 파괴시킨 망치의 최고 높이를 측정하여 그 위치 에너지 차이로부터 파단 시 흡수된 에너지를 측정하게 된다. 아주 얇거나 잘 휘는 시편은 다른 시험 방법으로 충격 시험을 할 수도 있다. **낙하 충격(falling weight)** 시험법과 같은 방법이 그런 방법인데, 이 시험법에서는 원형의 얇은 시험편 둘레를 클램프로 고정시키고 중심에 추나 다트(dart)를 낙하시켜 시험한다. 추의 높이를 점점 높여 시편이 파괴되는 높이를 결정하거나 추의 무게를 늘리거나 타격 속도를 높여 시편이 파괴되는 운동 에너지를 결정하는 식으로 분석을 할 수 있다.

Charpy와 Izod 충격 시험에서 노치 끝이 매우 날카롭고 시험 대상이 되는 재료가 선형 탄성 거동을 보인다면 선형 탄성 파괴 이론으로 해석할 수 있다(23.3.2절). 재료의 변형에 의해 저장되는 탄성 에너지는 다음과 같다고 가정할 수 있다.

$$U_S = U_L - U_T \tag{23.33}$$

여기서 U_L은 망치에 의해 손실된 에너지이며, U_T는 재료의 파괴 시 손실된 운동 에너지이다.

U_T는 시편 없이 시험을 진행하여 결정할 수 있다. U_L은 그림 23.20c에 나타낸 것과 같은 변위-하중 곡선으로부터 결정할 수 있다. 이 경우 시편에 저장된 탄성 에너지는 삼각형

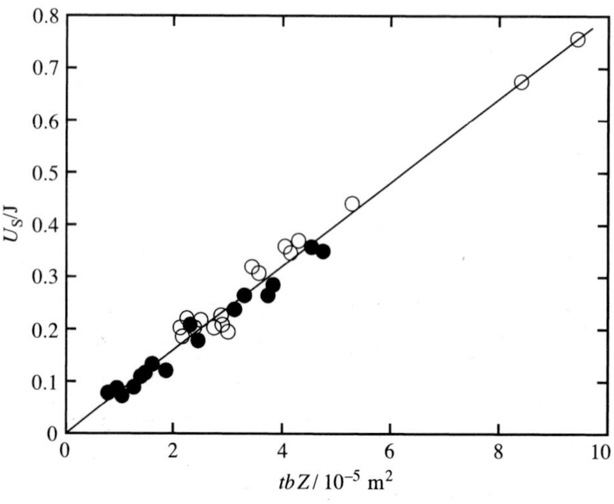

▶ 그림 23.21
중밀도 폴리에틸렌의 충격 시험 데이터 (● = Charpy 시험 결과, ○ = Izod 시험 결과). 식 23.37에 의하여 시편에 흡수된 탄성 저장 에너지 U_S를 tbZ의 함수로 플롯하였다. (자료 출처: Plati, E. and Williams, J.G., Polym. Eng. Sci., 15, 470, 1975.)

부분의 면적이 된다.

$$U_S = \frac{1}{2} f_c \Delta_c \tag{23.34}$$

이 식은 시편의 컴플라이언스(compliance) C로 다시 쓸 수 있다.

$$U_S = \frac{1}{2} f_c^2 C \tag{23.35}$$

23.3.2.1절에서 파단 에너지 G_c는 최대 하중과 크랙 길이에 따른 컴플라이언스 변화 $(\partial C/\partial a)$로 나타낼 수 있음을 보인 바 있다. 식 23.17을 식 23.35에 대입하면

$$U_S = G_c t \frac{C}{\partial C/\partial a} \tag{23.36}$$

시편의 두께가 b라면

$$U_S = G_c tbZ \tag{23.37}$$

여기서 Z는 무차원 형상 인자이다.

$$Z = \frac{C}{\partial C/\partial(a/b)} \tag{23.38}$$

Z는 다양한 충격 시험 형상에서 보정 인자라 할 수 있으며 Charpy와 Izod 등의 여러 시편에 대하여 수치화되어 있다. 그림 23.21에 폴리에틸렌의 충격 시험 시 U_S를 tbZ의 함수로 나타냈다. 선형적인 관계를 볼 수 있으며 기울기로부터 G_c를 구할 수 있고 이 값은 시편의 크기에 관계없이 일정한 값(8.1 kJ m^{-2})을 보임을 알 수 있다.

23.4.3 피로

많은 물질이 주기적 하중(cyclic loading)을 계속적으로 가할 경우 정적 하중(static loading) 하에서 견딜 수 있는 응력보다 훨씬 낮은 수준에서 파괴를 보인다. 이런 현상을 **피로(fatigue)**라고 하며, 항공기나 여타 구조물의 금속 부품에서 피로 균열의 진행은 심각한 사고의 원인이 된다. 고분자 또한 이런 피로 파괴가 가능하다는 사실은 비교적 잘 알려져 있지 않은 것 같다. 그림 23.22는 여러 고분자 물질에 주기적 하중을 가했을 때 몇 번의 주기 N이 가해져야 파괴가 일어나는가를 보여 주고 있다. 이 실험은 고분자 0의 응력과 표시된 응력 사이의 응력을 0.5 Hz의 주기로서 가한 것이다. 곡선은 특징적인 S자형의 형태를 가지고 있고 회수 N이 충분히 커짐에 따라 평탄해져 피로 한계에 도달함을 시사하고 있다. 이와 유사한 소위 S—N 곡선이 금속에서도 관찰되지만 한 가지의 차이점은

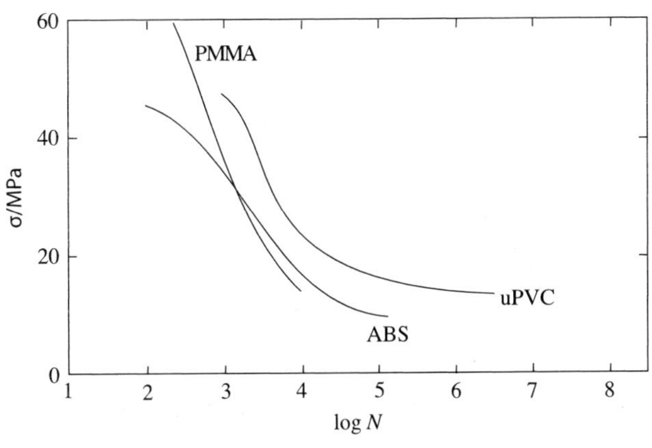

▶ 그림 23.22
여러 종류의 엔지니어링 고분자를 대상으로 20°C에서 동적 피로 시험을 수행한 결과. 가해준 주기, N에 따른 파괴 응력의 변화를 보여 주고 있다. 사용된 고분자는 각각 폴리(메틸 메타크릴레이트)(PMMA), 가소화되지 않은 폴리염화비닐(uPVC), 아크릴로나이트릴–뷰타다이엔–스타이렌 공중합체(ABS)이다. (자료 출처: Bucknall, C.B. et al., in Polymer Science, Jenkins (ed.), North-Holland, Amsterdam, the Netherlands, 1972.)

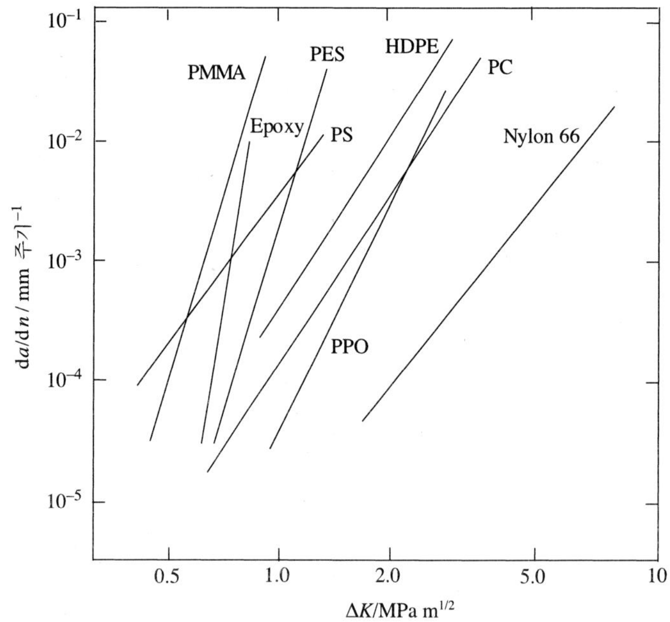

그림 23.23
다양한 무정형 고분자와 반결정성 고분자에 대한 피로 균열의 진행 거동. 피로 균일 진행 속도 da/dn은 각 물질의 ΔK에 대해 플롯하였다. (자료 출처: Hertzberg, R.W.and Manson, J.A., Fatigue of Engineering Plastics, Academic Press, New York, 1980; Hertzberg, R.W. et al., Polym. Eng. Sci., 15, 25, 1975.)

고분자에서는 피로가 강한 진동수 의존성을 보인다는 점이다. 높은 응력과 높은 주파수에서의 시험은 종종 시편 온도의 상승을 초래하며 열연화(thermal softening)에 의한 파괴에 이르기도 한다. 온도의 상승은 점탄성에 의해 발생된 열이 고분자의 낮은 열전도도로 인해 충분히 신속하게 발산되지 못하기 때문이다.

피로 파괴는 균열의 개시와 전개 과정을 통해 진행된다. 전개 과정에서는 피로 균열이 매 주기마다 조금씩 진행되고 발달되어 나아간다. 이러한 거동은 한 주기당 균열의 성장인 da/dN을 가해진 응력의 함수로 관찰함으로써 추적할 수 있다. 많은 취성 고분자의 경우 균열 전개 속도는 다음의 식과 같이 응력 집중 인자의 범위인 ΔK와 관련되어 있음이 밝혀져 있다.

$$\frac{da}{dN} = C(\Delta K)^m \tag{23.39}$$

여기서 m과 C는 온도와 고분자의 종류에 의존하는 상수이다. 그림 23.23에 이런 형태의 거동을 나타냈고 이 관계식은 금속의 경우에도 적용된다. 특정한 고분자의 거동을 묘사하는 정확한 식은 측정 주파수에도 의존하며 K의 평균값을 사용하게 된다. 일반적으로, 강한 고분자는 피로에 저항력이 더 있으며 4 차수의 낮은 m의 값을 가지는 반면에, 취성 고분자는 그림 23.23에 나타난 것처럼 가파른 기울기와 함께 높은 m의 값을 가진다.

결정화되지 않는 탄성체의 경우에도 이와 유사한 거동을 관찰할 수 있는데, 여기서 균열 성장 속도는 다음 식과 같이 $\mathfrak{I}$와 관련이 있다.

$$\frac{da}{dN} = D\mathfrak{I}^n \tag{23.40}$$

여기서 D와 n은 물질의 종류와 시험 조건과 관련되어 있는 상수이다 .

23.4.4 환경 파괴

고분자의 일반적인 단점 중 하나는 어떤 종류의 환경에 노출되면 상대적으로 낮은 응력에서도 파괴될 수 있다는 점이다. 이런 종류의 파괴는 여러 부류로 나누어 볼 수 있다.

1. 가장 널리 연구된 환경 피로는 **오존(ozone)**에 의한 가황된 천연 고무의 파괴이다. 오존은 불포화 탄화수소 탄성체의 표면과 반응하여 상대적으로 낮은 응력하에서도

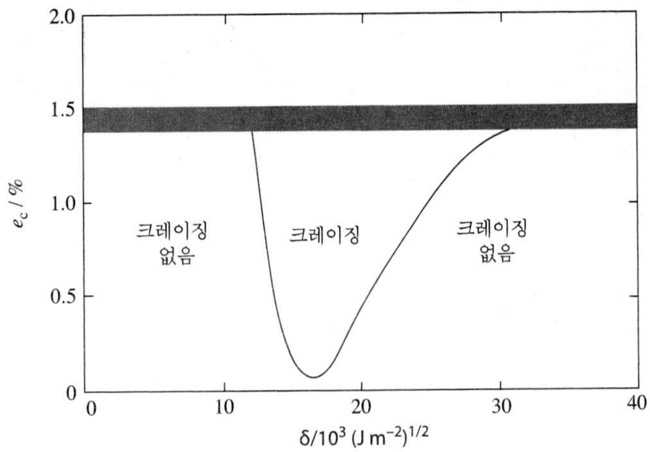

▶ **그림 23.24**
폴리(2,6-다이메틸-1,4-페닐렌 옥사이드)를 여러 종류의 유기 용매와 접촉시켰을 경우에 용해도 상수 δ에 따른 크레이징의 임계 변형 e_c의 변화. 빗금친 영역은 공기 중에서 시험하였을 경우의 e_c에 해당한다. (자료 출처: Kambour, R. P. and Robertson, R. E., in Polymer Science, Jenkins (ed.), North-Holland, Amsterdam the Netherlands, 1972.)

균열이 개시되어 시편 전체에 걷잡을 수 없이 퍼져 나아가게 한다. 오존에 의한 균열은 임계 찢김 에너지(critical value of tearing energy) $\mathfrak{T}_0$보다 높은 값에서 일어난다고 알려져 있다. 이 값은 0.1 J m^{-2} 수준으로써, 이는 고분자의 표면 에너지와 비슷한 수준이며 적대적인 환경이 존재하지 않을 경우 탄성체의 찢김 에너지보다 훨씬 낮은 수준이다.

2. 표면에서 시발되는 다른 종류의 환경 피로는 고밀도 폴리에틸렌과 같은 폴리올레핀이 특정한 종류의 세제와 같은 **계면활성제(surfactant)**가 존재할 경우 발생하는 것을 들 수 있다. 이런 환경하의 폴리올레핀에 일정한 하중에 의한 높은 응력을 가하면 초기에는 연성 파괴 거동을 보이던 것이 오랜 시간이 지난 후에는 취약 파괴 거동을 보이게 된다.
3. 특정한 종류의 유리상 고분자는 **크레이징 촉진제(crazing agent)** 혹은 **균열 촉진제(cracking agent)**라고 하는 유기 용매에 의해 파괴가 이루어질 수 있다. 이런 촉진제들이 없는 경우보다 훨씬 낮은 응력에서 파괴가 일어나며 자세한 거동은 매우 복잡하여 경우마다 다를 수 있으므로 어떤 일반적인 유형을 제기하기는 어렵다. 그러나 형성된 크레이즈가 특별히 안정하지 않아 직접적으로 균열로 발달되는 경우도 있으나 대부분의 경우 촉진제에 의해 형성됨으로써 균열이 시작된다고 믿고 있다. 유리상 고분자에서의 크레이징 촉진제나 균열 촉진제의 역할은 크게 두 가지로 설명되며, 많은 경우 이 두 가지 요인이 동시에 적용된다. 그 중 한 가지는 이런 액체의 존재가 고분자의 표면 에너지를 낮추어 크레이징이 진행되는 동안 새로운 표면의 생성을 좀 더 쉽게 한다는 제안이며, 다른 한 가지는 유기 용매가 고분자를 팽윤시켜 유리 전이 온도의 감소를 초래함으로써 더 낮은 응력과 변형에서 변형과 크레이징을 가능하도록 한다는 제안이다.

그림 23.24에는 서로 다른 용해도 상수(solubility parameter) δ를 갖는 용매들이 폴리(2,6-다이메틸-1,4-페닐렌 옥사이드)의 크레이징과 균열에 필요한 임계 변형값에 어떠한 영향을 미치는가를 보여 주고 있다. 어떤 경우에서는 형성된 크레이즈가 불안정하여 바로 균열로 진행되는 경우도 있다. 이 곡선에서 최소점은 주어진 고분자에 가장 용해도가 높은 용매, 즉 고분자와 용매의 δ가 일치되는 점이다(10.2.5절). 따라서 이 경우에는 주요 동인이 팽윤에 의한 유리 전이 온도의 감소라고 볼 수 있다. 그러나 용매가 존재하지 않는 상태인 공기 중에서는 거의 크레이징이 없이 냉연신 거동을 보이는 고분자라도 최저점 이외의 높거나 낮은 δ값을 갖는 용매에 의해서 환경 파괴가 일어날 수 있다는 사실은 위의 동인만이 적용된다고 볼 수 없는 이유가 된다. 따라서 이런 용매들은 표면 에너지를 낮춤과 동시에 크레이징 과정 중에 공동(voids and holes)의 형성을 쉽게 하는 역할을 한다고 볼 수 있다.

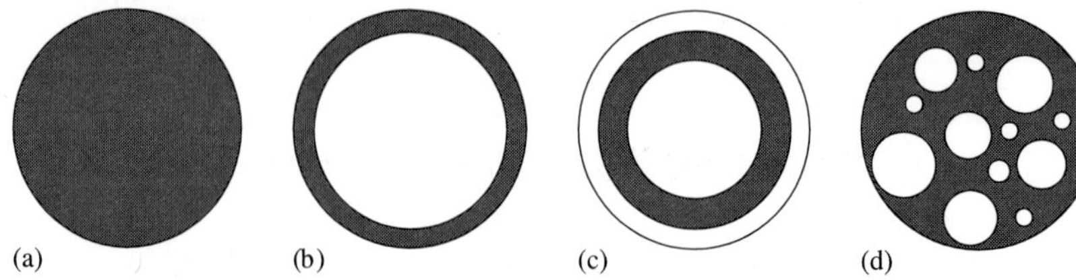

▶ 그림 23.25
강인화된 취성 고분자에 대한 고무 입자의 다양한 형태를 나타낸 개략도. (a) 고체 고무 입자; (b) 유리상 코어가 있는 두 층의 코어-쉘 입자; (c) 유리상 바깥층, 고무 계면, 유리상 코어가 있는 세 층의 코어-쉘 입자; (d) 구형의 유리상을 포함하는 '살라미형' 고무 입자. 고무상은 각각 어두운 부분으로 나타내었다.

23.5 강인화된 고분자

유리상 고분자는 여러 가지 많은 용도에 적합한 물성을 지니고 있다고 할 수 있다. 그러나 특히 노치가 존재하거나 높은 변형 속도를 지닌 충격 하중이 가해질 때는 취성 파괴가 일어나기 쉬운 단점을 지니고 있다(23.4.2절 참조). 이런 이유로 인해 제2의 물질을 유리상 고분자의 매트릭스에 도입한 강인화된 고분자(toughened polymer)들이 개발되기 시작하였다. 이때 첨가되는 제2의 물질은 통상 구형이며, 사용 온도보다 낮은 유리 전이 온도를 갖는 고무상 물질이 주종을 이루고 있다. 이러한 방법은 매트릭스를 이루는 고분자의 기계적 물성에 상당한 개선을 가져오며 이런 방법을 흔히 **고무 강인화(rubber toughening)**라고 한다. 제2의 상을 첨가하는 방법은 크게 두 가지로 나눌 수 있다. 첫 번째 방법은 매트릭스와 비상용성(incompatable)을 보이는 고무상 물질을 단순히 섞는 방법이며, 두 번째는 공중합을 이용하는 방법이다(18.2와 18.3절). 한쪽은 유리상 매트릭스와 동일한 물질이며, 다른 쪽은 비상용성 고무로 이루어져 분산상을 이루도록 설계된 블록 공중합체가 사용되기도 한다. 이 경우 블록 간의 공유 결합이 분산상과 매트릭스 간에 좋은 계면 성질을 부여하게 된다.

그림 23.25에 고무상의 다양한 형태를 나타냈다. 단순히 전체가 꽉 찬 고형 입자 형태뿐 아니라 보다 복잡한 고무 형상이 채택되고 있다. 고무 강화 고분자의 경우, 말랑말랑한 고무 입자를 도입함으로써 재료의 탄성 계수가 낮아지는 단점이 있다. 이 경우 딱딱한 유리상을 중심에 두고 그 주위를 고무상이 둘러싼 형태를 취함으로써 개선될 수 있다(그림 23.25(b),(c),(d)). 일반적으로 고무상과 고분자상의 계면이 강할수록 기계적 성질이 증가하며 이는 공중합체의 첨가로 이루질 수 있다.

23.5.1 고무 강인화 고분자의 기계적 성질

취성 고분자에 고무상을 도입하면 기계적 성질에 큰 영향을 미친다(그림 23.26). 그림 23.26a에서 볼 수 있는 것처럼, 취성인 폴리스타이렌에 고무상을 도입한 내충격 폴리스타이렌(HIPS, high impact polystyrene)의 기계적 물성이 크게 변화된 것을 볼 수 있다. 폴리스타이렌은 취성인 성질을 보이지만 고무상인 폴리뷰타다이엔을 혼합하면 항복점을 보이고 파단 신율이 40%까지 증가함을 볼 수 있다. 소성 변형 시 넥킹이 일어나는 부분에서 **응력 백화(stress-whitening)** 현상이 일어나는 것을 관찰할 수 있다. 뒤에 다시 논의하겠지만, 이는 고무상 주변에 형성된 수많은 크레이즈(craze) 때문이다.

그림 23.26b는 고무 강인화 PMMA [rubber toughened poly(methyl methacrylate), RTPMMA]의 고무 함량 변화에 따른 여러 응력-변형 곡선을 나타낸다. PMMA는 취성 고분자이지만 고무상의 첨가로 항복점이 나타나고 소성 변형을 보임을 알 수 있다. 고무상의 무게 분율이 0.35인 경우 최대의 파단 신율(45% 이상)을 보인다. HIPS에서의 경우와 마찬가지로 항복 현상 뒤에 응력 백화 현상이 관찰된다. 그러나 RTPMMA의 경우에는 그 이유가 조금 달라서 크레이징의 발생 때문이라기보다는 고무 입자 자체에 공동화(voiding)가 일어나기 때문이다. w_p가 0.35 이상에서 다시 파단 신율이 줄어드는 것은 이

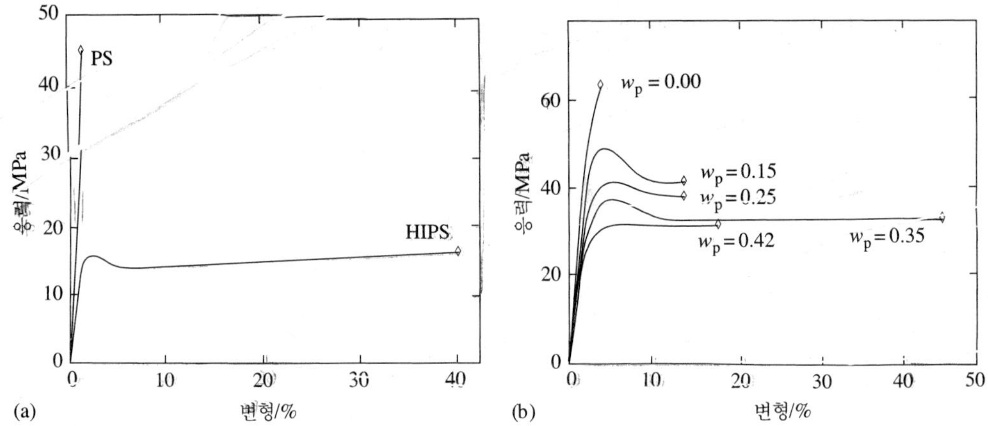

▶ 그림 23.26
고무 강인화된 고분자들의 응력-변형 곡선. (a) 폴리스타이렌 (PS), 내충격 폴리스타이렌 (HIPS). (자료 출처: Bucknall, C,B., Toughened Plastics, Applied Science, London, U.K., 1997.) (b) 고무 강인화된 폴리 (메틸 메타크릴레이트). 고무 입자의 무게 분율 w_p의 변화에 따른 경향을 보여 주고 있다. (자료 출처: D.E.J. Saunders, P.A. Lovell, and R.J. Young, University of Manchester, Manchester, U.K.)

렇게 높은 고무 입자 함량에서 입자들이 서로 너무 가까워 닿아있는 상태이고 따라서 강인화의 효율이 떨어지기 때문이다.

PS과 PMMA와 같은 열가소성 수지의 강인화와 마찬가지로 에폭시 수지와 같은 그물구조 고분자도 제2의 고무상 물질의 첨가에 의한 강인화의 대상이 된다(3.3.1.2절 참조). 그림 23.27은 고무 입자의 부피 분율인 V_p의 변화가 고무 강인화된 에폭시 수지의 파괴 에너지 G_c에 어떠한 영향을 보이는가를 보여 주고 있다. 시편은 카복실기로 말단기가 처리된 폴리 (뷰타다이엔-*co*-아크릴로나이트릴) 공중합체 [CTBN : carboxyl-terminated poly(butadiene-*co*-acrylonitrile)] 를 첨가한 에폭시 예비중합체 (prepolymer) 와 가교제로부터 제조된 것이다. 이 고무는 예비중합체에 용해된 상태로 있다가 경화 과정에서 수지의 몰질량이 증가함에 따라 입자 형태로 상분리된다. 그림 23.27에서 V_p의 변화는 경화 조건을 바꾸어 줌으로써 조절된 것이다. 이 경우 모든 시편에 포함된 고무의 총무게는 일정하므로 그림 23.27에서 물질의 강인도를 결정하는 인자는 입자 형태로 상분리된 고무의 부피 분율임을 알 수 있다. 한편 여기에 사용된 고무는 말단이 에폭시 예비중합체와 반응 가능한 카복실 말단기를 지니고 있으며 에폭시 매트릭스와 분산된 고무 입자 사이에에 튼튼한 계면을 형성할 수 있도록 설계된 것은 주목할만한 사실이다. 표 23.3에는 세 종류의 서로 다른 고무 강인화된 고분자들의 K_c와 G_c의 값들이 정리되어 있다.

23.5.2 고무 강인화 기구

크레이징과 전단 항복은 모두 에너지를 흡수하는 기능을 갖고 있으며 대부분의 취성 고분자의 강인화는 많은 양의 크레이징이나 전단 항복이 야기되도록 조절하는 방법이라 할 수 있다. 제2의 상을 이루는 구형 고무 입자는 보통 유리상 매트릭스의 탄성률보다 3승 정도 작은 Young 탄성률을 지닌 물질이다(표 19.1). 이러한 탄성률의 차이는 마치 평판

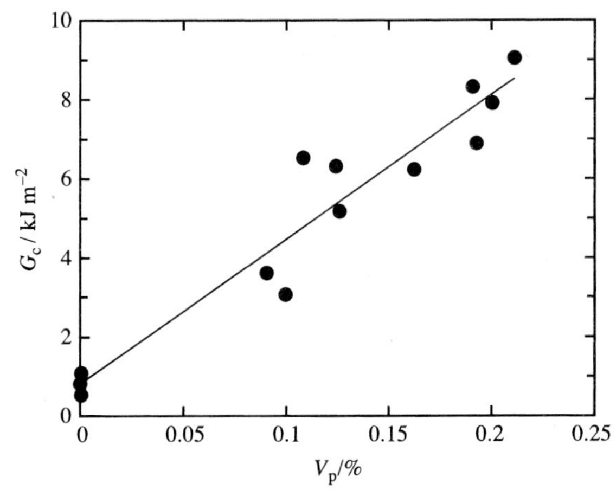

▶ 그림 23.27
고무 강인화된 에폭시 수지에서 고무상 부분의 부피 분율에 따른 G_c의 변화. (자료 출처: Bucknall, C.B. and Yoshi, T., Brit. Polym. J., 10, 53, 1978.)

표 23.3 여러 종류의 고분자의 전형적인 Young 탄성률 E, 파괴 강도 K_c 그리고 파괴 에너지 G_c

고분자	E/GPa	K_c/MPa $m^{1/2}$	G_c/kJ m^{-2}
Polystyrene	3.0	1.1	0.4
HIPS	2.1	5.8	16
Poly(methyl methacrylate)	3.0	1.2	0.5
RTPMMA	2.1	2.4	2.6
에폭시 수지	2.8	0.5	0.1
고무 강인화된 에폭시 수지	2.4	2.2	2.0
실리카가 채워진 에폭시 수지	7.5	1.4	0.3

에서 구멍이나 노치 주위로 응력이 집중되는 것과 유사하게(23.3.1절) 기계적 변형 시 입자의 적도(equator)에 최대의 응력이 집중되도록 한다. 이렇게 응력 집중이 발생하면 단지 균열 선단 주위뿐만 아니라 각 입자 주위에 전단 응력이나 크레이징이 유도된다. 따라서 고분자는 변형 시 많은 양의 에너지를 흡수할 수 있고 강인화되게 된다.

23.5.2.1 투과 전자 현미경

고무 입자 주위의 변형에 대한 자세한 기구는 구체적인 고분자의 종류나 시험의 조건(속도나 온도)에 따라 달라지게 된다. 고무 강인화된 고분자의 구조는 일반적으로 그림 23.28과 같은 얇게 박막으로 절단된 시편을 투과 전자 현미경(TEM, transmission electron microscopy)으로 관찰함으로써 밝혀낼 수 있다. 어떤 경우에는 일련의 시편을 관찰함으로써 변형 과정 추적이 가능하기도 하다. 그림 23.28a는 인장 변형된 내충격 폴리스타이렌을 OsO_4로 염색하여 관찰한 것이다. OsO_4는 불포화 분자(예를 들어 폴리뷰타다이엔)를 포함하는 고무상 부분에 선택적으로 침착되어 검은색으로 염색하게 된다. 이 사진에서 고무 입자의 적도들로부터 상당히 큰 크레이즈들이 발달되어 나온 것을 관찰할 수 있다. 또한 고무 입자들은 그 전체가 단순히 고무만으로 이루어진 것이 아니라 조그만 내부 입자들을 포함하고 있으며, 이는 염색되지 않고 있으므로 폴리스타이렌이 분명하다는 사실은 매우 주목할만한 사항이다. 이렇게 복합적인 형태를 지닌 고무 입자의 존재는 주어진 고무의 부피 분율 V_r에서 내부 입자를 포함하지 않은 경우보다 더 많은 수의 유효

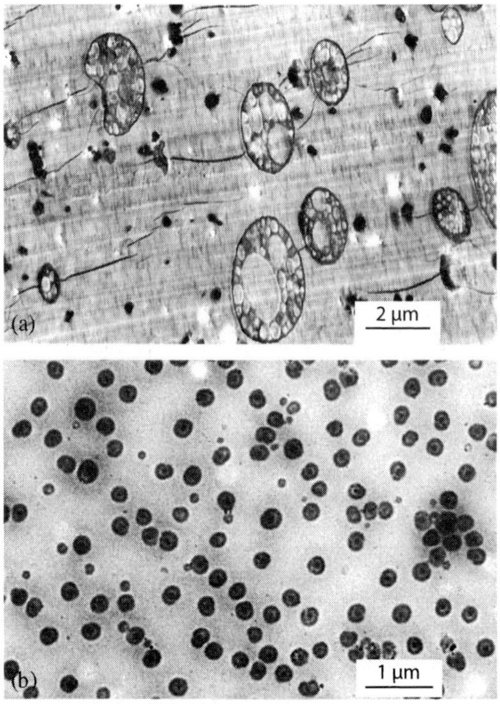

▶ 그림 23.28
고무 강인화된 고분자들의 변형 후 시편을 투과 전자 현미경으로 촬영한 사진. (a) 상용 HIPS를 염색하여 촬영한 것. 작은 검은 입자들은 염색약들이 모인 것임. (자료 출처: X. Hu, University of Manchester, Manchester, U.K.) (b) 네 층의 코어-쉘 고무 입자를 포함하는 RTPMMA의 부분. (자료 출처: M.N. Sherratt, University of Manchester, Manchester, U.K.)

강인화 입자를 제공하게 된다. 따라서 강인화의 효율을 높이는 역할을 하게 된다.

그림 23.28b에는 HIPS의 거동이 고무 강인화된 폴리(메틸 메타크릴레이트)(RTPMMA)와 비교되어 있다. RTPMMA의 경우에는 일반적으로 많은 수의 작은 입자들을 도입하여 강인화하는 것이 통례이다. 이 입자의 크기는 지름이 0.2 ~ 0.3 μm 내외이며 역시 복잡한 형태를 갖고 있다. 이 입자들은 유화 중합에 의해 제조되며(4.4.4절), 네 개층의 고무상과 유리상층으로 이루어진 소위 "코어-쉘(core-shell)" 구조를 갖고 있다. 유리상 고분자로 이루어진 층은 매트릭스를 이루는 고분자와 근본적으로 동일한 고분자이며, 반면에 고무상 고분자는 폴리[(*n*-뷰틸 아크릴레이트)-*co*-스타이렌] 공중합체이다. 이때 고무상을 이루는 공중합체의 조성은 실온에서 매트릭스를 이루는 PMMA와 동일한 굴절률을 갖도록 조절되어 있다. 또한 입자들의 크기가 빛의 파장보다 작으므로 강인화된 고분자는 투명성을 유지하며, 따라서 매트릭스인 PMMA의 훌륭한 광학적 특성을 그대로 유지할 수 있다. 탄성률이 높은 유리상 물질이 입자 내부에 존재한다는 사실은 순수한 고무로 이루어진 입자를 사용할 경우보다 강인화의 효율을 높이게 된다. 그림 23.28b에 제시된 RTPMMA의 전자 현미경 사진을 관찰하면 네 개층으로 이루어진 코어-쉘 구조로 입자가 존재함을 관찰할 수 있다. 이 경우에는 고무상 물질이 유리상 물질보다 높은 전자 밀도를 갖는 물질로 이루어져 있으므로 OsO_4로 착색되고 검은색으로 관찰된다. 사진에 의하면 단지 세 개 층만을 확인할 수 있는데, 이는 가장 바깥층은 PMMA로서 매트릭스와 혼합되어 구분이 불가능하기 때문이다. 입자 내부의 각층 사이에는 화학적 그래프트결합이 형성되어 있으므로 입자와 매트릭스간 그리고 입자 내 각층 간에 강력한 계면 접착을 제공한다. RTPMMA의 경우에는 강인화가 입자 주위에 형성된 전단대의 형성에 그 기원을 두고 있는 것으로 생각된다. 전단대가 형성되더라도 공동을 유발하지 않으며 고분자의 밀도에 아무런 변화를 초래하지 않기 때문에 크레이즈와는 달리 전자 현미경하에서 관찰되지 않는다.

23.5.2.2 부피 변화 측정

그림 23.29에 나타낸 바와 같이 여러 물질에 대해서 변형 시 시편의 부피 변화(ΔV)를 추적하면 고무 강인화된 고분자의 변형 기구에 관한 정보를 얻을 수 있다. 이 그림 중 HIPS의 경우에 항복 현상을 뒤따라 상당한 시편 부피의 증가가 발생함을 관찰할 수 있다. 소성 변형은 통상 일정 부피를 유지한 채로 이루어지므로, 이런 큰 부피의 증가는 주어진 물질의 변형 중 크레이징이 대량으로 발생됨을 시사하고 있다. 그림 23.29의 HIPS의 거동은 변형 중 시편 부피에 아무런 변화도 일어나지 않은 RTPMMA의 경우와 좋은 대조를 이룬다. 전단 항복은 거의 부피 변화가 없이 진행되므로, 이것은 RTPMMA의 강인화 기구가 전단 항복임을 확인하는 증거가 된다. 그림 23.29에 제시된 다른 고분자의 부피

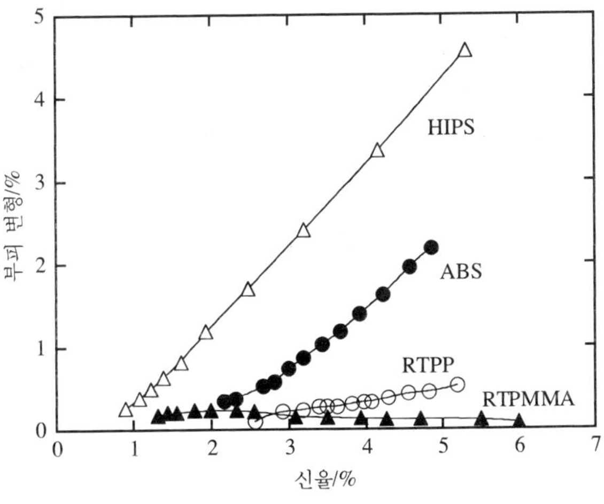

그림 23.29
고무 강인화된 고분자에서 부피 증가를 변형의 함수로 측정한 것. HIPS (내충격 폴리스타이렌), ABS (아크릴로나이트릴－뷰타다이엔－스타이렌 공중합체), 강인화된 폴리프로필렌, RTPMMA. (자료 출처: Bucknall, C.B. et al., J. Mater. Sci. 19, 2064, 1984.)

변형 곡선은 HIPS와 RTPMMA의 중간 형태를 지니고 있으며, 이는 크레이징과 전단 항복이 동시에 일어나고 있음을 시사한다. 따라서 고무 강인화된 고분자의 변형 기구는 부피 변형 곡선을 관찰함으로써 쉽게 추적할 수 있음이 확인된 셈이다.

문제

23.1 두께 5 mm, 너비(breadth) = 25 mm인 평판에 노치를 가하지 않고 측정한 파괴 강도가 85 MPa였다. 만약 노치를 가한 시편의 임계 응력 집중 인자 K_c가 1.25 MPa $m^{1/2}$라면 이 고분자의 내재적 결함의 크기를 구하시오(한쪽 방향에만 노치를 가한 평판에 대한 K_c의 표현은 표 23.2에서 찾을 수 있다).

23.2 다음의 표는 폴리스타이렌을 대상으로 실온에서 균열 길이 a를 달리하여 측정한 파괴 응력 σ_f의 실험값이다.

σ_f/MPa	a/mm
17.2	10
17.5	9
17.9	8
18.4	7
19.0	6
20.0	5
22.0	4
25.0	3
31.0	2
40.0	1
41.0	0.5
42.0	0.1

다음을 결정하시오.

(a) G_c, (b) K_c, (c) 내재적 결함 크기(폴리스타이렌의 Young 탄성률은 3 GPa로 가정한다.)

23.3 결정화하지 않는 탄성체의 균열 성장 속도(da/dt)는 다음의 식으로 대표될 수 있다. 여기서 $\mathfrak{I}$는 찢김 에너지이며, q와 n은 주어진 실험 조건에 따른 상수이다.

$$\frac{\mathrm{d}a}{\mathrm{d}t} = q\mathfrak{I}^n$$

일정한 연신하에 있고 초기 길이가 a_0인 균열을 갖고 있는 탄성체 평판의 파괴 시간(time to failure) t_f를 구하시오. 이 탄성체 편판의 균열 길이와 찢김 에너지 간에는 다음의 관계가 성립하며, 여기서 K는 상수이고, w는 주어진 변형하에서 이 물질에 저장되는 에너지 밀도이다.

$$\mathfrak{I} = Kaw$$

참고 문헌

Andrews, E.H., *Fracture in Polymers*, Oliver and Boyd, London, U.K., 1968.

Bucknall, C.B., *Toughened Plastics*, Applied Science, London, 1977.

Haward, R.N. and Young R.J. (eds.), *The Physics of Glassy Polymers*, 2nd edn., Chapman & Hall, London, U.K., 1997.

Hertzberg, R.W. and Manson, J.A., *Fatigue of Engineering Plastics*, Academic Press, New York, 1980.

Kausch, H.H., *Polymer Fracture*, Springer-Verlag, Berlin, 1988.

Kausch, H.H. and Michler, G.H., The effect of time on crazing and fracture, *Advances in Polymer Science*, **187**, 33 (2005).

Kinloch, A.J. and Young, R.J., *Fracture Behaviour of Polymers*, Applied Science, London, 1983.

Ward I.M., *Mechanical Properties of Solid Polymers*, 2nd edn., Wiley-Interscience, New York, 1983.

Ward, I.M. and Sweeney, J., *An Introduction to the Mechanical Properties of Solid Polymers*, 2nd edn., Wiley, New York, 2004.

24 고분자 복합재료

24.1 복합재료 소개

복합재료는 단일 재료로부터 그 물성 이상의 특정 조합의 물성들을 가진 재료의 필요성에 의해 개발되어 왔다. 고분자 분야에서는 이를 위해서 공중합체 또는 블렌드를 사용했지만, 특정 물성의 고분자 복합재료는 매우 다른 물리적 특성을 가진 상들로 구성되어 있다. 일부 고분자 복합재료는 강화제나 섬유 성분으로 강화된 유연 매트릭스들이 있다. 그러나 고무 입자들이 경질 고분자에 첨가된 고무 강인화 고분자(23.5절)와 같이 연성 상은 물성을 향상시키는 데 사용되기도 한다. 실제 많은 재료들이 복합재료에 속하며 자연에 대표적인 예들이 있다. 나무는 고분자 셀룰로스 섬유들로 강화된 유기 리그닌(lignin) 매트릭스로 이루어져 있으며, 뼈는 무기물 수산화인회석(hydroxyapatite)으로 강화된 천연 고분자 콜라겐(collagen)으로 이루어져 있다. 가장 많이 연구되는 합성 복합재료는 강성 섬유로 강화된 고분자이며 그 활용은 매년 5~10%씩 증가하여 다양한 분야로 확대되고 있다.

고분자가 구조 재료로서 점차 많이 활용되고 있지만, 금속과 같은 다른 재료들과 비교하면(표 24.1), 상대적으로 낮은 강인성으로 인해 그 활용이 종종 제한적이다. 항공우주 구조물과 운동 용품 등의 다양한 활용에 있어 가볍고 강인한 재료가 필요하기 때문에 매우 우수한 기계적 물성을 가진 고분자 기반의 고성능 복합체가 최근 몇 년간 개발되어 왔다.

몇몇 경우에는 단지 기계적 물성을 향상시키기 위해 다른 상의 물질이 고분자에 첨가되었다. 고무 타이어는 강인성뿐 아니라 내마모성을 향상시키기 위해서 탄성 복합체를 카

표 24.1 많은 공학 재료들의 강도와 강성도

물질	밀도 ρ/Mg m^{-3}	Young 탄성률, E/Gpa	인장 강도, σ^*/MPa
고무(polyurethane)	1.2	0.01	20
공학 열가소성 수지(나일론)	1.1	2.5	80
열경화성 수지(에폭시)	1.25	3.5	50
금속(연강)	7.8	208	400
공학 세라믹(알루미나)	3.9	380	500
나무(스프루스)			
(하중 // 결)	0.6	16	80
(하중 ⊥ 결)	0.6	1	2
첨단 고분자 복합재료(APC-2)			
(하중 // 섬유)	1.6	200	1500
(하중 ⊥ 섬유)	1.6	3	50

자료 출처: Hull, D. and Clyne, T.W., *An Introduction to Composite Materials*, 2nd end., Cambridge University Press, Cambridge, U.K., 1996.

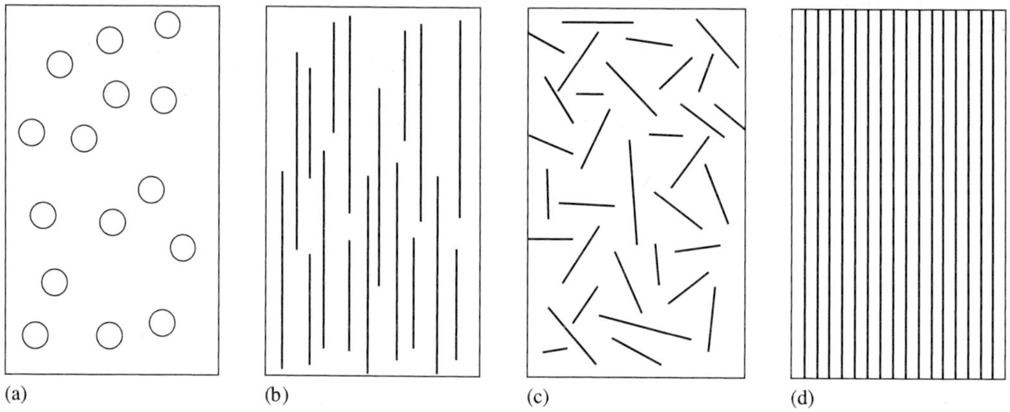

▶ **그림 24.1**
복합재료의 기하구조: (a) 입자, (b) 배향된 단섬유, (c) 랜덤 단섬유와 (d) 강화된 장섬유.

본 블랙(carbon black)과 광물질로 강화시킨 것이다. 또한 타이어는 팽창과 방향 전환시 가해지는 높은 힘을 견디기 위해 고분자 섬유나 철선으로 된 다량의 줄로 강화시켜주었다. 카본 블랙은 또한 고분자의 전기적 특성을 개선하기 위해 첨가해주며, 특히 고분자에 전도성을 갖도록 해준다(25장).

복합재료는 단지 재료의 물성을 향상시키고자 개발되지는 않았다. 예를 들어, 고분자는 저비용 대용량의 응용에 많이 사용되는데, 저가의 무기물 충전제를 섞어줘 기계적 물성의 저하(종종 강성도의 향상과 같은 기계적 물성의 향상)를 막고 상대적으로 고가의 고분자의 사용량을 줄일 수 있다. 또한 무기물 충전제는 고분자의 도색 또는 불투명하게 하는 안료, 고분자의 내화성 또는 열팽창 계수(thermal expansion coefficient)를 낮추기 위한 첨가제로 사용하는 등의 기능적 목적으로도 사용된다.

그림 24.1에서 보는 것과 같이 고분자 복합재료의 기하구조에 따라 다양하게 구분된다. 세 가지 주분류 안에 많은 다른 하위 범주들이 있다. **입자 복합재료(particulate composite)**에는 입자가 원형이나 불균일한 형태 그리고 어떤 경우는 길게 늘어진 입자나 판형 입자들이 있다. **단섬유 복합재료(discontinuous fibre composite)**에는 섬유들이 정렬 또는 불규칙하게 배열되거나 실제 섬유의 정렬이 성분의 위치에 따라 다를 수 있다. **장섬유 복합재료(continuous fibre composite)**는 그림에서와 같이 한 방향으로 정렬되어 있다. 그러나 정렬된 섬유의 다른 층들은 다른 방향으로 적층되거나[수직 적층 복합재료(cross-ply composite) 처럼], 정렬된 섬유의 무리들이 복잡한 구조로 짜여 있을 수 있다.

섬유 강화 복합재료의 물성은 복잡한 섬유의 정렬 상태 때문에 기계적 물성은 비등방성(anisotropic)이다(즉, 기계적 물성이 측정 방향에 따라 크게 변한다). 이것은 특정 방향으로 정렬된 섬유들은 항상 매트릭스보다 높은 강인성을 가지고 있기 때문이다. 만약 늘어진 입자 또는 판상 입자가 특정 방향으로 정렬되려고 한다면 입자 강화 복합재료도 비슷한 이유로 비등방성 물성을 보여 준다. 이러한 비등방성은 복합재료의 기계적 물성 분석을 어쩌면 복잡하게 만들지만 복합재료 성분의 기계적 물성을 조절할 수 있는 중요한 가능성을 부여한다. 예를 들어, 방향에 따라 큰 강성도의 차이를 보일 경우 최대 응력 방향으로 강화 섬유를 정렬할 수 있도록 성분 설계에 고려할 수 있다.

24.2 매트릭스 재료

역사적으로 첫 번째 합성 고분자 복합재료는 톱밥 또는 무기물 입자를 섞은 폼알데하이드(formaldehyde) 기반 수지이다. 현재 섬유 강화 복합재료에서 가장 많이 사용되는 매트릭스 물질은 폴리에스터(4.6.2.1절)와 에폭시 수지(3.3.1.2절)와 같은 열경화성 그물구조 고분자(thermosetting network polymer)이다. 폴리에스터 수지는 보트, 탱크, 파이프 등의

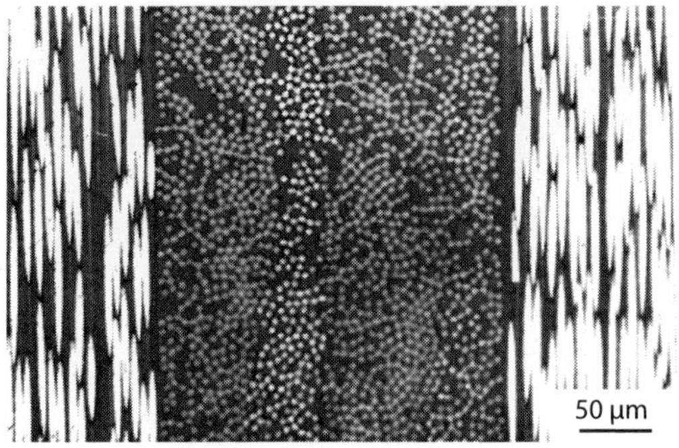

▶ 그림 24.2
APC-2 탄소 섬유/PEEK 적층 복합물의 연마된 면의 광학 현미경 사진. (자료 제공: A.J. Ball, University of Manchester, Manchester, U.K.)

큰 구조물에 쓰이는 유리 강화 플라스틱(glass-reinforced plastic, GRPs)에 사용되며 에폭시 수지는 고가여서 우수한 기계적 물성이 필요한 곳에 쓰인다. 탄소 섬유 강화 에폭시 수지(carbon-fibre-reinforced epoxy resin)는 경주용 자동차 차체와 군용기 기체에 광범위하게 사용되며 민간기에도 점차 확대 사용되고 있다.

최근에는 다른 형태의 나일론 또는 폴리프로필렌을 매트릭스 재료로 사용하는 열가소성(thermoplastic) 매트릭스 복합재료 개발을 하고 있다. 잘게 자른 유리 섬유와 같이 짧은 섬유를 사용하면 사출 성형(injection moulding) 같은 기존 기술을 이용하여 물질을 가공할 수 있다. 그러나 가공 과정에서 섬유에 응력이 가해져 파괴되지 않도록 또는 섬유를 짧게 하여 비효율적인 강화 효과가 나오지 않도록 주의가 필요하다. 연속 탄소 섬유로 강화된 고성능 열가소성 매트릭스 복합재료는 그림 24.2에서 보는 것과 같이 폴리에테르에테르케톤(polyetheretherketone, PEEK, 표 3.2)을 이용하여 개발하였다. 이러한 복합재료는 항공 분야의 알루미늄 합금을 대체하고자 하는 데 초점이 맞춰졌다.

24.3 강화 종류

고분자 복합재료에는 다양한 종류의 강화제들이 사용된다. 여기서는 입자 및 섬유 강화제들에 대해서 논하고자 한다.

24.3.1 입자

합성 고분자가 처음 개발된 이후 무기물 입자들은 저렴한 충전제와 첨가제로 사용되어 왔다. 활석(talc)와 운모(mica)와 같은 규산염(silicate) 기반의 재료들은 층상 구조로 되어 있으며 입자들은 얇은 판상 형태로 사용된다. 이들을 이용한 복합재료는 상대적으로 가공이 쉬우며 입자 형태에 따른 판상 강화 효과로 인해 순수 고분자보다 크게 향상된 강인성을 보여 준다.

다양한 종류의 등방형 입자들이 다양한 이유로 고분자에 첨가된다. 카본 블랙은 여러 가지 다른 목적으로 고분자에 첨가된다; 검은색 안료, 자외선 안정성 향상을 위해, 전기적 물성의 개선과 탄성체의 강화 효과를 위해 사용된다. 고체 구형 유리 입자 또한 취성 고분자의 강화제로 사용될 수 있으며(그림 24.3a), 속빈 유리구(hollow glass sphere)는 낮은 밀도를 필요로 할 때 종종 사용된다. 그림 24.3b는 유전 특성 향상을 위해 실리카 입자들을 첨가시킨 에폭시 수지의 미세 구조를 보여 준다. 1-마이크론 미만의 루틸(rutile) 이산화 타이타늄(TiO_2) 입자는 흰색 안료 또는 불투명화제로 고분자에 첨가된다. 그러나 많은 경우, 특히 원가 절감의 경우에 입자의 특성이나 고분자 매트릭스에서의 효과는 크게 중요하지 않다.

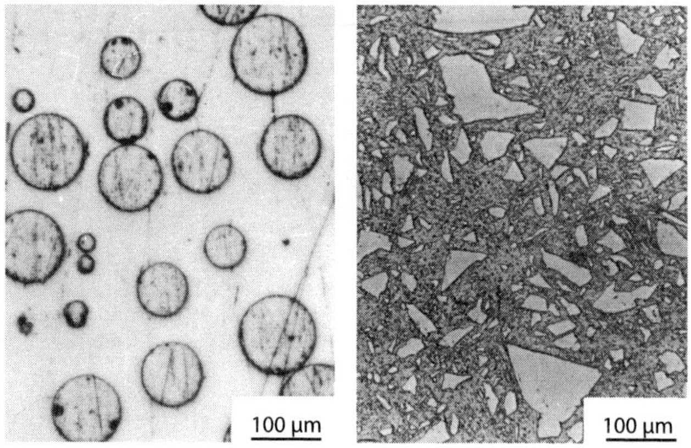

(a) (b)

▶ **그림 24.3**
입자 강화 복합재료의 연마된 면의 광학 현미경 사진: (a) 에폭시 수지의 유리구와 (b) 에폭시 수지의 실리카 입자.

24.3.2 섬유

24.3.2.1 유리 섬유

유리 섬유는 낮은 원가와 우수한 기계적 물성으로 고분자 강화를 위해 가장 많이 사용되는 섬유 종류이며(표 24.2), 다른 산화물과 혼합된 실리카 기반 무기물 섬유로서 다양한 조성으로 이용된다. 가장 대표적인 것은 E-glass로, 조성은 이산화 규소(SiO_2)(52%), 산화 칼슘(CaO)(17%), 산화 알루미늄(Al_2O_3)과 산화철(Fe_2O_3)(14.0%), 삼산화 이붕소(B_2O_3)(11%), 그리고 산화 마그네슘(MgO)(5%)으로 구성되어 있다. 다른 종류의 실리카 기반 섬유는 다른 조성의 섬유가 사용된다; 고가의 S-glass는 보다 높은 탄성과 강도를 위해 쓰이고, C-glass는 물과 산에 대한 내부식성 향상을 위해 쓰인다.

유리 섬유는 높은 온도에서 용융 유리를 많은 구멍이 있는 백금판이나 "부싱(bushing)"을 이용하여 압출 제작한다. 가는 필라멘트를 기계적으로 밑으로 뽑아내서 원통에 빠른 속도로 감는다. 제작 조건에 따라 일반적으로 지름 8~15 μm의 섬유가 만들어진다. 유리 섬유는 실리카 사면체의 비결정성 그물구조를 가진다. 유리 섬유의 결정은 섬유의 강도를 떨어뜨리기 때문에 제작 시 유리 전이 온도 아래로 빠르게 냉각하여 결정 성장을 막는다. 유리 섬유는 여러 가지 목적으로 항상 유화된 고분자인 "아교(size)"로 섬유를 코팅한다. 유리 섬유는 강도를 크게 떨어뜨리는 표면 손상을 쉽게 입는다. 이에 아교는 유리 섬유의 손상을 막아주고 또한 고분자 매트릭스와 섬유 간의 결합을 만들어서 복합재료에서의 결합력을 향상시킨다.

24.3.2.2 탄소 섬유

탄소 섬유는 고분자 복합재료의 강화제로 점점 많이 사용되고 있다. 1960년대 영국에서 개발되었으며, 여러 가지 방법으로 생산되지만 현재는 폴리아크릴로나이트릴(polyacrylonitrile, PAN) 고분자를 열분해해서 생산하는 방식으로 주로 만들고 있다. PAN을 섬유로 뽑아내면 분자들이 섬유의 축방향으로 정렬하게 된다. 섬유를 가열하면 그림 24.4에서 보는 것과 같이 PAN은 사다리형 고분자로 전환한다. 산소가 포함된 공기 분위기에서 온도를 올려 가열을 하면 사다리형 분자들이 서로 가교화된다.

그리고 나서 사다리형 고분자를 환원시키고 높은 온도에서 가열을 하면 그래핀 밑면이 규칙적으로 쌓인 단결정 흑연 형태가 아닌 탄소 동소체인 "난층(turbostratic)" 흑연 구조가 형성된다. 그러나 섬유 축방향으로 물성은 섬유의 미세구조를 조절할 수 있는 제조 공정 조건에 따라 다르다. 다른 형태의 탄소 섬유(고강도 섬유 및 고탄성 섬유)의 기계적 물성을 표 24.2에 정리하였다. 탄소 섬유는 불활성이며 높은 전기전도도와 열전도도를 가지고 있다. 그러나 탄소 섬유는 난층 구조 때문에 섬유 축에 수직 방향으로는 낮은 탄성을 지닌 비등방성 물성을 지닌 것을 주의해야 한다.

표 24.2 고성능 고분자 매트릭스 복합재료에 사용되는 섬유 강화제의 기계적 물성

섬유	밀도 ρ_f/Mg m^{-3}	인장 탄성률 E_f/GPa	인장 강도 σ_f^*/GPa
E-glass	2.55	76	1.5
아라미드(Kevlar 49)	1.45	125	3.0
PBO (Zylon HM)	1.56	270	5.8
탄소(고강도)	1.77	230	3.3
탄소(고탄성률)	1.90	360	2.5

24.3.2.3 고탄성 고분자 섬유

고탄성 고분자 섬유의 개발(19.3절)을 통해 고분자로만 이루어진 고분자 복합재료의 제작이 가능해졌다. PPTA 아라미드와 PBO 섬유(표 3.2와 표 24.2)는 탄소 섬유와 경쟁하며 점차 많이 사용되고 있다. 고분자 섬유의 상대적으로 낮은 밀도는 특정 물성(예: 섬유의 탄성과 밀도 비, E_f/ρ_f)을 고려하면 탄소 섬유에 비해 매우 경쟁력이 있다. 그러나 탄소 섬유와 고탄성 고분자 섬유 모두 유리 섬유에 비해 고가라는 점을 주의해야 한다.

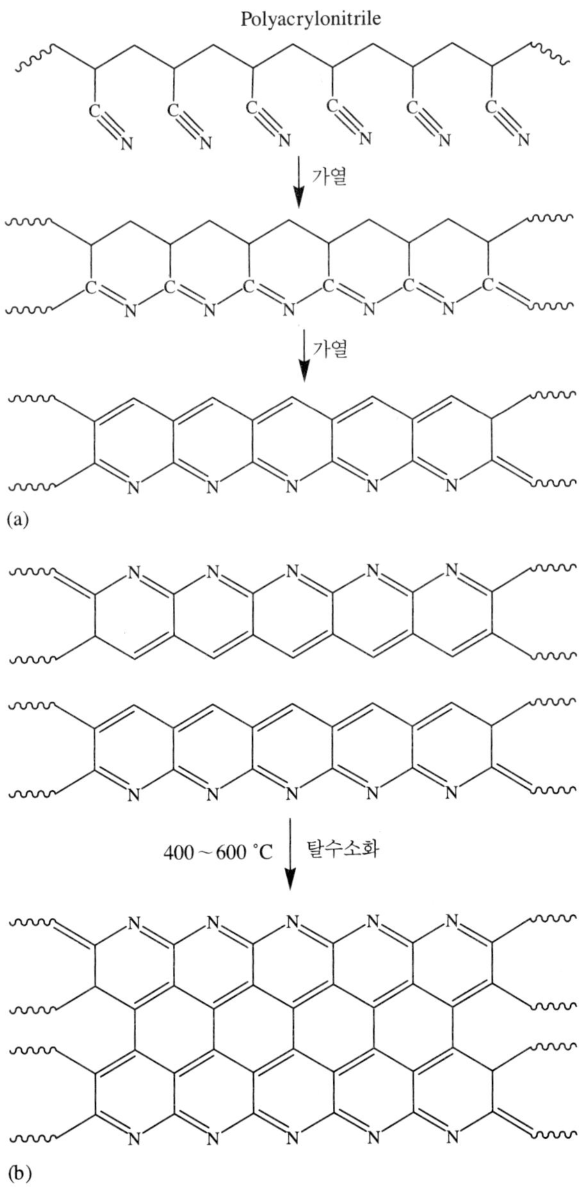

그림 24.4 PAN 열분해를 통한 흑연 형태의 사다리 고분자의 형성: (a) 초기 가열, (b) 탈수소화. (계속)

▶ 그림 24.4 (계속)
(c) 탈질소화 및 방향족화.

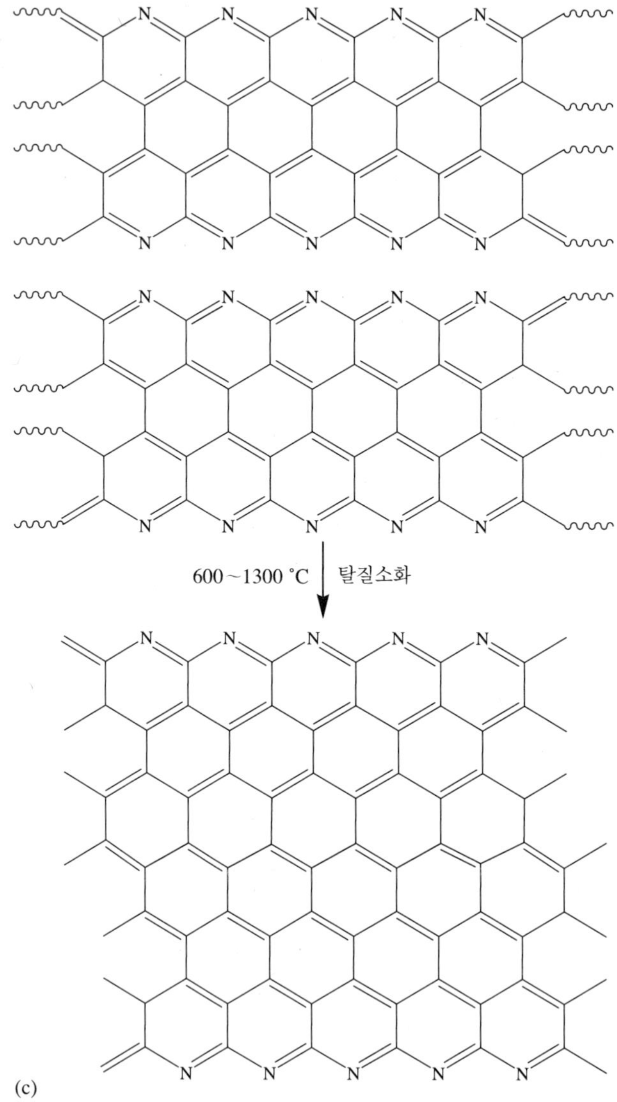

24.4 복합재료 조성

복합재료의 물성은 그 조성에 따라 결정되며 조성은 종종 강화제의 부피 분율 ϕ_r로 말한다. 만약 복합재료의 질량을 W_c, 강화제와 매트릭스의 질량을 각각 W_r과 W_m이라고 하면 다음의 식이 성립한다.

$$W_c = W_r + W_m \tag{24.1}$$

마찬가지로 재료 안에 공극이 없다고 가정하고 복합재료의 부피를 V_c 그리고 강화제와 매트릭스의 부피를 각각 V_r과 V_m이라고 하면 다음과 같다.

$$V_c = V_r + V_m \tag{24.2}$$

강화제의 부피 분율은 다음과 같고,

$$\phi_r = \frac{V_r}{V_c} \tag{24.3}$$

매트릭스의 부피 분율은 다음과 같다.

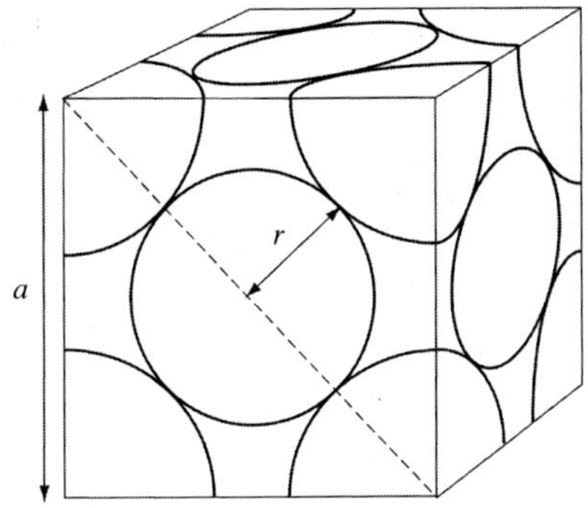

▶ 그림 24.5
복합체 내 밀집 충전 구형 입자의 면심 입방(FCC) 단위 격자.

$$\phi_m = \frac{V_m}{V_c} \tag{24.4}$$

또한 식 24.2는 $\phi_r + \phi_m = 1$이 된다. 복합재료의 밀도 $\rho_c (= W_c/V_c)$는 식 24.1을 V_c로 나누고 식 24.3과 식 24.4를 통해 다음을 얻을 수 있다.

$$\rho_c = \phi_r \rho_r + \phi_m \rho_m \tag{24.5}$$

여기서 ρ_r과 ρ_m은 각각 강화제와 매트릭스의 밀도이다. 표 24.1은 고분자가 금속이나 세라믹보다 낮은 밀도를 가지고 있음을 보여 준다. 게다가 표 24.2는 고분자 복합재료에 사용된 강화제의 밀도가 낮아서 식 24.5에 의한 고분자 복합재료의 밀도가 여전히 상대적으로 낮게 유지되는 것을 보여 준다.

24.5 입자상 강화제

입자에 의한 강화 효과는 입자와 고분자의 충전 기하구조와 기계적 물성에 의존한다. 이러한 인자들에 대해서 자세히 알아보자.

24.5.1 입자 충전 기하구조

섬유 강화 복합재료와 같이 입자 강화 복합재료의 물성은 복합재료 내의 부피 분율 ϕ_p에 의존한다. 원자 결정 분석 방법에서 사용되는 구의 밀집 충전 구조 계산 방법을 이용하여 복합물 내 같은 크기 입자의 최대 부피 분율을 계산할 수 있다. 반지름 r인 구의 가장 효과적인 충전 형태는 그림 24.5에서 보는 것과 같이 면심 입방(face-centred cubic, FCC) 단위 격자에 밀집 충전된 구조이다. 만약 격자 모서리의 크기가 a이면 격자의 부피는 a^3이다. 격자 면의 직각 삼각형의 구조에서

$$a^2 + a^2 = (4r)^2 \tag{24.6}$$

이 성립하며, a에 대해서 풀면 다음과 같다.

$$a = 2r\sqrt{2} \tag{24.7}$$

FCC 단위 격자의 부피 V_c는 다음과 같다.

$$V_c = a^3 = (2r\sqrt{2})^3 = 16r^3\sqrt{2} \tag{24.8}$$

입자의 부피 분율 ϕ_p는 입자의 전체 부피를 단위 격자의 부피로 나눈 값이 된다. 그림 24.5를 살펴보면 FCC 단위 격자에 총 네 개의 입자($8 \times \frac{1}{8}$ 입자와 $6 \times \frac{1}{2}$ 입자)가 있다. 각 입

자의 부피가 $4\pi r^3/3$이며 격자 V_c 안의 입자 부피는 $16\pi r^3/3$이다. 따라서 입자의 최대 부피 분율은 다음과 같다.

$$\phi_p = \frac{V_p}{V_c} = \frac{(16/3)\pi r^3}{16r^3\sqrt{2}} = 0.74 \tag{24.9}$$

위의 유도 과정에서의 중요한 가정은 입자들의 크기가 모두 같다는 것이다. 만약 입자의 크기가 다르다면 최대 부피 분율은 커질 것이다. 그러나 실제 대부분 입자 강화 복합체의 경우 입자들이 서로 닿지 않기 때문에 입자 부피 분율은 식 24.9보다 낮은 값을 갖는다.

24.5.2 탄성 변형

실제로 정확한 값보다는 상한값과 하한값을 구하지만, 입자 강화 고분자의 탄성 계수(Young 탄성률)는 비교적 쉽게 예측할 수 있다. 입자와 매트릭스가 **균일한 변형률(uniform strain)** 이나 **균일한 응력(uniform stress)** 을 받는 경우 탄성 계수를 구할 수 있다.

균일한 변형률의 경우

$$e_p = e_m = e_c \tag{24.10}$$

여기서 e_p, e_m, e_c는 각각 입자, 매트릭스 그리고 복합재료의 변형률이다. 입자와 매트릭스의 변형이 탄성적이라고 가정한다면 다음이 성립한다.

$$\sigma_p = E_p e_p \text{ 그리고 } \sigma_m = E_m e_m \tag{24.11}$$

여기서 E_p는 입자의 탄성 계수이고, E_m은 매트릭스의 탄성 계수이다.

균일한 변형률 조건에서 복합재료에 미치는 총괄 응력은 두 상에 미치는 응력 σ의 가중합이라고 가정하면

$$\sigma_c = \phi_p\sigma_p + \phi_m\sigma_m = \phi_p E_p e_p + \phi_m E_m e_m \tag{24.12}$$

여기서 ϕ_p는 입자의 부피 분율이고, ϕ_m는 매트릭스의 부피 분율($\phi_p + \phi_m = 1$)이다.

위 식을 e_c로 나누어 주고 식 24.10을 이용하면

$$\frac{\sigma_c}{e_c} = E_c = \phi_p E_p + \phi_m E_m \tag{24.13}$$

되며 따라서 입자 강화 복합체의 탄성 계수는 다음과 같이 예상된다.

$$E_c = \phi_p E_p + (1-\phi_p)E_m \tag{24.14}$$

위 식은 **균일한 변형률** 조건에서 입자 강화 복합체의 탄성 계수의 상한값을 나타낸다.

균일한 응력 조건에서도 비슷한 계산 방법을 적용하여 복합재료의 탄성 계수를 예측할 수 있다. 균일한 응력 조건에서는

$$\sigma_p = \sigma_m = \sigma_c \tag{24.15}$$

이며 여기서 σ_p, σ_m, σ_c는 각각 입자, 매트릭스 그리고 복합재료에 미치는 응력이다. 입자와 매트릭스 모두 탄성적으로 변형한다고 가정하기 때문에 다음이 성립한다.

$$e_p = \frac{\sigma_p}{E_p} \text{ 그리고 } e_m = \frac{\sigma_m}{E_m} \tag{24.16}$$

균일한 응력하에 총괄 변형률은 각 상의 변형률의 가중합이라고 가정하면

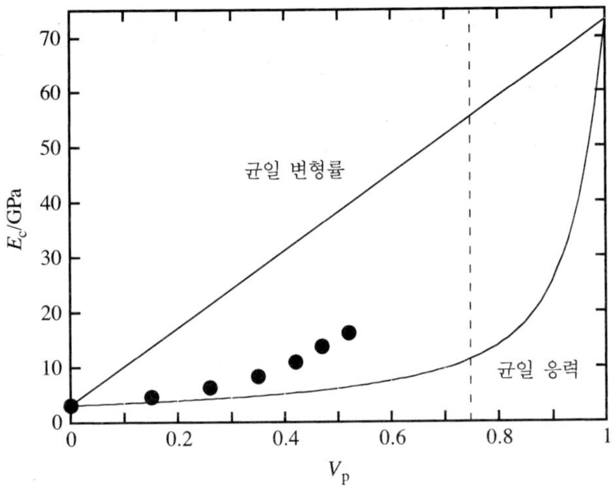

▶ 그림 24.6
실리카 입자 충전 에폭시 수지의 입자 부피 분율에 따른 탄성 계수. 균일 변형률 (식 24.14) 와 균일 응력 (식 24.20) 에서의 두 경계는 일치한다. 수직 점선은 식 24.9에 따른 입자 최대 부피 분율이다.

$$e_c = \phi_p e_p + \phi_m e_m \tag{24.17}$$

식 24.16을 이용하여 응력으로 정리하면 다음과 같다.

$$\frac{\sigma_c}{E_c} = \frac{\phi_p \sigma_p}{E_p} + \frac{\phi_m \sigma_m}{E_m} \tag{24.18}$$

식 24.15를 이용하여 응력 부분을 없애주면

$$\frac{1}{E_c} = \frac{\phi_p}{E_p} + \frac{\phi_m}{E_m} \tag{24.19}$$

되고 다음과 같이 다시 정리된다.

$$E_c = \frac{E_p E_m}{\phi_m E_p + \phi_p E_m} \tag{24.20}$$

이 식은 **균일한 응력** 조건에서 입자 강화 복합재료의 탄성 계수의 하한값을 나타낸다.

그림 24.6은 여러 부피 분율로 실리카 입자가 포함된 에폭시 수지의 탄성 계수를 실험적으로 측정한 결과이다. 식 24.14와 식 24.20을 통한 예상 수치를 나타내 주었으며, 측정 결과는 균일 응력(하한) 경계에 가까운 것을 알 수 있다. 이는 고탄성의 입자들이 저탄성의 매트릭스와 비슷한 수준의 응력을 받으려고 하는 것을 의미한다. 그림 24.6는 전형적인 입자 강화 복합재료의 거동을 보여 주며 높은 함량의 입자를 첨가하지 않고서는 높은 탄성 계수를 얻기 어렵다. 추후 보여 주는 섬유 강화 복합재료는 섬유들이 보다 높은 수준의 응력을 받기 때문에 높은 강화 효과를 얻는다.

24.5.3 파괴

취성(brittle)의 실리카 입자를 에폭시 수지와 같은 취성의 고분자에 혼합하여 만든 복합재료는 흥미롭게도 그림 24.7에서와 같이 고분자의 강성도뿐 아니라 인성(toughness)도 향상된다. 실리카 입자 첨가에 따라 처음에는 파괴 에너지(fracture energy) G_c가 증가하고 최댓값에 이른다. 그 이상의 입자를 첨가하면 인성은 감소한다.

이러한 인성 향상 거동은 **균열 고정(crack pinning)**으로 설명할 수 있는데, 이는 그림 24.8에서 보는 것과 같이 이동하는 균열 전면(crack front)과 분산상과의 상호작용에 기인한다. 균일 전달 과정에서 새로운 파괴면이 형성되고 균열 고정 지점 간의 형태 변화로 균열 앞면 길이가 증가한다. 균열이 복합체에서 진행되면 균열은 먼저 배열된 입자들에 의해 고정되어 균열이 벗어날 때까지 입자 주위로 휜다. 이러한 과정의 분명한 근거는 그

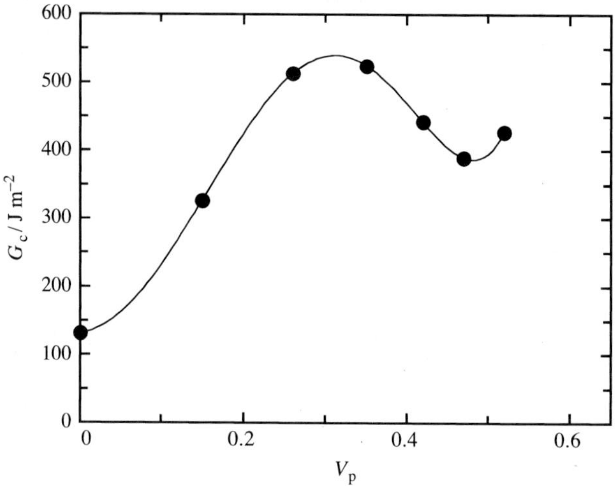

그림 24.7
실리카 입자 충전 에폭시 수지에서의 입자 부피 분율에 따른 파괴 에너지 G_c.

림 24.8a의 전자 현미경 사진에서 볼 수 있다. 사진에서 보는 것과 같이 균열은 입자들의 옆면을 지나 다른 면에서 합쳐져 파괴면의 입자에 꼬리 형태 흔적을 만든다.

단위 균열 확장당 균열 전면 길이의 비율 증가는 입자 간격(입자의 부피 분율과 크기로 조절)에 좌우된다. 전위 이론(dislocation theory)과 유사하게 에너지가 새로운 파괴면을 형성하는 데 쓰일 뿐 아니라 선 에너지를 가지는 균열 전면의 새로운 길이에 에너지가 쓰인다고 가정할 수 있다. 균열 전면의 길이는 상호 입자 분리가 감소할수록 증가할 것이며 따라서 입자 부피 분율 V_p가 증가할수록 파괴 에너지 G_c가 증가할 것으로 예상된다. 높은 부피 분율에서 파괴 에너지 최고치를 나타내는 것은 높은 충전량에서 충전 입자들이 매우 가까워져 효과적으로 균열 전면의 휨을 유도하기 때문으로 보인다.

24.6 섬유 강화제

고분자 복합재료의 가장 뛰어난 충전 효과는 고탄성 섬유를 통해서 얻을 수 있다. 충전 효과는 섬유의 충전 기하구조와, 섬유와 고분자 매트릭스의 기계적 물성 모두에 영향을 받는다. 지금 이러한 부분을 보다 자세히 논의하고자 한다.

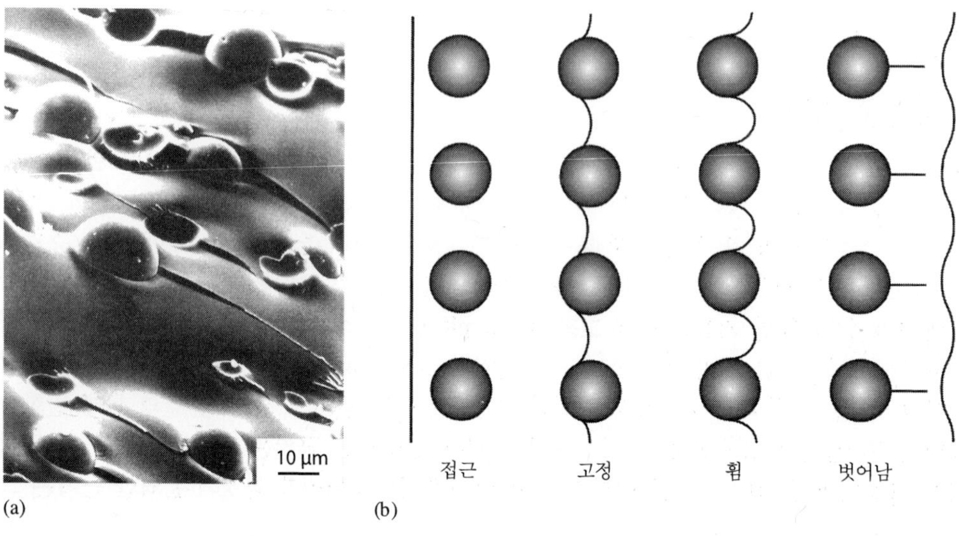

그림 24.8
(a) 유리 입자 충전 에폭시 수지의 파괴 단면의 주사 전자 현미경 사진. (b) 고분자 매트릭스에 박혀 있는 유리 입자 배열로 균열 전달에서의 균일 고정 현상.

24.6.1 복합재료 기하구조

24.6.1.1 섬유 충전

섬유 강화 복합재료의 물성은 섬유의 충전 기하구조와 결정적인 연관이 있다. 그림 24.9에서 섬유들이 평행하게 배열된 간단한 경우를 도식적으로 나타내었다. 두 가지 이상적인 경우, 단면 지름이 $2r$인 동일한 섬유들이 육각(hexagonal) 배열된 경우와 사각(square) 배열된 경우가 있다. 두 가지 경우에서 섬유의 중심 간의 가장 가까운 거리는 $2R$이면, 육각 배열 섬유의 부피 분율은 다음과 같이 간단히 계산된다.

$$\phi_f = \frac{\pi}{2\sqrt{3}}\left(\frac{r}{R}\right)^2 \tag{24.21}$$

사각 배열의 경우에는

$$\phi_f = \frac{\pi}{4}\left(\frac{r}{R}\right)^2 \tag{24.22}$$

이러한 충전 배열에서 섬유의 최대 부피 분율은 섬유들이 서로 맞닿을 때(즉 $r = R$) 나온다. 이에 육각 배열의 최대 부피 분율은 $\phi_f = 0.907$이고 사각 배열의 경우 $\phi_f = 0.785$이다.

그림 24.9의 경우는 분명히 이상적인 경우이다. 실제 모든 섬유들은 같은 방향으로 정렬하지 않으며 원형의 단면을 가진 것도 아니다. 섬유 간의 간격도 일정하지 않으며 그림 24.2에서 보는 것과 같이 서로 엉겨있는 경우도 있다. 자세한 유형 분석은 낮은 부피 분율일 경우도 상대적으로 낮은 상호 섬유 간격을 보여 준다. 두 가지 모형의 간단한 예로 부피 분율이 겨우 0.3인 경우에도 섬유 간의 간격이 하나의 섬유 지름보다 작다는 것을 알 수 있다. 이러한 사실은 고분자 매트릭스가 섬유의 존재로 제약을 받고 있으며 높은 부피 분율에서는 형태적 거동과 기계적 거동이 순수 매트릭스의 거동과 상이함을 보여 준다.

24.6.1.2 섬유 배열

섬유 강화 복합재료 이용의 한 가지 장점은 섬유 충전제의 비등방성을 이용하여 다른 섬유 배열을 조절할 수 있다는 데 있다. 장섬유층을 이용하여(그림 24.1d) 한 방향으로(unidirectional), 각도를 갖도록(angle-ply), 수직하게(cross-ply) 적층할 수 있다. 수직 적층의 미세구조는 그림 24.2에서 보여 주고 있다. 최대 축방향 강인성은 한 방향 섬유를 이용해 얻을 수 있는 반면, 교차 섬유(crossing fibre)는 각 적층과 수직 적층 구조에서 여러 방향에 대해 보다 균일한 물성의 복합재료를 형성한다.

그림 24.10과 같이 헬멧과 같은 복잡한 모양에 걸쳐서 열경화 수지와 합쳐진 편물(knitted) 또는 직물(woven) 구조들이 장섬유의 다른 배열에 속한다. 축외(off-axis) 섬유

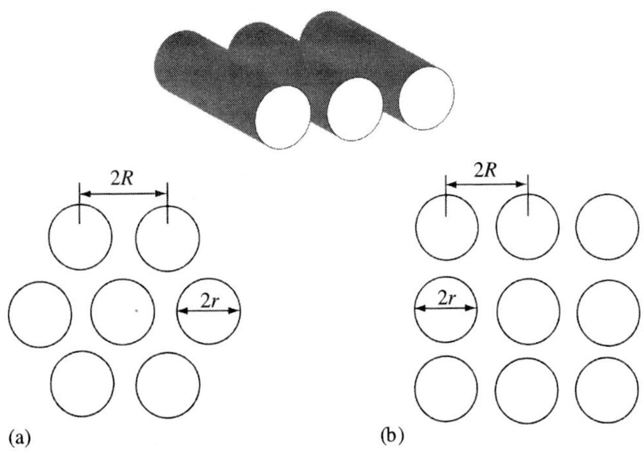

▶ 그림 24.9
매트릭스 수지 내 강화 섬유의 충전 구조: (a) 육각 배열과 (b) 사각 배열.

▶ 그림 24.10
직물 아라미드 PPTA 천에 에폭시 수지를 주입한 복합재료의 광학 현미경 사진.

들은 강화 효율을 떨어뜨리고 직섬유 복합재료보다 낮은 탄성을 보인다. 그러나 축외 섬유 복합재료는 보다 균일한 물성을 보이며 서로 엉켜있는 섬유들로 높은 내충격성(impact resistance) 및 내침투성(penetration resistance)을 나타낸다.

다른 섬유 배열은 그림 24.1b, c에서와 같이 불연속 단섬유를 이용하여 얻을 수 있다. 일반적으로 형태는 가공 조건에 따라 조절되지만, 액체 수지 또는 용융 고분자 속의 단섬유에 의해 점도가 크게 증가하여 보다 가공하기 어렵다. 충전 섬유의 일반적인 두 가지 랜덤 배열은 면내 랜덤 배열과 삼차원 랜덤 배열이 있지만 실제 두 가지 모두 완벽한 랜덤 배열을 만들기는 어렵다. 사출 성형과 같은 가공 기술에서 복잡한 고분자 흐름 형태는 성형물의 각 지점에 국부적인 섬유 정렬을 만든다. 어떤 경우에는 이러한 특성을 활용하여 주형 안의 재료 흐름을 계산하여 성형품이 사용 시 가장 응력을 많이 받는 지점에 섬유를 특정 방향으로 정렬시켜 가장 필요한 강화 효과를 얻을 수 있다.

24.6.2 장섬유

24.6.2.1 축방향 강성

그림 24.11에서 보여 주는 간단한 모형을 이용하여 섬유의 축방향으로 정렬된 복합재료의 강성도를 예상할 수 있다. 섬유가 무한대로 길다고 보면 정렬된 섬유와 매트릭스는 두 재료 판(slab)들이 계면에서 서로 붙어있는 것과 같다고 가정할 수 있다. 축방향 x_1으로 변형될 때, 두 재료 판들은 같은 변형률을 받는다.

$$e_{1\mathrm{f}} = e_{1\mathrm{m}} = e_1 \tag{24.23}$$

만약 섬유와 매트릭스 모두 탄성적 변형이라면 섬유와 매트릭스에서 축방향 응력은 다음과 같다.

$$\sigma_{1\mathrm{f}} = E_\mathrm{f} e_1 \text{ 그리고 } \sigma_{1\mathrm{m}} = E_\mathrm{m} e_1 \tag{24.24}$$

여기서 E_f는 섬유의 탄성 계수이고, E_m는 매트릭스의 탄성 계수이다.
일반적으로 $E_\mathrm{f} \gg E_\mathrm{m}$이므로 식 24.24에서 $\sigma_{1\mathrm{f}} \gg \sigma_{1\mathrm{m}}$임을 알 수 있다. 이는 매트릭스와 섬유가 같은 변형률을 갖는 섬유 강화제의 기본 식이나 섬유가 훨씬 높은 탄성을 가지고 있기 때문에 매트릭스보다 훨씬 높은 응력을 받는다.

또한 복합재료의 축방향 탄성 계수 E_1도 이러한 모형을 이용하여 간단하게 구할 수 있다. 복합재료의 총괄 응력은 각 상들의 응력의 가중합이다.

$$\sigma_1 = \sigma_{1f}\phi_f + \sigma_{1m}\phi_m \tag{24.25}$$

여기서 ϕ_f와 ϕ_m은 각각 섬유와 매트릭스의 부피 분율이다. 위 식을 e_1으로 나누고 식 24.23과 식 24.24를 이용하면

$$E_1 = E_f\phi_f + E_m\phi_m = E_f\phi_f + E_m(1-\phi_f) \tag{24.26}$$

이 식은 **혼합물 규칙(the rule of mixture)**으로 알려져 있으며 이 식을 이용하여 섬유가 충분히 길어서 말단 효과가 없는 단일방향 섬유 복합재료의 축방향 탄성 계수를 정확하게 예측할 수 있다. 또한 고탄성 섬유의 부피 분율이 크다면 식 24.26은 다음과 같다.

$$E_1 \cong E_f\phi_f \tag{24.27}$$

24.6.2.2 횡방향 강성도

많은 경우 섬유축의 횡방향 변형에 대한 복합재료의 응답은 하중을 견디는 응용 적합성을 판단하는 데 있어 중요하다. 이에 복합재료의 횡방향 특성, 특히 횡방향 탄성 계수 E_2를 아는 것이 필수적이다. 그림 24.11의 판 모형을 다시 이용할 수 있으며 여기서는 판이 x_2 방향으로 응력 σ_2를 받는다. 이 경우 두 판들이 같은 응력을 받는다.

$$\sigma_{2f} = \sigma_{2m} = \sigma_2 \tag{24.28}$$

섬유와 매트릭스에서 횡방향 변형률은

$$e_{2f} = \frac{\sigma_2}{E_f} \text{ 그리고 } e_{2m} = \frac{\sigma_2}{E_m} \tag{24.29}$$

섬유와 매트릭스에서 변형률이 가산적이므로 이에 총괄 횡방향 변형률은 두 판에서 변형률은 가중합이라고 가정할 수 있다.

$$e_2 = e_{2f}\phi_f + e_{2m}\phi_m \tag{24.30}$$

위 식을 σ_2로 나누고 식 24.28과 24.29를 이용하면

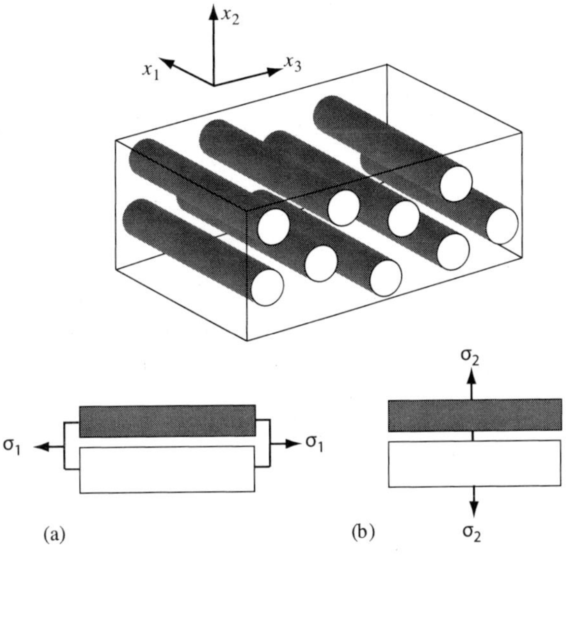

▶ 그림 24.11
단일방향으로 배향된 섬유 강화 복합물: (a) 축방향 변형을 위한 판모형과 (b) 횡방향 변형을 위한 판모형.

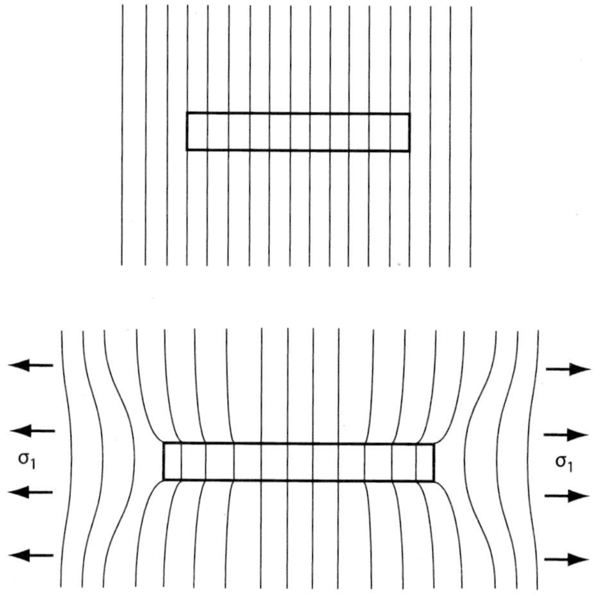

▶ 그림 24.12
고분자 매트릭스 내 단섬유 변형 형태.

$$\frac{1}{E_2} = \frac{\phi_f}{E_f} + \frac{\phi_m}{E_m} = \frac{\phi_f}{E_f} + \frac{(1-\phi_f)}{E_m} \tag{24.31}$$

이 식으로 한 방향으로 정렬된 복합재료의 횡방향 기계적 물성을 예상할 수 있으며 만약 $E_f \gg E_m$이면

$$E_2 \cong \frac{E_m}{(1-\phi_f)} \tag{24.32}$$

만약 복합재료가 x_3에서 동일한 구조를 갖는다면 $E_2 = E_3$이다.

실제 횡방향 기계적 물성의 분석은 축방향의 정확한 탄성 계수 분석과 같이 정확한 값을 얻을 수 없다. 왜냐하면 매트릭스의 변형률이 일정하지 않고 축방향 변형에서와 달리 고탄성 섬유가 있어서 섬유 주변의 매트릭스는 변형에 제약을 받기 때문이다.

24.6.3 단섬유

단섬유 강화 복합재료 매트릭스에서는 그림 24.12에서 보는 것과 같이 매트릭스에서 단섬유로의 응력 전달이 섬유–매트릭스 계면에서의 전단 응력을 통해 이루어진다. 변형 전 섬유에 수직한 평행선들을 매트릭스에서 섬유를 관통하여 그릴 수 있다. 이에 섬유의 축방향과 수평한 축방향 응력 σ_1을 가하면 매트릭스의 탄성 계수가 섬유의 탄성 계수보다 훨씬 낮기 때문에 선들이 뒤틀린다. 이는 섬유–매트릭스 계면에 전단 응력을 유도한다. 섬유에서의 축방향 응력은 섬유 말단에서 0부터 섬유의 중간에서 최댓값을 형성한다. 균일한 변형률을 가정하면, 섬유가 충분히 길다면 섬유의 중간에서는 식 24.23이 성립하며 섬유에서의 변형률은 매트릭스에서와 같다. 보통 섬유가 훨씬 높은 탄성 계수를 가지기 때문에 섬유가 복합재료의 대부분의 응력을 받는다.

섬유 말단 주변의 계면 전단 응력 τ_i와 섬유 응력 σ_f의 관계는 그림 24.13에서와 같이 계면에서의 전단력과 섬유의 인장 강도 간의 균형을 통해 알 수 있다. 주된 가정으로 전단 응력 τ_i에 의한 힘은 축방향 응력 변화량 $d\sigma_f$에 의한 힘과 균형을 이룬다고 하면

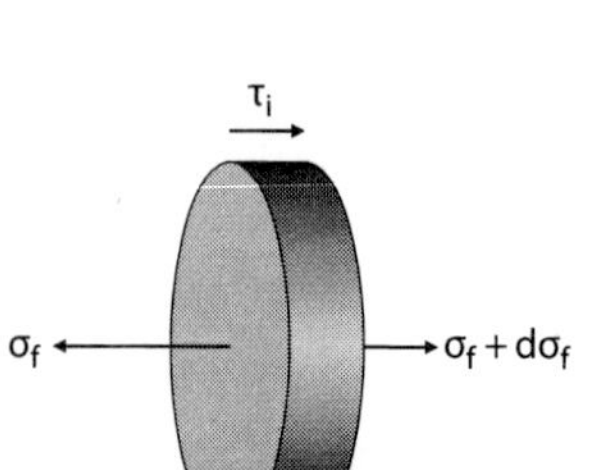

▶ 그림 24.13
복합재료 내 두께 α의 섬유 성분에 미치는 힘의 균형.

$$2\pi r \tau_i dx = -\pi r^2 d\sigma_f \tag{24.33}$$

그리고 다음과 같다.

$$\frac{d\sigma_f}{dx} = -\frac{2\tau_i}{r} \tag{24.34}$$

24.6.3.1 탄성 응력 전달

매트릭스에서의 단섬유의 거동 모형은 종이의 기계적 물성 모형을 위해 Cox에 의해 개발된 전단 지연 이론(shear lag theory)을 이용할 수 있다. 이 이론에서는 그림 24.14에서와 같이 섬유는 섬유의 중심에서 반지름 ρ인 원통형 수지에 의해 둘러싸여 있다고 가정한다. 섬유하고 매트릭스 모두 탄성적 변형을 하고 섬유-매트릭스 계면이 온전하게 유지된다고 가정한다. 반지름 ρ 지점에서 섬유의 축방향으로 변위(displacement)가 u이면 그 지점에서의 전단 응력 γ은

$$\gamma = \frac{du}{d\rho} \tag{24.35}$$

매트릭스의 전단 탄성 계수는 $G_m = \tau/\gamma$로 정의되고,

$$\frac{du}{d\rho} = \frac{\tau}{G_m} \tag{24.36}$$

매트릭스의 원통 표면에 작용한 단위 길이당 전단력은 $2\pi\rho\tau$이다. 이 힘은 수지층을 통해 섬유 표면에 전달되며 따라서 반지름 ρ에서의 전단력은

$$2\pi\rho\tau = 2\pi r\tau_i \tag{24.37}$$

이며 따라서

$$\tau = \left(\frac{r}{\rho}\right)\tau_i \tag{24.38}$$

식 24.36을 이용하면

$$\frac{du}{d\rho} = \left(\frac{r}{\rho}\right)\frac{\tau_i}{G_m} \tag{24.39}$$

섬유 표면($\rho = r$)에서의 극한 변위 $u = u_f$와 $\rho = R$에서의 변위 $u = u_R$을 적용하여 위 식을 적분하면

$$\int_{u_f}^{u_R} du = \left(\frac{r\tau_i}{G_m}\right)\int_r^R \frac{d\rho}{\rho} \tag{24.40}$$

따라서

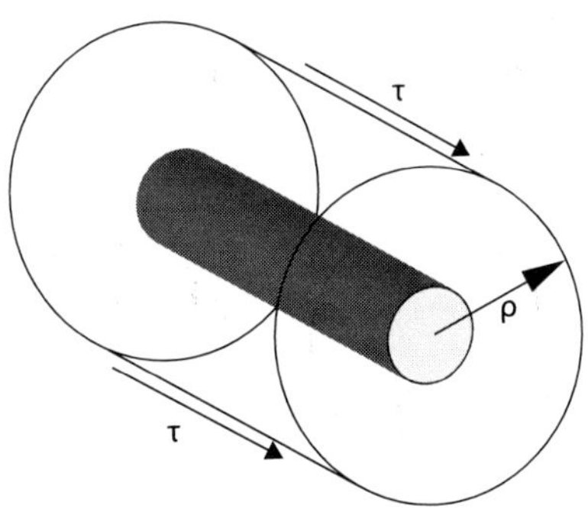

▶ 그림 24.14
전단 지연 이론에서 수지 내 섬유 모형. 중심으로 반지름 ρ인 섬유에 전단 응력 τ이 작용한다.

$$u_R - u_f = \left(\frac{r\tau_i}{G_m}\right)\ln\left(\frac{R}{r}\right) \tag{24.41}$$

섬유 변형률 e_f와 매트릭스 변형률 e_m은 거의 $e_f \approx du_f/dx$와 $e_m \approx du_R/dx$이므로 위의 변위들은 변형률로 바꿀 수 있다. 이러한 전단 지연 분석 방법은 철저한 방법은 아니지만 단섬유 복합재료의 매트릭스로부터 섬유로의 응력 전달 과정의 간단한 도해로 쓰일 수 있다. 게다가 τ_i는 식 24.34로 주어지며 따라서 식 24.41의 x에 대한 미분식은

$$e_f - e_m = -\frac{r^2}{2G_m}\left(\frac{d^2\sigma_f}{dx^2}\right)\ln\left(\frac{R}{r}\right) \tag{24.42}$$

E_f를 곱하면

$$\frac{d^2\sigma_f}{dx^2} = -\frac{n^2}{r^2}\left(\sigma_f - e_m E_f\right) \tag{24.43}$$

여기서

$$n = \sqrt{\frac{2G_m}{E_f \ln(R/r)}}$$

이 미분 방정식의 일반해는

$$\sigma_f = E_f e_m + C\sinh\left(\frac{nx}{r}\right) + D\cosh\left(\frac{nx}{r}\right)$$

여기서 C와 D는 적분 상수이다. 만약 경계 조건으로 섬유의 말단을 지나 응력이 전달되지 않는다면, 즉 길이 l인 섬유에서 섬유의 중앙 $x = 0$에서는 $\sigma_f = E_f e_m$이고 섬유의 말단 $x = \pm l/2$에서는 $\sigma_f = 0$이면, 식 24.43은 정리되고 일반해의 이차 미분으로 풀린다. 이에 $C = 0$이고,

$$D = -\frac{E_f e_m}{\cosh(nl/2r)}$$

섬유 방향 거리 x에 따른 섬유 응력 분포의 최종 수식은 다음과 같다.

$$\sigma_f = E_f e_m\left[1 - \frac{\cosh(nx/r)}{\cosh(nl/2r)}\right]$$

마지막으로 식 24.34를 이용하여 섬유 방향의 계면 전단 응력 분포를 다음과 같이 구할 수 있다.

$$\tau_i = \frac{n}{2}E_f e_m \frac{\sinh(nx/r)}{\cosh(nl/2r)}$$

이 단계에서 섬유의 종횡비(aspect ratio) $s(= l/2r)$ 개념을 적용하면 위의 두 식은 축방향 응력은 다음과 같이 쓸 수 있다.

$$\sigma_f = E_f e_m\left[1 - \frac{\cosh(ns\,2x/l)}{\cosh(ns)}\right] \tag{24.44}$$

계면 전단 응력은 다음과 같이 다시 정리된다.

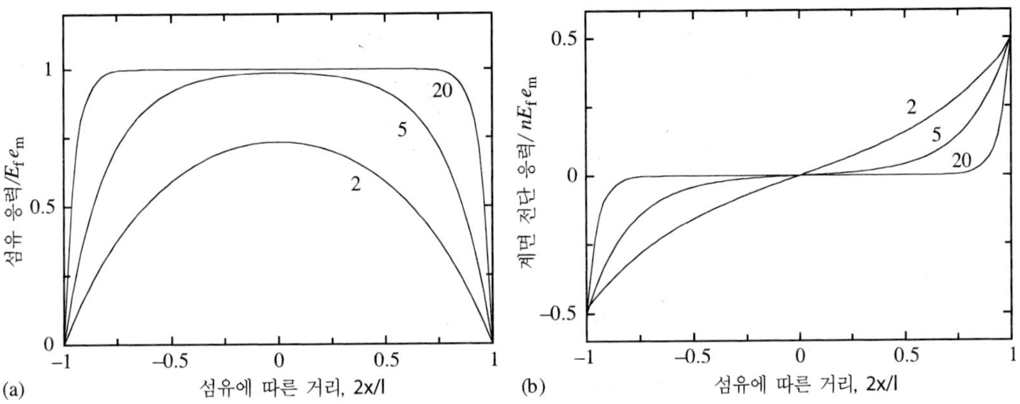

▶ 그림 24.15
(a) 매트릭스 내 단섬유의 거리에 따른 섬유 응력 변화 예측. (b) 단섬유의 거리에 따른 계면 전단 응력 변화 예측. (ns값을 각 경우에 나타내었다.)

$$\tau_i = \frac{n}{2} E_f e_m \frac{\sinh(ns\,2x/l)}{\cosh(ns)} \tag{24.45}$$

다른 ns값에 따른 섬유에 형성된 응력에 미치는 다른 인자들의 영향은 그림 24.15에서 보여준다. ns값이 높은 경우 섬유가 가장 큰 응력을 받는다는, 즉 가장 효과적인 섬유 강화 결과를 얻는다는 것을 알 수 있다. 위 사실은 높은 n값과 함께 높은 종횡비 s가 필요하다는 것을 의미한다.

만약 다수의 정렬된 단섬유로 강화된 복합재료라면 평균 섬유 응력은 적분을 통해 간단히 구할 수 있다.

$$\bar{\sigma}_f = \frac{1}{l}\int_{-l/2}^{+l/2} \sigma_f \mathrm{d}x \tag{24.46}$$

위 적분식을 식 24.44로 치환하면

$$\bar{\sigma}_f = E_f e_m \left[1 - \left(\frac{\tanh(ns)}{ns}\right)\right] \tag{24.47}$$

위 식 또한 ns이 매우 큰 경우 가장 큰 강화 효과를 얻을 수 있다는 것을 보여 준다.

24.6.3.2 실험적 섬유 응력 분포 측정

응력이 가해질 시 복합재료의 단섬유에 가해진 섬유 응력의 실험적 측정은 최근에 Raman 분광법(15.5절)을 통해 가능해졌다. 섬유 응력 또는 변형률은 매트릭스 수지의 각 섬유에 초점을 맞춘 레이저 빔을 이용하여 응력에 의한 Raman 스펙트럼의 이동을 통해 측정할 수 있다. 그림 24.16은 다른 매트릭스 변형률 e_m에 따라 에폭시 수지 속 PBO 섬유의 섬유 변형률 e_f ($= \sigma_f/E_f$)의 변화를 보여 준다. 실험 결과들은 적당한 n값을 선택하면 식 24.44에 잘 맞으며 이론적 곡선과 실험 결과들과의 밀접한 상관관계를 가짐을 알 수 있다. 그러한 ln (R/r) 수치는 근본적으로 쉽게 규정할 수 없기 때문에 n을 결정하기 위해 식 24.43은 사용할 수 없음을 주목해야 한다. n값을 매트릭스와 섬유 간의 응력 전달 효율로 규정하는 보정 인자(fitting parameter)로 생각하는 것이 보다 적당하다(그림 24.15).

지금까지의 섬유 강화제에 대한 분석은 섬유-매트릭스 계면 간의 접합이 우수한 경우만 고려했다. 그림 24.17은 고탄성 탄소 섬유 강화 에폭시 수지의 덤벨 시편의 다른 변형률을 가했을 경우 섬유 응력 분포를 Raman 분광법으로 측정한 결과를 보여 준다. 경화 과정에서의 수지의 수축으로 인해 변형을 가하지 않은 상태($e_m = 0\%$)에서 섬유에 약간의 압축이 있다. 0.4%의 매트릭스 변형률이 가해진 경우 섬유 변형률은 섬유 말단으로부터 $l_c/2$까지 거의 선형적으로 형성되고 섬유의 중간 지점에 걸쳐서는 매트릭스와 같은 변

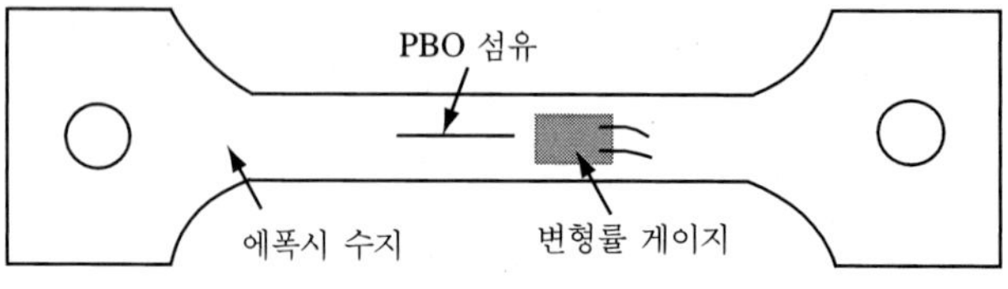

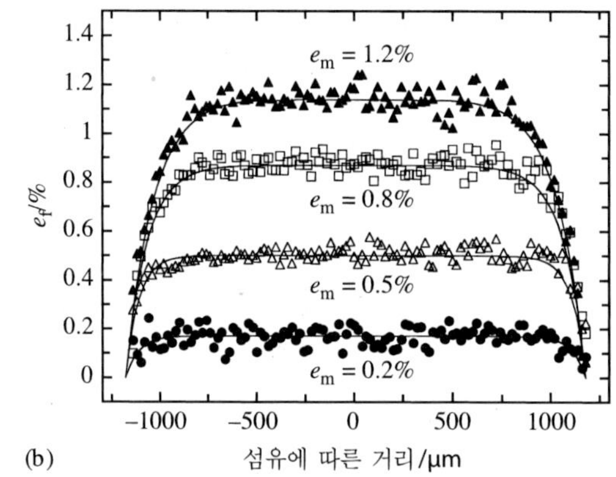

▶ 그림 24.16
(a) 단일 섬유 복합체 시편. (b) 에폭시 수지 매트릭스 변형률 e_m에 따른 측정된 PBO 단섬유에서의 섬유 응력 변화.

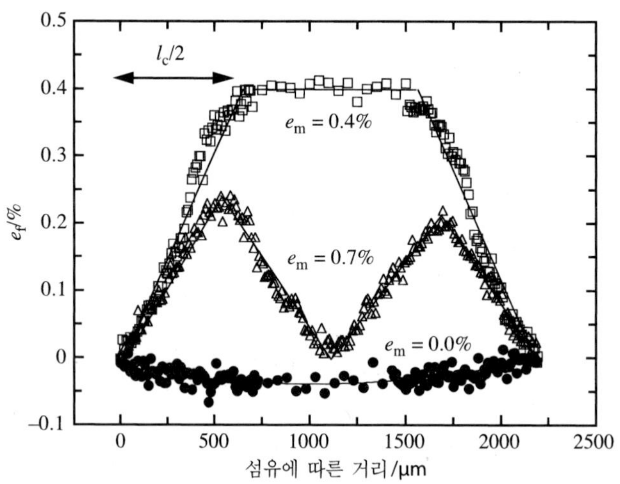

▶ 그림 24.17
다양한 에폭시 매트릭스 변형률 e_m에 따른 측정된 고탄성 탄소 섬유 변형률 변화.

형률을 유지한다. 매트릭스 변형률을 0.7%로 증가하면 섬유는 두 조각으로 잘라져 삼각형 모양의 변형률 분포를 가지며 최대 변형률은 매트릭스의 변형률보다 훨씬 낮다. 계면 전단 응력 τ_i은 식 24.34를 이용하여 그림 24.17의 섬유 말단의 직선의 기울기로부터 구할 수 있다. 만약 섬유와 매트릭스 간의 계면이 약하면 계면 전단 응력은 섬유와 매트릭스 간의 접합력을 통해 조절할 수 있다. 강한 계면의 τ_i는 매트릭스의 전단 항복력 σ_y와 같게 될 것이다.

변수 l_c (섬유 말단으로부터 응력이 안정하게 형성하는 지점까지 거리의 두 배 $= 2 \times l_c/2$)는 **임계 길이(critical length)** 라고 하며 그림 24.17의 $e_m = 0.7\%$에서와 같이 이보다 낮은 길이의 섬유에서의 섬유 변형률은 항상 매트릭스 변형률보다 낮아서 매트릭스에 큰 강화 효과를 주지 못한다. 또한 단섬유의 경우, 말단이 덜 중요한 섬유 길이 $l > 10l_c$일 때 우수한 강화 효과를 얻을 수 있다. 식 24.34를 재배열하고 섬유 응력 σ_f가 섬유의 파괴 강도 ϕ_f^*와 같아지는 최대 $l_c/2$까지 적분하면 l_c값을 구할 수 있다.

$$\int_0^{\sigma_f^*} d\sigma_f = \frac{2\tau_i}{r}\int_0^{l_c/2} dx \tag{24.48}$$

이고 따라서

$$l_c = \frac{\sigma_f^* r}{\tau_i} \tag{24.49}$$

그러므로 l_c는 섬유 강도 ϕ_f^*, 계면력 τ_i과 섬유 반지름 r간의 균형에 따라 결정된다.

단섬유 강화 복합재료의 강화 효율에 영향을 미치는 다른 인자는 그림 24.1에서 보는 것과 같이 섬유들의 배향이다. 정렬된 장섬유의 경우 복합재료의 축방향 변형에 대한 탄성 계수는 식 24.26에서 주어진다. 단섬유 복합재료에서 비정렬 섬유의 경우 탄성 계수 E_c는 감소하며 다음 식에 가깝다.

$$E_c = K_e E_f \phi_f + E_m (1 - \phi_f) \tag{24.50}$$

여기서 K_e는 섬유 효율 인자로 볼 수 있으며, 이는 섬유의 비정렬과 한정된 길이의 영향을 고려한 것이다. 분명히 K_e는 1보다 작을 것이며 보통 0.6에서 0.1 사이의 값을 갖는다. 랜덤 단섬유 복합재료의 E_c 하한값은 식 24.20에 주어진 입자 복합재료의 값과 동일할 것이다.

24.6.4 파괴

24.6.4.1 배향 장섬유

첫 번째 논할 것은 배향 장섬유의 축방향 변형에 의한 파괴의 경우이다. 전형적인 고탄성 고강도 취성 섬유 강화된 연성 매트릭스에서 섬유와 매트릭스의 기계적 응답은 그림 24.18a에서 도해적으로 나타냈다. 섬유와 매트릭스의 파괴 응력 σ_f^*와 σ_m^* 그리고 파괴 변형률 e_f^*와 e_m^*를 나타내었다. 이에 연관된 복합재료의 기계적 응답을 그림 24.18b에 나타내었다. 초기 기울기는 섬유와 매트릭스값들 사이이며 응력-변형률 곡선의 기울기는 섬유가 더 많은 부분의 하중을 갖는 매트릭스 항복 변형률에서 변한다. 복합재료 파괴는 섬유의 파괴 변형률 $e_f^* (< e_m^*)$에서 일어나는데, 이는 모든 섬유들이 파괴되지 않고 매트릭스도 손상되지 않은 상태여서 보통 완전히 파괴되는 것은 아니다. 이러한 경우 식 24.25를 적용하면 복합재료의 파괴 응력 σ_c^*을 예측할 수 있다.

$$\sigma_c^* = \sigma_m' (1 - \phi_f) + \sigma_f^* \phi_f \tag{24.51}$$

여기서 σ_m'는 섬유 파괴점에서 매트릭스의 응력이다.

배향된 섬유 복합재료는 축방향 응력을 위한 것이며 배향된 섬유축의 횡방향 응력에는 매우 취약하다. 횡방향 응력은 매트릭스보다 더 낮아서 실제 강화제가 재료의 강도를 떨어뜨린다. 축방향 강도가 섬유의 강도에 의해 좌우되는(식 24.51) 축방향 변형 거동과 반대로 횡방향 강도는 매트릭스 재료의 강도와 (또는) 섬유-매트릭스 계면력과 같은 인자에 의해 의존한다.

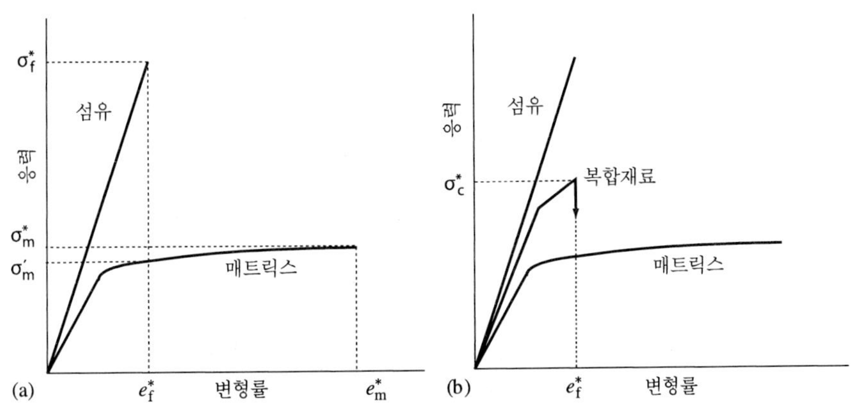

▶ 그림 24.18
(a) 전형적인 취성 섬유와 연성 매트릭스의 응력-변형률 곡선 및 (b) 단일 방향 복합재료의 섬유 축방향 변형 시의 거동.

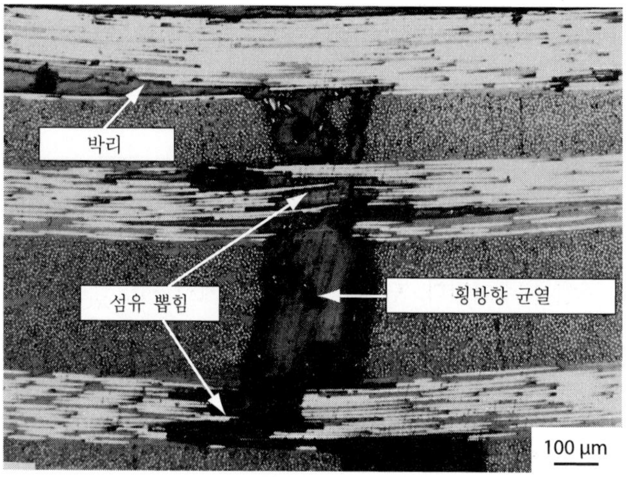

▶ 그림 24.19
다양한 파괴 메커니즘을 보여 주는 PEEK 매트릭스 내 충격 받은 수직 적층 APC-2 탄소 섬유의 광학 현미경 사진. (자료 제공: A.J. Ball, University of Manchester, Manchester, U.K.)

복합재료의 파괴에 대한 저항성은 배향 장섬유층을 수직하게 여러 겹 쌓으면 향상될 수 있다(그림 24.2). 이러한 경우는 다수의 다른 파괴 메커니즘이 유도되어 재료의 파괴 저항성을 증가시킨다. 그 예로 그림 24.19에서 탄소 섬유가 수직으로 적층된 PEEK 매트릭스에 위로부터 수직 방향의 충격을 주었을 경우를 보여 주고 있다. 그림에서 보는 것과 같이 다수의 다른 파괴 메커니즘이 유도되었다: 박리, 섬유 뽑힘(fibre pull-out), 그리고 횡방향 균열. 이러한 각각의 파괴 과정들은 재료의 높은 강인성을 주는 에너지 흡수를 유도하는 새로운 표면을 형성한다. 이는 섬유 강화 복합재료가 사용 가능한 가장 강인한 재료 중에 일부이며 보호 장비와 같은 중요한 용도에 사용된다.

24.6.4.2 단섬유

단섬유 기반 복합재료는 장섬유 복합재료에 비해 낮은 물성을 가지고 있지만 상대적으로 쉬운 가공 공정과 매트릭스 고분자의 물성 향상으로 점차 활용이 증가되고 있다. 잘게 자른 유리 섬유 복합재료는 다양한 용도로 쓰이고 있으며 탄소 단섬유와 아라미드 단섬유 복합물을 개발 중이다.

만약 복합재료의 단섬유가 배향되었고(그림 24.1b) 섬유 길이 l이 임계 길이 l_c보다 크다면 축방향 변형할 때의 복합재료의 강도는 저응력의 섬유 말단을 설명하는 변형된 식 24.51을 이용하여 얻을 수 있다.

$$\sigma_c^* = \sigma_m'(1-\phi_f) + \sigma_f^*\phi_f\left(1-\frac{l_c}{2l}\right) \tag{24.52}$$

단유리 섬유 강화 고분자 복합재료의 파괴 표면을 그림 24.20에서 보여 주고 있으며 섬유들이 표면으로 돌출되어 있음을 볼 수 있다. 구멍들도 있으며, 이는 특유의 섬유 뽑힘으로 나온 것들이다. 파괴 과정에서 섬유 강도와 계면력 간의 상대적 크기에 따라 섬유 파괴와

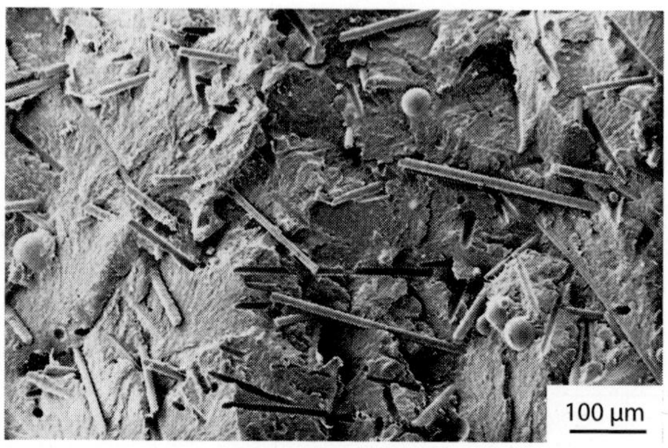

▶ 그림 24.20
섬유 뽑힘 현상을 보여 주는 유리 섬유와 유리구 강화 고분자 복합의 주사 전자 현미경 사진.

섬유 뽑힘 간의 수직 관계가 있다. 강한 섬유와 약한 섬유-매트릭스 계면인 경우는 섬유 뽑힘이 잘 일어날 것이다.

24.7 나노복합재료

고분자 강화제로 지금까지 논의된 입자와 섬유는 크기가 마이크론 미터(10^{-6} m) 또는 더 크다. 최근에는 크기가 나노미터(10^{-9} m)로, 나노복합재료를 형성할 수 있는 나노입자에 의한 강화 고분자에 대한 관심이 증가하였다. 이러한 관심에는 여러 가지 이유가 있다. 첫 번째, 재료의 크기가 작아져서 결함의 크기가 줄어들며 나노 입자들이 강해져(23.3.1절) 보다 향상된 강화 효과를 주는 측면이 있다. 두 번째, 강화제 크기가 작아지면 부피당 면적비가 증가한다. 그래서 나노복합재료에서는 강화제와 매트릭스의 계면 면적이 훨씬 커져 향상된 응력 전달이 가능하다. 나노복합재료에 사용되는 강화제는 주로 세 가지 형태, **나노입자(nanoparticle)**, **나노판상(nanoplatelet)**, **나노튜브(nanotube)**로 나눌 수 있으며 각각 다음 절에서 설명을 할 것이다.

24.7.1 나노입자

24.7.1.1 카본 블랙

카본 블랙은 고대 시대에서부터 알려진 물질이며 100년 전부터 탄성체의 기계적 특성을 향상시키기 위한 첨가제로 사용되어 왔다. 실제 자동차 타이어용 탄성체의 강인성과 내마모성을 크게 향상시킬 수 있다. 카본 블랙은 탄화수소의 연소 과정에서 검은 그을음으로 형성되는 원소적인 탄소 형태이다. 카본 블랙의 구조는 그림 24.21에 나타냈다. 지름 20 nm 수준(품질에 따라 다름)의 일차 입자들로 구성되며 항상 서로 응집되어서 열 배 정도 큰 크기를 갖는다. 단일 입자는 난층 흑연 구조를 가지며 탄소 섬유에서 보이는 작은 결함을 가진 결정들로 구성되어 있다(24.3.2.2절).

그림 24.22에서는 천연 고무에 카본 블랙 첨가 시 탄성 계수 영향을 보여 주며, 부피 함량을 20% 첨가하면 탄성 계수가 두 배 증가하는 것을 볼 수 있다. 24.5.2절에서 보인 바와 같이 입자 강화제는 거의 균일한 응력 조건이 발생한다. 이 경우 복합재료의 탄성률은 식 24.20으로 나타내며 카본 블랙의 탄성 계수를 10 GPa(다결정 흑연과 비슷한 값)로 놓고 얻은 그림 24.22의 점선으로 나타내었다. 실험적 결과들은 이 점선들보다 높게 나타났으며, 이는 카본 블랙이 예상보다 큰 강화 효과를 주며 이러한 거동은 다음 식에 잘 맞는다는 것을 알 수 있다.

$$\frac{E_r}{E_0} = 1 + 2.5V_p + 14.1V_p^2 \tag{21.55}$$

여기서 E_r은 강화된 탄성체의 탄성 계수이고, E_0은 미강화된 탄성체의 탄성 계수이며, V_p는 강화제의 부피 분율이다.

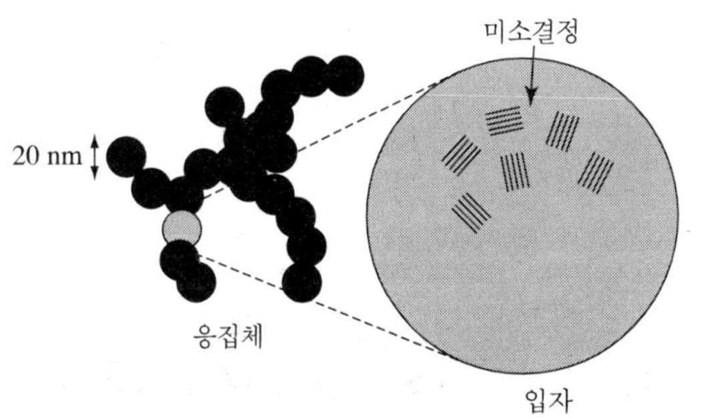

▶ 그림 24.21
작은 결함을 가진 결정 랜덤 배열과 일차 입자들의 응집체를 보여 주는 카본 블랙의 구조.

▶ 그림 24.22
카본 블랙 충전 입자들의 부피 분율에 따른 가황 천연 고무의 탄성 계수 E_r. 점선은 균일 응력의 식 24.20을 통한 복합재료의 하한 탄성계수를 나타낸다. E_0값은 1.33 MPa이다. (자료 출처: Mullins, L. and Tobin, N.R., J. Appl. Polym. Sci., 9, 2993, 1965.)

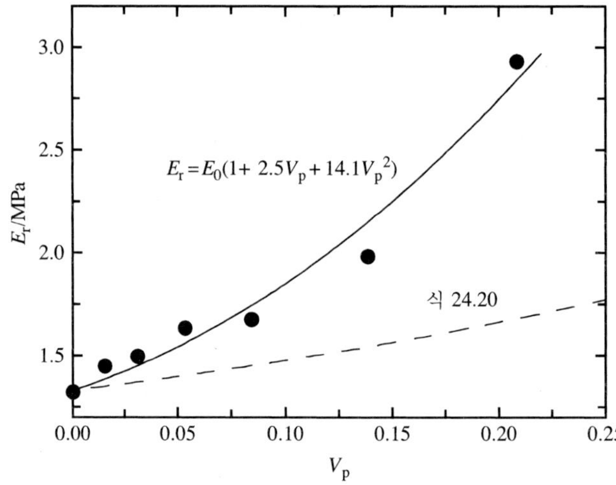

이 식은 원래 고형 입자가 함유된 점성 액체를 설명하기 위해 유도된 식이며, 지금은 연성 탄성체 안의 강성 충전제를 설명하기 위해 폭넓게 사용되고 있다. 이 식은 그림 24.22에 그렸으며 실험적 결과들과 잘 맞는 것을 볼 수 있다.

24.7.1.2 나노실리카

그림 24.23은 솔-젤(sol-gel) 기술을 통해 형성된 에폭시 수지에 상대적으로 균일한 20 nm 지름의 실리카(SiO_2) 입자들이 잘 분산된 것을 보여 준다. 이는 그림 24.3에서의 훨씬 큰 유리 입자와 실리카 입자의 분산과는 대조적이다. 동일 실리카 부피 분율에서 경화가 일어나면서 나노입자가 섞인 에폭시 수지가 큰 입자를 가진 경우보다 훨씬 우수한 기계적 물성을 가진 것으로 확인됐다.

그림 24.24는 나노실리카 입자의 부피 분율에 따라 에폭시 기반 나노복합재료의 탄성계수와 파괴 에너지의 경향성을 보여 준다. 그림 24.24a에서 보는 것과 같이 탄성 계수 결과는 균일 응력을 가정한 식 24.20에 의한 곡선보다 위에 위치한다. 이는 탄성 계수 결과가 특히 낮은 부피 분율에서 균일 응력 하한값과 잘 맞는 거시(macroscopic) 실리카 입자의 거동과는 대조적이다. 따라서 나노실리카 입자들이 훨씬 향상된 강화 효과를 유도하는 것으로 보인다. 그림 24.24b에서와 같이 파괴 에너지 경우는 향상 정도가 보다 분명하다. 겨우 나노 입자가 10% ($V_p = 0.1$) 인 경우는 네 배 증가했으며 이러한 강인성의 향상을 위해서는 30%의 거시 실리카 입자가 필요하다(그림 24.7).

24.7.2 나노판상

24.7.2.1 점토

점토는 1 nm 두께의 규산 알루미늄(alumino-silicate) 판상들이 정전기력으로 적층되어 있

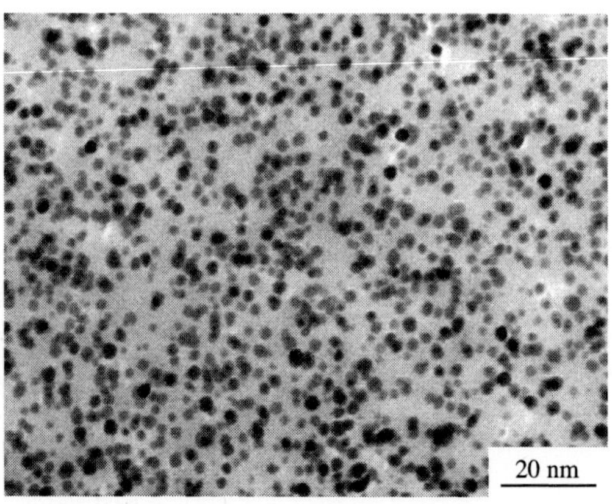

▶ 그림 24.23
나노 실리카 입자들이 첨가된 에폭시 수지의 투과 전자 현미경 사진. (자료 제공: A.J. Kinloch and A.C. Taylor, Imperial College, London, U.K.; R. Ruggerone, EPFL, Lausanne, Switzerland)

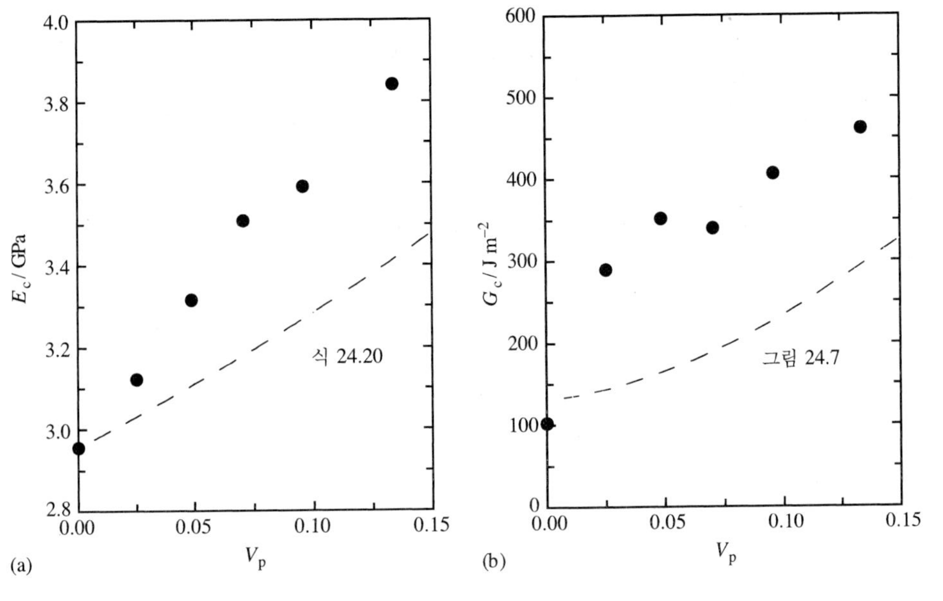

▶ **그림 24.24**
여러 부피 분율의 나노실리카 입자로 강화된 에폭시 수지의 기계적 물성. (a) 탄성 계수–점선은 실리카의 탄성 계수 70 GPa를 적용한 식 24.20을 나타낸다. (b) 파괴 에너지–점선은 거시 실리카 입자로 강화된 에폭시 수지에 대한 식 24.7에 대한 곡선이다. (자료 출처: Johnsen, B.B et al., Polymer, 48, 530, 2007.)

는 층상 구조이다. 고분자의 첨가제로 크게 연구되는 점토는 몬모릴로나이트(monmorillonite)이며, 이는 규산층 사이에 소듐 이온이 있다. 자연 상태의 몬모릴로나이트는 유기 단량체 또는 고분자와 잘 섞이지 않으며 잘 분산되지 않는다. 그러나 소듐 양이온을 유기 양이온으로 치환을 한 개질 유기 점토는 고분자 매트릭스에 잘 분산된다.

유기 점토의 고분자 매트릭스에서의 분산은 그림 24.25에서와 같이 두 가지 특징적인 과정이 연관된다. 첫 번째 과정은 **층간삽입(intercalation)**으로 알려졌으며 단량체 또는 고분자 등의 유기 화학종이 규산층간 안으로 확산되는 과정이다. 고분자와 유기 점토 간의 상호작용은 그림 24.25에서와 같이 광각 X선 회절(wide-angle X-ray diffraction)을 이용하여 관찰한다. 고분자들의 층간삽입을 통해 유기 점토의 층간 간격 *d*-spacing가 증가하면서 산란각 2θ의 최댓값이 낮아진다. 두 번째 과정은 **박리(exfoliation** 또는 delamination)로 점토층이 완전히 서로 분리되는 과정이다. 이 과정에서 점토 구조에서의 장거리 질서가 없어졌기 때문에 *d*-spacing에 해당되는 X선 회절 패턴의 봉우리가 사라진다. 일반적으로 박리가 일어나는 경우만 매트릭스 대비 나노복합재료의 물성이 크게 향상된다. 표 24.3에서 점토-나일론-6 복합재료의 경우를 보여 주었다. 미개질 점토 입자의 첨가는 탄성 계수와 인장 강도의 저하를 일으키는 반면, 같은 양의 완전 박리된 점토를 넣어줌으로써 나일론6의 탄성 계수와 강도가 크게 향상되었다(표 24.3).

박리된 점토로 고분자 나노복합재료를 형성하여 단지 기계적 물성만 향상되는 것은 아니다. 표 24.3에서 보는 것과 같이 나일론 6의 열변형 온도도 크게 향상되어 나노복합재료가 매트릭스 고분자보다 높은 온도에서, 예를 들어 자동차의 보닛(bonnet) 아래에 사용될 수 있다. 향상될 수 있는 다른 물성들은 난연성과 차단 특성–박리된 나노 크기 판상들의 분산으로 기체 분자들이 고분자로 확산할 수 있는 꼬불꼬불한 길을 만들어져 결국은 기체 확산 인자를 감소시킨다. 이러한 차단 특성의 향상을 통해 점차 점토-고분자 복합재료의 음식 및 음료의 포장용으로 응용 및 개발하고 있다.

24.7.2.2 그래핀

흑연은 중세 시대부터 사용되어 온 자연적으로 형성된 탄소의 형태이다. 흑연은 sp^2 공유결합으로 된 0.34 nm 두께의 그래핀 층들이 서로 Van der Waals 힘으로 적층된 층상 구조이다. 2004년 Manchester 대학의 Novoselov과 Geim이 매우 우수한 기계적 특성과 특이한 전자 이동 특성을 가진 하나의 원자 두께의 그래핀을 접착 테이프로 흑연을 기계적 박리 방법으로 만들 수 있다는 것을 발견한 이후, 그래핀에 대한 관심이 빠르게 증가하였

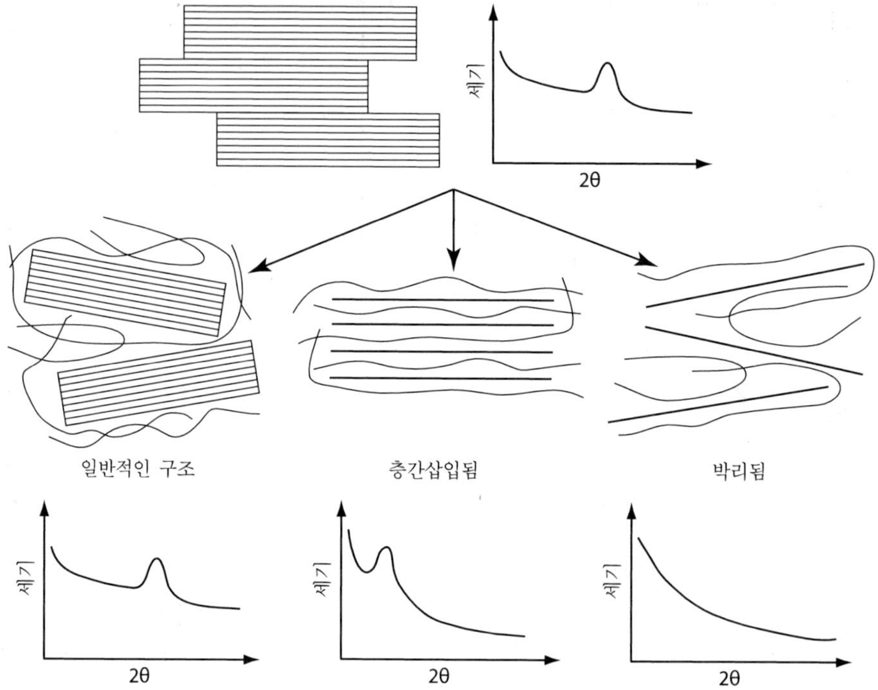

▶ 그림 24.25
일반적인 점토 나노 복합재료, 층간 삽입 점토 나노 복합재료, 박리 점토 나노 복합재료의 구조와 각각의 광각 X선 회절 패턴. 직선은 점토 판상의 단면 모습. (자료 출처: Sperling, L.H., Introduction of Physical Polymer Science, 4th edn., Wiley-Interscience, New York, 2006; Paul, D.R. and Robeson, L.M., Polymer, 49, 3187, 2008.)

표 24.3 점토 – 나일론 6 복합재료의 기계적 및 열적 특성

나일론 6과 복합하는 물질	무게 % 점토	탄성 계수 /MPa	인장 강도 /MPa	열변형 온도 /°C
점토 없음	0	1.1	69	65
미개질된 점토	5.0	1.0	61	85
박리된 점토	4.2	2.1	107	145

자료 출처: LeBaron, P.C. et al., *Appl. Clay Sci.*, 15, 11, 1999.

다. 이러한 발견으로 그들은 2010년에 노벨 물리학상을 받았다. 그림 24.26a은 고분자 기판 위에 박리된 그래핀 한 층의 광학 현미경 사진이며, 그림 24.26b는 그래핀 한 층의 구조를 보여 준다. 그래핀은 관찰할 수 있다. 왜냐하면 sp^2 결합된 탄소들은 빛의 흡수가 커 한 층이 3%의 가시 광선을 흡수하여 기판 위의 탄소 원자들은 광학 현미경으로 관찰할 수 있는 충분한 명암을 보여 주기 때문이다.

그래핀은 여러 가지 방법으로 만들 수 있다. 예를 들어 화학 기상 증착 또는 흑연을 강산으로 박리시킨 산화 그래핀과 같은 그래핀 파생물을 열적 환원을 통해 만들 수 있다. 그러나 현재 박리 방법은 가장 완벽한 구조의 그래핀을 만든다. 화학적 및 전기적으로는 탄소 나노튜브와, 구조적으로는 점토 광물과 비슷하기 때문에 나노복합재료를 위해 그래핀이 관심을 받고 있다. 그래핀 한 층의 기계적 물성으로는 면내 탄성 계수가 1000 GPa 정도이며, 강도가 100 GPa을 넘는 것으로 측정되어 이론적 물성치에(23.2.1절) 접근하는 것으로 나타났다. 이러한 탁월한 기계적 물성으로 표 24.4에서와 같이 상대적으로 적은 양을 넣더라도 높은 강화 효과를 얻을 수 있다. 이러한 여러 기계적 물성의 향상은 비슷한 양의 탄소 나노튜브 또는 박리 점토의 첨가를 통해 얻는 것보다 더 나은 것으로 알려졌다.

24.7.3 탄소 나노튜브

탄소 원자들의 육각 및 오각 링으로 이뤄진 공 같은 구조의 C_{60}와 같은 풀러렌(fullerene)의 발견으로 1980년대 중반 다른 형태의 탄소 재료에 대한 관심이 시작되었다. 10년 이내 새로운 관 형태의 탄소가 합성되어, 먼저 다중벽 탄소 나노튜브(MWNTs)가 분리되었고

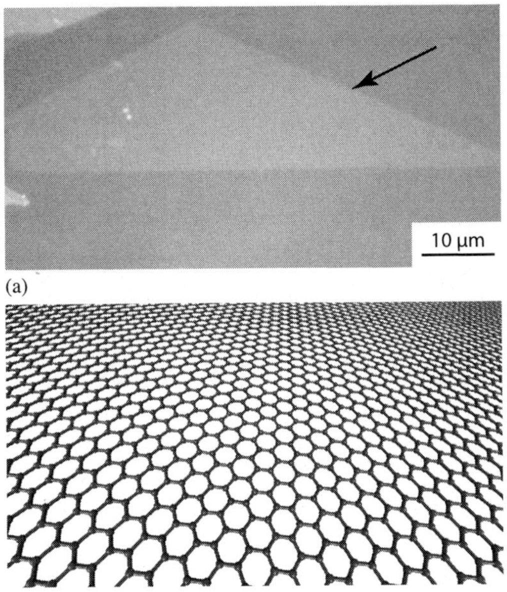

▶ 그림 24.26
(a) 기계적 박리 방법으로 나타낸 고분자 기판 상의 단층 그래핀 광학 현미경 사진 (화살표 표시 부분). (자료 제공: K.S. Novoselov, University of Manchester, Manchester, U.K.) (b) 단층 그래핀의 원자 수준 구조도. (자료 제공: F. Ding, Hong Kong Polytechnic University, Hong Kong.)

그 후 단일벽 탄소 나노튜브(SWNTs)가 분리되었다. 이들의 구조는 그림 24.27에 나타내었다. SWNTs는 한 장의 그래핀 층이 이음새 없이 원통형으로 말은 것이다. 이들은 원래 탄소 원자들로만 이루어진 결작용기가 없는 사다리형 고분자여서 매우 뛰어난 기계적 물성을 가지고 있다. 100 GPa 이상의 강도와 함께 1 TPa에 가까운 탄성 계수가 보고되었다. SWNTs는 정확한 분자 구조에 따라 반도체성 또는 금속성을 지녀 고분자의 전도성을 띠게 하는 첨가제로(25.3.2절) 사용될 수 있다. MWNTs는 두 개 이상의 SWNTs들이 Van der Waals 힘으로 결합되어 있으며 또한 우수한 기계적 물성을 가진 것으로 알려졌다. 그러나 이들의 강도와 강성도는 SWNTs보다 낮은 것으로 알려졌으며, 이는 변형 시 구조적으로 약하게 결합된 층간의 미끄러짐 때문일 것이다.

탄소 섬유의 경험으로 탄소 나노튜브는 고분자 나노복합재료를 위한 확실한 강화제 후보이다. MWNTs 그리고 특히 SWNTs를 사용으로 야기될 문제는 그림 24.28에서와 같이 나노튜브들의 엉키려는 경향이며, 이는 고분자 매트릭스에서의 나노튜브의 분리와 분산을

표 24.4 산화 그래핀의 환원 방법으로 제조된 0.1 wt% 그래핀 판상으로 강화된 에폭시 수지 매트릭스의 기계적 물성

그래핀 판상 첨가 여부	탄성 계수 /GPa	인장 강도 /MPa	파괴 인성 K_c/MPa $m^{1/2}$	파괴 에너지 G_c/J m^{-2}
그래핀 없음	2.85	55	1.0	260
그래핀 판상	3.74	78	1.5	580

자료 출처: Rafiee, M.A. et al., *ACS Nano*, 3, 3884, 2009.

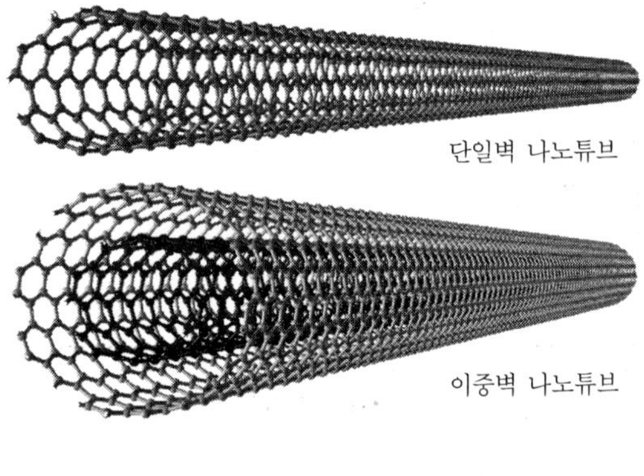

▶ 그림 24.27
단일벽 그리고 이중벽 탄소 나노 튜브의 구조도. 다중벽 탄소 나노튜브는 20층 정도가 겹쳐진 것이다. (자료 제공: F. Ding, Hong Kong Polytechnic University, Hong Kong.)

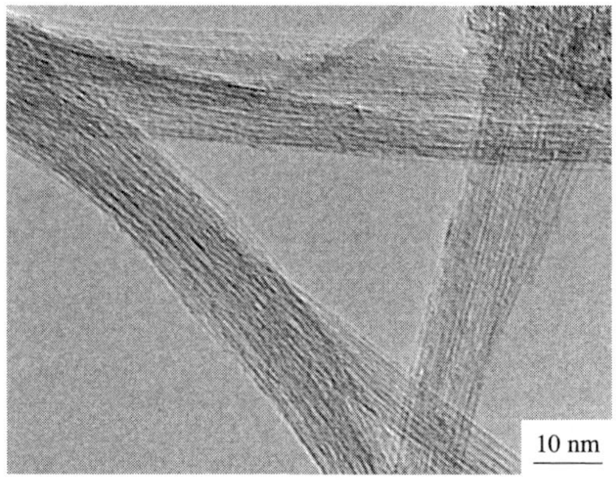

▶ **그림 24.28**
단일벽 탄소 나노튜브 덩어리(또는 줄)의 투과 전자 현미경 사진. (자료 제공: U. Bangert, Uni-versity of Manchester, Manchester, U.K.)

어렵게 한다. 그럼에도 불구하고 표 24.5의 폴리스타이렌의 결과와 같이 고분자의 기계적 물성을 향상시킨다는 다수의 보고가 있다. 이 경우는 지름이 비슷하고 종횡비 *s*가 다른 두 종류의 MWNTs를 1% 넣고 나노복합재료를 만들었다. 나노튜브 첨가로 폴리스타이렌의 강도와 강성도가 모두 향상되었으며 더 큰 종횡비의 MWNTs를 이용하여 최고 수준의 탄성 계수를 얻었음을 알 수 있다. 이는 복합재료 미세역학(composite micromechanics) (24.6.3절)을 통해 예상할 수 있으며, 미세역학 접근이 나노 수준에도 적용 가능하다는 것을 분명히 해주고 있다. 표 24.5의 결과들은 랜덤 분산된 MWNTs이며, 나노튜브의 배향을 통해 보다 뛰어난 강화 효과를 얻을 수 있을 것이다.

탄소 나노튜브는 매끈한 옆면을 가진 분자로 고분자 매트릭스와 결합을 형성하지 않고 자신들끼리 뭉쳐 덩어리나 줄 형태를 이루려고 한다. 이러한 문제 때문에 나노튜브 표면에 공유 결합 반응기를 고정시키는 나노튜브 기능화를 하려고 하였다. 강한 반응 중간체를 이용하여 먼저 나노튜브를 공격하여 표면에 작용기를 유도한다. 기능화 정도는 열 개 탄소당 한 개의 작용기로 높인다. 기능화된 나노튜브는 용매 또는 고분자에 잘 분산되었고 나노복합물재료 매트릭스와 강한 계면을 형성하였다. 그림 24.29는 폴리(다이메틸 실록세인)(PDMS) 탄성체에 넣어준 기능화된 SWNTs의 첨가량에 대한 영향을 보여 준다. SWNTs 표면 말단에 수산화기(—OH)가 있는 짧은 고분자 사슬이 붙어 있으며, PDMS 분자 말단에는 아민기가 있다. SWNTs를 첨가하자 PDMS 열 배의 인장 탄성률 증가를 보였으나 파괴 신장율(elongation-to-break)은 변하지 않았다. 이러한 강화 효과는 굉장히 뛰어나며 그림 24.22와 같이 카본 블랙을 천연 고무에 넣어준 경우보다 훨씬 높은 강화 효과를 보여 준다.

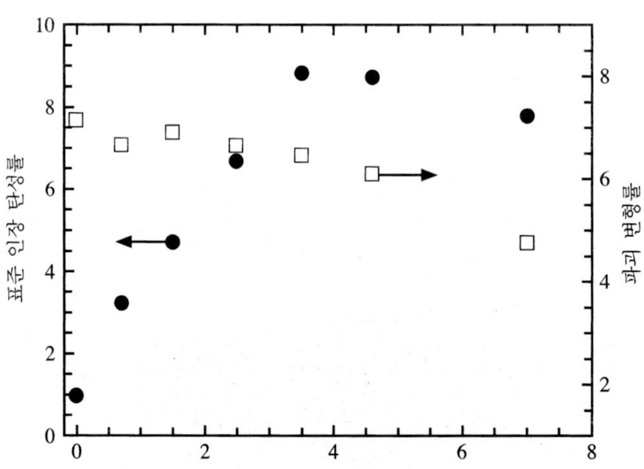

▶ **그림 24.29**
기능화된 단일벽 탄소 나노튜브의 첨가 질량 백분율에 따른 PDMS의 표준 인장 탄성률 E_c/E_m과 파괴 변형률.

표 24.5 두 가지 다른 종횡비, s (= l/2r) 의 다중벽 탄소 나노튜브 1 wt%로 강화된 폴리스타이렌의 기계적 물성

폴리스타이렌에 포함되는 물질	나노튜브 지름 2r/μm	나노튜브 종횡비 s	인장 탄성률/GPa	인장 강도 /MPa
MWNTs 없음	—	—	1.19	12.8
MWNT-1	33.6	446	1.62	16
MWNT-2	30	1167	1.69	16

자료 출처: Qian, D. et al., *Appl. Phys. Lett.*, 76, 2868, 2000.

문제

24.1 다음과 같은 섬유 강화 복합재료를 만들기 위해 단위 질량당 필요한 각 구성 성분의 질량을 계산하시오.

(a) 유리 섬유 30% (부피 분율) 로 강화된 폴리프로필렌

(b) 탄소 섬유 20%와 아라미드 섬유 20% (부피 분율) 로 강화된 에폭시 수지

(각 물질의 밀도 (Mg/m^3) 은 다음과 같이 가정하시오; 폴리프로필렌 0.90; 유리 섬유 2.54; 에폭시 수지 1.30; 탄소 섬유 1.79; 아라미드 섬유 1.45)

24.2 섬유 복합재료에서 각각의 배열 기하구조에서의 섬유의 부피 분율 ϕ_f이 다음과 같은 식과 같음을 보이시오.

(a) 육각 배열 $$\phi_f = \frac{\pi}{2\sqrt{3}}\left(\frac{r}{R}\right)^2$$

(b) 사각 배열 $$\phi_f = \frac{\pi}{4}\left(\frac{r}{R}\right)^2$$

각각의 배열에서 복합재료의 최대 섬유 부피 분율을 구하시오 (섬유의 지름은 $2r$이고 섬유 중심간 떨어진 길이는 $2R$로 가정하시오).

24.3 배향된 장섬유 강화 복합재료의 축방향 및 횡방향 탄성 계수가 각각 20.0과 3.7 GPa 이다. 섬유의 부피 분율이 0.26인 경우 섬유와 매트릭스 고분자의 탄성 계수를 구하시오.

24.4 섬유 강화 복합재료는 탄성 계수 70 GPa인 배향 장섬유가 부피 분율 50%와 탄성 계수 3.3 GPa인 고분자 매트릭스 부피 분율 50%로 구성되어 있다.

(a) 복합재료의 섬유 축방향의 탄성 계수는 얼마인가?

(b) 60 MPa의 응력이 가해진다면 각 상의 변형률을 구하시오. 구한 값에 대해서 논하시오.

(c) 만약 시편의 단면적이 300 mm^2이고 응력이 축방향으로 60 MPa이 가해졌다면 각 섬유와 매트릭스 상이 받는 하중을 구하시오. 섬유와 매트릭스가 받는 하중의 차이에 대해 논하시오.

참고 문헌

Chawla, K.K., *Composite Materials: Science and Engineering*, Springer, New York, 1998a.

Chawla, K.K., *Fibrous Materials*, Cambridge University Press, New York, 1998b.

Donnet, J.B., Wang, T.K., Peng, J.C.M. and Rebouillat, S. (eds), *Carbon Fibers*, 3rd edn., Marcel Dekker, New York, 1998.

Friedrich, K., Fakirov, S., and Zhang, Z., *Polymer Composites: From Nano-to-Macro-Scale*, Springer, New York, 2005.

Hull, D. and Clyne, T.W., *An Introduction to Composite Materials*, 2nd edn., Cambridge University Press, Cambridge, U.K., 1996.

Mai, Y.W. and Yu, Z.Z., *Polymer Nanocomposites*, CRC Press, Boca Raton, FL, 2006.

McCrum, N.G., Buckley C.P., and Bucknall C.B., *Principles of Polymer Engineering*, 2nd edn., Oxford Science Publications, Oxford, U.K., 1997.

Nielsen, L.E. and Landel R.F., *Mechanical Properties of Polymers and Composites*, Marcel Dekker, New York, 1994.

Sperling, L.H., *Introduction to Physical Polymer Science*, 4th edn., Wiley-Interscience, New York, 2006.

Usuki, A., Hasegawa, N., and Kato, M., Polymer-clay nanocomposites, *Advances in Polymer Science*, **179**, 135 (2005).

25 전기적 특성

25.1 전기적 특성의 서론

고분자는 뛰어난 절연 특성으로 인해 전기 구성품으로서 널리 사용되어 왔다. 전기 및 전자 산업의 발전은 제조 용이성과 함께 고품질의 절연성, 뛰어난 화학적, 물리적 특성을 가진 합성 고분자를 사용하면서 더욱 발달되었다. 전기 절연 특성은 포화 고분자 분자의 고유 특징으로서, 전류 흐름을 차단하며 고장 없이 높은 수준의 전기장을 유지하게 한다. 그러나 높은 수준의 전기 절연은 고분자 사용에 문제를 일으킬 수 있다. 전기 부품에 정전기가 축적되면 먼지를 끌어당기거나 감전을 일으키는 것과 같은 문제를 발생시킬 수도 있다. 이와 같은 문제는 중간 수준의 전도성을 가진 고분자에 전도성 복합재료를 만들 수 있는 전도성 이차상(second phase)을 추가하여 수정하거나 정전기 방지제의 첨가로 해결될 수 있다. 이는 누설된 전하가 접지로 누출되도록 한다. 하지만 이런 특징 개선은 고분자의 기계적 특성 저하로 이어진다.

우수한 가공성과 함께 인성(toughness) 및 유연성과 같은 고분자의 이점은 쉽게 합성할 수 있는 전도 고분자를 얻고자 하는 오랜 소망으로 이어졌다. 1970년대 폴리아세틸렌의 금속 전도성 발견은 고유 전도성 고분자를 만드는 획기적인 발전이었고, 2000년 노벨 화학상 수상으로 이어졌다. 폴리아세틸렌에 대한 초기 연구는 배터리 전극과 같이 다양한 용도로 사용할 수 있는, 전도성 고분자 군의 발견으로 이어졌다. 이러한 고분자 군들은 구리보다도 큰 단위 질량당 전도성을 갖고 있음에도 불구하고, 신호와 전력 전달에 필요한 장기적 안정성이 부족한 경향이 있었다. 그러나 1990년대, 이들 전도 고분자가 전기발광(electroluminescence)에 사용될 수 있다는 것이 발견되었고, 새로운 세대의 디스플레이나 다른 전자 기기에 사용될 수 있는 가능성이 열리게 되었다.

25.2 유전 특성

고분자의 유전 특성은 그들의 절연 특성을 제어한다. 또한, 유전적 거동에 대한 분석은 고분자 구조에 대한 중요 정보를 알려준다. 이 절에서는 고분자의 유전 특성을 분자 관점에서 고려하여, 고분자의 유전 거동 분석이 재료의 구조적 이완 현상과 어떻게 관련되는지를 설명할 것이다.

25.2.1 분자 분극률

분자가 전기장에 영향을 받으면 쌍극자 모멘트가 유도된다. 그 크기는 고분자의 구조와 전기장의 세기에 의해 결정되는데, 이러한 현상은 **분극(polarization)**이라 알려져 있다. 분자의 분극률 α는 전기장에 의해서 유도된 쌍극자 모멘트의 크기를 전기장 세기로 나눈 값으로 정의되고, 이 물질의 상대 유전율(relative permittivity) ε와 관련된다. 분극률은 분자의 화학 구조와 물리적 환경에 따라 변한다. 따라서 가해진 전압 내에서 고분자의 반응

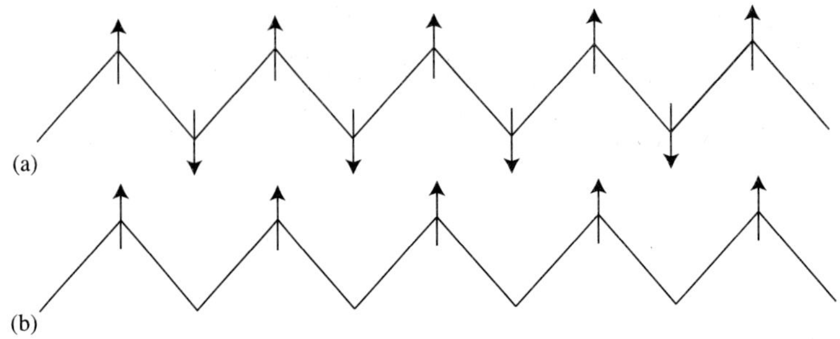

▶ 그림 25.1
평면 지그재그형 고분자 사슬에서 극성기의 배열. (자료 출처: Blythe, A.R. and Bloor, D., Electrical Properties of Polymers, 2nd edn., Cambridge University Press, Cambridge, U.K., 2005.)

분석은 물질의 특성 파악에 사용될 수 있다. 전기장에 의한 분자들의 다양한 분극 현상이 확인되었으며 이는 다음과 같다.

전자 분극(electronic polarization): 이는 전기장하에서 원자내의 핵을 기준으로 전자들이 작은 변위(displacement)를 일으키는 것이다. 전기장의 크기는 원자 내 전기장의 크기에 비해 작으므로, 그 영향은 비교적 작다. 그러나 전자 분극은 매우 높은 진동수로 유도될 수 있으며, 빛의 굴절과 같은 재료의 다양한 광학적 특성과 관련된다.

원자 분극(atomic polarization): 이 경우, 전기장은 분자내 원자 배열을 왜곡시킨다. 전자 분극에 비해 낮은 주파수로 활성화되며 주로 적외선 영역의 주파수를 가진다. 원자 분극은 보통 매우 미약한 영향을 주지만, 이온 결합 화합물에서는 그 영향이 클 수 있다.

배향 분극(orientational polarization) : 이 현상은 고분자의 유전 특성 분석에 중요하다. 영구 쌍극자 모멘트를 가진 분자는 전기장 내에서 정렬되는 경향이 있다. 이들이 이동하는 속도는 물질의 구조와 쌍극자의 분자 환경에 의존한다. 이 과정은 비교적 느리게 진행되며 10^6 Hz 또는 그 이하의 주파수를 가진다.

고분자 분자의 분극률을 분석하는 편리한 방법은 개별 반복 단위의 분극률을 고찰하는 것이다. 일부 고분자 분자는 영구적 쌍극자 모멘트를 가지고 있으나, 전체 분자의 쌍극자 모멘트는 개별 쌍극자 모멘트가 서로를 상쇄할 수 있는지에 따라 결정된다. 이 거동은 그림 25.1에서 이차원 지그재그형 고분자 사슬에 대해 간략히 표시되어 있다. PTFE (polytetrafluoroethylene)와 같은 고분자의 경우, 쌍극자는 PTFE 분자의 수직 나선 구조 (helical conformation)에서 서로 상쇄시킨다(표 17.1). 이는 그림 25.1a에 나타나 있다. 이 구조에서 작은 쌍극자 배향의 영향은 항상 존재하는 구조 내의 결함으로부터만 확인이 된다. 반면 그림 25.1b는 폴리(염화 비닐)과 같은 전형적인 비닐 고분자를 나타낸다. 이들은 평면의 지그재그형 구조를 갖고 있으며(표 17.1), 여기에서 C—Cl 기로부터 쌍극자가 첨가되어 높은 분극률을 갖고 그 결과 높은 유전 상수를 갖는다.

25.2.2 유전 측정

고분자의 점탄성 현상은 20장에서 보여 준 바와 같이 기계적 응력을 사용하여 확인된다. 그러나 일부 경우에는 분자의 분극률을 다루는 진동 전기장(osciallating electric field)을 사용하여 물질 내 섭동(perturbation)을 확인함으로써 관찰할 수 있다. 이 기법은 극성 고분자에 가장 잘 적용되며, 기계적 방법과 비교하여 10^{-4}~10^{10} Hz의 광범위한 영역의 주파수를 사용할 수 있다는 점에서 이점을 가진다. 더욱이, 온도 또는 압력이 변화하고, 중합, 가교, 분해 등 화학적 반응 중 발생하는 변화가 수반하는 셀에 적용을 할 수 있다.

이 현상은 그림 25.2와 같이 저항 R을 가지는 저항기(resistor)와 커패시턴스 (capacitance) C를 가지는 축전기(capacitor)로만 구성되는 전기 회로의 관점에서 고찰할 수 있다. 저항은 다음과 같이 Ohm 법칙으로 정의된다.

$$R = \frac{V}{I} \tag{25.1}$$

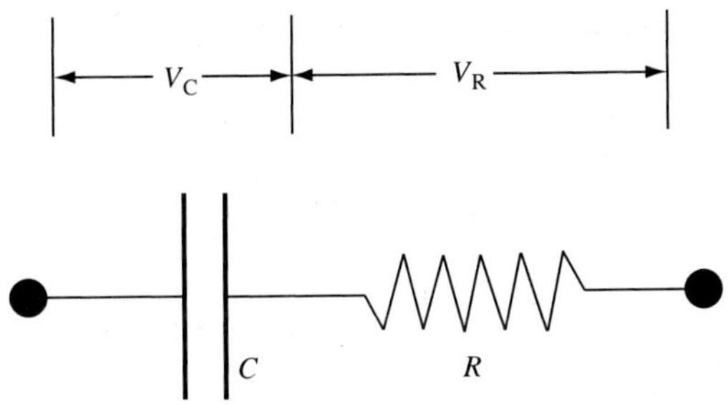

▶ **그림 25.2**
간단한 RC 회로의 도식적인 그림.

여기서 V는 전압, I는 전류이다.

진공에 의해 분리되어 있는 두 수평 전극으로 구성된 커패시턴스 C_0의 축전기는 전극에 전압 V가 걸리면 전하 Q를 유지할 수 있다.

$$Q = C_0 V \tag{25.2}$$

고분자와 같은 절연체가 진공 대신 사용되면 유전체에서 나타나는 분극으로 인하여 더 많은 전하를 가질 수 있기 때문에, 커패시턴스는 다음과 같이 나타낼 수 있다.

$$C = \varepsilon C_0 \tag{25.3}$$

여기에서 ε는 유전 상수이다. 이 변수의 올바른 용어는 자유 공간의 유전율에 대한 물질의 유전율 비율인 비유전율(relative permittivity)이다. 이 값은 여러 가지 물질에서 서로 다른 값을 갖지만(예: 공기에서 $\varepsilon = 1.00054$, 종이에서 $= 3.5$, 실리카에서는 $= 3.7$), ε가 주파수와 온도의 함수라는 것을 기억해야 한다. 유전 상수의 온도 또는 주파수에 대한 의존도가 고분자 내 분자 거동에 대한 정보를 전달하므로, 이는 고분자 유전 거동 측정에 기반이 된다.

그림 25.2에서 전기 회로 내에서 직렬로 연결된 축전기와 레지스터의 거동을 고려해볼 수 있다. 이 경우 각 부분의 전압이 더해져 다음과 같이 표현된다.

$$V = V_C + V_R \tag{25.4}$$

전류는 각 구성성분에서 동일하고, 다음과 같이 정의된다.

$$I = \frac{dQ}{dt} \tag{25.5}$$

식 25.1~25.4를 정리하면 다음과 같은 관계를 얻을 수 있다:

$$\frac{dQ}{dt} + \frac{Q}{RC} = \frac{V}{R} \tag{25.6}$$

이 방정식의 형태는 점탄성도에 대한 Voigt 기계 모형 방정식 20.16과 매우 유사하다(20.2.2). 그러나 이 경우 전하는 변형(strain)에 상응하고 전압은 응력에 상응한다. 커패시턴스는 컴플라이언스(compliance)(modulus의 역수, $1/E$)에, 그리고 R은 점도에 상응한다고 생각할 수 있다. 식 25.6은 저항기와 커패시턴스가 병렬인 경우이며, 반면에 Voigt 모형은 스프링과 대시포트가 직렬인 경우이다. 이러한 유사성은 Voigt 모형에서 응력이 더해지고, 반면에 전기 회로 내에서는 전압이 더해지기 때문에 가능하다.

기계적 모형인 경우, 식 25.6은 일정 전압 $V = V_0$을 사용하여 적분할 수 있으며 다음과 같게 된다.

$$Q = CV_0\left[1 - \exp\left(\frac{-t}{RC}\right)\right] \tag{25.7}$$

혹은 RC 곱은 시간의 차원(dimension)을 가지므로, 이는 τ_0로 둘 수 있고 식은 다음과 같다.

$$Q = CV_0\left[1-\exp\left(\frac{-t}{\tau_0}\right)\right] \tag{25.8}$$

이는 다시 식 20.18과 유사한 형태가 되며 응력(전압이라기 보다)이 일정하게 유지될 때 기계적 크리프와 유사한 전기적 식이 된다.

위 분석은 커패시턴스가 시간에 독립적이라고 가정하고 있으며, 이는 오직 진공에서만 적용될 수 있다. 물질의 커패시턴스는 식 25.3을 통해 유전 상수와 관련되므로, 모든 물질의 커패시턴스는 유전 상수 ε의 시간 의존성을 보이기 때문에, 이는 물질 내 분자 거동에 대한 정보를 전달한다. 유전성 고분자를 포함하는 축전지는 RC 회로와 같은 거동을 하고, 동일 수식을 사용하여 분석할 수 있기 때문에, 위의 식은 고분자 거동 분석에서 등가 회로를 설명하는 데 사용될 수 있다.

고분자의 유전 특성 분석은 교류 회로를 사용하며, 물질 거동은 등가 회로의 개념을 사용하여 분석할 수 있다. 그 두 가지 예는 그림 25.3에 나타내었다. 전압과 전류 간 위상 차이로 인해 AC 회로의 분석에서 복소수 표시를 하는 것이 일반적이다. 따라서 사인파형 전압은 다음과 같다.

$$V = V_0 e^{i\omega t} \tag{25.9}$$

여기서 ω는 각진동수이며 $i = (-1)^{1/2}$이다. 식 25.2~25.3으로부터 물질이 진동 전압(oscillating voltage)에 영향을 받을 때 다음과 같이 표현할 수 있다.

$$I = \frac{dQ}{dt} = \varepsilon^* C_0 \frac{dV}{dt} \tag{25.10}$$

AC 회로에서 전압과 전류는 복소량(complex quantity)이므로, 유전 상수도 복소량이 되어 다음과 같이 주어진다.

$$\varepsilon^* = \varepsilon' - i\varepsilon'' \tag{25.11}$$

식 25.10에서 dV/dt를 바꾸고 식 25.9를 미분하면

$$I = i\omega\varepsilon^* C_0 V = \omega C_0 (ie' + e'')V \tag{25.12}$$

이는 전류에 두 가지 성분 요소가 있음을 의미한다. 커패시턴스 성분

$$I_C = i\omega C_0 \varepsilon' V \tag{25.13}$$

는 전압과 저항 성분과 90도의 위상차가 있고, 저항 성분

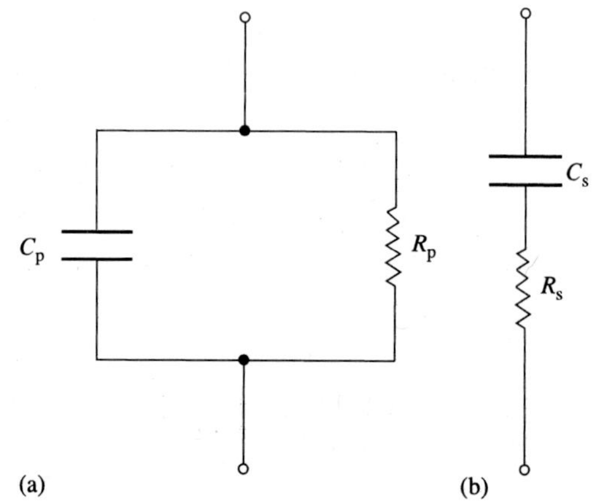

▶ **그림 25.3**
유전 표본의 등가 회로: (a) 병렬, (b) 직렬. (자료 출처: Blythe, A.R. and Bloor, D., Electrical Properties of Polymers, 2nd edn., Cambridge University Press, Cambridge, U.K., 2005.)

$$I_R = \omega C_0 \varepsilon'' V \tag{25.14}$$

는 전압과 같은 상에 있다.

복소 유전율에서 두 값은 다음과 같은 관계를 갖는다.

$$\frac{\varepsilon''}{\varepsilon'} = \tan\delta \propto \frac{\text{소멸된 에너지}}{\text{저장된 에너지}} \tag{25.15}$$

여기서 이 경우, $\tan\delta$를 **유전 소실 탄젠트(dielectric loss tangent)** 라 하며, ε''는 **유전 소실 인자(dielectric loss factor)** 라 한다.

ε', ε'', $\tan\delta$ 등 모든 변수는 주파수 범위에서 실험적으로 관찰되며 이 거동의 변화는 물질의 구조 및 특성과 관련된다.

전류와 전압 모두 복소량이므로, 저항 역시 AC 회로에서 복소수이다. 이를 설명하기 위해 임피던스 Z의 개념을 도입한다. 단일 저항에 대해서는 $Z = R$이고 단일 커패시턴스에 대해서는 $Z = 1/\mathrm{i}\omega C$이다. 저항과 커패시턴스가 병렬 연결된 경우(그림 25.3a), 임피던스가 결합되어 총 임피던스는 다음과 같다.

$$\frac{1}{Z} = \frac{1}{R_\mathrm{P}} + \mathrm{i}\omega C_\mathrm{P} \tag{25.16}$$

실험적으로 사인파 전압은 종종 물질에 적용되어 역위상(out-of-phase, 가상 성분)의 전류를 일으킨다.

$$I_C = \left[\frac{V}{Z}\right]\text{의 허수 부분} = \mathrm{i}\omega C_\mathrm{p} V \tag{25.17}$$

그리고 동위상(in-phase) 전류는 다음과 같다.

$$I_R = \left[\frac{V}{Z}\right]\text{의 진수 부분} = \frac{V}{R_\mathrm{P}} \tag{25.18}$$

식 25.17과 25.13의 비교는 다음과 같다.

$$\varepsilon' = \frac{C_\mathrm{P}}{C_0} \tag{25.19}$$

또한, 식 25.18과 25.14를 비교하면 다음과 같다.

$$\varepsilon'' = \frac{1}{R_\mathrm{P} C_0 \omega} \tag{25.20}$$

식 25.15는 다음의 식이 된다.

$$\tan\delta = \frac{\varepsilon''}{\varepsilon'} = \frac{1}{R_\mathrm{P} C_\mathrm{P} \omega} \tag{25.21}$$

만일 표본이 그림 25.3b와 같이 직렬 회로로 분석되면, 임피던스가 첨가되어 다음과 같아진다.

$$Z = R_\mathrm{S} + \frac{1}{\mathrm{i}\omega C_\mathrm{S}} \tag{25.22}$$

ε', ε'', 및 δ에 대한 동일 등식을 결정할 수 있다. 실제는 추가적인 요소를 도입하여 실제 유전 반응을 설명해야 하지만 단순 직렬이나 병렬 RC 회로가 종종 고분자 거동 모형화에 적합하다.

25.2.3 유전 완화

고분자의 유전 측정은 종종 광범위한 영역의 주파수에서 수행된다. 약 10^5 Hz 까지의 주파수를 사용하기 위한 가장 단순한 실험 방법은 두 전극 사이에 고체 및 액체 고분자로 된 얇은 판이 삽입된 셀을 사용하는 것이다. 축전기의 가장자리에서 새는 전기장에 의한 실험적인 오차를 보완하기 위해 보정이 필요하다. 그렇지 않으면, 그 거동은 등가 회로에 대한 적절한 수식을 사용하여 분석될 수 있다. 10^5 Hz 이상 주파수에서, 전자기 복사의 파장은 고분자 샘플의 크기와 유사하게 되고 병렬 플레이트 축전기는 더 이상 적용되지 않는다. 이 경우 유전 특성은 고분자에 의한 전자기 복사의 감쇠(attenuation)에 의존하는 다른 방법을 사용하여 분석이 가능하다.

다양한 주파수와 온도 범위에 대한 고분자의 유전 거동의 측정은 종종 **유전 분광법(dielectric spectroscopy)** 으로 언급되며, 이는 물질 내 분자 이동과 이완 처리에 대한 풍부한 정보를 제공해준다. 폴리에틸렌, 폴리프로필렌, 폴리테트라플루오로에틸렌(PTFE) 같은 비극성 고분자는 이중극자와 이온(비교적 순수한 것으로 가정)의 부재로 비교적 낮은 ε'값을 갖는다(2~3 범위). 이는 다양한 주파수 범위에서 비교적 낮은 손실 계수(ε'')를 보여 준다(주로 $< 10^{-3}$). 따라서 이들 물질은 전기 케이블, 전기 회로의 축전기 같은 다양한 용도에서 유전 절연체로 사용된다. 폴리(염화 비닐), 폴리(메틸 메타크릴레이트), 방향족 폴리에스터 등 극성 고분자는 이중극자가 이동하지 못하는 저온에서 유리질(glassy) 상태 혹은 반결정성 상태일 때 ε'와 ε''의 낮은 값을 갖는 경향이 있다. 유리 전이 온도 이상의 온도에서 액체나 탄성체 상태의 극성 고분자의 경우 이중극자는 훨씬 움직이기 쉬워지고, 더 큰 ε'와 ε'' 값을 가진다.

고분자의 유전 완화에 대한 실험 결과와 같은 물질에서 얻은 기계적 완화 데이터(20.6절)를 비교해보는 것은 흥미롭다. 그림 25.4는 폴리(메틸 메타크릴레이트)에 대한 기계적 손실의 탄젠트값과 유전 손실의 탄젠트값을 온도의 함수로 나타낸 것이다. 두 데이터에는 각각 두 개씩의 피크가 있으나, 유전 이완 분석의 경우 β 이완이 α 이완 보다 두드러진다. α 이완은 일반적인 분자 움직임의 시작에 해당하는 유리 전이에 상응하며 기계적 이완에 대해서는 높은 tan δ값을 일으킨다. 반면 β 이완은 비극성 고분자 뼈대에 상대적으로 극성인 $-COOCH_3$ 에스터 곁작용기(side group)의 움직임과 관련 있고 유도 이완 분석에서 더욱 두드러진다.

25.2.4 유전 파괴

고분자 절연체를 통과하는 전기장 강도가 충분히 증가하면, 물질의 절연 특성이 소실되어

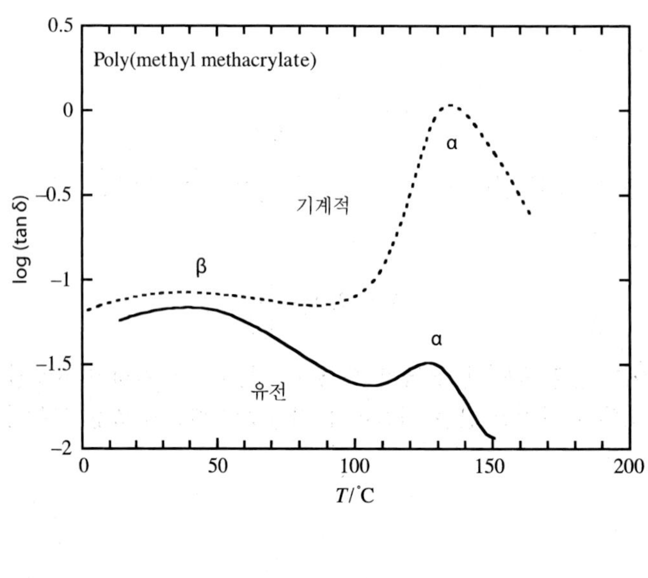

▶ 그림 25.4
PMMA의 기계적, 유전 분석에 의한 온도에 따른 측정된 tan δ값의 비교. (자료 출처: Shaw, M.T. and MacKnight, W.J., Introduction to Viscoelasticity, 3rd edn., John Wiley & Sons, New York, 2005.)

유전 파괴가 일어나는 지점이 나타나게 된다. 이 파괴는 갑자기 발생하며 종종 물질 연소를 동반하기도 한다. 파괴 과정의 불규칙성 때문에 물질의 유전 강도 평가 시도는 쉽지 않다. 이는 종종 물질 내 빈틈이나 불순물이 원인이 되기도 하며, 동일 샘플일지라도 파괴 성질을 결정하는 시도는 데이터 내 재현성이 상당히 좋지 않다.

고분자의 유전 파괴를 설명하는 많은 과정들이 입증되고 있다. 모든 재료는 전자가 충분히 높은 전압의 구조 내에서 움직일 수 있도록 하는 고유한 전자 파괴 강도를 가진다. 비록 다른 과정이 발생하기 전에는 이 전자 파괴가 고분자에 일어나지 못할 것 같지만 말이다. Joule 열이 발생하도록 물질 내 전도도가 충분하다면 열 분해가 발생할 수 있다. 이는 이전에 설명한 유전 이완 과정 안에서 소산되는 열(heat dissipated)로 인하여 교류 전기장하에서 더욱 악화될 수 있다. 기체의 유전 강도는 고체 절연체보다 작으므로, 기체가 채워진 공극(gas-filled void)은 고분자 내에서 절연 파괴의 잠재적 출처가 된다. 이와 같은 공극은 가공을 한 후에 고분자 내에 존재할 수 있으며 높은 전기장에서 기체 방출의 결과로 생긴 물질의 퇴화를 통해 생길 수 있다. 고분자는 비교적 부드러운 물질이므로, 전기적 응력(즉, 높은 전압) 및 기계적 응력의 조합으로 인한 전기기계식 퇴화가 탄성체 같은 경우에 파괴의 근원으로 작용한다.

고분자의 불규칙적 전기 분해 특성은 설계 엔지니어에게 문제가 되며 통계적 방법은 오랜 시간 물질의 거동을 예측하기 위해 사용된다. 기계적 응력에 따른 고분자 재료의 균열이나 열화가 저항력을 감소시켜 전기적으로 문제를 야기시킬 수 있다는 점을 명심해야 한다. 또한 높은 전기장을 오랫동안 가하면, 물질에 노화가 일어나며 전기적 취약성을 더욱 유도할 수 있다.

25.3 고분자 전도

고분자의 전도도는 고분자를 전기 및 전자적인 응용의 목적에 맞게 아주 다재 다능한 재료로 만들어줄 만큼 아주 큰 차수 범위에서 다양하다. 이 절은 전도도 측정, 전도성 고분자 복합 재료, 이온 전도 및 최근 확인된 고유 전도성 고분자에 대해서 다룰 것이다.

25.3.1 전도성 측정

고분자 전기 전도 연구에서는 **전도도(conductivity)** 혹은 그 역수인 **저항(resistivity)**을 정확하게 측정할 수 있는 방법이 필요하다. 계측기는 샘플의 저항을 실험적으로 결정하지만 해당 특성은 부피 저항(volume resistivity) ρ_V로, 이는 물질의 입방 단위에서 마주한 면간에 저항이며 Ω의 단위를 갖는다. 부피 전도도(volume conductivity) σ_V도 유사하게 정의되며 $\Omega^{-1}\,m^{-1}$ 또는 $S\,m^{-1}$의 단위를 갖는다. 물질의 전도성은 다양한 크기 범위에서 가변적이다. 그림 25.5는 고분자를 포함하여 다양한 많은 물질의 전도성 값을 보여 준다. 절연체는 주로 $10^{-12}\,S\,m^{-1}$이하이고, 반도체는 $10^{-12}\,S\,m^{-1}$~$10\,S\,m^{-1}$의 범위를 가지며, 금속의 전도성은 $10\,S\,m^{-1}$보다 크다. 고분자는 현재 다른 물질에서 확인된 모든 전도성 범위를 포함하는 것으로 보인다.

고분자의 전도도와 저항을 결정하는 가장 단순한 방법은 그림 25.6a와 같이 물질의 말단 조각 안에서의 두 전극 간 전류 흐름을 측정하는 것이다. 높은 저항을 갖는 고분자의 경우, 전극 사이에 얇은 디스크 모양의 물질 형태를 이용하여 복합 임피던스(complex impedance)를 측정하는 것이 더욱 적절하다. 샘플의 저항 R은 식 25.1을 통해 전류 I와 전압 V와 관련되고 부피 저항 ρ_V는 다음과 같다.

$$\rho_V = \frac{RA}{l} \tag{25.23}$$

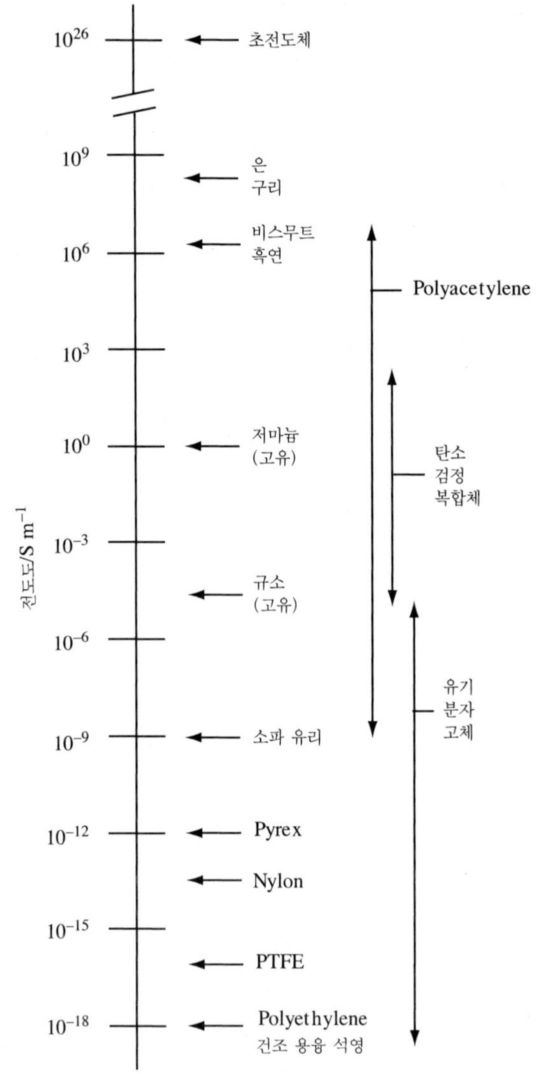

▶ **그림 25.5**
여러 고분자와 다른 물질들의 전도도 값. (자료 출처: A.R, and Bloor, D., Electrical Properties of Polymers, 2nd edn., Cambridge University Press, Cambridge, U.K., 2005.)

여기서 A는 표본의 단면적이며, l은 자재 스트립(strip)일 경우 전극 간 거리이거나, 디스크일 경우 두께이다.

고분자 저항이나 전도성을 결정할 때 발생하는 한 가지 문제는 그림 25.6a와 같이 전극과 두 말단 형태의 고분자 간 접촉 저항이다. 이는 금속 압력 접점보다는 전도성 페인트를 사용하여 감소될 수 있다. 그러나 더 나은 방법은 그림 25.6b와 같이 4점 접촉 방법을 사용하는 것이다. 이 경우, 샘플을 흐르는 전류 I가 있고 전위차 Δl는 표면을 따라 거리 ΔV으로 분리되는 두 지점 전극 간에 결정된다. 이처럼 두 표면 전극에서 접촉 저항은 문제가 아니며 고분자 저항은 다음과 같다.

$$\rho_V = \frac{\Delta V/\Delta l}{I/A} \tag{25.24}$$

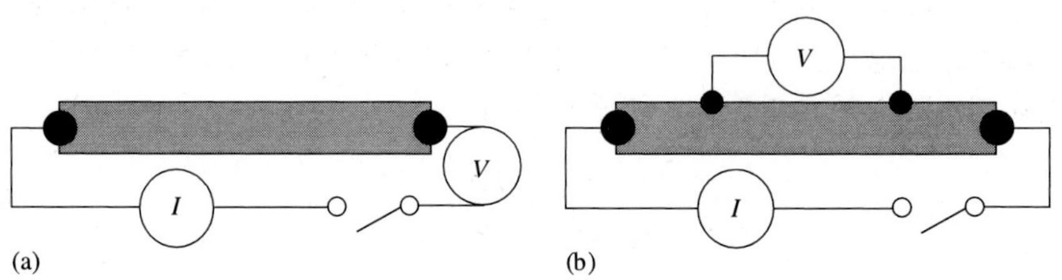

▶ **그림 25.6**
저항 측정을 위한 전극 배치: (a) 두 개 터미널, (b) 네 개 터미널 (자료 출처: Blythe, A.R. and Bloor, D., Electrical Properties of Polymers, 2nd edn., Cambridge University Press, Cambridge, U.K., 2005.)

25.3.2 복합 전도체

고분자가 전도성을 갖게 하는 가장 단순한 방법은 전도성 복합재료를 만들도록 금속 파우더 같은 전도성 충전제를 추가하는 것이다. 하지만 발생하는 문제는 물질에 전도 경로가 수립되도록 금속 입자 간에 충분한 접촉을 얻는 일이다. 분명 충전제 입자의 부피 부분 ϕ_p에 대한 전도성 의존도가 있다. 실제 소량의 충전제 추가 시에 전도성 증가는 거의 없지만 충전제 부하의 임계값에서 전도성이 갑자기 증가함이 확인되었다. 아쉽게도 충전제의 추가는 주로 경화 또는 부스러짐 등 고분자의 기계적 특성에 열화를 가져오므로 전도성과 기계적 특성 간에 균형을 이루도록 해야 한다. 그럼에도 은이 들어 있는 에폭시 수지 등의 고분자를 포함한 전도성 금속은 냉납 자재 등 다양한 용도에서 전자 산업에 널리 사용되고 있다.

실제 충전제의 부피 분율로 통제됨은 물론, 입자 복합재료의 전도성은 입자 크기나 모양, 충전제의 분포 등 다른 요소에도 의존성을 가진다. 전도성의 갑작스런 증가가 일어나는 임계값은 다공성 고체를 통과하는 유체의 투과를 모형화하도록 개발된 퍼콜레이션(percolation) 이론을 사용하여 분석될 수 있다. 이 방법은 자재의 전도성과 충전제의 부피 분율의 관계를 예측할 수 있다.

$$\sigma_V \propto (\phi_p - \phi_p^*)^t \tag{25.25}$$

여기에서 ϕ_p^*는 전도성이 갑자기 높아지는 곳에서의 충전제의 부피 분율로 퍼콜레이션 한계값(percolation threshold)으로, 이는 충전제의 삼차원적 전도도 틀을 형성하는 것과 일치한다. 지수 t는 주로 시스템의 크기(예: 입자 모양)를 반영하고, 이차원과 삼차원에서 각각 주로 1.3 ~ 2.0의 값을 갖는다. 퍼콜레이션의 컴퓨터 시뮬레이션은 반구 입자를 포함하는 시스템에 $\phi_p^* \sim 0.16$의 값을 예측하였다.

실제 퍼콜레이션을 입증한 시스템에서 0.16의 부피 분율 한계값보다 크게 작은 수준의 값이 얻어졌다. 탄성체 강화를 위해 널리 사용되는 카본 블랙(carbon black)이 다양한 고분자 재료에서 전도도를 높여주기 위하여 첨가될 수 있다. 그림 25.7a는 그 사례를 보여주고 있으며, 높은 밀도의 폴리에틸렌으로 충전된 카본 블랙의 전도성은 부피 분율 함수로 로그-로그 스케일로 표시하였다. 퍼콜레이션 임계값 ϕ_p^* 이상에서 열 배 이상으로 전도도가 급격하게 증가하며, 이는 부피로 0.10 정도의 카본 블랙 부하(carbon black loading)에 해당한다. 카본 블랙의 최고 부하에 대한 최대 전도성은 약 $100\ \mathrm{S\,m^{-1}}$이다. 카본 블랙은 고분자에 유용한 첨가제로 잘 분산되고 $1.8\ \mathrm{Mg\,m^{-3}}$ 정도로 낮은 밀도를 가진다. 개별 입자는 구형에 가까우며 크기는 20 ~ 300 nm으로 매우 작지만, **구조**를 가지는 대표적인 카본 블랙인 퍼니스 블랙(furnace black)에서 최고 수준의 전도성을 갖는다는 것이 확인되었다. 구조는 미립자보다 더욱 섬유질에 가까운 충전제가 되기 위하여 개별 입자의 사슬 형태로의 응집되는 것과 관련된다(그림 24.21 참조). 복합재료의 형태에 대한 분석이 물질이 고분자 형태로 복합화되더라도 그 구조가 유지된다는 것을 보여 주고 있다. 퍼콜레이션 임계값을 낮추도록 사용하는 방법은 매우 많다. 한 가지 방법은 입자가 그대로 유지되도록 하고 성형된 물체에 전도성 망이 수립되도록 하기 위해 작은 고분자 입자에 카본 블랙을 코팅하여 전단 수준(shear level)이 높지 않도록 그 물질을 가공하는 것이다.

적은 양을 넣고도 더 나은 전도성 수준을 나노 크기의 섬유 형태의 충전제인 카본 나노튜브를 사용하였을 때 확인될 수 있다(그림 24.27). 이들은 주로 1 ~ 10 nm 정도의 크기로 $1.4\ \mathrm{Mg\,m^{-3}}$의 밀도를 가지며, 길이는 최대 몇 마이크론이다. 그림 25.7a는 에폭시 수지 매트릭스에서 잘 분산되고 배치된 카본 나노튜브의 부피 분율에 대한 전도성 의존도를 보여 준다. 이 시스템에서 퍼콜레이션 임계값 ϕ_p^*는 0.0025% 부분에 있으며, 카본 블랙 입자로 얻은 것보다 몇 자리수가 낮다. 이러한 전도성 복합재료 시스템은 물질 자체(bulk)의 기계적 특성에 영향을 주지 않는 낮은 수준의 나노튜브를 첨가하여(약 0.01%) 의미 있는 수준의 전도성을 갖는 고분자를 얻을 수 있다는 가능성을 제공한다. 이 나노 충전제의 섬유질 특성은 미립자 카본 블랙 시스템과 비교하였을 때 투명성을 유지하면서도 현저하게 낮은 부피 분율에서 퍼콜레이션 망(percolation network)이 형성되도록 한다.

카본 블랙과 나노튜브 시스템의 거동은 퍼콜레이션 임계점 영역에서의 전도성이 로그-로그 좌표로 표시되어 있는($\phi_p - \phi_p^*$) 그림 25.7b에서 비교할 수 있다. 나노튜브 복합체의 데이터 포인트가 카본 블랙 복합재료의 데이터 포인트보다 높게 있어 나노튜브가 있으면 더 우월한 성능임을 보여 준다. 두 시스템에 대한 지수 t는 식 25.25를 적용하여 기울기로부터 결정할 수 있다. 약 2인 t값은 카본 블랙에서 확인되며 나노튜브 복합재료는 1.2로 확인되어 두 시스템 간 크기 차이를 반영한다.

외부 변수에 대한 반응을 활용하는 전도성 복합재료에 대한 실제 응용 분야는 매우 많다. 전도성 복합재료의 전도성은 온도에 민감하지만 온도 증가로 증가할수도 있고 감소할 수도 있다. 또한 용매를 흡수하기 때문에 이때 발생하는 기계적 변형과 부풀어 오름에 의존적이다. 이들 시스템의 전도성은 열에 의해 활성화될 수 있고 온도에 따라 증가할 수 있는 반면에 매트릭스 고분자의 열팽창은 온도 증가에 따라 퍼콜레이션 전도도 망을 파괴하여 전도성을 감소시킨다. 후자의 문제는 많은 카본 블랙 기반 시스템에서 확인되며 온도 증가에 따라 저항이 증가하는 고분자 기반 발연체(heating element)에 사용될 수 있다. 이것은 온도 조절을 용이하게 하며 열적 손실을 막는다.

25.3.3 이온 전도

폴리에틸렌과 같이 전도성이 매우 낮은 고분자에서 측정된 전도성은 주로 이온성 불순물 때문이다. 사실 이들 고분자는 정전하가 누출되는 문제를 가질 수 있고 그에 따라 먼지를 유인하거나 감전을 유발할 수 있다. 정전기 방지제는 이와 같은 문제를 피하도록 고분자에 첨가제로 널리 사용되며 항상 이온 전도를 기반으로 하여 정전하가 접지로 나갈수 있도록 한다.

아이오노머(ionomer)로 알려진 고분자는 이온화가 가능한 일부 반복 단위의 사슬을 가진다. 이들 그룹이 이온화될 때, 한 이온 그룹(음 또는 양이온)은 고분자 사슬에 고정된 상태를 유지하지만 반대되는 이온은 전기장의 영향 아래에서 이동할 수 있다. 예를 들어, 폴리아마이드는 높은 온도에서 일정 수준의 전도성(약 10^{-8} S m^{-1})을 보여줄 수 있는데,

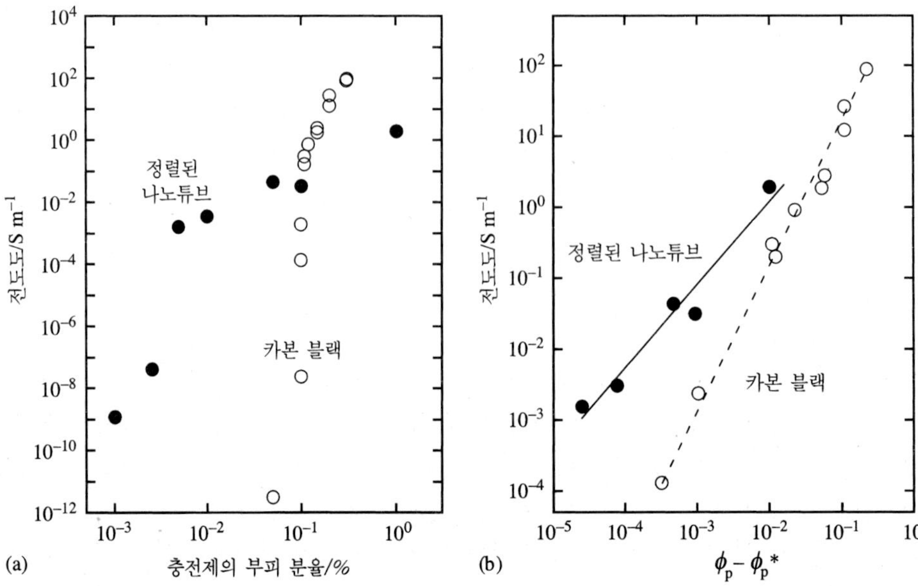

▶ 그림 25.7
(a) 충전제의 부피 분율에서 고분자 복합체의 전도성 의존도: 에폭시 수지에서 정렬된 탄소 나노튜브 (자료 출처: Sandler, J.K.W. et al., Polymer, 44, 5893, 2003.)와 폴리에틸렌에서의 카본 블랙 (자료 출처: Hindermann-Bischkoff, M. and Ehrburger-Dolle, F., Carbon, 39, 375, 2001.). (b) $\phi_p - \phi_p^*$의 함수로서 그림 25.7a를 다시 표현함.

이는 아마이드기가 분해됨으로 인한 양성자의 생성 때문으로 생각할 수 있다. 아이오노머의 고유 특성은 이들의 거동이 수분 함유량에 강하게 의존한다는 점이다. 종종 건조 상태에서 이온화 전도성을 보여 주지 않기도 한다. 막(membrane)이 전극을 분리하는 동시에 양성자 이동을 가능하게 하는 수소 기반 연료 전지와 같은 용도에서 사용하도록 이들 유형의 고분자 기반 이온 전도체에 대한 요구가 증가하고 있다. 이 용도 중 가장 성공적인 범위 중 하나는 Nafion® 처럼 설포네이트기(sulphonate group)로 끝나는 측면기를 가진 과플루오린화 공중합체(perfluorinated copolymer)를 기반으로 한다. 이들 물질의 화학적 구조는 다음과 같으며, 구조에서 기의 반복 단위 값은 다음과 같다: $x = 5 \sim 15$; $y = 1$; $m \geq 1$; $n = 2$.

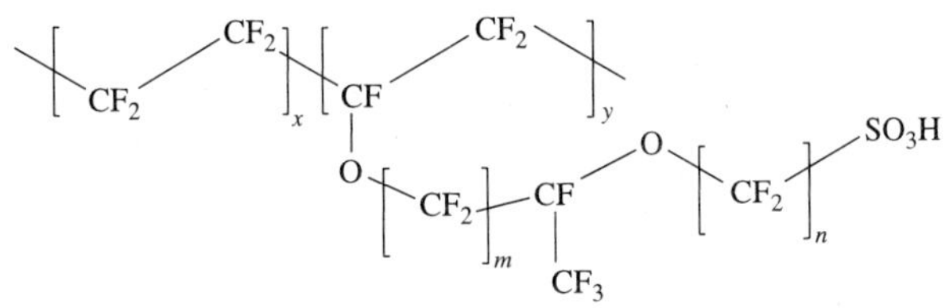

이 고분자는 가공이 용이한 열가소성 고분자로서 매우 뛰어난 열안정성과 화학 안정성이 결합되어 우수한 기계적 성질을 가지고 있다. 이는 물을 흡수함으로써 전도성을 띠며 $1\ \mathrm{S\ m^{-1}}$ 수준의 전도도를 가질 수 있다.

요즈음, 리튬 이온 배터리 내 분리기와 같이, 고체 고분자 전해질을 사용하는 응용 분야에 대한 관심이 커지고 있다. 이러한 재료들은 $LiClO_4$와 같은 알칼리 금속 염이 폴리(에틸렌 옥사이드)[poly(ethylene oxide), $(-CH_2-CH_2-O-)_n$]와 같은 고분자에서 4몰의 고분자 반복 단위에 1몰의 금속염이 용해될 수 있다는 발견에 기초하고 있다. 이와 같은 발견은 고분자 구조에서의 금속 이온들의 빠른 움직임에 의해 높은 수준의 전도도, 즉 최대 $10^{-2}\ \mathrm{S\ m^{-1}}$까지의 전도도를 가지는 재료를 만들어 내는 데 기여했다.

25.3.4 고유 전도성 고분자

포화된 화학적 구조를 가지는 고분자는 원래 절연 재료로써 개발되었으나 점차 고분자만의 장점인 공정의 용이성, 경량성과 함께 높은 전도도를 동시에 가지는 고분자 기반 전도체에 대한 가능성이 대두되었다. 그러므로 1974년 폴리아세틸렌(PA)과 같은 공액 고분자로부터 전도성 물질이 만들어질 수 있다는 것이 발견되고 나서부터는 고유 전도성 고분자에 대한 관심이 급격히 증가하였다. 그 후, 다양한 종류의 전도성 고분자 개발에 대한 관심이 전 세계적으로 커지고 있으며 그림 25.8은 몇 가지의 중요한 전도성 고분자의 화학 구조를 보여 주고 있다.

고유 전도성 고분자의 개발은 전기 전도성을 띠는 전자 구조를 갖는 고분자를 합성하는 것과 화학적으로 안정하고 화학 공정을 통해 만들어질 수 있어야 한다는 사이의 균형을 고려해야 하는 문제이다. 폴리페닐렌(polyphenylene)은 전도성 고분자로서의 분명한 후보 물질이지만 개발의 과정에 포함된 어려움을 보여 주는 사례이기도 하다. 폴리 페닐렌의 특성들은 *meta-* 또는 *para-*와 같은 결합에 따라 결정되며, 비록 다양한 기법을 통해 합성될 수 있고 50% 정도까지의 결정성을 가질 수 있지만, 보통 다루기가 매우 어려우며 불용성의 유색 분말로 존재한다. 그림 25.9는 그 공정의 어려움을 강조하고 있다. 그림 25.9를 보면, 폴리(*p*-페닐렌)과 폴리(*m*-페닐렌)의 녹는점 T_m의 사슬 반복수 n에 대한 의존성이 나타나 있다. 벤젠($n = 1$)의 경우 6°C의 녹는점을 가지고, 올리고머(oligomer)의 녹는점은 n이 증가함에 따라 증가하며, 그 증가폭은 *meta-*유도체인 경우보다 *para-*유도체인 경우에 더 크다. 폴리(*p*-페닐렌)은 $n = 6$의 경우까지 톨루엔에서 녹으며 폴리(*m*-페닐렌)의 경우에는 $n = 16$까지이다. 이 고분자 분말들은 약 400°C에서 압력 상태의 소결

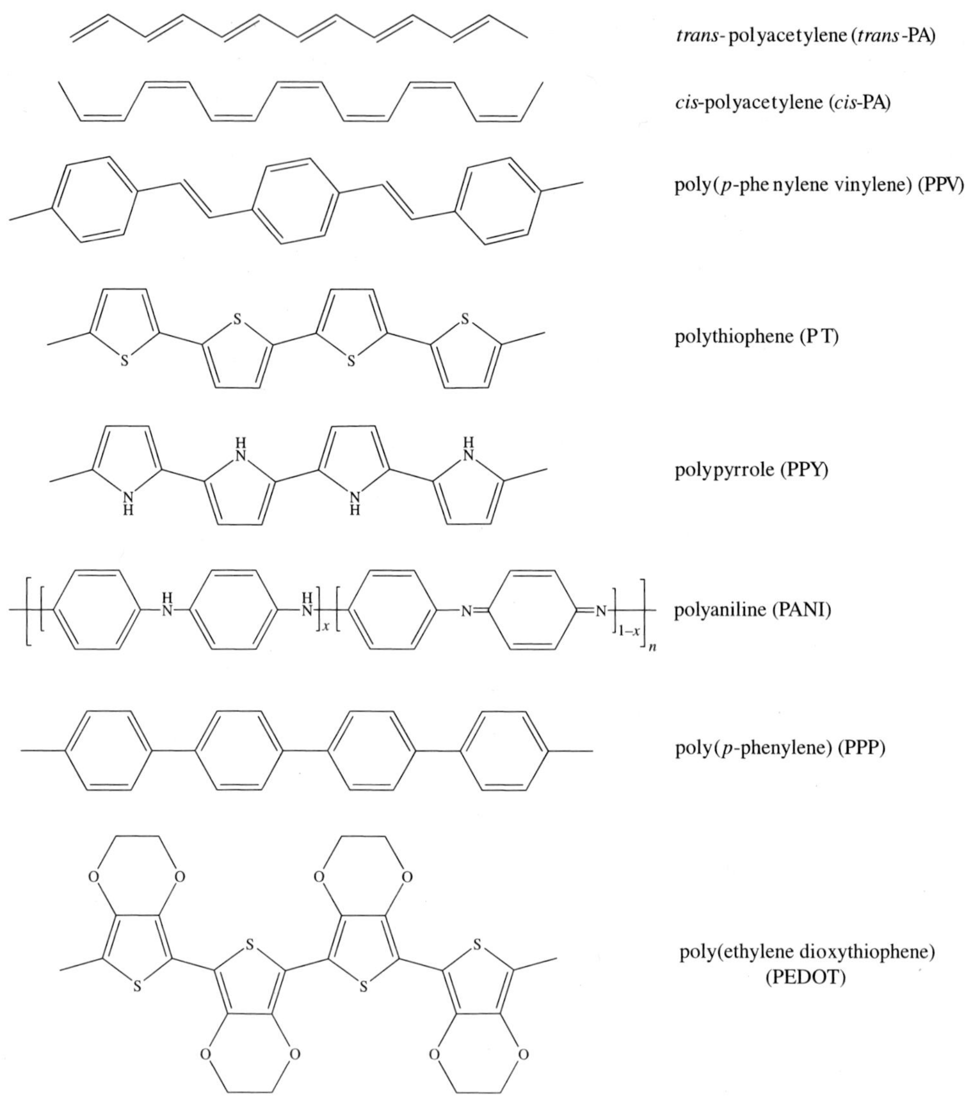

▶ 그림 25.8
대표적인 전도성 고분자들의 화학 구조. (자료 출처: Fischou, D. and Horowitz, G., Encyclopaedia of Materials: Science and Technology, Elsevier, Amster-dam, the Netherlands, 2001.)

로 가공될 수 있으나, 폴리(*p*-페닐렌)은 공기 중에서 500°C 이상이면 열화되며, 폴리(*m*-페닐렌)은 더 낮은 온도에서 열화되는 경향이 있다(약 300°C). 폴리(*p*-페닐렌)은 전자 주개 또는 전자 받개를 도핑하여 10^4 S m^{-1}까지 전도도를 높일 수 있으나 공정의 어려움으로 인해 응용의 한계를 가진다.

25.3.5 폴리아세틸렌

25.3.5.1 폴리아세틸렌의 구조

폴리아세틸렌은 금속 수준의 전도성이 있는 가장 단순한 고분자 사례이므로 어떻게 이러한 전도도가 발생했는지 알기 위해 그 전자 구조를 확인해 볼 필요가 있다. 이 구조는 그림 25.10a와 같이 고분자 사슬을 따라 전자가 비편재화되어 있는 벤젠의 구조와 유사하다. 각 탄소 원자에서 하나의 전자가 π-전자의 연속 띠에 기여하고 그 구조는 일차원 형태의 금속으로 생각할 수 있다. 사실 이 문제는 유용한 형태로 전도성 PA를 만드는 방법을 발견하기도 훨씬 이전에 고찰된 문제이다. 이 구조는 비편재화된 전자 구조보다 그림 25.10b와 같이 서로 다른 길이의 단일 및 이중 결합을 갖도록 해야 하는 Peierls 뒤틀림에 의하여 불안정하다. 이는 전자 구조로 에너지 간격을 도입할 때 얻어지는 에너지가 탄소-탄소 결합을 같은 길이가 되도록 왜곡하는 데 필요한 에너지보다 작기 때문이다. 이는 고분자 구조에서 사슬 반복 단위의 길이가 $(-CH{=}CH-)_n$에서 $(-CH-)_n$의 경우보

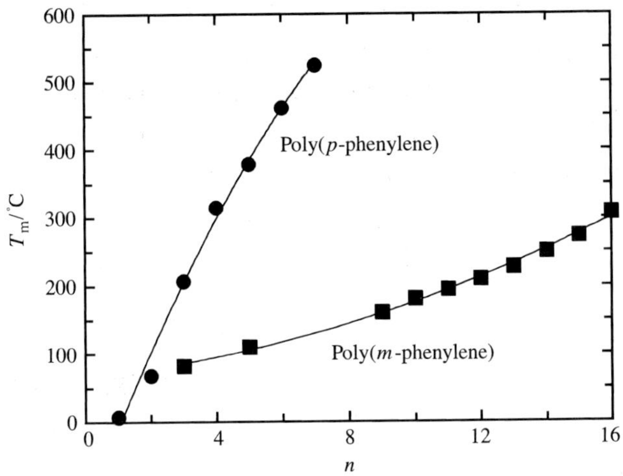

▶ 그림 25.9
반복 단위수 n에 대한 두 폴리페닐렌 이성질체의 녹는점 의존성. (자료 출처: Naarmann, H., in Ullmann's Encyclopedia of Industrial Chemistry, Wiley-VCH, New York, 2005.)

다 두 배 증가하고 그림 25.10c와 같이 고분자가 두 축퇴 바닥 상태(degenerate ground state)를 가짐을 의미한다. 순수한 PA에 대한 실험 측정결과는 PA가 1.5 eV의 띠간격(band gap)을 갖는 반도체임을 보여 주었다.

25.3.5.2 전도성 폴리아세틸렌 제조

1958년, Natta와 동료들은 비활성 용매에서 고전적인 형태의 Ziegler–Natta 촉매제를 사용하여 폴리아세틸렌을 합성하였으나 가공이 힘든 분말로 존재했다. 큰 발전이 이루어진 것은 1974년 Shirakawa와 동료들이 *cis*-PA(그림 25.8)를 유연성의 섬유질 필름 형태로 제조한 것으로(6.4.7절), 이는 $1.7 \times 10^{-7}\,S\,m^{-1}$의 전도도를 가지고 있었다. *cis*-PA는 150~200°C로 가열하여 은색의 *trans*-PA 형태를 갖는 물질로 변형될 수 있고(그림 25.8), 이 물질은 $4.4 \times 10^{-3}\,S\,m^{-1}$의 전도도를 가진다. 따라서 이 물질은 반도체로 분류되나 *trans*-PA를 아이오딘이나 펜타플루오린화 비소(arsenic pentafluoride)에 노출시키는 "도핑(doping)"이란 과정을 통해 산화 과정으로 금속 수준의 전도체로 변형될 수 있다. 이 도핑 과정은 기존의 반도체 도핑 과정과는 다르다. 이는 근본적으로 고분자와 도핑 이온 사이에서 염이 형성되는 산화환원 반응이다. 그림 25.11이 이 사례를 보여 주고 있는데, AsF_5에 노출 시 전도도가 10^9배 이상으로 증가함을 알 수 있다. 도핑 필름은 $10^5\,S\,m^{-1}$ 정도의 전도도를 가지며 구리와 같은 금속이 가지는 $10^8\,S\,m^{-1}$의 값에 근접하고 있다(그림 25.5). p-도핑이라고도 알려져 있는 아이오딘의 산화 과정은 다음과 같다.

$$(CH)_n + \frac{3x}{2}I_2 \rightarrow (CH)_n^{x+} + xI_3^-$$

금속 수준의 전도는 소듐과 같은 알칼리 금속으로 PA의 n-도핑(환원 도핑)을 수행하여 얻어질 수 있다.

$$(CH)_n + xNa \rightarrow (CH)_n^{x-} + xNa^+$$

이 도핑 이온들은 매우 낮은 이동도를 가지며 사실상 정지된 상태인 반면, 고분자상의 전하들은 비편재된 π-전자들의 존재로 인해 사슬 뼈대를 따라 쉽게 이동할 수 있다.

(a)

(b)

(c)

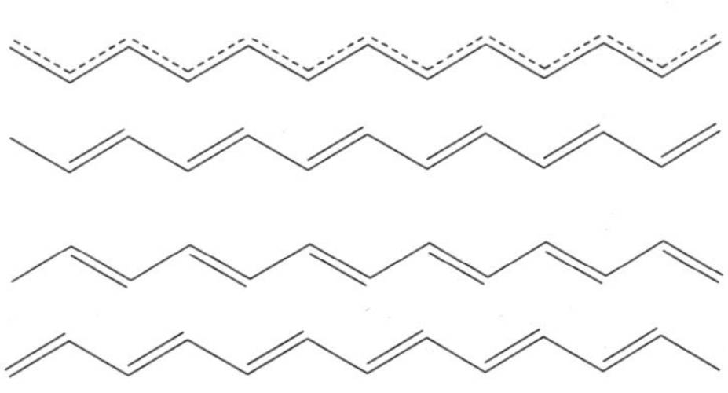

▶ 그림 25.10
폴리아세틸렌: (a) 비편재화된 전자들을 가지는 구조, (b) Peierls 불안정도에 의해 교대 단일 결합 및 이중 결합들을 가지는 구조, (c) trans-폴리아세틸렌에서의 축퇴 상태의 A와 B 상(자료 출처: Heeger, A.J., Synthetic Metals, 125, 23, 2002.)

화학적 도핑으로 높은 전도도를 가지는 물질을 제조할 수 있더라도, 그 과정이 통제하기 어려울 수 있고 불균일한 물질이 나타나기도 한다. 이제 전기화학 도핑이 개발되어 이런 일부 문제를 극복할 수 있고 제조 과정을 통제하기가 보다 용이해졌다. 고분자의 다른 많은 물리적 특성과 같이, PA의 전도성은 분자 배향에 영향을 받는다. 고분자 필름을 당기면 전도도가 배향 방향을 따라 2×10^5 S m^{-1} 이상으로 증가하고 횡방향으로는 매우 감소한다. 이러한 필름에서 뚜렷한 X선 회절 패턴을 얻을 수 있는데, Shirakawa *trans*-PA의 결정 구조는 사방정계 단위 격자 형태로 결정되며 $a = 0.733$ nm, $b = 0.409$ nm, $c = 0.246$ nm이다.

PA가 전도성 고분자의 첫 사례이지만, 대기 중에서는 고유의 불안정함이 확인되었으므로 지난 30년 동안 더 안정적이고 높은 전도도를 가지면서도 합성 과정이 쉬운 고분자의 발견을 위해 수많은 노력이 이루어졌다. 일부 사례는 그림 25.8에 나타나 있으며 그 합성은 3.2.1.3절, 8.3.2절, 8.4절에 나타나 있다.

25.3.5.3 도핑 폴리아세틸렌의 전자 구조

아이오딘으로 산화성 도핑을 한 PA의 전자 구조가 그림 25.12a에 나타나 있다. 생성된 빈자리(vacancy) 혹은 정공(hole)은 완전히 비편재되어 있지는 않고 대신 라디칼-양이온이 생성된다. 이 고분자 사슬에는 편재된 뒤틀림이 있고, 이 뒤틀림과 관련된 라디칼-양이온을 **폴라론(polaron)**이라 한다. 폴라론은 양전하(양이온)와 음전하(음이온) 모두를 지닐 수 있다.

그림 25.12b는 산화에 의한 양 폴라론(스핀=1/2)의 형성을 보여 준다. 양전하는 주로 반대 이온(I_3^-) 주변에 고정되어 움직이지 않지만(그림 25.12a), 반면에 홀전자(라디칼)는 이동성을 가지며 사슬을 따라 자유롭게 이동한다. 그림 25.12b는 추가적인 산화의 영향을 보여 준다. 이는 격자 뒤틀림(lattice distortion)을 통해 짝지어진 두 분리된 전하로 구성된 양의 **바이폴라론(bipolaron**, 스핀= 0)을 생성한다.

PA에서 결합 교대(bond alternation)가 있을 때(그림 25.10a)는 그림 25.13의 그림과 같이 사슬을 따라 자유롭게 이동할 수 있는 결합 교대 결함이 존재할 수 있게 된다. 이 결함은 거울상 결합 교대의 두 영역 사이에서의 전이를 나타내는 단일 홀전자의 형태를 띤다. 이 결함을 **솔리톤(soliton)**이라 하고 그림 25.13과 같이 중성이거나 전하를 지닐 수

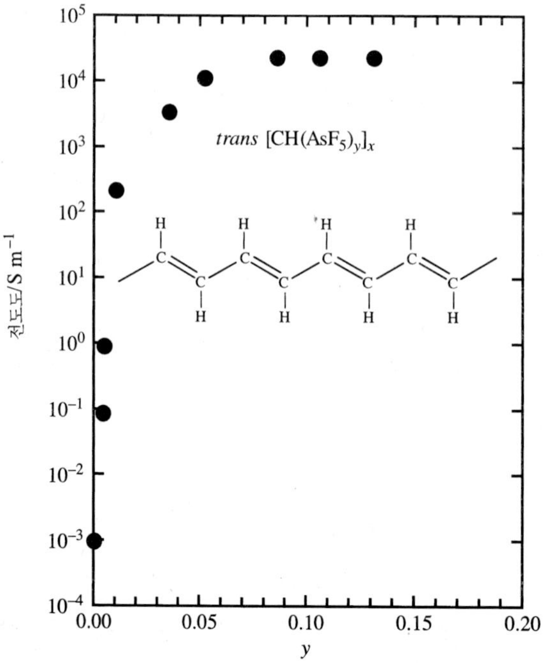

▶ **그림 25.11**
실온에서 펜타 플루오린화에 노출된 후 trans-PA의 전도도 증가. (자료 출처: Heeger, A.J., Synthetic Metals, 125, 23, 2002.)

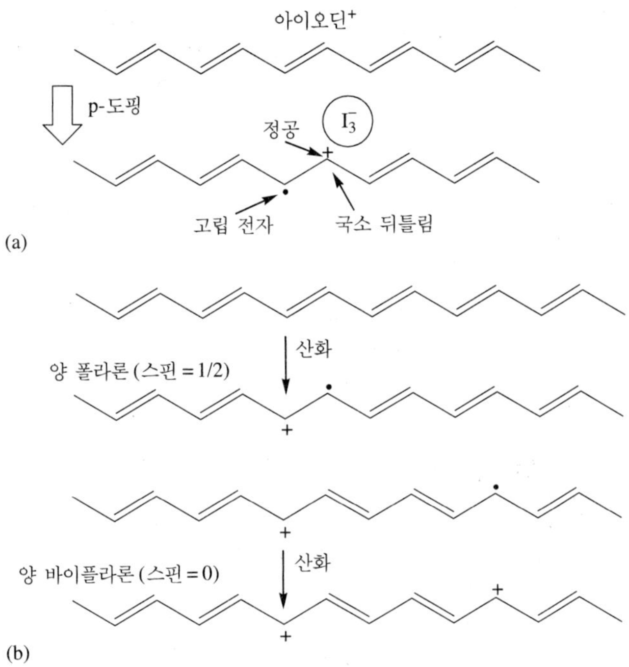

▶ **그림 25.12**
(a) 라디칼-양이온과 반대 음이온의 생성을 보여 주는 아이오딘에 의한 PA의 산화 과정. (b) PA의 산화에 의해 만들어진 폴라론과 바이폴라론.

도 있다. PA에서는 양쪽 고분자 사슬이 동일한 에너지를 가지므로 PA에서의 중성 솔리톤은 이동성이 높다. 대전된 솔리톤들은 정전기적 인력을 받아 그 이동도는 고분자 사슬 주변의 반대 이온의 수에 영향을 받게 된다.

PA에서 이들 결합에 대한 이론적 연구는 그림 25.13에서 나타난 편재된 솔리톤에 필요한 결합 길이의 갑작스런 변화가 과도한 에너지를 필요로 하며, 그림 25.13과 같이 구조의 뒤틀림이 수많은 탄소 원자들에 퍼진 것을 보여 주었다. 도핑은 분명하게 PA의 전자구조에 영향을 준다. 만일 강한 전자 주개 혹은 전자 받개가 사용된다면, 형성된 대전된 솔리톤들은 사슬을 따라 전하를 이동시킬 수 있을 것이다.

25.4 고분자 전자공학

최근 몇 년 사이에 전자 분야에서 유기물의 사용이 급격하게 증가하고 있다. 1960년대에 유기물의 전기발광(electroluminescence)이 처음으로 발견되었고, 이후 20년 사이에 유기발광 다이오드(organic light-emitting diode, OLED)가 개발되었다. 비록 공액 전도성 고분자는 도체 상태에서보다 반도체 상태에서 주로 이용되지만, 전자 분야에서 많은 관심을 끌고 있다.

25.4.1 고분자 기반 발광 다이오드

그림 25.14a는 고분자 발광 다이오드(light emitting diode, LED)의 구조를 대략적으로 나타낸 것이다. 반도체성 고분자(semiconducting polymer)는 전자를 주입하는 음극과 정공을 주입하는 양극 사이에 위치한다. 전자가 음극에서 고분자의 전도띠로 잘 주입되기

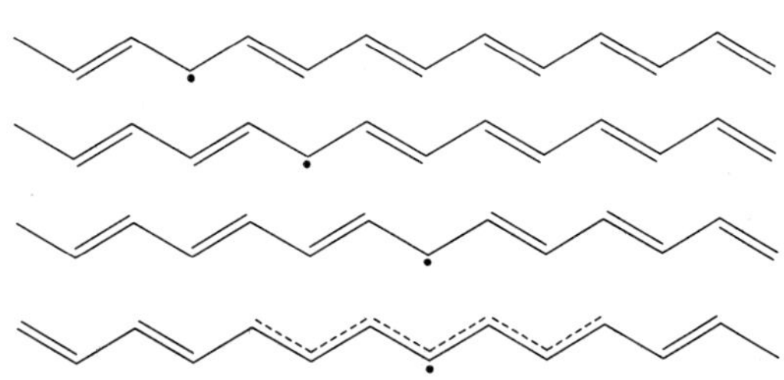

▶ **그림 25.13**
결합의 비편재화를 보여 주는 PA에서의 솔리톤의 운동(바닥 구조).

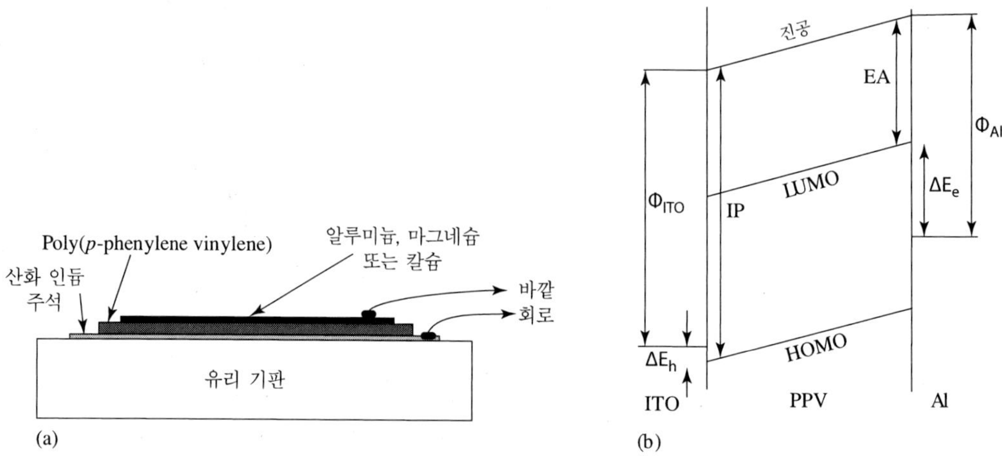

▶ 그림 25.14
폴리 (p-페닐렌 비닐렌)(PPV) 단일층의 고분자 전기발광 다이오드: (a) 소자의 계략적인 그림, (b) 소자의 계략적인 에너지 준위 도표: IP, PPV의 이온화 전위; EA, PPV의 전기 친화도; Φ_{ITO}, ITO의 일함수; Φ_{Al}, Al의 일함수; ΔE_e 전자 주입에 대한 장벽; ΔE_h, 정공 주입에 대한 장벽 (자료 출처: Friend, R.H. et al., Nature, 397, 121, 1999.)

위해서는 퍼텐셜 장벽이 낮아야 한다. 이 때문에 음극은 칼슘, 알루미늄, MgAg 등의 합금과 같이 일함수가 낮은 도체여야 한다. 반면에 양극은 일함수가 높은 도체여야 하며, 빛이 소자 밖으로 나올 수 있도록 투명해야 한다. 현재 양극으로는 일함수가 높아 고분자로 정공 주입이 잘 일어나게 하며 가시광 영역에서 투명한 산화 인듐 주석(indium tin oxide, ITO)이 널리 사용되고 있다. 소자 내에서 전자와 정공의 재결합이 곧바로 빛의 발광으로 이어지는 것은 아니다. 우선적으로, **엑시톤 (exciton**, 전자-정공의 여기 상태)이 형성되고, 이 엑시톤이 바닥 상태로 되돌아가면서 가시광 영역의 빛을 방출하는 것이다.

이러한 현상이 이용된 최초의 고분자는 poly (*p*-phenylene vinylene) PPV (그림 25.8)이며, PPV의 합성은 3.2.1.3절과 8.4절에 나타나 있다. 그림 25.14b는 ITO/PPV/Al LED 소자의 에너지 준위 도표를 대략적으로 나타낸 것이다. ITO 전극에서 원자가띠 (valence band, 또는 최고 점유 분자 오비탈; the highest occupied molecular orbital, HOMO) 로 정공이 주입되는데, 이때 낮은 퍼텐셜 장벽 ΔE_h이 존재한다. 반면에 Al이 음극으로 사용될 때, Al 전극에서 PPV의 전도띠 (또는 최저 비점유 분자 오비탈; the lowest unoccupied molecular orbital, LUMO) 로 전자를 주입하는데 더 높은 퍼텐셜 장벽 ΔE_e이 존재한다.

PPV는 그림 25.15처럼 황록색으로 발광한다. 최초의 유기 발광 다이오드의 발광 효율은 비교적 낮았으나, 현재는 효율이 최대 25%까지 높아졌으며 다양한 파장대의 빛을 발생시킬 수 있다. 고분자는 우수한 기계적 성질을 가지고 있기 때문에, 얇은 고분자 박막을 스핀 코팅 또는 잉크 제트식 프린팅과 같은 용액 공정을 통하여 저렴한 비용으로 생산 가능하다. 특히, 고분자 발광 다이오드는 기존의 LCD와 달리 백라이트 유닛을 필요로 하지 않기 때문에 다양한 시야각을 가질 수 있어 디스플레이로 유용하게 쓰일 수 있다. 특히 고분자 기판이 사용될 경우 유연한 디스플레이 역시 가능하다.

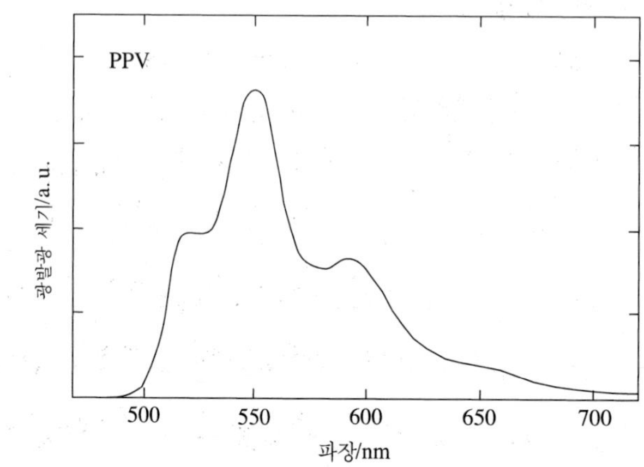

▶ 그림 25.15
그림 25.14a와 같은 PPV 기반 소자의 광발광 스펙트럼, 유리 기판 위의 얇은 박막에 대한 optically-excited luminescence을 나타낸다.

25.4.2 고분자 기반 태양 전지

고분자 발광 다이오드는 빛을 발생시키기 위하여 정공과 전자가 재결합해야 하지만, 반대로 빛에 의해 전자와 정공이 생성될 수도 있다. 이 경우에 광전지(photovoltaic cell)처럼 작동하는데, 이를 흔히 태양 전지라고 한다. 하지만 고분자 기반의 태양 전지는 아직까지 실리콘 기반의 태양 전지에 비해 그 효율이 낮다. 분자는 입사하는 광자를 흡수하여 엑시톤을 형성하는데, 이때 순수 고분자 기반의 태양 전지의 경우에 전기장이 매우 높지 않으면 엑시톤이 정공과 전자로 나뉘어지지 않는다. 이런 이유로 인해서 공액 고분자 기반의 태양 전지는 고분자 발광 다이오드만큼 큰 관심을 얻고 있지는 않다.

25.4.3 고분자 기반 트랜지스터

공액 고분자 기반의 전기장 효과 트랜지스터(field-effect transistor, FET)는 고분자 발광 다이오드와 함께 연구되어 왔다. 하지만, 실리콘 기반의 FET에 견줄 정도의 성과를 거두지는 못하였고, 고분자 발광 다이오드에 비해 그 개발이 지체되고 있다. 그림 25.16a는 고분자 기반의 FET의 구조를 대략적으로 나타낸 것이다. 이는 본질적으로 한 층이 반도체로 대체된 축전기라고 할 수 있으며, 다른 층은 게이트 전극의 역할을 한다. 전류가 흐르는 통로는 소스와 드레인 전극 사이의 반도체성 고분자 박막 내에서 형성된다. 만일 소스와 게이트 전극 간에 바이어스를 걸어주면, 절연체의 양쪽에 같은 양만큼 서로 반대 부호의 전하가 유도된다. 이때 절연체와 반도체성 고분자 사이의 계면에 유도된 전하는 소스와 드레인에 걸어주는 이차 바이어스 전압에 의해 움직일 수 있다. 이러한 소자는 본질적으로 가변 저항의 역할을 수행하며, 저항의 크기는 게이트 전압에 의하여 조절된다.

FET의 성능은 소자 내에 흐르는 가장 낮은 전류인 "off" 전류와 가장 높은 전류인 "on" 전류의 비율인 ON/OFF 비율로 결정된다. 이러한 거동은 반도체 내의 운반체(carrier: 물질 속에서 전류를 운반하는 역할을 하는 전하 입자)의 이동도에 의해 강하게 영향을 받는데, 유기 반도체의 이동도는 실리콘의 이동도보다 수십에서 수백 배 정도 더 낮다. 유기 반도체의 이동도를 개선하기 위하여 많은 연구가 이루어지고 있는데, 지금까지 순도나 사슬 구조적 질서와 같은 요인들이 이동도에 영향을 미치는 것으로 확인되었다. 더불어 곁작용기를 갖는 반도체성 고분자를 사용할 경우에 이동도가 개선된다는 것이 밝혀졌다. 그림 25.16b는 그 유용성이 입증된 고분자 중 하나인 poly(3-alkylthiophene) (P3HT)를 나타낸 것이다. P3HT를 사용할 경우에 10^6 이상의 ON/OFF 비율이 나타나며, 이는 실리콘 기반 FET와 대등한 수치라고 할 수 있다. 곁가지 알킬기는 고분자의 용해도를 개선하여 용액 공정을 가능하게 하며, 나아가 물질을 박막 형태로 만들 수 있기 때문에 적층 구조를 가능하게 한다.

아직은 고분자 기반 FET가 가지는 한계 때문에 실리콘 기반 FET에 비하여 성능면에서 다소 떨어진다. 하지만 실리콘은 쉽게 부러지며 고비용의 공정 과정을 수반한다. 반면에 고분자 기반 FET는 모든 층이 고분자로 이루어진 다층 구조의 광전자 집적 회로에 사용될 수 있다. 또한 고분자 기반 FET는 저렴하고 비교적 간단한 공정으로 생산 가능하며, 고분자 기반의 유연한 디스플레이에 응용 가능하다.

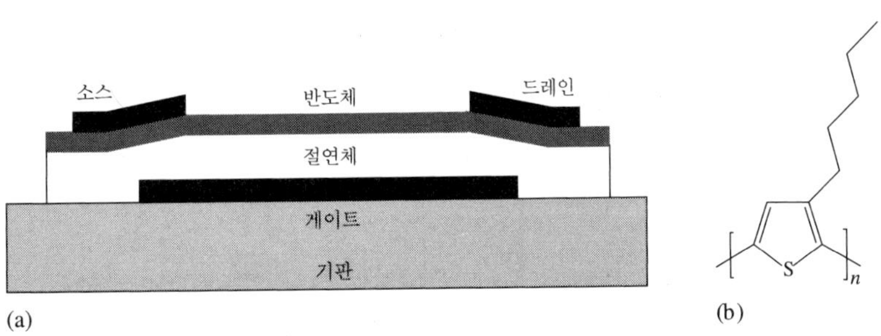

그림 25.16
(a) 고분자 박막 트랜지스터의 계략적인 그림(자료 출처: Fischou, D. and Horowitz, G., Encyclopaedia of Materials: Science and Technology, Elsevier, Amsterdam, the Netherlands, 2011). (b) 고분자 기반의 트랜지스터에 사용되는 반도체성 고분자인 poly(3-pentylthiophene)의 구조.

25.4.4 고분자 기반 센서

센서에서의 공액 고분자의 활용 가능성이 확인되고 있다. 한 예로 폴리아세틸렌이 다른 화학종에 노출되면 도핑 효과로 인하여 전도도가 변하게 된다. 공액 고분자의 저항이 활성층에 노출되는 화학종의 종류에 따라 변한다는 사실을 이용하여 전기화학 전지(electrochemical cell)를 만들 수 있다. 그리고, FET에서 고분자로 된 게이트 전극이 다른 화학종에 노출되면 저항이 변하게 된다. 이때 화학적으로 민감한 FET를 만들기 위하여 보다 정교한 접근이 요구되고 있다. 게이트 전극이 화학종에 노출되면 게이트 전극의 전위가 변하게 되고 이로 인하여 드레인 전류가 변한다. 이를 이용한 초기의 FET는 주로 폴리피롤이 전기적으로 증착된 박막을 기반으로 하였으나(그림 25.8), 용해되는 공액 고분자의 등장으로 용액 공정이 가능해졌다.

공액 고분자를 특정 물질로 도핑하여 휘발성 유기 화합물에 반응할 수 있도록 하면 **전자 코(electronic nose)**를 구현할 수 있다. 하지만 아직까지 특정 분석물에 충분히 감응하도록 민감도 측면에서 개선해야 할 점이 많이 남아 있다. 바이오센서 분야에서도 많은 발전이 이루어졌는데, 한 예로 공액 고분자를 효소, 항체 세포 등의 호스트 매트릭스(host matrix)로 사용할 수 있다. 이는 환경 모니터링이나 음식 산업에서 포도당, 콜레스테롤과 같은 분자를 감지하는 데 활용될 수 있다.

문제

25.1 다음의 데이터는 여러 금속과 두 종류의 폴리아세틸렌(PA)에 대한 전도도 및 밀도를 나타낸 것이다. 각 물질에 대한 비전도계수(specific conductivity)(즉, 단위 질량당 전도도)를 구하고, 각각의 값이 어떻게 구해졌는지 나타내시오.

금속 또는 PA	전도도/S m^{-1}	밀도/Mg m^{-3}
수은	1,040,000	13.54
백금	10,150,000	21.45
크로뮴	7,750,000	7.19
철	10,300,000	7.87
금	47,000,000	19.3
은	67,100,000	10.49
구리	64,500,000	8.94
PA—$FeCl_3$를 첨가함	90,000	1.10
PA—배향되고 첨가됨	12,000,000	1.15

25.2 다음의 데이터는 나노입자의 부피 분율에 따른 고분자 나노복합재료의 전도도 σ_V를 나타낸 것이다. 각각의 복합재료에 대하여 다음과 같이 충전제의 부피 분율에 따른 물질의 전도도 관계를 나타낸 식에 사용된 퍼콜레이션 문턱값 ϕ_p^*과 지수 t를 구하시오.

$$\sigma_V \propto (\phi_p - \phi_p^*)^t$$

각각의 값을 구하는 과정을 설명하시오.

ϕ_p/%	전도도/S m^{-2}
폴리에틸렌에서의 카본 블랙	
0.049830	3.1623e−12
0.099308	2.4342e−08
0.099769	0.00013689
0.099769	0.0019745
0.10894	0.16876
0.10844	0.30010
0.11951	0.73053
0.14923	1.7783
0.14786	2.4342
0.19883	12.991
0.19883	28.480
0.29742	85.471
0.30298	94.901
에폭시 수지에서의 카본 나노튜브	
0.0010000	1.1788e−09
0.0025161	4.2170e−08
0.0049333	0.0016379
0.0100000	0.0035774
0.050160	0.045784
0.10083	0.032950
1.0168	1.9307

25.3 *Trans*-와 *cis*-폴리아세틸렌(PA)은 폴리에틸렌 단위 구조와 유사하게 사방정계 결정(orthorhombic)의 단위 구조를 가진다.

(a) 다음의 정보를 이용하여 *trans*-와 *cis*-PA 결정의 밀도를 구하시오.

Trans-PA: $a = 0.733$ nm, $b = 0.409$ nm, $c = 0.246$ nm

Cis-PA: $a = 0.762$ nm, $b = 0.444$ nm, $c = 0.438$ nm

(여기서, c는 고분자 사슬의 방향을 나타낸다.)

(b) 두 결정 구조에서 c의 값이 두 배만큼 차이가 나는 이유를 설명하시오.

(Avogadro 상수는 6.022×10^{23} mol^{-1}이다. 그리고 C와 H 원자의 몰질량은 각각 12 g mol^{-1}과 1 g mol^{-1}이다.

참고 문헌

Blythe, A.R. and Bloor, D., *Electrical Properties of Polymers*, 2nd edn., Cambridge University Press, Cambridge, U.K., 2005.

Fischou, D. and Horowitz, G., *Encyclopaedia of Materials: Science and Technology*, Elsevier, Amsterdam, the Netherlands, 5748, 2001.

Friend, R.H., Gymer, R.W., Holmes, A.B., Burroughes, J. H., Marks, R.N., Taliani, C., Bradley, D.D.C., Santos, D.A. Dos, Brédas, J.L., Lögdlund, M., and Salaneck, W.R., Electroluminescence in conjugated polymers, *Nature*, **397**, 121 (1999).

Heeger, A.J., Nobel Prize Lecture, *Synthetic Metals*, **125**, 23 (2002).

Jang, J., Conducting polymer nanomaterials and their applications, *Advances in Polymer Science*, **199**, 189 (2005).

Pron, A. and Rannou, P., Processible conjugated polymers, *Progress in Polymer Science*, **27**, 135 (2002).

Shaw, M.T. and MacKnight, W.J., *Introduction to Viscoelasticity*, 3rd edn., John Wiley & Sons, New York, 2005.

문제의 답

Note that answers are provided for all numerical problems and for non-numerical problems where simple indications of answers can be given.

Part I 고분자의 개념, 명명, 합성

1장: 개념 및 명명

1.1 $\bar{x}_n = 860$ and $\bar{M}_w = 134{,}160$ g mol^{-1}

1.2 $M_0^{cop} = 30.67\,\text{g mol}^{-1}$ and $\bar{x}_n = 1300$

1.3 (a) $\bar{M}_n = 46{,}667$ g mol^{-1}, $\bar{M}_w = 78{,}571$ g mol^{-1} and $\bar{M}_w/\bar{M}_n = 1.68$
(b) $\bar{M}_n = 20{,}930$ g mol^{-1}, $\bar{M}_w = 46{,}667$ g mol^{-1} and $\bar{M}_w/\bar{M}_n = 2.23$
(c) $\bar{M}_n = 43{,}384$ g mol^{-1}, $\bar{M}_w = 86{,}950$ g mol^{-1} and $\bar{M}_w/\bar{M}_n = 2.00$

2장: 중합의 원리

2.1 Synthesis of poly(vinyl chloride) from vinyl chloride proceeds by chain polymerization, whereas synthesis of poly(ethylene terephthalate) from 1:1 stoichiometric reaction of ethylene glycol with terephthalic acid proceeds via step polymerization.

2.2 The data show that increasing the length of the methylene chain in the acid has no effect on the reactivity of the $-CO_2H$ group except at very short lengths ($x = 1$–3) and provide evidence to justify the principle of equal reactivity of functional groups, that is, that the inherent reactivity of a reactive species is independent of its degree of polymerization.

2.3 This would lead to the formation of branches and, ultimately, network polymer.

3장: 단계 중합

3.1 (a)

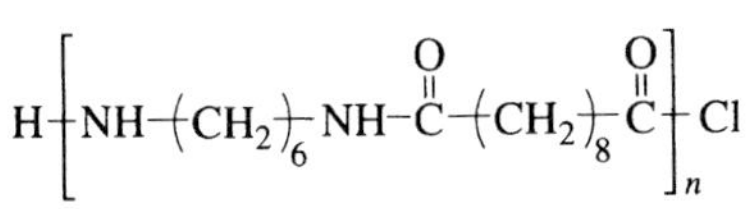

(b)

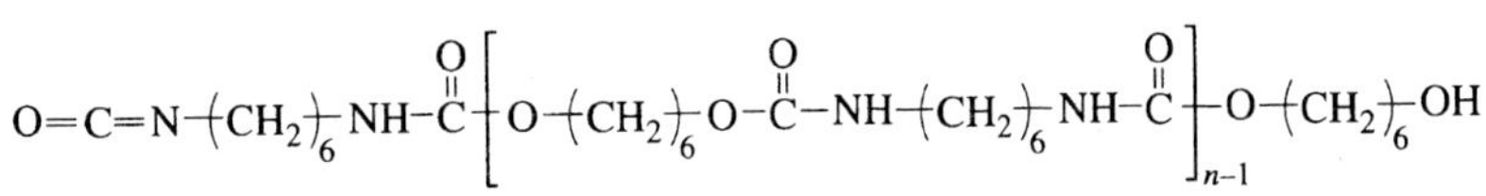

(c)

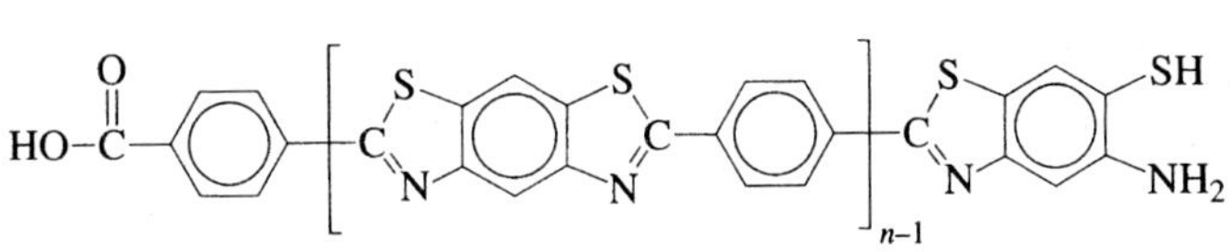

3.2 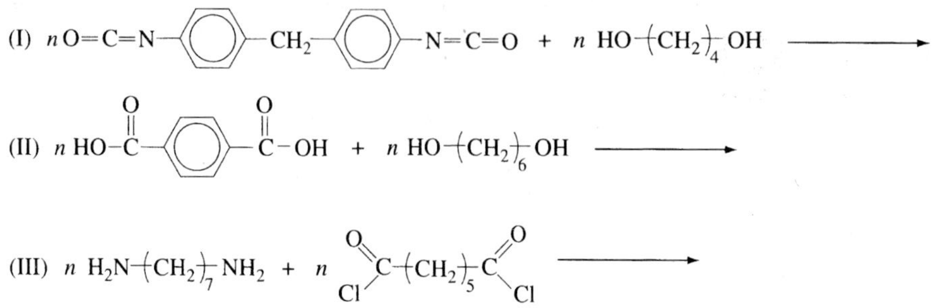

3.3 Plots of second- and third-order kinetics equations show that the reaction is second order, indicating that a catalyst was used, in which case the rate coefficient $k=2.42\times 10^{-4}$ $dm^3\ mol^{-1}\ s^{-1}$. After 1 h $p=0.731$ and after 5 h $p=0.931$.

3.4 Percentage conversion = 99.0% (i.e., $p=0.990$).

3.5 $\bar{x}_n=75.9$, $\bar{M}_n=8.58$ kg mol^{-1}, and $\bar{M}_w=17.07$ kg mol^{-1}.

3.6 Mixture before reaction: $\bar{M}_n=15{,}000$ g mol^{-1}, $\bar{M}_w=40{,}000$ g mol^{-1}. The product from the ester interchange reaction has: $\bar{M}_n=15{,}000$ g mol^{-1}, $\bar{M}_w=30{,}000$ g mol^{-1}.

3.7 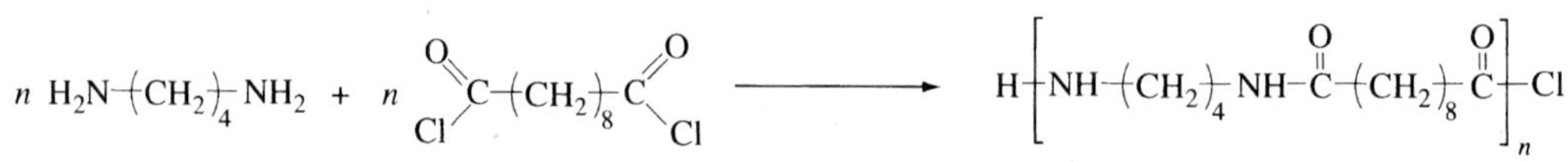

(b) Nylon 4.10 or poly(tetramethylene terephthalamide) or poly(butylene terephthalamide)

(c) $p=0.995$

(d) The monomer mixture has 1:1 NH_2:COCl stoichiometry and so inclusion of the tetrafunctional amine will lead to the formation of a network polyamide.

3.8 Flory statistical theory gives $p_c=0.816$ whereas Carothers theory gives $p_c=0.917$.

3.9 No short indicative answer.

3.10 Branching factors are: (a) 0.71 and (b) 0.86.

4장: 라디칼 중합

4.1 Half-life = 24.07 h. The initiator concentration will have decreased by a factor of 0.972 (i.e., to $0.972[I]_0$).

4.2 (i) (a) No effect; (b) increases by a factor of 2.
(ii) (a) Increases by a factor of 4; (b) increases by a factor of 2.
(iii) (a) Increases by a factor of 4; (b) decreases by a factor of 2.

4.3 Combination.

4.4 (a) $[\text{benzoyl peroxide}]_0=3.336\times 10^{-3}$ mol dm^{-3}.
(b) (i) $[M^\bullet]=1.0\times 10^{-8}$ mol dm^{-3} and (ii) $R_p=2.887\times 10^{-5}$ mol $dm^{-3}\ s^{-1}$.

4.5 $R_p=1.33\times 10^{-5}$ mol $dm^{-3}\ s^{-1}$ and $\bar{M}_n=796.2$ kg mol^{-1}.

4.6 R_p is increased by a factor of 2.64, and $\bar{x}_n$ is reduced by a factor of 0.699.

4.7 $R_p=3.43\times 10^{-5}$ mol $dm^{-3}\ s^{-1}$.

4.8 (a) [styryl-TEMPO] = 4.846×10^{-2} mol dm^{-3}; and (b) time to 60% conversion = 25 h 56 min.

4.9 (a) Free-radical emulsion polymerization; (b) reversible-addition-fragmentation chain-transfer solution polymerization; (c) free-radical solution polymerization; (d) free-radical bulk polymerization (for sheet materials) or suspension polymerization (for moulding materials); (e) free-radical catalytic chain transfer bulk or solution polymerization; (f) free-radical solution polymerization; and (g) free-radical suspension polymerization.

5장: 이온 중합

5.1 $\bar{M}_n = 5470$ g mol^{-1}.

5.2 $R_p = 0.165$ mol dm^{-3} s^{-1} and $\bar{M}_n = 1560$ kg mol^{-1}.

5.3 No short indicative answer.

6장: 입체화학과 배위 중합

6.1 (a) Tactic polymer with two stereochemical forms of the repeat unit.
(b) The repeat unit has one form only (because there is no asymmetric carbon atom).
(c) The repeat units from 1,2- and 3,4-addition are tactic and have two stereochemical forms each. The repeat units from 1,4-addition have *cis*- and *trans*-forms.

6.2 $\theta_M = 0.95$ and $C_p^* = 3.6 \times 10^{-6}$ mol dm^{-3}.

6.3 (a) Ziegler–Natta or metallocene polymerization of but-1-ene.
(b) Anionic polymerization of methyl methacrylate at low temperature (e.g., −78 °C) using a bulky initiator that provides a small counter-ion (e.g., fluorenyl lithium) in a hydrocarbon (e.g., benzene) that is a solvent for both the monomer and polymer.
(c) Metallocene polymerization of ethylene using a diimine Pd complex as catalyst.

7장: 개환 중합

7.1 (a) 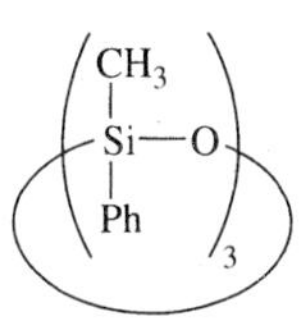 anionic

(b) 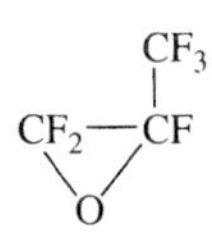 anionic

(c)  metathesis

(d) 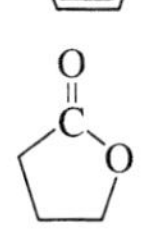 anionic

(e) 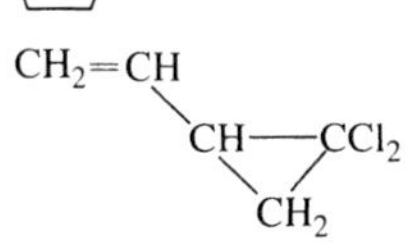 free-radical

7.2 No short indicative answer.

7.3 (i) 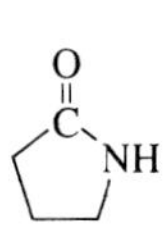 anionic

(ii) 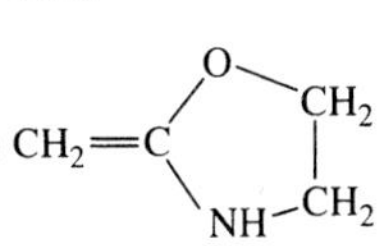 free radical

8장: 고분자 합성의 특수 방법들

8.1 No short indicative answer.
8.2 A copolymer with a blocky structure would form first, but with time it will become more and more random because the mechanism involves attack at any point along an existing chain.
8.3 No short indicative answer.

9장: 공중합

9.1 (i) The mol% styrene repeat units in the copolymers formed are: (a) 42.7, (b) 51.0, (c) 59.7, (d) 57.4, (e) 50.5, (f) 94.6, (g) 98.2; (ii) the mol% styrene required in comonomer mixtures are: (a) 57.2, (b) 48.5, (c) 32.9, (d) 24.0, (e) any value in the range 0.001–99.999, (f) 3.3, (g) 1.3. The mol% azeotropic compositions with respect to styrene are: (b) 52.9, (c) 76.6, (d) 61.5, (e) 50.5 (the other copolymerizations are not azeotropic).
9.2 No short indicative answer.
9.3 $r_S = 0.40$ and $r_{AN} = 0.04$.
9.4 The question describes synthesis of a polystyrene-*block*-polyisoprene-*block*-polystyrene tri-block copolymer which would be suitable for use as thermoplastic elastomer. The polystyrene end-blocks have $\bar{x}_n = 144$ and $\bar{M}_n = 15.0$ kg mol^{-1} and the central polyisoprene block has $\bar{x}_n = 735$ and $\bar{M}_n = 100.0$ kg mol^{-1} (neglecting the methylene linking group).

Part II 고분자의 특성조사

10장: 고분자 용액 이론

10.1 $\chi = 0.426$.
10.2 No short indicative answer.
10.3 (a) 1320 nm; (b) 1078 nm; (c) 20.17 nm.

11장: 수평균 몰질량

11.1 $\bar{M}_n = 1.5$ kg mol^{-1}.
11.2 $\bar{M}_n = 143.6$ kg mol^{-1} and $\chi = 0.463$.
11.3 $\bar{M}_n = 2.0$ kg mol^{-1}.
11.4 (a) Of the methods available for the evaluation of $\bar{M}_n$ in this range, end-group analysis would be best and could be carried out via acetylation of the hydroxyl groups or by NMR spectroscopy using as solvents pyridine and deuterium oxide, respectively. (b) Membrane osmometry with a highly polar solvent, such as dimethylformamide, is required.

12장: 산란법

12.1 (a) $\bar{M}_w = 735.8$ kg mol^{-1}; (b) $\left\langle \overline{s^2} \right\rangle_z^{1/2} = 48.4\,\text{nm}$; (c) $A_2 = 4.19 \times 10^{-4}$ m^3 mol kg^{-2}.
12.2 $\left\langle R_h \right\rangle_{hz} = 24.1\,\text{nm}$.
12.3 No short indicative answer.

13장: 용액에서 고분자의 마찰 특성

13.1 Sample B: $[\eta]=26.16$ cm^3 g^{-1}; sample E: $[\eta]=127.28$ cm^3 g^{-1}; $K=8.15\times10^{-2}$ cm^3 g^{-1} (g mol^{-1})$^{-a}$ and $a=0.50$.

13.2 $\bar{M}_v=65.6$ kg mol^{-1}.

13.3 $K_\theta=5.74\times10^{-2}$ cm^3 g^{-1} (g mol^{-1})$^{1/2}$. α_η has the following values in order of increasing molar mass: 1.15; 1.23; 1.26; 1.28; and 1.31 (i.e., α_η increases with molar mass due to the increased volume exclusion as chain length increases).

14장: 몰질량 분포

14.1 $\chi=1.66$.

14.2 $M=119.15$ kg mol^{-1}.

14.3 $\lambda=8.75\times10^{-3}$ and $D=8.93\times10^{-12}$ m^2 s^{-1}.

14.4 $M=21{,}185$ g mol^{-1}.

15장: 화학적 조성과 분자 미세구조

15.1 $\varepsilon=258$ dm^3 mol^{-1} cm^{-1}.

15.2 **I**: C≡N stretch; **II**: N–H stretch, but no C=O stretch; **III**: C=O stretch and O–H stretch; **IV**: C=O stretch and 1,4-disubstituted benzene C–H bend; **V**: 1,4-disubstituted benzene C–H bend, but no C=O stretch.

15.3 No short indicative answer.

15.4 Sample A approximates to Bernoullian statistics and is predominantly syndiotactic, indicating preparation by radical polymerization. Sample B is predominantly isotactic and not Bernoullian, so has most likely been prepared by living anionic polymerization at low temperature using a non-polar solvent with Li$^+$ as the counterion.

Sample	Mole Fractions of Triads				Bernoullian Test
	x_{mm}	x_{mr}	x_{rr}	P_m	$\frac{4x_{mm}x_{rr}}{x_{mr}^2}$
A	0.04	0.33	0.63	0.205	0.93
B	0.95	0.04	0.01	0.970	23.8

15.5 Since MALDI is to be used, it is reasonable to assume that each m/z species detected will have only a single charge. (a) The series of m/z peaks will have values corresponding to either $18+44p$ Da **e**$^{-1}$ (two OH end-groups) or $32+44p$ Da **e**$^{-1}$ (one methoxy and one hydroxyl end-group. (b) The separation of the m/z peaks will be 128 Da **e**$^{-1}$ for poly(*t*-butyl acrylate) and 72 Da **e**$^{-1}$ for poly(acrylic acid). (c) The m/z peaks should have values corresponding to $114(1+x)$ Da **e**$^{-1}$.

Part III 벌크 고분자의 상구조와 형태

16장: 무정형 상태

16.1 The glass transition temperature $T_g=89$ °C.

16.2 Assuming the rule of mixtures, the copolymer composition should be 82% (by weight) *n*-butyl acrylate and 18% (by weight) styrene. The material would only be transparent at room temperature since $\bar{n}$ will vary differently with temperature for each component.

16.3 (a) Polyethylene (flexible molecule) lower than polypropylene (side group hinders rotation).
(b) Poly(methyl acrylate) lower than poly(vinyl acetate) (bulky side group further from main chain).

(c) Poly(but-1-ene) (long bulky side group) higher than poly(but-2-ene) (shorter side groups).
(d) Poly(ethylene oxide) (flexible molecule) lower than poly(vinyl alcohol) (–OH side groups).
(e) Poly(ethyl acrylate) (long flexible side group) lower than poly(methyl methacrylate) (shorter bulky side groups).
NB All pairs are isomers.

16.4 The copolymer has $T_g = 246$ K.

16.5 The average number of branches per molecule = 3.15

17장: 결정 상태

17.1 The planes giving rise to the reflections are (110), (200) and (020).

17.2 (a) Chain repeat, $c = 0.254$ nm
(b) Higher order lines cannot be obtained since $\sin\phi \leq 1$ (Figure 17.3). Second order lines could be obtained if X-rays with wavelength $\lambda < 0.127$ nm were used.
(c) The specimen would have to be tilted by 17.65°.

17.3 (a) Density of the polypropylene crystal = 945.04 kg m^{-3}
(b) Volume fraction of crystals = 27.92%
(c) Polymer single crystals—fold regions reduce crystallinity by 20% as the folds are unable to crystallize.

17.4 Volume fraction and weight fraction of crystals $\phi_c = 43.75\%$ and $x_c = 46.70\%$

17.5 (a) $K_{DSC} = 1.02$ and (b) $x_c = 68.9\%$

17.6 Equilibrium melting temperature, $T_m^o = 349\,\text{K}$. The fold surface energy, $\gamma_e = 0.048$ J m^{-2}

17.7 The equilibrium melting temperature, $T_m^o = 79.5$ °C.

17.8 (a) The behaviour is due to the "odd-even" effect. Polyamide crystals with even values of x can undergo H-bonding more easily than with odd x.
(b) The presence of the p-phenylene groups will make the polymer chains much stiffer and so increase T_m greatly.

18장: 다성분계 고분자 시스템

18.1 (a) and (b) No short indicative answers.
(c) The value of ϕ_{1c} at the critical point when the two polymers have the same number of segments is 0.5. The corresponding critical value of the Flory–Huggins interaction parameter χ_c is $2/x$

18.2 The T_g of the blend with $\phi_{PVDF} = 0.8$ is −18 °C. Since the T_g varies linearly with ϕ_{PVDF}, the blend appears to be compatible and so the microstructure will be single phase.

18.3 NR/NBR 50/50: Incompatible blend.
NR/CR 50/50: Incompatible blend.
NR/BR 50/50: Compatible blend.

18.4 The thickness of the polyisoprene layer is approximately 8.30 nm.

Part IV 벌크 고분자의 성질

19장: 탄성 변형

19.1 (a) and (b) No short indicative answers
(c) There will be no volume change when $\nu = 1/2$, which implies that $K = \infty$. (In practice $\nu < 1/2$ and $K \gg E$)
(d) $\Delta V = (\sigma_1 + \sigma_2 + \sigma_3)\left[\dfrac{(1-2\nu)}{E}\right]$

(e) This combination of stresses gives no volume change, equivalent to a uniaxial stress of $\sigma_1 = 0$ MPa

19.2 (a) $E = 175.2$ GPa

(b) The analysis underestimates the modulus of the crystal as it does not consider inter-chain forces

19.3 The chain direction Young's modulus is approximately 300 GPa

20장: 점탄성

20.1 (a) Maxwell model: $\dfrac{\mathrm{d}e}{\mathrm{d}t} = \dfrac{R}{E} + \dfrac{Rt}{\eta}$

Voigt Model: $e = \dfrac{R}{E}\left\{t - \tau_0\left[1 - \exp\left[-\dfrac{t}{\tau_0}\right]\right]\right\}$

where constant stressing rate, $R = \mathrm{d}\sigma/\mathrm{d}t$

(b) Maxwell model: $\sigma = S\eta\left[1 - \exp\left[-\dfrac{t}{\tau_0}\right]\right]$

Voigt model: $\sigma = ESt + S\eta$

where constant straining rate, $S = \dfrac{\mathrm{d}e}{\mathrm{d}t}$

20.2 Time before seal leaks = 208 days.

20.3 The total strain at $t = 200$ s is 0.006

20.4 (a) The strain after 100 s (before the stress is reversed) = 0.02361

(b) The residual strain when the stress falls to zero = 0.02515

20.5 $\Delta U = \sigma_0 e_0 \pi \sin\delta$

21장: 탄성체

21.1 $\Delta S = -\dfrac{1}{2}N\mathbf{k}(\lambda_1^2 + \lambda_2^2 + \lambda_3^2 - 3)$

21.2 $\sigma_t = G(\lambda^2 - 1/\lambda^4)$

21.3 (a) $M_c = 5308$ g mol^{-1}

(b) $\chi = 0.41$ for natural rubber in benzene

22장: 항복과 크레이징

22.1 Necking occurs when $e = b/(1-b)$

Tensile stress at yield, $\sigma_t = a\left[\dfrac{b}{(1-b)}\right]^b = ab^b(1-b)^{-b}$

22.2 The hydrostatic pressure to cause yielding, $p_c = \dfrac{\sigma_{yc}\sigma_{yt}}{3(\sigma_{yc} - \sigma_{yt})}$

22.3 See Bevis, M., *Colloid and Polymer Science*, **256**, 234 (1978).

Molecular Plane	(a) Twinning Plane	(b) Angle of Bend	(c) Direction of Shear
(200)	(202)	37.8°	$[20\bar{2}]$
(020)	(022)	54.5°	$[02\bar{2}]$
(110)	(112)	34.4°	~$[11\bar{2}]$*

* Irrational.

22.4 $\sigma_1 = 59$ MPa and $\sigma_2 = -30$ MPa
or $\sigma_1 = -30$ MPa and $\sigma_2 = 59$ MPa

23장: 파괴와 강인성

23.1 Inherent flaw size, $a_0 = 55$ μm
23.2 (a) Fracture energy, $G_c = 1.3$ kJ m^{-2}
(b) Fracture toughness, $K_c = 2.0$ MPa m$^{-1/2}$
(c) Inherent flaw size, $a_0 = 1$ mm
23.3 The time to failure is given by

$$t_f = \frac{1}{qK^n w^n (n-1) a_0^{n-1}}$$

24장: 고분자 복합재료

24.1 (a) $W_m = 0.4526$ and $W_f = 0.5474$
(b) $W_m = 0.4505$, $W_c = 0.2481$ and $W_a = 0.3015$
24.2 (a) Hexagonal array $\phi_f = \frac{\pi}{2\sqrt{3}}\left(\frac{r}{R}\right)^2$; Maximum 0.9069
(b) Square array $\phi_f = \frac{\pi}{4}\left(\frac{r}{R}\right)^2$; Maximum 0.7854
24.3 $E_m = 2.775$ GPa and $E_f = 69.025$ GPa
24.4 (a) $E_1 = 36.65$ GPa
(b) $e_1 = e_f = e_m = 0.1637\%$ (uniform strain situation)
(c) The load on the fibres is 17,190 N; the load on the matrix is 810.3 N

(Hence the fibres are carrying more than 20× the load on the matrix)

25장: 전기적 특성

25.1

Metal or PA	Specific Conductivity / S m² Mg⁻¹
Mercury	76,809
Platinum	473,193
Chromium	1,077,885
Iron	1,308,767
Gold	2,435,233
Silver	6,396,568
Copper	7,214,765
PA—doped with $FeCl_3$	81,818
PA—oriented and doped	10,434,782

Oriented PA has a much better conductivity than non-oriented material.
The specific conductivity of the PA is as good as the metals due to its low density.
25.2 The percolation thresholds: carbon black, $\phi_p^* \sim 10^{-1}\%$, nanotubes, $\phi_p^* \sim 3\times10^{-3}\%$.
(Nanotubes act as fibres and give a better percolation network at lower volume fraction)
Exponents: nanotubes $t \sim 1.2$, carbon black $t \sim 2$ (fibres versus particles).
25.3 Density of the *trans*-polyacetylene crystal = 1170.8 kg m^{-3}
Density of the *cis*-polyacetylene crystal = 1165.4 kg m^{-3}
The value of c differs by nearly a factor of 2 due to the different conformations of the repeat units.

찾아보기

[영문 및 기호]

[ㄱ]

[ㄴ]

[ㅅ]

[ㅇ]

[ㅎ]

역자 소개

박오옥 한국과학기술원
김동학 순천향대학교
김영준 성균관대학교
김영진 충남대학교
김지흥 성균관대학교
김진환 성균관대학교
박종혁 성균관대학교
손영곤 공주대학교
안정호 성균관대학교
윤관한 금오공과대학교
이동현 단국대학교
이태우 포항공과대학교
정동준 성균관대학교
조은범 서울과학기술대학교
진병두 단국대학교
최원묵 울산대학교

고분자과학 제3판

| 저 자 Young · Lovell
| 역 자 박오옥 · 김동학 · 김영준 · 김영진 · 김지흥 · 김진환 · 박종혁 · 손영곤
안정호 · 윤관한 · 이동현 · 이태우 · 정동준 · 조은범 · 진병두 · 최원묵
| 펴 낸 이 주 정 희
| 펴 낸 곳 자유아카데미
| 주 소 경기도 파주시 문발동 527-2
파주출판도시
| 전 화 031-955-1321
| 팩 스 031-955-1322
| 전자우편 main@freeaca.com(대표)
editor@freeaca.com(편집)
| 홈페이지 www.freeaca.com
| 등 록 제406-2003-017호, 1980. 7. 12
| 제3판1쇄 2013년 2월 28일 발행
| 정 가 37,000원

역자와의
협의하에
인지생략

Printed in Korea
ISBN 978-89-7338-673-4 93430